BUILDING MECHANICAL FACILITIES

# 건축기계설비

예문사

# PREFACE | 머리말 |

각종 건물이나 시설의 용도와 기능이 다양화·고도화되면서 기계설비의 역할과 비중이 한층 높아지고 있습니다. 다양한 요구와 기능을 담아내기 위하여 건축기계설비도 여러 형태로 발전해 나가거나 나날이 새로운 신제품들이 선보이고 있으며, 기계설비 전반이 자동화되고 지능화된 시스템으로 진화해 나가고 있습니다.

현재 시중에 건축기계설비분야와 관련된 기술 서적이 그리 많지는 않은 상황이지만, 그나마 출판된 관련 서적들은 대부분 기술자격시험용 서적인 경우가 많았습니다. 그 외 상당수의 기술서적들은 외국의 서적을 번역하였거나 또는 출판된 지 오래된 책들이어서 지금의 국내 기술 흐름을 이해하고 실제 업무에서 활용하기에는 다소 아쉬움 점들이 있습니다.

그래서 이 책을 집필하면서 건축기계설비분야 전반에 걸쳐 내용을 파악하고, 우리 분야의 기술 동향이나 흐름들을 이해할 수 있도록 노력하였습니다. 또한 책자의 각 부분마다 관련 업체들의 기술 자료나 다양한 제품 사진들을 소개하여 보다 현실감 있게 이해하고 실무적으로도 도움이 되도록 하였습니다.

초보자들도 쉽게 내용을 이해할 수 있도록 하기 위하여 가급적 많은 사진과 그림들을 넣다 보니 책자가 두꺼워진 점도 있으나, 그럼에도 불구하고 개인적인 역량의 부족과 게으름으로 인하여 관심이 많은 몇몇 분야들을 담지 못한 것은 아쉬움으로 남습니다.

한 권의 책자이지만 현장의 기계설비 기술자들에게 일할 때 기댈 수 있는 작은 언덕이 될 수 있다면 같은 기술자로서 큰 보람이 될 것입니다. 이 책의 부족한 부분은 앞으로도 배우고 노력하며 채워나가도록 하겠습니다.

오늘도 건물 어느 곳에선가 활기차게 돌아가고 있는 냉동기와 뜨겁게 달아오르는 보일러처럼, 건설 현장을 누비는 모든 기술자분들에게 에너지가 충만한 하루하루가 되시길 기원하며…

세종의 어느 건설 현장에서

연 규 문

# CONTENTS | 차례 |

## 1장  물질의 성질과 단위

01 기본 단위 ································································· 1
02 온도 ········································································ 2
03 열량과 비열 ····························································· 3
04 압력, 압력계 ···························································· 7
05 힘, 무게, 질량, 일 ················································· 13
06 비중, 비중량, 밀도 ················································ 15
07 물의 성질 ······························································ 16
08 공기의 성질 ··························································· 17
09 기타 단위의 환산표 ··············································· 26

## 2장  송풍기(FAN)

01 송풍기의 특성과 이론 ············································ 28
02 송풍기의 종류 ······················································· 35
03 송풍기의 분류 ······················································· 43
04 송풍기의 풍량 제어 ··············································· 45
05 송풍기의 설치 ······················································· 48
06 송풍기의 점검 및 유지보수 ··································· 50
07 송풍기의 고장 현상과 원인 ··································· 53

## 3장  펌프(Pump)

01 펌프의 종류 ··························································· 57
02 펌프별 세부 구조 및 특성 ····································· 63
03 펌프의 사양 ··························································· 71
04 캐비테이션과 흡입수두 ·········································· 81
05 펌프의 서징(Surging) ··········································· 86
06 펌프의 성능 변화와 관련된 사항 ··························· 87
07 펌프 설치 및 주위 배관 ········································ 90
08 펌프의 축 정렬(Alignment) ·································· 97

09 그랜드패킹과 메커니컬 씰 ·············································· 100
10 펌프의 운전 및 유지보수 ·············································· 105
11 펌프의 이상현상과 원인 ·············································· 106
12 배수펌프 ······································································ 110
13 급수 부스터펌프 ·························································· 112
14 펌프 운전 시 에너지 절감방안 ···································· 115

## 4장  베어링

01 베어링의 종류 ······························································ 122
02 베어링의 밀봉장치 ······················································ 125
03 베어링의 규격, 호칭번호 ············································ 127
04 베어링의 윤활 ······························································ 129
05 베어링의 이상 점검과 관리 ········································ 133

## 5장  전동기(Motor)

01 전동기의 종류 ······························································ 134
02 보호방식에 의한 분류 ················································ 135
03 모터의 외함 구조 ························································ 136
04 절연계급(Insulation Class) ········································· 138
05 전동기의 특성 ······························································ 139
06 전동기 운전 중 온도 상승(Temperature Rise) ········· 143
07 전동기의 절연저항 ······················································ 144
08 고효율 전동기 ······························································ 145

# CONTENTS | 차례 |

## 6장 밸브(Valve)

01 밸브의 종류 ······················································································· 147
02 단순개폐밸브(ON/OFF 밸브) ······························································ 148
03 유량조절밸브 ····················································································· 150
04 압력조절밸브(감압밸브) ····································································· 154
05 차압조절밸브 ····················································································· 162
06 역류방지밸브(체크밸브) ····································································· 169
07 신축이음(플렉시블조인트, 익스펜션조인트) ······································ 171
08 기타 밸브 ·························································································· 176
09 배관과 덕트의 지지 ··········································································· 180

## 7장 보온

01 보온재의 종류 ···················································································· 183
02 보온 마감재 ······················································································· 187
03 보온재의 두께 ···················································································· 188
04 보온이 필요하지 않은 부위 ······························································· 191
05 보온 시 주의사항 ··············································································· 192
06 동파 방지 보온 ·················································································· 193

## 8장 공기조화

01 공기조화의 개요 ················································································ 197
02 공기조화 방식의 분류 ······································································· 201
03 실의 용도에 따른 공조 사례 ····························································· 231

## 9장 덕트(Duct)

01 덕트의 분류 ······················································································· 257
02 덕트의 두께 ······················································································· 262

03 덕트의 치수 결정방법 ········································· 264
04 덕트의 보온 ······················································ 267
05 덕트의 방음과 방진 ··········································· 268
06 공조용 취출구 ··················································· 269
07 취출구의 특성 ··················································· 275
08 댐퍼(Damper) ···················································· 277

## 10장 환기

01 환기의 개요 ······················································ 281
02 환기의 종류 ······················································ 283
03 소요 환기량의 산출 ··········································· 285
04 국소배기 ··························································· 286
05 실내공기 관리기준 ············································· 288
06 공동주택의 환기설비 ········································· 292

## 11장 공조배관

01 공조배관의 분류 ················································ 302
02 공조배관의 수온 ················································ 306
03 공조배관의 재질 ················································ 310
04 관경 및 양정의 결정 ········································· 311
05 배관의 압력계획 ················································ 314
06 공조배관의 유량 제어 ······································· 322
07 공조부하 변동에 따른 펌프의 운전 제어 ·········· 326
08 열교환기 ··························································· 332
09 지역 냉난방 방식 ·············································· 336
10 공조배관의 구성 사례 ······································· 343
11 바닥난방 ··························································· 344

# CONTENTS | 차례 |

## 12장 공기조화기(AHU)

01 공기조화기의 구조와 주위 배관 ········································ 348
02 공기조화기의 작동 원리 ················································· 350
03 열교환코일 ································································· 352
04 공기여과필터 ······························································ 356
05 공조용 가습장치 ·························································· 362
06 공기조화기의 폐열(배기열) 회수장치 ································ 366
07 공기조화기의 종류 ······················································· 370
08 공기조화기 드레인과 잭업방진 ········································ 381
09 공기조화기의 운전 중 점검사항 ······································· 383
10 공기조화기의 이상과 원인 ·············································· 386
11 공기조화기 및 공조배관의 동파 원인과 대책 ······················· 388

## 13장 냉동과 증기압축식 냉동기

01 냉동과 냉동장치 ·························································· 396
02 냉동 관련 이론 ···························································· 397
03 증기압축 냉동사이클 ····················································· 404
04 증기압축식 냉동기의 종류 ·············································· 407

## 14장 터보냉동기

01 터보냉동기의 구성 ······················································· 413
02 냉동사이클(1단 압축) ···················································· 414
03 냉동사이클(2단 압축) ···················································· 419
04 부속장치 ··································································· 423
05 냉매 ········································································· 428
06 터보냉동기의 운전순서 ·················································· 432
07 터보냉동기의 점검 및 유지관리 ······································· 433
08 터보냉동기의 이상 현상과 추정 원인 ································ 438

## 15장 공냉식 냉동기

01 공냉식 냉동기의 개요 ········································································· 443
02 패키지 에어컨(PAC ; Package Air Conditioner) ··································· 444
03 항온항습기 ························································································ 445

## 16장 히트펌프, 시스템에어컨

01 히트펌프의 개요와 운전방식 ································································ 448
02 다배관방식과 단배관방식 ···································································· 450
03 히트펌프의 응용 ················································································· 451
04 EHP(전기식 히트펌프)와 GHP(가스엔진식 히트펌프) ····························· 454
05 소형 냉동장치의 부속품 ······································································ 456
06 소형 냉동장치의 고장 원인과 대책 ······················································· 482

## 17장 흡수식 냉동기

01 흡수식 냉동기의 종류 ········································································· 484
02 흡수식 냉동기의 작동원리 ··································································· 486
03 흡수식 냉동기의 냉방운전 ··································································· 491
04 흡수식 냉온수기의 난방운전 ································································ 493
05 흡수식 냉동기의 안전장치 ··································································· 495
06 흡수식 냉동기의 운전 중 관리사항 ······················································· 499
07 운전 시 점검 항목과 이상 현상, 세관작업 ············································ 506
08 냉동기의 운전효율과 성능 ··································································· 513
09 건물의 냉방장비계획 ··········································································· 518

# CONTENTS | 차례 |

## 18장 냉각탑

01 냉각탑의 종류 및 특성 ......... 521
02 냉각탑의 용량과 운전제어 ......... 530
03 냉각수의 비산과 수질 관리 ......... 533
04 백연 방지장치(Plume abatement tower) ......... 537
05 냉각탑의 소음과 진동 ......... 539
06 냉각탑의 점검과 유지보수 ......... 541
07 냉각탑의 이상원인 및 대책 ......... 543
08 냉각탑의 운전 시 에너지 절약방법 ......... 544

## 19장 축열설비

01 축열(축냉)설비의 개요와 운전방식 ......... 546
02 빙축열 시스템 ......... 547
03 수축열 시스템 ......... 555
04 축열(냉) 설비의 운용방식 ......... 557

## 20장 지열설비

01 신에너지, 재생에너지 ......... 561
02 지열설비의 분류 ......... 562
03 지열 히트펌프 시스템 ......... 563
04 지열설비의 종류 ......... 569
05 수직밀폐형 지열시스템 ......... 571
06 개방형 지열시스템 ......... 579
07 기타 지열시스템 ......... 590

## 21장 증기

01 증기의 성질 …………………………………………………… 594
02 증기 시스템의 계획 …………………………………………… 597
03 증기 공급배관의 설치 ………………………………………… 603
04 응축수 회수배관 ……………………………………………… 614
05 증기트랩 ………………………………………………………… 618
06 응축수탱크와 주위 배관 ……………………………………… 628

## 22장 보일러

01 보일러 기초 이론 ……………………………………………… 632
02 보일러의 종류 ………………………………………………… 639
03 보일러의 수질 ………………………………………………… 654
04 급수 공급장치 ………………………………………………… 663
05 급수 처리장치 ………………………………………………… 666
06 에너지 절감장치 ……………………………………………… 669
07 캐리오버와 블로우다운 ……………………………………… 675
08 보일러의 설치와 배관 연결 …………………………………… 679
09 질소산화물($NO_x$)과 저감방안 ………………………………… 683
10 보일러의 부식 ………………………………………………… 691
11 보일러의 세관작업 …………………………………………… 694
12 보일러의 부속품과 유지관리 ………………………………… 704
13 보일러의 운전과 점검사항 …………………………………… 721
14 장기간 운전 정지 시 보존법 ………………………………… 729
15 보일러 및 증기계통에서의 에너지 절약 …………………… 732
16 연도 설치 ……………………………………………………… 738
17 가정용 소형 가스보일러 ……………………………………… 755

# CONTENTS | 차례 |

## 23장  급수설비

01  급수설비와 위생적 관리 …………………………………………………… 763
02  급수방식의 종류 ……………………………………………………………… 764
03  급수관로의 구성 ……………………………………………………………… 771
04  급수계통의 조닝(Zoning) …………………………………………………… 775
05  적정한 급수압력의 유지 …………………………………………………… 778
06  배관 내 급수의 팽창과 동파 ……………………………………………… 781
07  급수 사용량의 산출 ………………………………………………………… 782
08  급수 부하유량 산정 ………………………………………………………… 786
09  급수 관경의 산출 …………………………………………………………… 790
10  급수(부스터)펌프의 사양 …………………………………………………… 795
11  급수배관의 재질 ……………………………………………………………… 796
12  급수탱크(저수조)의 종류 …………………………………………………… 802
13  경수연화장치(Water softer system) ……………………………………… 806
14  급수설비에서의 절수방안 ………………………………………………… 809

## 24장  빗물이용시설

01  빗물이용시설의 구성 ……………………………………………………… 813
02  집수면 및 집수 유량 ……………………………………………………… 814
03  구성 요소별 세부사항 ……………………………………………………… 816
04  빗물이용시설의 유지관리 점검 내용 및 주기 ………………………… 819

## 25장  중수도 시설

01  중수도의 개요 ………………………………………………………………… 820
02  중수도의 처리 과정 ………………………………………………………… 823
03  중수도 시설의 유지관리 …………………………………………………… 832

## 26장 급탕설비

01 급탕설비의 개요 ··················································································· 835
02 급탕방식의 종류 ··················································································· 836
03 급탕순환펌프 ······················································································· 838
04 급탕 사용량의 계산 ············································································· 840
05 급탕 온도 ····························································································· 842
06 급탕 및 환탕 배관 ··············································································· 844
07 급탕가열장치 ······················································································· 848
08 태양열 급탕설비, 히트펌프 급탕설비 ················································· 854

## 27장 배수설비

01 배수설비의 개요 ··················································································· 860
02 배수배관의 종류 ··················································································· 861
03 오배수 배관의 재질 ············································································· 862
04 배수 방법 ····························································································· 864
05 통기배관 ······························································································· 870
06 배수 입상배관 ····················································································· 875
07 수평 배수관 ························································································· 877
08 배수 관경의 결정 ················································································· 879
09 우수 배수관의 관경 선정 ··································································· 883
10 오·배수관의 유지관리 ········································································· 884

## 28장 에너지 절약방안 및 운전기법

01 건축 및 환경적 측면에서의 에너지 절감 ········································· 888
02 기계설비 열원장비에서의 에너지 절감 ············································· 894
03 펌프 및 배관 계통에서의 에너지 절감 ············································· 900
04 공조장비 및 덕트 계통에서의 에너지 절감 ····································· 904
05 운전제어 개선에 의한 에너지 절감 ··················································· 913
06 시설 개선에 의한 에너지 절감 ··························································· 918
07 시설 관리 및 유지보수에 의한 에너지 절감 ··································· 924
08 위생설비에서의 에너지 절감 ······························································· 926

# CHAPTER 01 물질의 성질과 단위

## 01 기본 단위

### (1) SI 단위계

1960년대 이후 세계 공통의 단위계가 확립되어 왔으며, 이것을 국제단위계(SI단위)라고 한다. SI단위계는 미터제의 절대단위계를 표준으로 하며, 10진법 채택으로 단위 사이의 환산이 편리하다. 국제미터협약에서는 다음과 같이 기본단위와 유도단위를 정의하고 있다.

### (2) 기본단위

- 길이 : m (미터)
- 질량 : kg (킬로그램)
- 시간 : s (초)
- 전류 : A (암페어)
- 온도 : K (켈빈)
- 광도 : cd (칸델라)
- 물질의 양 : mol (몰)

### (3) 유도단위

- 면적 : $m^2$
- 체적 : $m^3$
- 속력 : m/s
- 가속도 : $m/s^2$
- 밀도 : $kg/m^3$ (= 질량/체적)
- 비체적 : $m^3/kg$ (= 체적/질량)
- 농도 : $mol/m^3$
- 온도 : ℃ (섭씨도, K−273.15)
- 열전도율 : W/m·K
- 엔트로피 : J/K
- 평면각 : rad(라디안)
- 입체각 : sr(스테라디안)
- 힘 : N (뉴턴, $kg \cdot m/s^2$)
- 압력 : Pa (파스칼, $N/m^2$)
- 에너지, 일 : J (줄, N·m)
- 일률, 전력 : W (와트, $J/s^2$)
- 전하량 : C (쿨롱, A·s)
- 진동수, 주파수 : Hz (헤르츠, $s^{-1}$)
- 전위차 : V (볼트, W/A)
- 전기저항 : Ω (옴, V/A)
- 전기전도도 : S (지멘스, $Ω^{-1}$)
- 전기용량 : F (패럿, C/V)
- 인덕턴스 : H (헨리, Wb/A)
- 자기선속 : Wb (웨버, V·s) 외 다수

# 02 온도

## (1) 섭씨(攝氏) 온도

- 1742년 스웨덴의 Celsius가 정한 온도
- 표준 대기압하에서 순수한 물의 빙점을 0도, 비점을 100도로 하고 이 사이를 100등분하여 1 눈금을 1도로 정한 온도이며, ℃로 표시한다.

## (2) 화씨(華氏) 온도

- 알코올 온도계와 수은 온도계를 처음 만들었던 독일인 Fahrenheit가 정한 온도
- 표준 대기압하에서 순수한 물의 빙점을 32도, 비점을 212도로 하여 그 사이를 180등분하여 1눈금을 1도로 정한 온도이며, °F로 표시한다.

## (3) 절대온도(켈빈 온도)

- Kelvin에 의해 정해진 온도이며, K로 표시한다.
- 이상기체는 일정 압력하에서 온도 1℃ 상승에 따라 체적이 (0℃ 체적의) 1/273.15씩 증가하고, 일정한 용적하에서는 온도 1℃ 상승에 따라 압력이 (0℃ 압력의) 1/273.15씩 증가하는 것을 이용한 것이다.

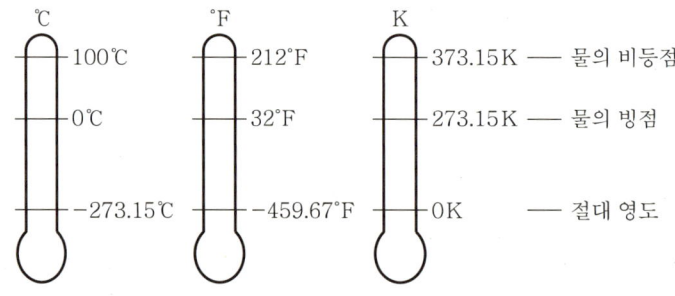

| 온도의 명칭 | 섭씨 | 화씨 | 절대 온도 |
|---|---|---|---|
| 단위 | ℃ | °F | K (Kelvin) |
| 비등점 | 100 ℃ | 212 °F | 373.15 K |
| 빙점 | 0 ℃ | 32 °F | 273.15 K |
| 절대 영도 | −273.15 ℃ | −459.67 °F | 0 K |
| 변환 수식 | $℃ = \dfrac{5}{9} \times (°F - 32)$ | $°F = \dfrac{9}{5} \times ℃ + 32$ | $T = ℃ + 273.15$ |

### (4) 건구온도(dry bulb temperature : DB, t,℃)

- 온도계의 감지부를 햇볕이 직접 닿지 않게 공기 중에 노출하여 측정한 온도
- 상대습도를 측정하기 위하여 습구 온도계와 같이 사용할 때 기온을 측정하는 온도계를 건구온도계로 구분하여 사용한다.

### (5) 습구온도(wet bulb temperature : WB, t′,℃)

- 온도계의 감지부를 얇은 물 또는 얼음의 막으로 싸고 직사일광이 닿지 않게 공기 중에 노출시켜서 측정한 온도를 말한다.
- 건습구 습도계의 두 개의 온도계 중 물 축인 헝겊으로 싼 온도계를 말하는데, 헝겊의 물이 증발하면서 증발열을 빼앗아 감지부의 온도가 떨어지기 때문에 습구온도는 건구온도보다 낮게 측정된다.
- 습구온도는 수증기압, 상대습대, 불쾌지수 등을 나타내는 경우에 주로 사용한다.

### (6) 노점온도(dew point temperature : DP, t″,℃)

- 일정한 압력에서 공기의 온도를 낮추어 갈 때 포화된 공기 중의 수증기가 공기로부터 분리되어 응축하기 시작할 때의 온도
- 노점온도는 공기 중의 수증기의 양, 즉 습도에 비례한다.
- 습공기 중의 수증기분압과 같은 수증기압을 갖는 포화온도에 해당하는데, 습공기선도상에서 상대습도 100% 부분의 커브에 해당하는 온도이다.

## 03 열량과 비열

### (1) 열량 [kcal]

표준대기압 하에서 순수한 물 1kg을 1℃ 높이는 데 필요한 열에너지의 양을 "열량"이라고 하고 1kcal라고 규정한다. 어떤 물질에 열을 가했을 때 변화하는 온도는 물질의 양(질량)이나 그 물질의 열적인 특성(비열)에 따라 다르므로 다음과 같은 계산식으로 계산할 수 있다.

① 열량 계산식 : 비열이 $C[\text{kcal/kg} \cdot ℃]$인 어떤 물체 $m[\text{kg}]$의 온도를 $\Delta t[℃]$만큼 변화시키는 데 필요한 열량 $Q$

$$Q = C \cdot m \cdot \Delta t [\text{kcal}]$$

② 물의 가열량 계산 예

어떤 용기에 담겨있는 20℃의 물 100kg을 60℃의 온수로 가열하기 위하여 필요한 열량은?

$$Q = C \cdot m \cdot \Delta t \quad (\text{※ 물의 비열 : 1 kcal/kg} \cdot ℃)$$
$$= 1 \text{ kcal/kg} \cdot ℃ \times 100 \text{ kg} \times (60-20) ℃$$
$$= 4,000 \text{ kcal}$$

③ 열교환기의 용량 계산 예

물이 펌프와 같은 장치에 의해 시간당 일정한 양으로 공급된다면, 예를 들어 어떤 열교환기에서 1,000lpm의 유량으로 공급되는 물을 20℃에서 60℃로 가열해야 한다면,

시간당 공급되는 질량(유량)의 환산 (lpm : liter per minute)
$$1,000\text{lpm} = 1,000\text{liter/min} = 1,000\text{kg/min}$$
$$= 1,000\text{kg/min} \times 60\text{min/hr} = 60,000\text{kg/hr}$$
$$Q = 1\text{kcal/kg} \cdot ℃ \times 60,000\text{kg/hr} \times (60-20)℃ = 2,400,000 \text{ kcal/hr}$$

④ 공기의 가열량 계산 예

100CMH로 공기조화기로 공급되는 10℃의 외부 공기를 30℃로 가열하여 실내로 급기해주기 위해 필요한 열량은?

$C$ (공기의 비열) : 0.24 kcal/kg℃,
$m$ (공기의 질량, 유량) = 체적 × 밀도(100 CMH = 100 m³/hr)

$$Q = C \cdot m \cdot \Delta t \quad (\text{공기의 밀도 : 1.2 kg/m}^3)$$
$$= 0.24 \text{ kcal/kg℃} \times 100 \text{ m}^3/\text{hr} \times 1.2 \text{ kg/m}^3 \times (30-10) ℃$$
$$= 576 \text{ kcal/hr}$$

⑤ 1kWh ≒ 860kcal/h

냉난방 장비의 능력을 나타낼 때 냉방이나 난방 열량을 kW의 단위로 표현하는 경우가 많이 있는데, 1kWh는 약 860kcal/h로 계산하면 된다.

## (2) 비열, Specific Heat [kcal/kg · ℃]

어떤 물질의 단위중량(1kg)을 1℃ 높이는 데 필요한 열량을 비열(Specific Heat)이라고 하고, 단위는 kcal/kg · ℃을 사용한다. 앞의 열량 계산식을 이용하여 어떤 질량의 물질에 가해진 열량과 그로 인한 온도의 변화를 알면 비열을 계산해낼 수 있다.

$$C = \frac{Q}{m \cdot \Delta t} \text{ [kcal/kg} \cdot ℃]$$

비열은 물질의 고유한 특성으로 각각의 수치를 가지고 있는데, 예를 들어 1kg의 물을 1℃ 올리는 데 소요되는 열량은 1kcal이고, 1kg의 구리를 1℃ 올리는 데 소요되는 열량은 0.092kcal이다. 구리(동관)와 같이 비열이 적으면 적은 열량으로도 쉽게 온도를 올릴 수 있으므로 코일이나 전열관과 같이 상호 열교환하는 하는 가열장치, 또는 열교환장치의 재질로 널리 사용되고 있다.

이와는 반대로 비열이 크면 가열에 많은 열량이 소요되고 더 많은 열량을 보유할 수 있어 열에너지의 운반에 유리하므로 우리 주위의 유체 중 비열이 큰 물은 냉난방시스템에서 좋은 열 운반매체로 사용되고 있다.

▼ 물질의 비열

단위 : kcal/kg · ℃

| 재료명 | 비열 | 재료명 | 비열 | 재료명 | 비열 |
|---|---|---|---|---|---|
| 물 | 1.0 | 바닷물 | 0.94 | 석유 | 0.5 |
| 공기 | 0.24 | 황동 | 0.092 | 콘크리트 | 0.27 |
| 얼음 | 0.487 | 금 | 0.031 | 알루미늄 | 0.22 |
| 증기(1psia) | 0.349 | 알코올(0℃) | 0.55 | 대리석 | 0.21 |

## (3) 현열과 잠열

① 현열 : 어떤 물질의 상태 변화 없이 온도만 변화하는 데 필요한 열

- 액체, 또는 물인 경우

$$q_s = C \cdot m \cdot \triangle t$$

여기서, $C$ : 비열 [kcal/kg · ℃], 물=1.0 kcal/kg · ℃
  $m$ : 질량 [kg]
  $\triangle t$ : 온도의 변화폭 [℃]

- 공기의 경우

$$q_s = C_p \cdot m \cdot \triangle t = C_p \cdot Q \cdot \rho \cdot \triangle t$$
$$= 1.01 \times Q \times 1.2 \times \triangle t = 1.21 \cdot Q \cdot \triangle t \, [\text{kJ/h}]$$
$$= 0.34 \cdot Q \cdot \triangle t \, [\text{W}] = 0.288 \cdot Q \cdot \triangle t \, [\text{kcal/h}]$$

여기서, $C_p$ : 공기의 정압비열=0.24 [kcal/kg℃]=1.01 [kJ/kgK]
  $\rho$ : 공기의 밀도=1.2 [kg/m³]
  $Q$ : 풍량 [m³/h]

② 잠열 : 물질의 상태 변화(고체 ↔ 액체 ↔ 기체)에 따라 출입하는 열
  • 물의 경우

$$q_L = 증발\ 잠열 \times 질량(m) = 539[kcal/kg] \times m[kg]$$

  • 공기의 경우

$$q_L = m \cdot \gamma \cdot \triangle x = \rho \times Q \times 2{,}501 \times \triangle x$$
$$= 1.2 \times Q \times 2{,}501 \times \triangle x = 3{,}001 \cdot Q \cdot \triangle x\ [kJ/h]$$
$$\fallingdotseq 834 \cdot Q \cdot \triangle x\ [W] = 717 \cdot Q \cdot \triangle x\ [kcal/h]$$

여기서, $\gamma$ : 수증기의 증발 잠열 = 2,501 [kJ/kg]
  $\triangle x$ : 상태 변화 전후의 절대습도차 [kg/kg′]

③ 물의 증발(물 ↔ 수증기) 잠열은 539kcal/kg, 융해(얼음 ↔ 물) 잠열은 80kcal/kg

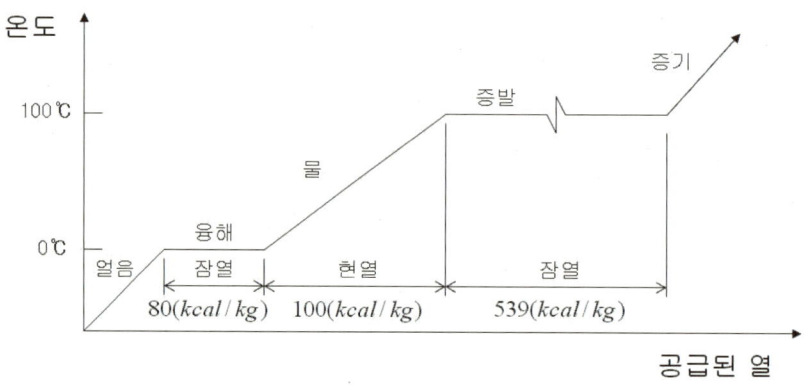

| 15℃의 물 40kg을 가열하여 수증기로 만들기 위해 필요한 가열 열량은? |
|---|

15℃ 물 → 100℃ 물 → 100℃ 수증기로 가열하기 위해 필요한 현열과 잠열을 순차적으로 계산해 보면,
현열(15℃ 물→100℃ 물) = $C \cdot m \cdot \triangle t$
  = 1 kcal/kg·℃ × 40 kg × (100−15) ℃
  = 3,400 kcal
잠열(100℃ 물→100℃ 수증기) = 539 kcal/kg × 40 kg
  = 21,560 kcal
필요한 가열량 = 현열 + 잠열 = 3,400 + 21,560 = 24,960 kcal

## (4) 열용량, 열의 일당량

### ① 열용량
열용량은 어떤 물체를 1℃ 높이는 데 필요한 열량이며, 단위는 kcal/℃이다.

### ② 열의 일당량
열이나 일의 본질은 에너지이므로, 열과 일의 양을 환산하여 비교해 보면,(열량 $Q$ kcal, 이와 동등한 일량을 $W$ kg$_f$ · m라 하면)

$$W = J \cdot Q$$

여기서, J를 "열의 일당량"이라 하며 426.8kg$_f$ · m/kcal이다.

즉, 1 kcal는 426.8 kg$_f$ · m에 상당한다. $W$의 단위를 kg$_f$ · m 대신 Joule을 사용한다면,

$$426.8 \text{ kg}_f \cdot \text{m} = 4{,}186 \text{ J} \ (\because 1 \text{ kg}_f = 9.8 \text{ N})$$

즉, 1 kcal는 4,186 J에 상당한다.(1cal ≒ 4.2J)

### ③ 일의 열당량
J의 역수를 "일의 열당량"이라 하고 A로 나타낸다.

$$Q = \frac{1}{J} \cdot W = A \cdot W$$

▼ 에너지, 열의 단위 환산

| 구 분 | kcal | kWh | kg$_f$ · m | ft · lb$_f$ | Btu |
|---|---|---|---|---|---|
| 1 J (N · m) = | 0.000239 | $2.778 \times 10^{-7}$ | 0.101972 | 0.737562 | 0.000948 |

## 04 압력, 압력계

배관이나 덕트, 또는 특정한 체적을 가지고 있는 용기의 내부에 기체나 액체와 같은 유체를 펌프나 송풍기를 통해 밀어 넣게 되면 유체가 용기의 벽을 밖으로 밀려고 하는 힘이 생기게 된다. 이러한 힘이 바로 압력이며 단위면적당 수직으로 작용하는 힘으로 나타낸다.

이 힘을 중력단위계에서는 $kg_f/cm^2$, 또는 $kg_f/m^2$의 단위로 나타내고, 전자를 기압(혹은 공학기압)이라고도 부르며 일반적으로 "at"의 기호로 표시한다. 또 $1kg_f/m^2$은 물기둥 1mm 높이에 해당하는 압력이며 1mmAq 혹은 $1mmH_2O$로 표시하기도 한다.

한편 중력가속도(g)가 국제표준값 $9.806m/s^2$인 장소에서 밀도가 $13.5951g/cm^3$인 0℃의 수은주 760mm에 해당하는 압력(760mmHg)을 표준기압(standard atmospheric pressure)이라 부르며 atm으로 표시하기도 한다.

표준기압과 공학기압과의 관계는 다음과 같다. 즉, 약 $1kg/cm^2$의 압력은 배관이나 탱크 내에 10m 높이의 물이 채워져 있을 때 최하부에서 걸리는 압력(자연압)과 같으며, 반대로 $1kg/cm^2$의 공급압력은 물을 10m 위의 높이까지 밀어 올릴 수 있는 능력을 가지고 있다.

$$1.0332 kg/cm^2 = 1atm = 760mmHg = 10.332mAq = 101,325Pa$$

압력의 S.I 단위는 $N/m^2$(Pa, 파스칼)인데 다른 압력 단위와의 관계는 아래의 표와 같다.

| 구 분 | bar | Pa | atm | $mH_2O$ | mHg |
|---|---|---|---|---|---|
| 1 $kg_f/cm^2$ = | 0.980665 | 98,066.5 | 0.9678 | 10.0 | 0.7356 |

## (1) 절대압력(absolute pressure)

완전 진공상태를 0으로 하여 측정한 압력으로, 절대압력은 실제로 가스가 용기의 벽면에 가하는 힘의 크기를 의미한다. 우리가 생활하는 일반적인 조건에서 아무런 압력도 걸리지 않은 상태로 인식되는 대기압도 절대압력으로는 $1.03kg/cm^2$의 압력을 가지고 있으며, 다른 압력과 구분하고자 할 경우에는 압력 단위 뒤에 abs, 또는 ata을 붙여 표기하기도 한다.

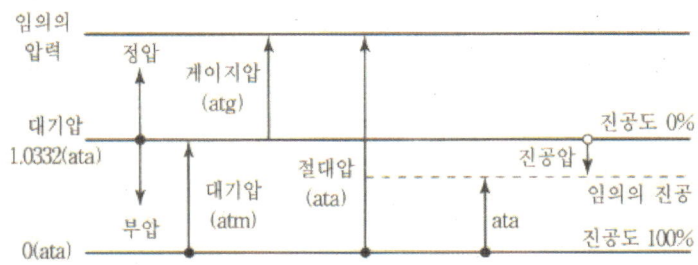

게이지압, 절대압력, 대기압 및 진공도의 관계

- 절대압력(ata) = 게이지 압력(atg) + 대기압(atm)

### (2) 게이지 압력(gage pressure)

어떤 배관이나 용기에 걸리는 압력과 대기압과의 차이를 압력계를 이용하여 측정한 압력으로, 일반적으로 $kgf/cm^2$나 MPa로 많이 표시되고 있다. 즉 게이지는 대기압을 기준으로 절대압력을 표시하는 계기인데, 압력계에서의 $0kgf/cm^2$은 대기압(1.03ata)을 의미한다.

게이지 압력을 다른 압력과 구분하기 위해 atg로 표기하기도 한다.

### (3) 진공(vacuum)

대기압 이하의 압력을 진공이라 하고 진공에서의 게이지 압력을 진공도(gage vacuum)라고 부른다. 즉 진공도는 어떤 상태에서의 압력과 대기압의 차이를 말하며, 대개 mmHg의 단위로 나타낸다. 또 진공도는 그 값과 760mmHg와의 비(%)로서 나타내는 경우도 많다.

$$진공도(\%) = \frac{진공\ 압력}{대기압} \times 100$$

### (4) 압력계, 연성계, 진공계, 마노미터

배관이나 장비들에서 작용하는 압력을 측정하기 위해서는 압력계나 연성계, 또는 진공계를 사용한다. 압력계는 펌프의 토출측처럼 항상 양의 압력이 작용하는 곳에 설치하며, 압력계에서의 $0kgf/cm^2$은 일반적인 대기압(1.03ata) 조건에서 압력이 작용하지 않음을 의미한다.

압력계  연성계  진공계  마노미터

연성계는 대기압 이상의 압력과 대기압 이하의 압력을 측정할 수 있는 계측기(압력계와 진공계를 합친 것)로서 주로 펌프의 흡입측에 설치된다. 수원이나 물탱크의 수위가 펌프보다 아래 쪽에 위치하는 흡입 펌핑방식에서는 흡입배관 내의 압력이 항상 대기압 이하가 되므로 연성계나 진공계를 설치해야 한다. 펌프 흡입측에 마찰손실이 큰 장비가 설치되거나 흡입배관이 긴 경우에도 게이지 압력이 대기압 이하가 될 수 있으므로 연성계를 설치하는 것이 바람직하다.

펌프 흡입배관이라고 해도 압력이 항상 대기압 이상이 유지되는 밀폐배관계통의 순환펌프이거나 물탱크의 수위가 펌프보다 충분히 높은 경우에는 압력계를 설치해도 무방하다.

진공계는 대기압 이하의 압력을 측정하는 계기로서, 펌프의 흡입측이나 진공펌프와 같은 진공장치에 설치하여 진공도를 표시한다. 부(負) 또는 음의 게이지 압력을 측정하는 게이지로서 측정되는 범위는 0mmHg~760mmHg까지이다.

압력게이지로는 유체의 압력 변화에 따라 신축하는 브로동관에 의해 압력을 측정하는 브로동관 압력계가 널리 사용된다. 브로동관 압력계는 양압이나 부압 등의 측정이 가능하나, 내부의 브로동관이 유체와 직접 접촉하기 때문에 부식성이 있거나 고온의 유체에 사용할 경우에는 주의가 필요하다.

송풍기의 풍압이나 덕트 내의 공기압력과 같이 유체의 압력차가 적은 경우에는 수주의 높이(mmAq 또는 mmH$_2$O)로 표기하며, 마노메타(mano-meter)를 이용하여 U자관의 양쪽 액의 높이차를 이용하여 측정한다.

## (5) 압력게이지의 설치

### ① 압력계의 설치 위치

펌프 토출측에 설치하는 압력계는 일반적으로 체크밸브 이전(1차측)에 설치하는 것이 바람직한데, 압력계를 이용하여 펌프의 정확한 토출압력을 측정하여 성능을 시험하거나 판단하기에 적합하기 때문이다. 또한 여러 대의 펌프가 병렬로 연결되어 있을 경우 토출측 압력계의 눈금을 통해 정지된 펌프와 작동되는 펌프를 구별하기도 용이하다.

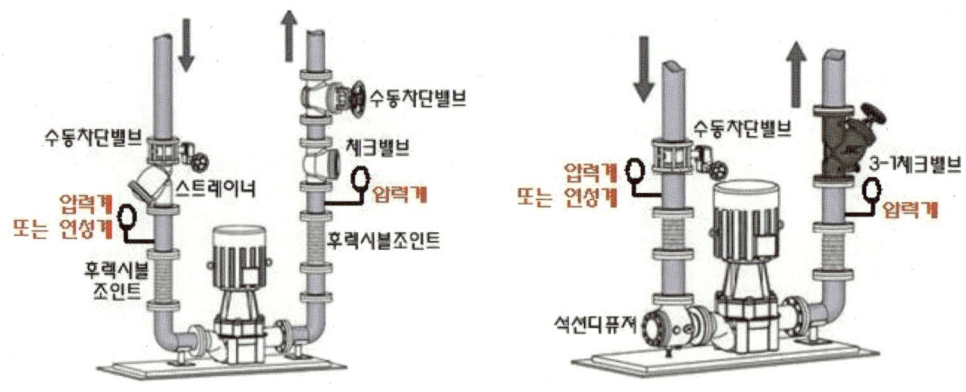

② 압력계의 눈금 범위

압력계를 설치할 때는 눈금의 범위가 너무 넓으면 지침을 읽기에 불편함이 있으므로 일반적으로 사용압력의 1.5~2배 범위의 압력계를 설치한다. 아울러 일상적인 유지관리 시 압력계 지침의 정상 여부를 쉽게 판단하기 위하여 지침의 적정 운전범위를 게이지 표면에 표시해 두면 편리하다.

| 최저 및 최고 범위값 표시 |

| 유리에 사용 범위를 비닐로 부착 |

③ 사용 여건을 고려한 압력계의 선택

펌프와 같이 진동이나 맥동이 있는 배관에는 오일충만식 게이지를 사용하면 지침의 흔들림이 적어져 사용상 편리하다. 또한 유체가 증기와 같이 고온일 경우 압력계 내부의 브로동관이 손상될 우려가 있으므로 증기용 압력계를 사용하도록 한다.

측정하고자 하는 유체가 부식성이 있거나 고점도인 경우, 또는 고형물이 혼합되어 있어 압력계의 성능과 수명에 영향을 줄 우려가 있을 때에는 유체와 압력계가 플랜지 사이의 격막으로 분리되어 있는 격막식 압력계를 사용해야 한다.

| 오일충만식 압력계(좌), 일반 압력계(우) |

| 격막식 압력계 |

④ 사이펀 관의 설치

압력게이지를 설치할 때에는 배관과 압력계 사이에 사이펀 관을 설치하는데, 배관 내의 압력 변화시 수충격(맥동)이 직접적으로 압력계에 전달되는 것을 완화시켜 주는 기능을 한다. 특히 유체가 증기용인 경우에는 평상시(증기 미사용 시) 사이펀 관의 나선형 관 내에 증기가 식은 물이 채워져 있어 뜨거운 증기가 직접적으로 압력계의 브로동관과 접촉하는 것을 줄여주는 효과가 있다. 따라서 증기용 배관에는 압력계 설치 시 사이펀 관을 사용하여야 하며, 사이펀 관과 연결된 밸브도 내열성이 있는 밸브를 사용해야 한다.(볼밸브나 청동게이트밸브는 내열성이 약해 부적합함) 유체가 물인 경우에는 사이펀 관을 사용하더라도 유체의 수충격이 게이지에 전달되는 것을 예방하는 효과가 미미하다. 사이펀 관을 설치한 경우에는 전단의 차단밸브를 어느 정도 닫아서 압력계 지침의 흔들림이 적어지도록 조정하여 사용하고, 근래에는 사이펀 관 대신 밸브의 개도율이 아주 적은 사이펀 밸브를 많이 사용하고 있다. 펌프 주위와 같이 압력의 흔들림이 많은 곳에는 가급적 오일충만식 압력계를 사용하는 것이 지침을 읽기에 편리하다.

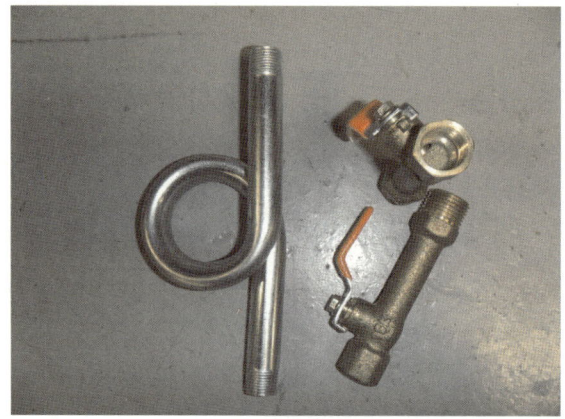

| 압력계의 사이펀 관(좌)과 사이펀 밸브(우) |

## 05 힘, 무게, 질량, 일

### (1) 힘의 단위

- 1 N(Newton) : 질량 1 kg인 물체를 1 m/s²의 가속도로 움직이게 하는 힘

$$1\ N = 1kg \times 1m/s^2 = 1kg \cdot m/s^2$$

- 1 dyne : 1 g의 질량을 1 cm/s²의 가속도로 움직이는 힘

$$1\ dyne = 1g \times 1cm/s^2 = 1g \cdot cm/s^2$$
$$10^5\ dyne = 1\ N$$
$$(\because 1\ N = 1kg \cdot m/s^2 = 1000g \cdot 100cm/s^2 = 10^5 g \cdot cm/s^2 = 10^5 dyne)$$

▼ 힘의 단위 환산

| 구 분 | dyne | kg_f | lb_f | pdl |
|---|---|---|---|---|
| 1 N = | 100,000 | 0.101972 | 0.2248 | 7.233 |

### (2) 질량과 무게

- 질량 : 위치에 따라 변하지 않는 물체 고유의 양, 단위는 kg
- 무게 : 물체에 작용하는 지구의 중력으로서, 지구상의 위치나 높이에 따라 달라짐
  단위는 kg_f
- 1 kg_f (f = force) : 질량 1 kg인 물체를 지구가 중력가속도(9.80665m/s²)로
  잡아당기는 힘. 이것은 물체의 무게를 나타내며, 무게도 힘의 일종임

$$1\ kg_f = 1\ kg \times 9.8\ m/s^2 = 9.8\ kg \cdot m/s^2 = 9.8\ N$$
$$= 1\ kg_중\ (중 = 중력)$$
$$= 1\ kg_w\ (w = weight)$$
$$= 1\ kp\ (kp = kilo\ pond)$$

※ 공학에서 보통 f를 생략하여 사용하기도 함

▼ 무게의 단위 환산

| 구 분 | g | ton | lb(파운드) | oz(온스) | 근(斤) |
|---|---|---|---|---|---|
| 1 kg = | 1,000 | 0.00984 | 2.20462 | 35.274 | 1.666 |

## (3) 무게와 힘

- 힘 : $F = m \cdot a$ (질량 × 가속도)

$$\text{무게} : W = m \cdot g \text{ (질량} \times \text{중력가속도)}$$

- 중력(g)이 없는 곳(예 : 우주)에서 큰 질량의 물체를 드는 데 필요한 힘은 0이다.
  ($W = m \cdot g$에서 $g = 0$이므로)
- 그러나, a의 가속도로 이 물체를 미는 데는 $F = m \cdot a$에 해당하는 힘이 필요하다.
- 1kg 질량의 무게는 지구상의 위치에 따라 변한다.
  $W = m \cdot g$에서 중력가속도 g의 크기는 고도나 위치에 따라 달라지기 때문이다.

## (4) 일과 일률

- 일은 물체에 일어난 변화의 양을 힘과 이동한 거리로 나타낸 것이다.
  힘의 크기를 $F$, 이동 거리를 $s$라 하면,

$$\text{일} \quad W = F \cdot s$$

- 일의 단위는 에너지의 단위와 같다.
  1 J (Joule) : 1N의 힘으로 1m 움직이는 데 필요한 일

$$\begin{aligned} &1 \text{ J} = 1 \text{ N} \cdot \text{m} = 1 \text{ kg} \cdot \text{m}^2/\text{s}^2 \\ &1 \text{ erg} = 1 \text{ dyne} \cdot \text{cm} = 10^{-7} \text{J} \quad (\because 1\text{dyne} = 10^{-5}\text{N},\ 1\text{cm} = 10^{-2}\text{m}) \\ &1 \text{ kWh (kilowatt} \cdot \text{hour)} = 3.6 \times 10^6 \text{J} = 3.6 \text{MJ} \\ &1 \text{ kg}_f \cdot \text{m} = 9.80665 \text{J} \end{aligned}$$

- 일률은 단위시간에 한 일의 양이다.

$$P = \frac{W}{t} = \frac{F \cdot s}{t} = F \cdot v$$

1 W (Watt) = 1 J/s
역으로 일률에 시간을 곱하면 일이 된다. 즉,

$$P = \frac{W}{t} \text{에서 } P \cdot t = W$$

- 1 PS = 75 kg·m/s = 735.5 W = 0.7355 kW
  (PS는 불마력이나 독마력 또는 미터마력이라 하며, 독어 Pferdstärke(마력)의 약자임)

- 1 HP = 550 lb·ft/s = 745.7 W(HP는 영마력이라 하며, PS에 비해 적게 쓰임. Horse Power의 약자임)

## 06 비중, 비중량, 밀도

### (1) 밀도($\rho$)

- 밀도 : 어떤 물질의 단위체적당의 질량(단위는 kg/m³)
- 동일한 물질이라도 온도에 따라서 밀도가 달라진다. 예를 들어 물은 4℃에서 밀도가 가장 크다. 4℃보다 온도가 올라가게 되면 밀도가 작아지게 된다.
- 이로 인해 유체의 대류현상이 발생된다. 물이나 공기를 가열하면 뜨거워진 물이나 공기는 밀도가 낮아져 위로 올라가고, 차가운 공기나 물이 아래로 가라앉는 흐름이 생기는 데 이것이 대류현상이다.

▼ 밀도의 단위 환산

| 구 분 | g/m³ | g/ℓ | lb/in³ | lb/ft³ | lb/gal |
|---|---|---|---|---|---|
| 1 kg/m³ = | 0.001 | 1 | 0.000036 | 0.06242 | 0.008345 |

### (2) 비중량($\gamma$)

- 비중량(Specific weight)은 단위체적에 대한 중량을 의미한다. 단위는 $kg_f/m^3$
- 밀도를 $\rho$, 비중량을 $\gamma$, 중력가속도를 $g$라 하면,

$$\gamma = \rho \cdot g$$

- 비중량은 온도, 압력, 습도에 따라서 변화한다.(절대압력에 비례, 절대온도에 반비례)

$$\frac{\gamma_2}{\gamma_1} = \frac{P_2}{P_1} \times \frac{T_2}{T_1}$$

## (3) 비중(S)

- 비중(Specific)은 어떤 물질의 질량을 동일한 체적에 놓여있는 4℃ 표준기압의 순수한 물의 질량과 비교하여 나타낸 비이며, 무차원수이다.
- 때로는 물질과 물의 기준온도를 명시하여 15℃/4℃, 60℉/60℉ 등으로 나타내기도 한다. 여기서 15℃는 시료의 온도, 4℃는 물의 기준온도이다.

| 재료명 | 비 중 |
|---|---|
| 물 | 1 |
| 납 | 11.34 |
| Au (금) | 19.32 |

| 재료명 | 비중 |
|---|---|
| Hg (수은) | 13.6 |
| 시멘트 | 2.7~3.3 |
| 얼음 | 0.917 |

## 07 물의 성질

### (1) 부피와 무게

- 순수한 물은 1기압 하에서 온도가 4℃일 때 가장 무겁고, 그 부피는 최소가 된다.(이때의 물의 비중량 $\gamma$은 1,000kg/m³)

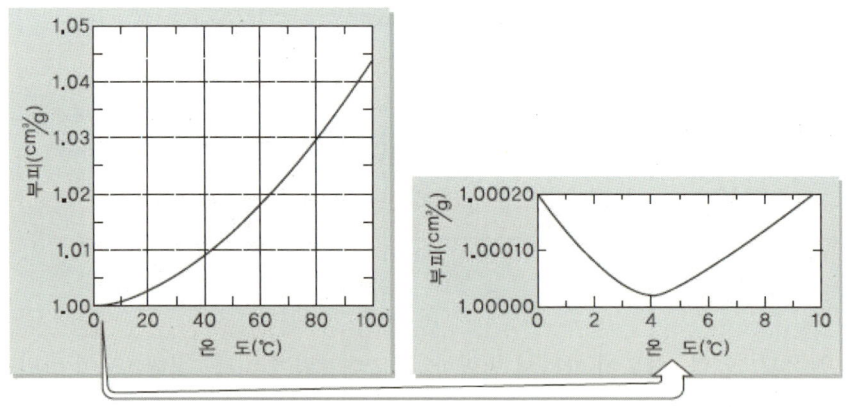

### (2) 온도와 부피

- 0℃의 물 ⇒ 0℃의 얼음으로 냉각 : 부피가 약 9% 팽창
- 4℃의 물 ⇒ 100℃의 물로 가열 : 부피가 약 4.3% 팽창
- 100℃의 물 ⇒ 100℃의 증기로 가열 : 부피가 약 1,700배 팽창

## (3) 온도에 따른 물의 밀도 및 증기압의 변화

| 온도 (℃) | 밀도 kg/ℓ | 증기압(절대) MPa | 증기압(절대) $kg_f/cm^2$ |
|---|---|---|---|
| 0 | 1.000 | $6.1 \times 10^{-4}$ | 0.0062 |
| 10 | 1.000 | $1.23 \times 10^{-3}$ | 0.0125 |
| 20 | 0.998 | $2.33 \times 10^{-3}$ | 0.0238 |
| 30 | 0.996 | $4.24 \times 10^{-3}$ | 0.0432 |
| 40 | 0.992 | $7.38 \times 10^{-3}$ | 0.0752 |
| 50 | 0.988 | 0.0123 | 0.1257 |
| 60 | 0.983 | 0.0199 | 0.2031 |
| 70 | 0.978 | 0.0311 | 0.3177 |

| 온도 | 밀도 | 증기압(절대) MPa | 증기압(절대) $kg_f/cm^2$ |
|---|---|---|---|
| 80 | 0.972 | 0.0047 | 0.4829 |
| 90 | 0.965 | 0.0701 | 0.7149 |
| 100 | 0.958 | 0.1013 | 1.0332 |
| 110 | 0.951 | 0.1433 | 1.461 |
| 120 | 0.943 | 0.1986 | 2.025 |
| 130 | 0.935 | 0.2702 | 2.755 |
| 140 | 0.926 | 0.3614 | 3.685 |
| 150 | 0.917 | 0.4761 | 4.855 |

## 08 공기의 성질

### (1) 건조공기의 성질

① 건조공기(Dry air)의 밀도 = 1.2 [kg/m³] (20℃ 기준)

② 건조공기의 비체적 = 0.83 [m³/kg] (밀도의 역수)

③ 정압비열 $C_p = 0.24$ [kcal/kg · ℃] = 1.01 [kJ/kg · K]

④ 건조공기의 엔탈피 $h_a = C_p \times t = 0.24t$ [kcal/kg · ℃] (현열량)

### (2) 수증기의 성질

① 수증기의 정압비열 $C_{pv} = 0.441$ [kcal/kg · ℃] = 1.85 [kJ/kg · K]

② 수증기의 증발잠열 $\gamma = 597.5$ [kcal/kg] = 2,501 [kJ/kg]

③ 수증기의 엔탈피 $h_v = \gamma + C_{pv} \times t = 597 + 0.441\, t$ [kcal/kg · ℃]

## (3) 습공기의 성질

### ① 습공기(Moist air, Humid air)의 상태

건조공기     수증기     습공기

- 중량 : 건조공기 1kg + 수증기 $x$ kg = $(1+x)$ kg
- 체적 : $V + V = V$
- 압력 : 공기의 분압력 $P_a$ + 수증기 분압력 $P_w = P = 1.03332$ [kg/cm²]
- 습공기 엔탈피 = 1kg 건조공기의 엔탈피 + $a$ kg의 수증기 엔탈피

$$h = C_p \cdot t + (\gamma + C_{pv} \cdot t) \cdot a$$
$$\phantom{h} = 1.01t + (2,501 + 1.85 \cdot t) \cdot a \text{ [kJ/kg]} \quad \cdots \text{ } SI\text{단위}$$
$$h = 0.24t + (597.5 + 0.441 \cdot t) \cdot a \text{ [kcal/kg]} \quad \cdots \text{ 공학단위}$$

여기서, 1[kcal] = 4.186[kJ], 1[kW] = 3,600[kJ/h]

### ② 포화공기와 이슬점

- **포화공기(saturated air)** : 공기 중에 함유되어 있는 수증기의 양에는 한도가 있는데, 건구온도가 높아질수록 함유할 수 있는 수증기의 함유량은 많아지고 온도가 내려갈수록 수증기의 함유량은 적어진다. 어떤 상태의 공기의 온도가 내려가 수증기를 최대한 함유할 수 있는 상태에 이르렀을 때, 그 공기의 상태를 "포화공기"라 하고 그때의 온도를 "노점온도"라고 한다.
- **노점온도(Dew Point : DP, ℃)** : 어떤 상태의 공기가 "노점온도"에 이르러 포화상태가 되었을 때 다시 추가로 냉각하게 되면 포화수증기량을 넘어서는 여분의 수증기가 결로(응결)되어 이슬(물)로 변하기 시작한다. 이로 인해 노점온도를 흔히 "이슬점"이라고도 부른다.

### ③ 절대습도(Absolute humidity : $x$, kg/kg′)

- 공기 중에 포함되어 있는 수증기의 중량으로 습도를 표시하는 것으로, 건공기 1kg에 포함되어 있는 수증기의 양($x$ kg)을 의미함

$$x = 0.622 \cdot \frac{P_v}{P - P_v} = 0.622 \cdot \frac{\phi P_s}{P - \phi P_s}$$

여기서, $P$ : 습공기의 전압 $(P_a + P_v)$ [mmHg]
$P_v$ : 수증기 분압 [mmHg]
$P_a$ : 건공기 분압 [mmHg]
$P_s$ : 포화 수증기압 [mmHg]

④ 상대습도(Relative humidity : $\phi$, %)
- 1m³의 습공기 중에 포함되어 있는 수분의 중량과 이와 동일 온도 1m³의 포화습공기 중에 포함되어 있는 수분과의 중량의 비를 나타냄
- 대기중에 습증기가 포함하고 있는 습도의 양을 나타내는 것으로, 상대습도 100%란 포화습공기를 말하며 상대습도 0%는 건조공기를 의미함

$$\Phi = \frac{P_v}{P_s} \times 100(\%) = \frac{\gamma_v}{\gamma_s} \times 100(\%)$$

⑤ 현열비(Sensible Heat Factor : SHF)
- 습공기의 상태가 어떤 상태에서 다른 상태로 변화될 때, 엔탈피 변화에 대한 현열의 변화의 비

$$SHF = \frac{\text{현열}}{\text{전열}} = \frac{\text{현열}}{\text{현열} + \text{잠열}}$$

⑥ 열수분비
- 절대습도(수분)의 변화에 대한 엔탈피(열량)의 변화의 비

$$u = \frac{h_2 - h_1}{x_2 - x_1}$$

⑦ 습공기의 현열과 잠열

$$\begin{aligned}
\text{현열 } q_s &= G \cdot C_p \cdot \triangle t = G \times 1.01 \times \triangle t \\
&= 1.2 \times Q \times 1.01 \times \triangle t = 1.21 \cdot Q \cdot \triangle t \, [\text{kJ/h}] \\
&= 0.34 \cdot Q \cdot \triangle t \, [\text{W}] = 0.288 \cdot Q \cdot \triangle t \, [\text{kcal/h}]
\end{aligned}$$

$$\begin{aligned}
\text{잠열 } q_L &= G \cdot \gamma \cdot \triangle x = G \times 2{,}501 \times \triangle x \\
&= 1.2 \times Q \times 2{,}501 \times \triangle x = 3{,}001 \cdot Q \cdot \triangle x \, [\text{kJ/h}] \\
&\fallingdotseq 834 \cdot Q \cdot \triangle x \, [\text{W}] = 717 \cdot Q \cdot \triangle x \, [\text{kcal/h}]
\end{aligned}$$

$$\text{전열 } q_T = 1.2 \cdot Q \cdot (h_2 - h_1) \; [\text{kJ/h}]$$
$$= 0.34 \cdot Q \cdot (h_2 - h_1) \; [\text{W}]$$

여기서, $G$ : 송풍량 [kg/h]
$Q$ : 송풍량 [m³/h]
$\gamma$ : 습공기의 증발잠열 [2,501kJ/kg]
$C_p$ : 정압비열 [kJ/kgK, kcal/kg℃]
$\Delta t$ : 온도차 [K, ℃]
$\Delta x$ : 절대습도차 [kg/kg′]

## (4) 습공기선도

### ① 습공기선도(Psychrometric chart)의 구성 요소

- 습공기선도 : 습공기의 열역학적 상태량들을 하나의 선도에 나타낸 그림
- 건구온도, 습구온도, 상대습도, 절대습도, 수증기분압, 엔탈피 등 습공기의 여러 가지 상태 중 2가지만 알고 있으면 다른 상태값들은 선도상의 좌표를 통해 쉽게 알 수 있음
- 이로 인해 습공기의 상태뿐만 아니라 공조 과정에서 습공기의 변화 상태를 선도를 이용하여 쉽게 계산할 수 있어 널리 사용됨

▼ 습공기선도의 구성

| 구분 | 표기 | 단위 |
|---|---|---|
| 건구온도 | t(DB) | ℃ |
| 습구온도 | t′(WB) | ℃ |
| 상대습도 | $\phi$ | % |
| 절대습도 | $x$ | kg/kg′ |
| 수증기분압 | $P_v(P_w)$ | kPa |
| 엔탈피 | $h(i)$ | kJ/kg |
| 비체적 | $v$ | m³/kg |
| 열수분비 | $u$ | kJ/kg |
| 노점온도 | t″(DP) | ℃ |
| 현열비선 | SHF | |

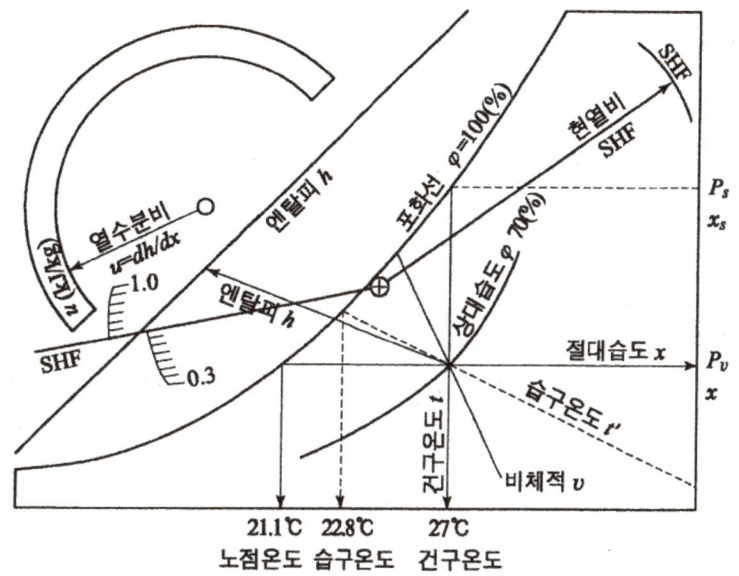

② 습공기선도에서의 상태 변화

0→1 : 가열
0→2 : 냉각
0→3 : 가습 (온도 변화 없는 조건)
0→4 : 감습, 제습 (온도 변화 없는 조건)
0→5 : 가열 가습
0→6 : 냉각 가습 (단열 가습)
0→7 : 냉각 감습 (냉각 제습)
0→8 : 가열 감습

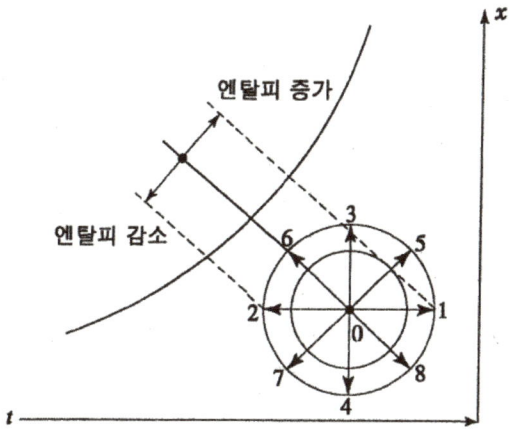

▼ 혼합 공기의 상태 변화

| 과 정 | 건구온도 | 상대습도 | 절대습도 | 엔탈피 |
|---|---|---|---|---|
| 가열 (0→1) | 상승 | 감소 | 일정 | 증가 |
| 냉각 (0→2) | 감소 | 증가 | 일정 | 감소 |
| 등온 가습 (0→3) | 일정 | 증가 | 증가 | 증가 |
| 등온 감습 (0→4) | 일정 | 감소 | 감소 | 감소 |

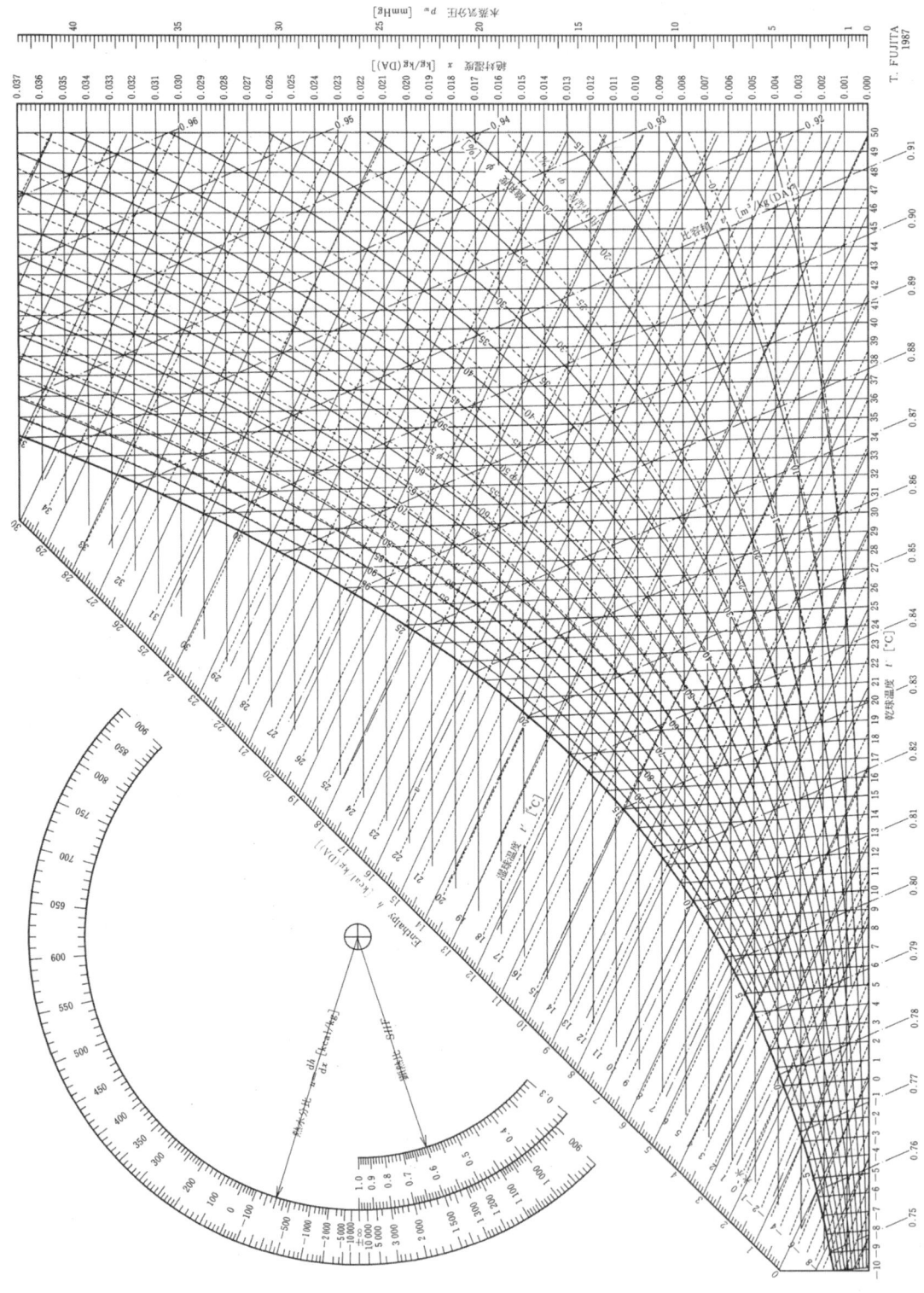

| 습공기선도 |

## (5) 습공기선도에서 공기의 상태 변화 계산

### ① 가열, 난방

- 난방을 위하여 코일에 습공기를 통과시켜 단순히 온도만 상승시키는 경우에는 절대습도가 일정하므로 습공기선도상에서 수평선으로 표시됨. 따라서 코일을 통과하는 습공기의 유량에 입·출구의 엔탈피 변화량을 곱하여 가열 열량을 산출하면 됨

$$\text{가열 열량 } q = m_a \times (h_2 - h_1)$$

여기서, $m_a$ : 습공기의 유량 [kg/h]
$h_1, h_2$ : 온도 변화 전·후 상태의 엔탈피 [kJ/kg]

> **풍량이 3,000m³/h인 2℃의 포화수증기를 가열코일에 통과시켜 40℃로 공급하고자 한다. 코일의 가열능력은 얼마나 되어야 하는가?**
>
> "습공기선도"에서 코일의 입구와 출구에서의 각각의 상태값들을 찾아보면,
> - 입구 상태 : $t_1 = 2℃$, $h_1 = 12.5$kJ/kg, $v_1 = 0.785$m³/kg
> - 출구 상태 : $t_2 = 40℃$, $h_2 = 51.4$kJ/kg
> - 코일 입구에서의 질량 유량은
>   $m_a = 3,000 \div 0.785 = 3,822$kg/h
> - 필요한 열량은
>   $q = m_a \times (h_2 - h_1) = 3,822 \times (51.4 - 12.5) = 148.7$ MJ/h

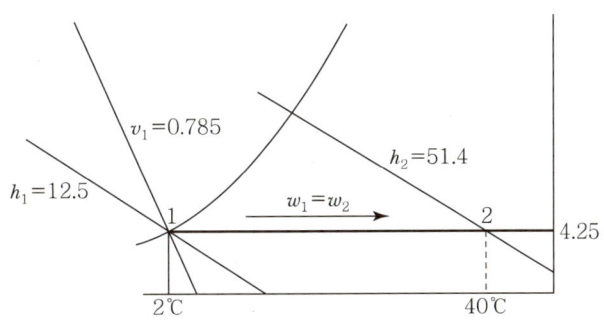

- 현업에서는 온도 변화에 따른 공기의 각 상태량들을 일일이 계산식에 반영하는 것이 번거롭고 가습이 없다면 현열량만으로 계산이 가능하여, 앞에서 설명한 현열량 간편 계산식을 많이 사용하고 있음 (다음과 같이 표준상태의 공기 밀도나 정압비열을 반영하고 온도차를 이용함)

$$q_s = C_p \cdot m \cdot \Delta t = C_p \cdot Q \cdot \rho \cdot \Delta t$$
$$\fallingdotseq 1.01 \times Q \times 1.2 \times \Delta t = 1.21 \cdot Q \cdot \Delta t \text{ [kJ/h]}$$
$$\fallingdotseq 0.34 \cdot Q \cdot \Delta t \text{ [W]} = 0.288 \cdot Q \cdot \Delta t \text{ [kcal/h]}$$

여기서, $C_p$ : 공기의 비열 = 0.24 [kcal/kg℃]
$\rho$ : 공기의 밀도 = 1.2 [kg/m³]
$Q$ : 풍량 [m³/h]

② **냉각, 냉방**

- 냉방을 위해 코일에서 공기를 냉각하게 되면 코일 표면에서 응결수가 발생되어 공기의 습도도 함께 변화되게 되므로 냉방능력 계산 시에는 엔탈피의 변화량과 수분의 변화량도 함께 고려해야 함

| 냉각 열량 | $q = m_a \times (h_2 - h_1)$ |
| 응축수의 양 | $L = m_a \times (x_1 - x_2)$ |

여기서, $L$ : 응결수(응축수, 또는 제습)의 양 [kg/h]
$x_1, x_2$ : 온도 변화 전,후의 절대습도 [kg/kg′]

> 습구온도 30℃, 상대습도 50%의 습공기가 17,000m³/h의 풍량으로 냉각코일을 거치면서 10℃의 포화공기로 냉각되어 공급된다. 코일의 냉각 용량은 얼마인가?

코일의 입구와 출구에의 공기 상태를 습공기선도상에서 확인해보면,
- 입구 상태 : $t_1 = 30℃$, $h_1 = 64.3 kJ/kg$, $\omega_1 = 13.3 g/kg$, $v_1 = 0.877 m3/kg$
- 출구 상태 : $t_2 = 10℃$, $h_2 = 29.5 kJ/kg$, $\omega_2 = 7.66 g/kg$,
- 응축수의 엔탈피는 "습공기의 열역학적 성질" 표에서, $h_2 = 29.5 kJ/kg$
- 코일을 통과하는 공기의 질량유량과 냉각에 필요한 열량은,
$$m_a = 17,000 \div 0.877 = 19,384 kg/h$$
$$q = m_a \times (h_1 - h_2) = 19,384 \times (64.3 - 29.5) = 674.56 MJ/h$$

- 참고로 냉각 중 발생되는 응축수(제습)의 양은,
$$L = m_a \times (x_1 - x_2) = 19,384 \times (0.0133 - 0.00766) = 109 kg/h$$

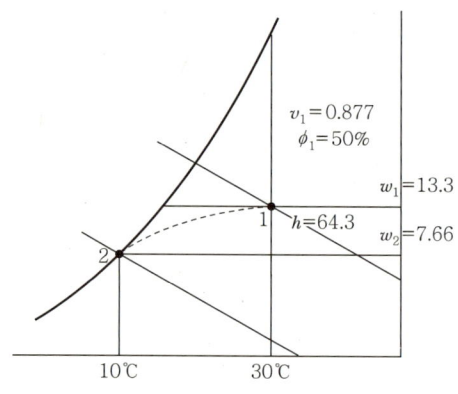

③ 제습, 가습

- 냉각 제습이나 별도의 제습장치에 의하여 순환공기를 제습할 경우 절대습도가 저하되게 되므로, 절대습도의 변화량에 풍량을 곱하여 계산함
- 제습, 또는 가습량

$$L \text{ [kg/h]} = m_a \times (x_1 - x_2) = \frac{Q}{\nu} \times (x_1 - x_2) ≒ 1.2 \times Q \times (x_1 - x_2)$$

여기서, $x_1, x_2$ : 장치 전·후의 절대습도 [kg/kg']

> 냉각코일의 입구에서 공기의 건구온도가 27℃(습구온도는 19.5℃)이고, 냉각 후 토출되는 공기의 건구온도는 14℃(습도는 90%)이다. 이때 코일의 냉각 열량과 제습량을 구하라.(팬의 풍량은 50m³/min임)

두 공기의 상태를 습공기선도상에서 살펴보면,

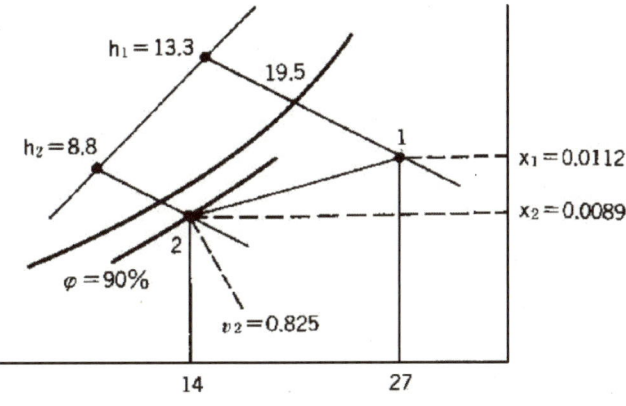

$$냉방능력, q \text{ [kcal/h]} = \frac{Q \times 60}{\nu} \times (h_1 - h_2)$$
$$= \frac{50 \times 60}{0.825} \times (13.3 - 8.8) = 16,364 \text{ [kcal/h]}$$

$$제습능력, L \text{ [kg/h]} = \frac{Q \times 60}{\nu} \times (x_1 - x_2)$$
$$= \frac{50 \times 60}{0.825} \times (0.0112 - 0.0089) = 8.4 \text{ [kg/h]}$$

④ 2가지 상태의 공기의 혼합

- 온도나 습도, 엔탈피, 풍량 등이 각각 다른 2가지 상태의 공기를 혼합할 경우 혼합된 공기의 온도, 습도, 엔탈피의 값은 아래의 수식으로 계산할 수 있다.

$$t_3 = \frac{Q_1 t_1 + Q_2 t_2}{Q_1 + Q_2}, \quad x_3 = \frac{Q_1 x_1 + Q_2 x_2}{Q_1 + Q_2}, \quad h_3 = \frac{Q_1 h_1 + Q_2 h_2}{Q_1 + Q_2}$$

여기서, $t_1, t_2$ : 상태 1, 2에서의 공기 온도
$Q_1, Q_2$ : 상태 1, 2에서의 공기 유량
$x_1, x_2$ : 상태 1, 2에서의 절대습도
$h_1, h_2$ : 상태 1, 2에서의 엔탈피

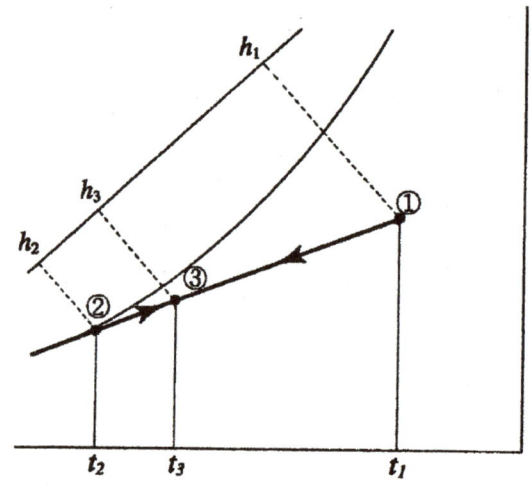

## 09 기타 단위의 환산표

▼ 길이의 단위 환산

| 구 분 | cm | in(인치) | ft(피트) | yd(야드) | miles(마일) |
|---|---|---|---|---|---|
| 1 m = | 100 | 39.37 | 3.2808 | 1.0936 | 0.00062 |

▼ 넓이의 단위 환산

| 구 분 | $in^2$ | $ft^2$ | ha | 평(坪) | $yd^2$ |
|---|---|---|---|---|---|
| 1 $m^2$ = | 1,550 | 10.764 | 0.0001 | 0.3025 | 1.1958 |

▼ 부피의 단위 환산

| 구 분 | $in^3$ | $ft^3$ | ℓ | gal(미국) | $yd^3$ |
|---|---|---|---|---|---|
| 1 $m^3$ = | 61,027 | 35.3147 | 1,000 | 264.18 | 1.30795 |

▼ 농도의 단위 환산

| 구 분 | ug/ℓ | mg/ℓ | g/ℓ | ppm | ppb |
|---|---|---|---|---|---|
| 1 % = | $1 \times 10^8$ | 10,000 | 10 | 10,000 | $1 \times 10^8$ |

▼ 속도의 단위 환산

| 구 분 | km/h | in/s | ft/s | miles/h | knots |
|---|---|---|---|---|---|
| 1 m/s = | 3.6 | 39.37 | 3.2808 | 2.237 | 1.944 |

▼ 유량의 단위 환산

| 구 분 | ℓ/s | $cm^3$/s | $m^3$/h | $ft^3$/min | gal/min |
|---|---|---|---|---|---|
| 1 ℓ/min = | 0.016667 | 16.6667 | 0.06 | 0.035314 | 0.26418 |

▼ 분률의 크기

| % (퍼센트) | ‰(퍼어밀) | ppm | pphm | ppb |
|---|---|---|---|---|
| 1 / 100 | 1 / 1,000 | 1 / 100만 | 1 / 1억 | 1 / 10억 |

# CHAPTER 02 송풍기(FAN)

## 01 송풍기의 특성과 이론

송풍기(Fan)는 기계적인 에너지를 기체나 유체에 주어서 압력과 속도에너지로 변환시켜 주는 기계장치이다. 송풍기는 사람들의 일상생활과 밀접한 일반 건축물의 급·배기용 및 공기조화용으로 활용됨은 물론 산업체의 제조공정용, 보일러 및 발전설비의 연소공기 공급용, 광산·지하철 및 터널 등의 급·배기용으로 폭넓게 사용되고 있으며, 사용 빈도가 높아 에너지 소비량도 많은 기계장치 중의 하나이다.

송풍기는 사용 용도나 조건에 따라 높은 송출압력을 필요로 하는 경우도 있고 큰 풍량이 요구되는 경우도 있다. 일반적으로 송출압력에 따라 다음과 같이 팬(Fan)과 블로어(Blower), 압축기(Compressor)로 구분하고 있다.

| 송 풍 기 | | 압 축 기 |
|---|---|---|
| FAN | Blower | 콤프레샤(Compressor) |
| 1,000mmAq 미만 ($0.1kg/cm^2$ 미만) | 1,000~10,000mmAq ($0.1~1.0kg/cm^2$) | 10,000mmAq 이상 ($1kg/cm^2$ 이상) |

### (1) 풍량(Air Volume, Q)

풍량은 송풍기가 단위시간당 흡입하는 공기의 양이다. 단, 압력비가 1.03 이하일 경우는 토출풍량을 흡입풍량으로 계산해도 무방하다. 풍량을 계산할 때 표준상태는 기온 20℃, 대기압 760mmHg, 습도 65%에서 공기의 비중량이 $1.205kg/m^3$일 경우를 말한다.

송풍기의 풍량은 연결된 덕트계통의 송풍량들의 총합계와 같다. 풍량을 결정할 때는 누설이나 송풍기의 노후화를 고려해 필요에 따라 5~10% 정도의 여유치를 갖는 것이 좋다.

풍량의 단위는 다음과 같으며, 주로 CMM과 CMH가 널리 사용된다.

① 풍량의 단위

CMS = m³/sec(초)
CMM = m³/min(분) = 60 × CMS
CMH = m³/hr(시간) = 60 × CMM = 3,600 × CMS
CFS = ft³/sec
CFM = ft³/min = 60 × CFS
CFH = ft³/hr = 60 × CFM = 3,600 × CFS

※ 1CMM = 35.317CFM

② 풍량의 계산식

$$풍량\ Q = A \cdot V$$
$$원형덕트\ Q = \frac{\pi}{4}d^2 \cdot V$$
$$사각덕트\ Q = (W \times H) \cdot V$$

여기서, $Q$ : 풍량($m^3/s$)
$A$ : 덕트의 단면적($m^2$)
$V$ : 덕트 내 유체의 속도(m/s)
$d$ : 원형 덕트의 지름(m)
$W, H$ : 사각 덕트의 가로, 세로(m)

**폭이 800mm, 높이가 400mm인 사각덕트의 내부에 공기가 6m/s의 속도로 공급되고 있을 때 풍량은 얼마인가?**

덕트의 단면적 $A = W \times H = 0.8 \times 0.4 = 0.32 m^2$
$Q = A \times V = 0.32 m^2 \times 6 m/s = 1.92 m^3/s\ (\times 3,600) = 6,912 m^3/h$ (CMH)

## (2) 송풍기의 압력

공기조화와 환기용으로 사용되는 송풍기의 발생 압력은 압력계 등으로는 거의 측정할 수 없을 정도의 저압력이므로 일반적으로 수주로 표시되어 있다. 이렇게 액체의 높이로 압력을 표시하는 경우에는 액체의 종류가 변하면 비중량이 달라져서 높이가 달라지므로 단위에 액체의 종류를 표시한다.

예를 들어, 물을 100mm 높이로 밀어 올리는 압력이라면 100mmAq라 표기하고, 수은의 경우 수은주가 760mm일 경우 760mmHg 등으로 표기한다.(※ $1mmAq = 1kg/m^2 = 0.0001 kg/cm^2$)

① 정압(Static Pressure, $P_s$)

정압은 송풍 저항에 대항하는 압력으로 기체의 흐름과 평행인 물체의 표면에 기체가 수직으로 미치는 압력이다. 정압은 덕트 표면에 수직인 구멍을 통하여 측정하며, 단위로는 Pa, mmAq(Aqua), mAq, kg/m², kg/cm², Bar 등이 있고 환산치는 다음과 같다.

$$1\text{atm}(표준대기압) = 760\text{mmHg}(수은주\ 높이) = 0.76 \times 13.595 \times 1{,}000$$
$$= 10{,}332\text{kg/m}^2 = 1.0332\text{kg/cm}^2$$
$$= 10.332\text{mAq} = 10{,}332\text{mmAq}$$
$$= 101{,}324\text{N/m}^2(\text{Pa}) = 1.013\text{Bar}$$

※ 1kg/cm² = 10mAq, 1mmAq = 9.80665Pa, 1Bar = 10⁵Pa

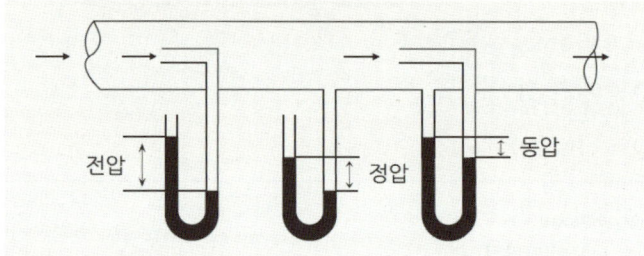

② 동압(Dynamic Pressure = Velocity Pressure, $P_d$)

동압은 속도에너지를 압력에너지로 환산한 값으로 속도압력이라고도 하며, 유체의 속도에 의해 발생하고 다음 식으로 표시된다.

$$P_d = \frac{V^2}{2g}\gamma$$
$$P_d = P_t - P_s$$
$$V = \frac{\sqrt{2g \times P_d}}{\gamma}$$

여기서, $V$ : 풍속(m/s)
$\gamma$ : 공기의 비중량(kg/m³) ≒ 1.2
$g$ : 중력가속도(m/s²) ≒ 9.8
$P_t$ : 전압(mmAq)
$P_s$ : 정압(mmAq)
$P_d$ : 동압(mmAq)

③ 전압(Total Pressure, $P_t$)

전압은 동압과 정압을 합한 것으로 실제로 송풍을 가능하게 하기 위해서는 이 전압이 필요하다.

$$P_t = P_s + P_d$$

## (3) 전동기의 동력 선정

$$P[\text{kw}] = \frac{Q \times \Delta P_a}{102 \times 3600 \times \eta} \times \alpha = \frac{Q \times \Delta P_p}{1000 \times 3600 \times \eta} \times \alpha$$

여기서, $Q$ : 풍량 [m³/hr]
$\Delta P_a$ : 압력손실, 전압 [mmAq]
$\Delta P_p$ : 압력손실, 전압 [Pa]
$\eta$ : 팬의 효율 [%]
$\alpha$ : 여유율

| 팬 종류 | 효율 | 팬 종류 | 효율 | 팬 종류 | 효율 |
|---|---|---|---|---|---|
| Air-Foil | 70~85% | Axial | 40~85% | Plate | 40~70% |
| Sirocco | 40~60% | Roof ventilation | 40~50% | Limitload | 55~65% |
| Turbo | 60~80% | Wall ventilation | 30~50% | Turbo blower | 40~70% |

※ 여유율 $\alpha$ : 25HP 이하 1.2, 25~60HP 이하 1.15, 60HP 이상 1.1

## (4) 송풍기의 No(#)

송풍기의 번호(No, #), 또는 호수(size)는 송풍기의 용량이나 크기를 임펠러를 기준으로 하여 간단하게 표시해주는 것으로 다음과 같이 계산한다.
① 원심 송풍기 No(#) = 회전날개(임펠러)의 지름(mm) ÷ 150(mm)
② 축류 송풍기 No(#) = 회전날개(임펠러)의 지름(mm) ÷ 100(mm)

## (5) 풀리의 직경

송풍기의 임펠러 회전수는 전동기와 임펠러의 풀리 직경을 조정하여 변화시킬 수 있다. 송풍기와 전동기의 풀리 직경 비율은 미끄럼을 방지하기 위하여 8 : 1을 초과하지 않도록 하는 것이 좋으며 다음과 같은 수식으로 계산할 수 있다.

$$\frac{N_f}{N_m} = \frac{D_m}{D_f}$$

여기서, $D_m$, $D_f$ : 전동기와 임펠러의 풀리 직경(mm)
$N_m$, $N_f$ : 전동기와 임펠러의 회전수(rpm)

| 풀리 교체를 통한 회전수 변경 |

## (6) 송풍기의 특성곡선

송풍기는 종류별로 고유의 운전특성을 가지고 있다. 이러한 송풍기의 특성을 도표상에 알아보기 쉽게 나타내기 위하여 풍량의 변화에 따른 압력이나 효율, 소요동력의 변화를 나타낸 그래프를 송풍기의 "특성곡선"(또는 성능곡선)이라고 한다.

아래의 그림은 원심식 송풍기의 일반적인 특성곡선인데, 일정 속도로 회전하는 송풍기의 풍량조절 댐퍼를 열어서 송풍량을 증가시키면 축동력은 점차 증가하고, 전압과 정압은 산형을 이루면서 강하한다. 여기서 전압과 정압의 차가 동압이며, 효율은 포물선 형식으로 어느 한계까지 증가된 후 다시 감소하는 경향을 보이는 경우가 많다.

송풍기의 제작 및 모델 선정 시 업체의 예상 특성곡선을 확인하여 최고 효율점 근처에서 원하는 풍량과 정압이 발휘되는 제품(모델)을 선정하면 된다. 또한 송풍기의 설치 후 운전 시에도 최고 효율점 근처에서 운전되는지 주기적으로 확인·조정하여 사용해야 운전에너지(동력)를 절감할 수 있다.

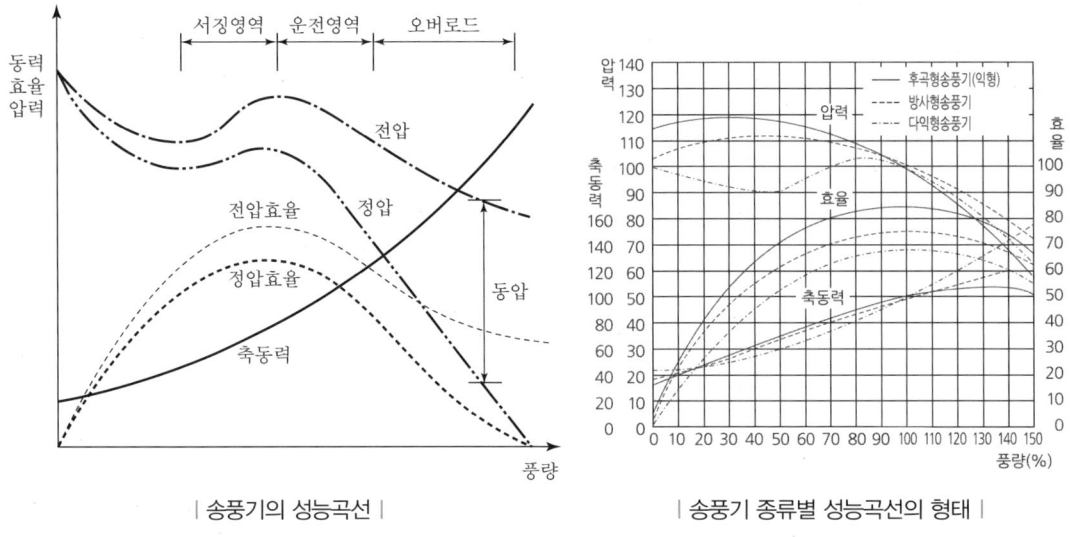

| 송풍기의 성능곡선 |    | 송풍기 종류별 성능곡선의 형태 |

한편, 송풍기의 종류나 사양에 따라서는 풍량이 어느 한계 이상이 되면 축동력이 급격히 증가하고 압력과 효율은 낮아지는 오버로드(over load) 현상이 나타나게 된다. 또한 정압곡선에서 최고점 왼쪽의 하향곡선영역에서 운전하게 되면 송풍기의 운전상태가 불안정해지는 서징(surging) 현상이 나타나게 되는데, 이 두 영역에서의 운전은 가급적 피해야 한다.

## (7) 송풍기의 상사법칙

송풍기 운전 중 풍량($Q$)과 회전수($N$), 임펠러의 직경($D$), 정압($P$), 동력($L$)은 다음과 같은 비례관계를 가지고 있는데 이를 "송풍기의 상사법칙"이라고 한다.

$$\text{풍량} \quad \frac{Q_2}{Q_1} = \frac{N_2}{N_1} \qquad \frac{Q_2}{Q_1} = \left(\frac{D_2}{D_1}\right)^3$$

$$\text{정압} \quad \frac{P_2}{P_1} = \left(\frac{N_2}{N_1}\right)^2 \qquad \frac{P_2}{P_1} = \left(\frac{D_2}{D_1}\right)^2 \qquad \frac{P_2}{P_1} = \frac{\rho_2}{\rho_1}$$

$$\text{동력} \quad \frac{L_2}{L_1} = \left(\frac{N_2}{N_1}\right)^3 \qquad \frac{L_2}{L_1} = \left(\frac{D_2}{D_1}\right)^5 \qquad \frac{L_2}{L_1} = \frac{\rho_2}{\rho_1}$$

예를 들어, 아래의 왼쪽 그래프는 풍량이 800m³/min일 때 60mmAq의 마찰손실을 받는 어떤 송풍계통의 장치 저항곡선을 표시한 그림이다. 이 덕트계통에서 풍량을 1/2인 400m³/min로 감소시키게 되면 마찰손실(압력)은 15mmAq로 낮아진다.

$$\left(\frac{400}{800}\right)^2 \times 60 = 15 \text{mmAq}$$

또, 풍량을 1,000m³/min로 증가시켰을 경우에는 똑같은 덕트 단면에 더 많은 풍량이 흐르게 되어 마찰손실이 93.8mmAq로 높아지게 된다.

$$\left(\frac{1,000}{800}\right)^2 \times 60 = 93.8 \text{mmAq}$$

이와 같이 각 풍량에 대한 손실압력을 구한 값을 도시하여 곡선으로 이은 것을 장치 저항곡선이라고 하며, 아래의 오른쪽 그래프에서와 같이 송풍기의 특성곡선과 함께 표시하였을 경우 교점이 되는 "$a$"가 송풍기의 운전 작동점이 된다. 즉 이 덕트계통에서 송풍기는 "$P_a$"의 압력(마찰손실)을 받으며 "$Q_a$"의 풍량으로 운전되는 것이다.

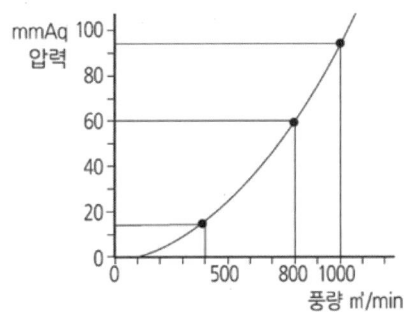
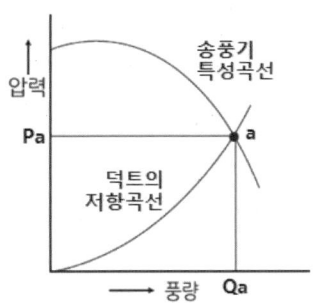

그러나 실제의 송풍기 운전 시에는 장치의 저항곡선이 공사 중의 관로의 수정이나 굴곡 개소의 증감 등 여러 가지 원인으로 인하여 당초 계획 시의 풍량과 다르게 되는 경우가 많다. 이럴 경우 메인덕트 중에 설치된 댐퍼를 열거나 닫아 마찰손실을 변화시켜 줌으로써 풍량을 조절하기도 하고, 또는 임펠러나 전동기 측의 풀리 직경을 변화시켜 회전수를 조정해 주면 송풍기 특성곡선이 변화되어 원하는 풍량으로 조절할 수 있게 된다. 물론 이와 같은 각 인자의 변화는 위의 "송풍기의 상사법칙"에 따르게 되며, 이때 동력이 전동기의 정격용량을 벗어나게 되면 전동기의 교체도 필요하므로 이 점을 간과해서는 안 된다.

## (8) 덕트와 송풍기의 특성곡선

### ① 덕트계통의 저항이 커져서 풍량이 부족할 때

송풍기의 특성곡선과 덕트의 저항곡선에 대해서 좀 더 살펴보면, 당초 설계 과정에서는 송풍기 특성곡선 $F_1$과 덕트계통의 저항곡선 $R_1$과의 교차점인 A에서 $Q_A$의 풍량과 $P_A$ 정압으로 운전될 것으로 예상하였다. 그러나 많은 경우 덕트를 설치하면서 현장 여건에 따라 부속이나 곡관이 추가로 시공되거나 전체 덕트의 길이가 늘어나는 경우가 있는데, 이때 덕트의 저항곡선은 $R_2$로 커지게 진다.

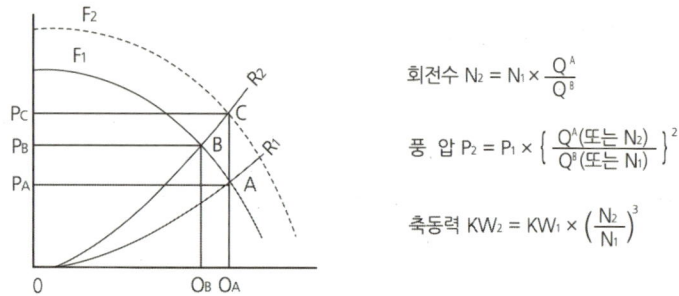

회전수 $N_2 = N_1 \times \dfrac{Q_A}{Q_B}$

풍 압 $P_2 = P_1 \times \left\{ \dfrac{Q_A(\text{또는 } N_2)}{Q_B(\text{또는 } N_1)} \right\}^2$

축동력 $KW_2 = KW_1 \times \left( \dfrac{N_2}{N_1} \right)^3$

그래서 실제 장비를 운전해보니 송풍기는 $Q_B$의 풍량과 $P_B$의 압력으로 변화된 상태로 운전되어 당초 계획했던 $Q_A$보다 풍량이 부족하게 된다.(가끔 설계 계산상에서 덕트계통에서의 마찰저항이 일부 잘못 적용되었거나 누락된 경우, 또는 송풍기 제작 자체의 오류로 풍량 부족이 발생하는 경우도 있지만 매우 드물다.)

이런 상황에서는 실제 덕트의 저항을 계산상의 수준으로 낮추는 것은 현실적으로 불가능하므로, 송풍기의 특성곡선을 $F_2$로 변화시켜 풍량을 실제 덕트 저항곡선 $R_2$와의 교차점인 C의 풍량 $Q_C$ ($=Q_A$)로 증가시키는 조치가 필요하다.

대부분 임펠러의 회전수를 증가시켜 특성곡선을 키우는 방법을 많이 사용하고 있는데, 임펠러의 풀리를 큰 것으로 교체하거나 전동기의 인버터 제어장치를 조정하여 회전수를 증가시켜주면 된다.(임펠러를 좀 더 큰 것으로 교체하는 방법도 있으나 송풍기 임펠러와 케이싱의 유격이 많지 않아 임펠러를 교체하는 것은 현실적으로 어렵다.)

이때 각 운전상황에서의 회전수와 풍량, 정압, 축동력 등의 관계는 상사법칙에 따라 위의 그래프 우측의 계산식과 같은데, 특히 축동력은 회전수 변화율의 3승에 비례하므로 전동기가 소손되지 않도록 전동기 용량을 반드시 점검해야 한다.

② 송풍기의 풍량이 과다할 때

①의 상황과는 반대로 예상했던 저항보다 덕트계통에서 발생하는 실제 저항이 적어 풍량이 필요 이상으로 많아지게 된 경우를 살펴보면, 당초의 계산상 저항곡선은 $R_1$이었으나 실제 덕트계통에서는 이보다 적은 $R_2$의 저항이 발생하게 되고, 이 때문에 당초 설계 풍량인 $Q_A$보다 많은 $Q_B$의 풍량으로 운전되게 된다. 이렇게 되면 축동력이 당초 예상 $L_A$에서 $L_B$로 커지게 되어 과부하(Over load)가 발생하게 되므로 주의가 필요하다. 풍량을 당초의 설계치로 낮추는 방법에는 2가지가 있는데, 임펠러의 회전수를 낮춰 송풍기의 특성곡선을

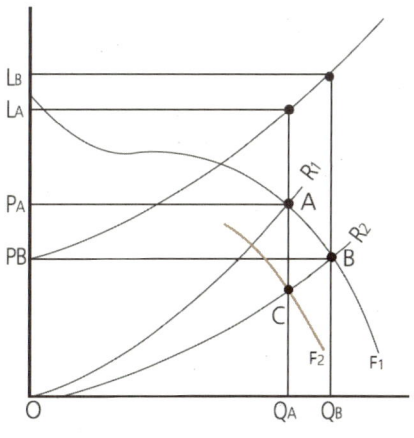

$F_1$에서 $F_2$로 변화시키는 방법과 덕트계통의 저항을 증가시켜 저항곡선을 $R_2$에서 $R_1$으로 조정하는 방법이다.

임펠러의 회전수는 풀리를 작은 것으로 교체하여 감소시키거나, 전동기의 인버터제어 설정값을 낮춰 송풍기의 특성곡선을 $F_1 → F_2$로 변경시켜 운전점을 B → C로 변화시켜 주면 된다.

덕트계통의 저항곡선을 $R_2 → R_1$으로 증가시키는 것은 덕트계통에 풍량조절댐퍼를 설치하고 댐퍼의 개도율을 조절하여 저항을 증가시키는 방법이 가장 간편하다.

댐퍼를 닫아 저항곡선이 증가하면 송풍기의 운전점이 B → A로 변하게 되어 풍량이 $Q_B → Q_A$로 감소하게 된다.

# 02 송풍기의 종류

송풍기는 작동되는 원리에 따라 터보형(Turbo)과 용적형(Positive displacement)으로 구분할 수 있다.

터보형 송풍기는 날개의 원심력 또는 양력을 이용해 유체에 속도와 압력을 주어 송풍하거나 압축하는 것으로, 임펠러(Impeller)의 기류 방향에 따라 원심식(Centrifugal type), 축류식(Axial flow type), 사류식(Mixed flow type), 횡류식(Axis flow type)으로 분류할 수 있다. 원심식 송풍기는

이송할 유체를 임펠러의 축방향으로 유입하여 반경방향으로 토출시키는 형태로 작동되는데, 임펠러의 형상에 따라 다음과 같이 다양한 종류가 있다.

| 형 식 | 송풍기의 종류 |
|---|---|
| 터보형 | • 원심식(Centrifugal type)<br>  – 후익형(BackWard vaned fan) : 터보팬(Turbo), 에어포일팬(Air foil), 플레넘팬(Plenum)<br>  – 전익형(Forward vaned fan) : 다익형(Sirocco팬)<br>  – 방사형팬(Radial Fan) : 플레이트팬(Radial팬)<br>• 축류식(Axial flow type) : 프로펠러팬, 인라인팬, Axial팬(Tube, Vane)<br>• 사류식(Mixed flow type) : 인라인팬, Tube형 팬<br>• 횡류식(Axis flow type) |
| 용적형 | • 회전식(Rotary type)<br>• 왕복식(Reciprocating type) |

| 터보형, 후곡형 |  | 에어포일형, 후익형 |  | Radial Fan, 방사형 |

| 다익형, 전곡형 |  | Limited Load형 |  | 용적형, 회전식 루츠형 |

용적형은 일정한 용적에 흡입되는 기체를 송풍 또는 압축하는 것으로 회전식(Rotary type), 왕복식(Reciprocating type)으로 분류된다. 용적형은 특수한 회전자 또는 피스톤에 의해 기체를 축소하여 압력을 높이는 데 유리하기 때문에 일반 송풍기보다는 고정압의 송풍이 필요한 블로아용으로 주로 적용된다.

## (1) 다익형 팬(Multi Blade fan, 또는 Sirocco fan)

다익형 팬은 가장 많은 수량의 날개가 임펠러에 부착되어 있고 날개 깃의 길이가 짧고 폭이 넓은 것이 특징이다. 팬의 날개는 임펠러의 회전방향인 앞쪽으로 구부러진 형태로 전익형(Forward vaned fan)의 구조로 되어 있다.

주로 70~80mmAq 이하의 저압에서 다량의 공기 이송에 적합하고 소음도 적은 편이다. 효율은 40~60%로 좋지 않으나 가격이 저렴하고 설치공간이 적게 소요되어 일반 공조용이나 환기용으로 가장 많이 사용되고 있다. 동일한 공기량과 압력에서 팬의 크기가 작고, 동일한 회전수에서 풍량이 가장 크지만, 풍량이 증가하면 축동력이 급격히 증가해 Over Load(과부하)가 발생하므로 주의가 필요하다.

보통 시로코(Sirocco) 팬으로도 널리 불리고 있는데, 시로코란 외국 송풍기 제조회사의 상호이므로 다익 송풍기(Multi Blade fan)로 명칭하는 것이 바람직하다.

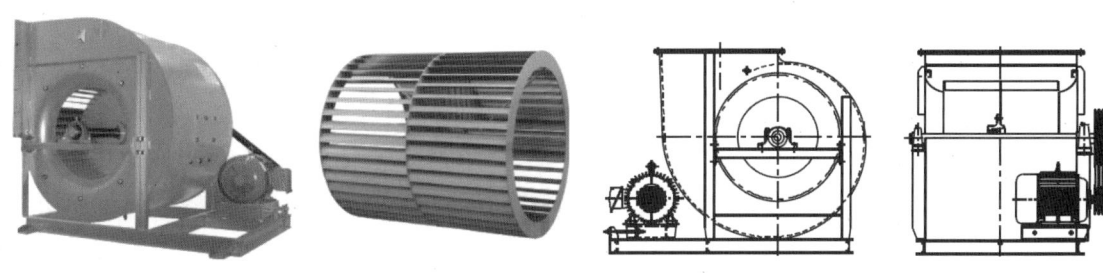

## (2) 에어포일 팬(Air foil fan)

에어포일 팬의 날개는 항공기나 새의 날개 단면과 같은 형태를 가지도록 굴곡된 두 개의 강판이 날개의 상하부면을 구성하고 있는데, 날개는 임펠러의 회전방향에서 뒤쪽으로 구부러져 있는 형상(후곡, 후향깃)을 갖고 있다. 날개 깃의 길이는 다익 송풍기보다 길고 폭은 좁으며, 날개의 수량도 10~12개 정도로 적게 부착된다.

중정압(50~350mmAq)의 범위에서 많은 풍량의 이송이 가능하고, 동일 풍량과 정압 조건에서 가장 운전 효율(70~85%)이 좋은 편이다. 운전 범위도 넓어서 풍량이 증가하여도 동력이 일정 수준 이상 증가하지 않는 Limited Load 특성을 가지고 있어 과부하에 잘 걸리지 않는다.

원활한 공기 유동에 유리한 유선형 날개 형상을 가지고 있어 고속회전 시에도 소음이 적은 편이다. 다양한 정압과 풍량에 대응이 가능하여 공조기나 환기팬과 같은 공조용뿐만 아니라 다양한 산업분야에서 급배기용, 환경설비나 필터장치의 강제 송풍장치 등으로 널리 사용되고 있다. (공조기에서는 운전 정압이 높은 급기팬으로 많이 적용되고 있으며, 정압이 낮은 환기팬으로는 시로코팬이 주로 사용된다.)

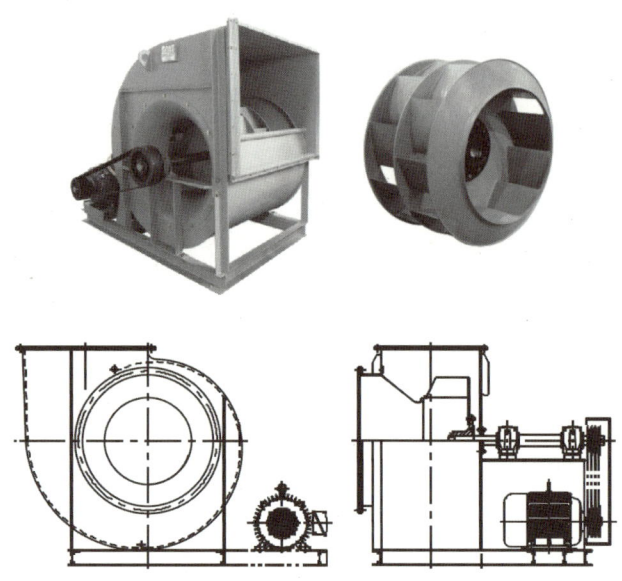

### (3) 터보 팬(Turbo fan)

터보 팬(Turbo fan)은 후곡형(BackWard vaned fan)의 날개 구조를 가지고 있는데, 날개가 임펠러의 회전방향의 뒤쪽으로 구부러져 있는 형상(후곡, 후향깃)이다. 다익형 송풍기에 비해 날개 깃의 길이는 길고 날개 폭은 상당히 좁아지며 날개의 개수(10~18개 사이)는 적게 부착된다.

운전효율은 다익 송풍기보다 우수하며, 주로 중~고정압(100~500mmAq)에서 다량의 공기 또는 가스를 이송하는 용도로 적용된다. 임펠러의 구조가 간결하여 고속회전에서도 강도상 무리가 없고 비교적 정숙한 운전이 가능하다. 풍량의 변동에 따른 정압의 변화폭이 크며 임펠러를 다단으로 연결할 경우 1,000mmAq 이상의 고정압용 Turbo Blower도 만들 수 있다.

산업용 플랜트설비(발전소, 원자력설비, 제철/제강/주조공장 등)나 공해방지설비(소각로, 집진설비, 세정설비, 수처리설비 등)에서의 공기나 가스의 이송장치, 기타 보일러와 같이 고압급기가 필요한 설비에서 사용되고 있다.

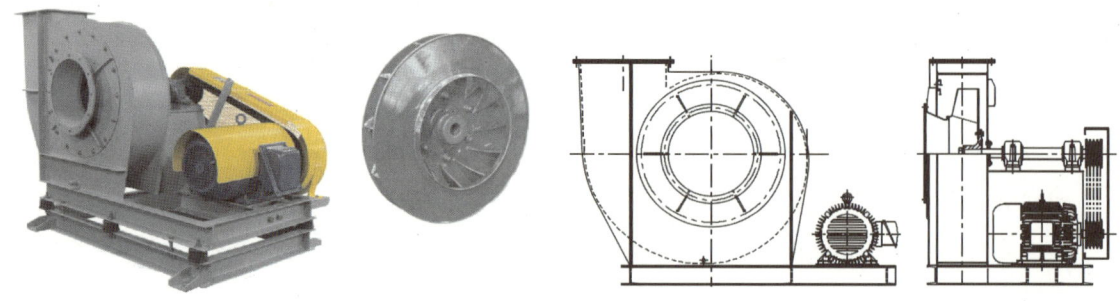

## (4) 방사형 팬(Radial Fan)

임펠러의 날개가 회전축에 수직인 방향으로 평판 형태로 부착된 팬으로, 플레이트(Plate) 팬, 래디얼(Radial) 팬, 반경류형 팬으로도 불리고 있다. 날개 수량은 6~12개 정도로 가장 적으나 외형의 크기와 효율은 다익형과 터보형의 중간 정도이다. 소음은 큰 편이나 서징현상이 거의 없고, 풍량의 변화 시 축동력이 선형적으로 변하는 특성이 있어 팬의 제어가 용이하다.

내열 및 내마모, 자기청소(self-cleaning)의 특성을 가지고 있어 공조용보다는 중정압(200~600mmAq)에서 약간의 분진이 혼합된 기체의 송풍을 위해 많이 사용되고 있으며, 부유성 물질을 이동시키기 위한 용도로도 사용된다. 산업용 플랜트설비(시멘트공장, 파쇄설비, 제지, 제분공장 등)나 공해방지설비(소각로, 집진 및 대기환경설비) 등에서 분진이나 유체의 종류에 따라 다양한 날개의 구조 및 형태가 적용되고 있다.

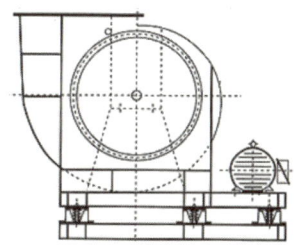
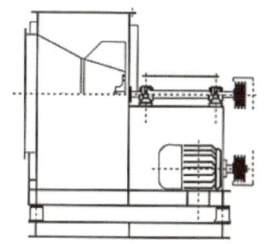

## (5) 플레넘 팬(Plenum Fan)

플레넘 팬은 하우징이 없이 임펠러에 전동기가 직결된 형태로 구성된 원심형 팬의 일종이다. 모터 직결식이어서 컴팩트한 사이즈로 제작이 가능하고, 벨트나 베어링의 유지보수에 따른 부담이 없다. 또한 동력 전달을 위한 벨트 손실분이 없으므로 전력절감도 가능하여 일반 공조용 및 환기용 팬으로 적용 사례가 증가하고 있다. 다만 풀리와 벨트가 없는 직결식이기 때문에 풍량이나 정압의 변화가 필요하거나 설계치에 맞춰 셋팅이 필요할 때에는 인버터제어장치를 함께 설치해야 한다.

임펠러는 주로 후익형(Backward)과 에어포일형(Airfoil)으로 적용되고 있으며, 일반적으로 강판을 가공하여 제작하지만 소용량은 공업용 강화플라스틱으로도 제작되고 있다.

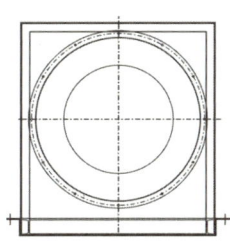
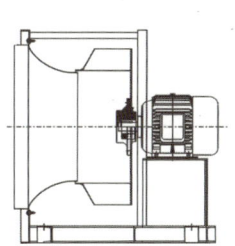

## (6) 축류형 팬(Axial Fan)

Axial 팬의 날개는 프로펠러 형태이어서 공기를 임펠러의 축방향(후면 → 전면)으로 이송시키는 구조이다. Axial 팬의 날개 깃은 익형으로 되어 있으며 팬의 용량에 따라 4~18개 정도의 날개가 설치된다. 효율 및 압력 향상을 위하여 임펠러가 원형의 케이싱(Tube) 내에 설치되며, 별도의 안내깃이나 베인이 설치되지 않는 것이 일반적이다.

그러나 베인형 축류송풍기(Vane axial fan)는 케이싱 속에 안내깃(가이드베인, 또는 고정익)이 설치되어 있어 임펠러 후류의 선회 유동을 방지하여 효율과 압력을 높일 수 있도록 제작된 팬이다. 베인형 축류팬은 다른 축류형 팬에 비하여 비교적 높은 압력도 가능하여 터널이나 지하주차장의 환기용으로 적용되고 있다.

날개의 재질은 강판이나 알루미늄 케스팅, 또는 공업용 플라스틱 등으로 다양하게 제작되고 있으며, 날개의 각도를 조정할 수 있도록 제작되는 경우에는 현장에서의 풍량 조정도 가능하다.

저정압(15~80mmAq) 범위에서 비교적 많은 송풍량을 발휘할 수 있으며, 풍량 변화에 대한 풍압의 변동폭이 적고 동력 변화폭이 적은 편이다. 팬의 구조가 간단하고 덕트 관로 중에 직결할 수 있는 등 설치가 간단한 장점이 있으나, 팬의 운전효율이 낮고 가동 시의 소음은 큰 편이다.

이 때문에 사무실이나 정숙이 요구되는 곳에는 부적당하며, 공조용보다는 기계실이나 전기실, 창고, 공장 등의 단순 급배기용으로 널리 사용되고 있다. 적은 사이즈에 대풍량이 가능하여 냉각탑이나 제연용 송풍기로도 사용된다.

| 프로펠러 팬 |

| Axial fan |

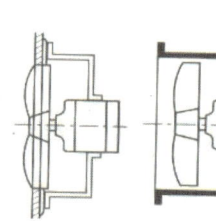
| 프로펠러 |

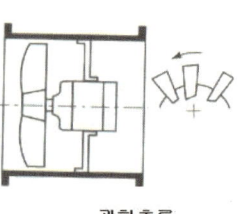
| 관형축류 |

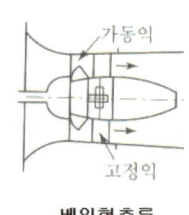
| 베인형축류 |

| 일반적인 축류 팬의 기류 |

| 임펠러 뒤에 가이드가 설치된 경우 |

### (7) 사류형 팬(Mixed flow fan)

유체 유동의 흐름 방향이 원심형과 축류형의 중간(혼류형)에 해당하며, 날개가 회전방향 및 축방향에 대하여 약 45~55°의 경사를 이루고 있다. 날개의 폭이 넓고 유체가 45° 방향으로 유입되어 보스면을 따라 유동한다. 날개의 수량은 많지 않은 편이고 가변익으로 제작되어 용량을 조절할 수 있게 제작되기도 한다.

보통 사각의 케이싱에 흡입측에 콘(Cone)이 설치되고 토출측에 가이드베인이 내장된 형태로 제작되는 경우가 많아 유체 흐름이 양호해 소음이 적은 편이다. 사각덕트를 연결하기 쉬운 형태이고 동일 용량의 다른 팬보다 사이즈가 작아 설치도 용이하다. 케이싱 내부에 흡음재를 부착하여 소음이 감소되도록 제작하는 경우가 많다.

10~100mmAq 정도의 압력 범위에서 사용할 수 있으며 효율도 양호한 편이다. 주로 기계실이나 전기실, 주차장, 창고 등의 급배기용으로 많이 사용되며 공조용으로도 사용된다.

### (8) 관류형 팬(Tubular fan)

축류형의 사각 케이싱 내에 에어포일(Airfoil)이나 사류형, 또는 축류형 날개를 구비한 송풍기로서, 덕트 관로 중에 설치되어 덕트 인라인 팬(Duct In-Line fan)으로도 많이 불린다. 지붕면에 설치하는 Roof fan도 관류형 팬의 구조로 많이 제작된다.(근래에는 축류형으로도 Roof fan을 많이 제작하고 있음)

원심력을 이용하여 배출되는 기류가 축방향으로 이송되는 구조이며, 송풍효율은 프로펠러 팬보다는 양호한 수준이지만 원심형보다는 낮다.

바닥의 설치공간이 필요없이 상부의 덕트와 직결되어 설치되므로 튜브형 Axial 팬과 더불어 낮은 정압대의 단순 급·배기용으로 널리 사용되고 있다. 소음은 큰 편이서 외부의 사각 케이싱 내부에 흡음재를 부착하는 사례가 많다.

| Duct In-Line fan |

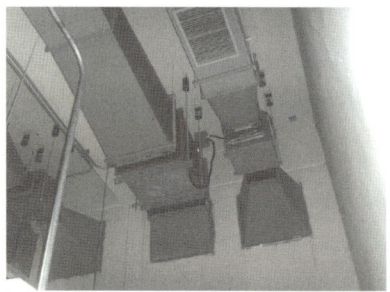

| Roof fan |

## (9) 횡류 송풍기

공기가 임펠러를 가로질러 이송되는 형태의 송풍기로 크로스 팬(Cross fan)이라고도 하며, 날개 폭을 지름에 관계없이 길게 할 수 있다는 특징이 있다. 소음이 크고 성능이 우수하지 못하나 팬의 구조나 기류 흐름이 단순하여 에어커튼이나 팬컨벡터, 바닥공조 급기유닛, 에어컨 실내기(천정형1way, 벽걸이) 등 실내공기 순환용으로 주로 사용되고 있다.

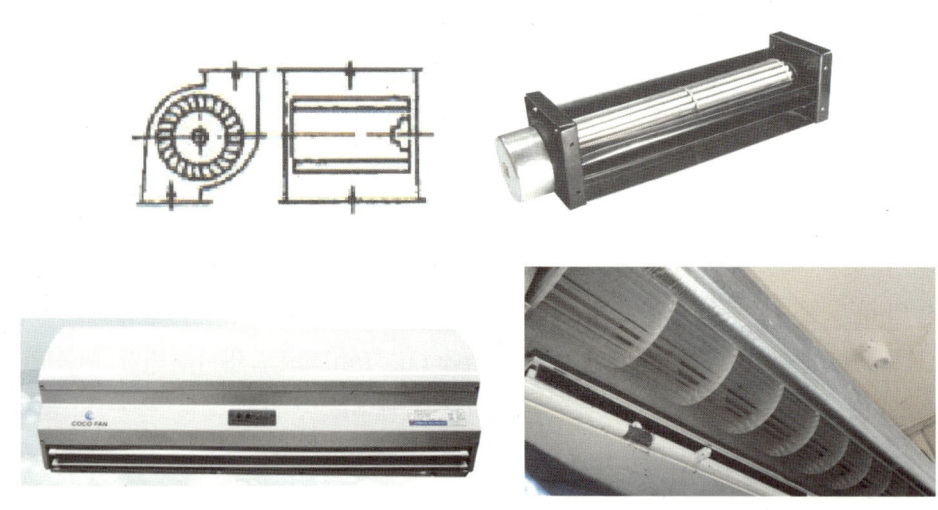

# 03 송풍기의 분류

## (1) 임펠러(Impeller) 단수에 의한 분류

① 단단형(single stage type) : 임펠러가 1개인 팬
② 다단형(multi stage type) : 임펠러가 여러 개로 구성된 팬

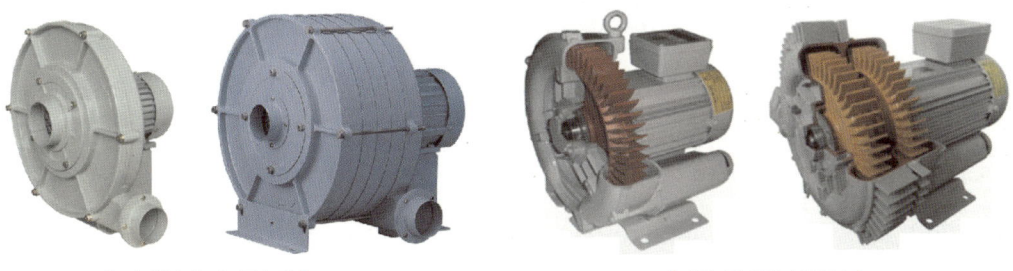

| 단단식과 다단식 팬 |　　　　| 1단 및 2단 블로어 |

## (2) 흡입방식에 의한 분류

① 편흡입형(single inlet, 또는 single suction)
- 팬의 공기 흡입구가 한쪽 면에만 설치되어 있고 임펠러도 한쪽 흡입의 깃을 가진 원심식 송풍기
- 덕트와 팬이 바로 연결되어야 하는 상황에서 주로 사용됨

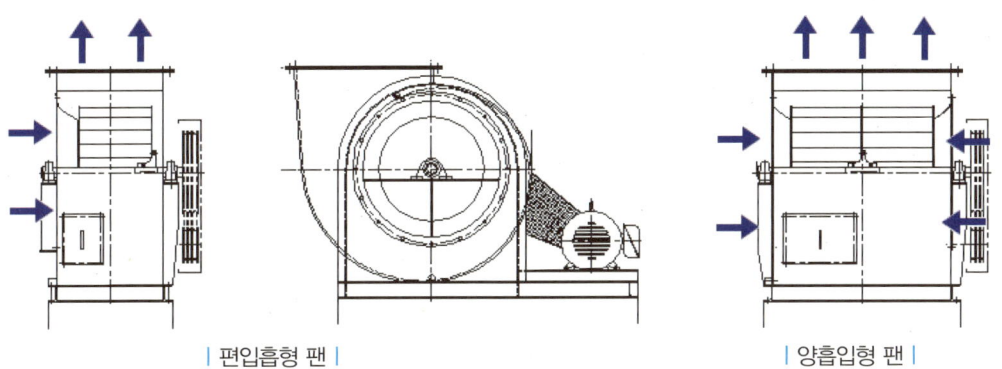

| 편입흡형 팬 |　　　　| 양흡입형 팬 |

② 양흡입형(double inlet, 또는 double suction)
- 흡입구가 양쪽 대칭으로 설치된 케이싱 내에 폭이 넓은 임펠러를 설치하거나 편흡입형 임펠러 2개를 나란히 설치한 원심식 송풍기
- 편흡입 송풍기와 회전수가 같을 경우 일반적으로 같은 전압에서 풍량은 2배 정도가 됨
- 덕트와 팬이 직접 연결되지 않고 공기조화기와 같이 챔버 안에 팬이 내장되거나 팬의 토출측에만 덕트가 연결되고 주위의 공기를 흡입해 송풍하는 상황에서 많이 사용되고 있음(양쪽의 흡입측 각각에 덕트를 연결해 사용할 수도 있음)

| 편입흡형 팬 |

| 양흡입형 팬 |

### (3) 구동방법에 따른 분류

① **직동식**(direct driven type without coupling) : 송풍기와 전동기가 단일 축에 바로 연결되어 있는 형식
② **직결식**(direct driven type with coupling) : 송풍기와 전동기 각각의 축이 커플링을 이용하여 직결되어 있는 형식
③ **V벨트 구동식**(V-belt driven type) : 송풍기와 전동기의 축에 풀리가 설치되어 있고 두 풀리 사이를 V벨트로 연결하여 동력을 전달하는 형식

### (4) 송풍기의 토출방향에 의한 분류

송풍기의 토출방향은 구동 측에서 볼 때 시계회전방향과 반시계회전방향으로 구분하고, 또한 직각방향과 경사방향 등으로 다양하게 제작될 수 있음

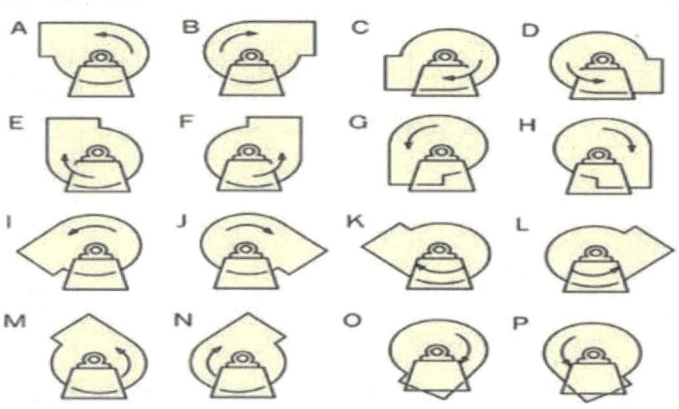

# 04 송풍기의 풍량 제어

송풍기의 실제 운전 시 덕트계통의 저항손실이 당초 설계와 다르게 나타나거나 또는 용량이 다소 여유있게 선정된 송풍기의 풍량을 조절해야 할 상황이 종종 발생한다. 이뿐만 아니라 냉·난방 부하의 변동에 따라 송풍량을 조절해야 하거나 송풍 동력의 절감을 위해서도 송풍량을 인위적으로 제어하는 경우가 생긴다. 일반적으로 송풍기의 풍량 제어에는 다음과 같은 방법들이 사용된다.

- 댐퍼(흡입, 토출)에 의한 제어
- 흡입베인(vane)에 의한 제어
- 회전수 조절에 의한 방법
- 가변 피치(pitch) 제어

## (1) 댐퍼에 의한 제어

### ① 토출댐퍼에 의한 제어

송풍기의 토출측에 설치된 댐퍼를 닫으면 저항곡선이 변화되면서 풍량은 감소하고 압력은 상승한다. 공사가 간단하고 설치비가 저렴하며 다익형이나 소형 송풍기에서 일반적으로 사용되고 있는 방법이다. 그러나 과도하게 풍량을 감소시킬 경우 서징이 발생될 가능성이 있고 소음이 증가하게 되므로 주의가 필요하다. 토출댐퍼의 조절에 의한 풍량의 제어에도 불구하고 전동기의 회전수는 일정하게 유지되므로 에너지 절감은 크게 되지 않는다.

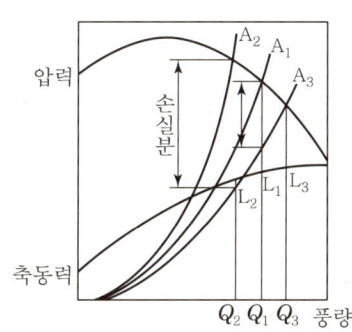 

| 토출댐퍼에 의한 제어 |

### ② 흡입댐퍼에 의한 제어

송풍기의 흡입측에 설치된 댐퍼를 닫으면 압력 특성곡선이 변화되면서 풍량과 압력이 모두 감소한다. 흡입베인(vane)에 의한 제어와 유사한 효과를 나타내는데, 공사가 간단하고 설치비가 저렴하나 토출댐퍼 방식에 비해 서징영역이 좁아진다. 제어가 쉽지 않아 실무적으로는 많이 사용되지 않는다.

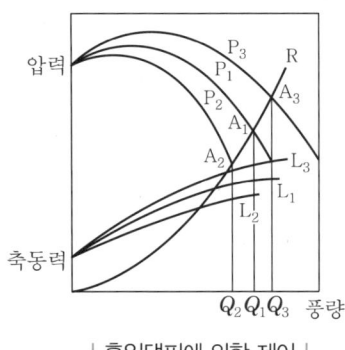
| 흡입댐퍼에 의한 제어 |

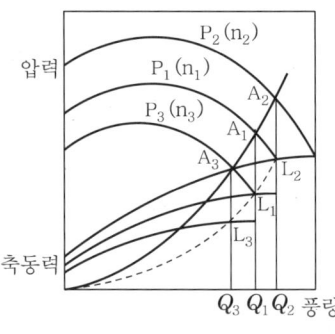

| 회전수 조절에 의한 제어, 인버터 판넬 |

### (2) 회전수 조절에 의한 방법

송풍기의 회전수를 감소시키면 압력 특성곡선이 변화하면서 풍량과 압력이 모두 감소한다. 소형에서부터 대형 송풍기에까지 폭넓게 적용이 가능하고 송풍기의 안정된 운전이 가능하여 풍량이나 정압의 조절이 용이하다.

송풍기의 회전수를 조절하는 방법에는 다음과 같은 몇 가지 방식이 있는데, 근래에는 제어가 용이하고 조작이 편리한 인버터 방식이 주로 사용되고 있으며 다른 방식들은 특별한 상황이 아니면 적용 사례가 적다.

- 인버터 장치에 의한 전동기의 회전수 변환
- 전동기 극수의 변화
- 풀리 직경의 변화
- 정류자 전동기에 의한 조정
- 유도전동기에 의한 2차측 저항 조정

특히 공조덕트시스템이 변풍량(VAV) 방식인 경우 VAV 유니트의 작동상황에 따라 송풍기의 풍량을 제어할 때 인버터를 이용한 회전수 조절 방법이 많이 사용되고 있다. 인버터를 이용한 회전수 감소 시 동력의 절감폭이 커서 운전 에너지 절약에 가장 효과적인 방법이고, 풍량 조절을 위한 팬 운전의 자동화도 용이한 편이나 설비비가 고가이다.

### (3) 흡입베인(vane)에 의한 방법

송풍기의 흡입측에 설치된 가변형 날개인 흡입베인을 닫으면 풍량과 압력이 모두 감소한다. 풍량이 큰 범위(80% 전후)에서는 조절효과가 좋은 편이고, 베인에 전동구동기를 장착하여 자동화할 경우 회전수 제어에 비해 설비비가 적게 소요되어 경제적이다.

다익형이나 플레이트 송풍기에서는 제어효과가 그다지 좋지 않으나, 터보형이나 리밋로드 송풍기에서는 효과가 양호하다. 높은 정압에 버티기 위해 베인이나 구동기의 안정성과 정밀성이 중요하고 송풍기의 구조가 복잡해지는 것이 단점이다. 그래서 인버터에 의한 회전수 제어방식이 보편화된 이후에는 많이 사용되지 않고 있다.

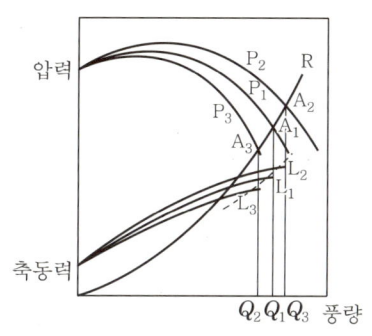

| 흡인 베인에 의한 방법 |

### (4) 가변 피치(pitch) 제어

송풍기 임펠러의 날개 각도를 조절하여 풍량을 제어하는 방법으로, 원심형 송풍기에서는 현실적으로 제작이 쉽지 않아 실용화되지 않고 축류형 송풍기에서 일부 적용되는 사례가 있다. 에너지 절약 특성이 좋고 회전수 제어보다는 설비비가 저렴하나 소음이 많이 증가되는 경향이 있다. 가변 피치 제어에 의한 풍량의 변화 시 최고 효율점이 변하는 정도가 큰 특징이 있다.

축류형 송풍기에서 시운전이나 TAB를 실시한 후 풍량이나 정압을 조절하고자 할 때 날개의 각도를 수동으로 조절하는 사례는 많이 있다.

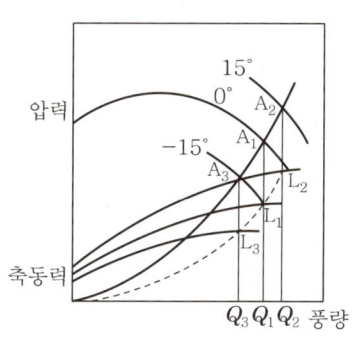

| 가변 피치 제어 |

## 05 송풍기의 설치

송풍기는 점검 및 수리를 용이하고 안전하게 할 수 있는 장소에 설치하고 풀리나 벨트의 교환, 전동기의 교체 등을 위한 주변 공간이 확보되어야 한다. 송풍기가 챔버나 박스 내에 설치된 경우 반드시 출입이나 유지보수가 가능한 점검구가 설치되어야 한다.

또한 송풍기는 환기가 잘 되고 습기가 적은 장소에 설치하는 것이 좋으며 밀폐된 장소에 설치될 경우 전동기 등의 발열로 실내 온도가 상승되지 않도록 환기장치를 설치한다.(주위 온도를 0~40℃ 유지)

| 송풍기 유지보수용 발판 설치 |

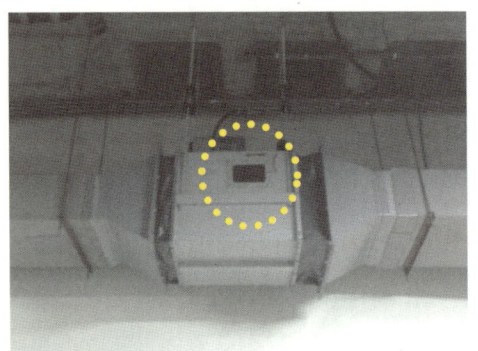
| 인라인팬에 내부 확인용 투시창 설치 사례 |

만일 옥외에 설치할 경우 처마나 보호 박스를 설치하여 비나 직사광선으로부터 보호될 수 있도록 하며, 불가피하게 노출해야 될 경우 전동기, 벨트, 베어링 등 가동 부위에 빗물 보호 커버를 설치한다. 송풍기의 흡입이나 토출측에도 덕트를 연결해 바닥쪽으로 45° 경사지게 꺾어서 빗물이 유입되지 않도록 조치해야 한다.

| 벨트 커버, 전동기 커버 |

| 소음기, 덕트의 방진 행거 |

송풍기와 연결되는 덕트의 설치에도 주의가 필요한데, 덕트의 하중이 송풍기에 미치지 않게 하고, 송풍기의 진동과 소음이 전파되지 않도록 덕트와 송풍기는 신축이음(보통 캔버스 이음)로 연결해야 한다.

송풍기의 하부 베이스(바닥 설치형)나 고정 행거(천정 설치형)에는 반드시 방진장치를 설치해야 하는데, 송풍기는 가동 시 회전수가 빠르고 진동 주기가 짧기 때문에 고무방진기보다는 스프링방진기가 효과적이다. 실내 쪽에서 소음이나 진동 문제가 우려되는 경우 송풍기의 토출측에 소음기를 설치하고, 일정 구간의 덕트도 방진행거를 이용하여 고정해 주면 좋다.

송풍기와 덕트를 연결할 때 덕트의 규격이 송풍기의 구경과 현저하게 차이가 나거나 덕트의 급격한 방향의 전환, 연속적인 굴곡 등이 설치되어 있으면 흐름이 좋지 않아 소음이 커지고 마찰저항이 증가하게 되어 풍량이나 정압이 줄어들게 되므로 가급적 피해야 한다.

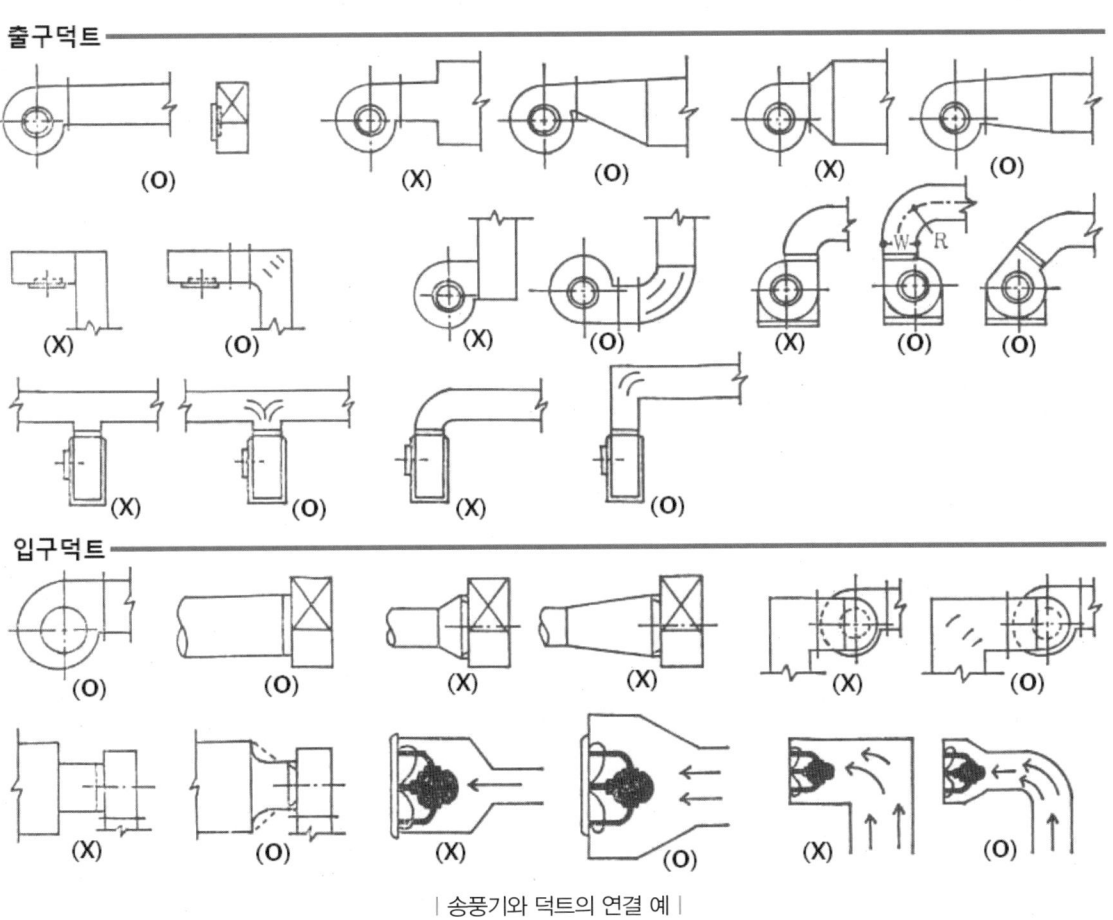

| 송풍기와 덕트의 연결 예 |

## 06 송풍기의 점검 및 유지보수

송풍기를 가동하면서 원활한 운전과 각 부품의 수명 연장을 위하여 다음과 같은 사항을 일상적, 또는 주기적으로 점검하여 관리해 주어야 한다.

### (1) 송풍기 운전 중 일상적 점검사항

- 송풍기 가동 후 소음이나 진동의 발생 여부
- 임펠러의 회전방향, 송풍이나 흡입 상태
- 벨트의 마모나 장력 상태 확인
- 베어링에서의 소음이나 발열 여부 점검(베어링의 표면 온도를 측정해 주위보다 40℃ 이상 높지 않아야 하고, 일반적으로 최고 온도가 60~70℃를 넘지 않는 수준에서 관리하면 양호함)
- 송풍기와 연결된 덕트 중의 댐퍼 개폐 상태 확인
- 전동기 운전 전류 및 전압, 발열 여부 점검
- 송풍기 자체나 주변 연결 덕트에서의 누기 여부

### (2) 주기적인 예방 점검사항

- 베어링에 그리스 주입
- 벨트 마모 상태에 따른 교체, 벨트의 장력 조정
- 전동기 및 베어링 작동 상태 점검 후 필요시 교체
- 베어링 및 풀리의 셋팅 볼트 조임, 키 박힘 상태 점검
- 전기 배선 및 제어반 작동 상태, 과부하 차단 장치 테스트
- 송풍기 내부 청결 상태 확인
- 송풍기 토출구나 흡입구, 그릴이나 동망에 이물질 부착 여부 확인
- 전동기의 운전 전류, 전압, 절연저항 등을 측정하여 과부하나 비정상 운전 여부 판단
- 임펠러 마모 상태, 외부 부식 여부 점검
- 방진장치 작동상태 점검 및 조정
- 소방 제연용 Fan과 같이 장시간 정지되어 있는 송풍기의 주기적 가동과 점검

### (3) V 벨트의 교체방법

V 벨트의 조립 시 적절한 중심 내기 및 조정은 송풍기의 원활한 운전과 기계 수명에 영향을 미치므로 다음 사항에 유의해야 한다.

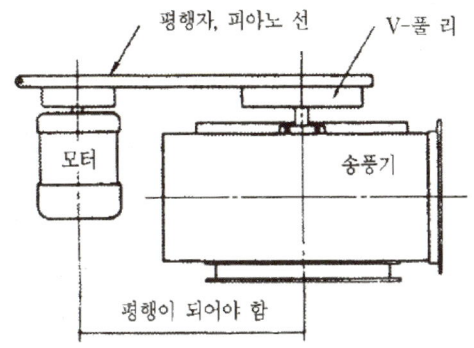
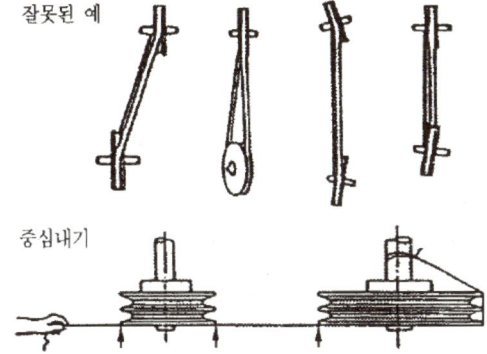

- 송풍기 임펠러의 축과 전동기 축이 평행해야 한다.
- 풀리는 축에 직각으로 조립되어야 한다.
- 풀리의 홈은 눈에 띄게 편심되어서는 안 된다.
- 양측 풀리의 측면에 평행자, 피아노선 또는 실을 대어서 일직선상에 있도록 검사 조정한다.
- V 벨트의 미끄러짐을 적게 하기 위해 전동기측 풀리의 아래 쪽에서 인장되도록 설치한다.
- 벨트는 적당한 장력이 있어야 한다. 벨트의 장력은 벨트의 중간 정도 부분을 손가락으로 눌러서 처짐의 깊이가 벨트의 두께 정도면 적당하다.
- V 벨트에 너무 장력을 주면 베어링에 무리가 가서 발열하거나 축이 휘는 등 문제가 발생한다. 반대로 너무 장력이 느슨하면 벨트가 미끄러져서 회전수가 줄고 송풍기에 진동이 발생하며, 풀리의 홈이 마모되어 소음이 증가하고 벨트의 벨트 수명도 단축된다.
- 시동시나 운전시에 부하가 걸린 상태에서 구동측 벨트가 약간 휘어지는 정도로 조정한다. 장력 조정은 전동기의 고정볼트를 풀고 슬라이드 볼트(또는 tension bolt)를 서서히 돌려서 장력을 조정한다.

휨의 깊이는 $\delta = 0.016 \times C$ 가 적당하다. (C : 축간 거리)

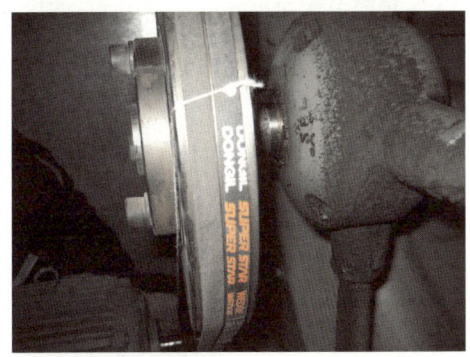

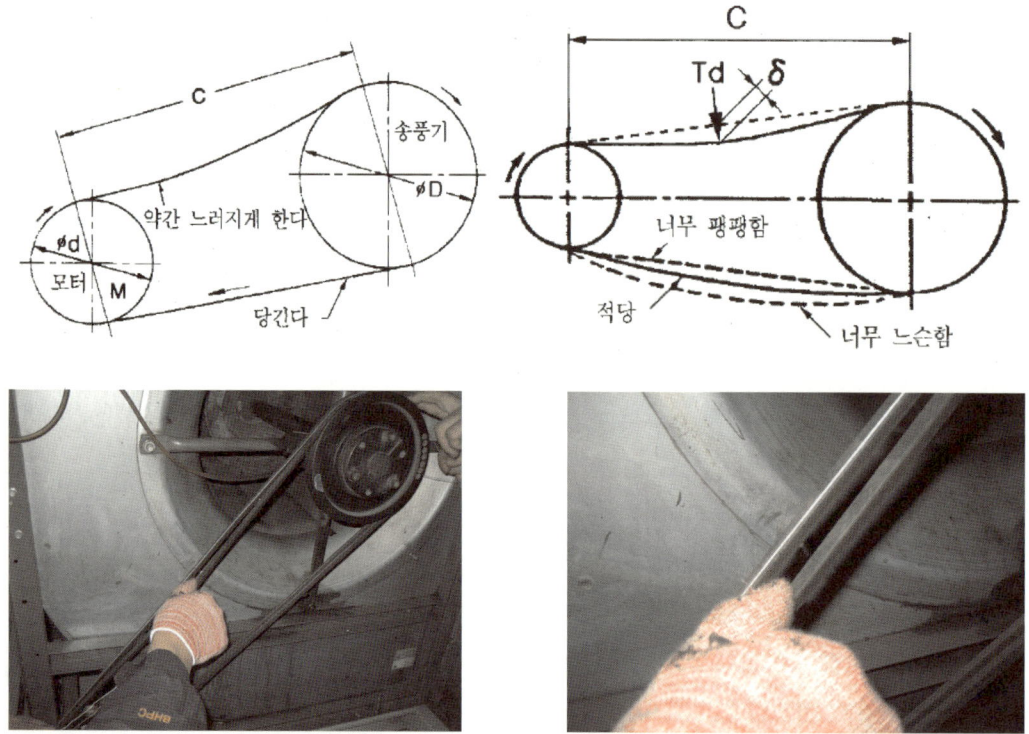

- V 풀리를 교환할 때는 홈이 마모되었거나 각도가 맞지 않는 것은 사용치 말아야 한다. 또한 기름이 묻은 것은 깨끗이 제거해야 한다.
- 벨트가 신품인 경우에는 교체한 뒤 사용하면서 약간 늘어나게 되므로 약 48시간 정도 운전 후 전동기 베이스의 슬라이드 볼트를 조절해 장력을 재조정한다.

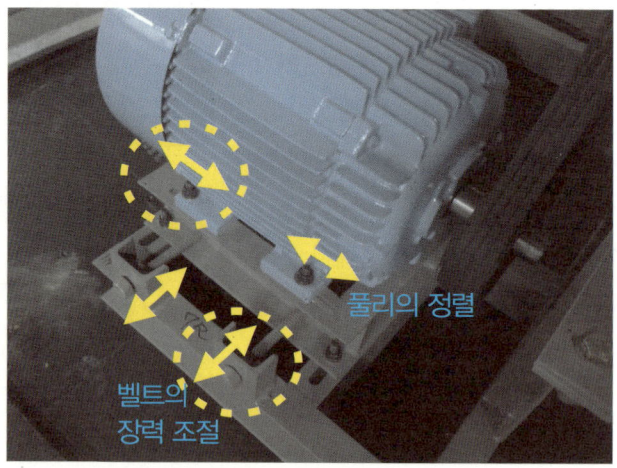

| 팬 풀리 및 벨트의 장력 조절 |

### (4) 베어링의 그리스 주입

일반적인 운전조건에서 팬 베어링의 그리스 주입 주기를 대략적으로 정리해보면 다음과 같다.

| 베어링 운전 온도(℃) | 운전 환경에 따른 급유 주기 | | |
|---|---|---|---|
| | 양호한 환경조건 | 먼지가 많은 곳 | 먼지나 수분이 많은 곳 |
| 50℃ 이하 | 무급유 | 1년 | 4개월 |
| 70℃ 이하 | 1년 | 4개월 | 1개월 |
| 100℃ 이하 | 6개월 | 2개월 | 2주간 |
| 120℃ 이하 | 2개월 | 2주간 | 5일 |
| 150℃ 이하 | 2주간 | 5일 | 2일 |
| 180℃ 이하 | 1주간 | 2일 | 1일 |
| 200℃ 이하 | 3일 | 1일 | 1일 |

## 07 송풍기의 고장 현상과 원인

### (1) 송풍기 운전 중 풍량이 적거나 정압이 낮음

- 설계치보다 덕트나 시스템 계통의 마찰손실이 크게 발생될 경우
- Fan의 회전수가 적을 때 (전압이나 주파수의 저하 등)
- 풍량조절댐퍼 또는 흡입 Vane 댐퍼가 완전하게 조절되지 않았을 때
- 덕트에서 공기의 누설이 있을 경우
- 덕트 중의 먼지 누적, 송풍기 토출측 필터의 이물질 흡착 등으로 마찰저항이 증가
- 임펠러가 반대방향으로 회전할 경우
- 임펠러가 마모나 부식으로 노후화되었거나, 이물질이 흡입되어 부착된 경우
- 벨트의 늘어짐이나 마모로 인한 Slip이 있을 경우
- 흡입 공기의 온도가 많이 상승된 경우 (비중이 낮아짐)
- 풍량 제어장치(인버터 등)의 고장 및 오동작
- 덕트에 설치된 방화댐퍼 퓨즈가 끊어져 댐퍼가 작동(닫힘)된 경우

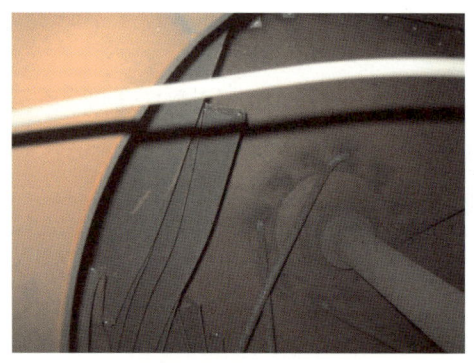
| 송풍기 임펠러의 파손 |

| 송풍기 내부에 먼지 누적으로 성능 저하 |

## (2) 진동과 소음의 발생

- 베어링이 손상되었거나 윤활유가 부족할 때
- 임펠러의 밸런싱이 불량한 경우
- 임펠러가 파손되었거나 또는 전동기에 손상이 있을 때
- 전동기 축이나 임펠러의 축이 굽었을 때
- 임펠러와 전동기 풀리의 정렬이 불량한 경우
- 임펠러 일부에 먼지나 이물질이 끼어 불균형이 되었을 때
- 임펠러 회전이 너무 빠르거나 회전수가 다를 때, 또는 역회전 시
- 외부의 영향으로 팬에 진동이 전달될 때
- 서징 현상으로 인한 이상진동 및 소음의 발생
- 흡입 Vane이나 가이드와 임펠러의 접촉, 연결 덕트와 송풍기의 접촉이 있을 때
- Key 고정 상태가 불량할 때
- 3상 전동기의 결상(R/S/T중 1상이 연결 안 됨), 저전압, 오결선
- 송풍기가 적게 선정되거나 위험속도 이상에서 운전할 때
- 벨트가 느슨해 미끄러지거나 회전속도가 일정치 않을 때
- 송풍기 흡입이나 토출측 덕트에 급격한 굴곡이나 확대, 축소 등이 있을 때
- 기초가 안정적이지 못하거나 수평이 맞지 않을 때
- 방진스프링의 용량이 부족하여 제기능을 하지 못할 때, 또는 방진스프링 하우징 내의 고무가 닳아 하우징끼리 부딪힐 때
- 송풍기의 고정볼트가 견고하게 체결되지 않았을 경우

| 임펠러 베어링의 파손 |

| 송풍기 고정 볼트의 체결 불량 |

| 이물질 부착으로 임펠러 밸런싱 불량 |

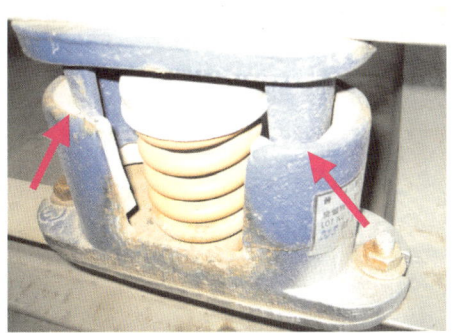
| 방진기 내의 스펀지가 닳아 소음 발생 |

### (3) 베어링의 온도 급상승

- 베어링 하우징이 축과 너무 강하게 조여진 경우
- 윤활유의 과다한 충진이나 부족, 노화나 변질의 경우
- 자유측 베어링의 하우징 공차가 적을 경우
- 베어링이 수냉식일 경우 냉각수가 부족하거나 순환이 불량할 경우
- 벨트의 장력이 지나치게 팽팽하거나 불균일할 경우
- 베어링이 마모나 소손되었을 경우
- 전동기 축이나 임펠러 축이 굽었을 때

| 물기 유입으로 베어링 그리스 변질 |

| 임펠러 밸런싱 불량으로 축 마모 |

### (4) 송풍기 기동 시의 과부하 발생

- 임펠러가 오랫동안 정지되어 있어 고착되었거나 주위 물체와의 접촉된 경우
- 전기 마그네트 스위치 용량이 적거나 불량한 경우
- 토출측 댐퍼가 100% 개방되어 토출 풍량이 과다해진 경우
- 전동기 결선 방법이 잘못된 경우
- 과부하차단기(EOCR)의 설정 오류(팬의 용량에 비해 기동 시 Over load 값이나 Time을 적게 설정한 경우)

### (5) 송풍기 운전 중의 과부하 발생

- 위험속도 이상에서 운전될 경우(회전수 과다)
- 벨트의 장력이 과도하게 팽팽하거나 베어링의 고장으로 회전이 원활치 않을 때
- 덕트 내의 정압이 낮아 풍량이 과다할 때
- 송풍기 주위 계통의 이상(필터 제거, 점검문 열림 등)으로 풍량이 과다해진 경우
- 제어반의 전류계나 과부하차단기가 고장난 경우
- 설계치보다 사용되는 가스의 비중이 높을 때

| 벨트의 장력 조절 |

| 송풍기의 운전 전류 측정 |

# CHAPTER 03 펌프(Pump)

## 01 펌프의 종류

펌프는 전동기나 원동기로부터 기계적인 에너지(동력)를 받아 유체를 낮은 쪽(저압)에서 높은 쪽(고압)으로 이송하는 기계이다. 유체에 에너지를 전달하는 방법이나 구조에 따라 크게 터보형과 용적형, 특수형으로 나눌 수 있다.

| 구 분 | 작동방식 | 종 류 | |
|---|---|---|---|
| 터보형 | 원심력식 | 원심식 | • 벌루트형, 디퓨저형(터빈)<br>• 단단, 다단<br>• 편흡입, 양흡입 |
| | | 축류식, 사류식 | |
| | | 마찰펌프(웨스코) | |
| 용적형 | 왕복식 | 피스톤펌프, 플랜저펌프, 다이어프램 펌프 | |
| | 회전식 | 기어펌프, 베인펌프, 나사펌프, 스크류펌프, 캠펌프 | |
| 특수형 | | 와류펌프, 제트펌프, 수격펌프, 전자펌프, 진공펌프 | |

### (1) 터보형 펌프

터보형 펌프는 회전차(임펠러)를 회전시켜 액체에 운동에너지를 부가하고 이를 압력에너지로 변환시키는 방식으로서 원심식, 축류식, 사류식으로 구분할 수 있다. 이들 펌프는 회전식이므로 용적형에 비해 소형이고 경량이며 맥동이 없이 연속적으로 송수할 수 있다. 또한 구조가 간단하고 취급이 용이해 대부분의 유체 이동에 폭넓게 사용되고 있다.

원심펌프는 벌루트를 갖는 벌루트펌프와 디퓨저를 갖는 터빈펌프로 구분되는데, 벌루트펌프(volute pump)는 임펠러 둘레에 안내깃이 없이 스파이럴 케이싱으로 되어 있는 구조이다. 양정이 수십 m 정도의 중~저양정 범위에서 일반적으로 사용되고 있다. 터빈펌프(turbine pump)는 임펠러와 스파이럴 케이싱 사이에 안내깃이 있는 펌프로서 디퓨저펌프(diffuser pump)라고도 하며, 수십~200m 정도로 비교적 높은 양정의 운전 범위에서 주로 적용된다.

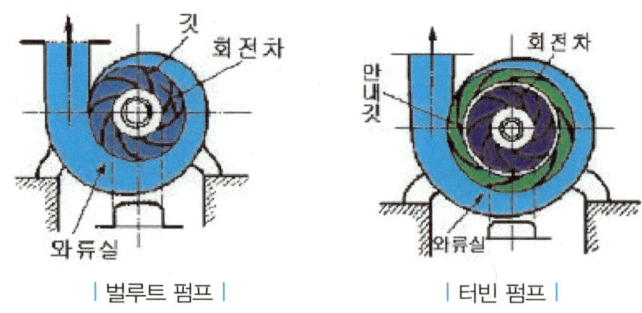

| 벌루트 펌프 |                    | 터빈 펌프 |

또한 임펠러의 수량에 의해 단단펌프와 다단펌프로 구분할 수 있다. 단단펌프(single stage pump)는 임펠러가 1개만 있는 펌프로서 저양정에 사용한다. 다단펌프(multi stage pump)는 1개의 축에 여러 개의 임펠러를 설치하여 유체가 각 임펠러를 순차적으로 거치면서 압력이 상승되는 펌프로서 고양정에 사용한다.

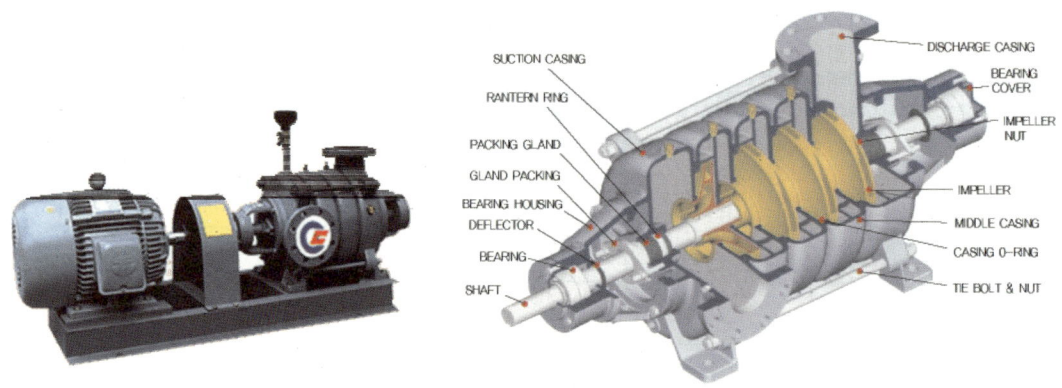

| 다단 벌루트 펌프 |

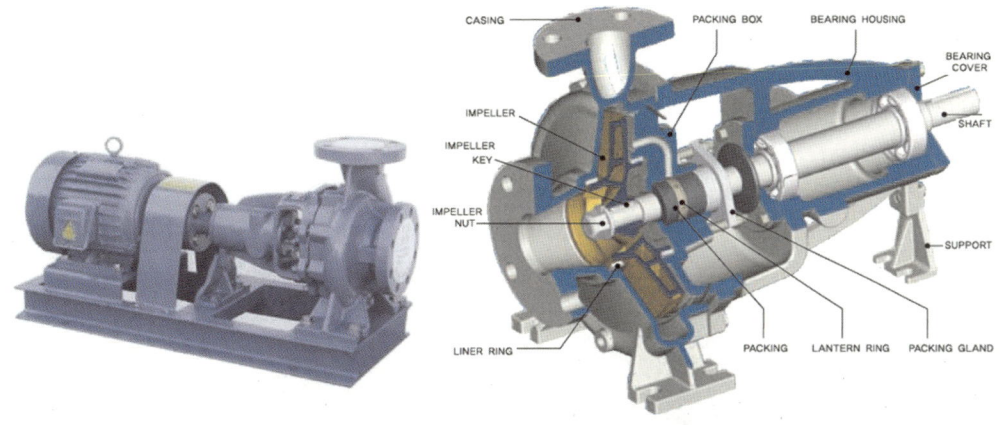

| 단단 벌루트 펌프 |

한편 유체가 임펠러로 유입되는 흡입구의 수량에 의해서 한쪽 방향에서만 유체가 흡입되는 편흡입 펌프(single suction pump)와 임펠러의 양쪽 옆방향에서 유체가 동시에 흡입되는 양흡입펌프 (double suction pump)가 있다. 위의 다단, 단단 벌루트펌프처럼 중소 규모에서는 편흡입펌프가 일반적으로 사용되나, 유량이 큰 대용량 펌프에서는 양흡입펌프가 많이 사용된다.

| 양흡입펌프 |

터보형 펌프 중 마찰펌프(friction pump)는 둘레에 많은 홈을 가진 임펠러를 고속회전시켜 케이싱 벽과의 마찰에너지에 의해 압력을 발생시켜 송수하는 펌프이다. 대표적인 것으로는 와류펌프가 있는데 흔히 웨스코펌프(Wesco rotary pump)라고도 한다. 구조가 간단하고 구경에 비해 비교적 고

양정도 가능하나, 토출량이 적고 효율이 낮다. 운전 및 보수가 쉬워 주택의 소형 우물용 펌프나 소방용 보조펌프, 보일러의 급수펌프에 적합하다.

| 웨스코펌프 |  | 심정펌프 |

또한 지하수와 같이 깊은 우물 물을 양수하기 위한 심정펌프(submerged motor pump), 또는 수중배수펌프가 있다. 심정펌프는 전동기와 펌프를 직결하여 일체로 만들고 여기에 양수관을 접속해서 우물 속에 넣게 되는데, 전동기도 펌프와 같이 수중에서 작동하는 구조이나 임펠러의 구조나 작동원리상 다단터빈펌프의 일종이다.

이외에도 터보형 펌프에는 배관 중간에 설치하기 적합한 형태의 인라인펌프와, 압력탱크가 세트화된 부스터펌프(입형다단펌프) 등 용도와 설치 장소에 따라 다양한 형식의 펌프들이 사용되고 있다.

| 인라인펌프 : 입형 편흡입펌프 |

| 입형 양흡입펌프 |

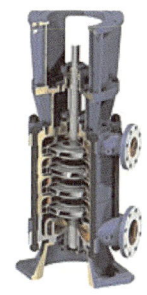
| 부스터펌프 : 입형다단펌프 |

## (2) 용적형 펌프

용적형 펌프는 왕복식, 회전식 및 압기식으로 분류된다. 일반적으로 많은 유량이 필요하거나 구동부가 고속으로 회전하는 곳에서는 터보형 펌프가 많이 사용되나 고압이 필요하거나 점도나 밀도가 높은 유체의 이송, 그리고 유량의 정밀한 제어가 필요한 곳 등 일부 특수한 경우에는 용적형 펌프가 사용되고 있다.

왕복식은 원통형 실린더 안에서 피스톤이나 플랜저를 왕복 운동시켜서 액체를 토출하는 방식이다. 왕복식은 작동 원리상 유량과 압력이 맥동하기 때문에 고속운전에는 부적당하고, 펌프의 부피와 중량이 커지는 등의 단점이 있다. 따라서 고압이 필요한 특정한 경우를 제외하고는 널리 사용되지는 않는다.

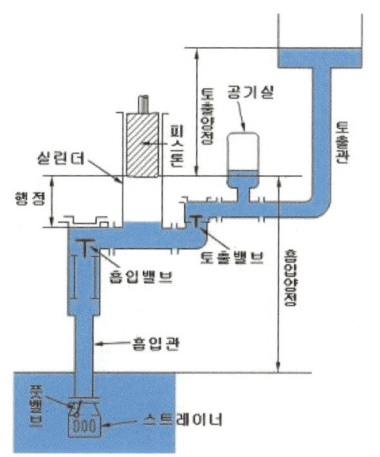

| 왕복동식 펌프 |

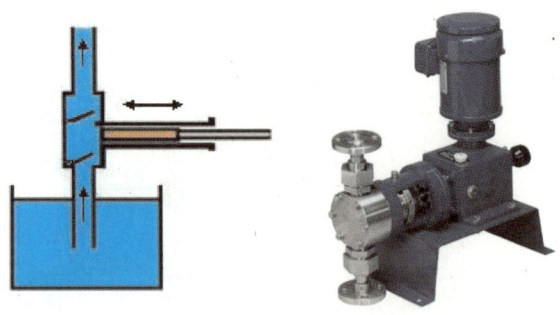

| 플랜저식 펌프 |

회전식 펌프(rotary pump)는 1~3개의 회전자(rotor)의 회전에 의해 액체를 압송하는 펌프로서, 구조가 간단하고 취급이 용이하다. 이 펌프는 양수량의 변동이 적고 고압을 얻기가 비교적 쉬우며, 기름과 같이 점도가 높은 액체의 수송에도 적합하다. 회전자의 형상이나 구조에 따라 많은 종류가 있으나 대표적으로 베인펌프(vane pump, 또는 치자펌프), 톱니펌프(gear pump), 나사펌프(screw pump) 등이 있다.

회전식 펌프가 윤활성이 있는 기름을 이송할 경우에는 펌프 속에 베어링을 설치할 수 있는 이점이 있으나, 윤활성이 없는 경우는 일반 펌프와 마찬가지로 축 밀봉부분의 바깥쪽에 베어링을 설치한다. 회전식 펌프는 용적형이기 때문에 토출측의 밸브를 닫으면 토출압력은 동력이 허용하는 수준까지 한없이 올라갈 수 있다. 그러나 케이싱이 내압범위를 넘으면 파손되기 때문에 릴리프 밸브를 설치하는 것이 바람직하다.

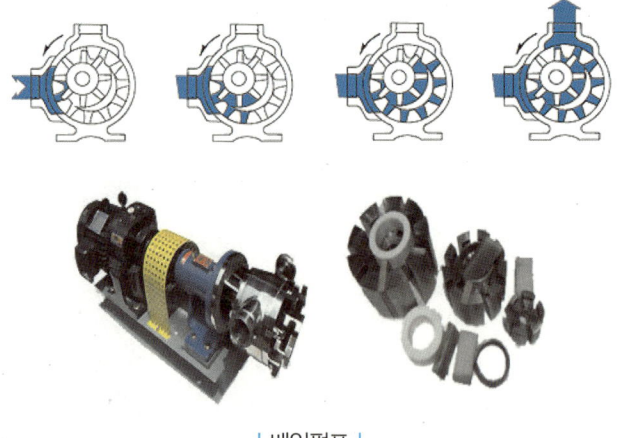

| 베인펌프 |

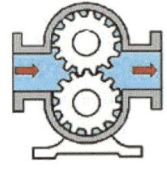 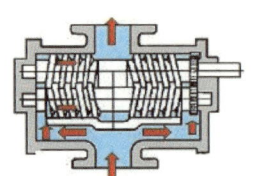   

| 톱니펌프, 나사펌프 |

압기펌프(air lift pump, 에어리프트 펌프)는 양수관의 흡입구 끝부분이 잠겨있는 물속으로 압축공기를 강제로 불어넣고 이때 발생되는 기포의 부력을 이용해서 주위의 물이 함께 떠오르면서 양수되도록 하는 펌프로서 공기양수펌프라고도 한다. 펌프 자체에 임펠러와 같은 가동부분이 없는 간단한 구조여서 고장이 적다. 모래나 고형물, 정화조, 폐수처리 등 이물질을 포함한 물을 양수하는 데 많이 사용되고 있다.

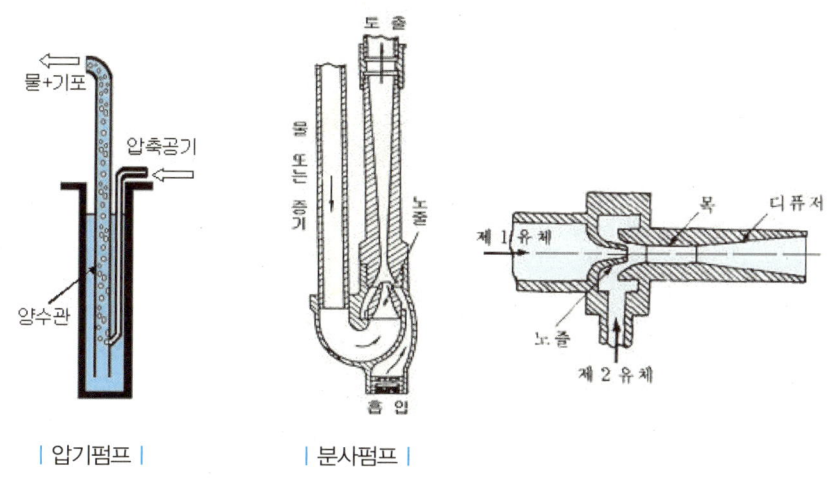

| 압기펌프 | | 분사펌프 |

## 02 펌프별 세부 구조 및 특성

### (1) 수평형 편흡입 벌루트펌프

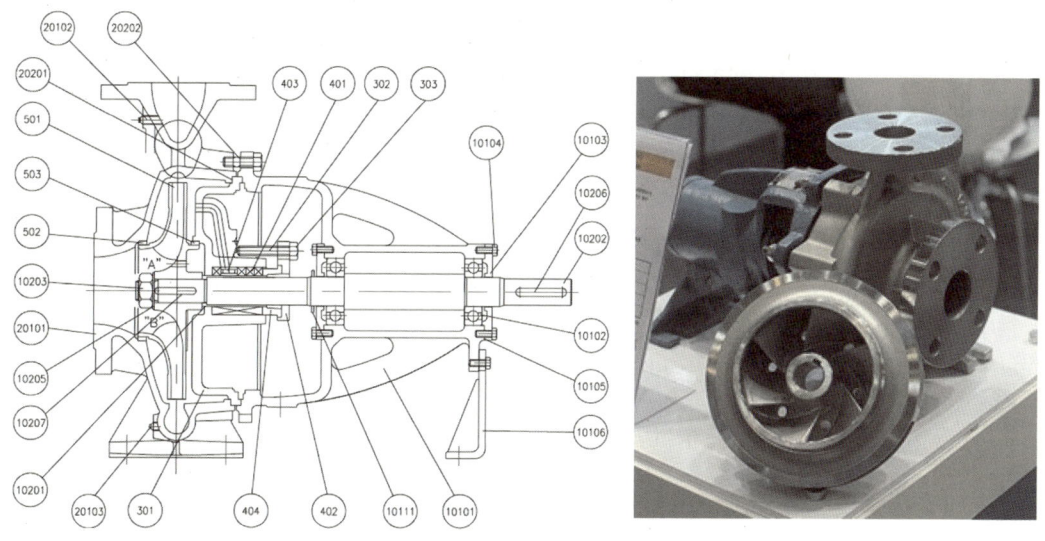

| 부품번호 | 부품명 | 표준재질 | 선택사양 | 부품번호 | 부품명 | 표준재질 | 선택사양 |
|---|---|---|---|---|---|---|---|
| 10101 | Bearing Bracket | GC200 | - | 20103 | Plug | CAC406 | STS304 |
| 10102 | Ball Bearing | Stee | - | 20201 | Gasket | Oil Paper | - |
| 10103 | Bearing Cover | GC200 | - | 20202 | Hexagon Bolt | SM45C | STS304 |
| 10104 | Hexagon Bolt | SM25C | - | 301 | Stuffing Housing | GC200 | SSC13/GCD450 |
| 10105 | Gasket | Oil Paper | - | 302 | Stud Bolt | SM45C | STS304 |
| 10106 | Support Foot | SS400 | - | 303 | Hexagon Nut | SM45C | STS304 |
| 10111 | Thrower | Rubber | - | 304 | Mechenical Seal | SiC/Carbon | - |
| 10201 | Shaft Sleeve | SM45C | STS304 | 305 | M/Seal Cover | GC 200 | SSC13 |
| 10202 | Shaft | SM45C | STS304 | 401 | Packing | 탄화섬유 | Teflon/Graphite 함침 |
| 10203 | Impeller Nut | SM25C | STS304 | 402 | Packing Gland | GC200 | M/Seal |
| 10205 | Lock Washer | SS400 | - | 403 | Lantern Ring | Acetal | STS304 |
| 10206 | Coupling Key | SM55C | - | 404 | Packing Ring | Acetal | STS304 |
| 10207 | Impeller Key | SM55C | STS304 | 501 | Impeller | GC200 | CAC406/SSC13 |
| 20101 | Volute Casing | GC200 | SSC13/GCD450 | 502 | Casing Ring | GC200 | SSC13 |
| 20102 | Plug | CAC406 | STS304 | 503 | Casing Ring | GC200 | SSC13 |

▼ 펌프의 주요 부분의 재질 종류와 기호

| 재료기호 | 종류 | KS 규격번호 | 재료기호 | 종류 | KS 규격번호 |
|---|---|---|---|---|---|
| SS400 | 일반구조용 압연강재 | KS D 3503 | SSC1 | 스테인리스 주강(13Cr) | KS D 4103 |
| SM20C | 기계구조용 탄소강강재 | KS D 3752 | SSC2 | 스테인리스 주강(13Cr-중C) | KS D 4103 |
| SM30C | 기계구조용 탄소강강재 | KS D 3752 | SSC13 | 스테인리스 주강(13Cr-중C) | KS D 4103 |
| SM35C | 기계구조용 탄소강강재 | KS D 3752 | SSC14 | 스테인리스 주강(14Cr-중C) | KS D 4103 |
| SM45C | 기계구조용 탄소강강재 | KS D 3752 | SSP | 냉간압연강판(일반용) | KS D 3512 |
| SCM435 | Cr-Mo강 강재 | KS D 3711 | STC | 탄소공구강 | KS D 3751 |
| SCM440 | Cr-Mo강 강재 | KS D 3711 | SPS | 스프링강 | KS D 3701 |
| SUS403 | 스테인리스 강봉(13Cr) | KS D 3706 | PW | 피아노선 | KS D 3556 |
| SUS420J1 | 스테인리스 강봉(13Cr-중C) | KS D 3706 | SPP | 배관용 탄소강관(가스관) | KS D 3507 |
| SUS304 | 스테인리스 강봉(18Cr-8Ni) | KS D 3706 | CAC402 | 청동주물(구 BC2) | KS D 6002 |
| SUS316 | 스테인리스 강봉(18Cr-8Ni-Mo) | KS D 3706 | CAC403 | 청동주물(구 BC3) | KS D 6002 |
| SUS316L | 스테인리스 강봉(18Cr-8Ni-Mo-저C) | KS D 3706 | CAC406 | 청동주물(구 BC6) | KS D 6002 |
| GC150 | 회주철 | KS D 4301 | BsC | 황동주물 | KS D 6001 |
| GC200 | 회주철 | KS D 4301 | PbBrC | 연입청동주물 | KS D 6011 |
| GC250 | 회주철 | KS D 4301 | AC4A | 알루미늄합금주물 | KS D 6008 |
| GCD400 | 구상흑연주철 | KS D 4302 | AC4B | 알루미늄합금주물 | KS D 6008 |
| GCD450 | 구상흑연주철 | KS D 4302 | ADC12 | 알루미늄합금 다이캐스트 12종 | KS D 6006 |
| SC410 | 탄소강 주강 | KS D 4101 | WM | 화이트메탈 | KS D 6003 |
| SC450 | 탄소강 주강 | KS D 4101 | HBsC | 주물용 고력황동합금지금 | KS D 2323 |
| SC480 | 탄소강 주강 | KS D 4101 | | | |

소형 원심펌프로서 가장 널리 사용되고 있는 형식으로, 펌프의 용도나 이송하는 유체의 종류 등에 따라 여러 가지 구조나 재질로 제작되고 있다. 펌프의 케이싱이 베어링 동체와 하나의 몸체로 연결되어 있고, 흡입구는 축방향인 측면에 설치되고 토출구는 윗방향에 위치하고 있다. 임펠러가 부착되어 있는 펌프의 축은 베어링 동체 내의 두 개의 볼 베어링에 의해 지지되며, 그랜드패킹이나 메카니컬씰에 의해 축의 기밀을 유지한다.

## (2) 인라인 펌프

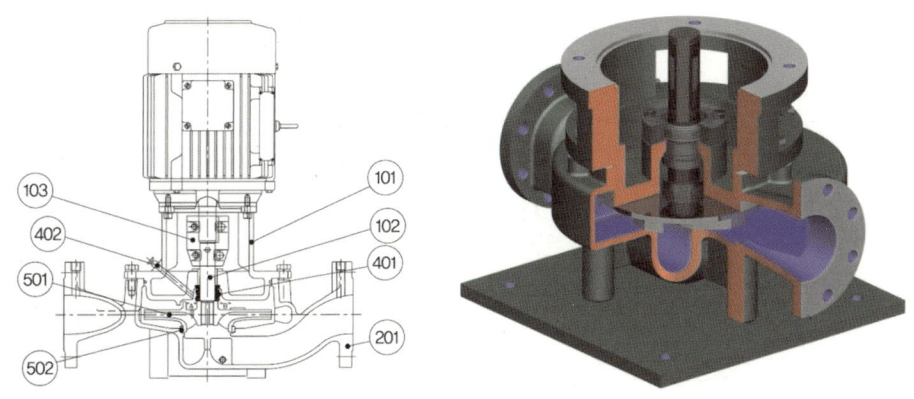

| 부품번호 | 부품명 | 표준재질 | 선택사양 | 부품번호 | 부품명 | 표준재질 | 선택사양 |
|---|---|---|---|---|---|---|---|
| 101 | Motor Stool | SS400 | - | 401 | Mechanical Seal | SiC/Carbon | - |
| 102 | Shaft | STS304 | STS316 | 402 | Air Vent | Brass | - |
| 103 | Rigid Coupling | SM45C | - | 501 | Impeller | GC200 | CAC406/SSC13 |
| 201 | Casing | GC250 | GCD450/SSC13 | 502 | Casing Ring | GC200 | CAC406/SSC13 |
| 301 | Stuffing Housing | GC250 | - | | | | |

펌프의 흡입구와 토출구가 일직선상에 위치하고 있어서 배관의 중간에 끼어넣는 식으로 간편하게 펌프를 설치할 수 있어 인라인(In-Line) 펌프라고 불린다. 보통 펌프를 지면에 놓고 수평으로 설치하고 있는데, 필요시 수직배관에 옆으로 매달아 설치하는 것도 가능하다. 임펠러 케이싱 위에 전동기가 바로 연결된 간결한 구조여서 펌프 하부에 별도의 베이스나 방진가대를 설치하지 않는 경우도 많아 설치공간을 적게 차지한다.

임펠러와 전동기의 축이 카플링으로 직결되므로 축정렬이 필요없고, 임펠러를 지지하기 위한 별도의 베어링이 없어 유지보수도 간편하다. 펌프의 가동 시 소음과 진동이 적으며, 펌프의 흡입구와 토출구가 일직선 상에 위치하고 있어 기동 정지 시 수격현상도 적은 편이다. 소용량의 인라인 펌프는 전동기의 축에 임펠러를 바로 부착하여 일체형으로 제작된다.

펌프의 기본적인 사양이나 적용 범위는 편흡입 벌루트펌프와 유사하나 간단한 구조이고 설치가 용이하여 공조용 순환펌프나 농업용, 산업용 유체 이송펌프로 널리 사용되고 있다.

## (3) 수평형 양흡입 벌루트펌프

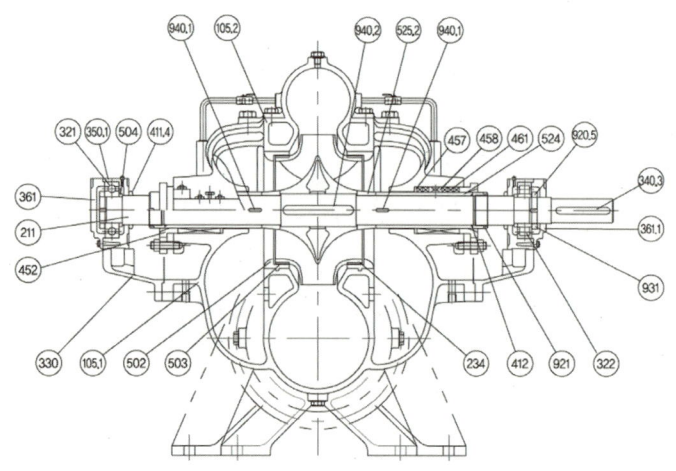

| 부품번호 | 부품명 | 표준재질 | 선택사양 |
|---|---|---|---|
| 105.1 | Casing Lower Half | GC200 | GCD450/SC450/SSC13,14,16 |
| 105.2 | Casing Upper Half | GC200 | GCD450/SC410/SSC13,14,16 |
| 211 | Shaft | SM45C | SCM440/STS304/STS316/STS316L |
| 234 | Impeller | GC200 | CAC406/SC450/SSC13,14,16/GCD450 |
| 321 | Ball Bearing | Steel | - |
| 322 | Roller Bearing | Steel | - |
| 350.1 | Bearing Housing | GC200 | - |
| 361 | Bearing Cover-E | GC200 | - |
| 361.1 | Bearing Cover | GC200 | - |
| 370 | Deflector | CAC406 | - |
| 390 | Constant Level Oiler | Glass | - |
| 411.4 | V-ring | Rubber | - |
| 412 | O-ring | Rubber | - |
| 433 | Mechanical Seal | SiC/Carbon | - |
| 452 | Packing Gland | GC200 | - |
| 457 | Packing Seat | SM45C | - |
| 458 | Lantern Ring | GC200 | - |
| 461 | Packing | 탄화섬유 | Teflon/Graphite 함침 |
| 471 | M/Seal Cover | SS400 | STS304 |
| 502 | Casing Ring | GC200 | CAC406/SCS13, 14, 16 |
| 504 | Bearing Seat | SS400 | - |
| 524 | Shaft Sleeve | STS304 | SSC13/SSC14/SSC16 |
| 636 | Grease Nipple | CAC406 | - |
| 903 | Plug | CAC406 | - |
| 920.5 | Bearing Nut | SM45C | - |
| 921 | Shaft Nut | SM45C | - |
| 931 | Bearing Washer | SM45C | - |
| 940.1 | Key | SM55C | STS304 |
| 940.2 | Key | SM55C | STS304 |
| 940.3 | Key | SM55C | STS304 |

유량이 큰 중대형 산업용 펌프로서 상·하수용이나 제조공정, 공조용 순환펌프 등 다양한 분야에서 널리 사용되고 있으며, 배관의 관경이 4~500mm를 넘어서 1,000mm 이상의 대구경인 경우도 있다. 한쪽의 흡입구를 통해 케이싱에 유입된 물은 임펠러의 양쪽으로 흡입되면서 펌핑작용을 하기 때문에 우수한 흡입성능과 높은 효율을 발휘한다. 또한 넓은 운전 유량 범위에 대응할 수 있으며, 임펠러와 축 등의 회전체를 양단의 베어링으로 지지하므로 기계적 신뢰성이 우수하다.

펌프의 몸체는 임펠러를 중심으로 양쪽이 대칭인 형태이고, 흡입과 토출구는 임펠러 하부케이싱의 하부쪽에 설치된다. 또 케이싱이 상부와 하부로 나뉘어져 조립되어 있어 임펠러 점검이나 보수 시 상부 케이싱만 분해하면 되므로 편리하다. 일반적으로 전동기가 수평이 되도록 많이 설치하고 있으나 설치공간을 최소화하기 위하여 입형으로 설치할 수 있도록 제작되기도 한다.

## (4) 수평형 다단 터빈펌프

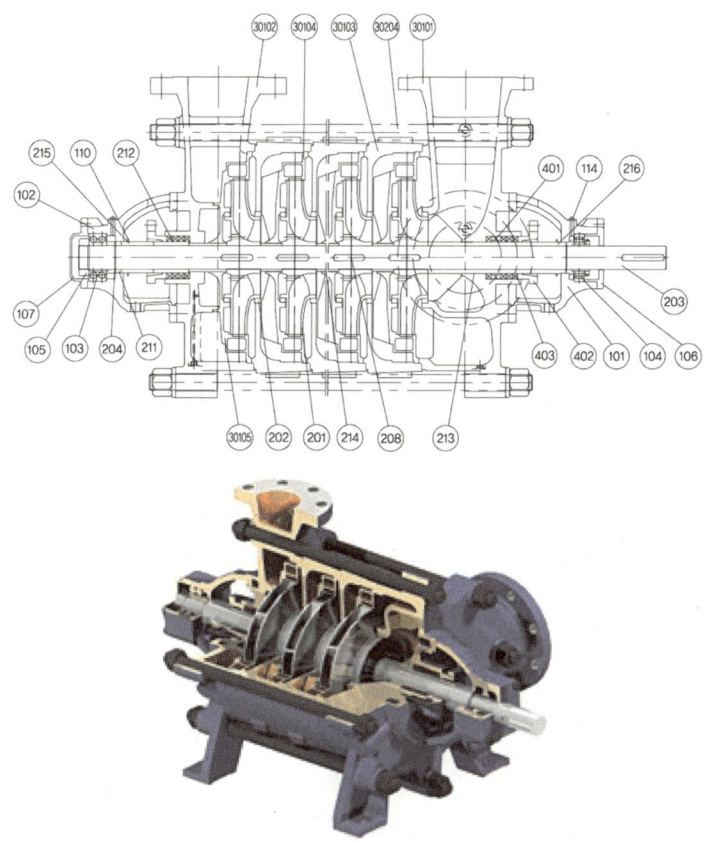

| 부품번호 | 부품명 | 표준재질 | 선택사양 |
|---|---|---|---|
| 101/102 | Bearing Housing | GC200 | - |
| 103 | Ball Bearing | Steel | - |
| 104 | Roller Bearing | Steel | - |
| 105 | Bearing Nut | GC200 | - |
| 106/107 | Bearing Cover | GC200 | - |
| 110 | Thrower | Rubber | - |
| 114 | Grease Nipple | CAC406 | - |
| 201 | Impeller | GC200 | SSC13 |
| 202 | Casing Ring | GC200 | SSC13 |
| 203 | Shaft | SM45C | STS304 |
| 204 | Stop Ring | SS400 | - |
| 208 | Key | SM55C | STS304 |
| 211 | Spacer Ring | SM45C | - |

| 부품번호 | 부품명 | 표준재질 | 선택사양 |
|---|---|---|---|
| 212/213 | Shaft Sleeve | SM45C | STS304 |
| 215/216 | Spacer Sleeve | SM45C | STS304 |
| 30101 | Suction Casing | GC200 | SSC13 |
| 30102 | Discharge Casing | GC200 | SSC13 |
| 30103 | Stage Casing | GC200 | SSC13 |
| 30104 | Diffuser | GC200 | - |
| 30105 | Diffuser-L | GC200 | - |
| 30204 | Tie-Bolt | SM25C | - |
| 401 | Lantern Ring | Acetal | STS304 |
| 402 | Packing Gland | GC200 | - |
| 403 | Packing | 탄화섬유 | Teflon/Graphite 함침 |
| 407 | Mechanical Seal | SiC/Carbon | - |
| 408 | M/Seal Cover | GC200 | SSC13 |

편흡입 벌루트펌프보다 고양정용으로 사용되는 펌프로서 임펠러와 윤절(Ring section)형 케이싱을 직렬로 복수 조합한 펌프이다. 필요로 하는 양정에 따라 임펠러의 단수를 선정해 조립하면 되기 때문에 다양한 설계 사양에 대응할 수 있는데, 임펠러의 각 단이 모두 동일한 부품으로 조립되기 때문에 조합이 용이하다. 임펠러는 축의 양끝에 위치한 베어링으로 지지되며, 고압으로 인한 축스러스트(축추력, shaft thrust)는 보통 임펠러에 설치된 밸런스홀(Balance hole, 평형공)이 감쇄시켜 준다.

흡입 케이싱이나 토출 케이싱의 조립 시 배관 연결구의 방향을 조절하면 펌프의 흡입측 및 토출측 배관의 연결방향을 상/좌/우 원하는 대로 맞춰줄 수 있어 편리하다. 축의 기밀방식은 유체의 종류나 용도에 따라 그랜드패킹이나 메카니컬씰 방식을 선택할 수 있다.

다단 터빈펌프는 높은 양정을 필요로 하는 상수도 급수용이나 생산공정 및 공조분야에서 고압/가압 송수용으로 적용되며, 건물의 소화용이나 보일러 급수펌프, 농업의 스프링클러용 펌프 등 다양한 분야에서 적용되고 있다.

### (5) 입형 다단펌프

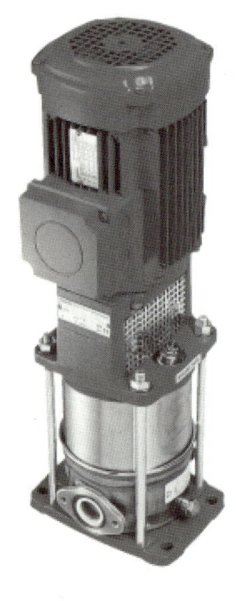

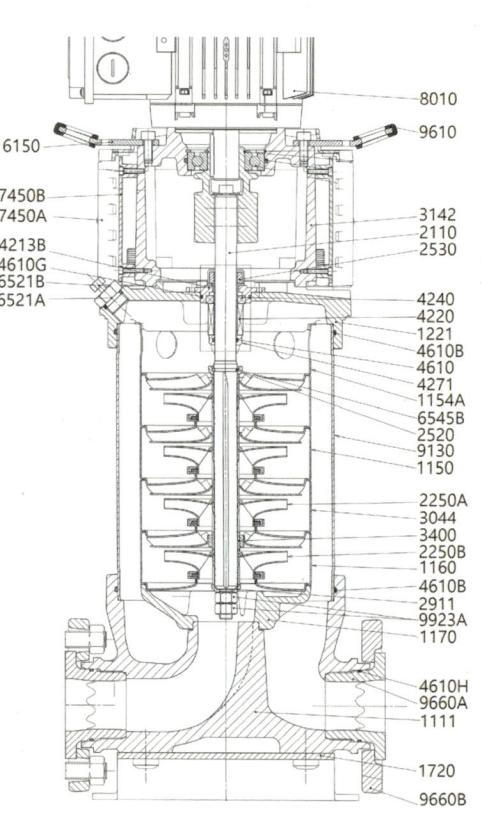

**부품 LIST**

|  |  |
|---|---|
| 1111 | -펌프 하우징 |
| 1150 | -스테이지 케이싱(가이드베인) |
| 1154A | -토출 챔버 |
| 1160 | -스테이지 케이싱 |
| 1170 | -하이드로우 서포트 |
| 1221 | -엔드 쉴드 |
| 1720 | -베이스 |
| 2110 | -축 |
| 2250A/B | -임펠러 |
| 2472 | -허브 |
| 2510 | -셋팅심 |
| 2520 | -임펠러 스톱링 |
| 2530 | -드라이브 링 |
| 2911 | -샤프트 하부 와셔 |
| 3044 | -스테이지 케이싱(베어링) |
| 3142 | -랜턴 |
| 3400 | -슬리브(텅스텐 카바이드) |
| 4213B | -링홀더(미캐니컬실) |
| 4220+4240 | -미캐니컬 실 |
| 4271 | -미캐니컬 실 슬리브 |
| 4610B | -오링(튜브) |
| 4610F | -오링(실슬리브) |
| 4610G | -오링(실커버) |
| 4610H | -오링(가스켓 홀더) |
| 6150 | -운반용 고리 |
| 6521A/B | -공기빼기 플러그 |
| 6545B | -1/2 고정링 |
| 7021 | -커플링 가드 |
| 7212 | -커플링 가드 서포트 |
| 7450A | -스페이스(커플링) |
| 7450B | -커플링 |
| 8010 | -모터 |
| 9130 | -튜브 |
| 9610 | -운반용 고리 보호고무 |
| 9923A | -임펠러 너트 |
| 9660A | -가스켓 홀더 |
| 9660B | -플랜지 |

입형 다단펌프는 임펠러와 케이싱이 일체화되어 있는 단(스테이지) 여러 개가 밀착되어 쌓여진 형태로 조립된 펌프로서, 일반적으로 같은 구경의 흡입구와 토출구가 일직선상에 위치하는 인라인펌프의 구조로 제작된다. 임펠러와 케이싱, 흡입 케이싱의 역할을 하는 튜브 등 주요 부분은 스테인리스 재질로 제작되며, 펌프의 하부 하우징이나 베이스는 제조업체에 따라 스테인리스뿐만 아니라 주철 주물로도 제작된다.

펌프의 축과 전동기의 축은 분할형 커플링으로 조립되어 있으며, 전동기 받침대와 임펠러, 하부 베이스 등 펌프의 주요 몸체를 하나의 긴 볼트를 이용해 조립한 구조여서 유지보수도 큰 어려움이 없다. 임펠러의 쓰러스트 하중을 지지하기 위하여 전동기 받침대에 베어링이 설치되어 있고, 펌프의 구조상 최상부 임펠러 쪽에 공기가 정체될 수 있어 이를 배출시키기 위한 공기빼기밸브가 설치된다.

임펠러와 케이싱을 제작하는 스테인리스강판의 두께가 그리 두껍지 않아서 비교적 짧은 시간의 체절운전이나 물이 없는 공회전에도 쉽게 파손될 수 있으므로 주의가 필요하다. 이송하는 유체도 섬유질이나 마모를 일으킬 수 있는 이물질이 포함되지 않은 유체와 점도가 높지 않은 유체가 적당하다.

펌프의 외형이 콤팩트하고 간결하면서도 고양정을 발휘할 수 있어 급수 및 가압설비, 소방용 펌프, 보일러 보급수, 기타 고압의 송수용으로 사용되고 있다. 그러나, 펌프 1대의 유량이 다단 터빈펌프보다는 현저히 적어 많은 유량이 필요한 경우에는 여러 대의 입형 다단펌프를 병렬로 연결하여 사용해야 한다.

## (6) 웨스코펌프

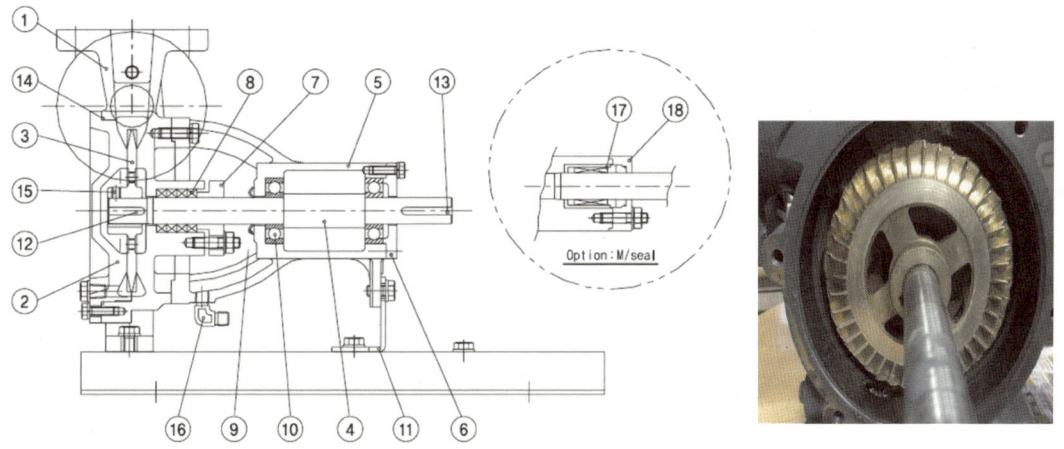

| 부품번호 | 부품명 | 표준재질 | 특수재질 |
|---|---|---|---|
| 1 | Casing | GC200 | - |
| 2 | Casing Cover | GC200 | - |
| 3 | Impeller | HBsC3 | - |
| 4 | Shaft | SM45C | STS304 |
| 5 | Bracket | GC200 | - |
| 6 | Bearing Cover | GC200 | - |
| 7 | Packing Gland | GC200 | - |
| 8 | Packing | Cotton | - |
| 9 | V Packing | Rubber | - |
| 10 | Bearing | Steel | - |
| 11 | Support Foot | SS400 | - |
| 12 | Impeller Key | SM50C | - |
| 13 | Coupling Key | SM50C | - |
| 14 | O Ring | Rubber | - |
| 15 | Lock Bolt | STS304 | - |
| 16 | Drain Elbow | BC6 | - |
| 17 | Mechanical Seal | SiC/Carbon | - |
| 18 | M/Seal Cover | GC200 | - |

유량이 적고 비교적 양정이 높은 경우에 적합한 펌프로서, 웨스코(Wesco)펌프 또는 재생펌프(Regenerative pump)라고도 한다. 와류펌프는 원판의 바깥 주위에 많은 홈이 새겨진 회전차가 와류실과 측판으로 둘러싸인 수로 안에서 회전하면서 물을 흡입구에서 토출구로 토출한다.

와류펌프의 작동원리는 원심펌프와는 달리 물이 와류실 안을 흐르는 사이에 회전차의 많은 홈에 의해 반복 가압되는 것으로 알려져 있다. 와류펌프는 구조가 간단하고 가격이 저렴하기 때문에 작은 빌딩의 급수펌프나 가정우물용 펌프로 사용되고 있으며, 보일러의 급수펌프로도 많이 사용되어 왔다.

## (7) 수중펌프

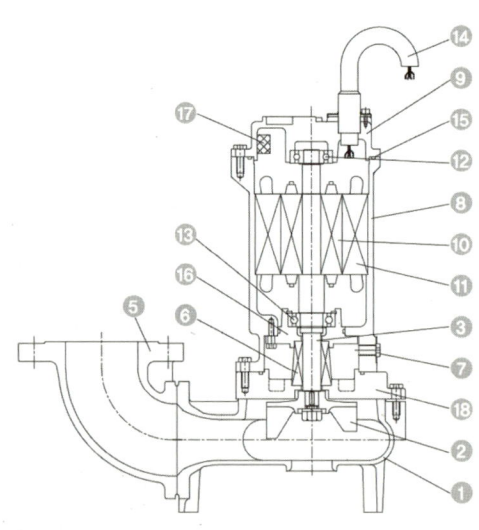

| No. | 부품명 | 표준재질 |
|---|---|---|
| 1 | Casing | GC200 |
| 2 | Impeller | GC200 |
| 3 | Shaft | STS410 |
| 4 | Companion Flange | GC200 |
| 5 | Elbow | GC200 |
| 6 | Mechanical | SiC/SiC |
| 7 | Oil Plug | SM25C |
| 8 | Motor Frame | GC200 |
| 9 | Motor Cover | GC200 |
| 10 | Rotor | - |
| 11 | Stator | - |
| 12 | Upper Bearing | - |
| 13 | Lower Bearing | - |
| 14 | Cable | - |
| 15 | O-Ring | N.B.R |
| 16 | Bearing Housing | GC200 |
| 17 | Auto Cut | - |
| 18 | Bracket | GC200 |

펌프와 전동기를 일체형 제작하여 수중에 설치하는 양수용 펌프로, 집수정 내부에 설치하기 때문에 펌프 설치를 위한 별도의 공간이 필요없다. 불의의 침수 시에도 전원이나 자동제어 계통이 정상이면 양수작업이 가능하고, 설치 위치가 낮아 집수정 하부까지 펌핑이 가능하다. 사양에 따라서는 수중에 혼합된 약간의 이물질 배출도 가능하다.

또한 수십미터 정도의 양정과 비교적 큰 유량의 다양한 사양으로 제작되고 있어 집수정 펌핑이나 공사장 가설배수용, 하수처리시설용 등으로 널리 사용되고 있다.

## 03 펌프의 사양

펌프의 성능이나 용량을 나타내는 가장 기본적인 인자로는 유량과 양정을 들 수 있다. 유량은 펌프가 가동되면서 토출측으로 분출해내는 유체의 양을 나타내는 것이고, 양정은 배관을 통하여 펌프가 유체를 밀어 올릴 수 있는 수직 높이를 의미한다.

유량은 일반적으로 일정한 시간당 공급되는 유체의 체적으로 나타내며, 1분당 리터량(liter/min, 줄여서 lpm)이나 1시간당 m³량(m³/hr)으로 표시하고 있다. 양정은 보통 물기둥의 높이(水頭 수두, m)로 많이 표현하기도 하고, 수두를 압력으로 환산하여 Pa이나 kg/cm²로 표시하기도 한다.

$$1\text{m}^3/\text{hr} = 1{,}000\text{liter}/60\text{분} = 16.7\text{liter/min} = 16.7\text{lpm}$$

### (1) 양정, 수두, 압력

#### ① 전양정, 펌프의 양정 선정

배관계통에서 물이 채워져 있거나 밀고 올라갈 수 있는 높이를 양정(head) 또는 수두(水頭)라고 하는데, 채워져 있는 물기둥의 높이가 높으면 높을수록 아랫부분에서는 높은 압력(에너지)을 받게 된다. 반대로 펌프가 토출하는 압력(양정)이 높으면 높을수록 펌프와 연결된 배관 내에서 물을 더 높은 곳까지 밀어 올릴 수 있다.

양정이나 수두는 길이 단위인 m로 표시하는 경우가 많은데, 펌프의 작동압력(MPa, 또는 kg/cm²)이나 배관에서의 마찰손실(저항)도 수두(m)로 환산해서 서로 호환해 사용하고 있다. 양정 또는 수두와 압력 사이의 관계식은 다음과 같다.

$$P = \gamma H$$

여기서, $P$ : 압력 [N/m² 또는 Pa]
$\gamma$ : 비중량 [N/m³]
$H$ : 수두, 또는 양정 [m]

즉, 물의 경우 비중량이 $9.8 \times 10^3 \text{N/m}^3 (1{,}000 \text{kg}_f/\text{m}^3)$이므로 수두 10m는 압력 $9.8 \times 10^4 \text{N/m}^2$ ($= 1\text{kg}_f/\text{cm}^2$)에 해당한다. 만일 유체가 물이 아닐 때에는, 예를 들어 휘발유는 비중량이 $7.35 \times 10^3 \text{N/m}^3 (750 \text{kg}_f/\text{m}^3)$로 물보다 적으므로, 같은 토출압력(양정)의 펌프를 사용한다면 휘발유가 물보다 비중량이 가볍기 때문에 더 높은 곳까지 양수할 수 있다.

한편, 펌프가 흡입하는 수조의 수면으로부터 양수하고자 하는 고가수조의 수면이나 배관 최상부 토출구까지의 높이 차이를 실양정(實揚程, $H_a$)이라고 한다. 배관계통에서 펌프가 어떤 높이까지 물을 공급하는 과정에서는 실양정 이외에도 배관 관로에서의 손실수두(마찰손실, $H_d$와 $H_s$)

와 속도수두(토출구에서의 방출압력, $v_d^2/2g$)가 필요하다.

이렇게 실양정에다가 흡입 및 토출 배관에서의 마찰손실과 토출압력 등을 모두 합한 것을 전양정(또는 총수두, $H$)이라고 한다.

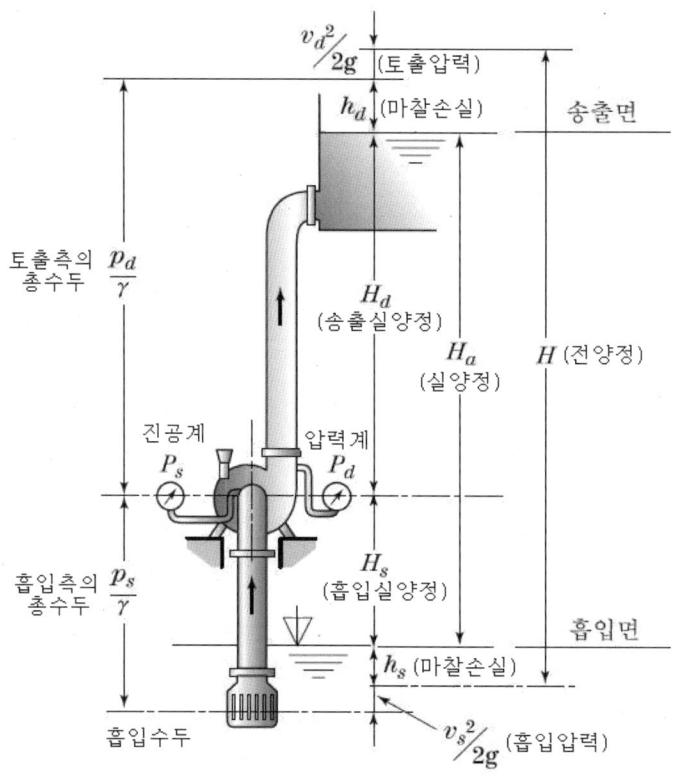

> 총수두(전양정, $H$) = 흡입측의 총수두 + 토출측의 총수두
> $= 실양정(H_a) + 손실수두(마찰손실, h_d+h_s) + 속도수두\left(토출압력, \dfrac{v_d^2}{2g}\right)$

배관계통에서의 흡입측 총수두나 토출측의 총수두는 펌프 흡입배관에 설치된 진공계(또는 연성계)와 토출배관에 설치된 압력계의 눈금으로 확인할 수 있다. 펌프가 흡상(흡입수면이 펌프보다 낮은 위치에 위치함)인 조건에서는 펌프의 총수두는 다음과 같다.

> 흡입펌프의 총수두(전양정) = 토출측 압력계의 압력 + 흡입측 진공계의 압력

만일 펌프의 흡입측이 압입(수면의 높이가 펌프보다 높음)인 경우에는 흡입측의 압력계의 눈금이 양(+)으로 나타나게 되는데 펌프 총수두는 다음과 같다.

> 압입펌프의 총수두(전양정) = 토출측 압력계의 압력 − 흡입측 압력계의 압력

예를 들어 급수펌프(또는 냉온수 순환펌프도 동일) 가동 시 흡입측의 압력계에 0.05MPa(=5m) 눈금이 표시되고, 토출측 압력계에는 0.3MPa(=30m) 눈금이 표시된다면 펌프는 30m-5m= 25m의 양정을 지닌 펌프로 판단할 수 있다.

다음 그림과 같이 어떤 펌프의 총양수높이(실양정)가 53m이고, 흡입배관의 길이가 10m, 토출배관의 길이가 150m일 때 펌프의 양정은 얼마가 되어야 하는가?(배관의 마찰손실은 m당 20mmAq를 기준으로 하고, 고가수조에서의 토출되는 수압은 0.05MPa 이상이 되어야 함)

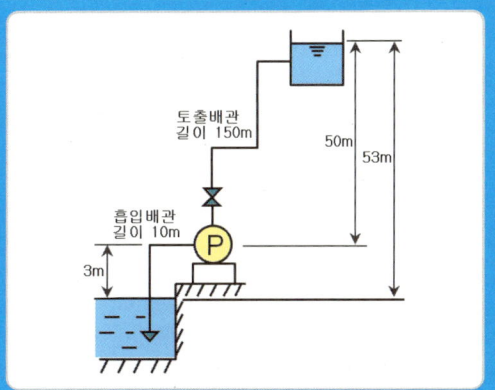

펌프의 전양정 = 실양정 + 배관 마찰손실 + 속도수두
- 실양정 = 흡입3m + 토출50m = 53m
- 배관의 마찰손실 = (배관 길이 × 단위길이당 마찰손실) × 1.5(부속 및 밸브류 마찰손실을 고려한 할증)
  = {(10m + 150m) × 20mmAq/m} × 1.5 = 4,800mmAq ≒ 4.8m
- 최상부에서의 토출 수압 = 0.05MPa ≒ 5m
- 펌프의 전양정(H) = 53m + 4.2m + 5m = 62.2m ≒ 63m

즉, 펌프의 양정이 63m 이상인 펌프가 설치되어야 함

② 배관의 마찰손실수두 계산

배관저항은 직관 부분에서의 마찰저항과 국부저항의 합인데, 위의 계산 예에서와 같이 단위길이당 마찰손실값이나 국부마찰손실 비율을 적용하여 약식으로 구할 수도 있지만 다음과 같이 계산식을 통해서 산출할 수 있다.

일반적으로 배관의 저항(마찰손실수두)을 계산식을 통하여 직접 산출하려고 한다면, 배관이 짧거나 적은 구경일 경우는 Darcy의 공식을 적용하고, 큰 구경의 배관이나 긴 경우는 Hazen · Willams의 공식을 사용하여 손실을 구한다.

- Darcy의 공식

$$\Delta P = \frac{l}{d} \cdot \frac{V^2}{2g} \cdot \gamma \qquad \Delta h = \frac{\Delta P}{\gamma} \cdot \lambda \cdot \frac{l}{d} \cdot \frac{v^2}{2g}$$

여기서, $\Delta P$ : 압력손실 [kg/m² : mmAq]
$\Delta h$ : 마찰손실 수두 [mAq]
$\lambda$ : 마찰계수 ($\lambda = 0.02 + 0.0005/d$로 하며, 오래된 관에서는 1.5~2배의 여유를 줌)
$l$ : 관 길이 [m]
$d$ : 관의 내경 [m]

$v$ : 관 내의 평균유속 [m/s]
$g$ : 중력가속도 [9.8m/s²]
$\gamma$ : 유체의 비중량 [kg/m³]

- Hazen · Willams의 공식

$$Hf = 10.666 \times C^{-1.85} \times d^{-4.87} \times Q^{1.85} \times L$$

- 유량 Q의 단위가 m³/sec일 때

$$Hf = 5.4755 \times 10^{-3} \times C^{-1.85} \times d^{-4.87} \times Q^{1.85} \times L$$

※ 유량 $Q$의 단위가 m³/min일 때
여기서, $L$ : 관의 길이 [m]
$d$ : 관의 내경 [m]
$C$ : 유속계수(강관 120~130, 주철관 및 라이닝관 130, PVC관 등 내면조도가 양호한 관 140)

배관에서의 국부저항은 직관을 제외한 각종 피팅류인 엘보, 티, 레듀샤, 밸브 등에서의 압력손실로, 배관의 굴곡이나 분기 지점이 많고 각종 밸브 장치들이 많을수록 크게 발생한다. 동관 및 일반배관용 스테인리스강관에서의 국부저항 상당관길이는 다음과 같다.

▼ 동관, 일반배관용 스테인리스강관의 국부저항 상당관길이

| 호칭 지름 | | 상당관길이 (m) | | | | | | | |
|---|---|---|---|---|---|---|---|---|---|
| A | Su | 90° 엘보 | 45° 엘보 | 90°T (분류) | 90°T (직류) | 게이트 밸브 | 글로브 밸브 | 풋밸브, 스윙체크 | 소켓 |
| 15 | 13 | 0.30 | 0.18 | 0.45 | 0.09 | 0.06 | 2.27 | 2.4 | 0.09 |
| 20 | 20 | 0.38 | 0.23 | 0.61 | 0.12 | 0.08 | 3.03 | 3.6 | 0.12 |
| 25 | 25 | 0.45 | 0.30 | 0.76 | 0.14 | 0.09 | 3.79 | 4.5 | 0.14 |
| 32 | 40 | 0.61 | 0.36 | 0.91 | 0.18 | 0.12 | 5.45 | 5.4 | 0.18 |
| 40 | 50 | 0.76 | 0.45 | 1.06 | 0.24 | 0.15 | 6.97 | 6.8 | 0.24 |
| 50 | 60 | 1.06 | 0.61 | 1.52 | 0.30 | 0.21 | 8.48 | 8.4 | 0.30 |
| 65 | 75 | 1.21 | 0.76 | 1.82 | 0.39 | 0.24 | 10.00 | 10.2 | 0.39 |
| 80 | 80 | 1.52 | 0.91 | 2.27 | 0.45 | 0.30 | 12.12 | 12.0 | 0.45 |
| 100 | 100 | 2.12 | 1.21 | 3.18 | 0.61 | 0.42 | 19.09 | 16.5 | 0.61 |
| 125 | 125 | 2.73 | 1.52 | 3.94 | 0.76 | 0.52 | 21.21 | 21.0 | 0.76 |
| 150 | 150 | 3.03 | 1.82 | 4.55 | 0.91 | 0.61 | 24.45 | 21.0 | 0.91 |
| 200 | 200 | – | – | – | – | – | – | 33.0 | – |
| 250 | 250 | – | – | – | – | – | – | 43.0 | – |

## (2) 양수량($Q$) 결정

- 펌프의 양수 과정에서 약간의 누수 및 사용 여건에 따른 펌프의 성능 저하를 고려하여 설계 유량의 5~15% 정도 여유를 두고 펌프 모델을 선정하면 됨
- $Q = (1.05 \sim 1.15) \times Q_L$(설계유량)

## (3) 펌프의 구경(D) 선정

- 펌프의 토출구 구경

$$D = \sqrt{\frac{4Q}{\pi v}} \, [\text{mm}]$$

여기서, $Q$: 양수량 [m³/s]
$v$ : 유속(보통 1.5 ~ 2m/s)

- 흡입구의 구경은 일반적으로 토출구보다 한 단계 큰 구경으로 선정하는 경우가 많음
- 토출량에 따른 흡입 구경 (KS 규정)

| 흡입 구경 | | 소형 원심 펌프 | | | | | | | |
|---|---|---|---|---|---|---|---|---|---|
| | | 40A | 50A | 65A | 80A | 100A | 125A | 150A | 200A |
| 토출량 (ℓpm) | 4극 | ~200 | 120~400 | 250~800 | 500~1,600 | 800~2,500 | 1,000~4,000 | 2,000~6,300 | 3,150~12,500 |
| | 2극 | | | | | 1,000~3,150 | 1,600~8,000 | | |

| 흡입 구경 | | 양쪽 흡입 벌루트 펌프 | | | | | | |
|---|---|---|---|---|---|---|---|---|
| | | 200A | 250A | 300A | 350A | 400A | 450A | 500A |
| 토출량 (ℓpm) | 4극 | 2,500~8,000 | 5,000~16,000 | 7,100~22,400 | 10,000~31,500 | 14,000~45,000 | | |
| | 6극 | | | 5,000~16,000 | 7,100~22,400 | 10,000~31,500 | 14,000~45,000 | 20,000~63,000 |
| | 8극 | | | | | | 10,000~31,500 | 14,000~45,000 |

## (4) 전동기의 회전속도 결정

$$N = \frac{120 \cdot f}{P} \times (1-S)$$

여기서, $N$ : 원동기의 회전수(rpm)
$f$ : 전원의 주파수(Hz)
$P$ : 전동기의 극수
$S$ : 미끄럼률(보통 2~5%)

## (5) 소요동력 계산

$$P(kw) = \frac{Q \times H}{102 \times E} \times K \times \gamma$$

여기서, $Q$ : 유량(m³/sec)
$E$ : 펌프 효율(아래의 표 참조)
$K$ : 전달계수(전동기 1.1~1.5, 내연기관 1.2)
$H$ : 양정(m)
$\gamma$ : 액체의 비중량(kgf/m³, 물=1,000kgf/m³)

HP = 75 [kg · m/sec] = 75×60 = 4,500 [kg · m/min]
kW = 102 [kg · m/sec] = 102×60 = 6,120 [kg · m/min]

▼ 펌프의 유량별 효율(E)

| 구 분 | 소형 원심펌프 | | 대형 원심펌프 | |
|---|---|---|---|---|
| | 유량(lpm) | 효율(%) | 유량(lpm) | 효율(%) |
| 유량별 효율 (E) | 100 | 37 | 2,000 | 67 |
| | 150 | 44 | 3,000 | 70 |
| | 200 | 48 | 4,000 | 71 |
| | 300 | 53.5 | 5,000 | 72 |
| | 400 | 57 | 8,000 | 74 |
| | 500 | 59 | 10,000 | 75 |
| | 600 | 60.5 | 20,000 | 77 |
| | 800 | 63.5 | 30,000 | 78 |
| | 1,000 | 65.5 | 40,000 | 78.5 |
| | 1,500 | 68.5 | | |
| | 2,000 | 70.5 | | |

> 어떤 벌루트 펌프의 전양정이 50m이고, 1분당 물 1,000리터를 양수해야 한다고 할 때 전동기의 동력은 얼마가 되어야 하는가?

유량 Q : 1분당 1,000리터 → 1,000lpm → 1m³/min → 0.0167m³/sec

펌프의 소요 동력 : $P(\text{kw}) = \dfrac{Q \times H}{102 \times E} \times K \times \gamma$

$= \dfrac{0.0167 \times 50}{102 \times 0.655} \times 1.1(전동기) \times 1,000$

$= 13.7[\text{kw}]$

전동기의 노후화 및 수명을 고려하여 여유율 10%를 고려하면,
13.7kW × 1.1 ≒ 15kW의 전동기를 사용하면 됨

### (6) 펌프효율(Pump efficiency)

- 펌프에 의해 액체에 주어지는 동력을 수동력($Lw$), 실제로 펌프를 구동하는 데 필요한 동력을 축동력(모터동력, $L$)이라고 하는데, 펌프의 효율 E는 모터동력 중 실제 유체에게 전해진 에너지의 비율(수동력과 축동력의 비)을 의미한다.

$$E\,[\%] = Lw\,[\text{kW}] \div L\,[\text{kW}]$$

- 수동력($Lw$) : 펌프를 가동시켜 원하는 유량과 양정을 얻기 위하여 단위시간 동안 액체에 주어진 유효 에너지(일)를 의미하는데, 아래의 수식으로 나타낼 수 있다.

$$Lw = 10^{-3} \times \rho \times g \times Q \times H$$

- 따라서 펌프의 효율은 동일한 사양의 펌프일 경우 유량이나 양정이 높을수록, 즉 용량이 커질수록 효율이 좋아지는 경향을 가진다. 수중배수펌프는 지상용 원심펌프(벌루트펌프 등)에 비해 효율이 낮다.
- 펌프의 효율에는 A효율과 B효율이 있는데, KS기준에서는 펌프의 형식별로 각 유량에서의 A효율과 B효율을 명시해 놓고 있으므로 펌프 선정 시 KS 규정의 효율 이상으로 운전되는 펌프를 선정하는 것이 바람직하다.
- A효율은 해당 펌프가 발휘할 수 있는 가장 높은 효율을 의미하며, 펌프의 성능곡선 그래프에서 효율곡선의 최고점에 해당한다. 펌프를 선정할 때에는 최고효율점이나 약간 우측에 위치한 운전점의 펌프를 주로 선정하고 있다.
- B효율은 해당 펌프가 어떤 특정 유량에서 실제 운전될 때의 효율을 의미한다.

| 토출량 (m³/min) | 소형 벌루트 펌프 ||||||||||||||||
|---|---|---|---|---|---|---|---|---|---|---|---|---|---|---|---|---|
| | 0.08 | 0.1 | 0.15 | 0.2 | 0.3 | 0.4 | 0.5 | 0.6 | 0.8 | 1.0 | 1.5 | 2 | 3 | 4 | 5 | 6 | 8 | 10 | 15 |
| A효율 (%) | 32 | 37 | 44 | 48 | 53.5 | 57 | 59 | 60.5 | 63.5 | 65.5 | 68.5 | 70.5 | 73 | 74 | 74.5 | 75 | 75.5 | 76 | 76.5 |
| B효율 (%) | 26 | 30.5 | 36 | 39.5 | 44 | 46.5 | 48.5 | 49.5 | 52 | 53.5 | 56 | 58 | 60 | 60.5 | 61 | 61.5 | 62 | 62.5 | 63 |

| 토출량 (m³/min) | 양 쪽 흡입 벌루트 펌프 |||||||||||||
|---|---|---|---|---|---|---|---|---|---|---|---|---|---|
| | 2 | 3 | 4 | 5 | 6 | 8 | 10 | 15 | 20 | 30 | 40 | 50 | 60 | 70 |
| A효율 (%) | 67 | 70 | 71 | 72 | 73 | 74 | 75 | 76 | 77 | 78 | 78.5 | 79 | 79.5 | 80 |
| B효율 (%) | 57 | 59 | 60 | 61 | 61.5 | 62.5 | 63 | 64 | 65 | 66 | 66.5 | 67 | 67.5 | 68 |

| 토출량 (m³/min) | 수 중 배 수 펌 프 |||||||||||||
|---|---|---|---|---|---|---|---|---|---|---|---|---|---|
| | 0.08 | 0.1 | 0.15 | 0.2 | 0.3 | 0.4 | 0.5 | 0.6 | 0.8 | 1.0 | 1.5 | 2.0 | 3.0 | 4.0 |
| A효율 (%) | 28 | 30 | 35.5 | 38.5 | 43 | 46 | 47.5 | 49 | 51 | 53 | 55.5 | 57 | 59 | 60 |
| B효율 (%) | 22 | 24.5 | 29 | 31.5 | 35.5 | 37.5 | 39 | 40 | 42 | 43.5 | 45.5 | 46.5 | 48.5 | 49 |

### (7) 펌프의 성능곡선

펌프의 운전 특성이나 성능을 나타내기 위하여 유량과 양정, 전효율, 축동력, 회전수 등을 하나의 도표상에 나타낸 것을 "펌프의 특성곡선", 또는 "성능곡선"이라고 한다.

오른쪽의 그림은 원심펌프의 일반적인 성능곡선을 보여주고 있는데, 어떤 펌프를 운전할 때 유량을 증가시키게 되면 양정은 점차 감소한다. 축동력은 유량이 증가될수록 증가하여 전동기의 소비동력이 늘어나게 된다.

펌프의 효율은 유량을 증가시키면 효율이 증가하다가 어느 지점의 유량 이후에는 효율이 오히려 감소하게 된다.

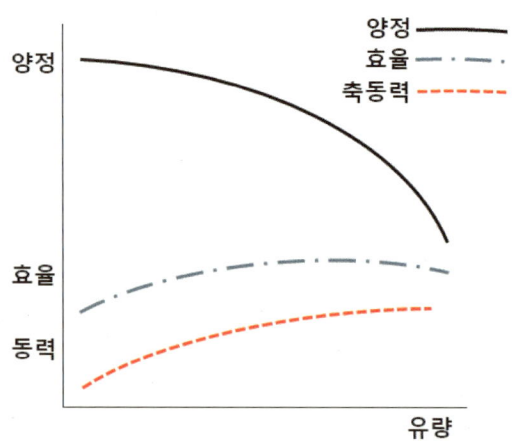

| 펌프 성능곡선에 대한 세부적인 설명 |

펌프의 성능곡선은 펌프의 종류나 임펠러의 형상에 따라 모두 다르게 되며, 같은 종류의 펌프라도 용량에 따라 성능곡선이 달라질 수 있다. 따라서 펌프를 신설하거나 교체할 경우 펌프별 성능곡선을 확인하여 필요한 유량과 양정에서 운전효율이 최대가 되는 모델을 선정해야 한다.

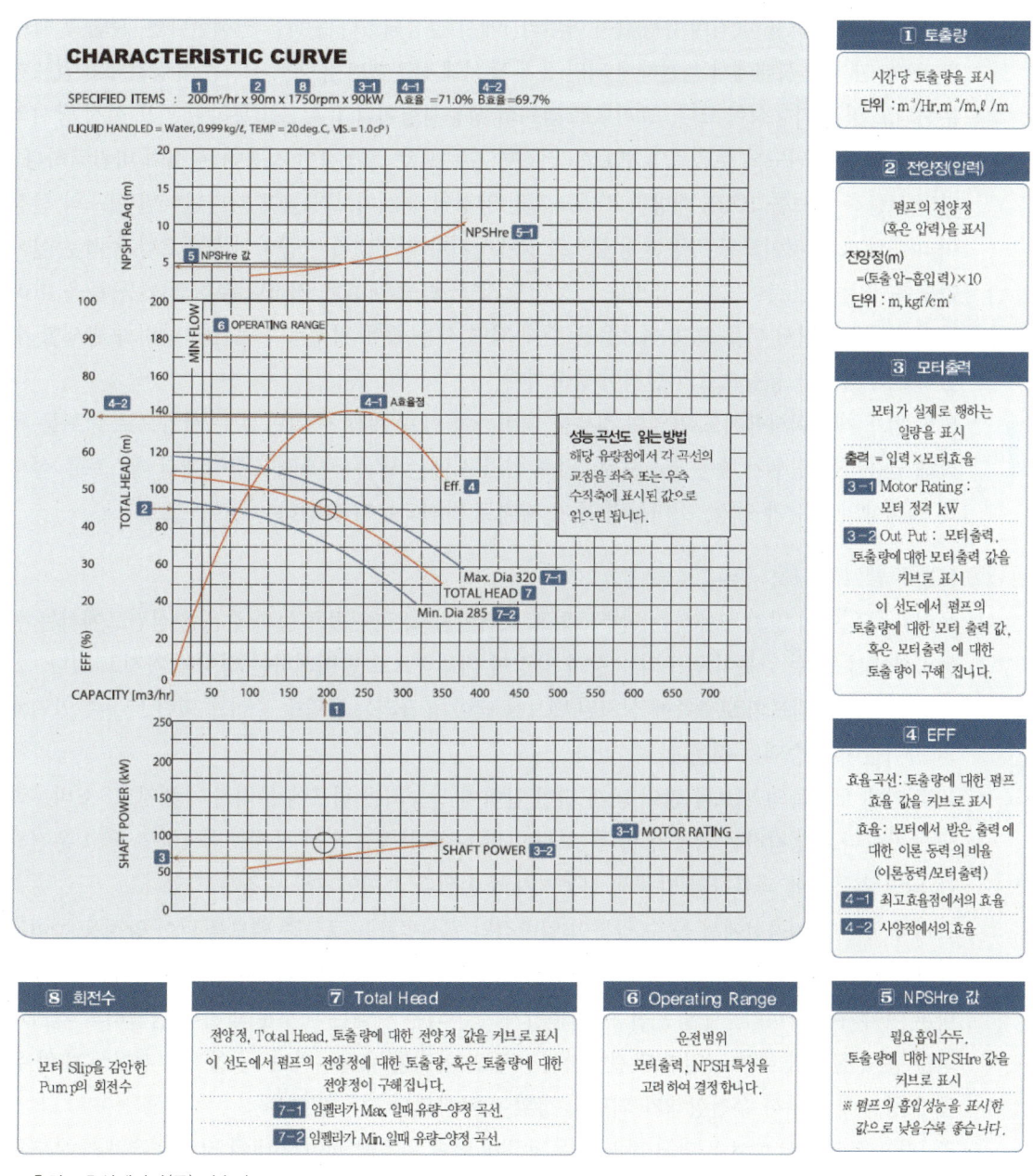

• 출처 : 효성에바라(주) 기술자료

## (8) 펌프의 성능곡선에 대한 이해

### ① 토출측 밸브의 개도율과 펌프의 성능

간혹 펌프를 운전하면서 토출측 밸브를 100% 개방해 놓고 운전하는 사례가 많이 볼 수 있다. 펌프의 선정이 최대 효율점(최대 유량값이 아니라!)에서 결정되었다는 점을 이해한다면, 토출측 밸브를 100% 개방한 상태에서 운전하게 되면 설계 당시에 산정했던 유량보다도 큰 유량값에서 펌프가 운전되고 있을 가능성이 크다. 그러므로 펌프의 성능시험이나 T.A.B를 통하여 펌프 선정 당시의 유량과 양정이 되도록 토출측의 밸브를 적절한 수준으로 조정하여 사용하는 것이 바람직하다. 만일 토출측 밸브를 100% 개방하고서도 운전 양정이 설계치보다 높게 나타난다면 펌프의 선정이 과대하게 된 것이므로 적정한 용량으로 교체하거나 임펠러를 가공하여 불필요한 동력 손실이 없도록 조치하는 것이 좋다. 펌프를 선정할 당시 사용 중의 효율 저하나 부하의 변동 등을 미리 고려한다고 하면서 너무 크게 여유율을 주게 되면 사용 중에 지속적인 동력의 낭비가 발생할 수 있으므로 적정한 용량으로의 선정이 중요하다.

또한 펌프 제작회사에서도 만일의 경우를 대비하여 펌프 제작 시 한단계 큰 사양으로 펌프를 제작해 납품하는 경우가 종종 있으므로, 펌프 설치 시에는 납품 전에 제조공장에서 테스트를 실시해 설계상의 유량과 양정, 소비동력 등이 제대로 발휘되는지 확인하는 것이 필요하다.

### ② 토출측 밸브를 닫을 경우 과부하 발생 여부

우리가 주위에서 많이 사용하는 벌루트펌프나 터빈펌프, 라인펌프 등과 같은 원심펌프에서는 성능곡선에서 볼 수 있듯이 펌프의 유량과 양정이 대체적으로 반비례하는 경향을 가지고 있다. 실제로 현업에서 펌프의 토출측에 설치된 밸브를 닫아 공급되는 유량을 줄이게 되면 토출측 압력계의 압력값이 상승되는 것을 볼 수 있다.

이로 인해 토출측의 밸브를 많이 닫게 되면 압력이 상승되어 펌프에 무리가 가해지고, 소비동력도 증가한다고 생각하는 경우가 많다. 그리고 더 나아가 펌프 운전 시 밸브를 100% 닫고 운전하게 되면 전동기에 과부하가 발생해 전동기가 소손된다고 이야기하는 경우도 있다.

그러나 앞의 성능곡선에서 볼 수 있듯이 일반적인 원심펌프는 토출측 밸브를 닫아 양정을 높이고 유량을 줄이게 되면 소비동력이 오히려 감소하게 되므로 전동기에 과부하가 발생한다는 것은 올바른 이야기는 아니다. 체절 운전 시 전동기가 소손되는 사례는 대부분 과열된 임펠러의 열기가 축을 통해 전동기 내부 코일까지 전해지면서 절연 파괴를 유발시키거나, 임펠러 케이싱 내의 유체가 증발해 무부하 운전상태가 되면서 상황이 악화되는 경우가 많다.

즉, 펌프 토출측의 밸브를 닫고 장시간 운전하게 되면 임펠러 케이싱 내에 정체된 유체의 온도가 급격히 상승하여 메카니컬씰이나 카플링, 전동기의 베어링 등이 손상될 우려가 크다. 심할 경우에는 유체의 과열로 기포가 발생해 케이싱이 파열되거나 배관 이음부위에서의 누수 사고가 발생하기도 하므로 성능시험이나 긴급한 경우가 아니고서는 펌프의 체절운전을 해서는 안 된다. 특히 높은 양정의 다단펌프나 축류, 사류펌프, 용적형 펌프 등은 짧은 시간에도 급격한 양정의 상승으로 펌프의 운전이 불안정해지고 펌프나 배관의 파열까지도 유발시킬 수 있으므로 체절 운전을 피해야 한다.

## (9) 펌프의 상사법칙

펌프의 회전수가 변하게 되면 펌프의 운전 특성도 변화하게 된다. 양정($H$)은 회전차 외주 속도(회전수, $N$)의 제곱에 비례하고 유량($Q$)은 회전수($N$)에 비례한다. 이렇게 펌프의 회전수 및 회전차의 직경($D$) 변화에 따른 각 요소의 특성 변화를 나타내는 식을 "펌프의 상사법칙"이라고 하며 다음과 같다.

$$\text{유량 } \frac{Q_2}{Q_1} = \frac{N_2}{N_1} \cdot \left(\frac{D_2}{D_1}\right)^3 \qquad \text{양정 } \frac{H_2}{H_1} = \left(\frac{N_2}{N_1}\right)^2 \cdot \left(\frac{D_2}{D_1}\right)^2 \qquad \text{동력 } \frac{P_2}{P_1} = \left(\frac{N_2}{N_1}\right)^3 \cdot \left(\frac{D_2}{D_1}\right)^5$$

# 04 캐비테이션과 흡입수두

## (1) 캐비테이션(Cavitation)

배관 내부에서 유체가 흐르고 있을 때에 배관 어느 지점에서의 압력이 그때 유체의 온도에 대한 포화증기압(액체가 증발하게 되는 압력)보다 낮아지게 되면 액체는 국부적으로 증발을 일으켜 기포가 발생하게 된다. 펌프 내부에서도 흡상 양정이 높거나 유속의 급변, 또는 와류의 발생, 관로에서의 장애 등에 의해 압력이 국부적으로 포화증기압 이하로 내려가 기포가 생성되는 현상이 발생할 수 있는데 이를 캐비테이션이라고 한다.

펌프에서는 캐비테이션이 펌프의 흡입구나 임펠러 날개 근처에서 많이 발생하는데, 생성된 기포가 임펠러의 고압부 쪽에서 급격히 붕괴하는 현상이 되풀이면서 펌프의 운전 성능이 현저히 저하되거나 양수 불능 상태가 되기도 하며 심한 소음과 진동이 발생하게 된다.

또한 장시간 캐비테이션이 이어지면 펌프의 임펠러나 하우징에 침식을 발생시키게 되며, 공회전으로 인한 전동기의 소손이나 베어링과 씰의 손상도 초래하게 되므로 펌프 운전 시 캐비테이션이 발생하지 않도록 각별한 주의가 필요하다.

  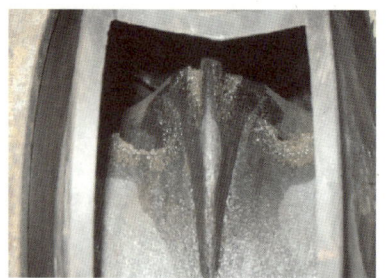

| 캐비테이션에 의한 임펠러의 손상 |

## (2) 흡입수두(NPSH ; Net Positive Suction Head)

펌프에서의 캐비테이션을 예방하기 위해서는 주위 배관에서 포화증기압 이하로 놓이기 쉬운 흡입계통에 대하여 면밀히 검토할 필요가 있는데, 이에 관계된 것이 흡입수두(NPSH ; Net Positive Suction Head)이다.

### ① 유효흡입수두(NPSHav)

펌프가 실제 설치된 조건에서 흡수면에 작용하는 압력과 흡수면에서 펌프 흡입구 중심까지의 높이에서 그때 온도에서의 액체의 포화증기압과 흡입측의 관마찰손실을 뺀 것을 유효흡입수두(NPSHav)라고 한다.

$$NPSHav = H_a \pm H_s - H_l - H_{vp}$$
$$= \frac{P_S}{\gamma} \pm H_s - f\frac{v_s^2}{2g} - \frac{P_v}{\gamma}$$

여기서, $H_a$ : 흡입면에 작용하는 압력수두(m)
$H_s$ : 흡입 실양정(m, 흡상의 경우 -, 압입은 +)
$H_l$ : 흡입관 내 손실수두(m)
$H_{vp}$ : 그때의 액체온도에 해당하는 증기압수두(m)
$P_s$ : 흡수면에 작용하는 절대압력(kg/m²)
$P_v$ : 사용온도에서의 액체의 포화증기압(kg/m²)
$\gamma$ : 유체의 비중량(kg/m³)
$f\frac{v_s^2}{2g}$ : 흡입배관에서의 총마찰손실수두(m)

유효흡입수두는 위의 계산식에서 보듯이 어떤 펌프가 설치되었는지, 또는 펌프 자체의 성능이나 사양과는 관계가 없으며, 펌프가 연결되어 실제 가동될 때의 흡입배관의 상태에만 관련이 있다. 즉, 펌프 가동 시 유체의 온도 상태나 흡입되는 유체의 유량, 흡입배관의 굴곡이나 길이에 따른 마찰손실의 크기, 흡수면과의 높이차 등에 따라 캐비테이션에 대한 위험도가 변화하게 되는 것이다. 펌프가 흡수면보다 높게 설치된 경우와 낮게 설치된 경우에 따라 유효흡입수두를 계산하는 과정을 살펴보면 다음과 같다.

| 구분 | 항목 | 흡상의 경우 | 압입의 경우 |
|---|---|---|---|
| 설치조건 | 펌프 흡입 상태 | (그림: 대기압, 4m) | (그림: 대기압, 3m) |
| | 유체의 종류 | 물 | 물 |
| | 수온 (℃) | 20 | 20 |
| | 해발 고도(m) | 0 | 0 |
| | $P_s$ 대기압($kg_f/m^2$, abs) | $1.0330 \times 10^4$ | $1.0330 \times 10^4$ |
| | $P_v$ 포화증기압($kg_f/m^2$, abs) | $0.0238 \times 10^4$ | $0.0238 \times 10^4$ |
| | $\gamma$ 유체의 비중량($kg_f/m^3$) | 998.2 | 998.2 |
| | $\pm H_s$ 흡입실양정(m) | $-4$ | $+3$ |
| | $f\dfrac{v_s^2}{2g}$ 흡입관마찰손실(m) | 0.7 | 0.5 |
| 계산값 | $NPSH_{av} = \dfrac{P_s}{\gamma} \pm H_s - f\dfrac{v_s^2}{2g} - \dfrac{P_v}{\gamma}$ | $= 10.35 - 4 - 0.7 - 0.24$ $= 5.41m$ | $= 10.35 + 3 - 0.5 - 0.24$ $= 12.61m$ |

② **필요흡입수두(NPSHre)**

펌프가 가동되면서 흡입구를 통해 회전하는 임펠러로 유입되던 액체는 임펠러 직전에서 일시적인 압력 강하가 발생하는데 이때 저하된 압력만큼의 수두를 필요흡입수두(NPSHre)라고 한다. 이와 관련하여 펌프 흡입측과 임펠러의 압력 분포를 살펴보면 다음 그림과 같으며, 필요흡입수두 NPSHre는 그림에서 a−c'의 높이에 해당된다.

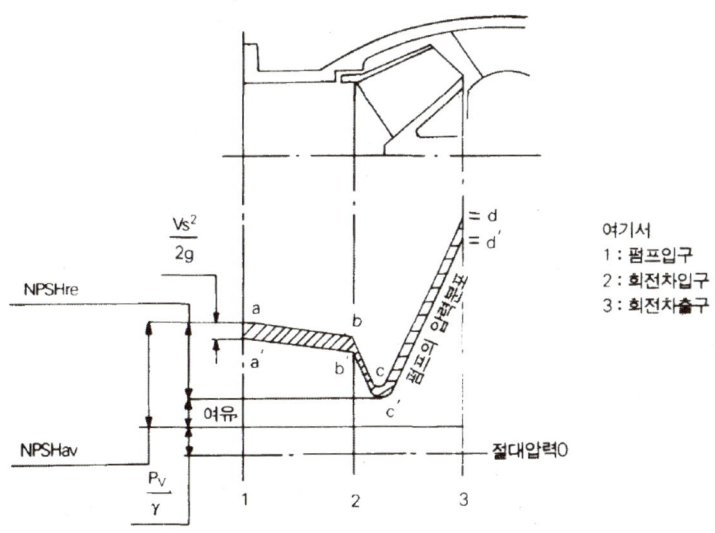

| 펌프 흡입측과 임펠러 주위의 압력 분포 |

필요흡입수두는 임펠러와 주위 케이싱의 형상, 유량과 양정, 회전수 등 펌프별 특성에 의해 고유한 값을 갖게 되는데, 이 값들은 펌프의 성능시험에 의해 구하게 된다. 펌프의 성능시험 운전을 진행하면서 각각의 유량-양정 상황에서 흡입압력을 점차 내려서 전양정의 저하가 3%가 되는 경우의 흡입상태를 파악하여 필요흡입수두를 구하게 된다.

이러한 필요흡입수두의 변화 곡선은 제조업체들이 각 펌프별 예상성능곡선에 표시하고 있으므로 이를 통해 확인할 수 있으며, 일반적으로 유량이 증가할수록 NPSHre가 증가하는 경향을 보이는데 캐비테이션을 고려할 때 NPSHre의 값은 낮을수록 유리하다.

이 외에도 설계 시에 NPSHre를 대략적으로 검토해보기 위하여 계산식에 의해 유량과 회전수를 이용하여 NPSHre을 구하는 방법이나 캐비테이션 계수(또는 Thoma 계수)에 의해 구하는 방법 등이 사용되기도 한다.

## (3) 캐비테이션과 흡입수두

펌프의 가동 중 캐비테이션이 발생하지 않으려면 운전 시 항상 유효흡입수두가 필요흡입수두보다 일정 수준 이상 크게 유지되어야 하는데, 다음과 같은 관계식으로 표현할 수 있다.

$$NPSHav > (NPSHre \times 1.3) \quad \text{또는} \quad NPSHav > (NPSHre + 0.5m)$$

유효흡입수두는 펌프의 설치조건이나 유체의 흐름이나 상태 등에 따라 달라지게 되는데, 펌프의 운전 중 유효흡입수두를 커지게 하는 요인들로는 다음과 같은 항목들을 들 수 있다.

- 흡입하는 액체의 온도가 상승하여 포화증기압이 커지는 경우
- 흡입배관의 길이가 길거나 관경에 비해 흐르는 유량이 커서 마찰손실이 커질 때
- 수면으로부터 펌프의 흡입구까지의 흡입 수직 높이가 높은 경우
- 흡입하는 액체의 종류가 포화증기압이 큰 경우이거나 비중이 작은 경우
- 밀폐된 탱크 내에 흡입하는 액체가 담겨 있고 내부 압력이 대기압 이하인 경우

▼ 물의 온도와 펌프의 흡입 양정

| 수온(℃) | 0 | 20 | 50 | 60 | 70 | 80 | 90 | 100 |
|---|---|---|---|---|---|---|---|---|
| 이론상의 흡입 높이(m) | 10.3 | 9.68 | 9.04 | 7.89 | 7.20 | 5.56 | 2.92 | 0 |
| 실제 흡입 높이(m) | 7.0 | 6.5 | 4.0 | 2.5 | 0.5 | 0 | 0 | 0 |

## (4) 캐비테이션의 예방대책

### ① 배관 내의 유속을 낮게 함

흡입배관의 관경을 여유있게 선정하여 가급적 유속이 1~2m/s 이하가 되도록 하는 것이 바람직하며, 유량이나 양정에 다소 여유가 있는 상태라면 펌프의 회전수를 낮추거나 토출측 밸브를 닫아 유량을 감소시켜 준다.

### ② 수온 상승 방지

펌프 흡입측의 유체 온도를 낮게 유지할 필요가 있는데, 예를 들어 난방이나 급탕 시스템에서 순환펌프가 열교환기와 연결되어야 할 때에는 유체의 온도가 상대적으로 낮은 열교환기의 전단(1차측)에 펌프를 배치하는 것이 좋다. 또한 체절운전이나 저유량 운전도 펌프에서 유체 온도를 상승시키게 되므로 릴리프밸브 등 안전장치를 설치하여 최소한의 유량이 확보되도록 해야 한다.

### ③ 흡입수조와 펌프의 위치

흡입수조는 가급적 높게 설치하고 펌프는 최대한 낮게 설치하여 흡입배관에 부압이 걸리지 않도록 하는 것이 좋은데, 특히 응축수 탱크나 휘발성 액체의 저장탱크는 위치 선정 시 이를 충분히 고려해야 한다. 탱크 내부의 흡입배관은 공기가 유입되지 않도록 흡입구의 위치를 적절히 선정하고, 흡입배관에는 편심레듀샤를 사용하여 공기가 정체되지 않도록 한다.

### ④ 흡입배관의 마찰저항 감소

흡입 관로상에는 불필요한 굴곡이나 밸브류, 기기의 설치를 자제하고, 배관의 길이를 최대한 짧게 하여 마찰저항이 적게 발생하도록 한다. 아울러 흡입측의 밸브를 달아 유량을 제어하지 않도록 하고, 사용 중에도 주기적으로 스트레이너의 이물질을 청소하여 마찰저항이 걸리지 않도록 관리한다.

### ⑤ 펌프 사양 선정 시 검토사항

앞서 설명한 바와 같이 유효흡입수두(NPSHav)가 펌프의 필요흡입수두(NPSHre)보다 1.3배 이상 되도록 펌프를 선정하고, 펌프의 전양정 선정 시 불필요하게 여유치를 크게 선정하면 실제 운전 시 과유량의 상태로 가동되게 되어 캐비테이션의 발생 위험을 키우게 되므로 바람직하지 않다. 또한 이송하고자 하는 유체의 상태나 펌프 설치 조건상 캐비테이션의 발생 우려가 높은 경우에는 펌프 사양 선정 시 임펠러의 재질을 캐비테이션 괴식에 강한 재질로 선정하도록 한다.(청동이나 주강 재질보다는 스테인리스강이나 크롬바나듐강 등이 바람직함)

# 05 펌프의 서징(Surging)

펌프를 유량이 적은 상태에서 운전하게 되면 토출측의 유량과 압력이 주기적으로 변하여 결국 안정된 운전이 불가능한 상태로 되는 서징(Surging) 현상이 발생할 우려가 있다. 서징현상은 펌프에서 토출된 과잉 유량의 에너지가 관로계에 축적되어 발생하게 되는데, 펌프 가동 시에 소음과 진동이 커져 전체 시스템의 불안정성이 증대되고 심할 경우 배관이나 기계장치의 파손도 가져올 수도 있다. 서징에 따른 진동 주파수는 관로의 고유진동수에 따라 다르나 대략 0.1~10Hz 정도이다.

## (1) Surging이 발생하기 쉬운 조건

- 펌프의 특성곡선이 아래의 그래프와 같이 산고 곡선이고, 이 곡선의 좌측상승부(저유량의 서징 영역)에서 펌프가 운전될 경우
- 배관 주위에 수조나 기체 상태의 부분(진공실, 공기탱크 등)이 있을 경우
- 탱크 후단에 유량조절밸브가 있는 경우

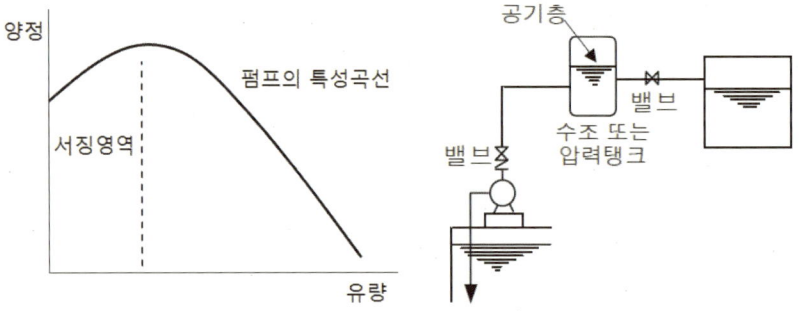

## (2) Surging 개선대책

① 전 유량 영역에 있어 우하향 하강 특성을 갖는 펌프를 사용

② 배관 도중에 불필요한 수조나 공기탱크가 없도록 함

③ 펌프가 항상 특성곡선의 우하향 지점에서 운전토록 설정함
  - 회전수를 증가시킴 → 특성 곡선 변화시킴
  - 펌프 토출측의 밸브 개도율 증가시킴 → 유량 증가, 압력 감소
  - 바이패스 배관을 설치하여 과잉 유량을 해소함

④ 유량을 조절하는 밸브의 위치를 펌프 토출구 직후에 설치함

# 06 펌프의 성능 변화와 관련된 사항

## (1) 성능곡선의 변화(유량과 양정의 조절)

### ① 펌프 토출측 밸브의 개폐 ← 유량과 양정의 변화가 필요할 경우

펌프 토출배관에 설치된 밸브를 닫거나 개방할 경우 펌프의 성능곡선을 따라 유량과 양정이 변하게 된다. 밸브를 개방할 경우(2) 펌프의 유량은 증가하나 양정은 감소하게 되고, 밸브를 점차 닫을 경우(1)에는 유량은 감소하나 양정이 증가하는 상태로 펌프의 토출 상태가 변화하게 된다.

따라서 펌프 운전 시 밸브를 무조건 100% 개방할 것이 아니라 설계 사양이나 전체적인 시스템의 순환 상태에 따라 적정한 밸브의 개도율을 설정하는 것이 중요하다고 할 수 있다.

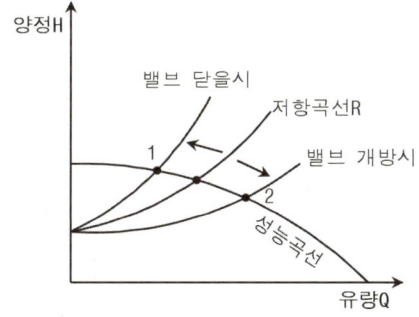

### ② 펌프의 병렬 합성 ← 공급 유량의 증대가 필요할 경우

하나의 배관에 동일한 성능의 펌프 2대를 병렬로 나란히 묶이도록 배치하여 유량을 증대시키고자 할 경우, 합성 펌프의 성능곡선은 동일한 양정에서 유량이 2배 증대되는 형태로 변화하게 된다.

다만 배관계의 특별한 변화가 없다면 펌프 병렬운전 시 실제 운전점은 저항곡선을 따라 1 → 2로 변하게 되어 유량이 2배로 되지는 않는다. 이럴 경우 밸브를 개방하여 필요한 유량으로 토출측 밸브의 조작이 필요하다.

만일 유량 특성이 다른 2대의 펌프를 병렬로 조합해 운전하고자 할 때에는, 대용량 펌프의 토출압에 의하여 소용량 펌프가 체절 운전될 우려가 있으므로 주의가 필요하다.

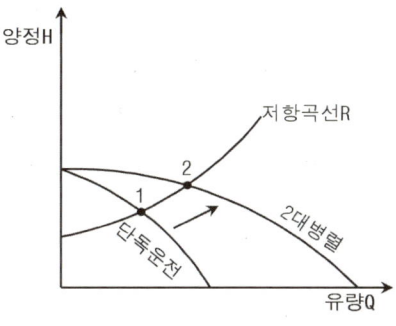

③ 펌프의 직렬 합성 ← 토출 양정(압력)의 증가가 필요할 경우

하나의 펌프에 동일한 성능의 펌프 2대를 직렬로 배치하여 양정을 증대시키고자 할 경우, 합성된 펌프의 성능곡선은 동일한 양정에서 양정이 2배 증대되는 형태로 변화하게 된다.

그러나 이 경우도 역시 실제 운전점은 배관의 저항곡선을 따라 1 → 2로 변하게 되므로 양정이 2배가 되지는 않으므로, 토출측 밸브를 닫아 필요한 양정이 확보되도록 밸브를 조작해야 한다.

펌프의 유량이 다른 2대의 펌프를 직렬 조합할 경우에는 소유량 펌프가 저항으로 작용할 우려가 있으므로 주의가 필요하고, 대용량펌프 → 소용량펌프 순으로 배치해야 캐비테이션을 예방할 수 있다.

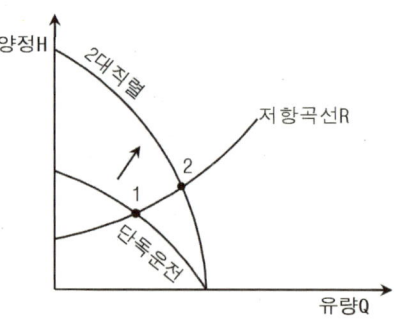

④ 펌프의 회전수 조절 ← 인버터 제어 운전

어떤 시스템에서 부하가 증감하여 소요 유량이 변화되었거나, 펌프와 연결된 장비의 운전 대수 등이 변화된 경우 요즘에는 인버터 제어장치를 이용하여 펌프의 회전수를 조절하는 방법이 많이 사용되고 있다.

펌프 회전수의 변화는 양정과 유량 모두의 변화를 가능하게 하고, 인버터 제어장치에 의해 유량의 정밀한 제어가 가능하며 특히 운전동력의 절감이 가능한 장점이 있다. (앞에서 설명한 펌프의 상사법칙을 보면 동력 P는 회전수 N의 3승에 비례하므로 회전수 변화에 따른 동력절감효과가 매우 크다고 할 수 있다.)

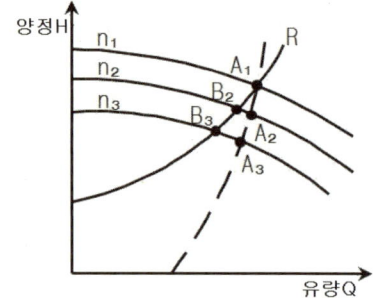

## (2) 유체의 온도

온도가 높은 액체를 취급하는 펌프의 경우 베어링이나 패킹 누르개와 같은 부분의 과열에 의한 기능 저하나 불균일한 열팽창에 따른 각 부분의 치수상의 어긋남 및 휨 등이 발생할 수 있으므로 주의해야 한다. 또한 유체의 온도 상승 시 점도와 비중의 변화가 수반되어 펌프의 성능이 변화될 수 있고 캐비테이션이 발생할 우려가 높으므로 80℃ 이상의 조건에서는 펌프 위치를 압입 조건으로 변경하는 것이 필요하다.

일반적으로 임펠러 축을 따라 고온의 열이 전달되는 경우 베어링 윤활유의 유성을 저하시키고 베어

링을 과열시키기 때문에 베어링 케이스를 수냉 재킷으로 씌우거나 냉각용 기름을 순환시킬 수 있는 구조로 하는 것이 좋다.

### (3) 점도와 비중의 변화

이송하는 액체의 비중이나 점도, 함유 고형물 등 액체의 특성에 의해서도 펌프의 성능이 현저하게 변화된다. 따라서 일반적인 유체 이외의 특수 액체를 이송하고자 할 경우 사전에 펌프 제조업체에 해당 액체에 대한 이송능력을 체크할 필요가 있다.

보통 점도가 높아지게 되면 관내 마찰손실이 증가하게 되어 펌프의 양정이 증대되어야 하나 효율은 감소하게 되어 전반적으로 동력이 증가되어야 한다. 이럴 경우에는 흡입이나 토출 관경을 크게 하고 압입 운전조건으로 펌프 위치를 조정하는 것이 유리하다.

또한 비중이 높아질 경우에는 양수량이나 효율에는 큰 변화는 없으나 토출 압력과 소요 동력이 비중의 증가율과 비례하여 증가하게 된다.

### (4) 슬러리, 혼합물의 유무에 따른 주의

액체 중의 슬러리나 혼합물 등이 혼입되어 있는 경우에는 마모, 폐쇄성 및 밀봉 방법 등이 문제가 된다. 샌드 펌프와 같이 특히 마모가 심한 경우는 회전차나 케이싱 등에서 양액과 접촉하는 부분을 고크롬 주철과 같은 경질금속이나 연질고무로 라이닝한 구조로 하거나 또는 마모부분을 쉽게 교환할 수 있도록 2중 케이싱으로 하기도 한다.

또 슬러리가 패킹 속에 들어가면 패킹이 급속히 손상되고 축이 마모된다. 이를 방지하기 위해서는 밀봉 부분에 봉수링을 주입하여 여기에 항상 청수를 주입하여 패킹을 슬러리에서 보호해야 한다. 모래나 철분 등의 미립자가 포함되어 있는 액체의 경우에도 역시 같은 장치가 필요하다. 하수용 펌프나 오물용 펌프와 같이 물과 함께 고형물을 취급하는 펌프에 있어서는 고형물에 의해 쉽게 막히거나 고착되지 않는 타입의 펌프를 선정해야 한다.

### (5) 전압, 주파수

전동기에 공급되는 전원의 전압이 저하되면 전동기의 토크가 줄어들어 출력(kW)이 감소하고 펌프의 회전수도 감소하여 전반적인 펌프의 성능이 떨어지게 된다. 반대로 전압이 상승하게 되면 전동기의 발열로 문제가 될 수 있으므로 정규 전압의 ±10% 이내에서의 운전이 필요하다.

또한 주파수의 과다 저하 시에도 전동기의 온도가 상승하여 무리를 줄 수 있으므로 규정 주파수의 ±5% 이내에서의 운전이 좋다. 유지관리 시 펌프에 비정상적인 전원이 공급될 경우 전동기의 수명이 단축되고 펌프의 효율이 저하되게 되므로 전원에 대해서도 주기적인 점검이 필요하며, 380V(3상) 전원의 경우 전동기나 제어반 보수 후 오결선으로 인한 역상이나 결상이 되지 않았는지도 체크해야 한다.

# 07 펌프 설치 및 주위 배관

## (1) 흡입배관

펌프의 설치위치는 가능한 한 급수원에 가깝게 하고 흡입배관의 길이도 짧게 한다. 곡관 설치 시에는 곡률 반경을 크게 하고 관경이 급격하게 축소 또는 확대되는 것은 피한다. 유속은 가능한 작게 하는 것이 바람직하고 흡입관에 스트레이너나 풋밸브를 설치할 경우에는 유지보수가 가능하도록 설치 위치를 선정한다. 흡입배관은 펌프를 향해서 약 1/50 정도의 올림 구배가 되도록 하고 레듀샤를 사용할 경우 편심레듀샤를 상부 쪽이 수평이 되도록 설치하여 공기가 흡입배관에 정체되지 않도록 한다.

펌프 설치 위치의 높이는 가급적 흡수면에서 6~7m 이내로 하고, 중대형 펌프에 있어서는 흡입 실양정과 흡입관 손실로부터 계산되는 유효흡입수두(NPSHav)가 펌프의 필요흡입수두(NPSHre)보다 작게 되지 않도록 해야 한다.

① 흡입배관 및 흡입구의 위치

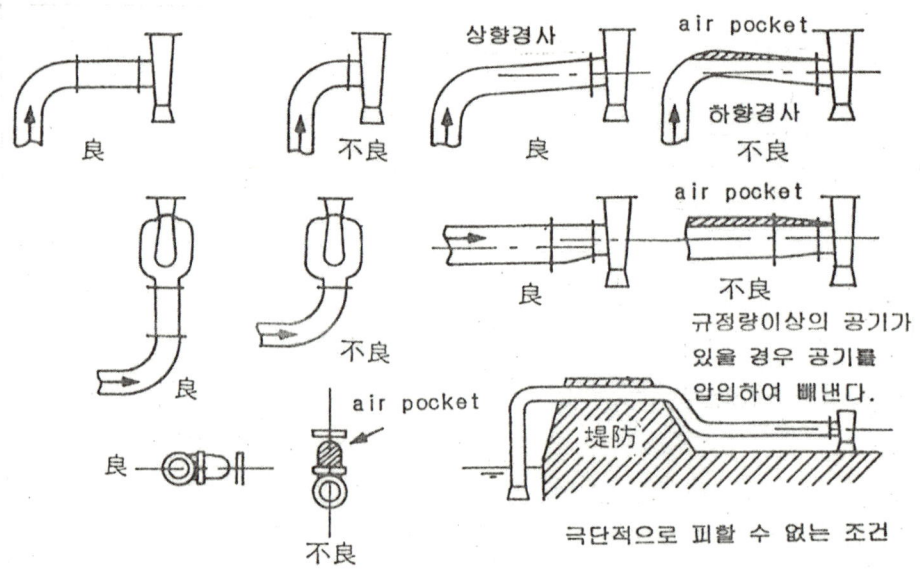

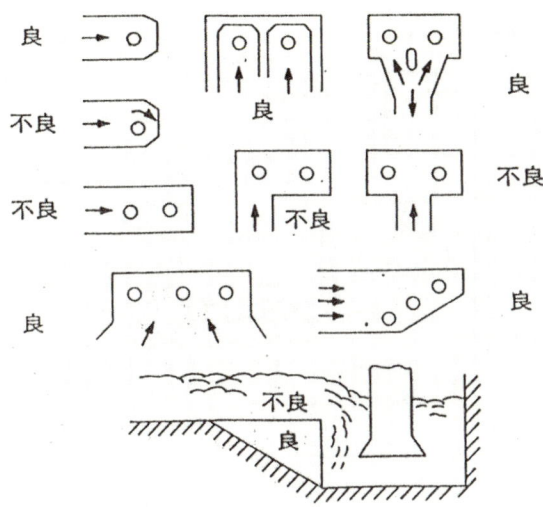

② 풋 밸브(Foot valve)와 물올림 탱크

| 풋 밸브 |

풋밸브는 펌프 흡입배관이 연결되어 있는 수조의 수위가 펌프 임펠러보다 낮은 곳에 위치할 경우 펌프 가동 중단 시 흡입배관의 물이 수조로 다시 빠지지 않고 채워져 있도록 하기 위하여 수조 속 흡입배관의 가장 아래 부분에 설치되는 일종의 체크밸브이다. 풋밸브의 흡입구에는 거름망이 설치되어 있어 이물질 유입을 방지하는 기능도 한다.

풋밸브에서의 역류 방지가 제대로 되지 못하여 펌프 흡입배관의 물이 빠져 공기가 차게 될 경우 양수 불능상태가 되고 펌프의 임펠러나 베어링이 망가지게 되므로 주기적으로 확인이 필요하다. 이 때문에 풋밸브의 누수에 대비하기 위하여 펌프 흡입측에 물보충 탱크(또는 물마중 탱크, 물올림 탱크라고도 함)를 설치하는 경우도 많다. 풋밸브의 디스크나 거름망에 이물질이 끼여서 작동이 원활하지 않을 경우 유지보수가 원활치 않기 때문에 가급적 흡입 수조의 높이는 펌프보다 높게 설치하는 것이 좋다.

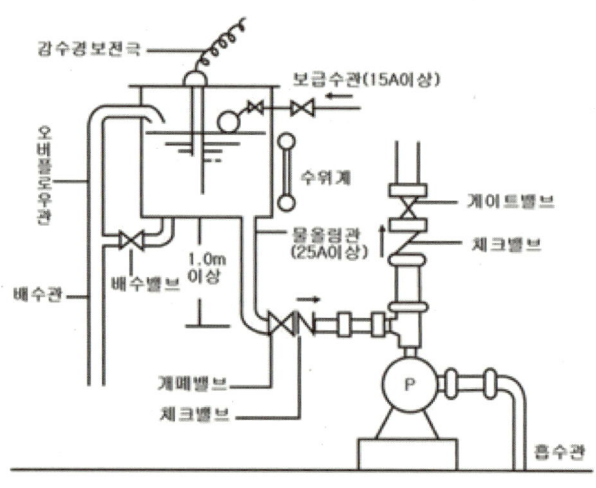

| 물보충 탱크의 개요 |

### (2) 토출배관

펌프의 흡입관과 토출관의 연결부분에는 플렉시블조인트를 설치하여 소음과 진동이 배관 쪽으로 전달되는 것을 차단해야 하며, 배관의 하중이 펌프로 전달되는 것도 방지해주는 기능을 한다. 또한 펌프 가동 시에는 흡입이나 토출 압력에 의하여 배관이 약간의 변형이나 유동을 일으킬 수 있으므로 주위 배관을 지지철물에 견고히 고정해야 한다.

펌프 토출측에는 자폐식 체크밸브(스모렌스키 체크밸브 등)와 수격방지기를 설치하여 펌프 가동과 정지 시에 발생할 수 있는 수격현상을 완화시킨다. 냉수/온수 순환펌프와 같이 밀폐되어 있는 배관에 유체만 순환시키는 경우에는 펌프 정지 시 흡입·토출측의 압력차가 거의 없어 수격방지기를 설치하지 않기도 한다.

| 배관의 하중에 의해 부스터펌프의 토출헤더가 처진 모습 |

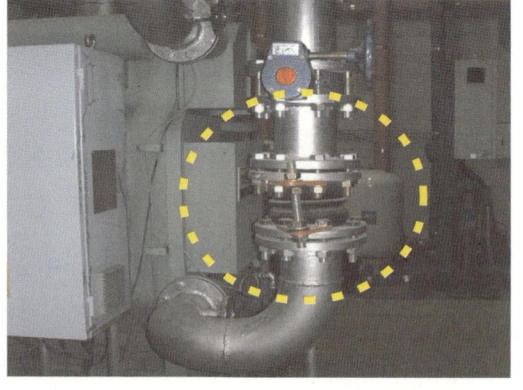

| 배관 하중에 의해 플렉시블조인트가 비틀린 모습 |

펌프 토출배관도 급격히 관경이 변화되는 것은 피하고 유속도 3m/s 이하로 한다. 펌프 토출관이나 흡입관에 설치하는 밸브는 가급적 버터플라이 밸브는 피하는 것이 좋은데, 밸브의 부분 개방 시 유체의 흐름이 좋지 않고 디스크 축에 많은 힘이 가해지며 유량조절도 어렵기 때문이다. 펌프 토출측에는 가급적 게이트밸브나 3－1체크밸브 등 전개형 밸브가 바람직하다. 토출측의 압력계는 수격현상이나 떨림 등을 고려하여 가급적 오일충만식 압력계를 사용하고 눈금의 범위가 토출 양정의 1.5~2배 정도인 압력계를 설치한다.

### (3) 펌프 주위 배관과 조작반

#### ① 유지보수 공간의 확보

펌프 설치 시에는 주위에 유지보수를 위한 적정 공간을 확보해야 하며 특히 전동기의 교체를 위한 통로가 필요하다. 펌프 설치 시 세심히 고려하지 않으면 전동기 주위의 배관이나 전선관 등과 간섭되어 추후 전동기 반출입에 어려움을 겪을 수도 있다.

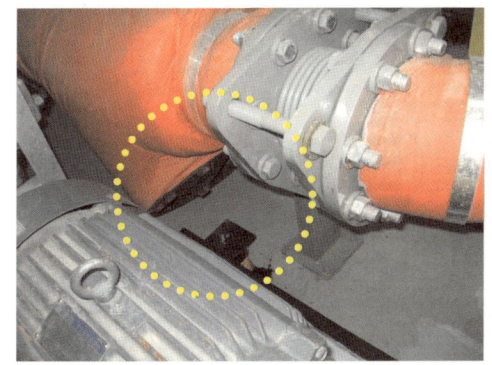

| 펌프 흡입측의 스트레이너 청소 곤란 |

| 모터 전원단자박스와 전선관의 간섭 |

#### ② 배관 내의 공기 배출

또한 펌프나 냉동기, 보일러 등과 같은 장비 주변의 순환배관이나 기계실과 같은 복잡한 공간에서 배관의 상하 굴곡이 발생한 곳에는 공기가 정체될 우려가 있으므로 공기빼기밸브(자동에어벤트)를 반드시 설치하여야 한다. 배관 중의 공기는 자체 부력에 의하여 배관의 상부쪽에 정체되어 배관의 단면적이 작아지게 하기 때문에 공급 유량이 적어지는 결과를 가져온다. 배관 중에 공기가 정체될 경우 육안이나 여타의 방법으로도 확인이 쉽지 않으므로 문제가 발생될 경우 확인과 해결에 매우 큰 어려움을 겪을 수 있다.

자동에어벤트는 배관의 관로가 상하로 굴곡된 부분 중 내부 유체의 흐름 방향쪽 끝부위에 설치하면 된다. 에어벤트를 설치할 때에는 배관 상부에 에어포켓을 설치하여 배관 내의 공기가 에어포켓에 포집되도록 한 뒤 에어벤트를 설치하는 것이 원칙이다.

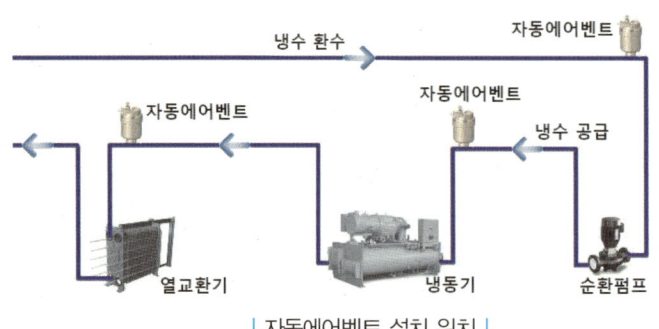
| 자동에어벤트 설치 위치 |

| 에어포켓과 자동에어벤트 |

③ 펌프와 배관의 방진

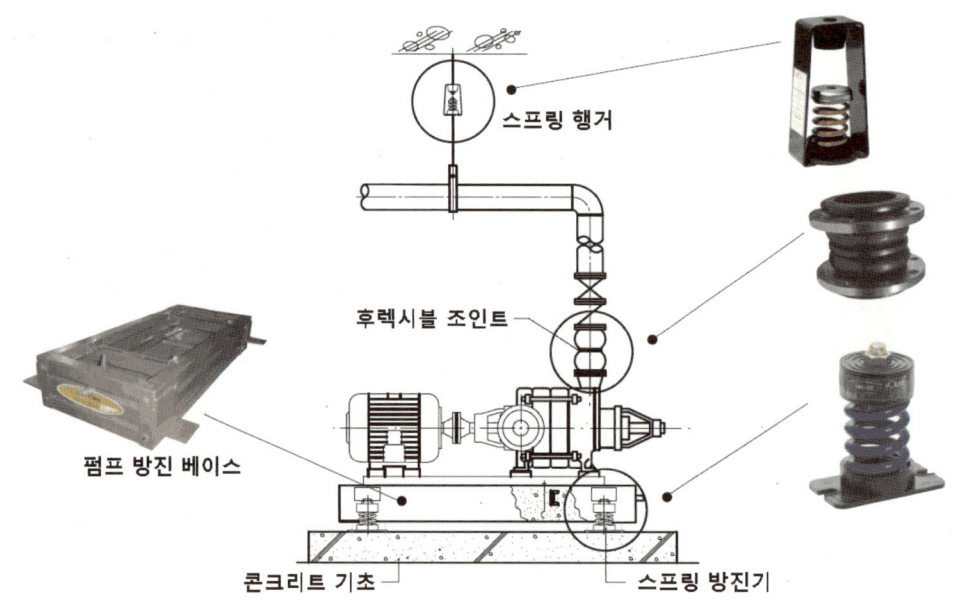

펌프를 설치할 경우에는 진동이나 소음이 전달되지 않도록 방진기초 위에 설치해야 하는데, 벌루트나 다단터빈과 같은 수평형 펌프의 경우 스프링 방진기가 부착된 방진기초(베이스) 위에 설치하며, 작동 시 진동이 적은 입형펌프나 인라인펌프도 구조체와 베이스 하부에 방진고무를 삽입하거나 방진스프링을 설치하는 것이 바람직하다.

또한 펌프 설치공간 주위에 사람이 상주하거나 거주하는 경우에는 구조체를 통한 소음과 진동의 전달로 인해 민원이 발생할 소지가 있으므로, 펌프와 연결된 흡입배관과 토출배관의 일정한 구간에는 파이프 방진기를 설치하도록 한다.

간혹 펌프 흡입측과 토출측에 설치된 플렉시블조인트의 고정볼트(타이볼트, 또는 커넥팅 로드라고도 함)의 유격이 없어서 펌프 가동 시 플렉시블조인트가 제 기능을 발휘하지 못하는 사례가 있다. 플렉시블조인트의 고정볼트의 상하부 너트는 플렉시블조인트보다 약간 여유있는 간격으로 풀려 있어야 펌프 가동 시 플렉시블조인트가 신축하면서 진동을 흡수할 수 있다. 플렉시블조인트가 펌프의 진동이나 배관의 하중을 단절시켜주는 역할을 하지 못하게 되면, 심할 경우 펌프의 고속회전에 의한 충격으로 펌프가 파손되는 사고를 유발할 수도 있다.

| 흡입배관의 고정이 부실하여 배관의 하중이 임펠러 케이싱에 전달되고, 플렉시블조인트가 제 기능을 발휘하지 못해 펌프 진동에 의해 장비가 파손된 사례 |

④ 누전, 과부하 방지조치

펌프가 설치되는 공간 중 상당수는 지하층에 위치하는 사례가 많고, 보일러와 같은 각종 장비의 운전이나 배관의 드레인 등으로 인하여 습기가 많이 발생하는 장소에 있는 경우가 많다. 따라서 펌프의 누전이나 감전사고 방지를 위해서는 조작반에 반드시 누전차단기를 설치하거나 지락 차단기능이 있는 과부하 차단장치(EOCR)를 설치하여야 한다. 또한 사용 중에도 과부하나 미세한 누전에 의하여 과부하 차단기가 자주 단락된다고 하여 임의로 설정값을 증가시켜 놓는 것은 펌프의 소손으로 연결되므로, 원인을 찾아내어 적절한 조치를 취해야 한다.

## (4) 펌프 설치 사례(인라인 순환펌프 설치)

| 인라인 순환펌프 설치 |  | 배관 하중을 받쳐주는 배관 받침대 |

| 펌프 연결 배관의 드레인관 |

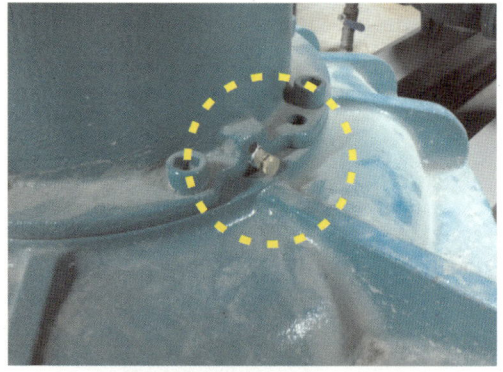
| 임펠러 케이싱의 공기빼기밸브 |

| 흡입배관의 밸브와 압력계 |

| 토출배관의 3-1체크밸브와 압력계 |

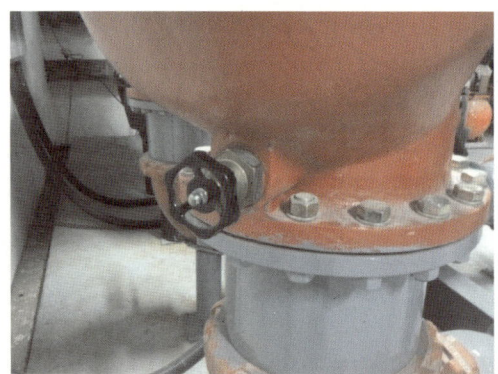
| 3-1체크밸브의 바이패스 밸브 |

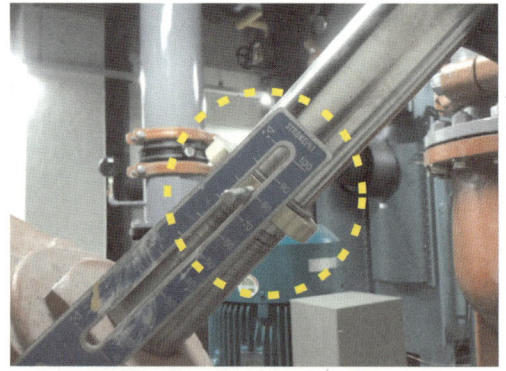
| 토출측 밸브를 양정/유량에 맞게 셋팅 |

# 08 펌프의 축 정렬(Alignment)

펌프는 높은 속도로 회전하는 임펠러를 통해 유체에 운동에너지를 부여하는 기계적 전달장치이다. 회전하는 임펠러의 구동력은 주로 전동기로부터 축을 통해 전달되어지는데, 이렇게 고속으로 회전하는 구동축에서의 정밀한 Alignment(얼라인먼트, 축 정렬)와 Balancing(밸런싱, 회전체 균형)은 장비의 원활한 운전은 물론 성능과도 직결되는 사항이다.

Alignment는 모든 회전 축의 동력 전달 중심선이 기하학적으로 완벽하게 배열된 상태를 의미한다. 팬이나 펌프의 임펠러와 같은 회전체에서 밸런싱에 이상이 있을 경우 급격한 소음이나 진동이 발생되어 비교적 쉽게 감지되고, 방치할 경우 장비의 손상으로 연결되기 때문에 보통 공장에서는 회전체의 제작 과정 중 밸런싱 검사를 하고 조치가 완료된 후 출고하게 된다.

그러나 축 정렬(Alignment)의 문제는 장비 제작 중의 오류로 유발되기도 하지만 설치 과정에서 수평 불량, 장비에 대한 부가 하중으로 인한 뒤틀림, 운용 중에 모터나 베어링의 교체 과정 등에서도 유발될 수 있기 때문에 세심한 관심과 주의가 필요하다. 특히 축 정렬의 불량은 초기에는 밸런싱 불량에 비해 진동이나 소음 등 외견적 증상이 경미한 경향이 있어 인식하기가 어렵고, 초기 증상의 심각성이 간과되어 장시간 방치되는 경우가 많다.

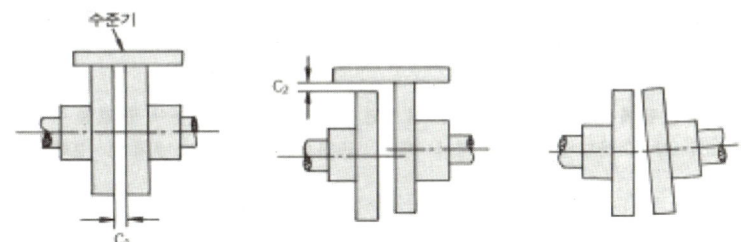

## (1) 축 정렬 불량(Mis-Alignment)에 의한 영향

Mis-Alignment는 미세하게 불균형한 힘을 장시간에 걸쳐 기계부품에 미쳐 손상을 유발시키게 되며, 구동기(Drive M/C)와 종동기(Driven M/C) 양쪽 기계 모두에 악영향을 미치게 된다. 구체적으로 운전 중의 진동이나 베어링의 파손, 실(Seal)의 파손, 커플링의 파손, 부하량과 전력소비량의 증가, 온도 상승 등 다양한 문제의 원인이 될 수 있다.

① 운전 중 진동의 증가

　　Mis-Alignment(오정렬)는 펌프의 고속회전 시 각 부분에 무리한 힘을 가하게 되어 운전 중 발생되는 진동의 주요 원인 중의 하나이다. 축의 오정렬은 Radial(원주 방향) 및 Axial(축 방향)의 진동을 증가시키며 진동 특성상 축 회전 주파수의 배수에서 높은 진동값을 나타내게 되며, 특히 축 방향 진동의 증가가 두드러진다.

 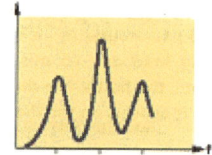

② **기계부품의 손상**

기계에 가해진 무리한 힘은 또한 기계 각 부품의 손상을 가져온다. 그중에서도 오정렬로 인한 과도한 힘을 가장 직접적으로 받는 부분이 베어링이므로 오정렬은 베어링 수명을 현저히 단축시키게 된다. 동시에 오정렬은 축의 왕복 피로현상을 야기하므로 축의 수명도 단축시키며 Shaft Seal 및 Mechanical Seal에도 손상을 유발시킬 수 있다.

| 축 정렬 불량에 의한 메카니컬씰의 손상 |

Mechanical Seal의 경우 진동에 취약한 편이어서 경미한 오정렬이라도 Seal에 이물질 침입을 야기하거나 수명 단축의 원인이 된다. 만약 오정렬로 인한 영향을 축이나 베어링에서 흡수해 주지 못할 경우에는 커플링이 파손되게 된다. 어떠한 종류의 플렉시블 커플링도 오정렬의 영향을 완전히 흡수할 수는 없다.

베어링 조기 손상의 가장 대표적인 원인은 Mis-Alignment이다. 베어링 수명에 대한 계산식에 따르면 베어링의 수명은 원주 방향 부하의 세제곱에 반비례한다고 한다. 즉 오정렬로 인하여 베어링에 가중되는 부하가 2배 증가했다면 베어링 수명은 1/8 정도로 단축되는 셈이다. 일반적인 Radial 베어링의 경우 원주방향 하중을 받도록 설계되어 있는데, 축 정렬의 불량은 축 방향의 하중을 추가시키기 때문에 베어링의 조기 파손을 가속시키게 된다.

따라서 축 카플링 조기 노후화나 손상, 베어링이나 메카니컬씰의 이상 마모나 파손으로 인한 수리작업이 빈번히 발생된다면 반드시 해당 펌프의 축 정렬상태를 확인하여야 한다.

| 카플링의 파손(좌)과 보수 후(우) 모습 |   | 전동기 베어링 손상 |

③ 동력 손실

축 정렬이 바르게 되지 않으면 기계 각 부위에 불필요한 힘이 미치기 때문에 동력의 전달효율이 저하됨은 물론 동력(전력) 손실 또한 증가시키게 된다. 정밀한 축 정렬은 일반적으로 에너지 손실을 5~10% 정도까지도 낮출 수 있다고 한다. 유지보수 과정에서 축 정렬 전후의 전류값의 변화량을 측정하면 축 정렬에 의한 전력 절감액도 계산이 가능하다.

## (2) 축 정렬(Alignment)

주기적으로 펌프를 분해 점검한 후 재조립할 경우나, 또는 1년에 1회 정도는 축의 정렬 정도를 점검하여 허용치를 초과하면 교정해야 한다. 펌프 및 전동기 축의 잘못된 중심 맞추기를 보상하기 위하여 플렉시블 축이음(Flexible Coupling)을 사용하여서는 안 된다. 플렉시블 축이음의 목적은 전동기로부터 펌프에 동력을 전달하는 동안 온도 변화에 대한 보상 및 서로 간에 간섭이 없이 축의 끝단 이동을 허용하기 위한 것이다.

축 이음의 중심 맞추기를 검사하는 데 필요한 공구는 곧은 자(straight edge) 및 테이퍼 게이지(taper gauge) 또는 틈새 게이지(feeler gauge) 등이다. 일반적인 축 정렬방법은 다음과 같다.

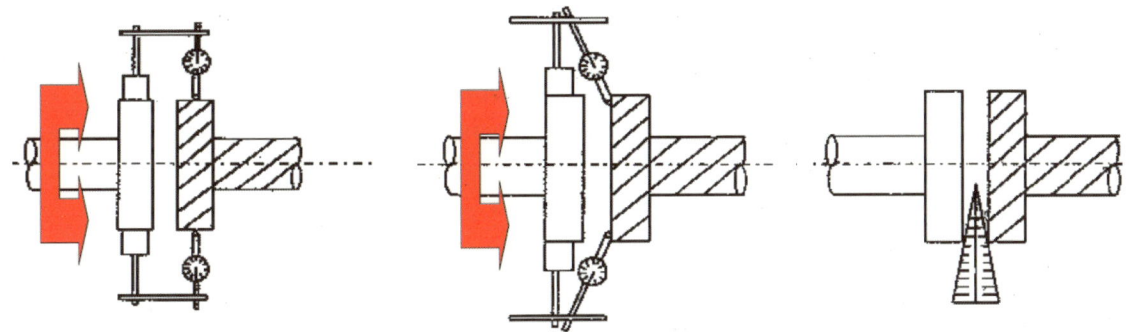

| 다이얼 게이지와 테이퍼 게이지(틈새 게이지)를 이용한 축 정렬검사 |

- 중심 맞추기 작업 전에 축이음을 분리한다.
- 축이음면 사이의 4곳에 테이퍼 게이지 또는 틈새 게이지를 끼우고 나서, 축이음 주위에 90° 간격으로 위치한 4곳에서 면 사이의 거리를 비교하여 각도 중심 맞추기에 대하여 검사한다. 보통 커플링 사이의 틈새는 2~3mm 이내이어야 한다.
- 곧은 자를 정상, 하부 및 양쪽 면에서 양 축이음 림(rim)을 가로질러 위치하게 하여 평행 중심 맞추기에 대하여 검사한다. 곧은 자가 모든 위치에서 축이음 림 위에 평탄하게 놓일 때 기기는 평행 중심 맞추기가 된 것으로 한다. 곧은 자가 축선과 평행하도록 주의하여야 한다. 축의 상하 편차는 0.05mm 이내가 되어야 한다. 온도 변화와 바깥 지름이 다른 축이음 분할에 대해서는 허용 공차가 필요할 수도 있다.
- 각도 및 평행 중심 맞추기는 전동기의 하부 고정대 밑에 쐐기를 끼워 넣어 교정한다.

- 중심 맞추기가 완전히 끝나면 커플링 볼트를 견고하게 조여주고 흔들림이 없도록 한다. 카플링 볼트가 휘었거나 고무부시가 마모된 경우는 이를 교환한다.

### (3) 카플링(Coupling)의 종류

## 09 그랜드패킹과 메커니컬 씰

### (1) 그랜드패킹(Grand packing)

① 패킹 누르개부의 누설량 점검

패킹 누르개부에서는 평상시에도 물방울이 똑똑 떨어지는 것이 정상인데 축봉부에서의 기밀을 유지하고 패킹의 과열을 막기 위함이다. 그러나 너무 많이 누설될 경우에는 패킹 누르개를 한쪽으로 치우치게 죄지 않도록 양쪽 볼트를 교대로 서서히 조여준다. 또 운전 시에 패킹부의 온도가 비정상적으로 높을 경우에는 패킹 누르개를 풀어 누설량을 늘려서 축에 손상이 가지 않도록 임시 조치하고, 축이 휘거나 정렬이 불량한지 확인해야 한다.

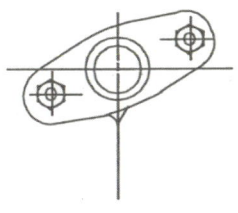
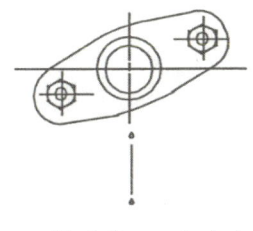

늘어지듯 흘러내림  물방울로 떨어짐

| 패킹 경화로 인한 축의 마모 |

누수가 많아지고 패킹 누르개를 조여도 조정이 되지 않는다면 패킹을 교환해야 한다. 패킹의 장착이 올바로 되지 않으면 누수가 멈추지 않거나 슬리브가 편마모되므로 주의해야 한다.

② **패킹의 교환방법**

그랜드패킹의 길이는 축 외주의 길이와 일치시키기 위해서 축과 동경의 환봉에 감아서 절단한다. 패킹 끝은 각 패킹에 대해 90° 되게 설치하고 이음부가 충분히 밀착되도록 한다. 그랜드는 적당히 조여야 하며, 너무 과도하게 조이면 패킹이 과열되어 스터핑 박스이나 패킹, 축보호 슬리브가 손상될 수 있다.

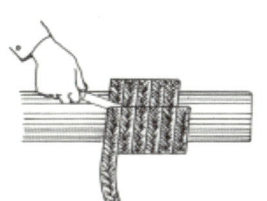
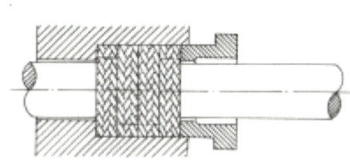

| 그랜드패킹의 절단 및 설치 |

- 펌프가 정지된 상태에서 패킹 누르개 볼트의 너트를 빼고 패킹 누르개를 빼낸다.
- 오래된 패킹을 전부 빼내서 청소하는데, 패킹을 빼내는 공구를 이용하여 축보호 슬리브에 손상이 가지 않도록 주의해서 작업해야 한다.
- 축보호 슬리브의 마모와 손상을 점검하여 필요하다면 교환한다.
- 패킹박스 내면에 윤활제를 바른다. 패킹의 잘린 부분이 90~180°씩 돌려 겹치지 않도록 장착한다. 두 개로 분할된 부시(목재) 또는 짧으면서 두 개로 분할된 금속링을 준비하여 한 링씩 패킹 누르개를 사용하여 장착한다.
- 패킹 누르개를 장착하고 패킹 누르개의 볼트의 너트를 상호 대칭으로 조여주면서 체결한다.

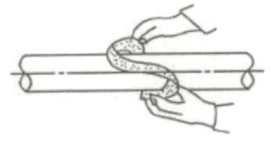

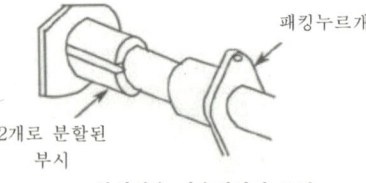

| 패킹의 빼기 방법 | 올바른 빼기법 | 나쁜 빼기법 | 부시링을 이용해서의 조임 |

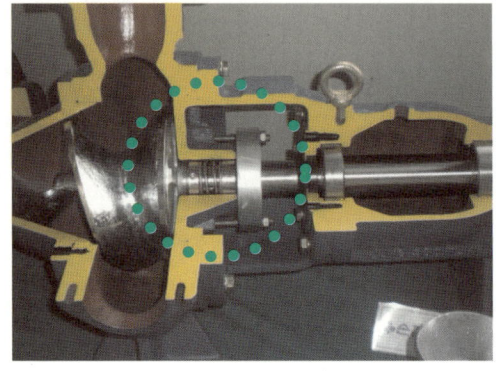

| 그랜드패킹 | | 메카니컬씰 |

### (2) 메카니컬씰(Mechanical seal)

#### ① 메카니컬씰의 기본 원리

근래에 제작되는 펌프에는 축의 기밀장치로서 그랜드패킹보다 기밀성이 좋고 유지보수가 간편한 메카니컬씰이 많이 사용되고 있다. 메카니컬씰은 면 접촉식 밀봉장치로 회전축(shaft)에 수직된 2개의 섭동면(고정자, 회전자)으로 구성되어 한 면이 회전축과 함께 회전하며 스프링의 장력 혹은 유체의 압력으로 회전부의 밀봉을 지속적으로 유지하는 장치이다.

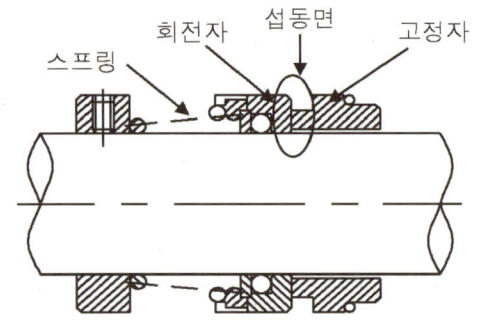

| 메카니컬씰의 기본 구조 |

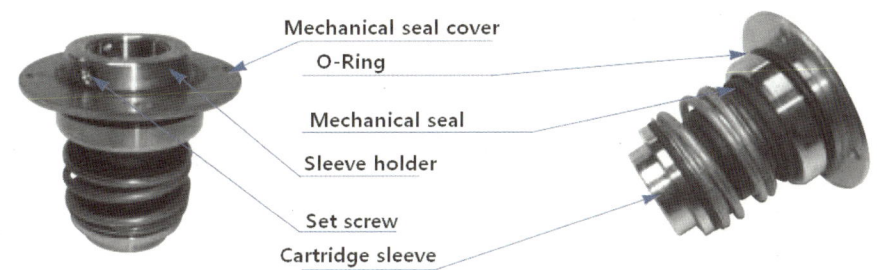

　메카니컬씰에서 모든 마모현상은 섭동면(seal face)에서만 발생하며 축(shaft)의 마모가 발생하지 않는다. 또한 seal face의 윤활은 자체적으로 형성되는 유체막($0.025\mu m \sim 0.25\mu m$)에 의해서 이루어지며, 장착되어 있는 스프링의 장력에 의해 마모되는 부분만큼 자동보상이 이루어져 밀봉이 지속적으로 유지하게 되므로 정상적인 상태에서는 누수가 되지 않아야 한다.

② 메카니컬씰의 구분

- 싱글 씰(single seal)과 더블 씰(double seal)

| 싱글 씰<br>(single seal) | 한 쌍의 seal face(고정자, 회전자)를 지니고 윤활성 및 냉각 성능이 있는 유체를 사용하는 환경에서 stuffing box 내부의 유체로 cooling과 flushing을 할 수 있는 경우에 사용함 |
|---|---|
| 더블 씰<br>(double seal) | 두 쌍의 seal face를 가지고 있는 이중구조로, 섭동 면에서 적절한 윤활성 유체를 부여해 줄 수 없는 환경이거나 마모성 유체일 경우, 또는 서로 다른 두 종류의 유체를 동시에 누설 방지해야 하는 상황에서 사용됨 |

- 밸런스 씰(balanced seal)과 언밸런스 씰(unbalanced seal)

| 밸런스 씰 | radial 방향 면적 배치에 의하여 섭동면 쪽으로 작용하는 유체의 압력이 상쇄되는 설계로 효과적인 누설 방지를 할 수 있는 최저 면압이 선택되는 형상을 가진 seal |
|---|---|
| 언밸런스 씰 | 축의 외경이 평탄하며 섭동면의 접촉 압력이 유체의 압력보다 크거나 같은 구조로 작용하는 형상 |

- 스프링의 형상에 따른 분류

| Single spring | 선경이 굵어 부식성 유체와 slurry 함유 유체에 강함. 장착 길이는 다소 길고 고속회전 시 뒤틀림 현상이나 면압의 불균일한 현상이 발생될 가능성이 있음 |
|---|---|
| Multi spring | 장착길이가 짧고 면압이 일정하며 고속회전에 사용함. 피치의 간격이 짧아 slurry 함유 유체에는 적용성이 떨어짐 |
| Wave spring | 초고속회전에서 사용 가능하고 seal 내부에 slurry가 침투되지 않음. 굴곡형상의 구조로 면압의 불균일 가능성이 있음 |
| Bellows | seal 내부에 slurry가 침투되지 않음. 고응력 시 bellows의 파손과 고속회전 시 뒤틀림 현상의 우려가 있음 |

③ 메커니컬씰의 이상 현상과 원인

| 이상 현상 | 추정 원인 |
|---|---|
| seal face의 이상 마모, 변형 | • 메카니컬씰의 부적절한 보관과 취급<br>• 부적절한 조립(억지 조립)<br>• 과다한 열응력이나 과다한 유체 압력<br>• 윤활 및 냉각의 불량(dry running 등)<br>• 섭동면에 이물질 침투<br>• 축방향으로의 고정 불량 |
| 전반적인 부식 | • 유체에 따른 부적합한 재질 선정 |
| seal 모서리 파손 | • shaft의 회전속도 과다, 초기 급회전<br>• 과다한 유체 압력<br>• shaft의 처짐이나 축 정렬 불량<br>• 조립이나 스프링 장력 불량(seal face의 수직도 불량) |

| 메커니컬씰에서의 누수 |

| 파손된 씰과 신품 씰 |

| 메커니컬씰의 교체후 |

## (3) 메카니컬씰과 그랜드패킹의 비교

| 구 분 | 메카니컬씰 | 그랜드패킹 |
|---|---|---|
| 구 조 | 부품수가 많고 복잡 | 부품수가 적고 간단 |
| 수 명 | 일반적인 조건에서 1년 이상의 연속 사용이 가능함 | 운전시간에 따라 주기적인 교체가 필요함 |
| 누설량 | 유체의 누설이 없음 | 약간의 누설량이 필요함 |
| 축의 마모 | 축의 마모가 없음 | 약간의 마모(슬리브의 교체) |
| 가격 | 초기 비용은 높지만 운전 조건에 따라서는 유지비가 적음 | 초기 비용은 낮지만 잦은 교체 시 유지비가 높아짐 |
| 유지보수성 | 유지보수는 다소 어려운 편임 | 유지보수는 용이한 편임 |
| 사용 압력 | 압력에 따라 다양한 종류 | 사용압력이 낮은 편임 |

## 10 펌프의 운전 및 유지보수

### (1) 기동 전 확인사항

- 펌프를 손으로 돌려봄 : 회전 부분의 마찰 정도를 확인
- 펌프 흡입측과 토출측의 밸브가 열려 있는지 확인
- 흡입배관의 만수 여부 확인(물맞이 탱크가 있는 경우 수위 확인)
- 임펠러의 공기 정체 여부 확인
- 윤활유나 베어링 냉각수의 상태 확인 (해당시)
- 수중펌프의 경우 절연저항을 주기적으로 확인 (1MΩ 이상 유지)

### (2) 운전 중 확인사항

- 펌프 임펠러나 전동기의 회전방향이 올바른지 확인
- 흡입과 토출 압력이 적정한지, 심하게 흔들리지는 않는지 확인
- 전동기, 펌프 각 부의 발열 여부와 온도
- 냉/난방수의 경우 공급, 또는 순환 유체의 온도
- 작동 중 전원의 전압과 전류치의 적정성
- 베어링이나 패킹, 씰, 카플링 등에서의 진동, 소음 발생 여부
- 각 부의 누수 여부
- 배관계통의 전체적인 순환상태
- 자동제어 중앙관제장치에서의 표시상태 정상 여부
- 예비 펌프가 있는 곳에서는 교대로 펌프를 운전하고, 특정한 펌프만을 불필요하게 장시간 가동시키거나 중단시키지 않도록 관리함

### (3) 분해 점검

펌프를 분해하는 경우에는 다음 각 사항에 주의하여 실시하여야 한다.
- 전원 스위치를 확실히 내리고 착오로 펌프가 돌지 않도록 하여야 함(MCC나 분전반의 차단기를 OFF시키고 "수리/점검 중"이라는 안내문 부착)
- 미리 분해 부분의 구조를 이해하여 순서가 틀리지 않도록 함(분해 시 사진 촬영을 해놓고 한쪽에서부터 분해 순서대로 부품들을 나열해 놓음)
- 패킹류는 새것을 미리 준비하여 둠
- 분해한 부품이 없어지지 않도록 정리함과 동시에 바닥면에 직접 두지 말고 종이나 천 또는 목재 위에 놓아야 함

- 베어링을 분해하거나 조립할 경우 나무망치를 사용하거나 목편을 사이에 두고 두들기도록 하고 직접 쇠망치로 타격을 가하지 않도록 함
- 와이어 로프로 끌어올릴 때는 직접 와이어 로프가 닿지 않도록 함
- 분해 시 각종 링이나 베어링, 슬립의 마모량이나 틈새, 손상도 등을 확인해 필요 시 교환함
- 조립 후 주축을 손으로 회전시켜 가볍게 돌아가는 것을 확인함

### (4) 장시간 가동 중단 시 펌프의 취급

펌프를 장기간에 걸쳐 가동을 중단하거나 오랫동안 가동하지 않은 상태에서 재기동시킬 경우에는 다음 사항에 주의하여야 한다.

- 추후 사용에 대비하여 항상 각 부위를 청결한 상태가 유지되도록 함
- 오랫동안 미사용 시 펌프 내부 및 베어링 냉각재킷의 물을 뺌(동파 및 녹 방지)
- 주축, 축이음, 베어링 등의 표면은 녹슬지 않도록 기름을 바르는 등 손질
- 장기간 가동 중단한 후에 펌프를 재사용하는 경우에는 각 부위를 충분히 청소한 다음 먼저 베어링의 급유 상태를 조사하고, 여러 번에 걸쳐서 베어링이나 펌프 내부의 이상 없는지를 확인한 후 기동함
- 펌프 재가동 시 회전방향과 충수 여부를 확인하고 공기 배출이 충분히 되도록 가동 초기에 주의함

## 11 펌프의 이상현상과 원인

### (1) 전동기의 과부하 발생

전동기가 과부하가 되는 원인으로는 수력성능에 의한 것과 기계적인 원인에 의한 것이 있다. 수력 성능에 따르는 것은 펌프의 종류, 비속도 (specific speed, Ns)에 따라 다르며, Ns가 낮은 펌프에서는 토출 양정(압력)이 낮아 너무 많은 유량이 흐를 때 과부하가 발생한다. 이것에 반해서 Ns가 높은 축류펌프의 경우에 있어서는 반대로 양정이 과대하여 너무 적은 유량이 흐를 경우 과부하가 생긴다.

이밖에 전원의 주파수가 변동되어 회전수가 증가한 경우나 전압이 비정상적으로 저하되면 펌프가 정상으로 동작하여도 전류가 과대하게 되어 과부하 상태가 될 수 있다. 또한 전동기의 교체나 전원 계통의 보수 후 오결선이나 결상에 의한 손상도 주의해야 한다.

기계적 원인에 따르는 것으로 임펠러가 케이싱에 닿거나 이물질이 끼인 경우, 카플링이나 베어링의 마모, 축 정렬이 불량할 때도 펌프의 과부하를 발생시킬 수 있다. 또 소형 펌프에서는 직결 불량 등도 베어링, 패킹 상자 등에 무리한 힘을 주어 과부하의 원인이 될 때가 있다.

## (2) 양수 불량

펌프의 양수량이 부족하거나 불능이 되는 원인은 여러 가지로 생각된다.

### ① 실양정의 과대

펌프를 잘못 선정하여 펌프의 정격토출 양정 이상의 과대 실양정인 곳에 설치해 사용하게 되면 체크밸브에 의해 역류를 막았다고 해도 체절운전과 같은 상태가 되어 송수가 되지 않는다. 이 경우에는 당초 설계에 적합한 펌프로 교체하거나 전동기의 용량이 여유가 있을 경우 임펠러만 외경이 큰 것으로 교체할 수도 있다. 어떤 경우이든 제조사와 협의하여 결정하는 것이 좋다.

### ② 체절점에 가까운 소토출량으로의 운전

펌프를 체절점 가까운 소토출량으로 운전하면 과열문제 외에 케이싱 내에 공기가 차차 고이게 되어 결국에는 양수를 못하게 될 때가 있다. 이와 같은 경우의 대책으로서는 일부의 물을 방류하거나 바이패스 밸브를 설치하여 펌프 임펠러 케이싱 내에 흐르는 유량을 어느 정도 늘려줄 필요가 있다.

### ③ 임펠러의 역회전

전원의 결선 오류로 인해 임펠러의 회전방향이 반대로 되면 원래의 정격 토출 양정을 발휘하지 못하게 되어 필요한만큼 양수를 못하게 된다. 특히 수중배수펌프와 같이 회전방향을 외부에서 쉽게 확인하기 곤란한 경우에는 주의하여야 하며, 시운전 시 펌프의 체절압력을 시험성적서의 내용과 비교 확인하여 토출압력이 낮을 경우에는 결선을 바꿔 운전하면서 다시 확인해 보는 것이 좋다. 일반적으로 펌프는 전동기 쪽에서 보았을 때 시계방향으로의 회전을 표준으로 하고 있다.

### ④ 흡입관 내의 공기 유입

흡입측에 있는 저수조의 수위가 펌프 임펠러보다 낮은 위치에 있는 경우 흡입관 내에 공기가 유입되게 되면 수주가 끊겨 양수가 불가능해지므로 특히 주의가 필요하다. 저수조의 수위가 펌프보다 높더라도 흡입배관에 공기가 정체되어 있으면 흡입이 원활하지 않거나 임펠러에 공기가 정체되어 펌프의 운전이 불안정해진다.

### ⑤ 캐비테이션 발생

유효흡입수두가 작아져 캐비테이션이 발생하면서 양수를 못하게 될 때도 있다. 흡입관에 설치한 스트레이너에 불순물이 막혀서 이 저항에 의해 유효흡입수두가 부족해질 때도 있으므로 주기적인 확인과 청소가 필요하다.

### (3) 토출량의 감소

펌프의 토출량 감소의 원인으로는 앞의 양수불능의 내용과 대략 동일하나 이외에 추가적으로 다음과 같다.

① 임펠러의 마모나 손상

임펠러가 마모되거나 파손되게 되면 토출 양정이나 유량 감소 등 성능의 저하는 물론 소음과 진동을 유발하게 된다. 임펠러가 손상되면 수리는 불가능하므로 교체하여야 하며, 주로 유체 내의 공기나 이물질에 의한 침식과 사용 유체의 특성에 비해 임펠러의 재질이 부적당해서 발생되는 사례가 많다.

또한 이물질이 많은 집수정이나 수중배수펌프의 경우에는 임펠러에 이물질이 협착되어 펌프 성능이 저하되는 경우가 많으므로 주기적인 청소가 필요하다.

② 흡입, 토출관의 저항 증가

배관 내의 불순물이나 스케일이 부착되어 마찰손실이 증가되거나, 스트레이너의 거름망이 이물질에 의해 막힌 경우에도 토출량이 감소한다.

### (4) 베어링의 과열

펌프를 운전할 때 베어링은 접촉면에서의 마찰이나 윤활유의 교반에 의해 발열이 불가피하나 베어링의 과도한 과열은 고장의 원인이 될 수 있다. 일반적으로 윤활유 속 또는 외부 표면의 온도가 주위 공기온도보다 40℃ 이상 높아지면 안 된다. 베어링이 과열되는 원인은 다음과 같은 원인들을 들 수 있다.

① 축 정렬의 불량

축 중심이 일치하지 않은 상태에서 펌프를 운전하면 정상치 이상의 부하가 베어링에 걸리게 되어 뜨거워지게 된다. 직결을 정확히 하고 축심을 일치시킨 상태로 사용하여야 한다.

② 윤활유 또는 그리스 양의 부적당

베어링 하우징 내의 윤활유나 그리스의 양이 부족하여 섭동면에서 유막이 끊기게 되면 베어링 구동 시 온도가 올라간다. 유면계의 레벨 지시에 따라 적절한 기름량을 확보하여야 하며, 그리스인 경우에도 펌프 운전시간이나 사용 여건에 따라 보충해 주어야 한다.

한편 그리스 윤활에 있어서 구름 베어링은 베어링 상자 내에 넣은 그리스의 양이 너무 많게 되면 베어링 구동 시 점도가 높은 그리스가 교반하면서 마찰열이 발생해 베어링의 온도가 올라가게 된다. 그리스의 양은 구름 베어링이 들어있는 챔버(또는 하우징) 용량의 1/3~1/2이 적정량이므로 그리스가 너무 많이 충진되어 있을 때에는 일부를 빼내야 한다.

③ 윤활유의 부적당 및 기타

축의 회전속도에 비해 윤활유나 그리스의 점도가 부적당하면 유막이 끊거나 교반 손실이 늘기 때문에 발열할 때가 있으므로 축의 회전속도나 사용 조건에 적합한 윤활유를 사용하여야 한다.

상기 이외에도 베어링의 마모나 손상, 베어링 내의 불순물 침입, 수냉 베어링의 경우 냉각수 부족 등 여러 원인이 있다.

## (5) 소음이나 진동의 발생

소음이나 진동의 원인은 여러 가지가 있을 수 있으며, 몇 가지의 원인이 복합되어 발생하는 경우도 많다. 먼저 펌프 설치 시 수평이 맞지 않거나 방진장치나 플렉시블 이음이 불량한 경우 소음이나 진동이 커진다. 또한 펌프의 축 정렬이 잘못되었거나 축이 휘어진 경우, 베어링이나 패킹, 씰, 카플링 등이 손상된 경우에도 발생할 수 있다.

그리고 펌프 가동 시에도 토출량이 너무 많거나 적은 범위에서 운전시킬 경우, 또는 캐비테이션이 발생하게 되면 펌프의 가동상태가 불안정해지면서 소음과 진동이 발생한다. 또 임펠러가 손상되었거나 내부에 이물질이나 공기가 차 있는 경우, 역회전이나 공회전 시, 흡입배관이 부적절하여 와류가 발생하는 경우, 유체 내에 공기가 많이 섞여 있는 경우에도 소음이나 진동이 커지게 된다.

### (6) 전동기의 작동 불능

전동기가 작동되지 않는 경우는 위의 이상들로 인해 전동기가 소손된 경우이거나 제어반에서의 전기적 문제가 있는 경우가 대부분이다. 제어반에서는 차단기나 마그네틱의 접촉 불량, 퓨즈의 단락, 과부하나 누전에 의한 차단장치(EOCR)의 트립 등의 원인을 확인해 봐야 하고, 전원선의 결선이나 접촉이 불량한지도 점검이 필요하다. 과부하에 의한 트립의 경우는 근본적인 원인을 찾아 보수해야만 전동기의 소손을 피할 수 있으므로 과부하 차단장치의 셋팅치를 지나치게 높여 임시방편으로 대응하지 않도록 해야 한다.

간혹 펌프를 오랫동안 사용하지 않은 경우에는 회전축이 고착되어 전동기에서 웅웅하는 소리가 발생하면서 펌프가 돌아가지 않는 경우가 있다. 이때는 펌프 전원을 차단시키고 회전축에 적당한 힘을 가해 몇 번 회전시킨 후 다시 전원을 투입하면 된다.

## 12 배수펌프

### (1) 수중펌프

수중펌프는 전동기가 물속에 설치된다는 부담은 있으나 구조가 간단하고 별도의 설치공간이 필요치 않으며, 다양한 유체나 운전 범위에 대응할 수 있어 배수펌프로 가장 널리 사용되고 있다.

수중펌프와 배관의 플렌지를 볼트로 조립해 설치하면 펌프 고장 시 탈부착에 애로가 많으므로 이물질이 많이 유입되는 정화조나 집수정, 또는 수중펌프의 용량이 크거나 설치 깊이가 깊은 경우에는 자동탈착식으로 설치하는 것이 좋다.

펌프 용도상 수중에서 장시간 방치되어 있으므로 부식 발생이나 임펠러의 고착, 절연 성능의 저하가 발생하는 사례가 많으므로 주기적으로 작동 점검과 관리를 해줘야 한다. 집수정의 배수가 확실해야 하는 중요한 부위는 가급적 예비 펌프를 함께 설치하거나 여분의 펌프를 별도로 비축하여 보관하는 것이 좋다.

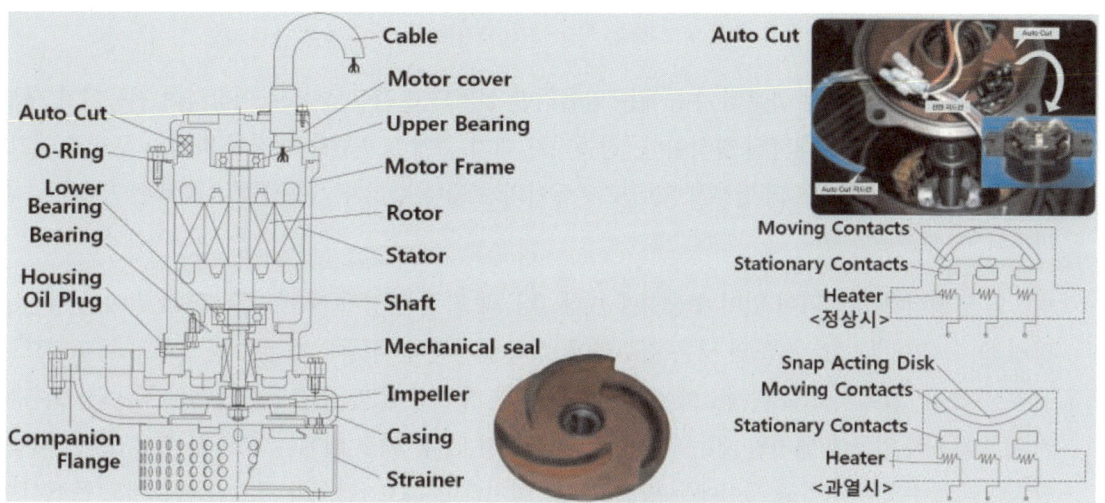

일부 수중펌프 제품에는 안전장치로 전동기 보호장치가 설치되기도 한다. 공회전이나 과부하로 인한 과열로 전동기가 소손되는 것을 예방하기 위하여 온도 제한장치가 많이 설치되고 있는데, 보통 바이메탈의 원리를 이용하여 펌프 내 권선이 과열될 경우 자동으로 전원을 차단하도록 한다.(위의 그림에서는 Auto cut)

또한 펌프의 기밀이 좋지 않아 내부에 물기가 유입되었을 경우를 대비해 누수감지센서가 내장되는 경우도 있다. 이때는 펌프 전원선과 별도로 센서선이나 제어선이 펌프로부터 인출되어 있으므로 제어반에서의 결선 상태와 정상작동 여부를 확인해야 한다.

| 수중펌프 – 자동탈착식 |    | 수중펌프 – 일반 |    | 입형배수펌프 |    | 벌루트펌프 |

## (2) 입형 배수펌프

입형 배수펌프는 집수정 하부의 수중에는 임펠러만 설치되고 축을 상부로 연장하여 전동기가 상부 공기 중에 노출되도록 제작된 형식이다. 전동기가 대기 중에 노출되므로 절연 파괴의 문제가 없고, 전동기 소손 시 전체 펌프의 탈부착 없이도 전동기의 교체나 수리가 가능하여 유지보수 면에서는 편리하다.

펌프와 임펠러가 분리되어 있어 수중형에 비해 효율과 펌핑 양정이 다소 낮고, 축의 길이를 무한정 길게 할 수 없어 1~2m 정도의 낮은 집수정에 주로 설치된다. 전동기가 집수정 상부로 돌출되므로 집수정이 일반인에게 노출된 장소에는 설치가 곤란한 경우도 있고, 수중펌프에 비해 작동 시 소음이 커서 주거구역 인근에 설치될 때는 민원 발생의 우려가 있다. 이럴 때에는 펌프 설치 시 모터 하부의 받침대와 집수정 지지철물 사이에는 방진고무를 설치해야 하고, 펌프와 연결된 배관에도 플렉시블 조인트를 설치하여 소음과 진동의 전파가 최소화되도록 해야 한다.

## (3) 벌루트 펌프

급수나 냉난방용, 소방용으로 널리 사용되는 벌루트 펌프를 배수용으로도 사용하는 경우가 있는데, 주로 배수량이 크거나 펌핑해야 할 양정이 높을 때, 또는 유체의 부식성이나 사용 여건상 펌프 본체를 수중에 위치시키기 부적당한 상황에서 적용된다. 임펠러와 전동기가 모두 수조 외부에 설치되므로 점검 및 유지보수가 편리하나, 펌프의 설치 위치가 수위보다 높을 경우에는 흡입 양정이 필요하고 물 빠짐 방지 및 충수 장치가 필요하다.

펌프의 설치공간이 많이 필요하고 소음이 큰 편이며 수중펌프에 비해 관리해야 할 부품도 많아 여건상 필요한 경우에만 선택적으로 사용되며 일반적인 집수정 배수펌프로 널리 사용되지는 않는다.

# 13 급수 부스터펌프

## (1) 부스터펌프의 구성과 운전 제어

건물의 급수를 가압펌프를 이용하여 공급하는 급수방식에는 위생기구에서 사용하는 급수량이 변화하더라도 압력이 일정한 설정치 이하로 저하되지 않도록 토출 압력을 유지시키기 위하여 부스터펌프가 대부분 사용되고 있다. 소용량을 제외한 일반적인 부스터펌프는 급수 사용량의 증감에 원활하게 대응하기 위하여 여러 대의 펌프가 병렬로 연결되어 있으며, 토출 양정이 높을 때에는 주로 입형 다단펌프가 많이 사용되고 있다.

부스터펌프는 평상시 일정한 급수 압력을 유지하기 위하여 가동시간이나 빈도가 매우 많은 펌프이기는 하지만, 압력스위치나 압력센서에 의해 자동화되어 운전되기 때문에 오히려 관리상 소홀해지기 쉽다. 그러나 급수 부스터펌프의 고장으로 급수가 중단될 경우 사용상의 불편함이 매우 크기 때문에, 평상시 운전 점검과 관리가 잘 이루어져야 한다.

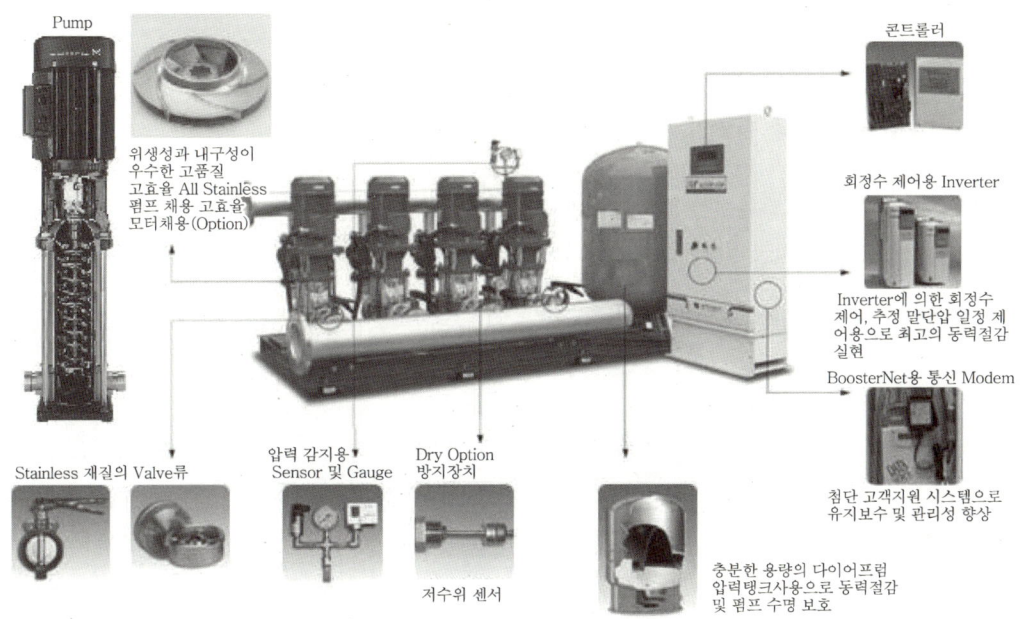

| 급수 부스터펌프의 구성 |

### (2) 펌프의 운전 제어

펌프의 운전 제어는 인버터를 이용한 "회전수 제어방식"과 압력스위치를 이용한 "대수 제어방식"으로 크게 나눌 수 있다. 토출 양정이 높거나 최대 급수량이 커서 펌프의 설치 대수가 많은 경우에는 대부분 인버터를 이용하여 펌프의 회전수를 제어하는 것이 대수제어보다 많은 에너지를 절감할 수 있어 효율적이다. 펌프의 토출배관에 압력스위치를 설치해 토출 압력의 변화에 따라 펌프의 가동 대수를 제어하는 방식은 급수량이나 토출 양정이 낮은 소형 급수 펌프에서 많이 사용되고 있다.

인버터를 이용한 펌프 제어방식은 설치된 펌프마다 개별로 인버터 제어장치를 설치해 제어하는 "개별 인버터 방식"과 펌프 중 1대 또는 2대 정도만 인버터를 설치해 회전수 제어하고 나머지는 대수 제어하는 방식으로 구분할 수 있다. 이론적으로는 개별 펌프마다 인버터를 설치하여 회전수 제어하는 것이 에너지 절감 측면에서는 유리하지만, 초기 장비비가 비싸고 저부하로 운전될 경우 펌프의 효율도 다소 저하되기 때문에, 토출 양정의 정밀하고 부드러운 제어가 크게 중요하지 않은 경우에는 부분 인버터 방식이 합리적일 수 있다.

한편 회전수 제어방식에서 전자부품인 인버터의 고장 시를 대비하여 근래에는 펌프 토출측에 인버터용 (전자식) 압력센서 이외에 추가로 (전기접점식) 압력스위치를 설치하는 것이 일반적이다. 제어판넬을 "자동"(인버터) ↔ "예비자동"(압력스위치) ↔ "수동"으로 운전모드를 선택할 수 있도록 구성해 놓고, 평상시에는 인버터를 이용한 회전수 제어운전을 실시하다가 인버터 고장 시에는 "예비자동" 모드로 전환하면 압력스위치를 이용한 대수제어로 토출압력을 일정하게 유지하는 응급 자동운전이 가능하므로 사용상의 불편함을 해소할 수 있다.

### (3) 부스터펌프의 부속장치

부스터펌프는 크게 펌프와 제어판넬, 토출 및 흡입배관, 팽창탱크로 구성되어 있다. 펌프 제조업체에 따라 약간의 차이는 있으나 각각의 장치에 설치되는 기본적인 부속장치들은 다음과 같다.

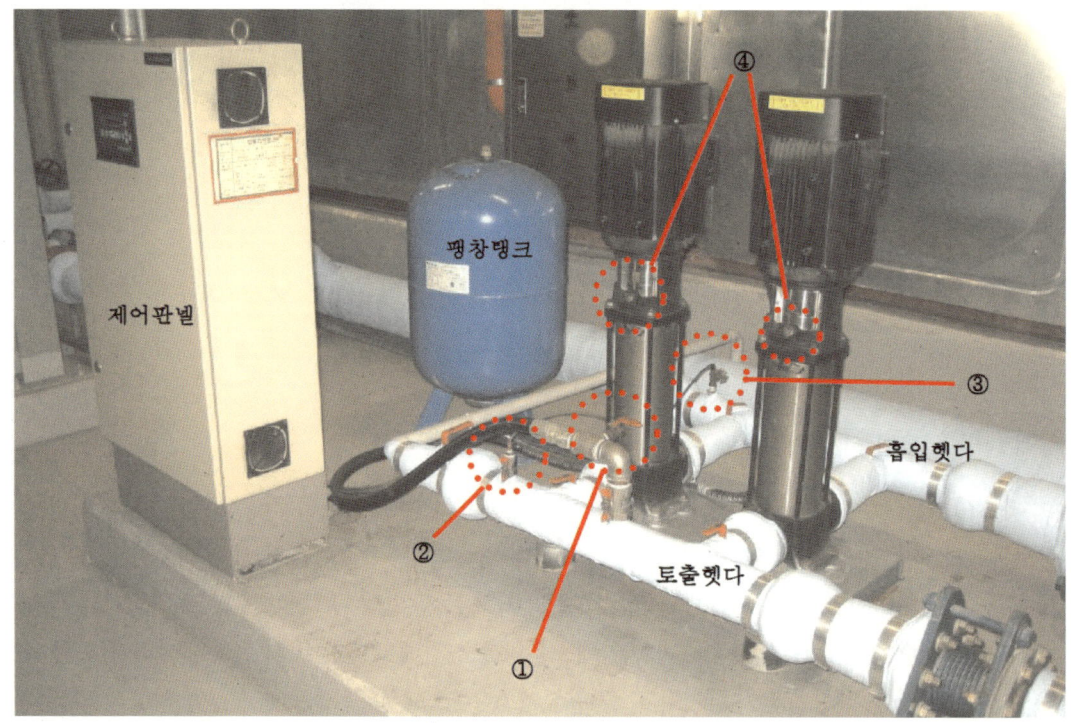

- 흡입배관이나 헤더 : 저수위(또는 갈수경보)센서(③), 공기빼기밸브, 스트레이너
- 토출배관이나 헤더 : 압력센서(또는 압력스위치, ②), 압력계, 공기빼기밸브, 드레인밸브, 각 펌프별 체크밸브, 팽창탱크
- 펌프 : 공기빼기밸브(④)

팽창탱크는 대부분 브레더나 다이어프램을 이용한 밀폐형 팽창탱크로 설치하는데, 팽창탱크 내부에는 질소나 비부식성 가스로 가압된 상태로 충진되어 있다. 펌프 작동 시에는 팽창탱크의 내부로 물이 밀고 들어가서 일정량을 저장해 두었다가 펌프 정지 시 저장된 물을 배관 쪽으로 공급해 펌프의

잦은 기동과 압력의 헌팅을 줄여주는 기능을 한다. 따라서 팽창탱크의 용량은 가급적 큰 것이 좋으며, 팽창탱크가 너무 작거나 내부에 충진된 가스가 누설된 상태에서는 펌프가 자주 기동/정지를 반복하고 운전 중 압력의 헌팅으로 부스터펌프의 작동이 부드럽지 못하게 된다.

흡입헤더의 저수위센서는 흡입배관에 물이 없을 경우 펌프 임펠러로 공기가 유입되어 공회전으로 임펠러가 손상되는 일이 없도록 하기 위하여 설치된다. 그동안 전극봉 센서가 많이 사용되어 왔으나 소형 후르트센서나 전자식 압력센싱방식이 이용되는 사례도 많이 있다.

# 14 펌프 운전 시 에너지 절감방안

## (1) 펌프 운전의 최적화

펌프는 사양별 성능곡선을 검토하여 시스템에서 요구되는 양정과 유량에서 운전효율이 최대가 되는 모델을 선정하여 설치하게 된다. 그러나 실제 펌프의 운용 과정에서는 펌프가 최고 효율점에서 운전되지 못하는 경우가 많은데 대략 다음과 같은 원인들을 들 수 있다.

- 당초 설계나 예상과 달리 배관의 마찰손실이나 유량이 현저히 크거나 적은 경우
- 장비나 시스템의 개보수로 사용 부하가 변경되었거나 운전 조건이 변경된 경우
- 펌프가 실제 설계 용량보다 크거나 작게 제작되어 설치된 경우
- 펌프 설치 당시부터 토출측 밸브가 T.A.B 조정 없이 100% 개방되어 있었거나 사용 중 유지보수를 위해 밸브를 조작한 뒤 원래의 상태로 개방하지 않고 100% 개방해 놓은 경우

위와 같은 이유로 펌프의 운전 유량과 양정이 변하게 되면 펌프는 최고 효율보다 낮은 지점에서 운전되고, 특히 토출측 밸브가 불필요하게 많이 개방되어 유량이 증가된 경우 소비동력이 늘어나게 되어 눈에 보이지 않는 에너지 손실이 지속적으로 발생하게 된다.

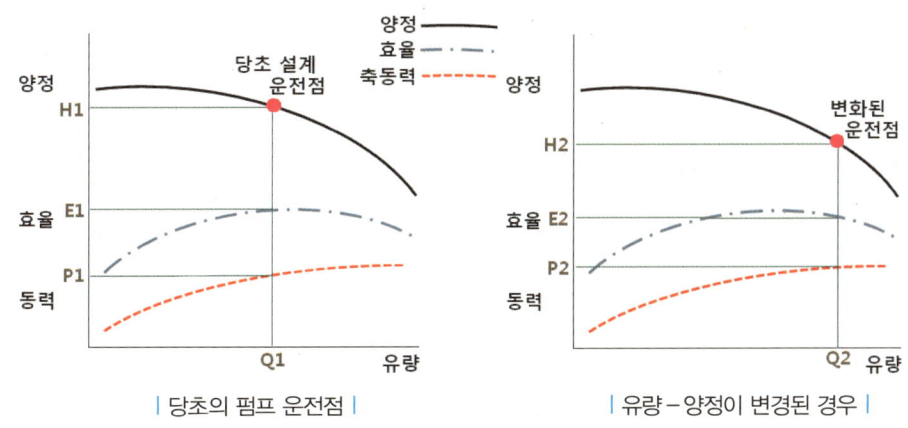

| 당초의 펌프 운전점 |  | 유량-양정이 변경된 경우 |

예를 들어 위의 왼쪽 그림에서와 같이, 당초 설계나 펌프 선정 시의 유량(Q1)과 양정(H1)에서 펌프는 최고 효율(E1)로 운전되면서 P1의 동력이 소요되어야 한다고 가정하자. 그런데 펌프 토출측 밸브를 임의 조작해 필요 이상으로 많이 개방해 놓게 되면, 위의 오른쪽 그림에서와 같이 유량－양정이 Q2, H2로 변하게 되어 펌프의 운전효율은 E2로 낮아지고 동력은 P2가 되어 당초보다 많은 동력이 소모된다. 아래의 사진은 펌프 토출측 밸브를 과다하게 개방하여 에너지의 손실이 우려되는 사례를 보여주는 참고 사진이다.

| 펌프 흡입측과 토출측의 압력계 |

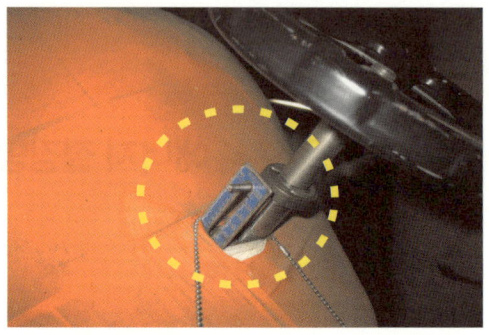

| 펌프 토출측 밸브 : 100% 개방 상태 |

| 펌프 흡입측 압력 : 1.06MPa |

| 펌프 토출측 압력 : 1.26MPa |

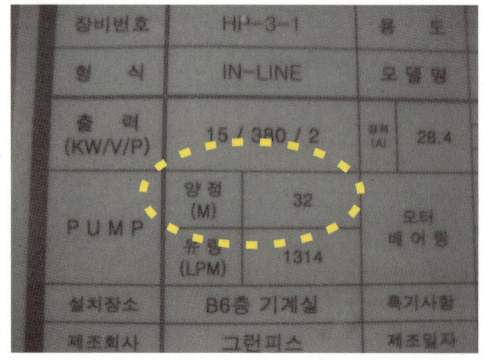

| 펌프의 설계 양정 : 32m ≒ 0.32MPa |

〈사진설명〉
- 당초 펌프의 설계 양정 : 0.32MPa
- 펌프의 실제 운전 양정 = 펌프 토출측과 흡입측 압력 차 = 1.26 - 1.06 = 0.2MPa
- 이 사진의 펌프는 토출측의 밸브를 필요 이상으로 과다하게 개방(100%)하여 유량은 증가된 대신 토출 양정이 낮게 (0.32 → 0.2MPa) 운전되고 있는 상황임
- 이로 인해 소비동력이 불필요하게 낭비되고 있을 것으로 추정됨

따라서 펌프 운전 중에는 당초 펌프 설치 시 T.A.B를 통하여 설정된 밸브의 개도율을 임의로 조작하지 않도록 해야 한다. 그리고 가동 중인 펌프의 수량이 많거나 운전시간이 긴 경우, 또는 운전동력의 소비량이 많은 경우에는 사용 중에도 주기적으로 전문 진단업체를 통하여 펌프가 최적의 상태에서 운전되고 있는지 확인하여 조정해 주는 것이 바람직하다.

여건상 T.A.B업체나 전문 진단업체의 용역이 불가한 경우에는 펌프의 토출측 밸브의 개도율을 조정하여 당초의 의도에 근접하도록 설정하도록 해야 한다. 대부분의 경우 펌프 주변에 유량계가 설치되지 않아 유량의 측정은 어려우나, 펌프가 당초의 설계 사양대로 정확히 제작되었다면 토출 양정을 조정하게 되면 유량도 함께 변화하게 되므로 당초의 설계 운전점에 근접할 수 있다.

### (2) 고효율 펌프의 사용

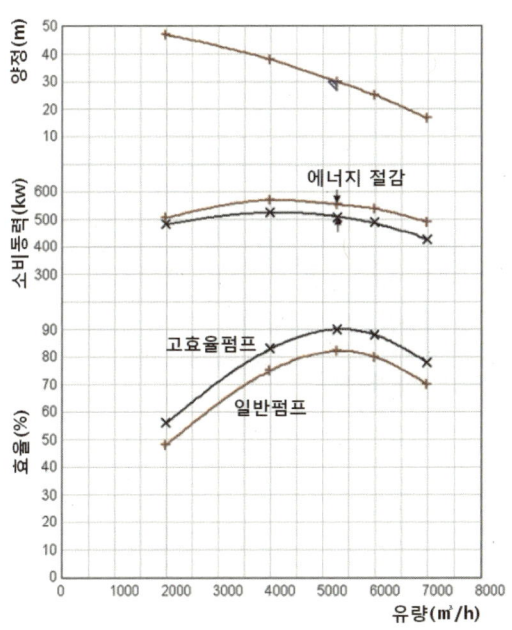

- 펌프의 축동력

$$P(\text{kw}) = \frac{Q \times H}{102 \times E} \times K \times B$$

효율($E$)이 좋아질수록 동력은 줄어들게 됨

동일한 용량의 펌프라도 펌프의 제작사양이나 방법에 따라 효율이 차이 날 수 있다. 따라서 펌프의 신설이나 노후 펌프의 교체 시에는 다소 가격이 비싸더라도 고효율 펌프를 사용하게 되면 장기적으로는 에너지를 절감할 수 있다. 고효율 펌프는 한국에너지공단의 고효율 기자재 인증제도를 통해 인증받은 제품을 사용하도록 하고, 기존의 펌프 중 전동기만 교체할 때에도 한국에너지공단에서 정격출력 0.75kW 이상 200kW 이하인 삼상유도전동기에 대해서는 에너지 소비효율 등급표시제도를 운용 중에 있으므로 전동기의 소비효율을 확인해 구매하는 것이 좋다.

## (3) 회전수 제어

펌프는 회전수의 변화에 의하여 유량 및 양정이 변화하게 되는데, 시스템에서의 부하 변동에 의하여 필요로 하는 유량이나 압력에 맞춰 펌프의 회전수를 변화시켜 주면 축동력을 절감할 수 있다. 특히 펌프의 상사법칙에서 볼 수 있듯이 축동력은 회전수의 3승에 비례하므로 상당한 운전 동력의 절감이 가능하다.

급수용으로도 인버터를 이용해 회전수를 제어하는 부스터펌프가 많이 사용되고 있는데, 급수의 사용량이 적어 회전수가 낮은 범위에서 펌프가 운전되면 효율이 저하될 수 있다. 이럴 경우에는 소유량 펌프와 대유량 펌프를 조합해 하나의 펌프 시스템으로 구성하게 되면 급수량이 매우 적은 야간 시간대에도 효율적인 운전이 가능하다.

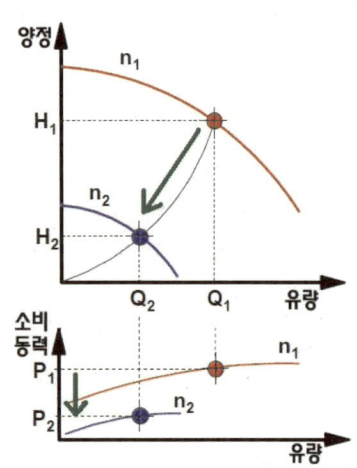

유량 $\dfrac{Q_2}{Q_1} = \dfrac{N_2}{N_1} \cdot \left(\dfrac{D_2}{D_1}\right)^3$  양정 $\dfrac{H_2}{H_1} = \left(\dfrac{N_2}{N_1}\right)^2 \cdot \left(\dfrac{D_2}{D_1}\right)^2$

동력 $\dfrac{P_2}{P_1} = \left(\dfrac{N_2}{N_1}\right)^3 \cdot \left(\dfrac{D_2}{D_1}\right)^5$

| 소유량 – 대유량 펌프가 조합된 급수 부스터펌프 |

한편 펌프의 회전수 제어 시 보통 펌프의 토출측 헤더의 압력을 측정하여 이 압력이 일정하게 유지하도록 운전 설정을 하고 있는데, 이보다 에너지를 절감하기 위해서는 배관계통의 말단 부분의 압력을 감지하여 말단 압력을 일정하게 유지하도록 운전 제어하는 것이 효과적이다.

유체가 흐르는 배관은 동일한 관경일 경우 유량이 많아질수록 유속이 빨라져 마찰손실이 커진다. 따라서 부하장비에서 부하가 적어져 필요한 유량이 줄어들 때에는 배관에서의 마찰손실도 적어지기 때문에 보다 적은 토출 압력으로도 계통의 말단 장비까지 유량을 공급하는 데 큰 문제가 없다.

따라서 펌프의 운전 제어 시 배관이나 시스템의 부하 변동에 따른 말단 압력을 감지하여 펌프의 토출 압력을 적정한 수준으로 수시로 변화시켜 주면 적은 에너지로도 정상 운전이 가능하다.

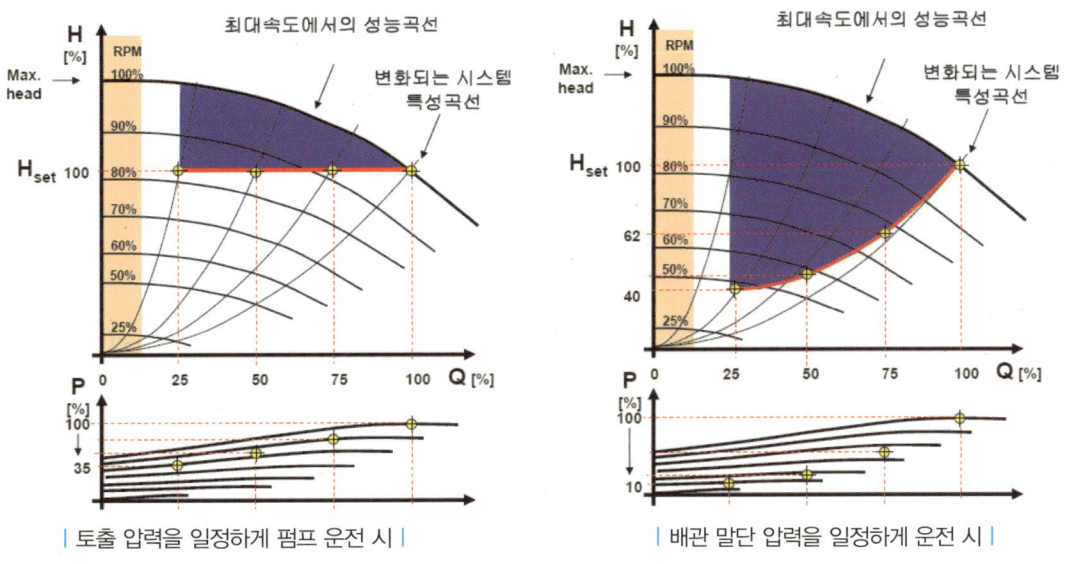

| 토출 압력을 일정하게 펌프 운전 시 | | 배관 말단 압력을 일정하게 운전 시 |

### (4) 부하에 따른 적정 사양의 펌프 설치와 운전대수 제어

공조배관 시스템에서 냉수와 온수를 하나의 배관으로 순환시키는 경우 냉·난방 운전 시 계절별 부하의 차이에 의하여 냉수와 온수의 유량 차이가 크게 발생하는 경우가 많다.(일반적인 사무실 건물의 경우 냉방부하에 비하여 난방부하가 적게 발생되는 사례가 많다.)

이럴 경우 하나의 펌프로 냉수와 온수를 공급하는 것보다는 냉방과 난방 각각의 설계 유량에 적합한 사양의 펌프를 별도로 설치해 운용하게 되면 부하가 적은 계절에는 불필요한 동력의 손실을 절감할 수 있다.

또한 펌프의 용량을 여러 대로 나누어 설치하면 필요한 부하 유량에 맞춰 펌프의 가동 대수를 조절하여 운전 에너지를 절약하고 더욱 효율적인 운전이 가능하다.

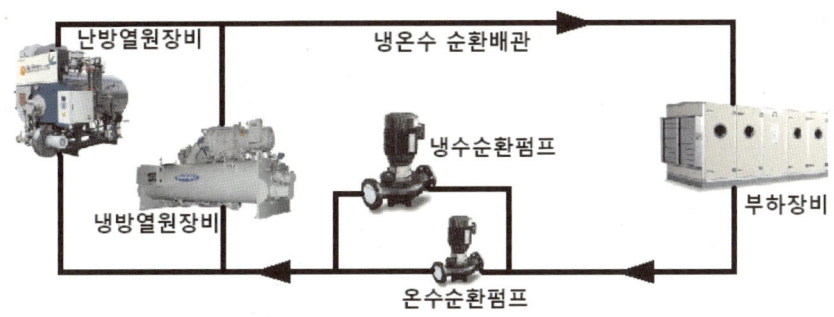

## (5) 임펠러의 교체나 보수

펌프의 임펠러가 과도하게 마모되거나 손상되면 토출 용량이 저하되고 운전효율도 낮아지게 된다. 일단 임펠러가 훼손되면 현실적으로 수리가 곤란하여 교체해야 하므로 주기적인 점검을 통해 임펠러의 손상이 없는지 확인하는 것이 좋다.

아울러 부하 장비의 변동으로 인하여 소요 유량이 축소된 때에는 펌프의 교체가 바람직하나 여러 여건상 교체가 곤란한 경우에는 임펠러의 외경을 가공하여 적정 용량으로 조정해 사용하면 운전 동력을 절감할 수 있다.

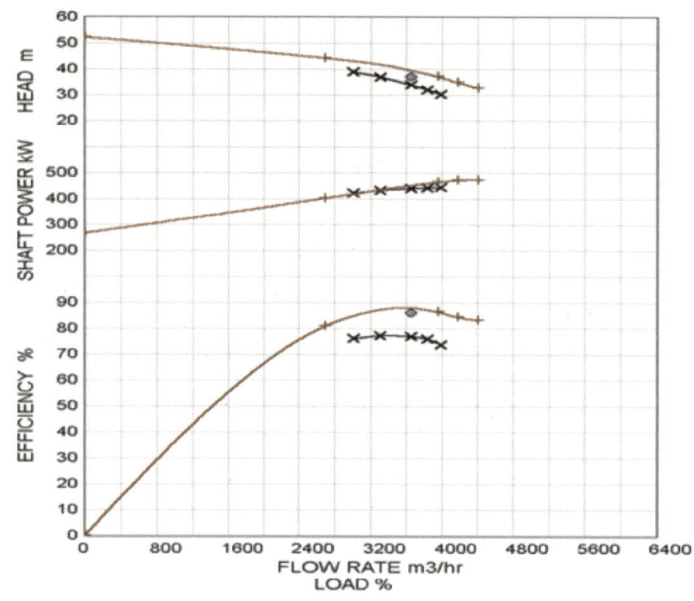

| 임펠러 손상에 따른 효율의 저하 |

유량 $\dfrac{Q_2}{Q_1} = \dfrac{N_2}{N_1} \cdot \left(\dfrac{D_2}{D_1}\right)^3$

양정 $\dfrac{H_2}{H_1} = \left(\dfrac{N_2}{N_1}\right)^2 \cdot \left(\dfrac{D_2}{D_1}\right)^2$

동력 $\dfrac{P_2}{P_1} = \left(\dfrac{N_2}{N_1}\right)^3 \cdot \left(\dfrac{D_2}{D_1}\right)^5$

| 임펠러 손상 사진 |

한편 임펠러의 내부 표면이 거친 상태이면 펌프 가동 시 마찰저항으로 작용하게 된다. 따라서 펌프의 운전시간이 긴 경우에는 임펠러 케이싱 내부를 특수도료를 이용해 코팅하게 되면 펌프의 운전효율이 향상되어 운전비를 절감할 수 있다.

<임펠러 케이싱 내부 코팅 전>

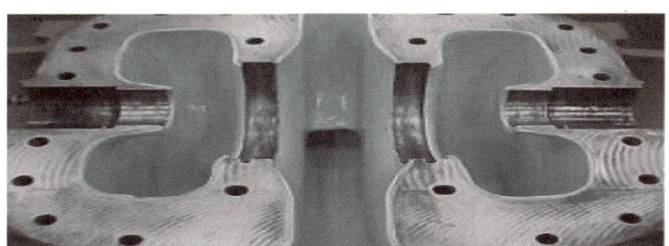

<임펠러 케이싱 내부 코팅 후>

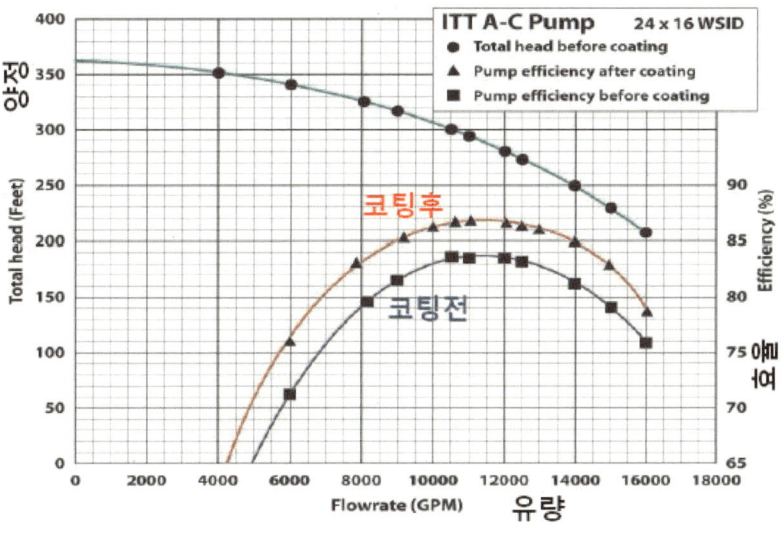

# CHAPTER 04 베어링

## 01 베어링의 종류

### (1) 미끄럼 베어링과 구름 베어링

베어링은 마찰의 형식에 따라 미끄럼 베어링(sliding bearing)과 구름 베어링(rolling bearing)으로 구분할 수 있다.

미끄럼 베어링의 종류에는 오일이 필요없는 윤활성 재료를 사용한 자기윤활 베어링과 다공질 재료에 오일을 침투시킨 함유 베어링이 있으며, 베어링 사이의 공간에 축의 회전에 의해 유막을 자동적으로 형성하는 동력학적 유체윤활 베어링과, 외부에서 압력유를 공급하여 회전축을 부상시키는 정력학적 유체윤활 베어링이 있다. 최근에는 자석의 흡인력과 반발력을 이용하여 회전축을 부상시키는 자기 베어링과 오일 대신에 공기 등을 사용한 기체 베어링도 사용되고 있다. 미끄럼 베어링은 구름 베어링에 비하여 회전 시 마찰이 크므로 저속회전인 경우에 적합하고 큰 부하나 충격을 받는 조건에서 주로 사용된다.

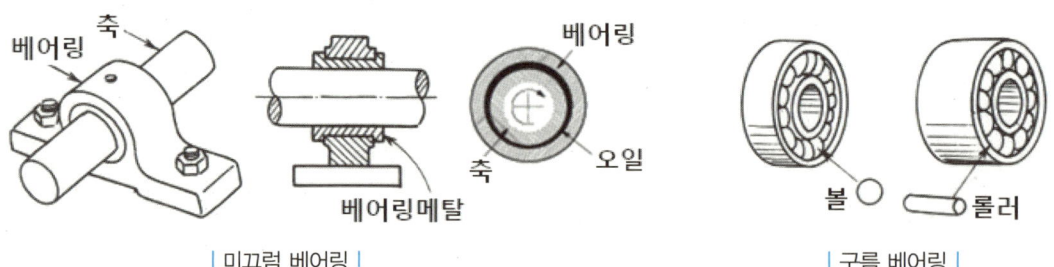

| 미끄럼 베어링 |　　　　　　| 구름 베어링 |

구름 베어링은 내륜과 외륜 사이에 볼을 넣은 볼 베어링과 롤러를 넣은 롤러 베어링이 있다. 구름 베어링의 볼과 롤러는 미끄럼 베어링에서의 윤활제와 같은 역할을 한다. 그렇다고 윤활제가 필요없는 것은 아니다. 실제로 구름 베어링은 구름 운동 이외에 미끄럼 운동을 하는 부분도 있으므로 윤활제를 사용해야 마찰도 적어지고 고속회전에도 견딜 수 있다.

한편 롤러 베어링은 동일한 치수의 베어링에서는 볼 베어링보다 부하능력이 좋기 때문에 충격 하중이 걸리는 용도로 사용될 경우 볼 베어링보다 유리하다.

이러한 구름 베어링은 표준화, 규격화되어 있어 호환성이 좋고 베어링의 주변 구조를 간단하게 할 수 있어 보수와 점검도 용이하다. 또한 기동 마찰토크가 작고 다양한 구조와 형식을 가지고 있어 수직방향이나 수평방향 하중 등 사용 요구 조건에 대처가 용이하다. 고온과 저온에서도 적응성이 있어 구름 베어링은 팬이나 펌프는 물론 다양한 분야에서 폭넓게 사용되고 있다.

### (2) 레이디얼 베어링과 쓰러스트 베어링

베어링의 형식을 분류할 때 베어링이 주로 지지하게 되는 하중의 방향에 따라서는 레이디얼(Radial) 베어링과 쓰러스트(Thrust) 베어링으로 구분한다. 수직과 수평방향의 복합 하중을 받게 될 때에는 테이퍼(원추) 베어링을 사용하는 경우도 있다.

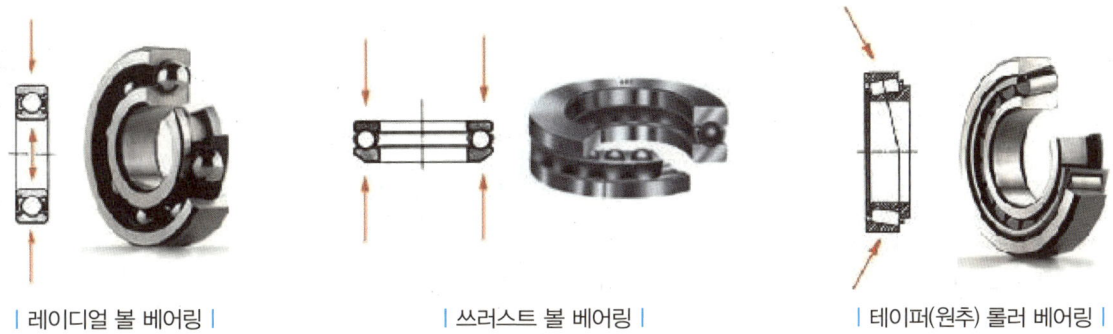

| 레이디얼 볼 베어링 |　　　　| 쓰러스트 볼 베어링 |　　　　| 테이퍼(원추) 롤러 베어링 |

일반적으로 레이디얼 베어링과 쓰러스트 베어링은 궤도륜의 형태, 접촉각 및 전동체의 형상 등에 따라서 다음과 같이 분류되며, 베어링 사용상의 전문적인 용도에 의해서도 분류하는 경우가 있다.

| 레이디얼(Radial) 베어링 |||||
|---|---|---|---|---|
| 볼 베어링 |||  롤러 베어링 ||
| 단열 | • 깊은 홈 볼베어링<br>• 단열 앵귤러 콘택트<br>• 유니트 베어링 | | 단열 | • 원통형 롤러 베어링<br>• 테이퍼 롤러 베어링<br>• 니들 롤러 베어링 |
| 복열 | • 복열 앵귤러 콘택트<br>• 자동 조심 볼베어링 | | 복열 | • 복열 원통 롤러<br>• 자동조심 롤러<br>• 복열 테이퍼 롤러 |

| 쓰러스트(Trust) 베어링 | | | |
|---|---|---|---|
| 볼 베어링 | | 롤러 베어링 | |
| • 평면 와셔형 쓰러스트 볼(단식, 복식)<br>• 조심 하우징 와셔형 스러스트 볼 (단식, 복식)<br>• 쓰러스트 앵귤러 볼베어링 (단식, 복식) | | • 쓰러스트 원통 롤러<br>• 쓰러스트 나들 롤러<br>• 쓰러스트 자동조심 롤러 | |

구름 베어링 중 단열 깊은 홈 볼 베어링은 가장 대표적인 형식이고 그 용도가 넓다. 이 베어링은 경방향 하중 이외에 양방향, 축방향 하중 어느 쪽에도 견딜 수 있다. 마찰 토크가 적고 고속회전과 저소음, 저진동이 요구되는 용도에 가장 적합하다. 이 베어링은 개방 실드 또는 고무실로 밀봉한 베어링 혹은 외륜 외경에 스냅링이 부착된 베어링이 있다. 일반적으로는 강판의 프레스 리테이너가 사용되고 있다.

| 깊은홈 볼베어링 |

| 앵귤러 베어링 |

| 원통형 롤러베어링 |

| 쓰러스트 베어링 |

| 테이퍼 롤러베어링 |

| 자동조심 롤러베어링 |

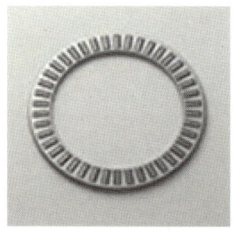
| 쓰러스트 니들베어링 |

| 니들 롤러베어링 |

## 02 베어링의 밀봉장치

베어링의 밀봉장치는 외부로부터의 먼지, 수분, 금속분 등 베어링에 유해한 것의 침입을 방지하고, 베어링이 보유하고 있는 윤활제의 누유를 방지하는 것이다. 따라서 밀봉장치는 장비가 운전되는 조건에 대해 적정한 밀봉과 방진 기능을 가지는 형식을 선택해야 한다.

베어링의 밀봉장치에는 축과 밀봉장치의 접촉 여부에 따라 비접촉성 밀봉장치와 접촉성 밀봉장치가 있다. 비접촉성 밀봉장치는 축과 밀봉장치가 접촉이 없어 마찰이 적고 원심력이나 작은 클리어런스를 이용하여 밀봉의 기능을 발휘하는 방식으로, 오일홈, 플링거(슬링거), 라비린스 등의 방식이 있다.

접촉 형식의 밀봉장치는 합성고무나 합성수지, 펠트, 또는 금속제 접촉선단이 축과 접촉을 이루면서 밀봉작용을 실시하는 형식으로 합성고무 리프를 갖는 오일실이 가장 일반적이다.

| 밀폐 베어링 |

| 실드 베어링 |

| 베어링 유니트 |

현업에서는 베어링의 밀봉장치와 관련하여 밀봉장치가 없는 경우에는 개방형 베어링이라 부르고, 밀봉장치가 있는 베어링은 실드(Shield) 베어링, 또는 실일(Seal) 베어링이나 밀폐형 베어링이라고 보통 부르고 있다. 그리고 베어링이 하우징 내부에 설치되어 있는 베어링 유니트도 많이 사용되고 있다.

개방형 베어링은 내·외륜과 구동체, 리테이너만 있어 외관상 볼이나 롤러가 보이는 구조로 되어 있다. 실드 베어링은 내·외륜 사이가 고무나 금속으로 차폐되어 그리스나 오일 등의 윤활제가 내부에 충진되어 있고, 기밀이 유지되어 물이나 먼지 등 이물질이 쉽게 내부로 들어갈 수 없도록 되어 있다.

| 밀폐형과 개방형 베어링 |

| 베어링 유니트 하우징 |

실드 재질로는 금속(대부분 스테인리스)과 합성고무(대부분 NBR니트릴고무)가 주로 사용되고 있는데, 금속 실드는 대부분 외륜에 고정되며 방진효과를 위한 경우가 많다. 금속 실드 베어링은 구름 베어링의 외륜 양쪽 측면에 밀폐판이 고정되어 있고 내륜과 접촉하면서 내륜과 미끄럼 마찰을 하고 있다. 일반 실드 베어링보다 마찰로 인한 주행 에너지 손실은 어느 정도 감수해야 하지만, 밀봉 효과가 좋아 내부에 고성능의 윤활제를 주입한 경우 정비 주기가 길어지는 장점이 있다. 이로 인해 유지보수가 곤란하거나 주변 환경이 열악한 곳에 베어링이 설치되는 경우에는 밀폐형 베어링이 많이 사용되고 있다.

▼ 밀폐 볼 베어링의 특성

| 형 식 | 실드형 (ZZ형) | 비접촉고무실형 (VV형) | 접촉고무실형 (DDU형) |
|---|---|---|---|
| 마찰 토크 | 적음 | 적음 | 접촉실이어서 ZZ나 VV형에 비해 큼 |
| 고속성 | 양호 | 양호 | 접촉실에 의한 한계가 있음 |
| 그리스 밀봉성 | 양호 | ZZ형보다 양호 | 가장 양호 |
| 방진성 | 양호 | ZZ형보다 양호 (미세한 먼지가 다소 있는 조건에서도 사용 가능) | 가장 우수 (미세한 먼지 등이 많은 환경에서도 사용할 수 있음) |
| 방수성 | 부적합 | 부적합 | 양호 |
| 사용 온도범위 | $-10 \sim +110℃$ | $-10 \sim +110℃$ | $-10 \sim +100℃$ |

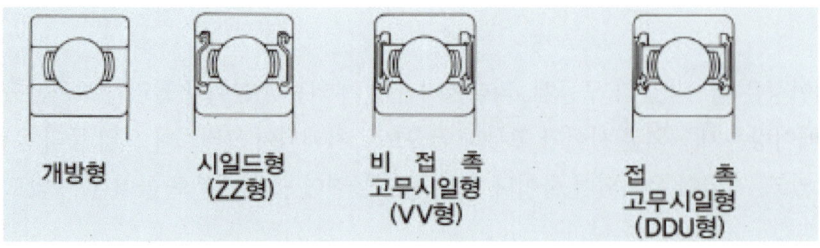

합성고무 실드 베어링은 비접촉형과 접촉형이 있는데, 비접촉형은 금속 실드와 동일한 목적으로 사용되며, 접촉형은 실드가 내·외륜에 동시에 접촉하기 때문에 접촉마찰은 상대적으로 크지만 약간의 방수성을 가지고 있다.

베어링 유니트(Bearing unit)는 볼베어링, 하우징 및 밀봉장치 등을 조합한 제품으로서 내부의 실드 베어링을 외부의 하우징이 고정하고 보호하는 형태로 되어 있다. 베어링 유닛을 사용하는 경우 기계장치의 구조가 단순화되고, 설치와 유지보수 측면에서도 편리하며, 자체 정렬되는 자동조심(self-aligning) 성능이 있으므로 설치 오차에 의한 모멘트 하중을 줄여주기도 한다.

| 베어링 유니트의 외형과 내부, 베어링 조립 시 |

## 03 베어링의 규격, 호칭번호

구름 베어링의 호칭번호는 베어링의 형식, 내경과 외경, 폭 등 베어링의 주요 치수, 회전 정도, 내부 클리어런스, 그 밖의 사양을 표시하는 호칭이며 기본번호와 보조기호로 구성되어 있다. 일반적으로 많이 쓰이는 베어링의 주요 치수는 국제적 호환성과 경제적 생산을 위해 국제표준 ISO의 규격으로 규정되어 있으며 이에 준하여 KS 규격이 정해져 있다. 그 외에 베어링의 사양을 보다 세분하여 표시하기 위하여 JIS와 그 외의 보조기호를 병용하는 경우도 있다.

베어링의 호칭기호는 기본기호와 보조기호로 이루어져 있다. 기본기호 중에서 맨 첫 자리에는 베어링의 형식을 나타내는 형식기호인데, 1자리의 아라비아 숫자 또는 1자리 이상의 영문자로 이루어진다. 형식기호 다음에는 폭 계열번호와 직경 계열번호를 표시하는데 이 두 기호를 종합하여 치수 계열번호라고 하고 각각 1자리의 숫자로 표기된다. 폭 계열번호의 일부는 관례적으로 생략되는 경우도 있다.

치수 계열번호 다음에 표기되는 내경번호는 대부분 2자리의 숫자로 구성되며, 내경 20mm 이상은 내경 치수의 1/5의 숫자로 표시한다. 내경 10mm 미만의 베어링은 1자리의 내경 치수로 표시하고, 10mm~17mm 사이의 베어링은 00에서 03으로 나타낸다. 5의 정수배가 아닌 내경을 가진 베어링과 500mm 이상의 베어링에 대해서는 "/" 다음에 내경치수를 직접 기입한다.

보조기호는 기본기호 앞에 표시하는 접두 보조기호와 뒤에 표시하는 접미 보조기호가 있으며 베어링의 정밀도, 틈새, 밀봉형식 등의 세부 사양을 나타낸다. 베어링의 호칭번호의 예와 기본번호 및 보조기호의 세부 내용은 다음과 같다.

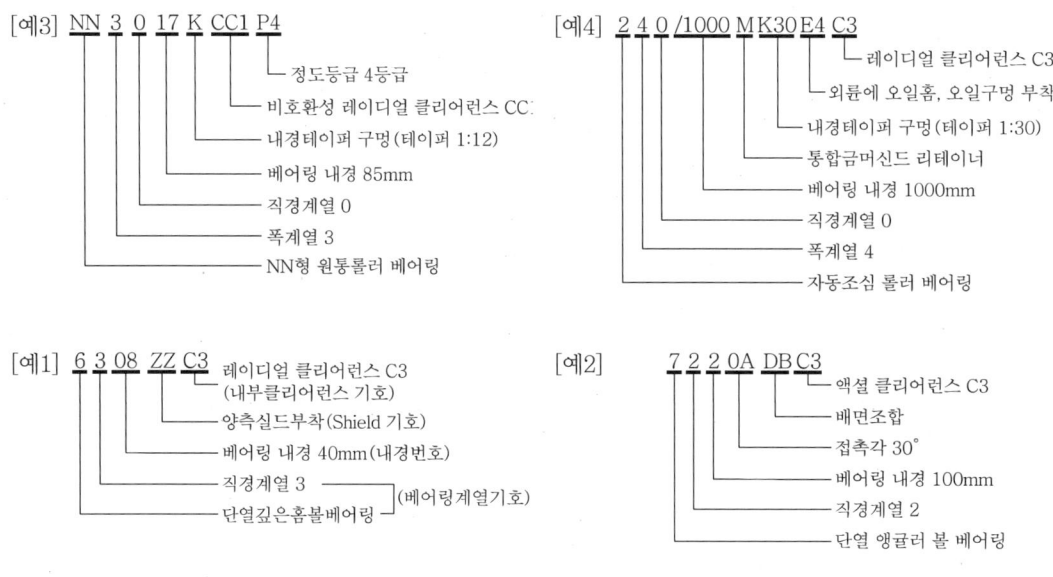

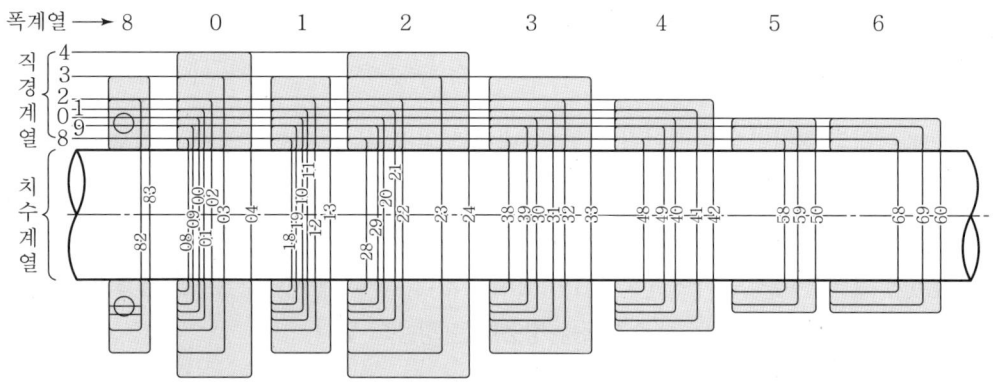

| 레이디얼 베어링의 단면의 치수계열에 따른 차이(테이퍼 롤러 베어링은 제외) |

▼ 베어링의 규격 확인 예

- 베어링 호칭번호 : 6312 C3
  6 → 단열 깊은 홈베어링
  3 → 직경 계열 3
  12 → 베어링 내경 = 12 × 5 = 60mm
  C3 → 내부 클리어런스

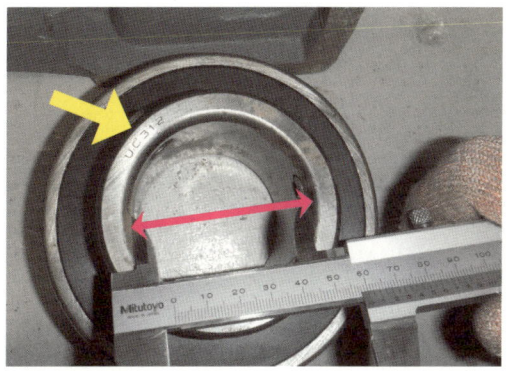

- 베어링의 호칭번호 : UC312
- 베어링의 내경 계산하는 방법
  = 호칭번호의 숫자 중 뒤쪽 두 자리 × 5
  = 12 × 5 = 60mm

## 04 베어링의 윤활

구름 베어링은 구름과 미끄럼 운동을 수반하므로 소음, 마모, 열이 발생하는 것을 방지하기 위하여 오일(Oil)이나 그리스(Grease)로 윤활하며 특별한 경우에는 고체 윤활제를 사용하기도 한다.

윤활제의 양과 종류는 운전속도, 온도, 환경 등에 의해 선정되며, 수명이 다 되었거나 오물의 침입으로 더러워진 윤활제는 그 성능도 떨어지므로 적당한 주기로 교환하거나 재급유하여야 한다. 베어링에서 윤활은 다음과 같은 효과를 가지고 있다.

- 하중을 전달하는 부분에 윤활 막을 형성하여 금속간 의 접촉을 방지함으로써 마모와 조기 피로를 방지하여 베어링의 수명을 길게 한다.
- 저소음이나 저마찰 등 운전에 바람직한 특성을 향상시킬 수 있다.
- 베어링의 과열 방지와 윤활유의 열화를 방지하는 냉각작용을 하며, 특히 순환 급유방식 등에서는 내부에서 발생한 열을 외부로 방출시킬 수도 있다.
- 이물질의 침입을 막고 녹과 부식을 방지하는 효과도 있다.

베어링의 윤활방법은 주로 그리스 윤활과 오일 윤활로 구별할 수 있다. 윤활의 질적인 성능 면에서 보면 오일 윤활이 우수하지만, 그리스 윤활이 베어링의 주변 구조를 간단하게 할 수 있고 유지관리도 용이한 편이서 각종 장비에서 많이 선호되고 있다.

▼ 그리스와 오일 윤활의 비교

| 구 분 | 그리스 윤활 | 오일 윤활 |
|---|---|---|
| 윤활성 | 양호함 | 매우 양호함 |
| 회전 속도 | 오일 윤활의 65~80% 수준 | 그리스 윤활에 비해 높은 회전 속도에서도 사용 가능함 |
| 밀봉장치나 하우징의 구조 | 간단한 구조로 이루어져 있으며, 유지보수도 용이 | 조금 복잡해지며, 보수에 주의가 필요함 |
| 이물질의 제거 | 곤란함 | 용이함 |
| 윤활제의 교환 | 조금 번잡함 | 비교적 간단함 |
| 윤활제의 누설 | 비교적 적음 | 그리스에 비해 상대적으로 많음 |
| 냉각작용 효과 | 없음 | 순환 급유방식의 경우 효과적인 냉각이 가능함 |

## (1) 그리스 윤활

### ① 그리스 충진

하우징 내로 충진하는 그리스 양은 베어링의 회전속도, 하우징의 구조, 공간 용적, 사용 조건 등에 의해 다르다. 일반적으로 베어링 내부에는 충분한 그리스를 채워 주는데, 리테이너 안내면 등에도 그리스가 채워져야 한다. 하우징 내부의 축 및 베어링을 제외한 공간에는 베어링에서 밀려나온 그리스가 들어갈만한 여유 공간을 가지고 있는 것이 좋은데, 회전수가 높을 경우 여유 공간이 적으면 그리스의 유동이 좋지 않아 온도가 상승하게 되므로 하우징에 그리스 충진량을 조절한다. 보통 허용 회전수의 50% 이하의 회전일 때는 1/2~2/3가량, 허용 회전수의 50% 이상의 회전일 경우에는 1/3~1/2 정도의 양을 충진하면 된다. 저속으로 회전하는 경우에는 베어링과 하우징 공간을 그리스로 완전히 충진해도 큰 무리는 없다.

### ② 그리스의 보충

고품질의 그리스라고 해도 사용 기간의 경과와 함께 성상은 열화되고 윤활기능이 저하되기 때문에 적당한 주기로 그리스를 보충해 주어야 한다. 베어링의 하우징에는 그리스의 보급을 위해 적당한 위치에 보급구와 배출구가 설치되어 있다. 하우징 내부에 칸막이(그리스 섹터)가 설치되어 있는 경우도 있는데, 보급구로 들어간 새로운 그리스가 베어링 내부로 흘러 들어가면 배출구 쪽의 그리스 밸브를 통해 오래된 그리스가 밀려 나오게 된다. 그리스 주입구만 있고 배출 밸브가 없는 경우에는 배출측 하우징 공간에 모아진 그리스를 정기적으로 커버를 분해하여 배출해 주어야 한다.

하중과 온도가 높아지면 윤활 주기는 짧아져야 한다. 운전 조건과 주변 환경이 열악하면 윤활 주기는 더욱 짧아져야 한다. 밀폐형 베어링의 경우에도 그리스의 수명이 베어링 수명보다 현저히 짧다면 재급유나 그리스 교환이 필요하다. 재급유 시에는 새로운 그리스가 부분적으로만 대체되므로 재급유 주기는 윤활유의 원래의 수명보다 짧아야 한다.

▼ 베어링 유니트의 그리스 주입

① 그리스 주입구에 그리스 건을 꼽고 적당한 힘을 가해 그리스를 주입함

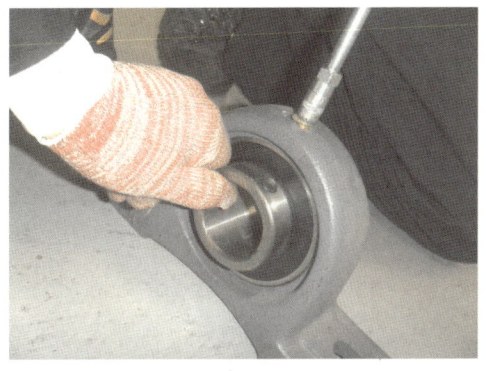

② 그리스를 골고루 주입하기 위해 축을 서서히 돌리면서 그리스를 주입함

③ 베어링과 하우징 사이에서 약간의 그리스가 나오기 시작하면 주입 완료

④ 배어 나온 여분의 그리스는 헝겊으로 닦아냄

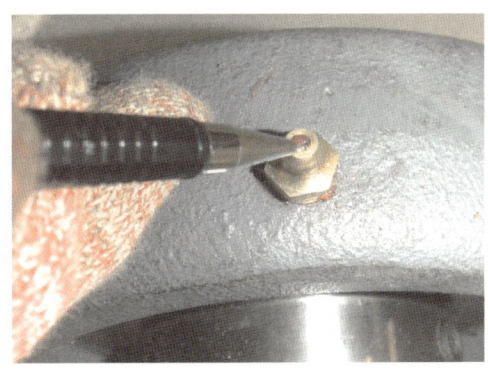

※ 간혹 그리스 주입구의 볼이 고착되어 주입이 안 될 경우는 송곳 등으로 볼을 살짝 눌러줘 움직이도록 함

## (2) 오일 윤활유

### ① 오일 윤활의 방법

베어링에 오일을 이용하여 윤활을 하는 경우에는 유욕(油浴)법, 적하 급유법, 비산 급유법, 순환 급유법, 제트 급유법, 분무 급유법, 오일에어 급유법 등이 있다. 유욕법은 전동체나 베어링의 하부가 오일면에 닿거나 잠겨있어 회전 시 오일이 윤활면에 도포되는 방식이다. 적하 급유법은 비교적 고속회전의 소형 볼베어링 등에 많이 적용되는데, 가시식(可視式)의 급유통에 저장된 오일이 하부로 흘러내려오면서 윤활을 하는 방식이다. 적하하는 오일량은 상부의 나사에 의해 조절된다. 비산 급유법은 베어링을 직접 오일에 적시지 않고 주위에 있는 치차나 회전링 등의 회전에 의해 생기는 비말에 의해 베어링을 윤활하는 방법이다. 자동차의 변속기나 차동 치차장치 등에는 널리 사용되고 있다.

오일로 베어링 부분의 냉각을 실시할 필요가 있는 고속회전인 경우나 주위가 고온인 사용 조건에서는 순환 급유법이 많이 사용된다. 하우징에 설치된 오일 배유관으로 흘러나온 오일은 외부에서 순환되면서 냉각되고 다시 펌프나 필터를 거쳐 급유관을 통해 하우징 안으로 재급유된다. 제트 급유법은 고속회전용 베어링에 널리 사용되고 있는데, 한 개 또는 여러 개의 노즐을 이용하여 일정한 압력으로 윤활유를 분사해서 베어링 내부를 관통시키는 방식이다.

분무 급유법은 공기 중에 윤활유를 안개 상태로 만들어서 베어링에 뿜는 방법으로 오일미스트 윤활법이라고도 불리고 있다. 분무 급유법은 윤활유가 소량이기 때문에 교반저항이 적고 고속회전에 적합하다. 또한 베어링 부분에서 누유되는 오일이 적기 때문에 설비나 제품의 오염이 적다. 오일에어 급유법은 미량의 윤활유를 정량 피스톤을 이용해서 간헐적으로 내뿜고, 혼합 밸브에 의해 압축공기 중의 윤활유를 서서히 빼내어 연속적인 흐름으로 베어링을 윤활하는 방법이다. 오일에어 급유법은 오일의 미소정량 관리가 가능하기 때문에 최적 유량으로 관리할 수 있으며 발열이 적어 고속회전에 적합하다. 또한 스핀들 내부에 압축공기가 항상 보내지고 있기 때문에 스핀들의 내압이 높아 외부로부터 먼지나 절삭액이 침입하기 어렵다.

### ② 오일의 교환

베어링의 윤활유로는 내하중 성능이 높고 산화 안정성이 좋으며, 방청성능이 좋은 고도정제광유나 합성유가 사용된다. 윤활유의 선정에 있어서도 운전온도에 따라 적정한 점도의 오일 선정이 중요하다. 점도가 너무 낮으면 유막 형성이 불충분해지고 이상 마모와 타불음의 원인이 된다. 반대로 점도가 너무 높으면 점성저항에 의해 발열하거나 동력 손실을 크게 한다.

유막의 형성에는 베어링의 회전속도나 하중도 영향을 미친다. 일반적으로 회전속도가 빠를수록 저점도유를 사용하고 하중이 커질수록, 또는 베어링이 대형이 될수록 고점도의 윤활유를 사용한다. 오일의 교환 주기도 사용조건이나 유량 등에 의해 다르다. 일반적으로 운전 온도가 50℃ 이하에서는 먼지 등이 적은 양호한 환경 아래서 사용되는 경우는 1년에 1번 정도의 교환으로 무난하다. 그러나 사용 온도가 100℃ 정도 되는 경우에는 3개월마다 또는 그 이내에 교환하도록 한다. 또

수분이나 이물질의 침입이 있는 경우에는 더욱 더 교환의 주기를 짧게 해야 하므로 관리상의 주의가 필요하다. 명칭이 다른 윤활유의 혼합은 그리스와 마찬가지로 피해야 한다.

## 05 베어링의 이상 점검과 관리

베어링 본래의 성능을 양호한 상태에서 가능한 한 오래 유지하기 위하여 보수와 점검을 시행한다. 그렇게 함으로써 고장을 미연에 방지하고 운전의 신뢰성을 확보하여 장비의 생산성과 경제성을 높일 수가 있다. 보전은 기계의 운전조건에 맞는 작업표준에 따라 정기적으로 실시하는 것이 바람직하며 운전 상태의 감시 윤활제의 보급 또는 교체, 정기 분해에 의한 검사 등에 걸쳐 실시한다.

운전 중의 점검항목으로서는 베어링의 회전음, 진동, 온도, 윤활제의 상태 등이 있다. 운전 중에 베어링의 이상한 상태가 발견되면 장비의 운전을 중지하고 필요에 따라서는 베어링을 분해해 내부의 상태를 확인한 후 교체 여부를 결정해야 한다.

일반적으로 구름 베어링은 바르게 취급하면 피로 수명에 이르기까지 오래 사용할 수 있지만 의외로 빨리 손상되어 사용할 수 없게 되는 경우가 있다. 이 조기 손상은 취급이나 윤활상의 배려 불충분, 외부로부터 이물질 침입, 축·하우징의 열 영향에 대하여 검토 불충분 등에 기인하는 경우가 많다.

베어링의 손상상태로서, 예를 들어 롤러 베어링의 궤도륜 턱부의 갉아먹음의 원인으로는 윤활제의 부족이나 부적합, 급배유 구조의 결함, 이물질의 침입, 베어링의 설치 오차나 축의 휨의 과대 등을 생각해 볼 수 있다.

베어링의 온도는 일반적으로 하우징의 외면 온도에서부터 추측할 수 있지만, 오일홈 등을 이용해서 직접 베어링 외륜의 온도를 측정할 수 있다면 더욱 적절하다. 베어링 온도는 운전 개시 후 서서히 상승해서 보통 1~2시간 내에 정상 상태가 된다. 베어링이나 설치 등에 맞지 않는 점이 있다면 베어링 온도는 급격히 상승해서 이상 고온으로 되는 수가 있다. 그 원인으로서는 윤활제의 과다, 베어링 클리어런스의 과소, 설치 불량, 밀봉장치의 마찰 과대 등을 들 수 있다. 또 고속회전에서는 베어링 형식이나 윤활방법 선정의 착오 등도 원인이 된다.

베어링의 회전음은 청음기 등으로 조사한다. 베어링의 윤활 불량이나 베어링의 손상, 축·하우징의 정도 불량, 이물질의 침입 등이 있을 경우 높은 금속음이나 이상음, 불규칙음 등의 이상 회전음이 발생한다.

# CHAPTER 05 전동기(Motor)

## 01 전동기의 종류

Motor는 전기에너지를 기계에너지로 바꾸어 주는 장치이다. 또 모터에 의해 얻어지는 전동력은 가장 편리한 동력원으로서 에너지 변환 효율이 좋고 기동이나 정지가 스위치에 의해 아주 간단하게 이루어지며 필요에 따라 속도 제어도 용이하다.

Motor에는 여러 종류가 있으나 전원으로 구별하면 직류로 구동되는 직류 모터로 크게 나눌 수 있으며 교류 모터도 회전 원리에 따라 다음과 같은 종류로 나누어진다.

| 전동기 | | 직류전동기 |
| --- | --- | --- |
| | 교류전동기 | 유도전동기(Induction Motor) |
| | | 정류자전동기(Commutator Motor) |
| | | 동기전동기(Synchronous Motor) |

이중에서 유도전동기는 일반적인 동력원으로 가장 널리 사용되며 각종 공장이나 건물에서의 동력뿐만 아니라 농업용, 가정용 등 소동력에 이르기까지, 그 출력도 수 Watt 정도에서부터 수백 kW에 이르기까지 다양하여, 보통 단순히 Motor라고 말하면 유도 전동기라고 생각해도 좋을 만큼 널리 보급되고 있다.

유도전동기가 널리 이용되게 된 것은 현재 거의 대부분이 교류로 배전되기 때문이며, 구조가 간단하고 견고하여 고장이 적으며 가격이 저렴하고 취급이 간단하다는 장점 때문이다.

유도전동기는 단상 전원을 사용하는 단상 모터와 3상 전원을 사용하는 3상 모터로 나눌 수 있다. 전원이 단상뿐인 경우에는 할 수 없겠지만 단상, 3상 어느 쪽이든지 사용할 수 있다면 3상 모터가 가격도 상대적으로 저렴하고 효율도 높으므로 경제적인 편이다. 일반적으로 단상은 220V의 전압에서 출력이 1kW 미만에서 주로 사용된다.

 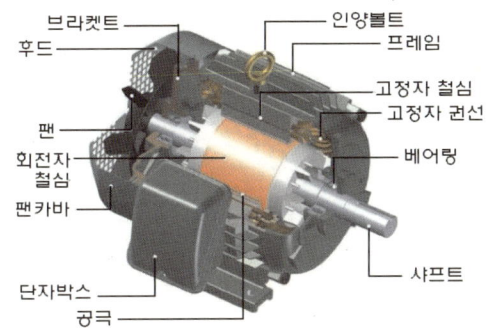

3상 유도 전동기는 고정자(Stator) 부분과 회전자(Rotor) 부분으로 구성되어 있다. 고정자는 회전기의 주요 정지부분으로, 얇은 규소 강판을 겹쳐 쌓아서 만든 고정자 철심(Stator Core)의 홈 속에 전류를 통하는 고정자 권선(Stator Coil)을 설치하고 3상교류를 통전함으로써 회전자계를 형성하게 된다.

## 02 보호방식에 의한 분류

전동기의 보호형식의 기호는 IP 뒤에 두 자리의 숫자로 표시하며, 그 숫자의 의미는 다음과 같다.

### (1) 인체 및 고형 이물질에 관한 보호형식(첫째 자리 숫자)

| 형식 | 기호 | 설명 |
| --- | --- | --- |
| 무보호형 | 0 | 인체의 접촉, 고형물질의 침입에 대하여 특별히 보호를 하지 않는 구조 |
| 반보호형 | 1 | 인체의 큰 부분, 예로는 손이 잘못하여 기내의 회전부분 또는 도전부분에 닿지 않도록 한 구조. 지름 50mm보다 큰 고형 이물질이 침입하지 않도록 한 구조 |
| 보호형 | 2 | 손가락 등이 기내의 회전 부분 또는 도전 부분에 닿지 않도록 한 구조. 지름 12mm보다 큰 고형 이물질이 침입하지 않도록 한 구조 |
| 전폐형 | 4 | 공구, 전선 등 최소 두께가 1mm보다 큰 것이 기내의 회전부분 또는 도전부분에 닿지 않거나 침입하지 않도록 한 구조. 다만 배수 구멍 및 통풍 구멍은 기호 2의 구조여도 좋다. |
| 방진형 | 5 | 어떠한 물체도 기내와 회전부분 또는 도전부분에 닿지 않도록 한 구조. 먼지의 침입을 최대한 방지하고, 침입하여도 정상운전에 지장이 없도록 한 구조 |

## (2) 물의 침입에 관한 보호형식(둘째 자리 숫자)

| 형식 | 기호 | 설명 |
|---|---|---|
| 무보호형 | 0 | 물의 침입에 대하여 특별히 보호를 하지 않는 구조 |
| 방적형 | 2 | 연직에서 15° 이내의 방향에 떨어지는 물방울에 해로운 영향을 받지 않는 구조 |
| 방우형 | 3 | 연직에서 60° 이내의 방향에 떨어지는 물방울에 해로운 영향을 받지 않는 구조 |
| 방말형 | 4 | 어떠한 방향에서도 떨어지는 물방울에 해로운 영향을 받지 않는 구조 |
| 방분류형 | 5 | 어떠한 방향에서도 분류에 의하여 해로운 영향을 받지 않는 구조 |
| 방파랑형 | 6 | 어떠한 방향에서도 강한 분류에 의하여 해로운 영향을 받지 않는 구조 |
| 방침형 | 7 | 지정한 수심 및 시간에 물속에 침수하고, 가령 물이 침입하여도 해로운 영향을 받지 않는 구조 |
| 수중형 | 8 | 수중에서 정상 운전할 수 있는 구조 |

※ 표준 보호형식 표기 예
 TETC(전폐 방우형) : IP44
 ODP(방적형) : IP22S
 IPWE44S → IP : International Protection
   W : Water protect(옥외형)
   E : Explosion proof(방폭형)
   4 : 이물질 침입에 대한 보호 정도(전폐형)
   4 : 물의 침입에 대한 보호 정도(방말형)
   S : 시험 건조(정지, 운전)

# 03 모터의 외함 구조

모터의 외함 구조는 개방형(Open Type)과 전폐형(Totally Enclosed Type)으로 크게 구분되며 이들은 각각 다시 여러 가지로 세분된다.

개방형은 직접 냉각에 따른 효과가 우수하여 모터의 효율적인 운전과 가격 측면에서 장점이 있지만, 구조적으로 취약하여 주기적인 Maintenance로 인한 비용이 증대와 고장의 우려가 증가하는 단점이 있다. 전폐형은 간접 냉각방식이어서 효율은 약간 저하되는 단점이 있으나 구조적으로 견고하고 고장이 발생할 요인이 적다.

일반적으로 개방형(또는 반폐형) 전동기는 먼지 및 습기가 적고 통풍이 잘 되는 장소에 설치하며, 전폐형 전동기는 먼지 및 습기가 많은 장소 혹은 옥외에 설치하는데, 주철제형 전폐형 전동기는 부식성 이물질이나 습기가 많은 장소에 주로 설치한다.

## (1) 개방형(Open Type)

전동기 주위의 외부 공기가 직접 내부를 순환하여 냉각하는 방식으로 아래의 3가지가 범용적으로 적용되고 있다. 개방형은 외부의 공기가 직접 모터의 내부를 통해 순환하면서 냉각을 하게 되므로 냉각용 공기의 순환 통로를 확보하고 공기를 따라 내부에 축적된 미세한 이물질의 제거를 위해 주기적으로 Air Filter와 Stator Coil의 청소가 매우 중요하다.

| 개방 방적형 |　　　　　　| 밀폐형 전동기 |　　　　　　| 플랜지형 / 밀폐형 전동기 |

### ① ODP(Open Drip Proof, 개방 방적형)
낙하 각도가 수직과 15° 이내인 액체나 고체가 들어갈 수 없도록 외부 공기 순환용 냉각 Opening을 가진 구조의 외함

### ② WPⅠ(Weather Protected Ⅰ, 반보호형1)
ODP Type의 Opening에 통상 스크린을 설치하여 손가락이나 막대기 등이 들어갈 수 없는 구조의 외함

### ③ WPⅡ(Weather Protected Ⅱ, 반보호형2)
WP Ⅰ 의 냉각공기 순환통로 구조를 개선하여 외부의 오염물질이 내부의 충전부위 및 운동부위에 직접 도달하지 못하도록 한 구조의 외함

## (2) 전폐형(Totally Enclosed Type)

전폐형은 모터 내부로 냉각용 공기를 직접 순환시키는 대신 외함으로 전달된 열을 별도의 팬에 의해 강제 냉각하거나, 주변의 공기와 자연적인 열교환을 통해 냉각되도록 하는 방식으로서 다음과 같은 종류들이 있다. 주로 TEFC가 많이 적용되며 경우에 따라 TEAAC 및 TEWAC를 적용하기도 한다.

### ① TEFC(Totally Enclosed Fan Cooled, 전폐 외선형)
모터의 외부에서 축에 직결된 별도의 냉각용 팬을 이용하여 외함을 냉각시키는 구조로서 중~저 용량급 대부분의 모터가 이 방식을 채용하고 있다.

② TEAAC(Totally Enclosed Air-to-Air Cooled)

TEFC와 동일한 냉각방식이지만 축에 직결된 외부의 팬에 Air Duct를 설치하고 공기를 외함의 상부에 설치된 Tube를 통과시켜 내부에서 외함으로 전달된 열을 빼앗는 구조로서 Tube Cooled 방식이라도 불린다. 소용량보다는 대용량 모터에 이 방식이 많이 적용된다.

③ TEWAC(Totally Enclosed Water to Air Cooled)

전동기의 외함에 냉각수 순환통로(Tube)를 설치하여 냉각수를 강제 순환시키는 방식이다.

④ TEFV(Totally Enclosed Forced Ventilated)

TEFC와 동일한 냉각방식이지만 외함을 냉각시키는 동시에 깨끗한 공기를 내부에 불어넣어 내부를 냉각시키는 구조를 갖는다.

⑤ TENV(Totally Enclosed Non Ventilated, 전폐 자냉형)

TEFC와 동일한 냉각방식이지만 축에 직결된 외부의 팬이 없고, 외함의 열을 주변 공기와 자연적인 열교환을 통해 열을 뺏도록 하는 것이 다르다.

⑥ TEXP(Totally Enclosed Explosion Proof, 전폐 방폭형)

폭발성 가스나 분진이 있는 위험지역에 설치하는 전동기로서, 내부에서 폭발성 가스의 폭발이 발생하는 경우에도 용기가 그 압력을 견딜 수 있어서 외부로 폭발성 가스의 인화가 되지 않아야 한다.

## 04 절연계급(Insulation Class)

절연계급은 전류에 의해 발생한 손실 열을 유효하게 방출하여 절연물이 손상되지 않도록 하는 성능에 대한 것으로, 전동기의 수명을 결정하는 많은 영향을 주기 때문에 사용조건이나 유체의 온도에 맞는 적정한 절연계급을 선정하는 것이 필요하다.

| 절연계급 | 허용 최고온도 | 허용 상승온도 | 사용 재료 |
| --- | --- | --- | --- |
| Y종 | 90℃ | - | 예를 들면 면, 목면, 종이 등으로 구성되며, 와니스류나 기름 중에 함침시키지 않은 것 |
| A종 | 105℃ | 60℃ | 예를 들면 면, 목면, 종이 등으로 구성되며, 와니스류나 기름 중에 함침시킨 것 |
| E종 | 120℃ | 75℃ | 폴리에스텔계 절연물 |
| B종 | 130℃ | 80℃ | 예를 들면 유리섬유, 마이카, 석면 등의 재료를 접착제와 조합 |
| F종 | 155℃ | 100℃ | 예를 들면 유리섬유, 마이카, 석면 등의 재료를 실리콘 알키드 유리 등의 접착 재료와 조합 |
| H종 | 180℃ | 125℃ | 예를 들면 유리섬유, 마이카, 석면 등의 재료를 규소수지나 동등 이상의 접착 재료와 조합 |
| C종 | 180℃ 이상 | - | 예를 들면 생마이카, 석면, 섬유 등을 단독으로 사용하거나 접착 재료와 함께 사용 |

절연계급이란 모터에 적용된 절연물의 최고 사용허용온도를 기준으로 구분한 것으로 7개의 종류로 나누고 있다. 특수한 경우가 아니면 일반적으로 E~H종의 절연범위가 범용적으로 사용되고 있으며, 건축설비분야의 팬이나 펌프에서는 F종이 많이 사용되는 있는 편이다.

## 05 전동기의 특성

### (1) 극수와 동기 회전수

고정자로 되는 자계는 몇 개의 자석을 조합한 것과 같은 상태가 되므로 그 자석에 상응하는 극수를 헤아릴 수가 있는데, 그것을 모터의 극수라고 한다. 극수는 N극과 S극이 짝이 되므로 그 수는 반드시 2의 배수로 된다. 범용 모터는 4극 혹은 6극이 많이 채용되고 있다.

$$동기\ 회전수 = \frac{2 \times 60 \times 주파수}{극수} [rpm]$$

각종 극수의 동기회전수는 다음과 같다.

| 극 수 | 동기회전수 (rpm) 50Hz | 동기회전수 (rpm) 60Hz | 극 수 | 동기회전수 (rpm) 50Hz | 동기회전수 (rpm) 60Hz |
|---|---|---|---|---|---|
| 2 | 3,000 | 3,600 | 10 | 600 | 720 |
| 4 | 1,500 | 1,800 | 12 | 500 | 600 |
| 6 | 1,000 | 1,200 | 14 | 429 | 514 |
| 8 | 750 | 900 | 16 | 375 | 450 |

### (2) 슬립(Slip) 및 전부하 회전수

모터가 실제로 운전되는 경우 그 회전속도는 동기속도보다 약간 작아지고 있다. 예를 들면 4극의 모터를 50Hz의 전원에 접속했을 경우 그 동기속도는 1,500rpm이지만, 명판에 기재되고 있는 전부하 회전수는 1,410~1,430rpm 정도가 되고 있다. 이 회전수의 차를 슬립(Slip)이라고 말하며 동기속도에 대한 전부하 회전수와의 차이에 대한 비율로 나타내는데 다음과 같은 계산식으로 표시된다.

$$슬립(Slip) = \frac{동기\ 속도 - 전부하\ 회전수}{동기\ 속도} \times 100\,(\%)$$

일반적으로 모터는 부하가 증가함에 따라 그 회전속도가 저하하는데, 그때의 rpm을 위의 계산식에서 전부하 회전수 대신에 넣으면 현재 부하에서의 슬립을 구할 수 있다.

## (3) 토크(Torque)

모터를 돌리려고 하는 회전력을 토크라고 말하며 kg · m의 단위로 표시한다. 모터의 토크는 그 회전수에 따라 변화하는데 다음 식으로 표시할 수 있다.

$$전부하 토크(kg \cdot m) = \frac{출력(kw)}{전부하 회전수(rpm)} \times 974$$

최소 기동토크는 모터가 가동하기 시작할 때의 토크를 말하며 전부하 토크의 몇 %인가로 표시한다. 또한 모터의 토크는 속도가 증가함에 따라 차차 커지고 최대 토크에 달하면 급히 작아져 동기속도로는 0이 된다. 이 최대토크를 정동토크라고 말하며 전부하토크에 대한 %로 표시한다.

## (4) 최대 기동전류

최대 기동전류는 모터가 정지한 상태에서 가동하기 시작하면서 회전자에 전원이 공급되었을 때에 발생하는데 일반적으로 전부하 전류의 5~6배 정도가 된다. 기동 시에 대전류가 흐르는 것은 변압기에서 2차측을 단락했을 경우와 같이 2차측(회전자)에 대전류가 생기기 때문이다. 회전자가 돌기 시작하면 회전자에 흐르는 전류는 점차 줄어들게 되고 연결된 부하와 균형을 이루는 수준에서 정상운전으로 안정화되어간다.

## (5) 효율과 역률

모터에 투입되는 전기에너지의 모두가 연결된 부하의 동작을 위한 구동력이 되는 것은 아니고 몇 % 정도는 손실이 발생하여 열이나 소리 등으로 바뀌어 소모된다. 모터의 손실에는 철손, 동손, 기계손, 포유 부하손 등이 있으며, 모터의 효율은 다음 식으로 표현된다.

$$효율 = \frac{출력}{입력} \times 100\% = \frac{입력 - 손실}{입력} \times 100\%$$

전력은 본래 유효전력 + 무효전력이지만 통상적으로 무효전력은 무시하고 유효전력만을 가지고 전력이라고 한다.(전력 = 전압 × 전류 = 무효전력 + 유효전력 ≒ 유효전력)

모터로 예를 들자면, 유효전력은 모터를 회전시키면서 소모가 되는데 무효전력은 모터를 회전시키는 데 도움도 되지 않으면서 소모만 되는 전력이다.

따라서, 모터에서 소비되는 전체 전력 중 무효전력이 차지하는 비율이 어느 정도인가에 따라 모터의 가동효율이나 성능을 가늠해 볼 수가 있는데, 모터의 역률은 대용량일수록 좋아지고 극수는 반대로 적을수록 좋아진다.

$$역률 = \frac{유효 전력}{\sqrt{유효 전력^2 + 무효 전력^2}} \times 100 \, (\%)$$

무효전력을 최소화하여 역률을 개선할 수도 있는데, 적당한 역률보상용 진상콘덴서를 설치하면 해당 기기에서 소모되는 무효전력을 최소화할 수 있다.

우리 주변의 실무에서 역률을 저하시키는 일반적인 전기기기로는 모터와 용접기 등이 있다. 전등이나 전열기는 무효전력 소모가 없어 역률을 저하시키지 않는다(≒역율100%). 역률을 저하시키는 무효전력은 일반적인 기계식 전력량계로는 계량이 되지 않으며 별도의 무효 전력량계 또는 전자식 계기를 설치하여 계량해야 한다.

### (6) 정격 전압과 주파수

모터의 명판과 상이한 정격전압(Rated Voltage)을 공급하게 되면 절연 파괴에 의한 손상이나 출력 부족으로 인한 운전 불능 등 여러 가지 문제를 일으킬 수 있으므로 모터 가동 시 정격전압을 확인하는 것이 필수적이다.

특히 설계 시 정격전압과 주파수의 관계에 의해 철심의 단면적이 결정되는데, 단면적은 주파수와 반비례하는 관계에 있기 때문에 만일 동일한 정격전압의 모터를 명판상에 기재된 것과 다른 주파수로 운전시킬 경우에는 세심한 검토가 필요하다.

▼ 전압과 주파수의 변동이 전동기에 미치는 영향

| 전원변동 | 특성 | 기동및최대토크 | 동기속도 | %Slip | 정격회전수 | 효율 정격부하 | 효율 3/4부하 | 효율 1/2부하 | 역률 정격부하 | 역률 3/4부하 | 역률 1/2부하 | 정격전류 | 기동전류 | 전부하시온도상승 | 최대과부하출력 | 자기소음특히무부하시 |
|---|---|---|---|---|---|---|---|---|---|---|---|---|---|---|---|---|
| 전압변화 | 120%전압 | (+)44% | 불변 | (-)30% | (+)1.5% | 조금증가 | (+)0.5~2% | (-)7~20% | (-)5~15% | (-)10~30% | (-)15~40% | (-)11% | (+)25% | (-)5~6deg | (+)44% | 제법증가 |
| | 110%전압 | (+)21% | 불변 | (-)17% | (+)1% | (+)0.5~1% | 실용상불변 | (-)1~2% | (-)3% | (-)4% | (-)5~6% | (-)7% | (+)10~12% | (-)3~4deg | (+)21% | 조금증가 |
| | 전압의함수 | (V)² | 일정 | 1/(V)² | - | - | - | - | - | - | - | - | (V) | - | (V)² | - |
| | 90%전압 | (-)19% | 불변 | (+)23% | (-)1.5% | (-)2% | 실용상불변 | (+)1~2% | (+)1% | (+)2~3% | (+)4~5% | (+)11% | (-)10~12% | (+)6~7deg | (-)19% | 조금감소 |
| 주파수변화 | 105%주파수 | (-)10% | (+)5% | 실용상불변 | (+)5% | 조금증가 | 조금증가 | 조금증가 | 조금증가 | 조금증가 | 조금증가 | 조금감소 | (-)5~6% | 조금감소 | 조금감소 | 조금감소 |
| | 주파수의함수 | $\left(\frac{1}{f}\right)$ | (f) | $\left(\frac{1}{f}\right)$ | - | - | - | - | - | - | - | - | $\left(\frac{1}{f}\right)$ | - | - | - |
| | 95%주파수 | (+)11% | (-)5% | 실용상불변 | (-)5% | 조금감소 | 조금감소 | 조금감소 | 조금감소 | 조금감소 | 조금감소 | 조금증가 | (+)5~6% | 조금증가 | 조금증가 | 조금증가 |

주1) 전원(전압 및 주파수)이 변하면 전동기의 특성도 변한다.
주2) 전동기의 단자전압은 부하변동 및 배선의 길이나 굵기에 의해 영향을 받는다.

• 출처 : LG모터 기술자료

현장에서 가끔 유럽에서 만든 모터의 경우 명판에 50Hz라고 기재되어 있어 60Hz를 사용하는 우리를 당황하게 만드는 경우가 있다. 만일 동일한 정격전압의 모터를 50Hz용으로 제작한 경우에는 60Hz에 사용하는 것이 무방하나 반대로 60Hz용을 50Hz에 사용하면 위에서 설명한 대로 철심의 단면적 부족으로 인해 모터의 철손(히스테리시스손)이 급격히 증가하여 정격전류 이하의 운전에서도 온도 상승에 의해 모터가 소손될 수 있다.

따라서 실무에서 유도전동기를 운전하고 관리할 때 전압의 경우 정격값의 ±10% 정도, 주파수는 ±5% 이상의 변화가 없는지 수시로 점검해야 하며, 전압과 주파수가 동시에 변화할 경우에도 두 변화의 합계가 ±10 이상 발생될 때에는 전동기의 각종 운전상태에 심각한 변화를 가져올 수 있으므로 주의해야 한다.

### (7) 정격출력과 정격전류

정격전류(Rated Current : A)는 전동기기에 정격전압이 인가된 상태에서 제 기능을 수행하는 데 필요한 입력전류를 의미한다. 이 정격전류를 초과하여 장시간 운전하면 전동기가 온도 상승에 의해 수명이 급격히 단축되어 조기 소손되므로 이 전류값을 초과하지 않도록 해야 한다. 그래서 대부분의 전동장비 제어반에는 어떠한 이유로든 과전류가 흐를 경우에 이로부터 장비를 보호하기 위하여 과부하 차단장치를 설치하고 있다.

정격출력(Rated Output)은 정격전압과 정격전류를 곱한 값이며 Motor의 경우에는 제작사에 따라 kW 또는 HP(Horse Power=0.75 kW)로 표시하고 있다. 모터의 명판상에 기재된 출력은 회전자의 기계적인 축 출력이며 전기적인 입력과는 다르다는 것을 알고 있어야 한다. 정격출력을 계산할 때에는 정격전압과 정격전류 및 역률(명판상에 기재되어 있다면)을 곱하고, 이와 함께 고정자 및 회전자의 효율을 고려해야 한다.

$$\text{전동기 출력}(kW) = \frac{A \times V \times \eta \times \varphi}{1,000} \text{(단상)}, \quad \frac{1.73 \times A \times V \times \eta \times \varphi}{1,000} \text{(3상)}$$

$$\text{전동기 전류}(A) = \frac{1,000 \times kW}{V \times \eta \times \varphi} \text{(단상)}, \quad \frac{1,000 \times kW}{1.73 \times V \times \eta \times \varphi} \text{(3상)}$$

여기서, 전압(V) = Voltage
전류(A) = Ampere
효율($\eta$) = Motor 효율
역률($\varphi$) = Motor 역률

# 06 전동기 운전 중 온도 상승(Temperature Rise)

모터는 정지 시에도 주위 온도만큼의 기본 온도를 유지한다. 온도 상승이란 모터가 부하를 안고 운전될 때의 손실 열에 의해 상승된 온도를 의미하며 운전 시 발생될 수 있는 온도에서 주위 온도를 뺀 값이다. 따라서 온도 상승 허용치란 절연계급의 허용된 최고온도에서 주위 온도를 뺀 값으로서, 예를 들어 "B"종 절연의 허용 온도 상승은 주위 온도를 40℃로 기준할 때 80℃가 되게 된다.

이에 따라 모터 제작 시 이런 사항을 반영하여 모터에 정격부하가 걸릴 때 허용상승 온도 내에서 운전될 수 있도록 모터의 발열을 처리할 수 있는 냉각방식으로 외함의 형태를 선정하게 된다.

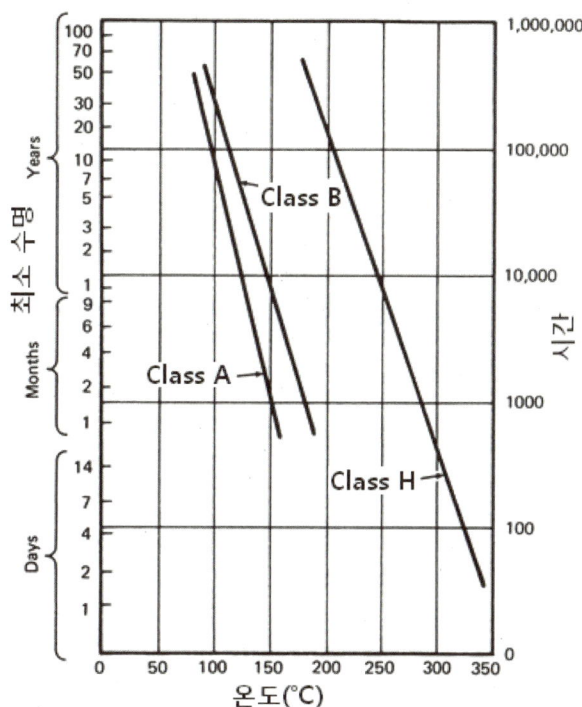

일반적으로 모터는 허용온도 내에서 운전될 때 평균수명을 30년 정도 잡는다고 한다. 하지만 간헐적인 과부하 운전이나 하절기 등과 같이 지나친 주위 온도 상승에 따라 이보다 높은 온도로 운전할 경우, 모터에 사용된 절연물의 종류에 따라 약간의 차이가 있으나 자신의 허용상승 온도를 초과하여 매 10℃ 상승 시마다 수명이 절반으로 줄어든다는 연구 결과도 있다.

이러한 특성을 10℃ 반감의 법칙이라 부르는데 위의 그림은 이를 잘 보여주고 있다. 위의 그림에서 우리가 가장 많이 사용하는 F종 절연물은 빠져 있지만 B종과 H종 사이에 삽입될 수 있을 것이다. 그림을 보면 A종 절연물의 경우 온도 상승에 보다 민감하게 반응함을 보여주고 있으며 절연물의 종류에 따라 약간의 차이가 있음을 알 수 있다.

따라서 장비의 운전 사정으로 약간의 과부하 운전이 진행되어 모터의 온도가 허용치 이상으로 상승할 경우에도, 과부하의 지속 정도나 주변 온도로부터 상승된 온도 등을 검토하여 합리적으로 대처해야 한다. 그리고 유지관리 업무 시 중요한 부하를 담당하는 모터에 대하여는 부하와 주변 온도 등을 고려하여 어느 정도의 온도 상승 Trend를 보이고 있는지에 대하여도 관심을 가질 필요가 있다.

# 07 전동기의 절연저항

절연저항이란 절연물에 인가된 직류전압(E)을 절연물을 통해 흐르는 전류($I_0$)로 나눈 값을 말한다. 전기 관련 규정인 "전기설비 기술기준"에서는 일반 저압선로에서 전선 상호 간 및 선로와 대지 간의 절연저항에 대하여 사용 전압에 따라 일정한 절연저항값 이상이 되도록 규정되어 있다. 전동기 등의 회전기에 대해서는 절연저항값에 대한 명확한 규정은 없으나 절연내력시험에 의하여 절연상태를 파악하도록 되어 있다.

▼ **저압 선로의 절연저항값**

| 전로의 사용전압 구분 | | 절연저항의 구분 |
|---|---|---|
| 400V 미만 | 대지전압(접지식 전로는 전선과 대지 사이의 전압, 비접지식 전로는 전선 간의 전압을 말한다. 이하 같다)이 150 V 이하인 경우 | 0.1 MΩ 이상 |
| | 대지전압이 150 V 초과 300 V 이하인 경우 | 0.2 MΩ 이상 |
| | 사용전압이 300 V 초과 400 V 미만인 경우 | 0.3 MΩ 이상 |
| 400 V 이상 | | 0.4 MΩ 이상 |

• 출처 : 전기설비 기술기준 제52조 (산업통상자원부 고시)

• 회전기의 절연저항값 기준

$$\frac{\text{정격 전압[V]}}{\text{정격 전압[kW 또는 kVA]} + 100} \text{ [MΩ] 이상}$$

$$\frac{\text{정격 전압[V]} + 1/3 \times \text{매분 회전속도[rpm]}}{\text{정격 출력[kW 또는 kVA]} + 200} + 0.5 \text{ [MΩ] 이상}$$

절연저항값은 전동기의 절연상태를 파악하는 중요한 수치이지만 전동기의 출력이나 전압, 회전수, 절연 종류 외에 온도나 습도, 절연 표면의 손상 정도 등 주변적, 환경적 요인에 의해서 각각 다르게 나타나게 된다.

일반적으로 절연저항이 커지면 절연상태가 양호한 것으로 판단할 수 있다. 현업에서는 회전기의 절연저항값을 복잡하게 계산하거나 산출하는 것이 번거로워 보통 저압선로의 기준을 준용하여 220V 전동기의 경우 0.2MΩ 이상, 380V 전동기는 0.4MΩ 이상의 절연저항이 측정되면 양호한 것으로 판단하고 있다.

# 08 고효율 전동기

## (1) 고효율 전동기의 종류 및 효율

전동기는 에너지를 가장 많이 소비하는 장비 중의 한 품목이어서 대부분의 선진국에서는 자국의 실정에 따라 전동기의 효율 기준에 대한 규정들을 가지고 있는데, 보통 일반 전동기(IE1), 고효율 전동기(IE2), 프리미엄 전동기(IE3) 등 3단계로 구분하여 적용하고 있다. 우리 나라는 현재 고효율 전동기(IE2)를 기본 효율로 적용하고 있다.

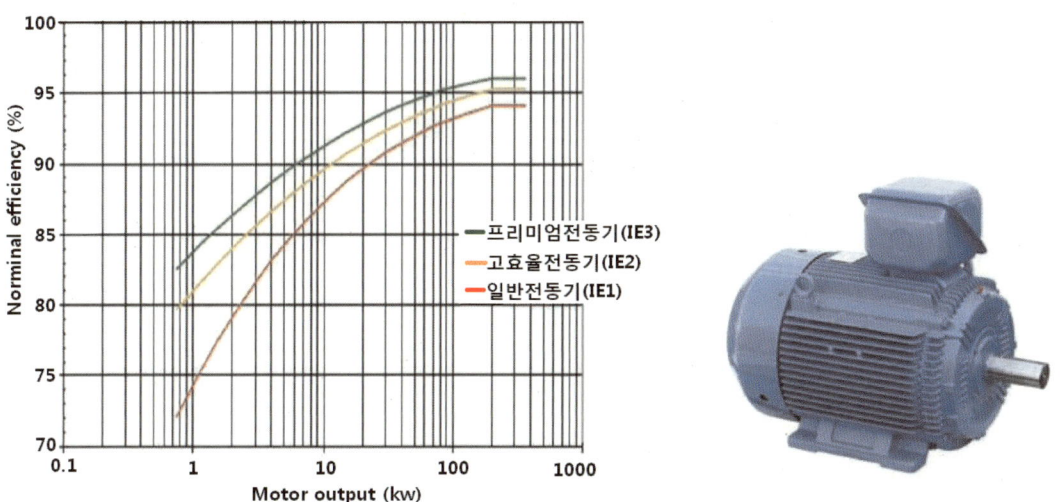

예전에는 일반 전동기와 차별하여 고효율 전동기에 대하여는 고효율 인증 및 설치장려금 제도를 통해 설치를 장려하였으나, 효율등급제도인 MEPS(최저소비효율제)가 시행된 2008년 이후부터는 현재 대부분의 주파수 60Hz, 전압 600V 이하의 일반용 저압3상 농형유도 전동기는 기본적으로 고효율 전동기로 생산되고 있다.(일부 수중모터, 감속기 등 형식의 모델은 제외)

▼ 일반 전동기와 고효율 전동기의 효율 및 전류 비교

| 정격출력 (kW) | 극수 | 표준 전폐형 | | 고효율 전폐형 | | 고효율/표준형 대비 | |
|---|---|---|---|---|---|---|---|
| | | 효율(%) | 전부하전류(A) | 효율(%) | 전부하전류(A) | 효율 | 전부하전류(A) |
| 0.2 | 2 | 56 | 1.5 | 74.5 | 1.1 | 133% | 73.3% |
| 0.4 | 2 | 64 | 2.3 | 75 | 1.9 | 117% | 82.6% |
| 0.75 | 2 | 70 | 3.5 | 75.5 | 3.3 | 108% | 94.3% |
| 1.5 | 2 | 76 | 6.3 | 84 | 5.8 | 111% | 92.1% |
| 2.2 | 2 | 79.5 | 8.7 | 85.5 | 8.2 | 108% | 94.3% |
| 3.7 | 4 | 83 | 14.6 | 87.5 | 14 | 105% | 95.9% |
| 5.5 | 4 | 85 | 21.8 | 89.5 | 20.8 | 105% | 95.4% |
| 7.5 | 4 | 86 | 29.1 | 89.5 | 27.7 | 104% | 95.2% |
| 15 | 4 | 88 | 55.5 | 91 | 53.7 | 103% | 96.8% |
| 18.5 | 4 | 88.5 | 67.3 | 92.4 | 65.5 | 104% | 97.3% |
| 22 | 4 | 89 | 78.2 | 92.4 | 77.3 | 104% | 98.8% |
| 30 | 6 | 89 | 111.8 | 93 | 108.5 | 104% | 97.0% |
| 37 | 6 | 90 | 136.4 | 93 | 133 | 103% | 97.5% |
| 45 | 6 | 90 | 161 | 93.6 | 155.5 | 104% | 96.6% |
| 55 | 6 | 90.5 | 194.5 | 93.6 | 188.9 | 103% | 97.1% |
| 75 | 6 | 90.7 | 263 | 94.1 | 254.9 | 104% | 96.9% |
| 90 | 6 | 91 | 309 | 94.1 | 300.4 | 103% | 97.2% |
| 100 | 6 | 91 | 368.9 | 95 | 356.7 | 104% | 96.7% |
| 132 | 6 | 91.5 | 440.2 | 95 | 426.4 | 104% | 96.9% |
| 160 | 6 | 91.5 | 533.6 | 95 | 518.9 | 104% | 97.2% |

• 일반용 저압3상 유도 전동기, 밀폐형 KS규격(KS C 4202) 기준

# CHAPTER 06 밸브(Valve)

## 01 밸브의 종류

밸브는 배관이나 장비에 설치되어 유체의 흐름을 차단하거나 조절하는 역할을 한다. 사용 목적과 기능에 따라 매우 다양한 형태의 밸브들이 사용되고 있지만, 크게 다음과 같이 분류해 볼 수 있다.

▼ 밸브의 종류

| 사용 목적 | 밸브의 종류 |
|---|---|
| 유체의 흐름 차단(ON/OFF) | 게이트밸브, 볼밸브, 버터플라이밸브, 솔레노이드밸브, 앵글밸브, 제수밸브… |
| 유량조절(Throttling) | 글로브밸브, 정유량밸브, 2방밸브(2way컨트롤밸브)… |
| 압력조절 | 감압밸브, 차압밸브, 안전밸브, 릴리프밸브… |
| 유체의 방향 전환 | 3방밸브, 4방밸브, 5방밸브… |
| 특수 기능 밸브 | 자동에어벤트, 체크밸브, 자동배수밸브(오토드립밸브), 증기트랩, 스트레이너, 유수감지밸브(소방알람밸브), 정수위밸브, 볼탑… |

각종 밸브들은 작동하는 구동력이 사람의 힘에 의한 경우 "수동밸브"로 부르고 있지만, 각종 구동장치를 부착하여 전동(모터)이나 공압(공기압), 유압, 부력, 그밖에 스프링과 유체 자체의 차압 등을 이용하여 자동으로 작동되거나 원격조작이 가능한 "자동밸브"도 용도에 따라 널리 사용되고 있다. 사용조건에 따른 밸브의 재질은 다음과 같다.

▼ 밸브의 재질

| 밸브의 종류 | 사용 조건 |
|---|---|
| 청동, 황동 | 사용 압력이 낮거나($5 \sim 10 kg/cm^2$) 50A 이내의 작은 구경 |
| 주철 | 관경이 65A 이상이거나 사용 압력이 $10 \sim 15K$ 정도, 유체의 온도가 $100 \sim 120℃$ 이내의 일반적인 조건 |
| 주강, 단조, 합금강 | 사용 유체의 온도가 높거나 압력이 높아 밸브의 내구성이 필요한 곳 |
| 스테인리스, PVC, 기타 특수 재질 | 사용 유체가 화학약품이나 부식성이 강한 경우, 또는 고도의 청결도가 유지되어야 하는 계통 |

이밖에 유체의 직접적인 흐름을 제어하지는 않지만 배관계통에 설치되어 배관의 신축이나 진동에 의한 피해를 줄여주는 조인트 제품(익스펜션 조인트 Expension joint, 플렉시블 조인트 Flexible joint, 볼조인트 Ball joint 등), 유체의 흐름을 육안으로 식별하게 해주는 사이트글라스(Sight Glass) 등 밸브와 유사한 장치들도 있다.

# 02 단순개폐밸브(ON/OFF 밸브)

### (1) 게이트밸브, 볼밸브, 버터플라이밸브

가장 널리 보편적으로 사용되고 있는 단순개폐밸브는 배관이나 장비의 주위에 설치되어 유체의 공급이나 흐름을 차단하는 용도로 설치된다. 장비나 시스템의 고장 시 유지보수를 위한 유체의 차단이나 퇴수, 운전 중 배관 내의 공기빼기용, 유체의 이송 여부 확인 등 다양한 목적으로 설치되는데, 사용 환경이나 용도에 따라 밸브 각 부분의 형상이나 재질이 다양하게 개발되어 공급되고 있다.

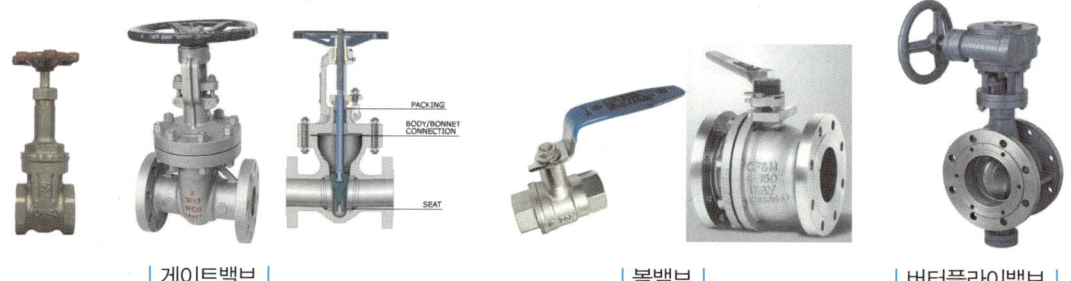

| 게이트밸브 | | 볼밸브 | 버터플라이밸브 |

단순개폐밸브는 내부에 설치된 디스크 형식이나 볼 형태의 시트가 상하로 슬라이딩되거나 축을 중심으로 회전하면서 유체가 흐르는 통로를 차단하는 구조로 만들어진다. 밸브의 구조가 간단하여 가격도 저렴하고 완전 개방 시 마찰손실도 적은 편이다. 그러나 유체의 유속이나 압력이 높을 경우 밸브 디스크나 시트에 많은 힘이 가해져 조작에 어려움이 있을 수 있고, 수격이나 동파에도 타 형식의 밸브(글로브형밸브)보다 약한 편이다.

게이트밸브(Gate valve)는 현재까지도 유체 흐름 차단을 위한 기본적인 밸브로 널리 사용되고 있으나, 요즘에는 시트와 밸브 몸체 사이에 패킹이 있어 기밀성이 좋고 조작이 편리한 볼밸브(Ball valve)나 버터플라이밸브(Butterfly valve) 등이 게이트밸브를 대체하여 많이 사용되고 있다. 그러나 볼밸브나 버터플라이밸브는 패킹이 고온이나 높은 압력에서는 변형되어 누설될 수 있어 주의가 필요하고, 유체의 종류나 사용조건에 따라 적정한 형식의 밸브를 선정하는 것이 필요하다.

단순개폐밸브는 보통 100% 개방되거나 완전폐쇄되어 있는 상태에서 시스템이 운전되는 경우가 많으나, 유량조정을 위해 일정한 개도율로 개방해 놓은 상태에서도 사용은 가능하다. 그러나 이렇게 부분 개방할 경우 밸브의 구조상 와류의 발생 등 유체의 흐름이 좋지 못하고 마찰손실이 커져서 소음이 증가하거나 기포가 발생될 우려가 있다. 배관 중에서 사용 중 유량의 조정이 필요한 곳에는 단순 개폐밸브보다는 글로브밸브를 사용하는 것이 좋다.

## (2) 특수한 용도의 ON/OFF 밸브

### ① OS & Y 게이트 밸브

바깥나사식 게이트밸브(Outside Screwed & Yoke type gate valve)는 개폐 여부를 육안으로 쉽게 구별할 수 있도록 하기 위하여 디스크와 연결된 밸브의 나사 축이 핸들 조작 시 위·아래로 움직이는 구조로 되어 있다.

주로 소방용으로 많이 사용되나 일반 설비용으로도 게이트밸브의 개폐표시가 용이하여 편리하다.

| 개방상태 |   | 밀폐상태 |

### ② 나이프(Knife) 게이트밸브

시트의 마모가 극심한 분체와 광물, 제지, 하수, 음식물 등 불순물이 포함된 악성 유체를 이송하는 계통이나, 플랜트나 발전소 등 높은 기밀성이 요구되는 곳에서 많이 사용되는 밸브다. 밸브 몸체와 디스크의 접촉면이 넓고 한쪽 면에 패킹이 있어 기밀성이 일반 게이트밸브와 볼밸브(또는 버터플라이)의 중간 정도이고, 밸브의 설치 방향이 있다.

| 나이프 게이트밸브 |   | 제수밸브 |   | 앵글밸브 |   | 단조밸브 |

### ③ 제수밸브

배관과 밸브가 지표면이나 구조체의 하부에 매립될 경우 사용되는 밸브로서, 밸브 축의 사각볼트를 긴 막대기 형태의 조작핸들을 이용하여 지상에서 조작하게 된다. 지중에 매립되어야 하므로 부식의 우려가 높기 때문에 밸브의 외부면이 에폭시로 도색되어 있다. 주로 상수도 분기배관이나 분수대 급수용 매립배관, 옥외소화전 등의 차단밸브로 많이 사용되고 있다.

④ 앵글밸브

배관이 90°로 굴곡되는 부분에 개폐밸브가 설치되어야 할 때 사용된다. 위생기구의 급수 차단용이나 소화전의 방수구, 방열기 등 작은 구경의 밸브로부터 산업용에 이르기까지 다양한 용도로 사용되고 있다.

⑤ 단조밸브

높은 압력이나 고온의 유체가 이송되는 계통에서 주로 사용되며, 밸브의 주요 부품이 단조강(Forged steel)으로 제작되어져 일반 주철밸브에 비해 내구성이나 기계적 성질이 우수하다. 또한 용접식으로도 제작이 가능하여 플랜지에서의 누설을 예방하고자 할 경우 배관에 직접 밸브를 용접하여 설치하기도 한다.

특히 증기배관에서의 밸브 사용과 관련하여, 청동제나 주철제 밸브들은 몸체 자체는 증기 사용에 충분히 견디지만 디스크나 축의 기밀을 유지해주는 패킹이나 O-ring의 재질이 내열성이 부족하므로 증기나 응축수 배관에서는 원칙적으로 사용하지 않는 것이 좋다. 일부 밸브 제조업체에서는 청동이나 주철제 밸브를 120℃ 이하의 온도나 0.2MPa 이하의 증기에서 사용이 가능하다고 표시하고 있으나, 밸브의 이음부나 기밀 유지를 위해 사용하는 패킹이나 O-ring의 재질인 NBR이나 EPDM 재질은 사용 온도 범위가 70℃(NBR)~120℃(EPDM) 이하여서 증기용으로 장시간 사용 시 누설되는 사례가 많다.(※ 참고 : 증기 공급 압력별 증기의 온도는 0.2MPa일 때 133℃, 0.5MPa일 때 158℃, 0.8MPa일 때 174℃임)

따라서 증기 및 응축수 배관에서는 가급적 단조밸브나 주강밸브를 사용해야 하며, 밸브 선택 시에도 몸체의 기밀 유지를 위한 패킹이나 가스켓, O-ring 등의 재질이 증기 사용온도에서 충분히 견딜 수 있는지 사전에 확인해야 한다.

## 03 유량조절밸브

### (1) 글로브밸브와 자동유량제어밸브

배관계통에서 유량을 제어할 경우에 사용되는데, 수동밸브로는 글로브밸브(Globe valve)가 대표적이다. 글로브밸브는 밸브 몸체의 유체흐름이 누운 S자나 Y자 형태로 되어 있고, 밸브의 디스크가 상하로 움직이면서 유체의 통로를 막아 흐름을 제어한다.

밸브의 디스크는 주로 평판이나 반원 형태가 많으나 유

 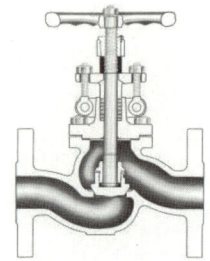

량제어 성능을 향상시키기 위하여 다양한 형태의 디스크가 제품화되고 있다.

일반 개폐(ON/OFF)밸브에 비하여 구조가 복잡하고 외형이 커서 무게가 많이 나가는 단점이 있으나 압력 강하가 커서 유량의 제어가 상대적으로 용이하고 어느 정도 압력의 제어도 가능하다. 유체의 상태(유량, 압력)를 수동으로 제어해야 하거나 감압밸브나 정유량밸브 등과 같은 조절장치의 고장 시를 대비한 바이패스용 밸브로 적합하다.

공조장치에서는 열교환코일의 유량제어용 자동밸브(비례제어용 2way컨트롤밸브)의 몸체로도 널리 사용되고 있으며, 펌프 토출측에서도 유량이나 압력을 제어를 해야 할 경우에는 글로브형식의 밸브를 사용하는 것이 바람직하다. 근래에 펌프 토출측에 많이 사용하는 3-1 체크밸브도 글로브밸브와 스모렌스키체크밸브의 기능을 통합한 복합밸브이다.

| 자동정유량밸브 - 스프링식 |　　　　| 가변유량식 밸브 - 전동식 |

지역난방의 세대별 난방용 메인밸브나 팬코일과 공기조화기 등 공조장비의 유량제어용으로는 스프링의 장력이나 구동기를 이용한 자동유량조절밸브(constant water volume control valve)가 많이 사용되고 있다. 전체 시스템에서 각 계통이나 부하별 유량을 균일하게 조정해 준다는 의미에서 "자동밸런싱밸브"(Auto balancing valve)라고 많이 부르고 있다.

자동유량조절밸브에는 구조와 유량제어방식에 따라 "정유량밸브"와 "가변유량식 밸런싱밸브"로 구분할 수 있다. 자동정유량밸브(스프링식)는 내부에 설치된 스프링의 장력 셋팅값에 의해 디스크(또는 오리피스)의 개폐율을 조정해 항상 일정한 유량이 공조장비나 부하측에 공급되도록 해준다. 전동식 자동정유량밸브는 배관 내의 차압의 변화나 유량의 변화를 감지해 구동기가 밸브의 개도율을 비례제어하면서 항상 일정한 유량이 흐르도록 조절한다.

가변유량식 밸런싱밸브는 배관의 차압 변화뿐만 아니라 장치의 온도 변화 등에 따라서 유량을 조절해 공급이 가능하다. 디스크나 오리피스와 연결된 구동기는 공조장치의 온도나 부하의 변동에 따라 개도율을 조정하게 되는데, 이때 배관의 차압이 변화되더라도 항상 개도율에 맞춰 설정된 유량으로 공급되도록 한다. 개도율에 따라 설정된 유량값들은 각각 다르게 변화되어 공급되어 "다이내믹컨트롤밸브"로 불리기도 한다. 공조장치에서 많이 사용되는 2way컨트롤밸브와 정유량밸브를 하나로 통합한 것으로 이해하면 된다. 이밖에도 차압과 유량을 동시에 제어하는 차압유량조절밸브도 자동유량조절밸브의 일종이다.

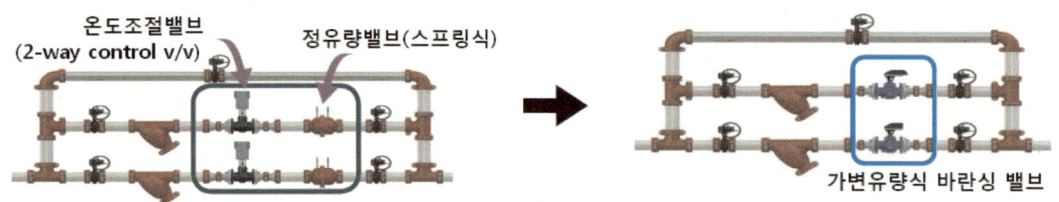

| 가변유량식 밸런싱밸브의 설치 |

## (2) 정유량밸브의 작동 원리

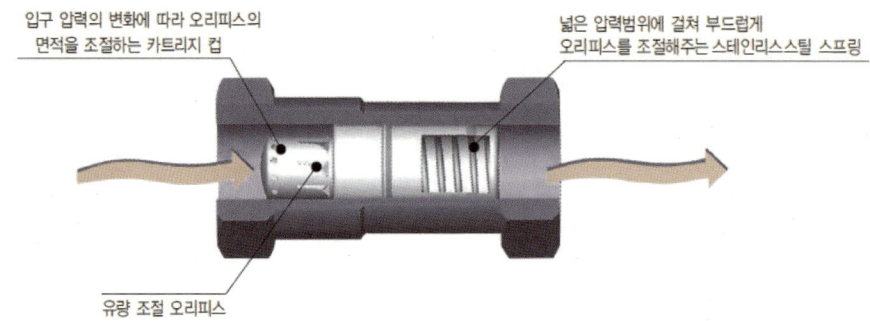

| 정유량밸브의 구조 |

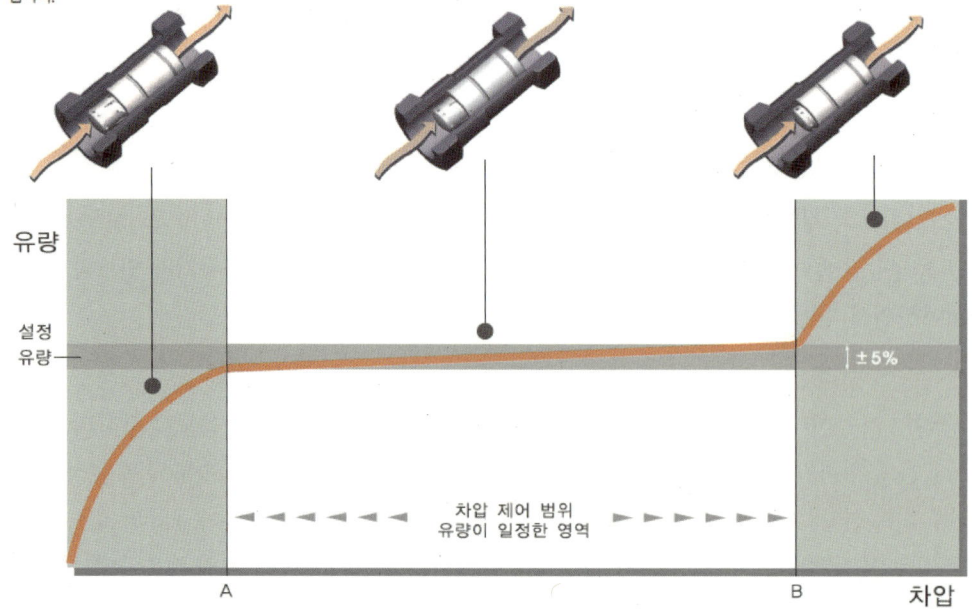

| 차압 범위에 따른 정유량밸브의 동작 |

• 출처 : 연우엔지니어링

## (3) 가변유량식 밸런싱밸브

가변유량식 밸런싱밸브는 유체가 통과하는 시트와 디스크 사이의 단면적을 교축시켜 압력을 조절하므로, 유체가 교축점을 지날 때 다음의 계산식과 같은 원리에 의해 유량을 조절하게 된다.

$$Q = K_v \cdot \sqrt{\Delta P}$$

위의 식에서 유량계수 $K_v$는 제조업체에서 실험결과에 따라 제시되는 값이며, $\Delta P$는 밸브 전후의 압력차를 나타낸다. 일반적인 경우 사용자들이 밸브의 구경에 따라 적용가능한 차압과 유량 범위를 쉽게 알아볼 수 있도록 업체별로 유량제어밸브의 구경별 차압-유량표나 선도를 제공하고 있으므로, 밸브 선정 시 일일이 계산하지 않아도 된다.

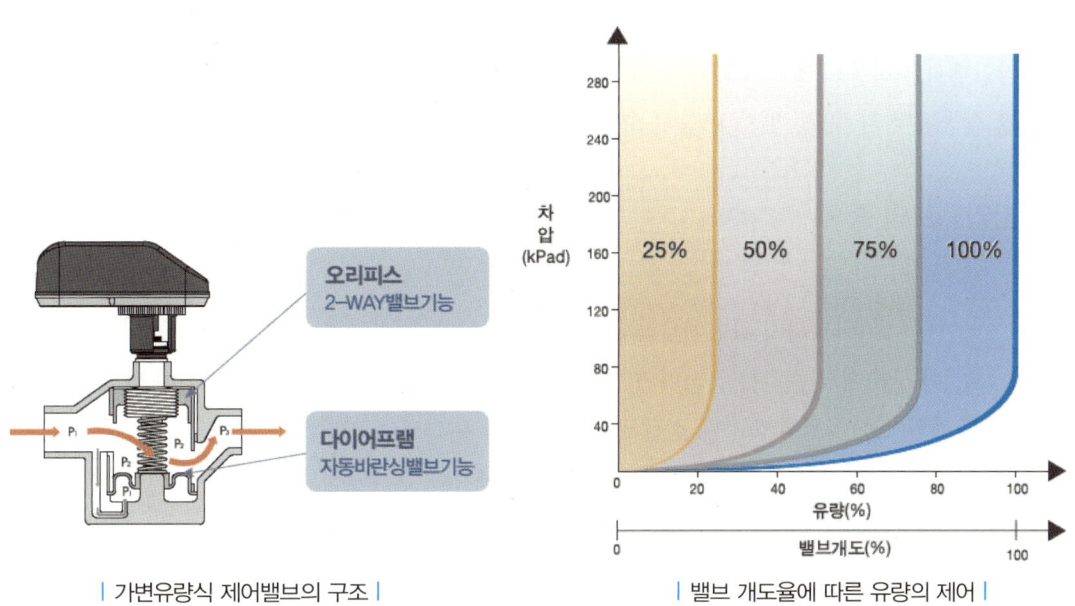

| 가변유량식 제어밸브의 구조 |  | 밸브 개도율에 따른 유량의 제어 |

# 04 압력조절밸브(감압밸브)

배관시스템에서 압력조절용 밸브로는 감압밸브(pressure reducing valve)나 차압밸브(differential pressure control valve)가 대표적인데, 배관계통의 압력이 설정압력 이상이 될 경우 외부로 배출시키거나 일부를 되돌리는 안전밸브(safety valve)와 릴리프밸브(relief valve)도 압력조절밸브로 분류될 수 있을 것이다.

이러한 압력조절밸브들이 불완전하거나 오작동될 경우 즉각적인 영향을 나타내게 되어 과다한 압력이나 이상 압력으로 인해 시스템이 비정상적으로 작동되거나 손상을 입을 수 있으므로 세심한 관심과 관리가 필요하다. 또한 운전 중인 시스템의 압력이나 유량은 수시로 변화하게 되므로 항상 압력조절밸브가 작동되고 있는 셈이어서 일반 밸브에 비해 고장 빈도도 높은 편이다.

감압밸브는 작동 구조에 따라 파일럿식, 파일럿 피스톤식, 직동식으로 구분할 수 있다. 각 감압밸브별 작동 원리와 구조, 밸브 이상시 추정되는 원인과 점검방법은 다음과 같다.

## (1) 감압밸브의 종류

### ① 파일럿식 감압밸브

파일럿 다이어프램식 감압밸브는 몸체 상부의 압력조절볼트를 이용하여 2차측의 압력을 설정하고, 이 상태에서 증기를 공급하면 개방되어 있는 파일럿 밸브를 통과한 증기가 압력 전달관을 통해 메인 다이어프램 하부에 전달되어 메인 밸브 디스크를 개방하게 된다. 증기가 메인밸브를 통과하여 2차측으로 전달되고 2차측의 압력이 서서히 증가하게 된다.

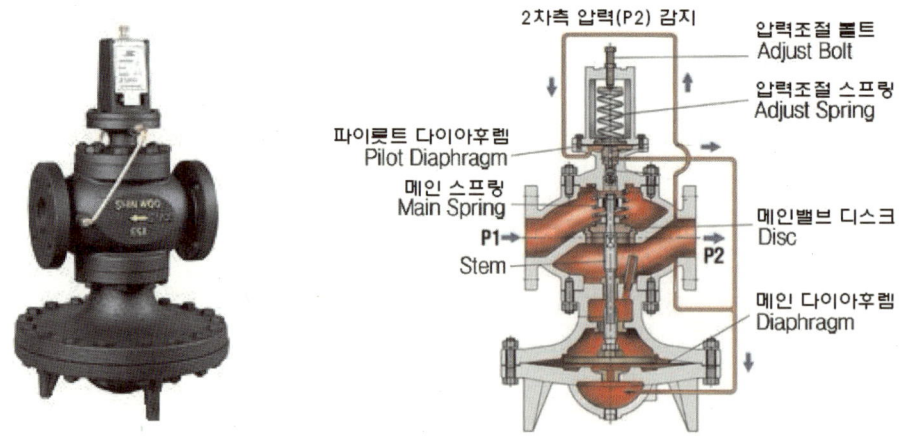

| 파일럿 다이어프램식 감압밸브의 구조 |

이 압력은 2차측 압력감지관을 통하여 파일럿 다이어프램 하부에 전달되고 2차측 압력조절스프링과 압력을 비교하게 된다. 따라서 2차측의 압력이 압력조절스프링의 설정압력보다 높으면 파일럿밸브는 서서히 닫히게 되고, 메인 다이어프램 하부에 공급되는 증기의 양이 감소하여 메인밸브가 서서히 닫히게 된다. 이러한 작동이 반복되면서 2차측 압력을 항상 일정하게 유지시킨다.

파일럿 다이어프램식 감압밸브는 소구경의 파일럿밸브를 이용하여 최대 압력편차가 0.02~0.05MPa 이내로 정밀한 2차 압력조절이 가능하며, 주로 큰 구경이나 증기용의 감압밸브에서 많이 사용된다. 또한 밸브의 구조상 압력전달관이 외부에 설치되어 있어 솔레노이드 및 온도조절밸브 등을 추가로 설치하여 감압 기능 외에도 온도조절 기능 및 원격 On-Off 기능도 추가할 수 있다.

② 파일럿 피스톤식 감압밸브

파일럿 피스톤식 감압밸브는 파일럿 부분과 메인밸브, 메인밸브를 구동하는 피스톤으로 구성되어 있으며 파일럿의 몸체 내부에 있는 압력전달관을 통해 피스톤으로 2차측 압력이 전달된다.

파일럿 피스톤식 감압밸브는 직동식에 비하여 비교적 정밀한 제어가 가능하며 대구경까지 사용할 수 있으나, 메인밸브를 구동하는 피스톤이 몸체 내부에 설치되어 있어 메인밸브에 대한 피스톤의 면적이 상대적으로 적어 동일한 밸브 구경에서 파일럿 다이어프램식 감압밸브보다 제어용량이 적다.

또한 1차 압력과 2차 압력과의 감압비가 5 : 1 또는 10 : 1 정도로 제한된다. 따라서 파일럿 피스톤식 감압밸브를 사용할 경우에는 압력조건을 잘 검토해야 한다.

※ 출처 : 신우밸브

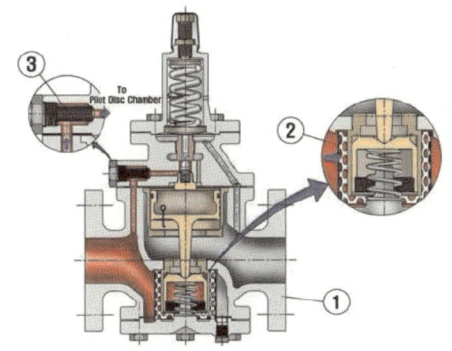

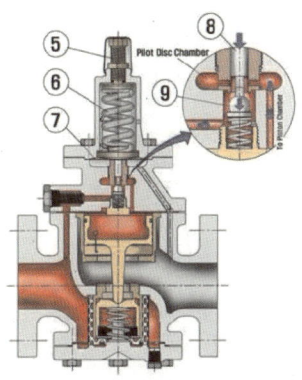

1. 유체가 감압밸브로 유입되면 Screen②을 통하여 밸브몸체①의 하부에 정지하며 일부는 Pilot Screen③을 통하여 Pilot Disc Chamber로 유입된다. 이때 유체는 밸브를 통과하지 않는 상태가 된다.

2. 압력을 설정하기 위해 조절Bolt⑤를 시계방향으로 돌리게 되면 조절Spring ⑥을 압축하여 아래쪽으로 누르는 힘이 발생하게 되고 이 힘은 Diaphragm ⑦과 Pilot Stem⑧를 하강시켜 Pilot Ball Disc⑨를 열어줌으로써 Pilot Disc Chamber에 있던 유체를 Piston Chamber로 흐르도록 해준다.

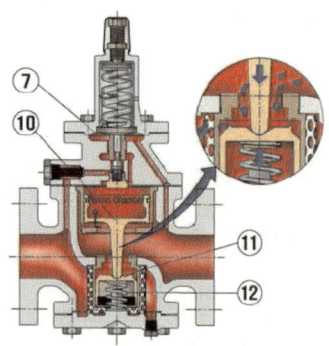 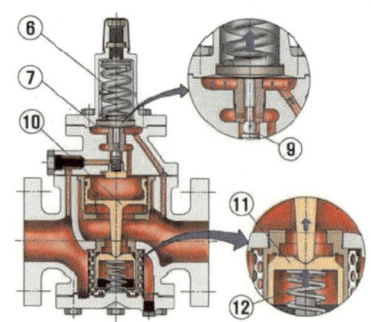

3. 유체가 Piston⑩의 Piston Chamber로 들어가면 Piston은 하향력을 유발하고 이 힘은 Spring⑫의 힘과 Disc⑪에 가해지는 1차측 압력의 상향력을 이기고 Disc⑪을 열어 고압의 유체가 출구쪽으로 흐르게 해준다. 밸브 몸체를 통과한 유체의 일부는 Diaphragm⑦의 아래쪽에 도달하여 상향력(Diaphragm면적×2차측압력)을 일으킨다.

4. 2차측압력이 상승하면 처음 설정해 놓은 조절Spring⑥의 힘과 맞서 Diaphragm⑦을 상승시키며 Pilot Disc⑨는 닫히면서 피스톤⑩에 가해지는 하향력(Piston면적×1차측압력)은 없어지게 되어 Spring⑫의 상향력에 의해서 Disc⑪도 닫힌다.
5. 2차측 압력이 설정압력보다 떨어지게 되면 Pilot Ball Disc⑨는 다시 열리게 되고 Piston⑩은 압력을 받아 하향력(Piston면적×1차측압력)이 발생하여 디스크⑪을 열게 하여 2차측으로 유체를 흐르게 한다.
6. 상기와 같은 작동을 반복하면서 2차측 압력을 항상 일정하게 유지시킨다.

③ **직동식 감압밸브**

직동식 감압밸브는 2차 압력조절스프링과 메인밸브로만 구성되어 있으며, 스프링과 연결된 다이어프램 또는 벨로즈에 의해 메인밸브가 직접 구동되도록 설계되어 있다. 감압밸브의 구조가 간단하고 가격도 저렴하다.

직동식 감압밸브에 유체가 공급되면 메인밸브를 통과하여 2차측 압력이 상승하게 되고, 디스크가 상하로 움직이면서 디스크의 2차측(하부면)에 가해지는 유체의 2차압력과 상부의 스프링장력(설정압력)이 균형을 이루는 상태에서 사용압력을 일정하게 유지해 주게 된다.

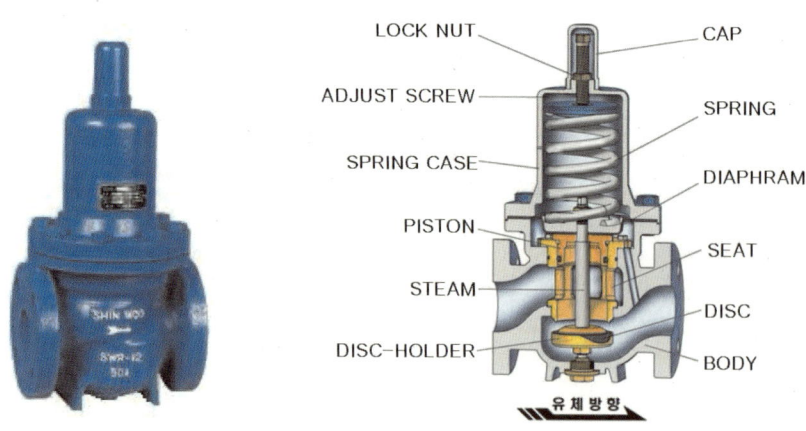

| 직동식 감압밸브 |

그러나 유체의 유량이 심하게 변하는 부하 설비나 직동식 감압밸브의 용량이 너무 크게 선정된 경우에는, 메인밸브가 조금 열려도 2차측 압력이 금방 상승하여 밸브 디스크가 계속 열렸다 닫혔다를 반

복하게 되고 심할 경우 소음과 진동이 발생하여 밸브의 수명에도 영향을 줄 수 있다.

따라서 직동식 감압밸브는 구경이나 유량, 압력조절 범위가 비교적 적은 배관이나 개별 설비에 부착되어 많이 사용되며, 대구경의 경우에는 제어성과 신뢰성이 좋은 파일럿식 감압밸브를 주로 사용하고 있다.

▼ 직동식 감압밸브와 파일럿 감압밸브의 비교

| 항 목 | 직동식 | 파일럿식 |
|---|---|---|
| 구 조 | 단순하다. | 복잡하다. |
| 가 격 | 싸다. | 비싸다. |
| 유지보수(관리부품, 비용) | 적다. | 많다. |
| 제어 방식(작동원리) | 직접적이다. | 간접적이다. |
| 제어 시간(반응속도) | 빠르다. | 느리다. |
| 제어 힘(구동력) | 작다. | 크다. |
| 제어 편차(off set) | 크다. | 작다. |
| 유량 | 작다. | 크다. |
| 헌팅 현상 | 작다. | 크다. |

## (2) 감압밸브의 작동 특성

### ① 제어 특성

감압밸브는 밸브의 2차측 압력을 특정압력으로 조절하는 자동제어밸브로서 감압밸브의 제어 특성상 목표값과 제어량의 편차에 비례하여 자율적으로 비례동작하는 특성을 가지고 있다.

직동식 감압밸브는 구조와 작동원리가 단순하고 간단하며 제어가 직접적이어서 반응이 매우 빠르다. 그에 비해 파일럿식 감압밸브는 구조가 복잡할뿐만 아니라 작동원리가 니들밸브와 보조밸브, 그리고 메인밸브로 이어지는 순차적인 여러 단계를 걸쳐야 하는 간접적 제어방식이기 때문에 반응이 늦고 시간지연이 발생할 수밖에 없다. 그럼에도 불구하고 파일럿식 감압밸브를 사용하는 것은 큰 유량제어에 유리하고 직동식에 비해 제어가 매우 정밀하기 때문이다.

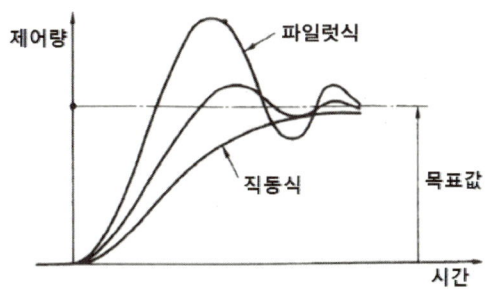

한편 파일럿식 감압밸브는 반응속도가 느린 특성 때문에 배관 내의 외란이 심한 배관계통에 설치되면 헌팅현상(밸브의 개도가 안정되지 않고 계속해서 급격히 반복적으로 변하는 상태)이 발생할 수 있다. 파일럿식 감압밸브를 처음 설치하고 시운전 때 종종 헌팅현상을 접하게 되는데, 현장조건에 맞도록 밸브에 부착된 제어용 니들밸브를 적정히 조정해 주어야 한다. 그래서 빈번한 공정량의 변화로 외란이 심한 배관계통에는 반응속도가 빨라 외란에 빠르게 반응할 수 있는 직동식 감압밸브로 설치하는 것이 시스템을 안정적으로 운용하는 데 유리하다.

② **최소 유량조절 성능**

감압밸브는 조절이 가능한 최소유량 범위가 존재한다. 감압밸브가 최소유량 조절성능이 좋지 않으면 밸브의 저개도 상황에서 디스크와 시트가 주기적으로 충돌하면서 "뿌~웅"하는 소리와 함께 진동이 발생하고 심할 경우 워터해머까지 발생할 수 있다.

감압밸브의 최소 조절가능한 유량값보다 작은 유량이 흐르는 배관계통에서 높은 압력을 낮은 압력으로 감압할 경우, 감압밸브가 최소한으로 열리기만 하더라도 밸브를 통과하는 유량이 배관계통에서 요구하는 유량값을 초과하게 되어 감압밸브 2차측 압력이 상승하고 이로 인하여 감압밸브는 급격히 닫히게 된다.

감압밸브가 닫히게 되면 밸브를 통과하는 흐름은 일시적으로 정지되나 배관계통에서 사용하는 유량이 감압밸브 2차측에서 빠져나가게 되므로 감압밸브 2차측의 압력이 낮아지고 감압밸브는 다시 열리게 된다. 이와 같은 현상이 감압밸브의 저개도 범위에서 매우 급격하게 반복되면서 진동과 소음이 발생하는 채터링(chattering) 현상이 발생하게 되는 것이다.

따라서 감압밸브를 선정하는 데 있어서 최대유량값만을 고려하고 최소유량을 고려하지 않아 밸브 시트의 구경이 큰 밸브를 설치할 경우 최소유량 조절 시 위와 같은 채터링이나 헌팅 현상이 발생할 수 있다. 이와 같은 문제는 직동식과 파일럿식 모두에서 발생할 수 있는 것으로, 근래에는 최소유량조절성능을 높이기 위하여 다음과 같이 저개도에서 작동성능이 향상된 제품들이 개발되어 보급되기도 한다.(다중유로 디스크 형상, V-Port 형상 등)

| 다중유로 디스크 형상 |

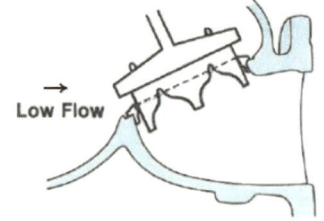

| V-port 형상 |

아울러 감압밸브 작동 시 유량 편차가 크게 벌어질 수 있는 계통에 대형 감압밸브 1대로 제어하고자 한다면 채터링 현상이 발생할 가능성이 많다. 조절 유량의 편차가 클 경우 적은 유량조절이 가능한 소형 감압밸브를 대형 감압밸브와 함께 병렬로 설치하여 사용하는 것도 하나의 해결방법이 된다. 이때 소형 감압밸브의 설정압력을 대형 감압밸브보다 높게 설정하여 저유량 때에 소형 감압밸브만 먼저 열리도록 하여야 하며, 병렬배관에 설치되는 소형 감압밸브는 파일럿식보다는 직동식 감압밸브로 적용하는 것이 좋다.

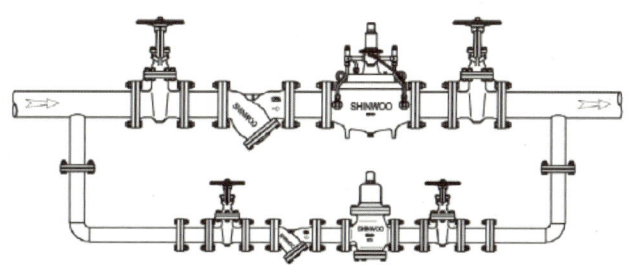

### (3) 감압밸브의 설치

감압밸브의 전단에는 이물질로 인한 감압밸브의 오작동이 없도록 스트레이너를 설치한다. 또한 밸브 고장 시를 대비하여 바이패스밸브를 설치하고, 1차측과 2차측에는 압력의 감압 여부를 확인하기 위하여 각각 압력계를 설치한다. 감압밸브의 2차측에는 감압밸브 오작동 시 과압으로 인해 배관이나 장비가 손상되지 않도록 안전밸브를 설치해야 한다.

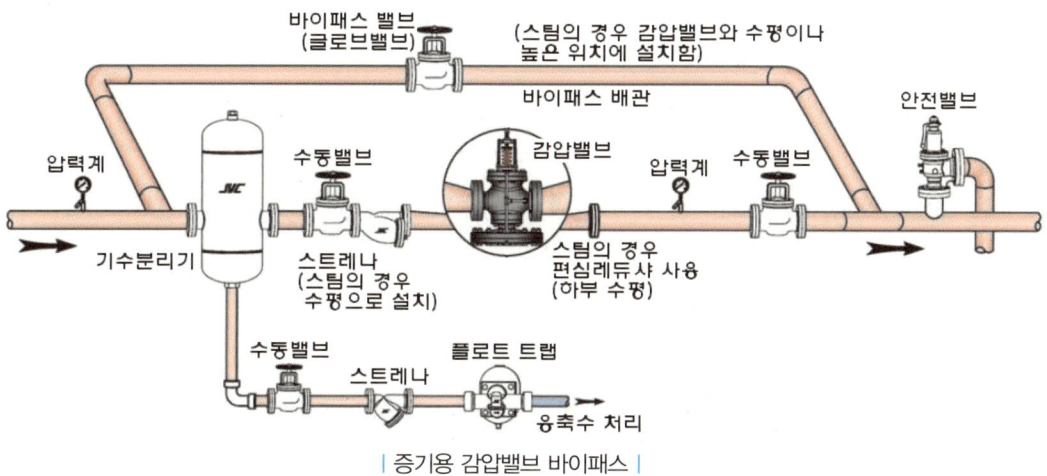

| 증기용 감압밸브 바이패스 |

증기계통에서 감압밸브를 사용할 때에는 가급적 사용처에 가깝게 설치하는 것이 좋다. 부하 설비 근처까지 고압의 증기가 공급되는 것이 1차측 증기배관의 관경을 줄여 시설비를 절감하고 건도가 높은 양질의 증기를 감압하여 사용하는 데 도움이 된다.

또한 배관 내의 증기는 매우 빠른 속도로 흐르고 있어 배관 내에 응축수가 있다면 감압밸브에 손상을 줄 수 있으므로 감압밸브 전단에는 기수분리기와 증기트랩을 설치하는 것이 좋다. 증기용 감압밸브의 바이패스배관은 감압밸브와 수평이거나 높은 위치에 설치하고, 스트레이너도 수평으로 설치해 응축수가 고이지 않도록 한다.

감압밸브 입구측과 흡입측의 배관을 연결할 때에는 관경에 주의해야 한다. 감압밸브의 1차측은 압력이 높고 2차측은 감압 후 압력이 저하된 상태이나 흐르는 증기의 유량은 동일하다. 그러므로 압력이 높은 1차측의 배관 관경보다 압력이 낮은 2차측 배관의 관경이 일반적으로 1~2단계 이상 큰 규격으로 연결되어야 한다. 압력과 유량에 따른 배관의 관경 선정은 뒷부분의 "증기" 편을 참고하기 바란다.

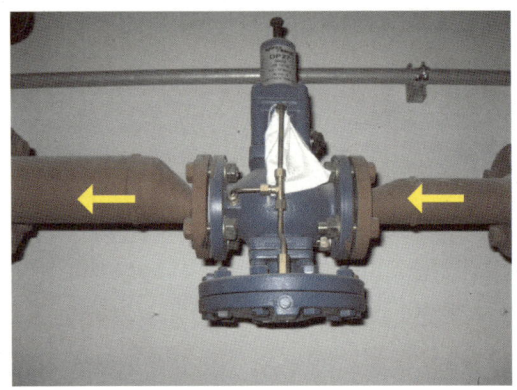

| 감압밸브와 편심레듀샤 설치 |

| 증기용 스트레이너의 수평 설치 |

감압밸브 2개를 한 곳에 병렬로 설치해 사용할 때에는 원칙적으로 구경이 동일한 크기의 감압밸브를 설치한다. 다만 동시사용유량(최대 유량)에 비해서 부분부하 시 극히 적은 유량이 예상되는 경우에는 동시사용유량의 20% 정도인 작은 규격의 감압밸브를 병렬로 추가 설치하여 저개도 운전에 따른 대용량 감압밸브의 침식과 불안정한 작동을 예방하여야 한다.

또한 감압밸브의 1차측과 2차측 감압 차이가 클 경우에는 감압밸브를 직렬로 설치하여 2단 감압을 실시한다. 과도한 감압은 감압밸브의 침식과 소음을 유발하고 유량 변동 시 잦은 개폐로 진동과 워터해머가 발생될 우려가 있기 때문이다.

- 병렬 설치 : 1차측 압력이 높고 대유량이 요구되는 조건. 감압밸브 1개로는 최소 유량과 최대 유량 범위 전체를 감당하는 데 무리가 있을 때 2개 또는 3개의 감압밸브를 설치함
- 직렬 설치 : 1차(고 → 중), 2차(중 → 저) 감압밸브가 각각 안정적인 감압 범위에서 작동되도록 선정하여 직렬로 설치함
- 소유량과 대유량용으로 구분하여 설치할 경우 : 작은 감압밸브의 유량을 20%, 큰 감압밸브의 유량을 80%로 함. 작은 감압밸브의 2차측 압력은 큰 감압밸브의 2차측 압력보다 86kPa 높게 설정함

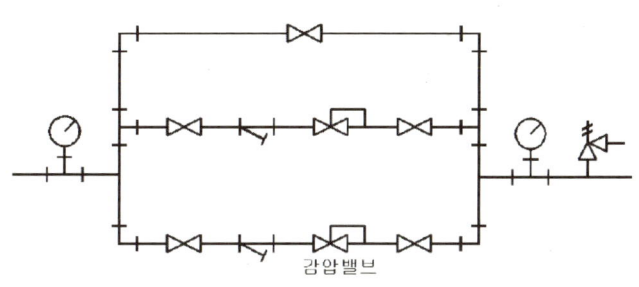

| 감압밸브의 병렬설치 |

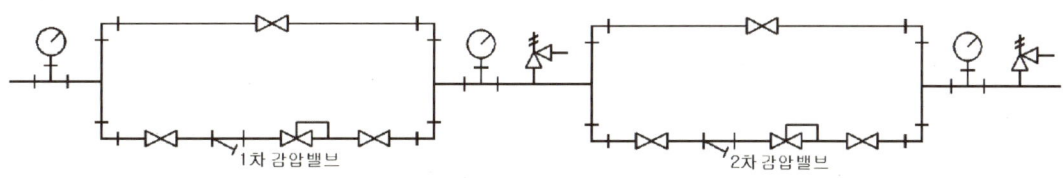

| 감압밸브의 직렬설치 |

### (4) 감압밸브의 점검

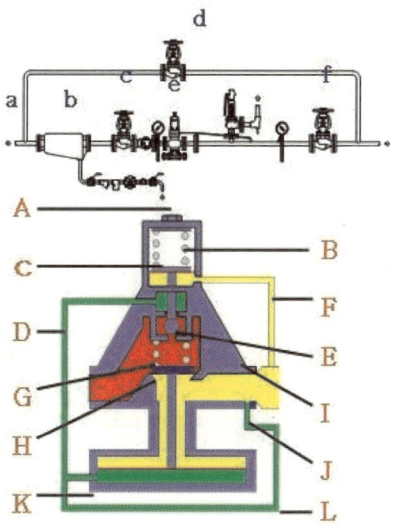

① c, d, f를 잠그고 2차측 압력이 0으로 떨어지면 d가 정상임
② A를 시계 반대방향으로 풀어 B를 완전히 이완시킴
③ 압력 전달관을 D, J에서 풀어 분리함
④ c밸브를 약간 열어 증기를 공급함
 • J에서 증기가 나오면 메인밸브가 누설됨
 • D에서 증기가 나오면 파일럿밸브가 누설됨
 • 만약 D, J에서 증기가 나오지 않으면 파일럿 밸브와 메인밸브가 정상이므로 다른 원인을 검토함
⑤ 다시 c를 잠그고 D, J를 연결한 후 L에서 압력 전달관을 풀고 f를 연 후, d를 약간 열어 감압밸브 2차 측에서 증기를 공급하여 L구멍에서 증기가 나오면 메인 다이어프램이 찢어진 경우임

### (5) 감압밸브의 정비

| 고장 현상 | 추정 원인 |
|---|---|
| 2차 압력이 너무 높을 경우 | • 파일럿밸브와 시트에 이물질이 끼었거나 파손되어 증기가 누설됨<br>• 메인밸브와 시트 사이에 이물질이 끼었거나 파손되어 증기가 누출됨<br>• 오리피스가 막혔거나 2차 압력감지관이 막힘<br>• 2차 압력감지관이 연결되지 않았거나 이탈됨<br>• 파일럿 다이어프램이 찢어짐<br>• 바이패스밸브가 열렸거나 누출됨<br>• 메인밸브의 스템 가이드에 이물질이 끼었음<br>• 파일럿밸브 플랜저가 고착됨<br>• 1차측의 압력이 적정 범위 이상으로 과다하게 상승됨 |
| 2차 압력이 너무 낮거나 전혀 걸리지 않을 경우 | • 메인 다이어프램이 찢어짐<br>• 오리피스 "L"이 막힘<br>• 밸브 구경이나 배관의 관경이 너무 작음<br>• 1차 압력이 너무 낮게 공급됨<br>• 감압밸브 전단의 스트레이너 거름망이 이물질로 막힘<br>• 압력조정스프링이 파손됨<br>• 압력조정(스프링의 장력 셋팅)이 잘못됨 |
| 2차 압력이 계속 흔들리거나 진동이 발생하는 경우 | • 습증기가 공급됨(→ 감압밸브 앞에 기수분리기를 설치)<br>• 2차 압력감지관이 와류부위에 연결됨(→ 2차 압력감지부를 감압밸브에서 1m 이상 이격시켜 직관부분에 연결)<br>• 압력전달관이 부분적으로 막혀서 압력 감지가 정확히 안 됨<br>• 파일럿 또는 메인 다이어프램이 이완됨(노후화)<br>• 감압밸브의 용량이 지나치게 크거나 적게 선정됨<br>• 압력이 감소된 포화증기가 압력전달관이나 메인 다이어프램에서 과열증기로 변하여 2차측 압력이 불안정해짐(→ 밸브와 압력전달관의 보온 처리)<br>• 밸브의 감압비가 지나치게 큼(→ 10 : 1 이하의 범위에서 사용) |

## 05 차압조절밸브

### (1) 차압조절밸브의 설치 필요성

건물의 규모가 크거나 냉·난방 시스템이 복잡하게 구성된 배관의 순환계통에서는 순환펌프에서부터 떨어진 거리의 차이나 각 존의 부하 변화 상황에 따라서 수시로 배관 내의 압력상황이 변화하게 된다. 특히 밀폐된 냉·난방 공조배관 계통에서는 각 부하장치에 설치된 자동제어밸브들이 부하 상황에 따라 수시로 개폐되게 되는데, 부하량이 적어져 제어밸브들이 많이 닫히게 되는 상황이 되면 순환펌프에서 공급된 냉·난방수가 배관으로 충분히 순환되지 못하고 정체되어 공급배관의 압력 상승을 유발하게 된다.

이러한 순환유량 정체에 의한 압력 상승에 공조수의 온도 변화에 따른 팽창압력까지 가중되게 되면 전체 배관이나 개별 장비들의 내압성능보다 높은 압력까지 상승하여 시스템을 불안정하게 만들고, 장비나 배관의 파손, 안전밸브의 작동 등 여러 가지 문제를 유발하는 사례가 발생한다.

부하 감소에 의한 메인배관의 순환유량 감소는 특히 냉동기에 운전에 직접적인 영향을 줄 수 있다. 냉동기가 비례제어성능이 낮은 오래된 장비일 경우에는 냉동기에 순환되는 냉수의 유량이 20~50% 정도로 적어지게 되면 서징이 발생되거나 운전 중의 트립 발생, 심할 경우 동파를 초래하는 사례도 있다. 근래에는 냉동기의 제어성능이 향상되고 압축기 운전에 회전수 제어장치(인버터)를 적용하는 사례도 많아져 예전보다 이러한 문제가 심각하게 발생될 가능성은 다소 낮아졌다. 그러나 전체적인 부하 감소 시 냉수 순환유량의 과도한 감소는 냉동기 운전을 매우 불안정하게 만드는 요인이 되므로 각별한 주의가 필요하다.

또한 순환펌프에서도 메인 공급관(Supply line)과 환수관(Return line)의 압력 차이가 크게 벌어지게 되면 흡입측이나 임펠러에서 기포가 발생되거나 캐비테이션(Cavitation)이 발생될 가능성이 높아진다.

이 외에도 순환유량 정체에 의한 공급배관과 환수배관의 차압이 커지게 되면 배관 각 계통의 유량분배나 각 공조기구들에서의 순환유량이 변화될 소지가 있다. 대부분의 유량제어밸브들은 1차측과 2차측의 압력차와 스프링의 장력에 의하여 유량을 조절하게 되는데, 공급·환수관의 차압이 커지게 되면 유량제어 성능에 지장을 줄 수 있다. 또한 구간별 압력이 불균일해지고 전체적인 밸런싱이 좋지 않게 되어 각 공조기기들의 냉난방 성능에도 영향을 주게 된다.

차압조절밸브는 이렇게 설비시스템에서 부하량이 줄어 순환유량이 급격히 감소할 때 메인 공급배관에서 환수배관 쪽으로 정체된 유량을 도피시키는 릴리프(relief) 역할을 한다. 이를 통해 시스템의 공급압력을 일정하게 유지시켜 주고 공급과 환수의 압력차를 일정하게 맞춰줌으로써 전체 시스템의 유량 분배가 안정적으로 유지되도록 해준다.

즉 펌프에서 공급하는 유량 중 부하 사용처에서 사용되지 못하는 여분의 유량은 바로 메인 환수배관 쪽으로 바이패스되도록 함으로써 공급배관의 압력 상승을 예방하고 전체적인 배관의 차압을 일정하게 유지할 수 있도록 하는 것이다. 그리고 이렇게 함으로써 순환펌프와 열원장비에 연결된 메인배관에는 항상 일정한 유량이 흐르게 되어 장비들의 가동이 보다 안정적으로 이루어지게 된다.

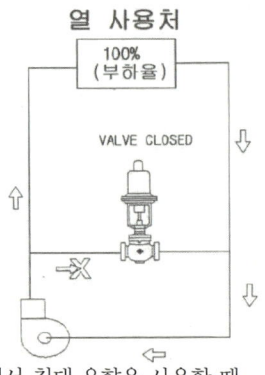

열사용처에서 최대 유향을 사용할 때
- 차압밸브가 완전히 닫힌 상태이고 펌프의 정격유량이 양정을 유지하면서 작동하는 상태

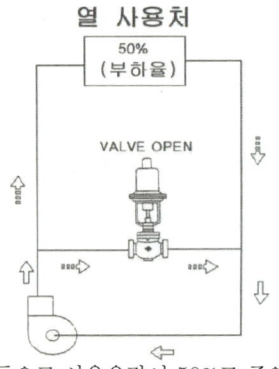

부하변동으로 사용유량이 50%로 줄었을 때
- 줄어든 유량 50%가 차압밸브를 통해 릴리프되어 펌프는 계속 유량 100%를 유지하고 시스템의 SUPPLY 압력변동 없이 설계 양정을 유지

## (2) 차압조절밸브의 종류

차압조절밸브도 일종의 제어밸브로서 작동 동력에 따라 공기식, 유압식, 전기식, 자력식 등의 종류가 있다. 보통 일반적인 건물의 냉·온수 배관에서는 외부 동력이 필요없고 보수가 용이한 자력식(自力式, 또는 스프링식)이 주로 사용되고 있으며, 보다 정밀하고 신뢰성 있는 제어가 필요한 대규모 시설이나 플랜트에서는 전기식도 많이 사용되고 있다. 자력식은 다이어프램식, 전기식은 전기 액추에이터(Electric Actuator) 방식이 주종을 이루고 있다.

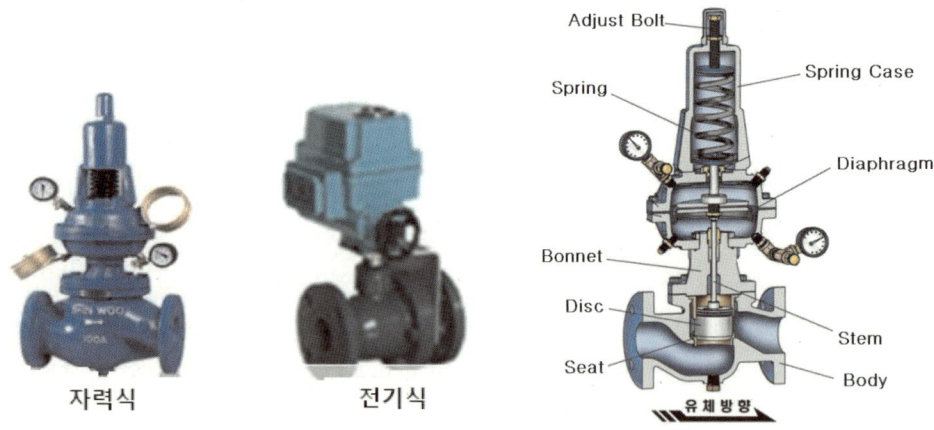

## (3) 차압조절밸브의 설치와 작동원리

### ① 차압조절밸브의 설치

공조시스템에서 차압밸브는 공급메인관과 환수메인관 사이, 또는 헤더가 있는 경우에는 공급헤더와 환수헤더 사이에 설치된다. 차압밸브의 입구측에는 밸브 보호를 위해 스트레이너를 설치하고, 유지보수를 위해서 바이패스밸브(글로브)를 설치해야 한다. 차압밸브의 작동을 위해서는 1차측과 2차측 배관에 감지라인(동관)을 설치해야 하는데, 안정적인 압력의 감지를 위해서는 업체에서 권장하는 일정한 길이 이상의 직선 배관상에 설치되는 것이 좋다.

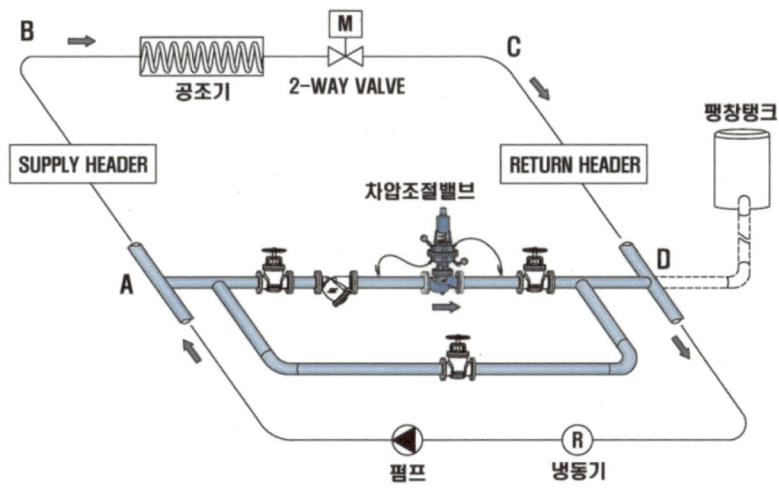

각 압력전달관에서 감지되는 1차측과 2차측의 압력은 다이어프램 상부와 하부에 각각 전달되고, 상·하부의 압력차는 스프링의 설정된 압력과 균형을 이루는 위치에서 밸브의 개도율을 조정하도록 함으로써 공급측과 환수측의 압력차를 일정하게 유지할 수 있도록 해준다.

| 차압밸브 설치 |

| 차압밸브 내부 부속 |

② 차압조절밸브의 설정

차압밸브의 압력설정은 시스템 전체의 압력보다는 공급과 환수라인의 압력 차이에 초점을 맞추어야 한다. 차압조절밸브 설정 시 밸브가 개방되는 설정값을 너무 높게 하면 배관에서 공급·환수관의 차압이 커지더라도 차압조절밸브가 제대로 열리지 않아 제 기능을 다하지 못하게 된다. 차압밸브의 설정값이 지나치게 높게 된 것인지의 여부는 냉방이나 난방으로 공조수의 온도가 변화되고 각 부하장비들의 가동률이 적어지는 상황에서 공급압력의 상승 여부로 판단할 수 있다. 상황에서 공급압력이 점차 상승하게 되면 차압밸브의 설정값이 너무 높게 설정되어 제대로 개방되지 않고 있는 것이므로 설정값을 조금 낮춰 재설정해야 한다.

반대로 차압밸브의 설정 차압값을 너무 낮게 설정하게 되면 메인공급관의 유량의 상당량이 차압밸브를 통해 메인환수 쪽으로 바로 회수되는 현상이 발생되어 펌프의 운전에너지가 낭비되는 결과를 가져오게 된다. 이럴 경우 공급 압력과 유량도 충분하지 못하므로 펌프에서 가장 먼 말단 설비에서는 유량이 부족해 공조성능이 저하되게 될 것이다.

이렇게 차압밸브의 설정값이 과다하게 낮게 설정되었는지를 확인하는 방법은 다음과 같다. (스프링을 이용한 차압조절밸브인 경우)

- 차압조절밸브의 바이패스밸브는 100% 닫히도록 함
- 각 공조장비들의 제어밸브들을 모두 100% 개방되도록 설정하고, 순환펌프를 가동시킴
- 펌프가 전(full)부하로 운전되고 있는 상황에서 차압밸브의 1, 2차측 밸브를 조작해 보면서 차압밸브가 개방되어 유량이 환수관으로 바이패스되는지 확인함
- 차압밸브가 개방되어 유량이 바이패스되면 설정값이 너무 낮게 된 것이므로 밸브 상부의 압력조절나사를 회전시켜 차압밸브가 닫히도록 설정값을 높임
- 펌프 전(full) 부하 운전 시 차압밸브가 닫힌 상태로 되면, 순환펌프로부터 가까운 공조장비들의 제어밸브를 하나씩 순차적으로 닫음
- 제어밸브들이 닫히면서 차압밸브가 조금씩 개방되어 유량이 바이패스되는지 확인하고, 개방 상태에 맞춰 압력조절나사를 조작하여 셋팅함
- 펌프 공급유량의 60~70% 정도가 닫힌 상황에서 차압조절밸브가 제대로 개방되어 메인 공급/환수배관의 차압이 적정하게 유지되고 있는지 확인함
- 이 상태에서 말단 공조장비에도 공조수의 순환이 원활하게 이루어지고 있는지 확인하고, 냉동기의 운전상태가 양호한지 점검함

일반적으로 차압조절밸브의 적정한 최소 차압설정값은 냉수나 온수가 펌프로부터 출발하여 전체 배관과 공조장비들을 순환하는 데 문제가 없을 정도의 압력으로 설정하는 것이다. 이는 배관의 압력손실(마찰손실)을 의미하는데, 예를 들어 앞의 그림에서 차압밸브에서 유지되어야 하는 적정한 차압값($\Delta P$)은 공조배관의 A → B → C → D를 거치면서 발생하는 압력손실(마찰손실)과 같은 크기이면 적당하다.

따라서 차압의 설정범위는 배관시스템의 구성 상황에 따라 다르게 선정되어야 하나 일반적인 경우(순환펌프의 양정이 25~35m 정도인 경우) 0.1MPa 내외로 설정되어 운전하는 경우가 많으며, 차압밸브의 통과 용량은 부하변동에 따라 펌프 용량의 50~75% 정도의 유량을 감당할 수 있도록 선정하는 사례가 많다.

### (4) 차압밸브의 고장과 추정 원인

| 고장 현상 | 추정 원인 |
| --- | --- |
| 차압밸브가<br>작동하지 않음 | • 압력감지관의 볼밸브가 잠겨 있음<br>• 차압밸브 전·후단의 수동밸브가 닫혔거나 스트레이너가 막힘<br>• 다이어프램이 파손됨<br>• 차압밸브의 설치 방향이 뒤바뀌어 설치됨<br>• 1차측과 2차측 압력감지관의 설치 위치가 뒤바뀜 |
| 차압이<br>높거나 낮음 | • 차압의 설정이 바르게 되지 않음<br>• 조절스프링이나 다이어프램의 고장이나 노후화<br>• 차압밸브의 용량 선정이 잘못됨<br>• 스프링이나 다이어프램에 이물질이 끼어 오작동함 |

### (5) 공동주택의 개별난방방식에서 차압밸브

상업건물의 대규모 공조배관뿐만 아니라 공동주택의 개별난방방식(세대별 가스보일러)에서도 공급관과 환수관의 차압이 문제가 되곤 한다. 최근 공동주택의 난방배관상에는 사용자의 편의성과 에너지 절감을 이유로 각 방의 바닥난방배관의 유량을 제어할 수 있는 전동밸브가 온수분배기에 부착되는 경우가 많다.

난방코일 각 존마다 설치된 전동밸브는 각 방에 설치된 온도조절기의 온도 측정값과 설정값에 따라 수시로 On/Off 또는 비례제어되는데, 전동밸브의 대다수가 Close되어 개별 가스보일러로 순환되는 난방수의 유량이 급격히 줄어들게 되면 공급과 환수관 사이의 차압이 높아지게 된다.

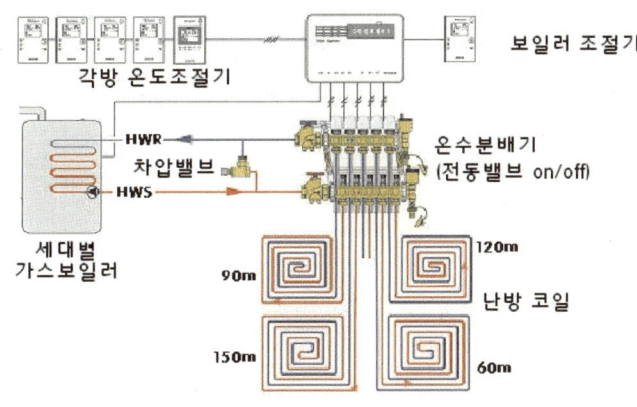

| 개별난방방식에서의 차압밸브 설치 |

난방 공급관과 환수관의 차압 상승에 따른 가장 큰 문제는 소음 발생이다. 순환펌프에서 공급된 많은 유량이 저부하 시에는 개방되어 있는 1~2개 밸브만을 통과하게 되어 밸브 디스크에서 유속이 빨라져 마찰소음을 발생시키게 된다. 또한 보일러에 내장된 순환펌프에서도 캐비테이션을 유발하게 되어 소음을 발생시키고, 이렇게 발생된 소음은 배관과 바닥 구조체를 통해 세대 전체로 전파되게 된다. 또한 순환유량이 적어져 보일러 연소제어가 불안정하게 되거나 온도의 헌팅으로 에러를 발생시키기도 한다.

이러한 공동주택의 난방배관에서의 차압 문제는 저부하 시 실제로 세대 내에서 필요한 난방수 순환 요구량보다 가스보일러에 내장된 순환펌프의 공급유량이 과다하기 때문에 발생되는 현상으로, 각 실별 온도조절기(전동밸브)가 설치되는 방식에서는 공급메인관과 환수메인관 사이에 차압밸브를 설치하여 저부하 시 남는 유량을 보일러로 다시 바이패스시켜 주는 것이 필요하다.

### (6) 차압유량조절밸브

지역난방(또는 중앙난방) 시스템의 대단위 아파트에서는 기계실에 설치된 대형 온수순환펌프로 각 아파트 동별로 필요한 온수를 공급하게 되는데, 이때에 각 동별로 상이한 차압이 발생하게 될 경우 동별 유량의 불균형을 초래하여 열원이 충분함에도 불구하고 효과적인 난방이 되기 어렵다.

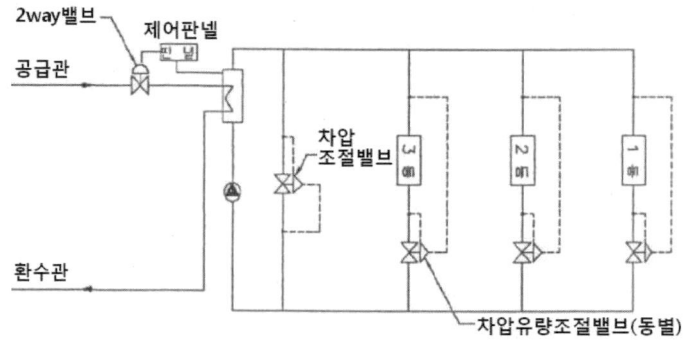

| 지역난방에서 차압 유량 조절밸브의 설치 위치 |

아파트 동별 메인배관상에 차압유량조절밸브를 설치하게 되면 동별 부하 전·후에서의 유동적인 압력을 감지하여 다이어프램에 작용하는 힘의 차이로 밸브 개도율을 조절하여 항상 일정한 차압을 유지시켜 주게 된다. 특히 자동제어밸브를 사용하는 변유량시스템에서 차압유량조절밸브의 작동에 의해 차압이 일정하게 유지되면, 자동제어밸브는 차압의 영향 없이 온도의 변화에 의해서만 작동하게 되어 원활하고 정확한 제어를 실현할 수 있다.

▼ 차압밸브와 차압유량 조절밸브의 차이점

| 구 분 | 차압밸브 | 차압유량 조절밸브 |
|---|---|---|
| 개 도 | 평상시 닫힘(Normal Close) | 평상시 열림(Normal Open) |
| 용 도 | 펌프 주변의 차압 조절용 | 부하측의 유량 및 압력조절용 |
| 설치 위치 | 펌프 공급관과 환수관 사이에 설치 | 부하측의 메인배관상에 설치 |
| 작동 방식 | 설정차압보다 상승 시 열리게 되며 유량을 릴리프(바이패스)시킴 | 설정차압보다 상승 시 닫히게 되며 유량 및 차압을 조절함 |
| 셋팅 차압 | 설치된 펌프 양정기준 (전체 밸브 오픈 시 차압으로 셋팅) | 보통 0.6~0.8kg/cm² |

## 06 역류방지밸브(체크밸브)

체크밸브(Check valve)는 배관 내에서 유체가 정방향으로 흐를 경우에는 개방되고 유체의 흐름이 뒤바뀌게 되면 디스크가 닫혀서 유체가 역류되는 것을 방지하는 목적으로 설치되는 밸브이다. 기존에는 구조가 간단하고 저렴한 스윙체크밸브가 많이 사용되었으나, 근래에는 체크밸브 내부에 스프링이 내장되어 있는 스프링 내장형 체크밸브가 많이 사용되고 있다.

스프링 내장형 체크밸브는 유체가 정방향으로 흐르다가 흐름이 멈추는 순간 스프링의 힘에 의해 디스크가 즉시 닫히게 되어 유체 역류로 인한 수격현상을 방지할 수 있는 기능이 있다. 스프링에 의해 디스크가 스스로 닫힌다는 의미에서 자폐식 체크밸브(또는 해머리스 체크밸브, hammerless)로도 불리는데, 스모렌스키 체크밸브와 판체크밸브가 대표적이고 3-1체크밸브도 자폐식 체크밸브의 기능을 가지고 있다.

스프링이 내장된 자폐식 체크밸브는 스윙체크밸브에 비해 구조가 복잡하고 스프링이 내장되어 있기 때문에 이송되는 유체 중에 고형의 이물질이나 찌꺼기가 많이 섞여 있는 경우에는 작동 불량이 발생될 수 있으므로 주의가 필요하다.

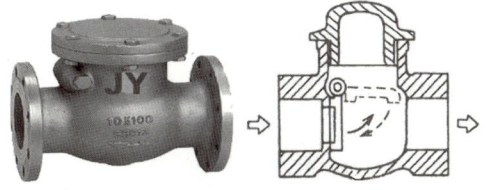

| 스윙체크밸브 |

| 스모렌스키체크밸브 |    | 3-1체크밸브 |

| 3-1 체크밸브의 기능 및 작동 원리 |

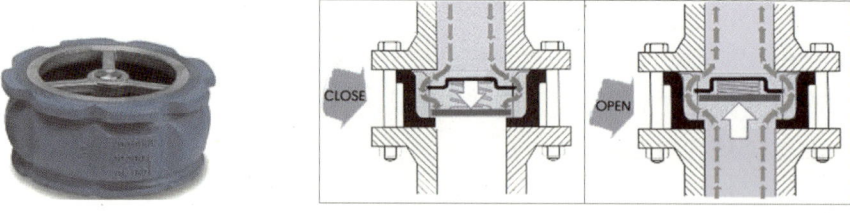

| 판체크밸브의 구조 |

# 07 신축이음(플렉시블조인트, 익스펜션조인트)

## (1) 플렉시블조인트(Flexible joint)

펌프나 가동 중 진동이 발생하는 장비와 배관을 연결하고자 할 때에는 장비 주위에 플렉시블조인트(Flexible joint)를 설치한다. 플렉시블조인트는 장비 가동 중 발생되는 진동과 소음이 배관을 통하여 주변 공간으로 전달되는 것을 저감시켜주는 역할을 하며, 장비의 진동에 의해 배관이나 연결부분이 충격을 받아 파손되는 것을 예방하는 기능도 한다.

예전에는 고무재질의 이음장치(커넥터)를 많이 사용하였으나 유체의 온도변화가 반복되고 장기간 사용하면 탄성과 내구성이 저하되는 경향이 있어 근래에는 스테인리스 재질로 된 주름관 형태의 제품을 많이 사용한다.(TPC형과 벨로즈형 조인트 등)

또한 플렉시블조인트 선정 시에는 양쪽의 플랜지를 긴 볼트를 이용하여 변형량을 제한해주는 타이로드가 구비된 제품을 사용하는 것이 좋다. 타이로드는 비정상적인 장비 가동이나 수격현상 등으로 인하여 플렉시블조인트가 변형 범위를 벗어나 파손되는 것을 예방해준다.

| 고무 재질의 커넥터 |

| 벨로즈형 플렉시블조인트 |

| 타이로드가 구비된 TPC조인트 |

플렉시블조인트 설치 시에는 배관과 유체의 하중이 플렉시블조인트에 부가되지 않도록 지지나 고정을 견고히 하여야 하고, 플렉시블조인트의 타이로드의 너트는 반드시 약간(1~2cm 정도) 유격이 있도록 느슨하게 풀어 놓아야 한다. 만일 타이로드가 양쪽의 플랜지에 너트로 견고하게 고정되어 있으면 플렉시블조인트가 유동하지 못하기 때문에, 장비의 진동이 흡수되지 못하고 타이로드를 통해 배관 쪽으로 전달되게 된다.

아울러 유체의 온도가 낮은 경우(냉수나 브레인, 급수 등)에는 금속 재질의 플렉시블조인트는 표면에 결로가 발생하여 부식으로 수명이 짧아질 수 있으므로 플렉시블조인트도 보온해 주는 것이 좋다.

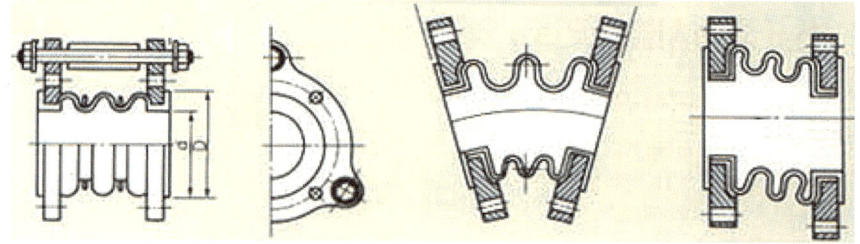

| 플렉시블조인트의 작동 시 변형 모습 |

| 부적합 : 타이로드가 고정됨 |

 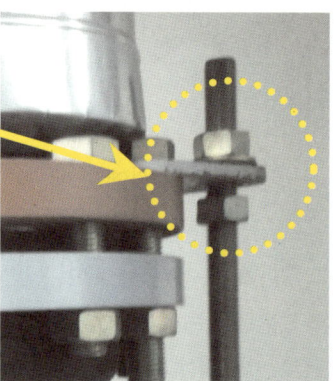

| 바람직한 사례 : 타이로드 너트가 약간의 유격이 있음 |

## (2) 신축흡수장치 : 익스펜션조인트(Expension Joint)

신축이음, 또는 Expension Joint는 배관 내부의 유체 온도변화에 따른 배관의 신축과 팽창을 흡수하여 배관계통의 파손이나 변형을 방지하는 기능을 한다. 또한 배관의 신축팽창뿐만 아니라, 수직높이나 수평길이가 긴 건물의 구조체 자체의 신축이나 지진으로 인한 배관의 변위를 흡수하여 배관을 보호하는 역할도 한다.

벨로즈(Bellows), 슬립(Slip)조인트, Loop배관 등은 배관의 직선적인 변위를 흡수하는 데 주로 사용되고, 멀티(Multi)조인트, 볼(Ball)조인트, 스위블(Swivel)이음 등은 좌우나 상하 등 3차원적인 변위에 대처하기에 적합하다. 그밖에 적은 양의 변형에는 고무제의 플렉시블(Flexible)조인트나 기계식 배관 이음방식인 그루브(홈)조인트가 사용되기도 한다.

| 슬립조인트, 볼조인트 |

| 익스펜션 조인트 |

| 루프 이음 |

$$L = A + 2B \ (B의\ 길이는\ 최소\ A \sim 2A)$$

여기서, $L = 0.073d \times \triangle \ell$
 L : loop 총길이(cm)
 d : 배관 외경(mm)
 $\triangle \ell$ : 팽창 길이(mm)

| 유동식 그루브(홈) 조인트 |

신축이음 설치 시 배관의 신축량을 판단하기 위한 계산은 다음과 같으며, 신축량에 따라 신축이음 장치의 사양이나 수량, 위치를 적절히 선정하여야 한다.

$$배관의\ 신축량(\varDelta L) = L \times C \times \varDelta t \quad [mm]$$

여기서, L : 온도 변화가 있기 전의 관의 길이 [m]
 C : 관의 선팽창계수(mm/℃·m)
 $\varDelta t$ : 온도 변화(℃)

| 배관 재질 | 강관 | 동관 | 주철관 | PVC관 | 비고 |
|---|---|---|---|---|---|
| 선팽창율(mm/℃·m) | 0.0110 | 0.0166 | 0.0105 | 0.07 | |

배관의 종류와 유체의 온도에 따라 신축이음의 설치 간격은 다르지만 일반적인 조건인 경우 냉·온수배관(또는 급탕)은 보통 20~30m 길이마다, 증기관은 10~20m 이내에 1개소씩 단식 신축이음장치를 설치하면 된다. 급수관이나 냉각수관의 경우에도 길이가 길어질 때에는 계절이나 퇴수/재충수에 따른 온도차로 신축이 발생하게 되므로 신축이음장치의 설치를 검토해야 한다. 신축이음의 대략적인 설치간격을 온도에 따라 정리하면 다음의 표와 같다.

▼ 배관의 사용온도별 신축이음장치의 설치간격

| 배관 종류 | 최고 사용온도 | 단식 신축이음 | 복식 신축이음 |
|---|---|---|---|
| 냉온수 배관 | 0~50℃ | 30m 이하 | 60m 이하 |
| | 50~69℃ | 25m 이하 | 50m 이하 |
| | 70~100℃ | 20m 이하 | 40m 이하 |
| 증기 배관 | 100℃ 미만 | 20m 이하 | 40m 이하 |
| | 100~149℃ | 15m 이하 | 30m 이하 |
| | 150~220℃ | 10m 이하 | 20m 이하 |

- 출처 : 건축기계설비 설계기준(국토해양부, 대한설비공학회)
- 단식 신축이음 : 한쪽 방향에서만의 배관 신축량을 흡수하도록 제작된 이음장치
  복식 신축이음 : 양쪽 방향에서의 배관 신축량을 모두 흡수할 수 있는 이음장치

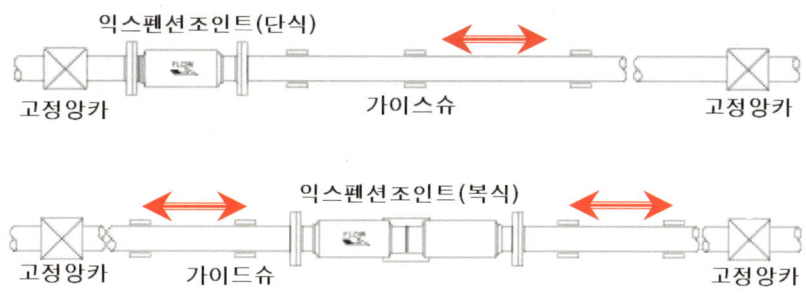

| 신축이음 설치 시 고정앵커 및 가이드 슈의 위치 |

한편 신축이음의 설치 시 배관의 신축량을 Expension Joint로 유도하기 위하여 고정앵커와 가이드 슈의 위치를 올바로 선정하는 것이 매우 중요하다. 고정앵커는 배관 신축의 출발점이 되며 고정앵커와 Expension Joint 사이의 배관은 자유롭게 신축하도록 행거(hanger)나 가이드슈(또는 레스팅슈)로 지지되어야 한다.

고정앵커가 견고하게 고정되지 않으면 배관의 신축이 익스펜션 조인트 쪽으로 유도되지 못하여 신축이음장치가 제 기능을 발휘하지 못하게 된다. 또한 고정앵커와 익스펜션조인트 사이의 배관이 가이드슈나 행거에 의해 자유롭게 신축할 수 있어야 하는데, U볼트 등으로 견고하게 고정되어 있으면 신축량이 익스펜션조인트까지 제대로 전달되지 못하여 이때에도 신축이음장치가 제 기능을 발휘할 수 없다. 따라서 신축이음장치는 그 자체의 설치 유무보다도 주변의 배관 고정이 적정하게 이루어져 신축량이 올바로 흡수될 수 있도록 설치되었는가가 더욱 중요한 문제라고 할 수 있다.

# 08 기타 밸브

## (1) 자동에어벤트(A.A.V ; Auto Air Vent)

배관 내에 공기가 발생하거나 유입될 경우 부력에 의해 공기가 배관 상부 쪽에 점차 정체되어 배관의 단면적이 줄어들게 되므로 배관을 통해 공급되는 유량이 줄어드는 결과를 가져오게 된다.

이 정체된 공기는 인위적으로 배출해주기 전까지는 스스로 소멸되기까지 매우 긴 시간이 필요하므로, 배관이 굴곡되어 공기가 정체되기 쉬운 곳에는 반드시 공기배출밸브(에어벤트)를 설치해 주어야 한다.

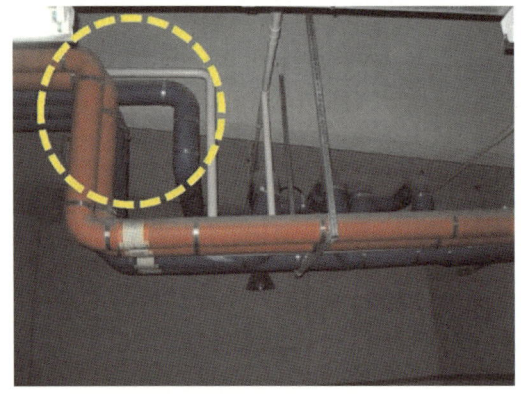
| 에어벤트의 설치가 필요한 위치 |

| 에어벤트와 에어포켓의 설치 모습 |

특히 급수가 지속적으로 보충되는 계통이나 온도와 압력의 변화가 주기적으로 발생되는 배관계통(예 냉각수나 냉/온수 배관)에는 반드시 공기배출밸브를 설치해 주어야 하는데, 주기적으로 관리자가 수동밸브를 조작해 주는 것은 어려운 일이므로 자동에어벤트를 설치해 주는 것이 좋다.

자동에어벤트 설치 시에는 물용과 증기용을 구별하여 사용하여야 하며, 이물질에 의해 공기 배출구가 막히지 않도록 에어벤트 입구 쪽에 스트레이너를 설치하거나 거름망이 내장된 제품을 사용해야 한다. 또한 배관 중에 에어벤트를 설치할 때는 공기가 포집되기 쉽도록 충분한 규격의 에어포켓을 설치한 뒤, 그 에어포켓의 상부에 에어벤트를 설치하도록 한다.

유지관리 시에는 에어벤트 윗부분의 공기배출구가 약간 열려져 있는지 확인해야 하고, 간혹 공기 배출시 약간의 물이 함께 배출되는 경우가 있을 수 있으므로 공기배출구에 물호스를 연결해 안전한 곳으로 유도하여 물로 인한 피해가 없도록 관리하는 것이 좋다. 또한 에어벤트도 배관의 사용압력에 따라 10K나 20K 등 적정한 내압성능을 가진 제품을 사용해야 한다.

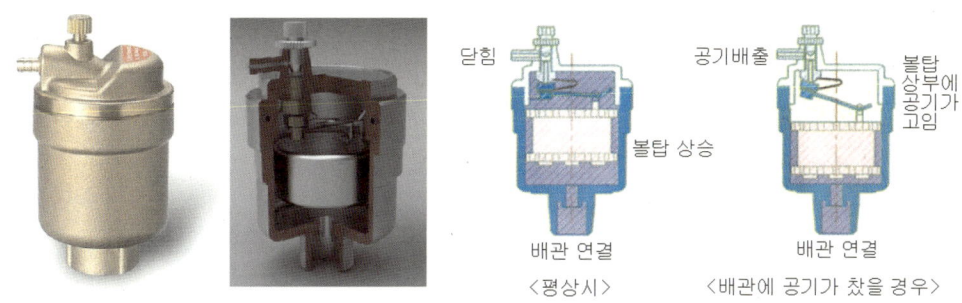

| 자동에어벤트의 구조와 작동 원리 |

자동에어벤트 내부에는 위의 그림에서와 같이 볼탑이 내장되어 있고, 평상시에는 에어벤트 내부에 물이 가득 차 있어 볼탑이 부력에 의해 위로 떠올라 상부의 공기배출구를 막고 있다. 자동에어벤트가 연결된 배관 쪽에서 공기가 점차 유입되어 에어벤트 윗부분에 공기가 모이게 되면, 물의 수위가 내려가기 때문에 볼탑이 아래 쪽으로 내려가게 되고 이때 상부의 공기배출구가 개방되면서 공기가 외부로 배출되게 된다. 공기가 배출되고 물이 자동에어벤트 내부에 다시 차오르게 되면 볼탑이 부력에 의해 위로 상승되면서 공기배출구를 닫아 물은 배출되지 않게 된다.

### (2) 수위조절밸브

물탱크의 수위 조절이나 각종 공정용 담수탱크의 보충수 제어 등을 위하여 수위조절밸브를 설치하는데, 항상 수위를 일정한 범위 내에서 유지해 준다고 하여 "정수위밸브"라고도 한다.

수위조절용 밸브에는 기계식과 전자식, 또는 두 방식을 병용한 수위조절밸브가 시판되고 있는데, 기계식은 보통 볼 형태인 부위의 부력을 이용한 볼탑밸브가 예전부터 널리 사용되어 왔다. 기계식 볼탑밸브는 저가제품의 경우 볼 연결부위가 취약하고 기밀성이 좋지 않아서 가급적 볼밸브에 스테인리스 부위(ball tap)가 조합된 견고한 제품을 사용하는 것이 좋다.

응축수탱크와 같이 고온의 물탱크 내부에 설치될 경우에는 볼탑밸브가 손상될 우려가 크므로 바람직하지 않다. 기계식 수위조절밸브의 구경이 커질 경우에는 수위조절밸브와 파일럿 볼탑이 조합된 형태의 제품을 사용하면 된다.

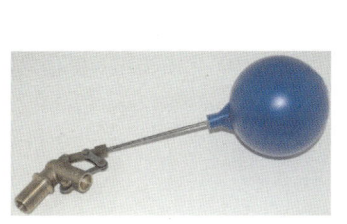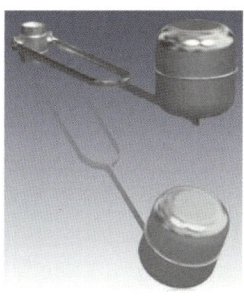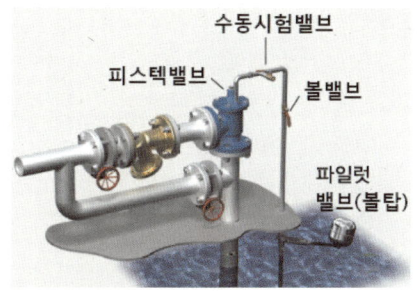

| 기계식 수위조절밸브들 : 볼탑, 바램밸브, 피스텍밸브 |

전자식 수위조절밸브는 물탱크에 설치된 자동제어 수위센서와 연동되는 전자밸브에 의하여 정수위 밸브의 디스크가 Open/Close되는 방식인데, 자동제어의 오작동이나 전원의 차단 시를 대비하여 기계식 볼탑을 함께 구비한 복합(기계식+전자식 겸용) 정수위밸브를 사용하는 것이 바람직하다. 또는 전자식과 기계식 수위조절밸브를 각각 이중으로 설치하는 사례도 많이 있다.

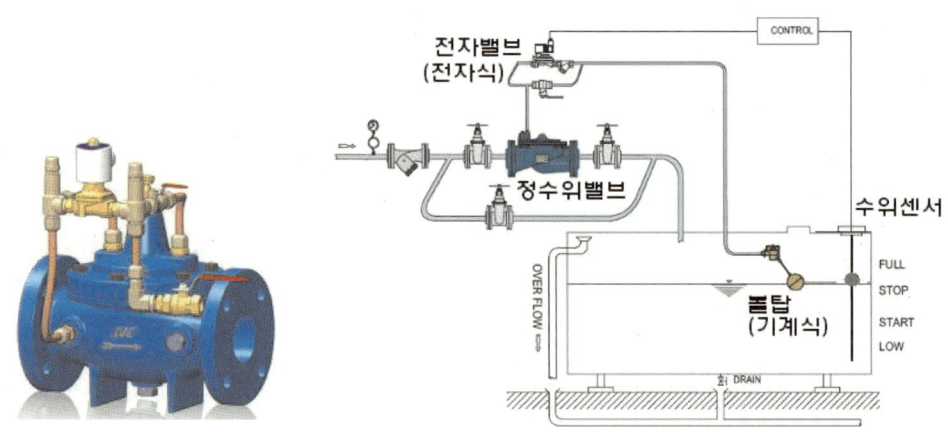

| 자동수위조절밸브 : 정수위밸브(기계식+전자식 겸용) |

전자식 수위조절밸브는 물탱크 청소나 유지보수 시 수위센서를 수동 또는 OFF해 놓거나 기계식 볼탑과 연결된 밸브를 차단해 놓고 다시 원상복구하지 않아 통수 후 물넘침 사고가 발생하는 사례가 종종 있다. 따라서 물탱크 청소 후 수위센서나 기계식 볼탑을 손으로 임의로 조작해 보면서 그에 따라 정수위밸브가 정상적으로 작동되는지 반드시 확인해야 한다.

### (3) 복합밸브

최근에 들어 여러 기능의 밸브나 부속들을 하나로 통합한 다기능 복합밸브들이 다음과 같이 다양하게 개발되고 있다. 하나의 복합밸브가 여러 기능을 가짐으로써 배관의 설치공간이 줄어들고 가격 측면에서도 유리하여 점차 그 사용이 확대될 것으로 예상된다. 그러나 복합밸브 고장이나 교체 시 설치 위치에 따라서는 전체 배관계통을 퇴수해야 하는 경우도 있으므로 중요한 계통에서 사용할 때에는 신중히 결정해야 한다.

| 개별 밸브 설치 시 | 복합밸브 |
|---|---|
| 글로브밸브 + 스트레이너 | → GS밸브 |
| 글로브밸브 + 스모렌스키 체크밸브 | → 3-1체크밸브 |
| 엘보 + 글로브밸브 + 스모렌스키 체크밸브 | → 파이브원체크밸브 |
| 스트레이너 + 에어벤트 + 볼밸브 | → 복합 에어벤트 |
| 엘보 + 스트레이너 | → 석션디퓨저 |
| 수도용 앵글밸브 + 스트레이너 + 감압밸브 | → 복합 감압밸브 |

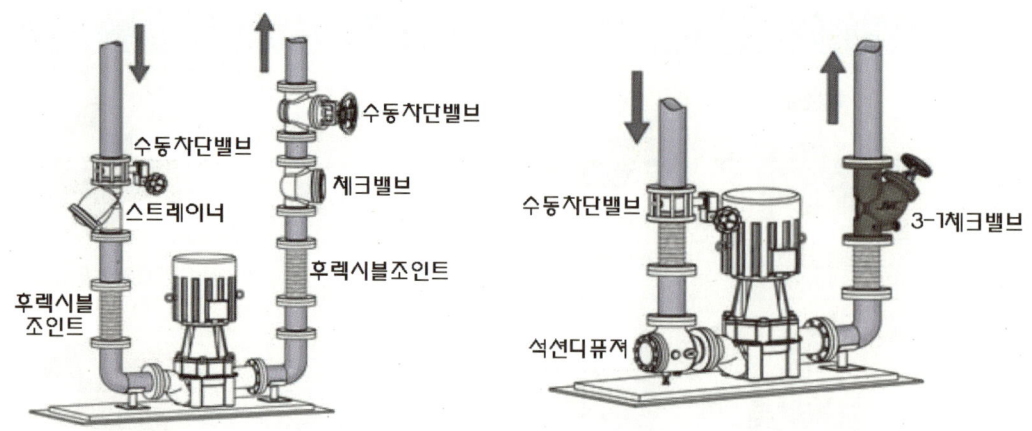

| 기존 밸브들(왼쪽)을 복 밸브로 대체한 시공 사례(오른쪽) |

## 09 배관과 덕트의 지지

### (1) 배관 지지철물의 설치

공조나 위생배관 설치 시 배관이 처지거나 변형되지 않도록 적절한 간격으로 행거나 지지철물을 설치하여 고정하여야 한다. 배관의 지지간격이 지나치게 멀 경우 배관 내 유체와 배관의 자중에 의해 처짐이 발생하여 흐름이 좋지 못하거나 배수관의 경우 막힐 우려가 높아진다. 특히 배관 이음부속이나 분기배관 연결부분 등 취약한 곳에는 행거나 지지철물이 충실히 설치되어야 한다.

배관의 종류나 설치위치별 지지간격은 다음과 같다. 동관이나 스테인리스 강관의 행거나 지지철물은 관과 직접 접촉되지 않도록 배관과 지지철물 사이에 적절한 절연재를 끼워 넣어야 한다.(절연볼트, 절연행거, 절연가이드슈 등을 사용하여 이종금속 간의 접촉에 의한 전위 부식을 방지해야 함)

▼ 배관의 지지철물 설치 간격

| 배관 | 적요 | | | 간격 |
|---|---|---|---|---|
| 수직관 | 주철관 | 직관 | | 1개에 1개소 |
| | | 이형관 | 2개<br>3개 | 어느 쪽이든 1개소<br>중앙부에 1개소 |
| | 강관 | | | 각 층에 1개소 이상 |
| | 연관, PVC관, 동관, 스테인리스강관 | | | |

▼ 배관의 지지철물 설치간격

| 배관 | 적 요 | | 간 격 |
|---|---|---|---|
| 수평배관 | 주철관 | 직 관 | 1개에 1개소 |
| | | 이형관 | 1개에 1개소 |
| | 강 관 | 관지름 20mm 이하 | 1.8m 이내 |
| | | 관지름 25~40mm | 2.0m 이내 |
| | | 관지름 50~80mm | 3.0m 이내 |
| | | 관지름 100~150mm | 4.0m 이내 |
| | | 관지름 200mm 이상 | 5.0m 이내 |
| | 연 관<br>(길이 0.5m 초과시) | 배관이 변형될 염려가 있는 곳에는 두께 0.4mm 이상의 아연도철판으로 반원형 받침대를 만들어 1.5m 이내마다 지지함 | |
| | 동관,<br>스테인리스강관 | 관지름 20mm 이하 | 1.0m 이내 |
| | | 관지름 25~40mm | 1.5m 이내 |
| | | 관지름 50mm | 2.0m 이내 |
| | | 관지름 65~100mm | 2.5m 이내 |
| | | 관지름 125mm 이상 | 3.0m 이내 |
| | 경질염화비닐관<br>(PVC관) | 관지름 16mm 이하 | 0.75m 이내 |
| | | 관지름 20~40mm | 1.0m 이내 |
| | | 관지름 50mm | 1.2m 이내 |
| | | 관지름 65~125mm | 1.5m 이내 |
| | | 관지름 150mm 이상 | 2.0m 이내 |

| 플랜지와 행거의 일반 제품과 절연 제품 |

| 절연플랜지, 절연볼트 |

| 절연가이드슈와 절연볼트 |

## (2) 덕트의 지지철물 설치

### ① 아연도강판 사각덕트의 행거 및 지지철물 설치 간격

| 덕트의 장변 [mm] | 행거 | | 지지체 | 최대 간격 [mm] | |
|---|---|---|---|---|---|
| | 형강 치수 [mm] | 봉강(직경) [mm] | 형강 치수 [mm] | 앵글 공법, 슬라이드공법 | 공판 공법 |
| 750 이하 | 25×25×3 | 9 | 25×25×3 | 3,680 | 3,000 |
| 750~1,500 | 30×30×3 | 9 | 30×30×3 | 3,680 | 3,000 |
| 1,501~2,200 | 40×40×3 | 9 | 40×40×3 | 3,680 | 3,000 |
| 2,200 초과 | 40×40×3 | 9 | 40×40×3 | 3,680 | 3,000 |

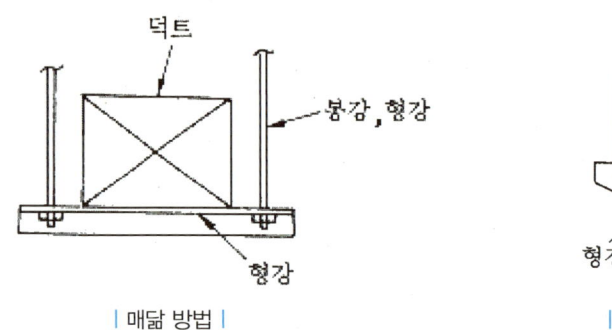

| 매닮 방법 |

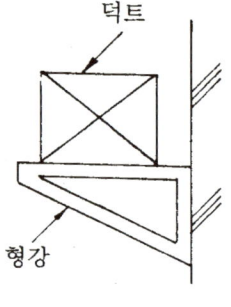

| 지지 방법 |

### ② 스파이럴 덕트의 행거 및 지지철물 설치 간격

| 호칭 치수 [mm] | 행거 | | 지지체 | 최대 간격 [mm] |
|---|---|---|---|---|
| | 형강 치수[mm] | 봉강(직경)[mm] | 형강 치수[mm] | |
| 1,250 이하 | 25×3 | 9 | 25×25×3 | 3,000 |

# CHAPTER 07 보온

## 01 보온재의 종류

### (1) 발포폴리에틸렌 보온재

발포폴리에틸렌 보온재는 폴리에틸렌·폴리에틸렌 공중합체, 폴리프로필렌·폴리프로필렌 공중합체 및 이들을 혼합한 것을 주원료로 하여 압출기 내에서 발포제 및 가교재를 첨가 혼합해 용융시킨 뒤, 직접 압출발포성형하거나 또는 미발포 상태에서 성형한 후 가열하여 발포성형하여 제작된다.

난연성 제품도 생산되고 있고 은박 마감이나 접착식 등 사용여건에 따라 다양한 형태의 보온판(덕트용), 보온통(배관용)으로 제조되고 있다.

재료적인 특성상 열에는 취약하여 사용온도범위가 80℃ 이하이므로 증기 배관이나 고온의 계통에는 사용이 부적당하다. 화재 시에는 유리면이나 고무발포보온재보다 난연성이 떨어지고 유독가스의 배출이 많은 것이 단점이다.

그러나 시공성이 좋고 보온체와의 접착성이 좋으며 흡습성이 낮아 장시간 사용 후에도 단열성의 저하가 적어 근래에는 위생이나 공조배관, 덕트, 장비류의 결로 방지, 보냉, 보온용으로 가장 광범위하게 사용되고 있다.

## (2) 그라스울(유리면) 보온재

그라스울은 각종 유리 원료를 용융하여 원심법, 와류법 및 화염법 등에 의해 가는 섬유상태로 만든 것으로, 이것을 가공하여 각종 단열·흡음 제품을 만들고 있다. 제작 시 유리섬유의 밀도($kg/m^3$)에 따라 24k, 32k, 40k, 48k, 64k, 80k, 96k, 120k 등으로 여러 제품들이 다양하게 시판되고 있으며, 밀도에 따라 단열이나 흡음성능이 다르다. 표준시방서에는 장비나 배관, 덕트 등의 보온을 위하여 24k~40k 제품을 구분하여 적용하도록 되어 있다.

그라스울 보온재는 유리섬유 사이에 형성된 공기층이 단열층의 역할을 하며 단열성 외에 불연성과 흡음성이 좋다. 그라스울은 화재 시 유독가스의 배출이 적고 300~350℃ 정도까지의 고온에도 견딜 수 있어 예전에는 배관이나 덕트의 보온재로서 널리 사용되었으며, 또한 흡음성이 좋아 건축에서의 흡음재나 설비용 흡음장치(소음기나 소음챔버)의 제작 시에는 아직도 많이 사용되고 있는 편이다.

그러나 장시간 사용 시 흡습에 의해 단열성이 저하되는 단점이 있으며, 압축이나 침하 시에는 유효 두께가 감소되기도 한다. 그리고 유리가루의 비산으로 인한 인체 유해성 우려가 있고 보온체와의 밀착이나 시공성도 좋지 않은 편이어서, 근래에는 증기나 응축수배관 등 고온의 계통에서도 미네랄울 단열재로 대부분 대체 되어가고 있다.

## (3) 고무발포 보온재

NBR이나 EPDM 재질의 독립기포구조(Closed-Cell Structure)로 제작되며 다른 보온재에 비하여 열전도율과 흡습성이 가장 낮아 단열성능이 우수하며, 탄성도 좋아 장시간 사용 후에도 단열성능이 저하되지 않는 장점이 있다.

또한 화재 시에도 유해가스의 방출이 적어 친환경적인 보온재로 평가받고 있으며, 발포 폴리에틸렌 보온재보다는 사용온도범위(110~125℃까지)가 넓으나 증기계통에 사용하는 것은 무리가 있어 거의 사용되지 않는다. 가격은 다른 보온재에 비하여 비싼 편이다.

여러 가지 장점으로 근래에 점차 사용이 확대되고는 있으나 가격적인 문제와 미관상의 문제로 발포 폴리에틸렌 보온재보다는 적게 사용되고 있다. 그러나 고도의 단열성이 요구되는 냉매배관이나 빙 축열시스템의 브라인배관, 장비 보냉용 단열재로는 현재에도 많이 사용되고 있다. 단열재의 색상은 예전에는 검은색만 생산되었으나 최근에는 회색이나 빨간색 등 주문 생산에 의해 다양한 색상의 선택이 가능하다.

사용자가 미관상의 문제를 고려하여 외부에 별도의 마감재를 사용하는 경우를 제외하고는 대부분 고무발포 보온재만으로 시공하게 되므로 보온재의 이음매 부분은 접착제(본드)를 이용하여 마무리한다. 이음부의 본드 접착 시 틈새가 생기게 되면 결로나 열손실이 발생하게 되므로 시공 시 이음부 처리에 주의해야 한다.

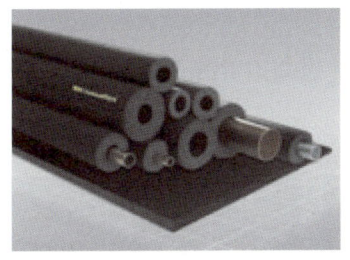  

### (4) 미네랄울 보온재

미네랄울(암면 岩綿, Mineral Wool, Rock Wool)은 명칭에서 나타나는 것처럼 암석을 인공으로 제조한 내열성이 높은 광물섬유 보온재이다. 주로 석회, 규산을 주성분으로 배합하여 1,500~1,600℃의 고온으로 용융하고, 이것을 원심력, 압축공기 또는 고압증기를 뿜어내어 섬유상태로 만들어 각종 제품을 만들게 된다. 암면은 형상에 따라 벌크상, 입자상, 매트, 펠트, 보온판, 보온대, 블랭킷, 보온통 등이 있다. 밀도는 40~150kg/m³ 정도이고, 열전도 성능은 그라스울과 비슷한 수준이다.

불연성, 경량성, 단열, 흡음성, 내구성에서 우수한 성질을 가지고 있으며, 특히 고온(400~600℃ 이상)에서도 사용이 가능해 건축설비나 플랜트에서 고온의 장비나 연도의 단열재, 방화 및 내화 재료로서 많이 사용되고 있다. 고온에서의 내열성이나 내구성이 그라스울에 비해 우수하며, 습기 및 수분에 노출될 때에도 그라스울보다 잘 견딘다.

예전부터 증기나 증온수 등 고온의 배관 보온재로 많이 사용되어 왔으며 건축분야의 단열이나 흡음, 내화용 보온재나 뿜칠재로도 많이 사용되고 있다.

### (5) 발포우레탄폼

폴리우레탄폼을 발포성형한 유기발포체(독립기포 구조)의 단열재로 판상이나 배관용 보온통, 또는 현장 발포 시공방식 등 가공이나 현장 적용성이 다양하다. 그러나 내열성(최고 안전사용온도 100℃)은 높지 않은 편이고 재료적인 강도가 약해 충격에 취약한 단점이 있어 배관의 보온재로는 거의 사용되지 않고 있으나, 단열성이 우수하고 흡습성이 낮아 장비류(물탱크)나 냉동창고 등의 보온보냉재로 많이 사용되고 있다.

특히 칼라강판 사이에 발포시켜 일체화시킨 패널형으로 제작되어 건축 칸막이나 외장재료로 사용되고 있으며, 건축구조체의 단열뿜칠재로도 널리 사용되고 있다.

### (6) 발포폴리스틸렌 보온재

폴리스티렌수지에 발포제를 넣은 다공질의 기포플라스틱(foam plastic)으로 제작된 보온재로, 흔히 스티로폼(styrofoam)이라고 부르고 있다. 발포계 단열재로 단열성능이 좋고 무게가 가벼워 시공성도 우수하며 가격도 저렴하다.(밀도 30kg/m³ 이하)

그러나 최고 안전사용온도가 70℃ 정도여서 고온에서는 사용이 곤란하고, 화재 시 착화나 유독가스의 발생 위험이 매우 높아 실내의 배관 보온재로는 거의 사용되지 않고 있다. 주로 건물 구조체의 외벽이나 바닥에 매립되는 단열재로 사용되어 왔으며, 샌드위치 패널로 제작되어 가설 건축자재로도 많이 사용되어 왔다. 공조 · 위생 · 플랜트 설비의 보냉과 방로공사용, 또는 냉동 · 냉장창고의 단열재로 사용되는 사례도 있으나 난연성 우레탄폼의 보급에 따라 현재는 사용사례가 점차 줄어들고 있는 추세이다.

제작방법에 따라 비드법과 압출법이 있는데, 비드법은 비드상태의 폴리스티렌에 발포제와 난연제를 첨가하여 증기 가열에 의해 예비발포시켜 양생 및 건조시킨 후, 금형에 넣어 다시 한번 가열하여 융착성형하여 각종 형상의 제품을 만든다.

압출법은 폴리스티렌 수지와 발포제, 난연제 등을 압출기에서 혼합 · 가열하여 용융시킨 뒤 대기 중에 압출발포시켜 판형태로 만들어 소정의 치수로 절단 가공한다. 공조 · 위생설비나 배관용으로는 주로 비드법(3호)에 의해 제작된 보온재를 사용하고, 건축용이나 냉동창고용으로는 압출법에 의한 제품이 많이 사용된다.

## 02 보온 마감재

배관 보온 후 외부 마감재로는 합성수지 재질의 테이프인 포리마테이프(PE필름)와 매직테이프(PVC필름)가 많이 사용되고 있는데, 배관의 종류에 따라 색상을 달리 하여 배관 보온재 외부를 겹쳐 이어가며 마감한다. 비용이 가장 저렴하고 색상이 다양해 실내의 각종 배관 보온재의 외부마감재로 널리 사용되고 있다. 그러나 합성수지 재질의 보온테이프는 옥외에 노출 시공될 경우 햇볕에 의해 경화되거나 푸석푸석해져서 이탈되므로 적절하지 못하다.

기계실이나 공조실 등 유지보수가 많아 보온재의 탈부착이 빈번한 곳이거나 옥외 노출이나 고온의 배관과 같이 사용조건이 열악한 곳에서는 컬러함석이나 알루미늄 등의 금속성 커버가 많이 사용되고 있다. 최근에는 커버형태나 시공방법은 유사하나 재질이 금속이 아닌 합성수지 계열인 SUPOL이나 NPA 등 다양한 비금속성 커버가 개발되어 다소 저렴한 가격으로 보급되고 있다.

한편 발포폴리에틸렌과 유리솜 보온재는 보온재에 은박지 커버를 일체화시킨 제품이 생산되어 별도의 마감재가 필요없도록 보급되기도 하며, 고무발포 보온재의 경우에는 외부표면이 비교적 매끈하여 옥내 은폐 시공될 경우 본드 접착 후 별도의 마감재를 시공하지 않는 경우가 많다.

| 매직테이프(위), 포리마테이프(아래) |

| 컬러함석 커버 |

# 03 보온재의 두께

배관이나 덕트의 보온두께는 결로 및 동파방지가 동시에 필요하거나 보온과 보냉이 동시에 필요한 경우 두 가지 중에서 두께가 큰 쪽의 기준에 따른다. 아래의 보온재 두께는 국토해양부에서 제정·고시한 "건축기계설비분야 표준시방서"의 관련 기준을 요약한 것이다.

## (1) 결로 방지용 보온 두께

| 구분 | 사용 조건 | | | 보온재별 두께 | | | |
|---|---|---|---|---|---|---|---|
| | 탱크 내 수온 | 주위 온도 | 상대 습도 | 유리면, 미네랄울 | 발포 폴리에틸렌 | 발포폴리 스티렌 | 고무발포 보온재 |
| 일반적인 경우 | 15℃ | 30℃ | ~75% | 25mm | 25mm | 30mm | 19mm |
| 다습한 경우 | 15℃ | 30℃ | 75%~ | 50mm | 50mm | 50mm | 32mm |

## (2) 보온용 보온재 두께

| 구분 | 사용 조건 | | | 보온재의 두께 | |
|---|---|---|---|---|---|
| | 내부 온도 | 주위 온도 | 표면 온도 | 미네랄울, 유리면 보온판 | 발포폴리에틸렌, 고무발포보온재 |
| 보일러, 연도 | 300℃ | 20℃ | 40℃ | 75mm | (적용 불가) |
| 온수/증기헤더, 열교환기, 저장탱크, 팽창탱크 등 | 80~220℃ | 20℃ | 40℃ | 50mm | (적용 불가) |

## (3) 보냉용 보온재 두께

| 구분 | 사용 조건 | | | 보온재의 두께 | |
|---|---|---|---|---|---|
| | 내부 온도 | 주위 온도 | 상대 습도 | 미네랄울, 유리면, 발포폴리에틸렌 | 고무발포 보온재 |
| 냉동기, 냉수펌프, 헤더, 탱크류 | 5℃ | 30℃ | 75% | 50mm | 32mm |
| 공기조화기, 송풍기 | 12~40℃ | 5~33℃ | 75% | 25mm | 13mm |

## (4) 덕트의 보온 두께

| 구분 | 사용 조건 | | | 보온재의 두께 | |
|---|---|---|---|---|---|
| | 내부 온도 | 주위 온도 | 상대 습도 | 미네랄울, 유리면, 발포폴리에틸렌 | 고무발포 보온재 |
| 공조용(냉·난방) 덕트, 제연용 덕트 | 12~40℃ | 5~33℃ | 75% | 25mm | 13mm |

## (5) 배관의 보온 두께

### ① 결로방지 보온 : 급수관 및 배수관

| 구분 | 사용 조건 ||| 보온재 두께별 관경 ||||||
|---|---|---|---|---|---|---|---|---|---|---|
| | 관내 수온 | 주위 온도 | 상대 습도 | 종류 | 13mm | 19mm | 25mm | 32mm | 40mm | 50mm |
| 일반적인 조건 | 15℃ | 30℃ | ~75% | ⓐ | | | 15A~80A | | 100A 이상 | |
| | | | | ⓑ | 15A~80A | 100A~300A | | | | |
| 다습한 장소 | 15℃ | 30℃ | 75%~ | ⓐ | | | 15A~25A | | 32A~300A | 350A 이상 |
| | | | | ⓑ | | 15A~25A | 32A~300A | 350A 이상 | | |

ⓐ : 미네랄울, 유리면, 발포폴리스티렌, 발포폴리에틸렌 보온통(1종, 2종)
ⓑ : 고무발포 보온재

### ② 보온용 보온 : 급탕관, 온수관, 증기관, 기름관

| 구분 | 사용 조건 ||| 보온재 두께별 관경 ||||||
|---|---|---|---|---|---|---|---|---|---|---|
| | 관내 수온 | 주위 온도 | 표면 온도 | 종류 | 25mm | 32mm | 40mm | 50mm | 75mm | 100mm |
| 일반적인 조건 | 61~90℃ | 20℃ | 40℃ 이하 | ⓐ | 15A~40A | | 50A~125A | 150A 이상 | | |
| | | | | ⓑ | 15A~40A | 50A~125A | 150A 이상 | | | |
| | 91~120℃ | 20℃ | 40℃ 이하 | ⓐ | | | 15A~40A | 50A~125A | 150A 이상 | |
| | | | | ⓑ | (적용 불가) |||||| 
| 고온의 경우 | 121~175℃ | 20℃ | 40℃ 이하 | ⓐ | | | 25A 이하 | 32A~65A | 80A~300A | 300A 이상 |
| | | | | ⓑ | (적용 불가) ||||||
| | 220℃ | 20℃ | 40℃ 이하 | ⓐ | | | | 20A~40A | 50A~150A | 200A 이상 |
| | | | | ⓑ | (적용 불가) ||||||

ⓐ중 발포폴리에틸렌 보온재 중 1종은 70℃까지, 2종은 120℃까지 적용 가능한 것으로 되어 있으나, 실무에서는 내열성을 고려하여 80℃ 이상에서는 사용하지 않는 편임

③ 보냉용 보온 : 냉수관, 냉온수관

| 구 분 | 사용 조건 ||| 보온재 두께별 관경 |||||||
|---|---|---|---|---|---|---|---|---|---|---|
| | 관내수온 | 주위온도 | 상대습도 | 종류 | 13mm | 19mm | 25mm | 32mm | 40mm | 50mm | 75mm |
| 일반적인 조건 | 5℃ | 30℃ | ~75% | ⓐ | | | 15A~25A | | 32A 이상 | | |
| | | | | ⓑ | | 15A~25A | 32A 이상 | | | | |
| | 10℃ | 30℃ | ~75% | ⓐ | | | 15A~50A | | 65A 이상 | | |
| | | | | ⓑ | 15A~50A | 65A 이상 | | | | | |
| 다습한 장소 | 5℃ | 30℃ | 75%~ | ⓐ | | | | | 15A~32A | 40A~100A | 125A 이상 |
| | | | | ⓑ | | | | 15A~32A | 40A~100A | 125A 이상 | |
| | 10℃ | 30℃ | 75%~ | ⓐ | | | | | 15A~32A | 40A~100A | 125A 이상 |
| | | | | ⓑ | | | 15A~32A | 40A~100A | 125A 이상 | | |

④ 공조용 냉매관

| 구 분 || 발포폴리에틸렌, 고무발포 보온재의 보온 두께(mm) ||||||||||
|---|---|---|---|---|---|---|---|---|---|---|---|
| | 관경 | 6.35 | 9.52 | 12.7 | 15.88 | 19.05 | 22.22 | 25.4 | 28.58 | 31.8 | 34.92 | 38.1 |
| 압축기 옥외 히트펌프 | 가스관 | 20 | 20 | 20 | 20 | 20 | 20 | 20 | 20 | 20 | 20 | 20 |
| | 액관 | 7.5 | 7.5 | 10 | 10 | 10 | 10 | 10 | 10 | 10 | 10 | 10 |
| 압축기 옥외 냉방전용 | 가스관 | 20 | 20 | 20 | 20 | 20 | 20 | 20 | 20 | 20 | 20 | 20 |
| | 액관 | 7.5 | 7.5 | 10 | 10 | 10 | 10 | 10 | 10 | 10 | 10 | 10 |
| 압축기 옥내 히트펌프 | 가스관 | 20 | 20 | 20 | 20 | 20 | 20 | 20 | 20 | 20 | 20 | 20 |
| | 액관 | 7.5 | 7.5 | 10 | 10 | 10 | 10 | 10 | 10 | 10 | 10 | 10 |
| 압축기 옥내 냉방전용 | 가스관 | 7.5 | 7.5 | 10 | 10 | 10 | 10 | 10 | 10 | 10 | 10 | 10 |
| | 액관 | 7.5 | 7.5 | 10 | 10 | 10 | 10 | 10 | 10 | 10 | 10 | 10 |

# 04 보온이 필요하지 않은 부위

## (1) 보온이 필요하지 않은 덕트

- 공조되고 있는 실 및 그 천장 속의 환기(還氣, return air)덕트(※ 환기의 재순환량이 많은 경우 열손실 예방을 위해 보온을 하는 경우도 있으며, 제연 겸용일 경우 일반적으로 유리면 보온판으로 보온을 함)
- 단열재가 내장되어 있는 덕트 (예 경질우레탄폼 덕트, 피놀릭폼 덕트…)
- 보온 효과가 있는 흡음장치 (예 소음기, 소음엘보, 소음챔버…)
- 환기(換氣, ventilation)용 덕트 (예 기계실 급기와 배기, 주차장 급기와 배기…)
- 배기(排氣, exhaust air)용 덕트 (예 화장실 배기, 창고 배기…)
- 단독으로 방화구획되어 샤프트 내에 은폐된 배연덕트
- 장비(공기조화기, 발전기, 에어컨 실외기, 냉각탑 등)와 연결된 외기(O.A)나 배기(E.A) 덕트

## (2) 보온이 필요하지 않은 배관과 밸브류

- 방열기 주위의 실내 노출배관
- 난방되고 있는 실내의 난방용 입상관(주관은 제외) 및 분기관(화상 예방이나 온도제어 측면에서 필요시는 보온함)
- 주방기기나 순간온수기 등과 연결된 주위의 급수관과 급탕관
- 일반적인 사용조건의 오수관, 배수관, 폐수관 등(아파트 피로티, 1층 발코니 하부 등 동결의 우려가 있는 곳은 보온함)
- 모든 위치의 통기관
- 의료가스배관, 가열하지 않은 기름/연료배관, 압축공기배관 등
- 위생기구의 부속품에 해당되는 배관
- 공기배관 중 냉각수배관(냉동기, 냉온수기 및 수냉식 냉방기용)
- 오수처리설비, 집수정 펌핑배관(외기에 접하고 있거나 동파의 우려가 있는 경우, 결로의 가능성이 있는 경우에는 보온함)
- 동결심도 이하의 충분한 깊이(1m 이상)로 매립되는 급수관
- 각종 장비나 배관(입상관 등)의 유지보수를 위해 설치한 드레인 유도관
- 안전밸브, 에어벤트 등의 유도배관과 물탱크의 오버플로관
- 난방되지 않은 공간 내의 우수배관(공조되고 있는 실내 천장 속의 우수배관은 결로의 우려가 있으므로 가급적 보온하는 것이 바람직함)
- 가열하지 않은 기름배관

# 05 보온 시 주의사항

## (1) 보온재의 선택

앞에서 설명한 바와 같이 보온재는 종류에 따라 사용할 수 있는 온도 범위가 다르므로 보온 대상에 따라 적합한 재질의 보온재를 선택하지 않으면 안 된다. 또한 배관에 설치될 경우 습기에 노출된 우려가 많으므로 습기에 의한 단열성능의 저하가 적도록 보온 재질 및 외부마감재를 선택해야 한다.

특히 보온재는 한 번 시공해 놓으면 특별한 사정이 없는 한 보온 대상과 수명을 함께하는 경우가 많으므로, 초기비용이 다소 높더라도 단열성능이 우수한 제품의 선정과 충분한 보온 두께를 갖도록 설치하는 것이 좋다. 단열성능이 저하되거나 보온두께가 부족할 경우 시스템이 운전되고 온도를 지닌 유체가 흐르는 동안 열손실이 지속적으로 발생하기 때문에 눈에 보이지 않는 손실이 크다.

## (2) 보냉보온 시 보완 부위

배관뿐만 냉수나 냉매가 흐르거나 냉기가 전달될 수 있는 모든 부위는 가급적 보온을 해줘야 한다. 적은 양이라도 사용 중 지속적으로 결로가 발생되면 주변이 물기로 인해 지저분해지고, 플랜지나 볼트 등이 부식되어 유지보수에 어려움을 겪게 된다. 다음과 같은 부분도 보냉단열을 해주도록 한다.

- 냉수순환펌프의 임펠러
- 냉수배관 중의 밸브는 핸들과 축을 제외한 전체 몸체를 보온
- 배관이 설치된 지지철물(가대)이나 받침대(가이드슈, 앵커, 배관방진…)
- 냉수계통의 플렉시블조인트, 익스펜션조인트 (신축에 지장을 주지 않는 범위에서 느슨하지만 기밀성 있게 보온)

| 냉수배관의 지지철물에서 결로 발생 |

| 익스펜션조인트와 지지철물의 보온 |

| 임펠러 케이싱에서의 결로 발생 |

| 냉수펌프의 임펠러를 보온한 모습 |

| 버터플라이밸브의 기어 몸체까지 보온 |

### (3) 은폐되거나 매립되는 급수배관의 보온

- 바닥이나 벽체 콘크리트(또는 벽돌)에 매립되는 급수배관은 사용 중 결로가 발생될 수 있고 관리상 부주의로 인한 동파의 우려를 고려해 보온을 하는 것이 좋음
- 각종 PIT 내는 다른 부위와 같은 보온두께로 시공하고, 구조체에 매립되는 배관은 매립에 지장이 없는 범위에서 보온함(5~10mm)

## 06 동파 방지 보온

외기에 노출되거나 동파가 우려되는 부분에 설치된 물이 흐르는 모든 배관은 보온을 해줘야 한다. 오수나 배수관, 때로는 우수배관까지도 겨울철 사용빈도가 낮은 야간에는 결빙되거나 배관 내에서 고드름이 생겨 막힐 수 있으므로 보온하는 것이 좋다. 특히 배관 내 수온이 낮은 급수배관은 다른 부위보다 두껍게 보온을 해줘야 하고, 소화배관과 같이 항상 정체되어 있는 배관은 보온뿐만 아니라 가능하다면 전기열선을 설치해야 한다.

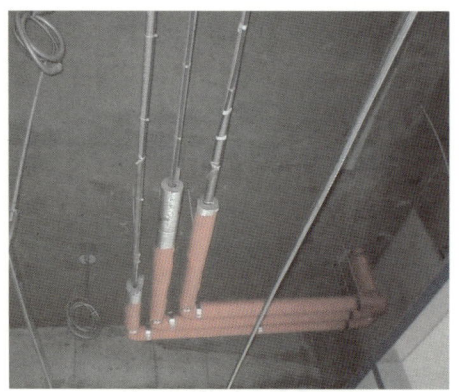

| 팬코일배관의 열선 설치 모습 |

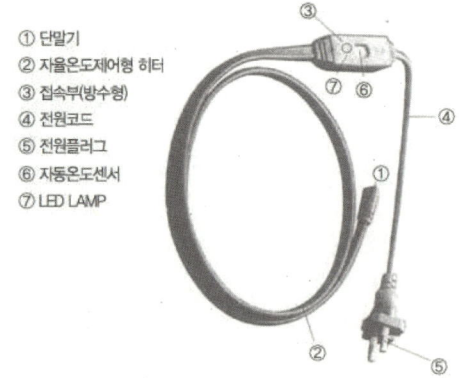

① 단말기
② 자율온도제어형 히터
③ 접속부(방수형)
④ 전원코드
⑤ 전원플러그
⑥ 자동온도센서
⑦ LED LAMP

| 온도센서 일체형 열선 |

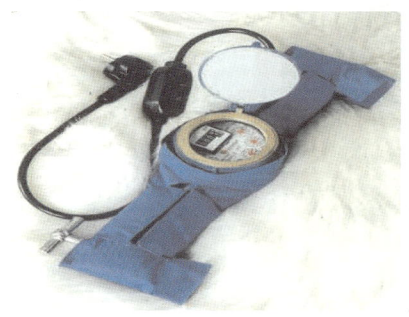

| 급수계량기 열선 내장 커버 |

| 밸브의 열선 시공 |

## (1) 열선을 설치해야 하는 이유

다음 그림과 같이 보온재를 설치하더라도 동파가 발생하지 않는 것은 아니다. 보온재는 주변 외기의 냉기가 배관으로 전달되는 시간을 지연시키는 것일 뿐이다. 결국 지속적으로 영하의 외기에 노출된 상태에서 내부의 유체가 정체되어 있는 배관은 언젠가는 동파를 피할 수 없다.

배관이 동파되기 전에 외기의 온도가 영상으로 충분히 올라가 주거나, 배관 내의 유체가 순환되어 배관의 온도가 올라가지 않는다면 전기열선을 설치해 배관에 온기를 전달해 주어야만 동파를 막을 수 있다.

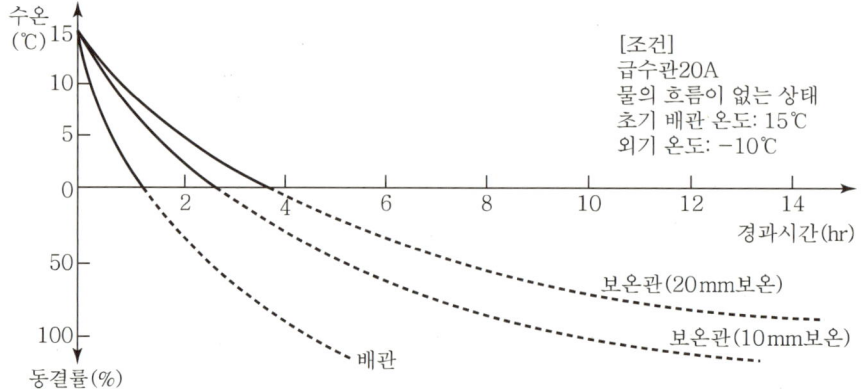

## (2) 열선 시공 시 주의사항

열선 사용 시 합선이나 과열, 누전으로 화재가 발생하는 경우도 있으므로 열선은 내구성이 좋고 신뢰도가 높은 제품으로 선별하여 사용하고, 전원 공급계통에는 반드시 누전차단기를 설치한다. 열선은 일반 발열전선은 과열될 우려가 있으므로 발열온도가 올라갈수록 전류량이 감소하여 항상 일정 온도가 유지되는 정온전선(Self Regulating Cable)을 사용하여야 한다.

온도센서가 부착된 경우에는 결로나 누수, 우수 등으로 인해 센서부가 소손되지 않도록 센서 외부를 보호조치하고, 온도센서의 위치는 외기나 주위 온도를 정확히 감지할 수 있는 곳으로 선정한다.

열선은 제품 사양별로 한 가닥으로 길게 설치할 수 있는 최대 길이가 있으므로 이를 넘어서지 않도록 적정한 길이로 설치한다. 또한 열선은 발열되는 전선이어서 제품의 수명이 있으므로 유지관리 시 작동 여부에 대한 점검을 소홀히 해서는 안 되며, 열선을 설치하더라도 외부에 노출되는 배관은 열선의 고장을 대비하여 보온두께를 충분히 강화하여 시공하는 것이 바람직하다.

열선의 길이가 길어지거나 여러 가닥의 열선이 복잡하게 설치되는 경우에는 열선의 맨 끝부분마다 전원 공급 여부를 확인할 수 있는 소형 램프(발광다이오드 등)를 설치해 놓으면 유지관리 시 매우 편리하다.

| 테이프를 이용한 열선의 고정 |

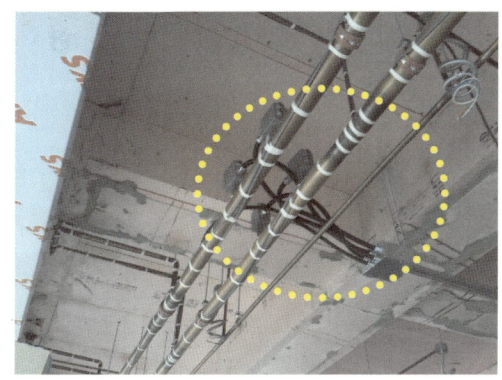

| 전원선의 연결 |

| 열선 끝부분에 전원공급 확인 램프 설치 |

| 열선 시공 후 보온 |

| 조작패널에 각 열선별로 누전차단기 설치 | | 외기에 노출된 오배수관에도 열선 설치 |

# CHAPTER 08 공기조화

## 01 공기조화의 개요

### (1) 공기조화, 냉난방

공기조화(Air Conditioning, 보통 줄여서 공조)란 각종 장치나 설비를 이용하여 대상이 되는 실내 공기의 열적 성질(온도, 습도, 기류 등)과 질적 성질(유해가스, 냄새, 청정도 등)을 요구되는 조건으로 조절하여 실내를 사용 목적에 알맞은 상태로 유지시키는 것을 말한다. 공기조화 설비는 HVAC(Heating, Ventilating and Air-Conditioning system)이라고도 한다.

냉난방이 단순한 온도의 조절을 직접적이고 1차적인 목적으로 하고 있다면, 공기조화는 온도의 제어뿐만 아니라 습도나 냄새, 공기 청정 등 인간이 느낄 수 있는 각종 요소들을 복합적으로 조절하기 위하여 환기나 가습/제습, 필터링 등 여러 가지 분야를 포함하고 있다는 측면에서 보다 넓은 영역이라고 할 수 있다. 하지만 공기조화는 주로 실내의 공기를 제어의 대상으로 하고 있지만, 냉난방은 공기뿐만 아니라 온도를 조절해야 하는 특정한 물체(예를 들자면 냉동창고 내의 생선이나 채소 등)나 시설물(예 : 아이스링크의 얼음판, 바닥난방의 구조체)들에 대하여도 그 특성과 상호 작용을 검토해야 한다.

### (2) 공기조화의 대상과 역할

공기조화를 통하여 조절하거나 처리해야 하는 주요한 인자들은 다음과 같다.
- 건물의 외부로부터 유입되는 열(일사 부하)이나 손실되는 열(겨울철)의 보상
- 실내에서 발생되는 각종 발열량의 처리(인체, 장비, 조명…)
- 재실자의 호흡을 위한 신선외기의 도입에 따른 처리(온·습도 조절, 필터링…)
- 실내에서 배출되는 각종 오염물질(먼지, 냄새, 가스…)의 배출
- 실내의 사용 목적에 따른 기타 특정한 요구사항(항온 항습, 클린룸…)

위의 공조 대상이나 인자들을 정리해 보면 크게 온도, 습도, 기류, 공기정화 등 4대 요소로 나눌 수 있다.

① 온도

여름철에는 냉방을 통해, 겨울철에는 난방을 통해 실내의 온도를 조절하여 재실자들이 더위나 추위로 불편함을 느끼지 않도록 하고 있다. 일반적으로 유닛히터나 냉각·가열 코일을 이용해서 실내 온도를 조절하는 경우가 있고, 공기조화기를 통해 냉난방된 공기를 직접 공급하는 경우도 있다.

② 습도

실내 습도는 계절이나 공조 대상 공간의 용도에 따라 다르기는 하지만 일반적으로 40~60% 범위를 유지하도록 가습과 제습을 하게 된다. 장마와 같이 습도가 아주 높아 불쾌한 경우에는 공기 중의 수분을 감소시켜 적절한 습도를 유지하는 것이 필요하다. 일반적으로 공기조화기를 통해 순환하는 실내공기를 노점온도 이하로 냉각시켜 공기 중에 포함된 수분을 물로 응축시키는 방식이 많이 사용되는데 필요에 따라서는 화학적 제습방법도 이용된다.

겨울철에는 실내 습도가 너무 저하되면 눈이 건조해지거나 코의 점막이 건조해지기 쉽고, 생산시설이나 제품에도 좋지 못한 영향을 줄 수 있으므로 적당한 가습이 이루어져야 한다. 가습은 주로 공조장치에 증기나 물을 분무하는 가습기를 설치하여 순환되는 공기에 습기를 공급하는 방식이 주로 이용된다.

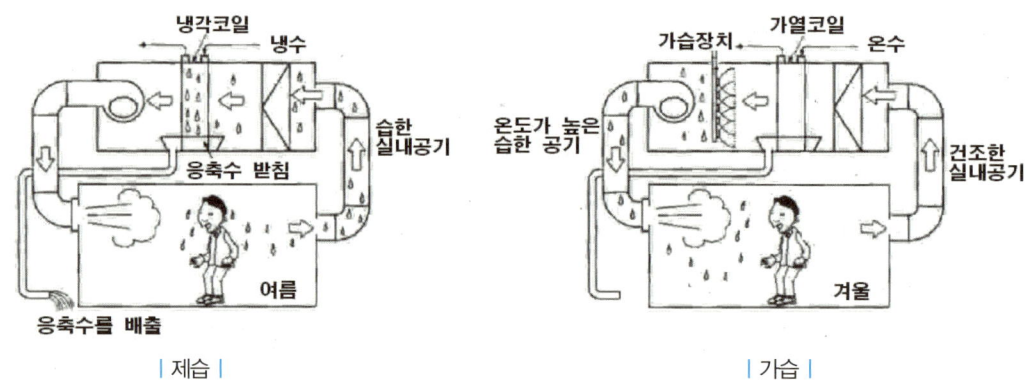

| 제습 |        | 가습 |

③ 기류 속도(급기 속도)

온도가 적절하게 조절된 공기라도 실내로 공급되는 공기(급기)의 속도가 적절치 않을 때에는 불쾌감을 주기 때문에 적절한 풍속으로 골고루 급기시키는 것이 중요하다. 기류 또한 적정한 범위 내에서 풍속을 제한할 필요가 있는데 이와 같은 실내의 기류는 실의 형상이나 순환되는 풍량, 취출구나 흡입구의 형태와 배치 등 여러 가지 요소에 의해 결정된다.

④ 공기정화

실내에서는 사무기기 및 가구, 사람의 활동 등에 의해 내부 공기의 오염도가 높아질 수 있기 때문에 적절한 정화처리가 되어야 한다.

주로 공조장치에 설치된 에어필터를 이용하여 분진이나 먼지를 제거하기도 하지만 오염된 공기를 외부로 배출하고 깨끗한 외부 공기를 도입하여 실내공기를 희석시켜 주기도 한다.

생산시설에서는 실내공기의 오염이 생산의 차질이나 제품의 불량으로 이어질 수도 있고, 사무실이나 주거공간에서도 인체 건강을 위해 $CO_2$ 등의 농도가 적정한 수준으로 관리되어야 하므로 실내공기질의 상태에 따라 공조나 환기장치를 적절하게 가동시켜 주어야 한다.

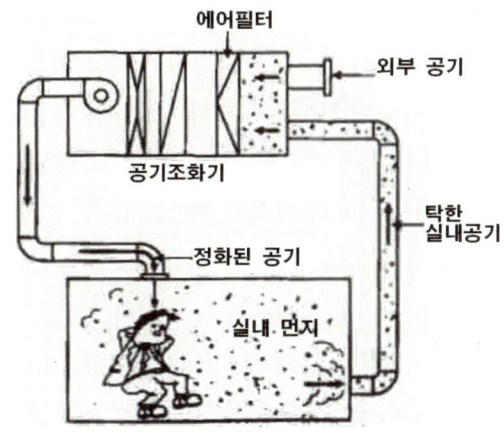

| 적정한 실내 온·습도 조건 |

| 구분 | 공조용 실내 온·습도 기준 | | |
|---|---|---|---|
| | 난방 | 냉방 | |
| 용도 | 건구온도(℃) | 건구온도(℃) | 상대습도(%) |
| 공동주택 | 20~22 | 26~28 | 50~60 |
| 학교(교실) | 20~22 | 26~28 | 50~60 |
| 병원(병실) | 21~23 | 26~28 | 50~60 |
| 관람집회시설(객석) | 20~22 | 26~28 | 50~60 |
| 숙박시설(객실) | 20~24 | 26~28 | 50~60 |
| 판매시설 | 18~21 | 26~28 | 50~60 |
| 사무소 | 20~23 | 26~28 | 50~60 |
| 목욕장 | 26~29 | 26~29 | 50~75 |
| 수영장 | 27~30 | 27~30 | 50~70 |

• 출처 : "건축물의 에너지 절약 설계 기준", 국토해양부 고시

## (3) 공조설비의 구성

공기조화 시스템을 구성하고 있는 요소들을 분류해 보면 크게 열원설비와 반송계통, 그리고 공조장치로 구분할 수 있다. 열원설비는 냉방이나 난방을 공급하기 위한 냉·온열원을 발생시키는 장치이다. 사용하는 1차 에너지원에 따라 전기나 가스, 지역(냉)난방 열원 등이 주로 사용되며 근래에는 폐열이나 자연에너지(신재생)의 활용이 늘고 있다.

반송계통은 열원설비에서 발생된 냉·온 열에너지를 공조장치까지 전달해주는 역할을 한다. 물이나 공기, 냉매 등 다양한 매체를 통하여 에너지를 전달하게 되며, 운송 매체에 따라 반송장비나 통로의 형태가 달라지게 된다. 주로 압력의 차이를 이용하여 매체를 공급해 주는 방식이 많이 사용되는데, 대부분 Pump와 Fan을 이용하여 배관이나 덕트로 이송하고 있다. 반송계통에서는 에너지의 공급뿐만 아니라 적절한 분배도 매우 중요한 사항이 된다.

실내나 부하 측에서 실제적으로 공조 기능을 발휘하는 공조장치는 이용 환경이나 사용자의 요구 조건에 따라 다양한 형식 중 선택하게 되며, 쾌적하고 효율적인 공조를 위하여 여러 가지 장치들을 복합적으로 구성하는 경우가 많다. 또한 온도 조절뿐만 아니라 가습이나 정화 등을 위해 부가적인 장치들도 고려해야 한다. 공조설비의 세부적인 구성 내용을 정리해 보면 다음과 같다.

▼ 공조설비의 구성

| | | | |
|---|---|---|---|
| 공조설비의 구성 | 열원설비 (에너지 생산) | 냉열원 : 냉동기, 히트펌프, 빙축열, 지역냉방… | |
| | | 온열원 : 보일러, 히트펌프, 지역난방 중온수, 태양열, 폐열… | |
| | 반송계통 (에너지 운반) | 물 | 동력(반송 장비) : PUMP |
| | | | 수단(배관) : 냉수, 온수, 스팀, 중온수, 브라인… |
| | | 공기 | 동력(반송 장비) : FAN |
| | | | 수단(덕트) : 급기(냉/온), 배기, 환기, 외기… |
| | | 기타 | 냉매, 기름, 압축공기, 아이스 슬러리… |
| | 공조장치 (에너지 전달) | 대류 | 팬코일, 컨벡터, 유닛히터/쿨러, 방열기 |
| | | 복사 | 바닥(냉)난방코일, 복사 패널… |
| | | 기타 | AHU, PAC, 가습기, 제습기, 에어필터… |

## 02 공기조화 방식의 분류

| 구분 | 열매체에 의한 분류 | 방 식 |
|---|---|---|
| 개별식 | 냉매 방식 | 패키지 유닛 방식 |
| | | 멀티 유닛 방식 |
| | | 히트펌프 방식 |
| 중앙식 | 전 공기(全空氣) 방식 | 단일덕트 방식(정풍량, 변풍량, 재열, 바닥공조) |
| | | 이중덕트 방식 |
| | | 각층 유닛 방식 |
| | | 덕트 병용 패키지 방식 |
| | | 무덕트 방식(유인 공조) |
| | 수(水) 방식 | 팬코일유닛(FCU) 방식 |
| | 공기-수 방식 (수-공기 방식) | 덕트 병용 팬코일유닛 방식 |
| | | 유인유닛 방식 |
| | | 복사 냉난방 방식 |

전공기 방식(All air system)은 급배기 공기를 통한 에너지의 전달로 실내 공기조화를 실시하는 방식이다. 부하 변동에 대한 실온 제어의 감도가 빠르고, 외기 도입에 의한 충분한 환기량의 확보와 필터 장치를 통한 공기 청정이 가능하여 다중이용시설이나 쾌적성, 청정성이 요구되는 건물에서 많이 사용되고 있다. 또한 덕트 설비가 대부분 천장 속에 매립되어 미관상 실내에 노출된 장치가 없고 실내에 물 배관이 없어 누수의 우려도 없다.

그러나 전공기 방식은 송풍량이 많아 덕트 설치 공간이 많이 필요하고 공기의 열운반 능력이 적어 기계실로부터 원거리의 공조 공급에는 부적합하며 송풍 동력비도 많이 발생한다. 또한 공조실 공간이 많이 필요하고 덕트의 풍량 제어와 분배가 용이치 않아 공조 제어에 어려움이 있을 수 있다.

수 방식(Water system, 水)은 팬코일유닛 등 냉온수를 이용한 열교환 장치를 이용하여 실온을 제어하는 방식으로, 덕트 공간이 필요 없어 건물의 층고를 낮게 할 수 있으며 열운반 동력이 적게 소요된다. 각 실별로 개별적인 제어가 용이하나 외기 도입이 불가하므로 실내공기의 오염이 심화될 우려가 있어, 자연환기가 충분히 가능하거나 비용상의 문제로 전공기 방식이 불가한 경우에 대안으로 적용되기도 한다. 실내의 물 배관에 의한 누수나 동파의 우려가 있어 관리상의 주의가 필요하고 가습 장치가 없어 습도 조절도 곤란하다.

근래에는 중·소형 건물에서 수방식을 대체하여 냉매 방식이 많이 적용되고 있는 추세이다. 예전에는 패키지 유닛 등 개별 실의 냉난방에 제한되던 것이 근래 히트펌프식 냉난방기(시스템 에어컨)의 성능 향상에 힘입어 여러 실, 또는 건물 전체적인 냉난방이 가능해졌다. 이에 따라 냉매 방식은 개별적 사용의 편리함과 장비 설치 공간이 적게 소요되어 여러 건물에서 다양한 방식으로 활용이 증가하고 있다. 실내에는 물 배관이 없어 동파의 우려는 없지만 수 방식과 마찬가지로 신선외기의 환기나 습도 조절은 불가하다.

공기-수 방식은 덕트와 배관 계통이 동시에 필요하므로 구조가 복잡해지지만, 전공기 방식에 비해 덕트 스페이스 및 운송 동력을 줄일 수 있고, 부하 변동에도 효과적으로 대응할 수 있다. 특히 덕트 병용 팬코일유닛 방식의 경우 외주부(창가 쪽)에는 팬코일유닛(수 방식)를 설치하여 외주부 부하 변동이나 방위별 냉난방에 대응할 수 있도록 하고, 실내의 환기 부하 및 내주부(실내 중앙쪽) 부하는 덕트를 이용한 공기 냉난방 방식으로 처리하도록 하고 있다. 이 방식은 환기는 물론 상호 시스템의 보완적인 기능 때문에 방위별, 실내부하별 변동에 따른 효율적인 운전이 가능하여 오피스 빌딩이나 사무용 공간에서 일반적으로 적용되고 있다.

## (1) 냉매 방식(패키지 유닛, 멀티 유닛 방식)

패키지 방식(Package)은 냉동사이클의 구성 요소인 압축기, 응축기, 팽창밸브, 증발기와 송풍기, 필터 등을 하나의 케이스 내에 조립한 것이다. 오래 전에는 룸쿨러 방식(Room cooler, 창문형)이 많이 사용되었으나, 용량의 한계가 있고 소음 문제를 해결하기 위하여 요즘에는 실내기와 실외기를 따로 설치하는 분리형(패키지유닛-PAC, 스탠드형이나 벽걸이형)이 대부분 사용되고 있다.

패키지유닛을 난방용으로 사용할 때에는 실내기의 냉각코일 위쪽에 전기가열코일(간혹 온수나 증기 코일)을 설치하여 가열하든지, 아니면 히트펌프(Heat pump) 방식을 이용하여 냉매의 흐름 방향을 반대로 전환하여 계절별로 냉난방 운전을 한다.

근래에는 1대의 실외기 유닛에 여러 대의 실내기를 연결할 수도 있어 실외기의 설치 대수와 소요 면적을 줄일 수 있는 멀티유닛방식, 또는 시스템에어컨방식이 많이 사용되고 있다. 멀티유닛방식은 개별제어 운전을 할 수 있으며 사용상의 편리함과 천장형 실내기 설치 시 실내 바닥 점유공간의 불필요, 히트펌프 방식을 이용한 냉난방 가능 등 장점이 많아 점차 사용이 보편화되고 있다.

| 룸쿨러 방식 |   | 패키지유닛 방식 |

근래에는 패키지 방식의 최대 약점인 환기 문제를 해결하기 위하여 열교환식 환기설비와 통합된 시스템으로 구성하여 연동 운전하고, 공기청정이나 필터 자동청소기능 등 점차 고기능화되고 있는 추세이다.

실외의 응축기의 냉각은 보통 송풍기를 이용한 공기냉각방식을 주로 사용하나 시스템의 용량이 커지거나 대규모 건물에서는 냉각탑 등을 이용한 수냉각방식도 이용된다.

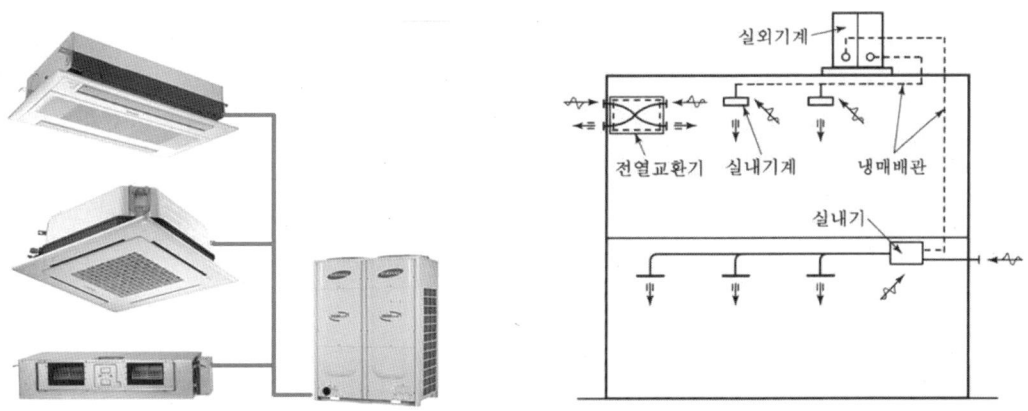

| 멀티유닛방식 |

### (2) 단일덕트 정풍량(CAV) 방식

가장 일반화된 공조방식으로서 중앙의 기계실에 냉동기, 보일러 등의 장비와 함께 공기조화기(AHU, Air Handling Unit)를 설치하여 냉각, 감습 및 가열, 가습한 공기를 덕트를 통해 각 실로 송풍하는 방식이다. 온·습도 조절뿐만 아니라 환기나 신선외기 공급이 가능해 다수의 사람들이 이용하는 건물에서는 가장 보편적으로 사용되고 있다.

단일덕트방식은 송풍량을 일정하게 유지하고 실내부하의 변동에 따라 송풍 온도를 변화시키는 정풍량방식(Constant Air Volume, CAV)과, 송풍 온도를 일정하게 유지하고 송풍량을 변화시키는 가변풍량(변풍량, Variable Air Volume, VAV) 방식으로 구분된다.

정풍량방식은 하나의 덕트로 항상 일정한 풍량을 공급하기 때문에 사무실이나 홀, 극장이나 대규모 공간 등 정밀한 온도나 습도 제어를 요구하지 않는 일반적인 공조 공간에서 널리 사용되고 있다. 건물의 구역별 부하 변동이 심하거나 공조 구역 내 사용시간대가 다른 실들이 많은 경우에는 효율적인 공조를 위하여 유사한 구역별로 공기조화기를 분할하거나 메인 덕트를 조닝한 후 전동댐퍼 등의 차단장치를 설치하는 것이 바람직하다.

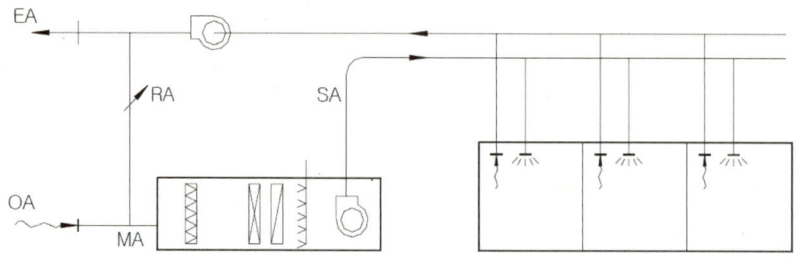

| 단일덕트 정풍량방식 |

정풍량방식에서는 실내에 설치된 온도 및 습도센서를 이용하여 실내공기 상태를 파악해 공기조화기를 가동하게 되므로 센서의 위치 선정에 주의할 필요가 있다. 예를 들어 센서의 위치가 유입되는 외기나 일사의 교란을 받거나 실내 장비의 발열로 인해 적절한 온/습도를 감지하지 못하게 되면 공조가 공급되는 다른 많은 부위에서는 과냉이나 과열되는 불편함을 겪을 수도 있다. 또한 공기조화기의 용량이 최대부하를 기준으로 선정되기 때문에 실내공기 상태에 따라 장비의 가동시간을 최소화하여 장비 가동에 따른 에너지 낭비가 없도록 하여야 한다.

### (3) 단일덕트 변풍량(VAV) 방식

#### ① 변풍량 방식의 개요 및 특징

단일덕트 변풍량방식은 덕트의 구성은 정풍량방식과 거의 동일하지만 공조되는 각 실에 풍량조절장치(변풍량유닛, 또는 가변풍량조절기)와 온도조절기를 설치하여 공급되는 풍량을 제어하게 된다. 각 실에 공급되는 급기의 온도는 자동제어에서 설정된 온도로 일정하지만, 각 실의 부하 변동에 따라 송풍량을 조절하여 실내 온도를 요구하는 수준으로 유지하게 된다.

VAV시스템에서는 실내 부하에 따라 공기조화기의 급기팬과 배기팬의 풍량이 변화되어야 하므로 인버터 제어장치나 풍량조절장치가 구비되어야 한다. 예전에는 팬의 흡입측이나 토출측에 구동기가 부착된 풍량조절댐퍼를 설치하여 풍량을 제어하는 방식도 많이 사용되었으나, 근래에는 인버터 제어장치의 성능이 우수해지고 가격도 저렴해져 대부분의 경우 인버터를 이용한 회전수 제어방식을 사용하고 있다.

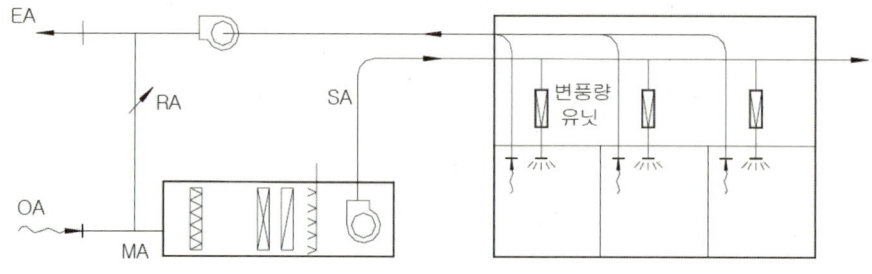

| 단일덕트 변풍량방식 |

공기조화기 급·배기팬의 제어는 변풍량유닛의 개폐 상태에 따라 변화되는 덕트 내의 정압을 측정하여 조절하는 방식이 보편적으로 사용된다. 각 실의 부하가 증가하여 변풍량유닛이 많이 개방되면 덕트 관로 내부의 정압이 떨어지게 되고, 이럴 경우 팬의 회전수를 높혀 풍량을 증가시켜 주면 정압이 다시 증가하여 당초의 설정 수준으로 유지되도록 하는 방식이다. 덕트 관로에 설치되는 정압센서의 위치는 공기조화기 토출측 근처보다는 덕트 말단 부위 쪽으로 2/3 정도 되는 위치가 적당하다.

이렇게 변풍량방식은 실내부하에 따라 공급량을 가감하고 미사용 실에 대하여는 공조 공급을 차단할 수도 있어 정풍량방식에 비해 불필요한 에너지 낭비를 줄이고 효율적인 공조가 가능한 장점이 있다. 그러나 풍량 제어를 위한 다수의 설비(변풍량유닛, 실내 온도조절기, 팬 인버터 제어장치, 기타 자동제어 등)가 추가적으로 필요하기 때문에 설비비가 많이 상승되어야 한다.

또한 실내에서 발생되는 부하가 많지 않을 경우에는 송풍량이 매우 적어져 가끔 최소한의 환기마저도 이루어지지 않는 경우가 발생할 수 있으므로 그런 경우에도 최소 환기가 되도록 변풍량유닛의 최소 개도율을 설정해 줄 필요가 있다.

덕트에 설치되어 풍량을 조절해주는 장치는 크게 정풍량유닛(CAV)과 변풍량유닛(VAV), 그리고 팬파워유닛(FPU)으로 나눌 수 있는데, 예전에는 풍량조절장치 내부의 구조와 작동원리에 따라 여러 가지 방식이 있었지만 지금은 다음과 같은 벤츄리(Venturi)형과 댐퍼(Damper)형 장치를 주로 사용하고 있다.

② 벤츄리형 정풍량유닛과 변풍량유닛

벤츄리형 정풍량유닛은 덕트 내의 압력 변화에 관계없이 수동으로 조정해 놓은 눈금판의 설정값만큼 통과하는 풍량을 자동적으로 일정하게 유지시켜 준다. 유닛 내부의 Cone(유동자)은 압력 변화에 따라 축방향 앞뒤로 움직이는데, 풍량이 증가하면 Cone 앞쪽의 압력이 증가하여 Cone을 케이싱의 잘록한 부분으로 밀어 넣게 되어 유체 통과 시 저항을 증가시키게 된다. 저항이 증가에 따라 풍량과 압력이 점차 줄어들게 되면 축에 설치된 스프링이 Cone을 다시 앞으로 밀어내면서 설정된 풍량값에 따른 스프링의 장력과 통과하는 송풍량에 따른 압력(또는 저항)이 균형을 이루는 지점에서 위치하면서 셋팅된 일정한 송풍량을 자동으로 유지하게 된다.

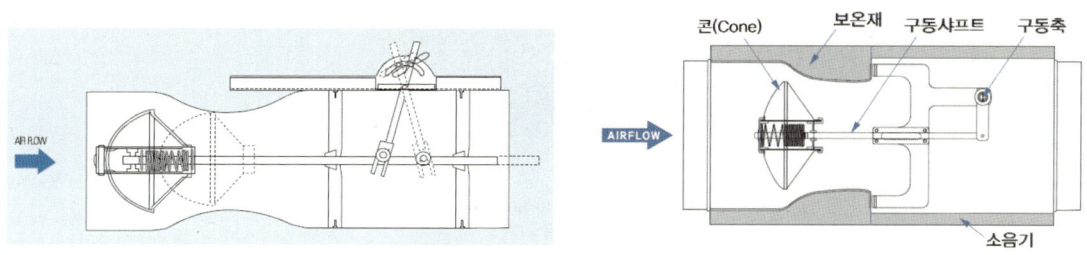

| 벤츄리형 정풍량유닛 제품들 |

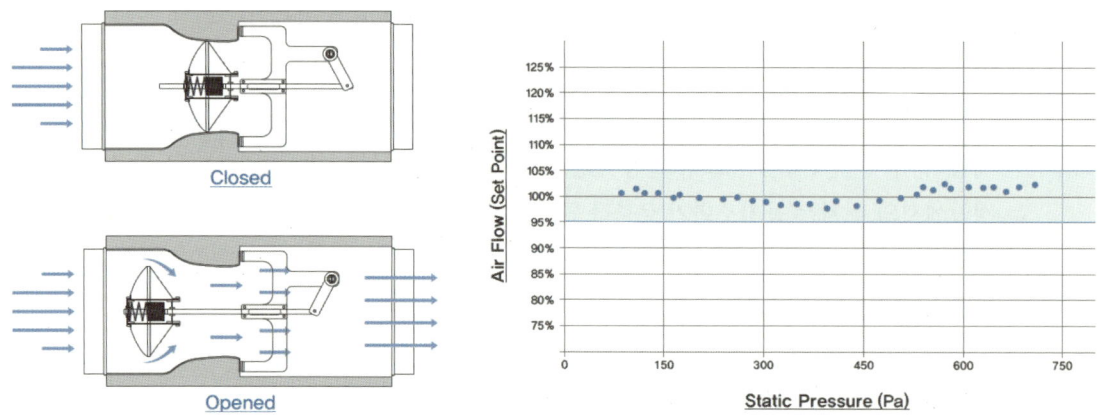

| 벤츄리형 정풍량유닛의 작동 원리와 성능 |

벤츄리형 변풍량유닛은 실내에 설치된 온도조절기의 제어신호에 의하여 구동기(Actuator)가 축을 직선방향으로 움직이면서 요구되는 풍량으로 조절하게 되며, 유닛 본체에 장착된 센서와 조절기(Controller)가 통과하는 풍량을 실시간으로 감지하여 비례제어하기 때문에 덕트 내의 압력과는 상관없이 독립적으로 정밀한 풍량제어가 가능하다.(Pressure independent 특성)

변풍량유닛의 풍량 최대치와 최소치(최소환기량)는 공장 제작 시 요구 풍량에 맞춰 셋팅해 납품되는데, 사용 여건에 따라 덕트계통의 완전 밀폐가 필요한 경우(유해가스나 냄새 유출 예방, 공실 에너지 절약 등) 변풍량유닛을 전폐형으로도 셋팅하여 사용하기도 한다.

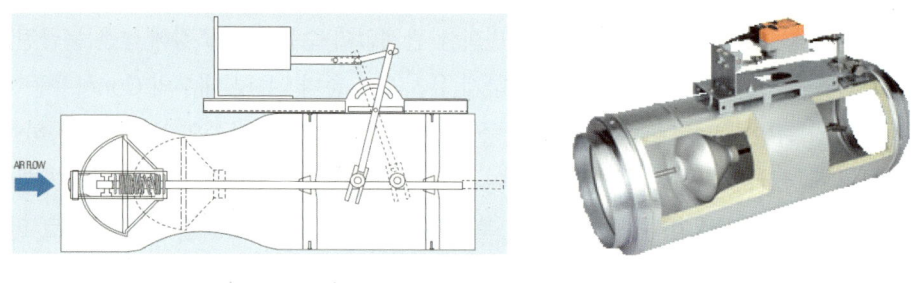

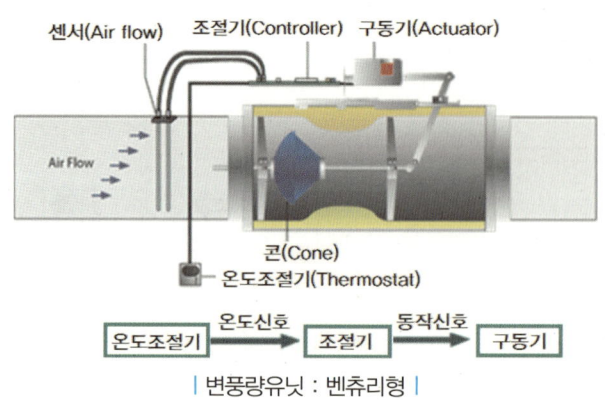

| 변풍량유닛 : 벤츄리형 |

③ 댐퍼형 정풍량유닛과 변풍량유닛

댐퍼형 정풍량유닛과 변풍량유닛은 장치 내부에 설치된 원형(또는 사각형) 댐퍼가 축에 의해 회전하면서 풍량을 조절하게 되는데, 통과되는 풍량에 따라 댐퍼의 회전 각도를 요구되는 풍량으로 수시로 비례제어하기 위하여 유닛에는 센서(차압, 또는 Air flow)와 조절기(Controller)가 장착되어 있다. 이때 항상 일정한 풍량값을 갖도록 댐퍼를 제어하게 셋팅하게 되면 정풍량유닛이 되고, 댐퍼가 미리 셋팅된 최소－최대 풍량값 범위 내에서 실내 온도에 따라 풍량을 비례제어하도록 설정할 경우 변풍량유닛이 된다.

댐퍼형의 경우에도 센서를 이용해 요구하는 풍량으로 정확히 제어할 수 있어 덕트나 유닛 주변의 압력 변화에 관계없이 작동하는 압력독립식(Pressure independent) 장치이며, 표준형(풍량 최소－최대치 설정)과 전폐형(완전 밀폐 가능)으로 제작되고 있다. 또한 댐퍼의 기밀성을 위해 댐퍼 가장자리에는 우레탄 가스켓이 부착되고 있다.

댐퍼형은 벤츄리형에 비하여 구조가 간단하고 제작이 용이하여 가격이 저렴하고, 풍량 제어성도 양호한 편이어서 근래 사용이 늘고 있다.

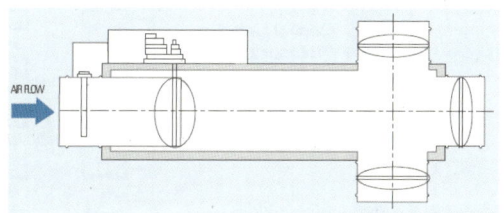

| 변풍량유닛 : 댐퍼형 |

④ 팬파워유닛(FPU, Fan Powered Unit)

FPU는 장치 내에 송풍기가 설치되어 있어 실내로 급기되는 송풍량의 제어가 용이하게 될 수 있고, 적극적인 실내 온도제어를 위해 냉온수 코일을 설치하는 경우가 많다. FPU에서는 공조기에서 공급되는 급기뿐만 아니라 실내공기도 송풍기가 흡입하여 혼합한 뒤 코일을 통과하면서 실내로 송풍하게 되며, 송풍기의 제어 설정에 따라 정풍량유닛과 변풍량유닛으로 제작할 수 있다. 팬파워유닛에 냉온수 코일이 설치된 경우 팬코일을 대체하여 실내 온도를 조절하거나 외주부 부하를 처리하는 용도로 주로 사용된다.

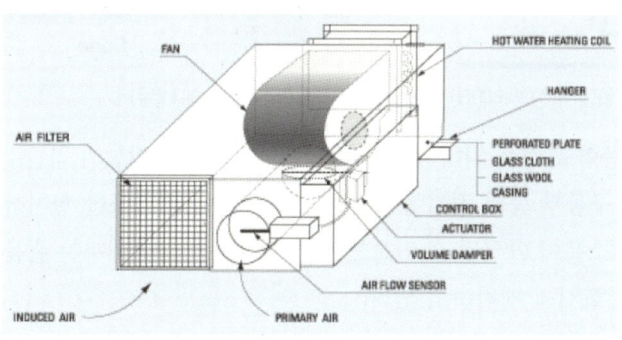

⑤ VAV유닛의 제어와 설치

변풍량유닛은 고유의 기능인 온도조절(또는 풍량조절) 기능이 자체적으로 이루어질 수 있도록 일반적으로 각 유닛마다 본체에 조절기와 센서, 구동기 등이 세트화되어 부착되어 있지만, 중앙감시실에서 전체적으로 각 유닛의 작동상황을 파악하고 원격제어하기 위하여 자동제어설비가 구성되어야 한다. 특히 변풍량유닛의 개폐 상황에 맞춰 공기조화기의 풍량을 제어하여야 하기 때문에 일반 기계설비 자동제어와 하나의 프로그램으로 통합하여 제어 시스템을 구성하는 경우도 있고, VAV의 수량이 많을 경우 별도의 자동제어 시스템으로 분리하여 구성한 뒤 상호 통신에 의하여 정보나 명령값을 주고 받는 경우도 있다.

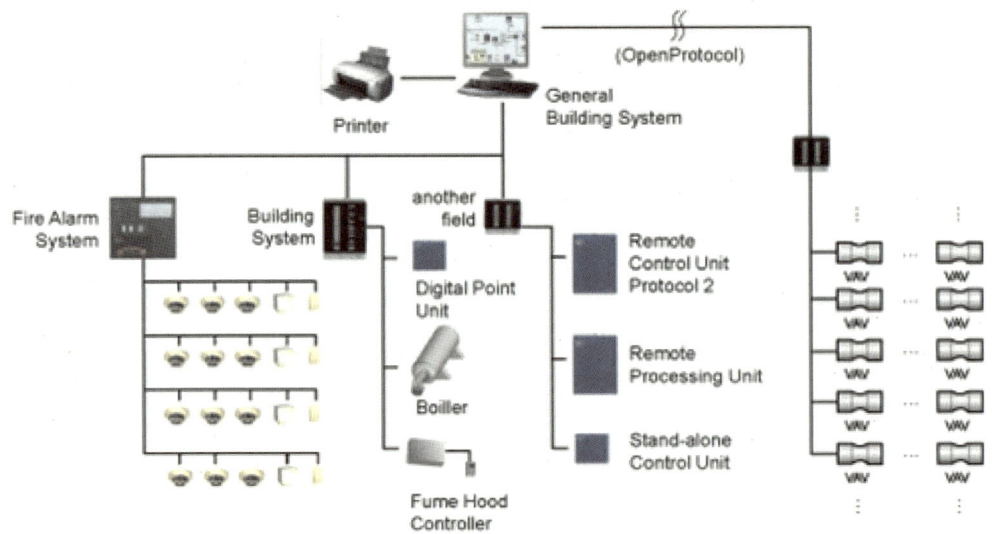

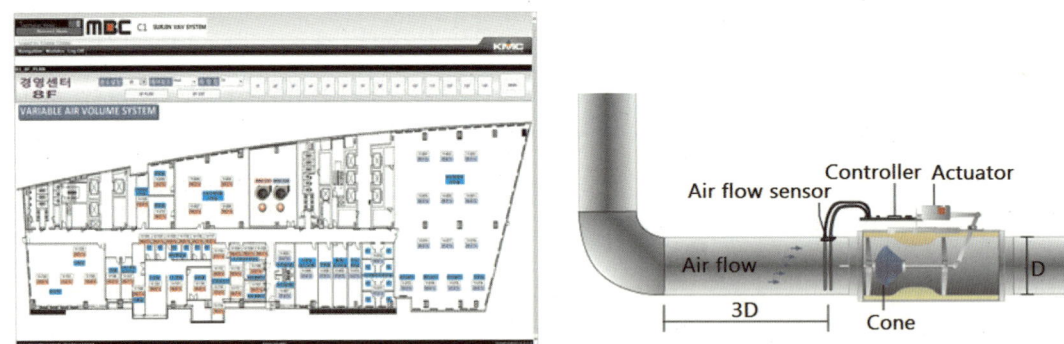

| VAV 자동제어 계통 및 화면 구성 사례(좌), VAV 설치 시 직관부 확보 예시(우) |

VAV를 설치할 때에는 정확한 풍량 측정을 위하여 유닛 전면부에 최소 3D 이상의 직관부를 확보해주어야 한다. 또한 조절기나 구동부 등의 점검을 위하여 천장면에는 점검구를 설치하여야 하고, 콘이나 댐퍼의 위치에 따라 소음이 발생될 수 있으므로 일반적으로 유닛 내부는 흡음재로 마감하거나 후단에 소음기를 일체화시켜 제작하고 있다.

VAV의 작동 상황에 따라 공기조화기의 급기팬과 환기팬을 연동제어하는 방법으로는 주로 급기 메인덕트에 정압센서를 설치하여 VAV의 개폐에 의해 덕트 내부의 압력이 증가할 경우 팬의 회전수를 낮춰 풍량을 감소시키는 정압제어 방식이 많이 사용되어 왔다.

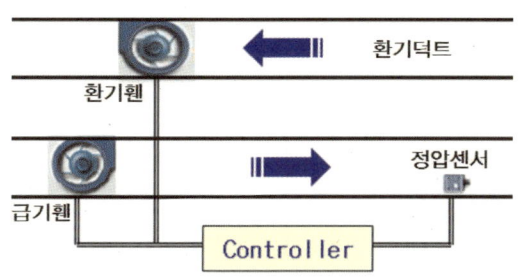

| 인버터 출력 | 풍량 (CMH) | | |
|---|---|---|---|
| | 급기 팬 | 환기 팬 | 풍량 차 |
| 100% | 30,000 | 24,000 | 15,000 |
| 80% | 27,000 | 21,600 | 13,500 |
| 50% | 3,000 | 2,400 | 1,500 |

| 공조기의 정압제어 방식과 풍량의 변화 |

그러나 이와 같은 방식은 VAV가 많이 닫히면서 팬의 회전수가 낮아지게 되면 급기량과 환기량의 차이가 변하게 되어 실내에서 압력 밸런싱이 틀어지는 문제가 있다. 일반적으로 실내에서는 공조기의 급기·환기 이외에도 화장실 배기나 별도의 급기·배기가 있을 수 있는데, 공조기 급기·환기의 풍량 밸런싱이 변하게 되면 실내의 전체적인 압력 밸런싱이 변하게 되어 냄새의 유출이나 출입문 틈새에서의 바람소리 발생 등 다른 문제가 발생할 수 있다.

따라서 근래에는 정압센서와 함께 공조기와 연결된 메인 급기덕트와 환기덕트에 풍량측정장치(FMS, Flow Measuring System)를 설치하여, 공조기의 급기팬은 VAV 개폐에 따라 변화하는 급기덕트 내의 정압 변화에 맞춰 풍량을 가감하도록 연동제어하고, 환기팬은 급기덕트의 FMS와 환기덕트의 FMS에서 측정된 풍량값의 차이가 항상 일정해지도록 연산제어하도록 하여 실내의 풍량 밸런싱이 변화되지 않도록 제어하는 방법이 많이 적용되고 있다.

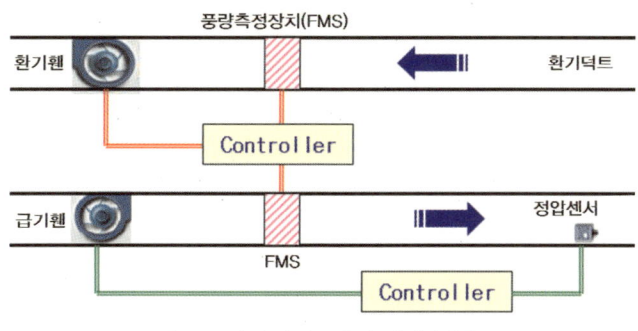

| 공조기의 정압-풍량 제어방식 |

덕트에 설치하는 정압센서의 위치는 일반적으로 메인덕트의 관로 중 말단쪽 2/3 지점에 설치하고 있다. 덕트가 수직으로 여러 층에 분기될 경우 2~4층 이하인 경우는 최상층 덕트가 분기되는 전의 위치에, 5층 이상인 경우 최상부 2개층의 덕트 분기 앞 위치에 설치하면 된다. 만일 덕트가 수평으로 넓게 분포되고 여러 메인으로 분기될 경우 각 메인덕트의 말단 2/3 지점에 정압센서를 설치한 뒤 각 센서들의 평균값이나 또는 최소값을 기준으로 공조기의 팬을 제어하면 된다.

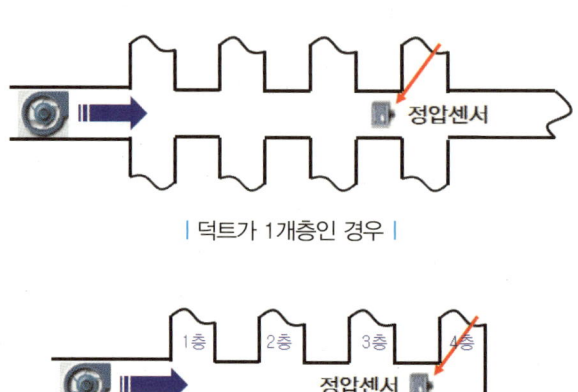

| 덕트가 1개층인 경우 |

| 2~4층 이하인 경우 |

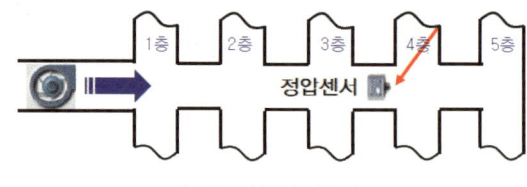

| 5층 이상인 경우 |

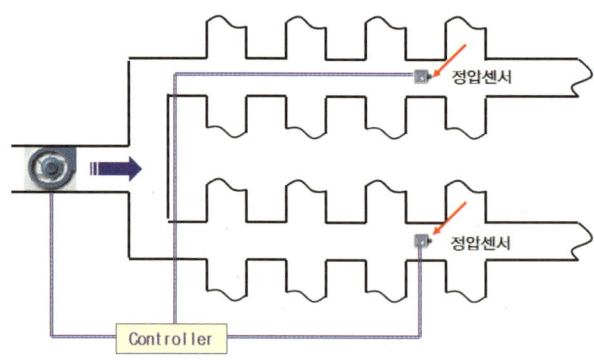

| 수평덕트가 복합적으로 구성된 경우 |

### (4) 단일덕트(재열) 방식

단일덕트 재열방식은 정풍량 덕트의 존별 분기부분이나 말단에 재열기(再熱機, Reheater)를 설치하여 공조기에서 1차 예열, 또는 예냉된 급기를 실내부하 변동에 맞춰 재열기를 작동하여 원하는 온도로 다시 조절해 공급하는 방식이다. 재열기가 덕트의 조닝된 분기부에 설치된 경우 Zone Reheat, 급기덕트 말단 부분에 설치된 경우에는 Terminal Reheat 방식이라고 부르기도 한다.

재열 방식은 공조 대상구역의 부하 상태나 사용 여부에 따라 급기 온도를 조절할 수 있기 때문에 불필요한 에너지 낭비를 줄일 수 있다. 터미널 리히팅 방식은 각 실에서 사용자의 개별제어가 가능하기 때문에 객실이 많은 호텔이나 숙박시설, 또는 사용 시간이 다른 복합적인 공간들로 구성된 업무용 시설에서 활용되고 있다. 근래에는 널리 보급되고 있는 시스템에어컨이나 천장형 FCU가 이 재열 방식을 대체하고 있어 예전보다는 적용 사례가 적어지고 있다.

재열기의 열원으로는 냉수나 온수, 증기, 전기 코일 등이 사용되고 있는데, 냉·온수나 증기를 사용하는 경우 제어밸브의 개도율이 변화될 때 소음이 발생될 수 있으므로 주의가 필요하다. 전기코일을 이용할 경우에는 과열 방지를 위한 안전조치가 반드시 구비되어야 한다.

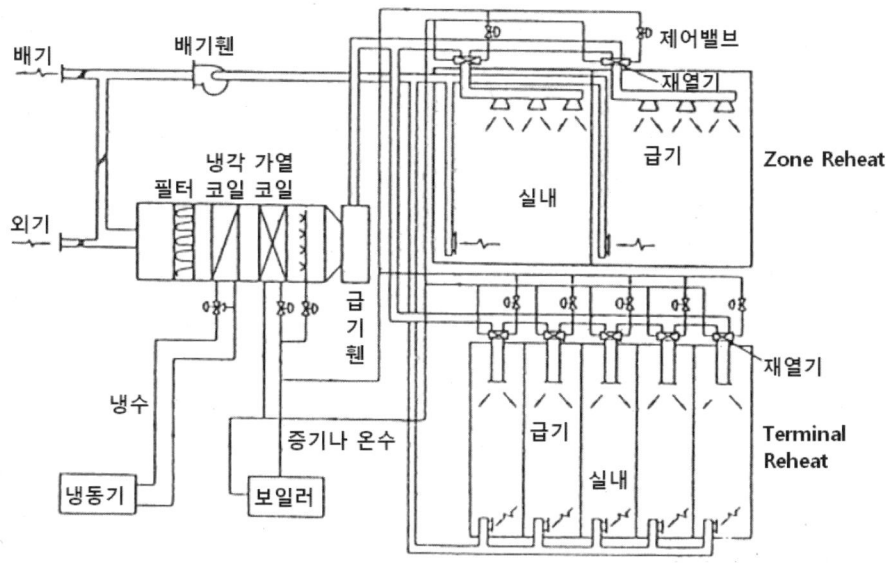

### (5) 이중덕트 방식

공기조화기(AHU)에서 만들어진 냉풍과 온풍이 각각 별개의 덕트를 통해 공급되고 이것이 혼합상자 또는 혼합기(mixing unit or mixing box)에서 각 실의 부하 상태에 따라 냉·온풍을 혼합해서 소정의 온도로 공기를 만들어 실내로 송풍하는 방식이다.

혼합상자가 설치된 각 존이나 실별로 개별제어가 가능하고 연중 사용자의 선택에 따라 동시 냉방/난방이 가능하여 편리성과 공조 만족도가 높다. 또한 충분한 환기가 가능하여 호텔이나 고급 오피스건물, 또는 다양한 부하 패턴이 동시에 발생되는 건물 등에서 적용되어 왔다.

그러나 냉·온풍 혼합에 따른 에너지의 낭비가 크며, 이중덕트와 혼합기 설치를 위해 설치 공간이 추가로 필요하고 설비비가 많이 소요되는 단점이 있다. 또한 급기 혼합을 위한 정압이 필요해 송풍 동력이 다소 증가되어야 하고 혼합기에서 소음이 발생될 우려가 있다.

따라서 이중덕트 방식은 팬코일유닛의 개별제어성이 향상되고 시스템에어컨의 보급이 증가하면서 근래에는 적용 사례가 매우 드물다.

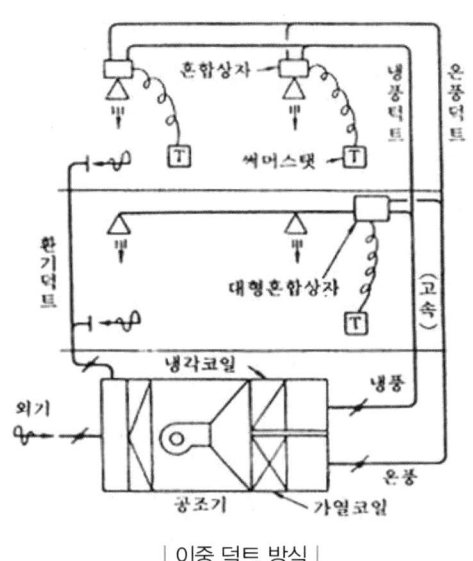

| 이중 덕트 방식 |

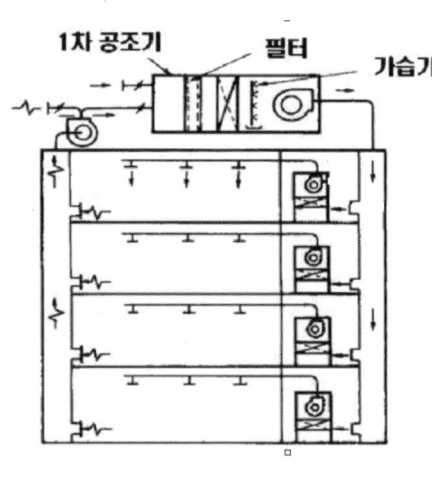

| 각층 유닛 방식 |

## (6) 각층 유닛 방식

각층 유닛 방식은 먼저 각 층 또는 각 존(zone)마다 유닛을 설치하고, 여기에 옥상이나 기계실의 중앙 장치에서 적당한 온도로 조정한 외기(1차 공기)를 공급한다. 각 유닛에서는 송풍기에 의하여 흡입한 실내공기(2차 공기)와 중앙 장치에서 공급받은 외기(1차 공기)를 혼합하여 코일을 이용해 냉각, 또는 가열한 후 실내로 공급하는 방식이다.

이 방식에서는 외기용 덕트가 각 층을 관통하고 있지만 단일덕트 방식에 비해 중앙기계실의 면적과 입상덕트 스페이스가 적어지게 된다. 또 각 층별(또는 존별) 단독 운전이 가능하여 구역별 사용 조건에 따라 온도나 습도의 설정, 공기정화의 수준을 달리 할 수 있는 장점이 있다.

그러나 각 층마다 기계실이 분산 배치되어야 하므로 소음이나 진동이 실내로 전달될 우려가 있으며 유지관리 측면에서도 다소 번거롭다. 또한 공조기의 설치 대수가 증가하고 주위 연결배관들과 제어장치들이 늘어나게 되어 설비비가 증가하게 된다.

### (7) 덕트 병용 패키지 방식

각 실내에 설치되어 있는 패키지 공조기로 냉·온풍을 만들어 덕트를 통하여 실내로 송풍하는 방식이다. 실내의 면적이 다소 넓어서 패키지의 토출구에서 실내로 바로 급기하는 것으로 기류나 온도 분포가 충분히 이루어지지 않을 때 패키지 공조기에 급기덕트를 연결해 실내 각 부분으로 급기를 골고루 공급하고자 적용된다. 일반적으로 환기는 덕트없이 패키지 본체에서 바로 흡입하는 경우가 많지만, 필요에 따라서는 환기에도 덕트를 연결하는 사례도 있고 외기 공급을 위한 덕트를 별도로 설치하는 경우도 있다.

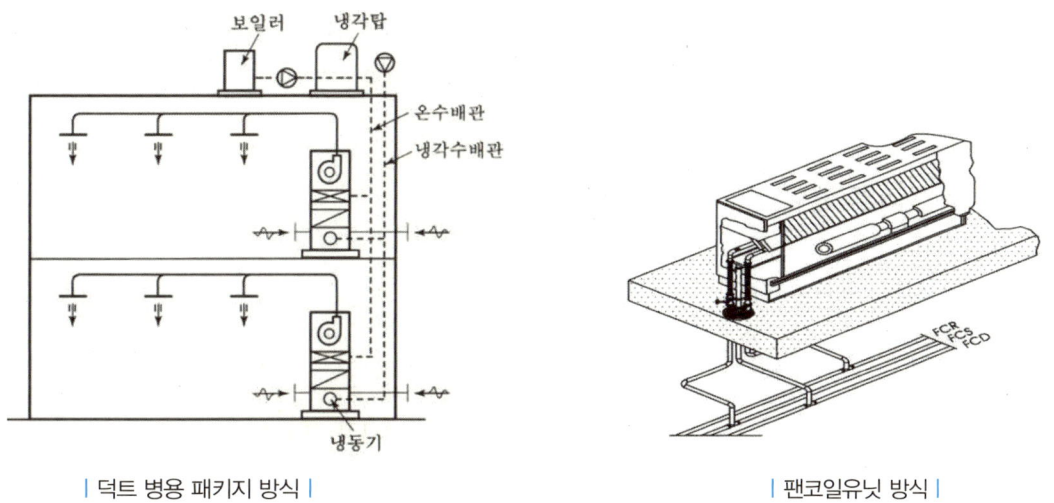

| 덕트 병용 패키지 방식 |    | 팬코일유닛 방식 |

### (8) 팬코일유닛 방식

① 팬코일유닛 방식의 개요와 특징

송풍기와 열교환 코일, 에어필터 등으로 구성된 팬코일유닛(FCU, Fan Coil Unit)를 각 실 또는 담당 구역별로 설치하고 실내의 부하 변동에 따라 송풍량이나 냉·온수의 양을 가변시켜 제어하는 방식이다. 팬코일유닛은 실내공기를 재순환시키면서 열교환을 통해 실내 온도를 제어하므로 덕트 스페이스가 필요없어 층고를 낮출 수 있지만, 외기 도입이 없을 경우에는 실내공기질이 악화될 우려가 있으므로 별도의 환기 대책을 마련해야 한다.

하지만 FCU는 설치 여건이나 사용자의 요구에 맞춰 바닥상치형, 천장형, 카세트형, 입형, 덕트 연결형 등 다양한 형태로 공급되고 있고, 다양한 기능들과 개별 및 원격제어 등 사용상의 편의성이 개선되면서 현재까지 개별냉난방기로서 널리 사용되고 있다. 또한 열매체인 물의 열 운반 능력이 커서 공기방식에 비하여 운전동력이 적게 소요되는 장점이 있다.

그러나 FCU는 실내에 물 배관이 설치되어야 하므로 누수의 우려가 있고, 팬의 작동 소음과 습도의 조절은 곤란하다는 단점이 있다. 또한 공기조화기와는 달리 FCU는 부하가 발생되는 각 실 곳곳에 분산되어 설치되므로 필터나 코일의 청소와 유지관리가 다소 소홀해지기 쉽다. 주기적으로 필터나 열교환코일을 청소해주지 않으면 곰팡이나 세균이 발생할 수 있어, 병원이나 식당 등 위생상 청결이 요구되는 곳에서는 FCU의 유지관리에 보다 많은 관심이 필요하다.

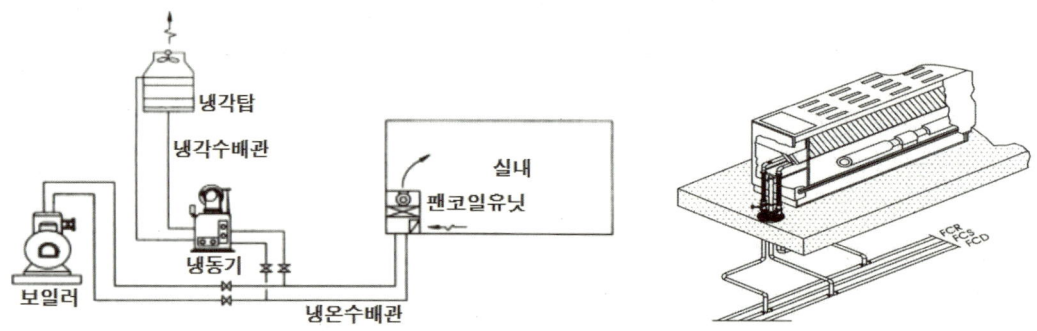

② 팬코일유닛의 종류

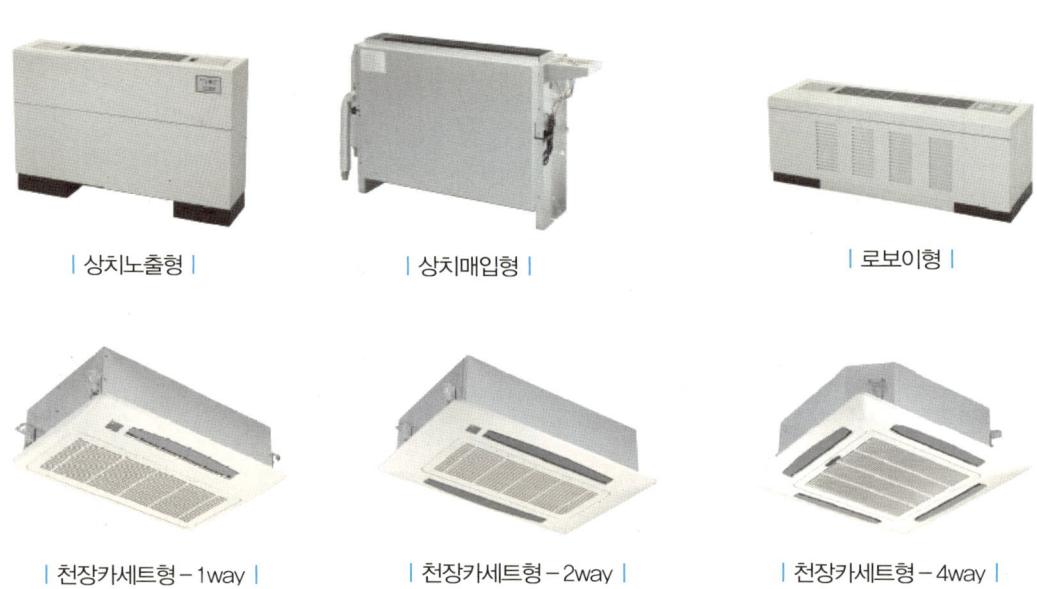

| 상치노출형 |   | 상치매입형 |   | 로보이형 |

| 천장카세트형 – 1way |   | 천장카세트형 – 2way |   | 천장카세트형 – 4way |

| 천장카세트형 – 구형 |   | 천장매입 덕트연결형 |   | 입형 |

③ 팬코일유닛의 구조

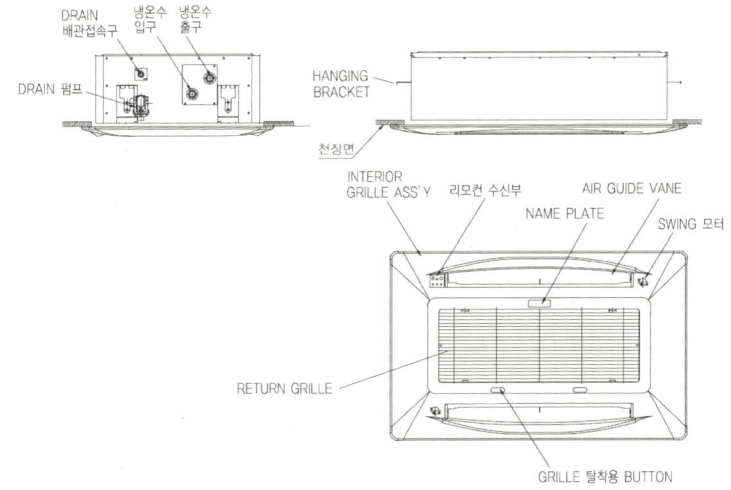

| 천장카세트형 FCU의 구조 |

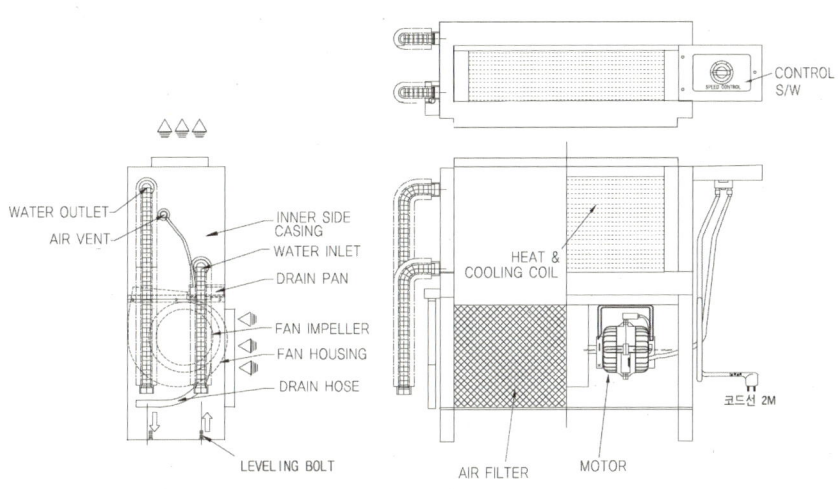

| 바닥상치형 FCU의 구조 |

④ 팬코일유닛의 선정과 계산식

팬코일유닛의 모델 선정은 설치되는 실의 방위별 시간대별 최대 외기냉방부하 또는 외기난방부하를 기초로 결정한다. 팬코일유닛에 순환되는 냉온수의 입구온도는 냉수 7℃, 온수 55℃를 표준으로 하며, 입출구의 온도차는 5℃를 표준으로 한다.

냉온수의 순환유량은 선정된 팬코일유닛의 냉난방능력표(제조업체 자료)의 유량에 다르거나 부하의 기준에 맞게 계산하여 산출하는데, 냉난방능력표의 유량에 따라 선정할 경우 해당 팬코일유닛 모델의 최대 유량이어서 산출되는 순환유량이 과대해지게 되므로 보통 실별 냉난방 부하에 따라 순환유량 계산하여 산출하는 경우가 많다.

• 팬코일유닛의 냉방 전열 능력 $q_{fc}[\text{kW}]$

$$q_{fc} = \frac{q_{fc}}{N} \times K_4 \times K_5$$

여기서, $q_{ft}$: 방위에 따른 시간별 외기냉방부하의 최대치[kW]
  $N$: 방위에 따른 팬코일유닛의 설치대수
  $K_4$: 수명계수(=1.05)
  $K_5$: 능력보정계수(=1.05)

• 팬코일유닛의 냉온수 순환유량 $L_{cw}[\ell/\min]$

$$\text{표준수량에 있는 경우 } L_{cw} = \sum N \times L_{sw}$$

여기서, $L_{cw} = \sum N \times L_{sw}$
  $L_{sw}$: 팬코일유닛의 냉난방능력표의 표준수량[$\ell/\min$]
  $N$: 방위에 따른 팬코일유닛의 설치대수

$$\text{표준수량에 있지 않는 경우 } L_{cw} = \sum N \times \frac{14.3 \times q_{fc}}{\Delta t_c}$$

여기서, $L_{cw} = \sum N \times \frac{14.3 \times q_{fc}}{\Delta t_c}$
  $q_{fc}$: 팬코일유닛의 냉(난)방 전열능력[kW]
  $\Delta t_c$: 냉(온)수입출구 온도차 = 5[℃]
  $N$: 방위에 따른 팬코일유닛의 설치대수

### ⑤ 팬코일유닛의 연결 배관

각 FCU에는 일반적으로 3가지 배관이 연결되는데, 계절별로 냉수나 온수가 순환되는 냉온수배관의 공급관(FCS)과 환수관(FCR), 그리고 코일 표면에서 흘러내린 결로수를 배출하기 위한 드레인관(FCD)이 연결된다.

그러나 FCU를 계절과 관계없이 사용자가 언제라도 냉방이나 난방을 선택하여 사용할 수 있도록 설치하기도 하는데, 이를 위해서는 FCU에 냉수코일과 온수코일이 별도로 분리되어서 설치되어야 한다. 냉수와 온수가 FCU에서 혼합되어서는 안 되기 때문인데, 배관도 냉수공급관과 냉수환수관, 온수공급관과 온수환수관이 각각에 연결되고 결로수 배출을 위한 드레인관이 연결된다. 이렇게 FCU에 냉수와 온수의 공급관/환수관이 각각 연결된 방식을 4배관(4-pipe) 방식이라고 하고, 하나의 배관계통에 계절에 따라 냉수와 온수를 교대로 순환시키는 냉온수 공급관/환수관이 연결된 방식을 2배관(2-pipe) 방식이라고 한다.

대부분의 건물에서는 2배관 방식으로 FCU와 배관을 연결하고 있지만, 건물의 개별 냉난방기로서 시스템에어컨 대신 FCU를 설치한 경우에는 재실자의 편의를 위하여 4배관 방식으로 설치하는 사례도 있다. 오래전부터 호텔의 객실에는 4배관 방식으로 FCU를 설치하는 경우가 많았으며, 기숙사나 병원 등 주거가 이루어지는 건물이나 FCU가 급기덕트에 연결되어 말단 재열코일(터미널유닛)의 기능을 하는 경우에도 4배관 방식으로 설치하기도 한다.

| 2배관 방식 |                    | 4배관 방식 |

⑥ 팬코일유닛의 제어

일반적으로 FCU의 운전 제어를 위하여 입상배관으로부터 각 층, 또는 각 존별로 분기되는 메인 배관에는 유량조절밸브와 제어밸브(보통 2wap control valve)가 설치되고, 해당 존의 배관에 연결된 FCU의 전원도 배관 조닝과 일치시켜 하나의 전원선 계통으로 연결된다. 중앙감시실에서 특정 존의 FCU를 가동시키는 신호가 입력되면 해당 존의 제어밸브가 개방되면서 그 존의 FCU들에 연결된 전원계통의 전자접속기(마그네트스위치)가 ON되면서 전원이 동시에 투입되게 된다.

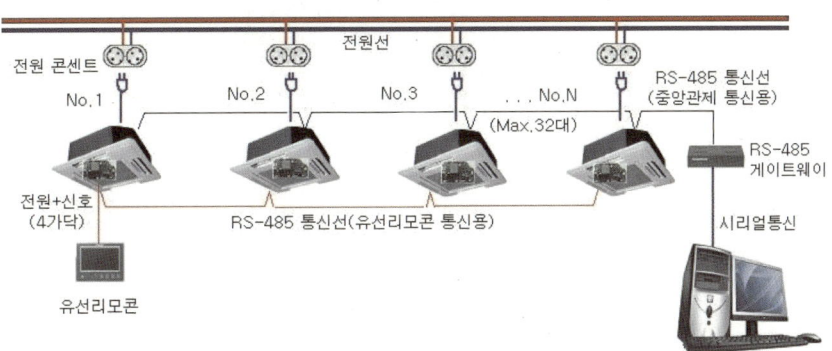

| 통신선 제어 방식 |

| 전력선 제어 방식 |

FCU의 개별제어를 위하여 각 실에는 조절기가 설치되는데 이때 각 FCU에 연결된 냉온수 배관에는 제어밸브를 함께 설치하는 것이 바람직하다. 조절기에서 감지된 실내온도가 설정값에 이르러 해당 실의 FCU 팬 가동이 중지되면 냉수나 온수의 공급도 차단되어야 하는데, 만일 그렇지 않으면 FCU의 팬이 가동되지는 않지만 코일에 계속해서 냉수나 온수가 순환되므로 불필요한 냉·난방으로 실내 온도가 변하거나 에너지 낭비의 요인이 될 수 있다.

특히 냉방모드에서는 냉수가 코일에 순환되면 결로수가 발생되어 드레인판에 모이게 되는데, FCU가 OFF되어 천장카세트형에 내장된 응축수펌프가 가동되지 않으므로 드레인판의 결로수가 넘쳐 떨어지는 사례가 있기 때문에 천장형 FCU에는 개별 제어밸브가 설치되어야 한다. (드레인이 자연구배로 배출될 경우에는 제어밸브가 없어도 물 넘침 문제는 없음)

FCU에 설치하는 개별 제어밸브는 2way와 3way 형식의 밸브가 있으며, 2way제어밸브는 단순 ON/OFF 되거나 비례제어되는 두 가지 타입 중 사용 여건에 따라 적용하면 된다.

| FCU 3way제어밸브 |

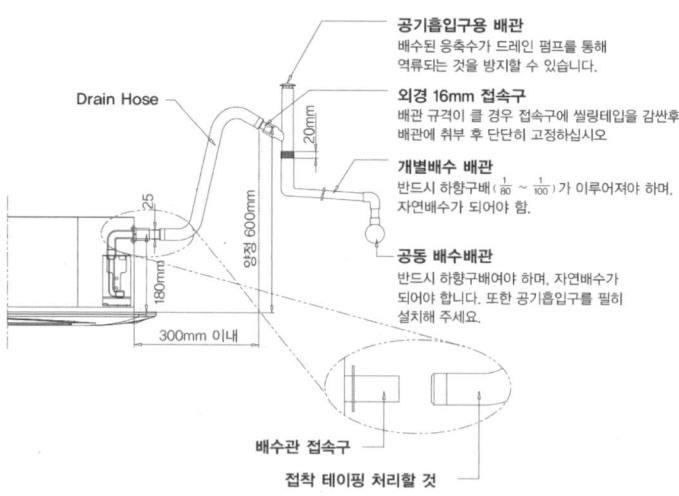

각 실에서뿐만 아니라 중앙감시실에서도 원격으로 각 FCU를 조작할 수 있게 하려면 추가적으로 자동제어선이 연결되어야 한다. FCU를 원격으로 제어하는 방식은 일반 자동제어시스템과 같은 통신선방식(DDC)이 있고, FCU의 전원선을 이용하여 제어신호를 주고받는 전력선제어방식이

있다. 현재까지는 통신선방식이 많이 사용되어져 왔는데, DDC방식의 특성상 신호를 주고받는 데 소요되는 시간이 필요하고 하나의 통신선에 연결할 수 있는 FCU의 수량이 적은 편이어서 근래에는 전력선제어방식을 도입하는 사례가 늘고 있다.

전력선제어방식은 별도의 제어선 설치 없이 FCU의 전원선을 통신선으로 함께 이용할 수 있어 제어계통이 단순해지고 통신속도가 대폭 향상된다. 또한 각 FCU들과 각종 데이터와 제어값들을 주고 받을 수 있어 FCU별 1 : 1 개별제어가 매우 용이한 장점이 있다. 전력선제어에서는 FCU에 장착되어 있는 온도센서를 이용하여 각 실의 온도값들을 원격감시하기 때문에 별도의 실내 온도센서의 설치가 필요없고, 각 FCU의 개별제어밸브를 1 : 1로 제어하기 때문에 기존의 존별 그룹 제어와는 운전방식과 배관 계통이 달라지게 된다.

▼ **일반 통신선 제어방식과 전력선제어방식의 비교**

| 항 목 | 일반 통신선 제어방식 | 전력선 통신방식 |
|---|---|---|
| 통신방식 | • RS-485통신(DDC제어) | • 고속 전력선 통신, TCP/IP Ethernet 연결 |
| 통신선로공사 | • 원격제어를 위한 별도의 자동제어선 설치 필요 | • 제어용 선로공사 없음(전원선을 통신용으로 이용) |
| 통신속도 | • 9,600 ~ 38,400 bps | • 20~80 Mbps(기존 DDC 제어방식보다 약 2,000배 빠름) |
| 제어 수량 | • MCU(Master Control Unit) 1EA당 최대 32개 FCU 대 연결 가능(다수 MCU 연결용 DDC 필요) | • 전력선 게이트웨이당 최대 FCU 200대 연결 가능 (최적 80~90대)<br>• 단일 Net-Work 최대 25,000대 제어 가능 |
| 제어방식 | • 해당 구역에 대표 실에 온도센서 설치<br>• 존별로 FCU의 전원 ON/OFF 제어(그룹제어) | • 각 FCU로부터 실내온도 및 공조수 온도 감시 (별도의 실내 온도센서 설치 없음)<br>• 설정 온도나 스케줄에 따라 각 FCU별 개별제어 |
| 장점 | • 설치 비용이 다소 저렴함 | • 각 FCU로부터 각종 데이터값들의 감시가 가능하고 1 : 1 개별제어 가능<br>• 공실의 불필요한 에너지 낭비 차단 가능<br>• 리모델링이나 FCU 위치 변경 시에 별도의 제어선 수정 필요없음(전력선 이용) |
| 단점 | • 각 FCU별 개별제어가 곤란함<br>• 공실에서의 불필요한 에너지 낭비<br>• FCU의 수량이 많아질 경우 제어에 한계 | • 초기 설치비용이 상대적으로 많이 소요됨 |

## (9) 덕트 병용 팬코일유닛 방식

실내의 냉난방 부하를 급기덕트의 냉·온풍과 물 배관의 냉·온수를 이용하여 처리하는 방식으로 대규모 빌딩에서 보편적으로 이용되고 있다. 각 층의 실내쪽(내부존, 또는 내주부)에서 발생되는 부하는 공기방식(공기조화기)에 의해서 처리하고, 창가쪽(외부존, 또는 외주부)의 부하는 수 방식(팬코일유닛)을 이용하여 분담 처리하는 것이 일반적이다.

또한 환기와 온도 조절을 공기조화기와 팬코일을 각각 운전하여 대처할 수도 있고, 한쪽 시스템의 고장 시 다른 시스템으로 최소 냉난방 대처가 가능하여 시설 운용 면에서는 가장 편의성이 높다고 할 수 있다.

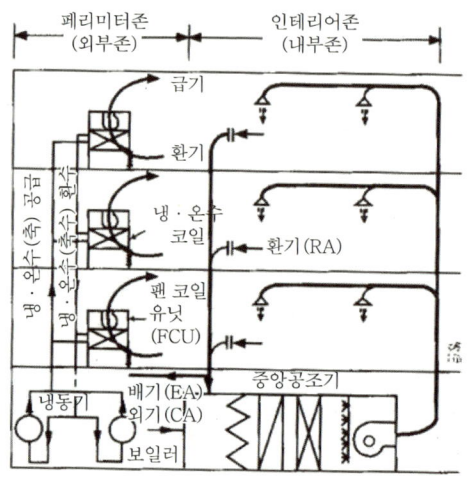

근래에는 자동제어와 팬코일유닛의 제품 개발로 기능과 제어성이 향상되면서 실내의 부하 대부분을 팬코일유닛이 처리하고 공조기에서 공급되는 급기는 신선외기의 도입과 실내 환기용 수준으로 낮춰 적용되는 사례도 늘고 있다. 추후 실의 부하가 증가되거나 평면 배치가 조정될 경우 팬코일유닛을 증설하거나 이설하여 대처하기가 용이한 편이고, 공실의 팬코일유닛은 정지시켜 운전비의 절감도 가능하다.

그러나 앞에서 언급했듯이 팬코일유닛의 필터나 코일의 청소, 팬의 고장 등 유지관리의 부담은 증가되어야 한다.

## (10) 복사 냉난방 방식

### ① 복사 냉난방 방식의 개요 및 장단점

절대영도(-273℃)보다 높은 물체는 항상 눈에 보이지 않더라도 열선(장파장의 복사)을 방출하고 있다. 인체 주위의 표면온도가 인체의 표면온도보다 높으면 열을 받고(흡열), 낮을 경우에는 열을 빼앗긴다(방열).

인간이 생활하는 공간의 온도를 여름에는 필요 이상 낮추지 않더라도, 반대로 겨울에는 올리지 않더라도 사람이 쾌적한 상황을 느끼게 되는 것은 주위(벽, 천장, 바닥)와의 복사열 전달에 의해 안정적인 온열 환경에 놓이게 되기 때문이다.

복사 냉난방 방식은 실의 바닥이나 벽, 천장에 냉수나 온수 코일(또는 증기나 전기)을 설치하여 실내 온도조건에 따라 그 표면온도를 조절함으로써 냉난방을 실시하는 방식이다. 일반적으로 복사 냉난방 방식은 열전달량 중 50% 이상이 복사 열전달에 의해 이루어지는 시스템으로 분류하는

데, 실내 온도분포가 다른 공조방식에 비해 가장 양호해 실내 온열 환경 및 사용자의 쾌적도가 가장 양호한 것으로 평가받고 있다.

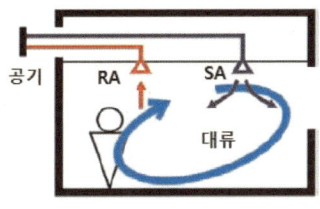
| 대류 공조 방식 |

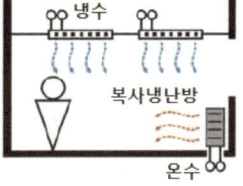
| 복사 냉난방 방식 |

아울러 복사 냉난방 방식에서는 실내에서 발생하는 현열부하를 주로 복사 냉난방 시스템이 부담하게 되므로 덕트는 필요 환기량만큼만 공급하면 되어 덕트 사이즈가 줄어들기 때문에 건물 층고를 다소 낮출 수 있는 가능성도 있다. 또한 기존의 대류 공조방식에서의 콜드드래프트나 취출 기류에 의한 소음, 먼지의 발생 등에 대한 문제도 없어 일반 주거공간이나 업무시설 이외에도 정숙하고 온화한 실내 환경을 요구하는 시설에서 적용되는 사례가 늘고 있다.

한편 복사 냉난방 방식은 일반 공조방식보다 저온의 온수(35~40℃)와 고온의 냉수(15~17℃)로 냉난방이 가능하여 장비의 운전효율(COP)이 높아지고 배관 계통에서의 열손실도 적어진다. 그리고 기존의 대류 냉난방 방식은 열을 전달하는 매체로 공기를 이용하지만 복사 냉난방은 열운송 능력이 좋은 물을 이용하기 때문에 반송동력도 줄어들게 된다. 또한 인체와 직접 복사열 전달에 의해 냉난방을 하게 되므로 실내 온도를 기존의 대류방식보다 계절에 따라 ±1℃ 완화하여도 쾌감상의 문제가 없어 에너지 절약적인 운전이 가능하다.

그러나 복사 냉난방 방식은 냉방 시 복사체 표면의 온도가 낮기 때문에 결로나 단열에 많은 주의가 필요한데, 복사면에서 결로가 발생하지 않도록 냉수의 온도와 유량제어가 정밀하게 되어야 하고 제습기를 설치하여 실내 습도를 조절해 주어야 한다. 일부 실이나 적은 구역만 복사 냉방하는 경우에는 별도의 제습기를 해당 공간에 설치하는 사례도 있으나, 복사냉난방 장치가 넓은 공간에 설치되는 경우에는 해당 구역의 공조기의 사양을 제습용 공조기로 선정하여 설치하는 것이 합리적이다.

그리고 복사 냉난방 방식은 단위면적당 발열량이 크지 않아 일반 공조방식에 비해 냉난방 반응속도가 다소 느리며, 많은 수량의 복사장치를 설치해야 하므로 설비비도 높아지게 된다. 또한 실내에 매우 긴 길이의 물 배관이 설치되어야 하는 상황이므로 이에 따른 유지관리상의 부담이 따른다.

② 복사 냉난방 방식의 종류

복사 냉난방 장치는 다양한 열원을 이용하여 구성할 수 있는데 기계실에서 공급받은 냉수와 온수를 이용하는 방식이 가장 보편적으로 사용되고 있으며, 튜브와 마감판재가 일체화된 패널 형태나 방열기와 유사한 구조의 복사체(칠드빔)로 제작되어 설치되고 있다.

복사 냉난방 방식을 구조나 운용 방식 등에 따라 분류하면 다음과 같다.

| 분류 기준 | 종류 및 내용 | | |
|---|---|---|---|
| 복사체의 구조와 형상 | 복사패널 | 파이프 매설식 | 배관을 구조체 속에 매립하여 가열 |
| | | 덕트식 | 덕트를 이용하여 가열 |
| | | 유닛 패널식 | 마감판재에 튜브, 단열재 등이 일체화됨 |
| | 칠드빔 | 능동형(설비형) | 공조급기와 실내공기가 혼합되어 공급 |
| | | 수동형(자연형) | 자연대류에 의한 실내공기 냉각 순환방식 |
| 표면 온도 | 저온식 | | 표면온도가 30~45℃ 정도 |
| | 고온식 | | 표면온도를 100℃ 이상까지도 유지 |
| | 적외선식 | | 복사면을 빨갛게 가열하여 적외선을 방사 |
| 설치 위치 | 천장, 바닥, 벽체 | | |
| 설치 방식 | 구조체 매립식, 노출식, 은폐식, 마감재 일체식 등 | | |
| 열원의 종류 | 냉수, 온수, 증기, 전기 | | |

③ 천장 복사패널

복사패널은 금속판재(Steel, AL 등)이나 석고보드에 동관이나 합성수지 재질의 튜브가 부착되고, 상부에는 단열재가 설치된 형태로 제작된다. 금속판재나 석고보드는 무수히 많은 구멍이 뚫린 다공판으로 마감된 형태로 제작되기도 하는데, 제조업체에 따라 패널의 사이즈와 구성은 조금씩 다르게 다양하다.

패널에 부착된 튜브는 일반적으로 동관을 많이 사용하나 합성수지 재질로 설치되는 경우도 있고, 각 패널의 튜브들은 플렉시블관을 이용하여 냉온수 배관에 연결된다. 천장 복사패널을 설치하여 실내를 냉난방하고자 하면 전체 천장면의 70~80% 정도의 면적에 패널이 설치되어야 하므로 전등이나 스프링클러, 디퓨저, 스피커 등 각종 부착물들과의 배열 조정과 건축 인테리어 마감팀과의 긴밀한 업무 협의가 필요하다.

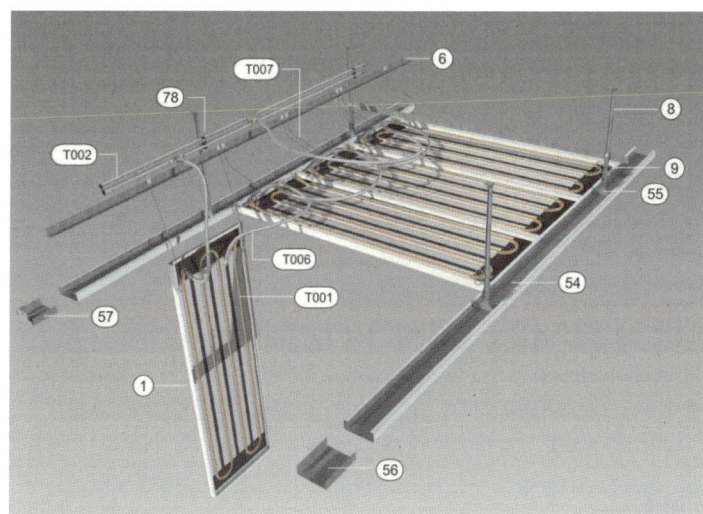

1 Metal Ceiling Panel
6 Hanger bracing L-angle
8 Vernier hanger upper section
9 Safety pins
54 Post cap
55 Vernier hanger lower section
56 Post cap connector
57 Wall connecting bracket
78 Self-tapping screw
T001 Heating-cooling element
T002 Distribution hose
T006 Connection hose
T007 Maintenance suspension

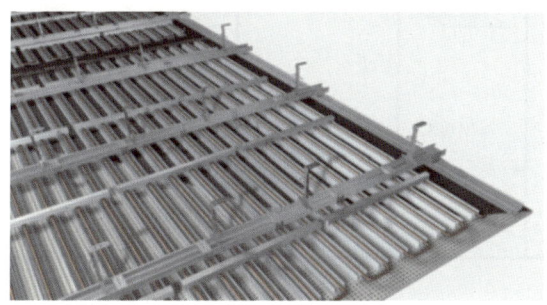
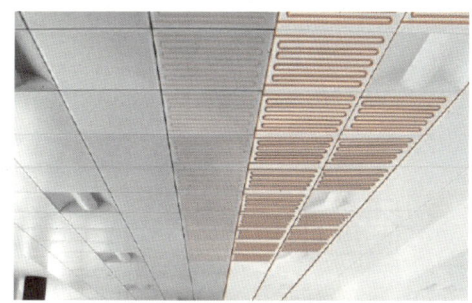
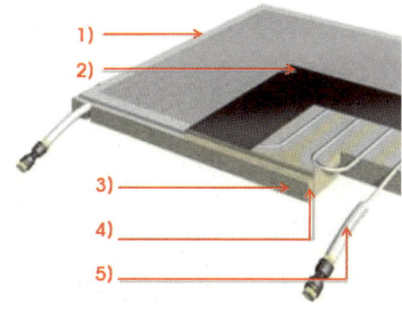

1 : 다공흡음 메탈판재, 또는 석고보드
2 : 보호필름
3 : 단열재(미네랄울이나 폴리스틸렌)
4 : 열확산 디퓨저
5 : PB배관

일반적으로 복사 냉난방 패널의 냉방운전 시 냉수 공급온도는 15℃ 이상, 난방운전 시에는 온수를 40℃ 이하로 유지하도록 운전되는데, 공급과 환수되는 물의 온도차는 2~3℃ 정도이다. 각 구역의 패널과 연결되는 메인 냉온수 배관에는 3way제어밸브와 소형 순환펌프, 온도센서가 설치되어 냉수의 온도가 이슬점보다 1℃ 가량 높게 항상 유지(16℃ 내외)되도록 자동제어가 셋팅된다. 각 구역별로 패널에 순환되어야 하는 냉온수의 유량은 아래의 계산식에 의해 산출할 수 있다.

$$냉온수\ 순환유량(Q) = \frac{패널의\ 방열\ 능력}{순환수의\ 공급\ 환수\ 온도차 \times 비열} \times 0.86$$

복사패널 방식은 구조체에 냉온수배관이 매립된 구체 축열방식보다 열적인 응답속도가 빨라 예열 및 예냉에 소요되는 시간이 단축되므로, 간헐적으로 사용하는 회의실이나 부하변동이 자주 발생하는 실에도 적용할 수 있다.

아래의 그림들은 천장 복사 냉난방 패널의 배관 구성과 제어에 대한 사례들이다.

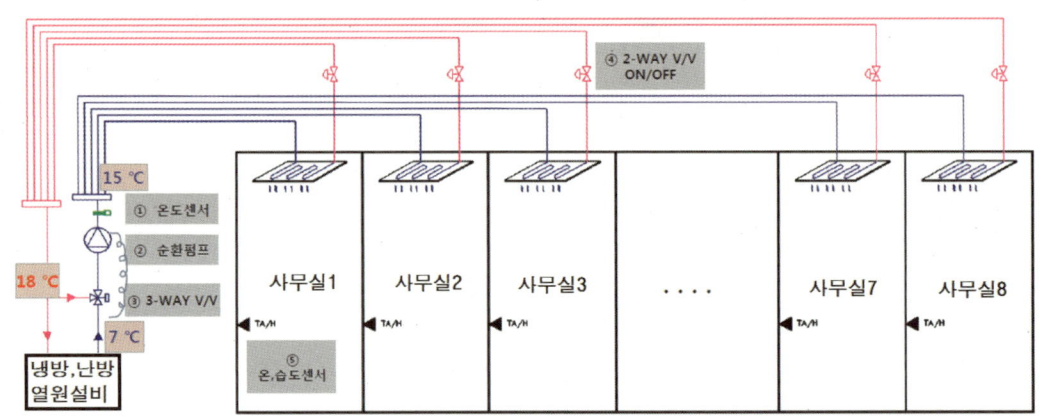

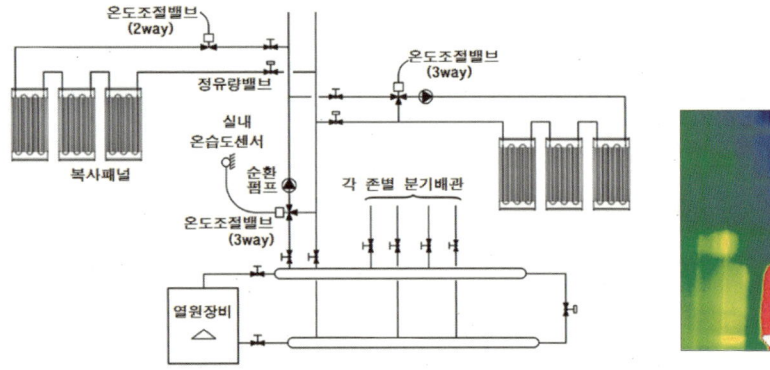

④ 바닥 복사패널

우리 나라의 주거용 건물에서 오래전부터 전통적으로 시공되는 바닥복사난방과 동일한 방식으로, 바닥에 매립되는 배관에 온수뿐만 아니라 냉수를 순환시켜 냉난방을 하게 된다. 공항이나 대형마트, 아트리움이나 로비 등 층고가 높은 대공간에 적용성이 우수하다.

냉온수 배관이 바닥 구조체 속에 매립되므로 축열이 가능하여 실내 온열 환경을 안정적으로 유지할 수 있으나, 부하 변동에 대응하기 위해서는 다소 시간이 소요되어야 한다. 그러나 열공급이 중단되어도 구조체 내에 축열된 열의 방열로 활용할 수 있어 적절한 설계와 제어방법이 적용되면 마치 빙축열 시스템과 같이 최대 부하시간을 이동시키는 운전(Peak time shift)도 가능하다.

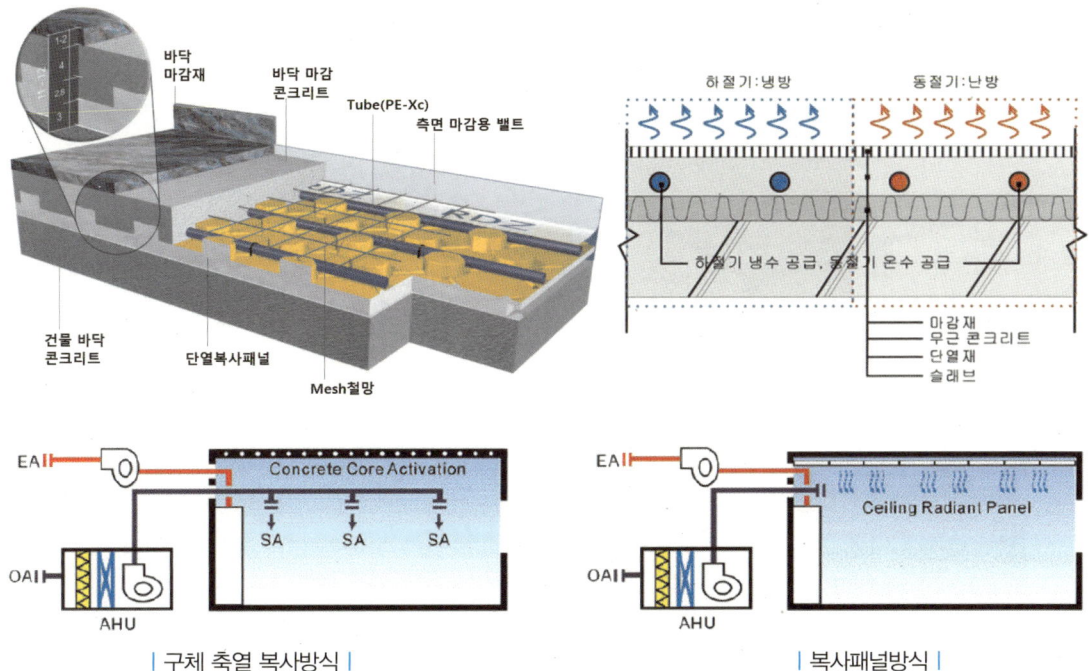

| 구체 축열 복사방식 | | 복사패널방식 |

　냉온수 배관은 바닥 구조체에 설치한 단열재 위에 배관을 포설하고 마감콘크리트를 시공하여 매립하는 방식이 일반적이나, 건물 골조공사 시 바닥콘크리트의 철근 사이에 매립하여 건물 바닥과 일체화하는 방식(콘크리트 코어방식, CCA)도 있다.

　바닥에 냉온수 배관을 시공할 때 단열재와 배관을 일체화시킨 바닥복사패널 제품도 다양하게 보급되고 있으며, 이중바닥재(액세스플로어)에 냉온수 배관이 일체화된 제품도 있어 시공성이 점차 향상되고 있다. 이중바닥재 형태의 바닥복사패널을 사용할 때 바닥공조를 함께 적용하면 실내 상부의 공조덕트와 천장 마감을 삭제할 수도 있다.

　바닥에 매립하는 냉온수 배관은 설치 부위별로 배관의 간격을 조정하여 용량을 달리 할 수 있다. 예를 들면 보통 냉온수 배관의 간격은 150mm이나 외주부나 부하 변동이 많은 구역은 배관을 100mm 간격으로 설치하면 복사 방열량을 더 크게 할 수 있다.

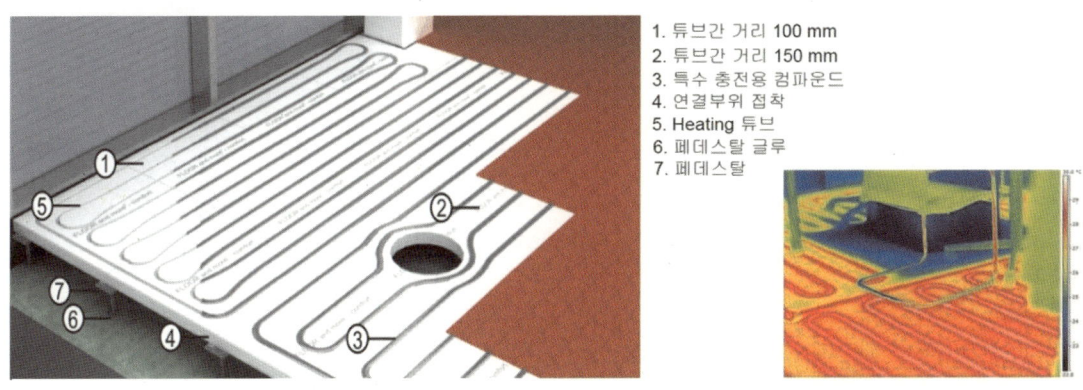

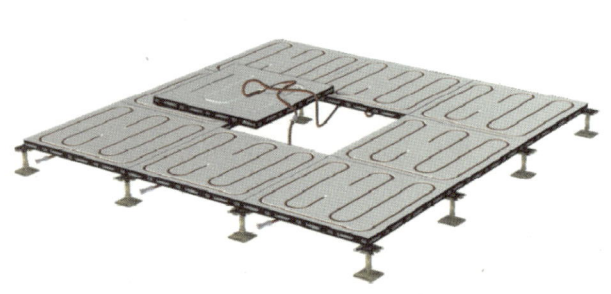
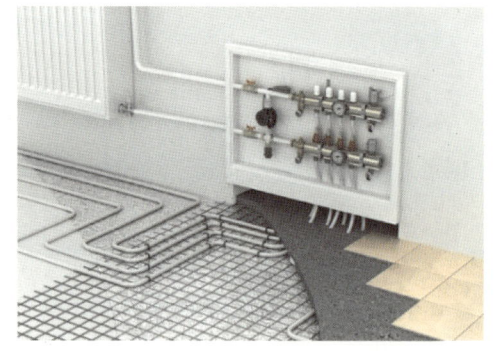

⑤ **칠드빔(Chilled beam system)**

칠드빔은 냉수를 이용한 핀-코일 열교환기의 구조로 되어 있으며, 복사패널보다 현열냉각 능력이 2~3배 커서 설치 면적이 작고 배관의 연결부가 적다. 칠드빔은 팬코일유닛처럼 코일에 순환하는 냉수나 온수가 실내공기와 열교환하여 재순환시키는 장치이어서 냉난방 효과가 복사보다는 대류에 의한 비중이 높은 편이다. 그러나 칠드빔에 순환되는 냉온수의 온도나 결로 제어방식 등 천장복사패널과 유사한 부분이 많아 두 시스템이 지니는 장단점과 효과도 거의 비슷하다.

칠드빔은 냉각 방식에 따라 능동형(Active)과 수동형(Passive)이 있다. 능동형 칠드빔은 공조기에서 공급되는 급기가 칠드빔을 통하여 유입되는 실내공기를 혼합시켜 실내로 공급하는 방식이

다. 따라서 능동형 칠드빔에 열교환코일과 함께 공조 급기덕트와 연결하기 위한 덕트연결구가 포함되어 있으며, 칠드빔을 통해 냉난방과 환기가 동시에 이루어지는 것이 장점이다.

실내공기는 열교환코일을 거치면서 냉각되거나 가열되는데, 공조기 급기의 유인 작용에 의해 흡입되기 때문에 칠드빔에는 별도의 송풍기가 없다. 능동형 칠드빔의 실내공기 유인비나 토출기류의 도달거리는 급기 풍량에 따라 정해지는데, 일반적으로 유인비는 1 : 2~1 : 5 정도이고 도달거리는 4~5m 정도이다.

수동형 칠드빔은 공조기의 급기와는 완전히 분리되어 대류냉각효과와 복사를 이용한다. 실내 발열에 의해 상승된 실내공기가 수동형 칠드빔의 핀 – 코일 열교환기에 이르게 되면 냉각되면서 부력효과에 의해 아래로 가라앉으면서 자연 대류순환이 일어난다. 공기의 온도차에 의한 대류효과를 이용하기 때문에 수동형 칠드빔은 주로 냉방에 적용되고 있으며 난방에는 적용하기 어렵거나 효과가 미미하다.

수동형 칠드빔 주위에는 실내공기가 칠드빔 상부로 유도되어 순환될 수 있도록 급기구를 설치하여야 하며, 칠드빔 자체를 노출시켜 설치하는 사례도 있다. 수동형 칠드빔은 기류의 도달거리가 능동형보다는 적은데 약 3.5m 정도이다.

▼ **능동형 칠드빔과 수동형 칠드빔의 비교**

| 구 분 | 능동형 (설비형) 칠드빔 | 수동형 (자연형) 칠드빔 |
|---|---|---|
| 작동 원리 | | |
| 개요 | • 급배기 덕트, 노즐, 냉온수 급수/환수 배관, fin-and-tube 열교환기, 케이싱<br>• 1차 공기가 노즐을 통해 취출되면 실내공기가 유인되어 코일을 통과하고, 냉각/가열된 유인공기는 1차 공기와 함께 취출됨으로써 냉난방이 이루어짐 | • 냉온수 급수/환수 배관, fin-and-tube 열교환기, 케이싱<br>• 일반적으로 천장에 걸거나 혹은 천장 안에 코일을 포함한 박스형태로 매입<br>• 코일 안을 흐르는 냉온수가 코일 주변의 공기를 냉각/가열시켜 거주역에 전달 |
| 장점 | • 자연형 방식에 비해 냉난방 용량이 큼<br>• 전공기 방식에 비해 급기풍량이 적음 | • 설비형 방식에 비해 초기투자비가 저렴<br>• 소음 감쇄 효과가 우수 |
| 단점 | • 저온의 냉수공급시 결로 발생<br>• 1차 공기 공급원이 필요함 | • 저온의 냉수공급시 결로 발생<br>• 냉난방용량이 설비형 방식에 비해 작음<br>• 별도의 신선외기 공급 덕트워이 필요<br>• 1차 공기 공급원이 없으므로 초기 작동 시간이 필요함 |

 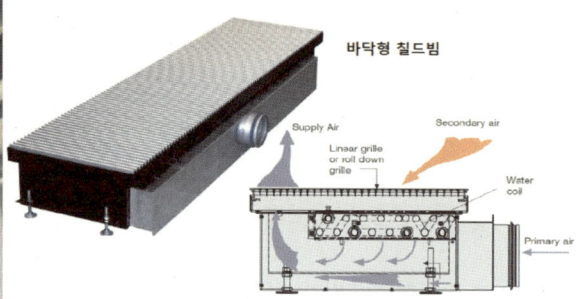

칠드빔에 공급되는 냉수와 온수의 온도 조건도 복사패널과 동일하다. 냉방 시 16~17℃의 냉수를 공급하며 난방 시에는 40℃ 미만의 온수를 공급한다. 40℃ 이상의 온수는 난방 시 칠드빔이 설치된 천장면에 기류가 뭉치거나 성층화되어 난방에 영향을 주기 때문이다. 칠드빔이나 복사패널에 공급되는 냉수와 온수의 온도 조건이 기존의 일반 공조방식보다 상당히 완화되어 있기 때문에 열원으로 냉동기나 보일러뿐만 아니라 지열이나 수열, 기타 폐열이나 자연열(지하수, 디워터링 등) 등도 쉽고 다양하게 적용할 수 있다.

한편 복사 냉난방 방식은 층고가 높거나 개방된 공간에서도 비교적 양호한 냉난방 효과를 발휘하기도 하는데, 예를 들어 천장고가 높은 건물의 로비나 홀, 또는 체육관이나 생산시설 등에서 천장면에 설치된 복사패널에서 방출되는 복사열과 더불어 바닥면에 냉방 또는 난방코일을 추가로 설치하게 되면 복사와 대류에 의해 냉난방 효과를 증대시킬 수 있다.

| 천장 복사 난방패널 설치 모습 |

한편 국내에서 바닥에 난방코일을 설치하는 방식은 대부분의 주거용 건물이나 공동주택에서 기본적인 난방방식으로 적용되고 있다. 이외에도 도로나 주차장 경사램프의 융설을 위해서도 시공되는 사례도 있다. 복사 난방패널은 온수 이외에도 증기나 전기 등 다양한 열원을 사용하여 용도에 맞게 적용이 가능하다.

### (11) 유인유닛 방식(Induction unit system)

층고가 높거나 실내가 하나의 큰 공간으로 구성된 체육관이나 강당, 물류센터, 대형 할인매장, 생산시설 등에서는 유인유닛 방식의 공조가 많이 선호되고 있다. 유인유닛 방식은 급기되는 공기가 주위의 실내 공기를 유인하여 혼합 기류를 형성해 실내 공조를 하는 방식이며 덕트 방식과 무덕트 방식의 두 가지 형태로 적용되고 있다.

덕트 유인유닛 방식은 공조기에 연결된 급기덕트를 고속덕트로 설치하고 유인비가 좋은 취출구나 유닛을 사용하여 실내에 유인 혼합기류를 형성시켜 공조하는 방식이다.

무덕트 유인유닛 방식은 실내에 설치된 공조장치에서 직접 토출된 대풍량의 급기를 실내 필요 개소에 설치된 유인장치가 연속적으로 순환되는 혼합 기류를 형성시켜 실내를 공조하는 방식이며 실내에 별도의 덕트가 없다.

체육관이나 대형 공장 등 층고가 높고 기류나 소음의 영향을 크게 받지 않는 곳에서는 무덕트 방식이 많이 적용되고 있고, 대형마트나 지하주차장, 창고, 대형 전시장 등 수평면적이 넓거나 일부에 적재물이나 칸막이 등이 있는 경우, 소음이나 기류로 인해 불편함이 발생할 수 있는 경우에는 덕트식 방식이 적용되는 경우가 많다.

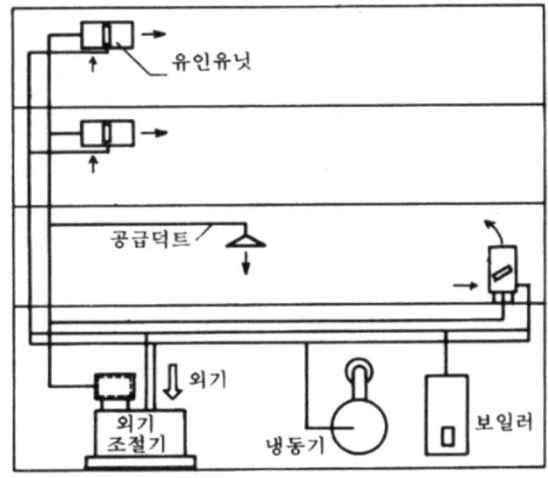

| 덕트식 유인유닛 방식 |

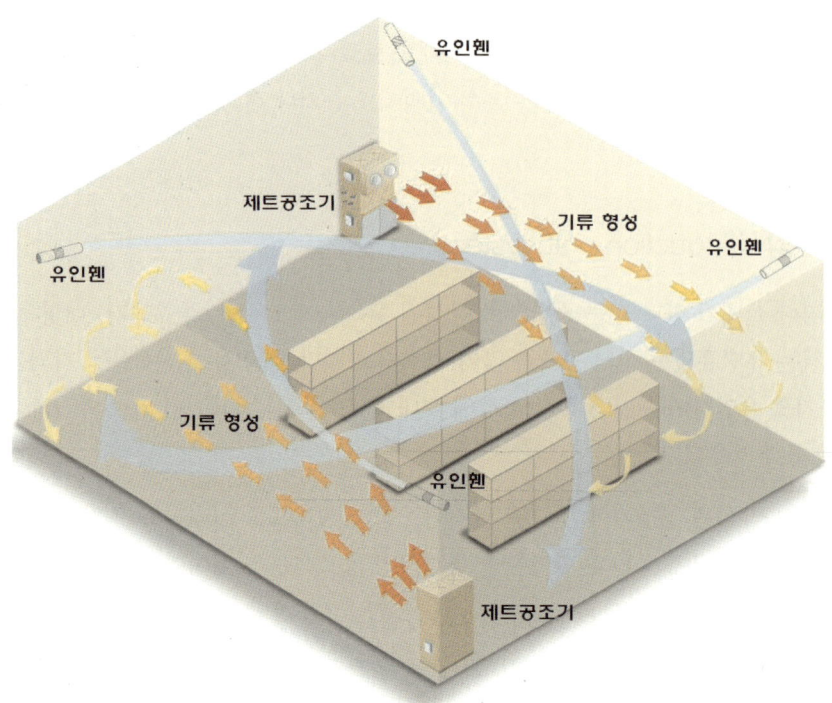

| 무덕트 유인유닛 방식 |

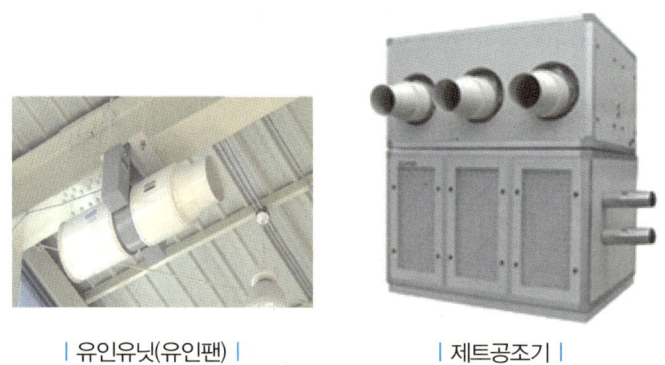

| 유인유닛(유인팬) |   | 제트공조기 |

이와 같은 유인유닛 방식이 적용되는 곳에서는 일반 덕트와 취출구를 이용할 경우 층고가 높아 기류가 바닥면까지 도달하기 어렵고 풍량이 과다해져 덕트의 크기가 매우 커져야 하므로 비효율적이다. 유인유닛 방식은 각 유닛마다 구동장치를 설치하거나 원격제어를 통해 개별제어를 할 수도 있어 각 구역이나 조닝별로 부하 변동에 따라 어느 정도의 공조적 대처도 가능하다. 물론 유인유닛에는 구동기가 없는 수동식 유닛도 있다.

유인유닛 방식은 천장에 설치되는 덕트가 매우 적거나 필요 없기 때문에 시공비가 절감되고 공간 활용이 자유로우며, 공기 순환 비율이 높기 때문에 실내 상하부의 온도차가 비교적 적어진다.

그러나 고속덕트의 적용이나 다수의 유인팬 설치로 송풍 동력이 커질 수 있고 소음도 일반 공조방식보다 크게 발생한다. 또한 팬코일유닛과 같이 사용하지 않는 구역이나 실의 공조를 간단히 정지시키기 어렵고, 특정 구역에서 냄새나 유해가스 등이 발생될 경우 강한 순환 기류로 인해 실 전체로 확산될 우려가 있으므로 적용이 곤란하다.

## 03 실의 용도에 따른 공조 사례

### (1) 바닥공조 시스템

① 바닥공조 시스템의 개요와 특징

바닥공조(UFAD, UnderFloor Air Distribution system)는 바닥에서 급기하고 상부에서 환기하는 방식으로 실내에 전체적으로 상승 기류가 일정하게 형성되도록 공조하는 방식이다. 예전부터 전산실이나 서버실 등에서 IT장비 운용 시 발생하는 막대한 발열을 효과적으로 처리하기 위하여 바닥공조시스템이 많이 적용되어져 왔는데, 근래에는 바닥공조의 효율성과 장점을 활용하기 위하여 일반 건물에서도 적용 사례가 늘고 있다.

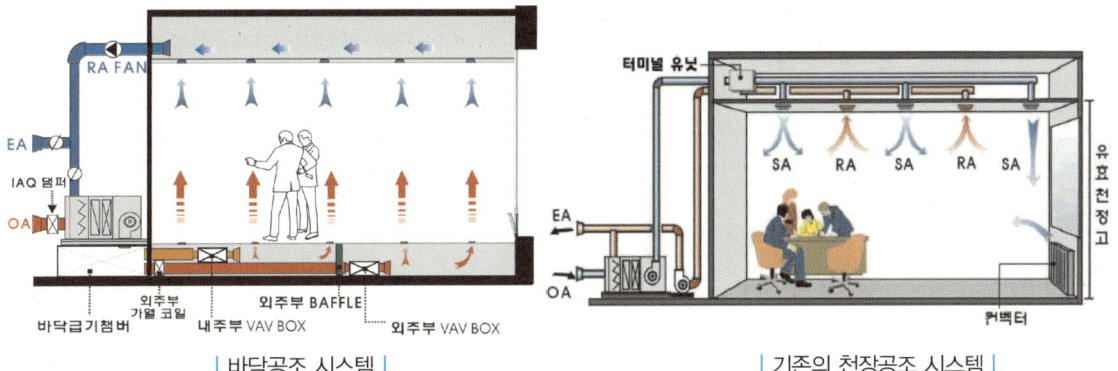

| 바닥공조 시스템 |    | 기존의 천장공조 시스템 |

바닥공조 시스템은 바닥 골조 위에 이중바닥(액세스플로어)을 설치하고 그 사이의 공간(약 250~400mm)에 급기를 공급하여 낮은 양압이 유지되도록 한 다음, 이중바닥면에 설치된 바닥 취출구를 통하여 실내로 급기를 취출하여 공조한다. 바닥에서 취출된 급기는 실내로 확산되면서 혼합되고 급기와 환기의 압력차와 실내 발열에 따른 자연대류 등에 의해 실내공기가 자연스럽게 천장쪽에 있는 환기그릴로 유도되는 상승 기류가 형성된다.

바닥공조방식은 균일한 상승 기류가 형성되어 적은 풍속으로도 원활한 공조가 가능하고, 먼지나 발열량이 상승되어 처리되므로 실내공기질이 전반적으로 개선되는 효과가 있다. 또한 바닥에서 급기되므로 거주역 중심의 효율적인 공조가 가능하고, 실내서 급기와 환기가 거의 혼합되지 않으므로 외기냉방을 할 경우 공조 효과가 양호하다.

최근에는 바닥공조에 적합하도록 개발된 층별 개별공조기나 터미널유닛, 취출구 등 다양한 제품 개발과 기술 발전으로 건물의 용도와 형태에 맞춰 바닥공조의 효용성을 높일 수 있다. 급기나 환기덕트가 불필요하거나 매우 적게 설치되는 바닥공조방식에서 층별 개별공조기를 설치할 경우 팬의 정압이 적어져 운전동력도 절감할 수 있다.

기존 천장공조방식과 비교해 보면 다음과 같다.

| 구분 | 바닥공조 시스템 | 천장공조 시스템 |
|---|---|---|
| 개요 | • 바닥의 급기구를 통해 급기한 후 천장이나 상부쪽에서 환기하는 방식 | • 상부에 설치된 덕트와 급/배기구를 통해 실내에 급기/환기를 실시 |
| 쾌적성 | • 상승 기류 형성으로 먼지 제거에 효과적<br>• 인체에 근접하여 급기될 경우 불쾌감을 줄 수 있으므로 바닥 기구 위치 선정과 토출 풍속에 주의 필요<br>• 재실자가 개별적으로 바닥 취출구를 조절하여 온열환경을 조정 가능 | • 급기구가 인체와 떨어져 있어 급기 시 불쾌함이 적음<br>• 실내공기질 개선 효과는 바닥공조에 비해 다소 저하 |
| 융통성 | • 실내 배치 변화에 맞춰 바닥 취출구 위치의 이동이 용이함 | • 실내 배치 변화 시 적은 범위에서의 디퓨저 수정은 용이하나 천장속의 덕트 관로 수정은 쉽지 않음 |
| 공간활용 | • 바닥에 액세스플로어 설치 필요<br>• 방식에 따라 천장속 공간이 불필요하거나 적게 소요됨(층고 절감 가능) | • 덕트 설치로 천장 속 공간 필요<br>• 바닥 액세스플로어는 불필요함 |
| 시공성 | • 설비공사는 간편하나 바닥의 단열과 결로 방지 등으로 건축공사가 복잡 | • 덕트공사가 많음, 건축공사는 간단 |
| 경제성 | • 액세스플로어 설치로 초기공사비가 다소 상승할 수 있으나, 바닥공조 방식에 따라 비교 검토 필요(터미널 유닛이나 천장 마감의 유무 등)<br>• 거주역 중심의 효율적인 공조가 가능하고, 외기냉방을 적극 활용할 경우 운전에너지의 절감액이 커짐 | • 일반적으로 바닥급기 방식에 비해 저렴 |
| 유지보수 | • 바닥급기에 따른 먼지 발생을 고려하여 바닥 청소에 주의 필요<br>• 액세스플로어 내부의 먼지 청소는 용이함 | • 덕트가 천장 속에 설치되어 개보수나 덕트 내 먼지 청소에 애로 |

| 시스템 간 실내 온도 및 오염 공기의 분포 비교 |

② 바닥공조 방식의 종류

바닥공조 방식은 이중바닥 내부의 가압 유무에 따라 가압식과 등압식으로 구분할 수 있는데, 가압식은 바닥 하부를 항상 양압으로 유지하면서 팬이 없는 바닥 취출구에서 실내로 급기가 토출되는 방식이다.

가압식은 바닥 취출구에 팬을 사용하지 않으므로 전원 공급이 필요없고 평면 배치 변경으로 취출구의 이설이 필요한 경우 용이하게 대처할 수 있다. 초기 시설비도 등압식에 비하여 저렴하고 실내 공조도 공조기만 제어하면 되므로 간편하나 이중바닥 내의 압력 분포에 따라 풍량이나 기류가 변할 수 있으므로 주의가 필요하다.

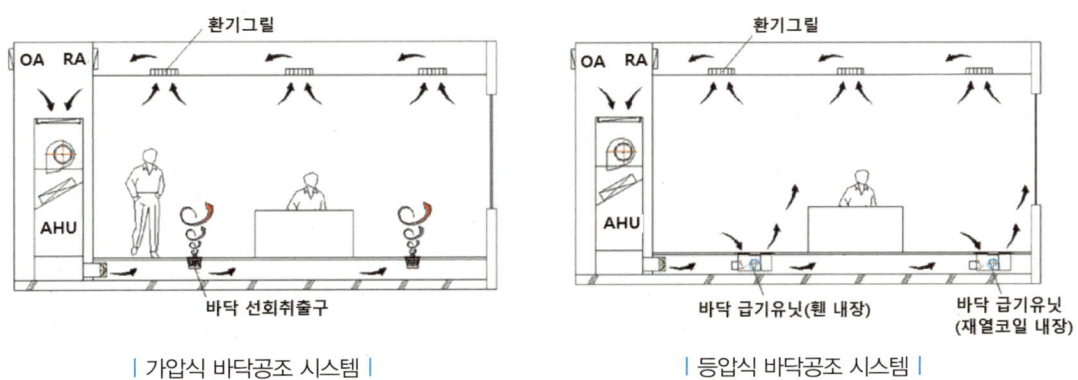

| 가압식 바닥공조 시스템 |    | 등압식 바닥공조 시스템 |

이 때문에 가압식은 바닥공조하는 한 구역의 면적이 다소 제한을 받을 수도 있으며 이중바닥 내의 공간(높이)도 부족하지 않게 선정하여야 한다. 만일 바닥공조하는 평면 면적이 넓거나 이중바닥 내부의 각종 케이블이나 트레이 등으로 압력 분포가 균일하지 못할 경우 필요한 부위까지 메인덕트를 이중바닥 내에 설치하기도 한다. 공조실은 가급적 실내 가까운 위치에 인접하는 것이 좋고, 장비의 소음이 실내로 전달되지 않도록 주의한다.

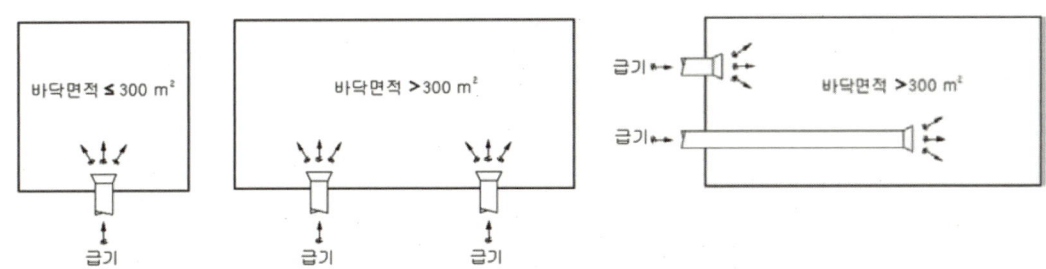

| 가압식 바닥공조방식에서 바닥면적과 급기덕트의 배치 예 |

등압식 바닥공조 방식은 바닥 하부의 압력을 실내와 거의 같은 수준으로 유지하고 팬 부착형 취출구(터미널유닛)에서 바닥 하부의 공기를 흡입하여 실내로 토출하는 방식이다. 취출구의 팬에 전원 연결이 필요하여 초기 시설비와 운전비가 증가하고, 평면 배치 변경 시 취출구의 이동이 쉽지 않은 단점이 있다.

그러나 취출 풍량이 커서 구역별 공조 제어성 측면에서는 유리하고, 넓은 면적을 바닥공조로 적용하더라도 각 취출구에 팬이 내장되어 있어 하부 플레넘의 압력 분포에 크게 영향을 받지 않는다. 취출 풍량이 크므로 재실자가 취출 기류에 의한 불쾌감(cold draft)을 느끼지 않도록 취출구의 위치 선정에 주의가 필요하다.

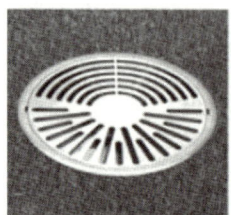 

| 가압식, 선회취출구 |

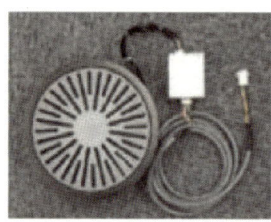 

| 등압식, 팬내장형 취출구(급기유닛) |

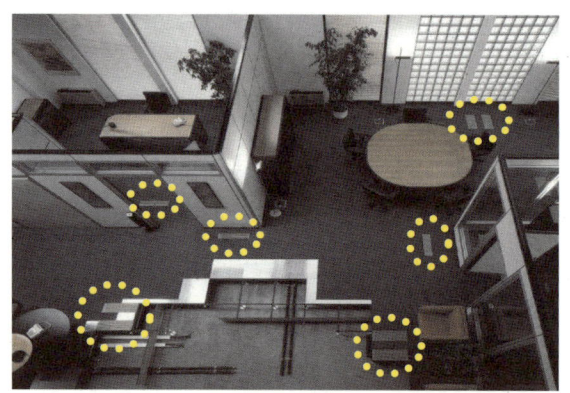 

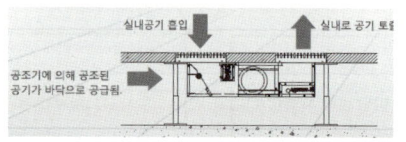

| 바닥공조 시스템(등압식)의 취출구(급기유닛) |

한편 근래에는 바닥공조 시스템에서 통기성 바닥마감재를 설치하여 바닥면 전체에서 저속으로 급기를 취출하여 실내 공기를 위로 밀어올리는 치환형 바닥공조 시스템도 적용되고 있다. 기존의 바닥공조 방식 바닥에 설치된 다수의 취출구에서 급기가 공급되어 확산되는 부분 취출구 방식이지만 치환형 바닥공조는 바닥 전면에서 급기를 0.01m/s 정도의 매우 저속으로 취출하기 때문에 냉기류에 의한 불쾌감이 없어 공조 쾌적감이 향상될 수 있다.

또한 미세한 공기취출구가 바닥 전체면에 설치되어 있어 이중바닥 내부의 압력 분포가 비교적 균일해지는 효과가 있어 이중바닥의 높이를 기존 바닥공조 방식보다 줄일 수 있다.

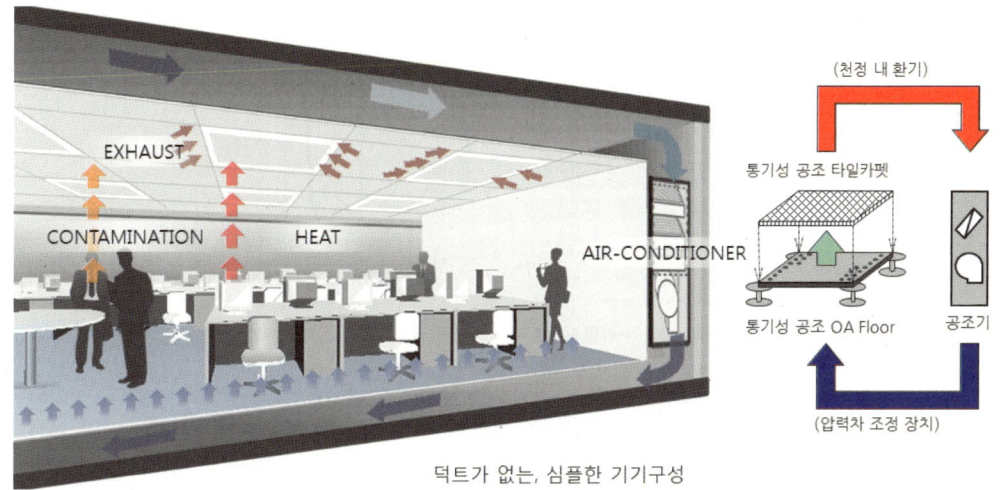

| 바닥전면공조 시스템 |

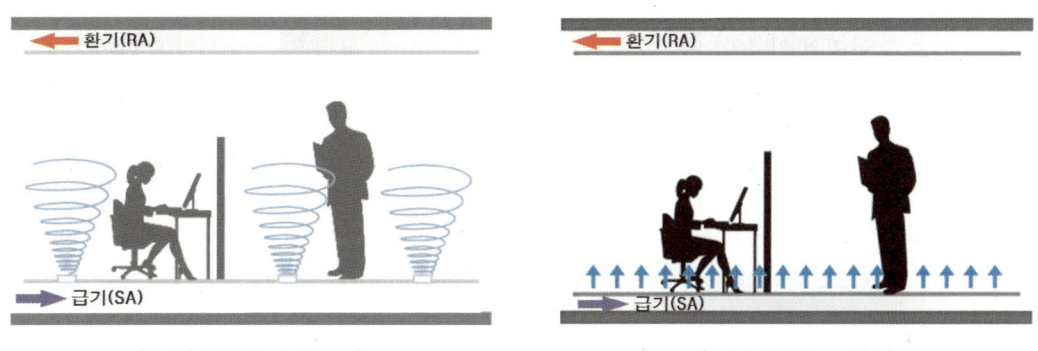

| 부분 취출식 바닥공조 |    | 바닥전면공조 방식 |

③ 바닥공조의 급기온도와 풍량

바닥공조는 재실자가 거주하는 하부에서 직접 급기가 이루어지기 때문에 급기온도가 기존의 천장공조방식에 비해 다소 높아야 한다. 냉방의 경우 재실자가 취출 급기로 인해 과도한 냉방이나 온도차로 불쾌감을 느끼지 않도록 보통 17~20℃의 온도로 급기하는데(보통 18℃ 내외), 바닥에서 취출된 급기는 상승 기류를 형성하기 때문에 실내에서의 수직적 온도 분포는 기존의 천장공조보다 크게 벌어지게 된다.

그러나 다음 그래프에서 보듯이 재실자가 있는 거주역의 높이대에서는 기존과 거의 동일한 온도 분포를 보이기 때문에 공조 효과는 별다른 차이가 없으며, 보다 높은 급기온도로 공조장비를 운전하는 것이 에너지 절감 측면에서도 유리하다.

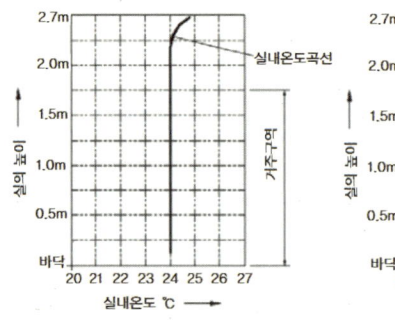
천장공조방식의 실내 수직온도분포

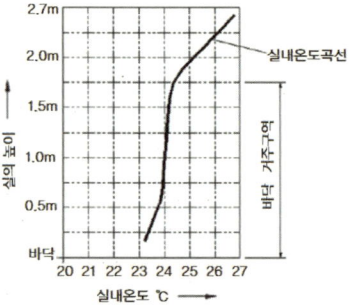
바닥공조방식의 실내 수직온도분포

| 공조방식 | 급기온도 | 환기온도 |
|---|---|---|
| 바닥공조 | 17~20℃ | 25~30℃ |
| 천장공조 | 14~16℃ | 24~27℃ |

바닥공조 방식에서 실내에서 되돌아오는 환기온도는 거주구역의 온도보다 약 3~4℃ 정도 높은 것으로 알려져 있다(약 26~30℃). 따라서 공조장비의 용량은 실내 부하에 따라 다르기는 하겠지만 환기온도와 급기의 온도차, 그리고 실내에서 발생되는 부하를 고려하여 선정하면 되고 풍량을 고려하여 취출구의 수량을 결정한다.

또한 환기온도와 거주역이 온도차가 나므로 환기덕트에 온도조절기를 설치하여 공조기를 제어하는 일반적인 방법으로는 실내 온도 제어가 쉽지 않다. 실내의 거주역에 설치된 센서로 온도를 감지하고 공조기 토출온도를 함께 제어해 주어야만 거주구역에서의 과냉을 예방하고 적절한 실온 제어를 할 수 있다.

한편 공조기에서 공급되는 급기는 이중바닥을 통과하면서 구조체와 액세스플로어의 온도 조건에 따라 급기온도가 변할 수 있는데, 장비 운전 후 면밀히 관찰하여 약 1~2℃ 이상의 온도 변화폭을 두고 급기온도를 설정하도록 한다.

④ 바닥공조와 건축 계획

기존의 천장공조 방식과 달리 바닥공조는 이중바닥의 플래넘을 급기 통로로 이용하기 때문에 천장에 있던 급기덕트가 필요없다. 천장의 환기덕트도 실링리턴 방식으로 처리하면 천장고를 최소화시킬 수 있어 약 150~200mm의 층고 저감이 가능하며, 이로인해 이중바닥을 추가로 설치하더라도 전체적으로 공사비가 다소 절감된다.

근래에는 공조기를 실내와 접하도록 설치하여 환기를 직접 흡입할 수 있도록 함으로써 천장 마감 자체를 삭제하는 사례도 있다. 실내로의 소음 차단을 위한 적절한 조치를 취하고 노출천장으로 마감하면 실내 공간을 보다 개방감 있고 높게 사용할 수도 있다.

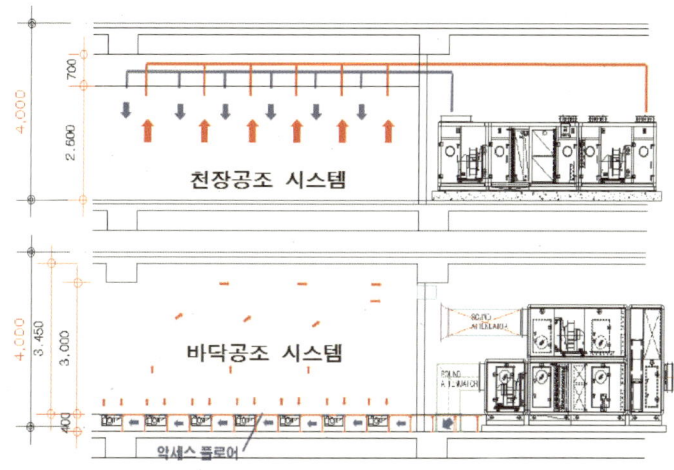

거주역의 온열 환경 및 공기질을 양호하게 유지하기 위해서 바닥에 설치되는 취출구는 가급적 균일하게 배치하는 것이 바람직하다. 그러나 액세스플로어에 설치되는 바닥취출구는 실내 공기 유인량이 많은 선회형 디퓨저를 사용하더라도 앉아서 근무하는 사무실과 같은 환경에서는 기류에 의한 불쾌감을 줄이기 위하여 재실자와의 거리를 약 1.5m 이상 이격시켜 주는 것이 좋다. 사람이 통행하는 복도나 얼마간 서서 움직이는 장소에서는 크게 고려하지 않아도 되지만, 취출구에 팬이 내장되어 있는 등압식 바닥공조 터미널유닛(급기유닛)은 풍량이 많고 풍속이 높으므로 이보다 더 이격시킬 필요가 있다.

바닥취출구를 액세스플로어에 설치할 때에는 바닥판넬의 한쪽 모서리 쪽에 설치하는 것이 좋다. 모서리 부분에 취출구가 설치되어 있으면 바닥판넬을 돌려주는 것만으로 사용자의 공조 환경에 맞게 급기 방향을 변경할 수 있으면 실내 가구 배치에 손쉽게 대응할 수 있다.

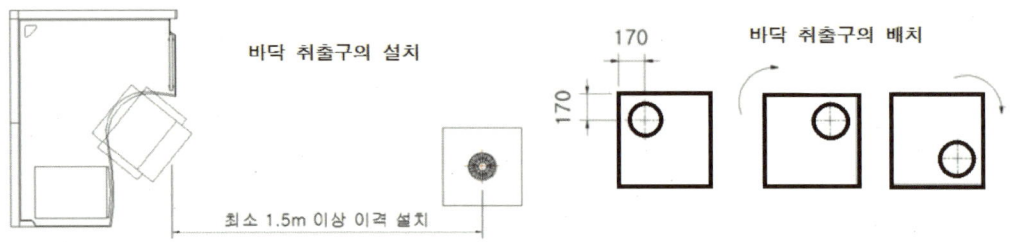

바닥공조 시스템이 설치되는 이중바닥(액세스플로어)의 높이는 급기가 유연하게 통과하고 압력 분포가 균일해지도록 가급적 여유있는 것이 좋으나, 필요 이상으로 이중바닥을 높이면 건축공사비가 증가하므로 일반적으로 300mm 정도로 설치하는 경우가 많다. 그러나 이중바닥 내부에 설치되는 케이블이나 전기트레이, 기타 다른 설치물들의 상황을 고려하여 250~450mm 정도에서 합리적으로 결정하면 된다.

## (2) 대강당이나 공연장 공조

### ① 대강당이나 공연장 공조의 특징

대강당이나 공연장은 천장고가 높고 많은 사람들이 밀집된 장소여서 공조상의 어려움이 많다. 특정시간대에 다수의 사람들이 밀집되므로 바닥면적에 비하여 냉·난방 부하가 상당히 큰 편이고, 상시 공조를 하지 않고 필요한 특정시간에만 공조를 해야 하는 특징도 있다.

또한 대공간의 특성상 일반적인 실보다 천장고가 높은데, 특히 객석부분이 계단식으로 배치되는 경우 무대부쪽의 객석은 천장고가 높아 상부에서 급기할 때 하부까지 기류가 도달하지 못하거나 충분한 공조가 이루어지지 못하는 경우도 있다. 반대로 뒷부분 객석은 실 전체에서 따뜻한 공기가 떠오르면서 과다하게 온도가 상승되어 난방철뿐만 아니라 냉방 시에도 불쾌감을 호소하는 사례도 있다.

아울러 강연이나 공연 시에는 정숙한 환경이 조성되어야 하므로 장비 소음이나 덕트의 기류소음을 최소화될 수 있도록 덕트 설계와 시공이 필요하다. 그리고 일정 규모 이상이 되면 대기실이나 연습실, 조정실, 창고, 기타 관리부서 등 부속된 실들이 많아서 용도별로 조닝하여 사용할 수 있도록 설비가 구성되어야 한다.

### ② 공조기의 계획과 조닝

대강당이나 공연장의 공조기는 일반 업무용 공조 존과는 달리 야간이나 주말 등 불특정한 시간대에 공조해야 할 때가 많아 별도의 열원으로 계획하는 경우도 많은데, 주로 직팽식 공조기를 설치하여 냉방이나 난방을 히트펌프 실외기를 가동하여 개별운전하는 사례가 많다.

또한 전문 공연장인 경우에는 연습이나 공연준비를 위해 무대 부분만 공조할 필요가 있으므로, 부분 공조가 가능하도록 덕트를 조닝하고 공조기에 인버터를 설치하여 부분부하 운전이 용이하도록 하거나 무대부와 객석부의 공조기를 별도로 구분 설치하는 것이 바람직하다. 부속실이나 관리부분이 많을 경우에도 별도의 공조 조닝으로 구분하거나 공조기를 구분 설치하여 운전상의 불편함이 없도록 한다.

공조기가 설치된 실이 공연장 근처에 위치하면 소음이나 진동이 무대나 객석으로 전달되지 않도록 공조실 흡음마감과 덕트 소음기, 잭업방진 등을 방음방진설비를 충분히 반영해야 한다. 일반적으로 공연장의 경우에는 소음치가 NC25 내외, 방송용으로도 사용되는 경우 NC20까지도 요구하므로 장비 선정이나 덕트 설계 시 세심한 배려가 필요하다.

한편 대강당이나 공연장은 무창층인 경우가 많아 공조기가 제연겸용이어야 하는지 법규적 검토가 필요하고, 화재 시 많은 인원의 대피를 위하여 법규와 별개로 제연 기능을 요구하는 사례도 있으므로 사전에 확인해 보는 것이 좋다.

부속실은 실의 용도를 고려하여 적절한 개별 냉난방기의 설치도 고려해야 하는데, 평상시에도 개별 냉난방의 요구가 발생할 수 있는 연습실이나 분장실 등은 개별 냉난방기를 설치하고, 조정실이나 영사실 등에서는 발열량이 많으므로 사계절 냉방이 가능한 에어컨을 설치하는 것이 바람직하다.

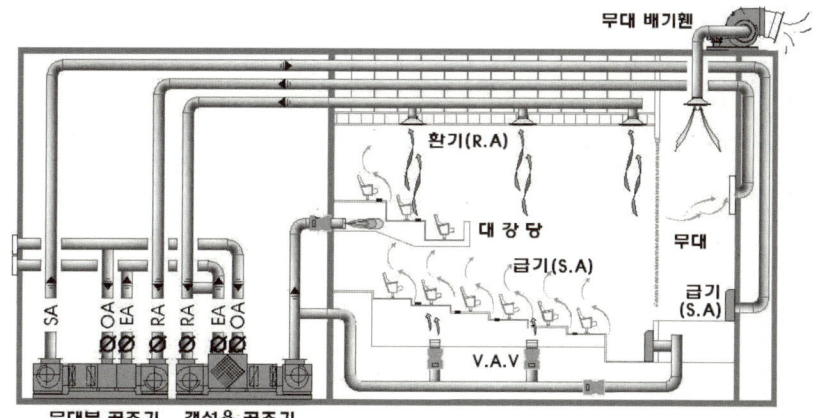

③ 객석부의 공조

대강당이나 공연장은 객석 상부와 하부의 온도차가 극심하고 천장고가 높기 때문에 큰 규모의 시설에서는 객석 의자 하부에 취출구를 설치하여 바닥에서 급기하고 상부에서 환기하는 방식을 많이 적용하고 있다. 이와 같은 바닥공조 방식은 객석 주변의 거주역에 대한 효과적인 공조가 가능하여 에너지를 절감할 수 있고 공조 응답 속도도 빠른 편이다. 또한 균일한 상승 기류가 형성되어 다수의 인원이 밀집된 상황에서 발생할 수 있는 체취나 먼지 등으로 인한 불쾌감도 개선하여 전반적으로 공조 만족감이 높다.

그러나 바닥에서 급기할 때에는 취출 기류로 인해 객석에 착석한 사람의 신체에 직접적으로 냉기나 온기가 닿을 수 있으므로 취출구의 사양이나 위치 선정에 주의가 필요하다. 취출구는 관람객이 취출 기류에 의한 불쾌감을 느끼지 않도록 0.5~1.5m/s 정도의 저속으로 취출되어야 하며 취출 소음도 적어야 한다.

바닥급기 시 취출공기가 관람객의 신체 근처에서 취출되므로 급기 온도는 가급적 너무 낮지 않도록 하는 것이 좋다(냉방시 약 18℃ 정도). 바닥취출구로서는 온도 편차가 적은 쾌적한 온열환경을 제공하기 위하여 실내 공기의 유인량이 많고 빠른 혼합이 가능하도록 선회취출구를 많이 사용하고 있다. 예전에는 머쉬룸 디퓨저를 많이 사용하였으나 바닥위로 돌출된 구조와 유인혼합 성능이 좋지 않아 근래에는 많이 사용하지 않는다.

아울러 바닥급기를 하게 되면 덕트를 통해 장비의 소음이 착석자에게 더욱 잘 전달될 수 있으므로 공조장비나 덕트 계통에는 소음장치를 충분히 반영할 필요가 있다.

| 바닥 선회취출구 |   | 머쉬룸 디퓨저 |

 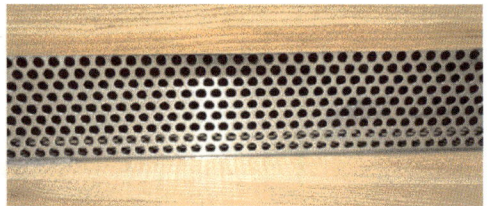

| 계단식 객석의 측면 취출구 |

바닥취출구를 연결하는 방식은 객석 하부층의 급기덕트에 플렉시블호스로 직접 연결하는 방식과, 객석 하부의 PIT층이나 천장속 공간을 급기를 위한 챔버로 만들어 사용하는 가압플레넘 방식이 있다. 플레넘 방식은 풍량 밸런싱을 잡기 쉽고 소음이 작아지는 장점이 있으나, 열손실이나 결로 방지를 위해 골조에 단열재를 설치를 검토하여야 하고 플래넘 형성을 위한 건축적 구조나 마감조치가 필요하다.

천장에 급기구와 환기구를 모두 설치하는 일반 공조방식일 때에는 무대부 쪽의 천장고가 높은 부분의 급기구는 도달거리가 긴 취출구로 선정하여 하부 객석까지 공조 기류가 도달할 수 있도록 해야 한다.

대공연장이나 사무실 바닥의 급기 취출구 / 벽체의 환기(R.A) 그릴

| 객석 하부의 플레넘 챔버 |

한편 객석부가 계단식 또는 2층으로 구성된 형태이면 위쪽과 아래쪽 객석의 온도차가 5~7℃ 정도로 매우 크게 벌어질 수 있으므로, 덕트를 두 구역으로 분리하고 전동댐퍼나 VAV 등의 풍량조절장치를 설치해 구역별 공조가 가능하도록 하는 것이 좋다. 난방 시 하부에서 부상한 더운 공기가 위쪽 객석부에서 정체되면서 실내 온도가 과도하게 상승하게 되므로 충분한 환기(RA)가 되어야 하는데, 이를 위해서 위쪽 객석부 벽면에 대형 환기그릴을 설치하는 사례도 많다.

▼ 바닥급기와 천장급기 방식의 비교

| 구분 | 바닥 급기(SA) + 천장 환기(RA) | 천장 급기(SA) + 천장 환기(RA) |
|---|---|---|
| 장점 | • 객석부 거주역의 효과적인 공조 가능<br>• 공조 응답 속도 및 만족도 향상<br>• 에너지 절감 측면에서 유리 | • 소음이나 먼지 발생 측면에서 유리<br>• 시공이 간편하고 바닥급기에 비해 공사비가 저렴한 편임 |
| 단점 | • 바닥급기에 따른 소음과 먼지 발생에 주의가 필요<br>• 시공이 어렵고 덕트 공사비가 다소 증가<br>• 건축공사와 협조 필수(의자 배치 및 하부 단열 여부 등) | • 계단식 객석일 경우 위쪽과 아래쪽의 온도차가 커짐<br>• 천장고가 높은 부분은 난방 시 충분한 공조가 이루어지도록 대책 필요<br>• 전체 실내를 공조해야 하므로 에너지 효율 측면에서 다소 불리 |

④ 무대부의 공조

무대부는 조명의 발열량이 상당하므로 이를 배출하기 위한 별도의 배기팬을 설치하여야 하며, 공연중 발생하는 특수효과의 잔재물이나 먼지를 배출하는 용도로도 겸용할 수 있다. 무대부에 급기구를 설치할 때에는 기류 소음이 발생하지 않도록 여유있게 취출구를 선정하며, 조명이나 배경막(또는 스크린) 등이 흔들리지 않도록 위치 선정 시 주의해야 한다.

무대부는 천장고가 높고 주위 벽체나 상부가 외기와 직접 면하고 있는 경우가 많다. 이로 인해 무대부에서는 공조를 하더라도 콜드드래프트(Cold draft)가 상당하여 무대 전면의 막 하부가 객석 쪽으로 밀리거나, 무대막을 올리는 순간 냉기가 객석측으로 쏟아져 내리면서 앞쪽 객석의 공조환경에 큰 영향을 주기도 한다. 또한 무대 위에 있는 공연자나 스태프들도 냉기에 의한 불편함을 호소할 수 있으므로 적절한 공조 대책을 강구할 필요가 있다.

주로 무대부 적당한 위치에 컨벡터나 방열기를 설치하거나 공조 환기구를 무대 주변의 벽면에 설치하는 방안이 적용되고 있다. 그 외 급기계통에 재열장치를 설치하거나 성층화된 공조 방법을 적용하는 사례도 있는데, 무대에 설치된 각종 무대장치들의 상태를 고려하고 무대의 주된 사용 용도를 고려하여 적절한 공조 방법을 검토하여야 한다. 무엇보다도 외벽이나 지붕층의 건축 마감 시 충분한 단열조치가 이루어지도록 우선 확인해야 한다.

## (3) 저온공조(또는 대온도차공조) 시스템

① 저온공조 시스템의 개요 및 구성

일반적인 공조시스템의 냉방운전 시에는 공기조화기에서 약 16℃ 정도의 급기가 실내로 공급된 후 약 26℃ 정도의 실내 공기가 다시 공조기로 되돌아오게 된다. 급기와 환기의 △T 10℃ 내외가 일반적인 온도차인데 이보다 더 큰 온도차(△T 15℃ 이상)로 공조하는 방식을 저온공조라 한다. 저온공조에서는 7~11℃ 저온의 급기가 공조기에서 공급되어 대온도차로 순환됨으로써 적은 풍량으로도 동일한 공조가 가능해 송풍기의 동력이 줄어들게 되며, 덕트의 사이즈도 줄일 수 있어 건물의 층고 감소가 가능하다. 이로 인해 저온공조방식은 초기 공사비와 운전동력비를 절감할 수 있고, 부수적으로 공조기 코일에서의 과냉으로 자연스럽게 제습이 되어 실내 습도를 낮추게 되므로 공조 쾌적성이 좋아지는 효과도 있다.

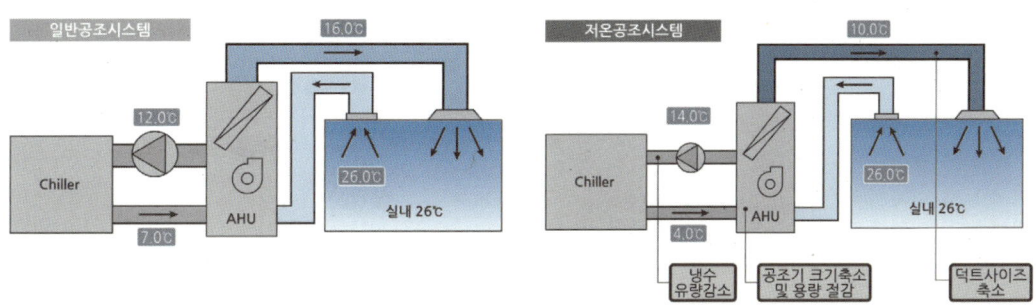

보통 저온공조는 낮은 온도의 급기를 만들기 위해 일반적인 온도(5℃나 7℃)보다 저온의 냉수(4℃ 정도)가 유리한데, 이 때문에 보통 빙축열시스템나 대온도차 터보냉동기와 연계되는 시스템으로 구성되는 사례가 많다. 이 경우 열원장비와 냉수계통도 저온의 대온도차 운전을 통해 추가적으로 시설비와 운전에너지를 절감할 수 있는데, 흡수식냉동기는 대온도차 제품이 시판되기는 하지만 정상운전온도에 도달하기까지 소요되는 시간이 길고 안정적인 성능 발휘에 대한 불안감이 있는 편이어서 지역난방지역 등 불가피한 경우가 아니면 많이 적용되지는 않는다.

저온공조의 이점 때문에 일반적인 공조방식이나 냉수 순환온도(5~7℃ 공급, △T 5℃차)에서도 저온공조 방식을 적용하는 사례도 많은데, 이 경우 급기온도는 10~11℃ 정도로 공급된다.

한편 저온공조 시에는 낮은 코일온도로 인해 제습부하가 증가하게 되므로 외기도입량이 많거나 외기 습도가 높은 곳에서는 냉동기의 부하가 증가될 수 있다. 그리고 저온공조에서는 급기 풍량이 줄어들게 되므로 환절기 전외기 엔탈피 운전이나 외기 냉방, 나이트퍼지 등을 많이 활용하는 곳에서는 다소 불리할 수도 있다. 그러나 기존의 시설을 리모델링하거나 부하량 증가로 시설 개선공사를 진행할 때에는 저온공조방식이 효과적으로 대처할 수 있는 측면도 있다.

② 저온공조 시 고려사항

저온공조를 할 경우에는 낮은 온도의 급기가 덕트를 통해 공급되어 실내에 취출되게 되므로 다음과 같은 사항들에 대하여 검토되어야 한다.

| 구 분 | 검 토 사 항 |
|---|---|
| 덕트의 결로와 단열 | 일반적인 덕트(아연도강판덕트+보온재 시공)보다는 복합덕트(알루미늄박판+단열폼 일체화)가 결로 예방 측면에서 유리한 것으로 평가되어 선호되고 있으나, 두 경우 모두 급기온도에 따라 적절한 단열두께가 확보되었는지에 대한 검토와 확인이 필요하다. |
| 취출구의 선정 | 저온의 급기가 실내에 취출될 때 충분히 확산 혼합되지 않으면 콜드드래프트가 발생할 우려가 있으며, 취출공기의 온도가 실내공기의 노점온도 이하가 되면 취출구에서 결로가 발생되므로 적정한 취출구 선정이 필요하다. |
| 공조기의 냉각코일 | 코일면에서의 면풍속은 1.5~2.3m/s로 일반적인 공조기의 면풍속보다 낮게 유지하는 것이 좋은데, 응축수량이 많아서 기류를 따라 비산될 우려가 있기 때문이다. 또한 대온도차 열교환을 위해 코일의 튜브도 전열면적이 넓고 마찰저항이 적은 타원형을 적용하는 사례가 많다. |

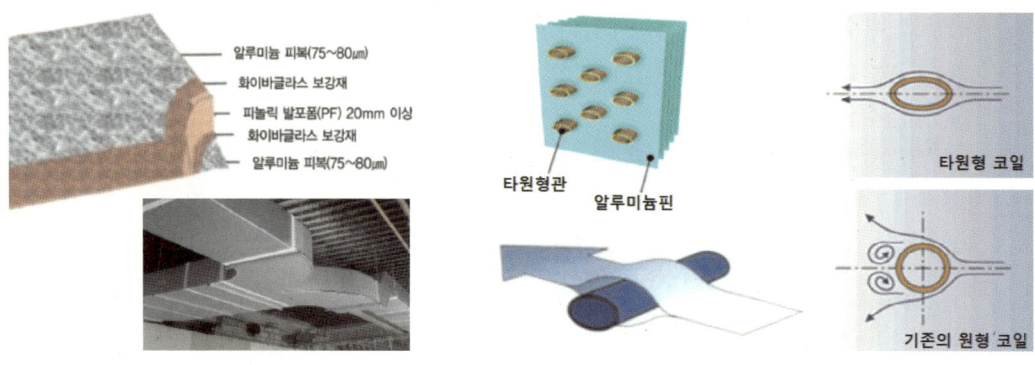

| 복합단열덕트 | | 공조기의 타원형 코일 |

③ 취출구

저온공조에서 급기 시 결로 예방이나 콜드드래프트 예방을 위하여 기존의 일반공조용 취출구(디퓨저)보다는 별도 사양의 취출구를 적용하는 경우가 많다. 저온공조용 취출구는 일반 취출구보다 넓은 온도폭과 풍량폭을 가져야 하며 충분한 실내공기의 유인비가 높아야 하는데, 이를 위해 터미널유닛(Termianl unit, 또는 혼합상자)이나 변풍량디퓨저가 주로 사용된다.

터미널유닛은 천장면에 부착된 취출구와 가까운 위치에 설치되는데 공조기의 1차급기와 실내공기 또는 천장플레넘 리턴공기를 혼합하여 일반적인 공조방식에서의 급기와 비슷한 온도로 실내에 취출하기 위해 사용된다. 터미널유닛을 사용하면 1차급기의 온도나 풍량의 변화 시에도 유닛이 실내공기와 혼합된 적정한 온도의 공기를 안정적으로 실내에 공급할 수 있어 저온공조 도입 초기에 많이 선호되었다.

저온공조시스템에서 사용되는 터미널유닛에는 유인형 터미널유닛, 병렬식 팬파워드유닛(FPU, Fan Powered Unit) 및 직렬식 팬파워드유닛 등이 있다.

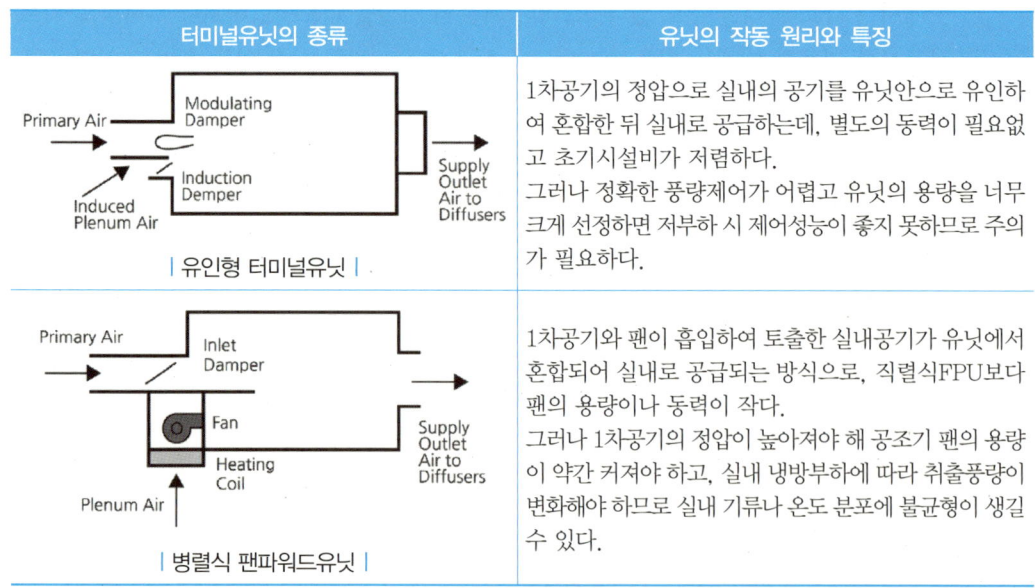

| 터미널유닛의 종류 | 유닛의 작동 원리와 특징 |
| --- | --- |
| 유인형 터미널유닛 | 1차공기의 정압으로 실내의 공기를 유닛안으로 유인하여 혼합한 뒤 실내로 공급하는데, 별도의 동력이 필요없고 초기시설비가 저렴하다.<br>그러나 정확한 풍량제어가 어렵고 유닛의 용량을 너무 크게 선정하면 저부하 시 제어성능이 좋지 못하므로 주의가 필요하다. |
| 병렬식 팬파워드유닛 | 1차공기와 팬이 흡입하여 토출한 실내공기가 유닛에서 혼합되어 실내로 공급되는 방식으로, 직렬식FPU보다 팬의 용량이나 동력이 작다.<br>그러나 1차공기의 정압이 높아져야 해 공조기 팬의 용량이 약간 커져야 하고, 실내 냉방부하에 따라 취출풍량이 변화해야 하므로 실내 기류나 온도 분포에 불균형이 생길 수 있다. |

| 터미널유닛의 종류 | 유닛의 작동 원리와 특징 |
|---|---|
| 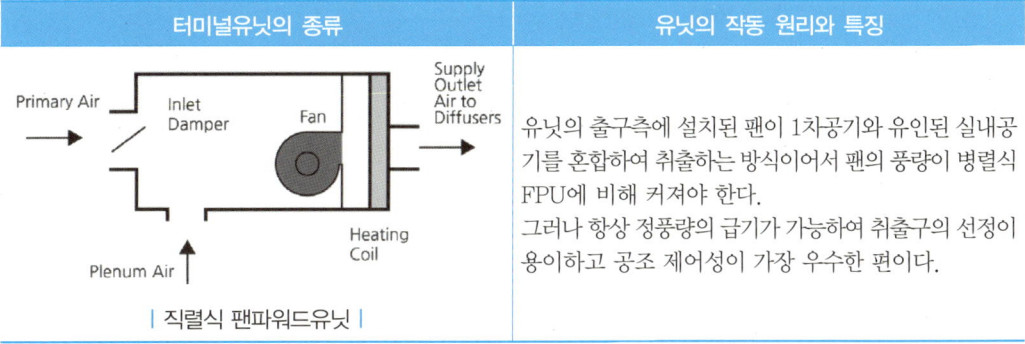<br>\| 직렬식 팬파워드유닛 \| | 유닛의 출구측에 설치된 팬이 1차공기와 유인된 실내공기를 혼합하여 취출하는 방식이어서 팬의 풍량이 병렬식 FPU에 비해 커져야 한다.<br>그러나 항상 정풍량의 급기가 가능하여 취출구의 선정이 용이하고 공조 제어성이 가장 우수한 편이다. |

저온공조용 취출구로서 근래에는 변풍량 디퓨저가 많이 사용되고 있는데, 실내 부하변동에 따라 디퓨저 자체에 내장된 열구동식 온도감지기에 의해 가변날개로 풍량을 자동으로 변화시키게 되며 코안다효과(Coander effect)에 의한 높은 유인비로 결로가 발생하지 않는 취출구이다.

변풍량디퓨저는 열구동식 온도감지기 안에 있는 왁스의 열팽창 및 수축의 힘으로 작동하는 단순 구조로 각 디퓨저가 단독으로 실내온도 조건에 맞춰 작동하게 된다. 풍량이 줄어도 유인비가 높아서 실내 기류분포나 확산에 큰 문제가 발생되지는 않는 것으로 평가받고 있는데, 터미널유닛(또는 전동식 혼합상자)처럼 별도의 동력이나 팬이 필요치 않아 초기시설비가 저렴하고 유지보수도 편리하다.

저풍량 시에도 최소 외기도입량의 유지를 위한 최소개도치 설정 기능이 있는 제품인지 확인이 필요하고, 제조업체에 따라서는 열구동식 온도감지기 대신에 온도조절기와 연동되는 전동구동기가 부착된 변풍량 디퓨저도 있다.

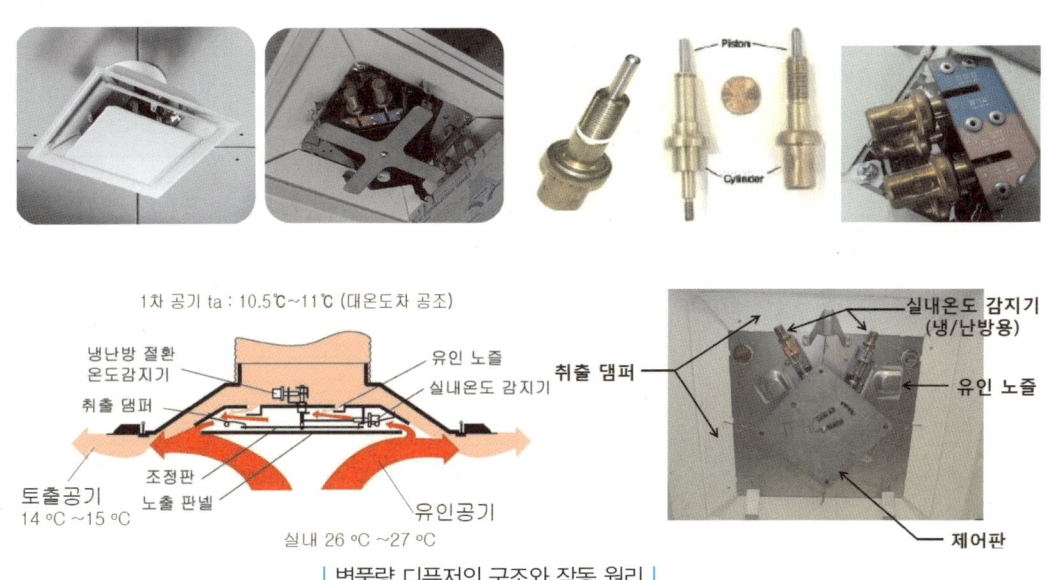

| 변풍량 디퓨저의 구조와 작동 원리 |

④ 저온공조시스템의 장점

| 구 분 | 저온공조시스템의 장점 |
|---|---|
| 건축적 측면 | • 덕트의 크기가 줄어들어 건축 층고의 감소가 가능하고 시공성 향상<br>• 설비 샤프트(PS) 및 공조실 면적 축소 가능 |
| 설비적 측면 | • 초기공사비 절감 (덕트 크기 축소, 팬 용량 감소 등)<br>• 기존 건물의 개보수 시 공조실이나 덕트, 천장고 등의 증설없이도 냉방 용량의 증설이 가능함<br>• 적은 급기 풍량으로도 공조가 가능하여 팬 동력비가 절감됨 |
| 전기적 측면 | • 팬 동력이 절감되어 관련 전기공사비 절감 가능<br>• 리모델링 시 수전 용량의 변경없이 공조 능력 증대 가능 |
| 실내 환경 측면 | • 다량의 제습 효과로 실내 청정도가 좋아짐(응축 시 실내먼지 함께 제거)<br>• 실내 습도 저하에 따른 쾌적성 향상(실내 상대습도 40% 정도) |

## (4) 전산실의 공조

데이터센터나 서버실 등의 전산시설은 냉방부하가 일반 사무실과는 비교도 안 될 정도로 막대하게 발생하는 초에너지 다소비 시설이며, 부하도 연중 내내 발생하는 특성이 있다. 전산시설에서 소비하는 냉방에너지는 IT장비에서 자체 소비하는 에너지와 비교하여도 적지 않은 수준인데, 이로 인해 전산시설 냉방시스템의 효율적인 구성은 전체 전산시설의 에너지효율을 높이는데도 직접적인 관계를 갖는다.

선진국뿐만 아니라 국내에서도 그린데이터센터 인증을 통하여 전산시설의 에너지 효율에 대하여 평가하고 있으며, 구체적인 평가 지표로서 PEU(전력효율지수, Power Usage Effectiveness)를 사용하고 있다.

$$PEU = \frac{데이터센터의\ 총\ 사용전력}{시스템의\ 전력(UPS\ 출력측\ 전력량)}$$

PEU는 적을수록 바람직하나 1.0보다 작아질 수 없으며, 선진국에서는 1.4~1.8 이하로 유지하는 것을 목표로 하고 있다. 따라서 최근 국내에서도 전산시설의 에너지 효율을 높이고자 여러 공조시스템이 도입되어 적용되고 있는데, 에너지 성능에 기여하는 수준과 비용 등을 종합적으로 고려하여 검토할 필요가 있다.

① 전산실의 공조 조건

일반적으로 전산시설은 전산장비의 안정성을 위해 적정 실내온도를 22°C 내외와 상대습도는 45~55% 정도의 조건으로 계획되며, 실제 공조장비의 운전에서도 이와같은 실내 조건은 상당히 엄격하게 관리되고 있다. 그러나 최근에는 IT장비의 내열성이 우수해지고 에너지 비용이 상승함에 따라 전산실의 실내 조건에 대하여 보다 실용적으로 검토할 필요가 있다.

미국냉동공조학회(ASHRAE)에서는 옆의 표와 같이 데이터센터의 실내 온도 조건으로 18~

27℃를 권장하고 있으며, 최대 15~32℃(class1)와 10~35℃(class2)까지 허용하고 있다. 상대습도 20~80%까지 폭넓게 제시하고 있는데, 실내 온도를 1℃ 완화시킬 경우 약 4%의 공조에너지가 절감될 수 있다고 알려져 있다.

또한 실내 온습도 조건을 완화할수록 외기냉방의 가능성이 커지고 냉동기의 냉수 공급온도를 높일 수 있어 성적계수를 향상시킬 수도 있다.

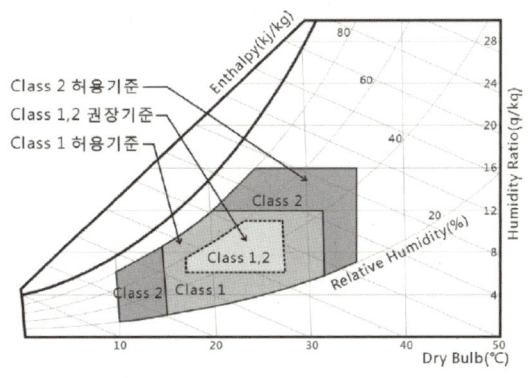

| 데이터센터의 실내조건(ASHRAE) |

② 공조 기류 및 장비의 배치

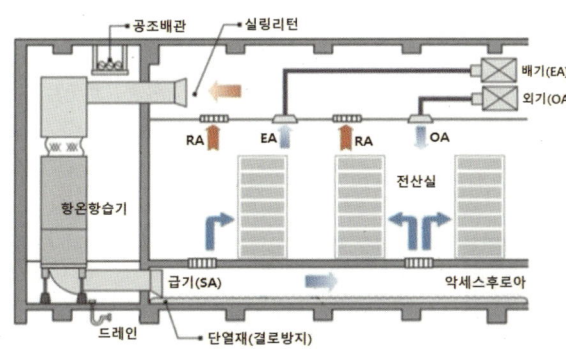

| 기존의 일반적인 전산실의 공조 방식 |

| 노출되어 설치된 항온항습기 |

일반적인 건물에서의 전산실이나 서비실 등은 실내 일부분을 구획한 실에 항온항습기를 설치하고, 바닥의 액세스플로어를 통하여 급기를 공급한 후 천장에서 환기그릴을 통하여 흡입하여 순환시키면서 실내 온습도를 조절하는 방식을 많이 사용하였다. 이때 실내 환기를 위해서 별도의 외기도입(OA) 덕트와 배기(EA)덕트가 설치된다. 상황이 여의치 않은 경우에는 실내에 노출 설치된 항온항습기가 바로 급기와 환기를 통해 공조하는 사례도 많았다.

그러나 이런 방식은 전산장비의 발열로 인해 데워진 공기가 실내공기와 혼합되다가 다시 인근의 전산장비로 유입되어 재순환되거나, 항온항습기에서 냉각되어 공급된 급기가 전산장비의 발열 제거에 이용되지 못하고 장비로 다시 환기되어 버리는 바이패스(By-pass) 현상이 발생하기도 하여 공조 효율이 높지 못한 편이다.

이를 근본적으로 방지하기 위하여 근래의 전산시설에서는 Containment 방식을 적용하고 있는데, 장비 배치와 발열 상태에 따라 고온구역(hot aisle)과 저온구역(cold aisle)을 구획하여 발열된 공기가 서로 혼합되지 못하도록 하는 방식이다. 기존의 공조방식에서는 발열공기가 재순환되거나 냉각급기의 일부가 발열공기와 그대로 혼합되어 버리는 비효율적인 부분이 발생하지만, Containment 방식에서는 cold aisle과 hot aisle을 물리적으로 구획하여 이러한 공조효율 저하 문제를 근본적으로 해결하고 급기 온도를 다소 상향조정하더라도 적정 환기 온도를 유지할 수 있어 상당한 에너지의 절감이 가능하다.

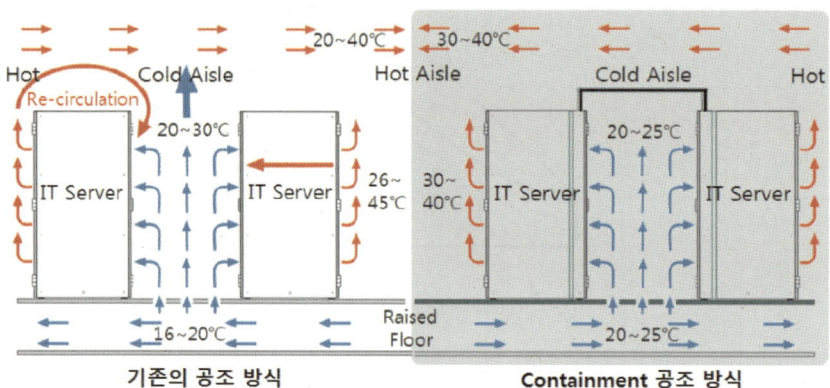

hot aisle과 cold aisle의 밀폐 구획은 전산장비의 발열 특성이나 케이블 연결 상태, 공조설비 설치 여건 등을 고려하여 hot aisle이나 cold aisle을 선택적으로 구획할 수 있다. 때로는 각 블록의 전산장비를 완전 밀폐형으로 제작한 뒤 장비에 직접 급기와 환기를 연결하여 발열량을 처리하거나 개별항온항습기와 전산장비를 일체형으로 제작하는 사례도 있다.

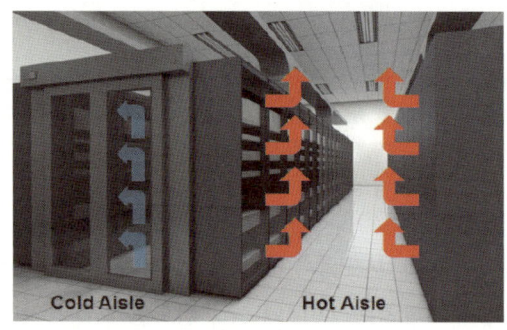

| cold aisle을 구획한 경우 |

| hot aisle을 구획한 경우 |

③ **외기냉방 시스템**

그동안 전산시설에서는 장비 보호를 위하여 가급적 외부공기를 직접 전산장비 냉각에 도입하는 것에 적극적이지 않았으나, 최근에는 에너지절약을 극대화하기 위해 외기냉방 방식을 적용하는 사례가 많아지고 있는 추세이다.

외기냉방 시스템은 외부의 공기를 직접 유입하여 실내로 급기하는 방식과 간접 열교환 방식으로 냉각에만 활용하는 방식이 있다. 외기를 직접 이용하는 방식은 실내에서 환기된 공기의 일부와 비교적 낮은 온도의 외기를 혼합하여 다시 실내로 공급함으로써 장비에서의 냉각부하량을 최소화시켜 에너지 절감효과가 크다. 그러나 도입외기 중의 오염물을 제거하기 위해 중성능 필터를 설치하여 운전 시 잘 관리되어야 하고, 외기 습도에 따른 제습부하 증가를 방지하기 위해 엔탈피 제어가 적절히 이루어질 필요가 있다.

간접 열교환 방식은 낮은 온도의 외기를 이용하여 히트파이프 내부의 작동 유체의 상변화나 브라인순환에 의해 실내서 환기된 공기와 열교환하면서 냉각효과를 발휘하는 방식이다. 외기를 직접 실내로 유입하지 않기 때문에 황사 발생 시에도 외기냉방이 가능하며, 대기오염도가 높은 도심지에서도 적극적인 외기냉방이 가능하다. 업체에 따라서는 열교환기로 히트파이프 대신에 판형열교환기를 사용하기도 하며, 열교환기 표면에 물을 분무하여 증발잠열을 이용해 냉각효과를 증대시키는 사례도 있다.

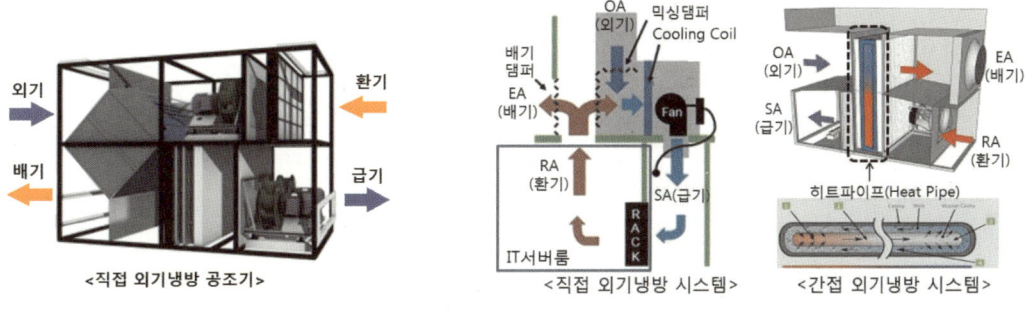

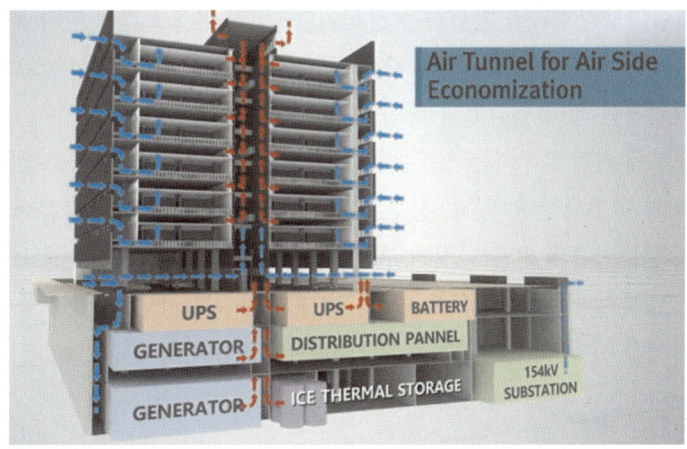

| 대규모 데이터센터 건물의 외기냉방시스템 |

④ 외기냉수 직접냉방 시스템

외기냉수냉방은 전산시설에서 현재에도 많이 적용되고 있는 에너지 절감방안으로서, 동절기나 중간기에 외기의 습구온도가 7~8℃ 이하로 유지될 때 냉동기를 가동하지 않고 냉각탑에서 냉각된 냉각수를 직접 부하측 장비의 냉수로 활용하거나, 또는 열교환기를 설치하여 간접방식으로 냉방에 활용하는 방식이다. 주로 밀폐형 냉각탑과 연계되어 많이 활용되어 왔으나 최근에는 개방형 냉각탑을 사용하여 그 효율을 증대시키는 사례도 있다. 냉각수를 직접 활용하는 방식은 개방형 냉각탑일 경우에는 수질의 관리가 필요하고 밀폐형 냉각탑일 때에는 부동액의 혼합 문제, 냉각수의 순환온도에 따른 경제성 등으로 고려할 사항들이 있어 일부 적합한 시설 이외에 널리 적용되지는 않는다.

외기냉수냉방시스템도 실내 조건을 완화하게 되면 에너지 절감효과가 상당하여 기존에 미적용했던 전산시설에서도 시설 개선을 통해 적용하는 사례가 늘고 있다.

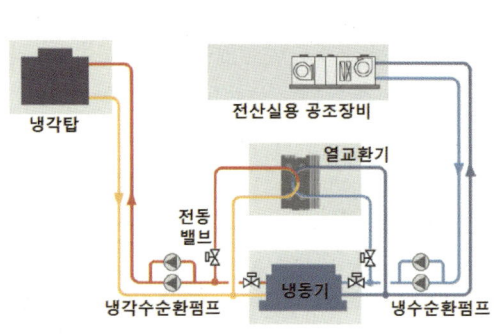

| 외기냉수냉방시스템 |

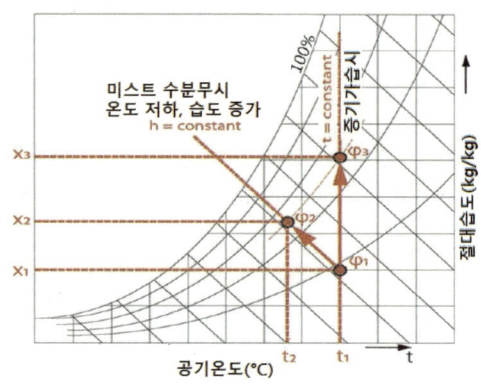

| 미스트 수분무에 의한 냉각효과 |

⑤ 미스트 수분무 시스템

고압으로 미세한 물방울을 분사시켜 외기냉방용 열교환기 표면에 분무하거나, 또는 직접 외기에 분무하여 증발냉각효과를 발휘하는 방식이다. 외기 온도조건에 따라 외기냉방시스템에서 외측에 분무되어 냉방 효과를 증대시킬 수도 있고, 공조장비를 거쳐 실내로 공급되는 급기계통에 가습하여 직접적인 실내 냉각효과를 얻을 수도 있다.

외기나 급기에 직접 분무하는 경우에는 미스트의 증발을 위하여 공조장비나 덕트 관로에서 적정한 거리 확보가 필요할 수 있고, 분무된 미스트가 응축되지 않고 충분한 냉각증발효과를 발휘할 수 있도록 분무노즐의 위치 선정에 주의하여야 한다. 위의 습공기 선도에서 보듯이 미스트 수분무 시 단열냉각효과로 상대습도는 올라가나 온도는 내려가므로, 급기 풍량과 가습량이 큰 시설에서는 증기가습 시 의해 불가피하게 증가하는 냉방 부하를 절감하는 효과도 상당하다.

⑥ 공조장비의 선정과 구성

전산시설과 관련된 냉동기나 칠러, 항온항습기 등은 실내의 부분부하에 능동적으로 대응할 수 있도록 인버터 장치로 용량 가변운전제어가 가능한 것이 좋다. 외기냉방이나 다른 에너지 절감방식에 의하여 적극적으로 대응할 경우 열원장비나 공조장비의 냉방부하가 줄어들게 되며, 전산실 계통은 연중 냉방부하가 발생하므로 동절기나 환절기에는 특히 부분부하 운전특성이 우수할수록 에너지 절감에 도움이 된다.

아울러, 전산시설은 무엇보다도 안정성이 우선되어야 하므로 공조설비에 있어서도 장비와 열원의 이중화가 바람직하다. 어느 정도 규모 이상의 전산시설에서는 다수의 항온항습기나 공조기가 설치되는데, 장비에 따라 열원을 공랭식(냉매직팽식)과 냉수식(터보냉동기나 흡수식냉동기)으로 이중화해 설치하여 유사시 안정적으로 대처할 수 있도록 하는 경우도 있다.

한편 대형 데이터센터에서는 전산장비와 공간을 표준화된 단위와 크기로 모듈화하여 건설에 효율화를 기하고 추후 전산장비의 증설이나 변경에도 대처가 용이하도록 모듈러시스템을 적용하는 사례가 있다. 작은 규모의 전산시설에서는 적용이 곤란하지만 모듈러 데이터센터는 건설과 추후 전산시설의 확장에 유리한 측면이 많아 대규모 데이터센터에서는 모듈러 시스템의 개념이 도입되고 있다.

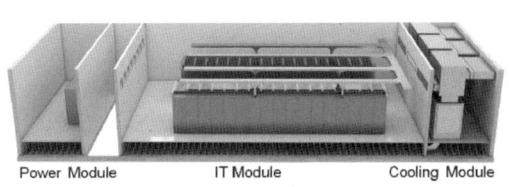
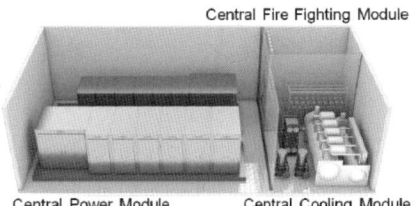

### (5) 로비나 홀의 공조

고층건물에서 공조 관리에 어려움을 겪는 공간 중의 하나가 지상층의 주출입구가 위치한 로비나 홀이다. 사용자의 출입이 빈번해 외기의 유입량이 많고 대부분 조망과 입면을 위하여 외벽이 유리창으로 설치된 경우가 많아서 일사의 영향도 많이 받는다. 특히 동절기에는 연돌 효과로 인하여 외기 유입량이 급격히 증가하는데, 로비나 홀이 몇 개 층이 트인 대공간의 형태로 구성된 때에는 급기가 바닥까지 도달하는 데 어려움이 있어 실내 온도 편차가 극심해진다.

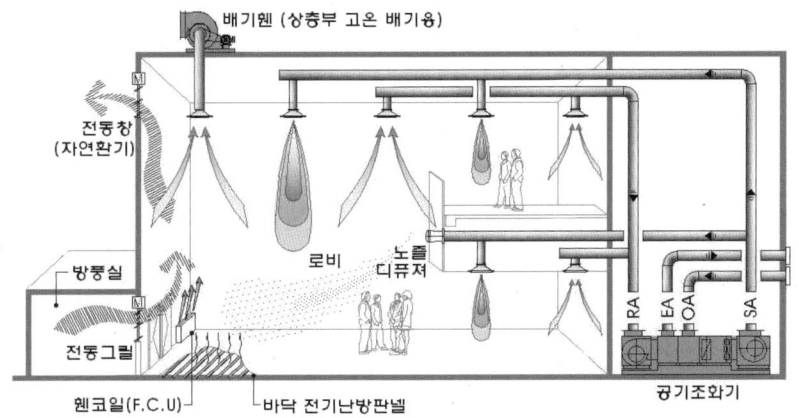

이러한 주출입구의 로비나 홀은 외기 유입을 최소화하기 위하여 이중문의 구조로 된 방풍실을 설치하고 출입문도 회전문이나 자동문으로 설치하는 것이 좋다. 외벽의 유리창 하부에는 FCU나 방열기를 설치하고 상부에도 라인 디퓨저 등을 설치하여 외주부 부하를 감당하도록 한다. 근래에는 겨울철 로비쪽 온도 유지를 위해 외주부 바닥에 온수난방코일이나 전기가열코일을 매립하는 사례도 있다.

여름철에는 일사에 의해 데워진 공기가 상부로 부상하게 되므로 외벽 최상부에 전동창을 설치해 온도센서에 의해 자동 개폐되도록 하여 자연 환기를 실시하거나 별도의 배기팬을 설치해 정체된 고온의 공기를 배출하면 공조장치의 부담을 줄일 수 있다.

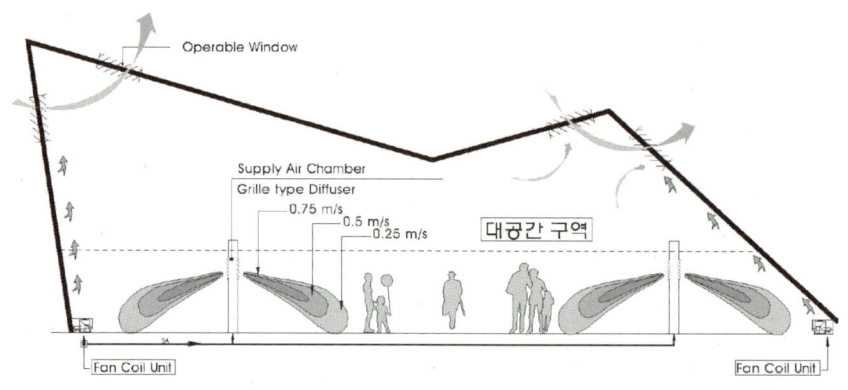

## (6) 주방 · 식당의 공조

식당은 음식 조리 시 발생되는 냄새와 열기가 많고 이를 적절히 처리해 주지 못하면 주위 공간으로 확산되어 재실자들에게 불쾌감을 일으키기 쉽다. 주방의 음식 냄새와 열기는 후드를 통하여 바로 외부로 배출되도록 하고 급기는 조리사들의 주된 근무 위치나 동선을 따라 배치한다. 급기구는 발열이 많은 주방기구 쪽으로 급기 방향을 조절하기 쉽도록 평카노즐을 많이 사용하고 있다. 그러나 중식당이나 튀김 요리가 많아 화기의 발열량이 큰 주방이나 식기세척기실 등에는 외기 도입과 배기만으로는 충분한 냉각효과를 보기 어려우므로 가급적 별도의 에어컨이나 냉방기를 설치하는 것이 좋다.

주방과 식당은 공조 운전 시 압력의 유지가 중요한데 주방의 음식 냄새가 식당이나 주변으로 확산되지 않도록 주방은 음압을 형성해야 한다. 주방과 식당은 근무나 운영시간이 다르므로 가급적 공기조화기는 별도로 구분하여 설치하는 것이 바람직하다. 주방의 경우 음식 준비와 청소 등으로 식당구역보다는 공조시간이 길어지게 되고, 외기 도입량이 많아서 외기조화기가 설치되어야 하기 때문이다. 그리고 냄새가 주변으로 확산되지 않도록 하기 위하여 주방과 식당, 또는 주변 공간과의 차압을 유지하는 데도 공조기를 분리하면 운전제어가 용이하다.

그러나 식당의 규모가 비교적 작고 여건상 주방과 식당의 공조기 분리 설치가 어려울 때에는 주방과 식당의 공조덕트 계통을 분리하여 각 메인덕트에 풍량조절장치(VAV/CAV)나 전동댐퍼를 설치하여 운영시간에 맞춰 풍량 제어가 가능하도록 하고 구역별 차압 형성을 위한 급기 · 환기량 조절이 가능하도록 구성해야 한다.

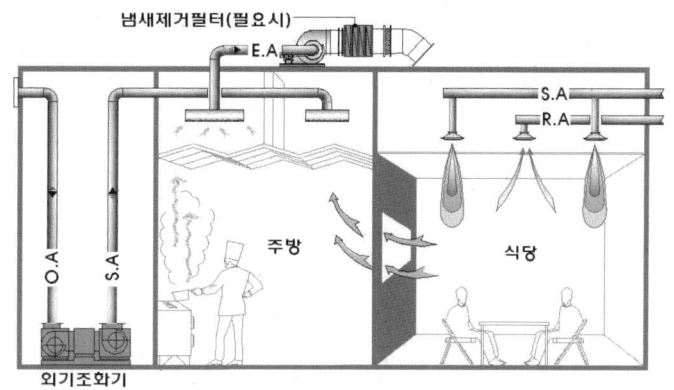

한편, 주방의 공조기(외조기)와 주방 배기팬은 상호 연동되어야 하는데, 배기팬 작동 시 적절한 풍량의 급기가 공조기로부터 공급되어야만 주변 실들의 실내 압력에 영향을 주지 않기 때문이다. 배기량에 비해 급기량은 보통 10~20% 적은 풍량으로 공급하게 되는데, 근래에는 주방기구의 사용 수량과 배출되는 열기의 상황에 따라서 후드의 배기량(배기팬의 배기량)을 수시로 증감시키는 자동후드시스템이 적용되는 경우도 있어 이 때는 배기팬의 풍량 변화량에 맞춰 급기 공조기의 풍량도 비례제어해 주어야만 한다.

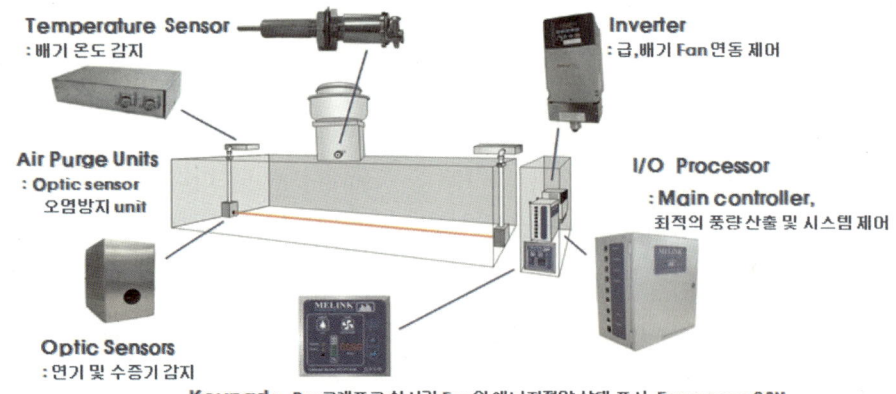

| 자동후드시스템 |

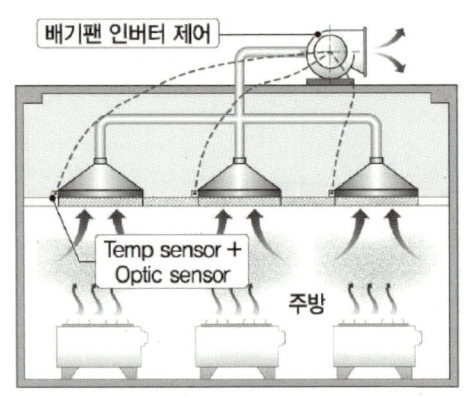

자동후드시스템에서는 배기후드에 열(온도)이나 연기, 또는 조리원의 동작 등을 감지할 수 있는 센서들을 부착하고 후드와 배기덕트가 연결되는 부분에 전동댐퍼가 설치되어 있다. 주방기구를 사용하여 열기나 습기 등이 올라오면 자동으로 전동댐퍼를 개방하여 후드의 배기가 가능해지고, 후드자동제어시스템은 가동되는 후드의 수량이나 설정풍량에 맞춰 배기팬의 인버터를 조절하여 전체 배기풍량을 가변 제어한다.

주방 배기팬의 풍량은 매우 큰 편이기 때문에 이러한 자동후드시스템을 적용할 경우 불필요한 팬의 가동을 줄일 수 있어 동력비 절감효과가 상당하다.

주방배기팬은 냄새로 인한 민원 발생이 없도록 가급적 건물의 최상부 옥상층에 설치하는 것이 좋으며, 주위에 다른 건물이 있거나 배기팬 설치 위치와 아래층의 이격거리가 충분치 않을 때에는 냄새 제거 필터(탈취필터, 주로 활성탄)를 설치하도록 한다. 또한 배출된 주방배기가 다른 공조기의 급기로 유입되지 않도록 공조기의 외기루버와는 충분한 거리를 두어야 하고, 건물의 외벽(파라펫)보다 높은 위치에서 대기로 배출·확산될 수 있도록 덕트를 연장해주는 것이 좋다.

한편 근래에 대형 주방에서는 천장환기시스템을 적용하는 사례가 많다. 주방 천장환기시스템은 천장 전체를 급기와 배기지역, 일반지역 등으로 구분하는데, 조리 중 수증기나 유증기가 다량 발생되는 곳에 설치된 후드시스템이 신속하게 배기를 실시함과 동시에 주위에는 신선한 공기를 공급하여 효율적인 환기가 이루어지도록 한다. 천장환기시스템에는 천장마감재의 상부를 자동세척하는 설비를 구비하는 것도 있으며, 주방업체에 따라 그 구조와 마감방식이 조금씩 다르다.

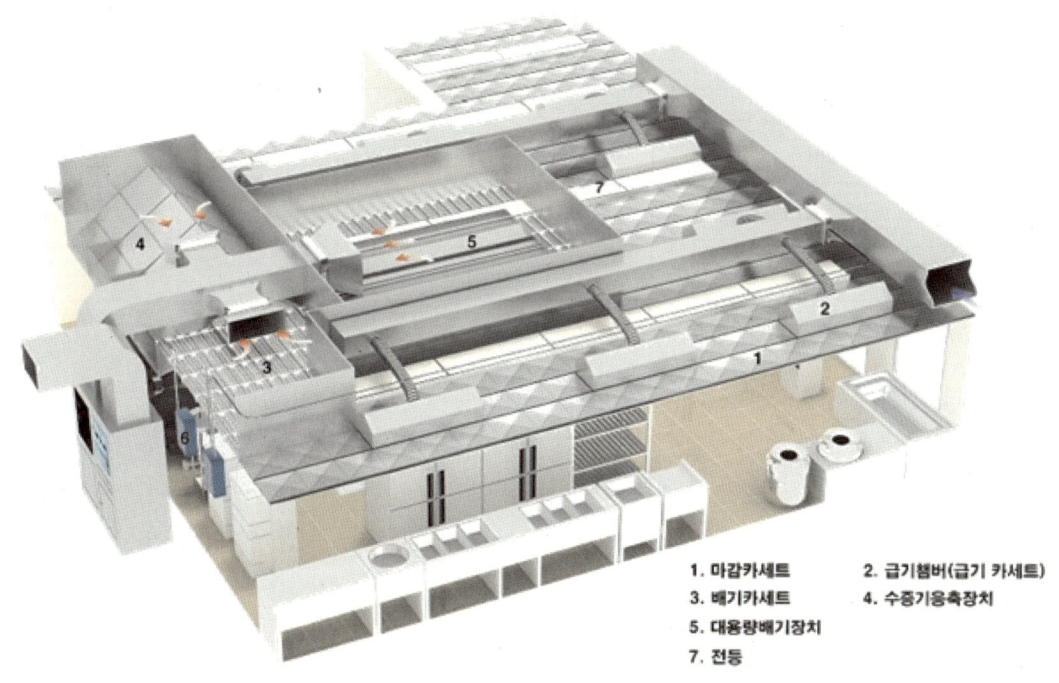

1. 마감카세트  2. 급기챔버(급기 카세트)
3. 배기카세트  4. 수증기응축장치
5. 대용량배기장치
7. 전등

| 주방 천장환기시스템 |

## (7) 초고층 건물

초고층 건물에서는 열원장비와 공조기기간의 운송 길이가 길어지고, 연간 운전시간이 일반적으로 다른 건물에 비해 길며 층별 사용조건이 다양해 공조계통의 조닝이나 배치가 복잡해진다. 특히 건물의 외부 입면상 급배기 루버의 설치에 제약이 있고 엘리베이터 설치 대수의 증가로 수직코어에 입상덕트의 설치 공간 확보가 어려워 덕트 조닝계획에 많은 영향을 미치게 된다.

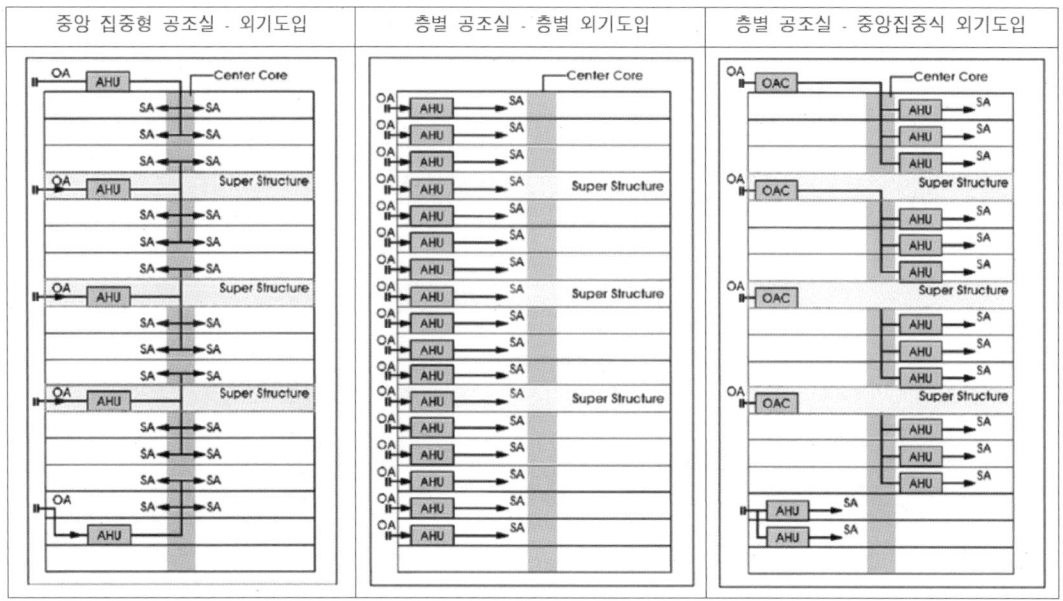

초고층 건물의 공조 조닝은 중앙집중형 공조실 방식과 층별 공조실 방식, 그리고 이 두 가지 방식을 혼합한 층별 공조실 및 중앙집중식 방식이 있다. 중앙집중형 공조실 방식은 외부 루버 설치에 제약이 있으나 입상덕트의 설치 면적 확보가 비교적 여유가 있는 일반 건물에서 많이 사용된다. 각 층별 사용 용도나 근무시간이 비슷한 몇 개 층을 하나의 공조기로 묶는 방식이며, 층별 사용 조건이 다를 경우 VAV 방식을 적용하는 사례도 많다.

층별 공조실 방식은 각 층별로 공조실을 설치하여 공조하는 방식으로, 외벽에 루버와 층별 공조실이 설치되는 대신 코어부에는 입상덕트 설치 공간이 필요 없다. 각 층별로 사용자가 다르거나 공조 조건이 다양한 경우에 적합하다. 층별 공조실 및 중앙집중식 방식은 앞의 두 가지 방식을 혼합한 중간 방식이다.

# CHAPTER 09 덕트(Duct)

## 01 덕트의 분류

덕트(duct)는 공기 또는 공기를 매체로 하여 열, 수분, 가스 및 분진 등을 운반하는 경로로 이용되며 사용 목적이나 재질, 형상 등에 따라 분류할 수 있다. 덕트는 공기조화에 있어 배관과 함께 중요한 기본 설비 중의 하나이며, 사용 용도에 따라 적정한 재질의 선정과 풍량에 적합한 덕트 크기의 선정, 그리고 구역별로 풍량 분배가 고르게 되도록 설치되어야 본래의 공조 성능이 발휘될 수 있다.

어떤 건물에 덕트 설비를 설치하고자 할 때에는 다음과 같은 사항들을 고려해야 한다.

- 실의 용도
- 실내공기 분포
- 소음 요구 수준이나 기준
- 덕트의 열 취득이나 열 손실
- 덕트 설치 비용
- 덕트 구간별 풍량의 분배
- 공조방식
- 덕트 설치 공간
- 덕트 내 기체의 상태(온도, 습도, 기타⋯)
- 방화, 방연, 제연설비와의 연관성
- 유지관리, 점검 보수 공간

### (1) 압력과 풍속에 의한 분류

덕트는 내부정압의 압력 구분에 따라서 덕트 호칭을 저압덕트, 고압1덕트 및 고압2덕트로 구분한다. 덕트 압력 분류에 의한 덕트의 호칭과 압력범위는 다음과 같다.

| 압력 분류에 의한 덕트 구분 | 압력 범위 | | 유속 범위 (m/s) |
|---|---|---|---|
| | 상용 압력(Pa) | 제한 압력(Pa) | |
| 저압 덕트 | +500 이하<br>−500 이하 | +1000 이하<br>−750 이하 | 15 이하 |
| 고압 1덕트 | +500 ~ +1000 이하<br>−500 ~ −1000 이하 | +1500 이하<br>−1500 이하 | 20 이하 |
| 고압 2덕트 | +1000 ~ +2500 이하<br>−1000 ~ −2000 이하 | +3000 이하<br>−2500 이하 | 20 이하 |

• 제한 압력 : 덕트 내 댐퍼를 급격히 폐쇄하므로 인해 압력이 일시적으로 상승하는 경우의 제한 압력을 말한다. 제한 압력 이내이면 덕트의 안전 강도와 공기 누설량 등은 유지되고 있는 것으로 한다.

## (2) 냉·온풍 수송에 따른 분류

① **단일덕트** : 냉풍과 온풍을 겸용한 덕트(급기 1line, 환기 1line)

② **이중덕트** : 냉풍과 온풍 각각 전용 급기덕트로 공급, 환기는 보통 공용으로 사용(급기 냉풍 1line, 급기 온풍 1line, 공통 환기 1line)

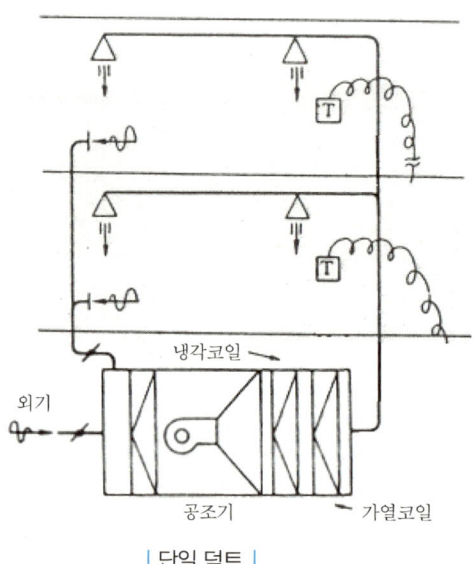

| 단일 덕트 |

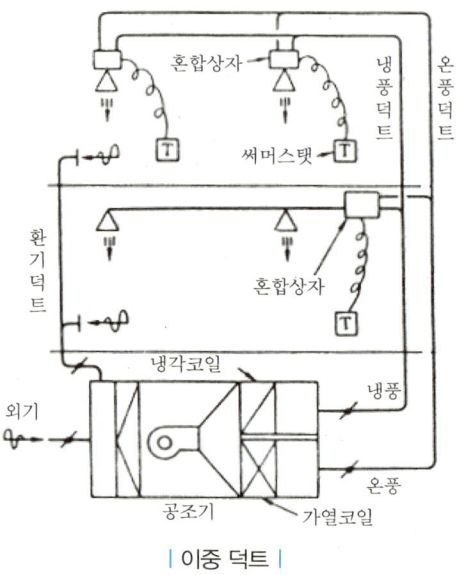

| 이중 덕트 |

## (3) 덕트 형상에 따른 분류

① **사각 덕트**

일반적인 공조용 덕트로 가장 널리 사용되며, 공장에서 강판 원재료를 레이저로 절단한 뒤 자동화된 절곡 및 조립 과정을 거쳐 제작된다. 천장속의 여유 공간에 맞춰 높이를 조절하기가 쉬우며 시공 비용도 가장 저렴하다.

② **원형 덕트(스파이럴 덕트)**

덕트가 노출되어 미관상 필요하거나 덕트 내의 정압이나 부압이 높아 변형이나 떨림이 적어야 하는 경우, 또는 적은 풍량 범위에서 덕트의 마찰손실이 적어야 할 경우 등에서 주로 사용된다.

설치 비용은 덕트 재질에 따르지만 일반적으로 사각 덕트에 비해 약간 비싸며, 설치 공간이 적어 직경을 줄여야 하는 경우 타원형 덕트(Oval duct)로 사용하기도 한다.

### (4) 재질에 의한 분류

#### ① 아연도금(G.I), 또는 갈바륨강판 덕트

일반적인 조건의 공조 시스템에서는 아연도금강판(Galvanized Steel Sheet, Zinc Coated Steel Sheet, 보통 함석으로 많이 부름) 덕트가 가장 널리 사용되며, 습기가 다소 있거나 사용 환경상 청결도가 요구되는 곳 등에서는 갈바륨(Zinc Aluminium Alloy Coated Steel Sheet, 일명 Galvalume) 덕트를 사용하기도 한다. 노출된 장소이어서 도색이 필요한 경우에는 강판 제작과정에서 강판에 도장을 한 칼라함석 덕트를 사용하는 경우도 있다.

습기가 많거나 약품이나 화학 성분, 고온의 열기, 기타 부식의 우려가 있는 급배기 덕트에는 부적당하다.

| 아연도금강판 덕트 |

| 스테인리스강판 덕트 |

#### ② 스테인리스(STS) 강판 덕트

스테인리스 재질의 덕트는 주방배기나 실험실 배기, 기타 화학 공정의 배기 등 습기가 많거나 부식 환경에서 사용되어야 하는 경우, 또는 덕트의 청결도가 유지되어야 하는 경우에 주로 사용된다. 예전에는 정화조나 수영장의 급배기 덕트로 사용되기도 하였으나, 수년이 경과되면 스테인리스강판 덕트에도 부식이 발생하기 때문에 이와 같이 부식성 습기가 많은 곳에서는 PVC나 FRP와 같은 비금속성 재질의 덕트가 바람직하다.

#### ③ 비금속 재질 덕트(PVC 덕트, FRP 덕트, ABS 덕트)

PVC 덕트, FRP 덕트는 부식이 우려되거나 습기가 많은 곳에 주로 사용된다. PVC 덕트는 내식성은 좋으나 재료적인 강도가 약한 편이기 때문에 정압이나 풍량이 큰 경우에는 제작 및 설치에 신중해야 한다.

배기 중에 어느 정도의 열기가 있거나 옥외 햇볕에 노출되는 곳, 외부 충격이 가해질 수 있는 곳은 PVC보다 재료적 특성이 보다 우수한 FRP 덕트가 적합하다. PVC 덕트와 FRP 덕트의 이음 부위는 표준화된 부품이 없고 현장 작업으로 조립되므로 덕트공의 기능도가 요구되며 이음 부위에서의 누설에 각별한 주의가 필요하다. 시공비는 PVC보다 FRP 덕트가 많이 비싼 편이고, 덕트의 형상은 원형이나 사각 등 필요에 따라 선택이 가능하다.

근래 공동주택의 환기설비용 소형 덕트에서는 얇은 ABS 재질로 공장에서 규격화된 제품으로 생산되는 ABS 덕트가 많이 사용되고 있다. ABS 덕트는 현장 가공이나 절단 후 융착 등이 어렵기 때문에 공장에서 압출에 의한 규격 생산이 되고 있으며, 이로 인해 규격이 커야 하는 일반 공조용으로는 사용되지 않는다.

| PVC 덕트 |

| FRP 덕트 |

④ **단열복합덕트(우레탄폼 덕트, 또는 피놀릭폼 덕트)**

얇은 알루미늄 판재 사이에 우레탄폼이나 피놀릭폼을 충진한 복합 덕트로, 단열 성능이 좋아 별도의 보온이 필요없고 미관이 깨끗해 최근 들어 일반 공조용으로도 사용이 늘고 있다. 초창기에는 아연도금강판 덕트에 비해 시공비가 약간 비싼 편이었지만 생산업체가 많아지고 대중화되면서 시공비도 아연도금강판과 비슷한 수준이다.

원자재의 가공과 조립이 용이하고 무게가 가벼워서 시공도 편하다. 이음부의 기밀성도 기존의 덕트보다 우수하다.

단열폼의 종류에 따라 화재 시 취약할 수도 있으므로 단열복합덕트 선정 시 재료에 대한 확인이 필요하다. 또한 내외부 표면의 알루미늄 판이 0.1mm 미만으로 아주 얇아 재료적 내구성이 약하므로 장기적으로 부식성 환경에 노출되는 곳에서는 가급적 사용하지 않는 것이 좋다.

아울러 재료적 강도가 약한 편이므로 설치나 유지보수 시 덕트를 밟지 않도록 주의가 필요하다.

| 우레탄폼 단열 덕트 |

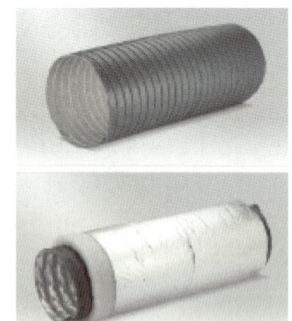

| 플렉시블 덕트호스 |

⑤ 플렉시블 덕트호스

1겹 또는 2겹의 알루미늄 포일이나 Glass Cloth 사이에 강선을 나선식으로 삽입하여 원형 주름관 형태로 제작한 덕트로서, 신축성이 좋고 형상이나 관로를 자유롭게 형성할 수 있어 시공이 간편하다. 그러나 내구성이 좋지 않고 내부 마찰손실이 커서 공조용으로 사용할 경우 짧은 길이에만 국부적으로 사용해야 하는데, 내부 정압은 ±50mmAq 이내 풍속은 15m/s 이내의 범위가 바람직하다.

사각 강판 덕트나 원형 스파이럴 덕트에 디퓨저와 같은 덕트 기구를 연결할 때 대부분 플렉시블 덕트호스를 사용하여 연결하며, 설치 및 이동이 간편해 각종 공사 시 가설용 배기덕트로도 사용된다. 일반적인 사용 온도는 -30~70℃ 이내이므로, 배연 덕트나 주방 등 높은 온도에서 사용될 경우에는 고온에서 견딜 수 있는 재질로 제작된 고온용 플렉시블호스를 사용해야 한다.

⑥ 섬유 덕트

일부 특수한 곳에서는 폴리에스테르 직물을 이용한 섬유 덕트(또는 천 덕트)를 사용하기도 하는데, 원형이나 반원형의 긴 통로 형태의 섬유 덕트를 이용하여 공기를 공급한다. 설치 및 유지보수가 간편하고 다양한 색상으로 제작이 가능하며 시공비가 저렴한 편이나 외형 유지가 어려운 천의 특성상 환기나 배기는 곤란하다. 내구성이 약하고 복잡한 분기 관로의 형성이나 풍량 분배가 어려워 사용 사례는 많지 않다.

## (5) 용도에 의한 분류

- 공조 및 환기용 덕트
- 공장의 물질 수송용 덕트
- 소방 또는 제연 덕트용

## 02 덕트의 두께

공조용 덕트는 형상이나 재질, 사용 압력에 따라 적절한 두께의 재질로 제작되어야 하는데, 일반적으로 사각덕트의 경우 4면 중 폭이 가장 긴 쪽의 길이를 기준으로 재료의 두께를 규정하고 있고 원형덕트는 직경을 기준으로 한다.

덕트의 크기나 사용 압력에 비해 두께가 얇은 재질로 제작할 경우 덕트의 강도가 약해 변형될 우려가 있고, 급·배기 이송 시 덕트 면의 떨림 현상에 의해 소음이 발생하게 된다. 재질별로 각형 및 원형 덕트의 재료 두께는 다음과 같다.

### (1) 아연도강판 각형 덕트

| 강판의 두께 (mm) | 덕트의 장변 길이(mm) | |
|---|---|---|
| | 저압 덕트 | 고압(1, 2) 덕트 |
| 0.5 | 450 이하 | – |
| 0.6 | 450 초과 ~ 750 이하 | – |
| 0.8 | 750 초과 ~ 1,500 이하 | 450 이하 |
| 1.0 | 1,500 초과 ~ 2,250 이하 | 450 초과 ~ 1,200 이하 |
| 1.2 | 2,250 초과 | 1,200 초과 |

### (2) 아연도강판 각형CB(Cross Beading) 덕트

| 강판의 두께 (mm) | 덕트의 장변 길이(mm) | |
|---|---|---|
| | 저압 덕트 | 고압(1, 2) 덕트 |
| 0.5 (0.45) | 450 이하 | – |
| 0.5 | 450 초과 ~ 750 이하 | – |
| 0.6 | 750 초과 ~ 1,500 이하 | 450 이하 |
| 1.8 | 1,500 초과 ~ 2,250 이하 | 450 초과 ~ 1,200 이하 |
| 1.0 | 2,250 초과 | 1,200 초과 |

• CB덕트는 아연도금강판에 격자무늬 형상의 비드 보강을 한 장방형 덕트를 말함

## (3) 아연도강판 원형 덕트(스파이럴 덕트)

| 강판의 두께 (mm) | 덕트의 직경(mm) | |
|---|---|---|
| | 저압 덕트 | 고압(1, 2) 덕트 |
| 0.5 | 450 이하 | 200 이하 |
| 0.6 | 450 초과 ~ 750 이하 | 200 초과 ~ 600 이하 |
| 0.8 | 750 초과 ~ 1,000 이하 | 600 이하 ~ 800 이하 |
| 1.0 | 1,000 초과 | 800 초과 ~ 1,000 이하 |
| 1.2 | | 1,000 초과 |

## (4) 스테인리스강판 덕트(각형, 스파이럴)

| 강판의 두께 (mm) | 덕트의 장변 길이, 또는 직경(mm) | |
|---|---|---|
| | 사각 덕트의 장변 | 스파이럴 덕트의 직경 |
| 0.5 | 750 이하 | 600 이하 |
| 0.6 | 750 초과 ~ 1,500 이하 | 600 초과 ~ 800 이하 |
| 0.8 | 1,500 초과 ~ 2,200 이하 | 800 초과 ~ 1,000 이하 |
| 1.0 | 2,200 초과 | |

## (5) 경질염화비닐판제 각형 덕트

| 구분 | 덕트의 장변 또는 직경(mm) | 정압(Pa)별 판의 두께(mm) | | |
|---|---|---|---|---|
| | | 1,500 이하 | 1,501~2,000 이하 | 2,001~3,000 이하 |
| 각형 덕트 | 500 이하 | 3 | 3 | 4 |
| | 500 초과 ~ 1,000 이하 | 4 | 5 | 5 |
| | 1,000 초과 ~ 1,500 이하 | 5 | 5 | 5 |
| | 1,500 초과 ~ 2,000 이하 | 5 | 5 | 5 |
| | 2,000 초과 ~ 3,000 이하 | 6 | 6 | 6 |
| 원형 덕트 | 300 이하 | 3 | 3 | 3 |
| | 300 초과~500 이하 | 3 | 4 | 4 |

## 03 덕트의 치수 결정방법

### (1) 등마찰손실법(equal friction method)

정압법이라고 하며, 단위길이당 압력손실이 일정하도록 덕트 치수를 결정하는 방법이다. 송풍기 정압 계산 및 덕트 치수 선정 과정이 간편하여 현재 가장 많이 사용하는 방식으로서, 덕트의 끝부분으로 갈수록 풍속이 낮아지게 되므로 풍속에 의한 소음 발생 우려가 적다.

덕트 길이에 비례하여 저항이 증가하므로 각 취출구까지의 거리가 비슷하도록 설계하여야 하고, 그렇지 못한 경우에는 풍량조절용 댐퍼를 설치하거나 덕트 치수를 조정하여야 하는 등 풍량 밸런싱의 어려움이 있다. 또한, 공기조화기에서 가까운 주덕트나 대풍량의 덕트는 과도한 풍속이 될 수 있으므로 유의할 필요가 있다.

▼ 저속덕트의 단위길이당 압력손실 권장치, mmAq/m

| 구분 | 급기 덕트 | | 환기, 배기덕트 | |
|---|---|---|---|---|
| | 주덕트 | 가지덕트 | 주덕트 | 가지덕트 |
| 주택, 홀 | 0.08~0.1 | 0.07~0.08 | 0.08~0.1 | 0.07~0.08 |
| 사무소 | 0.1 | 0.1 | 0.1 | 0.08~0.1 |
| 백화점, 점포 | 0.15 | 0.1~0.15 | 0.15 | 0.1~0.15 |
| 공장 | 0.1~0.15 | 0.1~0.15 | 0.1~0.15 | 0.1~0.15 |

덕트의 단위길이당 마찰손실치를 저속덕트의 경우 0.08~0.15mmAq/m(일반적으로 0.1mmAq/m 사용), 고속덕트인 경우에는 0.3~0.5mmAq/m(일반적으로 0.5mmAq/m)로 계산한다. 덕트의 마찰손실을 계산식을 통하여 구할 경우에는 아래의 수식을 이용하나, 매 구간마다 계산하는 것은 번거로우므로 덕트 마찰저항선도를 이용하는 것이 편리하다.

$$\Delta P = \lambda \cdot \frac{l}{d} \cdot \frac{V^2}{2g} \; [\mathrm{mH_2O}]$$

여기서, $\lambda$ : 마찰손실계수
$l$ : 덕트의 길이(m)
$d$ : 덕트의 내경(m)
$V$ : 풍속(m/s)
$g$ : 중력가속도(m/s²)

장방형 덕트를 원형 덕트로 환산하고자 할 때는 다음의 식을 이용한다.

$$d = 1.3 \cdot \left\{ \frac{(a \times b)^5}{(a+b)^2} \right\}^{\frac{1}{8}} [\text{m}]$$

여기서, $a$와 $b$ : 사각 덕트의 가로, 세로(m)
$d$ : 사각 덕트를 원형 덕트로 환산했을 때의 직경(m)

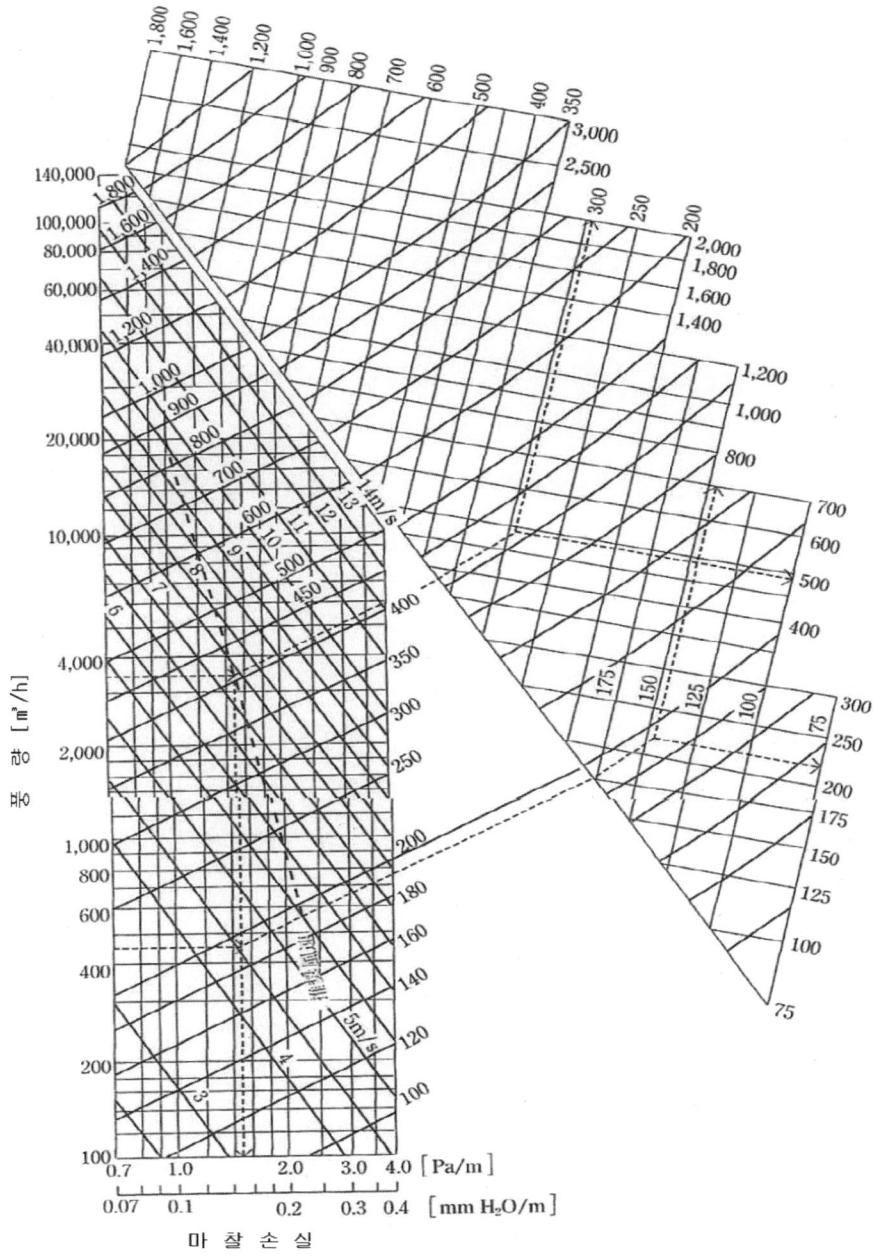

| 아연도금강판 덕트의 마찰저항선도, 절대 조도 = $1.5 \times 10^{-4}$m의 경우 |

| 풍량 | 마찰손실 | 원형 덕트 | 장방형 덕트 |
|---|---|---|---|
| 3,500m³/h | 1.5Pa/m (0.15mmH₂O/m) | φ450 | 500×300 |
| 450m³/h | 1.5Pa/m (0.15mmH₂O/m) | φ200 | 250×150 |

- 마찰저항 선도의 사용 예 : 계통의 최대 풍량이 3,500m³/h과 450m³h인 경우 각각 다음과 같이 덕트의 치수를 구함

## (2) 등속법

덕트 내의 풍속이 일정하도록 덕트 치수를 결정하는 방법이며, 배기덕트가 공기와 함께 분체 등을 수송해야 하는 경우에 분체가 덕트 내에 쌓이지 않도록 하기 위하여 덕트 규격을 선정할 때도 사용되는 방식이다. 덕트의 크기 변화가 많을 경우 압력손실이 구간마다 다르게 되므로 팬의 정압 선정을 위한 전체 덕트 구간의 압력손실의 계산이 복잡하다.

## (3) 정압 재취득법(static pressure regain method)

각 분기덕트 또는 취출구에서의 정압의 증가(풍속의 감속으로 인한 정압의 재취득)가 바로 다음 구간에서의 덕트 마찰손실을 상쇄할 수 있도록 덕트 치수를 결정하는 방법이다. 이와 같이 하면 각 취출구 앞과 각 분기덕트에 있어서 정압이 일정하게 된다.

분기 개소가 많아 덕트 길이가 긴 경우 또는 고속덕트에 적합하나, 덕트 길이가 길 경우 말단 덕트의 크기가 너무 커지게 되며, 덕트 치수 결정 과정이 등마찰손실법보다 복잡하다. 정압 재취득 계수를 정확히 가정하기 어렵기 때문에 특별히 필요한 경우가 아니면 일반적으로 많이 사용되지는 않는다.

## (4) 덕트의 치수 결정 시 유의사항

- 덕트 내 적정 풍속은 운전 시간, 허용 소음, 덕트 설치 공간 등을 고려하여 결정하여야 한다.
- 덕트 설치 공간과 공사비 절감 측면에서는 고속덕트가 유리하겠지만 송풍기 정압 상승에 의한 에너지 소비 증가, 소음 증가, 덕트 기밀 유지 문제 등을 감안하여 특별한 사유가 없는 한 대부분 저속덕트로 설계하고 있다.
- 각형 덕트의 단면은 정방형이 이상적이나 설치 여건상 불가피한 경우 가능하면 종횡비(aspect ratio, 가로와 세로의 비율)가 4~6보다 작게 하며, 특히 8 이상 으로 하는 것은 피하여야 한다. 종횡비가 커지면 덕트 원자재가 많이 소요되어 시공비가 증가하고 마찰저항이 커져 운전비가 증가하므로 좋지 않다.
- 급격한 방향 전환이나 확대, 축소는 압력손실이 증가하고 소음을 발생시키므로 피해야 한다.
- 주요 분기점에는 풍량을 조절할 수 있도록 풍량조절댐퍼(VD)를 설치하고 방화댐퍼(FD) 인근에는 개폐 확인 및 퓨즈 교체를 위한 점검구(AD)를 설치해야 한다.(※ VD ; Volume damper, FVD ; Fire damper, AD ; Access door)

## 04 덕트의 보온

공조용(냉·난방) 급기 덕트에는 열 취득 또는 열 손실, 결로 방지 등의 목적으로 보온을 해야 한다. 특별한 명시나 요구가 없으면 아래의 부분은 일반적으로 보온을 하지 않는다.

- 공조되고 있는 실 및 그 천장 속의 환기(return air) 덕트
- 보온 효과가 있는 흡음재를 내장한 덕트 및 챔버
- 보온 효과가 있는 소음기 및 소음 엘보
- 단순 환기(ventilation)용 급·배기 덕트(예 : 기계실이나 전기실 급기, 배기)
- 배기(exhaust air)용 덕트
- 옥내·외의 제연 급기 덕트
- 단독으로 방화구획된 샤프트(pit) 내의 제연 덕트

단순한 환기용이나 배기덕트이어도 다습한 공간이나 온도차가 많이 발생하는 곳에서는 덕트 내부나 외부에 결로가 생길 수 있으므로 보온하는 것이 좋다.

덕트의 보온은 그동안 유리면(그라스울) 보온판을 주로 사용하였으나, 유리면 보온판의 유해성과 덕트 표면과의 밀착 문제, 흡습에 의한 단열성 저하 등의 문제로 점차 사용이 줄어들고 있다. 근래에는 유리면 대신에 접착식 발포폴리에틸렌 보온판을 많이 사용하고 있으며, 다소 고가이지만 단열성이 좋은 고무발포 보온재의 사용도 증가되고 있는 추세이다.

유리면이나 발포폴리에틸렌 보온판을 사용할 경우 보온재 두께는 25mm 두께로 시공하며, 고무발포 보온재는 13mm 두께의 제품을 사용하면 된다.

| 고무발포 보온재 |

| 발포폴리에틸렌 보온 |

## 05 덕트의 방음과 방진

덕트계통에서의 소음은 주로 송풍기와 취출구에서 많이 발생한다. 송풍기에서의 소음은 송풍기의 밸런싱을 재조정하고, 덕트가 연결되는 부분에 소음챔버와 소음기를 설치하면 상당한 부분을 개선할 수 있다. 그와 같은 조치로도 충분하지 않을 경우 소음기 후단에 일정 길이만큼 덕트 내부에 흡음처리(흡음재 부착)를 하고, 취출구 연결 시 소음용 플렉시블호스를 이용하는 등 추가적인 조치를 고려할 수 있다.

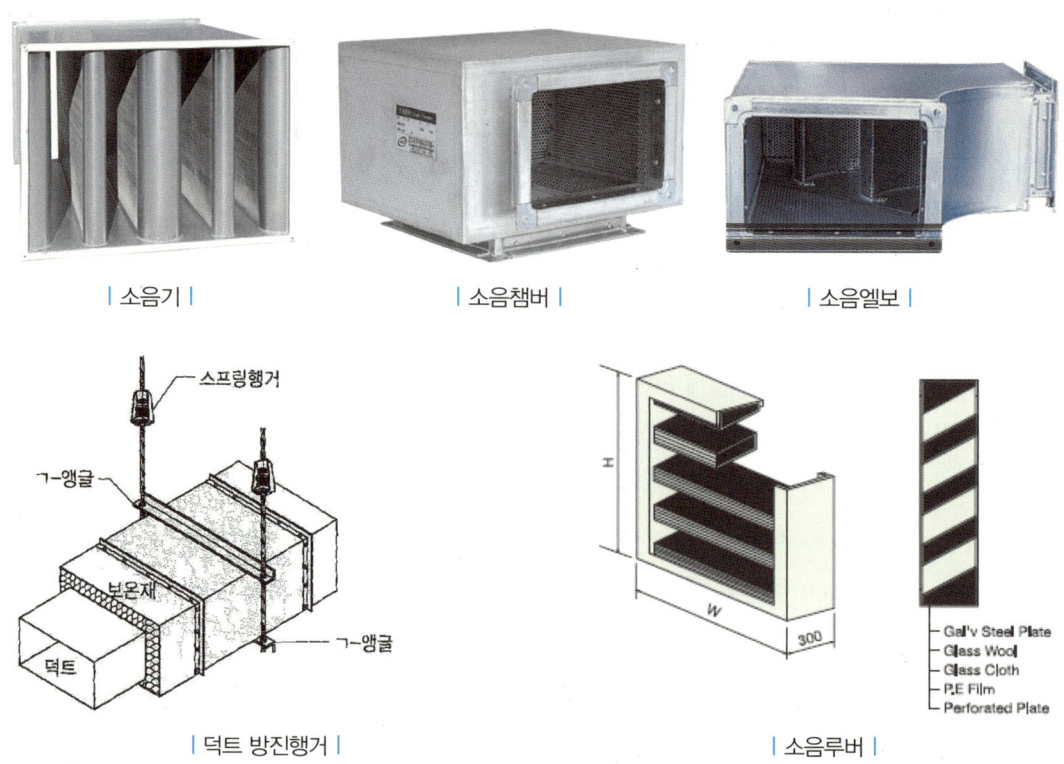

| 소음기 |   | 소음챔버 |   | 소음엘보 |

| 덕트 방진행거 |   | 소음루버 |

공조실에서의 소음이 실내로 전파되었을 때 민원의 소지가 있는 곳에서는 공기조화기와 접촉되는 각 부분에 아래의 그림과 같이 방음방진 조치를 취해야 하는데, 송풍기나 덕트의 방진은 물론 공조기 하부에 잭업방진패드를 설치함으로써 바닥 구조체를 통한 소음과 진동의 전달을 예방할 수 있다.

공조기와 연결된 덕트는 플렉시블이음(캔버스)으로 연결하여야 하고, 연결 덕트의 일정 구간을 방진행거로 설치하는 것이 좋다. 건축적으로는 공조실 벽체와 상부 구조체의 표면에 흡음재를 부착하고 출입문을 이중문으로 처리하여 소음의 전달을 차단한다.

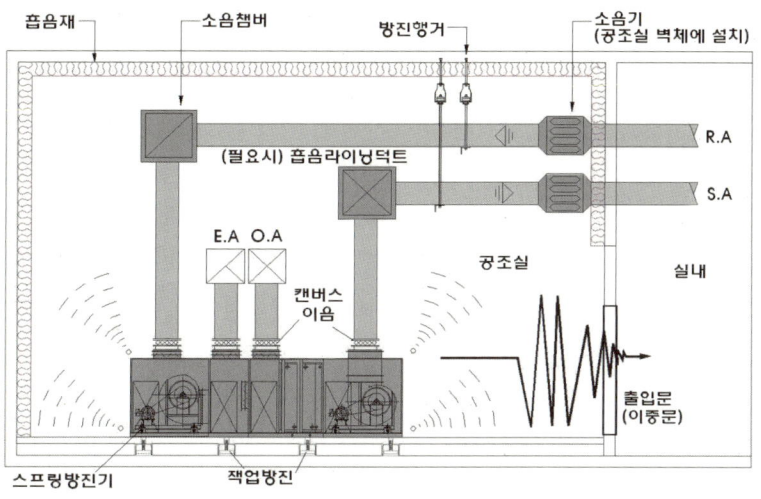

## 06 공조용 취출구

디퓨저나 그릴 등과 같은 취출구(또는 취입구)는 공조덕트와 연결되어 실내로 공기를 공급하거나 또는 환기하기 위해 설치된다. 취출구의 종류나 설치 위치에 따라 실내의 취출 기류 형상이나 온도 분포, 환기 기능 등이 달라지게 된다.

공조용 취출구는 기류 형상에 따라 축류형과 복류형으로 구분된다. 축류형은 노즐 디퓨저, 펑커노즐 디퓨저, 베인 격자형(그릴, 레지스터) 취출구와 같이 기류를 수직이나 수평 축 방향으로 집중하여 형성하고자 할 때 적합하다. 복류형은 아네모스탯형, 팬형, 라인형 디퓨저 등 여러 방향으로의 취출 기류 확산에 효과적이다.

### (1) 아네모스탯형 디퓨저

아네모스탯형은 확산형 취출구의 일종으로 몇 개의 콘(cone, 날개 깃)이 있어서 1차 공기(공조기의 급기)에 의한 2차 공기(실내공기)의 유인 및 혼합 성능이 좋다. 따라서 확산 반경이 크지만 도달거리는 짧은 편이어서 천장 취출구로 가장 많이 사용되고 있으며, 외형상으로는 사각형(Square Diffuser)과 원형(Round Diffuser)로 구분된다. 취출구에서의 풍속이 클 때에는 디퓨저 날개에서 발생되는 소음이 다른 기구들에 비해 다소 큰 편이다.

프레임이나 내부의 콘(cone)의 재질은 일반적으로 스틸(KS D 3512, 냉각압연강판 및 강대) 0.7mm 이상 또는 알루미늄판(KS D 6701 알루미늄 및 알루미늄합금판조) 0.8mm 이상을 사용하며, 일부 스테인리스강판나 합성수지 재질로도 제품이 나오고 있어 선택이 가능하다.

① 사각 디퓨저(Square Diffuser)

층고가 낮은 사무실의 냉난방 공조용으로 가장 널리 사용되고 있으며, 사무실의 내부나 복도의 천장면에서 T-bar 위에 설치되거나 M-bar에 피스로 고정하여 설치한다. 기류의 분산을 네 방향으로 확산시키며 천장면을 따라 고르게 분산되는 특징을 갖고 있다. 디퓨저의 전면 치수는 300mm×300mm, 600mm×600mm 등 천장 마감재 규격과 일치하여 선택할 수 있다. 플렉시블호스와 연결되는 부분에 풍량조절용 댐퍼가 설치되어 있어 풍량의 조절이 가능하다.

디퓨저의 재질은 알루미늄이나 철판 재질이 많고, 내식성이 요구되거나 습기가 많은 곳에서는 스테인리스강판이나 ABS 합성수지로도 제작되고 있다.

② 원형 디퓨저(Round Diffuser)

사각 디퓨저와 동일한 기능을 갖고 있으나 원형의 형태를 취하고 있는 디퓨저이며, 풍량에 따라 Neck Size(플렉시블이 연결되는 디퓨저 목 부위의 직경)를 선정하여 기본적인 사양을 결정한다. 주로 석고보드 천장면이나 인테리어 천장 마감구역에서 원형 등기구와 배열상의 조화를 이루어 설치되는 경우가 많다. 디퓨저의 재질은 사각 디퓨저와 같고 Neck에도 댐퍼가 설치되어 있어 풍량조절이 가능하다.

 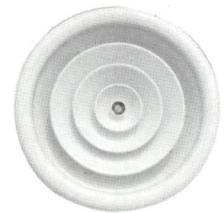 

| 사각 디퓨저 |　　| 원형 디퓨저 |　　| WAY형 디퓨저 |

## (2) WAY형 디퓨저

방의 구조가 복잡하여 취출기류를 특정 방향으로 취출해야 할 필요성이 있는 경우에 사용되며, 알루미늄 BAR로 제작되어 형태가 미려하기 때문에 층고가 낮은 인테리어 천장에 많이 사용된다. 취출 방향에 따라 1방향(1WAY), 2방향(2WAY), 3방향(3WAY), 4방향(4WAY)으로 구분한다.

## (3) 팬(PAN)형 디퓨저

팬형 디퓨저는 팬의 형상에 따라 원형과 사각이 있다. 기능과 용도는 아네모스탯형과 동일하나 아네모스탯형의 콘 대신에 중앙에 원판 모양의 팬을 설치한 것으로, 취출기류가 팬 상부 쪽의 경사면을 따라 취출되어 확산되어 가므로 유인비가 크고 소음 발생이 적다. 또한 취출구가 콘(날개)이 아닌 팬의 단순한 형상이어서 먼지나 오염이 적어 유지보수 면에서도 유리하다.

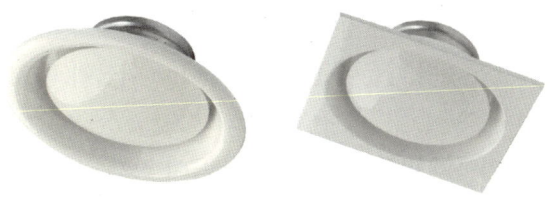

| 원형 팬 디퓨저와 사각 팬 디퓨저 |

천장 높이가 3M 이상일 때는 난방 시에 온풍을 취출하면 취출된 공기가 부력에 의해 천장면으로 올라가고 거주 영역까지 도달하지 못하는 경우도 있다. 따라서 난방 시는 가운데 팬을 내려서 수직 방향으로 취출하도록 하고, 냉방 시는 팬을 올려서 천장면을 따라 취출기류가 확산되도록 하여 콜드 드래프트(냉기류)가 생기지 않도록 한다.

근래에 와서는 이러한 팬의 조절을 수동이 아닌 온도에 따라 신축ㆍ팽창하는 왁스(Wax)나 바이메탈을 이용하여 냉방모드와 난방모드가 자동으로 조절되는 자동 디퓨저가 개발되어 사용되고 있다.

### (4) 라인(Line)형 취출구

토출구의 종횡비(가로와 세로의 비율)가 매우 큰 취출 기구로 균일한 기류의 형성이나 확산보다는 인테리어와의 조화나 길이 방향으로의 특정된 수직 기류를 얻고자 할 때 많이 사용된다. 토출 기류의 형상이 외기 차단이나 드래프트에 대응하는 데 적당해 외주부(창가)나 출입 통로 상부에 설치되어 일종의 에어커튼 효과를 발휘하기도 하며, 미관이 중요시되는 인테리어 천장 마감에서도 많이 사용된다.

라인 디퓨저의 구조나 토출구 형상에 따라 T-Line diffuser, 브리즈 라인(Breeze Line) 디퓨저, 캄 라인(Calm Line) 디퓨저, 슬롯 라인(Slot Line) 디퓨저 등 다양한 종류가 있다.

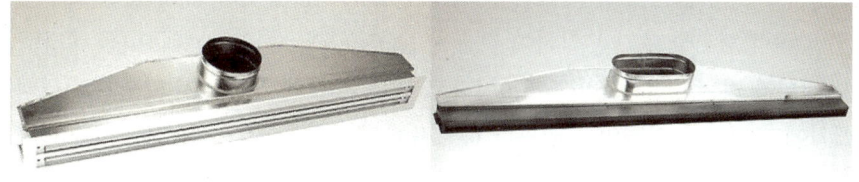

| 라인형 디퓨저 |

### (5) 수직 분사형 취출구

#### ① 노즐 디퓨저(Nozzle Diffuser)

노즐 디퓨저는 주위로의 확산이 적게 하고 일직선상으로 급기되도록 하여 취출기구 중 도달거리가 가장 길다. 이 때문에 로비나 홀, 또는 공연장과 같이 천장고가 높고 넓은 실내 공간에서 상부에 부착하여 하부로 수직 취출토록 하거나, 측면의 벽면에 부착하여 횡 방향으로 취출하도록 할 때 많이 사용된다. 천장고가 높을 경우 기구의 취출 풍속과 도달거리가 작게 되면 난방 시 급기가 바닥면까지 도달하지 못하기 때문에 천장고가 4~5m 이상이 될 경우 다른 취출기구로는 급기하는 데 어려움이 있다.

또한 노즐 디퓨저는 기구의 형상이 단순하여 소음이 적기 때문에 5m/s 정도의 취출 풍속에서도 사용하며, 큰 풍량을 비교적 적은 소음으로도 멀리 보낼 수 있는 장점을 갖고 있다.

② 펑카 노즐 디퓨저(Panka Nozzle Diffuser)

노즐형 디퓨저의 한 종류로서, 천장이나 벽쪽의 덕트에 접속시킨 상태에서 가운데 Ball 형태의 콘을 조정하여 기류와 방향을 자유롭게 변경시킬 수 있기 때문에, 실의 일부 구역이나 제한된 활동 영역만을 대상으로 공조하고자 할 경우에 사용한다.

예를 들면 다량의 열기나 오염물질이 발생하는 공장이나 주방에서 작업자가 주로 체류하는 곳을 표적으로 급기를 집중적으로 공급하고자 할 때 적합하다. 용도상 주로 급기 쪽에 많이 설치되며 환기 용도로는 구조상 부적합하다고 할 수 있다.

| 노즐 |

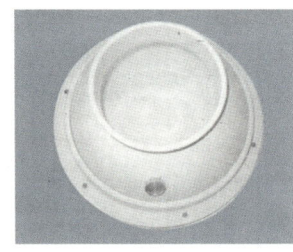
| 펑커 노즐 |

| 그릴 |

## (6) 베인 격자형 취출구

각형의 프레임에 베인(날개)을 조립한 것으로 베인이 고정된 것과 가동할 수 있는 가동 베인형이 있다. 베인 안쪽에 댐퍼를 추가 부착하여 취출 풍량을 조절할 수도 있는데 이를 레지스터(Register)라 부르고, 댐퍼가 없는 것은 그릴(Grille)이라고 한다. 빗물이 유입되지 않도록 ♪ 형태로 절곡된 날개를 프레임에 고정하여 외벽의 흡입구나 배기구에 부착하는 것은 루버(Louver)라고 한다.

베인을 움직일 수 있는 가동 베인형은 기류의 방향이나 풍량을 실내 조건에 맞도록 베인과 댐퍼를 조정함으로써 수정할 수 있다. 그러나 미관이 미려하지 못하고 날개면에서의 소음이 다소 크며, 날개나 틀의 절단면에서 부식이 발생하는 사례가 많아 요즘은 사무용 공간이나 인테리어 마감 부위에서는 많이 사용되지 않는다. 주로 기계실이나 화장실, 창고 등 많은 풍량이 요구되거나 일반인에게 노출이 적은 곳에 사용된다.

## (7) 바닥선회형 취출구

대공연장처럼 실내의 천장고가 높아 천장으로부터 급기하는 데 한계가 있는 경우에는 바닥에 급기구를 설치하여 공조하는 경우가 있다. 또한 근래에는 일반 사무실 공간에서도 공조 효율을 높이기 위하여 바닥에 급기구를 설치하는 사례(바닥공조방식)가 증가하고 있는데, 이럴 경우에도 바닥선회형 취출구를 바닥면에 설치하게 된다.

바닥선회형 취출구는 실의 용도나 냉난방 조건에 맞춰 급기 기류를 조절할 수 있는 것이 좋고, 바닥 먼지가 부유하지 않도록 기류 속도가 너무 높지 않도록 선정해야 한다.

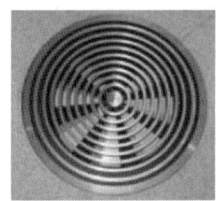 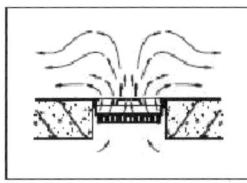 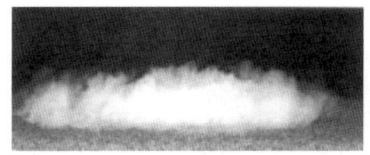 

수평 취출시     수직 취출시

## (8) 자동형 취출구

근래에는 디퓨저의 사용 목적이나 용도에 따라서 취출기류의 방향이나 풍량을 자동으로 조절하는 취출구들이 공급되고 있다. 냉방이나 난방모드 시 공조장비에서 급기되는 온도에 따라 취출 방향을 조절하는 자동선회디퓨저나 오토가변디퓨저, 실내 온도에 따라 급기풍량을 자동 조절하는 변풍량디퓨저가 대표적이다.

자동 선회/가변 디퓨저는 냉방과 난방 시 취출되는 기류의 방향이나 각도를 조절하여 기류의 실내 확산이나 도달거리를 양호하게 할 수 있다. 주로 각도가 조절되는 날개에 연결된 축에 급기온도에 따라 신축팽창하는 열팽창식 온도조절기를 설치하여 구동하는 방식이 많은데, 온도조절기의 피스톤 내부에는 파라핀(Paraffin)이나 왁스(Wax)가 충진되어 있다.

냉방 시에는 온도조절기가 수축하면서 날개나 콘의 각도를 취출기류가 수평취출에 가깝도록 조절하여 찬 급기가 실내에 널리 확산되도록 하고, 난방 시에는 온도조절기가 팽창하면서 취출기류가 수직기류에 가깝도록 날개의 각도를 조절하여 더운 공기가 바로 뜨지 않고 충분한 거리까지 하강할 수 있도록 한다.

열팽창식 온도조절기 대신에 전동구동기가 설치되어 온도센서와 자동제어장치에 의해 작동하는 제품도 있다.

| 가변디퓨저 전동식(주)과 온도감지피스톤 릴리즈식(우) |

냉방취출　　　　난방취출

| 자동선회디퓨저의 취출 기류 |　　　| 취출기류 가변형 노즐디퓨저 |

취출기류의 풍량을 조절하는 변풍량디퓨저도 이와 유사한 방식을 이용하는데, 디퓨저 내부에 설치된 열팽창식 온도조절기가 날개나 댐퍼의 각도를 조절하여 실내로 취출되는 급기량을 조절하게 된다. 변풍량디퓨저는 주로 대온도차의 저온급기시스템에서 실내 온도에 따라 급기풍량을 조절하면서 취출구에서 결로가 발생되지 않도록 하기 위하여 많이 적용되고 있다. 변풍량디퓨저도 사각 팬이나 라인 디퓨저 등 용도에 따라 몇 가지 제품이 나오고 있으며, 열팽창식 온도조절기 대신에 전동구동기가 부착된 방식도 있다.

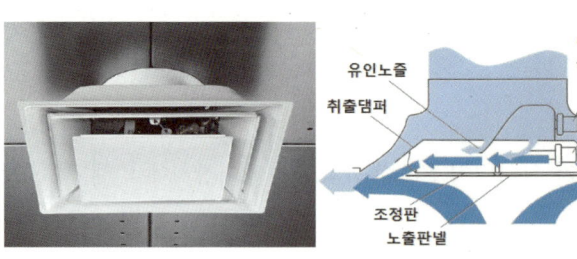

| 변풍량디퓨저 – 열팽창식 온도조절기 방식 |

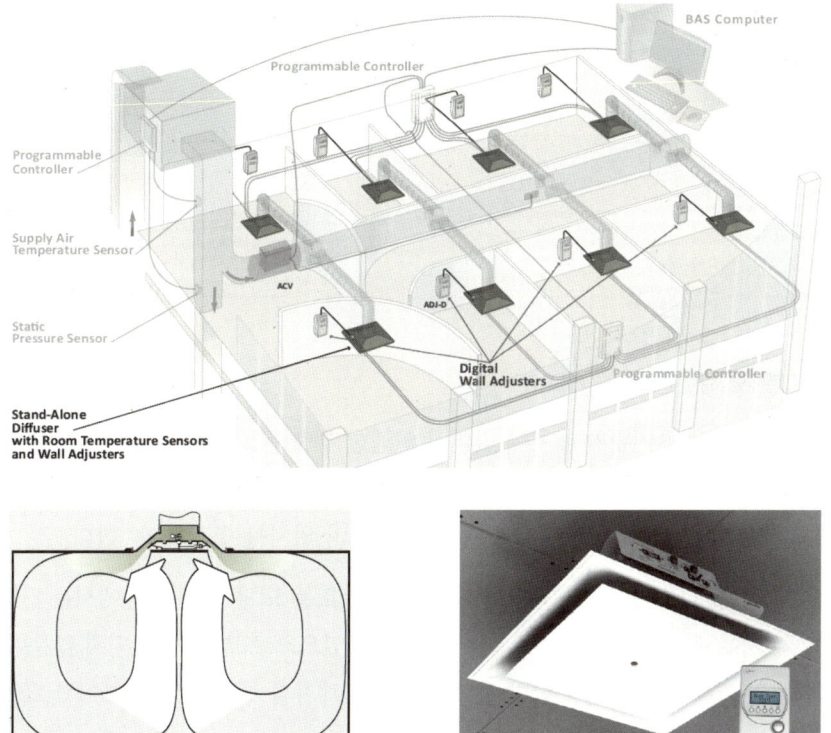

| 변풍량디퓨저 – 전동구동식 |

## 07 취출구의 특성

### (1) 확산거리와 도달거리

복류 취출구는 일반적으로 천장에 설치되어 전체 둘레로부터 방사형으로 기류를 확산하며 취출하는 형식으로 천장 디퓨저라고도 불린다. 축류 취출구는 천장, 벽 혹은 바닥면에 설치되며, 일정한 축방향으로 취출하면서 유인비가 적기 때문에 확산각이 작고 도달거리가 긴 일반적인 특성을 가지고 있다. (※ 유인비 : 주변의 공기를 끌어들여 혼합시키면서 기류를 형성하는 비율)

아래의 그림은 취출구의 종류별 기류 특성을 보여주고 있는데, 취출 기류의 속도(단면의 최대 속도)가 0.5m/s가 되는 거리를 최소 확산반경(또는 최소 도달거리)이라고 하고, 기류의 속도가 0.25m/s가 되는 거리를 최대 확산반경(또는 최대 도달거리)라고 한다.

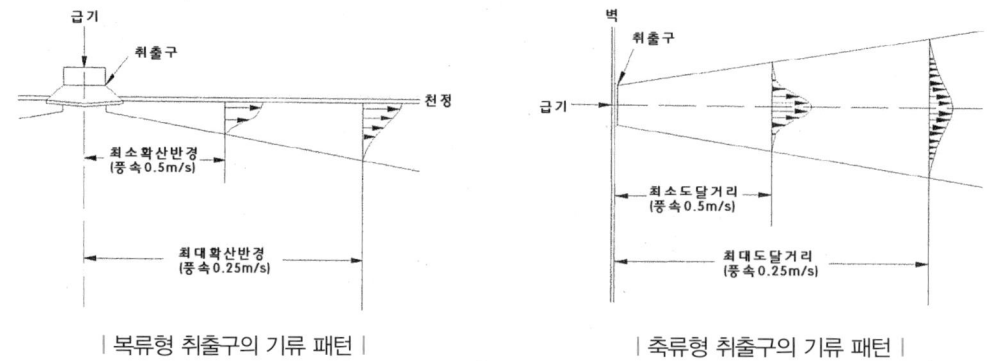

| 복류형 취출구의 기류 패턴 |    | 축류형 취출구의 기류 패턴 |

취출구의 사양 선정이나 위치 배치에 있어서 인접한 취출구들의 최소 확산반경이 겹치거나 최소 확산반경 이내에 기둥이나 칸막이 등의 장애물이 있을 경우에는 그 부근에 거주하는 사람들에게 기류를 느끼게 하여 불쾌감을 주게 되므로 급기 디퓨저의 위치를 조정해야 한다.

토출 기류의 풍속이 0.25m/s가 되는 최대 확산반경(또는 도달거리) 부근에서는 칸막이나 기둥이 있어도 주변의 기류 속도가 0.1~0.2m/s로 유지될 수 있으므로 별 문제가 되지 않는다. 사람이 거주하는 부위에서의 기류 풍속은 냉·난방 시 피부적인 불쾌감을 주지 않기 위하여 0.25m/s를 넘지 않는 것이 좋다.

기구별 확산반경이나 도달거리는 풍량이나 정압 조건에 따라 달라질 수 있으므로 제조업체의 카탈로그를 참조하면 된다.

## (2) 취출 기류의 온도차

실내의 공기 온도와 취출구에서 공급되는 급기의 온도차가 클 경우 실내부하 제거를 위해 공급하여야 하는 풍량이 적어져 송풍기의 운전비를 절감할 수 있다. 그러나 이렇게 주위 공기와의 온도차가 커지게 되면 실내의 온도 분포를 균일하게 제어하기 어렵고 냉방 시에는 취출구 표면에 결로가 발생될 수도 있다. 일반적으로 그릴형 취출구의 경우 최대 취출 온도차를 11℃ 이내, 천장형 디퓨저의 경우에도 17℃를 넘지 않는 것이 좋다.

여름철 실내 온도 26℃, 상대습도 50%인 상태에서는 취출 공기의 온도가 14℃ 정도까지는 결로가 발생하지 않으나, 운전 개시 초기나 외기 침입이 많은 건물, 습기가 다량으로 발생하는 공간 등에서는 결로가 발생할 우려가 있다. 이럴 때에는 결로 감소를 위해 공조기의 급기온도(취출구에서의 취출온도)를 다소 상향 조정하거나 결로방지형 취출구를 사용하는 것이 좋다.

### (3) 취출구에서의 풍속

취출구나 흡입구에서의 발생 소음은 덕트 기구의 형상, 구조, 날개 각도, 댐퍼의 개도 등에 따라 달라지나, 취출구에서의 공기 속도가 빨라지면 발생 소음도 커지게 된다. 디퓨저의 풍속이 빠를수록 많은 양의 공조 공기를 공급할 수 있어 디퓨저의 수량을 줄일 수는 있으나, 풍속이 빠를수록 소음이 증가하게 되므로 아래의 허용 풍속 이하로 유지되도록 하는 것이 좋다.

| 취출구(급기) 허용 풍속(m/s) | | 흡입구(환기) 허용 풍속(m/s) | |
|---|---|---|---|
| 건물의 종류 | 허용 풍속 | 건물의 종류나 위치 | 허용 풍속 |
| 방송국 | 1.5~2.5 | 호텔, 주택, 스튜디오, 회의실 | 2.0 |
| 주택, 아파트 교회, 호텔, 침실 | 2.5~3.8 | 사무실, 영화관 | 2.5 |
| 개인 사무실 | 2.5~4.0 | 기계실 | 3.5 |
| 영화관 | 5.0~6.0 | 외기 도입구(루버) | 4.0 |
| 일반 사무실 | 5.0~6.3 | 공장 | 4.5 |
| 상점 | 7.5 | 도어에 설치된 그릴 | 1.0 |
| 1층 상점, 공장 | 10.0 | 언더 커트 | 1.2 |

- 외부의 D.A(급·배기구)나 팬룸의 루버에서의 면풍속을 구하는 방법

> 풍량이 20,000CMH인 급기팬의 외부 루버 크기가 가로 2m, 세로 1m일 경우, 루버 날개면에서의 풍속을 계산해 보면,
>
> $$풍속(V) = \frac{풍량(Q)}{면적(A)}$$
> $$= \frac{20,000 \text{m}^3/\text{hr}}{(1\text{m} \times 2\text{m}) \times 0.5(루버의 개구율 보통 50\% 적용) \times 3,600\text{sec/hr}}$$
> $$= 5.5 \text{m/s}$$
>
> ∴ 흡입 루버 날개면에서의 풍속이 5.5m/s로 권장 풍속 4.0m/s보다 크므로 루버의 면적을 현재보다 크게 조정해주는 것이 좋다.

## 08 댐퍼(Damper)

덕트 시스템에서 공기나 유체의 흐름을 제어하고자 할 경우 다양한 형태의 조절장치가 사용되는데 이를 댐퍼(Damper)라고 한다. 덕트의 형태에 따라 원형이나 사각형으로 제작되며, 전동모터나 압축공기에 의해 작동되는 구동기가 설치되어 원격 제어되기도 한다.

## (1) 풍량조절댐퍼(VD, Volume Damper)

메인덕트와 분기덕트의 연결부분, 또는 덕트의 토출구나 흡입구 근처에서 풍량을 제어하고자 할 경우 사용된다. 축(Shaft)에 연결된 핸들을 조작하여 댐퍼 내부의 날개(Blade)의 각도를 조절해 공기가 통과하는 단면적을 좁히거나 늘려 풍량을 제어한다. 핸들에는 설정된 각도로 고정할 수 있도록 고정볼트나 잠금장치가 부착되어 있다.

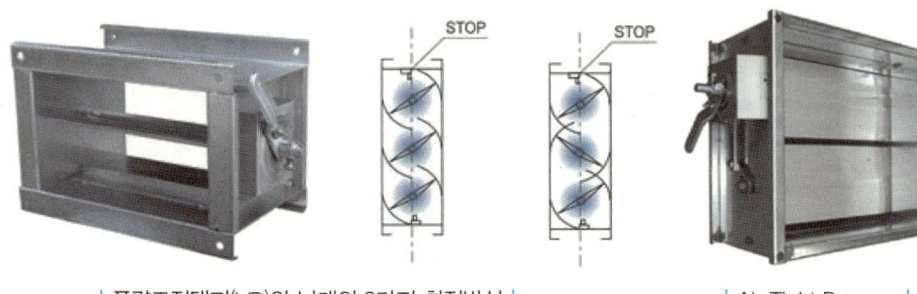

| 풍량조절댐퍼(VD)와 날개의 2가지 회전방식 |   　　　　| Air Tight Damper |

## (2) 에어타이트 댐퍼(ATD, Air Tight Damper)

풍량조절댐퍼의 기밀성을 높이기 위하여 날개 끝부분에 난연성 Seal(일종의 고무판)이 부착되어 있다. 주로 확실한 기밀성이나 정밀한 제어가 요구되는 덕트계통에서 사용되고 있으며, 공조기에서도 각 덕트를 연결하는 부분에 에어타이트 댐퍼가 설치되어 있다.

## (3) 전동댐퍼(MVD, Motor Volume Damper)

일반 풍량조절댐퍼에 전동구동기가 부착되어 원격신호에 의해 개폐되는 자동댐퍼로, 자동화된 공조시스템이나 화재감지시스템과 연동되는 제연댐퍼 등에 많이 사용되고 있다.

압축공기 시스템이 있는 공장이나 대형 건물에서는 압축공기 구동기가 사용되기도 한다.

## (4) 방화댐퍼(FD), 방화풍량조절댐퍼(FVD)

건물의 방화구역을 관통하는 덕트에 설치되어 화재가 인접한 구역으로 전파되는 것을 차단하기 위하여 댐퍼에 퓨즈가 설치되어 있다. 화재 시 열기에 의해 퓨즈가 끊어지게 되면 스프링의 힘에 의해 날개가 닫혀 공기 통로가 폐쇄되므로 화염의 전파를 막을 수 있다.

퓨즈는 72℃, 103℃ 및 280℃ 등 사용 환경에 따라 선택하여 사용하며, 방화댐퍼(FD, Fire Damper)가 설치되는 인근에는 댐퍼의 작동 여부 확인이나 퓨즈 교체를 위하여 점검구를 설치하여야 한다.

방화풍량조절댐퍼(FVD, Fire Volume Damper)는 방화댐퍼에 손잡이를 설치하여 풍량 조절 기능을 가지고 있는 댐퍼이다. F.V.D는 퓨즈가 핸들뭉치에 설치되어 있어 외부에서도 퓨즈의 교체가 가능하다.

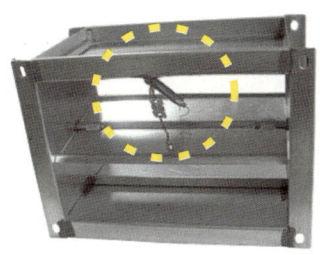 
| 방화댐퍼(FD)와 퓨즈 |

| 방화풍량조절댐퍼, FVD |

### (5) 역류방지댐퍼(B.D.D, Back Draft DAMPER)

급기나 배기덕트에 설치되어 한쪽 방향으로만 유체가 흐르고 반대방향으로는 역류되지 못하도록 할 경우 설치되는데, 배관에 설치되는 체크 밸브와 같은 기능을 한다. 주로 여러 개의 덕트가 하나의 급배기 그릴 챔버에 연결되거나 서로 다른 정압을 가진 팬의 덕트가 하나의 계통에 통합되어 있을 때 사용된다. 또한 외벽에 환풍기나 급·배기구 그릴이 설치된 경우 평상시에는 날개가 자중에 의해 닫혀 있다가 팬이 가동되면 열리게 할 경우에도 많이 부착된다.

B.D.D의 날개는 덕트 내부의 압력에 의해 쉽게 열릴 수 있도록 알루미늄과 같은 경량의 재질이나 얇은 강판으로 제작되어야 하며, 열리는 압력을 조절하거나 설정할 필요가 있는 경우에는 날개에 일정한 무게의 추를 설치하기도 한다.

 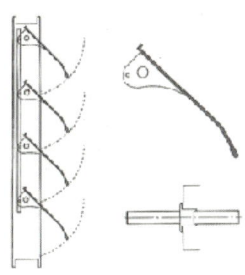

## (6) 릴리프 댐퍼(Relief Damper)

릴리프 댐퍼는 실내 공간에 과다한 급기량이 공급되거나 어떠한 이유로 압력이 설정된 수준 이상으로 올라갈 경우, 이를 해소하기 위하여 여분의 급기량이나 압력을 인접한 구역으로 배출하는 장치이다. 역류방지댐퍼와 유사한 기능을 가지고 있으나 역류 방지보다는 과압의 방출이 주된 기능이며 정밀한 차압 제어가 가능하다.

물 배관에 설치된 안전밸브나 릴리프밸브와 같은 기능을 하는데, 실내공기의 배출은 가능하지만 인접한 실의 오염된 공기는 실내로 들어오지 못하도록 역류 방지 기능이 있어 클린룸이나 제조공장의 청정구역, 또는 병원의 수술실 등에서 많이 사용되고 있다.

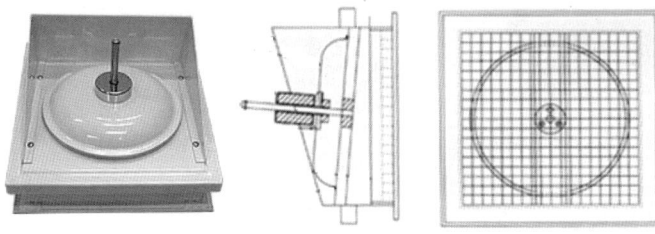

## (7) 피스톤 릴리즈 댐퍼(P.R.D, Piston Releasor Damper)

고압으로 분출되는 소화가스나 압축공기에 연결된 릴리즈의 피스톤이 작동되면서 축에 설치된 기어가 맞물려 돌아가면서 날개를 개폐시키는 댐퍼이다. 주로 소화가스설비(하론이나 이산화탄소, 청정소화가스 등)가 작동되어 실내에 소화가스가 방출될 경우 덕트를 통해 소화가스가 외부로 누설되지 못하게 차단하기 위하여 해당 실과 연결된 덕트 중에 설치되고 있다.

피스톤 릴리즈의 댐퍼 작동 후에는 릴리즈와 연결된 동관에 설치된 수동개방밸브를 열어 릴리즈 내의 압력을 낮추게 되면 원래의 상태로 복구된다.

| 피스톤 릴리즈 댐퍼 | | 덕트용 점검구 |

## (8) 점검구(Access Door)

방화댐퍼나 코일과 같은 장치가 덕트에 설치되어 있는 경우 유지보수를 위해 내부를 수시로 점검하기 위하여 그 주변에 설치한다.

# CHAPTER 10 환기

## 01 환기의 개요

환기(ventilation)란 실외로부터 청정한 공기를 실내에 공급하고, 실내의 오염 공기를 실외로 배출하여 실내의 오염 공기를 제거 또는 희석하는 과정을 말한다. 보다 구체적으로는 환기를 통하여 열, 수증기, 냄새, 분진, 기타 위생상 유해한 물질에 의해 실내공기가 오염되는 것을 방지하고, 재실자에 대한 쾌적성을 제고하며, 건물이나 공간의 사용 목적상 적합하도록 실내공기 환경을 유지하는 데 그 목적이 있다.

실내공기의 오염물질이나 오염원과 그 처리방법에 대하여 정리해 보면 다음과 같다.

| 구분 | 가스상 물질 | 입자상 물질 | 복합 물질 |
|---|---|---|---|
| 오염물질 | 일산화탄소(CO)<br>이산화탄소($CO_2$)<br>질소산화물($NO_x$)<br>황산화물($SO_x$)<br>오존($O_3$)<br>휘발성유기화합물<br>라돈<br>포름알데히드 | 에어로졸<br>부유분진<br>바이러스<br>세균, 곰팡이류<br>꽃가루<br>석면 | 담배 연기<br>냄새<br>연소기구 배기가스 |
| 주요 오염원 | 인근 도로, 페인트, 가구, 접착제 등 | 외기, 카펫, 분무기, 가습기, 에어컨 등 | 연소기구, 인간 활동 |

▼ 실내 오염물질의 처리 방법

| 처리 방법 | 세부 내용 |
| --- | --- |
| 오염 발생원의<br>제거/격리 | • 오염물질 발생원(건축 마감재, 연소기구 등)의 제거<br>• 현실적으로 발생원의 완전 제거나 격리가 어려울 때가 많음 |
| 오염 발생원의<br>성질 변화 | • 물리적 방법 : 가열, 압축…<br>• 화학적 방법 : 화학반응에 의해 무해화시킴(2차 오염 위험성 검토 필요) |
| 공기정화 장치에<br>의한<br>오염물질 제거 | • 공기청정기 등을 이용한 필터링이나 흡수/흡착 등의 방법으로 오염물질 제거<br>• 제거 오염물질이 한정적이고, 오염물질별로 특성에 적합한 제거 방법이 필요함 |
| 환기에 의한<br>희석/제거 | • 실내공기 배출 및 신선외기 도입 등 환기를 통해 실내공기 중 오염물질의 희석과 제거<br>• 오염물질 제거 성능이 확실하고 가장 실용성 있는 방법임<br>• 제습, 실내 온도 조절, 탈취, 제진 등의 부수적인 효용성도 지님 |

환기나 공조를 하면서 대기를 도입할 때에는 공기 중에 포함된 입자상, 가스상, 오염물질 등을 제거한 후 실내로 공급해야 한다. 각 환기방식에 따라 사용할 공기여과기는 설치 여건이나 실의 용도, 관련 법규나 기준 등을 고려하여 결정하는데, 일반적인 공기여과기의 적용 사례를 설명하면 다음과 같다.

① 입자상 오염물질의 제거 : 모든 환기 및 공조설비에는 대기에 포함된 입자상 오염물질을 제거하기 위해 중성능 이상의 공기여과기(에어필터)를 설치하고 있으며, 정전식 집진기나 여타의 장치들이 설치되고 있다. 공기여과기의 경우 KS B 6141에서 정의된 형식 2 이상의 효율을 보유한 여과기를 설치한다. 중성능 필터의 수명을 연장하기 위하여 중성능 필터의 앞부분에 집진효율이 낮은 프리필터를 설치하도록 권장한다.

② 가스상 오염물질의 제거 : 대기에 포함된 가스상 오염물질을 제거하기 위해 입상 또는 섬유상 활성탄여과기, 광촉매 허니콤여과기, 이온교환수지 여과기 등을 사용할 수 있으며, 제거하고자 하는 가스상 오염물질에 제거효율이 좋은 여과기를 선택하여야 한다.

③ 생물학적 오염물질의 제거 : 대기에 포함된 생물학적 오염물질은 보통 입자상 오염물질 제거용 고성능 공기여과기(헤파필터 등), 정전식 집진기나 자외선 살균기 등에 의해 제거된다. 생물학적 오염물질을 제거하기 위해 자외선이나 플라즈마에 의해 발생된 이온화 소독 물질을 이용한 살균, 가열 살균, 오존 살균 등의 방법을 이용할 수도 있다. 진균 등의 서식을 방지하기 위하여 대기를 도입하는 덕트 내 공기의 상대습도는 70% 이하로 유지하는 것을 권장한다.

# 02 환기의 종류

## (1) 자연환기와 기계환기

환기는 크게 바람이나 온도차, 대기압의 차이 등을 이용한 자연환기와 기계적인 장치를 이용하여 강제적으로 실시하는 기계환기로 나눌 수 있다. 자연환기는 동력을 소모하는 기계 장치가 필요없는 장점은 있으나, 외기의 기상 조건이나 건물이나 공간의 형상에 영향을 많이 받게 되므로 환기량의 제어가 어렵고 항상 일정한 환기량이 요구되는 곳에는 적용하기 어렵다.

따라서 다수의 사람들이 생활하는 공간이거나 항상 일정한 수준의 실내공기질이 유지되어야 하는 곳, 오염물질이 지속적으로 발생되는 곳에서는 대부분 강제적인 기계환기가 이루어지고 있다. 기계환기는 급기와 배기 방식에 따라 1종, 2종, 3종 환기로 구분된다.

| 구분 | 급배기 개요 | 세부 내용 |
|---|---|---|
| 1종 환기 | 외기 → 급기 팬 → 실내 → 배기 팬 | • 강제 급기 + 강제 배기<br>• 급기, 환기량의 변화로 실내압(+, −) 조절<br>• 일반 공조, 기계실, 공장 등에서 광범위하게 사용됨<br>• 공조설비 중에 포함하여 병행 사례 많음 |
| 2종 환기 | 외기 → 급기 팬 → 실내 → 배기구 | • 강제 급기 + 자연 배기<br>• 실내가 정압(+) 상태로 유지됨<br>• 오염공기의 실내 침입 방지<br>• 클린룸, 무균실, 반도체 공장, 무진실 등<br>• 소방설비의 제연 설비(급기 가압방식) |
| 3종 환기 | 외기 → 급기구 → 실내 → 배기 팬 | • 자연 급기 + 강제 배기<br>• 실내가 부압(−) 상태로 유지됨<br>• 실내서 발생한 유해가스나 오염물질의 외부 유출을 억제할 때 적합함<br>• 화장실, 주방, 유해가스 발생 공장, 원자로실 외 |

## (2) 전체환기와 국부환기

환기가 이루어지는 대상 영역에 따라서는 전체환기와 국부환기로 구분할 수 있다.

전체환기(또는 전역환기)는 환기하고자 하는 실이나 공간 전체를 대상으로 하며, 국부환기(또는 국소환기)는 오염물질이 발생하는 특정한 부위를 환기의 대상 영역으로 한다. 실내에서 오염의 발생원이 국한되어 있거나 집중적으로 발생될 경우 1차적으로 국부환기를 통하여 오염물질을 배출시키고, 미처리되고 확산된 잔여 오염물질은 필요에 따라 2차적으로 전체환기를 통하여 배출하는 형태로 두 가지 방법을 병행하는 것이 현실적으로는 효율적이다.

국부환기는 오염원이나 발생 물질에 따라 덕트의 재질이나 배출 방식을 달리할 필요가 있다. 일반적인 수준의 공기라면 아연도금강판도 무난하지만, 배출 물질이 습기가 많거나 부식성이 강한 경우에는 FRP나 PVC 덕트를 많이 사용하고, 온도가 높은 경우에는 스테인리스강판 재질을 사용한다. 냄새나 특정물질을 제거할 필요가 있을 경우에는 대기에 개방하기 전에 필터를 설치하거나 스크러버 등의 장치를 설치한다.

▼ **국부환기와 전역환기의 비교**

| 구분 | 국부 환기 | 전역 환기 |
|---|---|---|
| 구성 요소 | 후드 → 배기덕트 → (정화장치) → 배기팬 | 배기그릴 → 배기덕트 → 배기팬 |
| 방식 | 실내의 오염물질을 후드를 사용하여 집중 배기하는 방식 | 오염물질을 배기 그릴 및 배기팬을 이용하여 전체 공기를 환기하는 방식 |
| 환기 풍량 | 적다. | 많다. |
| 반송 동력 | 적다. | 크다. |
| 오염 확산 | 적다. | 있다. |
| 환기 대상 | 오염원, 발생원 | 전체 공간, 인체(재실자) |
| 설치 공간 | 적다. | 크다. |
| 공사비 | 적다. | 많이 소요 |
| 적용 | 연구소, 실험실, 주방, 탕비실 외 | 일반 공조건물, 기계실, 전기실, 정화조 외 |
| 주의 사항 | • 오염원의 특성에 맞는 팬, 덕트 재질 선정(필요시 STS, PVC, FRP 등)<br>• 주변 기류 환경 및 실내 음압 형성으로 국부환기 효율 향상 도모<br>• 오염원의 특성에 맞는 후드 형상 및 포집, 확산 방지대책 수립 | • 배기구는 가능한 한 오염원 주위 설치<br>• 급·배기구 적정 이격 거리 확보 필요(재유입 방지)<br>• 실 용도 및 오염원 특성에 따라 적정 실내 압력 상태 (+, -) 유지<br>• 특정 오염원에 대하여는 칸막이 구획 처리하거나 국부환기 병행이 효과적 |

그 외에 환기가 행하여지는 목적에 의해 보건용 공조(comfort air-conditioning), 산업용 공조(industrial air-conditioning), 의료용 공조(medical air-conditioning) 등으로 분류하기도 한다.

# 03 소요 환기량의 산출

## (1) 오염물질(유해가스, 담배 연기, $CO_2$, 먼지 등) 제거 환기량

$$Q = \frac{K}{P_a - P_o}$$

여기서, $K$ : 실내에서 발생한 오염 물질의 양 $[m^3/h]$
$P_a$ : 오염 물질의 허용 농도 $[m^3/m^3]$ ⇒ 아래의 표 참조
$P_o$ : 신선 외기의 오염 물질 농도 $[m^3/m^3]$
($CO_2$인 경우 $= 0.0003 m^3/m^3$)

| 오염물질의 종류 | | 오염물질 허용 농도 ($P_a$) |
|---|---|---|
| 먼지 | | $0.15 mg/m^3$ |
| 이산화탄소 | 사람 | $0.001 m^3/m^3 (1,000 ppm)$ |
| | 연소기구 | $0.005 m^3/m^3 (5,000 ppm)$ |
| 담배 연기 | | $0.017 (g/h) / (m^3/h)$ |
| 일산화탄소 | | $1 \times 10^{-5} m^3/m^3 (10 ppm)$ |

## (2) 발열량 제거

$$Q = \frac{H_s}{C_p \cdot r \cdot (t_i - t_o)} = \frac{H_s}{0.288 (t_i - t_o)}$$

여기서, $H_s$ : 발열량(현열) $[kcal/h]$
$C_p$ : 정압 비열 $[= 0.24 kcal/kg℃]$
$r$ : 비중량 $[= 1.2 kg/m^3]$
$t_i$, $t_o$ : 실내 발열 공기($t_i$)와 신선 외기($t_o$)의 온도 $[℃]$

## (3) 수증기 제거

$$Q = \frac{W}{r \cdot (X_i - X_o)} = \frac{W}{1.2 (X_i - X_o)}$$

여기서, $W$ : 수증기 발생량 $[kg/h]$
$X_i$ : 실내 공기의 허용 절대 습도 $[kg/kg']$
$X_o$ : 신선 외기의 절대 습도 $[kg/kg']$
$r$ : 비중량 $[= 1.2 kg/m^3]$

## (4) 환기 횟수(Air change per hour)

- 1시간당 실내 체적의 몇 배의 공기가 교환되는가를 나타내는 값

$$n = Q \div V$$

여기서, n : 환기 횟수 [회/h]
Q : 소요 환기량 [m³/h]
V : 실내 공간의 체적 [m³]

- 사용 실별 적정 환기 횟수(일반적인 설계치)

| 구 분 | 적정 환기 횟수 |
|---|---|
| 영업용 주방 | 40~60회/h |
| 화장실 | 10~15회/h |
| 보일러실, 변전실 | 10~15회/h |
| 사무실, 업무용 공간 | 5~10회/h |
| 일반적인 창고, 탈의실 등 | 5회/h |
| 공동주택 | 0.5회/h (~3회/h) |

# 04 국소배기

국소배기를 실시하는 실은 배기풍량만큼 신선외기를 공급하도록 급기구를 설치해야 하는데, 그렇지 못할 경우 인접실을 가압하여 오염물질이 주변으로 유출되지 않도록 한다. 주방의 연소기구나 오염물질이 발생하는 기구의 상부에는 후드나 배기구를 설치하여 오염물질이 주위로 확산되지 않고 바로 배출될 수 있도록 한다.

연소기기나 고온의 배기를 배출하는 덕트에는 원칙적으로 방화댐퍼를 설치해서는 안 된다. 불가피하게 방화댐퍼를 설치할 때에는 퓨즈를 댐퍼 외부에서 교체가 용이하도록 F.V.D(방화풍량조절댐퍼)를 설치하는 것이 좋다.

또한 하나의 배기덕트 계통에 여러 개의 배기후드가 연결될 때에는 각 연결부분마다 정풍량장치와 전동개폐장치를 설치하여 각 장비가 가동/정지될 때 다른 배기장치의 배기 성능이 크게 변하지 않도록 계획해야 한다. 배기팬은 각 배기장치의 조작스위치와 연동되어 배기장치의 가동 여부에 따라 풍량을 자동으로 증감시킬 수 있도록 인버터 장치가 부착되어야 한다.

## (1) 주방의 환기

주방의 환기량은 각 배기후드의 유효 환기량의 합계치, 후드의 면풍속(0.3m/s 이상), 환기 횟수(40회/h 이상) 등을 만족하는 값으로 한다. 전기식 기구를 사용하는 경우에도 최소 5회/h 이상이 되도록 한다. 주방은 급기량보다 배기량이 15% 이상 많도록 하여 주변 실로 냄새가 확산되지 않도록 한다.

유지를 함유한 배기에 이용되는 후드에는 배기 중의 유지를 제거할 수 있는 그리스 제거장치를 설치한다. 그리스 필터는 탈부착하여 청소가 용이한 구조로 설치되어야 한다. 유지를 발생할 우려가 있는 후드 및 배기덕트에는 후드용 간이자동소화설비를 설치하여야 한다.

배기후드는 스테인리스강판 재질로 제작하며, 강판의 두께는 1.0mm 이상으로 한다. 배기후드의 구조와 각 부위의 치수, 면 풍속 등은 다음과 같다.

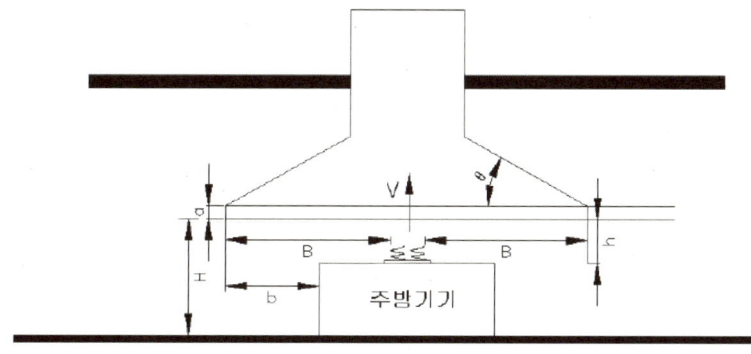

| 구분 | | 후드 | 실용값 |
|---|---|---|---|
| 높이 | h | 1.0m 이하 | 1.0m 이하 |
| | H | | 1.8~2.0m |
| 크기(폭) | B | h/2 이상 | |
| 포집 부분 | a | 5cm 이상 | 10~15cm |
| 재질 | θ | 10° 이상 | 30~40° |
| | | 불연재료 | 스테인리스강판 |
| 면 풍속 | V | | 0.3~0.5m/s |

## (2) 연료에 따른 필요 환기량의 산정

배기장치의 환기량은 앞 장(3.소요 환기량의 산출)에 서술한 바와 같이 환기 목적에 따른 계산식에 의해 산출값이나 또는 환기횟수에 의해 선정된 값으로 결정할 수 있다. 연소기구의 경우 폐가스량으로부터 환기량을 산출할 수도 있는데, 각종 연료에 대한 이론 폐가스량은 다음과 같다.

| 연료의 종류 | | 이론 폐가스량 |
|---|---|---|
| 연료의 명칭 | 발열량 | |
| 도시가스 | 44,000kJ/kg | 0.00108m³/kg |
| LP가스 | 50,280kJ/kg | 12.9m³/kg |
| 등 유 | 43,160kJ/kg | 12.1m³/kg |

배기장치로 환기상 유효한 환기팬을 설치한 경우에 필요 환기량은,

$$V = 40 \times k \times Q$$

여기서, $k$: 연료의 단위 연소량 당 이론 폐가스량[m³/kg 또는 m³/kJ]
$Q$: 실제 연소 소비량[kg/h 또는 kW]

환기상 유효한 환기팬이 배기후드와 배기덕트에 연결된 경우,

$$V = 20 \times k \times Q$$

# 05 실내공기 관리기준

## (1) 관리 항목 및 기준

| | 오염물질의 종류 | 단위 | Ⓐ지하역사, 터미널, 도서관 外 | Ⓑ의료기관류, 보육시설 外 | 실내주차장 | Ⓒ실내체육시설, 실내공연장 外 |
|---|---|---|---|---|---|---|
| 유지기준 | 미세먼지(PM10) | μg/m³ | 150 이하 | 100 이하 | 200 이하 | 200 이하 |
| | 이산화탄소(CO₂) | ppm | 1,000 이하 | | | − |
| | 포름알데히드(HCHO) | μg/m³ | 100 이하 | | | − |
| | 총부유세균 | CFU/m³ | − | 800 이하 | − | − |
| | 일산화탄소(CO) | ppm | 10 이하 | | 25 이하 | − |
| 권고기준 | 이산화질소(NO₂) | ppm | 0.05 이하 | | 0.3 이하 | − |
| | 라돈(Rn) | Bg/m³ | 148 이하 | | | − |
| | 휘발성유기화합물(VOC) | μg/m³ | 500 이하 | 400 이하 | 1,000 이하 | − |
| | 미세먼지(PM25) | μg/m³ | − | 70 이하 | − | − |
| | 곰팡이 | CFU/m³ | − | 500 이하 | − | − |

- Ⓐ : 지하 역사, 지하도 상가, 여객자동차 터미널의 대합실, 철도역사의 대합실, 공항시설 중 여객 터미널, 항만시설 중 대합실, 도서관, 박물관, 미술관, 장례식장, 목욕장, 대규모 점포, 영화상영관, 인터넷 컴퓨터 게임시설 제공업의 영업시설
- Ⓑ : 의료기관, 어린이집, 노인요양시설, 산후조리원
- Ⓒ : 실내체육시설, 실내공연장, 업무시설, 둘 이상의 용도로 사용되는 건축물
- 출처 : "실내공기질 관리법 시행 규칙"

## (2) 필요 환기량

| 구 분 | | 필요환기량(m³/인·h) | 비 고 |
|---|---|---|---|
| 다중이용시설 | 지하시설 — 지하 역사 | 25 이상 | |
| | 지하시설 — 지하도상가 | 36 이상 | 매장(상점) 기준 |
| | 문화 및 집회 시설 | 29 이상 | |
| | 판매, 운수, 업무 시설 | 29 이상 | |
| | 의료시설, 장례식장 | 36 이상 | |
| | 교육 연구 및 노유자 시설 | 36 이상 | |
| | 자동차 관련 시설 | 27 이상 | 지하주차장 등 |
| | 그 밖의 시설 | 25 이상 | 목욕장업, 산후조리원 등 |
| 공동주택 | | 0.5회/h 이상 | 시간당 환기 횟수 |

- 필요 환기량 (m³/인·h) : 1시간 동안 1사람당 필요한 신선한 외부 공기량(m³)
- 출처 : 국토교통부 "건축물의 설비 기준 등에 관한 규칙"

## (3) 실내환기와 관련된 법규

| 관리 대상 | 소관 부처 | 근거 법령 | 주요 내용 |
|---|---|---|---|
| 다중이용시설, 신축공동주택 | 환경부 | 실내 공기질 관리법 | 지하역사 등 17개 시설군 관리 |
| 사무실, 작업장 | 고용노동부 | 산업안전보건법 산업안전보건기준에 관한 규칙 | 작업장과 사무실의 실내공기질 관리 |
| 학교 | 교육부 | 학교보건법 | 학교환기 조절기준과 설치기준 |
| 공중이용시설 | 보건복지부 | 공중위생관리법 | 공중위생영업의 시설 및 설비기준 |
| 신축공동주택 | 국토교통부 | 건축물의 설비기준 등에 대한 규칙 | 100세대 이상 신축 공동주택의 환기시설 의무화 외 |

## (4) 실내공기질댐퍼(IAQ Damper)

최근 건축물의 단열성과 기밀 성능이 향상되고 공조설비의 에너지 절감운전방안의 과도한 적용으로 외기 도입량이 부족해져 실내 환경이 악화되는 사례가 있다. 재실자의 건강이나 업무 효율성을 고려하여 실내공기질을 양호하게 유지하기 위해서는 신선 외기 도입이 반드시 이루어져야 하는데, 특히 냉방이나 난방운전 시에는 외기 도입량이 운전에너지와 직결되므로 적절하게 외기량을 제어할 필요가 있다.

실내공기질댐퍼(IAQ Damper, Indoor Air Quality)는 실내의 냉난방 부하에 관계없이 적정량의 최소 외기를 도입함으로써 실내공기질 유지와 에너지 절감을 동시에 이루기 위해 적용된다. 주로 환기덕트에 $CO_2$ 센서를 설치하여 실내공기의 오염 정도를 판단하여 외기도입량을 비례제어하는 방식이 많이 사용되는데, 경우에 따라서는 실내 필요 환기횟수나 다른 연동 설정조건을 부여하여 제어할 수도 있다.

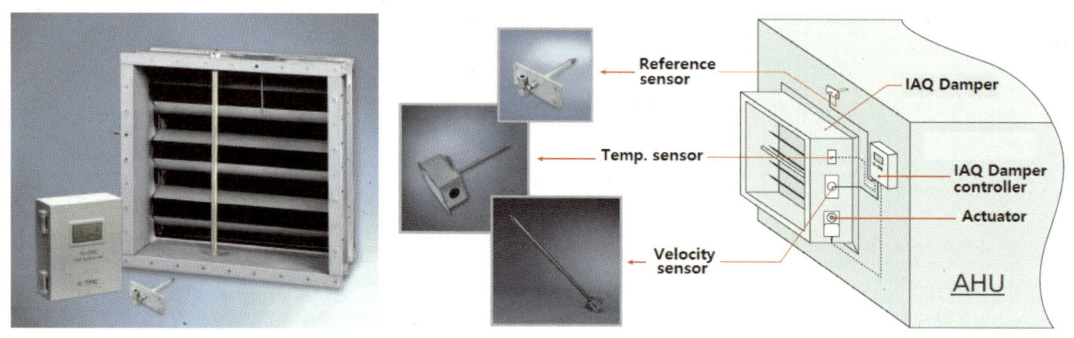

| 실내공기질 댐퍼(IAQ Damper) |

IAQ 댐퍼는 비례제어식 구동기가 설치되는데 정확한 제어를 위하여 도입되는 외기 측에 풍량센서와 온도센서를 부착해 실시간으로 외기 도입량을 비례제어하게 된다. 또한 공조기의 운전 가동상태에 맞춰 연동되고, 공조기의 외기(OA)댐퍼와 배기(EA)댐퍼, 혼합댐퍼와도 상호 연동되도록 제어계통이 구성되어야 한다.

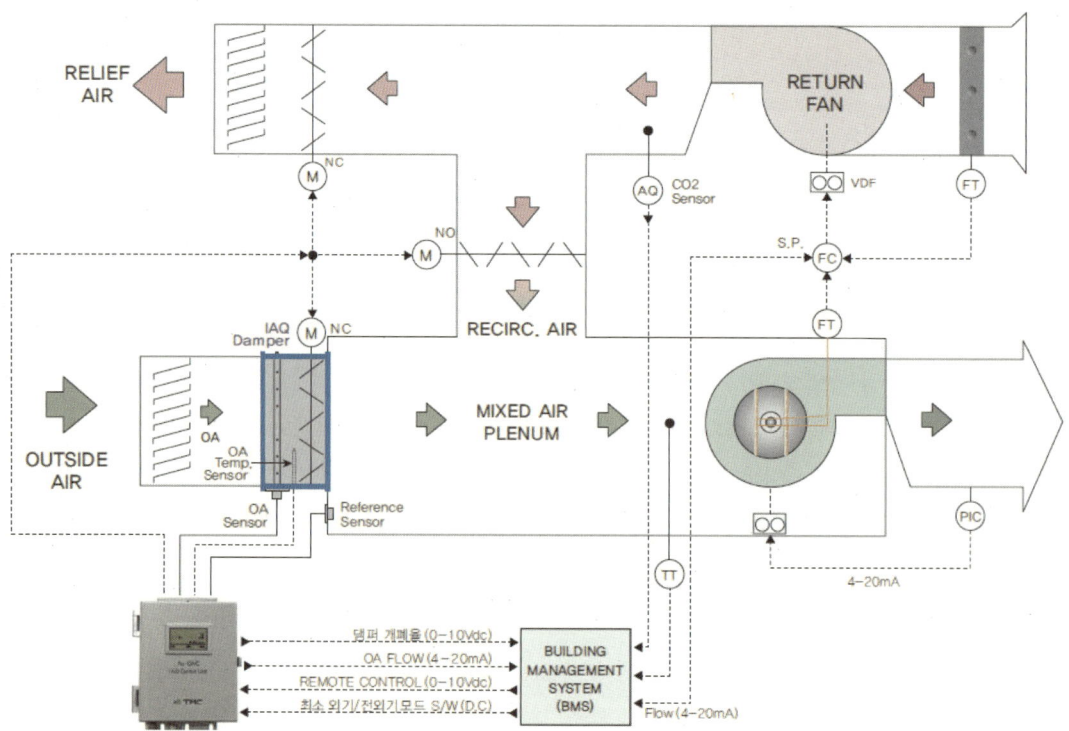

## (5) 지하주차장의 환기설비

지하주차장에는 자동차의 운전상황에 따라 급기팬과 배기팬을 가동시켜 환기를 시켜주는데, 보통 차량 통행로 적당한 부분에 일산화탄소 농도센서를 설치하여 법적인 기준치 이상이 감지되면 팬들이 가동되어 환기가 이루어지도록 하고 있다. 지하주차장의 차량 이용 상황에 큰 변화가 없는 건물에서는 팬이 설정된 시간에 가동·정지되도록 타이머 장치를 설치하여 운용하는 경우도 많다.

예전에는 지하주차장의 환기를 위해 급·배기 덕트를 설치하는 사례도 있었으나, 천장면에 설치하는 유인팬이 보편화된 이후에는 거의 모든 건물에서 급기팬 ⇨ 유인팬 ⇨ 배기팬의 방향으로 주차장 공기가 흘러가면서 외부로 배출되도록 환기설비가 설치되고 있다.

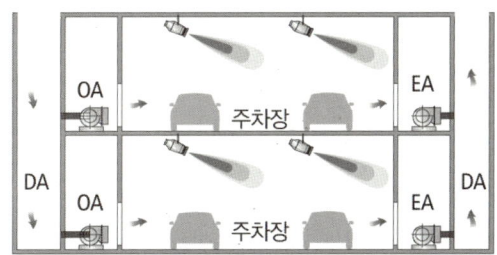
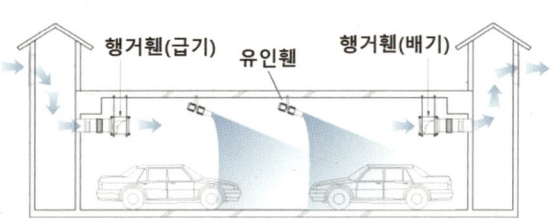

| 주차장 급·배기팬 : 슬림행거팬 |

| 주차장 급·배기팬 : 박스형 행거팬 |

| 주차장 유인팬 |

| 주차장 급·배기팬에 설치된 소음기 |

지하주차장의 급·배기 팬은 예전에는 주차장 한편에 설치된 팬룸 내에 대형 시로코팬을 설치하는 것이 일반적이었지만, 근래에는 천장면에 매달아 별도의 설치공간이 필요없는 행거팬 형식으로도 많이 설치되고 있다. 또한 주차장의 급·배기 팬은 운전정압이 거의 필요없기 때문에 대형 프로펠러 팬(슬림행거팬)을 급기와 배기 환기구(Dry Area) 벽체에 설치하여 운용하는 사례도 늘어나고 있다.

주차장 급·배기 팬은 노출되어 설치되거나 은폐되었더라도 이용자와 매우 가까운 거리에 설치되는 게 일반적이어서 소음 문제가 있을 수 있다. 팬의 용량이 크거나 팬 가동 시 주변의 통행자에게 불안감이나 소음 불편을 유발시킬 것으로 예상될 때에는 팬에 소음기를 부착하는 방안도 적극 검토해야 한다.

## 06 공동주택의 환기설비

대도시의 대기 오염이 심각해지고 사람들의 실내 활동과 건축 마감재로부터 방출되는 각종 오염물질로 인해 실내공기질의 상태가 악화되어 사회적인 문제로 대두되자, 2006년 이후부터 신축되는 100세대 이상의 공동주택에는 국민 위생건강상의 문제를 고려하여 환기설비를 의무적으로 설치하도록 법규로 규정되었다.(국토교통부령 건축물의 설비기준 등에 관한 규칙)

최근 외부 창호의 크기가 작아지고 기밀성이 높아짐에 따라 실내공기질의 문제는 주상복합이나 오피스텔뿐만 아니라 공동주택에서도 중요한 사안 중의 하나인데, 이에 따라 환기설비의 적절한 운전과 관리에 대하여 보다 많은 관심이 필요하다.

### (1) 환기설비의 종류

공동주택의 환기설비는 크게 자연적인 통풍력을 이용한 자연환기설비와 강제 급배기 팬을 이용한 기계환기설비, 그리고 이 둘을 조합한 하이브리드(hybrid, 혼합형) 환기설비로 나눌 수 있다.

주상복합과 같은 거주용 건물에 환기설비가 처음 도입된 초창기에는 열교환식 덕트 연결형 환기설비(기계환기설비)가 주종을 이루었으나, 법규로 규정되어 모든 아파트에 설치가 의무화된 이후에는 시공비를 낮출 수 있는 하이브리드 환기설비도 많이 설치되고 있다. 순수한 자연환기설비는 중대형 평형에서는 법규의 기준을 맞추기 어렵고 확실한 환기 효과를 확보하기 곤란해 근래에는 시공되는 사례가 적다.

| 열교환식 강제 급배기덕트 |

자연환기설비나 하이브리드 환기설비의 경우 환기 효과나 성능에 대한 검증 자료를 사전에 인허가 관청에 제출하여 검토 확인받도록 법규에 명시되어 있다. 세대 전체적인 공기 청정과 확실한 환기를 위해서는 각 방별로 급배기 덕트가 연결되어 신선한 외기가 공급될 수 있는 기계환기설비가 바람직하다.

하이브리드 환기설비의 경우 강제 배기팬으로 주방 레인지후드를 활용하기도 하였는데, 작동 소음으로 인한 불편이 커서 요즘에는 욕실 배기팬의 성능을 향상시켜 욕실 배기팬을 활용하는 사례가 대부분이다.

환기설비는 종류와 관계없이 세대 내 전체 실내공기를 시간당 0.5회 이상 교환할 수 있도록 설치되어야 한다.(환기 횟수 0.5회/h 이상)

▼ 공동주택 환기설비의 종류

| 종 류 | 환기설비의 구성 |
| --- | --- |
| 기계환기 방식 | • 열교환식 환기유닛＋급・배기 덕트 설치(천장 속)<br>• 열교환식 환기유닛＋급・배기 덕트 설치(바닥 매립)<br>• 급기유닛＋강제 배기팬(욕실팬)<br>• 급기유닛＋강제 배기팬(주방레인지후드)<br>• 열교환식 환기유닛(무덕트) |
| 하이브리드 환기방식 | • 자연 급기＋강제 배기팬(욕실팬)<br>• 자연 급기＋강제 배기팬(주방레인지후드)<br>• 자연 급기＋배기덕트＋강제 배기팬(별도 설치) |
| 자연환기 방식 | • 창문형 환기구 설치＋각 출입문에 환기구 설치<br>• 창호일체형 환기설비 |

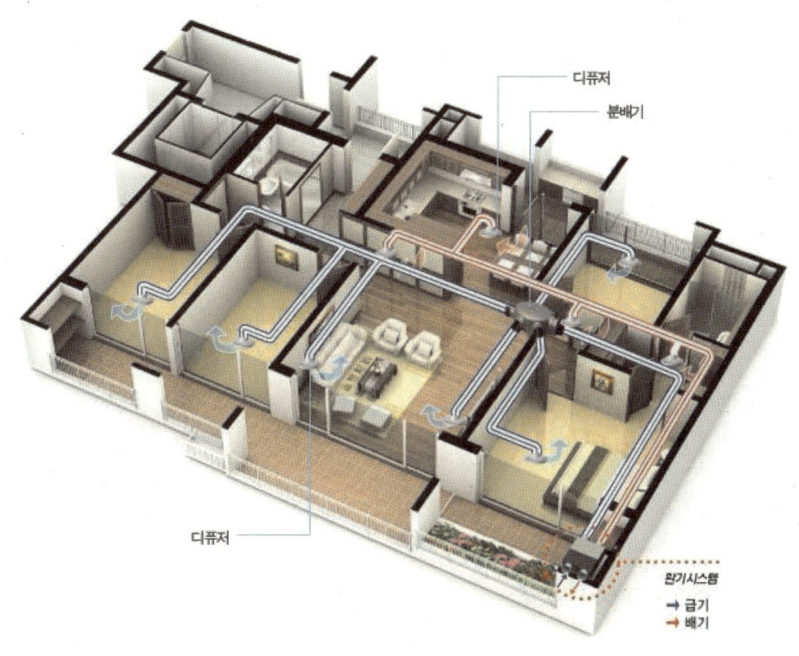

| 열교환식(폐열회수 환기유닛) 급・배기 덕트 방식 |

| 기계환기방식 : 무덕트 열교환식 환기유닛 |

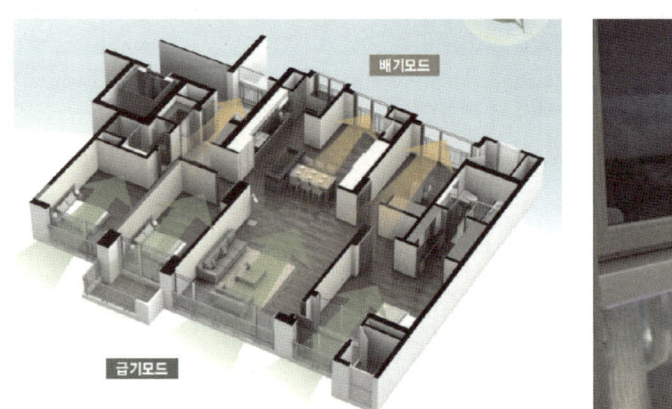

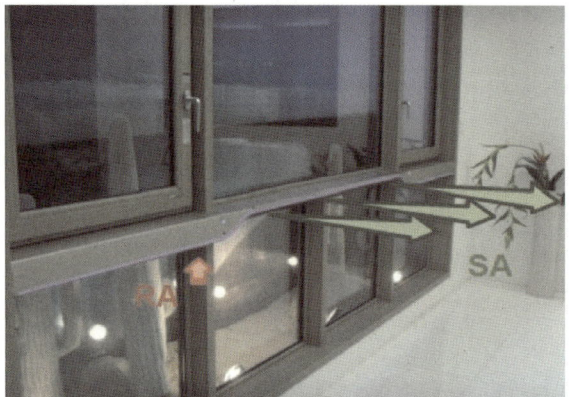

| 자연환기설비 : 창호일체형 환기설비 |

## (2) 열교환식 환기유닛

열교환식 환기설비에는 환기유닛 가동 시 실내에서 배출되는 공기 중의 에너지를 회수하여 외부로부터 인입되는 신선외기에 열을 전달해 주는 열교환 장치가 설치되어 있다. 이를 엘리먼트 또는 열교환소자라 하고, 종류로는 회전형과 고정형이 있다.

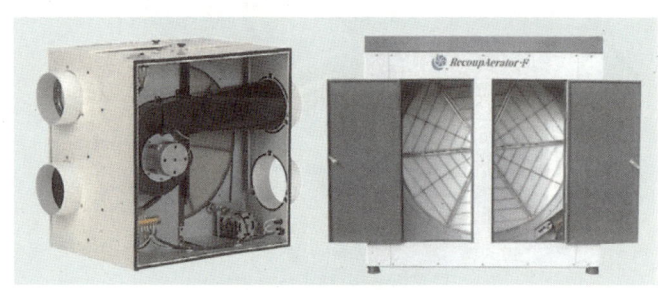

| 회전형 열교환식 환기유닛 |

| 판형 열교환식 환기유닛 |

회전형(또는 로터형)은 엘리먼트가 회전하면서 열교환을 하며, 회전을 위한 구동부와 컨트롤 등 장치가 복잡해지기 때문에 고정형에 비해 가격이 다소 비싸다. 환기설비 개발 초기에는 많이 사용되었으나 가격 및 유지관리 측면에서 불리해 요즘은 많이 사용되지 않고 있다.

고정형(또는 정지형) 엘리먼트로는 판형 열교환기나 히트파이프형 열교환기가 있다. 히트파이프식은 열 회수효율이 낮고 가격이 고가여서 소형 환기유닛에서는 거의 사용되지 않고 있다. 공동주택용 환기유닛에서는 판형 열교환기가 열 회수능력이 좋고 구조가 간단하며 가격도 가장 저렴해 거의 대부분 판형 열교환기를 사용하고 있다.

열교환 환기유닛의 엘레멘트는 주로 알루미늄이나 합성수지(PE) 재질, 특수펄프 등 3가지 종류로 만들어지고 있으며, 이중 투습성이 있어 열교환 효율이 높은 특수펄프 재질이 가장 일반적으로 사용되고 있다.

| 판형 열교환식 환기유닛의 구성 |     | 판형 열교환 엘레멘트 |

| 각종 열교환소자(엘리먼트) |

한편, 열교환식 환기유닛에는 계절에 따라 열교환소자를 거치지 않고 급·배기가 가능하도록 환기유닛 내부에 바이패스댐퍼가 설치되어 있는 것이 좋다. 봄이나 가을철과 같은 환절기에는 엔탈피 운전방식의 원리를 이용하여 외기 공급으로 실내 냉방이 가능할 수 있도록 하며, 외부 공기의 상태가 양호한 날에는 필터를 거치지 않도록 하여 필터 청소 등의 관리 부담을 줄일 수 있기 때문이다.

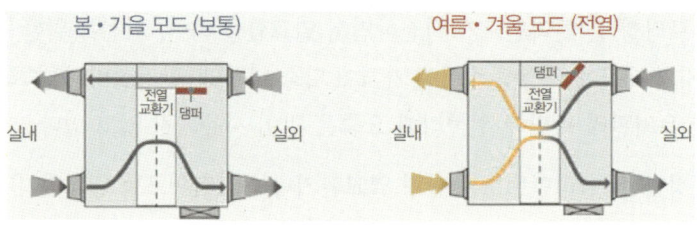

## (3) 바닥매립형 환기설비

대부분의 공동주택 환기설비는 급기나 배기덕트가 천장 속에 설치된다. 그러나 일부 업체에서는 급기덕트를 바닥구조체(온돌층)와 벽체에 매립하여 급기가 각 실로 공급되는 과정에서 구조체의 온기로 인하여 예열되도록 하는 바닥매립형 환기설비를 설치하고 있다.

열교환식 환기유닛을 설치하더라도 별도의 가열장치가 장착되어 있지 않다면 동절기에 폐열교환만으로는 낮은 온도의 외기를 충분히 가열해주지 못해서 환기설비 가동 시 콜드드래프트로 인한 불편함이 있을 수 있다. 그러나 바닥매립형 환기설비는 별도의 가열장치가 없더라도 이와 같은 불편함이 상당히 완화될 수 있다.

이 방식도 배기덕트나 배기유닛의 별도 설치 여부에 따라 다음과 같이 몇 가지 방식으로 변형되어 적용되고 있다.

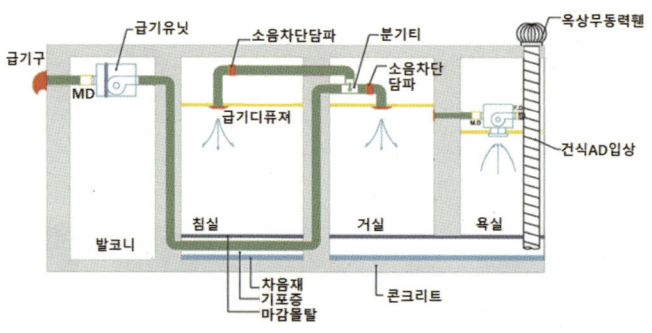

| 바닥매립식 급기유닛 + 강제 배기팬(욕실팬) |

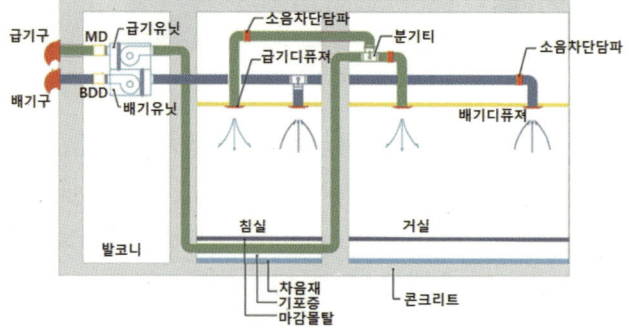

| 환기유닛 + 급·배기 덕트(바닥매립 + 천장속) |

## (4) 자연환기설비의 설치형태에 따른 구분

- 개구부 설치형 : 창틀 설치형, 유리 설치형
- 구조체 설치형
- 기타 : 이중외피형 자연환기설비

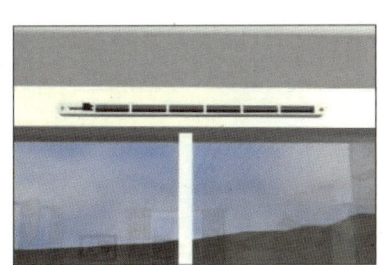
창틀 설치형

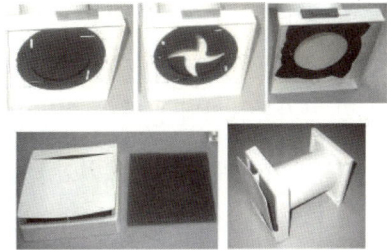
구조체 설치형

유리설치형

## (5) 열교환식 환기덕트와 하이브리드 환기방식의 비교

| 구분 | 열교환식 환기덕트방식 | 하이브리드 환기방식 |
|---|---|---|
| 구성 | 급기/배기팬, 급기/배기덕트, 급배기구, 열교환기 (공기정화필터 내장) | 외기 도입구(창문이나 벽체), 배기팬(욕실팬 또는 레인지후드가 겸용) |
| 개요 | • 각 실별로 급기 및 환기구 설치<br>• 천장 속에 급배기 덕트 설치<br>• 열교환기를 통해 배기의 에너지 회수 | • 창문이나 벽체에 급기구 설치<br>• 레인지후드이나 욕실팬 작동 시 급기구를 통해 외기는 자연 유입됨 |
| 풍량 | • 보통 200~700m³/hr<br>• 실 체적에 따라 환기횟수 0.5회/hr 이상 | • 200~700m³/hr (레인지후드나 욕실팬)<br>• 실 체적에 따라 환기횟수 0.5회/hr 이상 |
| 장점 | • 강제 급배기로 확실한 실내 환기 가능<br>• 각 방 출입문을 닫고도 환기 가능<br>• 공기정화 및 동절기 외기 예열 가능<br>• 급배기 팬이 별도의 공간(실외기실)에 설치되기 때문에 실내 소음 최소화 | • 시공비 및 유지관리비 저렴<br>• 덕트가 없어 별도의 천장 공간이 필요 없음<br>• 시공 간편 |
| 단점 | • 시공비가 하이브리드에 비해 고가<br>• 천장 속에 덕트 설치 필요<br>• 실외기실에 장비가 설치되어 복잡<br>• 유지관리(필터 교체) 비용 별도 소요<br>• 팬 가동소음으로 인한 민원 가능성 | • 각 방 출입문 밀폐 시 환기 효과 미흡<br>• 레인지후드 작동 시 소음으로 사용 여건 악화 (근래에는 대부분 욕실팬으로 강제 배기함)<br>• 급기구 주변 결로 및 냉기로 인한 민원 |
| 적용 | • 주상복합, 공동주택(중대형)<br>• 시스템에어컨과 조합한 통합 공조 가능 | • 공동주택(중소형, 분양가 절감형) |

## (6) 전열교환기의 선정과 효율

전열교환기는 배기량을 외기량의 40% 이상 확보할 수 있는 경우에 배열회수 효과에 따른 경제성을 검토하여 채택 여부를 결정한다. 배열회수에 이용하는 배기는 공조와 난방이 이루어지는 실내의 배기로 하고, 원칙적으로 화장실이나 탕비실, 주방 및 보일러 등의 배기가스는 이용하지 않는다.

급기측의 면풍속은 회전형일 경우 2.5m/s 전후(2~4m/s), 정지형은 1m/s 전후(0.8~1.6m/s)로 선정한다. 배기송풍기는 반드시 전열교환기의 출구측에 설치하고, 급기송풍기는 원칙적으로 전열교환기의 출구측에 설치한다. 또한, 배기가 급기측으로 유입되는 것을 방지하기 위하여 정압차를 적정하게 확보하도록 배기 및 급기송풍기의 능력을 결정한다.

열교환기 엘리먼트의 막힘을 방지하기 위하여 외기와 배기의 입구측에 에어필터(조진용)를 설치한다. 중간기에 외기냉방을 하는 공조시스템을 채용하는 경우는 원칙적으로 바이패스 덕트방식(급배기 덕트 동일)으로 하고, 바이패스 풍량은 급기 또는 배기 풍량의 90% 이상이어 한다.

급기송풍기와 배기송풍기의 풍량을 제어하는 경우는 대수제어 또는 회전수 제어 등을 한다. 아울러 실외의 건구온도가 2℃ 이하에서는 결로방지를 위한 결로방지장치가 설치되어 작동되어야 한다.

전열교환기의 전열교환효율($\eta$)은 냉방 시 45% 이상, 난방 시에는 70% 이상되어야 한다. 전열교환효율은 급기측 엘리먼트 전면풍속과 풍량비에 의해 결정되는데, 급기의 온습도 상태는 외기와 배기의 온습도, 전열교환효율을 근거로 산출할 수 있다. 급기의 온습도 상태는 다음과 같은 계산식으로 구한다.

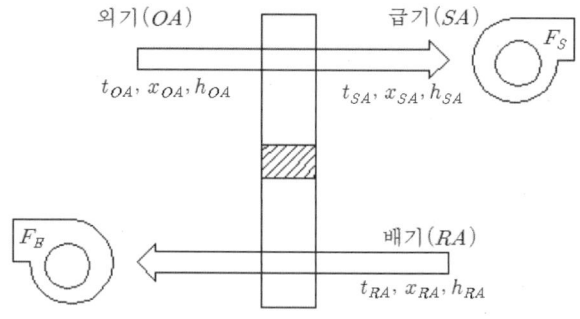

- 건구온도 $t_{SA}$ [℃]

$$t_{SA} = t_{OA} - \eta \times (t_{OA} - t_{RA})$$

- 절대습도 $x_{SA}$ [$kJ/kg(DA)$]

$$x_{SA} = x_{OA} - \eta \times (x_{OA} - x_{RA})$$

- 비엔탈피 $h_{SA}[kJ/kg(DA)]$

$$h_{SA} = h_{OA} - \eta \times (h_{OA} - h_{RA})$$

여기서, $t_{OA}$ : 외기의 건구온도[℃]
　　　　$t_{RA}$ : 배기의 건구온도[℃]
　　　　$x_{OA}$ : 외기의 절대습도[kJ/kg(DA)]
　　　　$x_{RA}$ : 배기의 절대습도[kJ/kg(DA)]
　　　　$h_{OA}$ : 외기의 비엔탈피[kJ/kg(DA)]
　　　　$h_{OA}$ : 외기의 비엔탈피[kJ/kg(DA)]
　　　　$\eta$ : 전열교환기의 교환효율

## (7) 환기설비의 유지관리

외부 공기를 인입하여 실내로 공급하는 환기설비는 필터에 대한 적정한 관리가 이루어지지 않은 채 운전하게 되면 오히려 실내 쪽으로 오염된 공기를 공급해 줄 수 있다. 그래서 환기설비 이용 시에는 열교환식 환기유닛이나 하이브리드 환기설비에 내장되어 있는 필터의 청소가 반드시 이루어져야 한다.

열교환식 환기유닛에 내장된 에어필터는 외부 인입 공기 중의 분진이나 날벌레 등 이물질을 걸러 주고 열교환 엘리먼트의 오염을 방지해 주는 역할을 한다. 하루에 몇 시간 정도씩 운전하더라도 필터는 최소 2~3개월에 1번씩 교체해 주어야 한다. 에어필터는 대부분 부직포 재질로 되어 있는데 제조업체에서는 물 세척 후 재사용이 가능하다고 하나 현실적으로는 세척이 잘되지 않아서 교체가 불가피하다. 필터 청소 시 환기유닛 내부나 엘리먼트 등도 진공청소기를 이용하여 청소한다.

 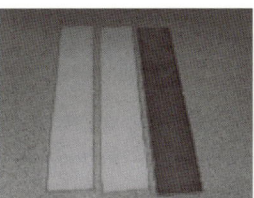  

| 필터 물청소 |　　| 신품과 오염된 필터 |　　| 열교환소자 청소 |　　| 청소 전·후 비교 |

 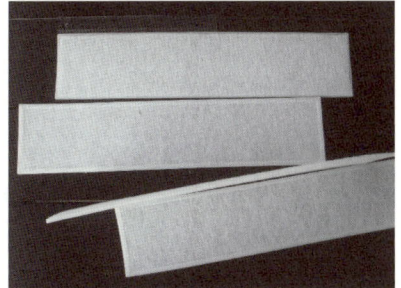

| 오염된 에어필터와 교체할 신품 필터 |

열교환소자는 종류에 따라서 물 세척 및 반영구적인 이용이 가능한 제품도 있다. PE나 합성수지 재질의 제품이나 알루미늄 판형 열교환소자는 물 세척 후 재사용이 가능하지만, 특수펄프 엘리먼트는 청소나 세척이 불가능해 수년간 사용 후에 내부의 오염 상태가 심해지면 교체해 주는 것이 좋다.

제조업체에서는 영구적 사용이 가능하거나 항균 처리가 되어 있다고 홍보하는 경우도 있으나, 엘리먼트 전단의 에어필터가 제대로 관리되지 않았거나 간헐적 사용으로 곰팡이 등에 오염된 경우 교체해 주지 않으면 위생상 오히려 유해할 수 있으므로 반드시 점검이 필요하다.

이밖에도 외벽에 설치된 급배기 그릴에 부착된 동망이 먼지로 인해 막히게 되면 환기에 장애가 생길 수 있으므로 1년에 한 번씩은 확인해 볼 필요가 있다. 또 겨울철 실내외 공기의 온도차에 의해 환기유닛의 엘리먼트에 결로수가 발생하거나 동결되어 막히는 사례가 있으므로, 급배기가 불량하거나 유닛 본체에서 물이 새어나오는 경우에는 장비 내부를 확인해야 한다. 이 때문에 판형 열교환식 환기유닛에는 외기도입부에 전기히팅코일과 같은 가열장치를 설치하는 것이 필요하다.

하이브리드 환기나 자연환기설비의 환기구(창호, 문짝, 외벽 등)의 내부에도 필터가 내장되어 있으므로 이 또한 주기적으로 점검하여 청소 관리가 필요하다.

### (8) 공동주택의 입주 시 실내공기질 관리

#### ① 신축 공동주택의 실내공기질 측정

새로 입주하는 신축 공동주택은 입주 전에 실내공기질을 측정하여 관할 자치단체장에게 제출하고 단지 내에도 게시하도록 관련 법규에 명시되어 있다. 실내공기질 측정은 100세대당 3개소, 100세대 초과 시마다 1개소씩 측정 장소를 추가하여 측정하도록 되어 있으며, 측정 항목 및 기준치는 다음과 같다.

▼ 신축 공동주택의 실내공기질 기준

| 측정항목 | 포름알데히드 | 벤젠 | 톨루엔 | 에틸벤젠 | 자일렌 | 스티렌 |
|---|---|---|---|---|---|---|
| 기준치 | 210 $\mu g/m^3$ 이하 | 30 $\mu g/m^3$ 이하 | 1,000 $\mu g/m^3$ 이하 | 360 $\mu g/m^3$ 이하 | 700 $\mu g/m^3$ 이하 | 300 $\mu g/m^3$ 이하 |

#### ② 베이크 아웃(Bake out)

신축이나 개보수한 건물에서는 마감재나 구조체 등 건축 자재로부터 포름알데히드 이외의 많은 오염물질이 발생되는데, 이를 제거하기 위해 태워 없애는 환기방법을 베이크 아웃이라고 한다. 베이크 아웃은 실내공기의 온도를 높여 주어 건축 마감자재나 가구 등에서 배출되는 유해 오염물질의 방출량을 일시적으로 증가시킨 후 환기를 실시하여 실내 오염물질을 인위적으로 제거시키는 것이다. 입주 시에 베이크 아웃을 실시하면 실내 오염물질의 양이 현저하게 줄어 들어 오염물질에 의한 피해를 방지할 수 있다.

- 오염물질이 많이 배출될 수 있도록 옷장이나 서랍 등은 모두 열어 둠

    ⬇

- 난방을 하기 전에 외부로 열손실이 없도록 창문 등은 닫아 둠

    ⬇

- 난방 온도를 30~40℃로 설정하여 5~6시간 동안 난방하면서 실내 온도를 충분히 높임

    ⬇

- 이후 난방을 중지시키고 모든 문을 열어 실내의 공기를 충분히 환기시킴

    ⬇

- 이와 같은 방식으로 3회 이상 실시함

# CHAPTER 11 공조배관

## 01 공조배관의 분류

공조설비에서 배관은 크게 수(水) 배관과 증기배관, 그리고 냉매나 압축공기, 가스 등 특수한 용도의 기타 배관으로 구분할 수 있다. 이 중에서 수 배관은 냉수, 온수, 냉온수, 냉각수 등 여러 건물에서 폭넓게 적용되고 있다. 열원기기와 각 공조기기를 연결하여 열(에너지)을 운반하는 수 배관에는 여러 가지 방식이 있으며, 운전상황과 부하상황 등에 따라 최적의 경제성을 갖도록 적합한 방식을 결정하게 된다. 전체 시설에서 각 공조기기의 분포나 조닝, 이에 따른 유량 분배나 운전 압력, 요구되는 온도와 사용시간 등을 종합적으로 검토하여 결정하게 된다.

아울러 배관의 전체 길이가 길어질 경우에는 설비비와 동력비가 증가하게 되므로 총연장 길이는 되도록 짧게 하는 것이 바람직하다. 사용 환경이나 조건을 고려한 효율적인 조닝과 유량 밸런싱이나 압력 조절을 위한 적정한 조치들은 경제적인 시스템 구성을 위한 출발점이 된다.

공조배관은 순환배관계의 개폐 여부에 따라 개방회로(open circuit)와 밀폐회로(closed circuit) 방식으로 나눌 수 있다. 개방회로는 배관회로 중의 일부가 수조 등으로 대기와 접촉하고 있는 방식이며, 밀폐회로는 배관 전체가 대기와는 차단·밀폐되어 항상 일정한 압력이 유지되는 방식이다.

또한 배관 계통의 유량을 제어하는 방법에 따라 정유량 방식과 변유량 방식이 있다. 정유량 방식(constant water flow system)은 시스템을 순환하는 유량은 항상 일정하게 유지하고 수온을 변화시켜 부하에 대응하는 방식이다. 이에 반해 변유량 방식(variable water flow system)은 수온은 항상 일정하게 하고 공조기기에 공급되는 유량을 조절하여 부하 변동에 대응하는 방식이다.

## (1) 회로방식에 의한 분류

### ① 개방회로방식

공조배관 시스템에서 개방회로방식은 주로 빙축열조나 수축열조, 개방형 냉각탑 등에 대표적으로 적용되는 방식이다. 펌프의 동력이 커져 운전비가 증대되고 대기 개방 부위에서의 관리상 주의가 필요해 수축열시스템 등 특수한 용도 이외에는 많이 적용되지 않는다.

냉각탑(개방형)과 같이 대기 중에 개방된 수조가 펌프보다 높은 곳에 위치한 때에는 동력의 증가량이 적으나, 수조가 건물의 지하에 위치한 경우에는 건물의 높은 곳에 위치한 공조기기까지 직접 양수하는 것은 추가적인 동력의 손실이 커서 바람직하지 않다. 이런 경우에는 수조 인근에 열교환기를 설치해 공조기기와는 별도의 배관계통으로 분리하고, 별도의 순환펌프를 이용하여 말단 부하 기기 쪽에 냉/온수를 공급하는 방식을 많이 사용하고 있다.

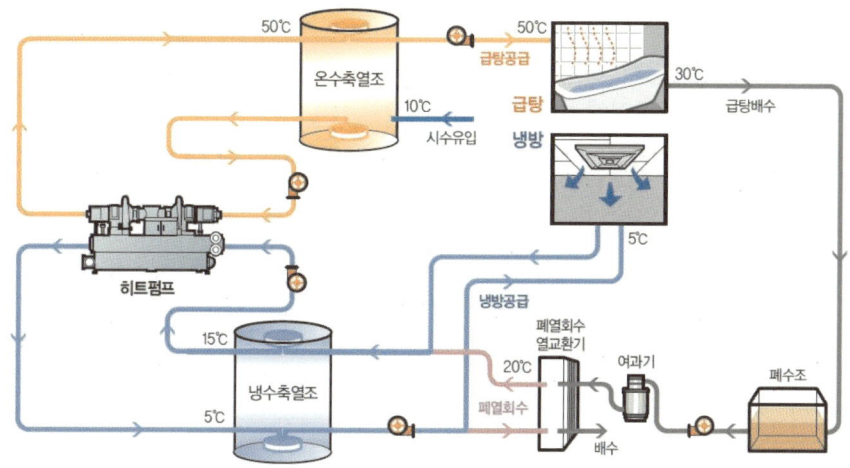

개방회로방식은 순환수가 공기에 접해 있기 때문에 수중 용존산소량이 많아져 배관의 부식을 일으키기 쉬우며, 대기 개방부분에서 순환수가 오염될 우려가 있으므로 세심한 수질 관리나 수처리 장치가 필요하다. 또한 수조와 배관 최상부와의 높이차가 클 경우 유체의 순환에 따른 배관 마찰 손실 이외에 자연 수두만큼의 펌프 양정이 커져야 하므로 장비 위치 선정 시 최대한 높이차가 적도록 배치해야 한다.

### ② 밀폐회로방식

밀폐회로방식은 공조배관의 순환 경로 중에서 유체가 대기와 접촉하고 있는 곳이 없다. 일반적인 건물의 냉/온수 공조배관계통에 널리 적용되고 있는 방식이며, 배관이 밀폐되어 항상 압력이 걸려 있기 때문에 수온에 따른 물의 팽창과 수축을 흡수할 수 있도록 팽창탱크를 설치할 필요가 있다. 아울러 열원기기의 운전 중에는 시스템의 원활한 운전을 위하여 배관 내의 유체의 양이 급격하게 증감되지 않도록 주의해야 한다.

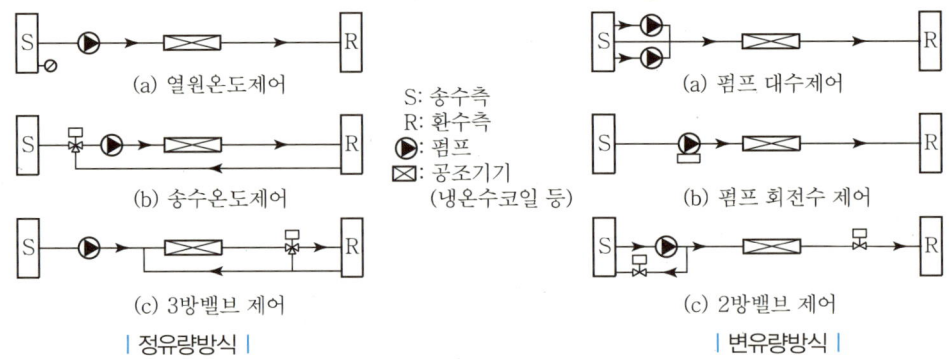

| 정유량방식 | 변유량방식 |

- 장점
  - 유량 분배나 장비 운전제어를 통해 효율적인 시스템 구성이 가능함
  - 다양한 장비로 구성되는 복잡한 시스템에도 다양한 방식으로 응용하여 적용이 용이함
- 단점
  - 각 존별 유량 분배 시 인접한 배관 계통이나 전체적인 배관의 압력에 영향을 줄 수 있으므로 압력이나 유량제어에 주의가 필요함
  - 유체의 온도 변화 시에도 신축에 의해 배관 내 압력의 변동이 생기게 되므로 공조 운전 시 압력이 과도하게 상승되지 않도록 관리해야 함

## (2) 환수방식에 의한 분류

① **직환수방식(direct return)**

냉수나 온수를 각 공조 기구에 공급할 때 열원장비 쪽에서 공급한 순서대로 환수하는 방법으로서 공조기기가 많지 않고 배관 길이가 비교적 짧은 단순한 시스템에 적용할 수 있다. 직환수 방식에서는 펌프에서 멀수록 저항이 증가되고 구간별로 온도 불균형의 우려가 있으므로 필요할 경우 각 기구별로 유량을 조절해줘야만 원활한 시스템 운전이 가능하다.

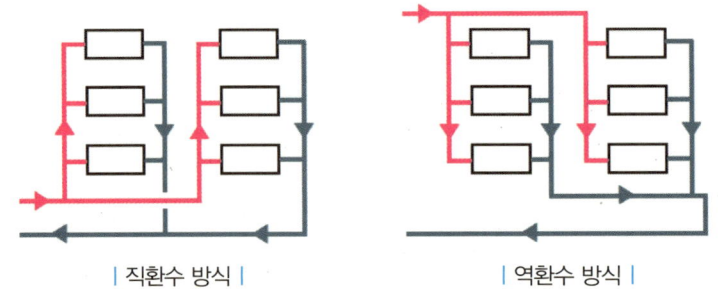

| 직환수 방식 |   | 역환수 방식 |

② **역환수방식(reverse return, 리버스 리턴 방식)**

열원장비에서부터 각각의 냉/난방 기기까지 연결된 공급관과 환수관의 배관 길이의 합이 거의 똑같아지게 하기 위하여 공급한 순서의 반대, 즉 역순으로 환수받는 방식이다. 위의 그림에서와

같이 공급관에서 가까운 거리에 있어 빠른 순서로 냉수나 온수를 공급받는 기구는 환수관에서 먼 곳에 배치되도록 함으로써 전체적으로 공급관과 환수관을 합한 총 길이가 다른 기구들과 비슷하도록 배관한다.

이렇게 되면 각 공조기기들과 연결된 공조배관의 마찰손실을 서로 비슷하게 만들 수 있어 각 기구별로 특별한 유량제어밸브가 없더라도 비교적 균등하게 유량을 분배할 수 있다. 직환수방식에 비해 관로가 길어지고 복잡해지는 단점은 있지만, 특별한 제한 조건이 없다면 냉/난방 배관은 역환수방식으로 배관하는 것이 좋다.

### (3) 배관의 수량에 따른 분류

① 2관식 : 냉·온수 겸용 배관으로서 공급 1배관, 환수 1배관으로 계획하는 방법
② 3관식 : 각 실별 용도에 따라 냉방·난방이 동시에 필요한 건물에 적용되며, 냉수 공급, 온수 공급, 공통 환수관으로 구성됨(공통 환수관에서 냉수와 온수가 혼합될 경우 열손실이 큼)
③ 4관식 : 각각의 공급과 환수 배관을 분리하여 별도로 설치하는 방식으로, 냉수 공급관, 냉수 환수관, 온수 공급관, 온수 환수관으로 구성됨

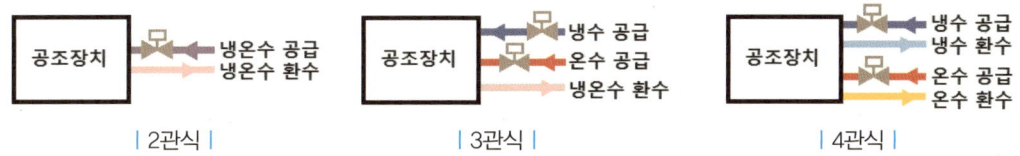

| 2관식 |  | 3관식 |  | 4관식 |

### (4) 유량 제어에 따른 분류

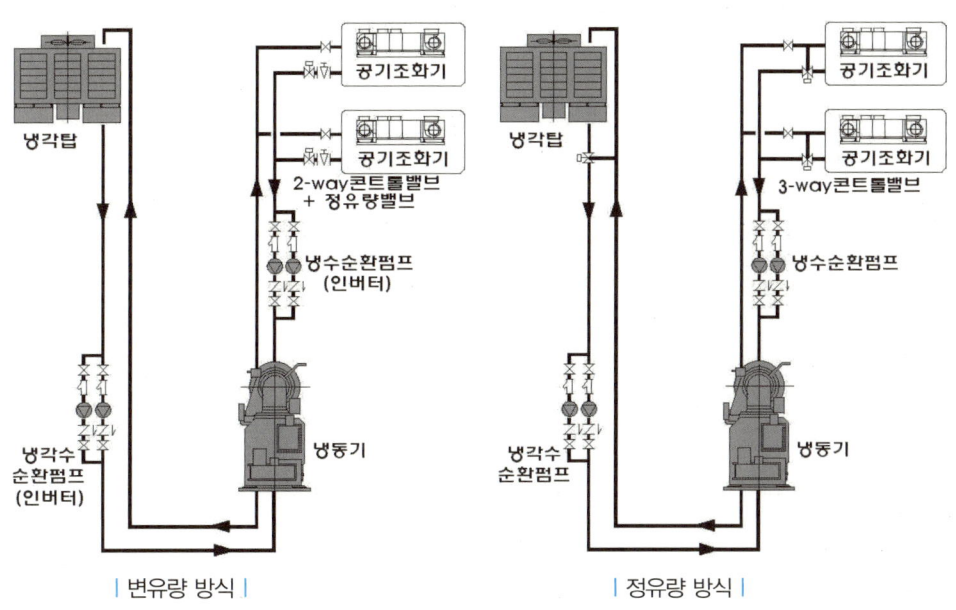

| 변유량 방식 |  | 정유량 방식 |

① 정유량 방식

3방향 밸브 제어를 이용하여 부하에 따라 공조 장비에 순환되는 유량을 바이패스(by-pass, 우회)시키거나, 또는 정유량밸브를 이용해 각 기기에 공급되는 유량을 고정시키는 방식이다. 건물 내에서의 부하 변동이 있더라도 펌프에서 토출되는 유량은 항상 일정하게 유지되어야 하므로 변유량 방식보다 동력비가 많이 소요된다.

② 변유량 방식

2방향 밸브의 비례제어를 이용하여 부하에 따라 각 기기에 공급되는 유량을 제어하는 방식이다. 변유량 방식에서는 밸브 제어의 신뢰성이 중요하고 제어 계통이 다소 복잡해지나 펌프의 회전수나 운전대수제어 등으로 동력비를 절감할 수 있다.

## 02 공조배관의 수온

공조 설비의 수배관 시스템에서 이용되는 수온은 0℃에서 100℃ 이상의 온도까지 넓은 범위가 이용되고 있다. 냉수나 온수를 이용하여 냉난방을 할 경우 열원장비로부터 부하측 장비에 이르기까지 당초에 설계된 공급 및 환수온도에 맞춰 운전되어야 하는데, 순환되는 냉수나 온수의 온도 조건이 달라지면 각 공조장비들의 성능도 달라지기 때문이다.

근래에는 공조 장비들의 성능이 많이 향상되었고 에너지 절감을 위한 자동제어 기술이 다양한 측면에서 발전하고 있어 예전처럼 공조 순환수의 온도 조건이 일률적이지 않으며, 한 건물에서도 지열이나 빙축열, 증기식 냉동기(터보, 스크류 등), 흡수식 냉동기 등 여러 종류의 열원장비로 복합적으로 구성되는 사례가 많기 때문에 각 공조계통별 순환 온도에 대한 세심한 점검이 필요하다. 공조 순환수의 용도에 따라 살펴보면 다음과 같다.

### (1) 냉수

일반적으로 냉방에 사용되는 냉수의 온도는 냉동기 출구에서 5~7℃로 공급되어 부하측 공조기기를 거치면서 열교환을 한 뒤 환수배관을 통해 다시 냉동기로 되돌아오는 온도가 10~12℃인데, 공급과 환수되는 냉수의 온도차(흔히 $\triangle T$라고 함)가 5℃ 정도인 경우가 많다.

터보냉동기나 빙축열시스템은 안정적인 성능 발휘가 가능하여 냉수의 공급온도 5℃(환수온도 10℃)로 주로 운용되고 있으나, 흡수식냉동기는 장비의 냉방성능상 이보다 다소 높은 공급온도 7℃(환수온도 12℃)로 대부분 운전되고 있다. 근래에는 흡수식냉동기의 성능도 많이 향상되어 냉수를 5℃로 공급하는 제품이나 또는 순환 온도차($\triangle T$)가 7℃ 이상인 제품도 생산되고 있다.

이렇게 냉동기의 성능이 향상되어 가면서 냉수의 공급온도는 낮아지고 환수온도는 올라가 △T 8~10℃ 내외의 큰 온도차로 운전되는 "대온도차 공조방식"을 적용하는 사례가 점차 늘고 있다. 대온도차 방식은 적은 유량으로도 동일한 냉방 능력을 발휘할 수 있어 순환펌프의 동력비를 많이 절감할 수 있고 공조배관의 관경도 줄일 수 있어 초기 시설비의 절감이 가능하다.

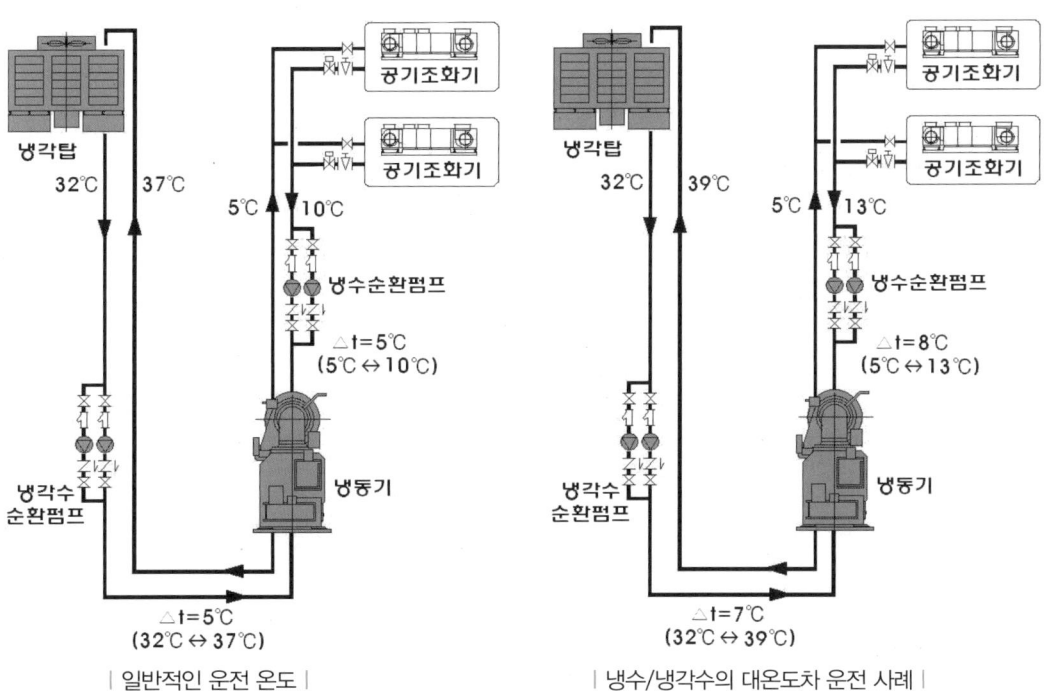

| 일반적인 운전 온도 |   | 냉수/냉각수의 대온도차 운전 사례 |

## (2) 온수

난방을 위한 온수는 보일러나 난방열교환기에서 60~80℃ 정도의 수온으로 공급되어 부하측 공조장비에서 열교환한 뒤 50~70℃ 정도의 온도로 다시 열원장비로 되돌아오게 된다. 온수도 공급과 환수의 온수 온도차(△T)가 5~10℃ 정도인 경우가 많다.

온수의 공급온도는 60~65℃가 일반적으로 많이 적용되고 있는데, 80℃ 내외의 높은 공급온도로 설정할 경우 일시적이라도 온수 발생장비의 제어에 에러가 발생하거나 온수순환유량이 줄어들면 자칫 온도가 100℃를 넘어서 증발될 우려가 있을뿐만 아니라, 밸브나 배관 부속류의 기밀재(오링이나 패킹 등)의 재질인 NBR이나 EPDM의 내열성이 80~90℃에 불과하기 때문에 배관계통에서 누수 발생의 가능성이 현저히 증가하게 된다.

한편, 우리나라에서 일반적인 업무용 건물의 난방부하는 냉방부하보다 적게 발생되므로 냉온수 겸용 배관일 경우 관경은 냉수 유량을 기준으로 관경을 선정하게 되고, 공급과 환수 온수의 온도차도 냉수와 같은 조건으로 설정하는 사례가 많다.

## (3) 고온수

고온수는 지역난방 공급지역에서 사용되고 있는데, 배관 내의 압력을 대기압 이상으로 가압하여 물의 온도를 100℃ 이상으로 유지시켜 사용하는 것으로 120~180℃의 범위까지 사용된다. 일반 건물 내의 난방 계통에서는 온도 제어가 쉽지 않고 장비들이나 배관의 내압 성능이 높아져야 하므로 고온수를 직접 사용하는 사례가 거의 없고, 대부분 기계실에 열교환기를 설치하여 2차 온수계통의 온수를 필요한 온도로 가열하여 사용하는 방식으로 운용되고 있다.

제조공장이나 고온의 가열원이 필요한 일부 시설에서는 100℃ 이상에서도 증발하지 않는 열매체를 이용하여 고온수를 직접 배관계통에 순환시켜 사용하기도 하나 사례가 많지는 않다.

## (4) 냉각수

냉각수는 건물 내 냉/난방 기구(팬코일이나 공기조화기 등)를 위해서가 아니라, 터보냉동기나 흡수식냉동기와 같은 냉열원장비의 응축열을 흡수하는 기능을 하며 냉각탑을 통해 냉각된 뒤 재순환된다. 일반적인 냉동기에 순환되는 냉각수의 입구측 온도는 대부분 32℃(출구온도 37℃) 내외로 운용되고 있으며, 공급과 환수 온도차($\triangle T$)가 5℃로 운전되고 있다.

그러나 공조기기나 냉각수의 용도에 따라서 냉각수의 순환온도는 20~40℃로 다양하게 설정될 수 있는데, 열병합시스템이나 발전설비 등에서는 냉각수의 온도가 90℃ 정도까지도 올라가는 경우도 있다.

## (5) 대온도차 공조방식

열원장비의 성능과 제어장치의 정밀도가 향상되면서 공조배관계통에서 에너지 절감 방안의 하나로 공급과 환수되는 온도차를 크게 벌려 운전시키는 대온도차 공조방식이 점차 확대되고 있다.

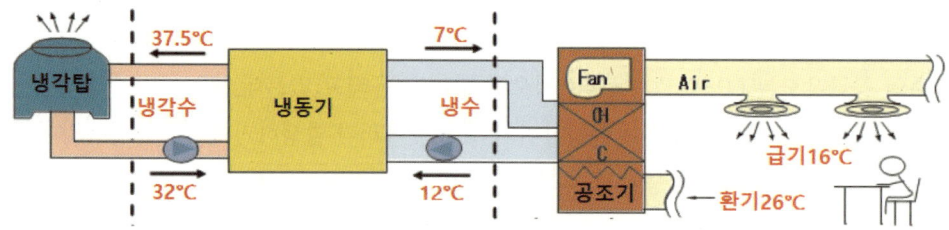

| 일반 공조방식에서의 각 순환온도 |

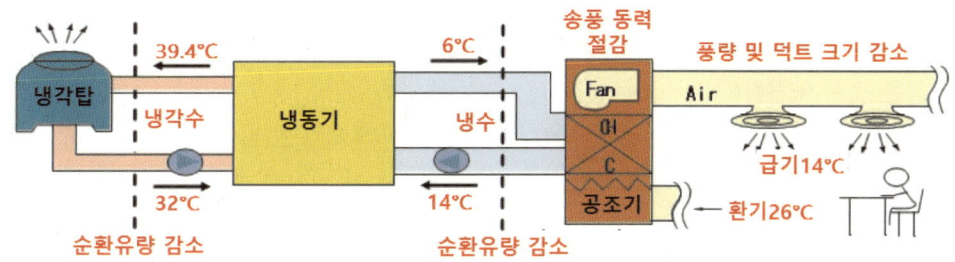

| 대온도차 공조 방식에서의 각 순환온도 |

① 대온도차 공조방식의 장점

　　냉각수나 냉수(또는 온수)의 공급온도를 낮추고 순환온도차를 기존보다 커지도록 설정하면 적은 유량으로도 같은 열량을 전달할 수 있어 순환펌프의 용량과 배관 관경의 축소가 가능하다. 이로 인해 초기 시설비와 운전 동력비를 절감할 수 있으며, 전기 관련 설비도 줄어들게 된다.

　　요즘은 냉수나 냉각수뿐만 아니라 공조기에서 송풍되는 급기의 온도를 낮추어 급기와 환기의 온도차를 크게 하는 방식도 적용되고 있다. 이러한 저온급기 대온도차방식도 팬의 용량과 덕트의 사이즈를 줄일 수 있어 에너지가 절감될 뿐만 아니라, 덕트나 배관 사이즈의 축소로 건축의 층고나 설비PS의 면적도 감소시킬 수 있는 장점이 있다. 또한 건물 사용 중에도 냉난방 부하의 증가에 대응하는 방안으로서 대온도차 공조방식을 적용할 수도 있고, 리모델링 시 기존 설비(배관, 덕트 등)를 증설하지 않고도 냉난방 용량을 증가시킬 수 있는 방안이 되기도 한다.

　　위의 그림과 같이 대온도차 공조방식을 적용할 경우 기존보다 줄어든 유량을 비교해보면 다음과 같다.

| 구분 | 일반 공조방식 | 대온도차 공조방식 | 대온도차의 순환유량 |
|---|---|---|---|
| 냉수 | 7℃ ↔ 12℃ (△T=5℃) | 6℃ ↔ 14℃ (△T=8℃) | 63%로 감소 |
| 냉각수 | 32℃ ↔ 37.5℃ (△T=5.5℃) | 32℃ ↔ 39.4℃ (△T=7.4℃) | 74%로 감소 |
| 공조기 급기 | 16℃ ↔ 26℃ (△T=10℃) | 14℃ ↔ 26℃ (△T=12℃) | 83%로 감소 |

② 대온도차 공조 적용 시 고려사항

　　냉열원장비는 저온의 냉수 공급이 가능하고 대온도차의 냉각 성능이 안정적으로 발휘될 수 있어야 하는데, 신속한 냉각 성능 발휘가 가능한 빙축열시스템이 가장 효과적이고 터보냉동기도 많이 사용되고 있다. 근래에는 대온도차 공조 운전이 가능하도록 특화되어 제작된 흡수식냉동기도 보급되고 있어 여건상 흡수식냉동기가 필요한 경우에는 일부 적용되기도 한다.

　　공조기의 급기 계통에서도 저온급기 대온도차 방식을 적용하게 되면 기존의 일반 공조방식보다 공조기에서의 제습량이 많아지게 되어 냉동기의 냉방부하는 다소 증가하게 된다. 또한 공조기에 공급되는 냉수의 온도가 낮아지게 되면 코일 면에서의 제습량이 많아져서 응축수가 비산될 우려가 있으므로, 코일을 통과하는 급기의 면풍속은 기존보다 낮은 1.5~2.3m/s 정도가 되도록 관리하는 것이 바람직하다.

아울러 공조 배관이나 덕트에 기존보다 낮은 온도의 유체가 흐르게 되면 표면에서 결로가 발생될 우려가 있으므로 보온재 시공이 밀실하게 이루어지도록 철저히 관리하여야 한다. 각 온도 조건에 따라 표면결로의 우려가 없는지와 단열재의 두께가 적정한지 검토할 필요도 있다.

제어 설정 시에는 줄어든 순환유량으로 인해 각 장비들의 운전이 불안정해지지 않도록 적절한 최소 순환유량을 확보해주어야 하고, 순환펌프나 각 공조장비들은 부분부하 운전 시 대처가 용이하도록 용량 비례제어가 가능한 사양으로 선정하는 것이 좋다.

## 03 공조배관의 재질

### (1) 냉·온수

일반적으로 동관(L형)이 가장 널리 사용되어 왔으며 요즘에는 스테인리스(STS304) 관의 적용도 늘어나고 있는 상황이다. 팬코일 배관과 같이 작은 관경이 많은 경우 동관이 시공성이 용이하고 공사비용도 다소 저렴해 동관이 선호되었으나, 시스템의 규모가 크고 대구경관이 많이 사용되는 경우에는 추후 유지보수나 시공성, 비용 면에서 스테인리스관이 유리한 경우가 많다.

스테인리스강관으로 배관할 때에는 용접 이음을 많이 적용해 왔으나, 근래에는 SR 조인트나 그루브 조인트 등 기계식 이음도 많이 사용되고 있다. 온수의 온도가 80℃ 이상 높게 올라가는 경우에는 스테인리스관의 부식이 증대되는 경향이 있으므로 동관을 사용하는 것이 좋다.

드물게 공장이나 특수 공사(외국계 공사, 선박…)에서는 흑강관으로 냉온수 배관을 시공하는 사례도 있다. 흑강관으로 시공할 경우에는 스케일이 많이 발생하고 용접부의 부식에 의해 누수가 발생할 우려가 있으므로 청관제 등 수처리에 주의해야 하고, 이로 인해 다른 재질의 배관보다 관경을 크게 하거나 압력배관으로 시공하는 사례도 많이 있다.

### (2) 증기(응축수), 고온수, 기름, 빙축열(브레인)

증기나 응축수 등 고온의 배관 계통에는 거의 대부분 흑강관이 사용되고 있고, 사용 압력에 따라 SCH20, SCH40, SCH80 등과 같은 압력 배관을 사용한다. 백강관은 내부의 도금이 벗겨져 시스템에서 문제가 발생될 소지가 있으므로 사용하지 않는다.

## (3) 냉각수

현재 백강관(일반배관용)이 널리 사용되고 있으나, 개방형 냉각탑일 경우 냉각수가 운전 과정 중 대기와 접촉하기 때문에 수질 악화의 우려가 높고 수중에 공기가 많아 부식 우려가 높아서 스테인리스관이나 관의 두께가 두꺼운 압력배관용 백강관을 사용하는 사례도 있다. 어떤 배관 재질을 사용하든지 접합부를 용접하게 되면 부식에 의해 취약해지므로 그루브조인트와 같은 기계식 이음을 하는 것이 좋다.

# 04 관경 및 양정의 결정

공조배관의 관경 결정은 순환 유량과 마찰손실, 유속 등을 고려하여 결정하여야 하는데, 일반적으로 배관의 단위길이당 마찰손실을 일정한 것으로 설정한 뒤 유량 선도를 이용하여 유량에 적합한 관 지름을 결정하는 마찰법이 많이 이용되고 있다. 인터넷에는 이와 같은 산출 과정을 프로그램이나 자동 수식화하여 손쉽게 관경을 선정할 수 있는 파일들이 많이 올라와 있으므로 이를 활용해도 좋을 것 같다.

## (1) 순환 유량

순환 유량은 배관 관경 결정의 중요한 요소인데 일반적으로 다음 식에 의하여 산정한다.

$$Q = \frac{q}{\Delta t \times C \times \rho}$$

여기서, $Q$ : 순환유량[$m^3/h$]
$q$ : 주어진 부하 열량[kcal/h]
$\Delta t$ : 공급과 환수의 온도차[℃]
$C$ : 물의 비열 = 1 [kcal/kg · ℃]
$\rho$ : 물의 밀도 = 1,000[$kg/m^3$]

$$Q = \frac{3,600 \times q}{60 \times C \times \rho \times \Delta t} = \frac{14.3 \times q}{\Delta t}$$

여기서, $Q$ : 순환유량[$\ell/min$]
$q$ : 주어진 부하 열량[kW]
$\Delta t$ : 공급과 환수의 온도차[℃]
$C$ : 물의 비열 = 4.19[kJ/kg · K]
$\rho$ : 물의 밀도 = 1,000[$kg/m^3$]

여기서 $C$와 $\rho$는 일반적으로 전 배관계의 평균 온도에 대한 값이 사용되지만 공조기기에서의 순환수의 온도차가 많이 발생하는 경우는 운전 온도에 따라 각각 적용한다.

> 냉방 능력이 100,000kcal/h인 공기조화기의 냉각 코일에 5℃의 냉수를 공급하였다가 10℃로 환수받는다. 유량은 얼마이어야 하는가?
>
> $$Q = \frac{q}{\Delta t \times C \times \rho} = \frac{100,000}{(10-5) \times 1 \times 1,000} = 20 \text{m}^3/\text{h}$$
>
> ⇒ 20,000ℓ /h ÷ 60h/min = 333ℓ /min [lpm]

## (2) 배관의 마찰손실

관경은 배관 내를 흐르는 유량과 단위길이당 마찰손실에서 배관별 마찰저항 선도를 사용하여 결정한다. 단위 마찰저항은 50mmAq/m 이내에서면 문제가 없지만 경제성 측면에서 20~30mmAq/m가 널리 사용된다.

| 구 분 | 마찰손실(mmAq) | 구 분 | 마찰손실(mmAq) |
|---|---|---|---|
| 냉온수 배관 | 20~30 이하 | 지역난방 온수배관(2차측) | 10 이하 |
| 냉각수 배관 | 30 이하 | 지역난방 온수배관(1차측) | 20 이하 |
| 아파트 온수배관 | 20 이하 | 바닥난방 코일배관 | 10 이하 |

## (3) 유속

배관 내 유속이 빠르게 되면 소음이 발생되고 침식에 의한 부식이 진행될 가능성이 있으므로 주의해야 한다. 허용 최대 유속은 관경 50mm 이하는 1.2m/s, 65~125mm에서는 1.5m/s, 150mm 이상의 대구경관은 2~3m/s 정도를 넘지 않는 것이 바람직하다. 배관 내부에 부유 물질의 침강을 방지하기 위해서는 최소 0.6m/s 이상의 유속을 유지하는 것이 좋다.

한편 연간 운전시간이 많은 배관은 침식이나 부식을 방지하기 위하여 배관의 유속과 마찰계수를 가능한 작게 하는 것이 좋다. 아래의 표는 배관의 종류별로 일반적으로 권장하는 유속을 나타낸다.

▼ 배관의 침식 방지 최대 유속

| 연간 운전 시간(Hr) | 유속 (m/s) |
|---|---|
| 1,500 | 3.6 |
| 2,000 | 3.45 |
| 3,000 | 3.3 |
| 4,000 | 3.0 |
| 6,000 | 2.7 |
| 8,000 | 2.4 |

▼ 배관별 권장 유속

| 배관의 종류 | | 유속(m/s) |
|---|---|---|
| 펌프의 토출 배관 | | 2.4~3.6 |
| 펌프의 흡입 배관 | | 1.2~2.1 |
| 환수 헤더, 공급 헤더 | | 0.9, 1.5~3 |
| 관경별 | ~25A | 0.5~1 |
| | 50~100A | 1~2 |
| | 125A 이상 | 2~3.6 |

## (4) 순환펌프의 양정

$$H[\text{m}] = \frac{K \cdot (P_1 + P_2 + P_3)}{9.81}$$

여기서, $K$ : 여유 계수(1.1~1.2)
$P_1$ : 배관 저항[KPa]
$P_2$ : 기기 내 압력 손실[KPa]
$P_3$ : 그외의 압력 손실[KPa]

### ① 배관의 저항

배관저항은 직관 부분에서의 마찰저항과 국부저항의 합인데 다음과 같이 계산하여 결정한다.

• 마찰저항

$$\Delta P = \frac{l}{d} \cdot \frac{V^2}{2g} \cdot \gamma \qquad \Delta h = \frac{\Delta P}{\gamma} \cdot \lambda \cdot \frac{l}{d} \cdot \frac{v^2}{2g}$$

여기서, $\Delta P$ : 압력손실 [kg/m² : mmAq]
$\Delta h$ : 마찰손실 수두 [mAq]
$\lambda$ : 마찰계수 ($\lambda = 0.02 + 0.0005/d$로 하며, 오래된 관에서는 1.5~2배의 여유를 준다.)
$l$ : 관 길이 [m]
$d$ : 관의 내경 [m]
$v$ : 관 내의 평균유속 [m/s]
$g$ : 중력가속도 [9.8m/s²]
$\gamma$ : 유체의 비중량 [kg/m³]

※ 관 길이 1m당의 마찰손실 h(mmAq/m)

$$h = 1,000 \cdot \frac{\Delta h}{l} = 1,000 \frac{\lambda}{l} \cdot \frac{v^2}{2g} = 2.3 \times 10^{-8} \lambda \cdot \frac{Q^2}{d^5}$$

• 국부저항

국부저항은 직관을 제외한 각종 피팅류인 엘보, 티, 레듀샤, 밸브 등에서의 압력손실로, 배관의 굴곡이나 분기 지점이 많고 각종 밸브장치들이 많을수록 크게 발생한다.

• 배관저항

$$\frac{h \times (l + l_e)}{1,000} [\text{mAq}]$$

여기서, h : 마찰저항 [mmAq/m]
$l$ : 배관 전체 길이 [m]
$l_e$ : 국부저항의 배관 직관 상당길이의 합계 [m]

② 밀폐회로방식의 경우 순환펌프 양정

=(배관 저항, 또는 마찰손실 +기구 마찰손실) × 안전율(10%)

③ 개방회로방식의 경우 순환펌프 양정

=(배관의 저항, 또는 마찰손실 +기구 마찰손실 +실양정 +송출 수두) × 안전율(10%)

- 실양정은 냉각탑의 경우에 냉각탑 하부 수면과 상부 산수노즐 사이의 높이 차이이며, 송출 수두는 냉각탑 상부의 산수노즐에서의 필요 압력임

## 05 배관의 압력계획

### (1) 공조배관의 수직 조닝

요즘 수백 미터에 이르는 고층 건물이 많이 건축되고 있는데, 초고층 건물에서는 열원장비로부터 공조기까지, 그리고 공조기에서 실내 급배기 말단 장비까지의 수직거리가 길어진다. 수직적 거리가 증가함에 따라 압력이 증대되므로 장비나 배관의 내압 성능이 높아져야 하고, 수직적 배치나 계통에 따라 압력이 적정해지도록 감압이나 조정이 이루어져야 한다. 특히 열원장비와 기계실의 위치는 건물의 부하, 유지보수(장비 교체 등) 시 운반의 용이성, 장비의 운전 효율성, 소음과 진동의 문제뿐만 아니라 건축의 구조적 안정성 등도 고려하여 결정된다.

열원장비의 배치는 지하층이나 최상층에 집중 설치, 또는 최상/최하 분산 설치, 그리고 중간층 기계실 설치 등의 여건에 맞춰 다양한 방법으로 진행되고 있으나 건물의 높이가 높아짐에 따라 1~2개소 또는 다수의 중간층 기계실의 설치가 보편화되고 있다.

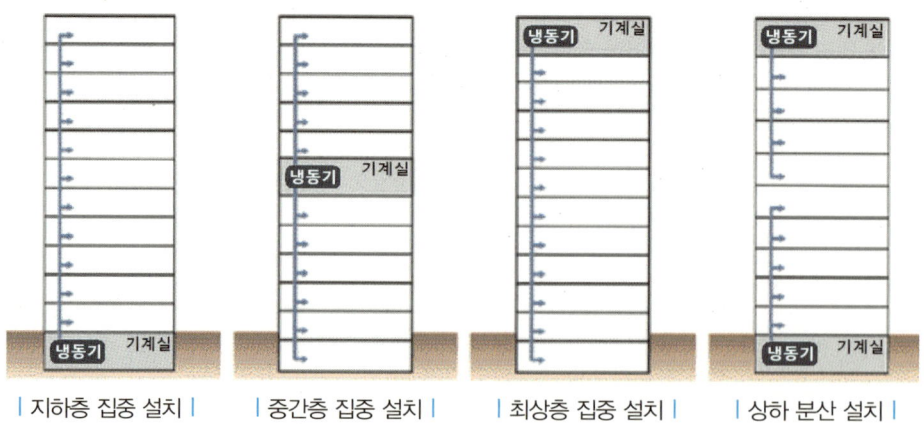

| 지하층 집중 설치 |  | 중간층 집중 설치 |  | 최상층 집중 설치 |  | 상하 분산 설치 |

공조배관 계통의 수직적 배관방식은 건물의 높이나 압력에 따라 조닝을 하고 있는데 크게 3가지 방식으로 구분해 볼 수 있다.

① 단일 배관 방식 : 건물 전체의 공조배관이 하나의 계통과 압력으로 연결함. 층고가 높지 않은 건물에서 일반적으로 적용하는 방식임

② 가압 및 감압 밸브 방식 : 장비의 설치 위치에 따라 고압부와 저압부를 구분하여 펌프와 감압 밸브를 별도로 설치함. 열원장비는 최고층의 운전 압력을 기준으로 설치되어야 하므로 높은 내압 성능이 요구됨

③ 열교환 방식 : 중간층 기계실에 열교환기(HX)를 설치하여 상층부와 하층부를 별도의 존으로 분리함. 저층부의 운전 압력이 낮아지고 열원장비와 배관의 내압 요구 수준이 완화되어 초고층 건물에 보편적으로 적용되고 있음

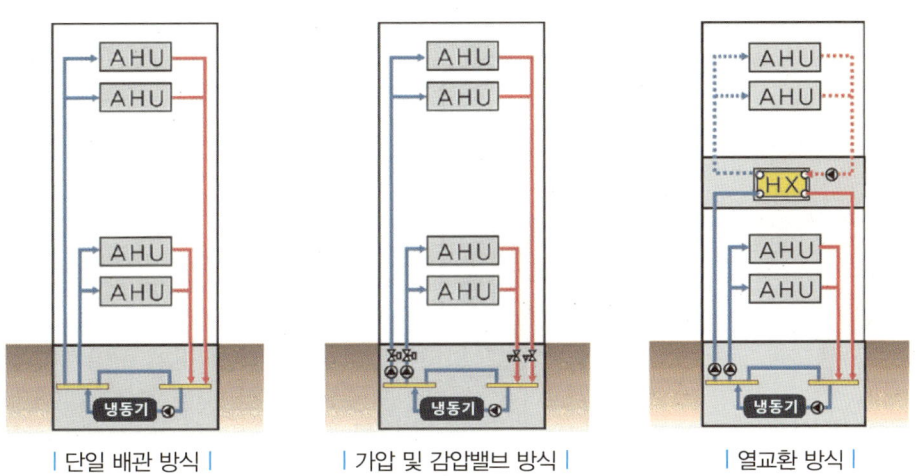

| 단일 배관 방식 |   | 가압 및 감압밸브 방식 |   | 열교환 방식 |

## (2) 팽창탱크

밀폐회로방식의 공조배관 시스템에서는 전체적인 계통을 일정한 압력으로 유지하는 문제가 매우 중요하다. 배관 내를 흐르는 유체 수온의 포화증기압 이상으로 전 배관 계통을 유지하지 않을 경우 비등이나 국부적인 프레쉬 현상에 의하여 펌프의 캐비테이션이 발생되고 물의 순환에 지장을 받게 된다. 또한 운전 중 배관 내 압력이 대기압 이하가 되면 배관 내로 공기가 흡입될 수 있고 배관 내 공조용수에서도 공기가 용출될 수 있다.

반대로 운전 압력이 필요 이상으로 높게 설정되면 공조장비 및 기기들의 높은 내압 성능이 요구되어 초기투자비 및 운전비가 상승하게 된다. 수온 상승에 의한 체적 팽창도 역시 각 부분의 배관이나 기기에 운전 압력이 상승되는 효과를 미치게 된다. 위와 같은 이유로 인하여 공조배관 시스템이 최대 허용압력과 최소 유지압력을 벗어나지 않도록 관리하는 하는 것이 매우 중요하며, 현업에서는 주로 팽창탱크를 이용하여 시스템의 적정한 압력을 유지하고 있다.

① 팽창탱크의 종류

| 구분 | | 세부 내용 | 비 고 |
|---|---|---|---|
| 개방형 팽창탱크 | 장점 | • 구조가 간단하고 설치가 용이함<br>• 설비비 저렴 | 개방형 탱크식,<br>팽창기수분리기 |
| | 단점 | • 공기 속의 산소가 용해되어 배관 부식 원인<br>• Over Flow의 발생 가능성, 열손실이 있음<br>• 설치 위치의 제약이 따름 | |
| 밀폐형 팽창탱크 | 장점 | • 공기 침입의 우려가 없음(부식 저하)<br>• Over Flow가 없고 열손실이 적음<br>• 설치 위치의 제약이 없음 | 블레더식,<br>다이어프램,<br>공기압축기식 |
| | 단점 | • 탱크 용량이 커져야 해서 설비비가 증가<br>• 탱크 내부에 봉입된 가스의 누기에 주의 | |

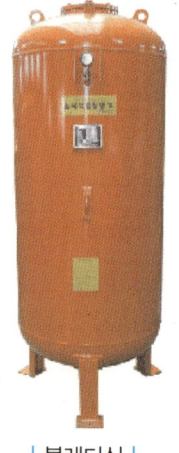
| 블레더식 |

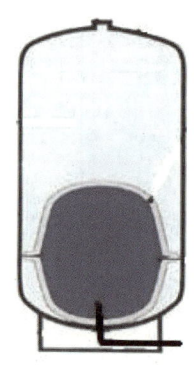
| 다이어프램 |

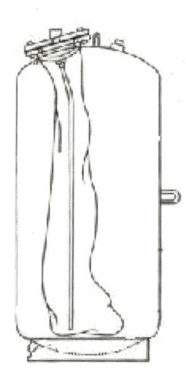

| 공기압축기식 |

② 팽창탱크의 설치 목적

- 배관 내 유체의 온도 변화에 따른 수축 팽창량을 흡수함(물 4℃ → 100℃ 체적 팽창 비율 : 4.3%)
- 배관 내의 압력을 항상 일정한 수준 이상으로 유지하여 외부로부터 공기가 흡입되는 것을 방지함
- 배관계의 압력을 포화증기압 이상으로 유지하여 국부적인 비등이나 플래시 현상을 방지함
- 배관 내 유체에서 공기 또는 기포의 생성이 억제되어 부식 방지에 도움이 됨
- 개방형이나 팽창기수분리기의 경우 배관 내의 압력이 과다하게 상승될 경우 오버플로나 드레인 실시로 초과 압력이 배출되어 시스템의 안정성이 향상됨(밀폐식의 경우 팽창탱크 연결 배관에 설치된 안전밸브가 초과 압력 배출)

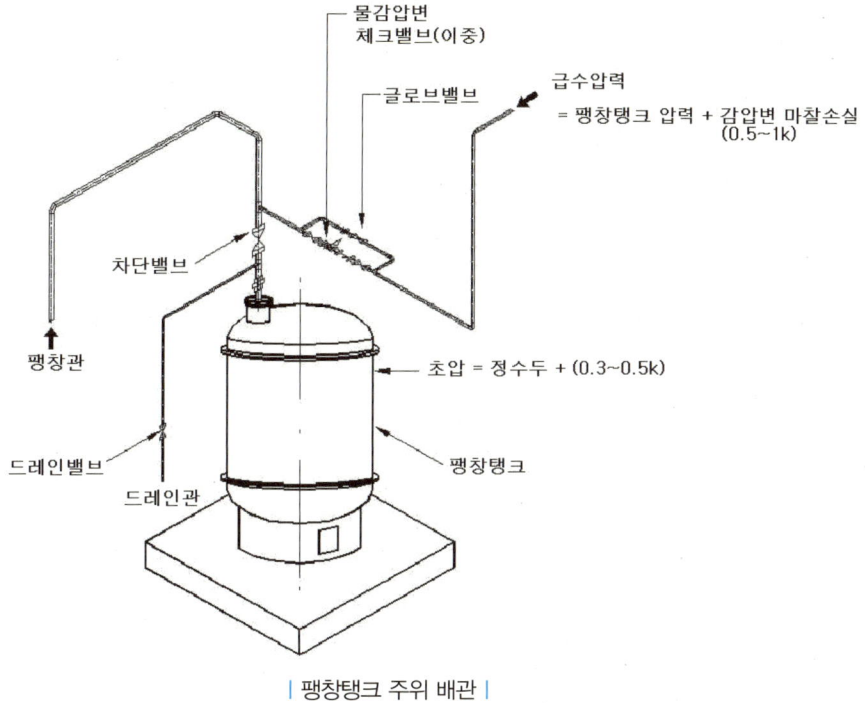

| 팽창탱크 주위 배관 |

③ 팽창탱크의 용량 계산

• 배관 내 유체의 팽창량 계산($\Delta V$)

$$\Delta V = V \cdot (\nu_2 - \nu_1) \cdot \rho \ [\ell]$$

여기서, $V$ : 배관 내 전체 유체의 양 $[\ell]$
$\nu_1, \nu_2$ : 가열 전·후의 비체적 $[\ell/kg]$
$\rho$ : 유체의 밀도 $[kg/\ell]$

• 개방형 팽창탱크 용량($Vt$) : 유체의 체적 팽창량의 1.5~2배 정도

$$Vt = (1.5 \ 2) \times \Delta V$$

• 밀폐식 팽창탱크 용량($Vt$)

$$Vt = \frac{\Delta V}{1 - \dfrac{P_1}{P_2}} [\ell]$$

여기서, $P_1$ : 팽창탱크의 최저 사용압력 = 팽창탱크 공기실의 초기 충전압력 = a + b + c[kPa]
 $a$ : 팽창탱크에 가해지는 보충수의 급수압력[kPa]
 $b$ : 순환펌프에 의해 팽창탱크에 가해지는 압력(팽창탱크가 순환 펌프의 흡입측에 설치되는 경우는 0로 함)[kPa]

$c$ : 대기 압력 ($=98$)[kPa]
$P_2$ : 팽창탱크의 최고 사용 압력 $= P_1 + \Delta P$
$\Delta P$ : 물의 팽창에 의한 압력 상승 시 허용 가능한 압력 상승 폭 $= d - (e + f + g)$[kPa]
$d$ : 도피밸브(안전밸브)의 셋팅 압력 rm[kPa]
$e$ : 안전밸브에 대한 여유치($= d \times 0.1$)[kPa]
$f$ : 안전밸브에 가해지는 보충수의 급수 압력[kPa]
$g$ : 순환펌프에 의해 안전밸브에 가해지는 압력[kPa] = 순환펌프의 토출 양정 − 순환펌프에서부터 안전밸브까지의 마찰손실

- 팽창탱크의 가압 압력($P_a$, 질소 봉입 압력)

$$P_a = h + h_t + 0.5h_p + 2 [\text{mAq}]$$

여기서, $h$ : 팽창탱크 수면에서 걸리는 정수두[m]
$h_t$ : 최고 사용 온도에서 유체의 포화증기압[mAq]
$h_p$ : 순환펌프의 양정[m]

④ 팽창탱크의 관리시 주의사항
- 과압 시를 대비하여 오버플로(개방형) 또는 안전밸브(밀폐형)를 설치해야 함
- 보충수 급수배관에는 감압밸브를 설치하여 공조배관에 과압이 걸리지 않도록 하고, 체크밸브를 이중으로 설치하여 공조용수가 급수관 쪽으로 역류하지 않도록 함
- 개방형 팽창탱크의 옥상 설치 시 동파 예방 및 오버플로 처리대책 필요
- 밀폐형 팽창탱크의 봉입가스 누설 여부를 주기적으로 확인해야 함

⑤ 팽창기수 분리기
근래에는 팽창탱크의 기능과 함께 냉/온수 중의 공기를 제거하는 팽창기수분리기가 많이 사용되고 있다. 팽창기수분리기의 구조와 작동 원리는 다음과 같다.

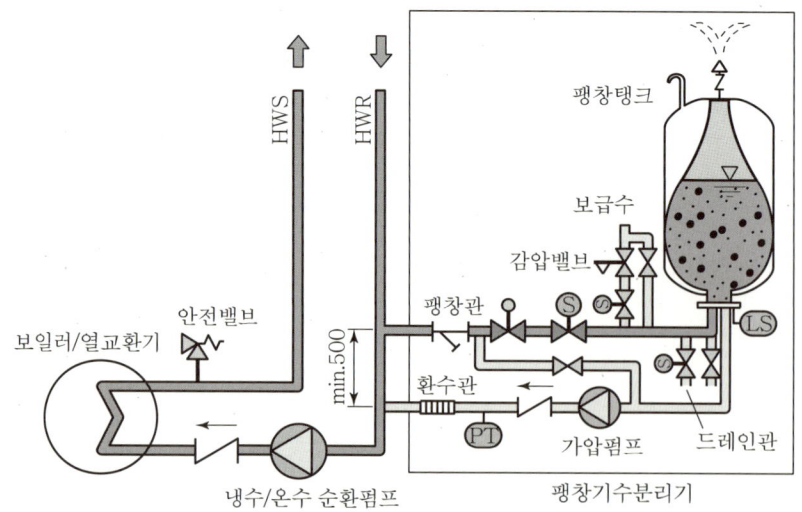

- 팽창기수분리기의 작동원리
    - 공조배관과 연결된 팽창관(또는 환수관)에 설치된 압력센서(PT)가 냉수나 온수의 압력을 감지해, 설정된 압력보다 높아질 경우 전자밸브(S)가 개방되어 냉/온수를 팽창탱크로 유입시켜 배관쪽의 압력을 낮춰줌
    - 팽창탱크에는 통기관이 설치되어 있어 대기압의 상태인데, 내부의 다이어프램(고무주머니)에 냉/온수가 밀려 들어오면 팽창하면서 다이어프램 내부의 공기를 상부의 에어벤트를 통해 대기 중으로 방출함. 이때 냉/온수는 공조배관의 수압에서 대기압으로 떨어지게 되므로 냉/온수 속에 녹아 있던 공기가 분리되게 됨
    - 팽창탱크에는 수위센서(수위 변화에 따른 무게나 수압을 감지)가 설치되어 있어 팽창탱크의 수위가 과도하게 높아질 경우 드레인관에 설치된 전자밸브를 개방해 적정한 수위로 유지함
    - 공조배관의 수압이 설정압력보다 낮아지면 가압펌프가 작동해 환수관을 통해 팽창탱크 내의 냉/온수를 다시 공조배관 쪽으로 공급해 공조배관의 수압을 설정압력으로 유지함(펌프 토출측에는 체크밸브가 설치되어 있어 역류를 방지함)
    - 가압펌프가 작동하면서 팽창탱크 내의 수위가 낮아지면 보급수 배관에 설치된 전자밸브가 개방되어 팽창탱크의 수위를 적정한 수준으로 유지할 수 있게 함(보급수 배관에는 감압밸브가 설치되어야 함)

| 팽창기수분리기 외관 |

| ① : 통기관, ② : 에어벤트 |

| 팽창탱크의 수위 감지센서 |

| 가압펌프와 주위 배관 |

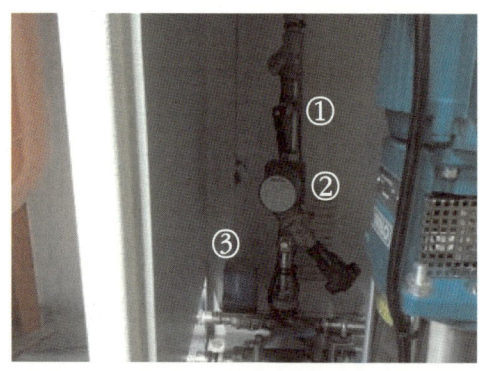

| ① 압력센서, ② 팽창관 전자밸브, ③ 드레인 전자밸브 |

| 압력센서 |

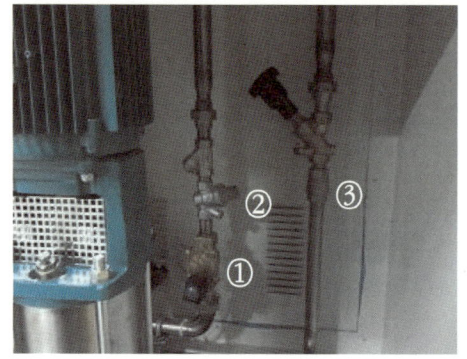

| ① 보충수 전자밸브, ② 보충수 감압밸브, ③ 환수관 체크밸브 |

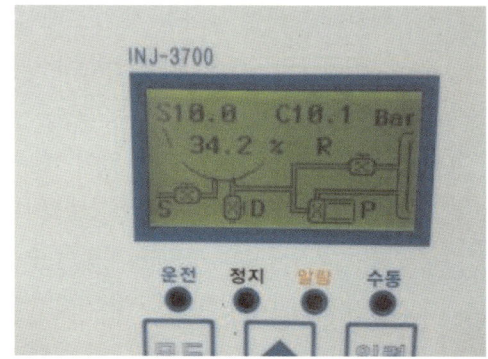

| 제어장치 표시부 |

### (3) 배관 순환 계통의 압력 변화

공조 순환배관에서 팽창탱크가 설치되는 위치에 따라서 각 지점에서의 압력이 변화되게 된다. 따라서 배관의 압력계획이나 장비들의 운전압력을 검토하기 위해서는 팽창탱크의 연결 위치가 매우 중요하다.

배관 계통의 압력 형성과 관련하여, 펌프의 운전이나 정지에 관계없이 항상 일정한 압력을 유지하는 지점이 존재하게 되는데 이점을 NPCP(압력불변점, No Pressure Change Point)라고 한다.

공조 순환배관에서 이 NPCP점은 팽창탱크가 연결되는 지점인데, 평상 시 자연압에 약간의 수압이 걸려 있는 상태에서 펌프가 가동되더라도 팽창탱크 내부의 수위는 변화되지 않는다. 이는 배관 내부의 물은 비압축성 유체이기 때문에 펌프에서 물을 토출해 내는 양만큼 반대편 흡입측으로 똑같은 양의 물이 빨려들어가야 하기 때문에 팽창탱크에서의 수위는 변화하지 않게 된다. 다만 팽창탱크의 수위는 열원장비가 가동되어 물의 온도 변화가 생기면 체적의 변화를 수반하기 때문에 이때 발생되는 내부 유체의 체적 증감량을 흡수해 주는 기능을 한다.

아래의 그림은 냉수 순환배관 계통에서 팽창탱크의 연결 위치에 따라서 배관 각 지점의 압력이 어떻게 변동되는지 보여주고 있다. 펌프 정지 시에는 최상층에서 약 $1kg/cm^2$의 수압으로 배관에 물이 충만되어 있고, 건물 높이는 80m, 순환펌프는 30m 정도의 양정으로 운전되는 것으로 가정하였다.

배관의 각 구간에서의 마찰손실은 경험치에 의해 적당한 수준으로 선정해 그래프에 도시하였는데, 3가지 경우를 살펴보면 냉동기에서의 운전압력은 3번째의 사례(펌프의 흡입측에 냉동기가 위치)가 가장 낮은 것으로 보여진다. 일반적인 건물에서는 마찰손실이 큰 냉동기가 대부분 펌프의 토출측에 위치하고 있으나, 고층건물일 경우에는 펌프의 토출 양정도 높아지게 되므로 이때는 펌프의 흡입측에 냉동기가 위치하도록 하는 것이 냉동기의 운전 압력이 낮아지게 되어 냉동기 내압 성능 면에서는 유리하다.

① 첫 번째 배치 사례

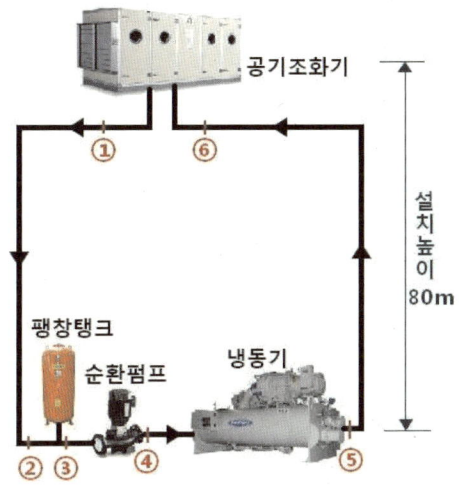
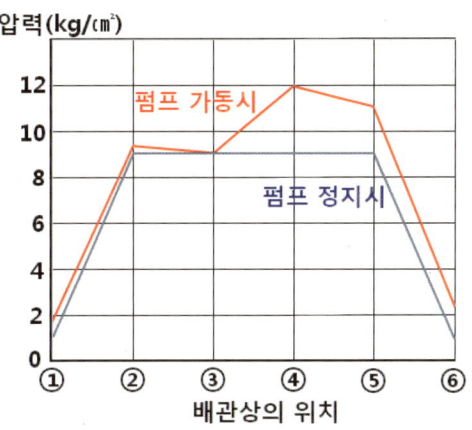

② 두 번째 배치 사례

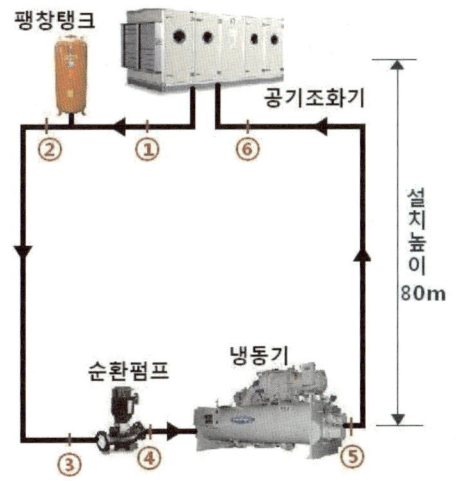
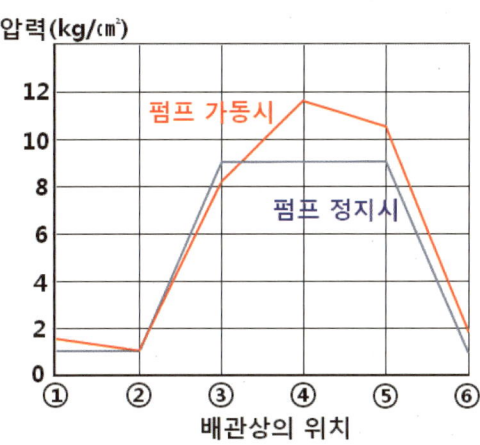

③ 세 번째 배치 사례

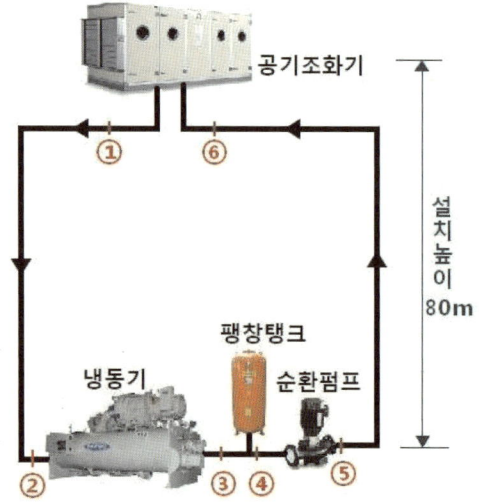 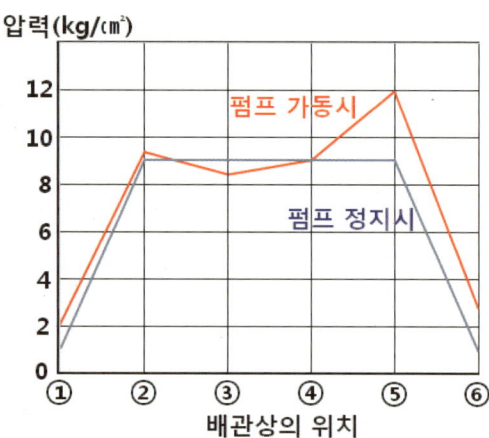

## 06 공조배관의 유량 제어

기본적인 배관의 관로와 공조기기의 배치가 확정되면 각 계통의 배관 길이나 부하기기의 통수 저항이 모두 다르기 때문에 동일한 존(zone) 내에서도 순환 유량의 불균형이 발생하게 된다. 이러한 유량의 불균형(unbalance)은 결과적으로 공조기기의 냉·난방 능력의 변화로 이어지기 때문에 적절한 유량 분배 대책이 필요하며, 전체 시스템의 규모가 크고 복잡해지면 아래의 여러 방식들을 조합해 복합적으로 대처하는 경우가 많다.

### (1) 역환수(reverse return) 방식

역환수 방식은 동일 계통 안에서 각 기기를 통과하는 배관의 길이를 같게 하는 배관 방식으로, 이를 통해 각 경로의 배관 압력손실을 비슷하게 할 수 있어 팬코일유닛이나 방열기와 같이 동일 장비가 넓은 지역에 다수 설치되었을 경우에는 알맞은 방식이다.

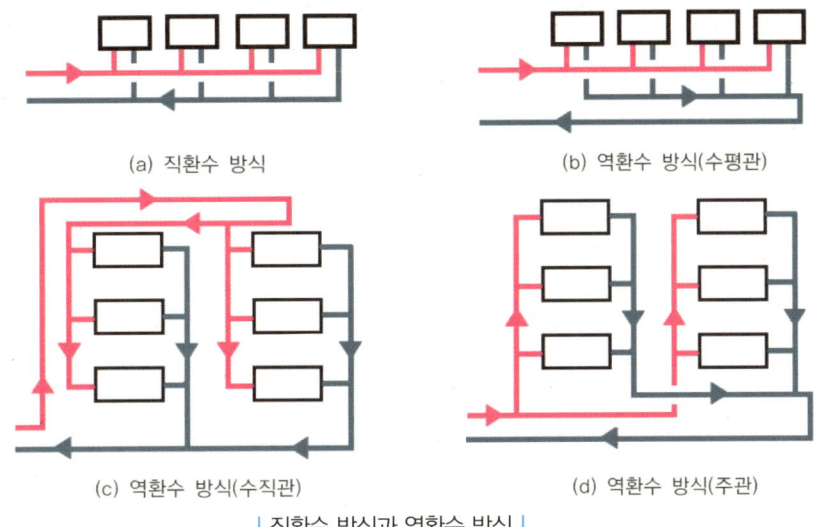

(a) 직환수 방식
(b) 역환수 방식(수평관)
(c) 역환수 방식(수직관)
(d) 역환수 방식(주관)

| 직환수 방식과 역환수 방식 |

그러나 역환수 방식은 각 부하 기기의 용량이나 저항치가 모두 다를 경우 기기들의 불균형까지는 해소할 수 없으므로 유량 제어에 한계가 있고, 상황에 따라서는 환수 배관의 일부가 이중으로 설치되어야 하므로 시공비 및 배관 스페이스가 커지게 된다.

## (2) 자동 유량제어밸브에 의한 방식

자동 유량제어밸브에 의한 방식은 배관저항이나 부하 기기 사이의 저항 밸런스를 용이하게 조절할 수 있으며, 작동 원리에 따라서 가변유량식과 정유량식으로 나눌 수 있다. 가변유량식은 구동기가 부착된 유량제어밸브를 배관의 차압이나 유량의 변동을 감지해 밸브의 개도율을 조절해 줌으로써 시스템이나 장비에서 필요한 유량을 공급할 수 있도록 해준다. 밸브 조작을 위한 구동기나 센서 등 자동제어 설비가 추가되어 설비비가 다소 상승하나 사용 중 유량의 제어가 확실하고 공조장비 용량의 변경시 대처가 용이하다.

공기조화기 연결 배관이나 팬코일유닛의 층별 메인배관과 같은 일반적인 공조배관에서는 보통 정유량밸브를 많이 사용하고 있다. 기기의 1차측과 2차측의 압력이 일정 범위에 있다면 어느 정도의 변동이 있더라도 스프링 등의 탄성을 이용하여 오리피스의 개도율을 조절하여 항상 일정한 유량을 유지하도록 한다. 별다른 제어장치가 필요치 않아 설치가 간단하고 통과 유량의 변화가 필요할 때에는 제조업체를 통해 스프링의 장력을 조정하여 어느 정도의 대처가 가능하다.

| 가변 유량제어밸브 |    | 정유량밸브 |

유량제어밸브를 이용하면 설비비의 증가와 함께 배관 계통의 마찰손실이 증가되고 소음 발생 등의 문제점은 있으나, 계통별 유량 제어의 신뢰성이 높아 대부분의 공조배관에서 폭넓게 사용되고 있다. 유량제어밸브의 설치는 보통 장비나 부하기기의 2차측에 설치하는 게 좋다. 가변 유량제어밸브는 구동기가 부착되어 있어 자체적으로 장비의 ON/OFF에 따라 유량의 0~100% 개폐가 가능하나 정유량밸브는 개폐 기능이 없으므로 2way 제어밸브 등과 함께 조합하여 설치해야 한다.

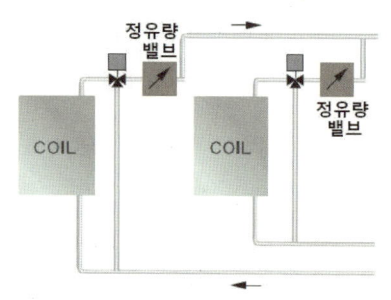

| 3-way 자동밸브와 조합하여 설치 |

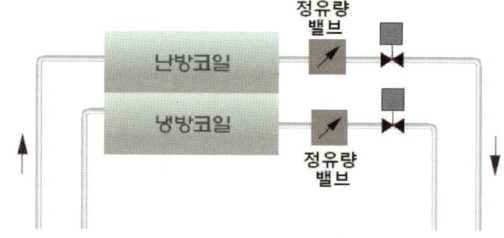

| 2-way 자동밸브와 조합하여 설치 |

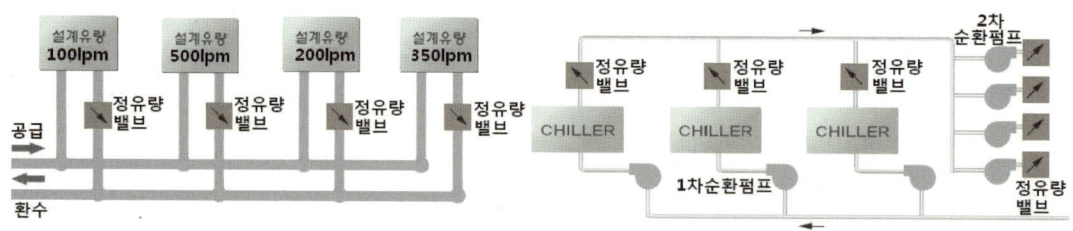

| 각각의 유량이 다른 시스템의 유량 분배 |   | 1차-2차 펌프 시스템에서 유량 분배 |

## (3) 1차 – 2차 펌프 시스템

공조 시스템의 규모가 크고 여러 계통(존)으로 복잡하게 구성되어 있어, 각 계통의 배관 길이나 필요 양정이 다르거나 계통별 부하의 차가 클 경우 적합한 방식이다.

대규모 복합건물이나 캠퍼스, 공장 등과 같이 단지 내 산재해 있는 여러 규모의 건물들이 중앙 기계실에 하나의 공조배관 시스템으로 통합되어 있을 때, 메인배관의 냉온수 공급용으로 1차 펌프를 설치하고 헤더 이후의 각 계통마다 2차 펌프를 설치하여 해당 계통에서 필요한 양정과 유량을 확보하게 한다.

1차 – 2차 펌프 시스템은 열원장비 계통과 부하 계통의 순환펌프가 분리되어 설치되므로, 냉동기 – 분배시스템이라고도 불린다.

1차 – 2차 펌프시스템에서 냉동기 쪽의 1차 펌프는 보통 정속운전을 하는 펌프를 사용하고 2차측 펌프는 인버터를 부착하여 부하 변동이나 간헐 운전 시 운전비 절감효과도 있으며, 메인공조배관의 운전 압력을 낮출 수 있어 열원장비의 내압 요구 수준을 낮춰야 할 경우에도 적용되기도 한다.

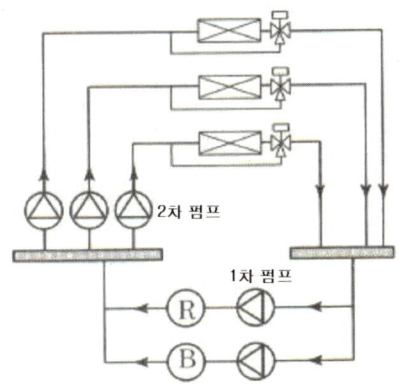

## (4) 관경이나 (구역)밸브에 의한 방식

관경의 선정에 의한 구간별 저항치를 균등하게 하거나 분기(구역)밸브의 조정으로 저항치를 임의의 값으로 조정하는 방식이다. 예를 들어 열원장비와 거리가 먼 계통은 관경 선정을 비교적 여유있게 하지만 거리가 가까운 계통은 관경 선정 시 다소 적게 선정하여 거리가 짧은 대신 마찰저항이 많이 형성되게 하여 유량이 짧은 배관의 구간으로 편중되지 않도록 하는 것이다.

그러나 현실적으로는 계산치나 예상대로 유량을 설정하거나 제어하는 것이 매우 어렵고, 계통상의 한 부분의 설정값이 변화하면 나머지 계통도 영향을 받게 되어 부하가 수시로 변하는 일반적인 시스템에서는 유량제어에 한계가 있다. 또한 관경이 상대적으로 적게 선정된 구간은 유속이 증가되어 소음 발생이나 침식 등의 가능성이 있다. 따라서 공조 계통이 단순한 경우이거나 공조기기가 부하 변동이 없는 단순 ON/OFF 되는 운전방식 이외에는 적용사례가 많지 않다.

메인배관에서 각 계통별로 분기되는 지점에 설치되는 수동식 구역 밸브, 또는 분기 밸브의 개도율에 편차를 두어 각 계통별 유량 밸런싱을 맞추는 방식도 앞의 관경에 의한 방식과 마찬가지로 부하 변동 시 계통별 밸런싱이 흩뜨려져 운용상의 어려움이 많다. 계통별 유량 제어를 위한 구역 밸브로는 게이트나 버터플라이 등과 같은 개폐 밸브 보다는 글로브 밸브가 적당하다.

## 07 공조부하 변동에 따른 펌프의 운전 제어

공조설비의 용량은 부하계산서에서 산출된 최대부하에 의해 결정되는데, 공조용 펌프의 유량도 최대부하에 대응할 수 있도록 선정된다. 펌프의 양정은 열원시스템 및 배관 계통에서 예상되는 마찰손실을 계산한 후 이에 여유율을 가산하여 결정하게 된다. 그리고 펌프의 제작 및 설치 시에는 설계과정에서 선정된 펌프의 유량과 양정을 만족시킬 수 있도록 그 이상의 성능 이상이 발휘되는 펌프 모델로 결정하여 설치되므로, 실제 대부분의 건물에서 펌프는 유량과 양정에 상당한 여유치가 있는 상태로 운전된다.

이러한 상태에서 공조기나 팬코일과 같은 부하측 장비들이 운전될 때 수시로 변화하는 실내 부하에 따라 배관에 설치된 2way 밸브가 닫히게 되면 공조배관계통의 유량이 크게 변화하게 된다. 이와 같이 공조배관이 변유량시스템으로 구성되어 있으면 부하측의 2way밸브가 점차 닫히게 되면 공급배관의 압력이 상승하여 환수배관과 과도한 차압이 발생하게 되고, 환수배관으로 돌아오는 순환수의 유량이 부족하여 냉동기의 운전이 불안정해지게 된다.

냉동기에 순환되는 공조수의 유량이 현저히 줄어들게 되면 증발기나 응축기에서 냉매의 압력이 정상 상태를 벗어나게 되므로 이를 방지하기 위하여, 대부분의 냉동기에는 순환배관에 흐름감지센서(플로우센서), 또는 차압센서 등을 설치하여 유량이 설정치 이하로 줄어들게 되면 알람을 발생시키고 자동정지하도록 셋팅되어 있다.

### (1) 차압조절밸브와 펌프의 용량 제어 방법

위와 같은 문제를 해결하기 위하여 공조 메인공급/환수배관(또는 헤더) 사이에는 차압조절밸브가 설치된다. 차압조절밸브는 부분부하 시 2way밸브가 많이 닫혀 공급배관의 압력이 올라가게 되면 서서히 열리기 시작하여 공급/환수배관 사이에 과도한 차압이 발생하지 않도록 한다. 또한 부하측 장비에 설치된 2way밸브가 닫히더라도 차압조절밸브가 열리면서 공급배관의 순환수가 바로 환수배관 쪽으로 넘어갈 수 있도록 바이패스(by-pass)시켜 냉동기가 운전되기 위한 최소한의 유량이 확보되도록 하는 기능을 한다.

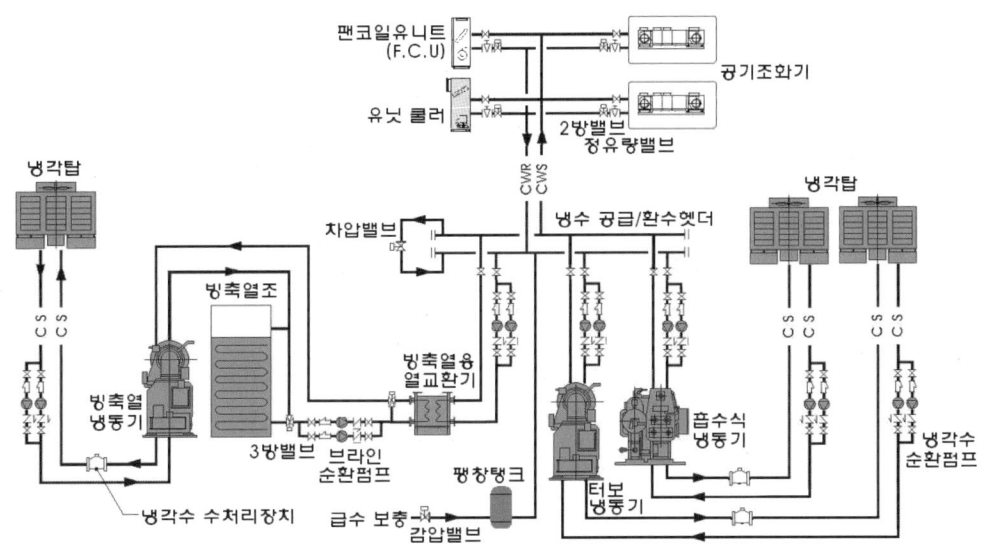

이러한 차압조절밸브는 변유량시스템에서 순환펌프가 부하측의 상황과 관계없이 항상 정속운전을 하도록 되어 있다면 반드시 설치되어야 하는데, 차압조절밸브를 통하여 바이패스되는 순환수는 건물의 공조에 이용되지 못하는 과잉의 유량이어서 그만큼 순환펌프에서 불필요한 동력비가 낭비되고 있는 셈이다. 순환펌프에 인버터가 설치된 경우에는 부하측의 변동에 따라 펌프의 유량이 가변되는 시스템이므로 원칙적으로 차압조절밸브가 필요없다. 그러나 인버터 제어를 적용하더라도 일반적으로 펌프의 수명을 고려하여 펌프 용량의 40~50% 정도까지만 회전수를 낮춰 조절하기 때문에 차압조절밸브를 설치하는 사례도 많다.

이처럼 공조배관계통에서 부분부하 시 과잉의 유량이 발생하지 않도록 펌프의 용량을 조절하는 것은 에너지 절감과 직결되는 문제이다. 변유량시스템에서 부하변동에 따라 펌프의 용량(유량)을 조절하는 방식은 크게 펌프의 대수제어와 회전수 제어로 구분할 수 있다. 회전수 제어에는 송수압력 일정제어와 말단차압제어, 제어밸브 개도 정보 이용 제어 등의 방법이 있는데, 회전수 제어는 거의 대부분 인버터 장치를 이용한 방식을 사용하고 있다.

### (2) 펌프 운전 대수제어

펌프의 용량을 조절하는 가장 전통적인 방법은 여러 대의 펌프를 설치한 상태에서 부하의 변동에 맞춰 가동되는 펌프의 대수를 늘리거나 줄이는 방법이다. 인버터가 보급되면서 펌프의 유량 변화를 인버터로 하는 경우가 많아졌지만, 펌프의 용량이 적어서 고가의 인버터를 장착하는 것이 과도한 상황인 경우나 또는 펌프의 설치 대수가 많아서 굳이 인버터를 설치하지 않고서도 펌프의 운전대수 조절을 통하여 유량제어에 큰 문제가 없는 경우에는 지금도 대수제어방식이 많이 적용되고 있다.

대수제어에서는 동일한 성능의 펌프를 2대 이상 설치하여 운용하는데, 보통은 냉동기와 펌프가 일대일로 조합되어 환수온도에 의해 냉동기가 가동되면 펌프도 함께 가동되는 방식이 많다. 즉, 냉동기와 순환펌프가 세트화되어 함께 대수제어 운전되는 것이다. 냉동기와 펌프가 세트화되지 않고 별개의 숫자로 설치된 경우에는 부하측의 유량이나 메인공급/환수배관의 차압에 의해 펌프의 대수가 조절되도록 제어하기도 한다.

대수제어방식에서는 펌프의 가동 대수에 따라 유량이 변하면서 운전압력도 다소 변하게 된다. 펌프는 가동 시 배관의 마찰저항특성곡선을 따라 운전되는 유량과 양정이 변하게 되는데, 펌프 1대만 가동될 때에는 유량이 적어서 마찰저항도 적게 발생되기 때문에 Q1의 유량과 양정으로 가동된다. 부하가 증가하여 병렬로 설치된 펌프 1대가 추가로 가동되면 펌프의 유량이 늘어나면서 배관의 마찰저항도 함께 늘어나게 되어 펌프들의 운전점은 ① → ③으로 변하게 된다. 이때 병렬로 운전되고 있는 각 펌프의 운전점은 ①이 아닌 ②의 지점으로 움직이게 되어 각 펌프의 유량은 당초 1대만 가동될 때(Q1)보다 다소 줄어들게 된다.( → Q2)

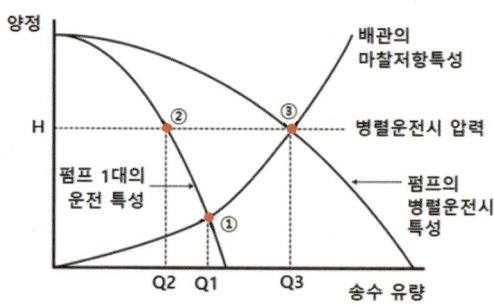

대수제어방식에서는 각 펌프가 ON/OFF제어되므로 펌프 가동 대수에 따라 유량과 양정의 변화폭이 크게 변할 수 있으므로 보통 차압조절밸브를 설치하고 있다. 그러나 차압조절밸브의 작동압력을 너무 낮게 설정해놓게 되면, 펌프의 가동대수가 늘어나면서 유량과 양정이 상승될 때 펌프 토출측 근처에 설치된 차압조절밸브가 바로 열려버리면서 상당한 유량이 환수측으로 바이패스되어버려 에너지 손실이 발생될 수 있다. 따라서 시운전 시 TAB를 통하여 펌프의 가동대수에 따라 말단에서의 순환유량이나 차압상태를 점검하여 바이패스량이 최소화되도록 차압조절밸브의 설정값을 셋팅할 필요가 있다.

## (3) 인버터 제어에 의한 송수압력 일정 제어

공조용 순환펌프에 인버터 제어장치를 적용한 초기에는 토출측 메인배관에 압력센서를 설치하여 송수압력이 항상 일정하도록 순환펌프를 제어하기도 하였다. 급수부스터펌프와 동일한 방식으로 공조용 순환펌프도 제어했던 것인데, 각 부하측 장비에서 2way밸브가 점점 닫히게 되면 토출측 메인배관의 압력이 상승하게 되고, 이때 인버터는 AC전원의 주파수(Hz)를 조절하여 펌프의 회전수를 낮춰 펌프의 용량이 작아지도록 제어하는 방식이다.

하지만 송수압력 일정 제어방식에서는 펌프의 회전수를 조절하더라도 항상 송수압력이 설정된 압력이하로 떨어지지 않도록 셋팅되어 있기 때문에 회전수를 크게 줄일 수 없어 에너지 절약 효과가 그리 크지는 않다. 아래의 그림에서와 같이 펌프가 Q1의 유량으로 가동되다가 부하측의 유량이 Q2로 적어져 펌프의 회전수를 줄이게 되더라도 송수압력(H=일정)을 설정치대로 유지해야 하기 때문에 회전수를 f2로 가동해야 한다. 배관의 실제 마찰저항곡선에 따라 회전수를 줄인다면 더 낮은 회전수로 가동시킬 수도 있지만, 유량이 적어지더라도 송수압력은 풀부하 상황에서의 수준으로 유지해야 하기 때문에 펌프의 회전수는 어느 수치 이하로는 낮출 수 없다. 따라서 말단차압 제어방식이 도입된 이후에는 특별한 상황이 아니면 송수압력 일정 제어는 적용 사례가 많지 않다.

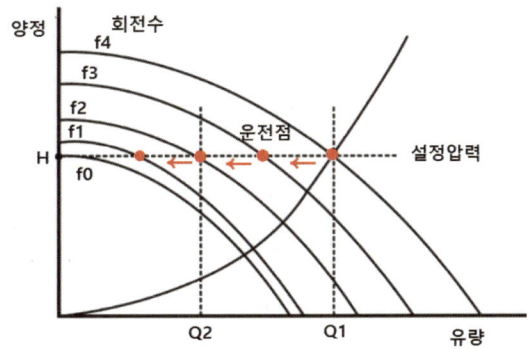

### (4) 인버터 제어에 의한 말단차압제어

말단차압제어는 기계실로부터 가장 먼 곳에 설치된 공조기에 설계유량이 흐르기 위하여 필요한 최소 차압을 확인한 후, 부하량 변동에 의해 순환펌프에 장착된 인버터가 작동하여 회전수를 제어할 때 말단의 차압이 최소 차압만 유지하면 되도록 제어하는 방식이다.

일반적으로 공조기에서 2way 밸브 및 코일, 연결배관의 밸브 등을 거치면서 발생되는 마찰손실은 TAB를 통하여 약 50~80kPa 정도인 것으로 확인되고 있다. 그래서 공조용 펌프가 운전되고 회전수를 제어할 때 말단에 설치된 공조기의 1차↔2차측 배관 사이에 차압센서를 설치하고, 여기서의 차압이 50~80kPa 정도가 유지되도록 펌프의 토출압력을 실시간으로 조정해가며 운전하는 것이다.

이렇게 하면 말단 공조기에서 필요한 차압과 유량이 항상 유지되면서도 펌프의 회전수가 불필요하게 높아지지 않도록 충분히 낮출 수 있기 때문에 에너지 절감효과가 커진다. 기계실에서 연결되는 공조배관이 여러 곳으로 갈라져 메인계통을 구성하는 경우에는 각 말단에 차압센서를 설치하고 센서들에서 실시간 계측되는 각각의 차압 수치 중 가장 적은 수치가 설정값 이상이 되도록 펌프를 제어하면 된다.

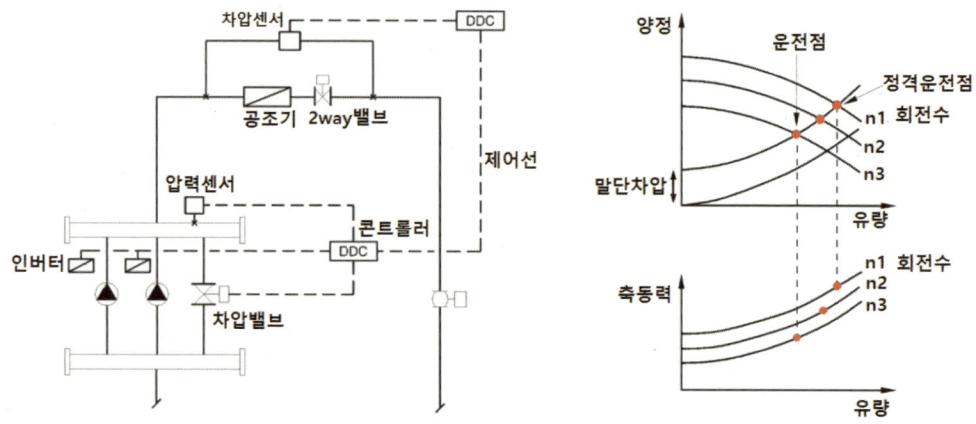

인버터에 의한 말단차압제어방식은 열원장비와 부하측 장비 간의 순환방식으로 1차펌프-2차펌프 시스템(또는 열원-반송설비 순환시스템)이 적용되면서 인버터가 설치된 2차 순환펌프의 제어방식으로 많이 사용되고 있다. 냉방이나 난방열원장비에 연계된 1차순환펌프는 열원장비의 가동 여부에 따라 연동운전되고, 부하측의 조닝별로 배치된 2차순환펌프는 각 부하측 말단의 차압을 감지해 인버터로 2차순환펌프의 용량을 가변제어하여 동력비를 최대한 절감할 수 있도록 하는 것이다.

그러나 일반적으로 기계실에서 나온 메인배관은 각 조닝별, 또는 입상배관으로 분기하면서 여러 곳으로 연결되어 나가기 때문에 최대 압력손실이 발생하는 말단 부분을 찾아내는 것이 쉽지 않다. 또한 각 말단마다 차압센서를 설치하더라도 그 중간에 있는 장비들의 가동상황에 따라서 각 말단의 차압 상황이 수시로 변하기 때문에 순환펌프의 회전수를 낮추는 것에 한계가 있고, 실제 운전 중에 이와 같은 문제로 인하여 약간의 여유치를 가산하여 펌프를 운전해야 하는 상황도 발생하기도 한다.

한편 자동제어 DDC방식에서는 통신신호를 주고받는데 약간의 시간이 소요되기 때문에 말단에 설치된 차압센서의 측정값에 맞춰 순환펌프의 회전수를 즉각적으로 제어하는 것이 쉽지 않다. 이 때문에 차압센싱값과 순환펌프의 제어 간에 약간의 시간차나 지연시간이 발생되고, 이로 인하여 너무 큰 용량의 순환펌프로 용량을 제어하게 되면 압력이 출렁거리는 헌팅현상이 일어날 수가 있다. 말단차압제어와 인버터 제어방식을 적용하더라도 순환펌프의 용량이 너무 커지지 않도록 적절하게 대수분할하는 것이 바람직하다.

### (5) 제어밸브 개도 정보를 이용한 인버터 제어

각 부하측 공조장비에 설치된 자동제어밸브의 개폐 상태를 확인하여 제어하는 방식인데, 각 장비에 설치된 제어밸브 중 어느 1개가 완전히 열릴 때까지 펌프의 용량을 줄이도록 제어한다. 공조기 등에 설치된 2way제어밸브는 공조기의 운전설정과 실내부하에 따라 제어밸브의 개도율을 자동제어하는데, 부하에 비하여 순환되는 유량이 부족하면 제어밸브의 개도율은 높아지게 된다. 이렇게 각 장비에 설치된 제어밸브들이 부분개방된 상태에서 비례제어되고 있는데, 펌프의 유량을 점차 줄여 제어밸브 중 1개라도 개도율이 100%에 도달하게 되는 수준까지 줄이게 되면 펌프가 그 순간에 필요한 최소 유량으로 운전되고 있다고 판단할 수 있다.

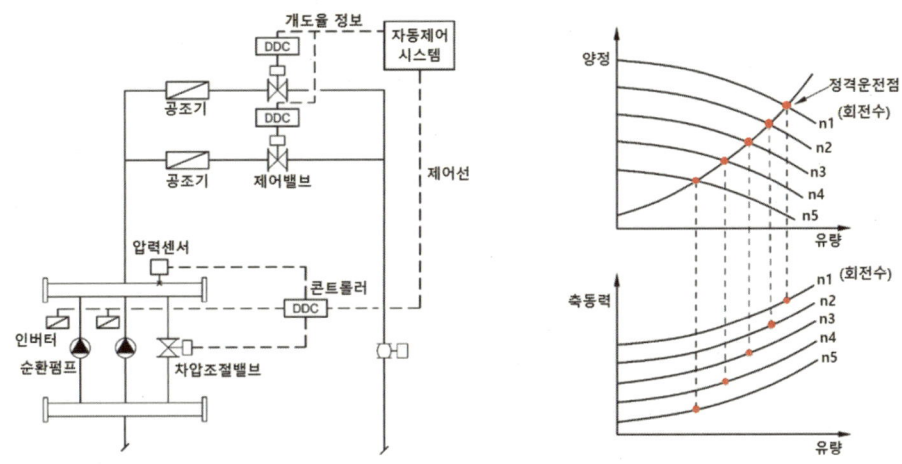

이러한 제어밸브 개도 정보 이용제어는 실제 배관 계통과 제어밸브에서의 압력손실이 반영되어 공조장비로 순환되는 실유량의 상황이 반영된 것이고, 실내 부하 변동에 대한 공조기의 반응값까지도 고려된 것이어서 펌프의 동력 절감이 가장 우수한 방법이라고 볼 수 있다.

하지만 이 방식을 적용하기 위해서는 각 공조장비의 제어밸브로 개도율이나 유량의 실시간 계측이 가능한 고가의 고급사양 제품이 설치되어야 하고, 하나의 공조배관 계통에 공조기나 팬코일유닛 등 다양한 장비가 연결될 때에는 제어밸브가 비례제어뿐만 아니라 단순 ON/OFF 제어되는 것도 있어 일률적으로 적용하기는 어렵다.

▼ 변유량 제어의 종류와 에너지 절약 효과

| 구분 | 제어 방식 | 펌프의 유량 감소 | 펌프 토출압력 저감 | | 에너지 절감효과 순위 |
| --- | --- | --- | --- | --- | --- |
| | | | 배관항 저감 | 제어밸브 저항 저감 | |
| 펌프 운전대수 제어 | | △ | × | × | 4 |
| 인버터 제어 | 송수압력 일정제어 | ○ | × | × | 3 |
| | 말단 차압 제어 | ◎ | ◎ | × | 2 |
| | 밸브 개도 정보 이용 | ◎ | ◎ | ◎ | 1 |

# 08 열교환기

열교환기는 공조 장비나 생산설비에서 특정한 대상 유체를 가열 또는 냉각하고자 할 때 1차 열원과 2차 대상 유체가 혼합되지 않고 열교환을 할 수 있도록 제작된 장비이다. 열교환기는 가열이나 냉각 장치 이외에도 각종 열원장비(보일러나 냉동기 등)에도 설치되어 있는데, 그 구조나 용도에 따라 다음과 같이 분류해 볼 수 있다.

여러 가지 형태의 열교환기 중 여기서는 난방 및 급탕용으로 가장 널리 사용되고 있는 원통 다관식 열교환기와 판형 열교환기에 대하여 설명한다.

## (1) 열교환기의 분류

### ① 구조에 의한 분류
- 기본 구조에 의한 분류 : Plate type, Tube type, Block type
- 전열면 형태에 의한 분류 : Plate type, Corrugate type, Fin type, Spiral type
- 설치 방식에 의한 분류 : 횡형, 입형, 밀폐형, 개방형, 반개방형

### ② 열교환 형태 분류
- 열 전달 방식에 의한 분류 : 직접식, 간접식
- 유체 흐름 방식에 의한 분류 : 향류형, 대향류형, 직교류형 등
- 전열 유체의 구성에 의한 분류 : 물↔물, 물↔기체(공기, 증기, 가스), 기체↔기체 등

### ③ 사용 목적에 의한 분류
- 가열용 : 가열기, 난방용, 온수용, 건조형, 농축용 등
- 냉각용 : 냉각기, 냉방용, 제빙용 등
- 열 회수용 : Economizer, GAH, HRSG, Heat pipe 등

## (2) 원통 다관식 열교환기(Shell & tube type Heat Exchanger)

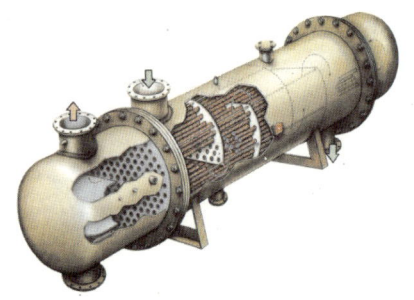
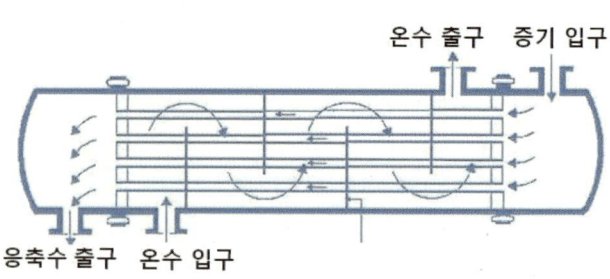

보통 원통형의 Shell 내부에 다수의 튜브(Tube)가 설치되어 있고, 튜브 내부와 외부를 열매체와 가열하고자 하는 유체가 각각 흐르고 있어 서로 섞이지 않으면서 열교환을 하는 방식이다. 구조가 단순하고 다양한 유체에 적용 가능하여 오래 전부터 난방이나 급탕, 산업용 열교환기로서 널리 사용되고 있다.

유체의 종류나 열교환 능력을 증대시키기 위하여 여러 형태나 재질의 튜브가 개발되어 있고, 내부에서의 유체의 흐름 방향도 달라질 수 있다. 오래전부터 나선형의 스파이럴관이 내부의 튜브(전열관)로 사용되는 스파이럴 열교환기가 대표적인 형식으로 사용되고 있으며, 튜브관의 재질은 보통 동관이나 스테인리스강관 계열의 재질로 유체에 따라 재질과 두께를 선택하여 제작된다.

판형 열교환기가 대중화된 이후에는 원통 다관식 열교환기의 사용은 점차 줄어들고 있으나, 고압이나 고온의 열악한 운전 조건이거나 또는 유체가 공기이거나 증기, 폐가스 등과 같이 특수한 성질을 가지고 있어 판형 열교환기가 부적합 곳에서는 아직도 많이 사용되고 있다.

열교환기의 몸체에는 과다한 압력으로 인한 튜브의 파손을 방지하기 위하여 일반적으로 안전밸브를 설치하고 있고, 주기적으로 튜브의 세관 작업을 실시해 주어 열교환 능력이 저하되지 않도록 관리해 줘야 한다. 튜브의 전열 성능이 판형 전열판보다는 좋지 못하여 장비의 크기가 다소 커지고 무게가 무거운 단점은 있으나, 설치 조건이나 요구 사항에 맞춰 다양한 형태나 사이즈로 변형이 자유로운 편이어서 각종 장비의 폐열 회수장비나 부속 열교환장치 등에서는 유용하게 활용되고 있다.

### (3) 판형 열교환기(Plate Type Heat Exchanger)

① 판형 열교환기의 구조 및 특징

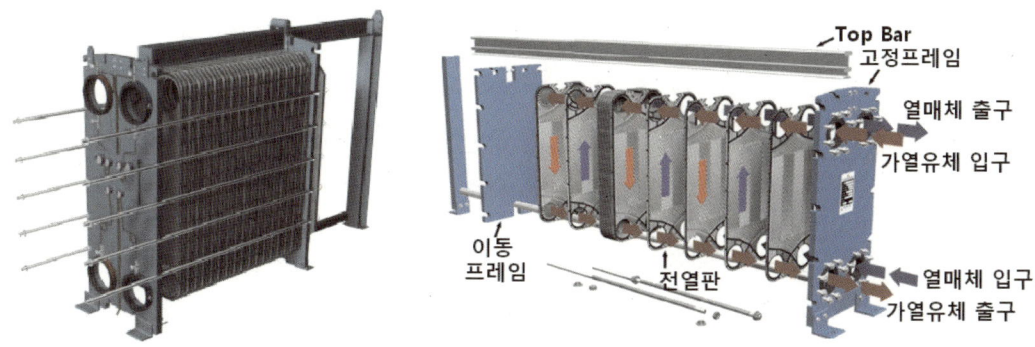

유체 흐름 및 강도를 고려하여 요철(凹凸)형으로 프레스 성형된 전열판을 겹쳐서 조립하고, 각 전열판 사이를 열매체와 유체가 교대로 흐르게 한 구조의 열교환기이다. 액체와 액체 간의 열교환에 주로 많이 사용되며 전열판은 분해하여 청소가 가능하고 점검이 용이하다.

각각의 전열판은 규격화되어 있어 전열판의 매수를 가감함으로써 열교환기의 용량을 변화시킬 때에도 대처하기가 용이하다.

또한 전열판의 형상에 따라 전열 면적을 충분히 넓게 제작할 수 있고 전열 계수가 커서 용량에 비하여 열교환기를 콤팩트하게 제작할 수 있다. 이러한 장점으로 인하여 근래에는 원통 다관식 열교환기를 대체하여 다양한 분야와 장치에서 폭넓게 사용되고 있다.

② 전열판과 가스켓

판형 열교환기에서 전열판에 흐르는 1차측 유체와 2차측 유체는 일반적으로 서로 반대방향인 대향류형(counter current) 흐름을 하고 있으며, 전열판 위를 대각선 방향으로 흐르도록 무늬가 배열되어 있어 열전달 효율이 최대가 되도록 제작된다. 그러나 특수한 용도나 사용 조건에서는 평행류(co-current)의 흐름을 갖기도 한다.

판형 열교환기에 순환되는 유체는 단일회로 방식일 경우 한쪽면의 고정 프레임에 모든 배관이 연결되게 되어, 유지관리 및 점검 시 배관을 해체하지 않고도 분해조립이 가능하도록 되어 있다. 그러나 열교환기의 용도와 성능상 유체의 흐름 방식을 다르게 할 때에는 배관의 연결 부위가 서로 반대에 위치하거나 양쪽 모두에 설치되는 경우도 있다.

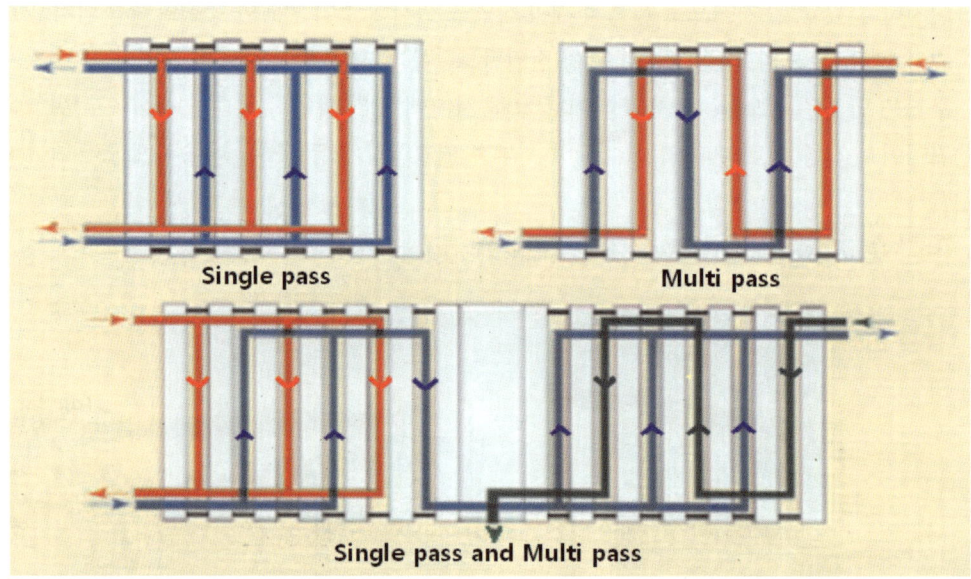

전열면 사이의 기밀을 유지하는 가스켓은 주로 고무나 합성수지 재질이 많이 사용되나, 유체의 온도나 화학적 특성에 따라 적당한 사양의 가스켓을 선정해 사용한다. 많이 사용되는 재질 중 NBR(Nirile)은 110℃, EPDM은 150℃, Viton G는 170℃ 정도의 범위 내에서 사용하고 있다. 가스켓은 이음매 없이 일체형으로 제작되며 전열판의 가장자리 부분과 Port hole 주위에 있는 홈에 접착제(Glue)를 사용하여 부착한다. 가스켓은 유로(channel)가 교대로 형성되게 설치되고 전열판과 전열판 사이의 접촉에 의해서 기밀을 유지하도록 되어 있다.

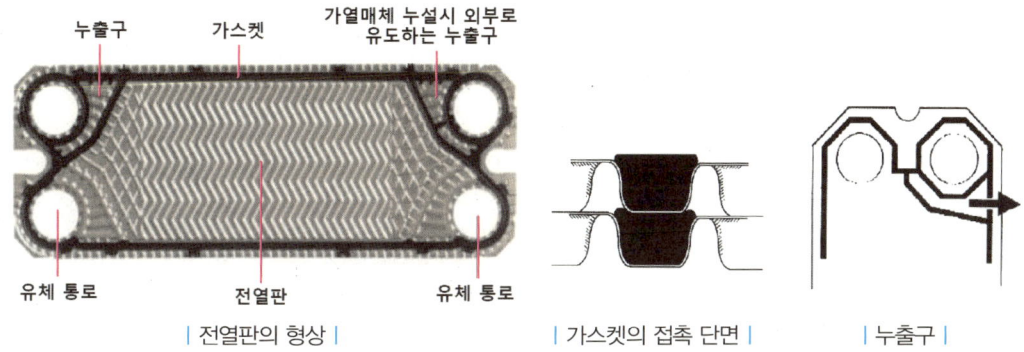

| 전열판의 형상 | | 가스켓의 접촉 단면 | | 누출구 |

### ③ 판형 열교환기 사용 시 주의사항

제작 원리상 높은 고온/고압에서는 사용이 곤란하고, 열교환 과정에서 상변화가 발생하여 부피가 팽창하는 경우에는 주의가 필요하다. 보통 17~20kg/cm$^2$, 170℃ 정도 미만의 범위에서 사용하고 있다. 요즘에는 증기를 가열원으로 하는 난방이나 급탕용 열교환기로도 널리 사용되고 있으나, 이 경우 증기 공급관에 설치된 제어밸브의 신뢰성이 좋아야 하고 응축수의 배출도 확실해야 한다.

판형 열교환기는 전열판의 표면이 복잡한 요철 형태로 이루어져 있어 유체의 마찰손실이 크므로 고체 입자를 함유한 걸쭉한 액체나 유체의 유속이 매우 느린 경우에는 부적당하다.

그러나 마찰손실이 큰 대신 전열판 표면의 스케일 부착은 타 형식에 비해 비교적 느리게 진행되는 편이다. 가스켓을 사용하지 않고 용접 또는 납땜에 의해 일체로 제작된 것은 좀 더 높은 온도에서도 사용이 가능하지만 전열면의 점검이나 청소를 할 수 없으므로 부식성 또는 오염이 심한 유체에는 사용할 수 없다.

# 09 지역 냉난방 방식

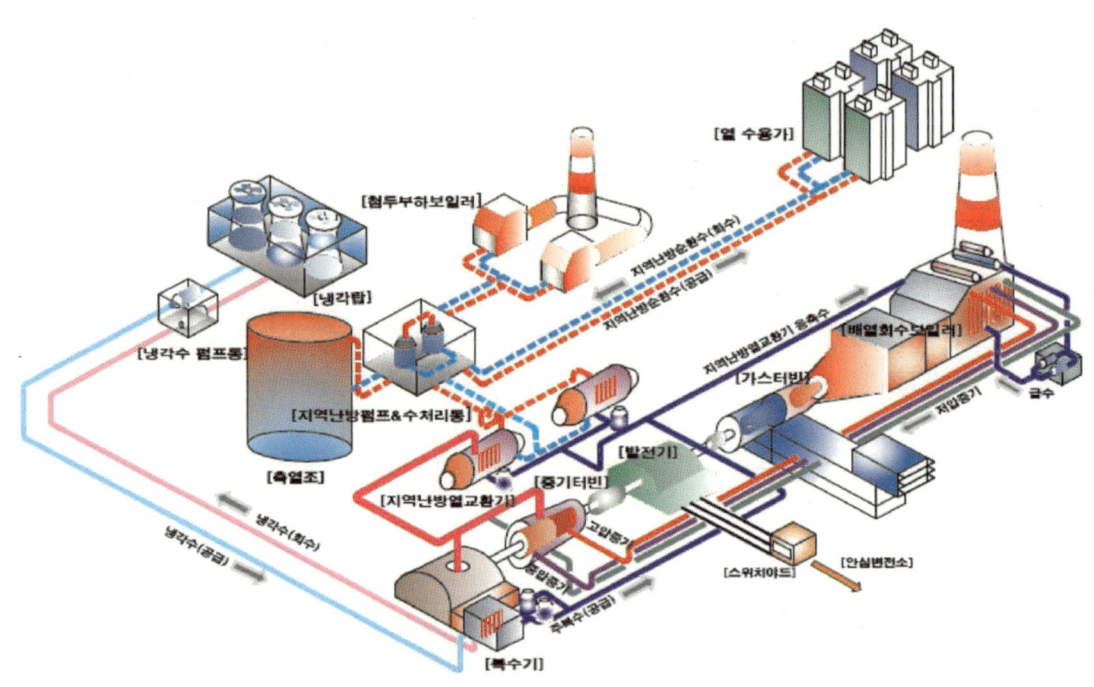

| 열병합발전소 및 지역난방 설비계통 |

## (1) 지역난방과 지역냉방의 개요

지역난방은 한 지역에 대규모 열원 공급시설을 설치하여 수요처까지 지역 배관을 통하여 열원을 공급하는 에너지 공급 방식이다. 지역난방은 별도의 배관 시설망이 구축되어야 하므로 대도시나 신도시 중심으로 일부 지역에만 공급되고 있으나, 쓰레기 소각장이나 화력발전소 등과 연계할 경우 에너지의 효율 향상 등 여러 가지 장점이 있으며 수용가에서도 냉난방 비용이 절감되어 환영받고 있다.

지역난방은 크게 열공급시설(열병합발전소)과 열사용시설(사용자 기계실)로 나눌 수 있다. 열공급시설에는 보일러, 터빈/발전기, 열교환기, 축열조 등과 같은 열생산시설이 있고, 중온수 순환펌프나 열수송 배관 등의 열수송시설이 설치된다. 열사용시설에는 중온수와 열교환하기 위한 난방열교환기, 급탕열교환기가 설치되고, 그 외에 순환펌프나 팽창탱크, 자동제어밸브 및 열량계 등의 장치들이 설치되어야 한다.

한편, 이와 함께 지역냉방 방식도 있는데, 지역냉방 방식에는 중온수를 이용한 방식과 냉수 직공급 방식 두 가지가 있다. 중온수를 이용한 지역냉방 방식은 열생산시설로부터 중온수를 공급받아 각 건물의 기계실에 설치된 흡수식냉동기를 가동하여 건물 내에 설치된 각 냉방기기에 냉수를 공급하는 방식이다.

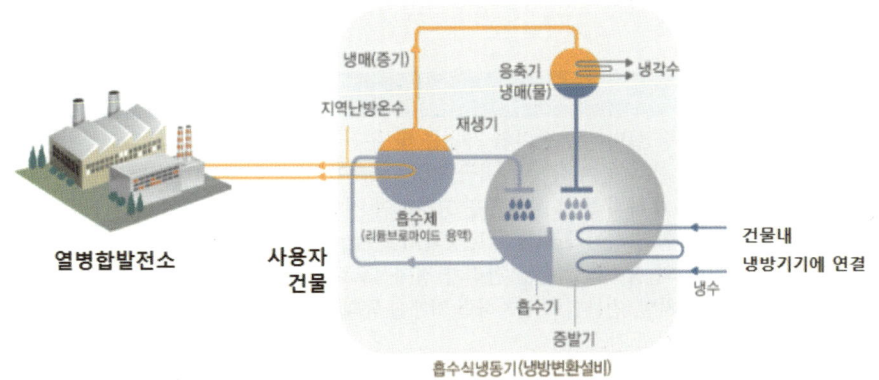

| 중온수를 이용한 지역냉방방식 |

각 건물마다 운전효율이 상대적으로 낮은 흡수식냉동기를 설치하고 운전관리해야 하는 번거로움이 있으나, 별도의 추가 배관없이 지역난방의 중온수 배관을 그대로 이용하기 때문에 계통이 간단하여 현재 대부분 지역에서의 지역냉방은 이 방식을 이용하고 있다. 건물의 사용자 입장에서도 전력 피크 부하 저감에 따른 전기요금 절감과 함께 흡수식냉동기 설치에 따른 보조금 지원과 요금 감면 등의 혜택을 받고 있다.

냉수 직공급 방식은 열병합발전소에서 생산된 여열을 이용하여 대용량의 흡수식냉동기를 가동하고 이와 함께 심야전기를 이용하여 빙축열시스템 등을 가동하여 냉수를 직접 생산한 뒤 대규모 건물 밀집지역까지 별도로 매설된 지역냉수 배관을 통하여 각 건물에 냉수를 직접 공급하는 방식이다. 아직까지 많은 지역에서 실시되고 있지는 못하지만 열병합발전소의 가동률을 극대화할 수 있고 사용자 입장에서도 간편한 냉방방식이어서 점차 적용이 늘어날 것으로 전망된다.

두 방식 모두 여름철 열병합발전소의 여열을 이용하기 때문에 열병합발전소의 이용효율이 향상되며, 지역 및 각 건물의 여름철 전력 피크부하를 감소시킬 수 있어 국가적인 전력 수급 안정에도 도움이 된다.

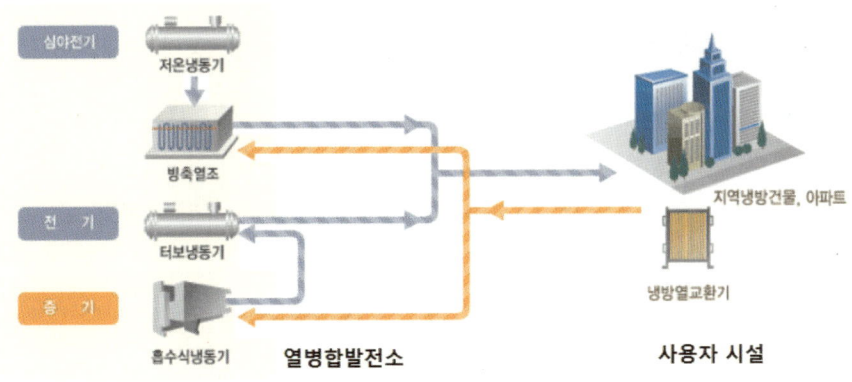

| 냉수 지역냉방방식 |

## (2) 지역난방의 특성

| 구분 | | 특성 |
|---|---|---|
| 장점 | 경제적 이점 | • 대용량 설비화로 장비의 가동률 및 운전 효율이 향상됨<br>• 저가 에너지 이용 가능(저급 연료, 쓰레기 소각열, 화력 발전소 폐열 등)<br>• 사용 부하의 동시 사용률을 고려하여 전체 장비의 용량 축소가 가능함<br>• 열병합 발전이나 지역 냉난방과의 연계, 호환성이 있음<br>• 시설의 집중화로 운영 관리가 경제적으로 이루어질 수 있고 시설의 안정도도 향상<br>• 수요처별, 건물별로 설치하던 기계실 등의 건축 공간이 줄고, 열원설비, 전력 수전설비 등 시설 투자비도 감소됨 |
| | 사회적 이점 | • 대기 오염이 감소됨 (에너지 효율 향상, 배출가스 처리시설 및 체계적 관리와 규제 가능함)<br>• 주거 환경 개선(대기 오염 감소, 개별 열원장비 설치에 따른 위험성 감소, 기계실 감소로 건물의 공간 활용성 향상 등) |
| 단점 | | • 저부하, 국부적 부하 발생 시 에너지 효율 및 경제성이 저하<br>• 저렴한 에너지 비용으로 인하여 수요자 측에서 낭비적인 에너지 사용 가능성이 있음<br>• 난방 부하나 동시 사용률이 집중될 경우 전체 설비 용량 축소에 한계가 있음<br>• 초기 시설비가 크고 배기가스에 의해 기존 도심지에서 신규 설치나 확장이 곤란함(지역 배관 공사 애로) |

## (3) 지역난방의 분류

### ① 열매의 종류에 따른 분류

| | | | |
|---|---|---|---|
| 지역난방 | 증기 | 고압 | 3.5기압 이상 |
| | | 저압 | 3.5기압 이하 |
| | 온수 | 저온수 | ~80℃ |
| | | 중온수 | 80~120℃ |
| | | 고온수 | 120℃ 이상 |

### ② 열원 방식에 따른 분류
- 전용 열원 : 지역에 따라 가스나 중유 외
- 병용 열원 : 전용 열원 + 폐열(쓰레기 소각열, 발전소 폐열, 공장 부생가스 등)

### ③ 유량 공급 방식에 따른 분류
- 정유량 방식 : 항상 일정한 유량을 관할 구역에 공급함
- 변유량 방식 : 공급 온도 일정, 부하 변동에 따라 배관 내 유량을 변화
- 병용 방식 : 정유량 방식(겨울철) + 변유량 방식(여름철)

④ 배관 방식에 의한 분류

| 종류 | 특성 | 개요 |
|---|---|---|
| 단관식 | • 공급관만 있음<br>• 환수관 설치 공사비가 경제성이 없을 때 | |
| 2관식 | • 공급관+환수관<br>• 일반적인 방법 | |
| 3관식 | • 공급관(대구경, 소구경)+환수관 | |
| 4관식 | • 공급관(대구경, 소구경) + 환수관(대구경, 소구경)<br>• 지역 냉난방 배관에도 적용 | |

## (4) 열사용 시설

### ① 사용자 기계실의 지역 냉난방설비 계통

자산한계점을 기준으로 하여 공급자 및 사용자가 각각 시공과 관리 책임을 분담하고 있는데, 보통 건물 외부 1~2m 지점의 중온수배관 연결지점을 경계로 하고 있다. 건물 내의 기계실에는 흡수식냉동기와 난방열교환기, 급탕열교환기 등과 같은 열원설비 이외에도 원격검침이 가능한 열량계 및 지역난방공사와의 원격통신시설을 갖추어야 하며, 사용자는 이와 같은 시설을 공급자에서 요구하는 시설기준에 적합하도록 설치한 후 사전승인, 중간 및 준공검사를 받아 사용하도록 되어 있다.

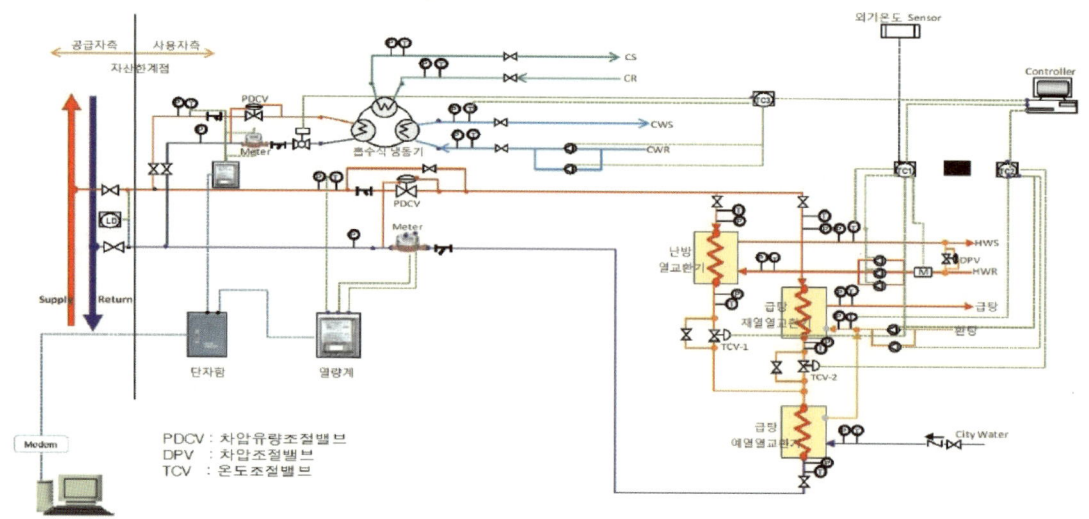

② 지역난방 열교환기 계통

지역난방배관으로부터 약 115℃ 정도의 중온수를 공급받아 건물에 약 60℃의 온수를 공급하여 난방을 실시하는데, 난방 열교환기는 2차측의 부하 변동에 따라 외기온도 보상기능을 지닌 TCV(온도조절밸브)에 의하여 공급 온도가 자동조절된다.

급탕은 난방 열교환기를 거쳐 나온 55℃의 중온수를 이용하여 급수 보충수를 1차로 예열한 뒤 재열 열교환기를 통해 55℃의 급탕수로 가열하여 각 사용처로 공급된다.

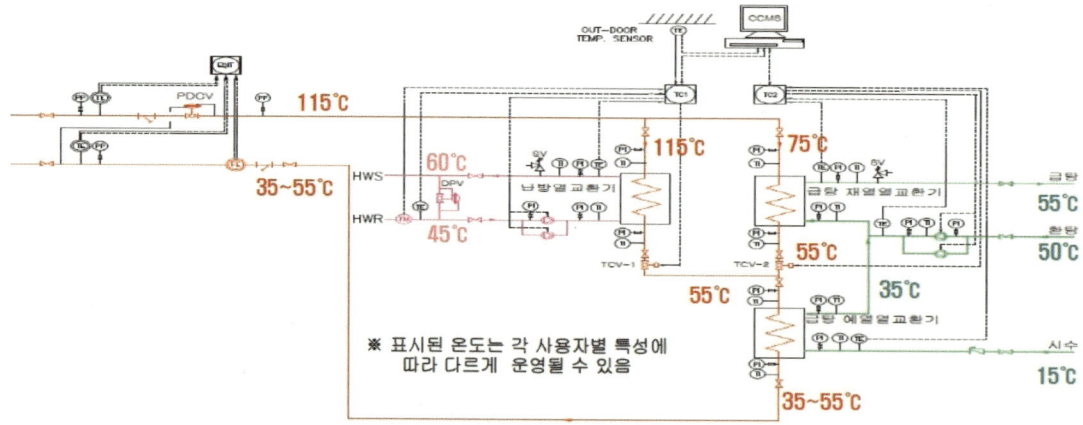

③ 흡수식냉동기 계통

흡수식냉동기는 지역난방배관으로부터 약 95℃의 중온수를 공급받아 흡수식냉동기의 열원으로 사용하며, 보통 7~8℃의 냉수를 생산하여 건물 내 각 냉방기기로 공급하게 된다. 흡수식냉동기로 근래에는 고효율 저온수 2단 흡수식냉동기를 많이 사용하고 있는데, 기존의 중온수 흡수식냉동기에 비해 COP가 점차 향상되어 가고 있는 추세이다.

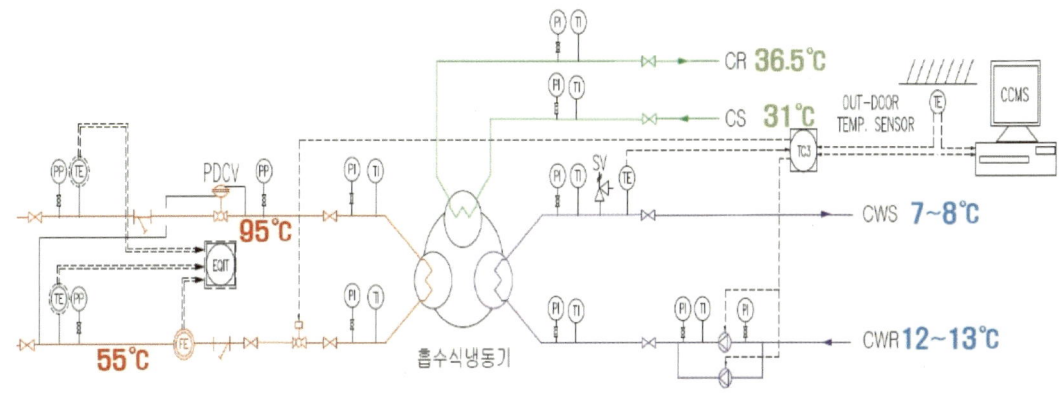

## (5) 지역난방의 2차측(부하측) 접속방식

### ① 직결 방식

1차측 열매를 부하측에 그대로 공급하거나, 2차측 부하 변동에 따라 1차측 열매를 유량제어밸브로 조절해 공급하는 방식이다. 공사비가 싸고 배관 구조가 간단하며 기계실 면적이 적게 소요되는 장점이 있으나, 부하 기기의 다양한 온도 조건에 온전히 대응하기 어렵고 입출구 온도차를 크게 할 수 없어 배관 구경이 커지게 된다. 또한 초고층 건물의 경우 보일러 내압 성능상의 문제로 부적절하며, 여러 가지 여건상 일반 공조배관이나 급탕배관 계통에서는 적용 사례가 많지 않다. 다만 중온수를 그대로 공급받아 사용하여도 무방한 흡수식냉동기와 같이 열원장비에서는 에너지 가격이 저렴하고 제어밸브만 개방하면 언제든지 중온수를 공급받을 수 있어 직결방식으로 연결해 사용하고 있다. 2차측의 용량제어를 위해서는 접속점에 2way 또는 3way 제어밸브를 설치하고, 1차측의 높은 압력이 미치는 것을 방지하기 위하여 2차측 입구에 감압밸브를 설치하여 조정하기도 한다.

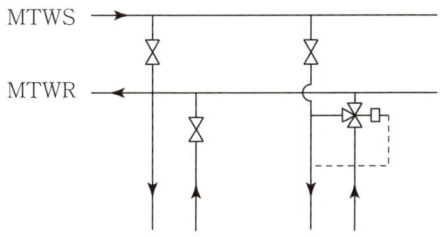

### ② 열교환기 방식

기계실에 열교환기를 설치하여 1차측에는 공급받은 고온수를 공급하고 2차측에서 온수 또는 증기를 발생시켜 이용하는 방식으로, 현재 지역난방을 사용하는 대부분의 난방이나 급탕 시스템에서 보편적으로 적용되고 있다. 1차측과 2차측 배관이 압력이나 온도 면에서 분리되어 있어 건물 내 시스템 구성이 자유롭고 운전 압력도 안정적으로 관리할 수 있다. 또한 1차측의 지역난방수의 입·출구 온도차를 크게 하여 배관 관경을 작게 할 수 있으며, 초고층빌딩과 같은 건물에서도 적용이 가능하다.

직결 방식과 비교해서는 열교환기 설치를 위한 기계실 면적이 필요하고 장비 설치에 따른 시설비는 증가하게 된다.

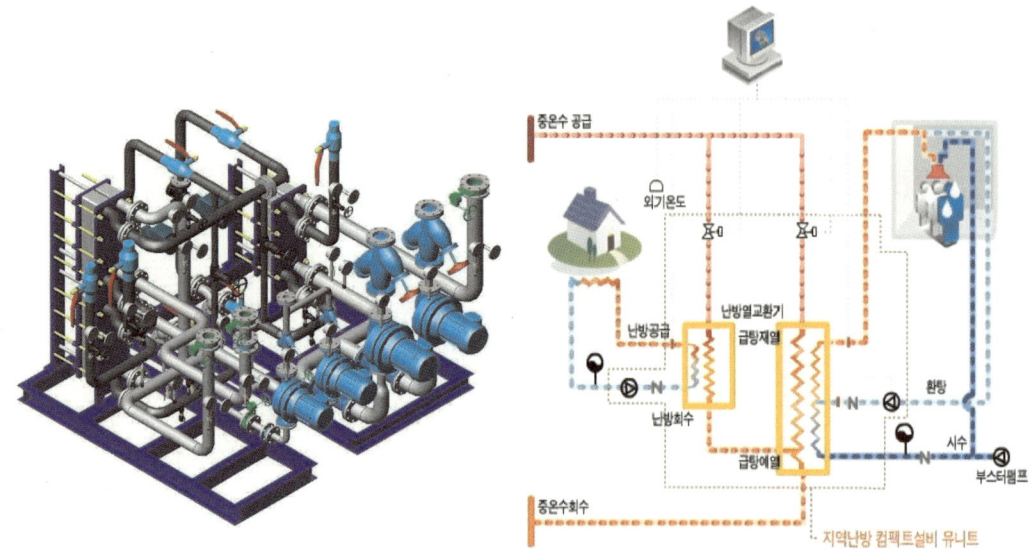

| 콤팩트 유니트 - 난방·급탕 열교환기 |

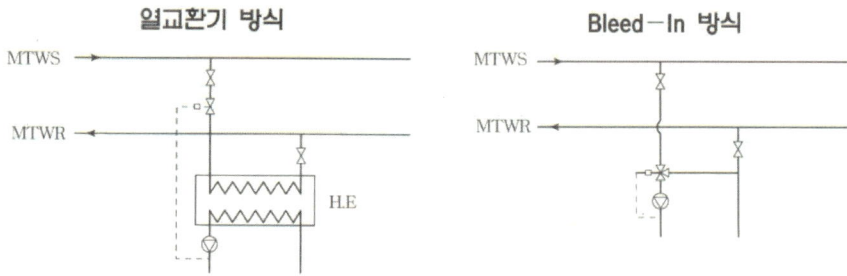

③ 블리드-인(Bleed-In) 방식

1차측 지역난방 배관과 직결된 2차측에 순환펌프가 설치되어 있고, 2차측 부하에 따라 3way 밸브를 통해 2차측 환수를 By-pass시켜 온도를 낮춰 공급하는 방식이다. 2차측에 펌프가 설치되어 있어 1차측의 공급 수두 이상으로 건물 내의 부하기기에 열매 전달이 가능하고, 1차측 압력에 관계없이 2차측의 압력 유지도 가능하다.(감압밸브, 정유량밸브 등의 설치)

제어성이 좋고 열교환방식에 비해 기계실 면적을 적게 차지하며 공사비가 저렴하나, 시스템 고장 시 1차측 열매가 건물 쪽으로 그대로 공급될 우려가 있고 1차측 압력이 높을 경우에는 적용 및 운용이 난해한 경우도 있다.

# 10 공조배관의 구성 사례

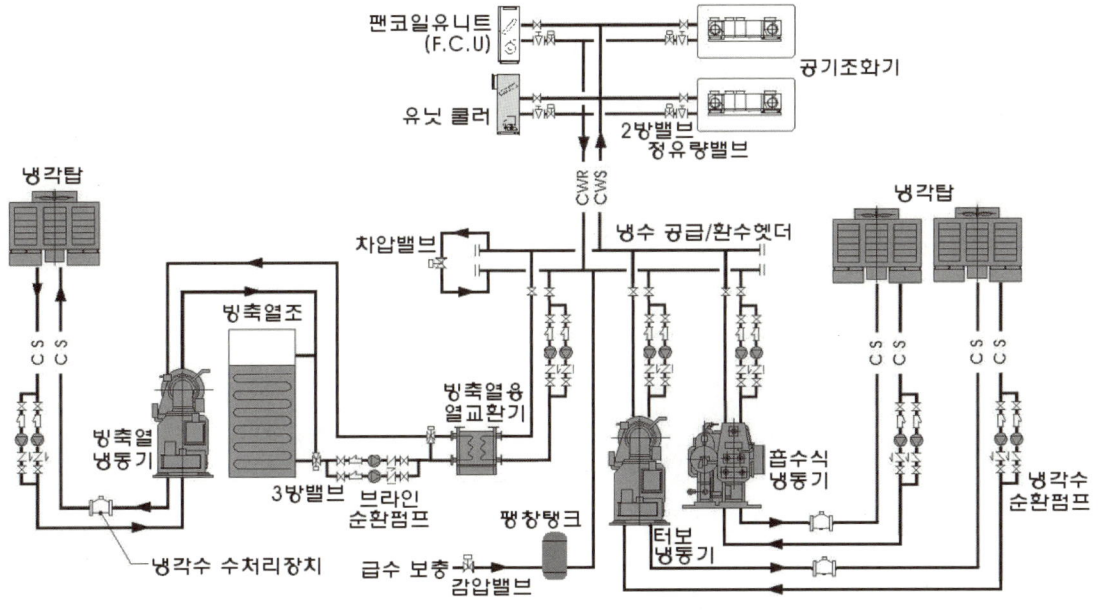

| 공조 시스템의 구성 사례 계통도 |

| 터보 냉동기 |

| 흡수식 냉동기 |

| 냉수 순환펌프 |

| 냉각수 순환펌프 |

| 냉수 공급 및 환수 헤더 |

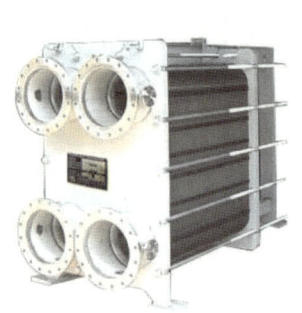
| 판형 열교환기 |

| 팽창탱크 |

## 11 바닥난방

### (1) 바닥온수난방의 개요와 구성

바닥난방은 주거용 건물(주택, 아파트, 기숙사, 연수원 등)에 주로 설치되는데, 바닥의 냉기를 제거하고 바닥의 온기를 이용하여 실내를 난방하게 하게 된다. 거의 대부분 바닥 마감면에 매립된 배관에 온수를 순환시켜 난방하는 방식을 적용하고 있는데, 설치 여건에 따라서는 전기히팅열선을 사용하는 경우도 있다.

바닥온수난방에서 쾌적한 실내온도를 유지하기 위하여 바닥 표면온도를 적정하게 유지해야 하는데, 바닥코일에 의한 바닥 표면온도가 지나치게 높지 않도록 온수의 순환온도를 다음과 유지하는 것이 바람직하다.

| 구 분 | 공급온도 | 환수온도 | 온도차 |
|---|---|---|---|
| 개별보일러 | 70℃ | 60℃ | 10℃ |
| 중앙난방 | 70℃ | 55℃ | 10~15℃ |
| 지역난방 | 60℃ | 45℃ | 15℃ |

온수의 순환온도와 바닥 마감표면과의 온도차는 바닥마감구조에 따라 약간씩 달라지는데, 일반적인 콘크리트 바닥마감보다 목조플로어커버(나무마루판) 마감인 경우에는 온수의 순환온도를 더 높게 7~8℃ 정도 높게 설정하도록 한다.

바닥온수난방은 크게 온수분배기와 바닥 난방코일로 이루어진다. 각각에 대해 세부적으로 살펴보면 다음과 같다.

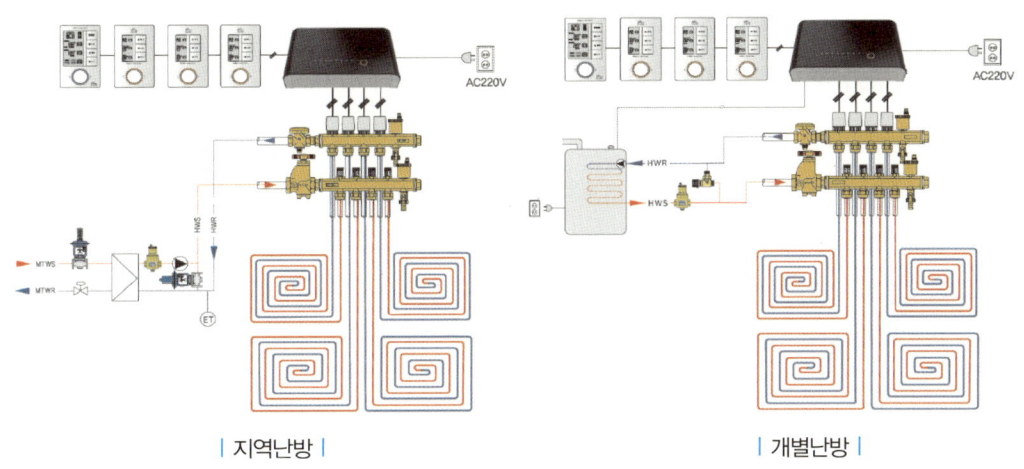

| 지역난방 |  | 개별난방 |

### ① 온수분배기(헤더)

온수분배기는 각 바닥 난방코일이 연결되는 헤더와 공기빼기밸브, 유량조절밸브, 구동기, 퇴수밸브 및 메인차단밸브 등으로 구성된다. 온수분배기는 바닥코일의 연결이 원활하고 서로 교차되지 않도록 설치해야 하는데, 온수 순환 시 유속 소음이 발생할 수 있으므로 가급적 침실 부근을 피하여 싱크대 하부나 창고, 파우더룸 등에 주로 설치된다. 밀폐된 공간에 설치될 경우 사용 중 점검보수가 용이하도록 점검구를 설치해야 하고 환기구도 설치하는 것이 좋다.

온수분배기는 주로 청동이나 황동, 스테인리스 재질로 제작

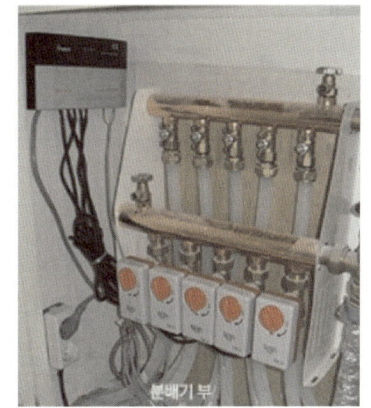

분배기부

하며, 합성수지 재질의 제품도 있는데 온도 변화에 따른 신축팽창이나 내구성을 고려하면 바람직하지는 않다. 온수분배기에는 연결된 각 난방코일의 유량조절을 위한 밸브가 설치되는데, 예전에는 수동밸브로 설치되었으나 근래에는 각 방에 설치된 온도조절기에 의해 제어되는 전자식 유량조절밸브가 보편화되고 있다.

자동유량조절 분배기는 각 방의 온도 조건이나 설정값에 맞춰 작동되므로 불필요한 에너지 낭비를 줄여주고, 각 난방코일의 유량의 분배가 균일해지도록 하여 온도 불균형을 해소하는 기능을 한다.

자동유량조절 분배기를 사용할 때에는 각 유량조절밸브의 개도율이 낮아져 전체 순환유량이 적어질 경우 순환펌프에서 캐비테이션이 발생하여 소음이 발생하거나 일부 열려진 밸브에서의 유속이 빨라져 소음이 발생할 수 있으므로 온수 메인공급관과 환수관 사이에 차압밸브를 설치해야 한다. 자동유량조절 분배기의 도입 초기에 차압밸브를 설치하지 않아 이러한 소음에 의한 민원 제기 사례가 매우 많았다.

분배기의 유량은 각 회로의 유량을 합하여 계산하며, 헤더의 직경은 다음과 같이 적용한다.

- 유량이 800ℓ/h보다 작을 경우 : 직경 20mm 이상
- 유량이 800~1,600ℓ/h일 경우 : 직경 25mm 이상
- 1,600ℓ/h를 초과할 경우 : 분배기를 2개로 분리하여 설치

② **난방코일**

바닥난방코일을 설치할 때에는 하부의 구조체로 열손실이 발생하지 않도록 하부에 단열층을 설치해야 하는데, 일반적으로 단열성능이 있는 기포콘크리트를 시공한 후 그 위에 난방코일을 설치하는 경우가 많다. 때로는 스티로폼과 같은 단열재를 깔거나 단열재와 코일고정판이 일체화된 건식난방패널판을 사용하는 사례도 있다.

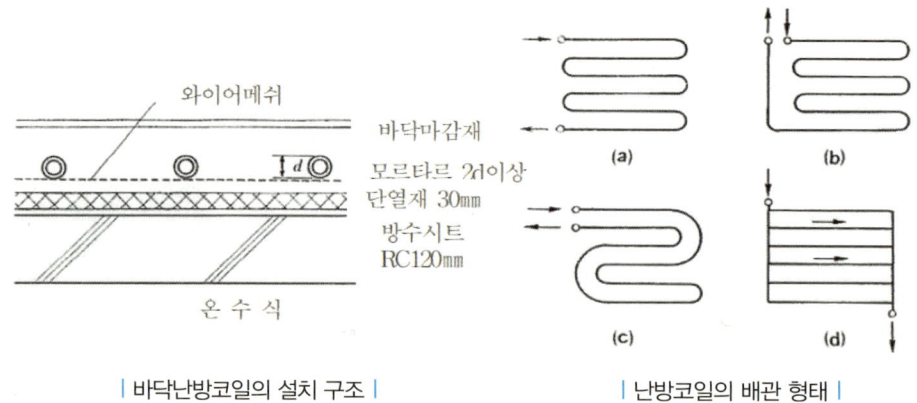

| 바닥난방코일의 설치 구조 |　　　　| 난방코일의 배관 형태 |

바닥난방코일의 배관경은 거의 대부분 호칭경 15A로 설치되고 있으나 필요에 따라 그 이상의 관경으로 시공되는 사례도 있다. 난방코일의 관경별 최대 설계유량은 다음과 같다.

- 내경(D) 13mm 코일 : 120~130ℓ/h
- 내경(D) 16mm 코일 : 200~220ℓ/h

난방코일의 길이는 예전에는 50~80m 정도로 조닝을 분배하여 설치했으나, 근래에는 각 코일별로 유량분배를 위한 유량조절밸브를 온수분배기에 부착하면서 난방코일의 길이를 150m까지 시공하는 사례도 많다.

코일을 순환하는 온수의 유속은 코일 내에 공기가 정체하지 않으면서도 바닥면과의 열교환을 위한 적정한 유속이 되도록 해야 한다. 일반적으로 코일 내 유속은 0.1m/s가 바람직하며 침식이나 소음이 발생하지 않도록 최대 0.7~0.8m/s를 넘지 않도록 한다. 난방코일의 압력손실 산출 시 마찰저항은 100Pa/m 정도로 계산한다.

코일이 설치되는 구역이나 실의 난방부하에 따라 코일을 설치하는 간격(피치)를 적게 하거나 크게 하는데, 코일의 관경별로 설치하는 간격은 다음과 같다.

| 코일의 관경(A) | 코일의 간격 (피치, mm) | 최소 간격(mm) |
|---|---|---|
| 15 | 150~250 | 90 |
| 20 | 200~300 | 100 |
| 25 | 250~375 | 150 |
| 32 | 300~500 | 200 |
| 40 | 300~600 | 250 |

## (2) 온수 순환배관의 계산

### ① 평균 온수온도 $t_w$ [℃]

$$t_w = t_h + \frac{q_u}{A_f} \times P \times \frac{1}{2\pi\lambda_p} \times \log_e \frac{\Upsilon_2}{\Upsilon_1}$$

여기서, $t_h$ : 배관 표면의 온도[℃]
$q_u$ : 가열 바닥에서의 방열량[W]
$A_f$ : 가열바닥의 면적[m²]
$P$ : 배관 피치[m]
$\lambda_p$ : 배관의 열전도율[W/(m·K)]
$\Upsilon_1$ : 배관 내측 반경[m]
$\Upsilon_2$ : 배관 외측 반경[m]

### ② 필요 온수온도 $t_n$ [℃]

$$t_n = t_w + \frac{\Delta t}{2}$$

여기서, $\Delta t$ : 온수의 공급/환수 온도차[℃]

### ③ 바닥면적 전체의 필요 온수량 $L_w$ [ℓ/min]

$$L_{w1} = \frac{14.3 \times q_{u1}}{\Delta t} \qquad L_w = \Sigma L_{w1}$$

여기서, $L_{w1}$ : 코일 1존당 유량[ℓ/min]
$q_{u1}$ : 코일 1존이 담당하는 가열바닥의 방열량[kW]

# CHAPTER 12 공기조화기(AHU)

## 01 공기조화기의 구조와 주위 배관

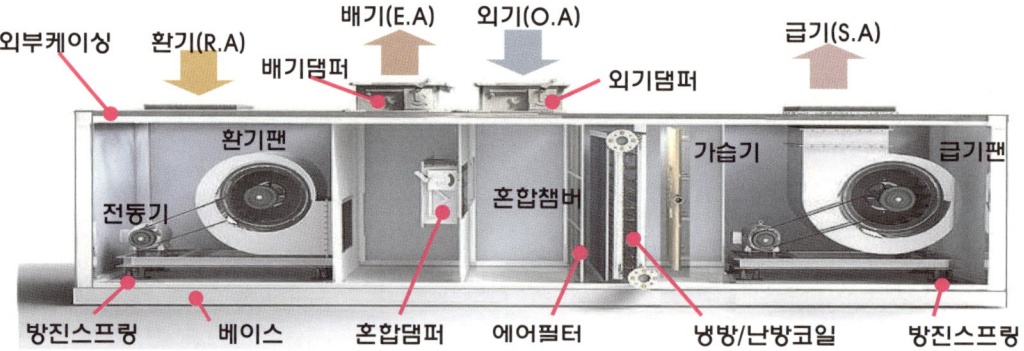

| 공기조화기의 기본 구조 |

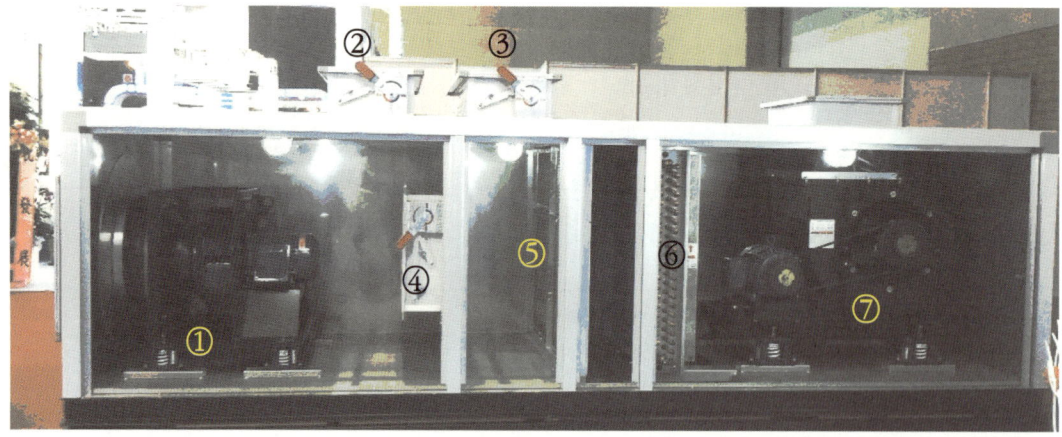

| 공기조화기 부품별 사진 |

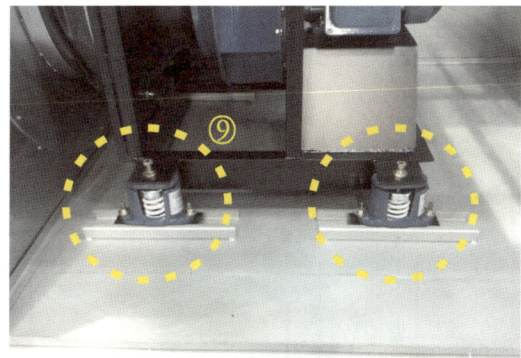

〈공기조화기의 명칭〉
① : 환기팬(리턴팬, 플러그팬 타입)
② : 배기(E.A) 댐퍼
③ : 외기(O.A) 댐퍼
④ : 혼합(믹싱) 댐퍼
⑤ : 에어필터
⑥ : 열교환코일 (냉각, 가열)
⑦ : 급기팬(에어포일팬 타입)
⑧ : 가습기(사진은 적하식)
⑨ : 팬 방진스프링

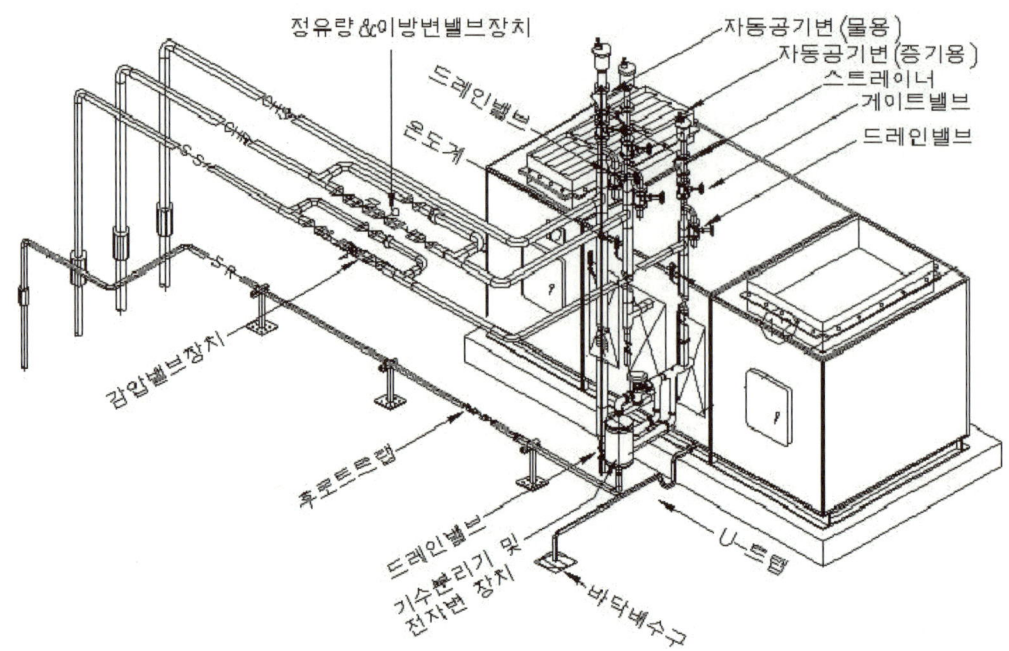

| 공기조화기의 주위 배관 : 냉온수 겸용 코일+증기 가습기 |

## 02 공기조화기의 작동 원리

### (1) 정지 시 공기조화기의 상태

- 공기조화기 정지 시 외기댐퍼와 배기댐퍼는 Close 상태, 혼합댐퍼는 Open 상태
- 냉수 또는 온수용 2way control 밸브도 Close 상태
- 동절기에 혼합챔버나 코일이 위치한 부위에 설치된 동파방지히터는 혼합챔버에 설치된 온도센서나 동파방지히터의 온도조절기의 설정값에 의하여 공조기 내부의 온도가 0~5℃ 이하로 떨어지면 가동되어 발열됨

### (2) 공기조화기의 가동 순서

① 냉동기나 보일러(또는 냉온수기)가 운전되고 있는 상태에서

② 자동제어 중앙관제장치에서 관리자의 조작 명령이나 프로그램상의 운전 설정 조건(On/Off time 설정 등)에 따라 공기조화기가 가동됨 ("On" 메뉴 클릭, 또는 공기조화기의 급기팬이나 환기팬을 가동시킴)

③ 급기팬과 환기팬이 가동되면 설정된 온도값과 습도값에 의하여 냉수/온수, 또는 스팀밸브가 Open되어 급기 온/습도에 따라 비례제어됨

④ 보통 공기조화기는 자동제어 프로그램상에서 설정된 온/습도값을 환기덕트, 또는 실내에 설치된 온/습도센서의 측정값과 비교하여 냉수/온수, 또는 스팀 밸브를 비례제어함

⑤ 외기댐퍼와 배기댐퍼는 프로그램상의 설정값이나 운전자의 수동 설정값에 따라 개도율이 조정되어 실내로 도입되는 외기량과 외부로 배출되는 배기량을 조절함

⑥ 외기 및 배기댐퍼와 혼합댐퍼는 상호 반비례하여 개폐됨(예 : 외기와 배기댐퍼의 개도율이 각각 70%이면 혼합댐퍼는 30%로 개방됨)

⑦ 공기조화기의 환기덕트에 설치된 연기감지기에서 연기가 감지되면 자동제어 프로그램상에서 공기조화기의 운전을 자동으로 정지시킴(연기의 확산 방지와 실내 급기 공급에 따른 화염의 활성화를 방지하기 위함)

⑧ 코일 앞부분에 설치된 에어필터에 이물질이나 먼지가 많이 쌓이게 되면 마찰손실이 커져 차압이 증가되게 되고, 이를 필터차압센서가 감지하게 되면 경보를 발생시킴

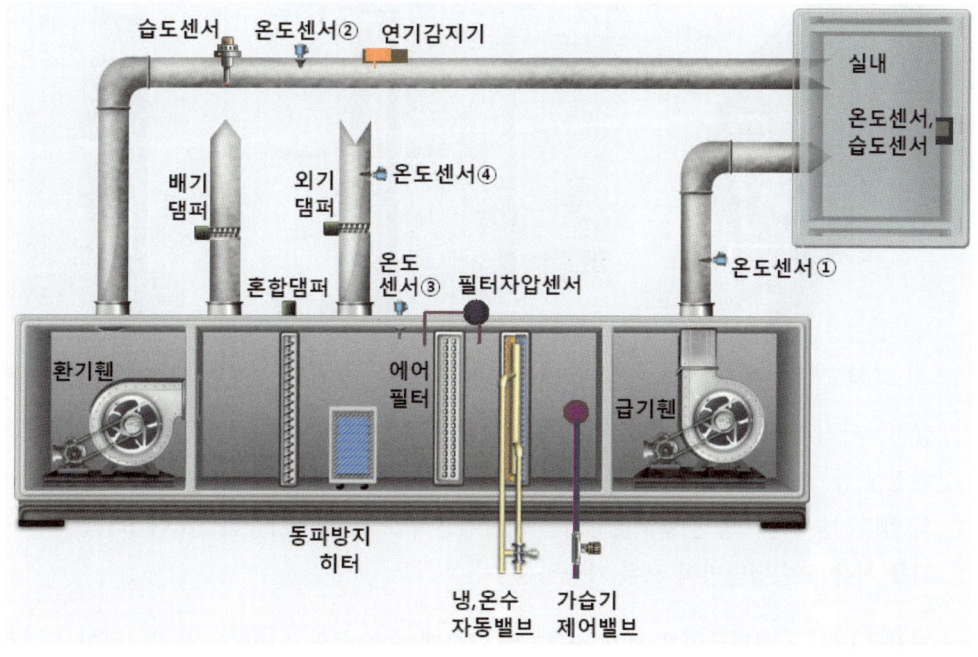

# 03 열교환코일

① **열교환코일의 종류**

공기조화기에서 공기 가열이나 냉각을 위해서 일반적으로 핀코일(finned coil)이 많이 사용되고 있다. 핀코일은 양쪽의 분배관을 서로 연결하는 다수의 관 외면에 얇은 핀(fin)을 부착한 것으로, 관 내부에 증기나 온수, 냉수, 냉매 등의 열매를 통과시켜서 핀의 사이를 통과하는 공기를 가열 또는 냉각시킨다. 핀코일의 형상은 아래의 그림과 같이 여러 관들에 평판을 촘촘히 끼워 만든 플레이트핀코일(plate fin coil), 또는 관 외부에 핀을 나선형으로 감아서 붙인 스파이럴핀(spiral fin)과 같은 것이 있다.

관 재료로는 일반적으로 동관이 많이 사용되고 있으나 통과되는 공기의 상태에 따라 간혹 스테인리스강관이 사용되기도 한다. 핀의 재료로는 가격이 저렴하고 가공이 용이한 알루미늄판이 많이 사용되고 있으며, 동판이나 스테인리스판이 사용되기도 한다.

| 플레이트핀코일 |　　| 스파이럴핀코일 |　　| 냉매 직팽식 코일 |

공기조화기의 열교환코일의 가열매체로는 증기와 온수(또는 냉수)가 일반적으로 사용되며, 사용 여건상 증기나 냉온수의 공급이 곤란하거나 비효율적일 때에는 냉매나 전기에너지를 이용하기도 한다. 냉매를 이용한 열교환코일은 예전에는 주로 냉각만 가능하였으나 요즘은 히트펌프 실외기를 사용하여 냉난방이 모두 가능하다.

전기를 이용한 히팅코일은 전기 용량이 과다하게 커져야 하고 냉방이 불가능하여, 히트펌프를 이용한 냉매 직접팽창식 코일이 보급된 이후에는 적용 사례가 드물다. 외기 전용 공기조화기의 가열코일로서 증기코일이 설치될 때에는 응축수가 관내에서 동결할 염려가 있어 관 내부에 증기분배관을 삽입하여 2중관으로 만든 넌프리즈(non-freeze)형 코일을 사용하기도 한다.

▼ 공기조화기 열교환코일의 종류

| 종류 | 세부 내용 |
|---|---|
| 냉수 또는 온수 코일 | • 5~7℃의 냉수나 60~80℃의 온수가 코일의 관 내부를 통과하며, 보통 지나가는 공기와 온도차(△T) 5℃로 열교환하며 순환됨(※ 대온도차 공조일 때는 8~10℃ 이상의 온도차로 열교환하기도 함)<br>• 코일 내부를 흐르는 냉수나 온수의 유속은 원활한 열교환을 위하여 0.8~1.2m/s 정도가 바람직함<br>• 냉수나 온수는 공급되는 급기온도에 따라 배관에 설치된 자동제어 밸브를 비례제어하여 순환량을 조절하는 것이 일반적임<br>• 온수를 이용해 난방하는 경우 하나의 코일에 계절별로 냉수와 온수를 순환시켜 사용하는 냉온수 겸용코일로 많이 사용하고 있으나 제습운전이 필요한 경우나 공조배관 계통이 냉수와 온수배관으로 별도로 설치된 경우 냉수코일과 온수코일을 각각 설치해야 함 |
| 증기 코일 | • 관 내에 0.1~0.25MPa의 증기를 통과시켜 열교환을 하며, 증기의 열전달 능력이 우수하므로 코일의 열수나 사이즈는 온수코일보다 많이 적어짐<br>• 난방 능력이 우수하고 순간가열능력이 좋아 풍량이 크거나 동절기 외기 도입량이 많은 공조기에서 선호되고 있음<br>• 냉방은 불가능하므로 냉방코일이 별도로 설치되어야 함 |
| 전열 코일 | • 코일의 튜브의 중심에 전열선이 있고, 그 주위에 마그네슘의 절연재를 채운 전기식 코일로서 순간가열능력이나 제어가 용이함<br>• 온수나 증기를 공급받기 곤란한 설비에서 공조용 난방코일로 적용되며, 소형 패키지 혹은 항온항습기의 재열장치로도 많이 사용됨<br>• 냉방은 불가능하므로 냉방코일이 별도로 설치되어야 함<br>• 코일 후단의 급기온도에 따라 전기투입량을 조절하며, 오작동으로 인한 과열사고를 예방하기 위한 안전장치로 코일 자체에 온도센서를 부착하여 과열 시 전원이 차단되도록 함 |
| 냉매 직접 팽창식 코일 | • 코일의 관 내에서 냉매를 직접 팽창시켜 그 증발열로써 통과하는 공기를 냉각시키는 방식으로, 흔히 직팽코일이라고 줄여 부르기도 함<br>• 냉매사이클을 위해 별도의 실외기가 설치되어야 함<br>• 냉수나 온수(또는 증기)를 공급받기 곤란한 시설에서 많이 사용되고 있음<br>• 공조하는 실의 용도가 건물의 주된 공조시간 이외에 간헐 냉난방해야 상황이거나 열원장비와 공조기간의 거리가 너무 멀어서 냉온수 배관을 끌고 오는 것이 비합리적일 때 적용하는 사례가 많음 |

② 열교환코일의 설치와 연결 배관

공기조화기의 열교환코일을 통과하는 공기의 풍속은 2.5~3m/s를 넘지 않는 게 좋은데, 풍속이 과도할 경우 결로수가 비산되어 급기팬 파트나 덕트로 넘어가게 된다. 이때는 팬의 풀리를 교체해 풍량을 줄여 코일면에서의 풍속을 낮추거나 코일 후면에 엘레미네이터나 부직포 등을 설치하여 비산수를 걸러줘야 한다.

증기코일을 사용할 경우에는 코일 2차측의 응축수배관에 증기트랩을 설치해야 하는데, 가열용량이 커서 증기코일을 두 개로 나누어서 설치할 경우에는 코일의 압력 강하가 각각 다르므로 개별적으로 트랩을 설치하는 게 좋다. 또한 공기조화기가 가동되는 초기에는 증기 공급관의 제어밸브가 최대한 서서히 개방되도록 하여 코일 내의 잔류 응축수가 부드럽게 배출되도록 하면 워터(스팀)해머를 줄일 수 있다.

공기 냉각용으로는 5~7℃ 정도의 냉수를 사용하는 냉수코일과 관 내부에서 냉매를 증발시키는 직접팽창코일이 있다. 직접팽창코일에서는 냉매를 각 관에 균일하게 분배시키기 위해 분류기(distributor)를 설치하여 접속시키게 되며, 코일의 과냉각이나 결빙을 예방하기 위하여 코일 후단에 온도센서가 설치되어 실외기와 연동되도록 구성한 사례가 많다.

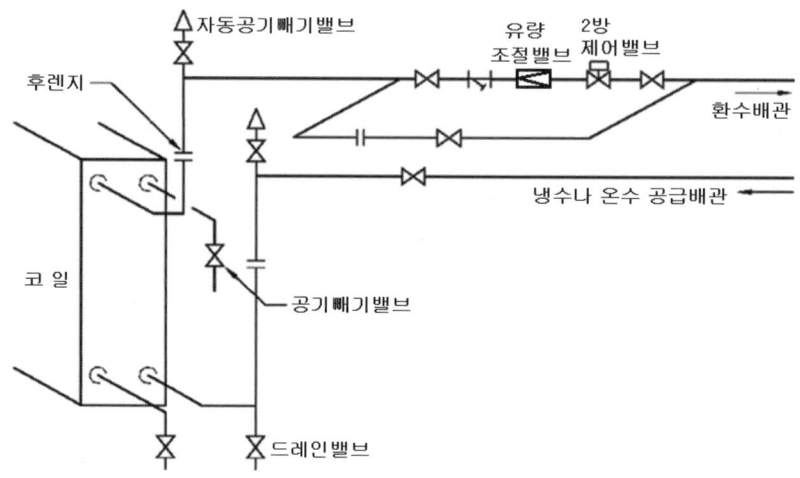

| 2방밸브(2way control valve)를 사용하는 경우 |

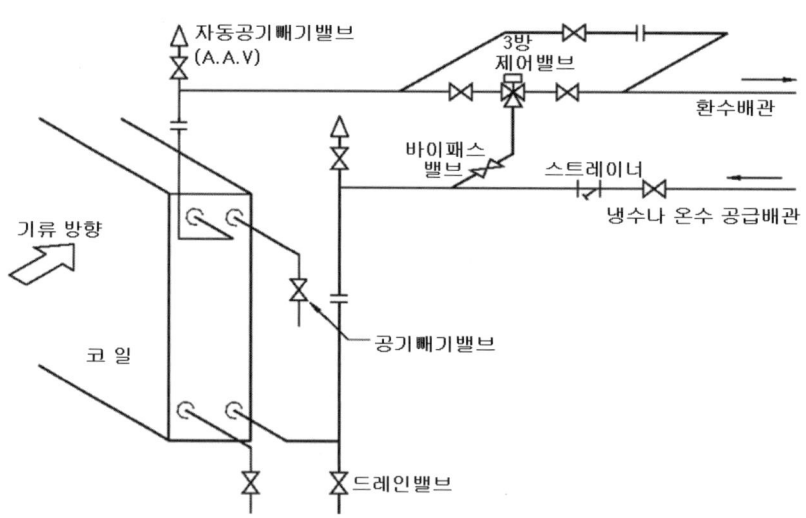

| 3방밸브(3way control valve)를 사용하는 경우 |

한편 열교환코일에 냉온수 배관을 연결할 때에는 입구배관(공급)이 코일의 하부에 연결되고 출구배관(환수)이 상부에 연결되는 것이 바람직하다. 코일 내부에서의 냉온수의 흐름에 맞춰 공기가 상부 쪽으로 밀려 올라가기가 유리하기 때문인데, 코일에 연결된 입구 및 출구배관의 상부에는 각각 자동에어벤트(Auto air vent)를 설치한다.

증기코일은 열교환 후 응축수가 자연배수되어야 하기 때문에 코일의 상부에서 증기가 공급되고 수평으로 배치된 열교환튜브를 지나면서 열교환한 뒤 반대편 하부 쪽으로 응축수가 배출되도록 배관이 연결된다. 장비의 용량이 커서 증기코일의 폭이 길어지면 증기가 수평으로 흐르는 사이 급격히 식어지면서 코일 좌/우측의 온도차가 커지게 되고, 심할 경우 튜브의 열수축팽창에 의한 코일 파손의 원인이 될 수 있으므로 코일을 2쪽으로 분리하여 설치하는 것이 바람직하다.

간혹 코일 폭이 길 경우 튜브의 열팽창량을 줄이고 응축수의 배출도 용이하게 하고자 튜브의 배치를 수평이 아닌 수직방향으로 배열하여 제작하는 경우도 있으나, 이 경우 코일 헤더가 길어져 각 수직튜브로의 증기 분배가 불균일하게 될 수도 있으니 제조업체와 협의하여 결정하는 것이 바람직하다.

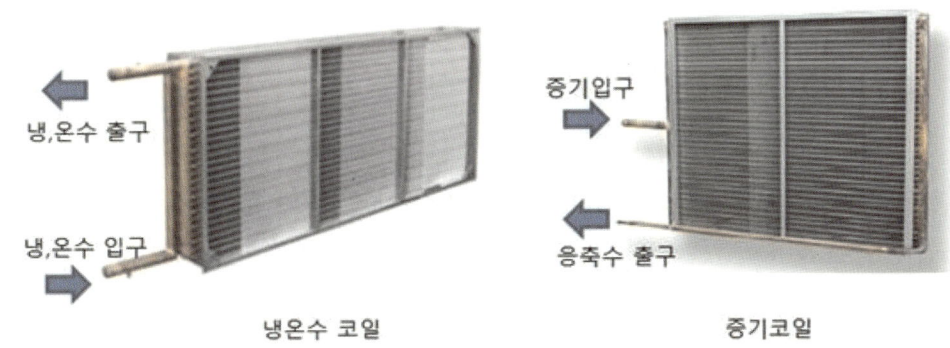

| 냉온수 코일 | 증기코일 |

### ③ 코일의 배열

코일 제작 시에는 공기의 흐름과 코일 내 유체의 흐름 순서가 대향류방식이 되도록 튜브를 배치하는 것이 좋다. 공기가 들어오는 코일의 전면 쪽에 입구측 배관이 연결되는 평행류(Parallel flow) 방식으로 코일의 튜브를 조립하면 대수평균 온도차가 적기 때문이 열교환 능력이 감소할 우려가 있으므로 가급적 대향류(Count flow) 방식으로 코일을 배열하는 것이 좋다.

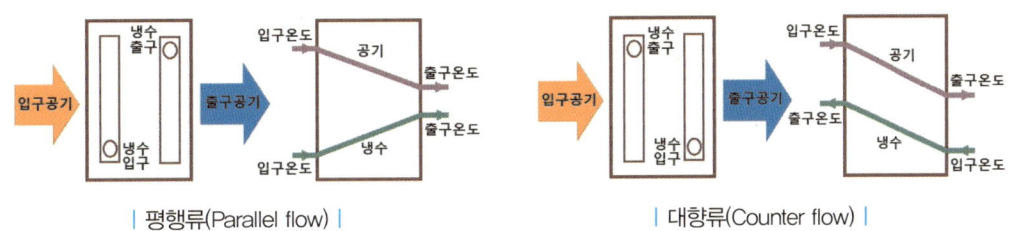

| 평행류(Parallel flow) | | 대향류(Counter flow) |

코일의 냉각이나 가열 부하에 따라서 코일의 열수(Row)를 결정할 때 코일의 열수가 적은 경우에는 여유율을 좀 더 고려해 주고 있다. 선정된 코일 열수가 1열일 때는 50%, 2열은 30%, 4열 이상은 20% 이상의 여유를 주어서 선정하고, 튜브에 흐르는 유체의 유속에 따라 하프플로(half flow)와 싱글플로(single flow), 더블플로우(double flow) 등으로 튜브를 배열한다.

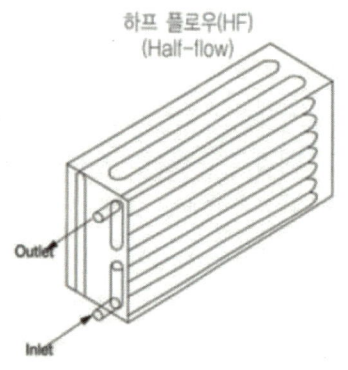
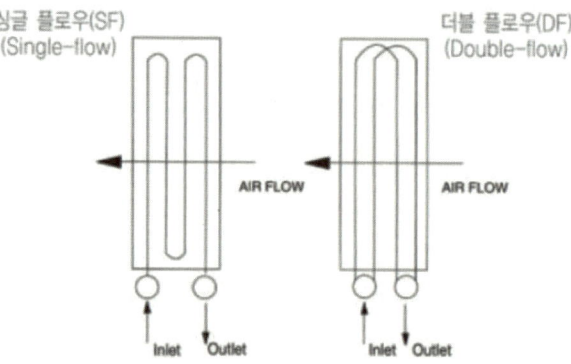

## 04 공기여과필터

공기조화기를 운전하여 실내공기질을 개선하는 방법에는 에어필터를 이용한 여과 방법과 외부 공기 도입을 통한 환기를 들 수 있다. 실내에서 먼지나 냄새의 발생 정도가 심할 경우 탁한 실내 공기를 외부로 배출시키고 신선한 외부 공기를 실내로 공급하는 전외기 운전을 실시하게 되나 일반적인 조건에서 전외기 방식으로 운전하게 되면 냉·난방에 따른 운전비가 과다하게 발생하므로 대부분 실내 공기를 재순환시키거나 약간의 외기를 혼합해 공급하는 방식으로 운전하게 된다.

어떤 운전방식으로 운용되더라도 실내로 공급되는 급기는 코일 앞쪽에 설치되어 있는 에어필터를 통하여 분진이나 이물질을 걸러주게 되어 있으므로, 평상시 에어필터의 관리는 실내 공기를 쾌적하게 유지하는 첫걸음이 된다.

공기조화기에 설치되는 에어필터 장치는 각각의 필터링 방식에 의해 다음과 같이 구분될 수 있다.

### (1) 필터의 종류

| 종류 | 세부 내용 |
| --- | --- |
| 여과식 | • 대부분 건식 필터로 여과재에서 먼지를 포집함<br>• 종류 : 여과식 프리필터, 중성능 필터, 고성능 필터, 자동필터 등<br>• 분진이나 입자상 오염물질의 제거에 효과적임 |
| 정전식 | • 분진과 여과재와의 정전작용에 의해 포집함<br>• 종류 : 정전집진방식, 정전기식, 대전미립자 집진식 등<br>• 분진이나 입자상 물질, 일부 미생물의 제거도 가능함 |
| 점착식 | • 흡착제를 이용하여 오염물질을 흡착하거나 취기를 제거함<br>• 여과재에 묻은 기름이나 흐르는 물에 의해 먼지 등을 점착시킴<br>• 종류 : 활성탄 필터, 에어 샤워, 화학 흡착제 필터 등 |

## (2) 여과식 중성능 필터(Pre-Medium)

### ① 필터의 종류

여과식의 필터링 원리는 미세한 조직의 여과재와 분진 간의 기계적 작용(관성, 확산, 차단, 중력 효과 등)에 의해 분진이나 이물질을 여재인 부직포와 그라스파이버(Glass fiber)에 포집하는 방식이다. 필터링 성능이 좋은 중성능이나 고성능 필터를 사용할 때에는 앞부분에 프리필터를 설치하여 고성능 필터를 보호해야 필터의 수명을 길게 할 수 있다. 열교환코일의 전단에서 간단한 분진이나 먼지 처리 용도로는 프리필터만 사용하는 경우도 있으며, 세척이나 재사용이 가능한 프리필터의 사용으로 유지비를 줄이기도 한다.

여과재의 종류로는 유리섬유, 합성섬유, 부직포, 다공질의 고분자 화합물 등이 사용된 필터가 있다. 여재의 성능에 따라서는 프리필터(pre-filter), 중성능필터(medium filter), HEPA(High Efficiency Paticle Air) 필터, ULPA(Ultra Low Penetration Air) 필터로 크게 나눌 수 있다.

○ PRE FILTER UNIT
· 규격의 제한이 없고 형태
· 고학성이 뛰어남
· 전처리 FT로 취급, 교환이 용이

○ MIDIUM FILTER
· 고효율, 저압손, 긴수명, 교환용이
· Hepa 전처리, 일반 공조 및 B/D 공조용

○ CLEAN ROOM TYPE
· 미세분진의 높은 포집효율
· 낮은 압력손실, Clean room용

○ MIDIUM TYPE(POKET)
· Hepa전처리, Clean Romm B/D용
· 고효율 저압손의 중성능 F/T

여과식 필터는 여과재를 사각의 틀로 고정하여 제품화되어 있어 공조장치에 쉽게 설치하거나 분리할 수 있어 유지보수가 편리하고 설치 공간과 시공비가 적게 소요되는 장점이 있다. 또한 제품에 따라 집진 성능을 다양하게 선택할 수 있어 공기조화기나 패키지 에어컨 등 일반 공조장치에서 가장 기본적인 필터장치로 보편적으로 사용되고 있다.

그러나 사용 중 오염이 심해진 필터는 주기적으로 신품으로 교체하고 폐기해야 하며, 필터의 압력손실이 크기 때문에 팬 동력비가 많이 발생하게 된다. 또한 미생물이나 가스 성분 등에 대해서는 필터링이 곤란하다.

여과식 필터는 형태나 구조에 따라서 손쉽게 교체가 가능하도록 제작된 패널형, 박스형, W형, 주머니형(Pocket, 또는 Bag)과 자동화된 필터링 장치가 공조장비에 부착되어 있는 롤형(Auto-roll filter), 자동세정형 등이 있다. 먼지나 오염물질의 발생이 많아 필터의 오염이 쉬운 지하철이나 생산공장 등의 공기조화기에서는 롤형이나 자동세정형 필터장치가 관리자들의 수고를 덜어줄 수 있다.

| 롤형, 자동세정형필터 장치 |

② 필터의 성능

공조용 에어필터의 성능에 대해서는 한국공기청정협회의 단체표준으로 관련 내용들이 마련되어 있다. 단체표준에는 일반공조 및 환기용 에어필터에 대한 것과 고성능 에어필터(HEPA, ULPA)에 대한 것으로 구분되어 있는데, 고성능 에어필터는 다음과 같이 규정되어 있다.

- ULPA(Ultra Low Penetration Air) : 입자크기가 $0.12\mu m \sim 0.17\mu m$ 범위의 에어로졸을 사용할 경우, 최소 입자 포집효율은 99.999% 이상이어야 하며(최대 입자 투과율 0.001%, @ 5.3cm/min) 견고한 프레임 내에 건조된 필터를 포함하고 있어야 함
- HEPA(High Efficiency Particulate Air) : 정격 풍량에서 $0.3\mu m$의 DOP 단분산입자에 대해 99.97% 이상의 포집률을 갖는 에어필터

여기서, 투과율(Penetration, Cx/Co)이란 시험샘플의 입구 측 농도(또는 입자 수) 중에서 출구 측에서 제거되지 않고 통과된 농도(또는 입자 수)의 비를 나타낸다. 또한 입자포집효율(Particle collection efficiency)은 시험 중인 필터에 의해 포집된 입자의 비율을 백분율로 표현한 것으로 필터의 입자포집능력을 나타낸다.

단체표준의 시험방법에 의한 제품시험 결과에 따른 각 필터들의 인증기준은 다음과 같다.

▼ 일반공조 및 환기용 에어필터 인증기준

| 구 분 | 복합 평균 입자 크기 효율, % 크기 범위, $\mu m$ | | | 중량법 효율, % | 최종 저항 | |
|---|---|---|---|---|---|---|
| MERV index | 범위 1 0.30–1.0 | 범위 2 1.0–3.0 | 범위 3 3.0–10.0 | | Pa | mmH₂O |
| 9 | n/a | $E_2 < 50$ | $85 \leq E_3$ | n/a | ≤350 | ≤35.56 |
| 10 | n/a | $50 \leq E_2 < 65$ | $85 \leq E_3$ | n/a | ≤350 | ≤35.56 |
| 11 | n/a | $65 \leq E_2 < 80$ | $85 \leq E_3$ | n/a | ≤350 | ≤35.56 |
| 12 | n/a | $80 \leq E_2$ | $90 \leq E_3$ | n/a | ≤350 | ≤35.56 |
| 13 | $E_1 < 75$ | $90 \leq E_2$ | $90 \leq E_3$ | n/a | ≤350 | ≤35.56 |
| 14 | $75 \leq E_1 < 85$ | $90 \leq E_2$ | $90 \leq E_3$ | n/a | ≤350 | ≤35.56 |
| 15 | $85 \leq E_1 < 95$ | $90 \leq E_2$ | $90 \leq E_3$ | n/a | ≤350 | ≤35.56 |
| 16 | $95 \leq E_1$ | $95 \leq E_2$ | $95 \leq E_3$ | n/a | ≤350 | ≤35.56 |

- MERV : Minimum efficiency reporting value

▼ 고성능 에어필터(HEPA) 인증기준

| 번호 | 검사 항목 | 단위 | 기준 |
|---|---|---|---|
| 1 | 여과속도 | m/sec | • 610 × 610 × 150 HEPA 필터의 경우<br>　− 일반풍량 HEPA : 0.80<br>　− 다풍량 HEPA　 : 1.25<br>• 610 × 610 × 292 HEPA 필터의 경우<br>　− 일반풍량 HEPA : 1.48<br>　− 다풍량 HEPA　 : 2.24 |
| 2 | 포집효율 | % | 99.97 이상 |
| 3 | 압력손실 | mmAq | 25.4 이하 |

▼ 고성능 에어필터(ULPA) 인증기준

| 번호 | 검사 항목 | 단위 | 기준 |
|---|---|---|---|
| 1 | 여과속도 | m/sec | 0.35 |
| 2 | 포집효율 | % | 99.9999 이상 |
| 3 | 압력손실 | mmAq | 9.5 이하 |

▼ 고성능 필터 IEST−RP−CC001 필터 등급

| 등급 | 입자크기 | 전체 효율(Global Values) | | 국부 효율(Local/Leak Values) | |
|---|---|---|---|---|---|
| | | 포집효율(%) | 투과율(%) | 포집효율(%) | 투과율(%) |
| A | 0.3* $\mu$m | 99.97 | 0.03 | − | − |
| B | 0.3* $\mu$m | 99.97 | 0.03 | Two flow leak test | |
| E | 0.3* $\mu$m | 99.97 | 0.03 | Two flow leak test | |
| H | 0.1~0.2 or<br>0.2~0.3 $\mu$m | 99.97 | 0.03 | − | − |
| I | 0.1~0.2 or<br>0.2~0.3 $\mu$m | 99.97 | 0.03 | Two flow leak test | |
| C | 0.3* $\mu$m | 99.99 | 0.01 | 99.99 | 0.01 |
| J | 0.1~0.2 or<br>0.2~0.3 $\mu$m | 99.99 | 0.01 | 99.99 | 0.01 |
| K | 0.1~0.2 or<br>0.2~0.3 $\mu$m | 99.995 | 0.005 | 99.992 | 0.008 |
| D | 0.3* $\mu$m | 99.999 | 0.001 | 99.99 | 0.01 |
| F | 0.1~0.2 or<br>0.2~0.3 $\mu$m | 99.999 | 0.001 | 99.995 | 0.005 |
| G | 0.1~0.2 $\mu$m | 99.999 | 0.0001 | 99.999 | 0.001 |

• 상기 분류는 IEST−RP−CC001 표준을 인용한 것이다.
• 에어로졸 입자크기는 분포를 가질 수 있으며, MPPS로 측정할 수 있다.

### (3) 전기집진방식(Electronic air cleaner)

전기집진방식의 필터에는 두 가지 방식이 있는데 하전된 입자를 절연성 섬유필터 또는 플레이트에 집진하는 일반형 전기집진기(Charger media electric air cleaner)와 강한 자장을 만들고 있는 하전부와 대전한 입자의 반발력을 이용하는 집진부로 구성된 2단형 전기집진기(Ioinzing type electronic air cleaner)가 있다.

일반형 전기집진기는 방전극과 집진극으로 구성되어 있으며, 먼지 입자를 인위적인 방전으로 ⊕로 대전시킨 뒤 ⊖극성을 가지고 있는 필터의 집진극에 전기적인 힘으로 점착되도록 하는 원리이다. 전기집진필터는 방전극과 집진극, 포집필터 등으로 구성되며 공기의 흡입측에는 프리필터를 설치해 큰 입자의 오염물질을 1차로 필터링하는 것이 바람직하다.

전기집진필터는 집진 성능이 우수하여 미세한 먼지는 물론 일부 미생물의 제거도 가능하며, 병원이나 정밀공장, 고급빌딩에 사용된다. 다만 장비비가 고가이고 설치 공간을 다소 차지하게 되므로 공조 여건상 필요한 일부 시설에서 사용되고 있다.

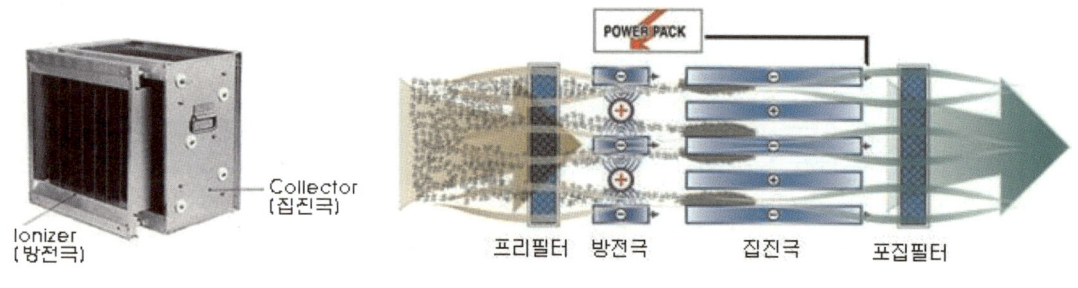

| 일반형 전기집진필터 장치 |

### (4) 기타 필터 장치

① 정전기식(Electrostatic) 필터

아크릴봉(⊕전하)과 폴리우레탄 패드(⊖전하) 사이를 통과하는 분진이 자기유도에 의한 정전기로 인하여 아크릴봉에 흡착되는 원리를 이용한 필터장치이다. 폴리프로필렌 프리필터와 정전기식 필터로 구성되며, 필터 교체가 불필요하고 설치 공간은 작게 차지하나 집진 효율은 낮은 편이다.

② 대전미립자 집진식 필터

고주파 전극부와 이온발생기 사이에서 먼지를 전기적 쌍극자로 변환하여 실내에서 응집시킨 후 환기 과정에서 프리필터에 포집되도록 하는 방식의 필터장치이다. 대전미립자 장치는 자체적인 필터링 성능이 없는 필터 보조장치이며, 세정형 프리필터＋중성능 필터＋대전미립자 중성화 장치 등으로 세트화되어 구성된다. 장치의 구조가 간단하여 유지관리가 용이하고 집진 효율도 우수한 편이나 대전미립자 장치의 가격이 고가이다.

그래서 일반 건물용 공조기에도 적용되기는 하지만 일반적이지는 않은 상황이고, 지하철역이나 지하상가, 기타 분진이 많은 장소에 설치된 공조기에서 분진 제거를 위해 추가적으로 적용되곤 한다.

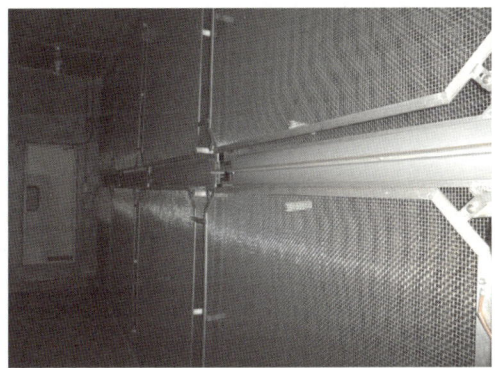

| 대전미립자 집진식 필터 |

| 활성탄 필터 |

③ 가스 제거 필터

유해가스나 냄새가 활성탄이나 제올라이트와 같은 흡착제에 통과시켜 오염물질이 흡착되어 제거되도록 하는 방식의 필터이다. 주로 가스상의 오염물질이나 냄새를 제거하는데 효과적이어서 공조기나 일반 배기계통보다는 주방이나 쓰레기수집장, 정화조, 또는 유해가스가 배출되는 배기계통에서 많이 사용되고 있다.

활성탄 필터는 오염이 심해지면 교체하거나 또는 고온에서 재생해 사용하기도 하는데, 기본적으로 가스 제거용 필터는 설치비가 고가이고 유지관리비도 많이 소요된다. 처리하고자 하는 오염물질의 성상에 따라 흡착 방식의 필터가 아닌 광촉매 UV필터나 음이온필터 등 다른 방식의 필터도 있으며, 보통 여러 방식의 필터들로 복합적으로 구성하여 처리 효율을 높이고자 하는 경우가 많다.

④ 자동 물 세척 필터

공기가 통과하는 필터의 표면에 물과 압축공기를 혼합해 고르게 분사시켜 오염물질을 포집한 뒤 자동으로 세정하여 재사용하는 방식으로 필터의 교체가 필요 없다. 충돌점착식 필터인 Demister와 물리적 포집기능과 정전력에 의한 포집기능을 동시에 갖춘 폴리에틸렌 필터를 경사지게 설치하고 타이머 등에 의해 체인과 기어모터로 좌우 이동하며 물을 분사해 세정하면서 필터를 재생시킨다.

필터의 효율은 AFI 90% 이상, 압력손실은 3~20mmAq 정도이며, 세정수는 재순환하여 사용하지만 감소되거나 세정 후 배출되는 양만큼 급수 보충이 되어야 한다. 도입되는 공기 중의 오염물질을 1차 처리하기 때문에 후단에 있는 2차 필터의 수명이 연장되고 여과 성능이 향상되게 된다. 주로 전외기로 가동되는 매우 큰 풍량의 공조장비(외기조화기)나 흡입되는 외기의 오염 상태가 심한 곳에서 사용되는데, 반도체 제조공장이나 지하철, 터널 등에 설치된 외조나 공조기에서 적용되는 사례가 있다.

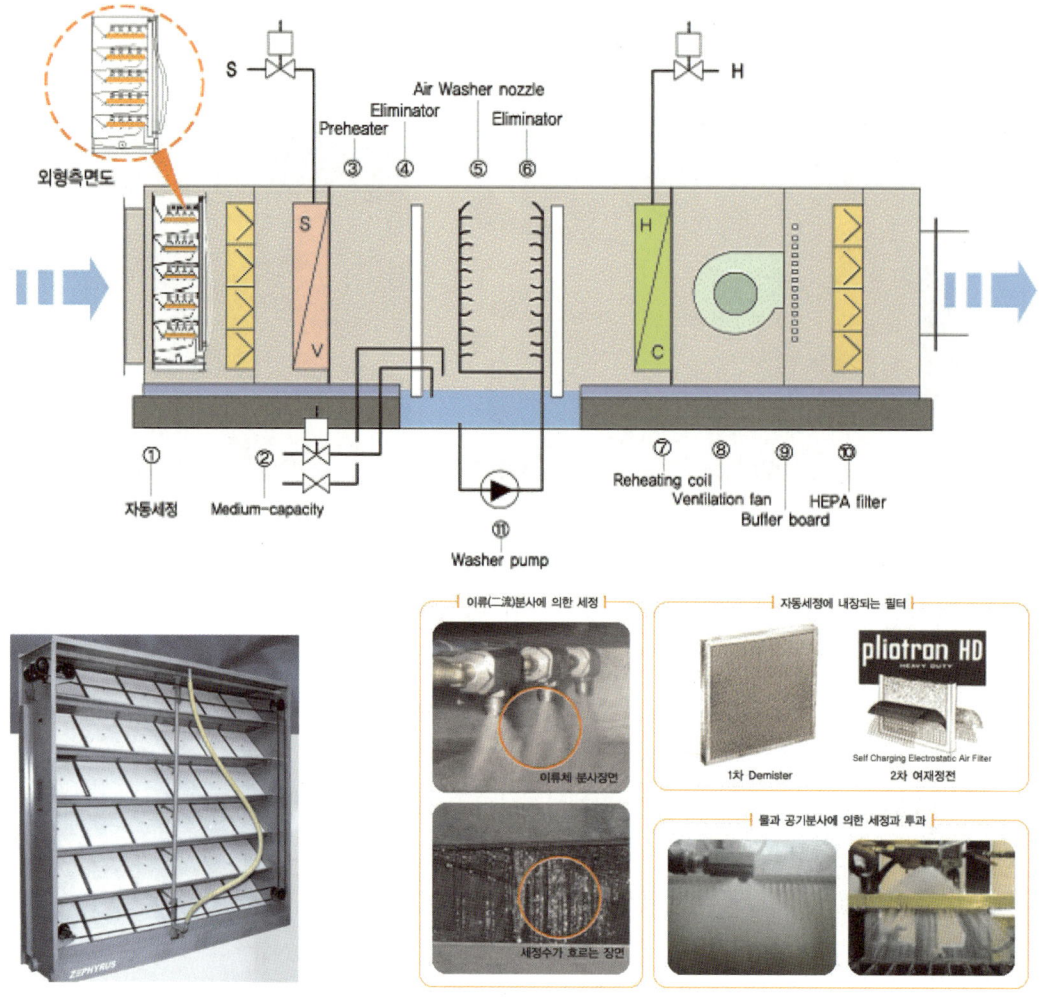

## 05 공조용 가습장치

건물 내의 재실자들은 공기의 온도가 동일하여도 공기가 건조하면 피부로부터 증발이 일어나 한기를 느끼게 된다. 반대로 실온이 다소 낮아져도 충분한 가습이 공급되면 인체의 체감도가 높아져 쾌적함을 느끼게 된다. 예를 들어 실내 공기의 온도가 23.5℃에서 상대습도가 40%인 상태와 온도가 20℃이면서 습도가 50%인 실내 공기 상태는 재실자에게 같은 쾌적감을 느끼게 해준다고 한다.

이렇게 실내의 설정 온도를 낮추었을 때 가습을 실시해 상대습도를 상승시키면 난방부하를 절감하여 적은 양이나마 운전 에너지를 절감할 수도 있다. 각각의 조건하에서 재실자들이 쾌적함을 느끼는 상대습도의 적정 범위는 40~60% 사이이다.

또한 습도는 공기를 통한 감염을 억제하는 등 위생상으로도 큰 효과를 가지고 있다. 상대습도 50%에서 인플루엔자 또는 바이러스가 비활성이 되어 독성의 대부분을 상실하게 된다고 한다. 이뿐만 아니라 부적절한 습도는 정밀제어장치나 전자기기, 생산공정 등에서 정전기를 조장하거나 오작동을 유발해 문제가 될 수 있다. 문서고나 전시실, 온·습도에 민감한 제품의 생산공정에서는 항상 일정한 습도 조건을 요구하는 경우가 많다.

실내의 습도는 외부에서 도입되는 외기의 영향과 실내에서 발생되는 습기, 그리고 각종 사용 여건에 따라 수시로 변화하게 되고 이의 조절을 위해서는 습도 조절장치 또는 가습기가 반드시 필요하다. 가습은 사용 여건이나 시스템의 구성에 따라 증기나 물을 사용하게 되는데, 물을 사용하는 경우에는 미세한 물 입자를 분사하는 물 분무식과 증발·가습하는 원리를 이용한 기화식이 있다.

## (1) 증기식 가습장치

증기 가습은 가열 열원에 의해 발생된 고온의 증기를 공기 중에 바로 분사하여 가습하기 때문에 흡수가 매우 빠르며 위생적이어서 세균의 번식이나 불순물의 비산 우려가 없다. 다량의 가습이나 신속한 가습량 제어가 필요한 경우 효과적이며, 증기 분사장치의 구조가 비교적 간단하고 저렴한 편이어서 증기보일러가 있는 건물에서는 공조기의 가습장치로 가장 보편적으로 사용되고 있다. 증기의 가습량 제어는 주로 제어밸브를 이용해 ON/OFF 제어하고 있는데, 필요에 따라서는 간혹 비례제어하는 사례도 있다.

한편, 증기를 이용하는 특성상 가습 시 습도의 상승과 함께 엔탈피도 증가(공기 온도 상승)하게 된다. 따라서 증기 가습은 냉각 부하를 가중시키게 되는데, 외기도입량이 많은 공조계통이나 클린룸, 항온항습 시설 등에서는 가습량이 상당하기 때문에 이로 인한 냉각 부하도 무시할 수 없는 수준이다.

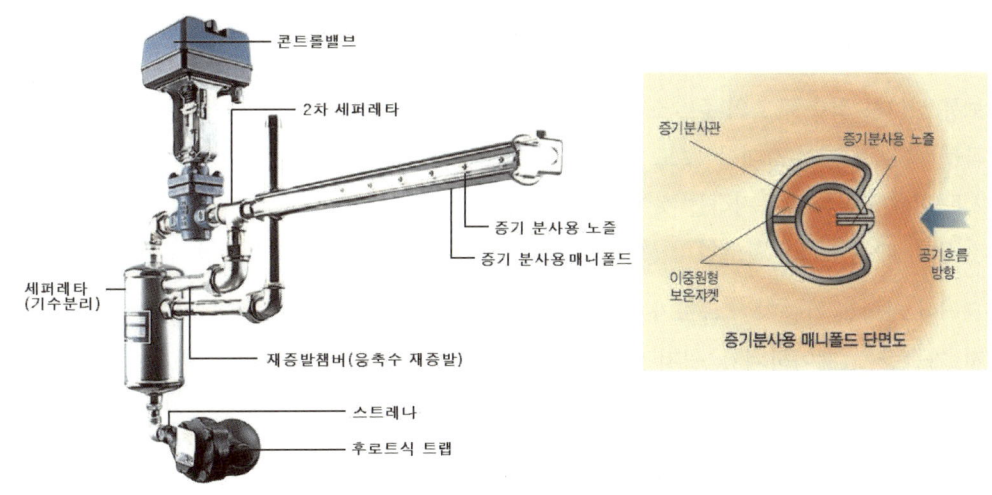

| 노즐분사식 가습기 |

증기 가습장치는 증기 발생이나 분사방식에 따라 전열식, 전극식, 적외선식, 과열증기식, 노즐분사식 등이 있다. 사계절이 있는 우리나라에서는 웬만한 규모 이상의 건물에서는 온열원장비로 증기보일러가 있는 경우 많기 때문에 증기보일러로부터 증기를 공급받아 공조장치 내에서 직접 분사하는 노즐분사식이 가장 널리 사용되고 있다. 증기 열원이 없는 때에는 별도의 전기전극봉식 가습기를 공조장치에 부착해 증기를 발생시켜 가습하기도 한다.

| 전극봉식 가습기 |

## (2) 기화식 가습장치

기화식 가습기는 증발판이나 증발소자(엘리먼트)를 물에 젖게 한 뒤 공기를 통과시켜 습기를 증발시키는 방식이다. 공기의 자연증발을 이용하는 방식이어서 가습기 출구의 상대습도가 과다하게 상승되지 않기 때문에 과포화, 재응축, 결로 등의 문제가 없다. 물을 액체 상태인 그대로 이용하여 가습하게 되므로, 증기보일러와 같이 증기 발생장비가 없는 시스템이거나 설비 여건상 증기 공급이 비효율적인 조건에서 많이 적용된다.

보통 허니콤 적층 구조의 증발소자를 많이 사용하는데, 증발소자면에서 물 세척에 의한 공기청정 효과를 부차적으로 기대할 수도 있다. 물방울의 비산을 예방하기 위하여 가습면에서의 풍속은 2.5~3m/s 이하로 유지하는 것이 좋은데, 일반적으로 가습기의 면적은 코일의 면적보다 적은 경우가 많기 때문에 열교환코일의 풍속이 3m/s 이하로 유지된다면 크게 문제가 되지 않는다.

그러나 기화식 가습기는 습도가 높거나 풍량이 적은 경우, 또는 온도가 낮을 때에는 증발량이 적어져 가습량을 제어하기가 쉽지 않다. 급수는 배관 중에 설치된 정유량밸브와 전동밸브에 의해 ON/OFF 제어되는데, 증발량이 적은 경우에는 증발되지 못한 여분의 급수가 드레인으로 지속적으로 배출되므로 급수 손실이 발생되는 단점이 있다. 또한 일상적으로 하부의 드레인판에 여분의 급수가 잔류하게 되어 세균의 발생이나 위생상 좋지 않은 환경이 될 수 있으므로, 병원이나 클린룸, 청정한 제조공정 등에서는 사용하지 않는 것이 바람직하다.

한편 증발소자의 재질이나 급수의 상태에 따라 소자 표면에 스케일이 끼는 백화현상이 발생하는 경우가 종종 있다. 증발소자의 표면에 스케일이 끼면 물이 흡수되지 않아서 증발 능력이 현저이 저하되므로 증발소자를 교체해 주어야 한다.

기화식 가습기는 회전식, 모세관식, 적하식, 에어와셔식이 있는데 유지관리 및 운전이 용이한 적하식이 공조장비에서는 많이 사용된다.

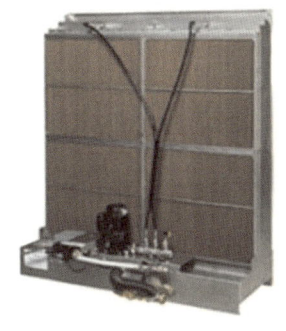  

| 기화식 : 적하식 가습기 |

## (3) 물분무식 가습장치

물분무식 가습기는 가습장치의 분사력이나 초음파 진동 등으로 미세한 물 입자를 공기 중에 방출하여 가습하는 방식이다. 가습 시 분무된 물이 증발하면서 공기로부터 열을 빼앗기 때문에 공기 온도가 저하되므로 증기 가습과는 반대로 재열(난방) 부하가 약간 증가된다. 실내에서 일상적으로 발열이 많고 다량의 가습이 필요한 시설에서는 증기 발생 부하나 가습후 재열이 필요없어 증기 가습보다 에너지 측면에서 유리하다.

예전에는 노즐의 분사력이나 가습량 제어가 용이하지 않아서 습도 제어가 정밀하지 않아도 되는 식물원이나 창고, 공장 등에 사용되었으나, 근래에는 노즐의 정밀도와 제어성이 좋아져 일반 공조나 항온항습 시설까지도 적용이 증가되고 있다.

가습은 보통 가압펌프로부터 공급받은 급수를 이용하는데, 공조장치 내에 수조가 있는 경우 물 오염이나 세균 번식이 없도록 관리해야 하고, 미흡수된 분무수의 드레인이 정체되지 않고 바로 배출되도록 조치해야 한다.

가습에 따른 별도의 가열 열원은 필요없고 소요동력도 적은 편이나 분사된 물방울들이 급기에 흡수되기 위한 일정한 흡수 거리가 필요하다. 따라서 공기조화기 등에 분무식 가습기를 내장할 때에는 장비의 사이즈가 조금 커질 수 있으며, 이로 인해 가습노즐을 메인덕트나 PIT 등 공기 통로 중에 설치하거나 아예 실내에 설치하여 바로 실내 공기 중으로 분사하는 경우도 있다.

물 분무 방식에 따라 원심식, 초음파식, 스프레이식이 있으며, 가정이나 사무실 가습 등 소용량에는 원심식과 초음파식이 주로 이용되며, 공조장치와 같은 대용량에는 스프레이(노즐)식이 사용된다.

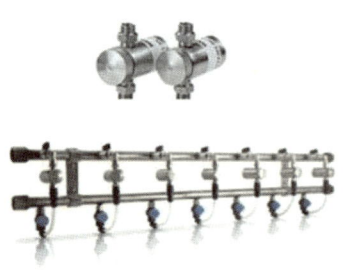 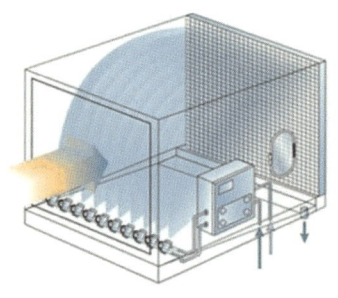 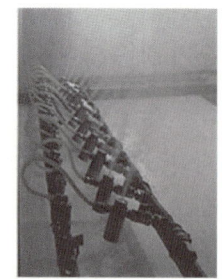

| 스프레이 노즐식 가습기 |

## 06 공기조화기의 폐열(배기열) 회수장치

공기조화기의 폐열 회수장치는 외기 도입량이 많은 건물에서 외부로 버려지는 배기의 폐열을 회수하는 에너지 절감장치로서, 배기열 회수장치 또는 폐열교환기라고도 부른다. 외부로 버려지는 배기와 외부에서 도입되는 외기가 열교환하는 방식에 따라서 전열교환기와 현열교환기로 나눌 수 있으며, 열교환기의 제작 형태에 따라서는 회전식과 고정식으로 구분할 수 있다.

전열교환기는 열교환 과정에서 열에너지(현열)뿐만 아니라 수분(잠열)의 교환도 이루어지게 되므로 현열만 회수하는 전열교환기보다 에너지 회수효율이 다소 높다. 전열교환기로는 흡습제가 포함된 특수재질의 회전형 로터로 된 것이나 특수펄프 재질의 사각 판형 열교환기가 주로 이용되고 있다. 전열교환기는 흡습에 따른 열교환 소자의 내구성이나 표면의 오염 여부에 주의가 필요하다.

현열교환기는 주로 알루미늄 박판을 이용하여 배기와 외기가 섞이지 않고 교차하도록 제작된 판형 열교환기가 많이 사용된다. 금속재질이어서 내구성이 현열교환기에 비해 좋은 편이고 물 청소가 가능해 유지관리 측면에서는 유리하다. 예전에는 현열교환기로 히트파이프가 주로 사용되었으나 열교환 효율이 낮고 유지관리상 불편해 사각(판형)열교환기가 보급된 이후에는 공기조화기에서 거의 사용되지 않고 있다.

한편 공기조화기의 폐열회수열교환기는 겨울철에 도입되는 외기(O.A)와 배출되는 배기(E.A) 간의 온도차에 의해 배기 쪽에서 결로나 결빙이 발생하는 사례가 있으므로 주의가 필요하다. 이로 인해 외기 도입부에 최소한의 예열을 위한 가열장치를 두고 있는 경우도 있으며, 폐열교환기 하부에는 결로수 처리를 위한 드레인판이 필요하다.

또한 실내로부터 환기되는 공기나 외기의 오염이 심한 경우에는 폐열회수장치의 각 흡입측에 예비 필터를 설치할 필요가 있는데, 먼지나 이물질로 열교환기의 표면이 오염되면 열교환능력이 저하되거나 열교환기의 수명이 짧아질 수 있기 때문이다.

아울러 배기열 회수가 필요없는 환절기나 폐열회수장치 고장 시 외기와 배기를 바로 바이패스시킬 수 있는 풍도를 설치하게 되면 공기조화기 운전 및 유지보수 측면에서 편리하다. 특히 환절기에는 바이패스 풍도가 없으면 에너지 절약을 위한 엔탈피 운전도 곤란하다.

## (1) 전열교환기

### ① 회전형 전열교환기

전열교환기는 열회수 과정에서 현열뿐만이 아니고 공기 중의 수분, 즉 잠열의 교환도 이루어지게 되는데 제작 구조에 따라 회전형(로터리식)과 고정형이 있다.

회전형은 흡습성이 있는 재질의 허니컴(honey comb)형 로터를 회전시켜 외기와 배기의 통로를 교대로 지나가도록 되어 있다. 로터의 소재로는 알루미늄판, 난연지, 아스베스토스 등이 사용되며, 흡습제로는 주로 실리카 계열의 것이나 염화리튬 등이 사용된다.

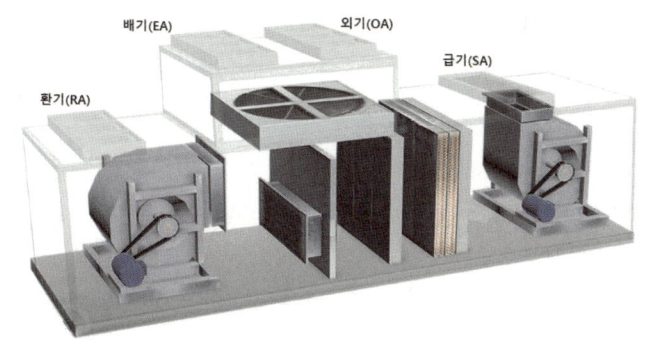

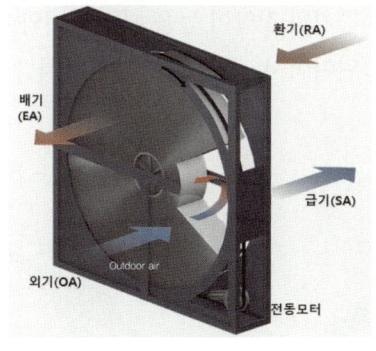

| 회전형 전열교환기 |

| 열교환기의 엘리먼트 |

여름철에 로터의 엘리먼트가 실내에서 배출되는 공조된 공기의 냉기로 인하여 1차로 냉각된 뒤, 로터가 회전하면서 외기 도입부 쪽에 이르게 되면 고온다습한 외기를 식혀주게 된다.

이와 같이 폐열교환기를 거치면서 예냉된 외기가 공기조화기로 공급됨에 따라 급기 시 냉각을 위한 에너지를 절감하게 해준다. 겨울철에는 실외로 배출되는 고온다습한 실내 배기가 저온저습한 외기를 가열가습해 주기 때문에 급기 시 난방부하를 줄여주게 된다. 전열교환기는 현장 설치 여건에 따라 수직형이나 수평형으로 설치할 수 있다.

폐열회수장치는 공기조화기의 운전 시 연동되어 On/Off되며, 열교환 소자(로터)의 회전을 위해 전동기와 벨트 등의 구동부가 있으므로 유지보수가 필요하다. 열교환 소자는 탈부착이 가능하므로 주기적으로 점검하여 표면이 오염되었을 경우 세척 후 재설치하면 된다.(특수펄프 재질인 경우에는 물 세척 곤란)

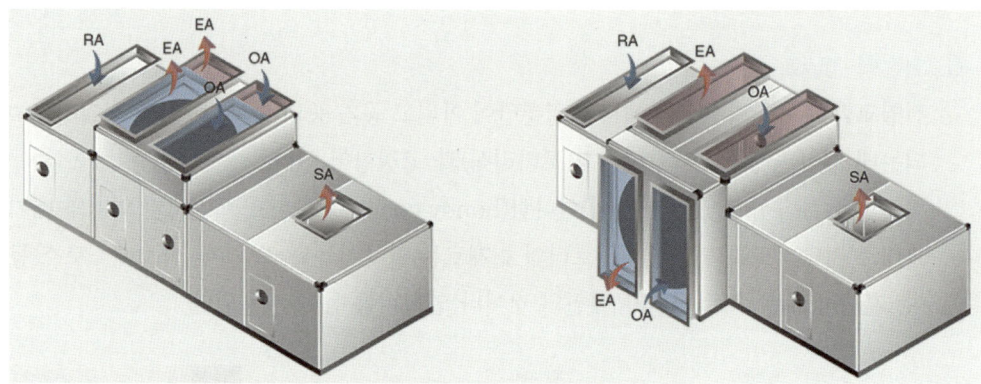

| 회전형 전열교환기의 수평형(좌) 및 수직형(우) 설치사례 |

② 고정형 전열교환기

고정형은 투습이 가능한 특수펄프 재질의 배플판을 무수히 겹쳐 쌓아 놓고, 각 판 사이를 배기와 외기가 교대로 흐르는 구조로 되어 있다. 각 판을 교대로 통과하면서 얇은 펄프지를 통해 열교환을 하면서 약간의 습기의 이동도 가능하다.

고정형은 주로 사각형이나 육각형 형태로 제작되는데, 열교환 소자의 재질이 투습이 가능한 특수 펄프 재질일 때는 전열교환기가 되고, 습기의 이동이 불가능한 금속이나 합성수지 재질일 때는 현열교환기가 된다. 특수펄프를 이용한 전열교환기는 공기의 정압이 높을 때는 외기와 배기의 혼합 우려가 있고 다른 형식에 비해 내구성이 다소 약한 편이어서, 주로 소형 환기장치나 소풍량이나 저정압의 공조장치에서 사용된다.

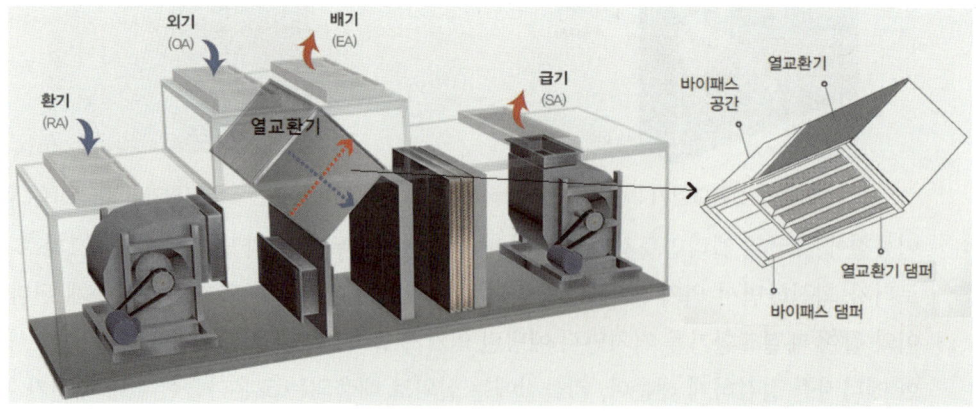

| 고정형 전열교환기 |

## (2) 현열교환기

### ① 히트파이프 열교환기

공기조화기의 폐열회수장치 중 현열교환기로는 주로 판형(Plate) 열교환기와 히트파이프식(Heat pipe) 열교환기가 많이 사용된다. 예전에는 히트파이프식이 많이 사용되었으나, 근래에는 열회수율이 좋은 판형열교환기가 선호되고 있다. 히트파이프식은 열교환기의 재질이나 구조가 견고하여 내구성이 좋고 배기의 혼합이 없어 보

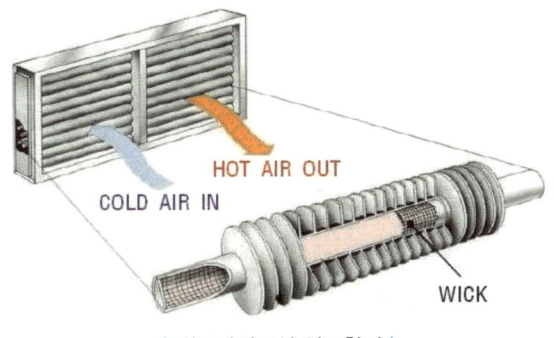

| 히트파이프식 열교환기 |

일러나 연소장치 등에서 연소 배기가스를 이용한 공기예열기 등에서는 아직도 많이 이용되고 있다.

히트파이프는 외견상으로는 냉온수 코일과 유사한 형태로 되어 있는데, 다수의 밀봉된 파이프 용기 내에 열전달 유체가 채워져 있고, 파이프 외부에는 열전달 효과를 높이기 위하여 전열핀이 부착되어 있다.

히트파이프 열교환기는 설치 시 한쪽 방향으로 경사지게 설치되는데, 작동 원리를 살펴보면 다음 그림과 같다. 파이프의 경사진 한쪽 면에는 쉽게 증발되는 열전달 유체가 고여 있는데 열교환기 외부를 통과하는 고온의 공기에 의하여 가열되어 증발되면서 파이프의 경사면을 통해 높은 반대편 부분으로 상승한다.

파이프의 높은 부분으로 이동된 기체는 외부를 통과하는 낮은 온도의 공기와 열교환하여 열을 전달하고, 응축된 액체는 다시 경사진 파이프의 내면을 따라 낮은 부분으로 모이게 된다.

이로 인해 액체가 모이게 되는 파이프의 낮은 부분을 증발부, 기체가 모이는 반대편 높은 부분은 응축부라고 부르고 액체와 기체의 경계가 되는 중간 부분을 단열부라고도 부른다.

히트파이프식 열교환기는 작동 원리상 액체가 고이는 낮은 쪽이 고온 부분이 되어야 하므로, 공기조화기나 덕트 중에 설치될 경우에는 계절에 따라 열교환기의 경사를 바꿔줘야 한다. 만일 계절에 따라 열교환기의 경사를 바꿔 조정해주지 않으면 열 회수 기능을 발휘하지 못한다. 보일러와 같이 연소장치의 배기측에 설치된 히트파이프식 열교환기는 항상 연소 가스가 고온측이 되므로 별도로 경사를 조절해 줄 필요가 없다.

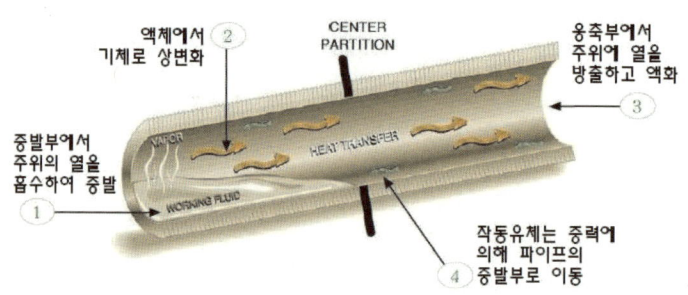

| 히트파이프의 작동 원리 |

② 판형 현열교환기

판형 현열교환기는 앞에서 설명한 고정형 전열교환기와 구조나 외형은 모두 동일하지만, 열교환기의 재질이 수분의 통과가 불가능한 금속이나 합성수지 재질로 만들어진 것이 다른 점이다. 주로 알루미늄 박판이 많이 사용되는데 내구성이 좋기 때문에 정압이 높거나 풍량이 많은 경우에도 무리 없이 적용할 수 있어 공기조화기의 배기열 회수 현열교환기로서 많이 사용되고 있다.

또한 회전식 전열교환기에서와 같은 구동장치가 필요없어 고장 부위가 적고, 물 청소도 가능하여 유지보수가 용이한 편이다. 다만 열교환 소자 내부의 박판에서 손상이 발생하였을 때는 보수가 불가능하여 교체가 불가피하다. 이 때문에 실내의 환기에 부식성 가스나 습기가 많거나, 주방 배기와 같이 기름끼 성분이 있을 때에는 금속성 재질이 부식되거나 손상될 수 있으므로 적용 시 신중히 검토해야 한다.

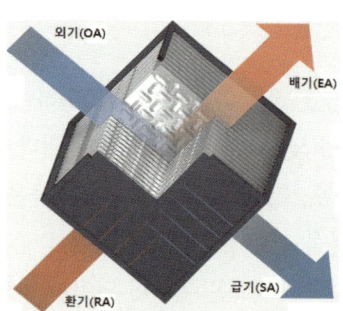
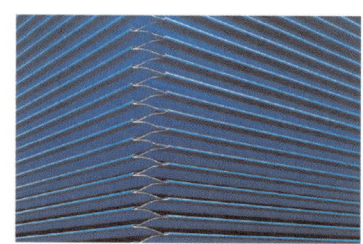

## 07 공기조화기의 종류

공기조화기의 팬을 선정하기 위해서는 부하계산서에서 산출된 실내 냉난방 부하와 신선외기 도입량 등에 의하여 결정된 풍량, 그리고 덕트계통과 공조기 내부의 각종 장치들에서 발생하는 마찰손실을 반영한 정압을 고려하여 사양을 선정하게 된다.

다음은 공기조화기의 사양을 선정하기 위한 부하계산서의 사례이다.

## AHU107 : 1층 홀 및 로비 계통

수량 : 1, 설치 위치 : 공조실

### ■ 실내 부하 / 부하 분석 / 설계 조건

| AHU 담당 Room 수량 : 2개, | Zone Block Peak Time : 18:00 | System : CAV, | 외기 냉방 적용 : ○ |
|---|---|---|---|
| 실내냉방부하 - 현열 : 55,459 W | 장치냉방부하(W/m²) : 80.82 | 냉방부하 (%) | Room Load : 41.3 |
| - 잠열 : 21,120 W | 장치난방부하(W/m²) : 13.72 | | OA Load : 40.1 |
| - 천정속 부하(Q1) : 0 W | 급기 풍량(m³/h/m²) : 6.97 | | Add & Fan : 18.7 |
| 실내난방부하 - 전열 : 555 W | 환기 횟수(a.c/h) : 2.58 | 난방부하 | Room Load : 1.8 |

| 배열회수기 / 효율 | 인원수 | m³/h/인 | RSHF | 면적(m²) | 천정고(m) | 체적(m³) | (%) | OA Load : 79.9 |
|---|---|---|---|---|---|---|---|---|
| S.H   C-45%  H-70% | 240 | 36.0 | 0.72 | 2,297 | 2.70 | 6,202 | | Add & Hum : 18.3 |

### □ 외기/실내 설계 조건

OA Peak Time(h) : 15:00

| | | | | | | | |
|---|---|---|---|---|---|---|---|
| Cooling - | 외기 | 31.6 ℃ DB | 66.2 % RH | 0.0195 kg/kg' | 81.67 kJ/kg |
| | 실내 | 26.0 ℃ DB | 50.0 % RH | 0.0105 kg/kg' | 52.89 kJ/kg |
| Heating - | 외기 | -8.4 ℃ DB | 76.0 % RH | 0.0014 kg/kg' | -4.94 kJ/kg |
| | 실내 | 20.0 ℃ DB | 40.0 % RH | 0.0058 kg/kg' | 34.81 kJ/kg |

### ■ AIR VOLUME SELECTION

| Supply Air Volume : | 16,000 m³/h | (55459 + 0) W ÷ (0.335 × 10.4 ℃) = 15919 |
|---|---|---|
| Outdoor Air Volume : | 8,640 m³/h | 240 p × 36 m³/h/p = 8640 |
| Exhaust Air Volume : | 2,600 m³/h | |

### ■ COOLING / HEATING COIL & HUMIDIFIER CAPACITY

| 냉방용 | 재열 : | |
|---|---|---|
| | 냉방 : 0.334 × 16000 m³/h × (67.93 - 36.35) kJ/kg × 1.1 = | 185,640 W |
| 난방용 | 예열 : | |
| | 가열 : 0.335 × 16000 m³/h × (20.2 - 15.3) ℃ × 1.2 = | 31,517 W |
| | 가습 : | |

### □ 코일 형식 / 가습기 제원

| Cool'g Coil : Water (7/12 ℃, 533 lpm) | P/H Coil : None | 가습기 형식 : |
|---|---|---|
| R/H Coil : None | A/H Coil : Water (60/55 ℃, 91 lpm) | None |

### ■ PSYCHROMETRIC CHART / SYSTEM DIAGRAM

EA 6040 - 13400
OA 8640 - 16000
RF
RA 13400
SA 16000
ROOM
TA 2600
HR   C/H   SF

## AHU107 : 1층 홀 및 로비 계통   수량 : 1,  설치 위치 : 공조실

### ■ FAN SELECTION

| Internal S.P (Pa) | | External S.P (Pa) | | | Supply Fan | |
|---|---|---|---|---|---|---|
| 냉온수 코일 | 100.0 | Duct | (SA) | (RA) | Type | : AirFoil |
| 재열 코일 | | S:1.5 Pa/m × | | | Model | : DS# |
| 예열 코일 | | S:1.0 Pa/m × 160 | 160.0 | | Air Vol. | : 16000 m³/h × 1 |
| 가열 코일 | | R:1.0 Pa/m × | | | Static P | : 1208 Pa |
| 배열회수기 | 100.0 | R:0.8 Pa/m × 160 | | 128.0 | Motor | : 11 kW × 1 |
| Pre Filter | 100.0 | Fittings (30 % of Duct) | 48.0 | 38.4 | Location | : Draw(I) |
| Meduim Filter | 200.0 | Terminal Unit | | | Return Fan | |
| Final Filter | | Pre(Re) Heating Coil | | | Type | : Sirocco |
| Plenum/Casing | | OA/EA Louver | 50.0 | 50.0 | Model | : DS# |
| Chamber | 30.0 | Diffuser/Grille | 30.0 | 30.0 | Air Vol. | : 13400 m³/h × 1 |
| Volume Damper | | Flexible Duct | | | Static P | : 535 Pa |
| Humidifier | 40.0 | Volume Damper | 50.0 | 50.0 | Motor | : 5.5 kW × 1 |
| | | Fire Damper | 10.0 | 10.0 | Location | : Inside |
| | | Sound Attenuator | 50.0 | 50.0 | Power Calculation | |
| | | RA Plenum | | | Ps = 16000m³/h × 1208Pa | |
| | | Velocity Pressure | | | ÷ (3600 × 1000 × 0.65) | |
| | | 흡음챔버 | 30.0 | 30.0 | × 1.15 = 9.5 | |
| | | 배열회수기 | 100.0 | 100.0 | Pr = 13400m³/h × 535Pa | |
| | | | | | ÷ (3600 × 1000 × 0.5) | |
| | | | | | × 1.15 = 4.59 | |
| S. Factor (10%) | 57.0 | Satety Fcator (10%) | 52.8 | 48.6 | Static Pressure | |
| | | | | | SPs = 627+580.8 | |
| Sub-Total | 627.0 | Sub-Total | 580.8 | 535.0 | | |

### ■ ENTERING/LEAVING AIR STATUS

| OA' Cond. - Cooling | 29.6 ℃ DB | 74.3 % RH | 0.0195 kg/kg' | 79.55 kJ/kg |
|---|---|---|---|---|
| Heating | 11.5 ℃ DB | 16.8 % RH | 0.0014 kg/kg' | 15.06 kJ/kg |

#### Cooling Coil Part

| SA / RA Fan Load | SF Load(Q2) = (16000 × 1208 / (3600 × 0.65) × 1.15) × 1 = | 9,499 W |
|---|---|---|
| | RF Load(Q3) = (13400 × 535 / (3600 × 0.5) × 1.15) × 1 = | 4,580 W |
| RA' Condition | 27.1 ℃ DB   46.9 % RH   0.0105 kg/kg'   54.01 kJ/kg | |
| | RA Load = Q1 + Q3 = 0 + 4580 = | 4,580 W |
| | RA Temp. = 4580 W ÷ (0.335 × 13400 m³/h) = 1.02 → 1.1 ℃ | |
| Mixing Air Condition | 28.5 ℃ DB   63.2 % RH   0.0154 kg/kg'   67.93 kJ/kg | |
| | MAtemp = 0.55 × 29.6 ℃ + 0.45 × 27.1 ℃ = 28.48 → | 28.5 ℃ DB |
| | MAabso = 0.55×0.0195 kg/kg' + 0.45×0.0105 kg/kg' = 0.01545 → | 0.0154 kg/kg' |
| Leav'g Air Condition | 13.8 ℃ DB   90.2 % RH   0.0089 kg/kg'   36.35 kJ/kg | |
| | SA Temp. = 9499 W ÷ (0.335 × 16000 m³/h) = 1.77 → 1.8 ℃ | |
| | R/H Temp.= | |

#### Heating Coil Part

| Mixing Air Condition | 15.3 ℃ DB   31.4 % RH   0.0034 kg/kg'   24.00 kJ/kg | |
|---|---|---|
| | MAtemp = 0.55 × 11.5 ℃ + 0.45 × 20 ℃ = 15.32 → | 15.3 ℃ DB |
| | MAabso = 0.55×0.0014 kg/kg' + 0.45×0.0058 kg/kg' = 0.00338 → | 0.0034 kg/kg' |
| P/H Coil Air Cond. | ℃ DB   % RH   kg/kg'   kJ/kg | |
| A/H Coil Air Cond. | E.A.T : 15.3 ℃ DB         L.A.T : 20.2 ℃ DB | |
| | LA Temp. = 555 W ÷ (0.335 × 16000 m³/h) + 20 ℃ = | 20.2 ℃ DB |

일반적으로 공기조화기에 설치되는 급기 및 환기팬은 원심식 송풍기 중 후익형(에어포일팬)이나 전익형(시로코팬)을 많이 사용한다. 환기팬은 실내에서 공조기까지의 환기덕트 계통과 배기덕트에서의 마찰손실 정도만 고려하면 되므로 정압이 낮아 일반적으로 시로코팬을 많이 사용하고 있으며, 급기팬은 급기와 외기도입 덕트계통뿐만 아니라 공조기에 설치된 코일이나 필터 등 장비 내부에서 발생하는 마찰손실(기내정압)까지 고려해야 하므로 환기팬보다는 정압이 높아 후익형(에어포일팬)을 많이 사용하게 된다.

근래에는 공조기의 팬으로 에어포일팬이나 시로코팬 대신에 임펠러가 전동기의 축에 바로 설치되고 팬의 케이싱이 없는 플러그팬(Plug fan)을 설치한 공조기도 사용되고 있다.

### (1) 형태 및 구조에 따른 종류

일반적인 공조기는 팬의 배치 형태나 공조기의 형태에 따라 수평형과 복합형, 수직형으로 분류할 수 있다. 환기팬은 공조기에 내장되어 일체화될 수도 있고(환기팬 내장형), 공조기와 별개와 단독 설치되거나 별도의 배기팬이 설치되면서 생략될 수도 있다.

주위 덕트의 연결이나 설치 장소의 여건에 따라 공조기의 형태를 선택하면 되고, 전열교환기나 현열교환기와 같은 에너지 절감장치를 추가할 수 있다.

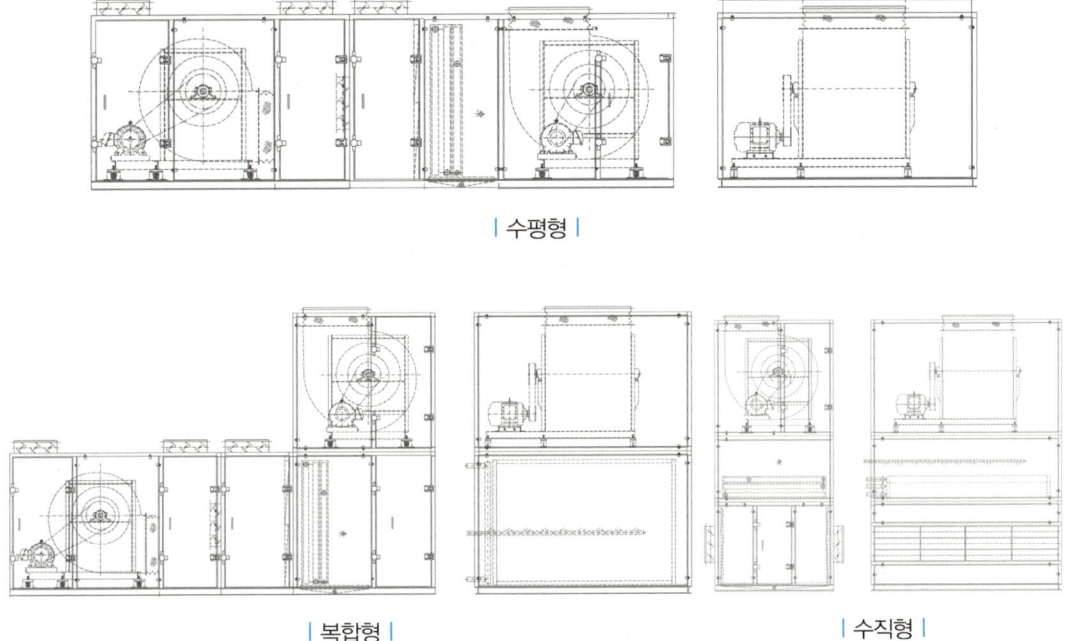

| 수평형 |

| 복합형 |   | 수직형 |

공조기가 실내의 공조실에 설치되지 않고 실내 천장 상부나 외부에 설치되는 사례도 있다. 대형마트나 공장, 창고 등 넓은 면적을 공조해야 하는 상황에서 실내에 천장마감이 없고 소음에 민감하지 않은 경우에는 공조기를 천장 상부에 매달아 설치하는 천장형 공조기나 실내공기 재순환형 공조기, 그리고 지붕에 일체화시켜 설치하는 루프탑형 공조기가 사용되기도 한다. 루프탑형 공조기는 냉수/온수의 공급이 마땅치 않을 곳에서는 냉매직팽식 코일을 장착하고 실외기가 공조기와 일체화된 공조기(루프탑 일체형 공조기)로 제작되기도 한다.

| 루프탑형 공조기 |

| 루프탑 일체형 공조기 |

| 재순환형 공조기 |

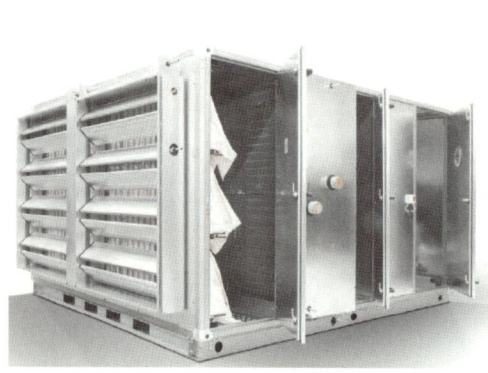

| 천장형 공조기 |

| 복합형 공조기 |

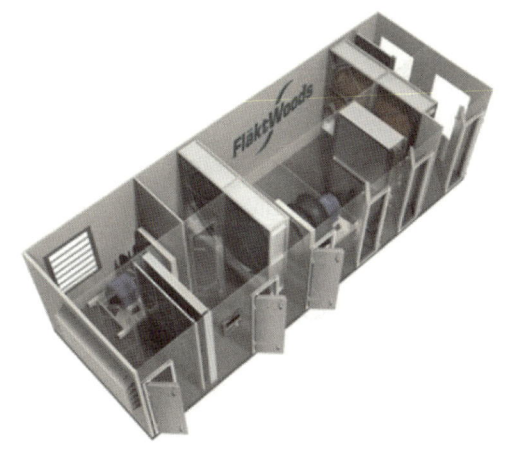

| 데시칸트 공조기 |

## (2) 직팽식 공기조화기

직팽식 공기조화기는 공기조화기가 기계실의 냉동기나 보일러와 같은 냉·열원장비와 멀리 떨어져 있거나 공조 시간이 다른 경우에 주로 적용되는데, 냉매를 이용하는 직팽코일과 별도의 실외기를 연결하여 냉난방을 공급하는 방식이다. 학교나 연구시설과 같이 한 단지 내에 작은 부속건물들이 산재해 있거나, 대형건물 내에서도 회의실이나 세미나실, 공연장과 같이 사용시간이 불특정한 곳에 단독으로 냉·난방을 공급하고자 할 경우에 적합하다.

이와 같은 건물이나 공간은 중앙 냉·난방식으로 할 경우 기계실의 대형 냉·난방 열원장비가 주중의 야간이나 휴일에 가동되어야 하므로 비효율적인 운전이 된다. 또한 공조배관도 길이가 길어져 열손실이 증대되고 시공비도 상당히 발생하게 된다. 이럴 경우에 직팽식 공조기로 설치하면 시설 운용면에서는 효율적인 시스템을 구성할 수 있고, 공조기의 자체의 장비 가격은 상승되지만 기계실부터 연결되어야 하는 냉온수 배관이 삭제되므로 전체적인 설비비는 절감되는 경우가 많다.

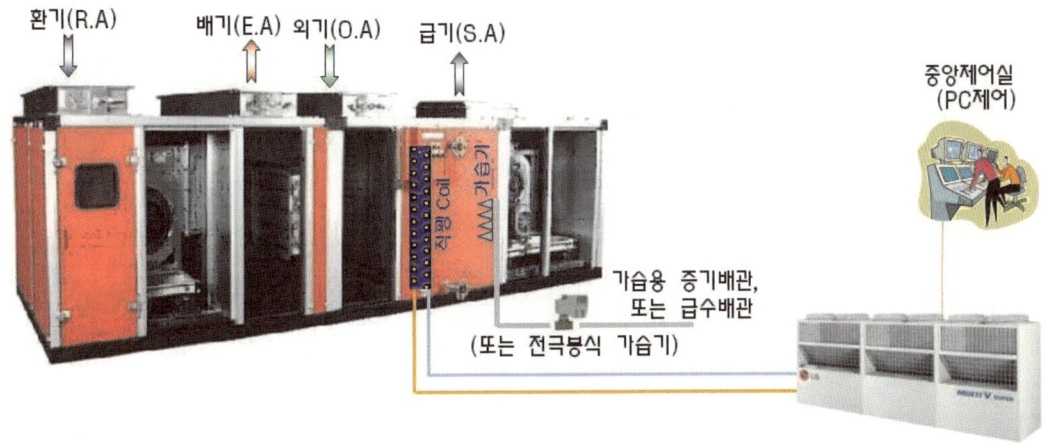

공기조화기 자체는 일반 공기조화기와 동일하나 냉·온수코일 대신에 냉매가 순환되는 직팽코일이 설치되고, 가습기도 급수만 공급받아 전극봉식 가습기나 적하식 가습기를 설치하는 경우가 많다. 직팽코일은 예전에는 냉방 전용의 실외기를 이용해 냉방만 가능하고 난방은 전기히팅코일을 별도로 설치해 난방 운전하는 사례가 많았다. 그러나 근래에는 히트펌프의 사용이 보편화되어 대부분 히트펌프 실외기를 적용해 하나의 직팽코일로 냉방과 난방 모두 가능하다.

### (3) 플러그팬 공기조화기(Plig fan AHU)

일반적인 공조기에서는 에어포일팬이나 시로코팬과 같이 팬의 임펠러와 케이싱이 일체화되어 제작된 팬을 대부분 사용하고 있는데, 풍량이 매우 크거나 또는 비상시를 대비하여 팬을 병렬로 이중화한 특수한 경우가 아니면 보통 1대씩의 팬이 설치된다.

플러그팬 공조기(또는 멀티팬 공조기)는 팬의 임펠러가 전동기의 축에 바로 연결된 형태로 제작된 플러그팬이 풍량에 따라 1개 또는 여러 대가 설치된 형태로 제작된다. 플러그팬 공조기의 장단점을 정리해보면 다음과 같다.

| 플러그팬과 공조기에 설치된 모습 |

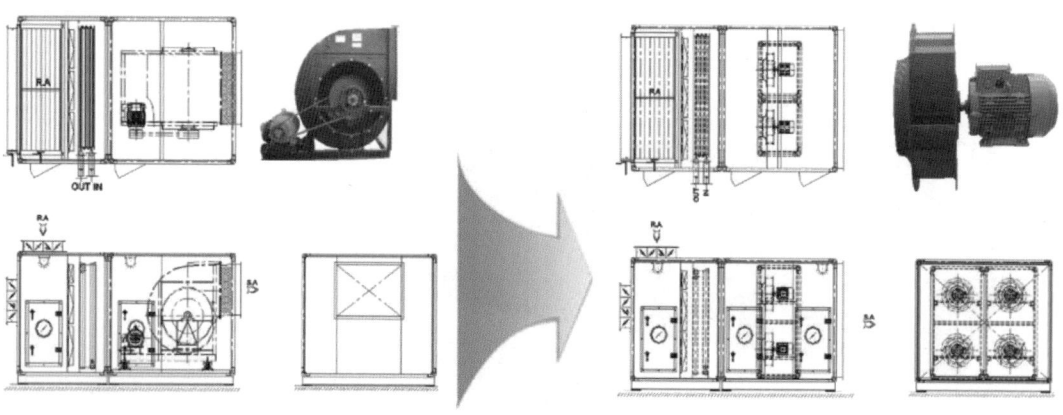

| 기존의 일반 공조기 |   | 플러그팬(또는 멀티팬) 공조기 |

① 장점
- 임펠러와 전동기가 풀리나 벨트, 베어링 등 별도의 전달 장치없이 바로 직결 되어 있으므로 팬의 효율이 좋아지고 팬에 대한 유지관리 부담은 적어진다.
- 대형 팬 1대 대신에 다수의 팬으로 분할해 설치하므로 팬의 사이즈가 작아져 공조기의 외형 사이즈가 줄어들 수 있고, 팬 고장 시 나머지 팬은 정상적으로 가동되므로 임시 부분부하 응급운전이 가능하다.
- 코일이나 공조기 내에서의 공기의 흐름이 기존의 공조기보다 균일해진다.
- 공조기에 인버터 제어장치가 기본 사양으로 적용되기 때문에 추후 리모델링 이나 풍량, 정압 등의 변경이 필요할 경우 회전수 제어로 대응하기가 용이하다.

② 단점
- 풀리가 없기 때문에 팬의 풍량이나 정압 조정을 위하여 인버터 제어장치가 기본사양으로 적용되어야 하며, 이로 인해 장비비가 다소 비싸진다
- 전동기의 수량이 늘어나고 전자장치인 인버터의 설치 등으로 전원과 제어 계통의 고장이나 유지관리 부담은 증가한다.
- 1대의 일반팬이 여러 대의 플러그팬으로 분할될 경우 전동기의 전체 소요동력이 증가될 수도 있으므로 사전 검토가 필요하다.
- 공조기 본체 중 급기팬이 설치된 파트는 양압이 강하게 형성되어 점검 시 주의가 필요하다.

### (4) 외기조화기

외기조화기는 실내 공기의 재순환이 없이 급기되는 공기 전량이 외기로 운전되는 공조기로서 외조기(OAC : Out Air Control unit, 또는 OHU : Out air Handling Unit)라고도 줄여 부르고 있다. 주된 용도는 외부에서 흡입한 공기를 적절한 급기온도로 냉각/가열하거나 제습/가습해 주고, 외기 중의 이물질을 걸러 깨끗한 공기를 실내로 공급하는 것인데, 일반 건물에서도 주방이나 병원, 실험실, 제약이나 식품 제조시설 등 냄새나 습기, 감염이나 오염 등을 고려하여 외조기가 설치되는

| 외기조화기 설치 사진 |

사례가 많다. 일반 건물의 외조기는 일반적인 공조기에서의 환기팬과 배기 파트가 없고, 동절기 외기 전량 도입에 따라 난방코일과 별도로 예열코일이 추가 설치되며, 예열코일로는 주로 스팀이나 온수를 이용한 동파방지댐퍼코일이 사용된다.

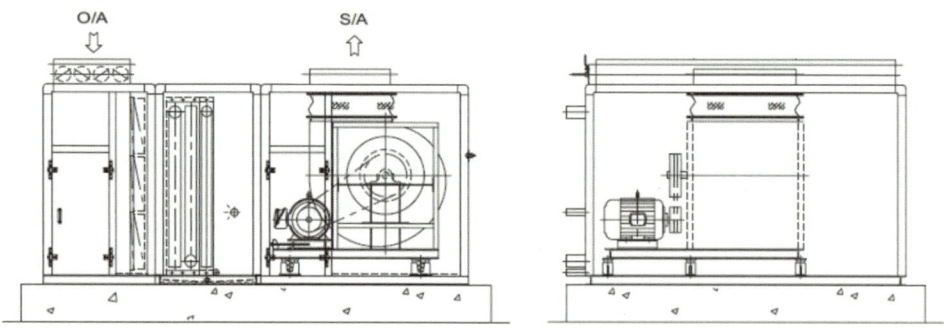

| 외기조화기 제작 도면 |

반도체나 LCD 제조공장, 기타 클린룸 제조공정에서 전량 외기를 도입하면서 실내를 항온항습과 양압의 조건으로 만들기 위해서도 외조기가 적용된다. 대형 클린룸 설비에서 사용하는 외조기는 풍량이 매우 크면서도 정밀한 온습도 제어와 높은 청정도가 필요하기 때문에 외조기의 구조가 일반 건물의 외조기보다 복합하게 구성되고, 대용량이어서 공조실에 공조기가 일체화되어 설치되는 빌트업(Built up) 타입으로 적용되는 사례가 많다.

이와 같은 시설에서는 외기 중의 먼지와 수분 등의 제거를 위해 보통 1st Demister → Pre + Med. Filter → 2nd Demister → HEPA Filter와 같은 처리과정을 거치도록 외조기가 구성되며, 업체에 따라서는 WSS(Water Shower System)가 추가 설치되기도 한다.

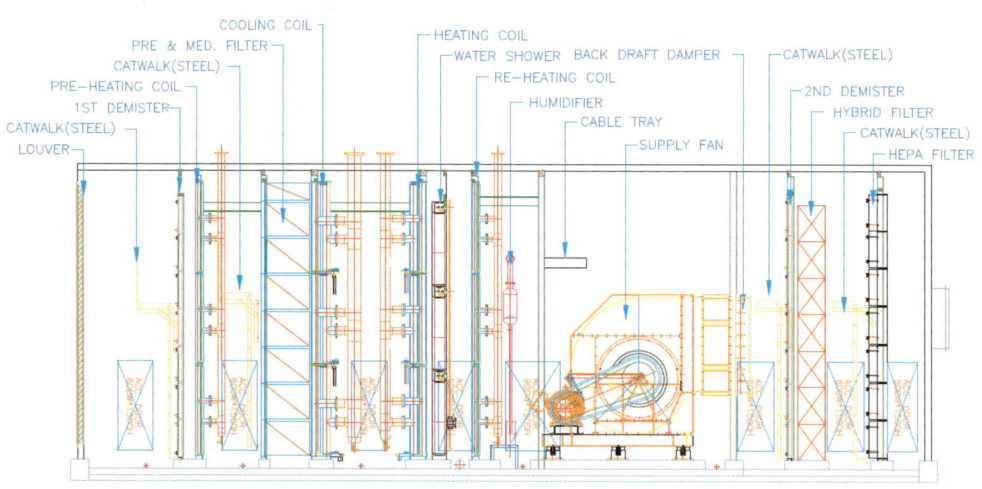

| 반도체 공장에서의 외조기 구성 사례 |

- 1st Demister : 외기 도입 시 루버로부터 혼입되는 물방울을 제거하는 기능
- Pre Heating Coil : 영하 온도의 외기를 영상으로 예열시키거나 상승시켜 겨울철에 Cooling coil이 동파되지 않도록 하는 기능
- Pre + Med. Filter : 외기 중의 먼저를 1차로 처리하는 필터로 예비필터(Pre Filter)와 중성능필터(Medium Filter)를 사용함

- Pre Cooling Coil : 여름철 외기온도를 중간 온도로 1차 예냉하는 기능(예 35.4℃의 외기 → 17.7℃로 1차 냉각)
- Cooling Coil : 외기온도를 이슬점 근처의 온도까지 추가로 냉각시켜 주는 기능(예 17.7℃로 1차 예냉된 외기 → 10.7~11.2℃로 재냉각)
- WWS(Water Shower) : 외기 중의 먼지나 불필요한 수용성 가스 성분($SO_4^{2-}$, $NH_4^+$)을 제거하는 기능을 하며, 물을 이용하므로 가습 및 냉각 효과도 발휘됨
- Heating Coil : 겨울철에 Pre Heating Coil에서 예열된 외기를 적절한 온도까지 2차로 가열해주는 기능
- Humidifier : 겨울철에 클린룸의 내부가 적정한 습도를 유지하도록 가습하는 기능을 하는데, 주로 Steam Injection Panel type의 증기가습기를 사용함
- Fan : 외기를 실내로 이송하여 클린룸 내부가 양압으로 유지되도록 하는데, 대부분 고효율의 Air Foil Fan(양흡입)을 사용하고 있음
- 2nd Demister : Humidifier에서 발생된 수적을 걸러주어서 후단의 Chemical Filter와 HEPA Filter를 보호하는 기능
- Chemical Filter : 외기 중의 오존($O_3$)이나 질소산화물($NO_X$), 기타 WWS에서 제거되지 않은 가스 성분을 제거하는 기능
- HEPA Filter : 외기 중의 미세먼지와 외조기 내부에서 발생된 Paticle을 제거하는 기능

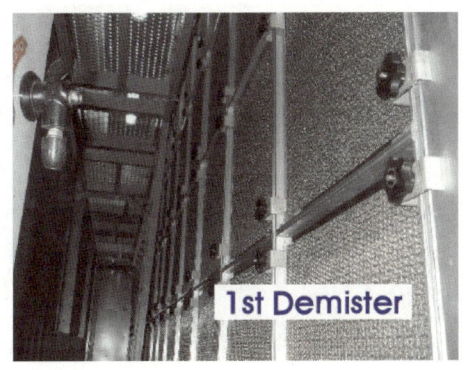

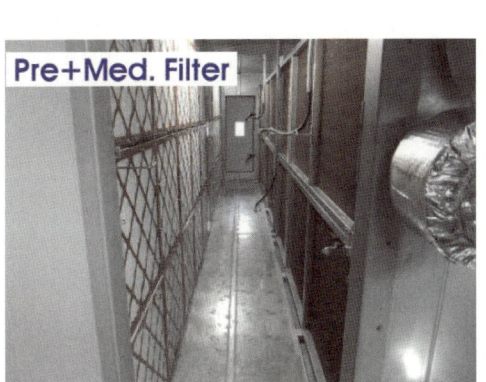

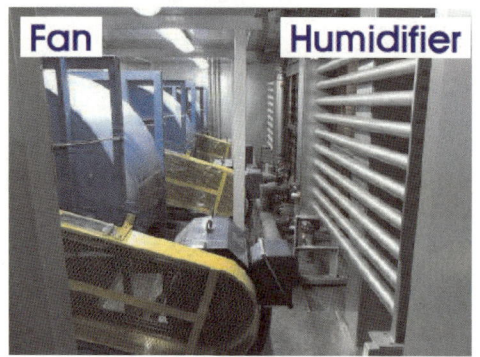

# 08 공기조화기 드레인과 잭업방진

## (1) 드레인 배관과 봉수 깊이

공기조화기의 코일 부분 바닥에는 결로수의 처리를 위하여 드레인판이 설치되어 있는데, 이 드레인판의 배수관 연결 시에는 공조기의 송풍기 위치에 따라 형성되는 압력을 고려하여 적정한 높이의 배수트랩(봉수)을 만들어줘야 한다.

드레인판 부위에 정압(외부 방향으로 팽창하려는 압력)이 형성될 경우에는 드레인판에 모인 결로수가 압력에 의해 밖으로 밀려 나가기 때문에 배수가 원활하다. 그러나 배수관을 통해 송풍기의 급기도 지속적으로 배출되므로 배수관에 정압을 누를 만한 봉수 깊이 이상을 확보해줄 필요가 있다.

특히 드레인판 부위에 부압(안쪽으로 빨아들이는 압력)이 형성될 경우에는 배수관을 통해 외부의 공기를 빨아들이는 현상이 발생하기 때문에 결로수 배출이 제대로 되지 않고, 결국 드레인판에 정체된 결로수는 장비 외부 케이싱의 틈새를 통해 누출되면서 문제를 일으킨다. 일반적인 사양의 공조기는 대부분 드레인판 부위에 부압이 형성되는 경우가 많은데, 드레인판과 연결된 배수관에는 내부에 형성되는 부압별로 다음과 같은 높이 이상의 봉수트랩을 설치해줘야 결로수의 배출이 원활해진다.

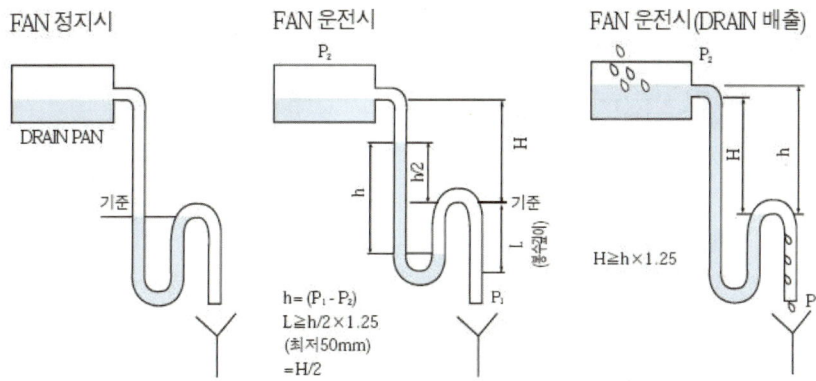

| ΔP(mmAq) | 10 | 20 | 30 | 40 | 60 | 80 | 100 | 120 | 140 | 160 | 200 |
|---|---|---|---|---|---|---|---|---|---|---|---|
| L(mm) | 50 | 50 | 50 | 50 | 50 | 50 | 65 | 75 | 90 | 100 | 125 |
| H(mm) | 15 | 25 | 40 | 50 | 75 | 100 | 125 | 150 | 175 | 200 | 250 |

| 공조기 내부 부압별 드레인관의 봉수 깊이 |

## (2) 잭업방진(Jack-up)

공기조화기의 운전 중 발생되는 소음이나 진동이 아래층이나 주위 공간으로 전달되는 것을 차단하기 위하여 공기조화기의 하부에 잭업방진 기초를 설치하는 사례가 많다. 잭업방진기는 외부에 철근을 걸쳐 올려놓을 수 있는 형상의 하우징이 있고, 내부에는 높이 조절볼트와 연결된 방진고무 마운트가 설치되어 있다. 장비 기초의 콘크리트 타설 전에 잭업방진기를 일정한 간격으로 배치하고 철근을 조립하여 매립한다.

콘크리트 타설 후 매립된 각각의 잭업방진기의 높이 조절볼트를 골고루 조절하여 전체적으로 콘크리트 기초를 일정한 높이만큼 건물의 바닥으로부터 들어 올리게 된다. 이렇게 되면 공기조화기가 설치된 콘크리트 기초가 건물 구조체로부터 떠있는 상태가 되고, 장비 가동 중의 진동은 잭업방진기의 고무마운트에 의하여 차단된다.

| 공조기 기초 외곽에 조적턱 설치 |

| 잭업방진기 배치와 철근 조립 |

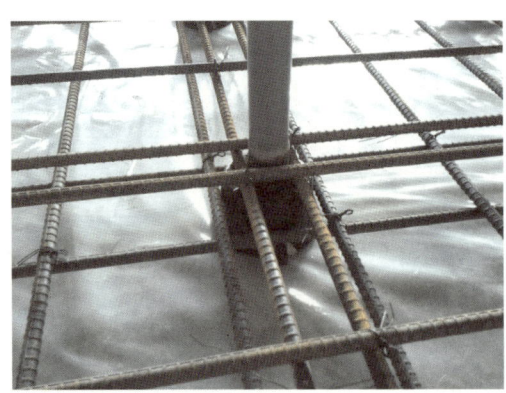
| 잭업방진기에 철근을 얹어 놓은 모습 |

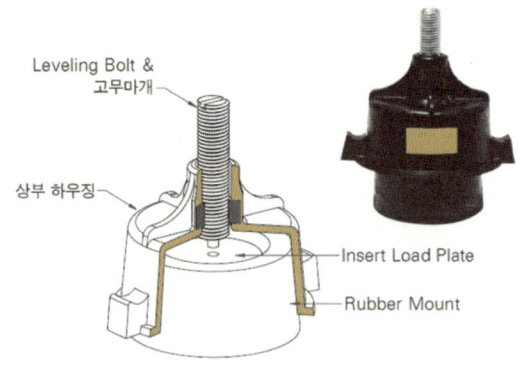
| 잭업방진기 |

| 기초 하부에는 비닐을 설치함 |

| 콘크리트 타설 |

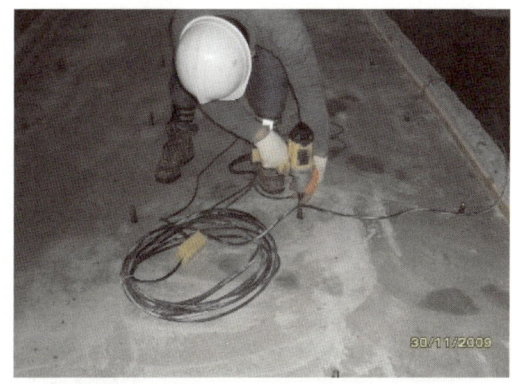
| 방진기의 볼트를 회전시켜 기초를 들어올림 |

| 가장자리 조적턱과의 경계는 코킹 처리 |

## 09 공기조화기의 운전 중 점검사항

- 공기조화기 운전 중 열교환 코일의 입구와 출구 배관의 온도를 확인하여 정상적으로 냉방 또는 난방이 되고 있는지 확인함
- 팬 가동 중 소음이나 진동이 없는지 확인함
- 급기팬과 배기팬의 전류와 전압이 적당한지 측정함
- 팬 풀리와 모터 풀리의 정렬(얼라인먼트), 그리고 벨트의 장력 상태를 점검함. 풀리의 정렬과 벨트의 장력이 맞지 않을 경우 전동기 베이스의 조절볼트를 이용하여 조정해 줌

| 팬 벨트의 장력 확인 |

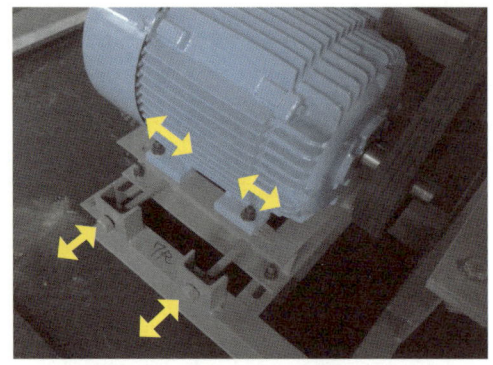
| 전동기 풀리 정렬과 벨트의 장력 조정 |

- 필터의 청결 상태를 확인하여 필요할 경우 교체함(필터에 차압계가 설치되어 있는 경우 차압계의 압력차를 점검)
- 열교환 코일이나 급/배기 팬이 이물질이나 먼지로 오염되지 않았는지 확인하고, 필요시 코일 세척이나 팬 청소를 실시해 줌
- 냉방 시 코일 하부의 드레인 판의 결로수가 잘 배출되는지 확인하고, 배수가 잘 안 될 경우 팬의 정압에 비하여 배수관 트랩의 봉수 깊이가 부족한 것이므로 트랩을 수정하도록 함

| 프리필터의 오염 |

| 필터의 교체 |

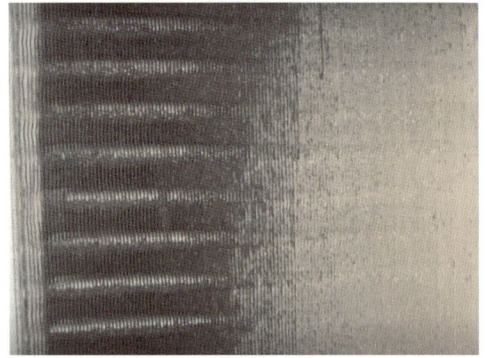
| 코일 표면이 먼지로 오염된 상태 |

| 코일 세척 작업 실시 |

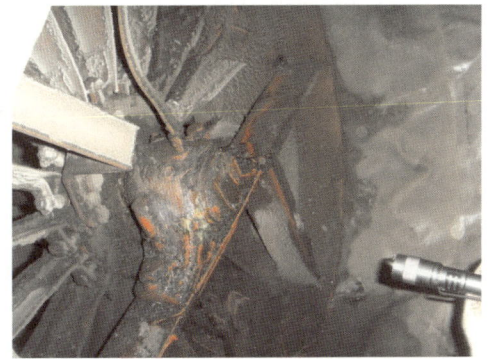 

| 공조기 팬의 오염 |    | 공조기 결로수의 배출 불량 |

- 전동댐퍼들의 날개의 위치를 육안 확인하고, 댐퍼 구동기와 댐퍼 축의 고정볼트가 풀리지 않았는지 점검함
- 코일 표면의 결로수가 급기팬 쪽으로 비산되지 않는지 확인함. 결로수가 비산되면 급기팬이나 케이싱 내부면 등이 부식될 우려가 크므로, 급·배기 팬의 풍량을 조정하여 코일 통과 풍속이 적정한 수준(2.5~3m/s)이 되도록 조정함
- 팬의 베어링에 윤활유 보충이 필요한 경우 주기적으로 점검하여 보충해 줌(요즘에는 일정한 기간 동안 윤활유를 주입해주는 자동주입기도 많이 사용됨)

 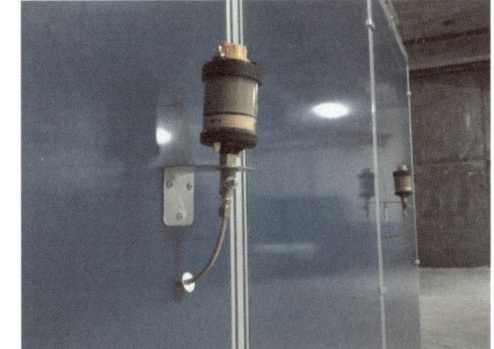

| 팬 베어링과 그리스 자동주입기 |

- 가습기의 작동 상태를 점검하고, 전극봉식 가습기의 경우 주기적으로 내부의 전극봉을 확인하여 표면에 스케일이 많이 축적된 경우 청소해 제거해 줌
- 난방이나 가습에 증기를 사용하는 경우에는 증기트랩이 정상적으로 작동되고 있는지 확인함
- 냉수나 온수를 사용하는 경우 코일헤더 상부에 설치된 에어벤트의 작동 상태를 점검함(자동에어벤트 상부 캡이 약간 풀어져 있어 공기의 배출이 원활한지 확인이 필요함)
- 동파방지히터의 설정 온도와 자동 셋팅 여부를 확인하고, 온도조절기에 의해 히터가 정상 발열되는지 조절기의 셋팅 온도를 변화시켜 가면서 확인함

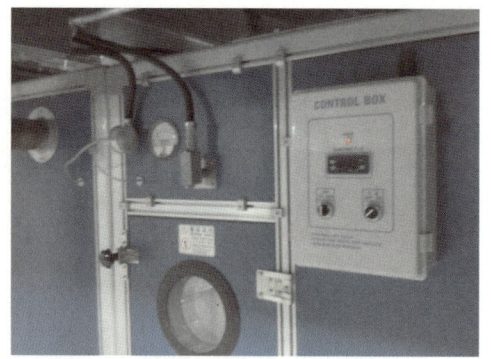

| 동파방지히터와 조작판넬 |

## 10 공기조화기의 이상과 원인

| 구분 | 이상 증상 | 원인 및 대책 |
|---|---|---|
| 전동기 | 전동기가 가동되지 않을 경우 | • 퓨즈의 단락 → 확인 후 교체<br>• 임펠러나 전동기의 고착 → 수동으로 돌려 고착 해제<br>• 전동기 소손 → 확인 후 수리<br>• 결상이나 전압 이상 → 전기 계통 확인 후 원인 해결<br>• 결선 오류 → 확인 후 수정<br>• 과부하 차단 장치가 작동됨 → 전류 설정치 확인, 풍량 과다 여부 점검, 과부하 원인 확인 후 재가동 |
| | 전동기의 회전 속도 미달 | • 공급 전원의 Hz나 전압의 이상 → 확인 후 조치<br>• 인버터 제어일 경우 인버터 고장 여부 확인 |
| | 전동기 소음 발생 | • 전동기 베어링 손상 → 점검 후 수리<br>• 벨트 장력이나 풀리의 정렬 불량 → 확인 후 조정<br>• 전동기 고정 불량 → 팬 베이스의 고정볼트 확인 후 조임<br>• 베어링 윤활유 부족 → 윤활유 보충 |
| 송풍기 | 풍량이 적거나 정압이 낮은 경우 | ※ 앞부분의 송풍기 쪽 내용 참조 |
| | 진동과 소음의 발생 | |
| | 베어링 온도 급상승 | |
| | 기동 시 과부하 | |
| | 운전 중 과부하 | |

| 구분 | 이상 증상 | 원인 및 대책 |
|---|---|---|
| 냉방 · 난방 | 냉 · 난방 용량 부족 | • 자동제어 밸브나 정유량 밸브의 고장 → 확인 후 수리<br>• 과대한 외기 도입에 따른 냉각/가열 능력 부족 → 외기 도입량을 적정한 수준으로 조절<br>• 실내에서 과다한 부하 발생 → 설계 내용 확인 후 부족 시 코일 추가나 큰 용량으로 교체<br>• 증기트랩의 고장, 응축수의 배출 불량(증기 코일인 경우)<br>• 에어필터나 코일의 막힘으로 풍량 부족 → 교체나 청소<br>• 변풍량 유닛의 제어 불량(변풍량 방식일 경우) → 제어 및 VAV 유닛의 개폐 상태 확인 후 보수<br>• 냉/온수(또는 증기)의 순환 유량 부족 : 아래 내용 참조 |
| | 냉 · 온수의 순환 유량 부족 | • 정유량 밸브나 스트레이너의 막힘 → 확인 후 청소<br>• 자동제어 밸브와 수동 밸브의 개도율 확인 후 조정<br>• 코일이나 배관 내 공기의 정체 → 에어벤트 밸브 작동<br>• 순환펌프의 용량 부족 → 유량 측정 후 부족할 시 교체<br>• 공급↔환수 메인관에 설치된 차압밸브의 과도한 개방 → 차압밸브 작동 상태 확인 후 조정이나 수리<br>• 순환펌프의 인버터 제어 불량 → 인버터 제어값 조정<br>• 배관 관경의 부족, 과도한 마찰 손실 발생 → 설계 재검토 |
| 풍량 | 실내에서 풍량이 부족할 경우 | • 덕트 관로 중 수동댐퍼가 많이 닫힌 경우 → 댐퍼 개방, 덕트 계통 간의 밸런싱 조정<br>• 방화댐퍼의 퓨즈가 끊어짐 → 퓨즈 교체<br>• 공조기 에어필터의 막힘 → 필터 청소나 교체<br>• 설계보다 과다한 정압(마찰손실)이 발생될 경우 → 설계 확인 후 필요시 팬의 용량 증대<br>• 송풍기의 이상 : 송풍기 쪽 내용 참조<br>• 인버터 제어나 변풍량 유닛의 작동 불량(해당 시) |
| 습도 | 습도가 과다하게 높음 | • 가습밸브의 고장 → 수리 또는 교체<br>• 실내에서의 습기 다량 발생 → 외부 배출, 또는 냉각 제습(수영장이나 샤워실에서 공조기를 장시간 동안 재순환 운전을 실시할 경우 과습에 의해 실내에서 다량의 결로가 발생하고 덕트에서도 결로수가 누수될 수 있음) |
| | 습도가 과다하게 낮음 | • 가습밸브의 고장 → 수리 또는 교체<br>• 과다 냉각에 따른 과제습 → 적정 온도로 조정<br>• 가습기 용량의 부족 → 저습한 계절에 전외기 운전 시 가습기 용량이 부족하여 가습량 부족. 가습기 증설 필요 |
| 기타 | 급기 팬 쪽으로 물방울이 비산됨 | • 냉각코일의 통과 풍속 과다(3m/s 이상) → 풍량을 낮춤<br>• 적하식 가습기의 급수량 과다 → 급수량 조절<br>• 냉/온수 코일에서의 미세한 누수 → 누수 부위 보수 |
| | 공조기 드레인판의 물 넘침 | • 드레인 배수트랩의 봉수 높이 부족 → 봉수 깊이가 필요한 높이 이상이 되도록 배관 수정<br>• 급기팬만 있는 공조기에서 필터의 오염으로 과다한 차압이 발생해 결로수 배출 안 됨 → 필터 교체<br>• 적하식 가습기의 급수량 과다 → 가습 급수량 조절 |
| | 누기에 의한 소음 | • 공조기와 덕트 연결 부위(캔버스)에서의 누기 → 보수<br>• 공조기 케이싱 및 점검구와 프레임의 패킹 미비 → 보완<br>• 배관, 전원선, 센서 등 케이싱 관통 부위의 틈새 → 밀폐 |
| | 코일의 동파 | 다음의 공기조화기 동파 원인 및 대책 참조 |

# 11 공기조화기 및 공조배관의 동파 원인과 대책

## (1) 동파 사고의 원인

겨울철에 공조장치, 특히 열교환 코일이 설치되어 있는 공기조화기(AHU)나 팬코일유닛(FCU)에서의 동파 사고가 종종 발생한다. 공조 배관의 경우에는 외기에 노출되어 동파가 우려되는 부분은 보온 두께를 강화하거나 전기 열선의 설치, 또는 혹한기에 비난방 시에도 순환펌프를 가동하는 등의 대책을 통하여 최대한 동파가 되지 않도록 대처할 수 있다. 그러나 공조 장비의 열교환 코일은 구조상 코일면이 바로 찬공기에 노출되어야 하므로 장비 제작에서부터 유지관리 시까지 세심히 대비하지 않으면 동파 위험에 놓이게 된다.

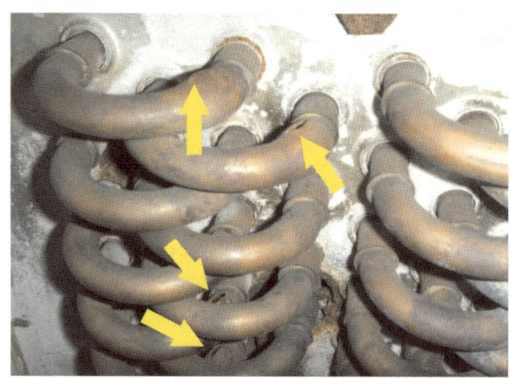 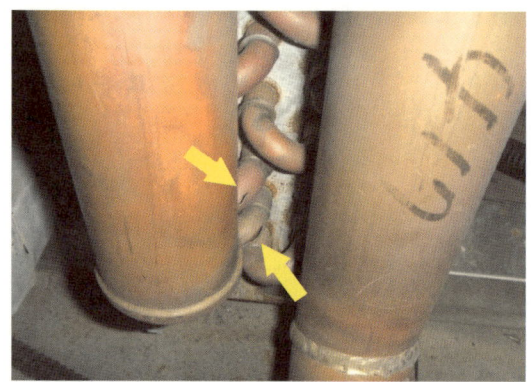

| 공기조화기 코일의 동파 |

동파 사고의 직접적인 원인은 액체 상태인 물의 온도가 0℃ 이하로 떨어져 얼음으로 상태 변화를 할 때 체적이 팽창(약 9%)하기 때문에 발생한다. 근본적으로 공조장치 내부의 물의 온도를 0℃ 이하로 동결되지 않도록 관리하면 되지만, 간혹 다음과 같은 원인들로 인하여 열교환 코일이나 공조 배관의 동파가 발생하게 된다.

① 공조 장비나 배관 내부의 물이 완전히 퇴수가 되지 않은 경우

동절기에 사용하지 않는 냉수코일이나 배관의 퇴수가 완전히 이루어지지 않은 경우 내부에 남아 있는 물로 인하여 동파가 되는 경우가 많다. 퇴수 작업 시 공기의 유입구가 없어 퇴수가 원활치 않은 상황인데도 퇴수에 충분한 시간을 주지 못하였거나, 길거나 복잡한 장치나 배관 계통의 잔수들이 시간이 흐르면서 낮은 곳에 모여 동파 사고를 발생시킨다.

간혹 퇴수 구간의 장치나 배관에 설치된 차단밸브(특히 버터플라이)가 노후되거나 수압에 밀려 누수(Leak)되어 동파되는 사례도 있으므로, 퇴수 후에도 드레인 밸브를 그대로 열어두는 것이 좋다.

② 외기 쪽 댐퍼의 열림

공조기의 정지 시 외기 덕트쪽의 댐퍼가 개방되거나 누설될 경우 영하의 외기가 유입되어 코일이 동파되는 사례가 많다. 주로 자동제어상의 설정 오류나 오작동, 구동기(액추레이터)의 고장 등에 의해 전동댐퍼가 개방된 채로 방치되어 발생하게 된다. 간혹 댐퍼의 축이 날개로부터 빠졌거나 댐퍼 구동기와의 볼트 고정이 느슨해져 댐퍼 날개가 완전히 밀폐되지 못한 경우도 있으므로 주기적인 육안 점검이 필요하다.

③ 외기 도입량의 과다

공조기에서 열교환 코일의 난방 가열 능력을 초과하여 외기량이 도입된 경우 정상적으로 온수(또는 증기)가 100% 공급됨에도 불구하고 코일이 동파되는 사례가 있다. 특히 공조기의 난방용 코일 설계 시 실내로부터의 환기되어 재순환되는 공기에 혼합되는 외기의 양이 적게 설정되어 산출된 경우 이와 같은 사례가 발생될 우려가 있다.

일반적으로(사무 공간의 경우) 설계 시 공조기에 유입되는 외기량은 에너지 절약을 위하여 재실자의 예상 인원수에 비례하여 필요한 최소한의 환기량으로 산정하고 있으므로, 장비 운전 시 설계 당초의 외기 도입량을 넘어 과다하게 영하의 외기가 다량 유입되면 난방코일의 가열 능력이 부족해 코일의 동파가 발생될 수 있으므로 주의가 필요하다.

특히 혹한기에 실내의 냄새나 분진 제거, 환기 등을 위해 공조기를 가동시키면서 급기량의 전량(100%)을 외기를 도입하는 경우, 난방코일이 온수나 스팀에 의해 충분히 가열되기도 전에 영하의 찬공기가 다량 공급되면서 코일이 동파되는 일이 종종 발생한다. 장시간 시스템이 정지되었다가 다시 난방 운전을 시작할 때에는 보일러의 가동과 배관의 예열, 온수의 가열 등에 상당한 시간이 소요되게 되므로, 열원장비와 공조기 간의 가동에 시간차를 두거나 공조기 혼합챔버의 온도가 충분히 상승된 이후에 외기댐퍼가 개방되도록 인터록을 설정해 두는 것이 바람직하다.

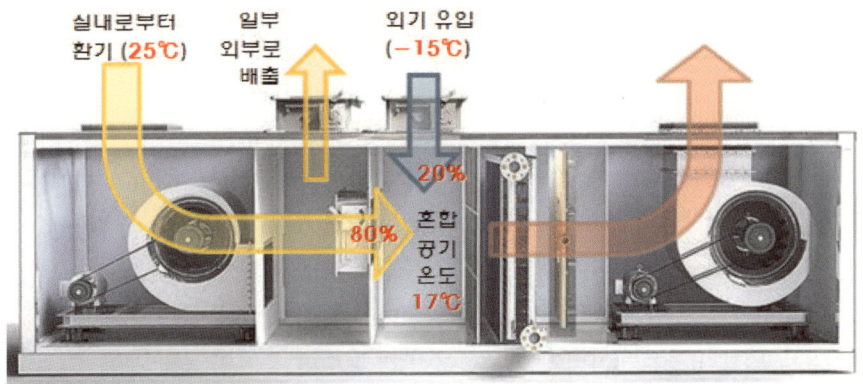

| 당초 설계 조건 : 환기(80%) + 외기(20%)의 혼합 |

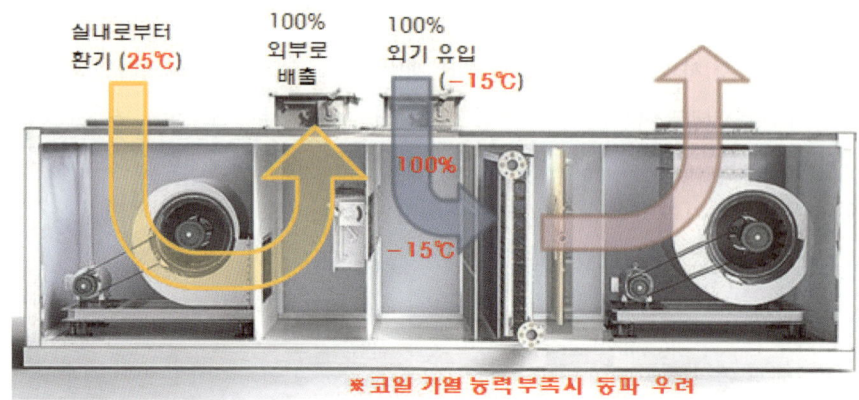

| 부적절한 운전 사례 : 100% 전외기 운전 시 코일 동파 우려 |

④ 혼합 챔버 내의 기류 혼합 불량

공조기의 혼합챔버(Mixing Chamber)의 크기가 지나치게 작거나 환기팬의 정압이 과다할 경우 환기(R.A)와 외기(O.A)가 균일하게 혼합되지 못하여 외기댐퍼 근처가 국부적으로 0℃ 이하로 떨어져 코일 상부가 동파되는 경우도 있다. 이럴 경우 혼합챔버 내부에 환기와 외기가 혼합되기 쉽도록 에어믹서(Air Mixer, 일종의 가이드 베인)를 설치하여야 한다.

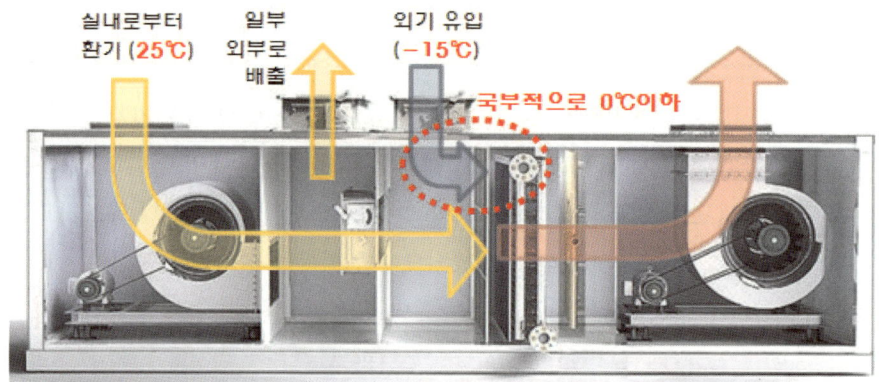

⑤ 온수(또는 증기)의 순환 불량

공조배관 계통이나 공조장치의 열교환 코일에서 열매체(온수나 증기)의 순환이 불량하여 국부적으로 동파가 진행되는 경우도 있는데, 다음과 같은 원인들이 있을 수 있다.

- 증기코일에서 응축수의 배출 불량(증기트랩의 작동 불량이나 용량 부족)
- 자동밸브(2way, 3way)의 고장으로 온수나 증기의 공급 불량
- 정유량 밸브나 스트레이너에 이물질이 막혀 온수나 증기의 공급 부족
- 코일이나 배관 중의 공기 정체로 인한 온수 순환 불량(자동에어벤트 작동 불량)

이 밖에도 증기를 사용하는 코일의 사이즈가 커서 코일 전체 면에서 온도가 균일하지 않은 경우 각 코일 튜브의 온도 팽창이 불균일해져서 헤더 부분의 이음매나 용접 부분에서 크랙이 발생하는 사례도 있다.

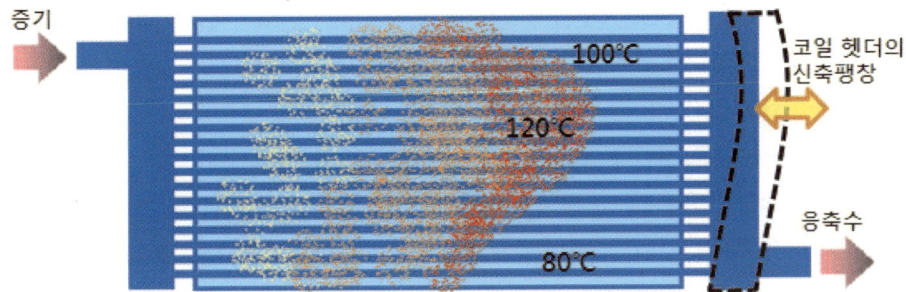

⑥ 단열의 부적절

외기에 노출된 밸브나 증기트랩의 보온이 부실하게 되었거나 배관과 지지 철물의 접촉부분 틈새에 보온재가 밀실하게 설치되지 않은 경우, 또는 보온재의 두께가 얇은 경우에는 배관 일부분이 동결되어 유체의 흐름이 막히거나 동파의 우려가 있다. 수백~수천 미터의 순환 배관에서 단열이 부실한 단 한 곳만 동결되어도 전체 배관이 막히는 결과를 가져와 유체가 순환되지 못하므로 배관 단열재의 상태 점검도 소홀히 여겨서는 안 된다.

⑦ 기타 관리상의 문제

위의 원인들 이외에도 시스템 운전 중 유지 관리나 조작상의 부주의로 인하여 동파되는 사례도 있다.

- 동파 예방을 위해 부동액을 혼합한 경우 부동액의 혼합 비율이 부족하여 동파(또는 운전 중 보충수 보급으로 인하여 부동액의 혼합 비율이 저하된 경우)
- 외부의 창문이 개방된 채 방치되어 팬코일유닛이나 배관의 동파
- 공조기 혼합챔버에 설치된 동파방지히터의 고장이나 미작동
- 자동제어 프로그램의 오작동이나 다운, 자동제어 기기의 고장 등
- 공조기가 설치된 기계실이나 공조실의 실내 온도가 영하로 저하되는 경우(공조실이 옥탑층에 위치하거나 공조기 자체가 외부에 설치된 경우 등)

## (2) 동파 방지를 위한 조치

① 동절기 이전에 동파 대비 점검 실시

- 퇴수 철저(콤프레샤 이용 등), 동절기 동안 드레인 밸브의 개방 상태 유지(차단밸브의 밀림이나 누설에 대비)
- 정유량 밸브, 코일에 설치된 에어벤트, 2way(또는 3way) 컨트롤밸브의 정상 작동 여부 확인
- 증기코일의 응축수 배출 상태나 증기트랩 정상 작동 여부 확인
- 공조기 내부의 동파방지히터나 공조배관에 설치된 열선의 정상 작동 여부 점검(온도조절기 설정값을 임의로 조정해 보면서 히터나 열선의 전원 공급과 발열 여부를 점검)

- 보온이 미비한 부분 보수(빗물에 노출되는 경우 유리솜 보온재를 사용하게 되면 흡습에 의해 단열 성능이 저하되므로 가급적 발포폴리에틸렌이나 고무발포보온재를 사용하고, 보온재 외부는 칼라함석 등 보온 커버로 보양함)
- 각종 제어밸브류 전단에 설치된 스트레이너의 막힘 여부 점검
- 공조배관이나 장치에 부동액이 혼합되어 있는 경우 혼합 비율(농도) 확인
- 외기댐퍼의 작동 상태 점검(날개의 기밀성, 구동기의 작동 상태 등)

② 혼합챔버 내 온도센서의 설치 위치를 조정
- 혼합챔버 내에 설치되는 온도센서를 외기챔버와 코일 사이에 설치함
- 외기의 혼합 불량에 따른 혼합챔버 내의 국부적인 온도 저하 현상을 감지하는 데 유리함

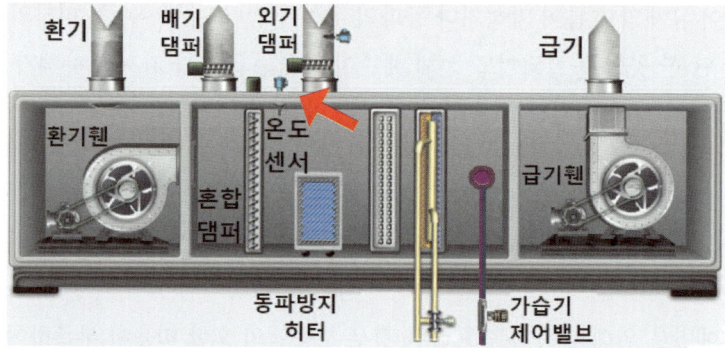

| 바람직하지 않은 온도센서의 위치 : 혼합댐퍼 → 온도센서 → 외기댐퍼 → 코일 순 |

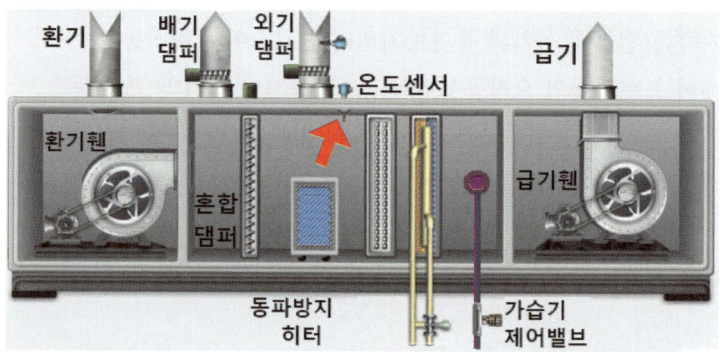

| 바람직한 온도센서의 위치 : 혼합댐퍼 → 외기댐퍼 → 온도센서 → 코일 순 |

③ 혼합챔버 내에 에어믹서의 설치
- 공조기의 높이가 높은 경우 혼합챔버 내에 에어믹서(Air Mixer, 가이드베인) 설치함
- 혼합챔버 내에서 환기와 외기의 균일한 혼합에 도움이 됨

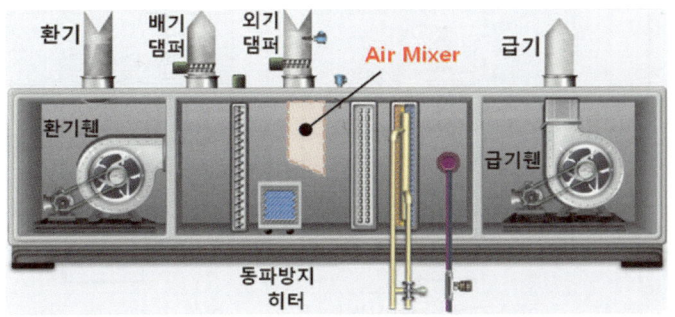

| 에어믹서 설치 모습 |

④ 동파방지댐퍼코일 적용
- 동절기에 외기 도입량이 많고 부하측의 부하 변동이 심한 경우 공조기의 코일 사양을 동파방지 댐퍼코일로 설치하는 것이 바람직함
- 동파방지댐퍼코일은 코일면 사이사이에 개폐가 가능한 날개를 가지고 있어 토출 온도에 따라 코일을 통과하는 공기의 일부를 코일 핀과 접촉하지 않고 그냥 통과하도록 하는 바이패스(By-Pass) 통로를 가지고 있음
- 댐퍼의 토출부에는 온도센서가 설치되어 있고, 코일과 일체화된 댐퍼 날개는 전동구동기에 의해 비례 제어됨
- 댐퍼 코일의 By-Pass 공기량 조절에 의하여 토출 온도를 제어하므로 코일에는 항상 일정한 유량의 온수나 증기가 흘러 동파될 가능성이 적어지는 장점이 있으나, 설정 조건에 따라서는 순환펌프나 증기보일러의 가동 시간이 길어지거나 코일에서의 불필요한 열손실이 발생하게 됨

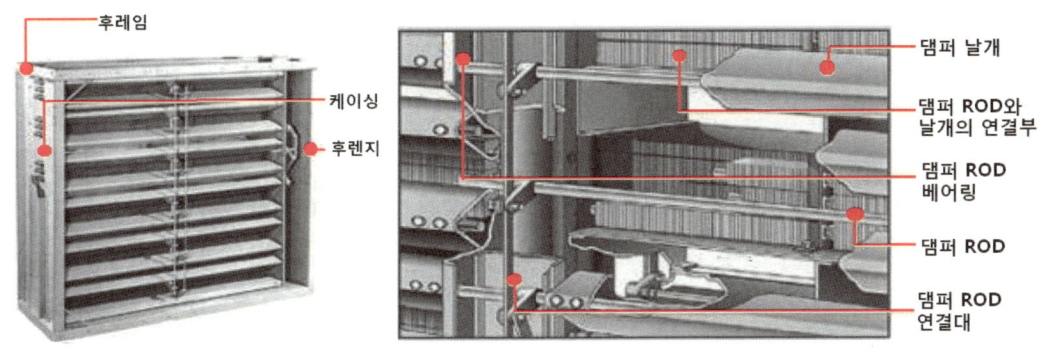

| 동파방지댐퍼코일의 구조 |

▼ 동파방지댐퍼코일의 작동 원리

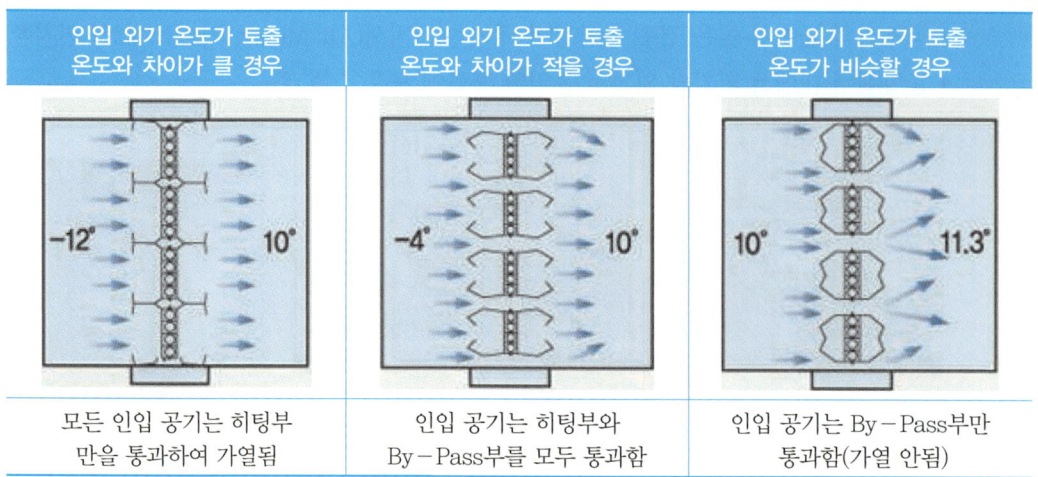

| 인입 외기 온도가 토출 온도와 차이가 클 경우 | 인입 외기 온도가 토출 온도와 차이가 적을 경우 | 인입 외기 온도가 토출 온도가 비슷할 경우 |
|---|---|---|
| 모든 인입 공기는 히팅부만을 통과하여 가열됨 | 인입 공기는 히팅부와 By-Pass부를 모두 통과함 | 인입 공기는 By-Pass부만 통과함(가열 안됨) |

⑤ 자동제어를 활용한 동파 방지

공조기의 동파 예방을 위해서는 자동제어 시스템을 적절히 활용할 경우 매우 효과적이다. 공조기 내부의 온도 변화나 장비 가동 상태, 운전 조건 등의 설정을 통하여 동파가 발생하지 않도록 다음과 같은 대책을 고려해 볼 수 있다.

- 기본적으로 공조기 정지 시에는 외기댐퍼와 배기댐퍼가 Close 되도록 설정함
- 자동제어에서 공조기 가동 명령을 입력할 경우, 난방밸브 Open과 순환펌프가 가동된 후 일정한 시간이 경과한 뒤에 급·배기팬이 가동되도록 함(특히 야간에 장시간 동안 열원 장비가 정지되어 온수의 온도가 낮은 상태에서 밸브 개방과 동시에 팬이 가동되어 다량의 외기가 도입되면 동파될 수 있음)
- 공조기 혼합챔버의 온도가 4℃ 이하로 저하될 경우 경보 발생시키고 공조기의 가동을 중단시킴(동파방지히터를 원격 제어하는 경우에는 히터를 On시킴)
- 외기 온도가 0℃ 이하인 조건에서 외기댐퍼가 개방된 상태이면, 환기(또는 급기)온도가 설정 온도 이상이어도 온수(또는 증기) 공급밸브가 일정한 개도율만큼 개방되도록 설정하여 외기에 의한 코일의 동파를 예방함(외기 온도-외기 댐퍼 개방 상태-자동밸브가 특정한 조건에서 연동되도록 설정함)
- 당초 설계 시 공조기의 외기 도입 비율이 낮게 선정된 경우, 혹한기에 전외기 방식으로 운전될 때에는 동파 경보 메시지를 표시하게 설정하거나 외기댐퍼가 일정한 비율 이상은 수동으로도 개방되지 않도록 제한 조건을 설정해 놓음
- (자동제어상 가능하다면) 온수나 증기를 공급하는 자동제어밸브가 100% 개방된 상태에서 급기 온도가 상승되지 못하고 오히려 저하될 경우 경보를 발생시키거나 장비 가동을 중지시킴 (코일의 가열 능력이 부족한 상태임)

- 겨울철에 외기 온도가 설정 온도 이하로 떨어질 경우 야간에 온수 순환펌프가 주기적으로 순환 되도록 스케줄(타임) 설정하여 온수 배관의 동결을 최대한 지연시킴(그러나 열원 장비가 가동 되지 않으면 시간이 지날수록 온수의 온도가 저하되고 순환량이 불균일한 코일이나 일부 장비 등에서는 동결이 진행될 수도 있으므로 공조 계통의 동파 방지를 위한 부가적인 방안으로 이해 할 필요가 있음)

⑥ **기타**

- 공조기에 부착되는 댐퍼는 반드시 기밀성 있는 댐퍼(에어타이트 댐퍼)로 함
- 증기코일의 경우 원활한 응축수의 배출을 위하여 충분한 용량의 증기트랩을 설치함
- 코일에 릴리프 캡 설치(보통 코일 측면의 U밴드 중 아랫 부분에 위치한 곳에 집중적으로 설치함)

| 동파 방지 릴리프 캡 |

- 특수한 경우 필요시 코일 헤더 내부에 전기히팅 코일을 설치하거나, 온수코일의 공급/환수 배관을 연결해 순환펌프를 설치하여 코일 주변의 온도센서 측정 값이 설정값 이하로 저하될 경우 순환펌프를 가동시키는 사례도 있음

# CHAPTER 13 냉동과 증기압축식 냉동기

## 01 냉동과 냉동장치

냉동(Refrigeration)이란 어떤 물체나 공간의 열을 인위적으로 빼앗음으로써 주위의 온도보다 낮은 온도로 떨어지게 하고 그 저온을 유지하는 작용을 말한다. 이러한 냉동효과가 어떤 상태에서 출발하여 최초의 상태로 되돌아오는 순환 과정을 냉동사이클이라 하며, 대부분의 냉동사이클은 주로 특정한 작동매체(냉매)가 사이클을 순환하면서 상변화(기체↔액체)할 때 수반되는 잠열을 이용하는 방식이 많다.

냉동은 초기에 농축산물이나 수산물의 신선도 유지나 저장을 위해 주로 사용되었으나 산업이 발전하고 생활 수준이 높아짐에 따라 근래에는 쾌적한 실내 환경을 위한 공기조화용이나 산업용으로의 활용이 절대적인 비중을 차지하고 있다. 이뿐만 아니라 초저온을 이용한 특수산업용, 토목공학의 동결공법, 우주공학, 생명공학 등 다양한 산업과 분야에서 냉동의 활용이 날로 증가되고 있다.

▼ 냉동장치의 종류

| 원리 | 작용 | 개요 | 장치의 종류 | |
|---|---|---|---|---|
| 기계식 냉동 | 증기 압축식 | 압축기로 압축한 가스를 팽창시켜 증발할 때의 냉각효과를 이용함 | 용적식 | 왕복동식 |
| | | | | 스크류식 |
| | | | | 스크롤식 |
| | | | | 로터리식 |
| | | | 원심식 | 터보식 |
| 화학식 냉동 | 흡수 방식 | 낮은 압력에서 냉매를 증발시켜 냉각효과를 얻고, 흡수제를 이용한 운반 후 재생해 순환 | 흡수식 냉동 | 암모니아−물 |
| | | | | 물−리튬브로마이드 |
| 흡착식 냉동 | 흡착 방식 | 저온에서 증발한 가스를 흡착제에 흡수시킨 뒤 가열에 의해 고온측으로 이동시킴 | 흡착식 냉동기 | |
| 전자식 냉동 | 펠티어식 | 서로 다른 금속체에 전류를 흘리면 접합부에서 저온이 발생하는 원리를 이용 | 전자식 냉동기 | |
| 기타 | | 압축가스 팽창식, 증기분사식, Vuilleumier(VM)사이클 열펌프, Pulse Tube 냉동기 등 | | |

냉동장치는 주로 전기나 가스와 같은 외부 에너지원과 기계적인 동력을 사용하게 되는데, 앞의 표와 같은 여러 가지 냉동기 종류 중 증기압축식 냉동기와 흡수식 냉동기가 널리 사용되고 있으며, 각각의 냉동기들은 용도나 목적에 따라 적합한 사양을 선정하고 다양한 작동 매체를 적용할 수 있다.

증기압축식은 냉매를 가압하였다가 다시 팽창시키면서 저압상태로 순환하게 과정에서 냉매의 상변화에 따른 응축열과 증발열을 냉방이나 난방에 이용하는 방식인데, 압축하는 장치의 구조와 작동원리에 따라서 용적식(Positive Displacement Compressor)과 원심식(Turbo Compressor, Dynamic Compressor)으로 구분한다. 증기압축식은 냉동기의 용량과 용도에 따라서 다양한 방식이 개발되어 있어 생활 및 산업분야 전반에서 널리 활용되고 있다.

흡수식은 냉매와 흡수액을 사용하여 저압에서 증발하는 냉매의 증발잠열을 이용하여 냉방하는 방식이며 냉매와 흡수액의 분리를 위해 가열원이 필요하다. 보통 증기와 지역난방 중온수, 도시가스 등 여건에 따라 적합한 열원을 선정하며 폐열원을 사용하는 경우도 있다.

한편 냉동장치를 부를 때 흔히 Chiller나 Refrigerator라고 부르고 있는데, 보통 상온으로부터 0℃ 근처까지 온도를 낮추는 기계를 냉각기(Chiller)라고 하며, 상온으로부터 빙점 이하까지 온도를 낮추는 기계를 냉동기(Refrigerator)라고 부른다.

## 02 냉동 관련 이론

### (1) 냉동 능력, 냉동톤(RT ; Refrigeration Ton)

① 1 RT
- 0℃의 순수한 물 1ton을 24시간 동안에 0℃의 얼음으로 만드는 데 필요한 냉동능력(※ 얼음의 융해 잠열 : 79.68kcal/kg)

$$1 \text{ RT} = \frac{79.68 \text{kcal/kg} \times 1,000 \text{kg}}{24\text{h}} = 3,320 \text{ kcal/h} = 3,860 \text{ W}$$

② 1 usRT
- 32°F의 순수한 물 1ton(2,000 lb)을 24시간 동안에 32°F의 얼음으로 만드는 데 필요한 열량(※ 얼음의 융해 잠열 : 144BTU)

$$1 \text{ usRT} = \frac{144 \text{BTU/lb} \times 2,000 \text{lb}}{24\text{h}} = 12,000 \text{ BTU/h} = 3,024 \text{ kcal/h}$$

- usRT는 미국이나 영국 등에서 사용하는 냉동능력이며, 현업에서는 미국산 장비가 많아 냉동기의 냉동 능력을 표시할 때 주로 거의 대부분 usRT를 사용하고 있다. 또한 이로 인해 표기중 usRT에서 us를 생략하고 RT로 줄여 표기하는 사례가 많으므로 표기가 불분명할 경우에는 확인할 필요가 있다.(1RT=약 1.1usRT)

③ 냉동 단위의 환산

| 구 분 | kcal/h | BTU/h | RT | usRT | kW | HP |
|---|---|---|---|---|---|---|
| 1 usRT = | 3,024 | 12,000 | 0.91 | 1 | 3.571 | 4.69 |
| 1 RT = | 3,320 | 13,174 | 1 | 1.097 | 3.861 | 5.149 |

- HP는 동력 단위인데 이론상 열량으로 환산할 경우 1HP=641kcal/h이므로

    1HP=641kcal/h ÷ 3,024kcal/h=0.21usRT

④ 법정 냉동능력
- 증발온도, 응축온도 등 조건에 따라 냉동기의 성능은 다르게 나타난다. 따라서 동일한 조건(표준냉동사이클)에서의 냉동능력을 표시할 필요가 있는데 이를 법정 냉동능력이라고 한다. 표준냉동사이클의 조건은 다음과 같다.
- 응축온도 30℃, 증발온도 -15℃, 압축기 흡입상태 -15℃(건포화증기), 과냉각도 5℃(팽창밸브 직전 액의 온도 25℃)

⑤ 공냉식 에어컨 실외기의 마력
- 실무에서 공냉식 에어컨이나 히트펌프의 냉방능력을 표현할 때 종종 에어컨압축기의 전동기 동력(HP)으로 표현하는 경우가 있다. 이때 이야기하는 "00 마력짜리 실외기"는 단지 압축기의 전동기 전원용량을 표현한 것이므로 위의 HP 열량 환산(1HP=641kcal/h)과 혼동해서는 안 된다.
- 냉동업계에서 에어컨의 용량을 이야기할 때 언급하는 실외기 압축기의 전동기 용량 1마력은 약 2,500kcal/h의 냉방능력을 발휘하는 것으로 판단하면 무리가 없다. 예를 들면 "10HP짜리 실외기"는 10×2,500=25,000kcal/h ÷ 3,024=8.3usRT 정도의 냉방능력을 발휘할 수 있다.

## (2) 열역학 법칙

① 열역학 제1법칙
- 에너지 보존의 원리로 열은 일로, 일은 열로 변환이 가능하며, 비례관계가 성립한다.

    $Q=AW$, $W=JQ$

② 열역학 제2법칙
- 열을 일로 바꾸려면 반드시 그보다 낮은 저온의 물체로 열을 버려야 한다.
- 열을 저온의 물체로부터 고온의 물체로 이동시키려면 에너지를 공급하여야 한다.

$$q_1 = q_2 + AW$$

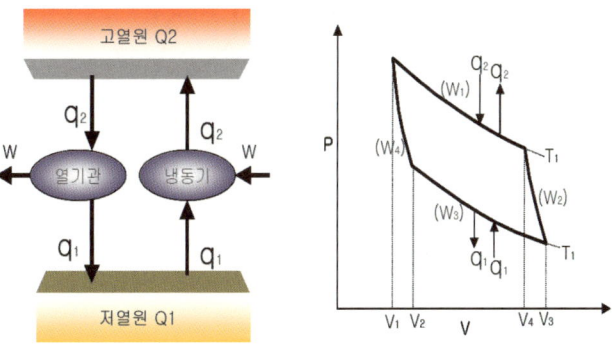

③ 카르노사이클, 역카르노사이클
- 프랑스 과학자 카르노(N. L. Sadi Carnot : 1796~1832)가 열에너지를 역학적인 에너지로 전환시키는 과정을 연구하면서 제시한 이상적인 열기관의 사이클
- 카르노 열기관의 열효율은 고온부와 저온부의 절대온도에 의해 결정되는 이상적인 열기관으로 창안되었는데, 가역 등온변화와 가역 단열변화로 구성되며 실제로 존재하는 기관은 아니지만 열기관의 성질과 열역학 제2법칙을 이해하는 기본적인 사이클로 많이 언급되고 있음

$$\eta_c = \frac{AW}{Q_1} = 1 - \frac{Q_2}{Q_1} \qquad \eta_{rc} = \frac{Q_2}{AW} = \frac{Q_2}{Q_1 - Q_2}$$

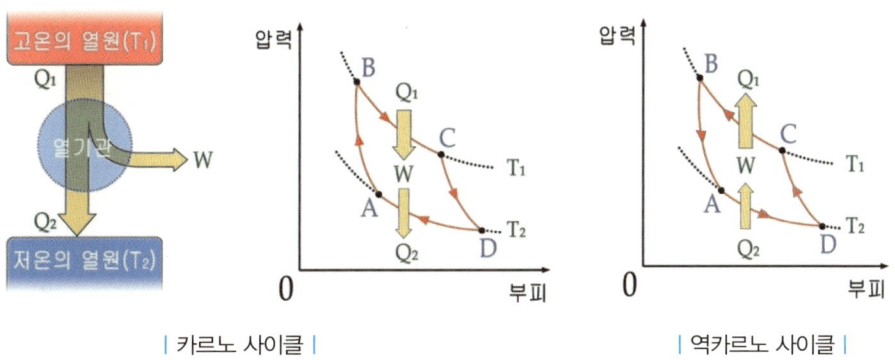

| 카르노 사이클 |     | 역카르노 사이클 |

## (3) 냉매선도와 냉동사이클

### ① 이상적인 냉동사이클(역카르노사이클)

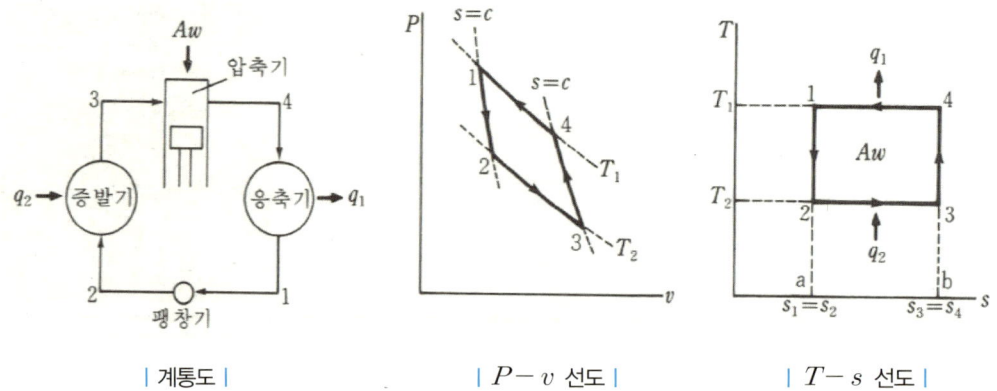

| 계통도 | | $P-v$ 선도 | | $T-s$ 선도 |

### ② 냉매 증기선도

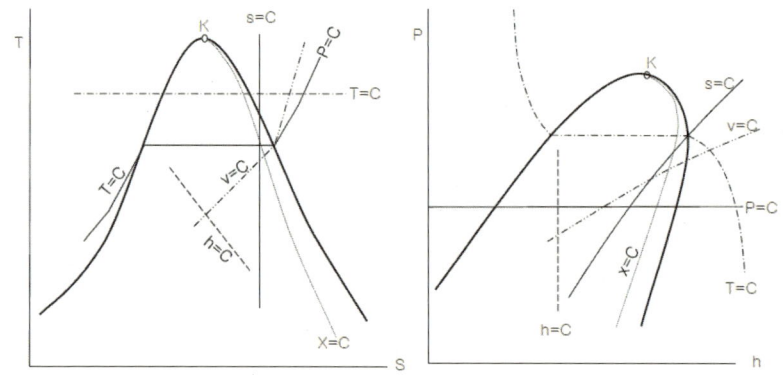

### ③ 이상적인 냉동사이클과 실제 냉동사이클

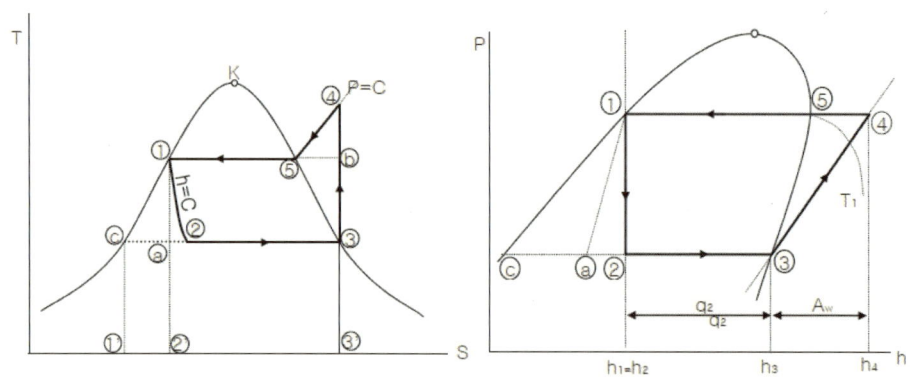

| 이상 냉동사이클 | | 실제 냉동사이클 |
|---|---|---|
| 팽창밸브 : 단열팽창<br>증발기 : 등온증발<br>압축기 : 단열압축<br>응축기 : 등온응축 |  | 팽창밸브 : 교축팽창<br>증발기 : 정압증발<br>압축기 : 단열압축<br>응축기 : 정압응축 |

④ 냉동사이클의 예(R-22의 냉매선도)

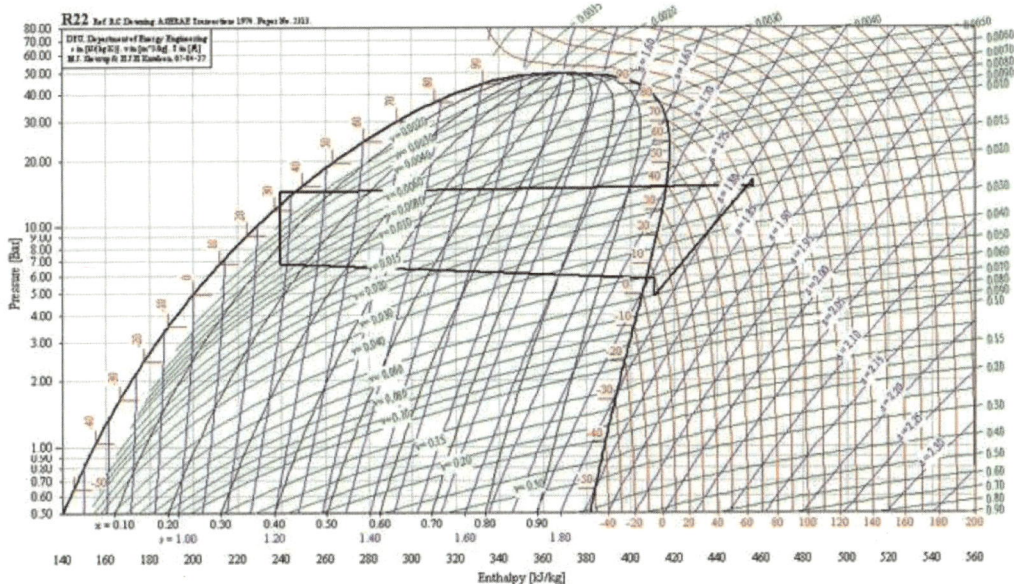

⑤ 냉동사이클의 P-h 선도

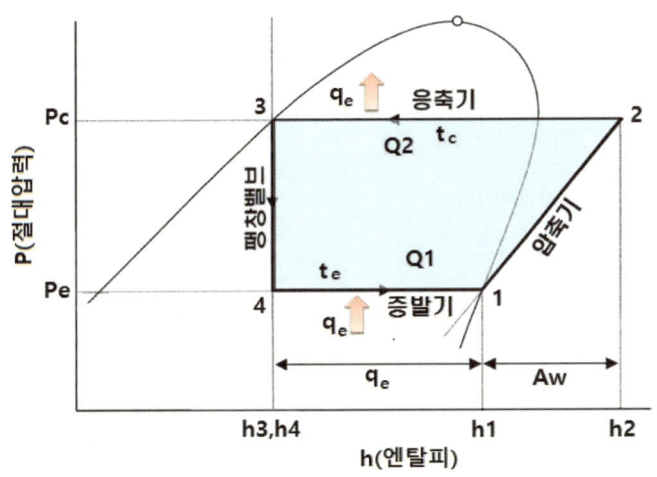

## (4) 냉동기의 성적계수(COP)

냉동기의 성적계수(Coefficient Of Performance, COP)는 냉동기나 열펌프의 성능을 표시하는 무차원수인데, 냉동기의 동작계수(Coefficient Of Performance), 또는 성능계수라고도 부른다. 성적계수는 냉동기가 가동되면서 발휘되는 냉동출력과 이를 위해 소비되는 에너지의 비율로 나타내어지며, 자동차의 연비와 같이 냉동기의 운전효율을 나타내는 가장 기본적인 지표이다.

냉동기의 COP는 P−h선도에서 각 지점에서의 엔탈피(h)나 출입하는 열량(Q), 또는 온도(T)의 변화량의 비율로 다음과 같이 계산할 수 있다.

### ① 냉동효과
- 증발기에서 냉매 1kg이 주위로부터 흡수한 열량 [kcal/kg]

$$q_e = h_1 - h_4$$

여기서, $h_1$ : 증발기 입구에서의 냉매 엔탈피
$h_4$ : 증발기 출구에서의 냉매 엔탈피

### ② 압축일
- 압축기에서의 일량 [kcal/kg]

$$AW = h_2 - h_1$$

여기서, $h_2$ : 압축기 출구에서의 냉매 엔탈피
$h_1$ : 압축기 입구에서의 냉매 엔탈피

### ③ 냉동능력
- 1시간 동안 증발기에서 흡수하는 열량 [kcal/h]

$$냉동 능력 = q_e \times G$$

여기서, $q_e$ : 냉동효과 [kcal/kg]
$G$ : 냉매 순환량 [kg/h]

### ④ 증기압축식 냉동기의 성적계수($COP_R$)

$$COP_R = \frac{냉동효과(q_e)}{압축일(Aw)} = \frac{h_1 - h_4}{h_2 - h_1} = \frac{Q_1}{Aw} = \frac{Q_1}{Q_2 - Q_1} = \frac{T_1}{T_2 - T_1}$$

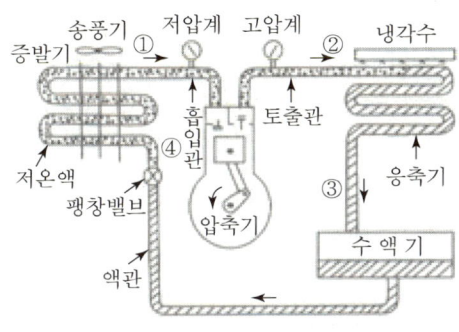

| 기본적인 기계식 냉동장치 |

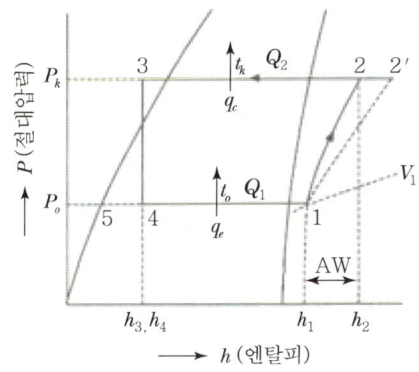

| 단단 냉동사이클의 p-h선도 |

⑤ 열펌프(Heat Pump)의 성적계수($COP_H$)

- 냉동사이클의 응축기열($q_c$)을 이용하는 것을 히트펌프라고 하며, 히트펌프의 $COP_H$는 냉동기 $COP_R$의 값에 1을 더한 것과 같다.
- 응축기에서 방출하는 열량 : $q_c = h_2 - h_3$

$$COP_H = \frac{q_c}{AW} = \frac{h_2 - h_3}{h_2 - h_1} = \frac{(h_2 - h_1) + (h_1 - h_4)}{h_2 - h_1} = 1 + COP_R$$

⑥ 압축비

- 압축기가 저압냉매를 흡입하여 압축해 고압냉매로 토출시키는 압력의 비율로, 1단압축의 냉동사이클의 압축비는 보통 3~4이다.
- 보통의 냉매로 -30℃ 이하의 저온을 얻고자 할 때는 압축기 2대를 설치하여 2단압축 냉동사이클을 이용한다.(압축비 6~9)
- -70℃ 이하의 초저온은 단일냉매를 이용한 단단 또는 2단압축방식으로는 실현하기 어렵기 때문에, 2원 냉동사이클(2개의 냉동사이클로 조합된 구성)로 운전하는 사례가 많다.

⑦ 소요동력

$$소요동력[kW] = (AW \times G) \div 860$$

여기서, AW : 압축일의 열당량[kcal/h]
G : 냉매순환량[kg/h]

# 03 증기압축 냉동사이클

증기압축 냉동사이클은 다음과 같이 크게 증발, 압축, 응축, 팽창의 4단계 과정을 거치면서 동작하게 된다.

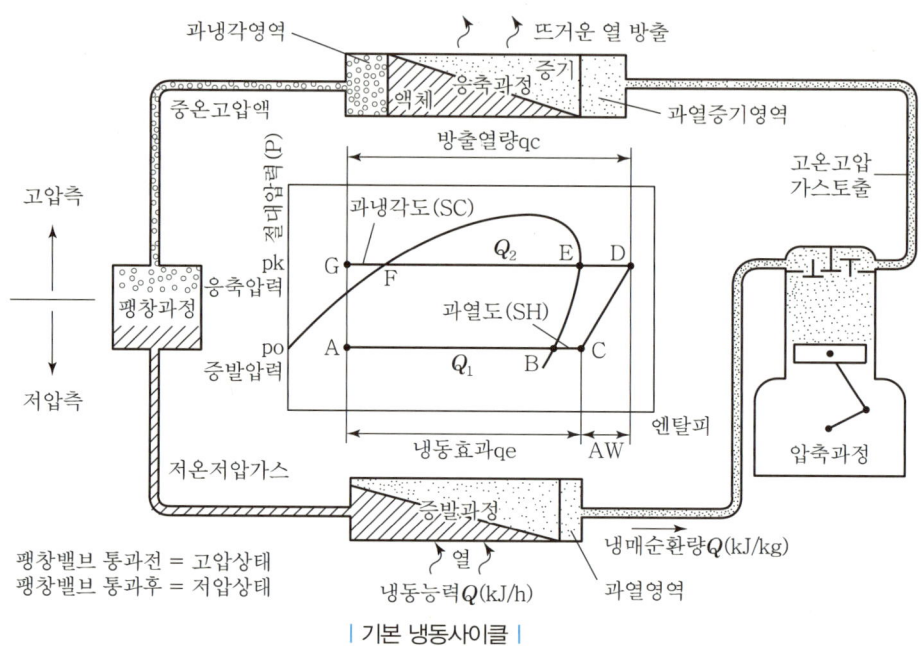

| 기본 냉동사이클 |

## (1) 증발 과정(Vaporization, A → B → C)

증발 과정은 냉동장치의 증발기(실내기)에서 액냉매가 열교환기 주위에 있는 공기나 물질로부터 증발에 필요한 증발잠열을 흡수하여 증발하는 과정을 말한다. 이에 따라서 냉매에게 열을 빼앗긴 주위의 공기나 물질은 냉각되어 저온으로 유지되며, 냉매는 주위에서 열을 빼앗아 증발하게 된다.

이때 냉매가 액체에서 기체로 증발하는 과정에서의 냉매 온도와 압력은 일정하게 유지된다. 냉매로 흡수되는 열량은 냉매가 액체에서 기체로 상변화하는 과정에 기여하는 잠열이기 때문인데, 이 흡수되는 잠열 열량이 많다는 것은 곧 냉동 능력이 크다는 것이다. 다시 말해 증발 과정이 에어컨의 냉방 능력 및 제습 능력을 결정한다. 냉매의 종류별로 각 증발 온도에 대한 증발 압력은 다음과 같다.

| 증발 온도 | 증발압력, kPa(절대압력 kg/cm²) | | | | | |
|---|---|---|---|---|---|---|
| | R410a | R407c | R22 | R502 | NH₃ | R134a |
| 0℃ | 797.1 (8.1) | 514.3 (5.2) | 498.0 (5.1) | 570.8 (5.8) | 429.4 (4.4) | 292.7 (2.9) |
| -15℃ | 479.6 (4.9) | 301.1 (3.1) | 296.2 (3.0) | 347.6 (6.5) | 236.2 (2.4) | 163.9 (1.7) |
| -30℃ | 269.2 (2.7) | 163.7 (1.7) | 163.9 (1.7) | 198.2 (2.0) | 119.5 (1.2) | 84.36 (0.9) |

냉매가 기체로 모두 변하는 B점 이후부터 B-C 구간은 과열도로 표기되며, 증발기에서 증발이 끝난 냉매(B점)가 과열되어 압축기의 흡입구(Suction)로 들어간다.

## (2) 압축 과정(Compression, C → D)

압축기에 흡입된 저압의 냉매증기를 고온고압의 증기로 압축하는 과정을 말하며, 압축 변화는 등엔트로피선을 따라 응축압력에 도달하게 된다. 증발기에서 나온 과열증기(C점)는 압축기에 흡입되어 D점까지 압축되고 응축기로 보내어진다.

냉매가스를 압축(C-D)하는 이유는 일반적인 상온의 물이나 공기에 의한 냉각으로도 냉매가 쉽게 응축될 수 있도록 하기 위하여 냉매의 온도를 높여주기 위함이다. 예를 들어, 응축기 내를 흐르는 냉매가스의 온도가 80℃ 정도라면 상온의 온도(30℃)의 물이나 공기로도 쉽게 응축될 수 있으나, 만약 응축기 입구에서의 냉매가스의 온도가 30℃라면 이를 액체로 응축하기 위하여 이보다 훨씬 낮은 0℃ 정도의 공기로 냉각하여야만 한다.

따라서 대부분의 응축기(냉각탑이나 에어컨의 실외기)가 외부의 상온에 설치되어 운전되는 환경을 생각하면, 냉매가스를 압축기에서 압축하여 온도를 높여주어야만 전체적인 냉동 시스템의 정상운전이 가능하다.

압축기에 흡입된 냉매증기는 내부에서 피스톤이나 기어, 임펠러 등 여러 종류의 장치들에 의하여 압축되는데, 이 압축방식에 따라 스크류나 스크롤, 왕복동식, 터보식 등 냉동장치의 종류(명칭)를 구별하고 있다. 압축기 내에서 기밀을 유지해 주기 위해 윤활유를 사용하는 장비의 경우에는 압축기의 토출 냉매가스 중에 윤활유가 일부 포함되어 있을 수 있는데, 유분리기를 설치해 냉매 중의 윤활유를 분리해 주고 있다.

## (3) 응축 과정(Condensation, D → E → F → G)

D에서 F까지의 과정은 응축기를 거치면서 냉매가 응축되는 과정인데, 냉매는 응축기 열교환기나 전열관 주위의 물이나 공기에 의해 냉각되어 기체에서 액체상태로 변화하게 된다. 압축기에서 나온 고온고압의 증기(D)는 응축기에서 냉각되어 E점부터 기체에서 액체로 응축이 되기 시작한다. E → F

구간에서는 냉매 기체와 액체가 혼합되어 있는 상태인데, 냉매 기체가 계속해서 액체로 응축되다가 F점에 다다르게 되면 100% 액냉매가 된다. F→G 구간은 액냉매로 변한 후에도 조금 더 냉각되어 과냉된 상태의 액냉매가 된다.

압축기에서 응축기로 넘어온 고온고압의 냉매가스는 상온의 냉각수나 공기의 냉각에 의하여 쉽게 액화할 수 있는 상태이며, 이때 열교환을 통해 냉각수나 공기로 방출되는 열량은 냉매가 기체에서 액체로 상변화하면서 방출하는 응축잠열이다. 이때 응축열량은 냉매가 증발기에서 주변의 온도를 빼앗아 흡수한 열량(A→C)과 압축기에서 압축에 의해 가해진 열(C→D)을 합친 열량이 된다.

응축과정도 증발과정과 같이 응축기 내에서의 냉매는 증기와 액이 혼합된 상태인데, 기체에서 액체로 변화하는 동안의 응축압력과 온도 사이에는 일정한 관계가 있어 압력이 결정되면 온도가 결정되고, 역으로 온도가 결정되면 그 때의 압력도 알 수 있다. 응축과정 중의 온도와 압력과의 관계는 다음과 같다.

| 응축 온도 | 응축압력, kPa(절대압력 kg/cm²) | | | | | |
|---|---|---|---|---|---|---|
| | R410a | R407c | R22 | R502 | $NH_3$ | R134a |
| 30℃ | 1,878 (19.1) | 1,264 (12.8) | 1,192 (12.2) | 1,322 (13.5) | 1,167 (11.9) | 770 (7.8) |
| 35℃ | 2,130 (21.7) | 1,443 (14.7) | 1,355 (13.8) | 1,497 (15.3) | 1,350 (13.8) | 886 (9.0) |
| 40℃ | 2,407 (24.5) | 1,639 (15.6) | 1,534 (15.6) | 1,687 (17.2) | 1,555 (15.9) | 1,016 (10.4) |

### (4) 팽창과정(Expansion, G→A)

팽창과정은 고압의 액냉매가 팽창장치(팽창밸브나 오리피스 등)를 통과하여 저압의 습포화 증기로 상태가 변화하는 과정인데, 응축기에서 응축된 액냉매가 증발기에서 쉽게 증발할 수 있도록 압력을 낮춰주기 위해 필요하다. 팽창과정(G→A)은 외부와의 열 출입이 없는 단열팽창으로 엔탈피의 변화는 없으나 팽창과정 동안 냉매의 온도는 저하하게 된다.

또한 팽창밸브나 오리피스와 같은 팽창장치는 냉매의 감압작용과 함께 증발기로 유입되는 냉매의 유량을 조절하는 역할을 하기도 한다.

# 04 증기압축식 냉동기의 종류

증기압축식 냉동기는 냉매의 가압에 압축기를 사용하는 냉동기인데, 압축방식에 따라 용적식(또는 체적식)과 원심식으로 구분될 수 있다. 용적식은 압축실 내의 체적을 감소시켜 냉매의 압력을 증가시키는 방식이며 왕복동식, 로터리식, 스크롤식, 스크류식 냉동기가 이에 속한다. 원심식은 회전체(임펠러)를 고속회전시켜 발생하는 원주방향 회전력으로 냉매가스의 압력을 상승시키는 압축방식이며 터보냉동기가 원심식에 속한다.

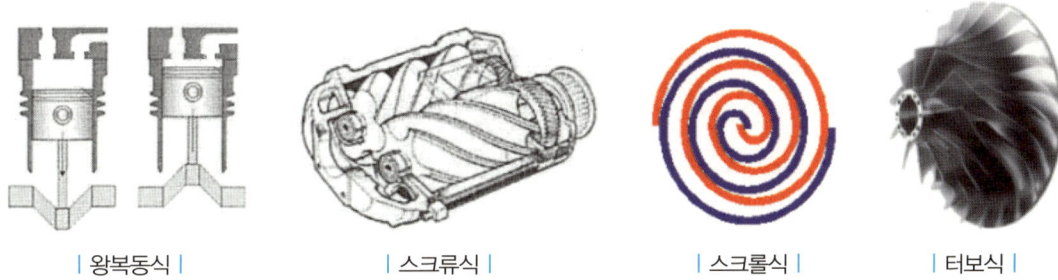

| 왕복동식 | 스크류식 | 스크롤식 | 터보식 |

압축기의 동력으로는 거의 대부분 전동기를 사용하고 있지만 증기터빈이나 내연기관(가스엔진, 디젤엔진, 가스터빈 등)을 이용하는 사례도 있다. 냉동기는 각 압축기별로 내부 구조와 압축할 수 있는 냉매량, 작동 속도 등이 다르기 때문에 사용하는 적정한 냉동 범위가 있다.

대체적으로 1~200RT 정도의 소용량 냉동기로는 왕복동식과 스크롤식을 주로 사용하고 있고, 2~300RT까지의 중급 용량 범위에서는 스크류냉동기가 많이 사용된다. 2~300RT 이상의 대용량으로는 대부분 터보냉동기를 사용하는데, 중급 용량에서는 냉동기의 사용 용도나 주변 조건, 그리고 운전 온도 등을 고려하여 적정한 형식의 냉동기를 선정하게 된다. 스크롤압축기의 경우 보통 25RT 정도까지의 소용량 제품이 생산되지만, 그 이상의 용량은 25RT 압축기 여러 대를 병렬로 연결하여 대응하게 된다.

▼ 냉동 능력별 냉동기의 사용 범위

| 구분 | | 냉동 능력별 냉동기 선정 사용 범위 | | 비고 |
| --- | --- | --- | --- | --- |
| | | 공냉식 | 수냉식 | |
| 용적식 | 왕복동 냉동기 | 10 ~ 300 RT | 10 ~ 200 RT | |
| | 스크류 냉동기 | 40 ~ 300 RT | 40 ~ 300 RT | |
| | 스크롤 냉동기 | 6 ~ 75 RT | 6 ~ 150 RT | |
| 원심식 냉동기 | | | 200 ~ 2,000 RT | |

## (1) 왕복동식 냉동기

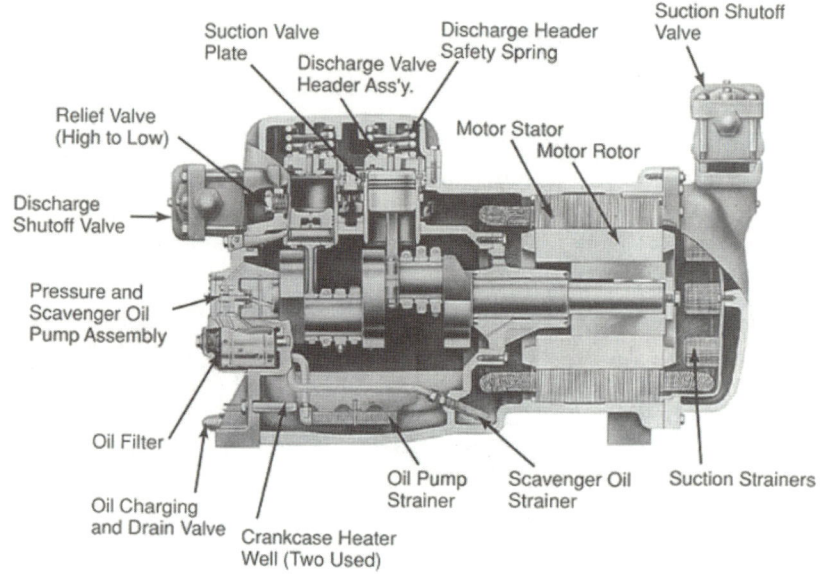

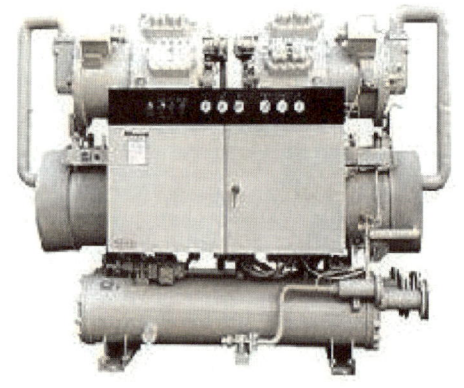

| 왕복동식 냉동기와 압축기의 구조 |

피스톤의 왕복운동에 의하여 실린더 내의 기체상태의 냉매를 압축시키는 방식이며, 타 압축방식에 비해 효율과 성능이 떨어져 소용량의 냉동기나 냉동·냉장창고용, 일부 가전제품을 제외하고는 점차 사용이 줄어들고 있다. 외형상 구조에 의해 밀폐형과 반밀폐형으로 분류하고, 실린더의 배치에 따라 횡형, 입형, 고속다기통형 등으로 구분하고 있다.

일반적으로 피스톤이 왕복운동하기 때문에 소음과 진동이 큰 편이고, 밸브나 피스톤링의 마모, 오일펌프의 관리 등 유지보수성이 타 형식에 비해 좋지 않은 편이다. 그러나 작동원리상 압축비가 높고 간단한 구조여서 소용량의 냉동기에서는 타 기종에 비해 가격도 저렴한 편이다.

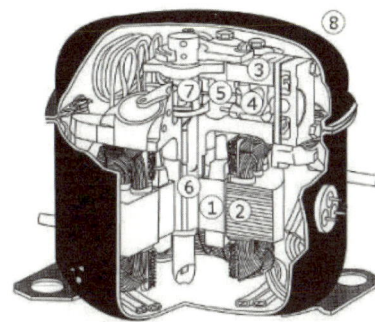

① Motor rotor
② Motor stator
③ Cylinder
④ Piston
⑤ Connectingrod
⑥ Shaft
⑦ Crank
⑧ Casing

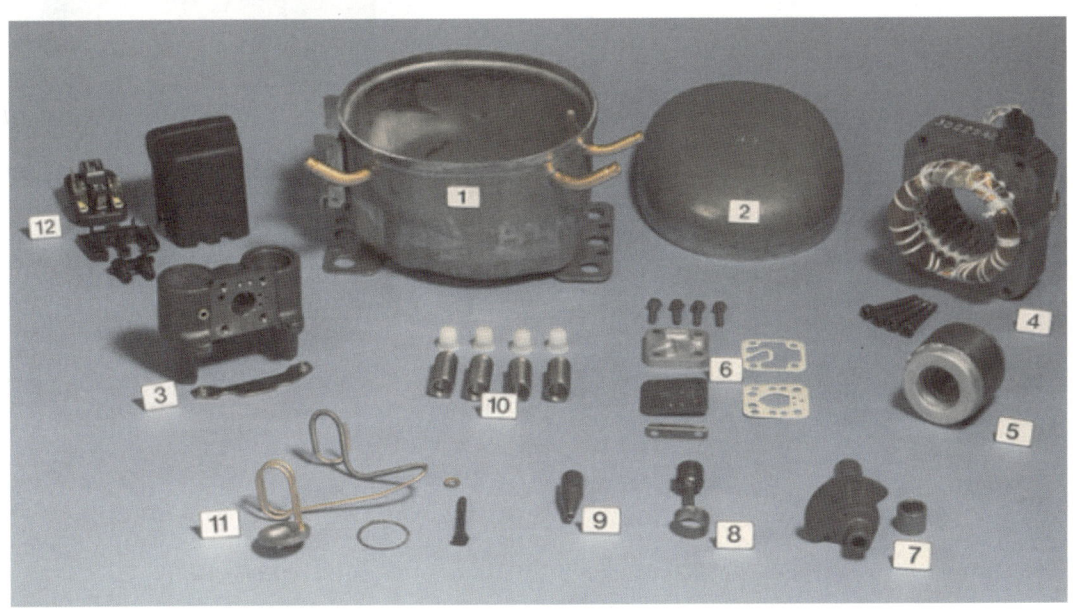

① Housing
④ Stator
⑦ Crankshaft
⑩ Springs
② Top cover
⑤ Rotor
⑧ Connecting rod & Piston
⑪ Internal discharge tube
③ Block with stator bracket
⑥ Valve unit
⑨ Oil pick – up tube
⑫ Start equipment

| 소용량 왕복동식 압축기의 내부 구조와 분해 사진 |

## (2) 스크류식 냉동기

스크류 로터의 회전에 따라 점차 압축공간이 줄어들면서 냉매를 압축하는 방식으로, 진동과 소음이 적고 약간의 액압축에 견딜 수 있어 저온용 및 상온용으로 널리 사용되고 있다. 또한 회전식이므로 냉매의 흐름에 맥동이나 불균일한 압축이 없고, 15~100% 범위에서 용량 제어가 용이하여 Surging 이나 Chocking 현상도 적다.

비교적 고속회전을 하는 용적식이어서 높은 압축비까지 양호한 체적효율을 보이고 동일한 냉동능력의 타 형식의 냉동기보다 소형 경량인 편이다. 사용 여건에 따라 수냉식이나 공냉식으로 다양하게 변형하여 제작이 되고 있으며, 중대형 용량에 이르는 넓은 범위에서 공조, 냉장·냉동용, 저온용, 기타 공장 프로세스 냉각 등에서 널리 쓰이고 있다.

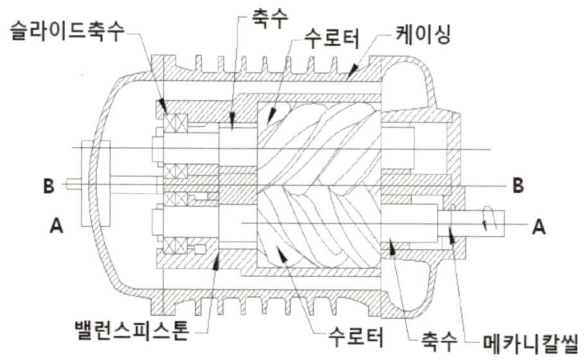

| 수냉식 스크류냉동기 |

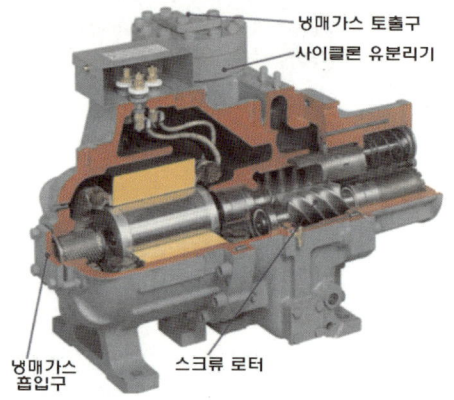

| 스크류 압축기의 구조 |

▶상부 응축코일

▶콘트롤박스 내부

▶수평형 액분리기

| 공냉식 스크류 냉동기 |

▶압축기 및 오일쿨러

▶이코노마이저

▶수액기 및 유분리기

## (3) 스크롤식 냉동기

| 스크롤 압축기가 설치된 실외기 |

| 스크롤 압축기의 단면 구조 |

편심된 소용돌이형 회전판이 비슷한 형상의 실린더 케이싱 내면과 맞물려 밀착돼 회전하여 냉매를 압축하는 방식으로, 주로 소형 냉장장치나 소형 칠러에서 저온용 및 상온용으로 널리 사용되고 있다.

스크롤식은 압축기의 회전수를 비례제어하거나 여러 대의 압축기를 대수제어하기가 용이해 부하에 대한 대응성이 좋고 효율도 양호한 편이다. 소음과 진동도 적은 편이어서 현재 대부분의 에어컨이나 히트펌프에서 스크롤 압축기를 적용하고 있다.

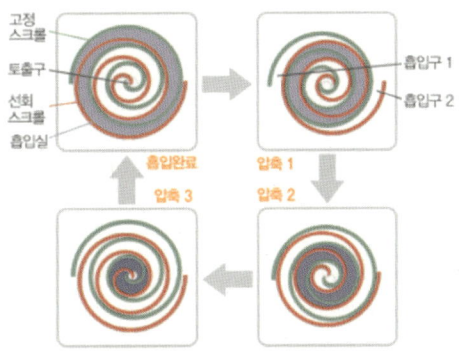
| 스크롤 압축기의 작동 과정 |

| 스크롤 압축기의 내부 모습 |

## (4) 원심식(터보식) 냉동기

압축기 임펠러의 고속회전으로 발생한 원심력으로 냉매가스를 압축하는 방식으로 보통 터보냉동기라고 부르고 있다. 스크롤이나 스크류식은 2개의 로터나 회전체가 서로 맞물려 돌아가면서 압축하는 방식이나, 원심식(터보식)의 경우 케이싱 내에서 임펠러가 기계적인 마찰이나 맞물림이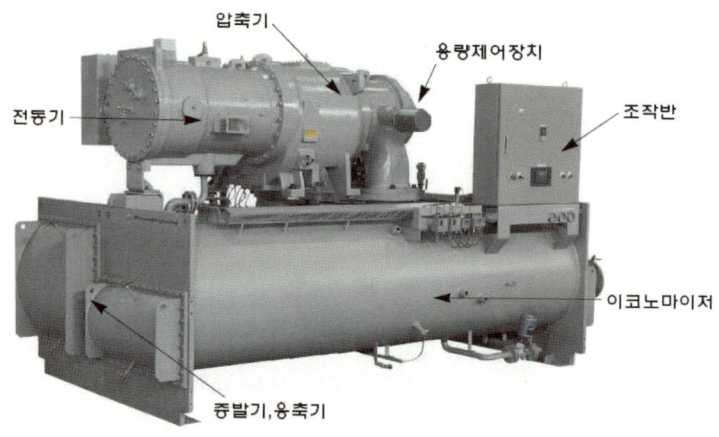
없어 고속회전이 가능하고 임펠러의 크기도 용량에 따라 키울 수 있기 때문에 대용량의 냉동능력도 발휘할 수 있다. 대용량일수록 다른 형식에 비해 장비의 크기와 설치면적이 감소하고 가격도 저렴해지나 반대로 소용량일 경우 비용이 상승하고 제작하는 데 한계가 있다.

이로 인해 중~대용량의 범위에서 냉동용, 공조용, 공장 프로세스용 등으로 널리 사용되고 있으며, 내부 구동부에서 마찰손실 등이 적어 높은 성적계수를 발휘할 수 있다. 부하 변동에 대해 10~100%까지 연속제어가 가능하며, 예전에는 저부하 운전 시 서징의 우려가 있기도 했으나 운전제어기술이 발달하여 근래에는 많이 개선되었다.

터보냉동기는 임펠러가 고속으로 회전하기 때문에 소음과 진동이 큰 편이어서, 대용량 터보냉동기인 경우 주변에 소음이나 진동으로 인한 영향이 우려될 때에는 장비뿐만 아니라 배관에도 방진장치를 설치하고 기계실의 구조체에 흡음 처리를 해주는 것이 좋다.

한편 터보냉동기는 냉동 능력에 비하여 소요동력의 변화가 크고, 사용하는 냉매의 종류에 따라 냉동용량이 달라지게 된다. 또한 전동기의 사양에 따라 고압대용량의 수배전 설비가 필요한 단점이 있다.

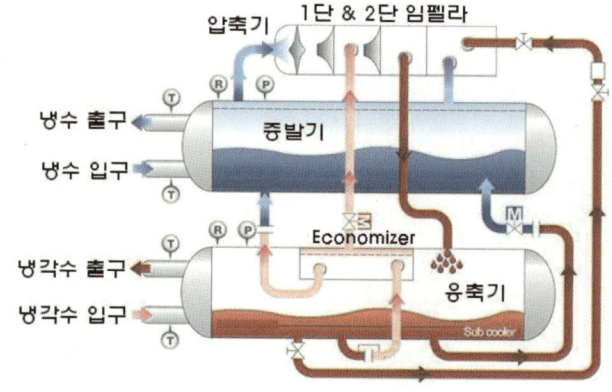

| 2단압축 터보냉동기의 냉매 흐름도 |

# CHAPTER 14 터보냉동기

## 01 터보냉동기의 구성

터보냉동기는 압축식 냉동기의 한 종류이기 때문에 업체마다 약간의 차이는 있지만 냉동 원리는 기본적으로 앞에서 설명한 증기압축 냉동사이클과 동일하다. 터보냉동기의 구성은 증발 → 압축 → 응축 → 팽창하는 냉동사이클에 따라 증발기, 압축기와 주전동기, 응축기로 본체의 주요 부분이 구성된다. 장비의 원활한 운전을 위한 보조기기로는 급유장치, 용량제어장치, 안전장치, 주전동기 냉각장치, 오일 냉각장치 등을 들 수 있다.

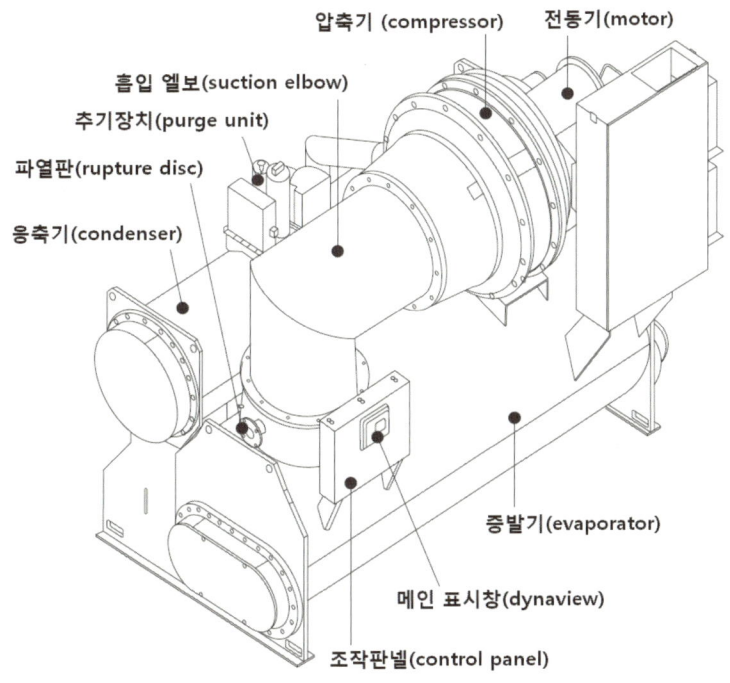

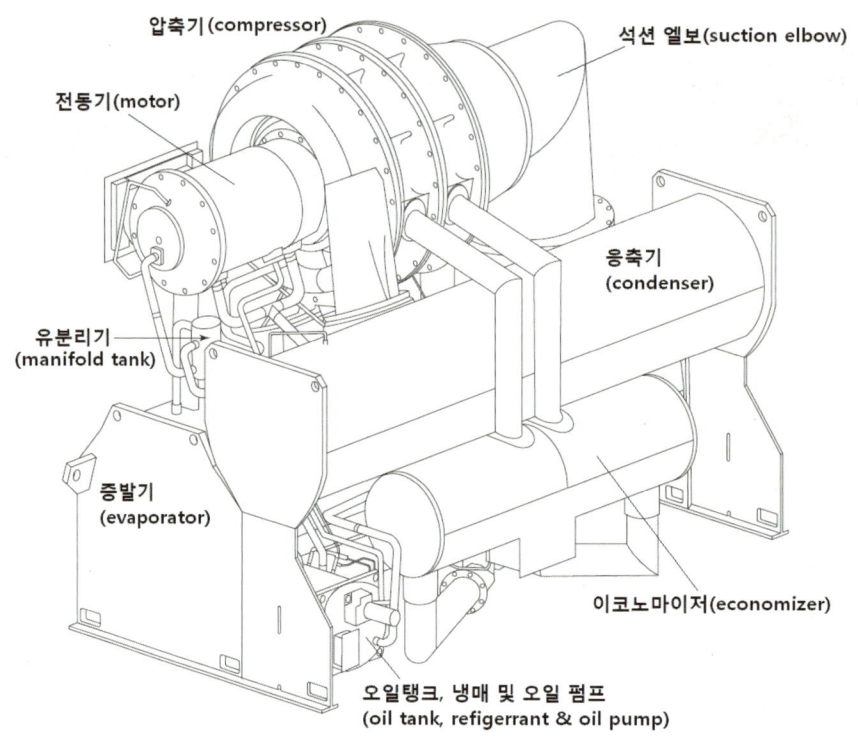

## 02 냉동사이클(1단 압축)

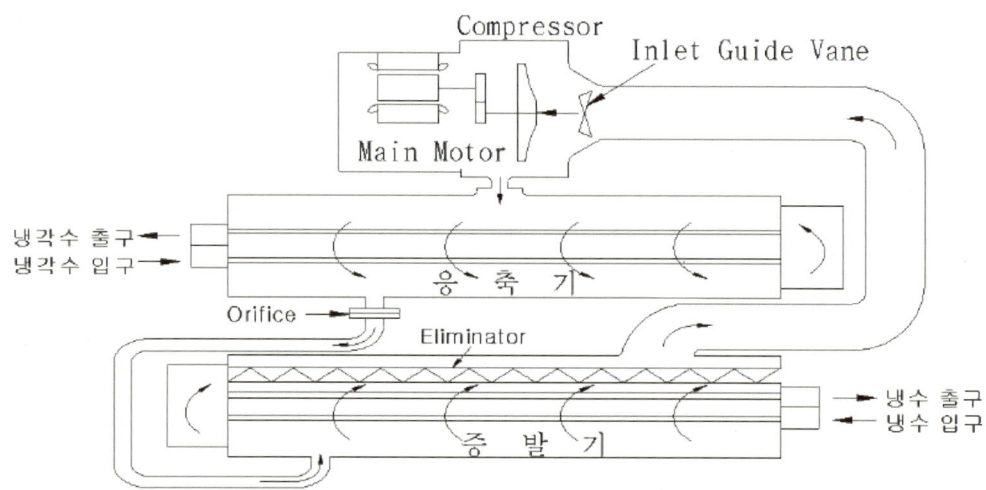

## (1) 증발과정(증발기)

액체상태의 냉매는 저압으로 유지된 증발기 내에 그 압력에 상당하는 비등온도에서 증발한다. 즉 기내압력이 수은주 −510mmHg(R−123)이나 −450mmHg(R−11)인 경우에는 냉매는 0℃에서 비등 증발한다. 이때 증발잠열은 냉매 1kg당 42.32kcal인데, 이 열량을 전열관의 냉수로부터 흡수하기 때문에 냉수의 냉각이 이루어진다.

증발기 내에서 흐르는 냉수와의 열교환량, 즉 냉방 부하량에 따라 냉매의 온도나 압력이 변화하게 된다. 냉방부하가 적어지게 되면 냉매의 온도나 압력은 떨어지게 되고, 냉방부하가 증가하여 냉수의 온도가 올라가게 되면 냉매의 증발온도나 압력은 높아지게 된다.

증발기의 내부에는 보통 쉘 앤드 튜브형(shell and tube)의 열교환기가 설치되는데, 동 재질의 전열관(튜브)이 설치되고 튜브는 양쪽의 튜브판(또는 전열관판)에 고정되어 있다. 중간에는 튜브끼리 접촉하거나 휘어지는 것을 방지하기 위하여 Support sheet가 설치되는 경우가 많고, 전열관 다발 위에는 여러 겹의 금속 그물망이나 타공판 형태의 엘레미네이터(eliminator)가 설치되어 있다. 엘레미네이터는 증발기 내의 냉매 중 액체상태인 냉매가 압축기 쪽으로 넘어가지 못하도록 하는 거름망 역할을 한다.

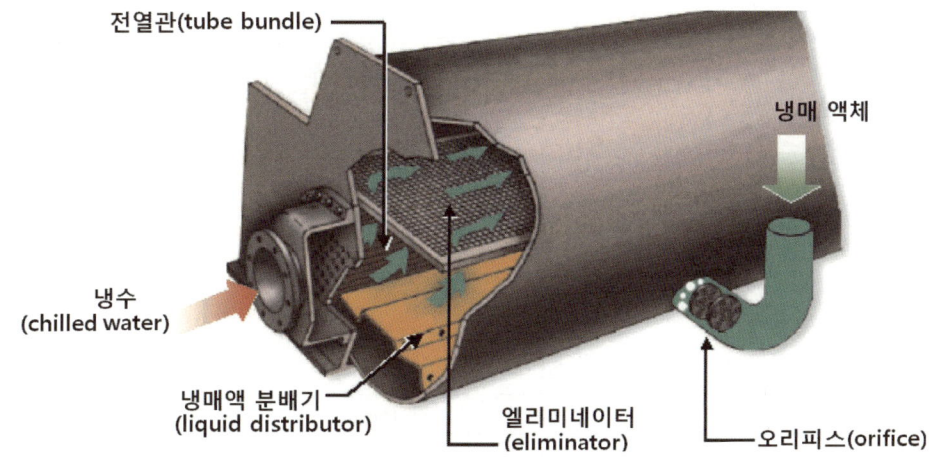

## (2) 압축과정(압축기)

증발기 내에서 기화한 냉매는 터보압축기 내에서 고속회전하는 임펠러에 흡입되어 압축된다. 이 압축과정에서 기체상태인 냉매의 압력과 온도는 상승하게 된다. 압축기는 회전하면서 냉매를 압축하는 임펠러와 냉매의 흐름을 유도하는 디퓨저와 볼류트, 그리고 냉매의 유량을 조절하는 가이드베인으로 구성된다.

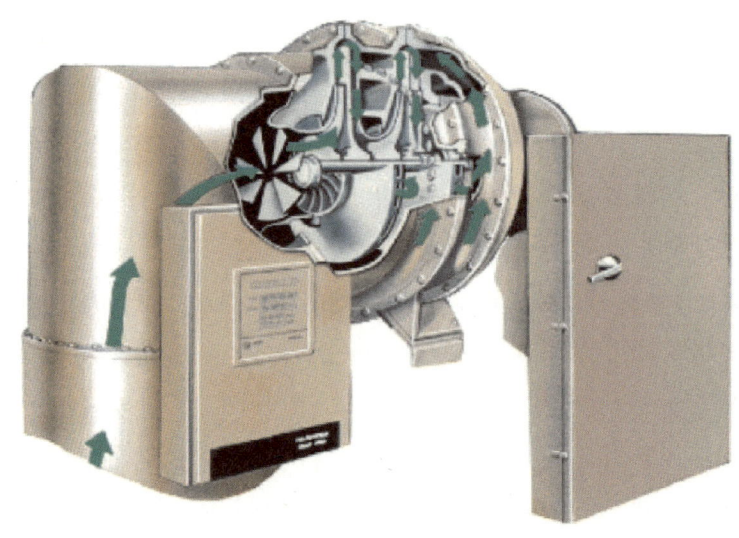

| 트레인社의 2단압축기 |

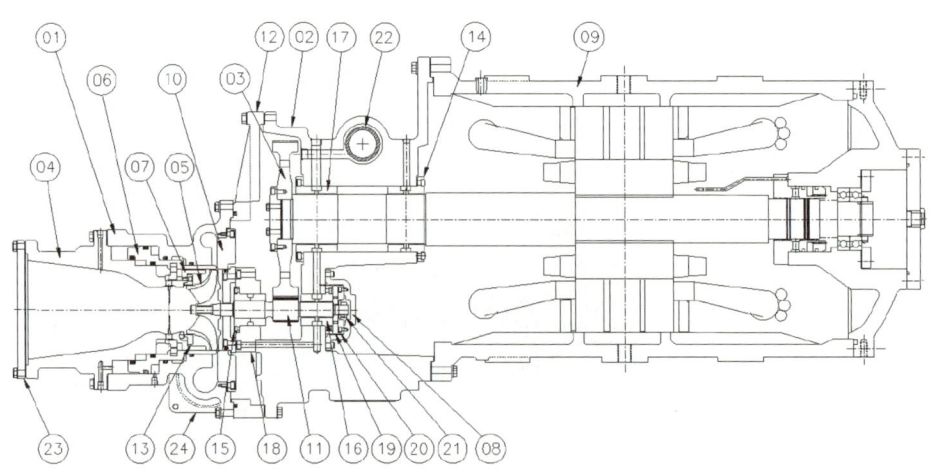

| No. | Parts | No. | Parts | No. | Parts |
|---|---|---|---|---|---|
| 1 | Volute Casing | 9 | Motor Ass'y | 17 | Bearing(M.S) |
| 2 | Gear Casing | 10 | Diffuser | 18 | Bearing Holder |
| 3 | Helical Gear | 11 | Impeller Shaft | 19 | Holder1 |
| 4 | Vane Casing | 12 | Intermediate Casing | 20 | Holder2 |
| 5 | Impeller | 13 | Labyrinth(I.S) | 21 | Fixing Nut |
| 6 | Vane Piston | 14 | Labyrinth(M.S) | 22 | Oil Filter |
| 7 | Vane Holder | 15 | Bearing(I.S) | 23 | Suction Cover |
| 8 | Cover(Bearing) | 16 | Bearing(I.S.S) | 24 | Discharge Cover |

| 센츄리社의 1단압축기 단면 및 세부 부품 |

터보냉동기의 운전 중 냉동용량의 조정은 압축기의 흡입측에 내장된 댐퍼나 가이드베인을 조절하여 압축기에 흡입되는 냉매의 유량을 제어하거나 또는 압축기 전동기의 회전수 제어에 의하여 연속적으로 조절한다. 예전에는 댐퍼나 가이드베인의 제어가 용이치 않아 저부하 운전 시나 냉수의 순환 유량이 줄어들 경우 서징(surging)이 발생하거나 냉동기의 안전장치가 작동해 트립되는 경우가 많았다.

그러나 요즘에는 임펠러의 구조나 형상과 제어에 대한 개선으로 서징이 발생하는 범위가 좁아졌고, 임펠러를 2단이나 3단으로 구성하여 단계적으로 압축을 실시하여 예전에 비해 냉매의 유량 제어범위가 넓어졌다. (20~30%대의 낮은 범위에서도 운전 가능) 또한 요즘은 인버터를 이용하여 압축기의 전동기 회전수를 제어하는 경우도 많아 부하 변동에 따른 냉동기의 유량제어뿐만 아니라 에너지 절감폭도 커지고 있다.

한편 일부 업체에서는 다음과 같이 임펠러 토출측에 유동디퓨저(movable diffuser)를 설치하여 가이드베인과 동시에 조정하면서 서징을 감소시키는 방법을 적용하기도 한다.

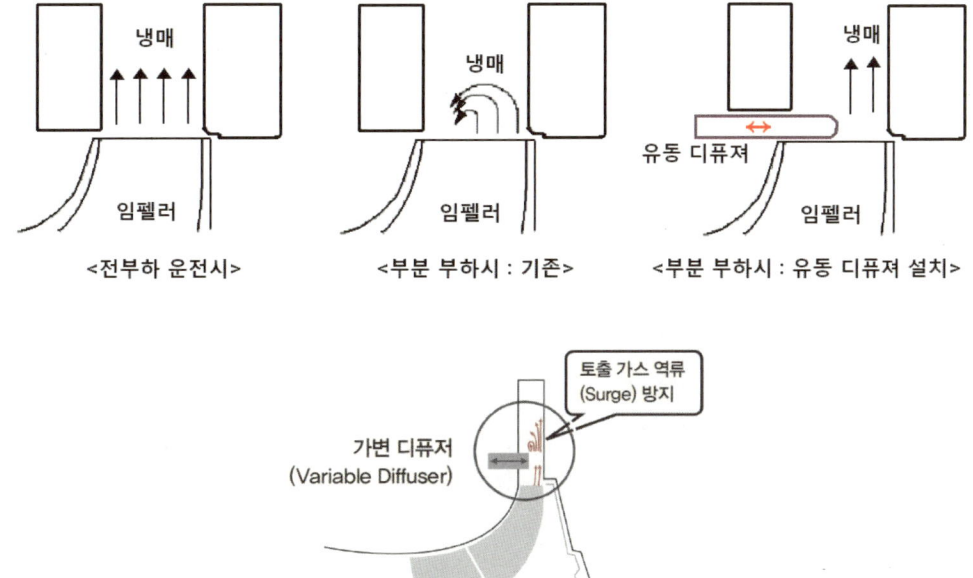

압축기의 전동기는 용량이 크기 때문에 고압의 농형유도전동기를 사용하고 있는데, 고속의 회전으로 인해 발생되는 발열을 냉매액으로 냉각하는 방식이 많이 적용된다. 냉각용 냉매액은 응축기에서 유입되어 회전자 및 고정자를 냉각시킨 후 증발기로 보내지거나 압축기로 되돌아가는 구조로 되어 있다.

| 임펠러 |

| 임펠러와 전동기가 기어로 연결된 모습 |

## (3) 응축과정(응축기)

압축기에서 압축된 고온고압의 냉매증기는 응축기로 보내지고, 응축기 내부를 흐르는 냉각수와 열교환하여 기체에서 액체로 상변화(phase change)한다. 이때 냉매는 응축기 기내압력에 상응하는 응축온도까지 냉각되고, 냉각수는 냉매로부터 응축잠열을 흡수하여 온도가 상승된 뒤 냉각탑으로 보내져 다시 냉각된다.

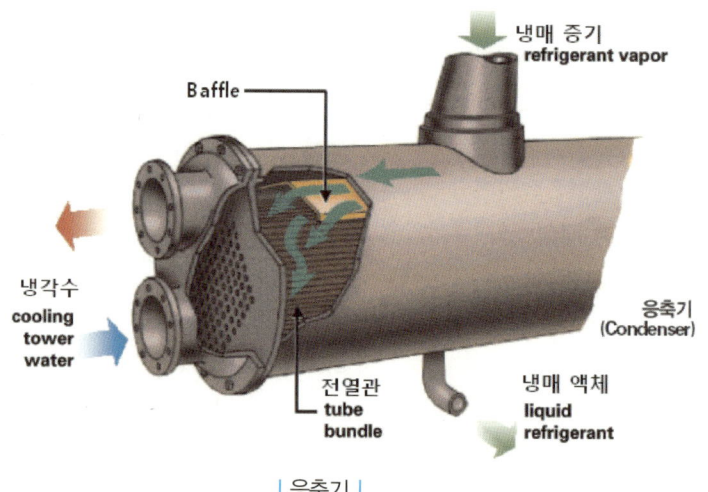
| 응축기 |

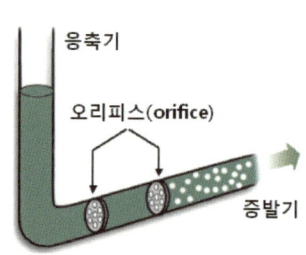
| 오리피스 |

### (4) 팽창과정(오리피스나 팽창밸브)

응축기 하부에 고인 냉매액은 응축기 내 압력과 증발기 내의 압력차에 의해 증발기로 공급되는데, 이 과정에서 냉매액은 팽창기구를 통과하면서 증발기 내 압력 및 온도까지 감압과 감온이 된다. 팽창기구로는 오리피스가 많이 사용되고 있으며, 용량이나 형식에 따라 플로트형이나 온도자동식 팽창밸브, 전자식 및 가변형 오리피스를 사용하는 사례도 있다.

팽창과정을 살펴보면, 응축기에서 유입되는 고압상태의 액체냉매는 좁은 오리피스의 구멍을 통과하면서 압력이 하강하게 되는데, 이때 냉매가 증발하면서 나머지 냉매의 온도도 떨어뜨리게 된다. 오리피스는 냉매의 팽창뿐만 아니라 유량을 제한하는 기능도 한다.

이상의 과정에 따라 냉매는 냉동기 내에서 증발 → 압축 → 응축 → 팽창 → 증발의 순환 과정을 반복하면서 증발기 내에서 냉수를 냉각하게 된다.

## 03 냉동사이클(2단 압축)

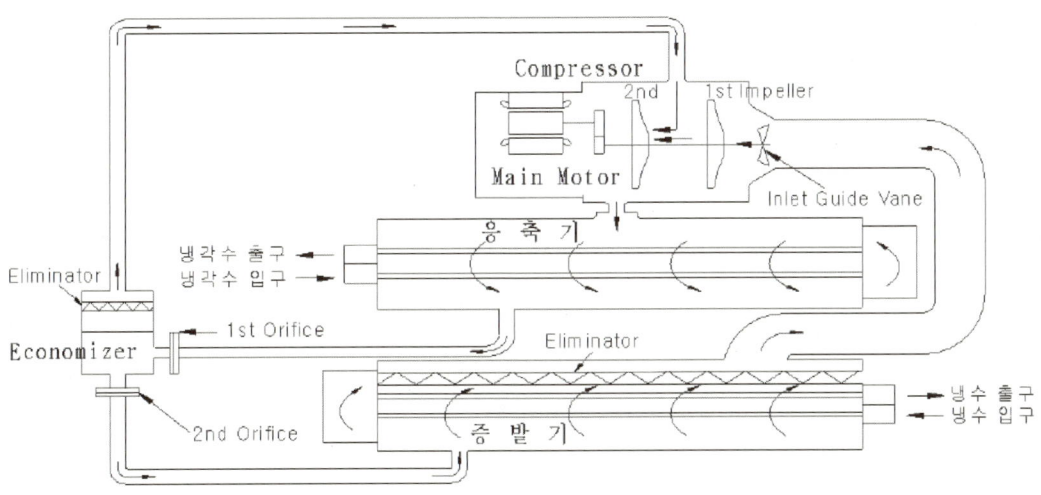

냉매에 따라서 다소 차이는 있지만 −30℃ 정도 이하의 낮은 증발온도에서는 증발압력이 낮아 압축기의 압축비가 증가하게 되고 압축효율도 낮아진다. 또한 압축기 토출가스의 온도가 높아져서 윤활유 열화현상이 일어날 우려가 있고, 냉동장치의 성능계수도 감소하게 된다.

일반적으로 윤활유는 120℃를 초과하면 탄화하기 시작하므로 증발온도가 −30℃ 이하의 경우에는 2단압축 냉동장치를 사용하고 있다. 동일 증발온도와 응축온도일 때 단단압축을 하지 않고 2단압축을 하게 되면, 압축비가 감소하므로 압축효율의 저하를 방지할 수 있고 압축기 토출가스의 온도 상승을 막을 수 있는 등의 장점이 있다.

2단압축 냉동사이클에는 일반적으로 2단압축 1단팽창 냉동사이클과 2단압축 2단팽창 냉동사이클이 있다. 여기서는 후자의 방식으로 상용화된 제품을 설명하고자 한다.

### (1) 증발과정(증발기)

2단압축 냉동기의 증발기 구조는 1단압축 냉동기의 증발기와 동일하다. 다만 응축기에서 증발기로 넘어오는 중간에 설치된 이코노마이저에서 냉매 속에 혼합되어 있던 기체냉매는 분리되어 2단 압축기로 보내지고 냉매액체만 증발기로 넘어오게 된다. 이때 증발기로 유입되는 냉매는 이코노마이저에서 1차 오리피스를 거치면서 압력과 온도가 떨어져 유입되며, 증발기 입구에서 2차 오리피스를 통과하면서 한 번 더 팽창증발을 하게 된다.

2단압축 냉동기는 이코노마이저를 거치면서 2차례에 걸쳐 압력이 떨어지기 때문에 1단압축 냉동기보다 냉방능력이 커지게 되며 효율도 높아진다. 이러한 이유로 요즘에는 대용량의 냉동기이거나 저온의 냉수가 필요한 경우에는 2단압축 냉동기가 많이 사용되고 있으며, 3단 압축 터보냉동기도 상용화되어 공급되고 있다.

### (2) 압축과정(압축기)

2단압축 냉동기의 압축기는 하나의 축에 2개의 임펠러가 조립되어 있다. 증발기에서 유입되는 저온 저압의 냉매기체는 1단 임펠러(또는 저단 임펠러)를 거치면서 1차로 압축된 후, 2단 임펠러(또는 고단 임펠러) 직전에 이코노마이저에서 분리된 냉매가스와 혼합되어 2차로 압축된다. 2차례에 걸쳐 고온고압의 가스로 압축된 냉매는 응축기로 보내진다.

### (3) 응축과정(응축기)

압축기에서 응축기로 토출된 고온고압의 냉매기체는 응축기의 전열관 내를 흐르는 냉각수와 열교환하면서 응축기 내 압력에 상응하는 응축온도까지 냉각된다. 기체에서 액체로 상변화(응축)가 이루어진 냉매는 이코노마이저(economizer)로 보내진다. 이때 냉각수는 열교환하면서 냉매의 응축열을 흡수하여 온도가 상승해 응축기 밖으로 나온 뒤 냉각탑으로 보내진다.

## (4) 중간팽창과정(이코노마이저)

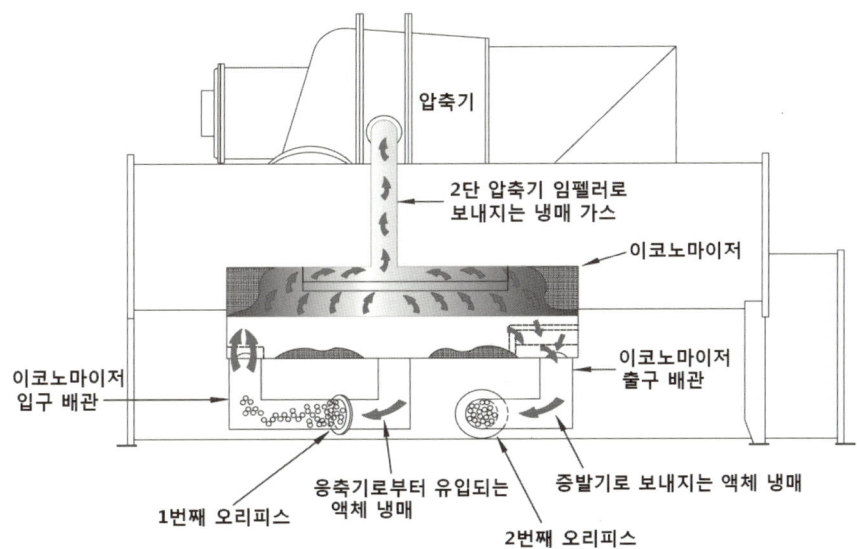

이코노마이저로 이동한 냉매액은 이코노마이저 입구 측의 1번째 오리피스(orifice)에 의해 응축기 내 압력과 증발기 내 압력의 중간압력까지 감압 팽창된다. 이때 이코노마이저 안의 냉매는 1차 팽창 되었기 때문에 기체와 액체가 혼재한다. 여기서 기체상태의 냉매는 상부의 엘레미네이터(eliminator) 에 의해 순수 냉매증기만 분리되어 압축기의 2단 임펠러 흡입 측으로 보내지는데, 여기서 1단 임펠러 (impeller)에 의해 1차로 압축된 냉매증기와 혼합되어 2단 임펠러로 함께 유입된다.

이코노마이저 하부의 냉매는 소량의 기체만이 혼합되어 있을 뿐 거의 액체상태의 냉매인데, 이 냉매 액은 이코노마이저 출구 쪽의 2번째 오리피스를 거쳐 증발기로 보내져 다시 팽창하게 된다.

한편 이코노마이저는 압축기의 단수에 맞춰 오리피스가 설치되어야 하므로, 만일 압축기 임펠러가 3개로 구성될 경우에는 이코노마이저도 3단 이코노마이저로 제작되고 있다.

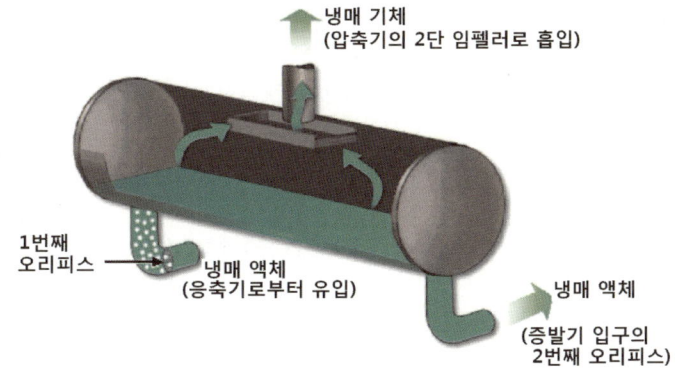

| 2단압축기의 팽창장치(오리피스)와 이코노마이저 |

## (5) 팽창과정(오리피스)

1번째 오리피스를 통과하여 이코노마이저로 유입되면서 1차로 팽창된 냉매는 이코노마이저에서 액체냉매만 분리되어 증발기로 보내진다. 이코노마이저에서 증발기로 냉매액이 보내질 때 2번째 오리피스를 통과하게 되는데, 이 과정에서 2차로 감압팽창하면서 온도도 추가로 낮아지게 된다.

2차 팽창과정에서 저온저압의 냉매가스로 상변화하면서 증발기 전열관 내의 냉수로부터 증발잠열을 흡수하여 냉수를 냉각시킨 뒤 냉매는 압축기 1단 임펠러로 흡입된다.

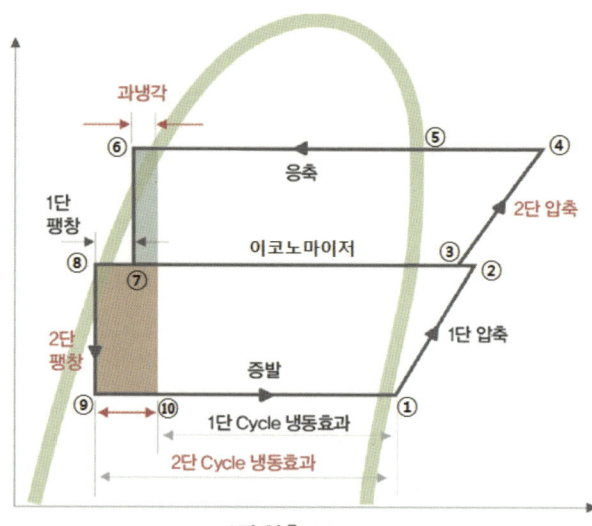

| 2단압축 터보냉동기의 냉매 선도 |

① → ② : 1단 임펠러(저단 임펠러)에서 저온저압의 냉매가스를 1차로 압축
② → ③ : 2단 임펠러의 입구에서 이코노마이저에서 유입되는 냉매가스와 1단 임펠러의 토출 냉매가 혼합되는 과정
③ → ④ : 2단 임펠러(고단 임펠러)에서 냉매가 고온고압의 가스로 2차 압축됨
④ → ⑤ → ⑥ : 응축기에서 냉각수에 의해 고온고압의 냉매 기체가 액체로 응축됨
⑥ → ⑦ → ⑧ : 이코노마이저로 유입될 때 1번째 오리피스를 통과하면서 팽창하여 압력이 중간압 정도로 저하되고 약간 과냉각된 상태
⑦ → ③ : 이코노마이저 내의 기체냉매가 분리되어 압축기의 2단 임펠러로 보내짐
⑧ → ⑨ : 이코노마이저 하부의 액체냉매가 2번째 오리피스를 통과하면서 감압되어 증발기로 보내지는 과정
⑨ → ⑩ → ① : 증발기 내에서 냉매가 팽창하면서 냉수로부터 증발잠열을 흡수해 냉수를 냉각시키는 과정

※ ⑨ ← ⑩ : 2단압축 및 이코노마이저를 통하여 단단(1단) 압축보다 증가된 냉동 능력임

## 04 부속장치

### (1) 급유장치(오일펌프, 오일쿨러, 히터 등)

오일펌프는 설정된 적정한 온도와 압력으로 압축기의 구동부나 각 베어링에 급유를 해주는 장치이며 용량 조절을 위한 유압의 원천이다. 오일은 오일탱크(Oil tank)에 설치된 오일펌프(Oil pump)에 의해 가압되어 오일쿨러(Oil cooler)로 들어간다.

오일쿨러는 오일의 온도가 높아질 경우 순환되는 냉매를 이용하여 오일을 냉각하는 방식이 주로 적용되고 있는데, 오일쿨러로 순환되는 냉매의 양을 조절하여 냉동기 운전 중 오일의 온도가 일정한 범위 안에서 유지되도록 한다. 일부 제조업체에서는 간혹 냉각수나 공기를 오일쿨러에 순환시켜 오일의 온도를 낮춰주는 방식을 적용하기도 한다.

냉동기 정지 시에는 오일탱크 내에 설치된 전기히터가 가동되어 정지 시에도 오일의 온도가 54~65℃ 정도로 일정하게 유지될 수 있도록 하고 있다. 오일의 순환 경로상 오일탱크로 회수되는 오일에는 약간의 냉매가 희석되어 있는데, 압축기가 가동되어 베어링 윤활 시 냉매가 혼합된 오일이 공급되면 윤활과정에서 냉매가 분리(오일 포밍)되면서 윤활성이 저하되어 베어링에 심각한 손상을 줄 수 있다.

또한 오일에 혼합된 냉매의 양이 많으면 냉동기 운전 중 오일 액면의 변화폭이 커지고 오일펌프의 작동에도 좋지 않은 영향을 줘서 오일 순환에 문제를 일으키게 된다. 이 때문에 오일탱크에 전기히터를 설치하여 오일을 가열해 냉매를 분리시켜줘야 한다. 오일히터는 냉동기 정지 시에만 작동되며, 냉동기가 가동되어 오일이 순환하면 온도가 올라가므로 전원 공급이 차단되고 대신 오일쿨러가 작동된다.

냉동기 운전 중 오일은 유면계를 확인하여 적정한 범위 내에서 유지되도록 관리하고 부족한 경우에는 보충해 준다. 오일을 주입할 때에는 냉동기가 정지되고 장비의 진공이 양호하게 유지되고 있는 상태에서 오일탱크와 연결된 모든 배관의 밸브를 차단하고 냉매를 퍼지시킨 후 탱크 내부가 진공인 상태에서 오일을 보충하여야 한다.

냉동기 운전 중에는 압축기 및 오일탱크의 압력이 대기압보다 높기 때문에 압축기의 운전 압력보다 높은 압력으로 공급할 수 있는 별도의 유압 공급장치를 이용하여야 주입이 가능하다. 오일의 양이 많아 배출시킬 경우에는 오일탱크에 연결된 서비스밸브(또는 오일주입밸브나 드레인밸브)를 개방하여 추출하면 된다.

## (2) 용량제어장치

압축기의 임펠러에 유입되는 냉매 유량에 따라 냉동기의 용량이 좌우되며, 이 냉매 유량은 임펠러의 흡입 측에 설치된 댐퍼(Damper)나 가이드베인(Guide vane)의 개폐(open↔close) 동작으로 용량을 제어한다. 요즘에는 인버터를 이용한 압축기의 회전수 제어방식도 많이 사용되고 있지만, 부분부하에서 냉매의 압력이 현저히 변하지 않아 정속도의 전동기를 채택한 대부분의 압축기에서는 댐퍼나 가이드베인 제어가 일반적으로 이루어지고 있다.

댐퍼나 가이드베인은 냉동기 제어반의 동작신호에 의해 개폐되는데, 전동 구동기나 오일 압력을 이용한 구동부와 링크에 의해 날개 각도를 조절하여 냉매의 흐름량을 제어하게 된다. 흡입댐퍼는 버터플라이밸브와 같은 디스크 형태의 댐퍼가 회전하면서 냉매량을 조절하고(아래 좌측 사진), 가이드베인은 원추형인 다수의 날개가 360도 빙 둘러 배치된 뒤 각각의 날개 각도가 동일하게 조절되는 방식이다.(아래 우측 사진)

| 압축기 입구측의 흡입댐퍼 |

| 가이드 베인 |

## (3) 주전동기

주전동기는 임펠러와의 연결형태에 따라 직결 구동방식과 기어 구동방식으로 나눌 수 있다. 직결 구동방식에서는 임펠러가 모터와 같은 회전수로 운전 되게 되며, 별도의 동력 전달장치가 필요없어 구조가 간단하다.

기어 구동방식은 내부에 종속기어를 설치하여 압축기의 회전수를 높이는 방식으로 적은 모터로도 대용량의 압축기를 구동할 수 있어 터보냉동기의 용량이 커질 경우에는 많이 사용되고 있다. 그러나 구동부분이 많아져 소음이나 진동이 직결방식에 비해 커지게 되고, 유지보수해야 할 부품들도 많아지는 단점이 있다.

주전동기 및 오일쿨러는 응축기에서 약화된 냉매액에 의하여 냉각된다. 냉각용 냉매는 응축기 하부에서 빠져나와 필터드라이어에 의해 미소한 이물질이 제거된 후 주전동기 및 오일쿨러에 들어가 기화되어 냉각한 후 증발기로 되돌아오게 된다. 일부 제조사에서는 전동기를 냉각시킨 냉매를 다시 응축기로 되돌려 보내기 위하여 별도의 냉매펌프를 설치하기도 한다.

## (4) 안전장치

냉동기에는 운전 중 각 부분의 이상 및 오류로부터 장비를 보호하기 위하여 각종 센서 및 안전장치가 설치되어 있다. 만일 운전 중 이상이 발생하면 안전장치가 동작하여 경보를 발생시키며 중요한 문제인 경우 냉동기를 자동정지시킨 후 관리자가 확인하여 수동 복구하게 되어 있다. 업체마다 다소간의 차이는 있으나 터보냉동기와 관련된 안전장치나 제어기능으로는 다음과 같은 것들이 있다.

- 압축기의 전동기 전류과부하 보호기능
- 냉수 공급온도에 따른 냉동기의 자동 기동/정지
- 냉수 과냉각 시 자동 정지(Cut-out) 기능
- 증발기 냉매온도의 과다 저하 시 자동 정지(Cut-out) 기능
- 증발기 압력의 이상 저하 시 경보
- 응축기 압력의 과다 상승 시 경보
- 주전동기의 권선 및 베어링 과열 시 자동 정지 기능
- 급유 온도의 과다 상승 시 자동 정지 기능
- 오일 온도의 저온 시 경보 및 냉동기 기동 금지
- 오일 압력의 과다 상승 및 과다 저하 시 경보
- 냉수 및 냉각수 순환펌프 미가동 시 냉동기 자동 정지 기능
- 순간 정전 보호기능
- 재가동 방지기능 : 냉동기 정지 후 일정 시간 뒤 기동
- 1차 전원상 불균형 및 결상 시 자동정지 기능
- 서징 감지 및 방지 보호장치

## (5) 파열판(Rupture disc)

증발기 상부에 설치되어 있는 파열판(또는 파열관)은 장비 운전 중 내부의 압력이 과다하게 상승될 경우 파열되어 냉동기를 보호하는 역할을 한다. 파열판이 작동되면 냉매가 장비 외부로 분출되기 때문에 냉매가 안전하게 외부의 대기 중으로 방출되도록 파열관에 유도하는 배관을 연결하는 것이 바람직하다. 만일 냉매가 기계실 내부로 그대로 방출되면 관리자의 중독이나 질식, 기타 장비들에 대한 2차적인 피해가 우려되기 때문이다.

파열판에 연결되는 유도배관(벤트배관, 또는 릴리프배관)은 파열판에 손상이 가지 않도록 플렌지와 배관을 바닥에서 용접한 후 조립하여야 한다. 파열판의 벤트배관을 설치할 때에는 (냉동기에 추기장치가 장착된 경우) 추기장치에서 배출되는 퍼지관도 함께 연결하여 퍼지가스가 외부로 배출되도록 한다. 벤트배관의 하부에는 드레인밸브를 설치하여 퍼지가스 속의 습기에 의한 응축수를 배출할 수 있도록 한다.

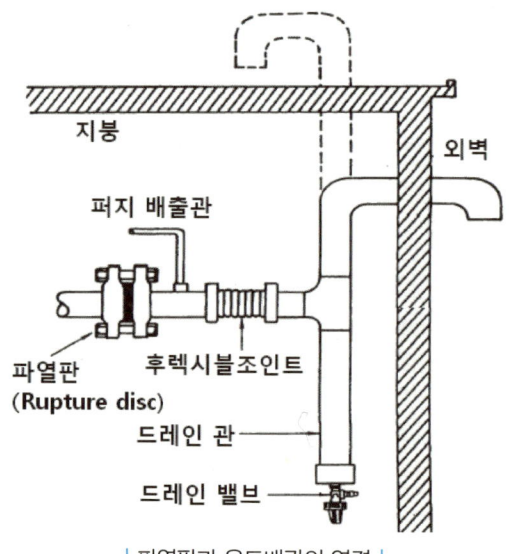

| 파열판과 유도배관의 연결 |

### (6) 압축기의 마그네틱(자기부상) 베어링, 가스 베어링

최근에는 터보냉동기의 압축기 회전축에 기계적 베어링이나 윤활제 대신에 마찰손실이 적은 마그네틱(자기부상) 베어링이나 가스 베어링을 적용하는 사례가 늘고 있다. 일부 냉동기에서는 압축기의 축이 회전할 때 전자석의 원리를 이용하여 베어링 하우징으로부터 축을 살짝 띄우는 방식으로 마찰손실을 극소화시킨 자기부상 베어링을 적용한 제품이 공급되고 있다. 이 자기부상 베어링 방식의 압축기는 임펠러와 전동기를 콤팩트하게 일체화시켜 기존 냉동기의 압축기보다 외형 크기가 작은 편이고, 압축기 제어를 위한 인버터 장치도 압축기에 내장시킨 패키지 제품으로 보급되고 있다. 다만 압축기 패키지의 용량이 큰 편이 아니어서 대용량의 냉동기는 여러 대의 압축기를 병렬로 장착하여 제작하고 있으며, 이 경우 일부 압축기가 고장 나더라도 다른 압축기만으로도 운전이 가능한 장점이 있다.

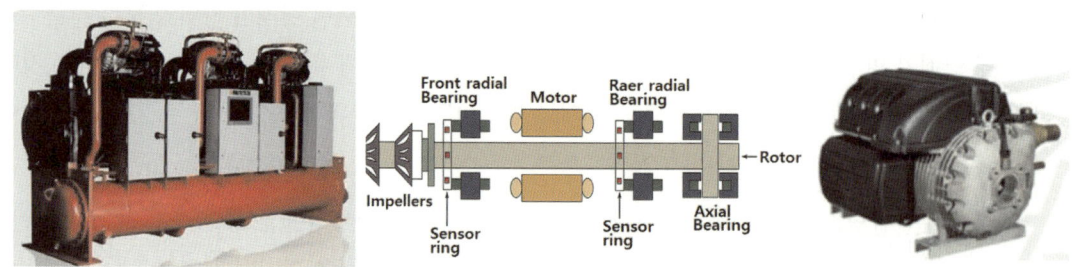

| 마그네틱(자기부상) 베어링 압축기의 터보냉동기 |

한편 국내의 냉동기 업체에서는 압축기의 축 회전 시 축과 슬리브가 비접촉 상태로 회전하는 가스베어링을 장착한 무급유 냉동기를 제작하고 있다. 이러한 무급유 방식의 냉동기는 압축기 회전 시 기계적 마찰이 적고 운전동력비가 절감된다. 또한 압축기 가동 시 소음과 진동도 기존 방식의 압축기보다 적게 발생하고, 베어링이나 오일의 교체 등 유비보수의 부담도 적어 향후 보급 사례가 늘어날 것으로 전망된다.

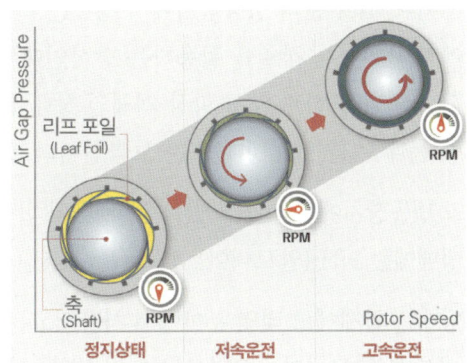

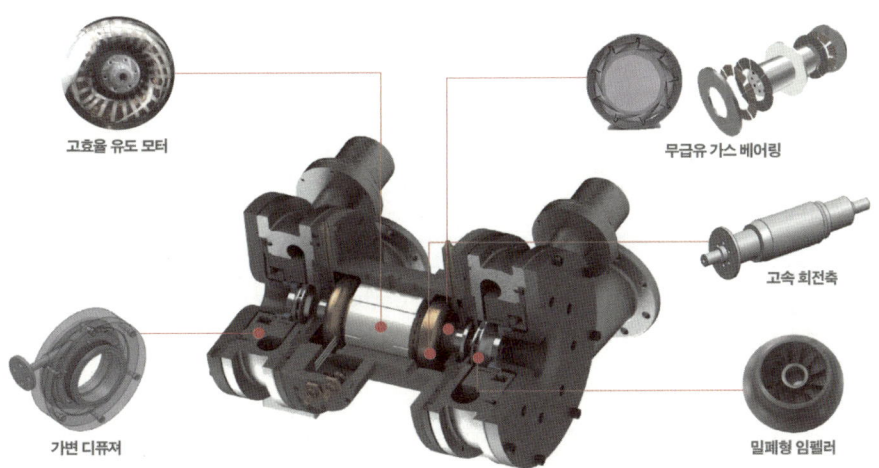

| 가스베어링 방식의 터보냉동기 압축기 |

# 05 냉매

## (1) 냉매의 종류와 동향

냉매란 냉동장치에서 저열원으로부터 열을 흡수하여 고열원으로 운반 및 방출하는 열매체 또는 동작유체이다. 대부분의 냉방장치에서 냉매는 사이클을 순환하면서 상변화(액체↔기체)를 일으켜 이 과정에서 출입하는 잠열을 활용하는 방식인데 이러한 냉매를 1차 냉매라고 한다. 그러나 냉방사이클에서 상변화를 하지 않고 항상 액체인 상태에서만 현열방식으로 열을 흡수, 운반 및 방출하는 냉매도 있는데 이를 2차 냉매 또는 브라인이라고 한다.

그리고 냉동장치에서의 냉매에는 자연냉매와 합성냉매가 있는데, 합성냉매의 개발 이전부터 사용되던 자연냉매에는 $NH_3$(암모니아), $H_2O$(물), $CO_2$(이산화탄소), $CH_4$(메탄) 등이 있다.

자연냉매는 현재에도 몇몇 분야에서 사용되고는 있지만 냉매로서 사용온도 범위가 좁거나(물), 독성이나 폭발성(암모니아), 고압(이산화탄소) 등 사용에 여러 가지 어려움이 있어 보편적으로 사용되지는 못하고 있었으나, 최근 들어 합성냉매를 대체할 새로운 대안으로 재조명을 받고 있어 연구 및 상업화 노력이 꾸준히 이루어지고 있다.

냉매의 역사는 자연냉매를 시작으로 1세대 CFC(염화불화탄소), 2세대 HCFC(수소염화불화탄소), 3세대 HFC(수소불화탄소), 4세대 HFO(수소불화올레핀) 등으로 구분할 수 있다.

▼ 합성냉매의 종류

| 구분 | 종류 | 물질 구성 | 규제 일정 |
|---|---|---|---|
| CFC | R11, R12, R113, R13, R114, R115… | • Chloro Fluoro Carbons(염화불화탄소)<br>• C, Cl, F로 구성<br>• 강력한 규제 대상<br>• GWP : 높음(3,800~14,000)<br>• ODP : 높음(0.6~1) | '95년부터 생산금지, 2010년 이후 전폐 |
| HCFC | R22, R123, R124, R141b, R142b… | • Hydro Chloro Fluoro Carbons (수소염화불화탄소)<br>• 최소한 하나 이상이 수소 원자로 치환됨<br>• 염소를 소량 함유하여 규제 대상<br>• GWP : 높음(90~1,800)<br>• ODP : 낮음(0.02~0.11) | 2020년(선진국) 및 2030년(개도국) 이후 전폐 |
| HFC | R23, R32, R125, R134a, R152a, R404a, R407a, R410a, R507a… | • Hydro Fluoro Carbons(수소불화탄소)<br>• 염소나 브롬을 함유하지 않은 대체냉매<br>• GWP : 높음(140~11,700)<br>• ODP : 없음(0) | 향후 30년간 대폭 줄일 예정 |
| 혼합 냉매 | R401a,b,c, R402a,b, R415a,b… | • CFC+HFC, HCFC+HFC, HFC+HFC 등으로 혼합된냉매 | |
| 친환경 냉매 | HFO계열, $CO_2$, $NH_3$, R-600a 등 | • GWP : 없음(0)<br>• ODP : 없음(0) | 규제 없음 |

합성냉매는 보통 CFC계열의 냉매가 맨처음 개발되어 사용되었는데, 오존층 파괴물질로 알려진 프레온가스로 C(탄소), Cl(염소), F(불소)로 구성된 화합물이다. R-11, R-13 등의 냉매가 여기에 속하는데 그동안 가정용 냉장고나 자동차 에어컨 등에서 많이 사용되었으나 몬트리올 의정서에 따라 현재는 사용이 금지되어 R-245fa, R-134a로 대체되고 있다.

우리가 주변에서 많이 접하게 되는 패키지에어컨이나 터보냉동기 등에서는 그동안 R-22와 R-123로 대표되는 HCFC계열의 냉매가 널리 사용되어 왔다. HCFC는 CFC의 대체 냉매는 아니고 단지 개발의 시간차가 있을 뿐이다. HCFC계열의 냉매도 오존층 파괴물질로 규정되어 사용이 제한되고 있기 때문에, HFC계열인 R-134a(에어컨이나 터보냉동기 등)나 R-410a(히트펌프, 시스템에어컨), R-407a로 대체되고 있다. 따라서 이후 냉동장비를 교체하거나 신설할 경우 현재로서는 HFC계열의 냉매를 적용한 제품으로 선정해야 한다.

HFC계열은 1980년대 오존층 파괴 문제가 이슈화되면서부터 CFC와 HCFC를 대신할 수 있는 신냉매, 또는 대체냉매라고 불렸다. 그러나 HFC계열 냉매는 오존층 파괴는 없으나 6대 지구온난화 물질로 규정되어 있고 유럽을 중심으로 HFC에 대한 규제가 점차 이슈화되고 있어, 추후 점차 사용이 제한될 것으로 전망되고 있다.

HFO계열 냉매(Low GWP)는 자연냉매의 근본적인 제한사항으로 차세대 냉매로 강력히 대두되고 있다. 아직은 개발 및 시장 진입 초기단계이기는 하지만 세계적인 냉매 규제로 추후 기존 냉매의 사용이 현실적으로 곤란해지면 높은 성장 가능성을 내재하고 있다. 이미 일부 HFO계열 냉매가 개발을 마치고 생산을 시작했으나 가격적인 면에서 부담을 안고 있다.

현재 미국과 유럽은 가정용 냉장고(이소부탄) 및 산업용 냉동기(암모니아/이산화탄소)를 제외하고는 High GWP 냉매가 적용되고 있다. 냉매 규제가 제시된 만큼 냉매 개발에 중요성이 커지면서 제시된 감축 계획에 맞는 Low GWP 냉매 적용 제품을 확대할 것으로 예상된다.

Low GWP 냉매에는 탄화수소계 냉매(이소부탄 등)와 자연냉매(암모니아/이산화탄소 등) 및 HFO계열 냉매(R1234yf 등)들이 고려되고 있다. 이 중에서 Low GWP 냉매인 탄화수소계 냉매의 경우는 가연성 문제로 인해 극히 소량이 요구되는 가정용 냉장고 정도에만, 암모니아/이산화탄소와 같은 자연냉매는 독성과 성능 문제 때문에 극히 제한적으로 적용되고 있다.

기존의 에어컨과 냉동기 등에는 Low GWP의 특성을 가지면서 기존 냉매와의 호환성을 가진 새로운 냉매와 이를 이용한 제품개발이 진행되고 있다. 특히 하니웰, 듀폰, 멕시켐 등의 냉매 전문회사들은 GWP 10 이하인 HFO계열 냉매(R1234ze, R1233zd, R1336mzz 등)를 개발하고 이를 적용한 제품개발에 협력하고 있다. 트레인, 요크, 캐리어, 미씨비시 등에서는 단일기기로서 많은 양의 냉매 봉입이 요구되는 터보냉동기에 Low GWP 냉매인 R1234ze와 R1233zd를 적용한 제품을 개발해 시장 진출을 시작하고 있다.

일본에서는 Low GWP 연구를 통해 F-gas를 사용하지 않는 소·대형 에어컨시스템 기술을 개발했다. 또한 약가연성을 가진 Low GWP 냉매에 대한 안정성 연구도 진행 중이다.

국내에서는 가정용 냉장고에 탄화수소계 냉매를 적용하거나 극히 일부 산업용 냉동기에 암모니아와 같은 자연냉매를 적용한 사례도 있으며, Low GWP 냉매에 관한 연구도 이뤄지고 있다.

## (2) 냉매의 물성 비교

| 항목 | | | 냉매 | |
|---|---|---|---|---|
| | | CFC-11 | HCFC-123 | HFC-134a |
| 화학식 | | CCL$_3$F | C$_2$HCL$_2$F$_3$ | CH$_2$FCF$_3$ |
| 비등점(1atm 기준) | ℃ | 23.7 | -28.7 | -26.5 |
| 빙점(1atm 기준) | ℃ | -111 | -107 | -108 |
| 임계온도 | ℃ | 198 | 183.8 | 101.03 |
| 임계압력 | bar | 44.6 | 37.4 | 41.3 |
| 증발압력 | kg$_f$/cm$^2$ abs | 0.42 | 0.42 | 3.56 |
| 응축압력 | kg$_f$/cm$^2$ abs | 1.474 | 1.474 | 9.82 |
| 독성 | | 없음 | 0.0054 | 없음 |
| 오존층 파괴지수(ODP) | | 1.0 | < 0.05 | 0 |
| 지구 온난화지수(GWP) | | 4,000 | < 800 | 1,300 |
| 1usRT당 소요 냉매 순환량 | m$^3$/h | – | 88.16 | 85.18 |
| 운전압력 증발기 | kg$_f$/cm$^2$ abs | 0.42 | 0.42 | 3.56 |
| 운전압력 응축기 | | 1.47 | 1.47 | 9.8 |
| 냉동효과 | kcal/kg | 34.2 | 34.2 | 35.5 |
| 허가, 검사 및 관리자 | | | 불필요 | 검사 필요, 유자격자 필요 |
| 기타 특성 | | 무색, 무취, 불연성 | 무색, 무취, 불연성 | 무색, 무취, 불연성 |

① 냉매 R-123/R-11
- 상온, 상압에서 액체이며 냄새가 없음
- 불연성이며 공기와 어느 정도 결합하여도 폭발하지 않음
- 액상의 냉매는 무색 투명하며 물과 혼합하면 물보다 무거우므로 냉매 중의 수분은 냉매액의 표면에 층을 이루어 뜨게 됨

- 순수한 냉매액 및 냉매증기는 금속에 대하여 부식성이 없음. 그러나 공기가 혼입될 경우에 공기 중의 수분 때문에 금속이 녹슬 염려가 있음
- 냉매증기는 공기의 약 5.8배의 중량을 가지고 있음. 그러므로 기계를 분해할 때 기외에 누출된 냉매증기는 바닥에 층을 이루어 가라앉음

② 냉매 R-134a
- 무색으로 투명하며 내압용기에 액화 충진함
- 공기와 혼합되어도 인화나 폭발의 위험성이 적은 불연성 가스임
- 보관 및 취급 시 고압가스 안전관리 규정을 준수해야 함
- 부식성이 적어 금속과 접촉하여 사용하는 데 거의 문제가 없음
- 환경 규제에 따라 HFO-1234yf로 대체되는 사례가 늘고 있음

③ 냉매 R-407a
- 3성분 혼합냉매로서 R-32, R-125, R-134a가 23 : 25 : 52 wt%의 비율로 혼합되어 있음
- 제품 운전 시 고압/저압이 R-22와 유사하고, 주요 부품의 변경이 적은 편임
- 냉매 누설 시 R-32가 가장 많이 누설되어 23 : 25 : 52의 성분비가 변하게 되어 능력이 변하게 됨(냉매 누설 시 잔여 냉매 배출 후 재차징 필요)
- 냉매 차징 시에는 액상으로만 차징해야 함
- 저온 결빙에 취약하여 히트펌프의 냉매로는 사용하기 곤란함

④ 냉매 R-410a
- 2성분 혼합냉매로서 R-32, R-125가 50 : 50 wt%의 비율로 혼합되어 있음
- 제품 운전 시 고압이 R-22의 약 1.6배임
- 기존 냉동장치에 적용할 경우 콤프레샤 및 고압 부품의 재설계가 필요함
- 냉매 차징 시 액상으로만 차징해야 함
- 고온의 사용조건에서 약한 편이어서 중동지역 등에서 사용 시 능력이 저하됨

# 06 터보냉동기의 운전순서

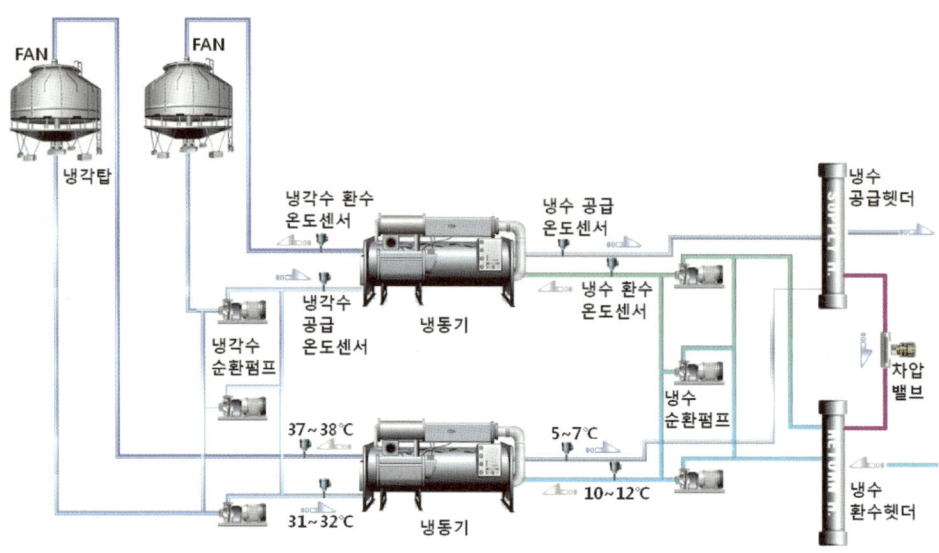

## (1) 터보냉동기의 운전기동 시

- 자동제어 중앙관제장치(감시실의 컴퓨터)에서 관리자가 "운전" 명령을 입력하거나 장비 본체의 제어판넬에서 "운전" 메뉴를 클릭하면 아래의 순서에 따라 냉동기가 기동되기 시작함
- 냉각수순환펌프와 냉수순환펌프가 가동됨(순환펌프들의 기동은 자동제어 시스템에서 연동 시퀀스에 따라 직접 하는 경우도 있고, 냉동기 본체의 제어판넬에서 MCC와의 인터록 회로에 의해 실시되는 경우도 있음)
- 냉각탑의 팬(Fan)은 자동제어 중앙관제장치에서 냉동기 흡입측에 설치되어 있는 냉각수 공급온도센서의 측정값에 따라 설정온도(보통 32℃)에 맞춰 자동으로 ON/OFF시킴
- 냉동기의 오일펌프가 가동되어 유압이 상승되고 베어링 및 주요 부분에 급유가 시작됨
- 냉동기 제어판넬에서 냉수와 냉각수의 흐름이 확인되고, 유압이나 가이드 베인의 상태 등 각종 안전장치에 이상이 없으면 압축기에 전원이 공급됨(냉수나 냉각수의 흐름은 보통 각 배관에 설치된 Flow 센서나 차압스위치, 또는 MCC 판넬과의 인터록 회로의 펌프 운전상태값 등으로 확인함)
- 압축기가 정상 가동되면 가이드베인이 냉수의 온도나 전동기의 전류값에 따라 서서히 개방되어 냉매의 압축이 이루어지면서 냉방운전이 시작됨
- 정상적인 냉수의 냉각이 이루어지고 냉방부하가 변하게 되면 냉수의 공급온도를 감지하여 베인의 개도율을 비례제어하면서 항상 냉수가 일정한 온도(보통 5℃)로 공급되도록 자동 운전됨
- 냉동기의 운전으로 보통 5℃ 정도로 냉각된 냉수는 공급배관이나 헤더를 통하여 각각의 냉방기기(공조기, 팬코일유닛 등)로 공급됨

- 냉방기기에서 열교환을 한 후 10~12℃, 또는 그 이상의 온도로 냉기를 잃어버린 냉수는 환수배관이나 환수헤더를 거쳐 다시 냉동기로 되돌아옴
- 냉방부하가 줄어들게 되면 압축기 흡입측의 베인이 서서히 닫히거나 압축기의 전동기 인버터 회전수가 줄어들어 냉매의 순환량을 줄여 감소된 부하에 적정하도록 압축기를 운전함
- 계속해서 부하가 감소하여 냉동기에서 공급되는 냉수의 온도가 설정온도(보통 5℃) 이하로 저하되면 냉동기의 압축기 운전이 정지됨(압축기 정지 후 냉수의온도가 다시 설정된 온도값 이상으로 상승하면 압축기가 재기동되나 잦은 기동/정지로 인한 압축기 수명 단축 및 효율 저하를 예방하기 위하여 보통 한 번 정지한 후에는 일정 시간 동안 재가동되지 않도록 지연시간이 설정되어 있음)
- 공급과 환수 메인배관이나 헤더 사이에는 차압밸브가 설치되어 있는데, 차압밸브는 스프링의 장력이나 구동기에 의해 공급과 환수배관 사이의 압력 차이가 항상 일정하도록 공급 유량의 일부를 환수배관 쪽으로 바이패스시켜 줌. 이를 통해 부하측 장비에서 전동밸브들의 개폐로 순환유량이 변하더라도 냉동기에는 항상 일정한 유량 이상의 냉수가 순환되도록 함
- 냉동기 운전 중 냉동기에 설치된 각종 안전장치들에 의하여 이상 발생 시에는 경보를 발생시키며, 중요한 이상일 때에는 냉동기가 자동 정지됨

## (2) 터보냉동기의 정지 시

- 자동제어 시스템이나 냉동기의 제어판넬에서 "정지" 신호를 조작하면 압축기의 전동기에 전원 공급이 중단되면서 운전이 정지됨
- 압축기가 정지되면 가이드베인이 닫히고, 오일펌프는 몇 분간 운전되다가 자동으로 정지됨
- 냉수와 냉각수 순환펌프도 몇 분간 냉동기 냉각을 위하여 운전되다가 정지됨
- 냉각탑 팬은 냉각수의 온도가 설정온도 이하로 떨어지거나 냉각수순환펌프가 정지되면 함께 정지됨

# 07 터보냉동기의 점검 및 유지관리

## (1) 일상적, 또는 냉동기 기동전 점검사항

- 증발기의 액면계를 통하여 냉매의 액면이 적정한지 확인
- 오일탱크(Oil tank)의 유면이 적정한지 확인
- 오일의 온도가 적정한지 확인(정지 시에는 오일히터가 작동되고 있을 것)
- 기내의 압력이 정상적인지 확인(냉수 온도에 일치하는 포화압력이어야 함)
- 냉동기 가동 전에는 압축기의 가이드베인이 완전히 닫혀 있을 것

- 제어반의 표시부에 각종 안전장치의 경보가 없는지 확인
- 오일의 수분 함유 여부 확인(유면계를 통한 수분 존재 여부 확인)
- 냉각수, 냉수 순환펌프의 인터록 회로 확인(MCC의 조작스위치 "자동"위치)

## (2) 정상 가동 시 점검사항

- 냉수 입구/출구의 온도, 냉각수 입구/출구의 온도
- 오일의 급유 온도와 압력
- 증발기, 응축기의 운전압력
- 압축기의 가동횟수 확인(1일 5~6회 이하가 바람직)
- 냉동기 공급 전원의 전압 및 소비전류값 적정성 여부 확인
- 냉동기 각 부분에서의 진동이나 이상 소음의 발생 여부
- 냉수/냉각수 순환펌프의 작동상태와 운전압력(유량계가 설치되어 있으면 순환유량도 확인)
- 공조배관의 차압밸브의 작동상태

## (3) 주기적인 보수 점검항목(※센추리 권장 기준임)

| 보수 점검 기간 항목 | | 정비 주기 | | | |
|---|---|---|---|---|---|
| | | 매월 | 매 1년 | 매 2년 | 매 3~5년 |
| 압축기 | 오일의 교환 | | □ | ○ | |
| | 오일필터의 교환 | | □ | ○ | |
| | 압축기의 분해 점검 | | | | ○ |
| | 베어링 및 각종 가스켓 교체 | | | | ○ |
| | 베인 컨트롤 작동상태 점검 | ○ | | | |
| 주전동기 | 절연 측정 | | ○ | | |
| | 에어 Gap 측정 | | | | ○ |
| | 모터 분해 점검, 축봉의 교환 | | | | ○ |
| 증발기 · 응축기 | 전열관 청소(세관 작업) | | ○ | | |
| | 냉수, 냉각수의 수질 분석 | | ○ | | |
| | 와류 탐상 검사 | | | ○ | |
| | 수량의 확인 | | 2회 | | |
| 베인 조절장치 | 전자밸브의 분해 점검 | | | | ○ |
| | Block의 분해 점검 | | | | ○ |

| 보수점검기간 항목 | | 정비 주기 | | | |
|---|---|---|---|---|---|
| | | 매월 | 매 1년 | 매 2년 | 매 3~5년 |
| 부속기기 | 안전장치의 작동 확인 | | ○ | | |
| | 오일펌프의 절연 확인 | | ○ | | |
| | 오일펌프의 전류값 측정 | ○ | | | |
| | 오일히터의 단선, 절연 확인 | | ○ | | |
| | 조작반의 램프, 퓨즈 등의 단선 확인 | ○ | | | |
| 기타 | 누설 점검 | | ○ | | |
| | 냉매필터 교체 | | ○ | | |
| | 냉매의 분석 | | ○ | | |

- □ : 초기 연도의 경우
- 위의 보수 점검시간은 일반적인 운전상황일 경우이며, 운전조건이나 점검 결과에 따라 단축되거나 연장될 수 있고, 냉동기 업체마다 점검 주기와 항목이 다르므로 반드시 제조사에 문의 바람

① 터보냉동기의 분해 점검 관련 사진(출처 : 한영공조엔지니어링)

| 가이드베인의 분해 정비 |

| 교체할 각 베어링 및 라비린스, 오링 |

| 레디알 베어링 교체 |

| 오일 엔드 라비린스 분해 교체 |

| 임펠러 라비린스 교체 |

| 콤바인드 분해 정비 |

| 디퓨저 정비 |

| 주전동기 분해 |

| 전동기 샤프트 정비 |

| 모터 브래킷 조립 및 베어링 교체 |

| 가이드베인 및 석션 조립 |

| 오일필터 교체 |

| 오일펌프 분해 정비 |

| 오일 교환 |

### (4) 세관 작업

증발기와 응축기 내의 전열관은 냉수와 냉각수가 흐르기 때문에 장시간 운전되고 나면 내부에 스케일이나 부식이 발생하게 된다. 전열관 내부의 스케일은 냉수 또는 냉각수와 냉매와의 열교환 능력을 떨어뜨려 응축압력을 상승시키고 증발압력은 저하시키게 되어 냉동능력이 줄어드는 결과를 초래한다. 심할 경우에는 압축기 가동 시 서징현상을 발생시키기도 하는데, 이를 예방하기 위하여 주기적인 세관작업이 필요하다.

터보냉동기의 세관 주기는 사용시간에 따라 다르겠지만, 일반적인 사용조건에서는 1년에 1회 정도씩 실시해야 하며, 연중 사용하거나 수질이 좋지 않은 경우에는 몇 개월에 한 번씩도 실시해야 한다.

전열관의 청소는 합성수지제나 금속제 브러시(Brush)를 이용하여 전열 튜브 내의 스케일을 제거하는 방법과 화학약품을 이용하는 세관방법이 있다. 스케일의 부착 정도가 심하거나 브러시를 이용한 세관작업으로 충분하지 않을 경우에는 이 두 가지 방법을 함께 사용하는 사례도 많다. 화학약품을 이용한 세관작업을 위해서는 아래의 그림과 같이 탱크와 순환펌프가 필요하며, 세관작업 절차는 다음과 같다.

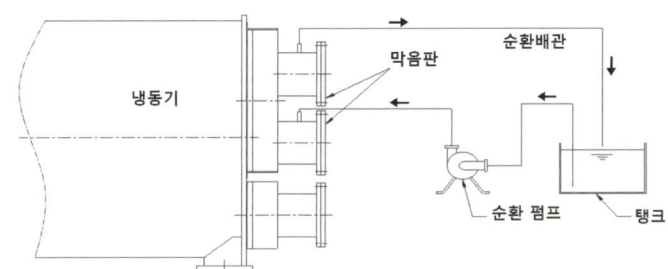

- 냉수 및 냉각수 입/출구 밸브의 차단 (또는 필요시 막음판 설치)
- 세관 약품용 탱크 및 순환펌프 설치, 약품 순환용 배관 연결
- 탱크에 세정약품의 투입, 약품에 따라 농도 및 온도 조정
- 일정 시간 동안 세정약품의 순환 및 누설 여부 점검
- 세정작업이 끝나면 냉동기에서 세정제 추출

- 깨끗한 물로 냉동기 전열관 내부를 세척 후 배수
- 화학세척만으로 부족할 경우 브러시를 이용한 세관작업 실시

### (5) 냉동기의 장기 보존

냉동기를 사용하지 않고 장기간 보존하고자 할 경우에는 장비 내부의 냉매와 냉각수, 냉수를 모두 제거하고 건조 후 불활성가스를 충진한다. 보관기간 중에도 주기적인 점검을 실시하여 장비의 손상이 없도록 관리해야 하는데 세부적인 내용은 다음과 같다.

- 장비 내부의 냉매를 추출하고 전원을 차단함
- 기내에 질소($N_2$)가스 충전 : 기내 압력을 −700mmHg 이하로 유지한 상태에서 질소가스를 충진하여 기내에 방청 환경을 조성함
- 냉각수, 냉수의 추출 : 전열관 및 워터챔버 내에 남아 있는 냉수, 냉각수를 추출하고 깨끗한 물로 충분히 씻어낸 후 건조시킴
- 워터챔버 등 부식이 발생한 곳은 청소 및 방청 도장을 실시한 후 조립하고 전열관 내부에도 질소가스를 충진함
- 전기품의 보관 : 조작반, 보안릴레이, 컨트롤모터 등은 전체를 비닐로 포장하고 내부에 건조제(실리카겔 등)를 넣어서 보관함
- 정기점검(월 1회) : 내부의 질소 충진압력을 주기적으로 점검하여 기록하고 압력 강하량이 커지는 경우에는 누설 부위를 조사하여 조치함

## 08 터보냉동기의 이상 현상과 추정 원인

| 이상 현상 | 고장 원인 | 조치 |
|---|---|---|
| 냉수 공급온도가 설정치보다 낮음, 냉매 온도 저온 경보 발생 | 온도조절기의 고장이나 온도 설정 오류 | 확인 후 재설정이나 수리 |
| | 실내에서 냉방 부하가 적음 | 부하 상태 점검, 자동 발정 릴레이 설정 온도 조정 |
| | 가이드베인 오작동 | 가이드베인의 작동 상태 점검, 냉매량 확인 후 과다 시 적정하게 되도록 배출 |
| | 압축기 회전수 과다(인버터의 경우) | 인버터 점검 후 조정이나 수리 |
| | 냉수량의 부족 | (아래의 냉수 부족 시 내용 참조) |
| 증발온도가 낮아지고, 토출되는 냉수와의 온도차가 적어짐 | 오리피스의 선정 불량 | 오리피스 교환 |

| 이상 현상 | 고장 원인 | 조치 |
|---|---|---|
| 증발온도와 냉수 출구와의 온도차가 증가하고 토출 온도가 상승함 | 냉매 주입량 부족, 냉매 오염, 냉수량이나 부하 과다, 증발기 냉각관 오염 | 냉매 추가 주입 및 정제, 냉수 계통 점검, 냉각관 청소 |
| 냉동기로 유입되는 냉수 유량의 부족 | 펌프나 밸브 계통의 이상 | 펌프의 가동 상태, 밸브의 개폐 및 스트레이너 이물질 여부 등 점검 |
| | 저부하시 차압밸브의 작동 불량으로 냉동기에 순환되는 냉수량 부족 | 차압밸브의 압력 설정 조정이나 분해 청소 실시 |
| | 냉수순환펌프에서 과도한 인버터 제어로 순환유량 부족 | 인버터 변화폭 및 설정 조건 조정 |
| | 다수의 냉동기가 헤더 배관에 병렬 설치된 방식에서 장비별 유량 밸런싱의 불량 | 냉동기별로 정유량밸브 설치, 순환펌프의 가동 대수나 인버터 제어값이 적정하도록 조정 |
| 증발압력이 낮음 | 냉수량의 부족 | (위의 냉수 부족 시 내용 참조) |
| | 증발기내 전열관의 오염으로 충분한 열전달이 되지 못함 | 세관작업 실시 |
| | 냉매량의 부족 | 냉매 보충 |
| 압축기의 전동기 과열 | 전원 및 전압의 이상 | 전압, 전류 측정후 원인 조치 |
| | 과다한 저부하 운전 | 운전/정지 조건 조정 |
| | 냉각용 냉매 순환의 불량(냉매 냉각방식인 경우) | 냉매필터나 스트레이너 청소, 냉각용 냉매 제어밸브 점검 |
| | 베어링의 마모나 소손 | 베어링 점검 후 교체 |
| | 전동기 권선 절연 손상 | 점검 후 수리 |
| 응축온도 높음, 응축기 고압 경보 발생 | 냉각수의 순환 유량 부족 | 냉각수 순환펌프 작동 상태 및 밸브의 개폐 여부 점검, 스트레이너 이물질 상태 점검 |
| | 냉각수의 온도가 높음 | 냉각탑 팬의 가동 상태 확인, 냉각탑의 노후화 여부 점검 |
| | 응축기 전열관에 스케일이나 물때가 부착되어 열교환 장애 | 세관 작업 실시 |
| | 냉수 온도가 과도하게 높음 | 냉수계통 점검, 설계 부하량에 비해 실부하가 과다한지 검토 |
| 냉수 공급온도가 높음 | 냉수의 순환유량 과다 | 냉수배관 계통 점검 |
| | 냉방 부하가 설계치보다 과다 | 냉방 부하량에 따른 장비 증설 |
| | 냉매의 부족 | 냉매 보충 |
| | 가이드베인의 컨트롤 불량 | 점검 후 수리 |
| | 온도제어기의 불량이나 오설정 | 점검 후 수리나 교체, 설정 조정 |
| | 증발기 전열관의 오염, 스케일 | 점검 후 세관작업 실시 |

| 이상 현상 | 고장 원인 | 조치 |
|---|---|---|
| 오일의 온도가 높음 (운전 중 60℃ 이상) | 오일쿨러 작동 불량, 또는 냉각용 냉매량 부족 | 오일펌프와 오일쿨러의 냉매량 조절밸브 작동상태 점검 |
| | 운전 중 오일히터의 오작동 | 오일히터 제어계통 수리 |
| | 오일 온도조절기의 오작동 | 조절기 고장 여부 점검, 설정온도 확인 후 조정 |
| | 메탈이나 베어링의 마모, 고착 | 분해 점검 후 교환 |
| 오일압력이 낮음 (흡입압력 +0.15 MPa 이상) | 오일펌프의 고장 | 펌프 분해 점검 |
| | 오일필터가 막힘 | 필터 확인 후 교환 |
| | 유압 조정밸브의 과다 개방 | 유압 조절밸브의 개도율 조정 |
| | 오일에 냉매가 많거나 히터의 작동 불량 | 히터 가동상태 점검, 히터 가동하여 오일 중 냉매 분리 |
| 오일의 온도가 낮음 (운전 중 40℃ 이하) | 오일쿨러의 작동 불량(과냉) | 냉매량 조절밸브 점검 |
| | 압축기 정지 시 오일히터의 미작동 | 히터 단선이나 결선상태 점검, 온도조절기의 설정온도 및 작동상태 점검 |
| | 오일에 냉매가 많이 혼합됨 | 히터 작동하여 냉매 분리 |
| | 오일 온도센서나 조절기 불량 | 기기 점검후 수리 |
| 운전시 오일의 공급압력이 높음 | 유압 조정밸브 개도율이 적음 | 개도율을 높여 유압 조정 |
| | 점도가 높은 오일의 사용 | 규정된 오일로 교체 |
| | 오일 온도가 낮음 | 오일쿨러의 과도한 냉각, 또는 오일히터의 미작동 여부 점검 |
| 응축압력이 낮음 | (동절기) 냉각수 입구 온도가 낮음 | 동절기 외기 온도 저하 시 냉각탑 팬 가동 최소화, 냉각탑에 바이패스 배관 설치하여 온도 조절 |
| | 냉각 수량이 많음 | 냉동기가 여러 대 병렬로 설치된 경우(헤더 방식) 냉각수의 유량 밸런싱 점검 |
| | 증발기의 냉매량 부족 | 냉매량 보충 |
| 오일탱크의 오일 증가 | 오일의 온도가 낮아서 오일에 냉매가 혼입됨 | 오일히터 작동상태 점검, 오일 온도조절기 설정상태 확인 |
| 기동 시 오일 손실 | 오일히터의 조절 불량, 퓨즈나 과부하차단기의 작동 | 오일히터의 써모스탯은 60~70℃에 조정, 과부하 원인 수리 |
| | 빈번한 기동 발정 | 기동발정을 최소화하고 전류제어기기로 전전류를 감소시켜 운전시간을 길어지도록 제어한다. |
| 운전 중 오일 손실 | 오일쿨러에서 누유 발생 | 내외부 누설검사(오일펌프만 수동으로 3시간 이상 운전하여 상태 점검) |
| | 베어링 하우징과 카바라인 베어링의 결함 | 오일펌프만 수동으로 약 1시간 운전하여 볼루트 하부에서 오일이 새어나오는지 확인 (고장 부품은 교환) |
| | 오일의 회수 불량 | 오일 회수 이젝터나 스트레이너의 막힘 여부 확인 후 보수 |

| 이상 현상 | 고장 원인 | 조치 |
|---|---|---|
| 정지 중 냉동기 내부 압력의 상승 | 기계실 내부 온도의 영향으로 냉매의 온도가 상승됨 | 비정상적으로 과도하게 상승되지 않는다면 큰 문제는 없음 |
| 압축기 본체의 이상음 | 회전부의 접촉 | 분해 점검 후 수리 |
| | 베어링의 마모나 소손 | 분해 점검 후 수리 |
| | 기어의 고장 | 분해 점검 후 수리 |
| | 서징의 발생 | (아래의 서징현상 시 내용 참조) |
| 압축기 운전 중 서징현상의 발생 | 본체에서의 누설 | 누설 여부 점검 및 보수 |
| | 응축기와 증발기 사이의 과다한 압력차이 발생 | (위의 응축기 고압, 증발기 저압 내용 참조) |
| | 응축기 전열관의 오염 | 확인 후 세관작업 실시 |
| | 냉매 부족 | 냉매량 및 본체 누설 여부 확인 |
| | 냉각수 온도가 높거나 순환 유량 부족 | 냉각수 배관계통 점검, 냉각탑 팬 작동상태 점검 |
| 압축기의 토출압력이 지나치게 높음 | 냉각수(냉각공기) 온도가 높던가 유량이 부족함 | 냉각수나 냉각팬 계통 점검 |
| | 응축기 전열관에 스케일이 누적되어 전열성능이 저하됨 | 전열관이나 전열핀 청소 |
| | 냉매가 지나치게 많음 | 과잉의 냉매량은 배출시킴 |
| | 토출배관 중의 밸브가 과다하게 잠기거나 오작동 | 밸브 계통의 점검 |
| | 공기가 장치에 혼입됨 | 응축기에서 에어퍼지 실시 |
| 압축기의 토출압력이 과다하게 낮음 | 냉각수 순환량의 과다, 냉각수 수온이 과도하게 낮음 | 냉각수 유량이나 냉각탑 팬의 풍량의 조절 |
| | 액냉매가 되돌아 나옴 | 팽창밸브의 조절, 감온통의 밀착, 바이패스용 밸브의 밀폐 |
| | 냉매량의 부족 | 냉매 보충, 누설 여부 점검 |
| | 토출밸브에서의 누설 | 토출밸브의 수리 또는 교체 |
| 압축기의 흡입압력이 지나치게 높음 | 냉동 부하의 증대 | 부하의 조정 |
| | 팽창밸브의 과다한 개방 | 팽창밸브 개도율 조정, 감온통 설치 및 밀착 상태 점검 |
| | 흡입밸브, 피스톤 링크 등의 파손 및 언로더 고장 | 흡입밸브 및 피스톤 링크 점검과 수리 |
| | 압력스위치나 제어장치의 고장 | 압력스위치 점검, 설정치 재조정 |
| | 유분리기의 환유장치의 누설 | 환유관 과열 여부 및 환유밸브의 점검 |

| 이상 현상 | 고장 원인 | 조치 |
|---|---|---|
| 압축기의 흡입압력이 지나치게 낮음 | 흡입측 필터의 막힘 | 필터의 청소, 또는 교체 |
| | 액냉매 통과량이 제한됨 | 전자밸브 및 스트레이너의 점검 |
| | 냉매 충전량의 부족 | 응축기나 수액기의 액면 점검, 냉매 추가 충진 |
| | 팽창밸브가 적게 열리거나 수분에 동결됨 | 팽창밸브 개도율 조정, 감온통 밀착 상태 점검, 수분의 제거 |
| | 언로더 관제장치의 설정치가 낮음 | 작동압력(온도)을 높게 조정 |
| 주전동기의 써모프로텍터가 동작됨 | 냉매필터가 막힘 | 필터 청소 |
| | 액류실의 관 막힘 | 관 청소 |
| | 응축압력과 증발압력의 차가 적다. | 냉각수량을 감소시켜 토출압력을 올림 |
| | 전동기의 냉매 공급이 부족 | 전동기 측 냉매관이나 밸브를 확인 |

# CHAPTER 15 공냉식 냉동기

## 01 공냉식 냉동기의 개요

공냉식 냉동기는 압축기에서 공급받은 고온고압의 냉매를 응축기에서 실외의 공기를 이용하여 냉각시켜 주는 냉동장치이며, 냉매의 압축·팽창 과정에의 열교환을 이용하는 증기압축식 냉동기이기도 하다. 공기를 이용하여 응축기의 열을 냉각하는 공냉식과 달리 물(냉각수)을 이용하여 응축기를 식혀주는 방식은 "수냉식 냉동기"라고 부른다. 수냉식 냉동기에서는 응축기의 열을 흡수해 온도가 올라간 냉각수를 식혀주기 위해서 외부에 냉각탑이 필요하다.

일반적으로 공냉식 냉동기는 공기를 이용해 응축기의 냉매가 보유한 열을 식혀주게 되므로 외부의 공기 온도에 따라 냉각할 수 있는 용량의 한계가 따른다. 이로 인해 공냉식은 가정용 에어컨이나 냉동/냉장고 등 비교적 적은 용량의 냉방장치에서 사용되고 있다. 이런 중·소용량의 공냉식 에어컨의 응축기로는 대부분 스크롤 압축기가 많이 사용된다. 압축기의 작동 소음이 적고 유량제어가 용이하며 가격도 저렴한 편이기 때문이다. 용량이 커질 경우에는 압축기가 여러 대 설치되게 되며, 용량 제어는 압축기의 가동 대수를 조절하거나 인버터 제어를 통해 스크롤의 회전수를 변화시키는 방식이 이용된다.

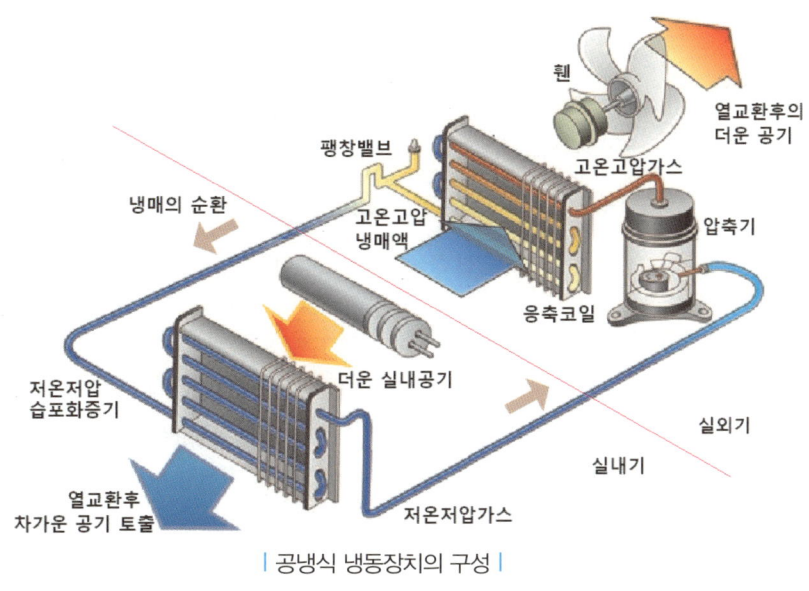

| 공냉식 냉동장치의 구성 |

# 02 패키지 에어컨(PAC ; Package Air Conditioner)

## (1) 공냉식 패키지 에어컨

실외에 설치되어 응축기(열교환코일)와 냉각팬, 압축기를 유닛화한 장비를 실외기라 하고, 실내에서 공기를 순환시키는 팬과 증발기(열교환코일), 팽창장치를 유닛화한 것을 실내기라고 부른다. 그리고 이 두 장비를 조합한 냉방장치를 패키지(Package) 에어컨이다.

보통 패키지 에어컨은 냉매가 한쪽 방향으로만 순환하게 되고 실내기의 증발코일이 항상 냉각작용만 하는 구조이므로 난방이 불가능하다. 따라서 패키지 에어컨에서 동절기에 난방을 하기 위해서는 실내기 쪽에 별도의 전기식 가열코일을 설치하는 경우가 많고, 간혹 온수(또는 스팀)코일을 설치하는 사례도 있다.

이와 달리 냉난방 운전모드에 따라서 냉매의 흐름이 반대로 변화되고 이로 인해 실내기와 실외기의 역할이 뒤바뀌어 냉방뿐만 아니라 난방도 가능한 것은 히트펌프(heat pump) 냉난방기라고 보통 부르고 있다.(엄밀히 구분하면 패키지 에어컨이나 대형 터보냉동기 등도 모두 히트펌프에 속하지만 통상적으로 냉난방이 모두 가능한 냉난방기를 히트펌프라고 주로 부르고 있는 것이 현실임)

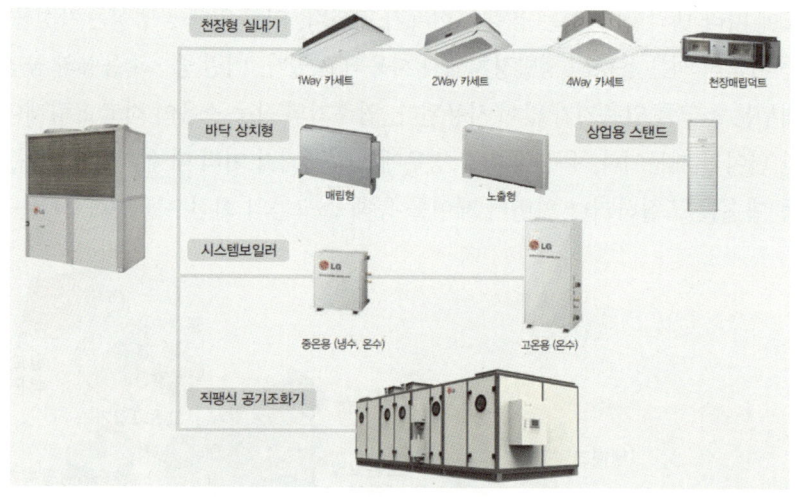

| 다양한 종류의 에어컨 실내기 |

한편 요즘에는 패키지 에어컨의 실내기도 실내 마감수준에 맞춰 다양하게 선택해 사용할 수 있도록 여러 형식의 제품들이 개발·보급되고 있다. 더불어 요즘은 냉매 분배와 제어 기술의 발달로 패키지에어컨이나 히트펌프를 사용할 때, 하나의 실외기에 여러 대의 실내기 연결하여 사용할 수 있는데 이를 멀티에어컨(multi air conditioner) 또는 시스템에어컨(system air conditioner)이라고 한다. 멀티에어컨은 실외기의 설치 대수를 줄여 공간 활용도가 좋고 실내기의 장비 구성에도 선택의 폭이 넓어 많이 선호되고 있다.

### (2) 수냉식 패키지 에어컨

중대형 용량의 패키지 에어컨이 여러 대 설치될 경우에는 각 장비별로 공냉식 실외기를 설치하는 것보다 1대의 냉각탑을 설치하고 냉각수를 순환시켜 응축열을 냉각해주는 수냉식 방식이 효율적일 때가 있다. 또한 압축기의 성능상 냉매를 압축해 냉매배관을 통해 공급할 수 있는 거리에 한계가 있기 때문에, 실내기와 실외기 사이의 거리가 상당히 먼 상황에서는 공냉식보다 수냉식이 적합하다. 수냉식에서는 기존에 실외기에 설치되던 압축기와 각종 장치들을 실내기 장비 안에 모두 함께 설치하여야 하기 때문에 실내기의 크기가 조금 커지게 되고, 냉각수배관과 유량 제어 및 분배를 위한 제어밸브가 설치되어야 한다.

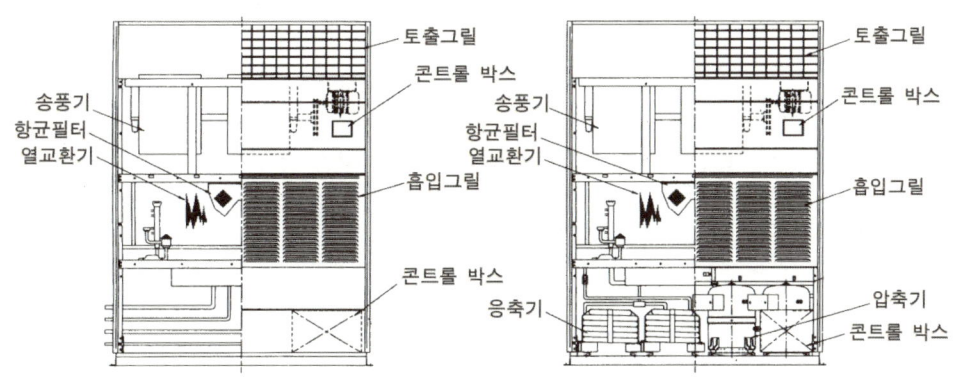

| 수냉식 패키지 에어컨의 실내기 |

수냉식 에어컨을 사용하게 되면 실내기 쪽에서 압축기의 작동과 냉각수의 순환 등으로 인해 소음이 다소 커지게 되고, 겨울철에 에어컨을 사용하지 않을 때에는 냉각탑이나 냉각수배관이 동파되지 않도록 퇴수작업을 철저히 해야 한다. 겨울철에도 에어컨이 작동되어야 하는 상황이면 냉각탑을 밀폐형으로 선정하고 냉각수에 부동액을 넣어 운전하면 된다.

## 03 항온항습기

공냉식 에어컨에 가습기를 구비할 경우 실내의 온도는 물론 습도까지도 제어가 가능하여 전산실이나 통신실, 기타 온도와 습도가 항상 일정히 유지되어야 하는 곳에서는 항온항습기가 사용되고 있다.

항온항습기는 실내 온도를 설정온도의 ±0.5~1℃의 편차로 정밀하게 유지하면서 습도를 제어하기 위해서 반드시 냉방코일과 가열코일이 별도로 설치되어야 한다. 습도가 높은 여름철에 냉각제습 운전 시 토출공기가 과냉될 수 있기 때문에 냉방코일의 후단에서 가열코일이 설정 온도까지 재가열한 후 실내로 급기해 주어야만 하기 때문이다.

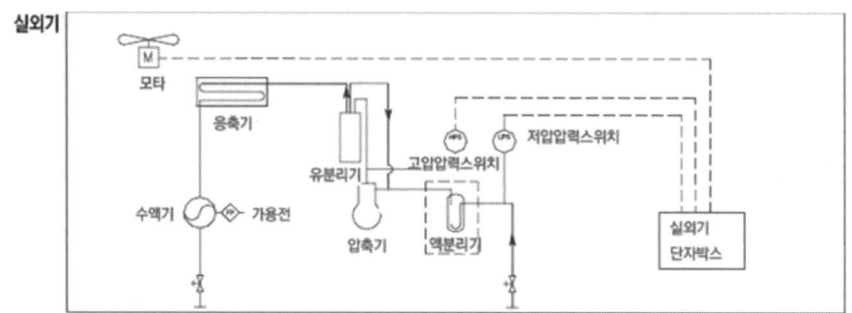

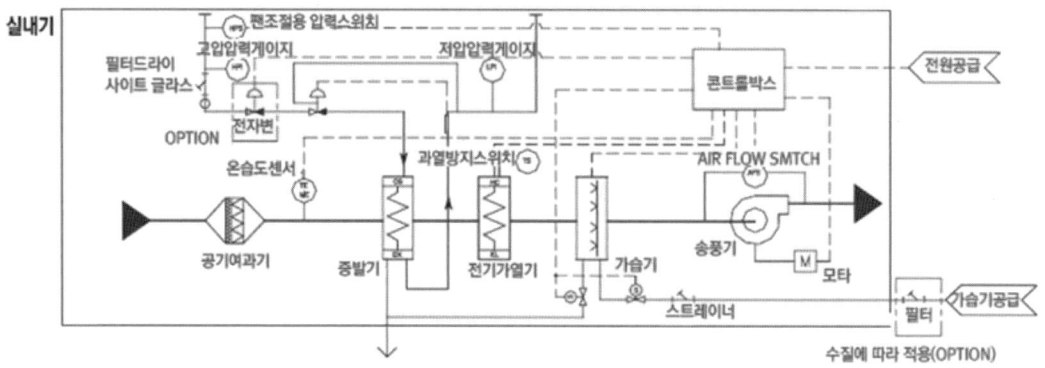

| 일반적인 항온항습기의 계통도 |

가열코일은 항온항습기가 설치되는 대부분의 실 용도가 누수에 매우 민감하므로 전기가열코일이 보편적으로 사용되고 있으며, 근래에는 히트펌프 방식을 이용해 응축코일을 설치해 재열함으로써 에너지를 절감하는 방식도 개발·보급되고 있다.

가습기는 전극봉식 가습기로 물을 끓여 가습하는 것이 일반적이며, 일부 증기나 물(적하식 가습기)을 이용하는 경우도 있다.

| 항온항습기 실내기 |

| 항온항습기 실외기 |

| 냉각코일, 가열코일, 송풍기 |

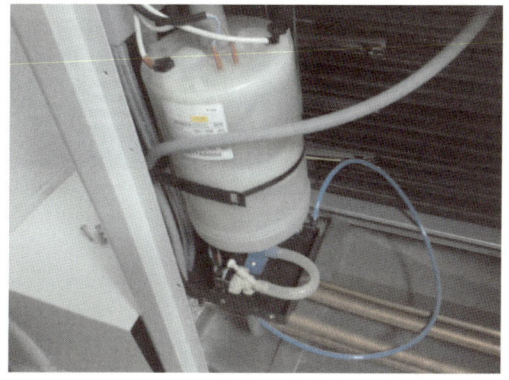

| 전극봉식 가습기 |

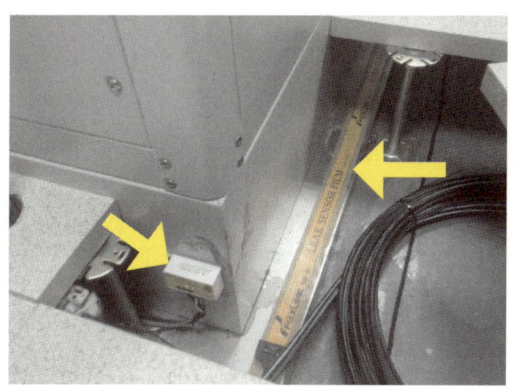

| 누수 감지 케이블 |

| 냉매 고압, 저압 압력계 |

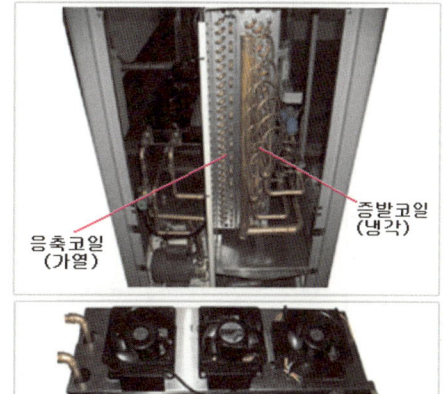

히티펌프 방식으로 난방 및 제습시 온도보상으로 사용

히트펌프 방식으로 물을 끓여서 증발시켜 가습에 이용

| 히트펌프식 항온항습기 |

CHAPTER 15 공냉식 냉동기 • **447**

# CHAPTER 16 히트펌프, 시스템에어컨

## 01 히트펌프의 개요와 운전방식

히트펌프(Heat Pump, 또는 열펌프)는 저온의 열원으로부터 열을 흡수하여 보다 높은 온도를 가진 또다른 공간으로 열을 방출하는 시스템이다. 일반적인 냉동사이클도 그 구조나 작동 원리 면에서 히트펌프의 일종에 해당한다고 할 수 있으며, 근래에는 냉매사이클의 흐름을 바꾸어 냉방과 난방을 겸용하는 히트펌프식 냉난방기가 널리 보급되고 있다. 그래서 요즘 일반적으로 히트펌프라고 하면 냉방만 가능하던 기존 에어컨과 달리 냉매를 이용하여 냉/난방이 모두 가능한 장치로 인식되고 있다.

또한 히트펌프식 냉난방기는 보통 실외기 1대에 여러 대의 실내기를 연결하여 하나의 시스템으로 구성되기 때문에 시스템에어컨, 또는 멀티에어컨이라는 명칭과 구분없이 불리기도 하는데, 그러나 경우에 따라서는 모든 시스템(멀티)에어컨이 히트펌프식 냉난방기가 아니라는 사실을 이해할 필요가 있다.(난방이 불가한 냉방 전용의 시스템에어컨도 있음)

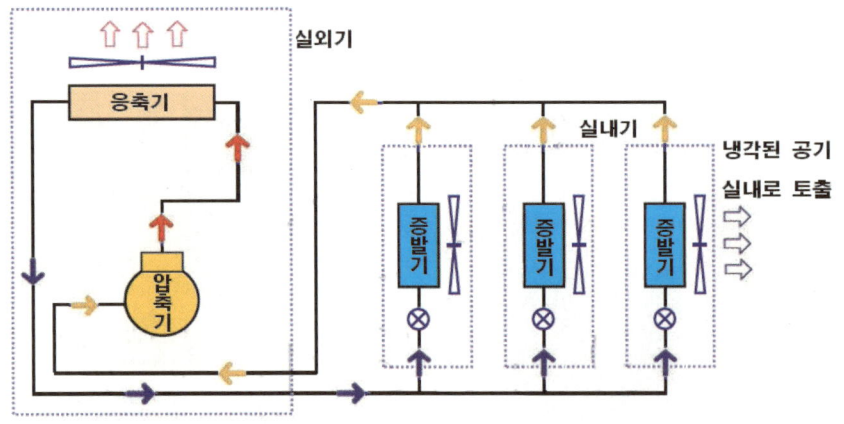

| 냉방 전용 시스템에어컨(난방 불가) |

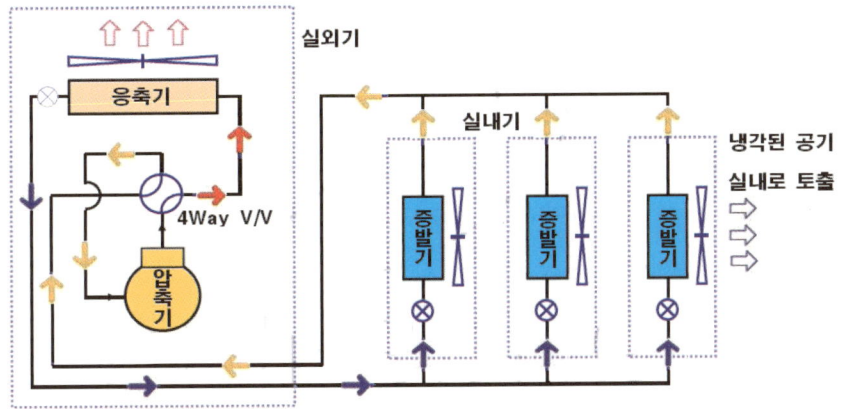

| 히트펌프식 시스템에어컨 : 냉방 운전 시 |

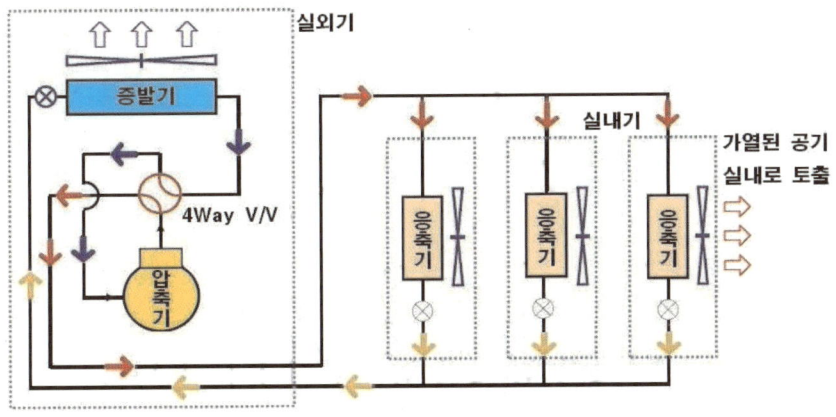

| 히트펌프식 시스템에어컨 : 난방 운전 시 |

히트펌프는 냉/난방 운전모드에 따라 보통 "4방향(4way) 밸브"를 사용하여 열교환코일에 공급되는 냉매의 흐름을 반대방향으로 바꾸어 주게 되는데, 이를 통해 실내기와 실외기의 열교환코일은 계절에 따라 증발기와 응축기로 서로 그 기능이 바뀌게 된다. 겨울철 난방 시에는 실외기의 코일이 증발기의 역할을 하게 되어 외기 중의 습기가 코일 표면에서 결빙되어 얼음이 부착된다. 이럴 경우 열교환능력이 저하되어 난방능력이 떨어지게 되므로 제상운전이 필요하다.

예전에는 제상운전 시 냉방모드로 임시 전환해 냉매를 역순환시켜 실외기 코일 표면의 얼음을 제거하기도 했으나, 이 과정에서 실내에서는 찬바람이 토출되는 불편함이 있어 근래에는 실외기 코일에 제상용 전기코일을 내장하거나 순환되는 고온의 냉매 일부를 제상을 위해 실외기 코일 표면부로 바이패스시키는 방법들이 사용되기도 한다. 열병합 발전이나 GHP(가스식 히트펌프) 등에서는 고온의 엔진 냉각수나 폐열을 이용해 제상은 물론 추가 가열이 가능해 동절기에 제상이 큰 문제가 되지 않는다.

이러한 히트펌프식 냉난방기는 간편한 시스템 구성과 사용상의 편리함, 다양한 조건에 대응할 수 있는 여러 장비 형식 등의 장점으로 인해 기존의 냉동장치(터보냉동기, 흡수식냉동기 등)를 상당 부분 대체해 나가고 있다.

특히 근래에는 실내에 설치된 실내기 중 일부는 냉방, 다른 일부는 난방으로 동시에 운전이 가능하도록 제품이 개발되어 보급되고 있어 그 효용성이 더욱 넓어지고 있다. 이와 같이 동시 냉난방 운전이 가능한 제품은 계절에 따라 온도 변화가 많은 우리나라에서 각 실 사용자들의 요구 조건에 대응하는데 적합할 뿐만 아니라, 건물 내에 다양한 부하 특성을 지닌 여러 시설들이 존재할 경우에도 유용하게 사용될 수 있다.

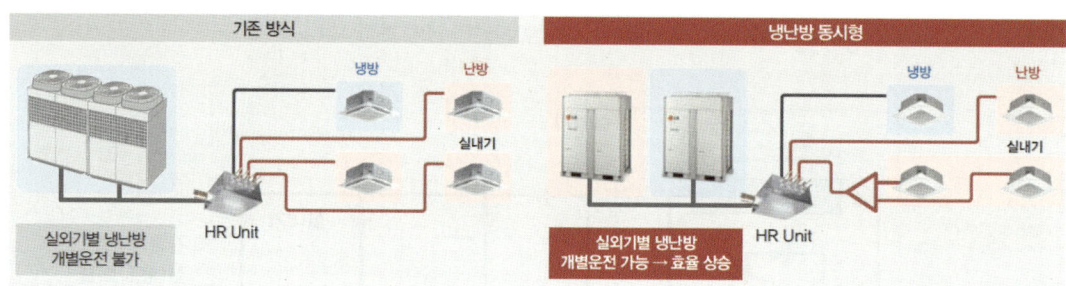

## 02 다배관방식과 단배관방식

한편 히트펌프식 시스템에어컨은 실내기와 실외기의 배관방식에 따라 다배관방식과 단배관방식으로 분류된다. 다배관방식은 실외기로부터 각 실내기마다 냉매배관이 각각 별도로 연결되는 방식이고, 단배관방식은 실외기에 연결된 메인 냉매배관이 각 실내기를 거치면서 분기관을 통해 가지배관을 하나씩 분기해 주는 방식이다.

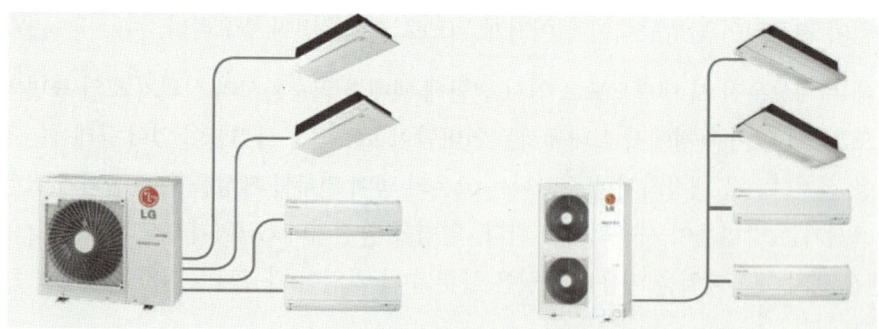

| 시스템에어컨의 배관방식 : 다배관방식(좌), 단배관방식(우) |

시스템에어컨 보급 초창기에는 냉매량의 분배에 대한 기술적 어려움과 경험이 부족하여 다배관방식이 많이 사용되었으나, 관련 장비나 자재의 국산화가 이루어지고 시스템에어컨의 적용 규모가 커지면서 근래에는 대부분 단배관방식으로 시공되고 있다.

두 방식의 차이점을 보면 다배관방식은 각각의 실내기가 별도의 배관으로 분리되어 있어 실내기의 증설이나 변경이 비교적 자유로운 편이나 단배관방식인 경우 하나의 계통에 연결된 개별 실내기들의 부하가 변하거나 추가될 경우 전체적인 냉매 분배의 밸런싱이 변하기 때문에 대응에 어려움이 있다. 그러나 다배관방식에 비해 단배관방식의 경우 실외기에서 실내기까지의 냉매 공급이 가능한 수평거리나 높이차가 수백 미터에 이를 정도로 자유로운 편이어서 시스템 구성이나 장비 배치가 용이한 장점이 있다.

| 다배관방식 |

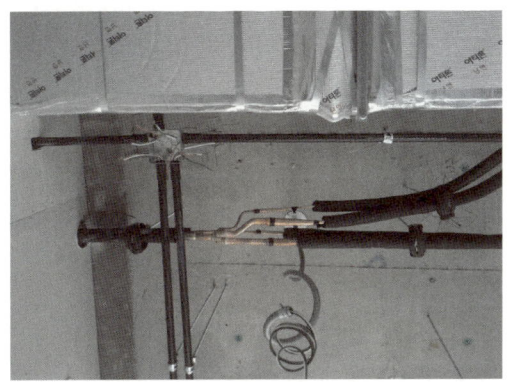
| 단배관방식 |

## 03 히트펌프의 응용

히트펌프는 증발기와 응축기의 냉각 또는 가열매체로 공기뿐만 아니라 물을 이용하기도 한다. 연중 수온이 안정적으로 유지되는 땅속의 지하수를 이용한 지열시스템은 높은 효율로 근래 널리 보급되고 있으며, 호수나 하천수, 바닷물, 열병합 발전이나 소각로의 폐열, 태양열 등 다양한 열원을 활용하여 에너지 효율을 높이려는 노력들이 이루어지고 있다.

또한 규모가 큰 건물이거나 고층건물에서는 실내기의 수량이 많아 냉매배관이 복잡해지거나 길어질 경우 옥상이나 외부에 냉각탑을 설치하고 건물 내부 곳곳에 설치된 히트펌프에 냉각수를 순환시키는 수냉식방식도 사용되고 있다.

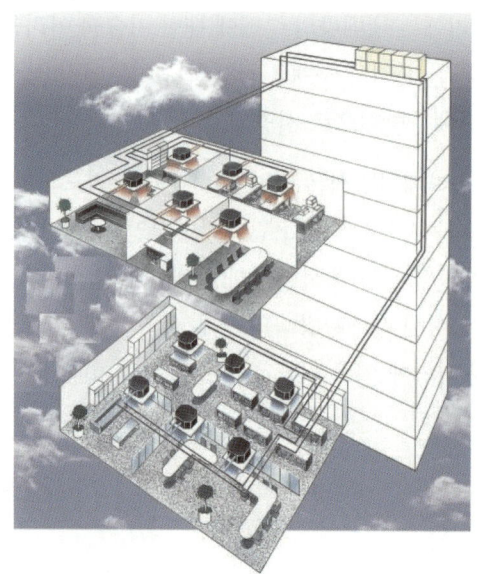

| 공냉식 시스템에어컨 |

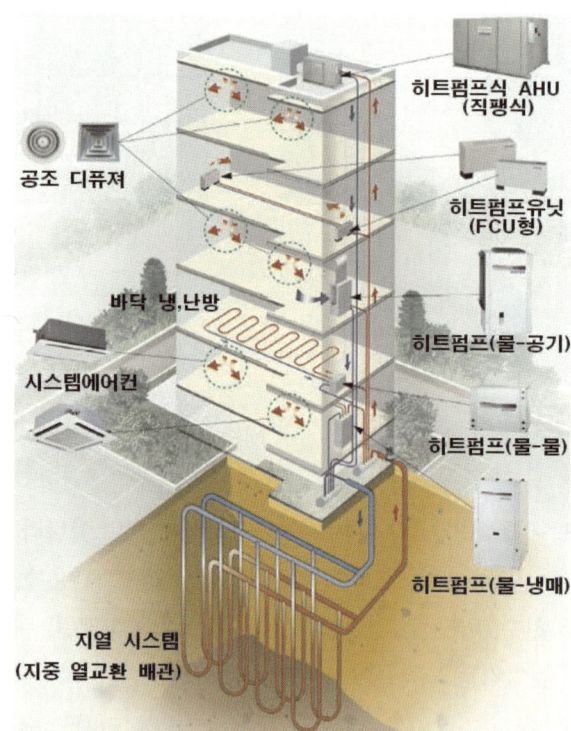

| 지열히트펌프 시스템 |

히트펌프는 열교환(증발, 응축)코일에서 공기가 아닌 물과 열교환할 경우 온수나 냉수의 공급도 가능하기 때문에 팬코일이나 공기조화기(AHU)와도 연계된 복합시스템으로 구성하는 사례도 늘고 있다. 또한 중소형 건물에서는 냉난방뿐만 아니라 급탕까지도 히트펌프로 공급하는 경우가 있다.

다만 히트펌프로 온수 공급 시 충분히 높은 온도까지 가열시키는 데는 어려움이 있어(일반적으로는 40~45℃ 정도의 온수를 공급함), 피크 부하 시 난방이나 급탕 가열능력이 부족한 사례가 종종 발생한다. 따라서 일반적인 온수 공급온도 이상이 필요한 경우에는 특수하게 제작된 2단압축 히트펌프를 사용하거나 부족한 열원을 보충하기 위하여 일반 난방/냉방/급탕 열원계통(보일러나 지역난방 등)과 병렬로 연결하여 운전하는 것이 바람직하다.

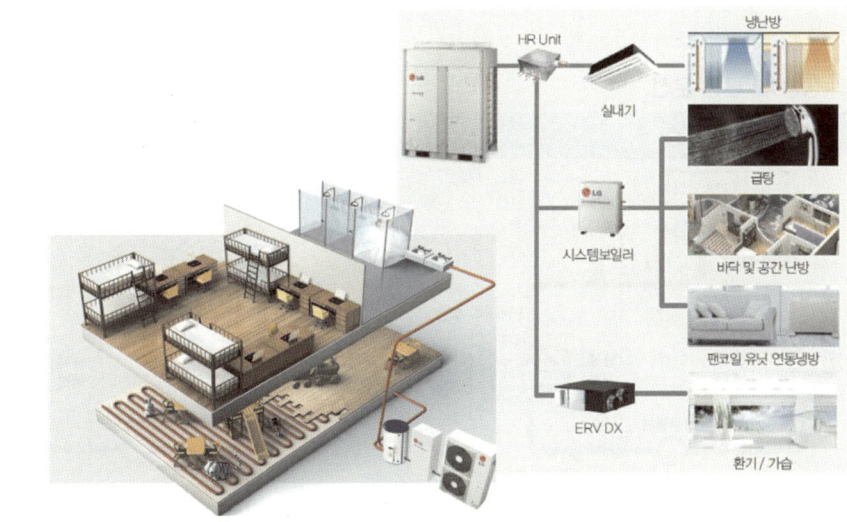

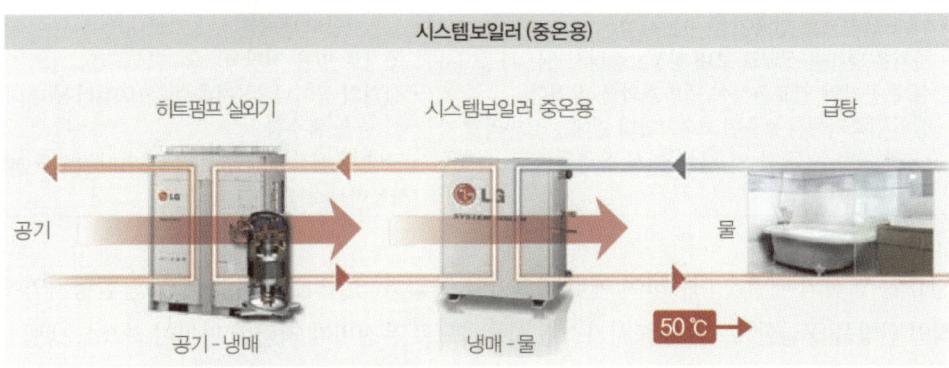

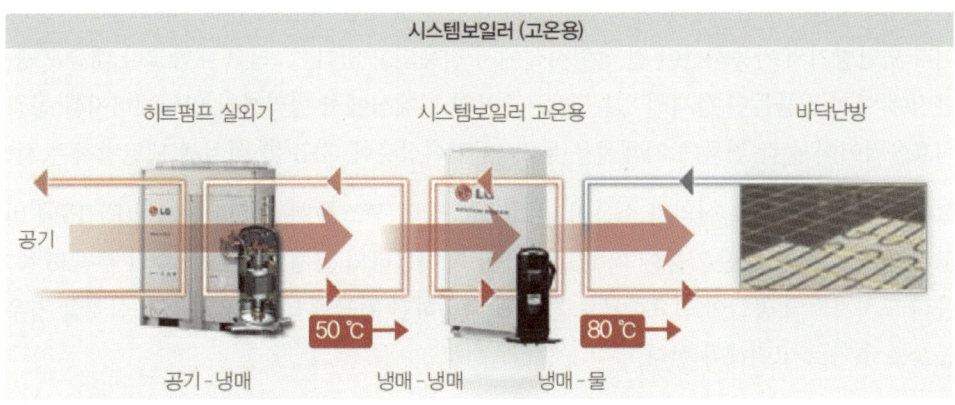

# 04 EHP(전기식 히트펌프)와 GHP(가스엔진식 히트펌프)

히트펌프의 용량이 커질 때에는 히트펌프의 압축기를 작동시키는 구동동력으로 전기(전동기)뿐만 아니라 엔진을 채택하기도 한다. 엔진의 연료로는 연료비가 저렴하고 오염물질의 배출이 적은 도시가스가 사용되는데, 이러한 가스엔진구동 히트펌프를 GHP(Gas engine driven Heat Pump)라고 부른다.

▼ GHP의 냉방 및 난방 운전

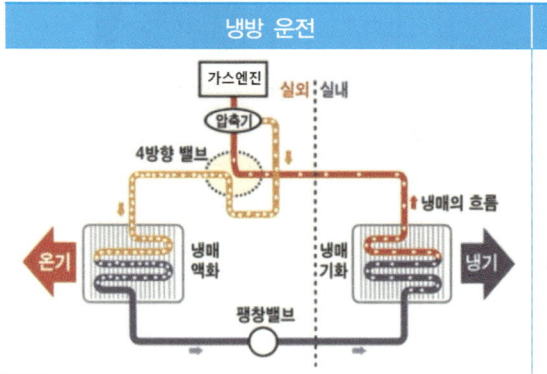

| 냉방 운전 | 난방 운전 |
|---|---|
| • 가스 엔진으로 압축기를 구동시킴<br>• 차가운 냉매를 실내로 보내 팽창·증발시키는 과정에서 실내 공기와 열교환하여 냉방효과를 발휘함<br>• 실외 압축기에서 토출된 고온고압의 냉매는 실외의 공기나 물(지하수 등)과 열교환하면서 응축됨 | • 가스 엔진으로 압축기를 구동시킴<br>• 고온고압의 냉매를 실내로 보내 응축하는 과정에서 실내 공기로 열을 전달함<br>• 실외의 공기나 물(지하수 등)로부터 냉매의 증발 과정 시 열을 흡수함<br>• 난방 시 엔진의 배열이나 고온의 냉각수를 보조열원으로 사용하므로 효율이 높음 |

GHP는 엔진의 배열을 이용하여 에너지 효율을 높일 수 있고 EHP에 비해 추운 한랭지역에서도 안정적인 난방을 공급할 수 있다. 도시가스를 사용하므로 운전비가 저렴한 편이며 가스식 냉방장치를 적용에 따른 정부의 설치지원금의 혜택을 받을 수 있다. 특히 전기식 냉동기 사용을 위해 필요하였던 수변전설비의 시설비 절감이 가능하고 전력 단가도 낮출 수 있는 장점이 있어, 어느 정도 규모가 있는 빌딩이나 냉난방기의 가동시간이 긴 상업시설에서 적용되고 있다. 그리고 대학교나 대규모 공장 등 넓은 단지에 여러 건물들이 산재해 있는 경우 중앙의 기계실에서 멀리까지 열원에너지를 공급하는 것이 비효율적이어서 각 건물에 기계실을 두지 않고 옥상층에 GHP를 설치해 냉난방하는 사례도 많다.

그러나 엔진 사용으로 실외기 소음이 다소 크고 장비 구조가 복잡하며 전기식(EHP)에 비해 장비가 고가이다. 그리고 엔진 가동에 따른 윤활유나 에어필터의 교체 등 유지보수의 부담도 증가된다. 아울러 도시가스의 공급이 필요하므로 기존에 사용하던 건물에서 GHP를 추가 신설할 경우 가스배관 공사를 추가로 고려해야 한다.

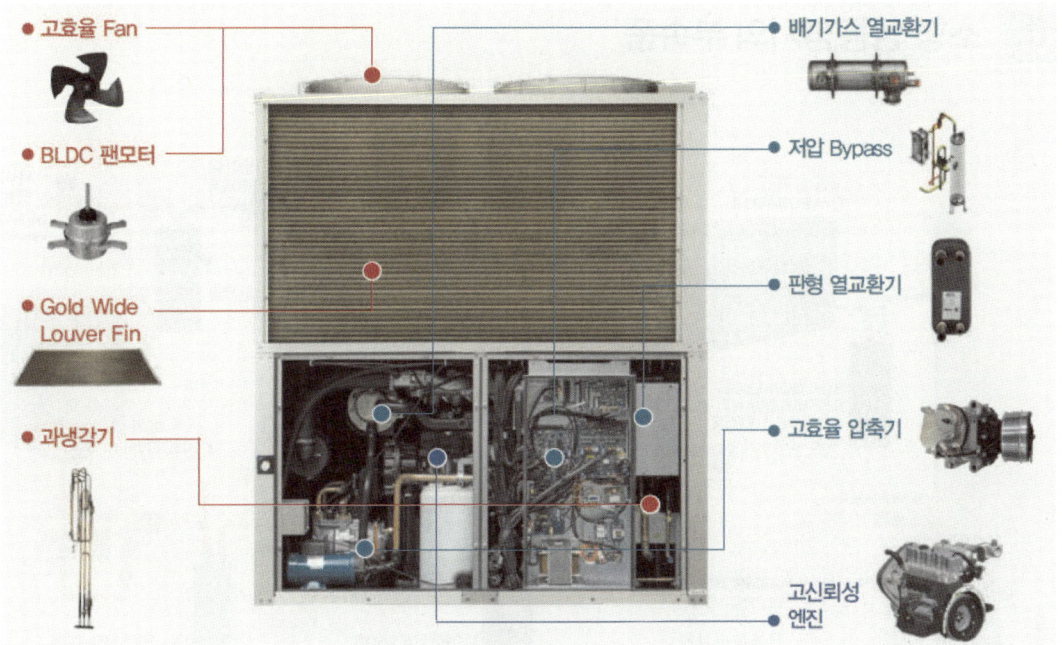

| GHP의 구성 |

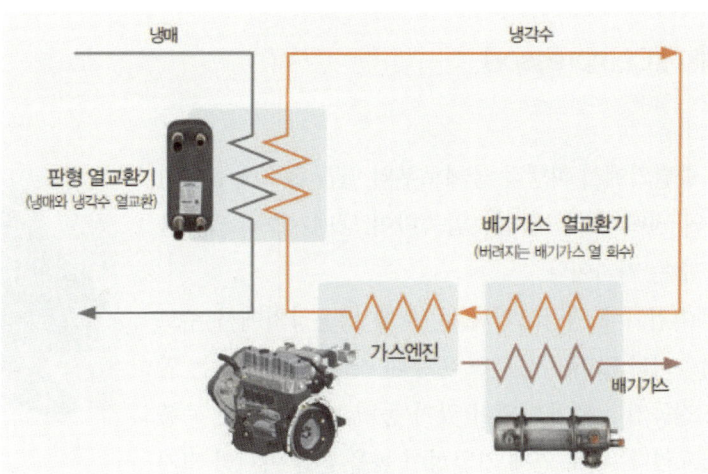

| 엔진의 폐열 회수 시스템 |

## 05 소형 냉동장치의 부속품

| 공냉식 냉동장치의 구성 |

### (1) 밀폐형 압축기(Compressor)

#### ① 압축기의 종류

압축기는 증발기에서 피냉각 물체로부터 열을 흡수해 증발한 저온저압의 냉매가스를 흡입·압축하여 냉매가스의 압력을 상승시켜 주는 기기이다.

가정용 에어컨이나 냉장고와 같은 소형 냉동장치에서 주로 밀폐형 압축기가 많이 사용되고 있는데, 밀폐형 압축기는 압축장치와 전동기가 일체화되어 있어 동력 전달을 위한 축봉장치가 필요없다. 이로 인해 기밀성이 높을 뿐만 아니라 크기도 소형으로 되며 운전 소음도 적다.

소형 냉동장치에서 사용되는 압축기로는 왕복동식, 로터리식, 스크롤식 압축기가 주로 사용되고 있다. 왕복동식(reciprocating) 압축기는 에어컨 실린더 내부의 피스톤이 왕복동작을 반복하는 과정에서 냉매의 압축을 실행하는 구조인데, 효율과 압축력은 좋은 편이나 작동 원리상 소음과 진동이 크다. 이로 인해 예전에는 소형 냉동/냉장장치나 에어컨에서도 많이 적용되었으나 근래에는 로터리식이나 스크롤식에 비해 사용 사례가 적다.

로터리식 압축기는 실린더 내부에 편심되게 설치된 롤러(roller)가 회전하면서 실린더와 간극이 변하면서 흡입과 압축이 이루어지는 방식이다. 구조가 간단하여 소형으로 compact하지만 대용량으로 제작하는 데는 한계가 있다. 주로 가정용 냉장고나 창문형 에어컨과 같이 소형 에어컨에서 사용된다.

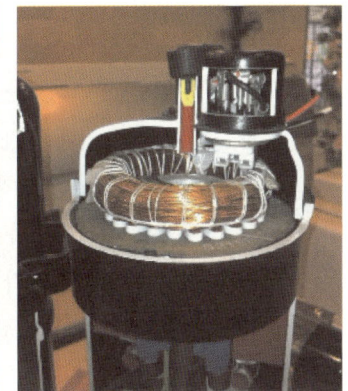

| 로터리식 압축기 |

근래에는 스크롤식(scroll) 압축기가 소형 냉동/냉장장치로부터 가정용 에어컨, 시스템에어컨(히트펌프)에 이르기까지 폭넓게 사용되고 있다. 스크롤 압축기는 나선형의 스크롤 한 쌍이 포개어 설치된 구조인데, 한쪽 스크롤은 고정되어 있고 다른 한쪽의 스크롤만 회전하면서 스크롤 사이의 틈새가 변화되면서 연속적으로 흡입·압축이 이루어진다. 효율이 좋고 가동 중 소음과 진동이 적으며, 크기도 소형으로 compact하다. 용량이 커질 경우 여러 대의 압축기를 병렬로 조합하여 대응할 수 있어 시스템에어컨에서는 대부분 스크롤 압축기를 적용하고 있다.

| 스크롤식 압축기 |

② 압축기의 용량 제어

압축기의 용량 제어방식에는 인버터를 이용한 압축기의 회전수 제어와 토출 냉매량의 바이패스 제어방식이 이용되고 있다. 다수의 압축기가 병렬로 설치되어 있을 경우에는 압축기의 운전 대수를 조절하는 방법이 병행하여 이용된다.

인버터 방식은 공급 전원의 주파수 제어를 통해 압축기의 회전수를 높이거나 낮추는 방식인데, 부하가 적을 경우 회전수를 낮춰 적은 양의 냉매가 흐르도록 하고 부하가 증가될 때에는 회전수를 높여 공급되는 냉매량이 늘어나도록 한다. 시스템에어컨과 같이 많은 수량의 실내기가 설치되어 있어 부하가 수시로 변하는 상황에서 정밀한 제어가 가능하고 에너지 절감효과가 커서 많은 업체에서 채택하고 있는 방식이다.

토출 냉매량 바이패스 제어방식은 부하가 작아질 경우 압축기 토출측 배관에 설치된 바이패스용 솔레노이드밸브를 개방하여 토출냉매의 일부를 저압 측으로 되돌려 보내어 실내기 쪽으로 흐르는 냉매량이 적어지도록 하는 방식이다. 제어가 간단하나 유량제어에 한계가 있어 인버터방식에 비해 에너지 절감효과가 적은 편이다.

한편 근래에는 일부 제조업체에서 압축기에서 토출되는 냉매액의 일부를 바이패스시켜 이코노마이저로 기화시킨 후 스크롤압축기에 재공급하는 방식이 사용되기도 한다. 토출 냉매량 바이패스 방식과 유사하기는 하지만, 냉동장치의 운전효율 향상과 난방 시 난방능력 증대를 위하여 2단 압축 방식을 실시한다는 점에서 다소 차이가 있다.(터보냉동기에서 2단압축기를 적용하는 것과 비슷한 방식임)

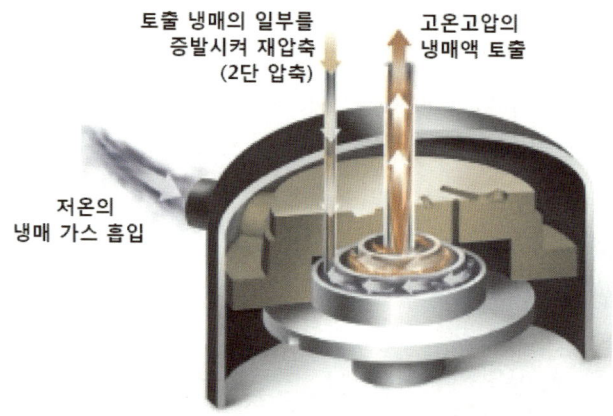

### ③ 액 위험

냉매 압축기는 액체를 취급하도록 설계되지 않는다. 압축기의 손상은 압축기에 유입되는 액체의 양에 따라 발생하고 압축기의 종류에 따라서도 조금 다르게 나타난다. 일반적으로 액의 유입에 의한 영향으로서 액압축과 액백, 액기동 등을 들 수 있다. 왕복동식 압축기는 토출밸브를 구비하고 있어 회전식이나 선회식 압축기에 비해서 액압축에 의한 손상이 일어날 가능성이 많다.

- 액압축(slugging) : 짧은 시간 동안 많은 양의 냉매액이나 윤활유가 유입되어 펌핑되는 현상이다. 이러한 현상은 압축기 기동 시, 또는 압축기 정지 시에 증발기에 모인 냉매가 압축기로 흡입될 때 일어날 수 있다. 또한 제상 사이클 같이 시스템 운전조건이 갑작스럽게 변하였을 때나 압축기의 급격한 부하 변동 운전 시에도 일어난다.

- 액백(flood back, 또는 liquid back) : 흡입가스와 혼합된 액냉매의 연속적인 유입현상을 말한다. 이 현상으로 인해 압축기 챔버 내 적정 윤활유량의 유지가 어렵다. 이를 방지하기 위해 적정 크기의 흡입 액분리기를 설치해야 한다.
- 액기동(flooded start) : 압축기의 정지 시 냉매가 압축기에 유입됨으로써 발생된다. 크랭크 케이스 히터와 자동 펌프다운(pump down) 장치를 사용하면 이러한 현상에서 보호될 수 있다.

## (2) 응축기(Condenser)

### ① 공냉식 응축기

압축기에서 토출된 고온고압의 냉매가스가 응축코일을 순환할 때 주위의 공기를 통과시켜 열을 대기 중로 방출시킴으로써 냉매가스를 액으로 응축시키는 일종의 열교환장치이다. 수냉식 응축기에 비하여 시스템이 간단하고 보수가 용이하며, 용량이 크지 않은 경우 실외에 간단히 설치할 수 있어 일반 에어컨 및 냉난방기에서 보편적으로 사용되고 있다.

 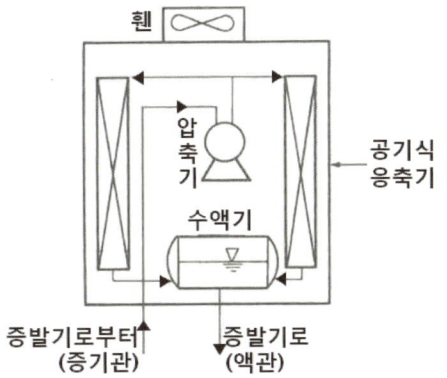

수냉식 응축기에 비하여 응축온도가 높고 공기와 접촉을 위한 전열면이 커져야 하므로 실외기의 외형은 다소 커진다. 응축코일의 냉각관은 외경 9~15mm를 많이 사용하며, 전열 면적을 크게 하기 위해 대부분 관 외부에 핀을 부착하고 있는데 핀 피치(간격)는 2.5~3.5mm 정도이다.

응축온도는 외기온도보다 15~20℃ 정도 높은 수준인데, 여름철에는 응축온도가 50~55℃ 정도가 된다. 아울러 외기의 온도가 낮은 겨울철에 사용할 때에는 응축온도(압력)가 너무 낮으면 팽창밸브에서 필요 유량을 확보하는 것이 곤란할 수 있으므로 응축온도를 조절할 필요가 있다.

히트펌프 냉난방기에서는 냉난방 전환에 따라 응축기와 증발기의 역할이 뒤바뀌게 된다. 즉 여름철에는 외부의 실외기가 대기 중으로 냉매의 열을 방출시키는 응축코일의 기능을 하지만, 겨울철에는 대기 중의 열을 흡수하는 증발기의 기능을 하게 된다. 이로 인해 겨울철에는 실외기에서 냉매의 증발 과정에서 열교환 코일 표면에 대기 중의 수분이 결빙되는 현상이 발생되는데, 이럴 경우 열교환능력이 저하되므로 자동적으로 제상운전이 이루어지도록 제어되고 있다.

② 수냉식 응축기(water cooler condenser)

수냉식 응축기는 냉각수의 현열을 이용하여 냉매가스를 냉각·액화하는 방식으로, 입형 쉘앤튜브식, 횡형 쉘앤튜브식, 2중관식, 7통로식, 지수식, 대기식 응축기 등이 있으나 현재 사용하고 있는 것은 특별한 경우를 제외하고는 거의 횡형 쉘앤튜브식이 사용되고 있다. 쉘앤튜브식의 구조와 작동 원리는 다음과 같다.

- 전열관의 내부에는 냉각수가 순환되고 관 외부(쉘)에는 냉매가 흐름
- 냉매는 쉘의 상부에서 유입되어 응축된 후 아래 부분에 고임(이 응축된 냉매액을 증발기로 공급함)
- 전열관의 재질로는 프레온계 냉매의 경우 동관을 사용하고, 암모니아는 동관의 부식 문제 때문에 강관을 사용함
- 전열관으로 핀튜브(fined tube)를 사용하면 냉각관 단위길이당 전열 면적을 크게 할 수 있어 소형·경량화할 수 있음

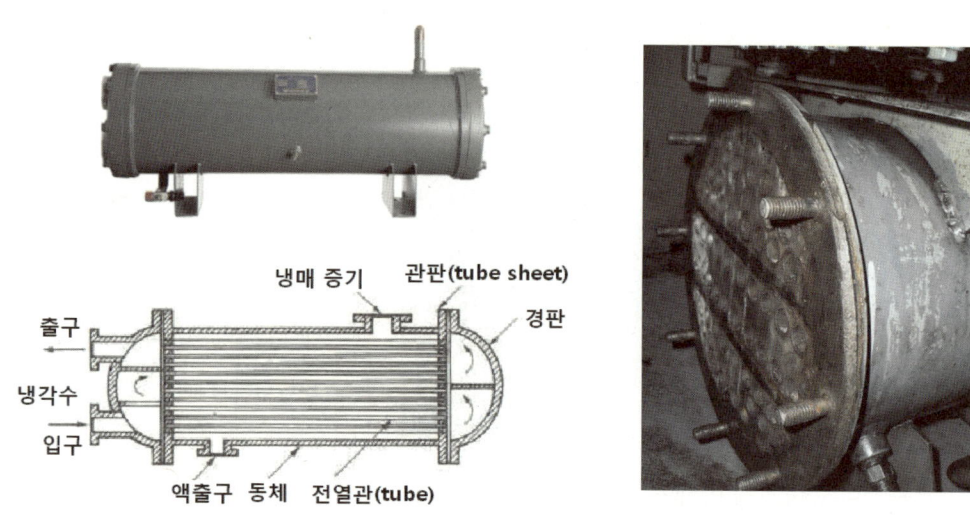

| 횡형 쉘앤튜브 수냉식 응축기 |

한편 수냉식 응축기의 경우 냉각수의 순환과 냉각을 위한 냉각탑과 냉각수배관, 순환펌프 등이 필요하여 공냉식에 비해 시스템이 복잡해지고 시설비가 증가된다. 그러나 냉각탑의 냉각효율이 좋기 때문에 공냉식에 비하여 여름철에 안정적인 냉방운전이 가능하며, 다음과 같이 공냉식으로 대처하기 곤란한 경우에는 수냉식을 사용하는 것이 효율적이다.

- 시스템의 냉방 용량이 매우 커질 경우 : 수십 대의 실외기 대신 필요한 용량의 냉각탑 1대만 설치하면 되므로 오히려 전체적으로 냉방시스템이 간단해짐
- 건물의 구조상 실내기와 실외기의 수평거리나 높이차가 매우 커서 냉매의 순환이 곤란할 경우 : 수냉식은 냉매와 분리된 별도의 냉각수 배관계통을 이용하여 냉각하므로 실외기나 실내기의 거리에 따른 제한이 거의 없음

- 냉난방 겸용방식(히트펌프)에서 난방 부하의 양이 크고 안정적인 난방이 요구될 경우 : 냉각수 배관 계통에 병렬로 난방용 열교환기를 설치하여 증기나 온수를 공급받을 경우 외기의 온도와 상관없이 안정적인 난방운전이 가능함

### (3) 냉매 유량제어장치(팽창장치 또는 팽창밸브, Expansion Valve)

#### ① 냉매 유량제어장치의 개요

냉동사이클을 구성하는 기본 장치 중의 하나로 크게 2가지 기능을 가지고 있다. 하나는 냉매의 압력을 낮춰 팽창시켜줌으로써 증발기 내에서 고온고압의 냉매액이 저온저압의 냉매가스로 증발되도록 하는 역할을 하며, 또다른 기능은 냉방 부하량에 따라 증발기 내를 순환하는 냉매의 유량을 조절하는 역할을 한다.

이로 인해 일반적으로 팽창밸브라고 많이 부르고 있지만, 냉매의 압력을 감압하기 때문에 감압장치라고도 하고, 감압하는 과정이 밸브의 교축(throttling) 작용에 의하여 이루어지므로 교축변이라고도 부른다. 또한 부하 변동에 따라서 냉매의 흐름을 제어하기 때문에 냉매 유량제어장치라고도 한다.

냉매가 팽창밸브를 거치면서 팽창하는 과정을 세부적으로 살펴보면 다음과 같다.
- 냉매가 노즐이나 오리피스와 같이 유로(流路)가 좁은 곳을 통과하게 되면, 외부와 열량이나 일량의 교환없이도 압력이 감소하는데, 이와 같은 현상을 교축(throttling)이라 함
- 냉매가 유동 중에 교축되면 마찰과 와류의 증가로 압력손실이 발생하여 냉매의 압력이 감소함
- 액체의 경우는 교축되어 압력이 내려가서 액체의 포화압력보다 낮아지면 액체의 일부가 증발하게 되며(플래시가스 발생), 증발에 필요한 잠열을 주위로부터 흡수하게 되므로 주위의 온도가 낮아져 냉각효과를 발휘하게 됨

#### ② 팽창장치의 종류

팽창장치, 또는 팽창밸브에는 여러 종류가 있고 성능도 다양한데 다음과 같은 종류의 장치들이 있다.

▼ **팽창장치의 종류**

| 구 분 | 세부 종류 | |
|---|---|---|
| 수동식 | • 모세관식 팽창장치 | • 수동 팽창밸브 |
| 자동식 | • 온도식 자동팽창밸브<br>• 전자식 팽창밸브 | • 정압식 자동팽창밸브<br>• 플로트식 팽창밸브 |

수동식 팽창밸브는 과거 암모니아 냉동기에서 간혹 사용되어 온 것으로, 냉매의 유량을 고도의 숙련에 의해 수동으로 밸브의 핸들을 돌려 조절하는 방식이다. 최근에는 냉동장치의 운전 자동화로 사용되는 경우가 거의 없다.

가정용 냉장고와 같은 적은 소형 냉동장치에서는 팽창밸브 대신 모세관(capillary tube)을 사용하기도 하는데, 부하의 변동이 있고 다수의 실내기들이나 냉각장치들이 개별 제어되는 상황에서는 수동식 팽창장치로는 유량을 적절히 조절하기가 어렵다. 따라서 요즘에는 가정용 에어컨이나 히트펌프 등 중소형의 냉방장치에서는 증발기의 부하나 냉매 상태에 따라 자동적으로 유량이 조절되는 자동식 팽창밸브방식이 대부분 이용되고 있다.

팽창밸브는 개폐 상태가 적절하면 증발기 출구에서의 냉매가 완전하게 증발하여 압축기로 유입되는 냉매의 상태는 건포화증기 상태가 된다. 그러나 팽창밸브에서의 개도가 클 경우는 냉매가 다량으로 증발기로 유입되므로, 냉매 일부가 미처 증발되지 못한 상태에서 압축기로 흡입되어 습압축(액압축)을 유발하게 된다. 또한 팽창밸브의 개도가 적으면 냉매액이 증발기 출구에 도착하기 전에 증발을 마친 상태가 되고, 다시 열을 흡수하여 과열상태가 된 후 압축기로 유입되어 압축기의 과열이나 토출가스 온도 상승, 실린더 과열 등으로 인하여 압축기에 무리를 주게 된다.

따라서 냉방시스템 운전 시 냉방장치가 제 능력을 발휘하기 위해서는 압축기와 더불어 팽창밸브가 적절하게 작동되고 있는지 주의하여 살펴봐야 한다. 또한 냉방장치 중 가장 많은 고장이 발생하는 압축기도 팽창밸브의 작동 불량과 연관되어 발생하는 경우가 많다.

팽창밸브의 종류별 세부적인 특성에 대하여 좀 더 살펴보면 다음과 같다.

③ 모세관 팽창장치(Capillary Tube Valve ; CTV )

모세관(毛細管)은 가정용 냉장고나 룸에어컨, 쇼케이스 등 소형 냉동장치에 많이 쓰이며, 압축기와 증발기 사이에서 팽창밸브 대신 사용된다. 모세관은 보통 길이는 0.6~1m, 직경 0.7~2.5mm 정도의 적은 구경의 관을 사용하고, 배관의 마찰저항을 이용하여 냉매를 교축 및 감압시키는 역할을 한다.

모세관은 지름이나 길이 등은 냉동장치의 용량이나 운전조건, 냉매 충전량에 따라 선정하면 되는데, 저항이 너무 적으면(내경이 크거나 길이가 짧을 때) 냉매가 다량으로 흐르거나 핫가스를 혼입하게 되어 냉동능력을 감소시키게 되고 리퀴드백의 우려가 있다. 또한 모세관의 저항이 너무 크면(내경이 작거나 길이가 긴 경우) 적정량의 냉매가 흐르지 않아 냉동능력이 감소하고 압축기의 토출압력이 상승된다.

모세관 팽창장치는 관경과 길이가 선정되어 설치되면 교축의 정도가 항상 일정하기 때문에 부하변동에 따른 유량 조절이 곤란하기 때문에 냉동장치의 운전효율 면에서는 팽창밸브를 쓰는 것이 바람직하지만, 용량이 적거나 정밀한 제어가 크게 중요하지 않은 냉동장치에서는 비용이 저렴하고 고장이 없기 때문에 아직도 모세관을 많이 사용하고 있다. 아울러 모세관 팽창방식에서는 압축기 정지 시에 모세관을 통하여 고압부와 저압부의 압력이 동일해지기 때문에 압축기의 시동이 용이해진다.

모세관은 가느다란 배관으로 되어 있고 매우 간단한 형태여서 사용 중 고장은 거의 없으며, 운전 중 변형되거나 이물질로 막히는 일이 없도록 관리하면 된다. 이밖에 냉동장치에서 모세관 팽창장치를 사용할 때에는 다음과 같은 사항에 대하여 주의한다.

  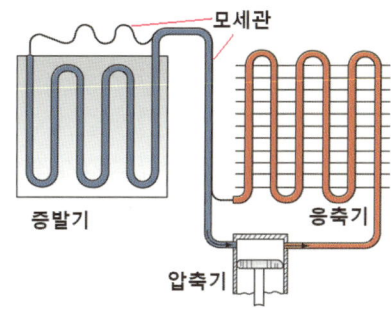

| 모세관 |    | 스프링식 모세관 |    | 모세관의 설치 |

- 냉동장치의 고압측 배관에는 냉매액이 고이는 부분(수액기 등)을 가급적 설치하지 않는 것이 바람직하다. 정지 중에 액이 저압측에 흘러들어가 증발기 내에 모이게 되면 리퀴드백을 일으키기 쉽고 압력 밸런스를 늦게 하여 압축기의 시동에 부담이 될 수 있다.
- 수냉식 콘덴싱유닛에는 냉각수량이나 수온 등 변동 요인이 많으므로 가급적 모세관을 사용하지 않는 것이 좋다.
- 고압측의 압력이 높아지면 통과 냉매량이 많아져 압축기가 습운전(濕運轉)이 우려가 있다. 따라서 냉매 충전량은 될 수 있는 대로 적게 하는 것이 좋다.
- 모세관의 막힘 방지와 수명 확보를 위하여 냉매 계통의 건조와 이물질 제거에 유의하도록 한다.
- 위의 오른쪽 그림과 같이 응축기 출구에서 모세관으로 연결되는 배관 일부를 증발기 출구 측 배관과 일정 길이만큼 접촉시켜 열교환되도록 하면 냉동효과를 높이는 데 도움이 된다.

④ 정압식 팽창밸브(Constant Pressure Valve ; C.P.V)

자동식 팽창밸브의 일종으로 증발기의 입구측 압력에 따라서 팽창밸브의 개방 정도를 자동적으로 조절하도록 되어 있는데, 이를 통해 냉각 부하가 변동되더라도 증발기의 압력을 일정하게 유지하도록 조절해주는 기능을 한다.

정압식 팽창밸브의 상부 다이어프램에는 조절나사에 의해 셋팅된 스프링의 압력이 작용하고 하부에는 증발기의 압력이 작용하게 되는데, 상하부의 압력차에 의해 니들밸브(needle valve)의 개도율을 자동 조정하여 증발기의 압력과 증발온도가 일정하게 유지되도록 하는 방식이다. 정압식 팽창밸브의 작동 원리를 좀 더 살펴보면 다음과 같다.

 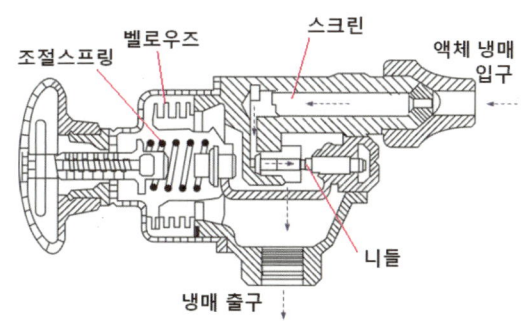

| 벨로즈형 정압식 팽창밸브 |

- 팽창밸브 2차측의 증발기 압력이 상승하면 다이어프램이 상승하여 밸브의 개방도가 감소됨 → 냉매의 유량 감소
- 증발기의 압력이 떨어지면 다이어프램이 하강하여 밸브의 개방도가 증가 → 냉매의 유량 증가
- 운전 중이던 압축기가 정지된 때에는 증발기 내의 잔류 냉매액이 증발하여 압력이 상승하게 되므로 자동으로 팽창밸브가 닫힘
- 압축기가 다시 가동되면 증발기 내의 잔류 냉매가 압축기 쪽으로 빨려들어가게 되므로 압력이 강하하여 팽창밸브가 다시 열림
- 팽창밸브의 설정 압력조정은 스프링과 연결된 조절나사나 핸들을 좌우로 돌려 조정하면 되는데, 각각의 냉동장치마다 증발기에서 필요한 온도나 압력이 다르고 냉매의 충전량 등도 고려해야 하므로 전문가의 도움을 받는 것이 좋다.

⑤ 온도식 팽창밸브(Thermostatic Expansion Valve ; T.E.V)

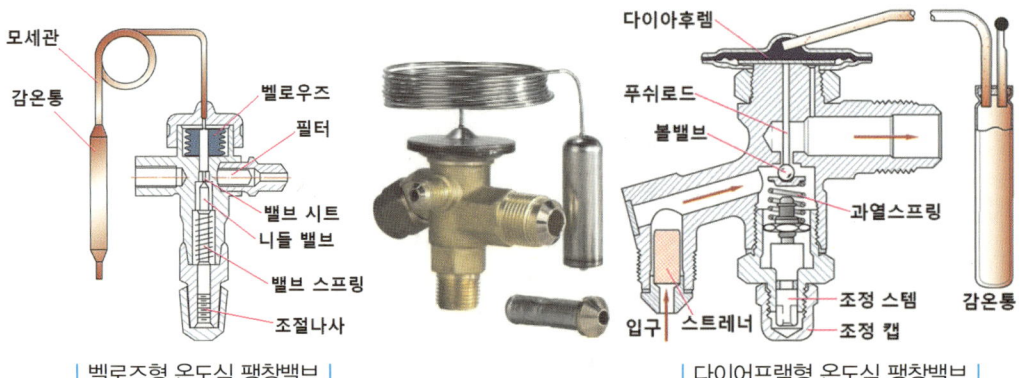

| 벨로즈형 온도식 팽창밸브 | | 다이어프램형 온도식 팽창밸브 |

소형 냉동장치에서 가장 일반적으로 사용되는 팽창밸브방식으로, 증발기에서의 냉매 압력과 온도를 감지하여 증발기로부터 열교환 후 배출되는 냉매의 과열도가 일정하도록 냉매 유량을 제어한다. 온도식 팽창밸브에는 증발기 토출측의 냉매온도를 감지하기 위한 감온통(sensing bulb)이 부착되어 있는데, 정압식 팽창밸브의 기능을 개선한 방식으로 광범위한 부하 변동에도 비교적 안정적으로 유량제어가 가능하다.

온도식 팽창밸브는 밸브를 제어하는 방식에 따라 다음과 같이 분류할 수 있다.

| 구분 | | 세부 종류 |
|---|---|---|
| 내부 구조에 따라 | | 벨로즈형, 다이어프램형 |
| 증발기 압력의 반영방식에 따라 | 내부 균압관형 | • 증발기의 입구압력이 다이어프램의 배압으로 작용하는 구조<br>• 증발기 내의 압력손실을 무시한 방식으로 증발기의 크기가 작을 때 적용 |
| | 외부 균압관형 | • 증발기의 출구압력이 다이어프램의 배압으로 작용하는 구조<br>• 증발기의 압력손실이 많을 때 밸브의 작동 지연을 보상하기 위하여 사용 |

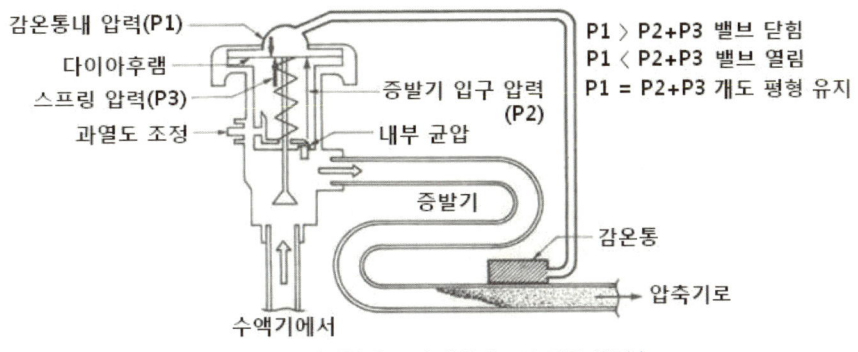

| 내부 균압관형 온도식 팽창밸브의 작동 원리 |

| 외부 균압관형 온도식 팽창밸브의 작동 원리 |

한편, 팽창밸브의 감온통은 증발기 출구배관의 수평(또는 수직)부분에 설치하는데, 온도 감지가 원활하게 되도록 감온통은 배관 표면과 완전하게 밀착되도록 부착한다. 그리고 압축기 흡입측 배관에 트랩(trap)이 있으면 감온통은 트랩 앞쪽에 설치하도록 한다.

아울러 감온통이 부착되는 냉매관의 지름이 20mm 이하인 경우에는 배관의 상부에 부착하고, 20mm를 넘는 경우에는 수평에서 45° 정도 아래 위치에 부착한다. 관의 하부에는 냉매액이 고여 과열 냉매가스의 정확한 온도가 감지되지 않을 수 있으므로 적절하지 않다.

| 흡입관경이 20A 이하인 경우 |   | 흡입관경이 20A 이상인 경우 |

감온통 내부에는 냉동장치에서 사용하는 냉매와 동일한 종류의 냉매액이나 가스를 충진하는 경우(액충진식, 가스충진식)가 많은데, 특별한 경우에는 냉동장치에서 사용하는 냉매와 다른 종류의 가스나 액을 충진하기도 한다. (크로스 충전식)

냉동장치에 팽창밸브를 설치할 때에는 보통 팽창밸브의 직전에 필터드라이어와 전자변을 설치하는데, 이물질에 의한 팽창밸브의 오작동을 예방하고 압축기가 정지했을 때 냉매액이 증발기 내부로 유입되는 것을 방지하기 위함이다.

⑥ 전자식 팽창밸브

전자식 팽창밸브는 증발기의 입구 냉각관과 출구 냉각관 각각에 온도센서를 설치하여 증발기 입출구의 냉매 온도차를 감지하고, 이에 따라 전자식 팽창밸브의 개도율을 조정하여 냉매 유량을 제어하게 된다.

양쪽 센서에서 감지된 온도를 바탕으로 제어장치(모듈, 회로)에서는 냉매가스의 과열도를 판단하고, 밸브 개도율 조정에 따른 냉매 온도 변화를 지속적으로 감지해 피드백(feedback)하기 때문에 냉동 부하의 변동에도 정밀한 유량의 제어가 가능하다. 이러한 제어상의 장점으로 인하여 점차 보급이 확대되고 있는 추세이다.

| 전자식 팽창밸브 장치의 제어 모듈, 밸브, 온도센서 |

⑦ 플로트식 팽창밸브

증발기 액면의 위치에 따라 플로트(float)가 상하로 움직이는 것을 이용하여 팽창밸브를 개폐시키는 방식이다.

고압부인 수액기의 액면에 플로트를 설치한 것을 고압측 플로트식 팽창밸브라 하고, 저압부인 증발기 내의 액면에 맞춰 설치한 것을 저압측 플로트식 팽창밸브라 한다.

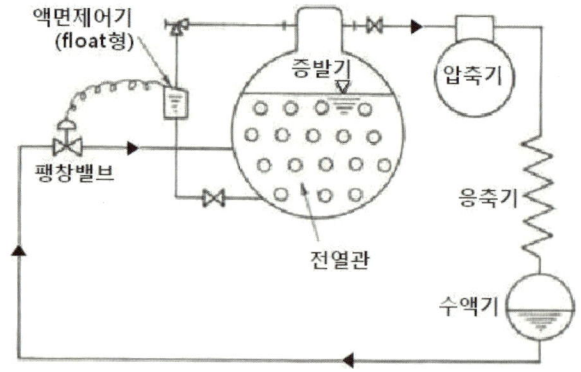

## (4) 증발기(Evaporator)

팽창밸브에서 팽창된 저온저압의 냉매가 증발기에서 피냉각 물체로부터 증발잠열을 흡수하여 증발하면서 냉각효과를 발휘하게 되는 일종의 열교환장치이다. 증발기에서 팽창증발된 냉매가스는 압축기로 흡입되어 재압축된 후 순환하게 된다.

증발기의 전열장치는 냉각 또는 냉동시키고자 하는 대상 물질의 형상이나 설치 여건에 따라 다양한 형태를 띠고 있다. 또한 증발기 내에서의 냉매 흐름방식에 따라서도 건식 증발기, 만액식 증발기, 반만액식 증발기, 냉매액 강제순환식 증발기(액 Pump방식)으로 나눌 수 있다. 증발기의 종류별 특성을 간략히 살펴보면 다음과 같다.

| 여러 형태의 증발기 |

### ① 건식 증발기(dry expansion evaporator)

팽창밸브에서 감압된 냉매가 증발기로 보내져 전열관(Tube) 내를 흐르는 동안 점점 증발하면서 Tube 출구에서는 완전히 증기가 된다. 증발기 출구에서 냉매액이 유출되지 않고 완전히 증발이 이루어지도록 하기 위하여 팽창밸브에서의 정밀한 유량조절이 필요하고, 미처 증발되지 못한 냉매액은 압축기 입구 쪽의 액분리기에서 처리된다.

전열면이 액 또는 가스와 동시에 접촉(가스와의 접촉 부분이 많음)하고 있어 전열효과는 만액식이나 반만액식에 비해 좋지 않은 편이다. 그러나 다른 형식에 비해 소요 냉매량이 적고 윤활유가 증발기에 고이는 양도 적다.

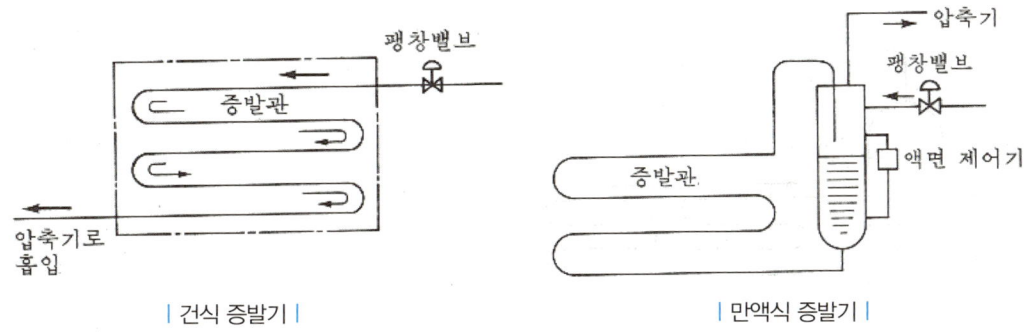

| 건식 증발기 |    | 만액식 증발기 |

② 만액식 증발기(滿液式, flooded evaporator)

만액식 증발기 내는 항상 냉매액으로 가득 차 있으며, 증발된 냉매가스는 액 중에서 기포가 되어 상승하여 분리된다. 전열면이 거의 냉매액과 접촉하고 있기 때문에 전열작용이 양호하지만 다른 형식에 비해 많은 양의 냉매가 필요하다. 주로 급속 동결을 요하는 대형 동결장치에 이용되고 있다. 증발기 내에 냉매액을 가득 채우기 위해서는 액면제어장치가 필요하며 또 액과 증기를 분리시키는 액분리기가 필요하다. 냉동기유는 암모니아의 경우 증발기 하부에서 간단히 제거할 수 있으나, 프레온계 냉매의 경우에는 오일과 냉매가 혼합되기 때문에 별도의 오일 회수장치가 필요하다.

③ 반만액식 증발기(semi-flooded evaporator)

냉각 coil에 냉매를 공급할 때 건식은 위쪽으로 공급(top feed)하는 데 비해, 반만액식은 주로 아래에서 냉매를 공급(bottom feed)하여 위로 순환시키는 방식을 취한다. 이를 통해 증발기 내에 냉매가 어느 정도 고이게 한 것으로 건식과 만액식의 중간 상태이어서, 증발기의 전열 효과도 건식보다 좋고 만액식에는 못 미치는 것으로 알려져 있다.

증발기에서 액이 유출되지 않도록 팽창밸브의 정밀한 제어가 중요하고 미처 증발되지 못한 냉매액을 처리하기 위하여 압축기 흡입 쪽에 액분리기가 설치된다.

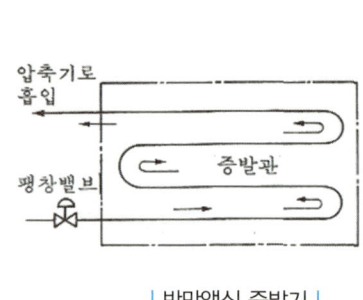

| 반만액식 증발기 |    | 냉매 강제순환식 증발기 |

④ 냉매액 강제순환식 증발기(액 pump방식)

증발기에 냉매액 펌프가 설치되어 냉매액을 강제적으로 순환시키는 방식인데, 증발기까지의 배관 길이가 길어 다른 방식으로는 압력손실이 문제가 되는 대형장치이거나 또는 다수의 증발기가 여러 곳에 분산 설치된 복잡한 시스템에서 주로 적용된다.

기본적인 배관의 길이가 길고 펌프의 안정적인 운전을 위하여 냉매의 순환량은 일반 방식에 비해 4~6배 정도로 많아야 한다. 증발기 내는 거의 액 상태이며 냉매액의 유속은 비교적 빠른 편이고, 증발기 출구에서는 냉매가 기액 혼합상태로 배출된다.

증발기에서 미처 증발되지 못한 액체는 저압수액기(low receiver)에서 다시 포집되어 냉매액 펌프로 재순환되고 냉매증기만 압축기로 흡입되게 된다. 냉매액 펌프 출구측의 과냉각 냉매액은 정압조정밸브(CPR)에 의하여 정압으로 유지되고, 조정밸브에 의해 증발기 내 압력 손실 상당분까지 감압해서 증발기로 공급된다.

증발기 내부가 액 상태인 곳이 많아서 전열효과도 매우 양호한 수준이며, 증발기 내에 체류하는 냉동기유는 적은 편이다.

### (5) 수액기(Receiver)

수액기는 응축기에서 응축한 냉매액을 일시 저장하였다가 증발기 내에서 소요되는 만큼의 냉매만을 팽창밸브로 보내주는 기능을 한다. 또한 냉동장치를 수리하거나 장기간 정지시키는 경우 "펌프 다운"으로 장치 내의 냉매를 회수하여 저장할 때에도 사용된다.

수액기는 팽창밸브형 냉매 조절장치가 있는 대부분의 냉동장치에 사용된다. 소형 마력의 유닛 중 모세관을 사용하는 유닛에서는 모든 액상의 냉매가 사이클의 off-part(닫히는 부분)나 증발기에 저장되기 때문에 수액기가 있어야 할 필요는 없다. 또한 수냉식 응축기 방식에서 응축기가 수액기의 기능을 겸하는 경우에는 수액기를 생략하기도 한다.

대부분의 수액기에는 서비스 밸브가 붙어 있으며, 내부에는 여과망이 있어서 이물질이 팽창밸브로 넘어가는 것을 막아준다. 또한 수액기는 압축기에서 토출된 후 응축된 고압의 냉매를 저장하는 고압용기이므로 안전밸브나 가용전과 같은 안전장치가 부착된다. 아울러 수액기에는 액체냉매가 들어 있으므로 직사광선을 쪼인다거나 화기에 가까이 있으면 좋지 않다.

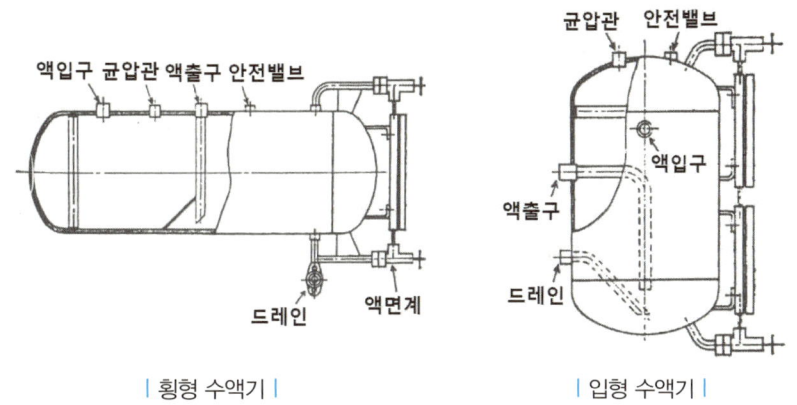

| 횡형 수액기 |    | 입형 수액기 |

외형상으로 수액기는 수직형과 수평형 형태가 있는데 대체적으로 소용량 쪽은 수직형이, 대용량에서는 수평형이 많이 사용되고 있다. 그리고 수액기 내부에는 공간의 여유가 있어야 하는데, 만액된 상태에서 가동되는 것은 위험할 수 있으므로 일반적인 상황에서 액상의 냉매가 3/4 이상 채워지지 않도록 한다. 균압관은 용량에 비해 작지 않게 해주어야 한다.

한편 저압측(증발기, 압축기 흡입관 등)의 냉매를 회수하여 수액기에 모으는 것을 펌프 다운(pump down)이라고 하는데, 이렇게 함으로써 다음 기동 시 액압축 현상을 방지할 수 있으며, 냉방장치의 수리 등으로 배관이나 압축기를 개방할 때 냉매의 불필요한 손실을 줄일 수 있다. 펌프 다운을 실시하는 방법은 다음과 같다.

- 팽창밸브 직전의 밸브를 닫음
- 저압 차단장치는 저압측이 어느 정도 진공이 되어도 작동하지 않게 조절해 둠
- 압축기를 운전하여 흡입 가스의 압력이 대기압($0kg/cm^2$)보다 다소 낮은 진공에 이르면 압축기를 정지하고, 바로 응축기 토출측의 스톱밸브를 닫음(이렇게하면 저압측 냉매가 수액기에 모이게 됨)

| 횡형 수액기, 입형 수액기 |    | 액분리기 |

### (6) 액분리기(Accumulator, 또는 Liquid seperator)

액분리기는 증발기 토출측과 압축기의 흡입관 사이에 설치되어 증발기에서 완전히 증발되지 않은 냉매액을 분리하는 역할을 한다. 압축기 가동 시 증발기에서 완전히 증발되지 못한 다량의 냉매액이 흡입될 경우 액압축(Liquid back) 등으로 운전이 불안정해지거나 압축기에 무리가 가해지게 되고, 압축기에 있는 오일이 냉매액에 혼합되거나 희석되어 마찰부분의 손상이나 기밀성의 저하를 가져올 수 있다.

액분리기의 구조는 유분리기와 거의 유사한 구조인데, 단면적이 넓은 원통 내로 냉매가스가 유입되면서 통과 속도가 저하되어 액적이 중력으로 아래로 분리되고, 아울러 다공판에 가스를 충돌시키면서 미분리된 액적을 한 번 더 분리하는 원리이다.

액분리기의 크기는 냉매의 속도나 증발온도에 따라 달라지는데, 증발온도가 -20℃ 이하인 경우 0.5m/s, -20℃를 초과할 때는 1.0m/s 정도가 적당하다. 형태상 횡형과 입형이 있으며, 냉매액과 열교환하는 2중형 액분리기도 있다.

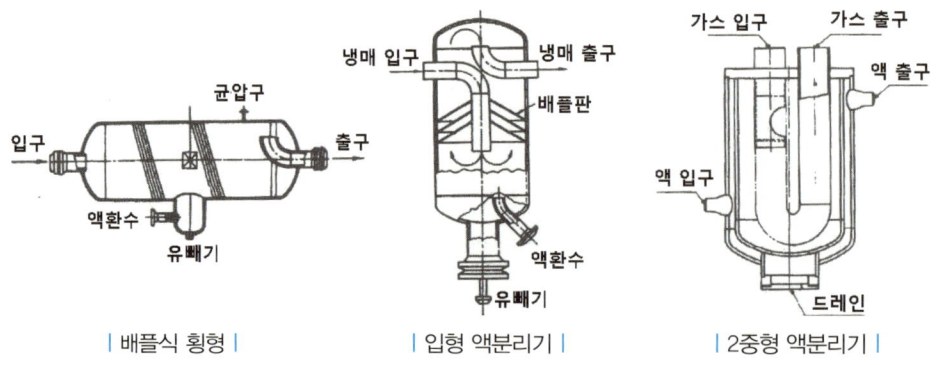

| 배플식 횡형 |    | 입형 액분리기 |    | 2중형 액분리기 |

액분리기는 이렇게 압축기로 유입되는 냉매에서 냉매액을 분리하여 증발기나 수액기로 되돌려 보내어 다시 순환되도록 하고, 압축기에는 냉매가스만 유입되도록 하여 압축기를 보호하는 역할을 한다. 특히 부하 변동이 심한 냉동장치나 강제순환식 냉동장치에서는 팽창밸브가 정밀하게 제어되지 못할 경우 액 냉매가 증발기에서 토출될 수 있으므로 반드시 액분리기를 설치해 주어야 한다. 그리고 액분리기는 부하 변동에 따라 증발기의 액면이 변하는 상황을 어느 정도 흡수해주고 냉동장치의 전체적인 냉매액 순환을 조절에 도움이 된다.

이 외에도 액분리기는 냉매 중의 오일을 분리하여 회수하는 기능을 하기도 한다. 증발기에서 냉매와 혼합되어 액분리기로 유입된 오일은 액분리기에서 하부로 분리된 후 오일 회수 구멍을 통해 오일계통으로 회수된다.

### (7) 유분리기(Oil seperator), 유회수장치

#### ① 유분리기의 개요

프레온계 냉매는 오일과 혼합되는 성질을 가지고 있어 압축기에서 토출되는 고온고압의 냉매 중에는 약간의 오일이 혼합되어 배출된다. 그러나 이렇게 배출되는 오일의 양이 많아지면 압축기에서의 윤활 부족에 의한 마모와 과열, 기밀 등의 문제가 발생하고, 응축기나 증발기, 필터드라이어 등으로 들어가 전열 성능을 저하시키거나 냉매의 흐름을 좋지 않게 할 수 있다. 이러한 문제를 예방하기 위하여 압축기 토출측과 응축기 사이의 배관 중에 유분리기를 설치하여 압축기에서 공급되는 냉매 중의 오일을 분리하여 다시 압축기로 되돌리고 있다.

밀폐형 압축기를 사용하는 소형 프레온 냉동장치를 제외한 냉동장치와 토출 냉매가스를 윤활유로 냉각하는 스크류 압축기에서 분리된 냉동기유는 압축기로 되돌려지는 것이 일반적이다. 그러나 왕복 압축기를 사용하는 암모니아 냉동장치에서는 오일의 열화 비율이 높아 오일드럼 및 유분리기에서 오일을 모은 후 재사용하지 않고 배출시킨다.

#### ② 유분리기가 필요한 냉동장치

일부에서는 냉매계통에 소량의 오일이 혼합되어 순환되는 것은 성능상 큰 문제가 되지 않기 때문에 유분리기를 설치하지 않는 경우도 있으나, 다음과 같은 경우에는 유분리기를 설치하는 것이 바람직하다.

- 전체적인 냉매배관의 길이가 긴 경우 (냉동기유가 크랭크 케이스로 되돌아오기 전에 크랭크 케이스의 오일이 완전히 없어져버리는 것을 예방함)
- 배관의 설치 형태상 일부 배관에 오일의 정체가 우려되는 경우
- 만액식 증발기나 액강제순환식 증발기를 사용하는 경우
- 냉동장치의 목적상 운전 중 증발온도가 낮은 경우 ($-20℃$ 이하의 저온 프레온 냉동장치나 초저온용 2원 냉동장치에서는 오일이 증발기로 흡입되면 점도가 높아지면서 유막에 의한 전열작용이 저하되어 냉각능력도 저하됨)

- 암모니아 냉동장치에서는 고온상태인 오일을 압축기로 순환시키면 윤활 불량 및 응축기나 증발기 등에서의 전열작용이 저하될 수 있음

③ **유분리기의 종류**

유분리기는 냉매에서 오일을 분리할 때 내부에 설치된 거름망이나 분리판을 이용하여 오일을 분리해내거나 원심력을 이용하는 방식이 대부분이다. 유분리기 내로 유입된 냉매와 오일의 혼합물은 scrap이나 Baffle, 여과재 또는 원심력에 의해 유분리기 바닥 쪽으로 떨어지게 된다. 유분리기 바닥에 모아진 오일은 어느 정도 높이가 되면 Float 작동식 니들밸브가 열려 압축기 쪽으로 되돌아가게 된다. 유분리기 내의 압력이 실린더나 크랭크 케이스보다 높기 때문에 압축기로의 오일 회수는 자연스럽게 이루어진다. 오일이 회수되어 유분리기 내의 오일 높이가 다시 낮아지게 되면 Float식 니들밸브가 닫혀 냉매가스가 누설되지 않도록 되어 있다.

유분리기의 구조에 따라서 격판식, 배플식, 금속망식, 분리재 삽입식 유분리기가 있다.

| 격판식 유분리기 |

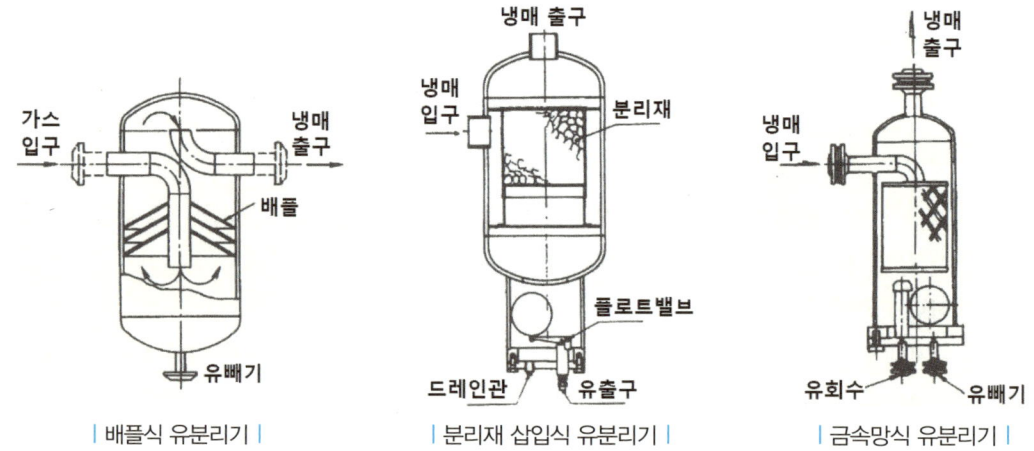

| 배플식 유분리기 |      | 분리재 삽입식 유분리기 |      | 금속망식 유분리기 |

④ 유회수장치

직접팽창식 증발기를 사용하는 경우에는 압축기 흡입관지름을 적당하게 선정하여 일정한 흡입 가스 속도로서 증발기에서 분리된 오일을 압축기로 회수하고 있다. 그러나 만액식 증발기나 액강제순환식 증발기에서는 증발기 출구의 냉매가 기·액분리기나 저압수액기로 들어가게 되므로 여기서 다시 증발기에서 분리된 오일이 냉매 중에 용해하게 된다.

직접팽창식 냉동장치에서도 증발기 출구에 기·액분리기가 설치될 때에는 마찬가지로 이곳에서 오일이 용해된다. 이런 경우에는 저압수액기나 기·액분리기에 유회수장치나 유회수탱크를 설치하여 오일을 회수해 압축기로 보내주어야 한다.

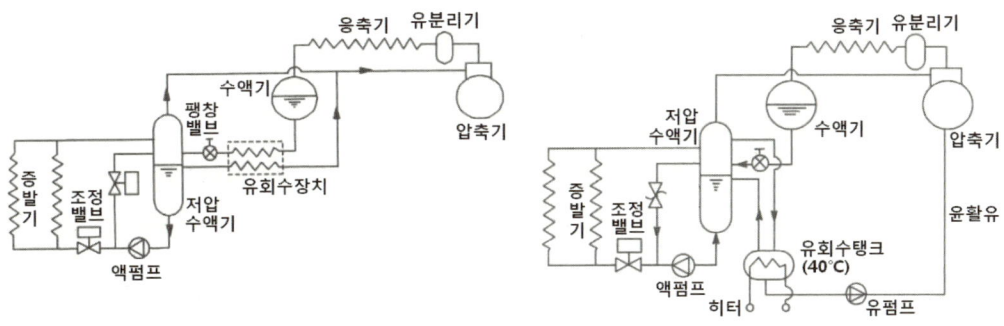

## (8) 액-가스 열교환기(Heat Exchanger)

| 액-가스 열교환기 |

냉동장치에서 응축기를 나온 고온고압의 냉매액과 증발기를 나와 압축기로 흡입되는 저온 저압의 가스를 접촉시켜 열교환시키는 액-가스 열교환기(Liquid-Gas Interchanger, 또는 heat exchanger)가 설치되는 경우가 있다.

R134a와 같은 냉매는 비열비가 작기 때문에 압축기의 흡입증기가 과열되어 있는 것이 성능계수를 좋게 할 수 있고, 압축기의 토출가스도 염려될 만큼 높게 되지는 않는다. 따라서 증발기를 나온 저온의 냉매증기와 응축기 출구의 고온 응축액을 열교환시킴으로써 압축기 흡입증기는 과열시키고 팽창밸브 입구의 고압액의 과냉각도는 증가시키게 된다.

그리고 액-가스 열교환기는 2중관식 열교환기 등을 사용하면 공기냉각기용 증발기에서 냉매를 과열시키는 것보다 열교환 면적을 절감할 수 있기 때문에 유리하다. R22를 사용하는 장치에서는 성능계수의 증대 효과는 없지만, 압축기의 액압축을 저감시키기 위한 대책으로 사용되기도 한다. 액-가스 열교환기를 설치하는 목적 및 효과를 보다 세부적으로 살펴보면 다음과 같다.

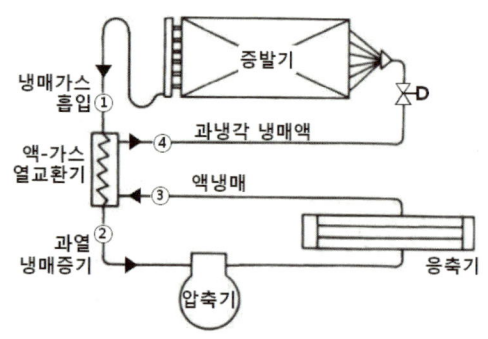 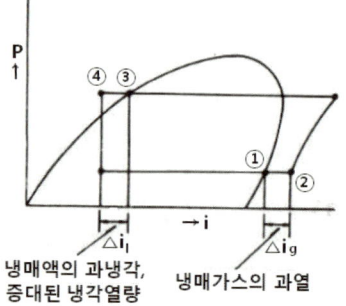

① 응축기를 나온 냉매액의 과냉각

응축기 출구에서 나온 냉매액이 대략 포화상태(위 그림상의 ③위치)로 순환되게 되면, 냉매배관이 길어질 경우 통과 중의 저항에 의하여 압력강하가 많이 발생하거나 액관을 높은 위치까지 입상배관하여 액압(液壓)의 감소가 있는 경우, 또는 배관 주위 온도가 높아서 열 침입이 있는 상황에서는 냉매액 중에서 플래시가스(Flash gas)가 발생하게 된다. 이럴 경우 배관 저항이 현저하게 증가될 수 있고, 특히 팽창밸브의 제어능력을 크게 감소시켜 냉동능력을 상당히 저하시킨다. 그래서 응축기를 나온 냉매액을 충분히 과냉각시키면 이와 같은 현상이 줄어들게 되는데, 앞의 선도에서와 같이 응축기를 나온 포화상태에 가까운 냉매액(③)을 열교환기 내를 흐르는 증발기 출구의 저온의 냉매가스를 이용하여 ④의 상태까지 과냉각시킨다.

이렇게 과냉각시키게 되면 선도상에서 볼 수 있듯이 증발기에서 $\Delta i_l$만큼의 냉동효과가 증가하여 성적계수가 향상된다.

② 증발기를 나온 냉매 증기의 과열

증발기의 형식에 따라서 또는 증발기에서의 운전상황에 따라서는 증발기 출구 쪽에서의 냉매 상태가 습증기이거나 상당한 액립(液粒)이 혼합되어 압축기의 운전에 지장을 초래할 수 있다. 이와 같은 상황에서 증발기 출구의 냉매가스(①)를 액-가스 열교환기를 이용하여 응축기 출구의 고온 냉매액과 열교환시켜 ②의 상태까지 과열시키게 되면 냉매가 완전히 증발하게 되어 압축기의 습압축이나 리퀴드백에 의한 문제를 줄일 수 있다.

또한 만액식 증발기에서는 증발기 내부에 냉매와 윤활유가 혼합된 상태에 있어 액면을 비교적 높게 유지할 경우 증발면에서 냉매와 함께 오일을 압축기 흡입관 쪽으로 흡입되게 할 수 있다. 이와 같은 경우에 열교환기를 써서 냉매를 가열해 주면 적당한 과열도로 흡입관에 냉매가 흡입되게 함과 동시에 오일을 분리하는 기능을 하기도 한다.

그러나 암모니아 냉매를 사용하는 경우에는 열교환기를 설치하여 흡입가스를 과열시키면 압축기에서의 토출가스 온도가 너무 높아져서 좋지 않으므로 주위가 필요하다.

## (9) 필터드라이어(Filter drier)

### ① 필터드라이어의 필요성

프레온 냉동장치에서는 냉매 온도가 내려감에 따라 냉매 중의 수분 용해도가 적어지게 된다. 이로 인해 고압 냉매액에 미량의 수분이 용해되어 있으면 팽창밸브 등에서 냉매 중의 수분이 동결되어 팽창밸브의 기능을 저해하는 경우가 있다. 이를 방지하기 위하여 건조기(드라이어)를 설치하고 있으며, 일반적으로 건조기는 여과기의 기능을 병행할 수 있도록 제작되는 경우가 많아 흔히 필터드라이어(Filter drier)라 부르고 있다.

그러나 공장에서 생산되는 일체화된 소형 유닛에서는 냉매 충진 전에 회로 내를 완전히 건조시키고 완성 후에는 습기 침입이 없기 때문에 일반적으로 건조기(또는 필터드라이어)를 장착하지 않는 경우가 많다. 또한 암모니아 냉동장치에서는 냉매에 미량의 수분이 용해되어 있더라도 동결점이 낮아 팽창밸브 등에서의 수분 동결은 일어나지 않는다.

프레온 냉동장치에서 수분이 침입되면 다음과 같은 현상이 발생될 수 있다.
- 저압부가 0℃ 이하이면 팽창밸브, 모세관, 플로트 스위치, 전자변 등과 같이 좁은 냉매배관 내에서 수분의 빙결에 의해 냉매가 순환하지 못할 수 있음
- 만액식 증발기 내에서는 수분 빙결로 인해 전열작용이 저하되기도 함
- 슬러지를 만들어 압축기 밸브 플레이트나 샤프트씰 등을 손상시키거나 회로를 구성하는 금속을 부식시킴
- 윤활유의 일부를 열화시키거나 윤활성을 저하시켜 압축기의 손상을 유발함

### ② 필터드라이어의 종류와 구조

필터드라이어는 내부 건조제의 종류에 따라 고체(core) 건조제형과 입상 건조제형으로 나눌 수 있다. 냉매 중의 수분은 건조제를 통과하면서 제거되고 일부 불순물이나 슬러지 등도 여과하기도 한다. 필터드라이어는 냉동장치에서 보통 수액기와 팽창밸브 사이(전자밸브가 있으면 전자밸브 앞)의 고압 액관에 설치되고 있다.

또한 건조제는 사용 시간에 따라 교환이 필요하기도 한데, 건조제의 교환 여부에 따라 각각 고정식과 교환식으로 나눌 수 있다. 교환식은 주로 중형이나 대용량 냉동장치에서 사용된다.

| 고정식 코어형 |

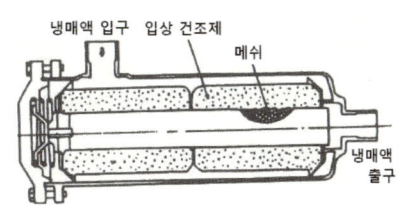

| 교환식 코어형 |

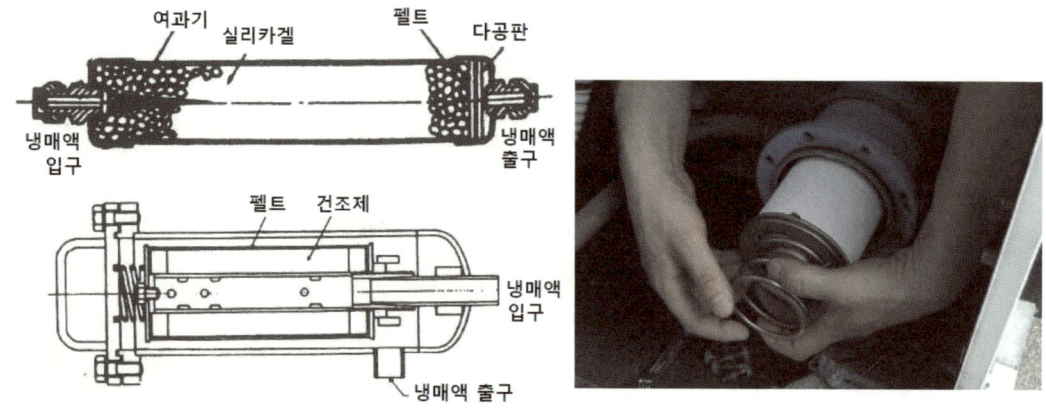

| 고정식 입상형(위), 교환식 입상형(아래) |

### (10) 전자밸브(Solenoide valve ; SV)

전기적인 신호에 따라 동작하여 밸브를 차단하여 냉매의 흐름을 제어하는 자동제어 밸브로서 수액기와 팽창밸브 사이에 설치된다. 전자밸브에 전원이 공급되면 플랜저가 상승하여 밸브를 개방하고, 전원이 차단되면 자동으로 닫혀 냉매의 흐름이 중단된다. 냉동기가 소형일 때는 주로 직동식 형태이나 용량이 커지면 파이로트식 전자밸브가 사용되기도 한다.

일반적인 전자밸브(솔레노이드 밸브)는 단순 개폐의 역할을 하기 때문에 부하에 따른 유량의 조절은 불가하다. 냉동장치에서 전자밸브는 주로 냉매의 온도나 액면에 따라 냉매의 흐름을 단속하는 기능을 하며, 펌프다운 운전 시 온도스위치와 연결되어 냉매의 흐름을 통제한다. 이로 인해 부수적으로 냉동장치 정지 후 압축기 재가동 시 리퀴드백 현상을 완화시켜 주기도 한다. 이 외에도 증발기의 제상을 위한 핫가스 바이패스용 밸브로도 전자밸브가 사용되고 있다.

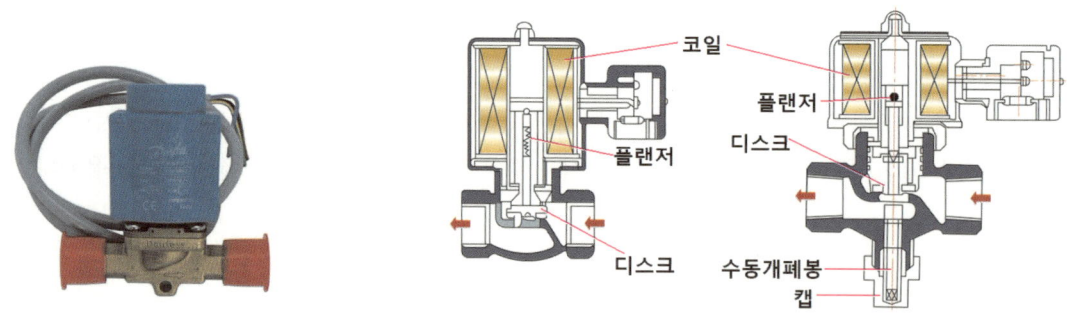

밸브에 따라서는 고장 시 수동 개폐가 가능하도록 한 장치를 구비한 제품도 있다. 그리고 전자밸브를 설치할 때는 흐름 방향이 있으므로 설치 방향이 냉매 흐름과 반대가 되지 않도록 주의해야 한다. 전자밸브 전단에는 필터드라이어나 스트레이너와 같은 이물질 제거장치가 있는 것이 좋고, 초기 설치나 밸브 교체 후 결선 시에는 공급 전압을 확인하여 밸브의 소손이 없도록 해야 한다.

## (11) 사방밸브(4-way valve)

사방밸브(또는 4방향밸브)는 히트펌프의 실외기에 설치되어 계절별로 냉난방 운전모드를 전환할 때 냉매의 흐름을 바꾸어 주는 일종의 밸브이다.

4방밸브는 몸체 상하부에 1개와 3개의 배관이 연결될 수 있도록 연결구가 부착되어 있고, 밸브 내부의 흐름 전환장치(reversing valve)를 움직여 주기 위한 구동기(솔레노이드)로 구성되어 있다.

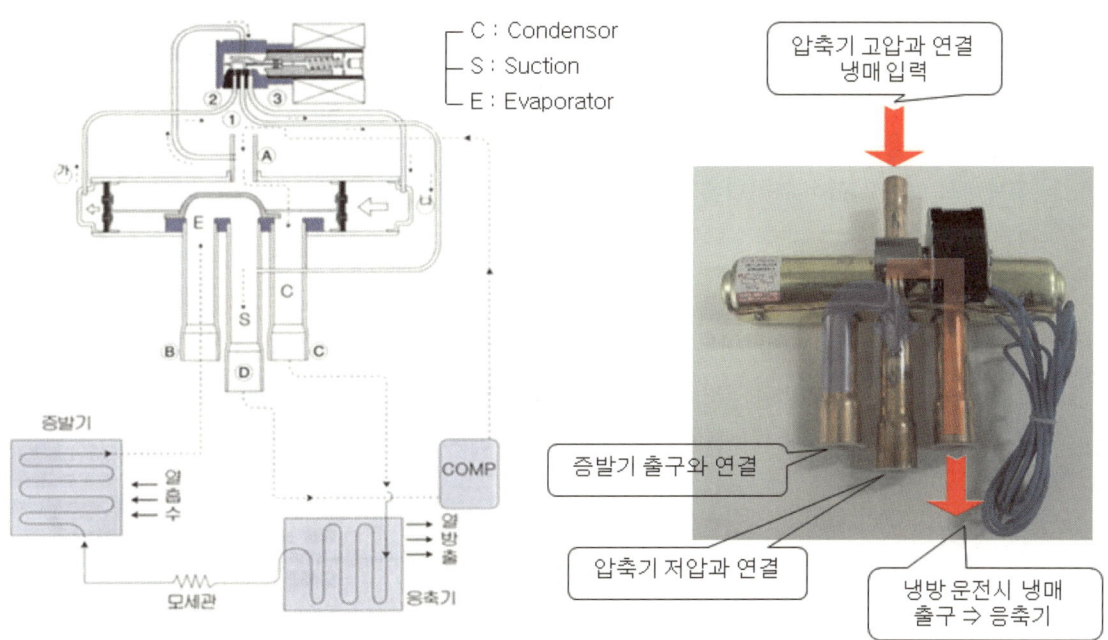

| 냉방 시 4방밸브의 작동 상태 |

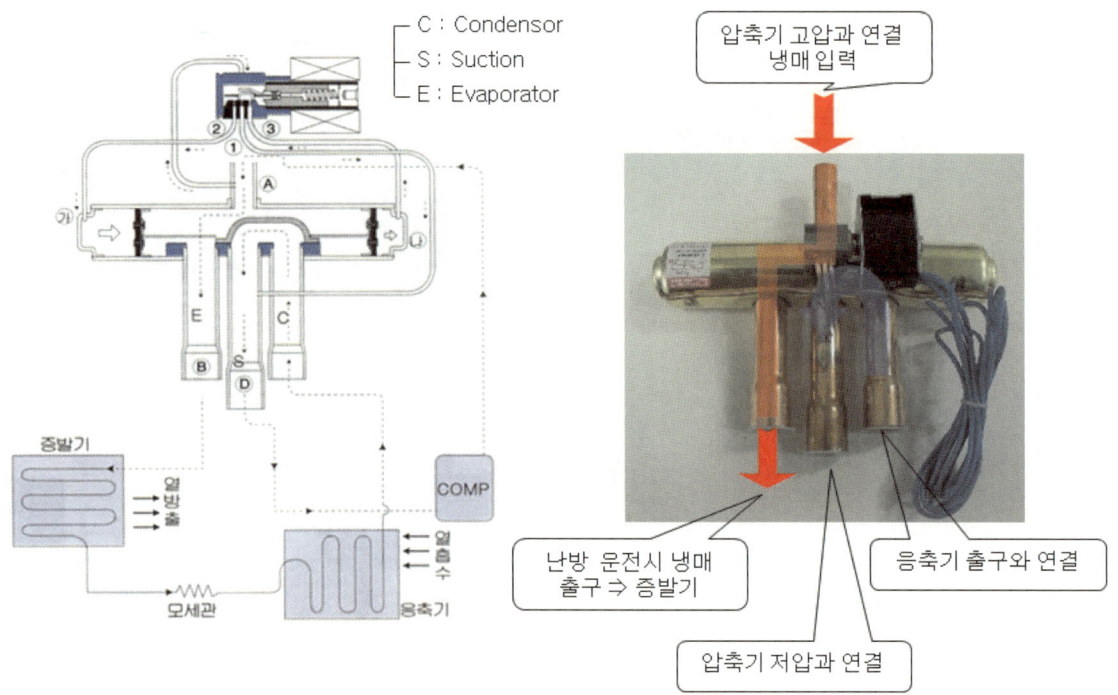

| 난방 시 4방밸브의 작동 상태 |

4방밸브에 연결된 4개의 배관 중 압축기 흡입 및 토출측과 연결된 배관의 냉매 흐름은 항상 고정되어 있다. 나머지 2개의 배관은 각각 증발기, 응축기와 연결되어 있는데, 냉난방 절환 시 리버싱밸브(reversing valve)의 위치가 바뀌면서 냉매의 흐름 방향이 바뀌게 된다. 냉매의 흐름 방향이 바뀌게 되면 증발기와 응축기는 각각의 기능이 뒤바뀌게 되는데, 예를 들어 히트펌프의 실내기는 냉방 시에는 증발기의 역할을 하여 찬바람을 토출하지만 난방 시에는 응축기로 그 기능이 바뀌어 더운 바람을 토출하게 된다.

따라서 4방밸브는 하나의 냉방장치로 냉방과 난방이 가능한 히트펌프에만 설치되어 있으며, 냉방만 가능한 일반 에어컨이나 냉방/냉동 전용 제품에는 설치될 필요가 없다. 한편 4방밸브 내부의 리버싱밸브 양끝에서 냉매의 기밀을 유지하기 plot 부분(나일론 재질)은 재료의 열적 성질이 약하므로 용접 등의 열기에 의해 손상이나 변형되지 않도록 주의해야 한다.

### (12) 압력스위치

냉동장치는 운전 중 부하나 주위 조건의 변화에 따라 각 부속장치의 운전 상태나 냉매의 압력이 수시로 변화하는데, 운전 중 냉동장치의 압력 상태를 자동적으로 조절하기 위한 자동제어장치로서 압력스위치가 널리 사용되고 있다. 냉매나 각 배관에서 발생되는 압력의 변화를 압력스위치로 감지하여 각각의 냉동장치 운전이 적합하도록 조절해주고, 이를 통해 자동화되고 경제적인 운전이 가능하도록 해준다.

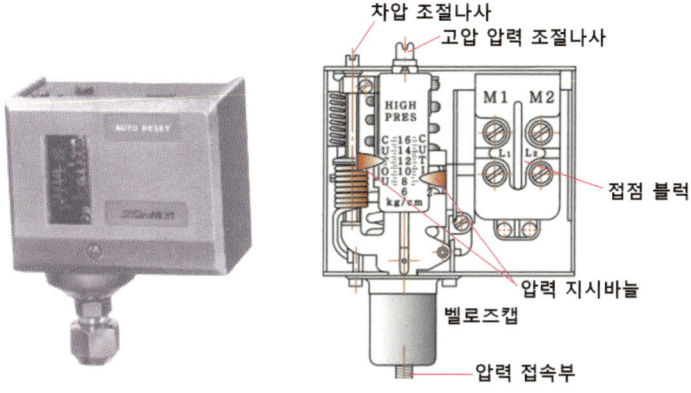

① **고압 차단스위치(High Pressure cut out Switch ; HPS)**

압축기 안전장치의 일종으로, 압축기 출구의 고압측 배관이 설정된 압력 이상으로 상승하면 전동기의 전원을 차단하여 압축기를 정지하도록 한다.

고압 차단스위치는 기기가 작동한 후 복귀 형태에 따라 자동 복귀형과 수동 복귀형이 있다. 자동 복귀형은 압력의 변화에 따른 접점 블록에서의 접점 단락을 통해 압력제어를 연동하는 방식이고, 수동 복귀형은 압력이 설정압력을 벗어나 안전장치가 작동한 이후에는 운전자가 확인 및 점검후 다시 재가동하기 위한 리셋 버튼이 있다.

고압 차단스위치에는 2개의 지시눈금이 있는데 상부의 조절나사를 이용하여 각각의 설정 압력을 조절할 수 있게 되어 있다. 예를 들어 고압 차단스위치를 $16kg/cm^2$에서 접점이 떨어지도록 하고, 압력이 다시 떨어져 $14kg/cm^2$이 되면 접점이 연결되어 냉동장치(압축기)가 가동되게 하려면, cut out은 $16kg/cm^2$, cut in은 $14kg/cm^2$의 눈금에 지시바늘이 오도록 설정하면 된다.

제품에 따라서는 cut in 대신에 차압을 의미하는 diff로 표시된 경우도 있는데, 이때는 설정압력($16kg/cm^2$)과 재가동되는 압력의 차이($16-14=2kg/cm^2$)로 diff를 $2kg/cm^2$로 설정하면 된다.

② **저압 차단스위치(Low Pressure cut out Switch ; LPS)**

냉동기의 운전압력이 설정한 정상 저압보다 내려가면 압축기 및 응축기를 정지하도록 제어하는 용도로 설치된다. 압축기 정지용이나 용량제어용 등 사용 목적이나 제어 대상에 따라 다양하게 적용될 수 있다.

저압 차단스위치가 압축기 정지용으로 사용될 때에는 압축기의 흡입배관상에 설치되어 저압측이 배관의 막힘이나 냉매의 누설, 기타 냉매 유량제어의 불량 등으로 일정한 압력 이하로 저하될 때 압축기를 정지시켜 압축기를 보호하도록 한다. 저압 차단스위치의 구조나 작동 방법은 고압 차단스위치와 동일하다.

③ 고 · 저압 차단스위치(Dual Pressure Switch ; DPS)

경우에 따라서는 고압 차단스위치와 저압 차단스위치의 2가지 기능을 하나의 장치로 가능하게 한 고/저압 차단스위치가 사용되기도 한다. 고/저압 차단스위치에는 냉동장치의 고압측과 저압측에 각각의 벨로즈가 연결되도록 별도의 접속 배관을 가지고 있다.

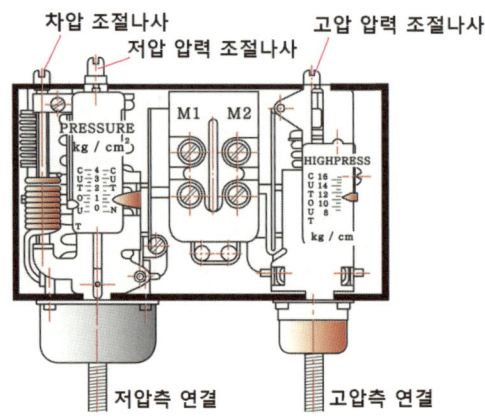

## (13) 기타 냉동장치 관련 부속품

① 증발 압력조절밸브(Evaporator Pressure Regulation ; EPR)

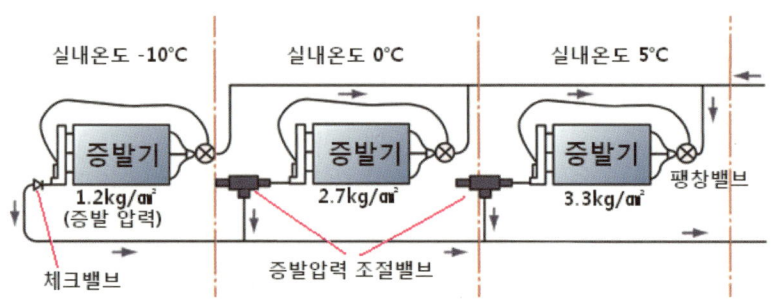

동일한 냉매 운전조건에서는 증발압력에 따라서 그때의 증발온도도 결정되게 되는데, 하나의 냉동장치에서 증발온도가 다른 2대 이상의 증발기를 사용할 경우에는 고온측 증발기 출구측에 증발 압력조절밸브를 설치하여 증발압력이 일정 이하로 되지 않도록 조절해야 한다.

이 외에도 냉수나 브라인을 냉각할 때 동결방지용 안전장치로서 사용하거나 야채 냉장고에서 동결방지용, 또는 냉장고나 냉동창고에서 지나치게 제습되는 것을 방지하기 위해서도 사용되고 있다. 다수의 증발기에 각각의 사용 증발압력에 맞춰 조절밸브가 설치된 경우에는 가장 낮은 증발온도(압력)를 사용하는 증발기 출구측에는 다른 증발기의 압력이 역류하지 않도록 역류방지밸브(체크밸브)를 설치해야 한다.

증발 압력조절밸브의 설정 압력을 변경하고자 할 때에는 조절밸브 상부의 갭을 열어 압력조절스프링과 연결된 볼트를 좌우로 회전시켜 스프링의 장력을 조정하면 된다.

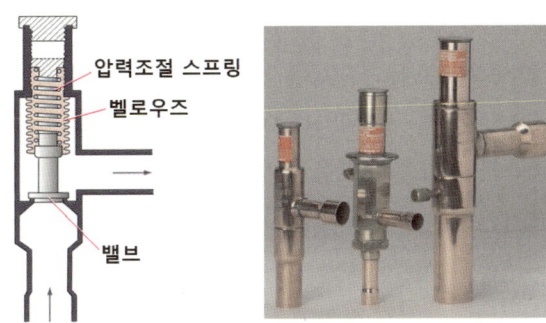

| 증발 압력조절밸브 |　　　　　　　　| 역류방지밸브 |

② **역류방지밸브(Check valve)**

보통 체크밸브라고도 부른다. 하나의 냉동장치에서 온도가 다른 2대 이상의 증발기 사용 시 고온증발기의 압력은 높고 저온증발기의 압력은 낮으므로, 저온증발기 출구측에 설치하여 냉매가 역류하는 것을 방지하기 위하여 설치한다.

③ **응축 압력조절밸브**

응축 압력조절밸브는 수냉식 응축기보다는 공냉식 응축기 냉동장치에서 주로 사용되고 있다. 외기의 온도가 낮은 조건에서 냉방운전이 이루어지는 냉동장치의 경우 응축기 출구측의 압력이 일정한 압력 수준으로 유지되도록 해야 할 필요가 있는데, 응축압력이 적절하게 유지되지 못하면 장치에서 순환되어야 하는 적정 유량 확보가 곤란할 수 있고 팽창밸브의 작동에도 지장을 주게 된다.

혹한기에 냉방을 실시하는 냉방장치에서는 일시적으로 수액기에 보유한 냉매만으로 냉매액을 공급해야 하는 상황이 발생하기도 하는데, 이럴 경우 수액기의 온도가 낮아지면 바이패스의 회로 통로가 열려서 압축기 토출가스의 일부가 직접 수액기 내부로 흡입되어 수액기의 압력을 높이는 작용을 한다.

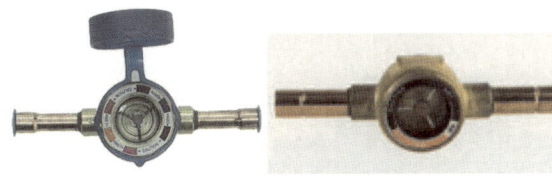

| 응축 압력조절밸브 |　　　　　　　　| 사이트 그라스 |

④ **투시경 또는 액면계(Sight glass)**

냉동장치에 적정한 냉매량이 충전되었는지의 여부와 냉매 중 수분의 존재량을 색깔의 변화로 확인하기 위하여 주로 응축기(또는 수액기) 후단에 설치된다. 적정 냉매량이 충전되고 응축상태가 양호해지면 액면계 내부에 흐르는 냉매의 거품이 거의 없어지고 맑은 액냉매 상태로 지나가게 된다.

⑤ 진동 흡수장치(Vibration absorber)

주로 왕복동 압축기에서 맥동으로 인해 발생하는 소음과 진동을 흡수하기 위하여 설치되는데, 진동 흡수장치의 쉘 내부에 몇 개의 방으로 나뉘어진 구조로 인하여 압축기에서 발생된 맥동이 감쇄된다. 진동 흡수장치는 압축기의 토출측과 흡입측 가까운 곳에 설치하면 된다.

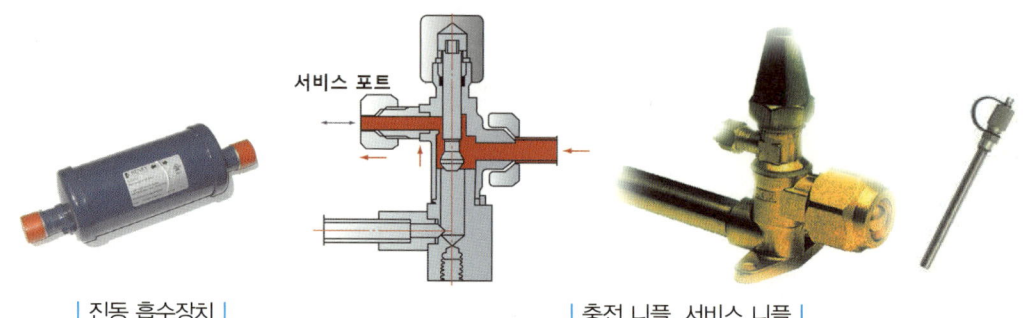

| 진동 흡수장치 |     | 충전 니플, 서비스 니플 |

⑥ 충전 니플(Charging nipple, 또는 서비스 니플)

냉동장치의 고압이나 저압 배관 중에 설치되는 일종의 연결장치인데, 냉매의 충전이나 배출, 오일의 충전, 기밀 및 진공시험 등을 위하여 매니폴드 게이지를 연결할 때 사용된다.

## 06 소형 냉동장치의 고장 원인과 대책

| 고장 현상 | 추정 원인과 대책 |
|---|---|
| 압축기의 토출 압력이 높음 | • 냉매에 공기가 혼입됨 → 응축기를 충분히 냉각한 후 공기 배출<br>• 냉매의 과잉 충전 → 냉매의 충전량 조정<br>• 압축기 토출측 배관 중의 밸브(전자밸브나 팽창밸브)가 완전히 열려지지 않음<br>• 응축기 쪽의 온도나 압력이 높음(아래 쪽의 해당 내용 참조)<br>• 제어회로의 고장으로 압축기 회전수나 밸브 개폐 제어 오류 |
| 압축기의 토출 압력이 낮음 | • 증발기에서 액냉매가 흡입됨(팽창밸브의 이상, 감온통의 설치 불량, 바이패스 밸브의 개방 등) → 원인 확인 후 수리<br>• 냉매 충전량의 부족이나 배관계통에서의 누설<br>• 응축기의 냉각공기(또는 냉각수)의 유량이 과다하거나 온도가 너무 낮음<br>• 제어회로의 고장으로 압축기 회전수나 밸브 개폐 제어 오류<br>• 1차 전원의 전압이나 주파수의 불량 |
| 압축기의 흡입 압력이 높음 | • 냉방 부하가 증가되어 증발기에서 과열된 냉매증기가 유입됨<br>• 팽창밸브가 과다하게 개방되었거나 누설 등의 이상 작동<br>• 팽창밸브 감온통의 설치 위치나 배관 밀착이 적정하지 못함<br>• 유분리기의 오일 리턴 장치의 누설 |

| 고장 현상 | 추정 원인과 대책 |
|---|---|
| 압축기의 흡입 압력이 너무 낮음 | • 배관의 여과기나 스트레이너에 이물질이 많이 부착됨 → 점검 후 청소<br>• 전자밸브나 팽창밸브의 작동이 불량하여 냉매 순환이 잘 안 됨<br>• 냉매의 충전량 부족이나 배관에서의 누설 → 확인 후 보수<br>• 실제 발생되는 냉동 부하가 매우 적음 → 부하측 장비 확인<br>• 증발기 코일에 이물질이 부착되어 열교환이 원활히 되지 않음 → 청소 |
| 압축기가 가동되지 않거나, 가동 후 얼마되지 않아 정지됨 | • 고압이나 저압, 고온 등으로 인해 안전장치가 작동됨 → 원인 확인 후 정비<br>• 냉매가 누설되어 버림<br>• 유압이 너무 낮음(유압 보호스위치가 작동됨)<br>• 전자밸브나 팽창밸브가 고장 나서 닫혀 있음<br>• 전원 계통의 이상(과부하 차단장치나 보호릴레이의 작동, 전압 강하 등)<br>• 압력스위치의 설정값이 너무 낮거나 높음 → 설정값 적정하게 재조절<br>• 배관 계통의 여과기나 거름망이 막혀 있어 냉매의 순환이 잘 안 됨 |
| 압축기가 자주 기동/정지를 반복함 | • 냉동 부하의 발생량이 많음 (풀부하에 근접해 운전 중인 정상적인 상황)<br>• 전자밸브나 팽창밸브의 이상으로 충분히 열리지 않음<br>• 피스톤 링의 누설이나 실린더의 마모<br>• 냉매 충진량의 부족이나 누설<br>• 증발기나 응축기 코일에 이물질이나 성애가 부착되어 열교환이 원활치 않음<br>• 고압 차단스위치의 설정압력이 너무 낮음 → 운전 압력 확인 후 재조정 |
| 응축 온도나 압력이 높음 | • 압축기로부터 넘어오는 냉매의 온도가 압력이 높음(앞쪽의 해당 내용 참조)<br>• 응축기 냉각 공기(또는 냉각수)의 온도가 높거나 유량이 부족함<br>• 응축기 냉각핀에 이물질이 부착되어 열교환 원활히 되지 못함<br>• 응축기 자체의 용량 부족(냉각코일이나 열교환튜브의 전열면적 부족)<br>• 응축기의 토출공기가 흡입측으로 재순환됨 |
| 팽창밸브의 작동 불량 | • 팽창밸브의 구경 선정 오류(너무 크거나 너무 작음)<br>• 팽창밸브 자체의 이상(내부의 디스크나 스프링의 작동 불량, 이물질 막힘)<br>• 감온통(또는 감온체)의 설치 위치가 부적당하거나 배관에 밀착되지 않음<br>• 감온통 내부의 충전가스가 누설되었거나 잘못 선정됨 |
| 운전 중 이상한 소음이나 진동이 발생함 | • 장비의 기초 고정이 불량하거나 수평 상태가 맞지 않음<br>• 구동축이 있는 경우 축정렬 불량이나 베어링의 고장<br>• 압축기에서 액흡입이 일어남 → 원인 확인 후 보수<br>• 전자밸브나 팽창밸브의 디스크 떨림 → 밸브 수리나 교체<br>• 압축기 내부 부품의 마모 |
| 냉동기유가 잘 분리되지 못함 | • 유분리기의 크기가 작거나 냉동기유가 과다하게 많음<br>• 칸막이 판이나 선회판이 떨어져서 기능상의 문제가 발생됨<br>• 겨울철이 유분리기에서 토출가스가 냉각되어 오일이 응축됨 |
| 유압이 낮음 | • 유압계의 이상이나 유압계 연결관의 막힘<br>• 유압조정밸브가 너무 많이 열려 있음 - 확인 후 정비<br>• 오일펌프의 고장<br>• 고도의 진공 운전, 또는 오일의 부족이나 누설<br>• 오일의 온도가 너무 높음 |
| 냉각기(증발)가 서리에 의해 금방 막힘 | • 디스트리뷰터의 구조나 설치가 좋지 않아서 냉매의 분배가 불량함<br>• 핀 간격이 너무 좁음<br>• 냉매의 증발온도가 너무 낮음<br>• 증발기 코일을 통과하는 공기의 양이 적음 |

# CHAPTER 17 흡수식 냉동기

## 01 흡수식 냉동기의 종류

### (1) 흡수식 냉동기의 분류

흡수식 냉동기는 저압조건에서 증발하는 냉매의 증발잠열을 이용하여 순환하는 냉수를 냉각시키고, 흡수제에 혼합된 냉매는 외부 열원으로 가열하여 분해한 후 냉각수에 의해 응축되었다가 증발기로 보내지는 냉동사이클을 이용한다.

흡수식 방법은 기계식 방법에 비해 운전효율이 낮으므로 가열원으로서 비용이 저렴한 도시가스나 지역난방 고온수를 주로 이용한다. 그러나 효율이 낮기 때문에 열병합발전소나 소각로 등의 폐열을 이용하기도 하고, 제조공정에서 저렴하게 생산된 증기나 고온수가 풍부한 경우 이를 열원으로 사용하는 경우도 많다.

사용하는 열원의 종류나 온도에 따라서 중온수 흡수식 냉동기, 저온수 흡수식 냉동기, 가스직화식 냉동기, 폐열 흡수식 냉동기, 증기식 흡수식 냉동기 등 다양하게 제작되고 있으며, 냉방뿐만 아니라 냉매의 응축잠열을 이용하여 난방을 위한 온수공급까지 가능할 경우에는 흡수식 냉온수기라고 부른다.

한편 운전효율을 높이기 위하여 재생기(발생기)와 흡수기 사이에 1~3개의 열교환기를 설치하기도 하는데, 설치된 열교환기의 수량에 따라 단(1중)효용, 2중효용, 3중효용 등의 형식으로 불린다. 근래에는 태양열 집열판과 연계하거나 산업제조시설에서 고온의 배기가스의 폐열을 이용하는 등 에너지 효율을 높이기 위한 다양한 노력들이 이루어지고 있으며, 한국에너지공단에서도 주요 열원장비이기 때문에 고효율인증대상품목으로 지정되어 있다.

| 구분 | 사용 연료 | | 세부 사양 | 비고 |
|---|---|---|---|---|
| 흡수식 냉동기 | 증기 | 저압 (0.5~1.5기압) | | 냉방 전용 |
| | | 중·고압 (2~8기압) | 2중 효용 | |
| | 온수 | 저온수 (70~95℃) | 1중 효용 | |
| | | 중온수 (110~150℃) | | |
| | | 고온수 (180~200℃) | 2중 효용 | |
| | 태양열 | 온수 (70~95℃) | 1중 효용 | |
| | | 온수+보조 증기 | 1,2중 효용 | |
| 흡수식 냉온수기 | 직화 연료 | 도시가스 | 2,3중 효용 | 냉·난방 겸용 |
| | | 오일 | | |
| | | 가스+오일 겸용 | | |
| | 태양열 | 온수+직화 연료 | | |

## (2) 1중효용과 2중효용 흡수식 냉동기

흡수식 냉동기는 단효용(또는 1중효용)과 2중효용 냉동기가 현재 널리 사용되고 있다. 그동안 오랫동안 사용해온 단효용 흡수식 냉동기는 COP가 0.7 정도로 낮아 에너지 효율이 좋지 못한 편이나, 일반적으로 가열 온도가 75℃ 정도가 넘으면 운전이 가능하기 때문에 요즘에도 간접 가열방식인 증기나 태양열, 배출 온수, 배출 증기, 배기가스 등을 이용할 수 있는 경우에는 많이 채택되고 있다. 장비는 5~1,660 USRT까지 폭넓게 제작되고 있으나, 운전 효율이 좋지 않아 대용량에서는 적용 사례가 많지 않다.

단효용 흡수식 냉동기는 낮은 COP 때문에 비교적 낮은 온도인 배기가스나 온수의 폐열을 무료로 사용하는 경우를 제외하고는 전통적인 증기압축식 냉동기와 경제적으로 경쟁하는 것이 어렵다. 고온의 열원이 있는 경우에는 이중열원으로 설계하는 것이 훨씬 COP를 높일 수 있으며 다른 형식의 냉동기와 경쟁이 가능할 수 있다.

이중효용 냉동기는 고온의 열원을 두 번 이용하여 냉매의 발생을 극대화하는 방법을 이용한다. 재생기(발생기)를 2개 설치하여 고온재생기(제1발생기)에서 발생한 고온 냉매증기를 저온재생기(제2발생기)의 가열에 사용하는 방식이다. 장점으로는 약 50%의 성능계수가 증가하고 40%의 증기 소비율이 감소하며, 약 30%의 배기 열량이 감소한다. 그러나 저온재생기의 용액 온도의 상승으로 부식 위험성이 증대하고 고저의 압력차가 증대하고 구조가 복잡하다는 단점이 있다.

### (3) 흡수식 냉동기용 냉매와 흡수제

흡수식 냉동기의 냉매와 흡수제로 현재 실용화된 것은 $H_2O$(물)+LiBr(리튬브로마이드)와 $NH_3$(암모니아)+$H_2O$(물)의 2종류뿐이다. $H_2O$+LiBr는 현재 거의 대부분의 흡수식 냉동기에서 사용되고는 있지만, 비등점이 높은 물이 냉매이기 때문에 시스템의 공냉화가 어려우며, 0℃ 이하의 저온을 얻을 수 없다. 또한 부식성이 강하기 때문에 용액의 관리가 어렵다.

한편 $NH_3$+$H_2O$에서는 냉매인 암모니아가 유독성과 가연성·폭발성 등의 치명적 결점을 지니고 있기 때문에 적용 시 이점에 유의하여야 한다. 그러나 근래에 환경 문제가 크게 대두되고 있고 흡수기/발생기의 열교환기(GAX) 사이클 같이 온도 중첩 원리를 이용하는 신기술이 개발됨에 따라 $NH_3$+$H_2O$ 냉동기에 대한 관심이 다시 높아지고 있다. 특히 소형 공냉 흡수식 냉동기의 개발에 $NH_3$+$H_2O$가 사용되고 있으며, 수입 냉동기 중 5~15RT 정도의 소용량에서는 일부 상용화되어 보급되는 사례가 있다.

## 02 흡수식 냉동기의 작동원리

흡수식 냉방에서는 냉매로서 물을 사용하는데, 물은 대기압 중에서 100℃로 가열하면 비등 증발한다. 대기압보다 압력이 낮은 상태(진공상태)에서는 이보다 훨씬 낮은 온도에서도 쉽게 증발하게 되는데, 흡수식 냉동기는 장비 내부의 압력을 5~7mmHg 정도의 진공상태로 유지하여 냉매인 물을 약 5℃ 정도에서 증발시켜 냉각 효과를 얻는다.

흡수식 냉동기의 기본적인 냉동사이클을 살펴보면, 먼저 2개의 밀폐용기에 한쪽(증발기, Evaporator)에는 냉매인 물을 넣고, 다른 한쪽(흡수기, Absorber)에는 흡수용액으로 리튬브로마이드(LiBr)를 넣은 후 내부의 압력을 진공상태로 유지한다. 흡수액(LiBr)은 수분과 쉽게 결합하는 성질을 가지고 있기 때문에 진공상태의 증발기에서 낮은 온도로 증발된 물은 흡수기 쪽으로 넘어가 LiBr에 흡수되어 리튬브로마이드 수용액으로 변하게 된다.

이때 증발기와 흡수기 내에 설치된 전열관(코일)에는 냉수와 냉각수가 흐르게 되는데, 증발기에서는 물이 증발하면서 필요한 증발잠열을 냉수로부터 흡수하여 냉수의 온도가 떨어지게 된다. 흡수기 내에서는 LiBr이 증발기에서 넘어온 냉매(물) 증기를 흡수하면서 발생하는 화학반응열을 냉각수가 식혀주게 된다.

흡수기 내의 흡수액은 냉각수로 인해 약 40℃ 정도의 온도를 유지하는데, 만일 냉각수의 온도가 높거나 순환량이 불충분해서 흡수용액의 온도가 상승되게 되면 흡수 능력이 저하되어 결과적으로 장비의 냉동 능력도 줄어들게 된다.

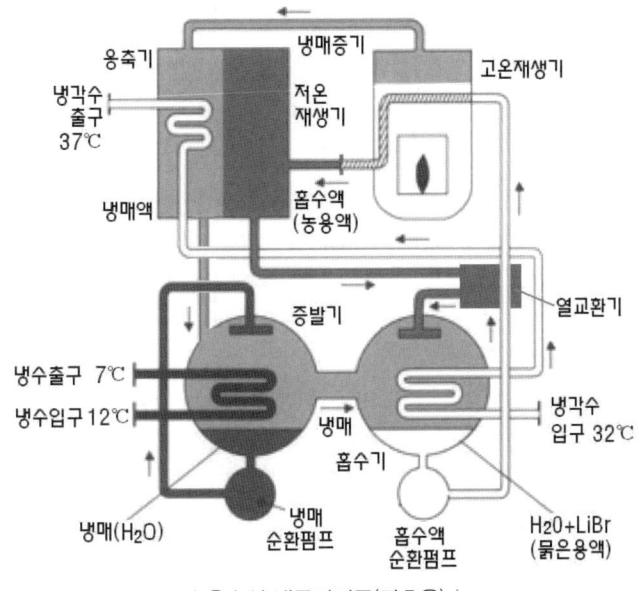

| 흡수식 냉동사이클(단효용) |

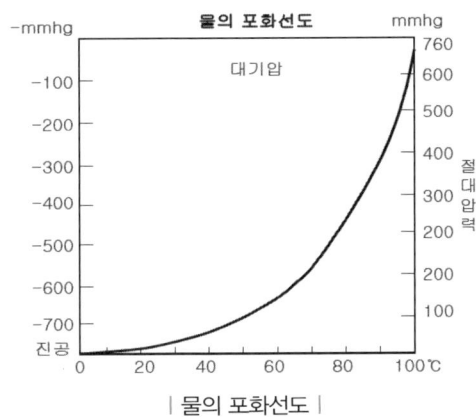

| 물의 포화선도 |

흡수기에서 다량의 냉매(물) 증기를 흡수한 LiBr 수용액은 재생기(Generator)로 보내져 가열되어지면서 물과 LiBr가 다시 분리되고, 분리된 냉매(물)와 LiBr은 저온재생기와 열교환기(Heat Exchanger), 응축기(Condensor) 등을 거치면서 각각 증발기와 흡수기로 다시 되돌려 보내져 계속해서 냉동사이클을 순환하게 된다. 각 장치별 세부적인 작동 원리를 좀 더 살펴보면 다음과 같다.

## (1) 증발기(냉매의 증발, 냉수의 냉각)

냉매(물)가 들어있는 밀폐된 증발기의 내부에 전열관(열교환 튜브)을 설치하고, 전열관 안에는 냉방용 냉수를 순환시켜 준다. 용기 내부가 6mmHg 정도의 진공으로 유지된 상태에서 냉매펌프를 이용하여 냉매를 전열관 표면에 뿌려주면 5℃에서 증발하게 된다. 이때 전열관 속을 순환하는 냉수로부터 증발잠열을 흡수하면서 냉수의 냉각 효과를 발휘하게 된다.

냉수는 보통 12℃ → 7℃로 냉각되나 근래 장비 성능이 좋아져 냉수온도 15℃ → 7℃의 대온도차 냉각이 가능한 제품도 생산되고 있다. 일부 업체에서는 일반적인 온도차(△t=5℃)보다 큰 온도차의 냉수 냉각을 위하여 증발기의 구조를 2단으로 제작하기도 한다.

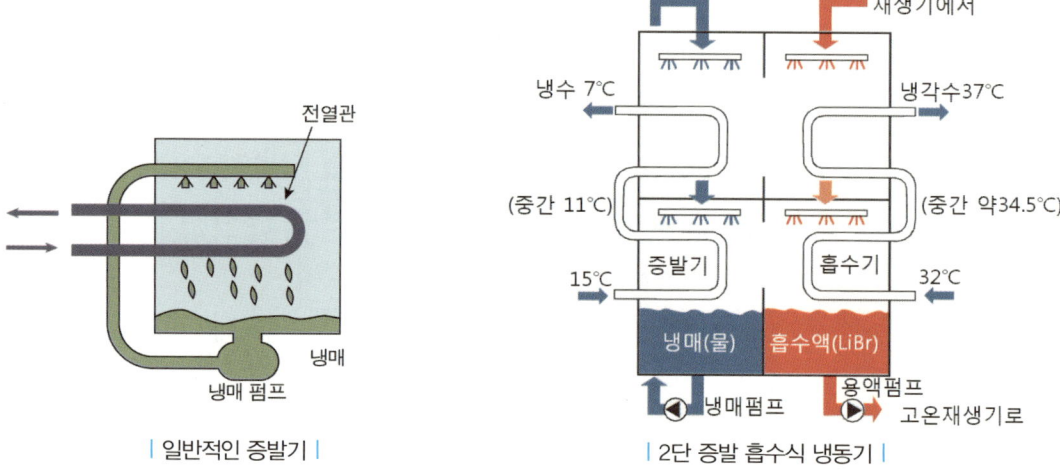

| 일반적인 증발기 |    | 2단 증발 흡수식 냉동기 |

## (2) 흡수기(냉매를 흡수하는 작용)

증발기에서 증발이 계속되면 수증기 분압이 점차 높아져 증발온도도 상승한다. LiBr용액을 넣은 용기(흡수기)를 증발기와 연결하면 증발된 냉매가 흡수기 쪽으로 넘어가 LiBr수용액에 흡수되어, 증발기 내의 증발압력 및 온도는 일정하게 유지된다.

LiBr이 냉매증기를 흡수할 때는 화학반응에 의한 열이 발생하게 되는데, 이 흡수열을 제거하기 위해 흡수기 내에 전열관(냉각수 배관)을 설치하여 냉각수를 흐르게 한다.

냉각수는 보통 흡수기로 32℃로 공급되어 흡수열을 식혀주면서 1차로 온도가 상승된 후 응축기로 다시 보내져 추가적으로 냉매증기를 응축하게 된다.

흡수작용을 계속하면 흡수기 내의 LiBr수용액의 농도는 점점 묽어져서 흡수작용을 계속할 수 없으므로 재생기로 보내져 가열하여 물을 분리해 다시 진한 LiBr용액으로 재생한 후 흡수기로 되돌아오게 된다.

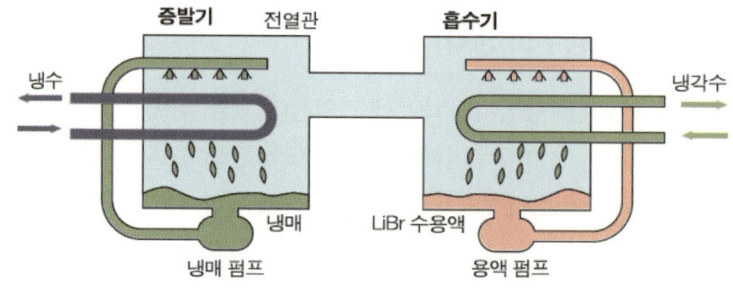

### (3) 재생기 또는 발생기(묽은 흡수용액에서 냉매를 분리해 재생)

흡수기에서 고온재생기로 들어온 묽은 LiBr수용액은 버너(또는 증기나 중온수)의 가열에 의해 냉매가 증발 분리(수증기)되어 다시 진한 LiBr용액으로 농축되게 된다.

진해진 흡수액은 저온재생기로 보내지는 과정에서 고온열교환기를 거치게 되는데, 고온 재생기로 유입되는 묽은 흡수액을 가열해주고 자신은 온도가 낮아진 후 저온재생기로 보내진다.

한편 고온재생기에서 발생된 고온의 냉매증기는 저온재생기 내에 설치된 전열관 내를 흐르면서 저온재생기 내의 LiBr용액을 가열하면서 온도가 내려가게 된다. 즉, 저온재생기는 고온재생기에서 발생된 고온 냉매증기의 응축기 역할을 하게 된다. 이렇게 고온재생기에서 증발되어 분리된 냉매(수증기)는 저온재생기에서 1차로 응축된 후 응축기로 보내진다.

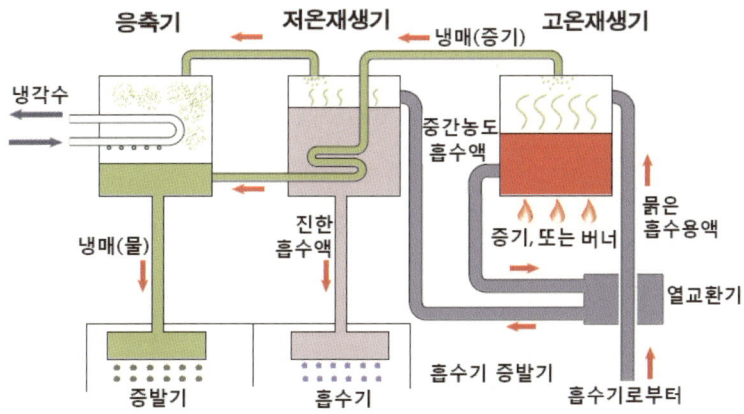

### (4) 열교환기(흡수액 용액 간의 응축 및 예열로 에너지 절감)

흡수기에서 묽어진 수용액은 고온재생기로 보내지기 전에 열교환기를 거치면서 재생기에서 배출되는 고온의 리튬브로마이드 용액과 열교환을 하면서 가열된다. 열교환기에서 가열(예열)되어 고온재생기로 공급되는 수용액은 가열에 필요한 에너지를 절감하게 하는데, 열교환기의 설치 수량에 따라 흡수식 냉동기의 사양을 단효용(1중), 중효용(2개), 3중효용(3개)로 구분하고 있다.

열교환기는 또한 고온재생기에서 발생된 LiBr수용액으로부터 열을 빼앗는 작용을 하게 되어 LiBr의 냉각을 돕고 시스템의 운전 온도를 낮추게 되어 전체적으로 냉각 효율을 높이는 효과도 있다. 열교환기는 주로 용접 타입의 동이나 스테인리스 재질의 판형 열교환기가 사용되고 있다.

근래에 판매되는 대부분의 고효율 흡수식 냉동기는 2중효용 형식으로 제작되고 있으며, 3중효용 방식도 일부 제조사에서 개발되기는 하였으나 고온 부식 등 부수적인 문제점들로 인하여 아직까지는 상용화되어 널리 보급되지는 않고 있는 상황이다.

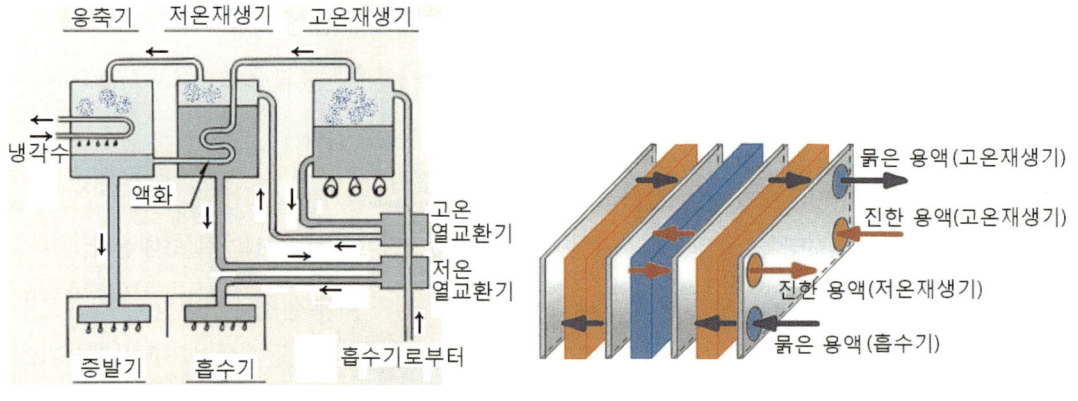

| 2중효용 흡수식 냉동기 |        | 저온·고온 열교환기 |

### (5) 응축기(냉매증기의 냉각응축작용)

고온재생기에서 발생된 냉매증기는 저온재생기의 전열관 내부에서 1차로 식혀진 뒤 응축기로 들어가게 되는데, 응축기의 전열관 내부를 흐르는 냉각수에 의해 냉매액으로 완전히 냉각 응축되어 증발기로 공급된다.

이렇게 증발기로 돌아온 냉매액은 증발기 내의 전열관 표면에 살포되면서 다시 증발하여 냉동작용을 계속한다.

### (6) 추기장치(냉동기 내 진공 유지)

증발기와 흡수기의 압력을 6mmHg로 유지하기 위해 추기펌프(=진공펌프), 진공 마노미터, 추기 모관, 추기 수동밸브 등으로 구성된 추기장치가 설치되어 있다. 추기장치는 진공을 저해하는 흡수식 냉동기 내부의 불응축 가스를 외부로 배출하여 장비 내부를 항상 진공상태로 유지될 수 있게 하는데, LiBr용액이 공기와 결합하면 강한 부식성 물질로 변하게 되므로 내부 전열관이나 장비의 파손을 방지하는 역할도 하게 된다.

### (7) 기타

위의 기본적인 장치 이외에도 제조업체나 고효율 장비 등 사양에 따라서 여러 부속장치들의 구성이 달라질 수 있다. 냉동기의 작동원리상, 또는 운전 효율을 높이기 위하여 냉매 열교환기, 보조 용액펌프, 냉매펌프, 배기가스 폐열회수기 등 추가적인 부속장치들이 설치되기도 하고 용액이나 냉매의 흐름이 다소 차이를 보이기도 한다. 따라서 앞에서 설명한 기본적인 사이클 이외의 내용에 대해서는 해당 업체의 매뉴얼을 확인하여야 한다.

# 03 흡수식 냉동기의 냉방운전

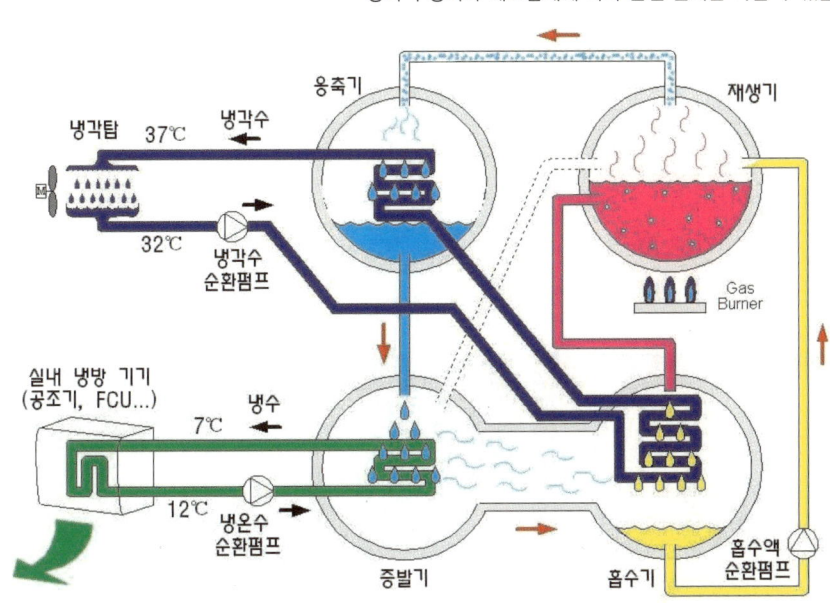

| 흡수식 냉동기의 냉방사이클 개념도 |

## (1) 냉방운전의 기동 시

① 중앙관제실의 자동제어나 흡수식 냉동기에 부착된 조작반에서 "운전" 또는 "ON"을 선택하여 냉온수기에 기동 신호를 줌

② 냉(온)수 순환펌프와 냉각수 순환펌프가 자동으로 연동되어 가동됨(보통 냉동기 제어판넬과 펌프 MCC 사이에 인터록 회로가 구성되어 있어 자동연동되는데, 자동제어 컴퓨터에서 냉동기와 각 순환펌프를 직접 자동 연동제어하기도 함)

③ 냉동기 제어판넬에서 냉(온)수와 냉각수 순환펌프의 가동 상태를 확인함. 순환펌프의 가동상태가 확인되지 않으면 경보를 발생시킨 후 정지되어 다음 단계로 넘어가지 않음

④ 가스직화식의 경우
   - 버너의 송풍기 가동되어 수십초간 프리퍼지를 실시해 연소실 내부의 잔존 폐가스를 배출시킴
   - 송풍기 퍼지가 끝나면 점화플러그가 스파크하고 파일럿 전자밸브가 개방되어 가스가 공급되면서 버너가 착화됨
   - 버너가 착화되면 연료차단밸브가 열리고(파일럿 전자밸브는 닫힘) 저연소 위치부터 서서히 개방되면서 연소량을 비례제어함(제조사나 버너 사양에 따라 점화를 위한 파일럿 점화밸브가 없는 경우도 있음)

- 재생기에서의 부하 상태에 따라 연료 차단밸브와 송풍기의 공기량 조정댐퍼가 함께 연동되어 가스량과 공기량을 비례 제어함(장비 용량에 따라서 버너의 제어는 On-Off제어, High-Low-Off 3단제어, 비례제어 등 다름)
- 지역난방(중온수)이나 증기식의 경우 중온수(또는 증기) 공급밸브가 Open되어 냉방 부하량에 따라 개도율이 비례 제어됨
- 버너의 타임 차트의 예(업체에 따라 다를 수 있음)
  프리퍼지 시간(35±5sec) ⇨ 착화 대기 시간(7.5±2.5sec) ⇨ 착화 시도 시간(4±1sec) ⇨ 착화 안정 시간(8.5±3.5sec) ⇨ 주연료 점화 시도 시간(6.5±2sec) ⇨ 주화염 안정 시간(8.5±3.5sec) ⇨ 포스트 퍼지 시간(20±8sec) ⇨ 정지 시간(Max 30sec) ⇨ 화염 검출 시간(1.5±0.5sec) ⇨ 화염 검출 전류 8.5uA

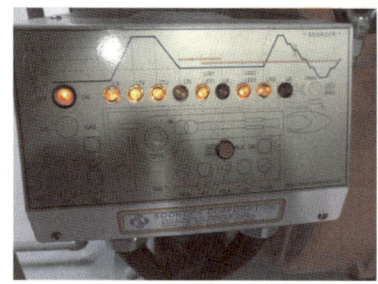  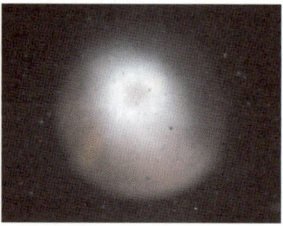

| 버너의 제어부 | | 버너의 연소 | | 고온재생기 내 화염 |

⑤ 정상적으로 점화가 되면 흡수액 순환펌프(=용액 순환펌프)가 가동되어 흡수액의 순환이 시작되고, 잠시 후 냉매펌프도 가동되어 냉동기의 냉방운전이 시작됨

⑥ 장비가 가동되면서 자체 제어판넬에 설치된 마이콤이 각종 안전장치들이나 센서들의 값들을 확인하여 자체 진단을 진행하고, 이상 감지 시 경보 발생 후 장비 운전을 정지시킴(경미한 이상은 경보 메시지 발생 후 운전 지속)

⑦ 냉각탑의 팬(Fan)은 배관에 설치된 온도센서를 통해 냉각수 온도를 감지해서 자동으로 ON/OFF (또는 비례제어)됨
- 냉각탑 팬은 보통 자동제어(컴퓨터) 시스템에 의해 제어되는 경우가 많음
- 흡수식 냉동기로 유입되는 냉각수의 온도는 너무 낮으면 장비의 운전에 지장을 초래하므로 보통 22℃(근래 일부 업체에서는 15℃까지도 가능) 이상 유지되어야 하는데, 냉동기에 설치된 냉각수 온도센서가 너무 낮은 수치로 감지되면 대부분 장비 가동을 중단하도록 안전장치가 되어 있음

## (2) 냉방운전의 정지 시

① 중앙관제실의 자동제어나 냉동기에 부착된 조작반에서 "정지" 또는 "OFF"을 선택하여 흡수식 냉동기에 정지 신호를 줌

② 가스 직화식의 경우
- 버너 저연소 운전 후 연료차단밸브가 Close되어 소화됨
- 연소 후 송풍기는 연소실 내부의 잔존 연료나 폐가스를 배기시키기 위해 수십초~수분간 포스트 퍼지 운전을 실시한 뒤 정지됨
  
  ※ 지역난방이나 증기식의 경우 중온수(또는 증기) 공급밸브가 Close됨

③ 용액펌프와 냉매펌프는 희석 운전을 위하여 버너가 정지된 이후에도 일정한 시간 동안 가동되다가 정지됨(냉동기 제조업체에 따라 다소 차이는 있지만 보통 10~30분 정도 운전되어, 용액 온도를 80℃ 정도 이하 수준으로 저하시킴)
  
  ※ 버너 정지 후 용액펌프와 냉매펌프를 곧바로 정지시키면 용액의 결정이 발생될 수도 있으므로 강제로 정지시키거나 전원을 차단시키지 않도록 함

④ 냉수와 냉각수 순환펌프의 정지, 냉각탑 팬의 정지(냉각탑의 팬은 순환펌프의 정지와는 상관없이 냉각수의 온도가 설정 온도 이하로 낮아지면 먼저 자동으로 정지되기도 함)

# 04 흡수식 냉온수기의 난방운전

## (1) 흡수식 냉온수기의 난방사이클

고온재생기에서 가열 증발된 냉매증기는 바로 증발기로 들어가 전열관 내부의 온수를 가열하게 된다. 증발기 내의 전열관 속을 순환하는 온수는 주위의 뜨거운 냉매증기로부터 열을 빼앗아 가열되고, 이로 인해 응축된 냉매(물)

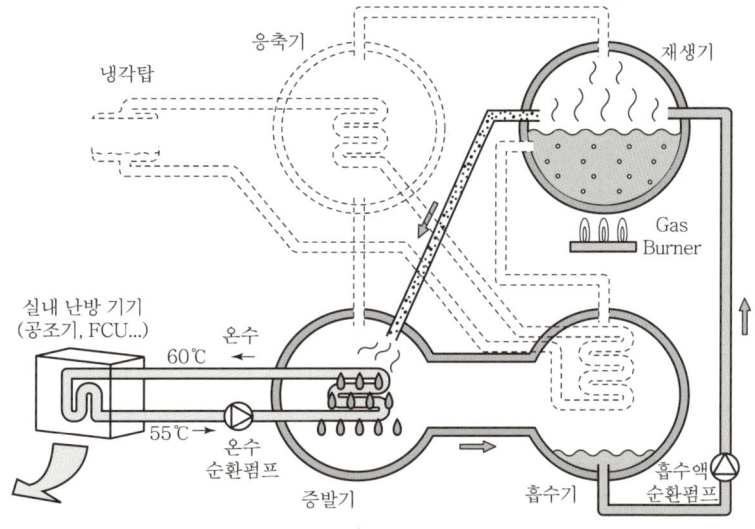

| 흡수식 냉온수기의 난방 사이클 개념도 |

는 흡수기 쪽으로 넘어가 LiBr용액과 혼합되어 흡수액 펌프에 의해 다시 고온재생기로 보내진다.

난방운전 시에는 응축기가 작동될 필요가 없으므로 냉각수의 순환이나 냉각탑의 가동은 필요없다.

흡수식 냉온수기를 난방운전하기 위해서는 먼저 난방 시즌 시작초에 흡수식 냉온수기에 설치된 냉난방 전환밸브(또는 절환밸브)를 조작하는 것이 필요하다. 전환밸브의 조작은 고온재생기로 보내져 가열된 용액이 응축기(저온재생기 포함)를 거치지 않고 바로 흡수기나 증발기로 보내기 위한 조치이다. 난방운전 시에는 재생기에서 발생된 고온의 냉매증기(수증기)를 직접 이용하여 온수를 가열하게 되므로 저온재생기나 응축기, 열교환기 등의 장치를 거칠 필요가 없다.

난방운전 시에도 기본적인 장비의 운전 순서나 버너의 가동 등은 냉방 시와 유사하다.

## (2) 냉방과 난방 운전 시 냉매와 용액의 흐름도

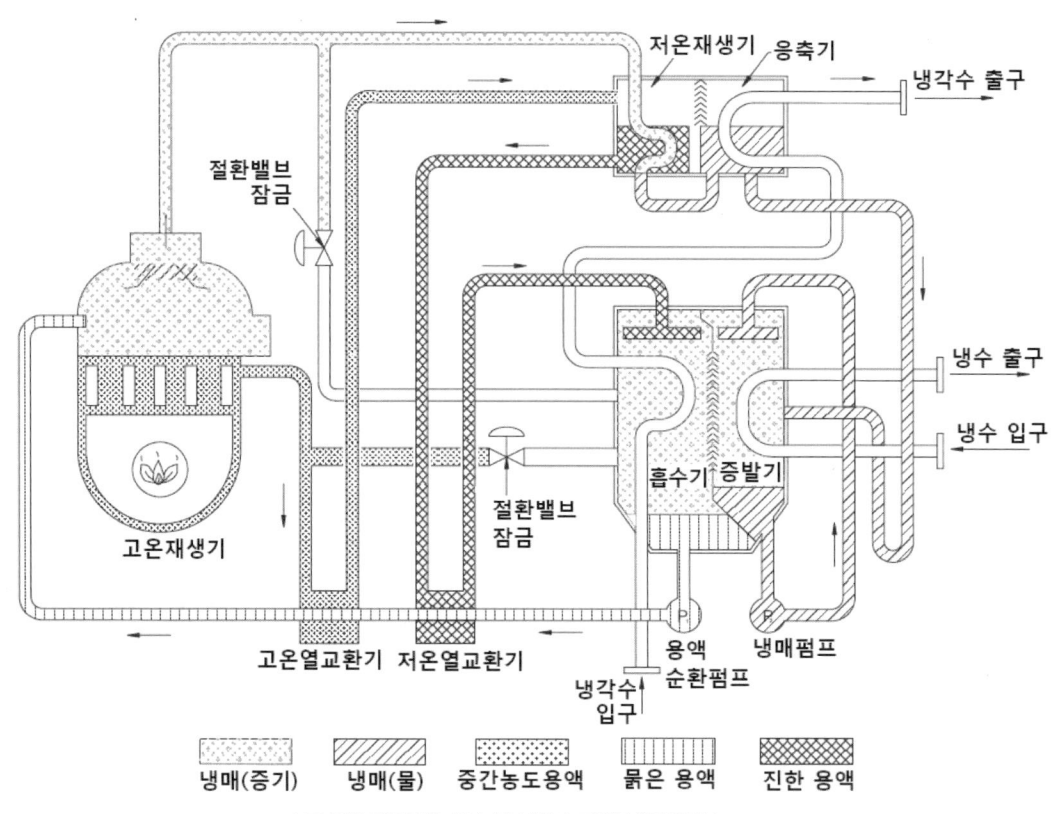

| 고효율 2중효용 흡수식 냉온수기의 냉방운전 |

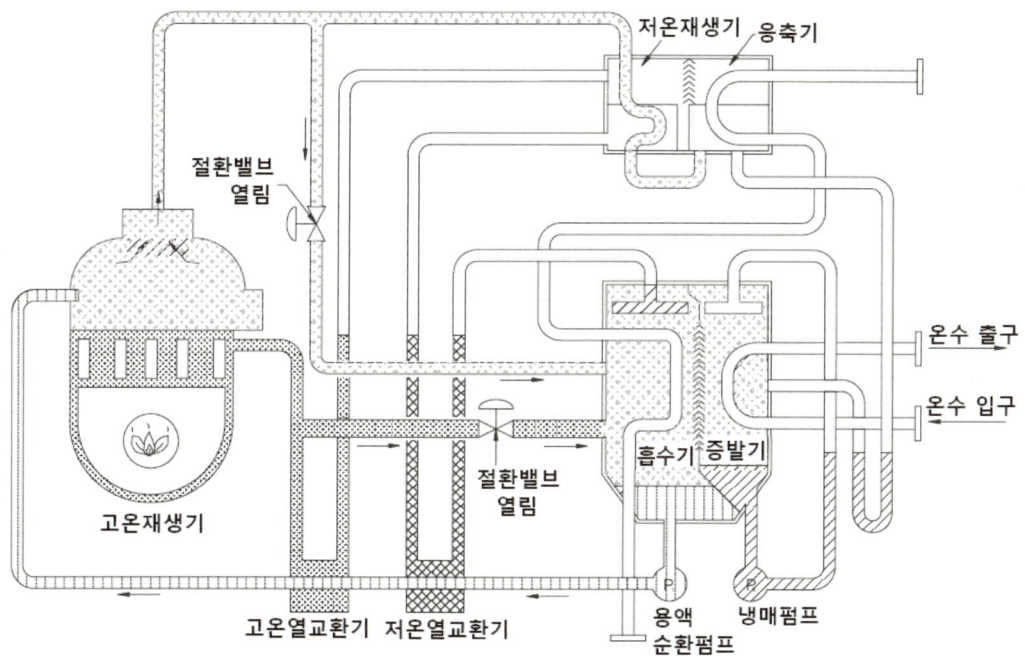

| 고효율 2중효용 흡수식 냉온수기의 난방운전 |

# 05 흡수식 냉동기의 안전장치

## (1) 흡수식 냉동기의 안전장치

장비마다 다소간의 차이는 있겠지만 흡수식 냉동기(또는 냉온수기)의 운전 중 각 부분의 이상 상태를 검출하는 안전장치로는 다음과 같은 것들이 있다.

① 냉수, 냉각수 단수스위치

　냉수(온수)나 냉각수의 흐름을 감지하여 설정치 이하의 값이 감지될 경우 이로 인해 발생하는 문제를 예방하고자 냉동기를 정지시킴. 냉수의 유량이 부족하면 사이클 전체의 온도 저하와 냉방용량의 부족, 냉수의 급격한 온도 저하에 의한 동결 등의 문제가 발생할 수 있음. 냉각수의 순환량이 부족하면 용액의 온도가 상승되어 냉방능력이 저하되고 기내 압력이 상승하게 됨.

　보통 냉수와 냉각수 배관에 Flow센서나 차압스위치를 설치하여 감지하고, 업체에 따라서는 냉각수 계통은 생략하고 냉수에만 설치하는 사례도 있음.

② 냉수 온도 저온

　　냉방 부하가 매우 적은 상태에서 냉동기의 냉방운전이 지속되면 냉수 및 증발기 내의 냉매 온도가 급감하여 동결에 의한 냉동기의 동파사고가 발생할 수 있음. 따라서 평상시 냉수 출구온도에 따라 버너의 가스량(또는 중온수나 증기)의 공급량을 비례제어하는데, 냉수 온도가 과다하게 저하될 경우 경보를 발생시키고 냉동기의 운전을 정지함(보통 냉수의 온도가 설정온도보다 약 2℃ 이하로 저하되거나, 또는 공급온도가 3.5~4℃ 이하로 저하될 경우)

③ 고온재생기의 용액 고온 이상

　　고온재생기를 떠나는 진한 용액의 온도가 설정치 이상으로 상승되면 경보가 발생하여 고농도에 의한 용액의 결정을 방지함(보통 165℃ 이상이 되지 않도록 함)

④ 흡수기의 용액 온도센서

　　정상운전 상태에서 냉동기가 갑자기 정지할 경우 용액이 결정될 우려가 있어, 흡수기 내의 용액 온도를 측정하여 일정한 수준에 이르기까지 용액펌프를 운전시키고, 용액의 온도가 비정상적일 때에는 경보 발생함(보통 63~70℃ 정도 이상이 되지 않도록 함)

⑤ 배기가스의 온도 이상

　　버너의 연소 제어가 원활하지 않아 고온재생기의 배기가스 온도가 과다하게 상승할 때에는 경보를 발생시켜 장비를 보호함(보통 250℃ 이상이 되지 않도록 함)

⑥ 냉수(온수), 냉각수 순환펌프의 인터록 회로

　　MCC의 각 순환펌프 마그네트 스위치의 접점을 연결하여, 냉동기 운전 시 순환펌프들의 가동상태 신호가 입력되지 않을 경우 경보를 발생시키고 냉동기의 운전을 정지함

⑦ 고온재생기의 압력 상승

　　고온재생기에 압력스위치를 설치하여 냉매증기의 압력이 설정치 이상으로 과다하게 상승되면 작동하여 본체를 보호함

⑧ 용액 액면스위치

　　고온재생기 용액의 수위가 설정치 이하로 저하된 상태에서 버너가 공연소되지 않도록 함

⑨ 버너 연소 이상

　　가스 압력스위치(연료가스의 압력이 설정치와 다른 경우), 풍압스위치(송풍기나 풍량조절댐퍼의 오작동으로 공기량이 부족할 경우), 화염검출기(화염의 불착화나 소화) 등을 통하여 이상 감지하여 버너 작동을 정지시키고 연료차단밸브를 Close함

⑩ 각종 펌프의 모터 온도스위치

각종 펌프(용액펌프, 보조 용액펌프, 냉매펌프 등)의 모터 내에 온도스위치가 설치되어 모터 권선의 과도한 온도 상승에 의한 소손을 방지함

⑪ 과전류 릴레이

용액펌프, 냉매펌프, 송풍기, 추기펌프 등 각종 전동 장비의 운전 시 이상 전류가 발생될 경우 이를 차단하여 모터의 소손을 방지함

⑫ 인버터 이상

각종 펌프나 버너 송풍기의 회전수제어를 위한 인버터가 설치되어 있을 경우 인버터의 고장이나 이상 발생 시 경보를 발생시킴

## (2) 냉온수기의 설치 사진

| ① 응축기, ② 증발기, ③ 흡수기 |

| ③ 흡수기, ④ 고온재생기, ⑤ 버너 |

| ⑥ 저온재생기, ⑦ 고압차단 압력스위치 |

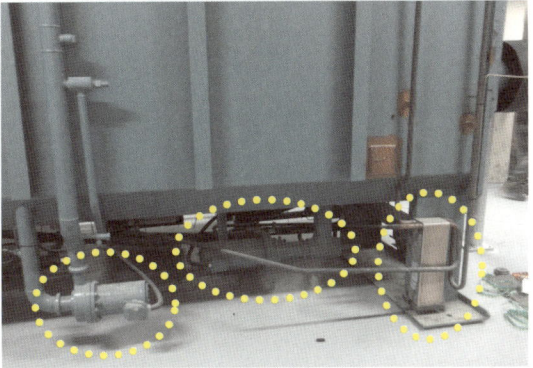

| 냉매펌프, 흡수액펌프, 응축냉매열교환기 |

| 흡수액 순환펌프 |

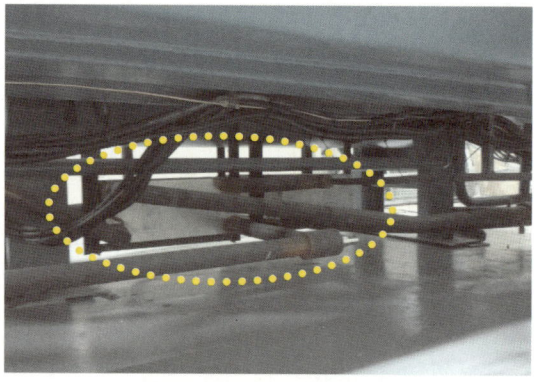
| 저온열교환기, 고온열교환기 |

| 냉난방 전환밸브 |

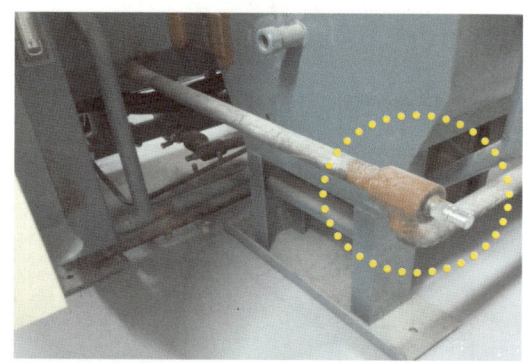
| 냉난방 전환밸브 |

| 진공펌프 |

| 마노미터, 추기 이젝터 |

# 06 흡수식 냉동기의 운전 중 관리사항

## (1) 진공도의 관리

### ① 진공도 관리의 필요성

흡수기에서의 흡수작용은 용액과 냉매의 포화증기 압력차에 의해 이루어진다. 평상시 흡수액의 상태는 평균 62% 농도와 40℃의 온도이고 냉매의 증발온도는 5℃일 때, 냉매(물)의 포화증기 압력과 장비 내 진공과의 압력차는 1mmHg 정도가 된다. 이 압력차를 구동력으로 하여 증발기에서 증발한 냉매증기가 흡수기로 이동하게 된다.

만약, 어떠한 이유로 공기가 장비 내로 침입하여 그 양이 진공마노미터로 1mmHg 정도 되면 냉각 능력이 현저히 저하되고 냉매의 증발온도가 높아지게 된다. 따라서, 운전 중 흡수식 냉동기가 본연의 냉방능력을 발휘하기 위해서는 적정한 진공도를 유지하는 것이 관건이다.

따라서 운전 전이나 운전 중 일상적으로 장비에 부착된 진공마노미터의 눈금을 확인하여 냉매의 온도에 해당하는 허용 진공도를 벗어날 경우 진공펌프를 가동하여 추기작업을 실시해 주어야 한다. 예를 들어 장비 내의 냉매온도가 25℃인 상황에서는 아래의 그래프에서 보면 허용 진공압력이 25mmHg이므로, 장비 본체의 진공도가 이보다 저하되어 있으면 추기작업을 실시해야 한다. 아울러 본체의 진공 저하현상이 반복적으로 계속해서 발생할 경우 추기장치에서의 진공 불량이나 본체 이음부 및 장비 배관계통에서의 누설 여부를 점검해야 한다.

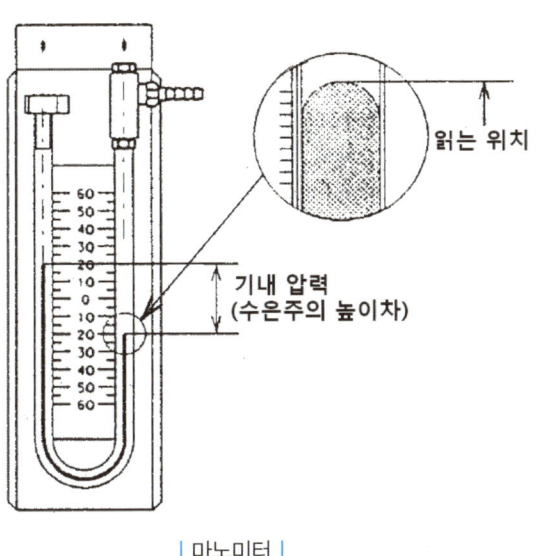

| 마노미터 |

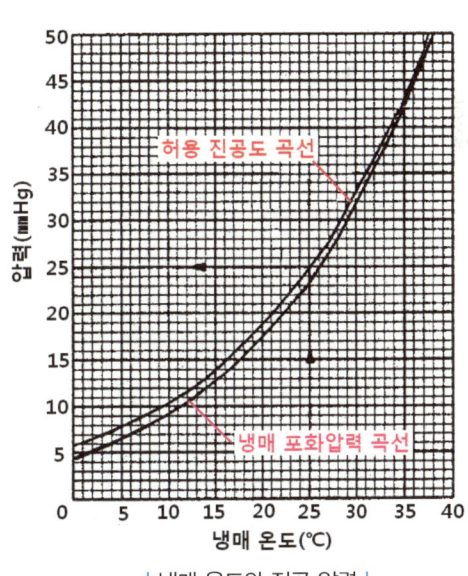

| 냉매 온도와 진공 압력 |

② 진공펌프의 관리

진공펌프의 작동 전에는 유면계를 통하여 윤활유의 양을 확인하도록 한다. 윤활유의 양이 부족하면 진공도가 떨어지고 펌프가 과열될 수 있으며, 반대로 윤활유의 양이 너무 많으면 배기부에 압이 걸리고 유연이 발생하게 된다. 따라서 윤활유의 양이 적정하도록 보충하거나 배출해 준다. 또한 추기 운전 전에 주기적으로, 또는 추기 작업 시 진공작업이 원활치 않을 경우에는 진공펌프 자체의 진공 도달도를 점검해 보도록 한다. 진공펌프의 자체적인 문제로 인하여 추기 작업이 원활치 않을 수도 있는데, 자체 진공도는 거의 0에서 0.5mmHg 정도로 양호해야 한다.

진공펌프 작동 후에는 수시로 윤활유를 조금씩 빼내어 윤활유의 상태를 점검해 보고, 필요한 경우에는 교환해 주도록 한다. 윤활유가 황색이나 당초와의 색상과는 다르게 변색된 경우에는 윤활유 내에 수분이나 불활성가스가 함유되어 있는 것이므로 윤활유를 교체해 준다. 윤활유 교환 후에는 진공펌프를 가동하여 적정한 진공도가 되는지 확인한다. 일반적으로 윤활유의 교환시기는 냉동기 운전하는 500시간마다 교환하는 것이 적정하며, 교체할 때에는 기존과 동일한 오일이나 장비업체에서 지정한 오일을 사용하도록 한다.

한편 진공펌프는 가동 시 흡입압력이 너무 높게 되면 펌프 실린더의 온도가 과다하게 상승되므로 주의가 필요하다. 심한 경우 온도가 100℃ 이상까지도 상승하기도 하는데, 이렇게 되면 윤활유나 패킹이 급속히 노화되고 베어링이나 모터의 손상이 우려되므로 운전을 중단해 진공펌프와 오일을 냉각시켜주고 흡입압력이 높아진 원인을 찾아 해결한다.

③ 진공펌프를 이용한 불응축 가스량의 측정
- 진공펌프의 가스 밸러스트 밸브를 잠근다.
- 진공펌프의 능력 측정(약 5분간 3mmHg)
- 추기 배관과 전자변 등의 누설 여부를 체크함
- 배출구에 가능한 짧은 호스를 연결한 후 물이 담긴 용기에 메스실린더를 거꾸로 담그고 그 내부로 호스를 약 5mm 주입함
- 추기밸브를 잠그고 30분 정도 진공펌프를 운전하여 자체의 가스량이 0cc/min임을 확인함
- 진공펌프의 성능과 기밀에 이상이 없으면, 냉동기의 고압부와 저압부의 불응축 가스량을 순서대로 측정함

▼ 추기량 허용치

| 기종 | 허용치 |
| --- | --- |
| 100 ~ 1,400RT | 1cc / min 이하 |
| 1,500RT 이상 | 2cc / min 이하 |
| 2중효용 고압부 | 4cc / min 이하 |
| 2중효용 저압부 | 2cc / min 이하 |

- 간단한 판별법
    - 위와 같은 방법으로 메스실린더에 채취한 가스를 외기와 혼합되지 않도록 하여 불을 붙여 본다.(100~200cc 정도 채취)
    - 채집된 기체에 불을 붙여도 타지 않을 경우 : 장비의 누설로 외부 공기가 유입됨
    - '뽕' 소리가 나면서 탈 경우 : 추기작업의 미비나 부식억제제의 부족 때문에 장비 내부에서 $H_2$ 가스가 발생되어 저압측(흡수기)에 축적된 상태임

## (2) 용액(흡수액)의 관리

흡수제로 사용되는 리튬브로마이드(LiBr) 용액은 공기 중의 산소와 결합하게 되면 심한 부식성을 발휘하게 된다. 따라서 본체의 누설로 외부의 공기가 장비 내로 들어갈 경우 본체나 전열관에 심각한 부식을 유발할 수 있으므로, 이를 억제하기 위하여 용액 중에는 일정 비율의 부식억제제가 첨가되어 있다. 현재 사용되고 있는 대표적인 부식억제제는 크롬산리튬($Li_2CrO_4$), 몰리브덴산튬($Li_2MoO_4$), 질산리튬($LiNO_3$) 등이 있는데, 냉동기업체마다 부식억제제의 종류와 농도, 알칼리도는 약간씩 다를 수 있다.

이로 인해 장비 내에는 냉매와 흡수액, 부식억제제 및 계면활성제 이외의 어떠한 물질(불응축 가스)도 혼입되지 않도록 추기장치의 관리에 최대의 노력을 기울여야 하며, 냉방운전 시의 추기운전은 냉동기를 고성능을 유지하기 위하여 매일 냉방운전 시작 전에 약 20분 정도 추기운전을 실시한다. 또한 추기탱크의 압력이 50~100mmHg 이상으로 상승할 때 추기펌프(진공펌프)를 운전하여 추기탱크에 모인 불응축성 가스를 추출하여야 한다.

아울러 용액 중에 첨가된 부식억제제는 서서히 소모되며 능력 증진제도 휘발성을 가지고 있어 추기작업 등에 의해 소모되어 감소하므로, 정기적인 점검(1년에 1~2회 정도)이나 세관작업 시 용액의 샘플을 추출해 성분을 분석을 의뢰하거나 주기적으로 용액의 비중과 부식억제제의 농도, 알칼리도 등을 측정한다.

흡수기의 흡수능력을 증진시키기 위한 계면활성제로는 99% 이상의 순수한 1급 옥틸알코올을 많이 사용한다. 그 종류로는 n-옥틸알코올과 2-에틸헥산올이 있는데 일반적으로 n-옥틸알코올을 사용하고 있다. 옥틸알코올을 첨가하면 냉동능력은 10~20% 정도가 증가한다. 흡수액에 대한 혼합률은 0.1%(중량비)일 때가 가장 효율이 좋은 것으로 알려져 있으며, 350kW당 0.001$m^3$ 정도의 투입이 적당하다.

부식억제제나 능력증진제 등이 부족한 것으로 판단될 경우에는 보충하도록 한다. 평상시 운전 중에도 용액의 오염이 심한 경우에는 샘플 용액을 제조업체나 관련 업체에 보내어 정확한 분석을 받아보는 것이 좋다.

그리고 리튬브로마이드 용액은 장비 내부를 순환하면서 이물질이나 부식침전물이 혼합될 수 있다. 이럴 경우에는 용액을 외부로 추출하여 정제나 침전시킨 후 재투입하는 재생(필터링) 작업이 필요하다.

## (3) 희석 운전

### ① 희석 운전의 개요

리튬브로마이드 수용액은 온도가 낮을수록, 그리고 농도가 높을수록 결정을 일으키기 쉽다. 결정이 발생하면 냉동기가 제 능력을 발휘할 수 없음은 물론 작동유체의 흐름이 원활하지 않고, 심할 경우 캐비테이션으로 인해 펌프가 손상을 입기도 한다. 이를 예방하기 위한 조치가 희석운전(dilution operation)이다.

희석운전은 흡수식 냉동기가 정지하여 가열원의 공급(또는 연소)이 중단된 상태에서 자동적으로 15~20분 정도 증발기 내부의 냉매를 흡수기로 보내어 농액이 온도가 낮아질 경우 결정화되는 것을 방지하는 운전이다. 희석운전은 증발기와 흡수기를 연결한 배관에 설치된 희석밸브에 의해 이루어지며, 희석밸브의 개방은 자동 희석운전 이외에도 정전이나 결정으로 인한 고장 시 해정을 시킬 수 있도록 수동조작으로도 개방이 가능하다.

희석운전은 자동적으로 이루어지므로 운전자는 냉동기나 냉방시스템이 정지했다고 해서 흡수식 냉동기와 순환펌프의 주전원 스위치를 내리지 않도록 해야 한다.

희석운전의 운전제어방식에는 타이머에 의해 설정시간 동안 용액 유동을 실시하는 "희석 타이머 방식"과, 희석 써머스탯을 진한 용액의 배관 라인에 설치하여 냉동기가 정지한 뒤 소정의 온도까지 낮아지면 희석운전이 정지되도록 하는 "희석 써머스탯방식"이 있다.

희석 타이머방식은 정지 시 부하 조건이나 흡수액의 상태를 고려하지 않는 방식이어서, 희석이 과도하게 실행되거나 불충분하게 이루어질 수도 있다. 그러나 제어방식이 간편하고 일반적인 조건에서는 큰 무리 없이 적용이 가능해 현재 많은 냉동기에서 적용되고 있다.

### ② 결정 여부의 판별

- 운전중 흡수기 측의 액면이 낮아지고 용액펌프에서 이상 소음이 나는 경우 흡수기 측 또는 관련 배관에 결정이 생겼을 가능성이 높음
- 저온재생기에서 흡수기 측 오버플로관의 온도가 평상시보다 높거나 저온열교환기의 동체와 주위 농용액 배관이 평상시보다 낮은 경우 저온 열교환기측의 결정 여부를 확인
- 농용액과 희용액의 농도를 측정하여 판별(업체의 농도표 기준 참고)

### ③ 결정의 원인

- 냉각수 온도가 정격값보다 너무 낮거나 높은 상태로 장시간 운전된 경우
- 정전이나 제어판넬의 설정 오류 등으로 펌프의 희석운전이 이루어지지 않았거나 충분하지 못했던 경우
- 흡수액 순환량이 적어 용액 농도가 높아진 경우
- 냉매량이 적어 흡수기의 흡수량이 적은 경우
- 추기가 불충분한 상태로 운전된 경우
- 난방운전 중 밸브의 누설이 있어 압력이 올라간 경우 등

### ④ 결정 해정작업

- 냉각수량을 줄이고 블로우다운을 실시함
- 연소량을 수동으로 30~50% 낮추고 용액펌프의 출구온도가 60℃ 이상 되지 않도록 함(온도와 압력, 농용액의 농도를 낮춤)
- 이와 같은 상태로 약 1시간 정도 운전을 실시함
- 결정이 용액펌프까지 발생하여 해정되지 않을 때에는 펌프의 흡입관과 저온열교환기를 토치 등으로 가열하여 결정을 해정하고 위와 같은 작업을 반복함

## (4) 냉매의 관리

흡수식은 냉매가 물이므로 자칫하면 관리가 소홀해지는 경우가 많다. 냉매 중에 불순물이 있으면 증발온도가 낮아져서 냉동능력이 떨어지게 되므로, 흡수액이나 불순물이 혼입되지 않도록 하여야 한다. 냉매의 보충 또는 재충전 시에는 지정된 냉매가 아닌 수돗물 등을 사용해서는 안 되며, 분석 결과 불순물이 있다면 모두 교환하여야 한다.

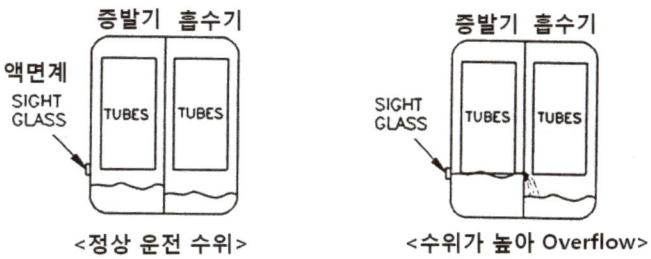

운전 개시 및 저부하 시에는 용액 액면이 높아지고 냉매 액면은 낮아진다. 전부하에 가까운 운전 시에는 용액의 액면은 낮아지고 냉매의 액면은 높아진다. 냉매와 용액의 액면이 과도하게 낮아지게 되면 냉매펌프나 용액펌프의 가동 시 케비테이션이 발생해 이상음이 발생하므로 관심을 가지고 펌프의 작동상태를 살펴보아야 한다.

또한 냉동기를 장기간 운전하면 적은 양이지만 냉매 중에 흡수액이 혼입되어 냉동효과를 저하시키기도 하므로 주기적으로 냉매의 재생을 실시해 준다. 냉매의 재생은 냉동기를 저부하의 운전상태로 가동될 때 냉매펌프 토출측에서 용액펌프 쪽으로 연결된 밸브를 열어 증발기의 냉매를 모두 흡수기 쪽으로 블로우시킨다. 블로우로 용액과 혼합되어진 냉매는 고온/저온재생기를 거치면서 용액과 분리되어 순수한 냉매만 다시 증발기로 되돌아오게 되어 증발기 내에 있던 흡수액이 제거된다.

### (5) 용액펌프와 냉매펌프의 점검

보통 냉동기의 세관작업 시 용액펌프나 냉매펌프의 분해 정비도 함께 실시하게 되는데, 평상시에도 펌프의 가동상태가 원활하지 않을 경우에는 펌프를 분해 점검하여 심각한 손상이 없도록 관리해야 한다. 이때는 먼저 냉매펌프나 용액펌프의 흡입과 토출측 밸브를 모두 닫고 질소를 약간 주입하여 장비내로 공기나 이물질이 들어가지 않도록 한다(약 20kPa 정도 봉입). 그 후 펌프에 설치된 용액 추출밸브를 열어 냉매나 용액을 드레인시킨다.

냉매나 용액이 모두 배출되고 나면 신속하게 펌프를 분리하여 분해 점검하고, 각 부품의 불순물이나 수분 등을 제거한다. 이때 스테이터(stator) 본체에는 물이 닿지 않도록 주의한다. 임펠러나 베어링, 절연저항 등의 상태도 점검하여 필요시 보수하거나 교체한다.

펌프의 조립 후에는 장비에 장착한 뒤 다시 질소가스를 주입하여 펌프나 연결부에서의 누설이 없는지 확인한다. 누설이 없으면 펌프 주위의 밸브를 개방하여 용액이나 냉매를 보충하고, 추기장치를 가동시켜 정상적인 진공상태가 되도록 한다. 펌프 결선 후 수동 가동하여 회전방향을 확인하고, 운전 전류가 적정한지도 점검한다.

### (6) 정전 시의 조치

냉방운전 중 정전된 경우에 용액은 운전 중의 농도 그대로 방치되게 된다. 정전시간이 20~30분 정도로 짧아 바로 재가동하는 경우에는 큰 문제는 없으나, 정전시간이 길어지게 되면 용액 온도가 저하되어 결정될 우려가 있다. 용액이 결정되어 용액펌프가 원활하게 운전되지 않거나 캐비테이션 현상을 보이게 되면, 일단 냉동기를 정지시켜 약 30분 정도 방치해 둔다. 일정 시간이 지난 뒤 흡수기의 액면창(Sight glass)을 확인하여 액면이 상승하면 비교적 가벼운 결정이므로 정상 최저부하 운전을 실시한다.

해정이 되면 정상운전에 들어가기 전에 냉매 블로우를 실시할 필요가 있다. 결정 시에는 흡수용액이 냉매계통에 혼입되어 있을 가능성이 있기 때문에 냉매펌프와 용액펌프를 수동 운전시켜 증발기의 냉매를 흡수기로 이동시키는 냉매 블로우를 실시해 준다.

결정에 해정되지 않거나 정전 복귀 후 운전이 원활하지 않으면 제조업체에 연락하도록 한다.

### (7) 열교환기(전열관)의 세관작업

응축기와 증발기, 흡수기 등의 열교환기는 장비 가동시간이 길어질수록 전열관 내부에 스케일이나 부식이 발생하여 열교환 효율이 떨어지게 된다. 이로 인해 응축압력과 증발압력이 상승하고 장비의 냉각능력이 저하되며, 심할 경우 용액의 농도가 상승하여 결정이 발생될 수도 있다.

따라서 보통 1~2년에 1회 정도 운전시간이나 스케일의 부착 상황에 따라 전열관(튜브)의 세관작업을 진행해 주어야 운전 에너지도 절감되고 장비의 수명이 길어질 수 있다. 세관작업은 일반적으로 냉수와 냉각수가 흐르는 전열관 내부를 실시하며, 보일러와 마찬가지로 화학약품을 이용한 화학적 세관작업과 브러쉬를 이용한 기계적 세관작업이 이루어지고 있다.

흡수액이나 냉매가 접촉하고 있는 전열관 외부는 진공 및 부식방지제로 인하여 부식이 잘 발생하지 않아 세관작업을 실시하지는 않으나, 장비의 기밀이 불량하고 부식방지제의 농도가 적정하지 않을 경우 심각한 손상을 입을 수 있다. 그러므로 진공이 파괴된 상태에서 장기간 방치되었거나 전열관에서의 누수가 의심될 때, 또는 용액에 다수의 부식 이물질 등이 관찰될 때에는 용액을 추출하여 장비 내부를 확인하고 적절한 조치를 취해야 한다.

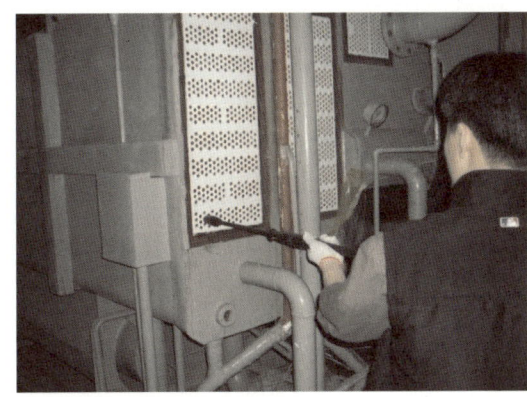

| 전열관의 세관작업 |

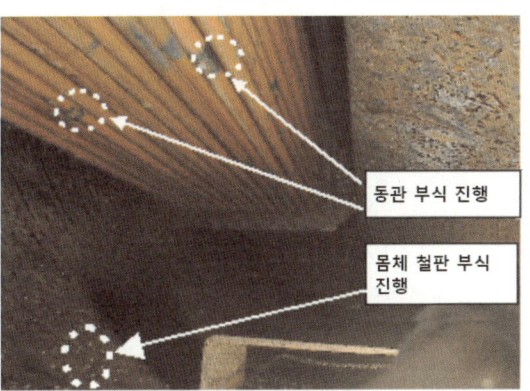

| 본체 및 전열관의 부식 |

### (8) 흡수식 냉동기의 장비 보관

흡수식 냉동기는 운전시뿐만 아니라 정지 상태에서도 내부가 진공상태이므로, 미세하나마 외부의 공기가 장비 내부로 침투할 우려가 있다. 침투된 공기 중의 산소에 의해 기기의 내부가 부식될 가능성이 있으므로 냉동기의 정지시에도 정기적으로 추기작업을 실시해 주어야 한다. 그러나 간혹 장시간 정지시에 전혀 관리하지 않고 방치하는 경우도 있는데, 이럴 경우 누설이 발생하면 심각한 부식이 발생하여 본체 및 부품들이 파손되는 사례도 있다.

그러므로 장기간 휴지 상태로 보관할 때에는 질소가스를 장비 내부에 봉입하여 외부 공기의 침투하지 못하게 보관하는 것이 바람직하다. 냉동기에 질소를 봉입하기 전에는 먼저 진공펌프를 충분히 가동하여 본체 내의 공기나 불활성 가스를 추출해준다. 추기 후에는 펌프를 정지시키고 주위의 밸브를 닫은 뒤 진공펌프의 오일을 완전히 교체해 준다. 오일 교체 후에는 다시 추기펌프를 잠시 가동하여 배관계통을 건조시켜 준다.

흡수식 냉동기 내에 질소가스를 충압하는 절차는 다음과 같다.
- 본체에 질소가스의 충압 압력을 확인할 수 있는 압력계를 부착함

- 추기 계통에 부착되어 있는 서비스밸브에 질소 용기를 연결하고 밸브를 개방해 서서히 질소가스를 장비 내부로 주입함
- 질소 충진압력이 20~40kPa 정도가 되면 밸브를 닫고 질소 용기를 분리함
- 충압 후 일정 시간 동안의 압력 변화를 점검하여 누설이 없는지 확인함
- 압력계의 눈금에 테이프나 펜으로 현재의 지시치를 표시하고 현재의 온도를 기록해 둠
- 다음번 냉방철까지 주기적으로 압력의 누설 여부를 점검함
- 압력의 변동이 있을 때에는 질소 충압 당시의 온도와 차이를 확인하여 아래의 계산식에 따라 압력 변화가 적정한 것인지 확인함(압력 변화폭이 계산치보다 큰 경우 누설 여부를 점검함)

$$P = (103 + P_0) \times \frac{273 + T}{273 + T_0} - 103$$

여기서, $P$ : 현재의 질소 압력 [kPa]
$P_0$ : 질소 봉입 당시의 충진 압력[kPa]
$T$ : 현재의 냉동기 주위 온도[℃]
$T_0$ : 질소 봉입 당시의 주위 온도[℃]

- 냉동기 재가동 전에는 추기작업을 충분히 실시해주고, 가동 후에도 3~4일 정도는 장비의 진공상태를 자주 확인함

## 07 운전 시 점검 항목과 이상 현상, 세관작업

### (1) 부위별 주요 점검항목

① 연소장치
- 가스의 공급압력 확인, 배관의 이음부에서의 가스 누설 여부 검사
- 버너의 착화 및 연소, 소화 등의 작동상태 확인
- 풍량조절댐퍼의 링크 기구의 간극, 고정너트의 이완 여부 등 점검
- 송풍기의 가동상태, 소음이나 진동 발생 여부 확인
- 연도와 연결된 부분의 댐퍼 개폐 여부
- 제어 타이머(퍼지, 점화 타이밍 등)의 시간 설정 상태 점검
- 배기가스의 온도 확인
- 안전차단밸브(또는 연료차단밸브)의 동작 상태 및 차단시 누설 여부
- 화염감시장치의 동작 상태, 검출부의 오염 여부
- 가스압력스위치, 풍압스위치, 배기가스 온도스위치 등 각종 안전장치의 정상작동 여부

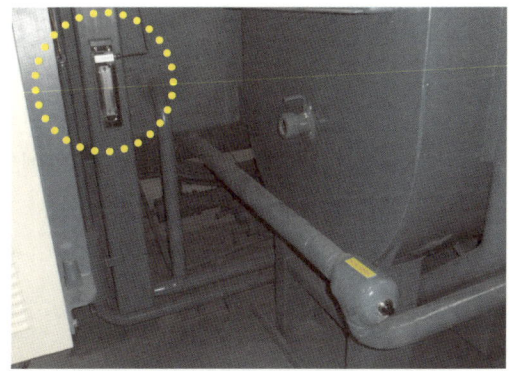

| 버너 및 가스배관 |　　　　　　| 진공마노미터의 확인 |

② **재생기, 응축기, 증발기, 고온/저온재생기 등 주요 부분**
- 재생기, 응축기, 증발기 등 각 부분에서의 용액 및 냉매의 액면 높이를 점검
- 주요 부분에서의 용액 및 냉매의 온도 확인
- 냉수와 냉각수의 공급 및 환수 온도 확인
- 고온재생기의 압력스위치, 액면저하스위치, 용액 고온스위치의 정상 작동 여부
- 본체 각 부분에서의 누설이나 부식 발생 여부, 단열재 훼손에 의한 결로 발생 등 외관 상태 점검
- 장비 내에 설치된 각종 밸브들(특히 계절 전환밸브, 추기배관의 밸브, 냉매 재생밸브, 중온수나 증기식인 경우 메인 인입밸브 등)의 개폐 상태 확인
- 냉수 및 냉각수 전열관의 오염 상태점검, 주기적인 세관작업 실시
- 각 부에 설치된 온도센서 웰(Thermo-well or Pocket) 내부의 오일 충만 상태 확인(오일 부족 시 온도 감지가 불량해지므로 보충)
- 용액펌프, 냉매펌프 등 각종 펌프의 작동 상태(캐비테이션 발생 여부, 모터 과열, 베어링의 손상, 소음/진동 등의 발생 여부 등), 주기적인 분해 점검

| 증발기의 액면계 |　　| 고온재생기의 액면계 |　　| 응축기의 액면계 |

③ 추기장치
- 본체의 진공상태 점검, 마노미터의 눈금 확인
- 진공펌프의 작동 빈도 확인(잦은 기동 시 본체의 누설 여부 검사 실시)
- 진공펌프의 벨트 노후화 상태 및 벨트의 장력 점검
- 체크밸브의 누설 여부 확인
- 오일의 오염상태 확인 후 주기적인 교환
- 진공펌프의 작동 성능상태 확인, 주기적인 분해 점검

| 진공펌프의 오일상태 및 추기량 확인 |

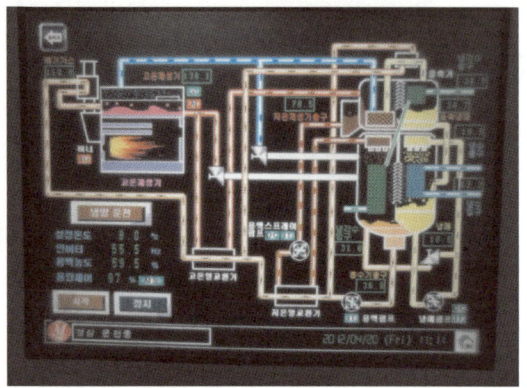
| 조작 판넬의 디스플레이 화면 |

④ 조작판넬 및 전원 계통
- 장비 운전 중 각종 상태값 표시 상태, 경보메시지 발생 이력 등 확인
- 조작부에 입력된 각종 설정값의 적정성 여부 확인
- 용액펌프, 냉매펌프, 진공펌프, 송풍기 등 각 전동장비의 절연저항 측정
- 각종 펌프 및 송풍기 가동 시 전류치의 적정성 여부 확인
- 과부하 차단장치의 설정상태 및 정상 작동 여부 확인

⑤ 기타
- 용액 및 냉매의 상태 주기적인 점검(필요시 업체 성분 분석 의뢰, 추출 후 용액 정제 실시)
- 용액 내 부식방지제, 열교환 촉진제의 비율 확인 및 필요시 보충

## (2) 이상현상과 원인

| 이상현상 | 고장 원인 | 조치 |
|---|---|---|
| 냉매의 과냉 | 냉수량의 부족 | 냉수 순환펌프의 작동 상태, 밸브 개도율 점검, 배관 중 공기 정체 여부 확인 등 |
| | 냉매량의 부족 | 냉매량 확인후 보충 |
| | 증발기 전열관에서의 열교환 불량 | 전열관의 스케일 및 오염상태 확인 후 세관작업 실시 |
| | 온도 설정의 오류, 온도센서의 고장 | 자동제어 계통 및 마이콤 설정상태 확인 |
| | 냉동 부하가 지나치게 적음 | 온도조절기의 온도를 높게 하거나, 부하가 증가할 때까지 정지 후 재운전 |
| | 냉매에 용액이 혼입됨 | 냉매 재생(블로우) 실시 |
| 고온재생기 액면의 저하 | 열교환기나 배관 내 결정 발생 | 결정을 해정하고 결정 원인을 조사하여 조치함 |
| | 용액의 유량이 적음 | 용액 유량조정밸브의 개도율 부적절, 용액 부족 시에는 용액 보충 |
| | 용액펌프의 작동 불량 | 용액펌프의 이상이나 모터 소손 여부 점검, 용액 레벨센서의 오작동 여부 확인 |
| 용액의 고온, 재생기 고압 | 진공 불량, 공기의 유입 | 추기장치를 가동하여 불활성가스 추출, 공기 누입 개소 조사 후 보수 |
| | 냉각수량의 부족 | 냉각수 순환펌프 작동 상태, 밸브 개도율, 배관 중 공기 정체 여부, 냉각탑 수위 점검 |
| | 냉각수의 온도가 높음 | 냉각탑 팬 작동 여부 확인, 냉방 부하가 과다하지 않은지 검토 |
| | 응축기 전열관의 열교환 불량 | 전열관의 스케일 및 오염상태 확인 후 세관 작업 실시 |
| | 용액 순환량이 적음 | 유량조정밸브의 개도율 점검, 용액펌프의 가동상태 점검, 필요시 용액 보충 |
| 연소 불량 | 가스 공급량의 부족 | 가스 공급 압력 확인, 주위 연소장비의 연료 소비량 점검, 가스필터 이물질 청소, 연료 차단밸브의 구동기 고장 여부 확인 등 |
| | 공기량의 부적정 | 송풍기 가동 상태, 풍량조절댐퍼 가동 상태 점검 |
| | 점화 및 연소 상태 불량 | 점화 플러그 및 트랜스 점검, 각종 안전장치(화염검출기, 풍압센서, 배기가스 고온센서 등) 및 버너 제어부의 고장 여부 확인 |
| | 연소가스의 배출 불량 | 배기가스가 토출되는 연도 쪽 댐퍼의 개폐 여부 확인 |
| 착화 시 폭발적 점화 | 연소가스의 배출 불량 | 연도 연결부의 배기댐퍼 완전 개방 |
| | 잔존 폐가스 퍼지의 부족 | 버너 가동전, 가동 후 퍼지시간이 충분하도록 재설정 |
| | 공기비의 부적당 | 점화 초기 가스 및 공기량 설정 상태 확인 |
| | 장비 내부로의 가스 누설 | 정지시 안전차단밸브의 누설 여부 확인 |

| 이상현상 | 고장 원인 | 조치 |
|---|---|---|
| 용액 및 냉매펌프의 작동 불량 | 캐비테이션의 발생 | 용액의 양 확인, 유량조정밸브의 조정, 극심한 부하 변동에 의한 일시적 액면 변동 |
| | 용액 또는 냉매의 고온 | 냉방 부하량 검토, 냉각수 공급 온도 확인 |
| | 공급 전원 및 전압의 불량 | 전원 계통 확인 후 조치 |
| | 구동부 불량이나 고착 | 베어링 점검 및 교환, 이물질 청소 |
| | 용액의 결정 발생 | 해정 운전 실시 |
| 진공펌프의 미작동 | 주위 온도가 낮고 오일의 점도가 높음 (동절기 운전) | 단열이나 열선 설치 등 오일 온도의 상승조치 |
| | 오일의 변질이나 오염으로 고착 | 오일의 교환, 진공펌프의 분해 세정 후 재조립 |
| | 모터의 손상, 전원의 차단 | 모터 소손 여부 확인, 과부하 차단장치 작동 여부 확인, 전원계통 점검 |
| 진공펌프의 성능 저하 | 오일의 부족, 오염 | 오일의 보충이나 교환 실시 |
| | 오링이나 오일 실의 파손 | 점검후 오링이나 오일 실의 교환 |
| | 주위 밸브의 개폐 불량 | 각 밸브들의 개폐 상태를 적정하게 조정 |
| | 펌프의 역회전 | 회전방향 확인 후 결선 수정 |
| | 입력 전원의 불안정 | 전원 전압과 주파수 확인 후 조치 |
| 배기가스의 온도 상승 | 재생기 내의 노통 및 연관의 스케일이나 그을음 부착 | 스케일 및 그을음의 청소 |
| | 흡수액 순환량 부족 | 용액펌프 및 관련 배관 계통 점검 |
| | 연도의 배기 불량 | 연도 규격의 적정성 검토, 인근 장비의 연소가스 배출압력 확인, 댐퍼 개폐 확인 |

### (3) 흡수식 냉동기의 세관작업

냉동기의 성능과 운전효율을 적정하게 유지하기 위해서는 주기적으로 장비 내부의 열교환 코일(전열관)의 상태를 점검하고 청소를 해주어야 한다. 전열면 표면이 오염되거나 스케일이 부착될 경우에는 냉수나 냉각수와 냉매의 열교환 능력이 저하되어 장비의 성능이 저하된다. 또한 심할 경우 부식으로 인한 누설이 발생되어 장비의 수명도 줄어들게 되므로 주기적인 세관작업이 필요하다.

① 세관 준비 작업

냉동기의 세관작업은 약품을 이용하여 내부의 부식성 물질이나 스케일을 제거하는 "화학 세관작업", 브러시와 고압의 세척수를 이용한 "기계 세관작업"이 있다. 장비의 운전시간이나 오염 정도에 따라 세관방법을 선택하게 되는데, 세관약품의 경우에도 열교환기 내부 스케일 정도와 종류에 따라 적절한 세관제의 비율이나 침전시간 및 세관용액 순환시간을 결정해야 한다.

세관작업을 시작하기 전에는 장비 내에 채워져 있는 냉수나 냉각수의 처리방법에 대하여 사전에 검토되어야 하는데, 냉수나 냉각수에도 청관제나 부동액 등이 혼합되어져 있는 경우에는 일반배수로 배출해서는 안 되므로 세관 전문업체와 협의하여 적법하게 처리토록 한다.

한편 흡수식 냉동기의 경우 장비내의 유체가 부식성 강한 리튬브로마이드(LiBr) 성분으로 이루어져 있으므로 세관작업 전에 장비 본체 내부를 질소를 봉입하여 외부 공기나 이물질이 인입되지 않도록 조치하는 경우도 있다. 질소를 세관액의 순환 압력이나 세관 후 수압시험 압력보다 높게 가압해 주면 심한 부식이나 부적절한 세관으로 전열관이 파손되었을 경우 이로 인한 냉동기의 2차적 피해를 줄일 수 있다.

② 화학 세관
- 세관 시 사용하는 약품의 종류 및 농도에 대하여는 장비의 상태를 고려해 결정해야 하며, 경험이 많은 전문업체를 통하여 기술적인 판단을 하는 것이 바람직하다.
- 세관약품 사용 시 잔유물로 인한 이상 화학반응을 방지하기 위하여 약품 세관 후 중화 및 세척을 철저히 하여야 한다.

③ 기계 세관
- Brush 작업은 튜브 내부에 scratch가 나지 않도록 조심하여 실시하고, 브러쉬의 재질은 전열관과 같은 재질로 하거나 튜브에 손상이 적도록 PVC 계통의 제품을 사용하는 것이 좋다. 세관 작업 중에는 brush를 적절히 새 것으로 교체해 가면서 작업하도록 한다.
- 기계 세관 시 브러쉬의 효과를 높이기 위하여 반드시 물을 이용한 세척을 병행하여야 한다.
- 고온재생기 내 연실을 분해하여 용액의 누설 여부를 점검하고 만약 심한 부식 부위가 발견될 경우에는 누설검틀사 실시하여 확인한다.

④ 냉매 및 흡수액 처리
- 오염된 냉매는 기내에서 추출하여 교체하고 부족분은 보충한다.
- 흡수액이 부족하면 보충해 주도록 하고, 오염된 흡수액은 기내에서 추출하여 기준치에 합당하도록 알칼리도(LiOH)와 부식억제제 농도를 맞추고 정제를 하여 재주입한다.
- 필요시 용액을 전문 기관이나 장비 제조사에 성분 분석을 의뢰하고, 용액 분석 비교표에 기준하여 부족분을 보충한다.

⑤ 기밀시험
- 누설검사는 장비의 운전압력을 고려하여 적정한 압력으로 기밀시험을 실시하여 압력 변화가 없어야 하며, 필요할 경우 각 용접부 및 조립부에 비눗물로 누설 점검을 실시하고 누설이 없어야 한다.
- 흡수식의 경우 기내를 진공상태가 되게 한 후 진공이 유지되는지 확인한다.

| 장비 주변 보양조치 |

| 질소 가압 |

| 수실 경판 분해 |

| 기계 세관작업 |

| 수실 도색 작업 |

| 수실 경판 그라인딩 작업 |

| 수실 커버 도색 |

| 수실 커버 패킹 설치 |

| 수실 커버 조립 |

| 폐수 반출 |

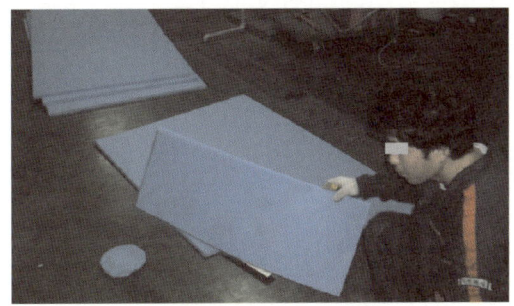
| 단열재 훼손부위 보수 |

| 장비 외부 도색 |

• 사진 출처 : 한영공조 엔지니어링

## 08 냉동기의 운전효율과 성능

### (1) 흡수식 냉동기의 성적계수(COP)

흡수식 냉동기의 성적계수(Coefficient Of Performance, COP)도 증기압축식 냉동기와 마찬가지로 냉동기가 발휘하는 냉동능력과 입력된 에너지의 비율로 나타낸다. 다만 터보냉동기와 같은 증기압축식 냉동기의 경우 입력에너지가 전기인 데 반하여, 흡수식냉동기의 경우 증기나 온수, 가스 등 에너지의 종류가 다양하여 열량(kcal/h)이나 kW로 환산하여 입/출력을 동일한 단위로 환산해 주어야 한다.

- 성적계수 = $\dfrac{증발기에서\ 흡수한\ 열량[\text{kcal/h}]}{입력\ 에너지[\text{kcal/h}]} = \dfrac{냉방\ 능력}{입력\ 에너지}$
- 냉방능력 = 냉수유량[kg/h] × (출구온도 − 입구온도)[℃]
- 입력에너지 = 증기소비량[kg/h] × (증기엔탈피 − 응축수엔탈피)[kcal/kg]
  + (용액펌프 + 흡수액펌프 + 냉매펌프)[kW] × 860[kcal/h · kW]

## (2) 냉동기의 부분부하 특성

제조사나 사양이 다른 냉동기의 COP를 비교할 때 주의해야 할 점은 최대 부하시보다 부분부하로 운전될 때의 COP 값이다. 냉동기의 운전 시간 중 많은 영역을 차지하는 부분부하시에 COP가 떨어진다면 전체적인 효율면에서 보면 결코 에너지 절약화를 기대할 수 없다.

따라서 냉동기를 선정할 경우에는 사용여건상 부분부하 운전의 비중이 얼마나 되는지 판단해 본 뒤, 냉동기의 비례제어 방식이나 특성을 파악해 보고, 필요하다면 제조업체에 부하에 따른 성능곡선이나 부분부하시의 COP에 대한 자료를 요청해 비교 검토하는 것이 바람직하다. 예를 들자면 일반건물에서 냉동기의 대수가 1대 또는 2대뿐이라면 절대적으로 부분부하의 운전시간이 길어지게 되므로 부분부하에서의 제어 특성이나 운전 효율이 좋은 냉동기를 선정해야 한다.

## (3) 냉각수 온도와 냉동기의 성능

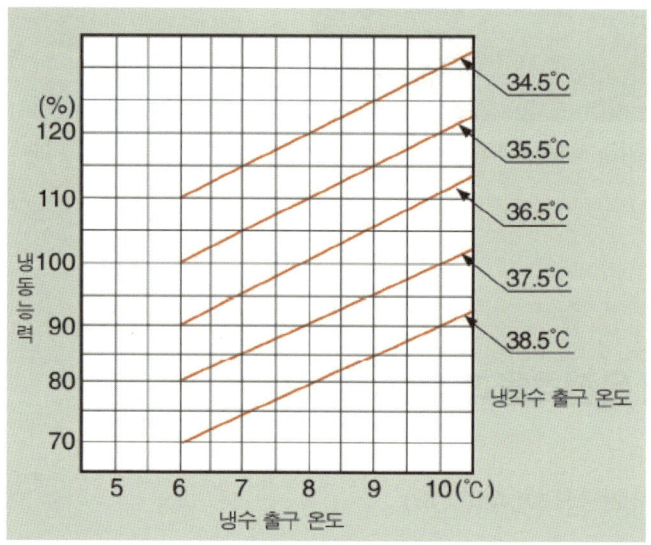

냉동기의 운전효율과 관련하여 우리가 관심을 갖고 중요하게 고려해야 할 또다른 사항은 냉각수와 냉수의 온도이다. 압축식과 흡수식 냉동기 모두 냉각수의 온도가 낮아지면 성능이 향상되고, 냉동기의 성능이 좋아지면 동일한 출력(냉동 능력)에서도 전력이나 가스 등의 입력에너지원이 절감되어 경제적인 운전이 된다.

그러나 지나치게 냉각수의 온도(=냉매의 응축 온도)가 낮은 것은 좋지 않은데, 왕복식과 터보식의 경우 15~20℃ 이하로 될 때에는 주의가 필요하다.

대부분의 냉동기에서는 냉각수의 온도가 설정된 온도 이하로 저하될 경우 알람이 발생되도록 안전장치가 되어 있다.

간혹 냉각탑의 여재의 불량이나 용량 자체의 부족, 냉각수의 오염 등의 이유로 냉각수의 공급온도가 일반적인 설정치인 32℃보다 높게 공급되는 경우를 많이 보게 된다. 이럴 경우 냉동기의 냉각능력이 떨어지고 운전 비용이 증가하기 때문에, 냉각수 온도가 높아지는 원인을 분석하여 정상적인 온도 이하가 되도록 적극적으로 대처할 필요가 있다.

아울러 냉방운전기간 중 외기의 온도가 비교적 낮은 환절기에는 냉각수의 공급온도를 기준치보다도 낮게 운전하는 것도 하나의 에너지 절감방안이 될 수 있다. 예를 들자면 봄이나 가을철, 또는 여름철에도 우천시나 야간에 외기의 온도가 낮은 경우에는 냉각탑의 팬 운전 조건을 32℃보다 낮게 설정하면 냉동기의 운전효율이 좋아지게 된다.

## (4) 냉수의 온도와 냉동기의 성능

냉동기에서 공급되는 냉수의 온도는 일반적으로 터보냉동기의 경우 5℃, 흡수식의 경우 7℃ 정도인데, 냉수의 온도가 변화됨에 따라 냉동기의 성능이나 에너지 소비량도 변화된다. 압축식이나 흡수식 냉동기에서 공급되는 냉수의 온도(=냉매의 증발온도)가 올라가게 되면 냉동기의 운전효율이 좋아지게 되고 에너지 소비량이 줄어들게 된다.

이와 반대로 냉수 공급온도가 낮아지게 되면 운전효율이 저하되고 운전비도 증가한다. 따라서 불필요하게 장비 본연의 냉수 공급온도보다 낮은 설정치로 냉동기를 운전하는 것은 좋지 않으며, 낮은 온도의 냉수 공급이 필요할 경우 저온용 냉동기를 선정하도록 한다. 냉동기의 공급 능력을 초과하여 부하가 증가할 경우에는 냉수의 공급온도를 낮추는 것보다 설치 대수를 늘리는 것이 운전 비용면에서는 바람직하다고 할 수 있다.

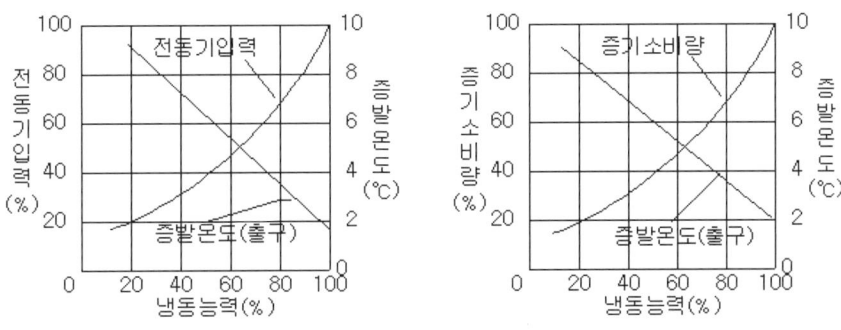

| 냉수 온도에 따른 터보냉동기와 흡수식 냉동기의 에너지 소비량 |

한편 냉동기의 운전비 절감을 위하여 냉수의 온도를 과다하게 높이게 되면 AHU나 FCU와 같은 공조장치에서의 냉방능력이 저하되고 이로 인해 냉수 순환펌프와 공조장치의 운전 시간이 길어지게 되므로 비효율적인 운전이 된다.

따라서 순환되는 냉수의 온도를 일정한 범위 내에서 관리할 필요가 있는데, 냉동기의 운전을 공급 냉수온도가 아닌 환수되는 냉수온도를 일정하게 유지하는 방식으로 냉동기를 비례제어하는 것이 현실적인 방안이 될 수 있다. 즉, 공조장치에서 열교환되고 환수되는 냉수의 온도(일반적으로 터보식 10℃, 흡수식 12℃)를 일정하게 유지하기 위하여 냉수의 공급온도를 높이거나 낮추는 것인데, 예를 들어 전부하일 때는 냉수 공급온도를 5℃에 가깝게 공급하지만 부분부하일 경우에는 냉수를 7~8℃ 정도로 다소 높게 공급하여도 공조장치에서 열교환하는 부하량이 적어졌기 때문에 환수온도는 많이 상승하지 않아서 12℃ 내외로 유지될 수 있다.

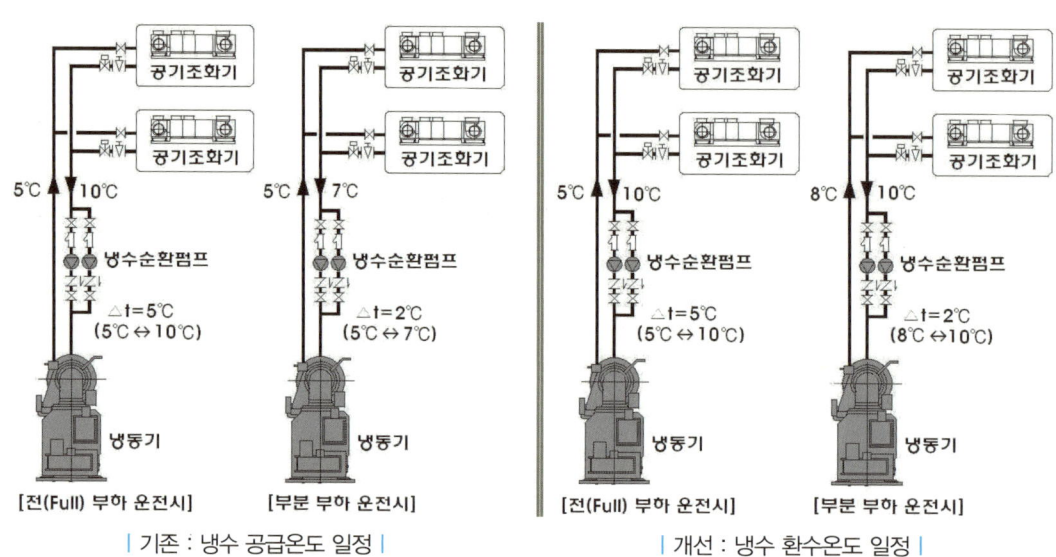

| 기존 : 냉수 공급온도 일정 |   | 개선 : 냉수 환수온도 일정 |

### (5) 흡수식 냉동기의 성능 저하의 주요 원인

① 진공도의 저하

장비 자체의 누설이나 추기 불량, 내부의 부식 등으로 불응축 가스가 발생하여 진공도가 저하될 경우 냉방능력이 현저히 떨어짐

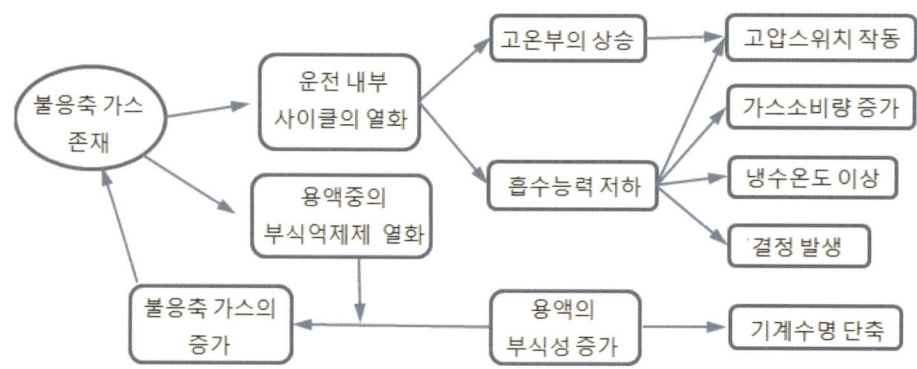

② 용액이나 냉매의 순환 불량

용액/냉매펌프의 고장으로 인한 순환 불량, 용액이나 냉매량의 부족, 또는 결정의 발생 등으로 용액 순환이 원활하지 않을 경우

③ 냉각수 온도 및 유량의 부적절

외기온도가 높거나 냉각탑이 노후화되어 냉각수의 온도가 정상수준보다 높게 공급되거나, 냉각수 펌프의 고장이나 냉각수 유량의 부족 등으로 응축기와 흡수기의 용액온도가 충분히 냉각되지 못할 경우

▼ 냉각수 유량 변화에 따른 냉동능력

| 구분 | 냉각수 유량 (%) | | | | | | | | |
|---|---|---|---|---|---|---|---|---|---|
| | 60 | 70 | 80 | 90 | 100 | 110 | 120 | 130 | 140 |
| 냉동 능력(%) | 80 | 86 | 91.5 | 96 | 100 | 103 | 107 | 109 | 111 |
| 연료소비량(%) | 105.5 | 104 | 103 | 102 | 100 | 99 | 98 | 97 | 96 |

▼ 냉각수 입구온도에 따른 냉동능력의 변화

| 구 분 | 냉각수 입구 온도 (℃) | | | | | | | | | | | | | | |
|---|---|---|---|---|---|---|---|---|---|---|---|---|---|---|---|
| | 20 | 21 | 22 | 23 | 24 | 25 | 26 | 27 | 28 | 29 | 30 | 31 | 32 | 33 | 34 |
| 냉동 능력(%) | 119 | 119 | 118 | 117 | 116 | 115 | 113 | 111 | 109 | 107 | 105 | 103 | 100 | 93 | 82 |
| 연료소비량(%) | 90.0 | 89.5 | 90.1 | 91.1 | 91.9 | 92.8 | 93.8 | 94.7 | 96 | 97 | 98 | 99 | 100 | 102 | 105 |

• 출처 : 현대공조(주) 기술자료 중

④ 냉동기 내 전열관의 오염이나 스케일

증발기나 응축기, 저온재생기 등에 설치되어 있는 냉수와 냉각수 전열관(튜브)의 표면에 스케일이 끼거나 오염되어 원활한 열전달이 이루어지지 않을 경우

⑤ 기타
- 고온재생기에서 가열능력의 부족(버너에서 가스 공급량의 부족이나 공기비의 부적정)
- 중온수나 증기밸브의 고장, 또는 공급압력의 저하 등
- 제어판넬에서의 각종 운전 설정의 부적절이나 오류
- 용액의 혼합에 의한 냉매의 오염
- 능력증진제(또는 능력촉진제)의 부족, 용액이나 냉매의 부족 외

## 09 건물의 냉방장비계획

### (1) 냉동기 선정 시 고려사항

증기압축식 냉동기는 압축기 내에서 회전체나 구동부의 기계적 운동을 통하여 냉매를 압축하는 것으로부터 냉동사이클이 시작되며, 이러한 압축 구동력을 얻기 위하여 대부분 전기에너지를 사용하고 있다. 물론 일부의 경우 엔진(가스나 경유)으로부터 구동력을 얻기도 하지만 전기를 공급받기 곤란하거나 특별한 필요성이 제기되는 때를 제외하고는 거의 대부분 전기에너지를 사용하고 있다.

그러나 냉동기의 용량이 커질수록 소요되는 전력이 커져 수변전 설비의 용량이 커져야 하고, 전기 피크부하의 증가에 따른 전기요금 단가의 급상승으로 운전비용이 증가하게 된다. 이러한 전기요금 증가의 부담을 덜기 위하여 도시가스나 지역난방(중온수), 스팀 등을 공급받을 수 있는 경우에는 흡수식냉동기의 설치를 적극 고려하고 있다.

단순히 장비의 운전효율(COP)만 비교해보면 터보냉동기가 흡수식 냉동기와는 상대가 되지 않을 정도로 월등히 높은 효율을 보이지만, 건물의 용도에 따라 전기요금의 종류와 단가가 달라지며 흡수식 냉동기의 경우에는 1차에너지원이 지역난방인지 도시가스인지, 아니면 폐열인지에 따라 운전비용에 현저한 차이를 보이게 되므로 세부적인 비교 검토가 필요하다. 특히 계절이나 사용시간대에 따라 1차 에너지원들의 단가체계가 다양하게 책정되어 있고, 장비를 사용하지 않는 계절에도 부과되는 기본요금에 대해서도 고려가 되어야 한다. 열원장비의 선정을 위해서는 다음과 같은 사항들을 고려해야 할 것이다.

- 건물에서 소요될 것으로 예상되는 연간 냉난방 부하량(계절별, 냉방/난방 구분)
- 건물의 규모(층수, 연면적 등)와 운영 계획(임대 여부, 냉난방 공급시간 분포)
- '건축물의 냉방설비에 대한 설치 및 설계기준'이나 '공공기관 에너지이용 합리화 추진에 관한 규정'에 의해 주간 최대 냉방부하의 60% 이상을 축열식이나 가스 냉방식, 소형열병합, 신재생에너지 등으로 설치해야 하는 건물인지 여부

- 건축하고자 하는 지역이 지역난방이나 지역냉방의 공급지역인지 여부
- 신재생에너지 설비의 의무설치 대상 건물인지 여부
- 비교 검토하고자 하는 열원장비들의 세부적인 사양과 용량
- 열원장비의 1차에너지원의 종류와 요금 단가(기본요금, 계절별/시간별 요금)
- 겨울철 난방을 위한 온열원장비의 종류와 세부 사양
- 축열설비를 적용하거나 심야전기를 공급받을 것인지 여부
- 열원장비 설치 시 정부의 설치장려금 지원이 가능한지와 지원금의 규모
- 녹색건축인증이나 건축물에너지효율등급, 에너지절약계획서 등과 관련하여 열원장비의 선정 시 반영해야 할 사항이 있는지 여부

열원설비를 계획하기 위해서는 우선적으로 큰 틀에서의 방향 결정이 되어야 하는데, 우선적으로 확인해야 할 사항은 지역난방(중온수)의 공급대상지역인가 여부이다. 만일 지역난방 공급지역이라면 건물의 냉난방시스템은 흡수식 냉동기(냉방)과 중온수 열교환기(난방)가 되어야 할 것이다.

다음은 신재생에너지(지열설비)와 축열설비를 적용할 것인가에 대한 고려이다. '건축물의 냉방설비에 대한 설치 및 설계기준'이나 '공공기관 에너지이용 합리화 추진에 관한 규정'에 의해 주간 최대 냉방부하의 60% 이상을 축열식이나 가스냉방식, 소형열병합, 신재생에너지 등으로 설치해야 하는 건물에 해당될 경우 핵심 냉방열원설비가 결정되게 된다.

일반적으로 공공기관에서는 신재생에너지설비 의무설치대상일 경우 지열설비를 주력 열원설비로 적용하고 나머지 냉방부하는 건물의 용도나 지역 인프라 상황에 따라 전기식 냉동기나 흡수식 냉동기 등을 선택하게 된다. 민간건물일 경우 설치대상에 해당되면 초기공사비가 저렴한 흡수식 냉동기를 가장 선호하고 빙축열과 같은 축열설비와 신재생에너지설비(지열)의 순으로 검토하는 경우가 많다.

그러나 민간건물인 경우에도 건물에 따라서 1차에너지원의 종류와 단가를 확인하여 초기시설비용뿐만 아니라 추후 운전비와 유지관리비까지 고려한 생애주기비용(LCC ; Life Cycle Cost)을 분석하여 가장 경제적인 시스템으로 결정하여야 한다. 전기나 도시가스, 지역난방 중온수 등의 에너지 단가는 세계적인 에너지 동향과 정부의 관련 정책에 의해 지속적으로 변동이 있기 때문이다.

아울러 냉방열원장비를 결정할 때 난방을 위한 온열원장비에 대한 고려가 필요하다. 지열히트펌프나 흡수식 냉온수기는 한 대의 장비로 냉방과 난방이 모두 가능하지만, 전기식 냉동기나 빙축열과 같은 축열설비는 난방을 위한 별도의 온열원장비가 필요하기 때문이다. 온열원장비를 검토할 때는 먼저 건물 내에서 증기에 대한 수요가 있는지에 대한 판단이 필요하고, 급탕 용량을 고려하여 종합적으로 검토해 결정하여야 한다.

## (2) 터보냉동기와 흡수식 냉동기의 비교

| 구분 | 터보 냉동기 | 흡수식 냉동기 |
|---|---|---|
| 장점 | • 운전 효율이 높고 성능이 안정적이다.<br>• 기계가 작고 중량이 가벼운 편이다.<br>• 수명이 길고 운전이 용이하다.<br>• 초기 투자비가 저렴하다.<br>• 저온의 냉수 공급이나 대온도차 공조에 대응이 가능하다.<br>• 흡수식에 비해 냉각탑의 용량이 적다.(터보냉동기의 1.2~1.3배 정도의 용량의 냉각탑 설치 필요)<br>• 부분부하 운전도 가능(인버터 적용 시)<br>• 축열시스템의 구성이 가능하다. | • 전력 수용량과 수변전 설비비가 적다.<br>• 다양한 열원 사용 가능(도시가스, LPG, 증기, 고온수, 폐열, 배기가스…)<br>• 연료비가 저렴해 운전비가 적다.<br>• 부분부하의 용량 조절이 용이하다.<br>• 운전 소음과 진동이 적다.<br>• 공장 폐열이나 열병합발전에 적용하여 에너지 효율을 높일 수 있다.<br>• 정부의 설치장려금을 받을 수 있다.(민간공사의 경우) |
| 단점 | • 운전 소음과 진동이 크다.<br>• 수변전 용량이 크고, 1차 에너지원의 단가가 비싼 편이다.(전기요금)<br>• 저용량 운전 시 서징현상이 발생할 우려가 있다.<br>• 유지보수비가 다소 비싼 편이다.<br>• 난방을 위해 별도의 온열원장비가 필요하다. | • 설치 면적과 중량이 크다.<br>• 터보식보다 냉각탑이 커야 한다.(흡수식 냉동기의 1.8~2배 정도의 용량의 냉각탑 설치 필요)<br>• 운전 시작 시 예냉시간이 길다.<br>• 유지관리가 다소 어렵다.<br>• 증기식인 경우 여름철에 보일러를 가동하여야 한다.<br>• 장비 가격이 비싸다.<br>• 낮은 냉수의 온도나 대온도차 공조에 대응하기 어렵다. |

# CHAPTER 18 냉각탑

## 01 냉각탑의 종류 및 특성

냉각탑(Cooling tower)은 냉동기나 각종 냉동장치, 열기관, 발전기 및 화학플랜트 등으로부터 발생하는 온수나 냉각수를 주위의 공기와 접촉시켜 온도를 낮춰주는 냉각장치이다. 냉각탑에서의 냉각수는 공기와 물의 온도차에 의한 현열냉각과 함께 증발에 의한 잠열냉각으로 온도가 떨어지게 된다. 냉각수는 냉각탑을 거치면서 보통 $\triangle T = 5℃$ (37℃ → 32℃)로 냉각이 되나 설계조건에 따라 대온도차 공조방식인 경우 $\triangle T = 6 \sim 9℃$가 적용되기도 한다.

냉각탑은 냉각수를 식혀주기 위한 공기의 통풍방식에 따라 "자연대기압형"(Natural Draft)과 "기계식 강제통풍형"(Mechanical Draft)으로 구분할 수 있다. 우리가 흔히 접하는 일반적인 건물의 공조에서는 설치조건이나 사용 여건상 팬을 이용하여 냉각탑으로 공기를 흡입 또는 압송하는 기계식 강제통풍형 냉각탑을 대부분 사용하고 있다.

### (1) 냉각탑의 종류

① 송풍방식에 의한 분류
- 흡입식 : 팬이 냉각탑의 공기출구 측에 위치해 있는 것으로 거의 대부분 축류형 팬(프로펠러형)을 사용하고 있음
- 압송식(압입식) : 팬이 냉각탑의 공기입구 측에 설치되어 가압하는 형태로 운전되며, 주로 시로코팬이 사용되나 업체에 따라서는 축류형 팬을 사용하는 제품도 있다. 동일한 냉각탑 용량일 때 흡입식에 비해 송풍기 동력이 상당히 증가되므로 지하에 냉각탑이 설치되거나 토출측이 긴 풍도로 이루어진 경우 등 필요한 상황에서 적용되고 있다.

| 흡입식 |　　　| 압송식(시로코팬) |　　　| 압송식(축류팬) |

② 공기의 흐름에 의한 분류
- 대향류형(Counterflow configuration) : 충전부에서 공기의 흐름이 수직상방향으로 움직여 냉각수와 마주 교차하며 열교환되는 형태
- 직교류형(Crossflow configuration) : 충전부에서 공기의 흐름이 수평방향으로 움직여 냉각수와 직각으로 교차하며 열교환되는 형태

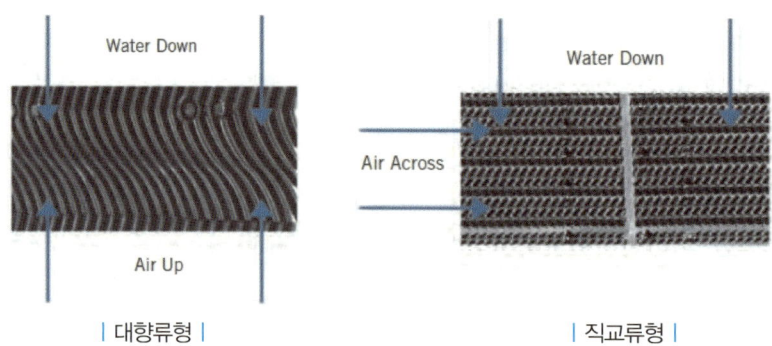

| 대향류형 |　　　| 직교류형 |

③ 충전재에 의한 분류
- 비말형(飛沫, Splash type)
  - 막대기 등을 상하로 교차시켜 냉각수가 잘게 부서지면서 낙하하여 공기와의 접속면을 넓히도록 한 충전재
  - 효율이 좋지 않아 근래에는 거의 사용하고 있지 않으나 냉각수에 이물질이 혼합되어 있거나 수질이 좋지 않아 충진재가 막힐 우려가 있는 곳, 또는 필름형 충전재가 노후화되어 부스러기가 발생될 경우 문제가 될 수 있는 곳 등에서는 일부 사용하는 사례가 있음
  - 전통적으로 방부처리된 목재를 사용해 왔으나 플라스틱 재료로도 개발된 제품이 있음

- 필름형(Film type)
  - 수직방향으로 무수히 적층된 넓은 필름 표면에 냉각수가 수막을 형성하면서 흘러내리도록 하여 비말형보다 효율이 3~5배 우수하여 거의 대부분의 냉각탑에서 사용하고 있는 충전재임
  - 주로 PVC 등 합성수지 재질로 제작되며 표면이 오염되거나 경화되어 파손되면 주기적으로 교체해주어야 함

| 비말형 |

| 필름형 |

| 비말형과 필름형의 혼합형 |

④ 설치방법에 의한 분류
- 공장 조립형 : 공장에서 조립되어 완제품으로 공급되는 형태
- 현장 조립형 : 사용할 장소에서 주요 조립작업을 하는 형태

| 공장 조립형 |

| 현장 조립형 |

⑤ 장비의 형태에 의한 분류
- 사각형 : 평면상 탑의 형체가 사각인 것
- 원형 : 평면상 탑의 형체가 둥글거나 8각형 이상의 다면체 형태
- 연결형 : 셀을 계속 이어 붙여 갈 수 있는 형태

| 사각형 |

| 원형 |

| 연결형 |

⑥ 열전달방법에 의한 분류
- 개방형 : 냉각수와 공기가 직접 접촉하며 증발이 수반되면서 열교환하는 형태
- 밀폐형 : 냉각수와 공기가 간접 접촉하여 열교환하는 형태

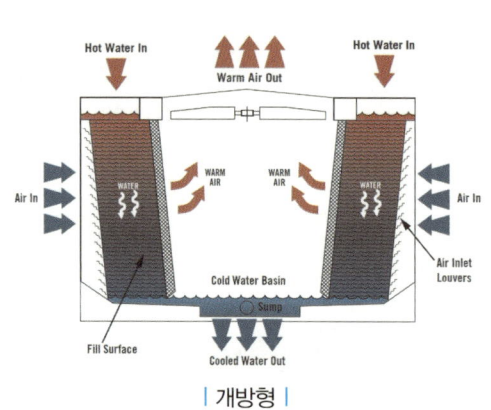

| 개방형 |

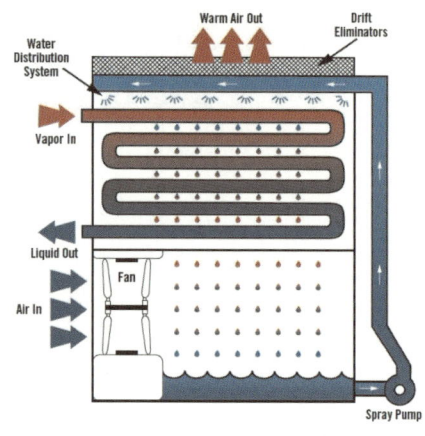

| 밀폐형 |

⑦ 운전 소음에 의한 분류
- 일반형 : 저소음 기준치 이상의 것
- 저소음형 : 저소음 기준치 미만의 것
- 초저소음형 : 초저소음 기준치 이하의 것

※ 소음 : KARSE B 0004의 방법으로 시험하여 아래에 제시되는 기준 소음의 +3dBA 이하이어야 하는데, 냉각탑 기초 상부면 1.5 m 높이에서 냉각탑의 길이 또는 직경만큼 떨어진 지점에서 측정한 값임

▼ 냉각탑의 소음 기준치

(단위 : dBA)

| 표준냉각톤(CRT) | 저소음형 | 초저소음형 | 표준냉각톤(CRT) | 저소음형 | 초저소음형 |
|---|---|---|---|---|---|
| 60 | 63 | 58 | 400 | 71 | 66 |
| 80 | 64 | 59 | 450 | 72 | 67 |
| 100 | 65 | 60 | 500 | 72 | 67 |
| 125 | 66 | 61 | 600 | 73 | 68 |
| 150 | 67 | 62 | 700 | 74 | 69 |
| 175 | 68 | 63 | 750 | 74 | 69 |
| 200 | 68 | 63 | 800 | 74 | 69 |
| 225 | 69 | 64 | 900 | 75 | 70 |
| 250 | 69 | 64 | 1000 | 75 | 70 |
| 300 | 70 | 65 | 1200~1800 | 77 | 72 |
| 350 | 71 | 66 | 1800~2500 | 79 | 74 |

## (2) 대향류형(Open Flow)

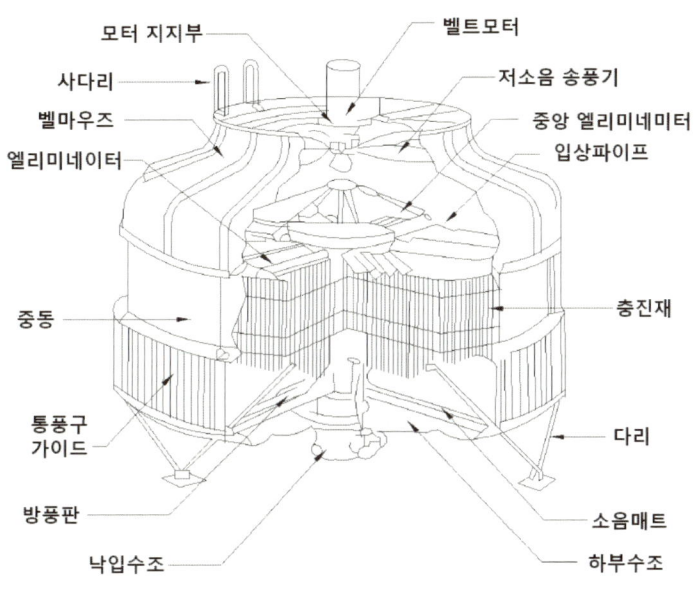

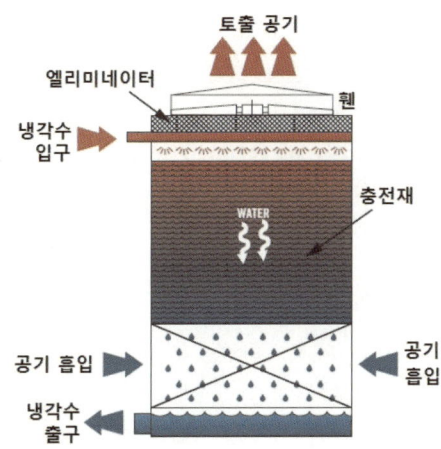

대향류형 냉각탑은 보통 하부 측면으로부터 흡입된 공기가 충진재를 거쳐 상부에 설치된 팬으로 빨려 올라가도록 되어 있는데, 이 과정에서 아래로 낙하되는 냉각수와 반대방향으로 스쳐지나가면서 냉각작용을 발휘하게 된다. 냉각수는 상부의 분사노즐을 통하여 아랫방향으로 가압 분사되거나 자유낙하하며, 회전식 살수헤더를 통해 분사되기도 한다. 냉각탑의 구조상 소형에서 중형 용량의 냉각탑에 널리 사용되며, 보통 원형의 형태가 많았으나 근래에는 사각으로 제작되는 경우도 많다.

① 장점
- 물, 공기 흐름이 반대방향이어서 열교환 특성이 좋음
- 소형, 경량이고 가격이 저렴함
- 상부로 토출된 공기의 재순환(흡입) 우려가 적음

② 단점
- 높이가 높고 비산수량이 타 방식보다 많은 편임
- 펌프, 팬 동력이 다른 방식보다 다소 증가됨
- 소음이 크고, 보수 점검이 타 방식에 비해 불편함

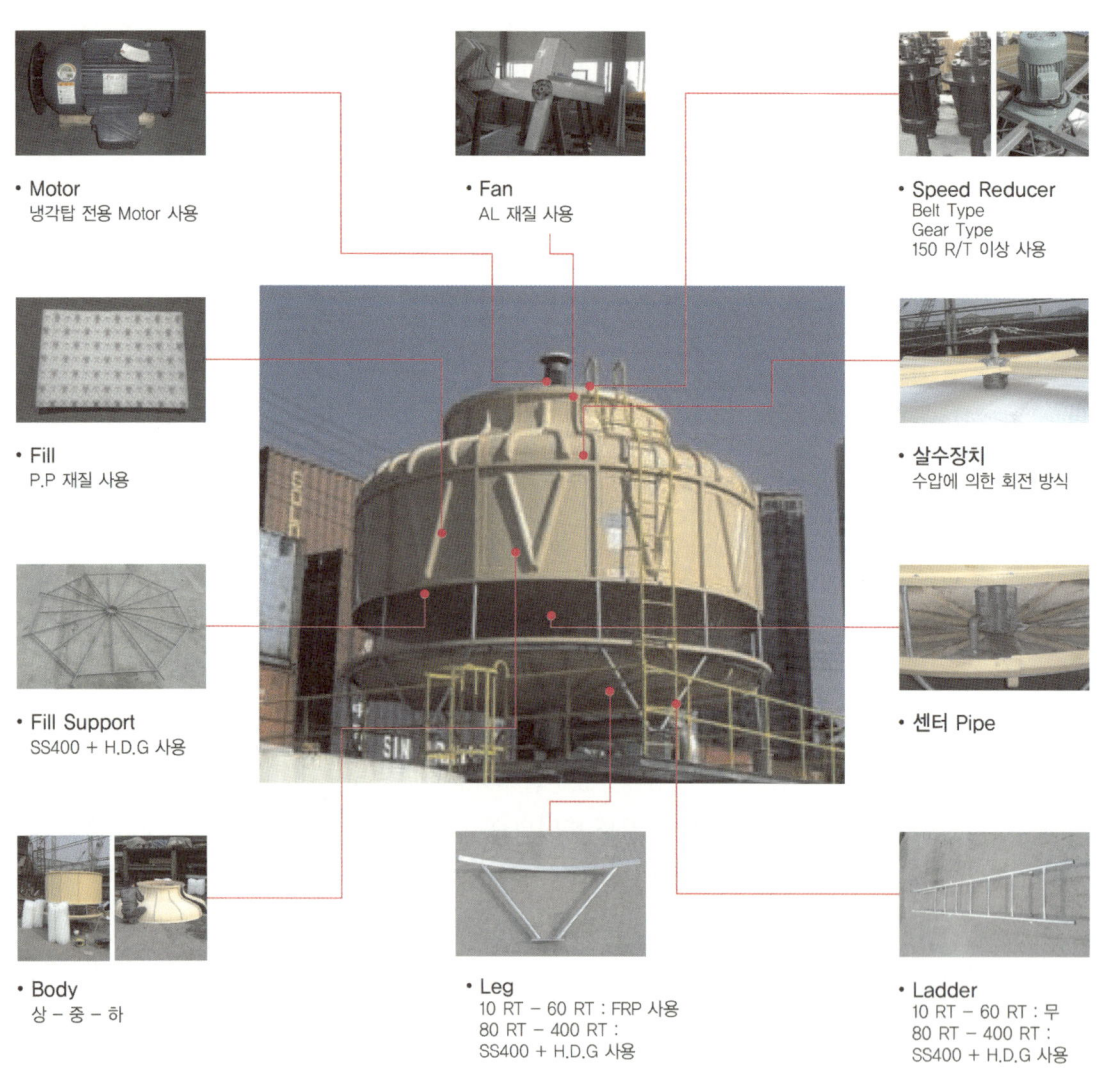

- Motor
  냉각탑 전용 Motor 사용
- Fan
  AL 재질 사용
- Speed Reducer
  Belt Type
  Gear Type
  150 R/T 이상 사용
- Fill
  P.P 재질 사용
- 살수장치
  수압에 의한 회전 방식
- Fill Support
  SS400 + H.D.G 사용
- 센터 Pipe
- Body
  상 - 중 - 하
- Leg
  10 RT - 60 RT : FRP 사용
  80 RT - 400 RT :
  SS400 + H.D.G 사용
- Ladder
  10 RT - 60 RT : 무
  80 RT - 400 RT :
  SS400 + H.D.G 사용

## (3) 직교류형(Cross Flow)

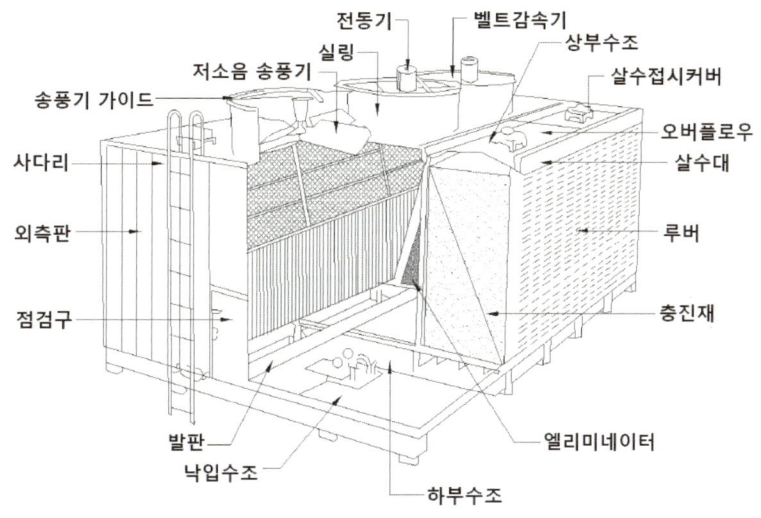

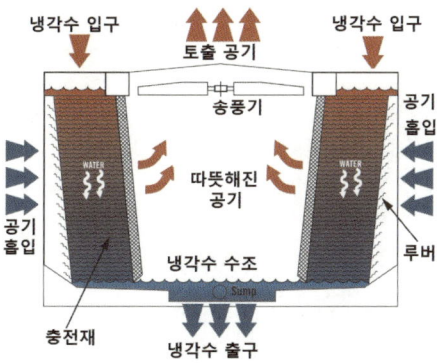

직교류형 냉각탑은 측면에서 흡입된 공기가 충진재를 따라 아랫방향으로 자유낙하하는 냉각수와 수직한 방향으로 교차하면서 열교환이 이루어지면서 냉각하는 방식이다. 냉각수는 보통 상부의 수조판의 바닥에 설치된 다수의 구멍을 통하여 충진재 위로 자유낙하하는 방식이다. 작동원리상 사각형 태로 제작되며 용량에 따라 필요한만큼 옆으로 장비를 추가해 배치해 나가면 되므로 중형에서 대형에 이르기까지 폭넓게 적용되고 있다.

① 장점
- 높이가 낮고 비산수량이 대향류형에 비해 약간 적음
- 냉각탑 내부 중간에 통로가 있어 보수점검이 용이함
- 사각 Unit 형태여서 여러 대 조합이 쉬워 용량 조정이 용이함

② 단점
- 대향류형에 비해 점유 면적과 중량이 큼
- 열교환 특성이 대향류형보다는 낮음
- 측면 흡입구가 높은 편이어서 토출공기의 재순환 우려가 있음
- 대향류형보다 가격이 다소 비싼 편임

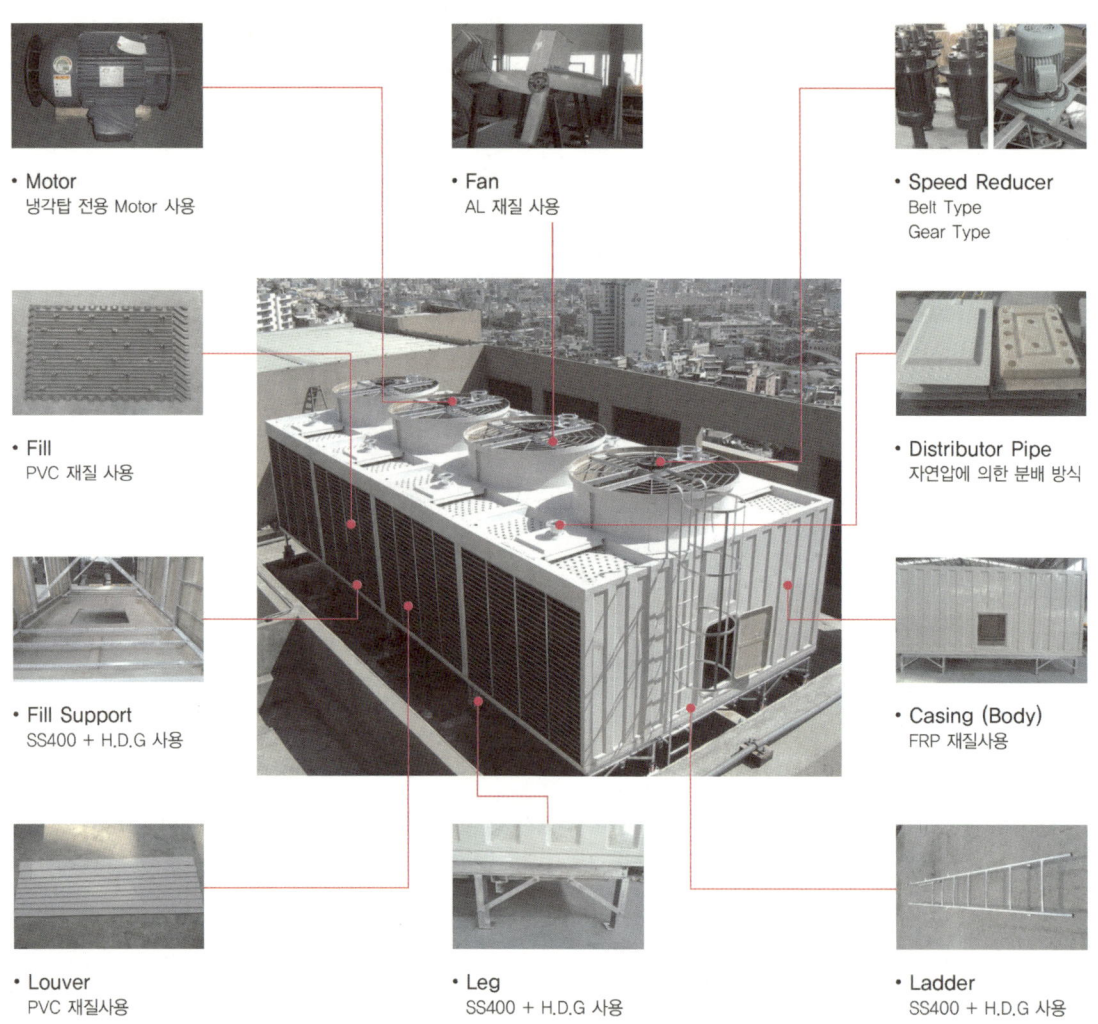

- Motor
  냉각탑 전용 Motor 사용
- Fan
  AL 재질 사용
- Speed Reducer
  Belt Type
  Gear Type
- Fill
  PVC 재질 사용
- Distributor Pipe
  자연압에 의한 분배 방식
- Fill Support
  SS400 + H.D.G 사용
- Casing (Body)
  FRP 재질사용
- Louver
  PVC 재질사용
- Leg
  SS400 + H.D.G 사용
- Ladder
  SS400 + H.D.G 사용

### (4) 밀폐형(Closed Type)

밀폐형 냉각탑은 내부의 충진재 대신에 열교환코일이 설치되어 있는데, 열교환기의 종류에 따라 대관식, 핀관식, 평판식으로 나눌 수 있다. 밀폐형 냉각탑은 냉각 매체인 공기와 냉각유체(냉각수)가 직접적으로 접촉하지 않고 열교환기의 내부와 외부로 차단되어 있다. 즉 냉각수는 열교환코일의 내부를 순환하게 되고, 열교환코일의 외부에는 공기가 흐르면서 냉각하게 된다. 냉각효과를 높이기 위

하여 열교환코일의 외부 표면에 물을 살수해 주는 경우가 많다.

이러한 특성으로 냉각하는 유체를 물뿐만 아니라 브라인이나 기름 등 각종 유체의 적용도 가능해 냉동공조장치 이외에도 화학, 발전, 전력설비 등의 냉각장치로 다양하게 사용되기도 하며, 특수한 경우에는 냉동기의 응축기(증발식 응축기)로도 직접 사용되기도 한다.

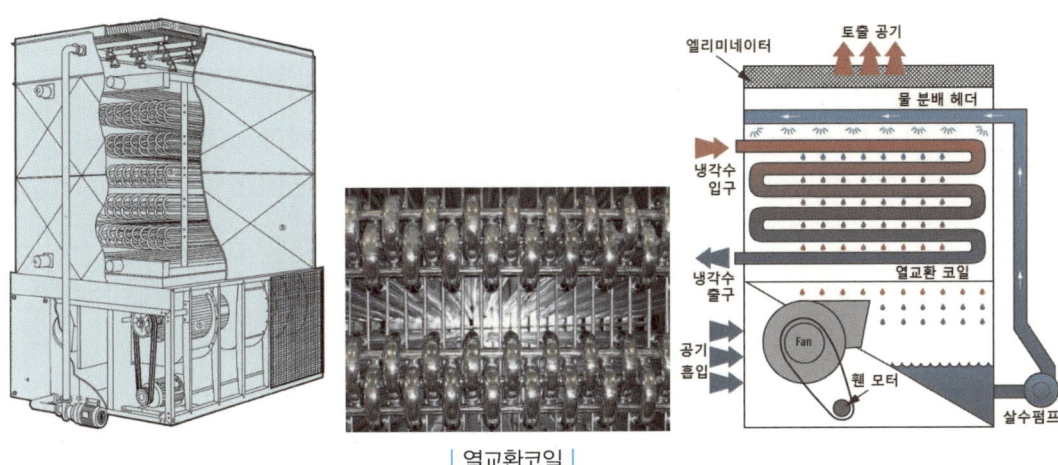

| 열교환코일 |

장비의 구조가 복잡하고 가격이 고가이므로 직교류형이나 대향류형 등 개방형 냉각탑의 적용이 곤란한 경우에 선택적으로 사용된다. 주로 냉각탑이 겨울철에 가동되어야 하는 특수한 상황에서 냉각수의 동결을 막기 위하여 냉각수에 부동액을 혼합하여 사용하는 경우가 많다. 또한 주변의 여건상 냉각탑 가동시 소음이나 냉각수의 비산, 백연 등을 저감하기 위하여 밀폐형 냉각탑을 적용하기도 한다.

① 장점
- 냉각수의 대기 노출이 없어 수질오염의 우려가 없음
- 냉각수가 열교환코일 관내를 흐르므로 비산량이나 백연이 적어짐
- 팬이 내장되어 소음이 적은 편임
- 건물 내부나 지하(지하철이나 지하상가 등)에 설치 시 적합함
- 겨울철에 냉각탑의 가동이 가능함

② 단점
- 코일을 통한 간접 열교환방식이어서 효율이 다소 저하되어 개방식에 비해 장비의 크기가 훨씬 커져야 함
- 고가이고 구조가 복잡함
- 주로 압입송풍형으로 제작되는데, 송풍기의 동력이 개방형에 비해 많이 커져야 함

# 02 냉각탑의 용량과 운전제어

## (1) 냉각탑 관련 용어

① 표준냉각톤(CRT ; Cooling-tower Refrigeration Ton, 또는 냉각탑 상당RT)
- 냉동기에서 1RT의 냉동능력을 발휘하기 위하여 냉각탑에서 대기 중으로 방출하여야 할 열량
- 표준설계조건에서 3,900kcal/h에 해당하는 냉각탑의 냉각능력을 말함
- 1CRT = 1냉동톤 + 냉동톤당 필요한 전기입력에너지(1kW = 860kcal/h)
  = 3,024kcal/h + 860kcal/h = 3,884kcal/h ≒ 3,900kcal/h
- 순환되는 냉각수의 수량 = 냉각열량 ÷ 온도차 ÷ 비열
  = 3,900kcal/h ÷ 5℃ ÷ 1kcal/m³℃ = 780m³/h = 13 lpm

② 표준설계조건
- 냉각수의 입구 수온 37℃, 출구 수온 32℃, 흡입공기의 습구온도 27℃

③ 기타 용어
- 셀(cell) : 냉각수와 기계적으로 통풍되는 공기의 흐름을 독립적으로 제어할 수 있는 최소의 냉각탑 분할 단위
- 냉각탑의 손실수두 : 냉각탑 손실수두는 냉각탑의 하부수조 상단면으로부터 냉각수 상부 입구 배관의 중심선까지의 수직 높이와 냉각수 분배노즐의 분출 압력수두를 더한 것으로 함
- 냉각수의 증발량
  - 냉각탑 입출구 공기의 건구 및 습구온도와 충전층을 통과하는 공기유량에 의해 계산하여 산출함
  - 표준설계조건에서 물이 1kg 증발하면 약 577kcal/h의 잠열이 흡수되어 1CRT당 3,900 ÷ 577 ≒ 6.76kg/h이 공기 중으로 증발됨
- 냉각수의 비산량
  - 비산량은 KS B 6364 부속서 3 또는 CTI CODE ATC-140으로 시험하여 표시함
  - 최대 허용량은 순환수량의 0.01% 이내이어야 함
- 냉각탑의 성능곡선
  - 성능곡선은 순환수량이 설계치의 90%, 100%와 110%의 모든 경우에 대하여 냉각탑에 유입되는 습구온도별로 예상되는 냉각수의 출구온도를 그래프로 표시한 것
  - 횡좌표에 입구공기 습구온도를, 종좌표에 냉각수 출구온도를 표시하되 각각 레인지가 설계조건의 80%, 100%와 120%인 경우의 곡선으로 이루어짐
  - 표시되는 입구공기 습구온도의 범위는 22~32℃를 표준으로 하며 반드시 설계점이 표시되어야 함

## (2) 냉각탑의 용량 선정

냉동장치와 통합되어 구성되는 냉각탑의 용량은 냉동기의 용량과 비례하여 선정된다. 냉동기 운전 시 냉각수가 설계조건대로 충분히 냉각되지 않으면 냉동기의 냉각능력이 현저히 떨어지게 되므로, 일반적으로 냉각탑의 용량은 다음과 같이 여유있게 선정하고 있다.

| 냉동기의 종류 | 터보냉동기, 스크류냉동기 | 흡수식 냉동기 |
|---|---|---|
| 냉각탑의 용량 선정<br>(냉동기의 냉방능력 대비) | 1.2~1.3배 | 1.6~1.8배 |

예 터보냉동기 100RT → 냉각탑 130RT(130RT×3,024=393,120kcal/h)
　흡수식 냉동기 100RT → 냉각탑 180RT(180RT×3,024=544,320kcal/h)

## (3) 냉각탑의 용량제어

일반적으로 냉각탑의 냉각용량의 제어는 냉각탑에서 냉동기로 공급되는 냉각수의 온도에 따라 팬을 On/Off시키는 방법이 가장 보편적으로 사용되고 있다. 다수의 냉각탑이 병렬로 연결되었거나 일정한 냉각수 온도제어가 요구되는 경우 냉각수 배관에 제어밸브를 설치해 유량을 조정하는 경우도 있다. 냉각탑 용량의 제어에는 다음과 같은 방법들이 있다.

### ① 송풍량 제어

- 송풍기의 On/Off에 의한 제어가 일반적으로 많이 사용됨
- 송풍기의 설치 수량이 많을 때에는 냉각수의 온도에 따라 송풍기 운전대수를 조절하여 운전 에너지를 절감함
- 송풍기 회전수 제어, 날개 피치의 변화, 댐퍼 제어 등에 의해 송풍량을 조절하는 경우도 있음
- 송풍량 제어 시 구조가 복잡하고 설비비가 많이 소요되나 비산량 감소에는 도움이 됨
- 인버터를 이용하여 송풍기의 회전수를 제어할 경우 에너지 절감에 효과적임
- 외기의 온도가 낮은 환절기나 겨울철에는 자연 냉각효과를 최대한 활용할 경우 송풍기의 가동률을 최소화할 수 있음

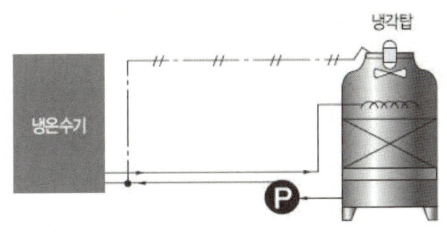

| 냉각탑 팬 제어에 의한 방법 |

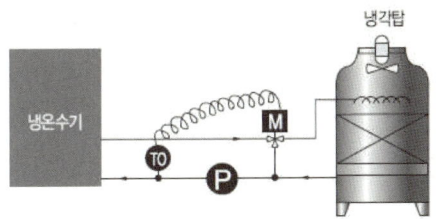

| 3way 밸브에 의한 제어 방법 |

② 냉각수 유량 제어
- 냉각탑에 공급되는 냉각수의 유량을 제어밸브(2way나 3way 밸브)를 이용하여 조절하는 방법
- 환절기나 동절기에 냉각탑을 운전하는 경우 과냉을 방지하기 위해서도 많이 사용됨
- 계통이 단순하고 부하 변동이 클 경우에는 냉각수 순환펌프의 회전수 제어나 운전 대수제어를 병행하면 운전비 절감이 가능함

③ 냉각탑 분할 운전
- 다수의 냉각탑이 하나의 배관에 연결되어 있거나 대용량의 냉각탑을 내부 분할해 냉각수 토출 온도에 따라 냉각탑의 운전 대수를 제어(ON/OFF)함
- 냉각수 순환펌프나 냉각탑 팬의 운전대수를 제어하므로 운전동력 절감이 가능함

## (4) 냉각탑의 동절기 운전

제조시설이나 발열설비가 많은 건물에서는 간혹 동절기에도 냉동기와 냉각탑을 운전해야 할 때도 있다. 동절기에는 대기온도가 설계치보다 훨씬 낮아지므로 냉각탑에서의 냉각효과가 크게 상승한다. 그러나 냉동기에서 냉각수의 순환온도가 지나치게 낮을 경우 장비 보호를 위하여 이상경보가 발생되면서 냉동기의 가동이 중지되도록 되어 있어, 냉각수의 온도가 지나치게 낮아지지 않도록 운전조건을 설정해 주어야 한다.

냉동기의 운전 중에는 냉각탑 팬의 가동을 최소화하고 냉각수만 냉각탑으로 순환시켜 자연 냉각효과를 이용하며, 냉각탑의 용량이 큰 경우에는 대수제어나 유량제어를 이용한다.

따라서 동절기에 냉각탑이 운전되어야 할 경우에는 유량제어를 위하여 냉각수 연결배관에 비례제어나 바이패스 제어밸브를 설치하거나 순환펌프를 인버터 운전방식으로 하는 것이 좋다.

냉각탑이 개방형인 경우에는 겨울철에 백연이 과다하게 발생하고, 동결 방지를 위한 부동액의 혼합이나 동파방지열선을 설치해야 하는 등 운용상의 어려움이 있다. 따라서 동절기에 냉각탑이 가동되어야 할 경우에는 일반적으로 밀폐형 냉각탑으로 설치하고 있다.

또한 냉각탑의 동절기 운전을 위해서는 냉각수 배관에 가열장치가 구비되어야 한다. 장시간 미운전 후 재가동될 경우 냉각수의 온도가 지나치게 낮아 냉동기에서 이상경보가 발생되기 때문에, 가동 초기 적정한 온도까지 냉각수를 가열해주기 위한 열교환기가 냉각수 배관 중에 설치되어야 한다.

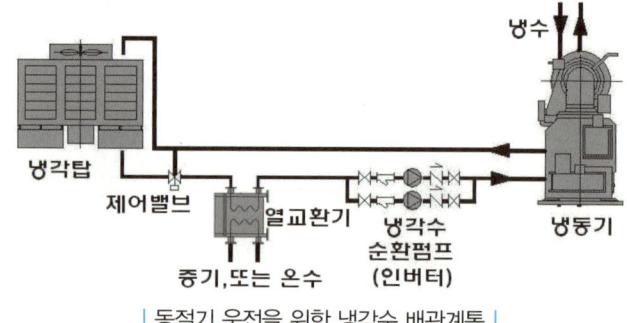

| 동절기 운전을 위한 냉각수 배관계통 |

# 03 냉각수의 비산과 수질 관리

## (1) 냉각수의 비산

밀폐형 냉각탑은 냉각수가 대기와 열교환코일로 차단되어 분리되어 있지만, 대향류형이나 직교류형과 같은 개방형 냉각탑은 운전 과정 중 팬의 흡입력으로 인해 상부 대기 중으로 냉각수가 비산되거나 냉각 과정 중의 자연증발하는 수량이 상당하다.

냉각탑의 비산량은 제조업체나 사양에 따라 다소 다르지만 보통 냉각수 순환량의 1~2% 정도가 비산과 증발에 의해 손실된다고 알려 있다. 그러나 냉각탑 제작 시 장비의 크기를 최대한 콤팩트하게 만들려고 노력하다 보니, 실제로 냉각탑을 운용해 보면 풍속이 빨라져 비산량이 2%를 초과하는 사례도 있다.

예를 들어 냉각수 순환펌프의 용량이 4,000lpm인 경우 하루동안 소진되는 냉각수를 계산해 보면 대략 19~38톤에 이르게 되므로, 냉각수 보충을 위한 급수 부하에도 상당한 부담이 된다.

> 4,000lpm×60min/hr ➡ 240톤/hr×8시간 ➡ 1,920톤/일×1~2% ➡ (19.2~38.4톤)×25일 ➡ 한달에 약 480톤~960톤 보충수 공급 필요

따라서 같은 용량이라면 냉각탑의 외형이 크거나 팬의 회전수가 낮은 경우가 비산량이 적게 발생할 것이다.

냉각탑의 비산을 줄이기 위한 방법으로는 냉각탑 상부의 팬 흡입 쪽 부근에 얼리미네이터(루버 형태의 일종의 거름망 기능)를 설치하여 비산수들이 서로 뭉쳐 무거워져 다시 아래로 떨어지게 함으로써 비산량을 다소 줄이는 방법이 많이 사용된다. 냉각탑의 용량이 냉동기의 부하 상태에 비해 비교적 여유가 있는 상황이라면 팬의 풍량을 줄여 흡입측에서 빨려올라오는 공기의 풍속을 줄여주기도 한다. 팬의 풍속을 줄이는 방법으로는 냉각수의 온도에 맞춰 인버터 등을 이용해 회전수를 조절해주는 방법이 가장 효과적이고, 냉각탑의 용량이 기본적으로 여유가 있을 때에는 팬의 풀리를 교체하거나 날개 각도를 조절하여 풍량을 축소시켜 줄 수도 있다.

근본적으로 비산량을 줄이기 위하여 밀폐형 냉각탑을 고려해 볼 수도 있겠지만, 밀폐형의 경우 초기 시설비가 상당히 증가하고 냉각을 위한 송풍 동력이 커지게 되므로 비산수에 의한 경제적 손실과 비교 검토 후 신중히 판단해야 한다.

| 냉각탑 상부의 비산저감용 엘레미네이터 |

| 인버터를 이용한 팬의 회전수 조절 |

| 팬 풀리 교체로 풍량 감소 |

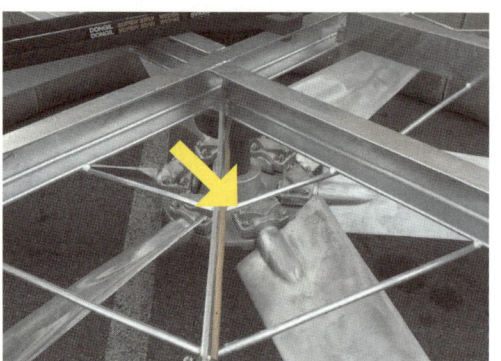
| 팬 날개의 각도를 조절해 풍량 조절 |

## (2) 수질 관리

개방형 냉각탑은 운전 시 냉각수가 대기와 접촉하기 때문에 대기 오염물질에 의한 스케일이나 슬라임, 부식 등이 발생하기 쉬우므로 수질관리에 주의가 필요하다. 냉각탑의 슬라임이나 스케일은 냉각수의 순환이나 열전달을 방해하고, 냉동기의 전열관(열교환기) 등 연관된 장비에서도 냉각능력 저하에 의한 문제를 유발시킨다.

냉각수 수질 관리에는 다음과 같은 방식들이 사용되고 있다.
- 약품 투입 : 녹조 방지제, 염소 소독제, 스케일 분산제 등 투입
- 은동이온살균장치, 자기수처리기 등 살균 및 스케일 예방장치 운용
- 샌드여과기, 마이크로필터 등을 이용한 필터링(슬라임 원인 물질 제거)
- 적절한 블로우 다운(냉각수의 수질 오염 고농도화 방지)
- 주기적으로 수조 내 청소 실시
- 휴지기 퇴수 조치 및 냉각탑 상부의 개구부에 보양덮개 설치

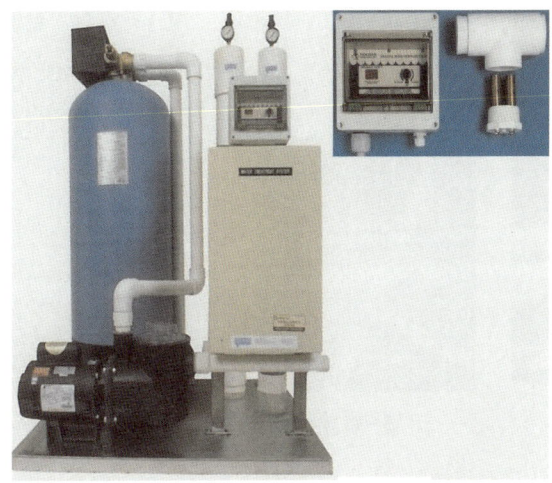
| 냉각수 여과 살균장치 | | 은동이온 살균장치 |

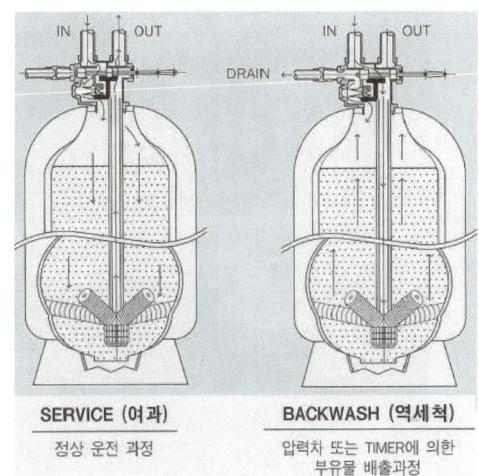
| 샌드필터 여과장치 |

| 냉각탑 상부의 이물질 유입방지 커버 |

| 냉각수 수처리 살균약품 주입장치 |

냉각수의 수질 관리를 위하여 은동이온 살균장치가 많이 사용되고 있는데, 은과 동의 합금 전극봉에 전류를 흘려주게 되면 동이온이 용출되어 동의 살균작용에 의해 물속의 세균들을 제거하게 된다. 은동이온 살균장치는 보통 기계실이나 냉각탑의 순환배관 중에 냉각수 배관과 병렬로 설치되며, 살균장치에서 용출된 동이온이 순환되는 냉각수에 유입 혼합되도록 되어 있다.

그러나 이로 인해 냉각수 순환펌프의 작동이 멈춰진 시간대에는 은동이온 살균장치가 작동되더라도 냉각수와 혼합되어 냉각탑까지 보내지지 못하고 살균장치가 설치된 배관 주위에서만 동이온이 머무르게 된다. 그래서 냉각탑의 가동시간이 적은 곳에서는 은동이온 살균장치를 가동시키더라도 냉각탑의 수조에서 녹조나 미생물이 번식하는 사례가 종종 발생된다.

따라서 은동이온 살균장치를 설치할 때에는 가급적 햇볕을 받아 미생물이나 녹조가 발생하기 가장 쉬운 곳인 냉각탑 수조 내에 직접 물에 잠기도록 설치하는 것이 가장 좋다. 이렇게 하면 냉각수 순환펌프가 작동되지 않는 시간에도 동이온이 수조 내에서 용출되면서 확실한 살균효과를 발휘하게 된다.

| 배관 중에 설치된 은동이온 살균장치 |

| 냉각탑 수조에 설치된 은동이온 살균장치 |

이러한 현상은 냉각수 수질관리를 위하여 약품을 투입하는 경우에도 마찬가지이다. 살균 및 수처리 약품을 순환배관 중에 주입하게 되면 냉각수 순환펌프가 정지된 시간에는 약품의 살균효과가 냉각탑 수조의 물까지 미치지 못하게 된다. 약품 주입방식에서도 보다 효과적인 살균을 위해서는 약품을 냉각탑의 수조에 직접 공급하는 것이 바람직하다.

## (3) 냉각수의 수질기준

냉각수의 수질과 관련하여 KS 규격에서는 pH와 전기전도율, 탁도 등 몇 가지 항목에 대하여 기준항목과 참고항목으로 나누어 관리기준을 명시해 놓고 있다. 법적 강제력이 있는 것은 아니지만 냉각탑 운전관리 시 공조장비의 원활한 운영이나 부식, 스케일 방지를 위해 공신력 있는 수질기준으로 활용할 수 있다.

아울러 냉각수 수질기준 이외에도 냉각탑 근처에 사람들이 상주하는 건물이 가깝게 인접해 있거나 주거지역이 있는 경우에는 위생보건상의 문제를 고려하여 레지오넬라균에 대한 수질검사도 연 1~2회 정도 의뢰하여 확인하는 것이 바람직하다.

▼ 냉동 · 공조용 냉각수 수질기준

| 구분 | 항목 | 기준 | 수질 영향 ||
|---|---|---|---|---|
| | | | 부식 | 스케일 생성 |
| 기준 항목 | pH(25℃) | 6.5~8.0 | ● | ● |
| | 전기전도율($\mu s$/cm) | 800 이하 | ● | ● |
| | 염화물이온(mg $CL^-$/L) | 200 이하 | ● | |
| | 황산이온(mg $SO_4^{2-}$/L) | 200 이하 | ● | |
| | 산 소비량[pH4.8] (mg $CaCO_3$/L) | 100 이하 | | ● |
| | 칼슘 경도(mg $CaCO_3$/L) | 150 이하 | | ● |

▼ 냉동·공조용 냉각수 수질기준

| 구분 | 항목 | 기준 | 수질 영향 | |
|---|---|---|---|---|
| | | | 부식 | 스케일 생성 |
| 참고 항목 | 탁도(도) | 20 이하 | ● | ● |
| | 철(mg Fe/L) | 1.0 이하 | ● | ● |
| | 암모늄 이온(mg $NH_4^+$/L) | 1.0 이하 | ● | |
| | 이온상 실리카(mg $SiO_2$/L) | 50 이하 | | ● |
| | 포화지수(Saturation index) | 0.0~1.0 | ● | ● |

• 출처 : KS I 3003 기준

## 04 백연 방지장치(Plume abatement tower)

대기의 온도가 낮거나 다습한 경우 냉각탑 상부로 토출되는 공기가 흰색을 띠는 백연현상으로 인하여 민원이 발생되는 사례가 종종 있다. 냉각탑의 백연현상은 고온다습한 냉각탑의 토출공기가 주위의 대기와 섞여 냉각될 때 포화수증기가 미세한 물방울로 응축되면서 가시화되어 발생하는 현상이다. 주로 다음과 같은 상황에서 냉각탑의 백연현상이 심해진다.

- 외기의 온도가 낮아지는 환절기나 동절기에 냉각탑이 가동될 때
- 여름철에도 비온 뒤와 같이 상대적으로 저온다습한 날씨
- 밀폐형 냉각탑보다는 외기와 냉각수가 직접 접촉하는 개방형 냉각탑일 때
- 냉각수의 온도가 높거나 냉각수의 순환유량이 큰 경우

냉각수의 수증기에 의한 백연은 일반인들에게 매연이나 화재로 오인되거나 심리적 불쾌감을 주게 되며, 레지오넬라균의 비산 등 위생상의 문제도 우려된다. 따라서 냉각탑의 설치 위치가 주거지와 인접하였거나 동절기에 냉각탑이 가동되어야 하는 상황에서는 백연방지 장치의 설치를 적극적으로 검토할 필요가 있다. 냉각탑의 백연방지조치로는 다음과 같은 몇 가지 방식을 고려해 볼 수 있다.

## (1) 별도의 열원으로 가열된 공기를 혼합하는 방식

냉각탑의 공기가 여과재를 통과하여 팬으로 흡입되는 부분에 가열코일을 설치하여 스팀이나 온수, 전기와 같은 열원을 공급해 토출공기를 가열하는 방식이다. 가열코일을 통과하면서 데워진 공기가 여과재를 통과한 다습한 토출공기와 혼합되어 백연을 완전히 제거할 수도 있지만, 엄청난 가열 에너지 비용을 발생시키므로 매우 비경제적이다. 그러나 플랜트나 생산설비의 폐온수나 폐열 등을 이용할 수 있는 경우에는 유효하게 적용할 수도 있다.

## (2) 냉각수를 이용하여 가열된 공기를 혼합하는 방식

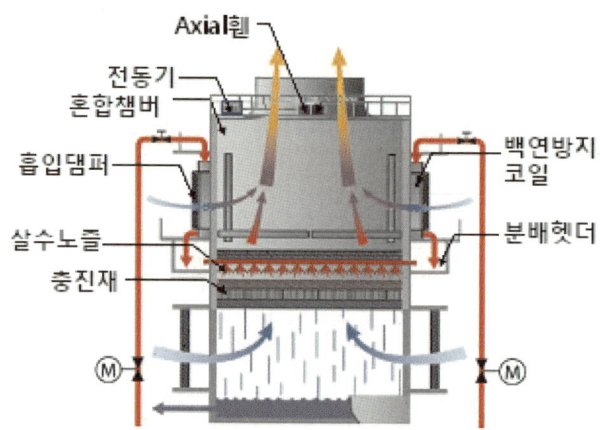

부하를 거쳐 냉각탑으로 공급되는 고온의 냉각수(Hot Water)를 1차로 가열코일(백연방지코일)에 통과시켜 흡입공기를 데워준 후 냉각탑 여과재를 통과한 고온다습한 공기와 혼합시키는 방식이다.

하부의 여과재를 통과한 공기는 습도가 매우 높지만, 백연방지코일을 거치면서 측면에서 유입된 가열공기는 상대습도가 낮기 때문에 팬에서 혼합되는 토출공기의 상대습도가 낮아져 백연현상이 적어지게 된다.

열원 가열식에 비해 열원의 온도가 낮아 가열코일의 크기가 커져야 하고 설계조건에 따라 백연 제거의 효율 범위가 약 30~80% 정도에 이르지만, 추가적인 열원에너지 비용이 없기 때문에 가장 널리 사용되고 있다.

또한 냉각탑으로 순환되어 오는 고온의 냉각수가 가열코일에서 1차로 냉각되기 때문에 냉각탑의 운전효율이 좋아지고, 외기가 낮은 동절기에는 부하가 적을 경우 냉각탑 팬의 가동 없이도 냉각수의 냉각이 가능할 때도 있다. 하지만 동절기에 냉각탑이 운전되는 때에는 가열코일의 동파나 수조에서의 냉각수 동결 우려가 있으므로 부동액을 혼합하거나 별도의 동파방지장치의 설치를 고려하여야 한다.

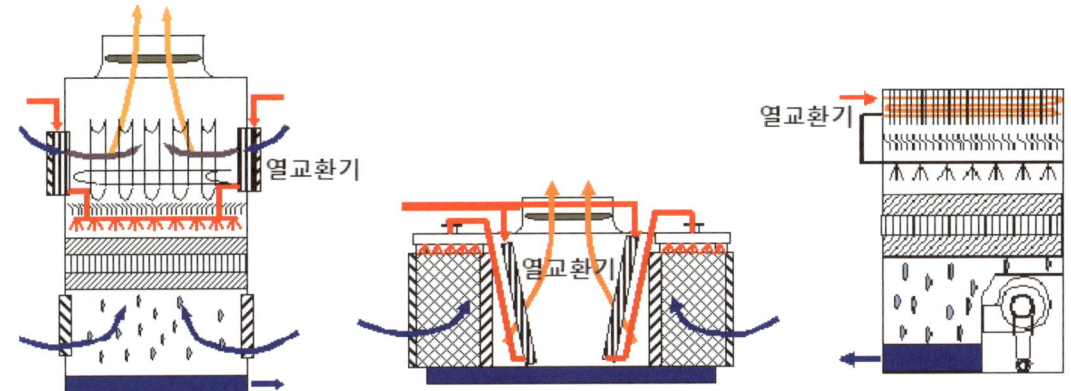

| 백연방지 가열 열교환기 설치 형태 : (왼쪽에서부터) 대향류형, 직교류형, 압입송풍형 |

### (3) 다른 배기를 혼합해 주는 방식

이 방식은 주로 실내에 설치된 냉각탑에 적용되는데, 공기조화기 등에서 배출되는 배기(E.A)를 냉각탑의 토출공기와 혼합하여 백연을 감소시키는 방식이다. 냉각탑의 포화습공기와 공조기가 외부로 버리는 낮은 습도의 실내공기를 적절히 혼합시켜 줌으로써 백연 감소 효과를 얻을 수 있다.

그러나 이 방식을 적용하기 위해서는 냉각탑과 공조기의 운전시간이 일치되어야 하고, 냉각탑 토출 공기와 실내배기 풍량의 Balance, 공기 혼합 제어, 역류 방지 등이 충분히 고려되어야 한다.

## 05 냉각탑의 소음과 진동

냉각탑은 팬 가동과 냉각수의 낙수에 의한 소음이나 진동이 발생하는데, 방음을 위하여 소음 발생부 자체를 방음재로 차폐시킬 경우 냉각 성능에 영향을 주기 때문에 이에 대처하기가 쉽지 않다. 냉각탑 운전 소음 중 가장 큰 비중을 차지하는 송풍기 소음은 날개의 형상이나 각도, 설치 개수 등을 조절하거나 회전수를 가급적 낮게 하여 소음을 저감시키는 방법들이 있다. 또한 토출구에 후드를 높게 설치해 주면 측면으로 소음 전파를 억제할 수 있어 약간의 차폐효과가 있다.

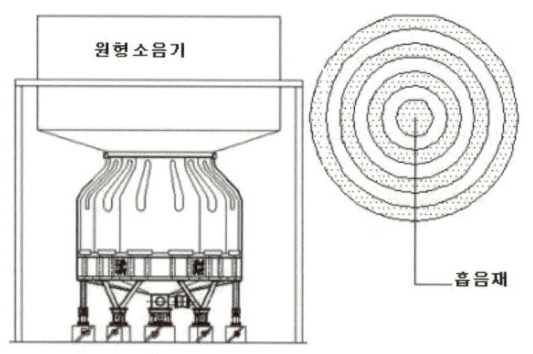

| 원형 소음기 |

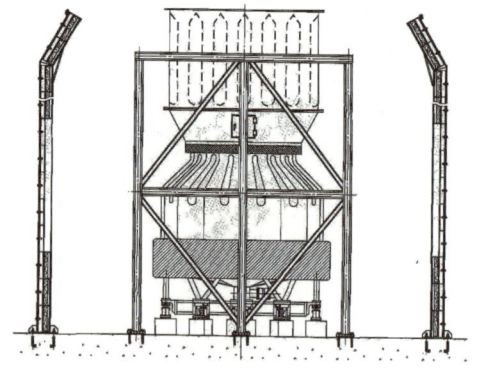

| 사각 소음기 및 방음 펜스 설치 |

팬 소음으로 인한 불편이 심한 경우에는 냉각탑 상부나 하부의 소음 노출부분에 소음기를 설치하여야 한다. 소음기는 공조덕트 쪽에 설치되는 것과 같이 흡음재가 내장된 날개나 칸막이가 내부에 설치된 제품인데, 부착되는 부분의 형상에 맞춰 원형이나 사각으로 제작해 설치한다. 흡음재로는 일반적으로 그라스울(유리솜)이 많이 사용되고 있으나, 장비 운전 시 항상 습기가 많은 곳이므로 그라스울보다는 폴리에스터와 같은 합성수지 재질이 바람직하다.

냉각탑의 설치나 배관 연결 시에도 기초나 배관을 통해 진동이 전달되지 않도록 방진장치를 설치하여 소음과 진동의 전달을 최소화해야 한다. (장비 하부에는 스프링방진기, 연결배관에는 플렉시블 이음관)

| 개방형 냉각탑 상부의 소음기 |

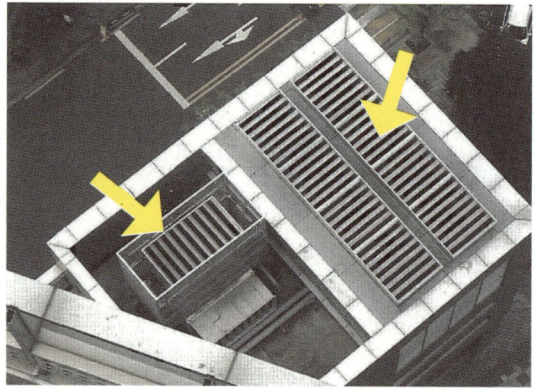

| 방음벽 설치 및 소음기 부착 |

또한 냉각탑 운전 중 냉각수가 하부의 수조 수면으로 떨어질 때 낙수 소음이 발생하는데, 수적이 직접 수면에 낙하하지 않도록 수면보다 약간 높은 위치에 합성섬유 매트를 설치해 주면 낙수 소음을 줄이는 데 효과가 있다.

이러한 조치로도 부족할 때에는 냉각탑 주위에 방음벽을 설치하기도 하는데, 이때는 냉각탑의 공기 흡입에 지장이 없도록 적정한 간격을 유지해 주어야 한다.

## 06 냉각탑의 점검과 유지보수

- 팬의 회전방향이 올바른지 확인하고, 팬 가동 중 소음이나 진동이 없는지 확인한다.
- 팬 전동기의 운전전류와 절연저항을 주기적으로 측정하여 전동기의 정격전류 범위 내인지, 절연상태는 양호한지 확인한다.
- 팬 감속기의 축 정렬 상태와 베어링의 손상 여부를 확인한다. 베어링의 손상되어 진동이나 소음이 발생되면 교체하고, 감속기의 윤활유가 부족할 때에는 보충해 주도록 한다.
- 팬 벨트의 장력 상태를 확인하여 필요 시 장력을 조정해 준다. 팬 벨트의 장력이 너무 느슨할 때에는 팬 기동과 정지 시 미끄러짐이 발생하여 소음이 발생되고 운전비가 증가하며 벨트 교환주기가 짧아진다. 반대로 장력이 과다하여 지나치게 팽팽할 때에는 베어링이나 감속기 축에 무리를 주어 손상을 유발할 수 있다.

| 팬 벨트의 주기적 교체, 그리스 주입 |

| 팬 벨트의 장력 조절볼트 |

- 순환펌프 가동 시 냉각탑 상부의 산수조에서 물 분배 상태가 양호한지 점검하고, 필요시 밸브를 조절해 수조별 밸런싱을 맞춰 준다.
- 내부의 여과재가 파손되거나 표면이 오염되지 않았는지 확인하여 필요시 청소를 실시하거나 여과재를 교환한다.
- 공기 흡입루버나 비산방지판(Eliminator, 엘레미네이터) 등에도 이물질이나 스케일이 끼어 있지 않나 점검하여 청소한다.

| 냉각탑 내부 및 여과재의 오염 |

| 오염되고 노후된 여과재의 교체 |

| 냉각탑 수조 퇴수후 내부 세척 |

| 엘레미네이터 세척 |

- 운전 중 하부수조에 수위가 적정한지 확인하고, 순환펌프 정지 시 물 넘침이 없는지 확인한다. 하부수조에 있는 물 수위가 낮아져 공기가 유입될 경우 냉각수 순환에 심각한 지장을 주게 되므로 적정한 수위가 항상 유지되도록 한다.
- 밀폐형 냉각탑의 경우 상부의 열교환코일의 표면에 스케일이나 부식이 발생하지 않았는지 점검하여 주기적으로 세척작업을 실시하고, 코일 내부도 오염이 많이 진행되어 열교환 효율이 저하된 경우에는 화학세관작업을 실시한다.

| 밀폐형 냉각탑의 열교환코일 표면 오염 |

| 코일의 세척 작업 |

- 일반적으로 냉각탑 운전 중에 증발과 비산에 따라 보충수가 지속적으로 공급되므로 그만큼의 냉각수가 깨끗한 물로 교환되는 효과가 있지만, 냉각탑 운전시간이 적거나 냉각수의 수질 상태가 불량한 것으로 점검될 때에는 적절히 블리드 오프(Bleed off)를 실시해 수질을 관리되도록 한다.
- 도장된 금속부분이나 도금된 부분이 벗겨지거나 부식하지 않았는지 점검하여 필요한 부분은 도색하여 보완한다.
- 냉각탑 하부수조의 배관 연결부분의 거름망이나 배관 중의 스트레이너에 이물질이 없는지 확인하고 필요시 청소해 준다.
- 냉각탑에 은동이온살균장치나 자기수처리기, 여과장치, 약품투입장치 등의 수처리장치가 설치되어 있을 때에는 해당 장비가 원활히 작동하고 있는지 확인한다.

## 07 냉각탑의 이상원인 및 대책

| 고장의 현상 | 원인 및 점검 | 대책 |
|---|---|---|
| 전동기의 정지 | • 단전이나 Fuse의 소손<br>• 전원 차단기의 용량 부족<br>• 과부하의 발생<br>• 전원 공급회로 부품의 접촉 불량 | • 단선 여부 확인, Fuse 교환<br>• 적정한 용량으로 교체<br>• 과부하 원인 조사 및 해결<br>• 고장 부품의 수리나 교체 |
| 팬의 작동 불량 | • 베어링 불량<br>• 벨트의 절단<br>• 벨트의 풀림이나 마모에 의한 슬립(미끄러짐) | • 베어링 교체<br>• 벨트 신품으로 교체<br>• 벨트 상태 점검 후 필요시 교환, 벨트의 장력 재조정 |
| 냉각수의 분배가 고르지 못할 경우 | • Nozzle의 손상이나 구멍 막힘<br>• 순환수량의 과다<br>• 충진재의 손상 | • 파손 부위 교체, 막힌 노즐 청소<br>• 밸브로 유량 조절<br>• 충진재 교환 수리 |
| 비정상적인 소음이나 진동 | • 팬 Balance의 불량<br>• 날개 선단과 실린더의 접촉<br>• 날개 고정볼트의 이완<br>• 감속기나 모터 베어링의 불량<br>• 배관의 진동<br>• 냉각탑의 외부 케이싱이나 내부 철골의 조립볼트 이완 | • Balance 수정<br>• 날개의 선단 조정<br>• 날개 고정볼트의 조임<br>• 감속기 수리, 베어링 교체<br>• 배관 지지대 보강<br>• 각종 볼트 체결 상태 확인 |
| 냉각수 온도의 상승 | • 순환수량의 과다<br>• 토출공기의 재순환<br>• 충진재의 막힘, 손상<br>• 냉각수 살수 상태 불량<br>• 공조장치의 부하가 과다<br>• 송풍기 용량 부족 | • 정격유량으로 재조정<br>• 송풍 환경의 개선<br>• 충진재의 청소 및 교환<br>• 살수관, 노즐의 점검 및 조치<br>• 부하 검토 후 필요시 냉각탑 증설<br>• 풀리와 벨트 점검, 송풍기 날개각도 조정 |

| 고장의 현상 | 원인 및 점검 | 대책 |
|---|---|---|
| 전동기의<br>과부하나 과열 | • 전동기의 절연 불량<br>• 팬 풍량의 과다로 오버로드<br>• 팬 회전수가 과다<br>• 전동기의 용량 부족<br>• 전원의 불안정(전압, 주파수 등)<br>• 벨트의 미끄러짐(Slip) | • 절연 확인 후 보완<br>• 적정한 풍량으로 날개 각도 조정<br>• RPM 조정(Pulley의 교체)<br>• 전동기 교체<br>• 전압, 주파수 확인 후 조치<br>• 벨트 장력 조절, 노후화 시 교체 |
| 냉각탑에서의<br>물 넘침이나<br>공기 유입 | • 냉각탑 주위 밸브의 개방 불량<br>• 여러 대의 냉각탑이 병렬로 설치된 경우 장비별 유량 분배 불량<br>• 스트레이너 막힘<br>• 냉각탑의 수위가 순환펌프보다 낮아 냉각수 순환 불량 | • 밸브의 개폐 상태 확인 후 조정<br>• 공급/환수 밸브를 조정하여 순환 유량 밸런싱, 정유량밸브 설치<br>• 스트레이너 이물질 제거<br>• 냉각탑을 높은 위치로 이동 설치 |

## 08 냉각탑의 운전 시 에너지 절약방법

- 냉각수의 부하(온도)에 따라 팬의 송풍량이나 냉각수 순환유량을 가감하여 가동동력이 최소화되도록 한다.(팬이나 펌프의 인버터 운전 등)
- 다수의 냉각탑이 병렬로 설치되어 있을 때에는 냉동기의 가동 대수나 부하에 따라 냉각탑의 가동 대수를 조절한다.
- 냉각수의 수질관리를 철저히 하여 냉각탑이나 냉동기의 전열 면에서 열교환 효율이 저하되지 않도록 한다.(살균 장치, 약품 주입 등)
- 주기적으로 냉각탑 수조의 냉각수를 퇴수시키고 깨끗한 물로 교환(블리드 오프)해 오염물질이나 약품이 농축되지 않도록 한다.
- 냉각탑 상부의 팬 흡입 측에 엘레미네이터를 설치하여 냉각수의 비산량을 최소화 하면 급수 보충수 및 수처리 약품의 비용을 줄일 수 있다.
- 외기의 온도가 낮은 때에는 냉각수만 순환시키는 자연 냉각효과를 이용하여 팬의 가동이 최소화되도록 한다.
- 외기의 온도가 낮은 계절에 냉각탑이 가동될 때에는 냉각수의 온도를 당초의 설정 온도(보통 32℃)보다 낮게 재조정하여 융통성 있게 운전하면, 냉동효율이 좋아져 냉동기의 가동 에너지를 절감할 수 있다.
- 냉각탑은 주위의 공기가 잘 순환되는 곳에 설치한다. 미관상의 은폐를 위하여 냉각탑 주위에 펜스나 구조물을 설치한 경우에는 공기의 유통에 지장이 없도록 루버의 간격을 최대한 넓게 한다. 측벽과 냉각탑의 간격이 너무 가까우면 냉각효과가 감소하므로 적어도 측벽 높이의 1/2 이상 떨어뜨려 준다.

- 다수의 냉각탑이 병렬로 설치되어 있을 때 각 셀별로 공급과 환수량의 밸런싱이 정확하게 맞지 않으면 수조에서 물이 넘쳐 냉각수가 낭비되거나 수위가 떨어져 배관 쪽으로 공기가 유입된다. 따라서 이럴 때에는 가급적 공급과 환수 배관에 정유량밸브를 설치하여 유량 분배가 균일해지도록 하는 것이 바람직하다.
- 연도나 에어컨 실외기, 주방의 배기팬 등 발열이 예상되는 장비는 최대한 냉각탑과 멀리 설치하여 더운 공기가 흡입되지 않도록 한다.
- 냉각탑의 설치 간격이 좁은 경우에는 토출된 공기가 흡입 측으로 재순환되지 않도록 토출부에 가이드를 설치하여, 토출공기가 최대한 상부로 올라간 뒤 대기 중으로 확산되도록 한다.

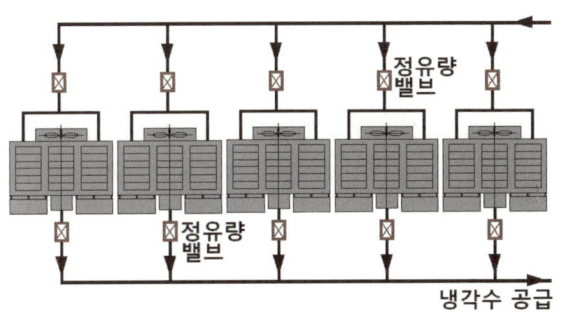

| 다수의 냉각탑이 병렬로 설치된 경우 공급 및 환수관에 정유량밸브를 설치하여 유량 분배를 균일하게 하고 물 넘침을 예방함 |

| 연도의 배기 가스가 냉각탑 흡입측으로 유입되는 것을 예방하기 위하여 연도를 냉각탑보다 높게 연장해 놓은 상태 |

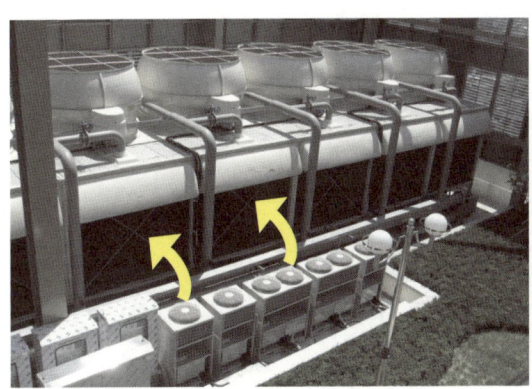

| 에어컨 실외기의 더운 토출 공기가 냉각탑 흡입측으로 유입되어 효율이 저하됨 |

| 토출 공기가 흡입측으로 재유입되지 않도록 토출구에 가이드를 설치함 |

# CHAPTER 19 축열설비

## 01 축열(축냉)설비의 개요와 운전방식

축열설비(Thermal energy storage system)는 야간에 심야전기를 공급받아 냉동장치를 가동하여 얼음이나 물 또는 상변화 물질 등의 축냉 매체에 냉열을 저장하였다가 이를 주간시간의 냉방에 이용하는 설비이다. 축냉 매체의 종류에 따라 크게 빙축열식(얼음), 수축열식(물), 잠열축열식(상변화 물질)으로 구분할 수 있다. 예전부터 빙축열식이 가장 널리 사용되어 왔으며 근래에 들어 수축열식의 적용도 늘어나고 있는 추세이다. 잠열축열식은 여러 가지 제기되는 문제점 때문에 상용화 사례는 거의 없다.

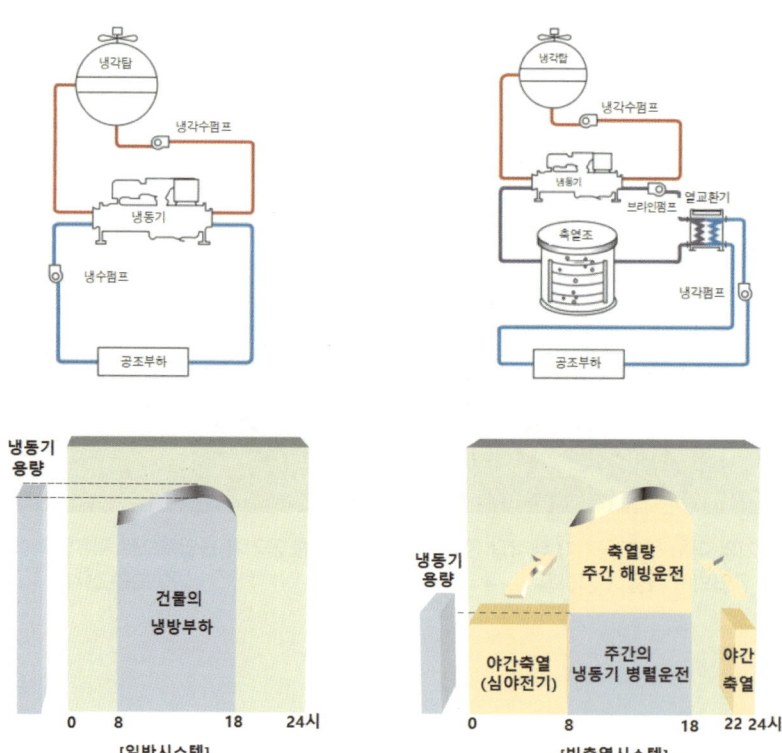

축냉설비는 저렴한 심야전력을 이용하여 주간 냉방을 하기 때문에 운전비를 대폭 절감할 수 있고, 일정 규모의 축열량을 보유하고 있어 부하 증가의 변동에 대응하기가 용이하다. 또한 주간부하를 야간에 분담함으로써 냉방 열원장비의 용량을 기존보다 작게 할 수도 있다.

국가적으로도 축냉설비는 전력부하 평준을 통해 전력 수요관리에 도움을 주는데, 발전설비의 가동률을 높이고 효율적인 이용을 가능하게 한다. 최근 관심을 모으고 있는 대용량 전력저장시설(ESS) 역시 전력부하 평준화를 목적으로 하고 있으나, 축냉설비는 기존의 기술을 이용하여 효과적으로 전력부하 평준화에 기여하는 설비라고 할 수 있다.

축냉설비는 공공건물에서는 일정 규모 이상인 경우 의무적으로 설치하도록 법제화되어 있어 그동안 설치 사례가 많았으며, 민간에서도 전력 피크부하나 수전 용량의 절감, 건물의 냉방에너지 비용 절감 등을 위하여 설치하는 사례가 많았다. 또한 그동안 한국전력공사에서는 축냉설비 설치 시 전력 절감금액에 따라 일정 금액을 무상으로 지원해주고, 심야전력을 주간 요금보다 저렴한 단가로 지원함으로써 축냉설비의 보급을 위해 노력해 왔다.

그러나 축냉설비는 축열조 설치에 따른 건축 면적이 추가로 필요하고 초기투자비도 많이 상승해야 하는 부담이 있다.

# 02 빙축열 시스템

## (1) 빙축열시스템의 구성

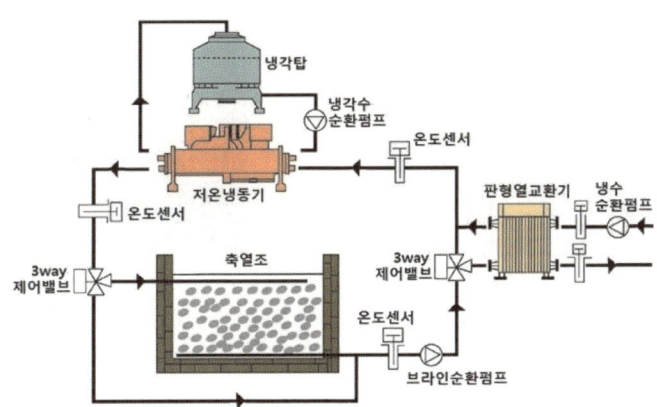

빙축열시스템은 야간에 저온냉동기를 가동하여 축열조에 얼음을 제빙해 놓았다가 주간에 해빙시켜 냉방에 사용하는 방식이다. 야간에 물이 냉각되어 얼음으로 상변화할 때 얼음 1kg당 79.68kcal의 열량을 저장해 놓았다가, 주간에는 반대로 축열조의 얼음을 녹이는 과정에서 융해열을 이용해 냉수를 냉각하게 된다. 물의 비열보다 큰 잠열을 이용하기 때문에 수축열방식보다 축열조의 크기를 1/5~1/8 정도로 작게 할 수 있다.

빙축열용 저온냉동기는 축열조에서 얼음을 만들어야 하기 때문에 증발온도가 매우 낮으며, 냉동기와 축열조 사이를 순환하는 열매체도 영하의 온도로 순환되어야 하므로 순수한 물에 부동액을 혼합한 특수한 냉수(브라인)가 사용되고 있다.

이 브라인과 건물쪽 일반 공조배관 계통과는 직접적으로 연결하는 것이 곤란하기 때문에 중간에 판형열교환기가 설치되어 분리되어 있고, 냉방부하에 따라 브라인의 순환량을 3way제어밸브가 조절하도록 구성된다. 간혹 열교환기에 설치된 브라인의 제어밸브가 오작동될 경우 일반 공조배관 쪽의 냉수가 결빙되어 열교환기의 동파사고가 발생하기도 하므로 제어밸브는 신뢰성이 좋아야 한다.

| 빙축열시스템의 축열조 |

| 빙축열용 냉동기 |

| 브라인 ↔ 냉수와의 열교환기 |

| 브라인 순환펌프 |

빙축열용 냉동기는 저온에서의 운전 특성이 양호한 사양의 냉동기가 사용되어야 하는데, 제빙 시 냉동기의 저온 운전으로 COP는 일반적인 냉방운전 시보다 많이 저하된다. 그러나 제빙 시에는 비교적 낮은 전력 단가의 심야전력을 이용하게 되므로 운전비의 절감이 가능하다. 또한 수축열시스템에 비해 저온의 냉수를 부하측에 공급할 수 있으므로 대온도차 공조나 저온공조방식을 적용할 경우 반송동력을 상당히 절감할 수도 있다.

한편 빙축열시스템은 축열조의 내부에 제빙코일이나 캡슐 등이 가득차 있는 경우가 대부분이고 축열조의 용량도 수축열보다는 적어서 동절기 난방용 축열조로 겸용하기는 곤란하다. 최근 빙축열시스템으로 난방을 하기 위한 연구가 일부 진행되고는 있으나 해결해야 하는 문제가 많아 쉽지는 않을 것으로 보인다.

### (2) 빙축열시스템의 운전방식

① 제빙운전

제빙운전은 심야전기가 공급되는 야간시간대에 빙축열용 냉동기를 영하의 저온상태로 운전하면서 브라인(−3.5℃~−5℃)을 축열조 내로 순환시켜 축열재를 얼음으로 만드는 과정이다. 이때 냉동기에서 생산된 냉열은 오로지 축열조의 제빙에만 사용되도록 축열조의 입구(또는 출구) 쪽에 설치된 3way제어밸브의 개도방향을 조절하여 판형열교환기로는 브라인이 순환되지 않도록 설정된다.

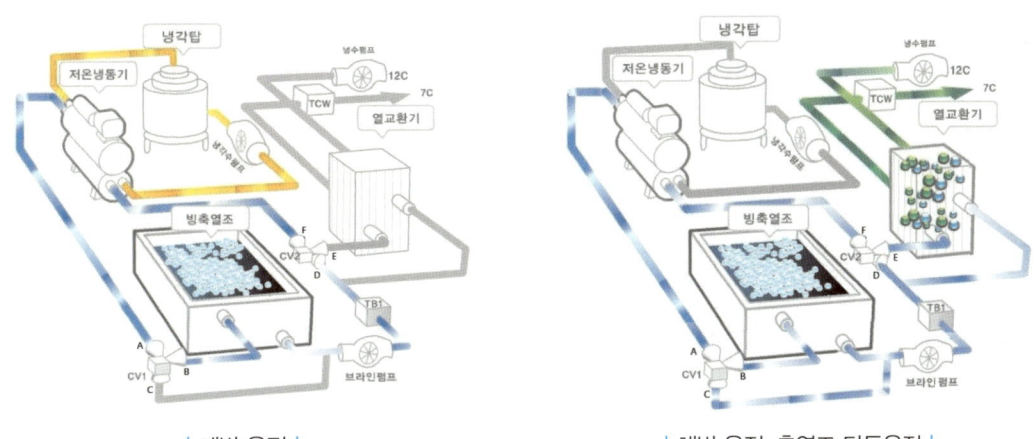

| 제빙 운전 |　　　　　| 해빙 운전, 축열조 단독운전 |

② 해빙 운전(축열조 단독운전)

주간에 축열조 내부의 얼음을 녹여 건물 냉방에 활용하는 운전으로, 브라인이 축열조를 통과하면서 내부의 얼음과 열교환하여 4℃ 내외의 저온으로 변한 뒤 판형열교환기에서 부하측의 냉수와 열교환하게 된다. 열교환기에서 생산된 5℃의 냉수는 건물 내 각 공조장비들에게 공급하여 냉방 운전을 하게 된다.

이때 빙축열용 냉동기는 가동되지 않고 정지해 있는데, 부하측의 실시간 냉방부하가 높게 발생되지 않거나 주간 냉방부하를 축열조의 얼음만으로도 감당할 수 있을 것으로 판단되는 환절기나 초여름 무렵에 주로 적용되는 운전방식이다.

③ 해빙 및 냉동기 병렬운전

주간에 축열조의 해빙운전을 하면서 빙축열용 냉동기를 동시에 가동하여 냉방하는 방식으로, 빙축열시스템에 있는 모든 장비가 가동되게 된다. 냉방부하가 높게 발생되어 축열조의 단독운전만으로는 감당하기 어렵거나 또는 주간 냉방피크부하에 적절하게 대처하기 위하여 축열조와 냉동기가 부하를 분담하도록 설정된 운전방식이다.

주로 냉방부하가 큰 여름철에 적용되는데, 주간의 냉방부하의 변화 추이에 따라 해빙 단독운전과 냉동기 병렬운전을 얼마나 효과적으로 혼합하여 운용하느냐가 빙축열시스템의 효율이나 에너지 절감량의 관건이 된다.

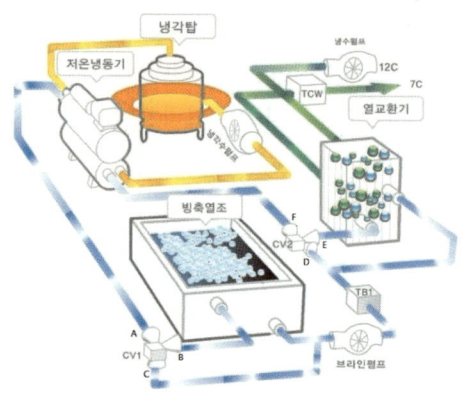

| 해빙 및 냉동기 병렬운전 |

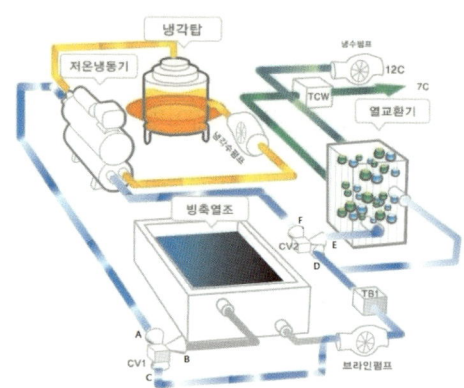

| 냉동기 단독운전 |

④ 냉동기 단독운전

주간에 축열조를 사용하지 않고 빙축열용 냉동기를 상온으로 운전하여 냉방부하에 대응하는 운전방식으로, 축열조의 축열량이 모두 소진되어 해빙운전이 불가한 상황이거나 피크부하를 대비하여 축열조의 해빙운전을 보류시키고자 하는 상황에서 주로 적용된다. 주로 여름철의 오후 늦은 시간이나 오전 이른시간에 적용되는 운전형태이다.

냉동기에서 냉각된 브라인은 축열조의 입구(또는 출구) 쪽에 설치된 3way제어밸브의 개폐방향에 의하여 축열조를 거치지 않고 바로 판형열교환기로 순환되게 된다. 주간에 빙축열용 냉동기가 가동되기 때문에 운전비 측면에서는 불리하다.

▼ 빙축열시스템 운전모드별 각 기기의 운전상태

| 운전 모드 | 냉동기 | 브라인 펌프 | 냉각탑 | CV1밸브 | CV2밸브 |
|---|---|---|---|---|---|
| 제빙운전 | 저온 운전 | 가동 | 가동 | A ⇨ B | D ⇨ F |
| 축열조 단독운전 | 정지 | 가동 | 정지 | A ⇨ (B+C) | (D+E) ⇨ F |
| 병렬운전 | 상온 운전 | 가동 | 가동 | A ⇨ (B+C) | (D+E) ⇨ F |
| 냉동기 단독운전 | 상온 운전 | 가동 | 가동 | A ⇨ C | (D+E) ⇨ F |

## (3) 빙축열시스템의 제빙방식

빙축열시스템의 냉동기는 주로 저온용 터보냉동기나 스크류냉동기가 많이 사용되고 있으며, 근래의 아이스슬러리형 빙축열시스템은 별도로 제작된 특수한 제빙기를 사용하고 있다. 빙축열시스템은 제빙되는 방식에 따라 정적 제빙방식과 동적 제빙방식으로 분류할 수 있다.

### ① 정적 제빙방식(Static type)

정적 제빙방식은 제빙용 열교환기의 표면 또는 용기 내에 얼음을 생성하고 고착시켜 저장하였다가, 주간에 저장된 얼음을 녹이면서 냉열을 이용하는 방식이다. 이 방식은 오랫동안 이용되어 오면서 기술적 문제점들이 거의 해결되었고, 안정성과 신뢰성도 일정 수준 이상으로 확립되어 있으므로 이용하는 데 큰 문제가 없다는 장점이 있다.

그러나 이 방식이 갖고 있는 단점은 축냉과정에서 전열면에 형성된 얼음층의 두께가 증가함에 따라 열저항이 증가하여 냉동기의 성능이 시간 경과와 함께 다소 감소한다는 점이다. 또한 얼음층이 대체로 두껍게 형성되어 신속한 융해가 이루어지지 않기 때문에, 방열성능이 낮아 부하변동이 심한 곳에서는 운전상의 어려움이 있을 수 있다.

이러한 얼음 두께 증가에 따른 열저항을 줄이려는 목적으로 얼음 두께를 얇게 하거나 제빙속도 증대를 위해 관경이 작은 파이프나 얇은 평판 용기 내에 얼음을 형성시키는 방법 등 다양한 형태의 시스템들이 보급되고 있다. 관외착빙형과 캡슐형이 대표적인 정적 제빙방식이며, 국내의 경우 이 두 방식이 보급된 빙축열시스템의 80% 이상을 차지하고 있다.

▼ 정적 제빙방식의 종류

| 종류 | 세부 내용 |
| --- | --- |
| 관외 착빙형<br>(Ice on Coil) | • 축열조 내부에 코일이 설치되어 있고 그 주위에는 물이 채워져 있어 코일 내를 순환하는 저온의 브라인에 의해 코일 주위에 얼음이 생성됨<br>• 제빙 시 물이 팽창하게 되므로 축열조는 개방형 구조이어야 하고, 코일 주위에 얼음이 형성되면서 접촉면이 넓어져 제빙효율이 좋아짐<br>• 완전동결형 : 관내부 브라인(제빙/해빙용 열매), 관외부 물(정체, 저장)<br>• 직접접촉식 : 완전 동결형과 동일한 구조이나 해빙 시 물이 순환 |
| 관내 착빙형<br>(Ice in Coil) | • 관외 착빙형과 거의 동일한 구조이지만 관 외부에 제빙용 브라인이 순환하고 코일 내부에 얼음이 생성됨 |
| 캡슐형<br>(Ice Capsule) | • 축열조 내부에 물이 들어있는 캡슐을 채워넣고, 캡슐 주위로 저온의 브라인을 흐르게 하여 캡슐 내에 얼음이 생성되도록 함<br>• 캡슐의 형태에 따라 아이스렌즈형(Ice Lens), 아이스볼형(Ice Ball)이 있으며, 캡슐의 내구성이 빙축열시스템의 수명과 직결됨<br>• 축열조 구조나 형태로부터 비교적 자유로워 적용이 용이함<br>• 축열조 내에 브라인의 사용량이 많음 |

 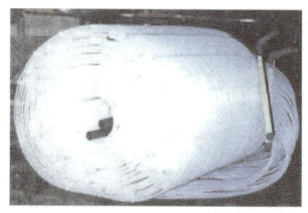 

| 관외 착빙형의 축열조와 내부 코일(신성엔지니어링 제품) |

| 관외 착빙형의 축열조와 내부 코일(장한기술 제품) |

 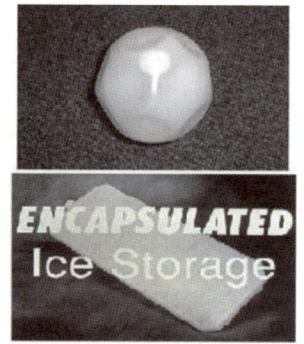

| 캡슐형의 아이스볼과 아이스렌즈 |

관외착빙형은 축열조 내에 코일을 설치하고 물을 채운 다음 관 내부로 냉매 또는 브라인을 순환시키면서 관 외벽에 얼음을 형성하는 제빙방법이다. 해빙방법에 따라 내융형(완전동결형, static-indirect contact type)과 외융형(직접접촉식, static-direct contact type)으로 구분된다. 장치의 구성이 간단하고 유지관리가 비교적 용이하며 외융형의 경우 해빙 시 냉수를 직접 순환시킬 수 있어 별도의 열교환기가 필요치 않은 장점이 있다.

캡슐형은 일반적으로 PE 재질인 구형 또는 판형 용기(capsule) 내에 물과 과냉 방지를 위한 소량의 조핵제를 함께 넣고 밀봉한 다음 축열조 내에 적층한 빙축열시스템이다. 제빙과정에서는 브라인 수용액이 냉동기와 축열조를 순환하면서 용기 내부의 물을 얼리게 되고, 방열과정에서는 브라인 수용액이 부하측 열교환기와 축열조를 순환하면서 용기 내부의 얼음을 녹여 얻어진 냉열을 부하측에 전달한다.

용기의 형태에 따라 ice ball type과 ice lens type으로 구분된다. 볼타입은 축열조 내에 적층하기 쉬운 구조이며, 렌즈형은 열교환 면적이 상대적으로 넓은 구조를 갖고 있다. 캡슐을 제외하고는 장치 구성이나 시공이 간단하고 모듈화가 쉬우며 축열조의 형태에 제한을 거의 받지 않는 장점이 있다.

또한 부하에 따라 축냉량의 조절(캡슐의 수)이 용이하고 캡슐 내에 잠열재를 넣을 경우 0℃ 이상의 고효율 축열도 가능하다. 그러나 역시 두꺼운 얼음층 형성으로 제빙효율이 저하되며 축열조 내 브라인 흐름이 균일하지 않은 경우 부분 결빙 및 부분 해빙의 가능성이 있다. 또한 조핵제에 따라서는 과냉의 염려가 있으며, 무수한 캡슐이 적층되어 있어 캡슐의 결빙이나 해빙, 파손 등을 확인하는게 쉽지 않다. 만일 캡슐의 파손량이 많아져 성능이 저하된 경우 시스템 운전을 정지하고 축열조 내부를 브라인과 캡슐을 꺼내 확인 후 조치하여야 하기 때문에 보수가 어려운 단점이 있다.

② 동적 제빙방식(Dynamic type)

동적 제빙방식은 두께가 얇은 얼음이나 수십 $\mu$m~수mm의 얼음입자가 섞여 있는 아이스슬러리를 연속적으로 제빙하고, 이를 이탈시켜 축열조에 저장하였다가 녹이면서 냉열을 이용하는 방식이다. 따라서 일반 냉동기와는 구조가 다른 별도의 제빙기가 설치되는데, 제빙된 얼음을 이탈시키기 위한 기계적 가동부분이 많아 장비의 안정성 및 신뢰성, 그리고 유지보수 측면에서 정적 제빙방식에 비해 불리한 것으로 평가되어 왔다. 또한 축열조 내에 저장할 수 있는 얼음의 양이 정적 제빙방식에 비해 상대적으로 적다는 단점도 있다.

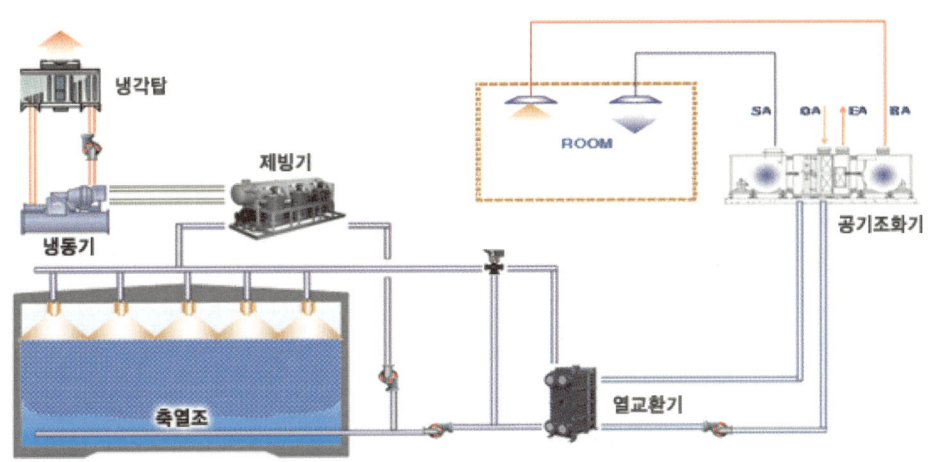

| 아이스슬러리 제빙방식의 계통도 |

| 아이스슬러리형의 축열조 내부 모습과 제빙기 |

그러나 제빙과정에서 얼음층에 의한 열전달 저하가 거의 없어 제빙효율이 우수하며, 만들어진 얼음 또한 두께가 두껍지 않아 방열성능 및 부하 대응성이 우수하다는 장점이 있다. 또한 대부분의 동적 제빙방식이 브라인을 이용하지 않고 증발기에서 직접 제빙을 하는 냉매 직팽식을 이용하므로, 제빙기의 열적효율(COP)도 우수하고 부하 추종성도 좋은 편이다.

이 시스템에서는 열매체로 물 또는 첨가제가 섞인 수용액을 이용하게 되는데, 활용 측면에서는 물만 이용하는 방법이 바람직하지만 아이스슬러리 제빙의 안정성을 향상시키고 융점을 낮추며 유동성을 증가시키기 위하여 5~10%의 브라인이나 에탄올과 같은 첨가제를 섞는 것이 일반적이다. 한편, 작은 얼음입자로 만드는 경우 배관을 통한 얼음입자의 직접 수송이 가능하여 단위 유량당 냉열수송능력을 크게 증가시킬 수 있는 장점이 있다. 이러한 동적 제빙방식의 특징은 빙축열시스템을 산업용 냉각시스템이나 지역냉방시스템에 활용하는 데 큰 도움을 준다. 또한 유동성을 갖고 있기 때문에 제빙기와 축열조의 분리가 가능하고, 축열조의 형상에 크게 제약을 받지 않아 공간 활용성도 우수하다. 아울러 축열조 내에 다른 설비가 들어있지 않아 필요시 축열조를 다른 수축열조 등으로 이용할 수 있는 가능성도 있다.

그러나 제빙기의 구조와 제어가 복잡한 것이 단점이고 일반적으로 장비의 가격도 정적 제빙방식보다 고가이다. 또한 그동안 장비의 내구성이나 신뢰성이 좋지 않고 유지보수도 원활하지 못했던 것이 사용자 측의 불만 사항이어서 시스템 선택 시 이 부분에 대한 검토가 필요하다. 최근 여러 가지 방식의 제빙기가 개발되고 있고, 아이스슬러리를 직접 부하측까지 순환시키기 위한 연구 등 기술 발전의 가능성은 높다고 하겠다.

국내에서의 동적 제빙방식은 거의 대부분 아이스슬러리형이 적용되고 있으며, 하베스트형은 보급된 사례가 매우 적다.

▼ 동적 제빙방식의 종류

| 종 류 | 세부 내용 |
|---|---|
| 아이스 슬러리형 (Ice Slurry type) | • 냉동기의 증발판에 브라인을 통하게 하여 증발판 위에 살얼음이 형성되게 하고, 이 얼음을 스크랩(scrape)으로 긁어내려 아이스슬러리를 만듦<br>• 냉동기의 고효율 운전이 가능하고 슬러리를 부하측으로 직접 반송시켜 이용할 수도 있음 |
| 빙박리형 (Ice Harvest type) | • 축열조 내부에 제빙코일을 설치하여 내부에 냉매가 흐르게 하고, 코일 표면에 물을 분사하여 얼음을 착빙시킨 후, 코일 내로 냉매가스를 순환시켜 착빙된 얼음을 코일로부터 분리시켜 저장함<br>• 해빙 시에는 축열조에 물을 순환시켜 얼음과 직접 접촉시킨 후 부하측으로 공급함 |

## 03 수축열 시스템

수축열 시스템은 축열조에 얼음이 아닌 물의 현열을 이용하여 축냉 및 방냉하는 시스템이다. 축열방식이 간단하여 운전 관리가 용이하고 냉동기의 고효율 운전이 가능해 최근 수축열 시스템을 채택하는 사례가 증가되고 있다.

축열 방법에 있어서는 온도차에 의한 부력을 이용하여 수축열조에 저장하는 열성층화 방식이 많이 사용되고 있다. 냉동기에서 생산된 저온의 냉수는 축열조의 하부에 저장되고, 공조 장비에서 사용되고 온도가 높아져 되돌아온 미지근한 냉수는 온도차에 의한 경계층을 형성하면서 축열조의 상부에 저장되도록 하는 방식이다. 이 외에도 저장조의 중간에 가요성 고무막을 수평 또는 수직으로 설치하여 물리적으로 냉수와 온수를 분리시키는 분리막 방식, 여러 개의 분리된 저장조 중 하나를 빈 채로 두고 이곳에 온수를 받는 빈 수조방식 등도 간혹 사용되고 있다.

수축열 시스템은 빙축열에 비해 시스템이 간단하고 축열 매체로 물을 사용하기 때문에 유지관리비가 저렴하다. 또한 냉동기 축냉 운전 시 냉수의 온도(증발 온도)가 높아 효율(COP)이 높아져 운전비 측면에서 유리하다. 그러나 수축열조가 매우 커서 설치 공간이 많이 필요하고, 개방형 수축열조일 경우에는 열손실이 발생하며 순환펌프의 동력이 커져야 하는 단점이 있다.

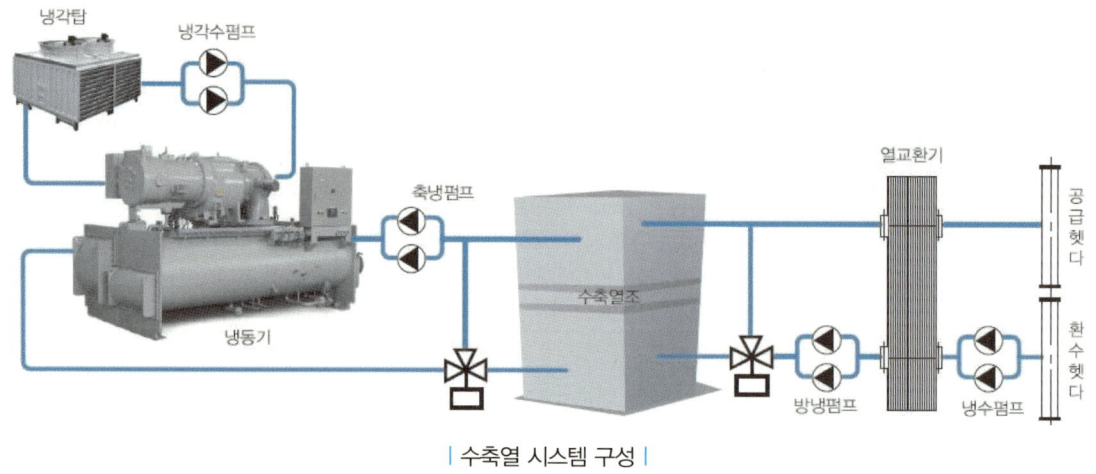

|수축열 시스템 구성|

## (1) 수축열 시스템의 냉방운전

- 야간 : 값싼 심야전력을 이용하여 냉동기로 4~5℃의 냉수를 만들어 축열조에 저장
- 주간 : 저장된 냉수를 부하 설비 쪽으로 순환시켜 사용한 후 축열조 상부로 되돌아옴

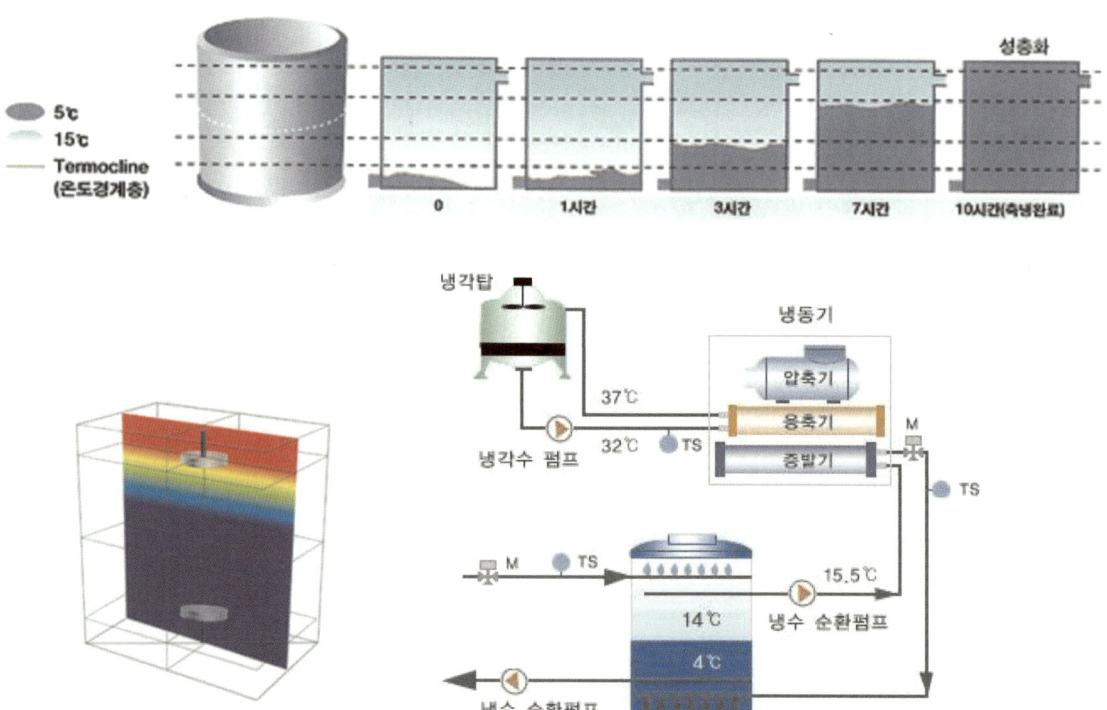

- 하나의 축열조 내에서 상·하부에 설치된 물분배기(diffuser)를 통하여 한쪽에서는 공급, 반대편에서는 환수를 아주 느린 속도로 공급하여, 공급된 냉수와 환수가 비중차로 인하여 온도 성층화를 이루도록 하여 열을 저장하는 방식임

## (2) 수축열 시스템의 온열 축열

동일한 원리를 이용하여 냉열뿐만 아니라 온열의 축열도 가능함(온수의 공급과 환수의 순환방향이 냉방 시와는 반대가 됨)

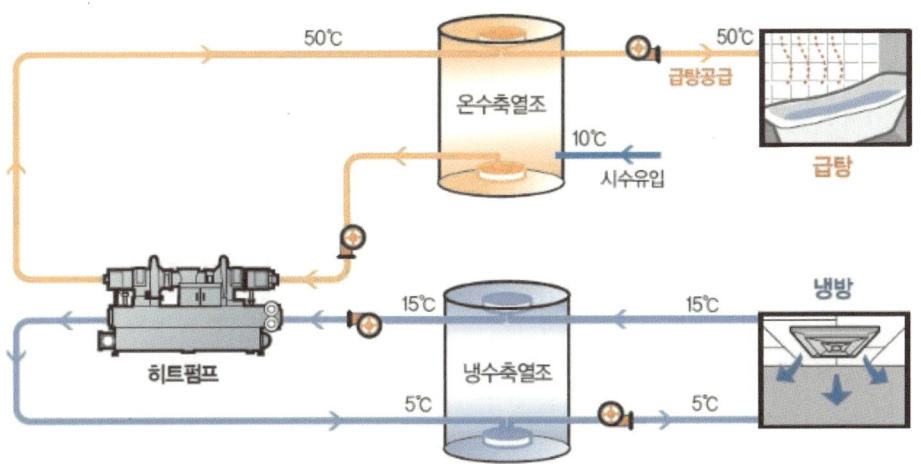

| 수축열 히트펌프 시스템의 사례 |

# 04 축열(냉) 설비의 운용방식

## (1) 축냉방식

축냉설비는 냉방부하 대비 축열량의 규모에 따라 전부하 축열방식과 부분부하 축열방식으로 나뉘어진다.

전부하 축열방식은 심야전력이 적용되는 시간대에서만 냉동기를 가동하여 다음날 필요한 냉동 부하 전체를 야간에 축열하였다가 주간에 해빙하여 사용하며, 주간에는 냉동기를 가동하지 않는 방식이다.

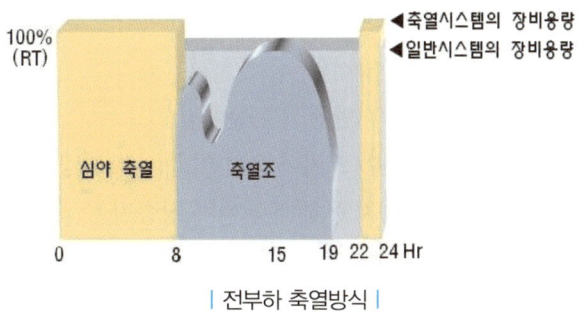

| 전부하 축열방식 |

저렴한 심야전력을 최대한 이용할 수 있어 운전비가 가장 많이 절감되고 시스템도 간단하나, 축열조의 용량이 커져 초기 투자비와 설치공간은 늘어나야 한다.

이에 반해 부분부하 축열방식은 심야시간에 냉동기를 가동하여 주간 냉방부하의 일부만을 축열하였다가 주간에는 냉동기와 축열조를 동시에 가동하여 냉방하는 방식이다. 전부하방식보다 축열조와 냉동기의 용량을 줄일 수 있어 초기투자비와 설치공간은 줄어드나 주간 전력의 사용이 늘어나 운전비는 증가된다.

그러나 축냉설비가 설치되는 현실적인 여건과 시스템 운영의 효율성을 고려하여 현재 국내 대부분의 축열 시스템에서 부분부하 축열방식이 적용되고 있으며, 보통 심야시간의 축열량은 다음날 필요한 냉방부하의 40~50% 수준으로 설정된다.

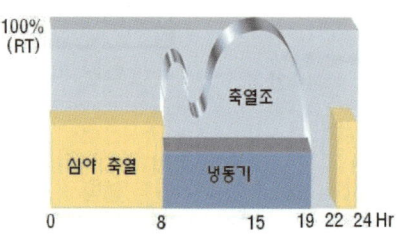

| 부분부하 축열 : 냉동기 우선 운전 |

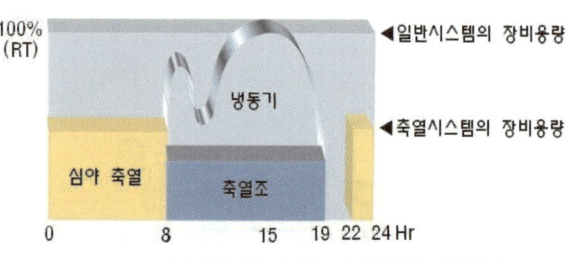

| 부분부하 축열 : 축열조 우선 운전 |

| 구분 | 전부하 축열방식 | 부분부하 축열방식 |
|---|---|---|
| 장점 | • 심야시간의 값싼 전력 이용에 따른 전력비 감소<br>• 예측 못한 부하에 대비하는 용도에 적합 | • 축열조나 냉동기의 용량이 작아져 초기투자비가 적음<br>• 주간에 냉동기 효율이 증대 |
| 단점 | • 장비의 용량이 커져야 함(110~130%)<br>• 초기투자비가 과다해져서 경제성이 없어짐 | • 기기의 작동시간이 길다.<br>• 축열조의 효율이 약간 감소<br>• 전부하방식에 비해 동력비 증가 |

## (2) 운전방식

### ① 냉동기 우선 운전방식

- 주간 냉방 시 냉동기를 일정한 용량으로 운전하고, 나머지 변동 부하를 축열조의 방열운전으로 분담하는 방식임
- 냉방운전의 안전성은 높아짐
- 부하 변동이 크거나 운전 미숙 시 축열량을 전부 사용하지 못하게 되므로 축냉설비를 효과적으로 활용하지 못해 운전비가 상승될 수 있음

### ② 축열조 우선 운전방식

- 주간 냉방 시 축열조를 일정 용량으로 방열시켜 냉방부하의 일정 용량을 처리하고, 나머지 변동 부하를 냉동기의 운전을 통해 처리하는 방식임
- 축열량을 최대한 사용하게 되어 운전비가 절감될 수 있음
- 축열조의 방열량 조절이 적절치 않을 경우 최대 냉방부하 시 용량 부족 현상을 가져올 수 있음

③ 수요제한 축열방식
- 주간 파크부하 시 냉동기를 가동하지 않고 축열조 방냉만으로 부하를 처리하고 첨부시간 이외에는 냉동기를 가동하여 축열 냉열과 조합하여 냉방하는 방식
- 주간에 피크 전력부하를 줄일 수 있어 전력단가를 절감할 수 있음
- 안정적 운전을 위해 축열조의 용량을 다소 여유있게 설치하는 것이 바람직함
- 제어 및 운전방법이 까다로움

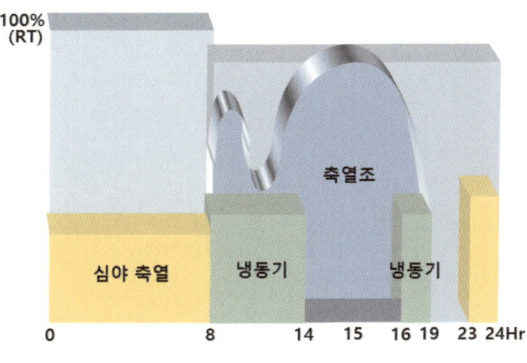

| 수요제한 축열방식 |

## (3) 냉동기의 배치방식

① 냉동기 선단방식(Chiller Upstream)
- 냉동기를 축열조의 상류측에 배치하는 방식으로서 열교환기를 통과한 브라인이 바로 냉동기에 유입되므로 냉동기 입구의 브라인 온도가 높아져서 냉동기 운전효율(COP)은 높아짐
- 반면에 축열조에 유입되는 유체(브라인)온도가 낮아져서 축열조 방열효율이 떨어지므로 축열조 용량이 커지고 공사비도 다소 증가함
- 냉동기의 COP가 좋아 운전동력비가 절감되므로 냉동기 후단방식보다 많이 적용하고 있음

② 냉동기 후단방식(Chiller Downstream)
- 냉동기를 축열조 하류측에 배치하는 방식으로서 열교환기를 통과하여 온도가 높아진 브라인이 바로 축열조로 유입되므로 축열조의 방열효율이 높아져 축열조 용량이 줄어들 수 있음
- 냉동기 입구측의 수온이 낮아져서 냉동기의 운전효율은 다소 저하되어 운전동력비가 증가됨

③ 병렬회로방식
- 냉동기와 축열조를 병렬로 설치하여 주간 냉방 시 냉동기와 축열조를 동시에 운전하여 냉방부하에 대응하는 방식
- 냉동기와 축열조의 효율을 최대한으로 이용할 수 있으나 시스템의 구성이 다소 복잡하고 공사비가 많이 소요됨

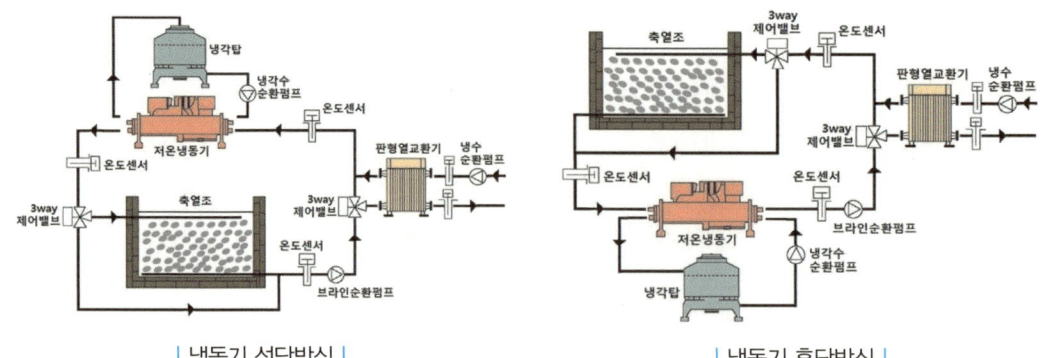

# CHAPTER 20 지열설비

## 01 신에너지, 재생에너지

신·재생에너지(New and Renewable Energy)란 기존의 화석연료를 변화시켜 이용하거나 햇빛, 물, 지열, 강수, 생물유기체 등을 포함하여 재생가능한 에너지를 변화시켜 이용하는 에너지인데, 「신에너지 및 재생에너지 개발·이용·보급촉진법」에서는 다음과 같이 12개 분야로 구분하고 있다.

| 구 분 | 에너지의 종류 | 비 고 |
|---|---|---|
| 신에너지 | 수소에너지, 연료전지, 석탄액화가스화 및 중질잔사유가스화 | 3개 분야 |
| 재생에너지 | 태양광, 태양열, 바이오, 풍력, 수력, 해양, 폐기물, 지열, 수열 | 9개 분야 |

신·재생에너지는 한정된 화석연료와는 달리 태양이나 물, 바람 등 무한한 자원을 이용하므로 고갈된 우려가 없어 기존의 화석연료를 대체할 유일한 수단이다. 또한 화석연료 사용에 의한 $CO_2$ 발생을 줄이고 온실가스 감축 및 국제적인 환경 규제에 대응하기 위해서도 필요하다.

따라서 신·재생에너지는 초기투자비의 부담에도 불구하고 화석에너지 고갈 및 환경문제에 대한 핵심 해결방안이라는 점과 국가 신성장산업으로서의 미래 잠재력 때문에 각종 국가적인 정책과 지원에 따라 그동안 지속적으로 보급이 확대되어 왔다. 국내에서는 그동안 신재생에너지설비의 보급을 위해 일정 규모 이상의 공공기관에서는 신재생에너지설비의 설치를 의무화하고 있고, 민간에게는 설치지원금 및 각종 혜택을 부여하여 보급을 장려하고 있다.

현재 공공기관에서는 연간예상에너지 사용량의 일정 비율 이상을 신재생에너지설비로 공급하도록 강제하고 있는데, 공급의무비율이 해마다 급격히 높아지도록 되어 있어 향후 신축되는 공공기관 건물에서는 냉난방에너지의 거의 대부분을 신재생에너지설비로 감당하게 되는 사례가 많을 것으로 전망된다.

▼ 공공기관에서 연간예상에너지 중 신재생에너지설비의 공급의무비율

| 해당 연도 | 14년 | 15년 | 16년 | 17년 | 18년 | 19년 | 20년~ |
|---|---|---|---|---|---|---|---|
| 공급의무비율 | 12% | 15% | 18% | 21% | 24% | 27% | 30% |

## 02 지열설비의 분류

지열(Geothermal)은 지표면이나 지하수, 지표수, 또는 흙이나 암석 등이 태양복사열과 지구 내부의 마그마 열에 의해 보유하고 있는 에너지이다. 지열은 온도에 따라 중·저온(10~90℃) 지열에너지와 고온(120℃ 이상) 지열에너지로 구분할 수 있다.

지열은 이용하는 방식에 따라 직접이용(direct use)과 간접이용(indirect use)로 분류할 수 있다. 직접이용방식은 지열을 이용하여 열(heat)을 생산해 건물의 냉난방이나 급탕에 활용하는 방식이고, 간접이용방식은 지열을 활용해 전기를 생산하여 사용하는 방식이다.

지열에너지의 직접이용방식은 가장 오래된 기술로서 지열 히트펌프, 온천, 시설원예 난방, 지역난방 등 땅에서 중온수를 추출하여 사용자에게 직접 공급하거나 또는 히트펌프와 같은 에너지 변환기기의 열원으로 활용하여 냉열·온열을 공급하는 방식이다. 히트펌프를 이용하는 방식이 가장 활성화되어 널리 보급되고 있는데, 토양열원이나 지하수열원, 지표수열원 등을 활용하며, 근래에는 지열과 공기열(냉각탑)을 복합적으로 연계한 하이브리드 방식도 적용되고 있다.

지열을 활용하기 위한 열교환 배관의 구조에 따라서는 밀폐형(Closed-loop system)과 개방형(Open-loop system)으로 구분한다. 국내에서는 밀폐형의 수직밀폐형이 가장 널리 사용되고 있으며, 지열설비의 용량이 커지면서 개방형의 우물관정형(SCW ; Standing Column Well)도 일부 보급되고 있는 추세이다.

| 구분 | 종 류 | 비 고 |
|---|---|---|
| 깊이에 따라 | • 천부지열(shallow geothermal) : 150~200m | 10~20℃ 정도 |
| | • 심부지열(deep geothermal) : 200m 이상 | 40~150℃ 이상 |
| 온도에 따라 | • 중온수 : 10~90℃ 정도 | |
| | • 고온 : 120℃ 이상 | |
| 이용 방식에 따라 | • 직접이용형 : 지열 히트펌프, 온천, 시설원예 난방, 지역난방 등 | 열을 생산 |
| | • 간접이용형 : 건증기 지열발전, 습증기 지열발전, 바이너리사이클 지열발전, EGS발전 | 전기를 생산 |
| 지열 열교환기 배관방식에 따라 | • 개방형(open-loop) : 단일관정형(우물관정형), 복수관정형, 지표수형 | 지열원 직접순환 |
| | • 밀폐형(closed-loop) : 수직밀폐형, 수평밀폐형, 지표수 이용 열교환형, 에너지파일형 | 간접 열교환 |
| 열원의 위치에 따라 | • 지하수 이용형 : 우물관정형, 복수관정형 | |
| | • 지중열 이용형 : 수직밀폐형, 수평밀폐형, 에너지파일형 | |
| | • 지표수 이용형 : 하천수, 호수, 해수 | |

초창기에는 지열설비의 시공비가 높은 편이기 때문에 신·재생에너지설비를 의무적으로 설치해야 하는 관급공사를 중심으로 보급되었으나 근래에는 정부의 적극적인 보급지원 시책과 지열설비를 심야전기나 수축열 등과 연계해 경제성을 높이는 등 다양한 기술개발이 이루어지면서 민간에서도 설치사례가 많아지고 있다.

아울러 한국에너지공단을 중심으로 지열설비 관련 기술이나 시공에 대한 세부적인 기준이 마련되어 있고 히트펌프에 대한 성능인증제도도 시행되고 있다. 또한 업계에서도 시공 경험이 축적되어 부실 시공사례가 많이 줄어들면서 지열설비의 신뢰성이 예전보다 상당히 향상되었다.

## 03 지열 히트펌프 시스템

### (1) 지열 히트펌프 시스템의 개요

지열 히트펌프(Ground source heat pump system)는 땅속에 매설된 지중열교환기(Ground Heat Exchanger, GHX)를 순환하는 열매체(물 또는 부동액), 또는 지하수나 지표수 등을 지열 히트펌프의 열원으로 활용하여 건물의 냉난방이나 급탕을 공급하는 설비이다. 보통 12~15m 이하의 지중 온도는 외기의 영향을 거의 받지 않고 연중 10~20℃로 항상 일정한 온도를 유지하고 있다.

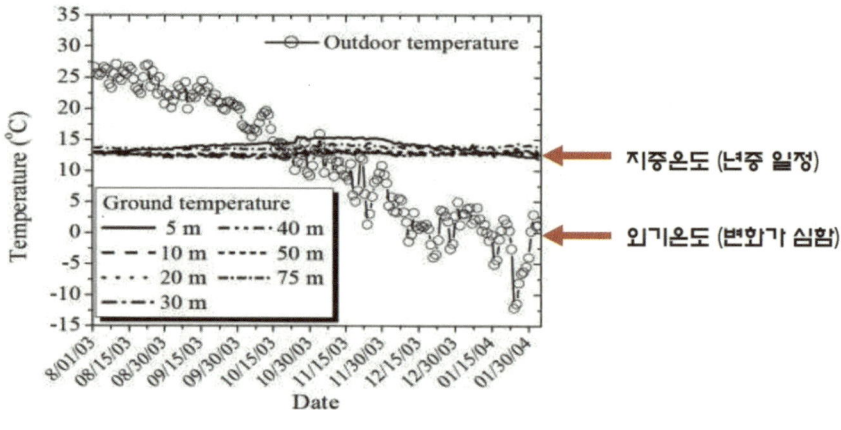

| 깊이에 따른 지중 온도 분포도 |

지중의 온도는 지하 100m 내려갈 때마다 2~3℃ 정도씩 상승하는 것으로 알려져 있는데, 지열설비에서 사용하는 지하수의 온도도 연중 15~25℃ 정도를 유지하게 된다. 지역에 따라 다를 수 있겠지만 일반적으로 200m 정도를 천공하는 수직밀폐형의 경우 지하수가 15~20℃ 정도, 약 500m 정도를 굴착하는 개방형 우물관정형(SCW)의 경우에는 20~25℃의 수온을 나타낸다.

히트펌프는 외부의 공기나 지중의 열을 운전모드에 따라 높거나 낮은 곳으로 이동시키는 장치이기 때문에 냉방 시 열원의 온도가 낮을수록 압축일이 적어져 에너지 사용량이 적어지고 장비의 효율이 좋아진다. 반대로 난방 시에는 열원의 온도가 높을수록 유리하다.

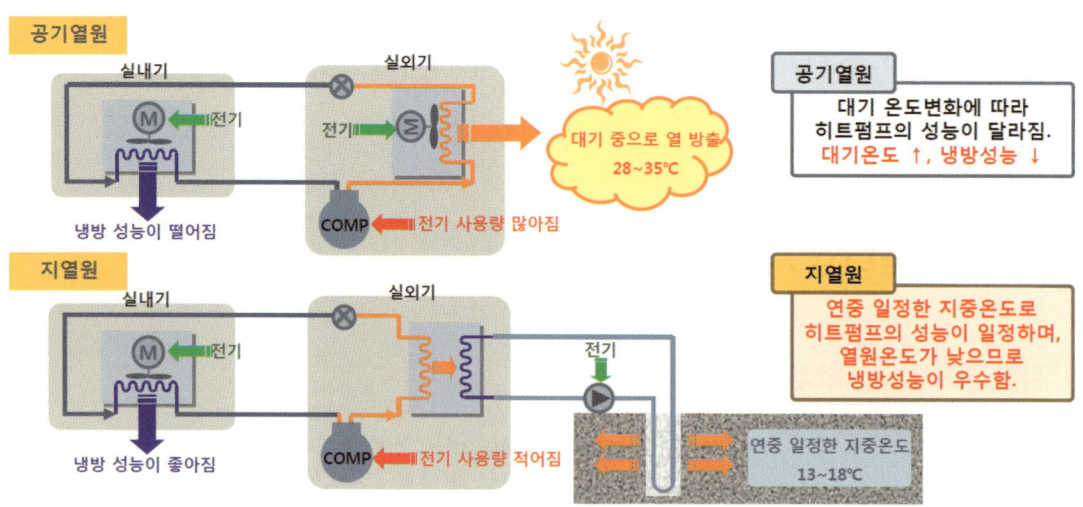

| 히트펌프의 냉방운전 |

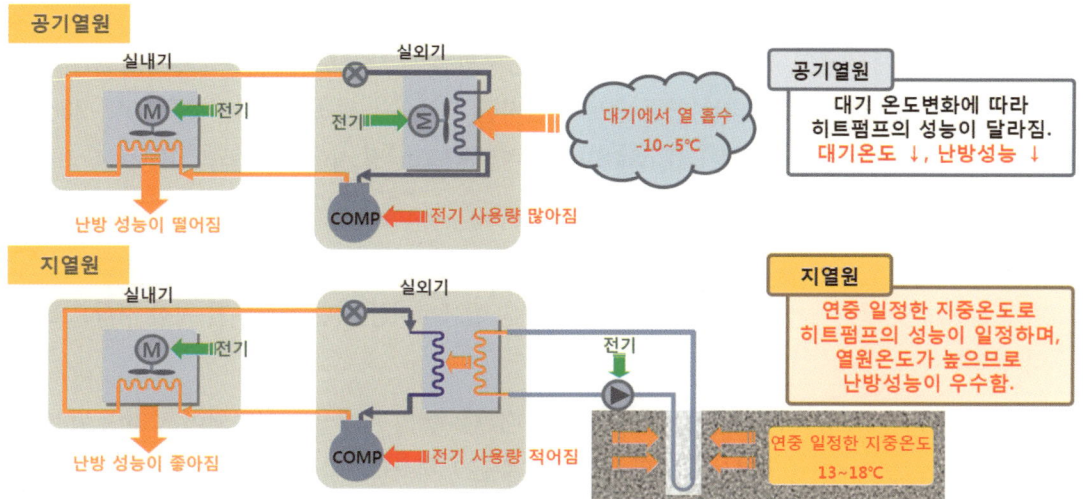

| 히트펌프의 난방운전 |

이 때문에 지열 히트펌프는 대기를 열원으로 하는 공기열 히트펌프(시스템에어컨)보다 운전효율이 우수하고 운전동력비를 절감할 수 있다. 또한 열원의 온도가 연중 일정하고 소진될 우려가 없이 무한정으로 존재하므로 계절에 관계없이 시스템의 안정적인 운전이 가능하다. 옥외에 설치되던 냉각탑이나 실외기도 필요없어 소음이나 백연 등으로 인한 민원도 없다.

그러나 지중열교환기 설치를 위한 굴착공사비와 배관 설치비가 많이 소요되므로 초기시설비는 매우 비싼 편이다. 그리고 지열시스템의 핵심 열 발생장치인 히트펌프가 소형 스크롤압축기를 사용하고 있기 때문에 중·대용량 공조설비에서 주로 사용하는 터보냉동기보다 효율이 낮은 편이며, 난방 시에도 보일러나 지역난방설비보다 운전비용이 월등하게 저렴하지는 않은 상황이다. 이 때문에 현재 민간에서 정부의 설치지원금을 받더라도 다른 시스템에 비해 경제성을 확보하기는 쉽지 않다.

아울러 지중에 열교환기가 매립되기 때문에 굴착된 보어홀(Borehole)이 무너지거나 매립배관에서 누수가 발생하게 되면 보수가 거의 불가능하여 시스템 운전이 어려워질 수 있고, 지하수의 수위가 변하게 되면 열적 성능이 불안정해지는 단점이 있다.

한편, 지열시스템은 하루 중에 절반 정도는 가동을 중지했다가 재가동하여야 하는데, 히트펌프를 가동하면서 지중에 축열된 열기나 냉기가 주위 지반으로 전달되어 해소될 시간이 필요하기 때문이다. 지열 히트펌프를 쉼없이 장시간 가동하면 지중의 온도나 지하수의 수온이 올라가 장비의 효율이 급격히 저하되거나 이상경보가 발생해 운전이 곤란해진다. 따라서 공조설비가 24시간 가동되어야 하는 건물에서 지열설비를 적용할 경우에는 지열설비가 쉬는 동안에도 냉난방을 공급할 수 있는 별도의 열원장비를 설치하거나, 지중열교환기의 용량을 크게 설치하여 구역별로 교대운전시키는 등의 방안을 고려하여야 한다.

## (2) 지열설비의 구성

지열설비는 크게 지중열교환기, 히트펌프, 브라인 순환펌프, 냉온수 순환펌프, 팽창탱크와 자동제어설비로 구성된다. 작동 원리는 연중 온도가 일정한 지하수나 지표수, 또는 지중(150~230m)의 열을 여름철 냉방 시에는 히트싱크(Heat Sink)로 이용하고 난방 시에는 히트소스(Heat Source)로 이용하여 건축물의 냉난방을 겸하는 시스템이다.

지열설비는 옥외의 지중에 설치된 지중열교환기에 브라인을 순환시켜 지반의 열에너지를 활용하거나 또는 심정을 굴착해 심정펌프를 이용하여 지중의 열에너지를 지닌 지하수를 직접 지상으로 퍼올려 활용한다.

지중에서 지상으로 공급된 브라인이나 지하수는 배관을 통해 기계실로 인입되어 각 히트펌프로 공급된다. 히트펌프가 가동되면서 생산된 냉수나 온수는 부하측(2차측)의 냉온수 배관을 통해 건물의 각 공조장비(AHU, FCU 등)로 순환되면서 냉난방을 공급하게 된다.

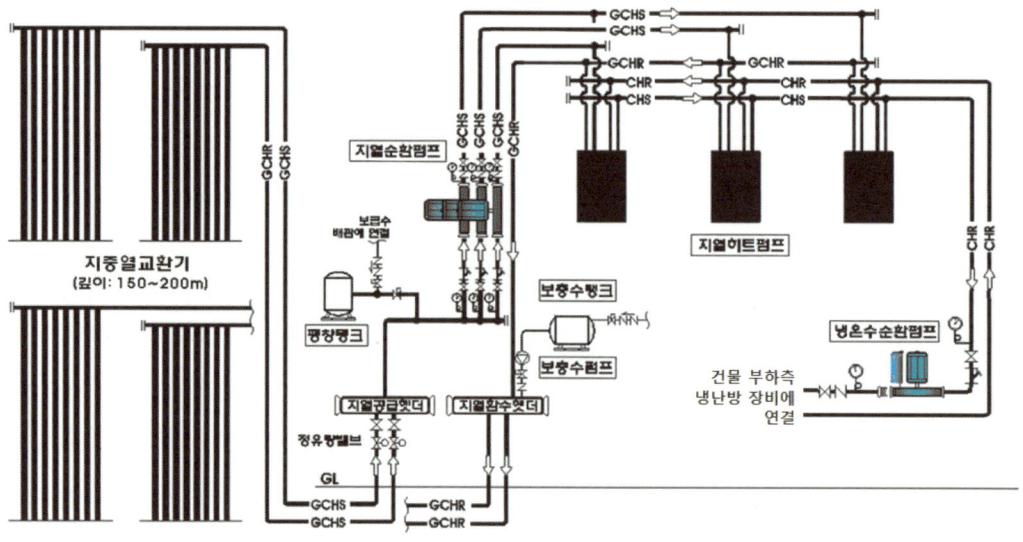

| 일반적인 지열설비의 계통도(수직밀폐형 방식) |

지열 히트펌프의 내부 구조는 일반 공기열 히트펌프(시스템에어컨)와 거의 유사하다. 압축기와 팽창밸브, 증발기와 응축기, 4방밸브 등 히트펌프 각 부품의 작동원리도 동일하다. 그러나 지열 히트펌프에서는 일반적으로 1차측(지열) 열원과 2차측(부하측) 열매체가 모두 물-물인 경우가 많은데, 그래서 대부분 증발기와 응축기를 판형열교환기로 적용하고 있으며, 간혹 사용 여건이나 용량에 따라서는 쉘앤튜브 열교환기를 사용하는 사례도 있다.

아울러 지열 히트펌프에서는 1차측(지열)은 물이지만 2차측(부하측)이 공기와 열교환하는 물-공기 히트펌프를 사용하는 경우도 있는데 이때는 부하측의 열교환로 핀코일을 사용한다.

지열 히트펌프의 압축기는 거의 대부분 스크롤압축기가 이용되고 있다. 스크롤압축기는 전동기와 압축기 임펠러가 일체화되어 있고 사이즈도 작아서 히트펌프 패키지를 구성하는 데 적합하다. 그러나 제품화되어 공급되는 스크롤압축기의 1대당 냉방용량이 크지 않기 때문에 용량이 큰 지열 히트펌프는 20~25RT 스크롤압축기 여러 대를 조합하여 제작하고 있다.

이 때문에 용량이 큰 지열 히트펌프를 제작할 때 일부 업체에서는 스크류압축기를 적용하기도 하는데 스크롤압축기에 비해 운전 효율은 다소 낮다. 그러나 신재생에너지의 비율이 점차 높아져 대용량화 되고 있기 때문에 스크류나 터보식의 압축기 개발은 꾸준히 이어질 것으로 전망된다.

지열시스템 중 지중에 매설되는 배관의 재질로는 부식의 우려가 없는 HDPE(고밀도 폴리에틸렌)관을 사용하고 있다. 건물 내에서의 배관재로는 주로 스테인리스강관을 사용하나 HDPE관을 적용하는 사례도 일부 있다.

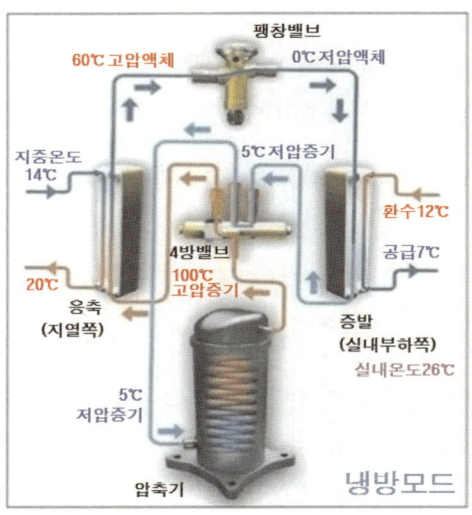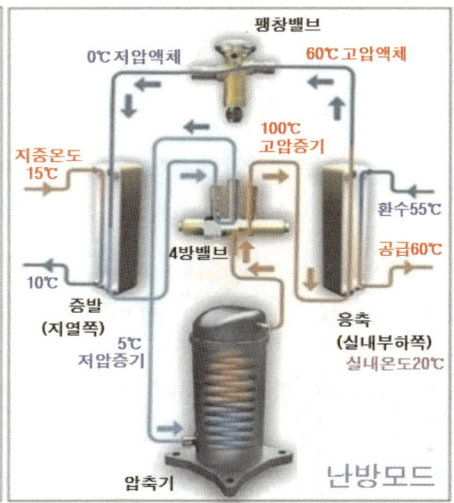

### (3) 지열설비의 난방운전

압축기에서 생성된 고온고압의 냉매가스는 4방밸브(방향전환밸브)를 통해 부하측 열교환기(응축기)로 전달되며, 응축기에서 순환수(또는 실내공기)와 열교환하면서 온수(또는 온풍)를 생산해 실내로 공급하게 된다. 열교환 후 온도가 낮아진 액체상태의 냉매는 지열측 열교환기(증발기)로 보내져 브라인(지열측 부동액)으로부터 열을 흡수하여 증기냉매로 상변화한다. 이 증기냉매는 다시 압축기로 보내져 고온고압의 기체냉매가 되는 히트펌프 사이클을 반복한다.

이때 증발기 쪽에서 열을 빼앗겨 온도가 낮아진 브라인은 순환펌프가 가동되면서 땅속의 지중열교환기로 보내져 지중열을 취득한 후 다시 히트펌프로 되돌아 계속 순환된다. 즉, 난방사이클은 땅속의 지중열교환기(배관)를 통해 지열에너지를 흡수하여 히트펌프를 통해 실내로 열을 방출하는 원리이다. 지열히트펌프를 순환하는 브라인(1차측, 지열 쪽)이나 부하측(2차측) 온수의 온도는 제조업체나 냉매의 종류, 땅속의 온도 상태에 따라서 약간씩은 다를 수 있다. 보통 난방운전 시 지열측 브라인의 온도는 히트펌프에서 10℃(in) → 5℃(out)로 순환되고, 부하측 온수는 38~40℃(in) → 43~45℃(out) 내외인 경우가 많은데, 업체에 따라서는 위의 그림과 같이 지열측 브라인 15℃(in) → 10℃(out), 온수 55℃(in) → 60℃(out)로 운전되는 사례도 있다.

### (4) 지열설비의 냉방운전

난방사이클과 반대의 사이클로 작동되는데, 팽창밸브를 통과한 저온저압의 냉매는 부하측 열교환기(증발기)에서 실내공기 또는 순환수와 열교환되어 냉풍(또는 냉수)을 생산해 건물로 공급하게 된다. 증발기를 거친 냉매는 압축기를 거쳐 고온고압의 기체 냉매로 압축된 후 지열측 열교환기(응축기)로 보내진다. 응축기에서 냉매는 응축기를 순환하는 브라인(부동액)에 의하여 냉각(응축)된다.

응축기에서 냉매의 응축열을 흡수해 온도가 상승된 브라인은 땅속의 지중열교환배관으로 보내져 온도가 낮아진 뒤 다시 지열측 열교환기(응축기)로 재순환하게 된다. 즉, 냉방사이클은 실내에서 발생한 열을 지열 히트펌프가 흡수하여 지중의 열교환배관을 통해서 땅으로 방출하는 원리이다.

냉방운전시 지열측 브라인의 온도는 히트펌프에서 14~15℃(in) → 20℃(out)로 순환되고, 부하측 냉수는 12℃(in) → 7℃(out) 내외로 운전되는 것이 일반적이다.

### (5) 지열 히트펌프의 종류(물-물, 물-공기)

지열 히트펌프를 운전하면 부하측(2차측)에서 항상 냉수나 온수만 생산되는 것은 아니다. 앞에서 설명한 것과 같이 부하측의 판형교환기에서 냉매와 냉수(또는 온수)가 열교환하는 히트펌프를 물-물(물대물, Water to Water type)방식 히트펌프라고 부른다. 히트펌프에서 생산된 냉온수는 순환펌프와 배관을 이용하여 부하측 먼 곳까지 공급이 가능하고, 냉온수를 사용하는 일반 공조장비들을 그대로 적용할 수 있어 현재 대부분의 지열시스템에서는 물-물방식의 히트펌프가 사용되고 있다.

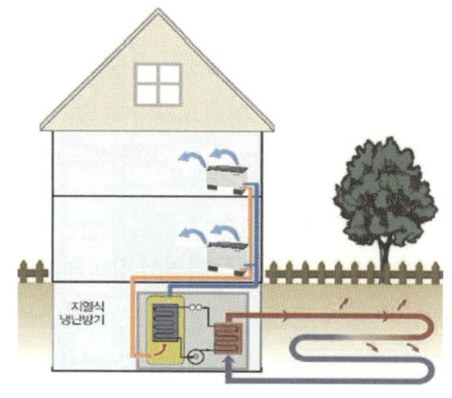
| 물-물방식 히트펌프 |

이와 달리 물-공기방식(Water to Air type)은 히트펌프의 부하측 열교환기로 냉매팽창식 핀코일이 설치되어 실내공기를 직접 냉각 또는 가열해 공급하거나 또는 히트펌프와 별도로 설치한 실내기까지 냉매를 순환시켜 실내를 냉난방하는 방식이다. 즉, 시스템에어컨처럼 실내기와 실외기가 냉매배관으로 연결되는 방식인데, 지열 히트펌프가 실외기의 역할을 하지만 냉각팬으로 대기와 열교환하는 것 대신에 지열열매체(또는 지하수)와 열교환하는 것이 다르다고 이해하면 될 것이다.

물-공기방식은 부하측 장비로 냉매를 사용하는 공조장비를 설치하여야 하고, 설치 위치가 히트펌프로 멀어지게 되면 냉매의 공급이나 분배가 용이하지 않기 때문에 중대형 건물에서는 적용사례가 많지 않다. 그러나 부하측 공조장치와 지열히트펌프 사이를 연결하는 냉온수배관과 냉온수순환펌프가 필요없어 건물 냉난방을 전공기방식으로만 실시하는 중소형 건물에서는 물-물방식보다 간편한 시스템이 될 수도 있다.

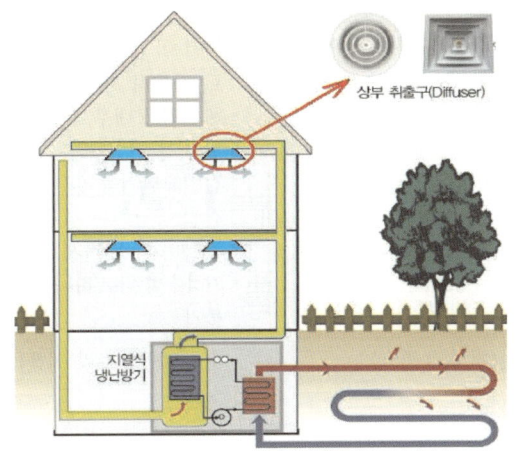
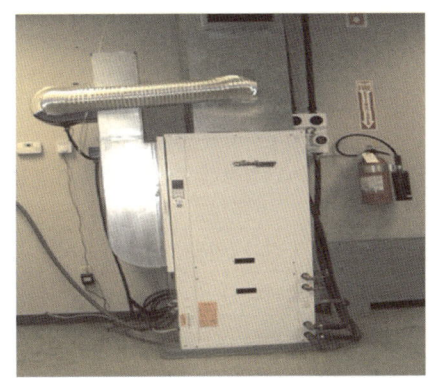

| 물-공기방식 히트펌프 |

## 04 지열설비의 종류

지중과 열교환하는 방식에 따라 여러 가지 지열방식이 있지만 수직밀폐형과 수평밀폐형, 개방형 중 우물관정형(SCW) 등 3가지 정도의 방식이 실용화되어 사용되고 있다. 이중에서 지하 150~200m 정도의 깊이로 수직으로 천공한 뒤 밀폐형 열교환 루프배관을 삽입하여 지중과 열교환하는 수직형 폐회로 방식(수직밀폐형)이 가장 널리 사용되고 있다.

대지 면적이 넓을 경우에는 건물의 기초나 지표면 근처(보통 1~2m 정도의 깊이)에 수평으로 넓게 열교환 배관을 배열하는 수평형 폐회로 방식도 사용된다. 근래에는 수직으로 4~500m 정도를 천공한 뒤 지하수를 지상으로 퍼올려 히트펌프에 열에너지를 공급하는 개방형(우물관정형)의 적용 사례도 늘고 있다.

| 구 분 | 수직밀폐형 | 수평밀폐형 | 수직개방형(우물관정형) |
|---|---|---|---|
| 구성도 | | | |
| 지중열 이용 방식 특징 | • 수직 천공된 보어홀 내부에 지중열교환 배관을 설치해 관 내부로 브라인을 순환시켜 지중과 열교환을 함<br>• 지중열교환기를 거친 브라인은 건물 내의 히트펌프로 공급되어 지열에너지를 전달함<br>• 공사비가 많이 소요됨<br>• 안정적인 열원 공급이 가능함 | • 지표면에서 약 1.5~3m를 굴착하여 지중열교환기를 매설한 후 관 내부로 브라인을 순환시켜 지중열을 이용함<br>• 공사비가 적게 소요됨<br>• 넓은 면적이 필요함<br>• 비교적 안정적인 열원공급이 가능함 | • 깊게 굴착된 우물공 내에 심정펌프를 설치하고 지하수를 지상으로 퍼올려 지중열을 이용함<br>• 히트펌프 내부로 지하수에 포함된 이물질이 유입되지 않도록 중간열교환기를 설치해 지중열을 간접 공급하는 경우가 많음<br>• 공사비 다소 적게 소요<br>• 지하수 수위 저하나 고갈 시 사용 불가 |
| 공사 기간 | • 길다.(천공 작업) | • 짧다.(천공 불필요) | • 짧다.(천공 수량 적음) |
| 천공 면적 | • 넓다. | • 매우 넓다. | • 좁다. |
| 굴착 깊이 | • 150~230m 정도 굴착 | • 1.5~3m 굴착 | • 350~550m 정도 굴착 |
| 공당 용량 | • 1공당 2~3.5RT | • 설치 면적에 비례 | • 1공당 20~35RT |
| 인허가 관련 사항 | • 굴착 행위 신고 | | • 굴착 행위 허가<br>• 지하수개발이용신고 및 지하수 영향평가 |

## 05 수직밀폐형 지열시스템

### (1) 수직밀폐형의 개요와 장단점

현재 가장 널리 사용되고 있는 지열방식으로, 땅속에 깊게 매설된 지중열교환기와 건물 내의 히트펌프 사이를 브라인(부동액)이 순환하면서 히트펌프의 응축열이나 증발열을 지중으로 전달하여 지열냉난방시스템을 운전하는 방식이다.

지중에 매설된 배관의 길이가 무척 길어지는 단점은 있으나 배관에서의 누설만 없다면 지하수위의 변동이나 수질, 지질의 상태와는 크게 영향을 받지 않고 안정적으로 시스템의 운전이 가능하다. 지중열교환기를 거쳐온 브라인이 바로 히트펌프로 공급되므로 시스템이 간단하고, 히트펌프나 순환펌프의 일상적인 유지관리 이외에는 특별히 관리할 사항도 없어 운용하기도 쉽다. 이 때문에 지열설비 적용 시 특별한 장애요인이나 제한사항이 없다면 대부분은 수직밀폐형 지열방식을 적용하고 있다.

그러나 보어홀 1공당 냉방이나 난방할 수 있는 용량이 크지 않은 편이어서 천공 수량이 많아지고 지중 배관의 길이가 길어지게 되므로 초기시설비가 많이 소요된다. 또한 천공할 수 있는 대지의 면적이 협소하면 지열설비의 용량이 제한을 받게 되며, 지중 배관에서의 누수가 발생하면 보수가 현실적으로 불가능하여 해당 존에 연결된 히트펌프의 성능 감소는 불가피하다.

### (2) 지중열교환기와 배관의 설치

지열설비의 시공은 보어홀의 천공 → 지중열교환기의 설치 → 옥외 수평매립배관 → 건물 내 히트펌프 및 배관의 설치의 순으로 진행된다. 이중 가장 중요한 부분은 지중열교환기의 설치인데 열교환배관이 보어홀 내에 설치되는 상태와 그라우팅 상황에 따라 지열설비의 용량이나 효율에 직접적인 영향을 주기 때문이다.

보어홀 내의 지중열교환기 배관은 끝부분이 U자 형태로 연결된 2가닥의 배관이 설치되는데, 한쪽으로는 브라인이 환수되어 내려갔다가 U밴드를 돌아 다른 한쪽으로 위로 올라오면서 열교환하는 순환배관이기 때문에 두 배관 간의 열간섭이 최소화되도록 해야 한다. 지열설비가 도입된 초기부터 얼마 전까지도 U자형 배관의 설치 시 별다른 조치없이 U자형 배관을 땅속의 보어홀로 밀어넣는 방식으로 삽입해 왔었는데, 그로 인해 보어홀 내의 두 배관이 적정한 간격을 유지하면서 설치되지 못하고 서로 밀착되거나 꼬이는 현상들이 아주 많았다. 이럴 경우 배관 주변에 그라우트재가 제대로 채워지지 못하는 부분이 생기거나, 두 배관 사이에 열이 바로 전달되어 열순환 효율이 저하되는 등 지열설비의 성능에 좋지 못한 영향을 주게 된다.

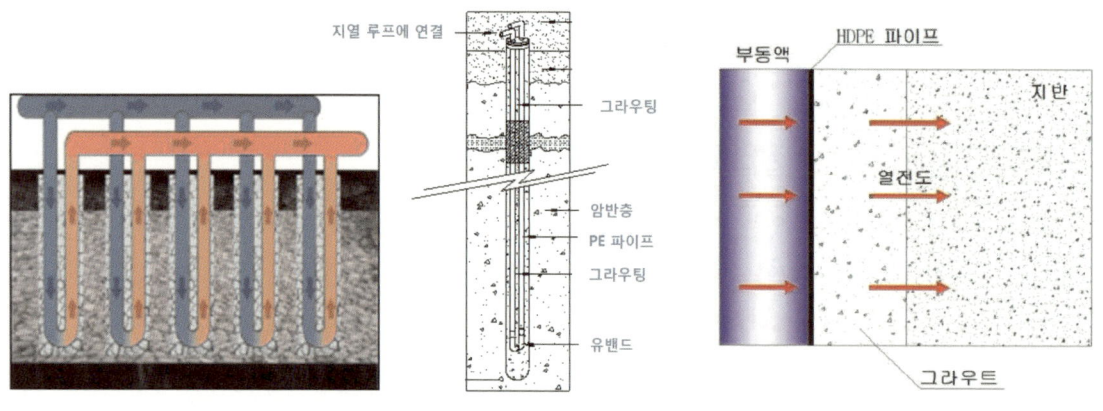

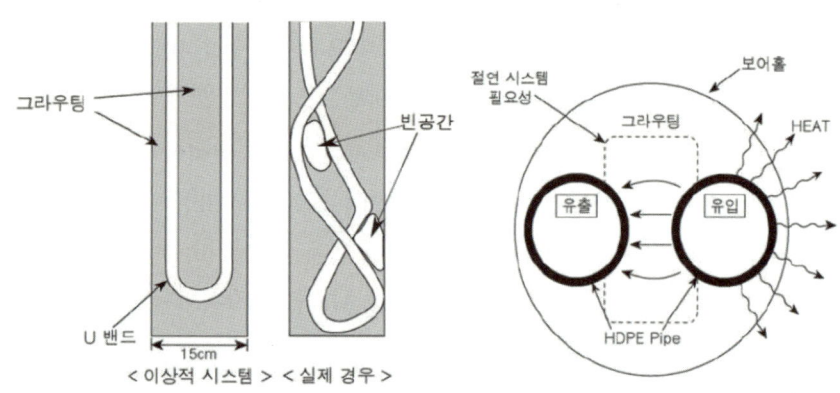

| 지중열교환기 내의 배관 설치 구조 |

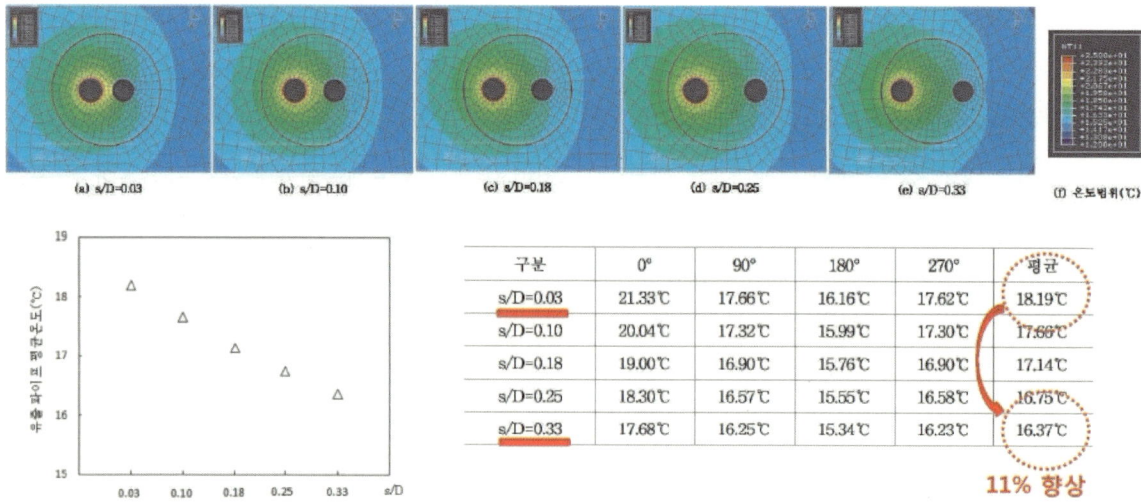

| 구분 | 0° | 90° | 180° | 270° | 평균 |
|---|---|---|---|---|---|
| s/D=0.03 | 21.33℃ | 17.66℃ | 16.16℃ | 17.62℃ | 18.19℃ |
| s/D=0.10 | 20.04℃ | 17.32℃ | 15.99℃ | 17.30℃ | 17.66℃ |
| s/D=0.18 | 19.00℃ | 16.90℃ | 15.76℃ | 16.90℃ | 17.14℃ |
| s/D=0.25 | 18.30℃ | 16.57℃ | 15.55℃ | 16.58℃ | 16.75℃ |
| s/D=0.33 | 17.68℃ | 16.25℃ | 15.34℃ | 16.23℃ | 16.37℃ |

11% 향상

| 지중열교환기 내의 배관 간격에 따른 열교환 성능시험 자료 |

그래서 요즘에는 한국에너지공단의 지열설비 시공지침에는 열전달 효율이 적정하게 발휘되도록 보어홀 내 두 배관 사이에 적정한 간격을 유지하도록 명시되어 있고, 이에 따라 두 배관이 일정 간격으로 떨어져 고정된 형태로 제작된 일체형 배관을 사용하거나 별도의 간격유지재를 배관에 고정해 보어홀 내로 삽입해 넣는 방식으로 시공이 이루어지고 있다.

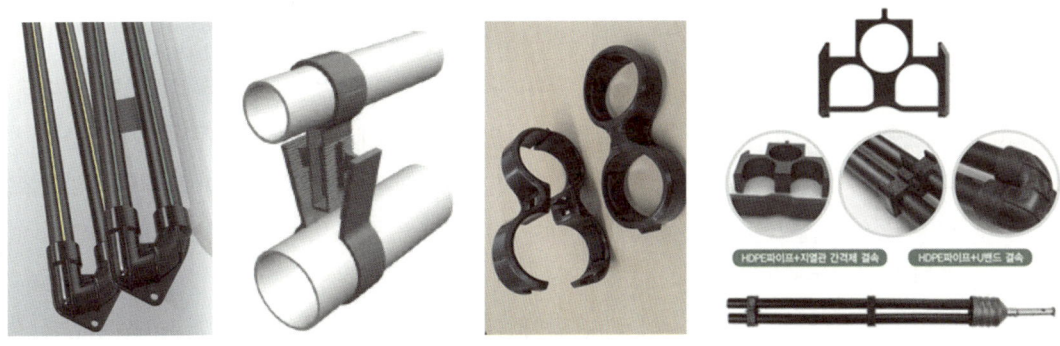

| 지중열교환기의 배관 간격유지 제품들 |

한편, 지중열교환기의 배관들을 상부에서 수평으로 연결하는 배관을 보통 트랜치 배관이라고 부르는데, 트랜치 배관 방식에는 직렬연결방식과 리버스리턴(Reverse return) 방식이 있다. 보통 1개의 존에 적정한 수량(8개 정도)의 지중열교환기를 묶고 각각의 순환 길이가 동일해지도록 리버스리턴 배관 방식으로 대부분 시공되고 있다. 지중열교환기의 수량이 많을 경우 건물 내부에 각 배관을 연결하는 헤더를 설치하거나, 또는 옥외의 적당한 위치에 맨홀을 설치하여 각 지중열교환기를 연결하는 헤더가 설치된다. 헤더에 연결된 배관이 많거나 지중열교환기가 넓게 분포해 있으면 각 지중열교환기까지의 거리가 달라서 마찰손실이 차이가 날 수 있으므로 각 존별로 균등한 유량분배가 이루어지도록 정유량밸브나 유량조절장치를 설치하는 것이 바람직하다.

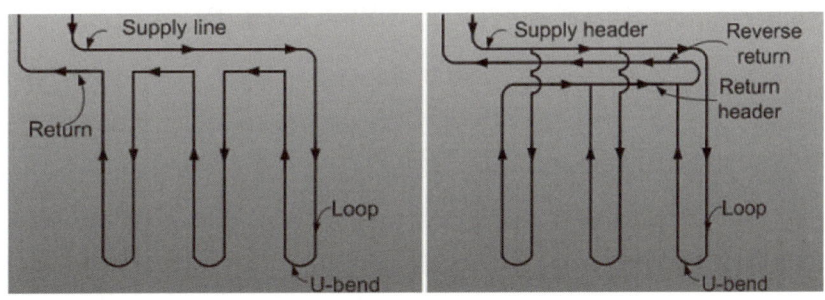

## (3) 그라우팅(Grouting)

### ① 그라우팅의 개요

그라우팅은 천공이 이루어진 보어홀에 지중열교환기(배관)를 설치하고 지중열교환기 배관과 주위의 토양이 원활히 열교환할 수 있도록 보어홀 내부의 빈 공간을 그라우트 재료(벤토나이트, 실리카샌드, 시멘트 등)로 충진하는 작업이다. 따라서 그라우트 재료는 열전도율이 좋아야 하며 주위의 토양과 배관 사이에 빈틈 없이 채워지도록 유동성과 팽창성이 좋아야 한다.

보어홀 내부를 그라우트재로 밀실하게 충진해 넣게 되면 지표면이나 주위의 토양으로부터 혼탁한 지하수나 오염물질이 보어홀 내로 침투하는 것을 방지하고, 보어홀이 무너지는 것을 예방하는 효과도 일부 가지고 있다. 또한 지하수위가 변하더라도 물을 잔뜩 흡수한 그라우트재(벤토나이트)가 한동안은 물기를 함유하고 있기 때문에 배관과 지중의 열교환 성능상에 큰 변화가 없도록 완충해주는 기능도 한다.

일반적으로 그라우트 재료로는 물과 혼합하였을 때 수배 이상의 부피로 팽창하는 성질을 가지고 있는 벤토나이트를 거의 대부분 사용하고 있으며, 지질의 상태에 따라 시멘트 계열의 그라우트를 사용하기도 하는 데 사례는 많지 않다.

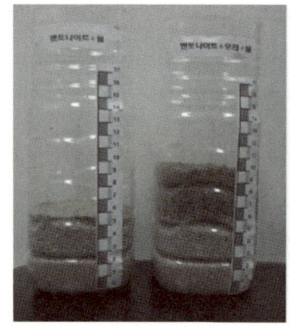  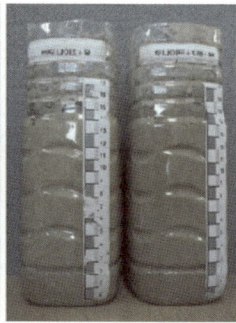 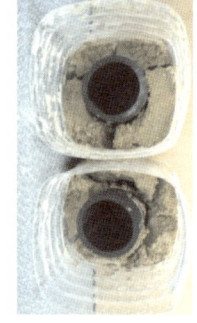

| 벤토나이트(좌)와 실리카샌드를 추가(우)한 그라우트의 물 팽윤 과정 |　　　| 다시 건조후 |

그라우팅 작업 시 간혹 최하부까지 그라우트재의 주입이 충분히 이루어지지 않았거나 각 재료들의 혼합비율이 준수되지 않아 추후 지열시스템의 능력이 현저히 저하되는 사례가 종종 발생하기도 한다. 특히 근래에 지중열교환기 배관 사이에 간격유지재의 설치가 이루어지면서 그라우트 주입관(트레미관)이 최하부까지 제대로 삽입되지 않아 그라우팅이 불량하게 이루어질 우려가 높다. 시공 시에는 그라우트 재료별로 소요량에 대한 산출근거를 사전에 확인하고, 그라우팅 작업 시 트레미관의 삽입 깊이와 그라우트재의 혼합비율을 준수하여 각 보어홀마다 정해진 양이 제대로 충진되는지 철저히 확인하여야 한다.

② 벤토나이트 그라우트

벤토나이트는 화산재가 점토질 광물로 변성되어 오랜 침식과 풍화에 의해 생성된 광물이다. 양질의 벤토나이트는 팽창성이 좋아 물을 흡수하면서 원래의 체적보다 약 10~15배 이상으로 팽창하는 성질을 가지고 있으며, 점착성도 좋아 그라우팅 후 보어홀 벽면 붕괴를 방지하고 지하수를 차단하는 차수제의 기능도 한다.

벤토나이트는 국내에서도 칼슘계(Ca) 벤토나이트가 일부 산출되는 것으로 알려져 있으나, 대부분의 지열공사에서는 물과 혼합되었을 때 체적 팽창 능력(팽윤성)이 우수한 미국산 소디움계(Na) 벤토나이트를 많이 사용하고 있다. 벤토나이트와 물을 혼합하여 그라우팅할 경우에는 보통 2(벤토나이트) : 8(물)의 비율로 혼합하는데, 그라우팅 작업을 용이하게 하기 위하여 약간의 유동화제도 첨가된다.

지열용 벤토나이트는 수백미터의 깊은 심도까지 채워지게 되므로 열적인 특성 이외에도 주변 토양이나 지하수를 오염시키지 않도록 유해한 성분이 없어야 한다. 또한 지중의 지하수의 수위가 변할 때 벤토나이트가 수축했다가 다시 팽창하는 본연의 특성을 오랫동안 유지하여야 한다.

③ 순수 벤토나이트 및 벤토나이트 – 열촉진재 혼합물의 열전도도

| 열전도도 벤토나이트 (W/mK) 20% 제품명 | 벤토나이트(20%) – 실리카샌드 혼합물의 열전도도(W/mK) 실리카샌드 질량분율 $=\left(\dfrac{\text{실리카샌드}}{\text{물}+\text{벤토나이트}+\text{실리카샌드}}\times 100\%\right)$(wt%) | | | | |
|---|---|---|---|---|---|
|  | 0% | 5% | 10% | 15% | 20% |
| DY–100 | 0.7746 | 0.8619 | 0.9055 | 0.9408 | 0.9738 |
| DY–100S | 0.7937 | 0.9072 | 0.9279 | 0.9640 | 1.0157 |
| Montigel F | 0.7879 | 0.8831 | 0.9211 | 0.9570 | 1.0082 |
| EZ–SEAL | 0.8067 | 0.9221 | 0.9431 | 0.9798 | 1.0323 |
| Thermal Grout Select | 0.8374 | 0.9571 | 0.9790 | 1.0348 | 1.0716 |
| Volcay Grout | 0.7615 | 0.8746 | 0.9159 | 0.9554 | 0.9897 |

| 열전도도 벤토나이트 (W/mK) 30% 제품명 | 벤토나이트(30%) – 실리카샌드 혼합물의 열전도도(W/mK) 실리카샌드 질량분율 $=\left(\dfrac{\text{실리카샌드}}{\text{물}+\text{벤토나이트}+\text{실리카샌드}}\times 100\%\right)$(wt%) | | | | |
|---|---|---|---|---|---|
|  | 0% | 5% | 10% | 15% | 20% |
| DY–100 | 0.7962 | 0.8515 | 0.9308 | 0.9553 | 0.9738 |
| DY–100S | 0.8371 | 0.9568 | 0.9786 | 1.0167 | 1.0157 |
| Montigel F | 0.8176 | 0.8993 | 0.9499 | 0.9931 | 1.0082 |
| EZ–SEAL | 0.8673 | 0.9738 | 1.0139 | 1.0534 | 1.0323 |
| Thermal Grout Select | 0.8584 | 0.9811 | 1.0035 | 1.0426 | 1.0716 |
| Volcay Grout | 0.8451 | 0.9776 | 0.9991 | 1.0597 | 0.9897 |

④ 시멘트 그라우트

시멘트 그라우트는 주로 포틀랜드 시멘트를 사용하는데, 석회질 원료와 점토질원료를 적당한 비율로 혼합하여 만든다. 시멘트 그라우트 재료는 압력이 심한 곳이나 유동의 변화가 심한 곳, 파쇄암 지대, 그리고 염분이 검출되는 지역에 벤토나이트를 대체하여 사용된다. 이러한 곳에서 대수층의 유속이 심하거나 압력이 셀 경우 벤토나이트 계열의 그라우트 재료는 유실될 우려가 있으나, 시멘트 그라우트는 일단 경화되고 나면 유실이나 변형의 우려가 적기 때문이다.

그러나 시멘트 그라우트는 팽윤성이 부족하여 지중열교환기 배관과 보어홀 사이에 공극이 생성될 소지가 있어, 지질의 상태가 양호한 일반적인 지역에서는 벤토나이트를 우선적으로 사용하고 있는 상황이다.

⑤ 고효율 그라우트

근래에는 그라우트의 열전도 성능을 향상시키기 위하여 미세한 모래(실리카샌드)나 시멘트, 쇄석 등 열촉진재를 추가로 혼합한 그라우트재를 사용하는 사례가 많다. 주로 실리카샌드를 추가해 혼합하고 있는데, 벤토나이트 이외의 다른 재료가 추가되면 물이나 그라우트 재료 각각의 혼합비율은 달라지게 된다. 다른 열촉진재를 추가할 때에는 혼합된 재료가 분리되어 가라앉지 않는지 검토가 되어야 한다.

▼ 실리카샌드의 혼합비율에 따른 열전도도의 변화

| 구분 | | 실리카샌드 혼합비율 (%) | | | | | |
|---|---|---|---|---|---|---|---|
| | | 0 | 10 | 20 | 30 | 40 | 50 |
| Volclay (20%) | K (W/mK) | K = 0.76 | K = 0.92 | K = 0.99 | K = 1.13 | K = 1.30 | K = 1.60 |
| | 길이 (%) | 100 | 91 | 88 | 83 | 78 | 72 |
| Geothermal grout(20%) | "K"값 | K = 0.84 | K = 0.98 | K = 1.07 | K = 1.23 | K = 1.45 | K = 1.73 |
| | 길이 (%) | 95 | 88 | 85 | 80 | 75 | 70 |

이렇게 그라우팅된 재료의 열전달 성능이 우수해지면 지열의 굴착 깊이를 감소시키거나 보어홀의 수량을 줄이는 것이 가능하여 시공비 절감효과와 공사기간 단축 효과가 상당하다. 그래서 근래에는 물과 벤토나이트와 함께 실리카샌드를 혼합해 그라우팅하는 것이 점차 보편화되어 가고 있고, 실리카샌드의 혼합비율이 높아질수록 열전도도가 향상되어 굴착 깊이나 천공 수를 절감시킬 수 있다.

### (4) 보어홀의 천공 간격

수직밀폐형 지열시스템에서 지중 열교환기의 보어홀 사이의 수평 배치간격은 보통 4~6m 간격으로 설치한다. 보어홀의 수평 간격이 넓을수록 서로 열적 간섭을 적게 받게 되므로 천공 수량이나 굴착 길이가 줄어들게 된다. 그러나 천공 간격이 넓을수록 소요되는 대지면적은 커져야 하기 때문에, 천공이 가능한 대지면적과 지열설비의 용량을 고려하여 합리적인 간격을 선정하여야 한다.

천공 위치는 건물의 외부 대지로 선정하면 시공이 용이하여 편리한 점은 있다. 그러나 추후 해당 부지에 건물을 신축하거나 다른 용도의 굴착공사를 진행할 경우 지중열교환기를 사용하지 못하게 되어 지열설비의 가동이 중지되어야 한다. 따라서 수직밀폐형의 보어홀 천공 위치는 가급적 건물 하부에 배치하는 것이 추후 옥외 대지의 이용이나 개발 등 재산 가치의 측면에서는 바람직하다고 할 수 있다.

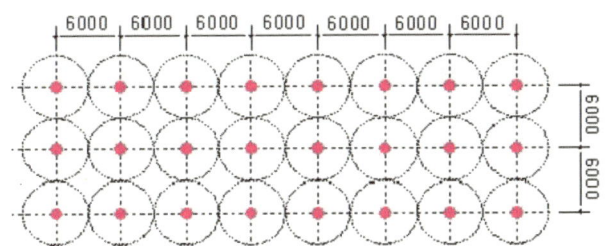

▼ **수직밀폐형의 천공 간격**

| 천공 간격 | 천공 길이 |
|---|---|
| 6m | 100% |
| 5m | 103% |
| 4m | 107% |

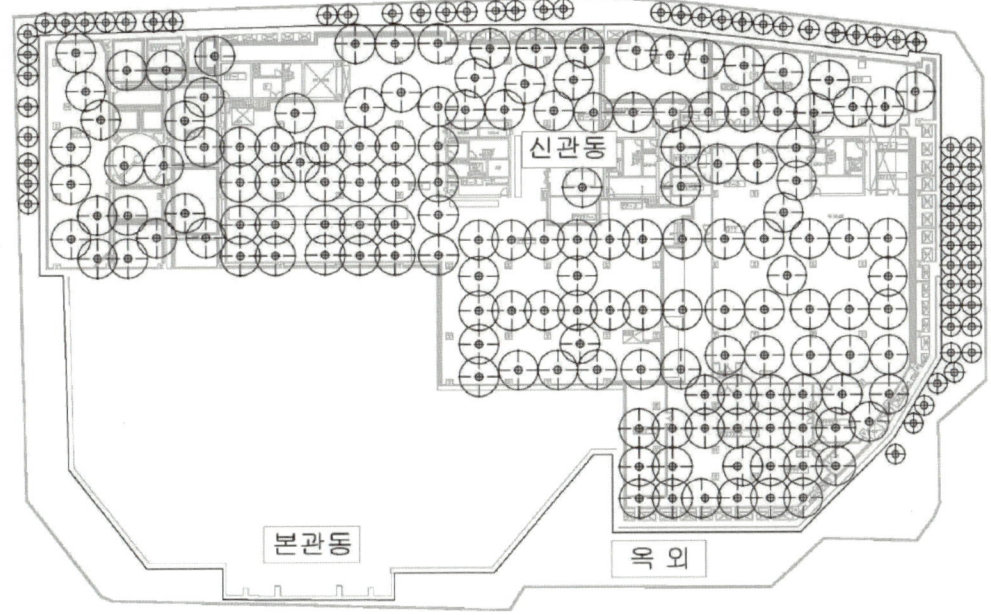

| 수직밀폐형의 보어홀을 건물 하부에 배치한 사례 |

### (5) 브라인(부동액)

수직밀폐형이든 개방형이든 히트펌프의 난방운전 시 열원(지열)측의 열매체(브라인) 순환온도가 0℃ 가까이 저하될 수도 있으므로 지열측 순환배관에는 부동액이 혼합된 물을 사용하게 된다. 부동액은 열전달 성능이 좋으면서도 점도가 낮고 환경적으로 무해하여야 하는데, 여러 가지 종류 중 유해성을 고려하여 에틸알코올이나 프로필렌글리콜을 주로 사용하고 있다.

일반적으로 브라인으로는 깨끗한 물에 에틸알코올를 약 13% 정도 혼합한 것을 많이 사용하고 있는데, 히트펌프 운전 시에도 동파가 되지 않도록 브라인의 동결점이 −6℃ 이하를 유지할 수 있도록 혼합하는 것이 바람직하다. 물에 부동액을 혼합하게 되면 점성과 비중 등이 변하게 되므로 펌프 선정 시 부동액의 종류별로 이를 고려할 필요도 있다.

| 구 분 | 에틸 알코올 | | | | 프로필렌 글리콜 | | | |
|---|---|---|---|---|---|---|---|---|
| 함량(%) | 16.5 | 12.9 | 9.0 | 1.9 | 20.0 | 14.6 | 8.8 | 2.5 |
| 동결온도(℃) | −9.44 | −6.67 | −3.89 | −1.11 | −9.4 | −6.7 | −3.9 | −1.1 |

### (6) 수직밀폐형 시공 사진

| 지열 천공 : 보통 150~200m |

| 지중열교환기(배관) 삽입 |

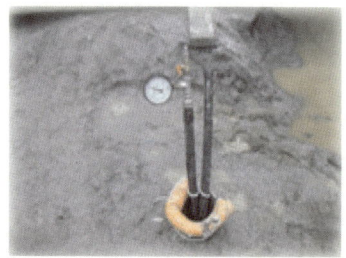
| 지중열교환기 수압시험 |

| 그라우팅재 : 벤토나이트 |

| 그라우팅 작업 |

| 벤토나이트가 충진된 모습 |

| 천공 깊이 확인 |

| 수평 배관 시공 |

| 브라인 순환펌프 |

| 지열 히트펌프 |

## 06 개방형 지열시스템

### (1) 개방형 지열시스템의 개요와 장단점

| 지상 방류형 |

지하수의 수량이나 수질이 양호하고 지질의 상태가 안정적인 곳에서는 350~550m 깊이의 심정(우물관정, 또는 우물공)을 굴착하여 내부에 설치된 심정펌프로 지하수를 지상으로 퍼올려 지열에너지를 이용하는 개방형 지열시스템이 적용되기도 한다. 개방형 지열시스템에는 하천이나 호수 등 지표수를 이용하는 경우도 있지만 우리나라의 경우 계절별로 수량이나 온도의 변화가 크기 때문에 적용 사례가 극히 드물다. 따라서 일반적으로 개방형 지열시스템이라고 하면 수직으로 심정이 설치된 우물관정형(SCW ; Standing Column Well)으로 통용된다.

초창기에는 지하수를 바로 지열 히트펌프로 공급하여 순환시켰으나 지하수에 혼합되어 있는 각종 성분들로 인하여 히트펌프 열교환기에 부식이나 스케일이 발생하고, 지하수의 수위가 변동되어 지하수의 공급량에 변화가 생길 경우 잦은 에러나 동파 등의 문제가 발생하여 요즘에는 거의 대부분

지하수와 히트펌프 사이에 별도의 중간열교환기를 설치하는 간접 열전달 방식을 취하고 있다.

이 우물관정형 지열방식은 1개의 우물공이 발휘하는 냉난방 용량이 수직밀폐형의 10배 가까이 되기 때문에 천공 개소를 대폭 줄일 수 있다. 이로 인해 지열설비 설치를 위한 대지면적을 수직밀폐형보다 적게 필요로 하고, 공사 기간이나 초기시설비도 다소 적게 소요된다. 그래서 최근 대용량의 지열설비가 적용되는 곳에서는 개방형의 적용 검토가 기존보다 적극적으로 이루어지고 있는 상황이다. 수직밀폐형에 비하여 여러 가지 불리한 점도 많지만 제한된 대지면적에서 지열설비가 필요로 하는 용량을 확보하는 데 유리하기 때문이다.(단독주택이나 중소형 건물에서도 1~2공의 우물공만 설치하면 되므로 적용되는 사례가 있다.)

개방형(SCW)은 지하수를 직접 퍼올려 사용하기 때문에 지하수위가 변하게 되거나 지하수의 수량이 부족하게 되면 설비의 운전이 매우 불안정해진다. 또한 심정과 공급·환수배관이 설치된 우물공 내부가 무너지게 되면 지하수의 유통이 불가능해져 설비의 운전이 곤란하다. 이러한 문제 때문에 수직개방형 방식은 적용전에 반드시 지질의 상태와 지하수위, 수질의 상태 등에 대한 면밀한 조사와 검토가 이루어져야 한다.

또한 개방형(SCW)은 브라인순환펌프 이외에 각 우물공마다 심정펌프가 추가로 설치되어야 하므로 수직밀폐형에 비해 운전비가 증가된다. 현재 우물관정형 방식은 지열업체별로 다양한 설치방식으로 시공되고 있는데, 심정펌프의 설치 심도에 따라서 펌프 동력의 증가폭이 커지게 되므로 시스템별 장단점과 효율을 비교 분석하여 결정할 필요가 있다.

운전 중에는 심정펌프의 수리나 교체뿐만 아니라 중간열교환기에 대한 주기적인 청소를 해주어야 하고, 각 우물공 내부의 하부에 가라앉아 쌓인 슬러지나 토사 등도 주기적으로 청소해 주어야 하는 등 유지관리상의 부담이 따른다. 따라서 수직개방형의 우물공은 반드시 추후 유지관리가 가능한 건물 옥외에 설치되어야 하며, 건물 기초구조물의 하부에 설치된 사례는 거의 없다.

한편, 개방형은 심정으로부터 지하수를 퍼올려 지상에서 활용한 뒤 이 지하수를 처리하는 방식에 따라 단일관정형과 복수관정형, 지상방류형으로 구분할 수 있다. 현재 국내에서는 대부분 시공이 용이한 단일관정형을 적용하고 있으며 지상방류형은 지하수의 고갈이나 지하수 요금의 부과 문제로 적용사례가 매우 드물다.

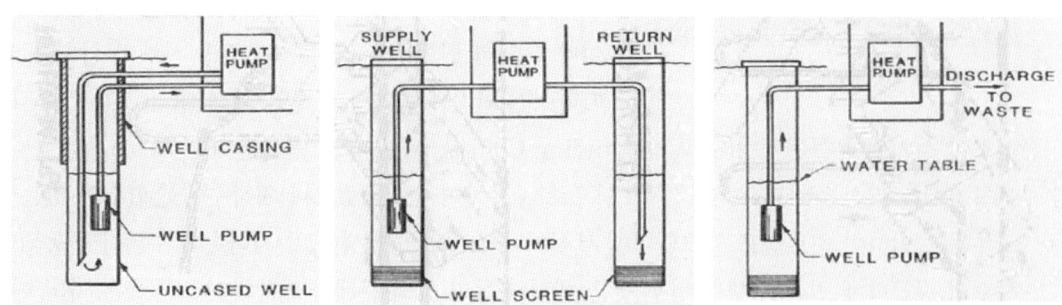

| 방식 | 단일관정형 | 복수관정형 | 지상 방류방식 |
|---|---|---|---|
| 개요 | • 지하수의 열을 이용한 후 동일한 관정으로 방류하는 방식 | • 지하수의 열을 이용한 후 다른 우물공에 방류 | • 지하수의 열을 이용한 후 우수관이나 하천으로 방류하는 방식 |
| 장점 | • 공사비 적은 편임<br>• 지하수 고갈 위험이 적음 | • 지하수의 수위변동이 심해져 불안정해질 수 있음<br>• 지하수의 열간섭이 적음 | • 공사비 적게 소요<br>• 지하수의 순환온도 좋음 |
| 단점 | • 방류수가 열간섭을 일으켜 순환온도에 영향을 줌<br>• 지중의 냉화 및 열화 우려 | • 초기공사비 증가<br>• 설치 면적 증가<br>• 공급정과 환수정에 물길이 생길 경우 효율 저하 | • 지하수의 고갈위험 높음<br>• 지하수 요금 과다 발생 |

아울러 개방형은 보어홀(우물공)당 냉난방 용량이 크기 때문에 각 우물공간의 수평 이격거리가 수직밀폐형보다 훨씬 멀게 배치된다. 단일 우물관정형(SCW) 방식일 때에는 심정 간의 이격거리를 15m 이상 유지하도록 배치하고 있으며, 복수관정형일 때에는 약 30m 내외의 거리를 이격시킨다.

### (2) 복수관정형(Tow well system)

복수관정형(Tow well system)은 지하수를 펌핑해 히트펌프로 공급하는 취수정(supply well)과 히트펌프를 거친 지하수가 지하로 되돌려지는 배수정(return well)을 동일한 대수층에서 별도로 설치하여 이용하는 방식이다. 이 시스템은 취수정에서 양수한 지하수의 열에너지를 히트펌프에서 활용하고, 이 지하수가 배수정으로 되돌려져 땅속의 대수층을 통해 취수정으로 다시 이동하는 과정에서 지중열교환을 하게 된다.

 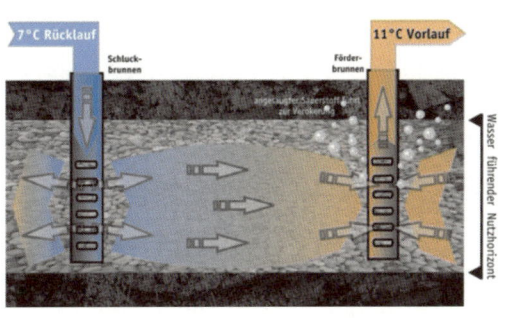

복수관정형은 배수정에서 취수정까지 지하수의 원활한 순환이 이루어져야 하기 때문에 지질의 상태나 대수층의 연결 등 조건이 적합하여야 하며 지하수의 수량도 충분한 지역이어야 한다. 따라서 이 시스템을 적용하기 위해서는 이와 관련된 선행 연구나 조사가 이루어져야 하고 지하수위의 변동이나 대수층의 폐색 가능성, 공사비의 증가 등 고려해야 할 사항이 많아 적용 사례는 매우 적은 편이다.

취수정과 배수정 사이의 간격은 평균 30m 정도이어서 관정 간의 열간섭이 적고, 지하수가 넓은 지반을 직접 통과하면서 열교환하기 때문에 단일관정형에 비해 지열시스템의 운용은 안정적이다.

## (3) 단일관정형(우물관정형, Standing Column Well system ; SCW)

단일관정형은 직립정 또는 우물관정형(SCW)이라고도 한다. 심정에 설치된 심정펌프가 지하수를 지상으로 퍼올려 히트펌프와 열교환한 후 다시 본래의 심정으로 지하수가 되돌아오는 방식이다. 환수된 지하수는 심정펌프의 흡입관으로 다시 흘러가는 과정에서 주위 지반과 열교환을 하면서 본래의 온도를 회복하게 되는데, 심정 내부에 심정펌프가 설치된 높이와 지하수가 환수되는 위치, 흡입배관의 설치 유무에 따라서 심정 안에서의 지하수 흐름이 달라진다.

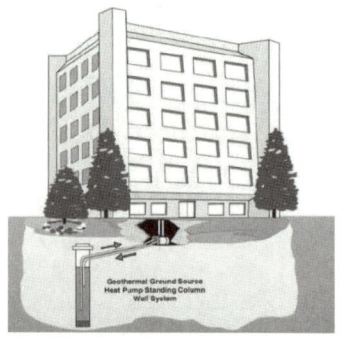

단일관정형 지열설비는 다음과 같이 지열 시공업체에 따라서 심정펌프와 심정 내부의 배관 설치방식이 조금씩 다르게 몇 가지 방식으로 시공되고 있다. 일부 업체에서는 지열 성능을 높이기 위하여 관정 내부에 모래나 쇄석 등의 충진재를 채워 넣기도 한다.

### ① 개방형 설치 공법-1

개방형 도입 초기부터 많이 적용되었던 기본형태로 현재도 적용이 되고 있는 방식이다. 지하수의 흡입관을 심정의 바닥까지 내려 설치하는데, 최하부에는 지하수의 흡입이 용이하도록 PVC 유공관이 설치된다.

심정의 상부로 환수된 지하수는 심정의 최하부까지 내려오는 과정에서 주위 암반층과 열교환하면서 본연의 온도를 회복하고, 최하부의 흡입유공관을 통과해 흡입관 내부로 유입된다. 지하수는 흡입관 상부에 설치된 심정펌프 쪽으로 흘러들어가 지상으로 펌핑된다.

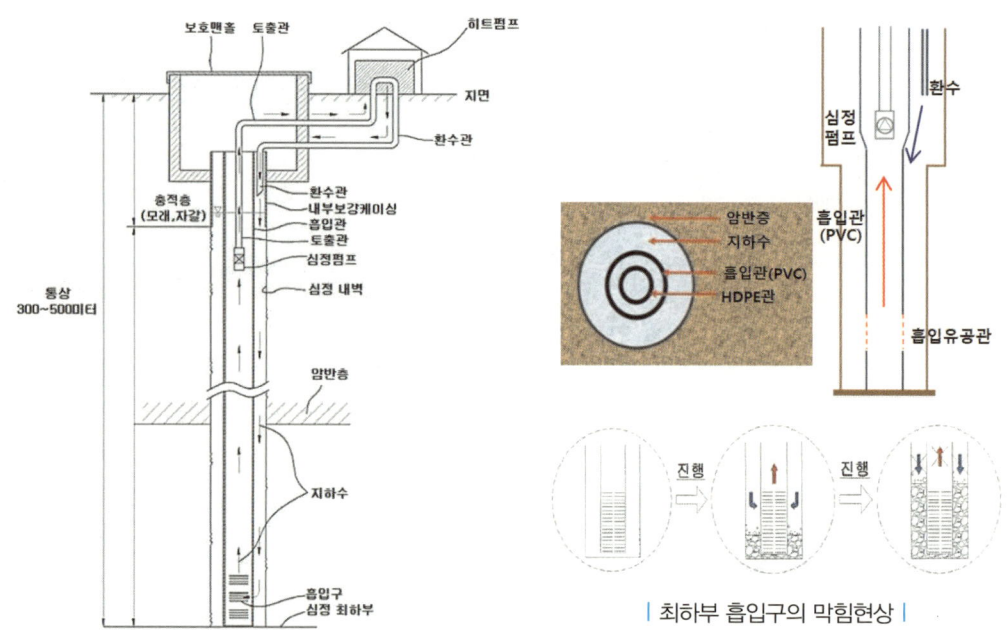

| 최하부 흡입구의 막힘현상 |

이 공법은 도입 초창기부터 심정 내부의 슬러지나 암반 알갱이들이 가라앉아 최하부에 쌓이면서 흡입구(PVC 유공관)를 막아버려 지하수가 제대로 순환하지 못하는 하자가 다수 발생하였다. 심정 내부의 지질 상태가 불안정하거나 지하수의 수질이 좋지 못할 곳에서는 지열설비가 운용되는 동안 지속적으로 우물공 하부에 퇴적물이 쌓이게 되므로 이러한 문제가 발생될 가능성이 높아진다.

한편, 400~500m 정도까지 깊게 굴착하면서 중간에 지질이 변하거나 굴착작업이 제대로 이루어지지 못하면 우물공의 휘어짐 현상이 발생하게 되는데, 길게 나선형으로 휘어진 우물공 내부로 PVC 흡입관을 억지로 끼어넣으면서 이음부 소켓이 깨지거나 이탈되는 현상이 발생하기도 하였다. 또한 지열설비의 냉방과 난방 운전이 반복되면서 온도 변화에 의해 400~500m에 이르는 PVC관에서 발생하는 신축팽창량도 상당한 수준에 이르는데, 이러한 신축팽창량이 임의의 부분에 집중되면 이음부의 파손 현상은 더욱 악화된다.

만일 PVC관의 이음부가 파손되면 지상에서 우물공의 상부로 환수된 지하수가 최하부까지 내려가면서 충분한 열교환을 하지 못하고 중간에 파손된 이음부를 통해 흡입관 내부로 바로 유입되어버려 히트펌프의 성능이 현저히 저하되는 원인이 된다.

이와 같은 여러 가지 문제점들로 인하여 근래에는 이 공법의 적용 사례가 점차 줄고 있는 추세이다.

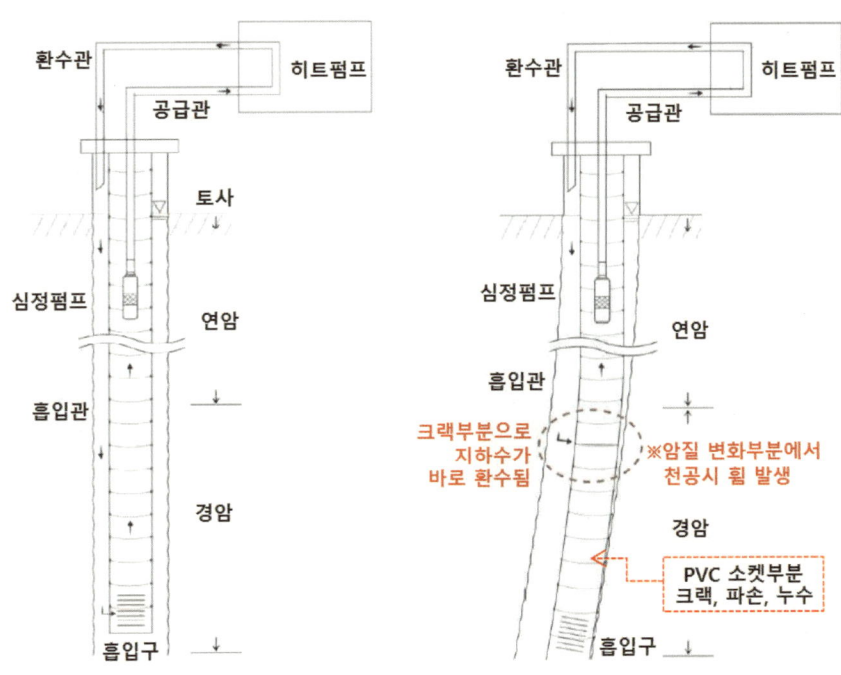

&lt;수직도가 양호한 시공 상태&gt;    &lt;흡입관이 휘면서 지하수 흐름이 불량해진 사례&gt;

② 개방형 설치 공법-2

우물공의 무너짐이나 최하부 흡입구의 막힘 현상을 보완하기 위하여 제시된 공법이다. 심정으로 환수된 지하수는 2~3개로 나뉘어진 환수관을 통하여 심정의 최하부로 내려오면서 주변 암반과 열교환을 한다. 환수관과 함께 설치된 흡입관의 최하부에는 다수의 구멍이 뚫려 있는 흡입구가 있어 최하부까지 열교환하면서 내려온 지하수를 흡입하여 상부에 설치된 심정펌프를 이용해 지상으로 펌핑하게 된다.

또한 환수관의 하부 쪽 구간에도 다수의 구멍들이 뚫려있어 일부가 막히더라도 나머지 구멍이나 다른 환수관을 통하여 지하수가 흐르도록 되어 있다. 업체에 따라 다소 차이는 있지만, 우물공 내의 환수관과 흡입관 주위에 쇄석을 채워넣는 경우가 많은데, 우물공이 무너지는 것을 방지하고 지하수가 난류를 형성하여 열교환 성능이 향상되도록 하기 위함이다.

이 공법은 200A 내외의 우물공 내부에 여러 개의 배관들이 설치되어야 하므로 시공이 쉽지 않고, 쇄석을 충진해 넣으면 배관 수리를 위한 인양작업이 불가하여 유지보수가 곤란한 단점이 있다. 또한 지하수의 수질이 좋지 않을 경우에는 충진해 넣은 충진재에 흙탕물이나 슬러지가 부착되어 시간이 지나면서 우물공이 막힐 우려도 있다.

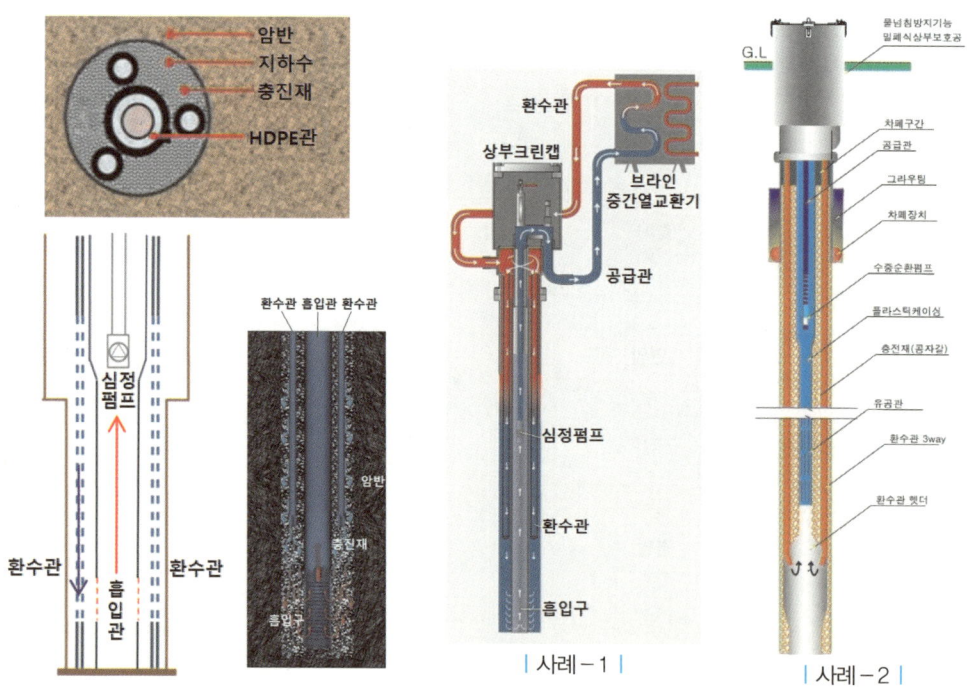

③ 개방형 설치 공법 – 3

지상의 지열히트펌프에서 활용된 지하수를 심정의 최하부까지 설치된 환수관을 통하여 심정의 최하부로 배출시키는데, 심정 내부에는 환수관 이외에 별도의 케이싱이나 흡입관이 설치되지 않는다. 심정의 최하부로 환수된 지하수는 상부의 심정펌프 쪽으로 흐르면서 주위의 지반과 열교환하면서 당초의 온도를 회복하게 된다.

기존의 공법에서 흡입관의 최하부 흡입구가 막히거나 이음부가 이탈되어 지하수 순환이 불량해지던 것을 개선하기 위하여 흡입관 자체를 삭제해버린 공법이다. 이로 인해 하자의 요인이 감소되고 심정 내부의 지하수 흐름이나 유속도 기존 공법보다 양호해진다. 우물공의 붕괴를 예방하고 열교환 성능을 좋게 하기 위하여 간혹 환수관 주위에 쇄석을 채워넣는 사례도 있다.

심정 내부의 배관 계통이 단순하고 환수관으로 PE관(융착)을 사용하기 때문에 개방형 공법 중 심정내 배관으로 인한 하자의 우려는 가장 적은 편이다. 그러나 우물공의 붕괴되어 막히는 문제나 충진재를 채워넣을 경우 흙탕물과 슬러지에 의해 폐색되는 등의 개방형 공법의 고질적인 문제점들을 근본적으로 해결하지는 못한다.

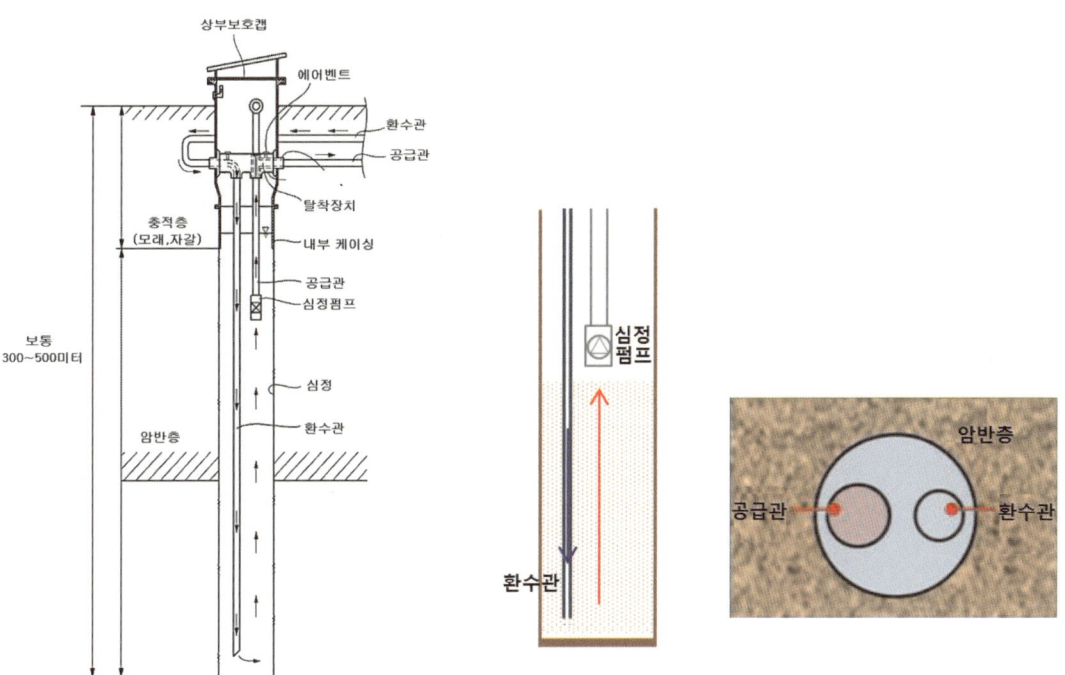

## (4) 개방형 지열시스템의 계통 구성 사례

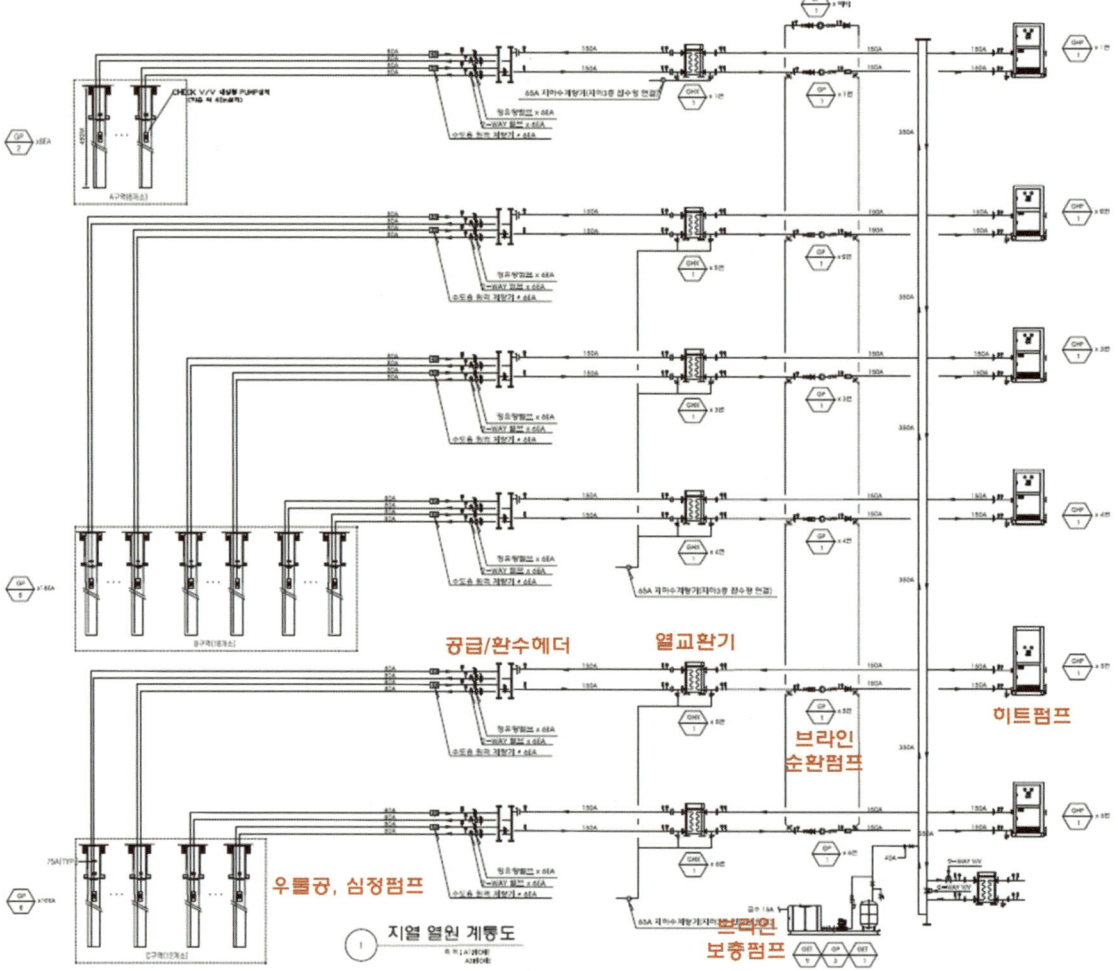

## (5) 개방형 지열시스템의 시공 사진

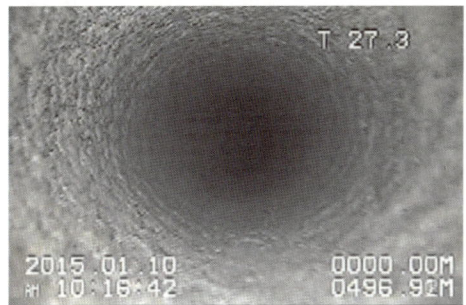
| 천공된 보어홀의 내부 사진 |

| 수중펌프의 설치 |

| 수중펌프의 설치 |

| 상부 지표면의 클린캡(보호맨홀) 설치 |

## (6) 개방형 지열설비의 기술적 과제

공공기관에 대한 신재생에너지설비의 의무공급비율이 급격히 높아지고, 민간의 대형건물에서도 대용량의 지열설비가 적용되는 사례가 증가하면서 개방형에 대한 관심이 높아지고 있다. 이는 수직밀폐형에 비해 굴착 공수가 1/10 가까이 줄어들기 때문에 훨씬 적은 대지 면적에 설치가 가능하고, 공사기간 및 초기시설비의 절감효과도 상당하기 때문이다. 다음 그림은 동일한 용량의 지열설비에 대하여 옥외 굴착 면적을 비교한 것이다.

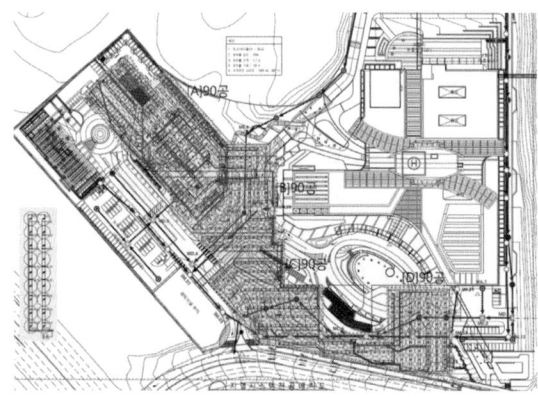
| 수직밀폐형 적용 시, 360공, 5m*5m 간격 |

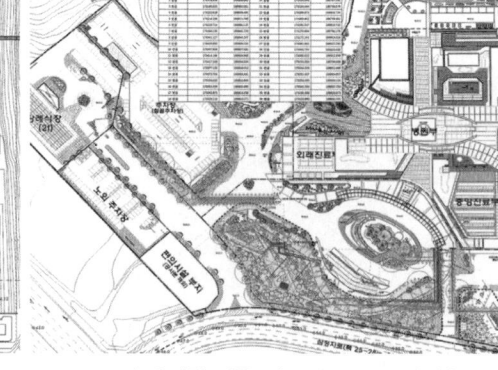
| 개방형 적용 시, 36공, 15m 반경 |

그러나 개방형 지열의 적용에는 신중할 필요가 있는데, 지하수를 직접 이용함으로써 기존의 수직밀폐형에 비해 열효율이 좋은 장점은 있지만 이를 위해 감수해야 할 부분도 상당하기 때문이다. 먼저 우물공의 불안정성에 대한 부분인데 지반의 상태가 좋지 않을 경우 추후 우물공이 무너지면서 함몰되거나 지하수의 흐름에 장애가 발생할 우려가 있다. 또한 굴착 과정에서 취약해진 우물공의 벽면에서는 지하수가 순환됨에 따라 유속에 의해 지속적으로 돌가루들이나 부스러기가 떨어져 나와 하부에 쌓이거나 지하수의 수질을 탁하게 만드는 경우도 있다.

심정 내부의 지하수 수질이 좋지 못하거나 지표면으로부터 심정 내부로 혼탁한 지표수가 혼입될 경우 지상에 설치된 중간열교환기의 전열면을 오염시키거나 스케일을 발생시켜 지열설비의 열효율을 저하시키게 된다. 이 때문에 중간열교환기에 대한 주기적인 세척작업과 스트레이너의 청소 등 유지관리 부담이 증가된다. 또한 심정 내부에 쇄석 등 충진재들을 채워넣었을 때에는 혼탁한 지하수의 이물질들이 쇄석에 달라붙어 지하수의 흐름을 방해하거나 막힐 우려도 있다.

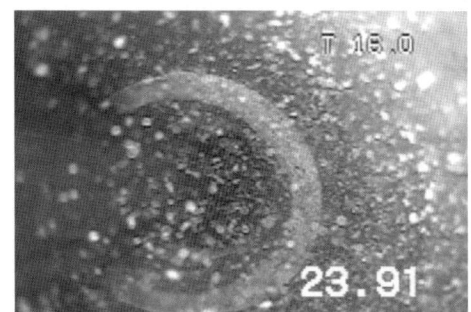
| 심정 내부의 혼탁한 지하수 |

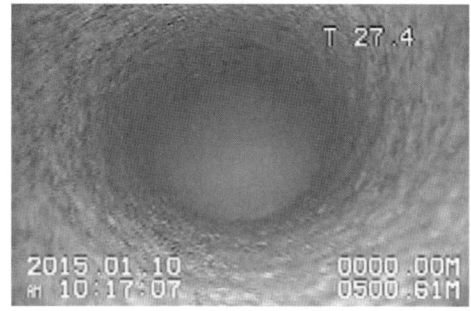
| 심정 최하부에 퇴적된 슬러지 |

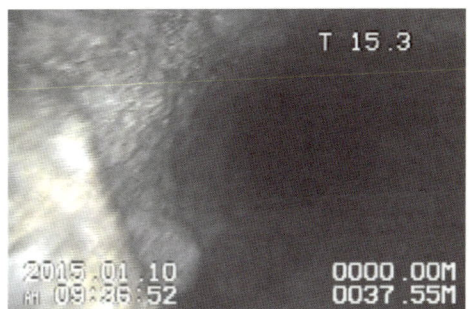
| 심정의 벽면 일부가 떨어져나간 모습 |

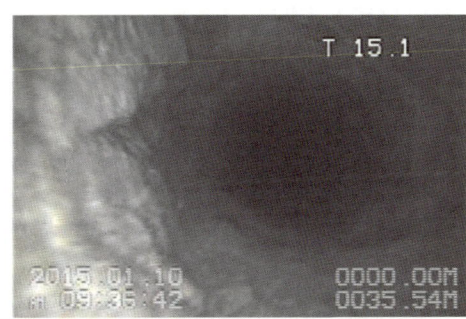
| 심정의 벽면 일부가 떨어져나간 모습 |

| 브라인↔지하수 중간열교환기 |

| 오염된 열교환기 표면 |

현재 다수의 개방형 지열 시공업체들이 우물공의 붕괴를 막기 위하여 내부에 충진재를 시공하고 있지만, 이로 인해 단면적이 줄어들어 지하수의 유속이 빨라지기 때문에 심정 벽면으로부터의 돌가루 이탈이나 박리를 더욱 증가시킬 수도 있다. 또한 심정 내에 설치된 환수관이나 흡입관의 주변을 충진재로 채워넣을 경우 배관을 인양하거나 재삽입하는 것이 불가능하여 현실적으로 유지관리가 곤란한 문제도 있다.

아울러 개방형 지열은 지하수 공급을 위한 심정펌프가 추가되어야 하므로 수직밀폐형보다 운전동력비가 증가하게 된다. 지하수를 직접 이용함에 따른 열효율 향상 부분은 심정펌프의 추가 설치와 이에 따른 운전 동력비의 증가분으로 상쇄되어버려 전체적으로는 수직밀폐형보다 경제적인 운전이 되지 못한다.

# 07 기타 지열시스템

## (1) 수평밀폐형 지열시스템

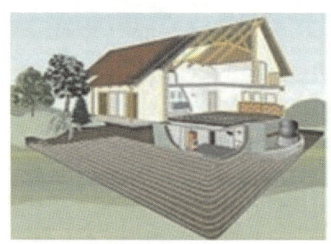

전체적인 지열시스템의 구성과 배치는 수직밀폐형과 동일하며, 지중열교환기가 지표면에서 1.5~3m 정도의 깊이에 수평으로 매설된다는 점만 차이가 있다. 땅을 넓게 파고 촘촘하게 배열된 열교환배관이나 환형(slinky) 코일형태의 배관을 포설하여 지중의 열에너지를 이용하는 방식이어서 설치 면적이 매우 넓어야 한다.

따라서 일반적으로 어느 정도 대지면적의 확보가 가능한 중·소규모의 지열시스템에 적용되고 있으며, 지중열교환기가 매설된 대지의 추가 개발 가능성이 적은 학교나 골프장 클럽하우스, 체육시설 등에 적합하다.

수백미터 깊이의 천공작업이 없으므로 시공이 간편하고 초기시설비가 적게 소요된다. 그러나 지중열교환기의 설치 심도가 깊지 않아 설치 장소에 따라서는 계절적으로 외기의 영향을 받을 수 있으며, 지중의 암반 유무나 지질상태에 따라 시스템의 성능 및 공사비가 영향을 받을 수 있다.

## (2) 에너지 파일(Energy pile) 지열시스템

에너지 파일 지열시스템은 밀폐형 방식의 일종으로서, 건축물의 기초공사 시 구조물의 안정성 확보를 위해 설치되는 말뚝기초에 지중열교환기를 설치하여 지열에너지를 활용하는 방식이다. 지중열교환기 설치를 위한 별도의 대지면적을 필요로 하지 않고 별도의 굴착작업도 필요없기 때문에 공사기간이나 초기시설비의 절감이 가능하다.

에너지파일 방식에서 사용하는 말뚝기초는 현장에서 철근망에 열교환배관을 조립한 뒤 지중에 설치하여 콘크리트를 타설하거나 또는 공장에서 열교환배관이 매립된 중공원형 파일 형태로 제작해 온 뒤 현장에 설치하는 방식도 있다.

에너지파일 방식은 건물의 기초파일로 사용되는 수량과 깊이가 제한되어 있어 지열을 활용할 수 있는 용량에 한계가 있다. 따라서 국내에서는 아직까지 널리 상용화되지는 못한 상황이고 국책연구과

제나 연구 차원에서 적용된 사례가 있다. 하지만 에너지파일 시스템의 활용을 위한 이론과 시공 노하우가 축적되고 지열 용량과 합리적으로 조합될 수 있다면 나름대로 경제성과 시공성을 지닌 지열시스템이 될 수도 있을 것이다.

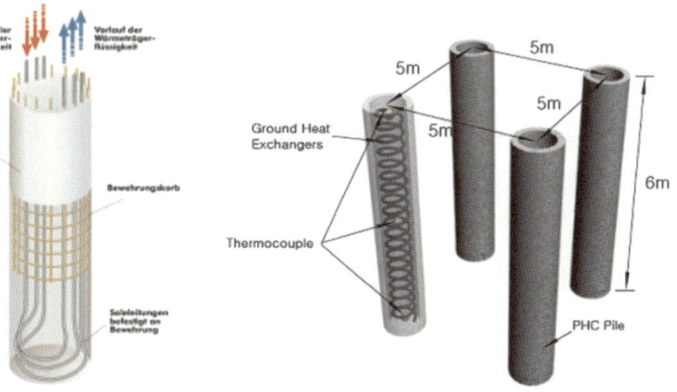

## (3) 지표수 이용 열교환방식 지열시스템

지열 히트펌프의 열원으로서 호수나 바다, 저수지, 또는 하천수를 이용하는 방식이다. 수중에 PE코일이나 금속성(STS나 동관 등)의 열교환기를 설치하여 지표수의 열을 이용하는 방식이어서 수원이 풍부한 곳에만 적용이 가능하다.

지표수 이용방식(Surface water heatpump)은 보어홀이나 심정의 굴착이 필요없어 설치비가 저렴하고 설치가 용이하여 공사기간도 짧게 소요된다. 수중열교환기의 탈착도 가능하여 유지보수도 쉬운 편이다. 그러나 열원 자체가 계절적으로 외기의 영향을 많이 받게 되고 스케일이 부착되거나 부식이 발생하면 효율이 저하되는 단점이 있다. 또한 수원이 유속을 가지고 있거나 홍수 등으로 유동이나 외부 충격을 받을 수 있는 곳에는 적용하기 어렵다. 수원이 정체된 곳은 수중온도 변화에 따른 주변 생태계의 영향도 고려해야 한다.

이와 같이 여러 설치 여건에 대한 고려로 지표수 이용방식은 국내에서 적용 사례가 거의 없으나, 대형건물에서 유출지하수(디워터링)의 수량이 많을 경우 히트펌프를 적용해 냉난방이나 급탕예열에 활용하는 등의 시도가 일부에서 이루어지고 있다. 또한 공장에서 폐수나 공정수의 폐열을 활용하기 위하여 히트펌프를 적용하는 등 지열설비는 아니지만 주위에 존재하는 무한한 수원이나 버려지는 수열원을 이용하고자 하는 노력들이 진행되고 있다.

### (4) 복합이용 열교환방식(하이브리드) 지열시스템

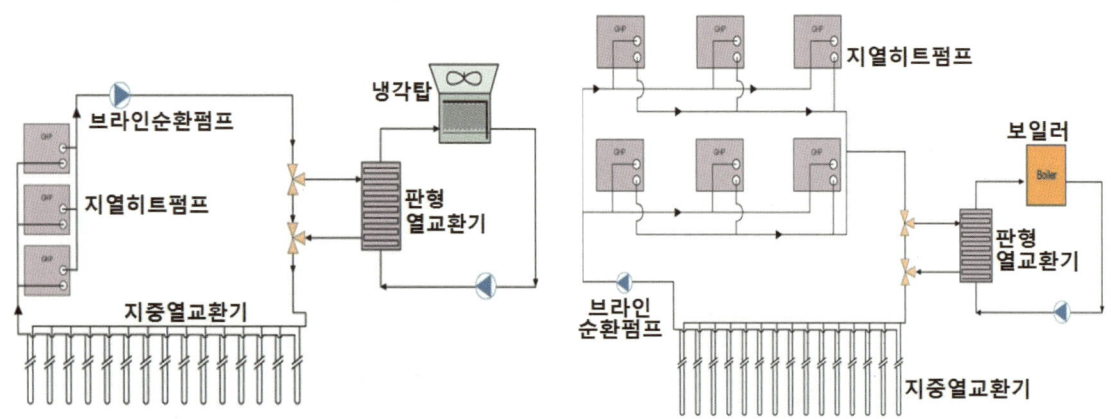

요즘에는 신재생에너지 적용 비율이 점차 높아져 지열설비의 용량이 매우 커지게 되고 다양한 열원장비로 공조시스템이 구성되는 대형건물이 많아짐에 따라 지열시스템에 냉각탑이나 보일러를 병렬로 연결하여 사용할 수 있도록 하는 "하이브리드형(Hybrid) 지열시스템"도 보급되고 있다.

하이브리드 방식은 부지 여건상 천공을 통한 지열의 용량 증대에 한계가 있을 때 냉난방 능력을 추가적으로 증가시킬 수 있고, 냉방과 난방부하의 불균형이 큰 건물에서도 합리적인 대안이 될 수 있다. 또한 지열설비를 연속해서 장시간 사용할 경우 지중에 열이 축적되어 지열시스템의 성능이 저하되는 문제를 보완할 수 있다. 아울러 동시사용률이 높지 않을 때에는 에너지 효율이 좋은 지열시스템만으로 최대한 운용하고, 동시사용률이 높거나 발생되는 부하가 클 경우에는 추가적으로 냉각탑을 가동시켜 대처함으로써 경제적이고 효율적인 시스템의 구성이 가능한 장점도 있다.

그러나 하이브리드 지열시스템은 지열원 이외의 장비가 병렬로 설치됨에 따라 장비비가 증가하고 배관 계통이 복잡해진다. 또한 공공기관 설치의무화대상이거나 정부의 설치지원금을 받는 곳에서는 한국에너지공단으로부터 인정받기가 곤란하여 적용에 어려움이 있을 수 있다.

이외에도 지열시스템의 활용도를 높이기 위해 축열시스템과 연계하여 복합적으로 구성하기도 한다. 이 시스템의 구성은 지열시스템과 동일하지만 심야전력을 공급받아 야간에 히트펌프를 가동하여 수축열조에 냉수나 온수를 저장하였다가 주간에 건물의 냉난방에 이용하는 방식이다. 지열시스템과 축열시스템의 장점을 모두 활용할 수 있고 저렴한 심야전력을 이용하므로 운전비가 절감된다. 물론 지열설비에 축열조까지 추가되어야 하므로 초기시설비는 많이 상승하게 된다.

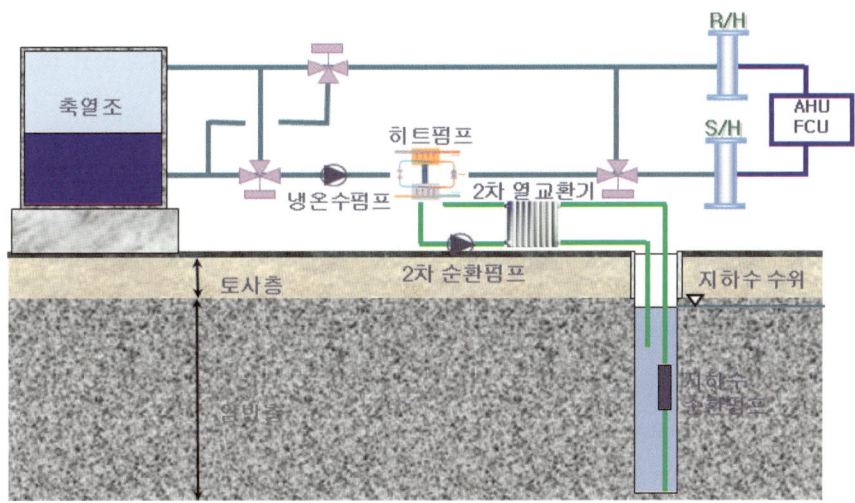

| 수축열조와 복합적으로 구성된 지열시스템 |

# CHAPTER 21 증기

## 01 증기의 성질

증기(蒸氣, Steam, 또는 Vapor)는 난방, 멸균, 급탕, 가습 및 공정용 등 여러 설비에서 폭넓게 사용되는 뛰어난 가열 매체로서 작은 관경에 비해 큰 열량을 높은 곳이나 먼 곳까지 쉽게 전달할 수 있다. 그러나 증기의 온도가 높고 사용 중 기체에서 액체로 형상이 변화되는 특성이 있기 때문에, 관련 배관의 시공이나 응축수의 처리 등 증기 시스템 전반에 대한 이해와 사용상의 주의가 필요한 시설이기도 하다.

먼저 설비 시스템에 사용되는 작동 유체로서 증기는 온수와 비교하여 다음과 같은 특성을 가지고 있다.

### (1) 증기의 특성

① 큰 열량 전달, 열전달 특성 우수

온수의 경우 공기조화기나 팬코일 등의 장비를 거치면서 1℃ 온도가 변화할 때 1kg당 1kcal/h(4.19KJ)의 열량을 전달하지만, 증기는 대기압 상태에서 539kcal/h (2,257KJ/kg)의 열량을 전달할 수 있다. 또한 온수는 열원장비의 운전상태에 따라 공급온도의 변화가 발생될 수도 있지만, 증기는 공급압력이 결정되면 항상 일정한 온도가 유지되어 균일한 온도로 열전달을 할 수 있다.

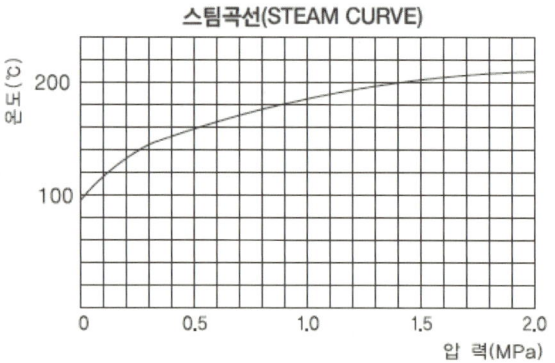

일반적으로 물은 대기압에서는 100℃에서 끓게 되지만 압력이 올라가면 끓는점이 올라가 발생되는 증기의 온도도 올라간다. 따라서 압력이 결정되면 증기의 온도도 결정된다고 할 수 있다.

② 건물의 높이에 관계없이 공급 가능, 운반 동력 불필요

온수는 펌프를 이용하여야만 공급이 가능하고, 특히 고층건물에 적용할 때는 배관 내부에 높은 수압이 형성되므로 운용상의 어려움이 있으나, 증기는 기체 상태이므로 건물의 높이에 관계없이 사용할 수 있다. 또한 증기는 사용설비까지 자체 공급압력에 의해 이송이 가능하므로 별도의 순환펌프가 필요치 않아 운전동력비가 소요되지 않는다.

③ 시설비 저렴, 응축수의 순환

증기는 온수에 비해 적은 관경으로도 동일한 열량을 전달할 수 있으며, 배관의 재질도 대부분 흑강관을 사용하므로 동관이나 스테인리스관을 사용하는 온수보다 초기 시설비가 적게 소요된다. 한편 증기는 기체에서 액체로의 상태 변화 시 배출되는 응축 잠열을 이용하므로 증기 사용설비에서 열교환한 후 응축수로 변하게 된다. 발생된 응축수는 증기트랩에 의해 응축수배관으로 배출되고 일반적으로 자연구배에 의해 응축수탱크로 환수된다. 응축수탱크에 모인 응축수는 아직도 다량의 현열을 지니고 있고 수처리 후 증발처리된 물이기 때문에 다시 증기발생설비로 보내져 재사용하게 된다.

④ 워터해머와 소음 발생 우려

증기는 배관 내를 빠른 속도로 이동하므로 초기 가동 시 배관 내 또는 증기설비 내부에 응축수가 고여 있을 경우 워터해머(수격현상)가 매우 심하게 발생하게 된다. 워터해머가 심하게 반복되면 배관이나 설비의 파손을 유발할 수도 있으므로 일상적인 운전 시에도 응축수가 원활히 배출되는지 관심을 가져야 한다.

또한 증기는 일반적으로 증기 사용설비나 감압장치, 유량조절장치 등을 거치면서 발생되는 소음이 온수에 비해 다소 큰 편이다.

⑤ 증기의 건도와 질 좋은 증기 사용

배관을 통해 공급되는 증기는 배관상의 열 손실에 의해서 약간의 수분이 혼합된 습증기인 경우가 많다. 건도가 낮은 습증기(수분이 많이 함유된 증기)일수록 열 손실 증가와 워터해머, 밸브와 배관의 침식, 열 전달 능력 및 운전효율 감소 등 많은 문제를 일으킨다.

습증기의 발생을 막기 위해서는 기수분리기의 사용과 증기배관의 철저한 보온, 보일러의 충분한 블로우다운 실시, 보일러의 적정 운전압력 유지, 적절한 위치에 적합한 사양의 증기트랩 설치 등을 통해 건도가 높은 양질의 증기가 공급될 수 있도록 해야 한다.

## (2) 습증기, 건도

대기압 상태의 물을 100℃까지 가열하여 증기로 변하기 직전 상태의 물을 "포화수"라고 한다. 이 포화수를 추가적으로 가열하게 되면 온도는 일정시간 동안 증가되지 않은 채 포화수가 증기로 바뀌기 시작하는데, 이때 물을 증기로 변화시키는 데 소요되는 열을 "잠열"이라고 한다. 이 증발과정에서 물

과 증기가 혼합되어 있는 상태를 "습증기"(또는 습포화증기)라고 하고, 증발이 100% 완료되어 수분이 없는 상태의 증기를 "건포화증기"라고 한다.

증발이 완료된 100℃ 건포화증기를 더욱 가열하게 되면 증기의 온도도 더 올라가게 되어 "과포화증기"(또는 과열증기)가 된다.

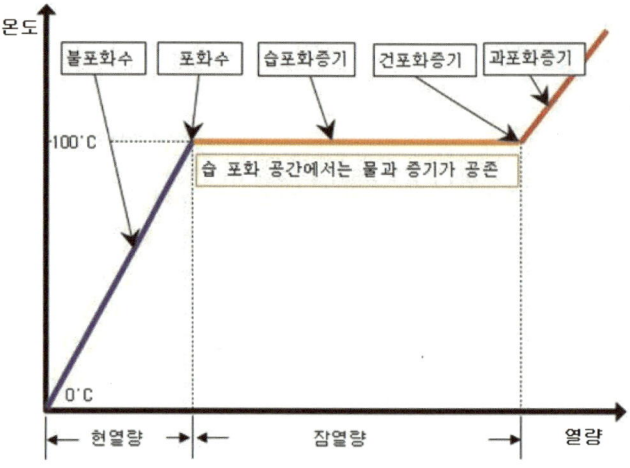

습증기 상태에서 습증기 내에 혼합되어 있는 수분의 비율을 "건도"로 표현하고 있다. 포화수의 경우에는 건도가 0이고, 증발이 완료된 건포화증기는 건도가 1.0이다. 아래의 그림에서와 같이 건도가 0.3인 경우 습증기 내에 증기가 30%이고 수분이 70%인 상태이다.

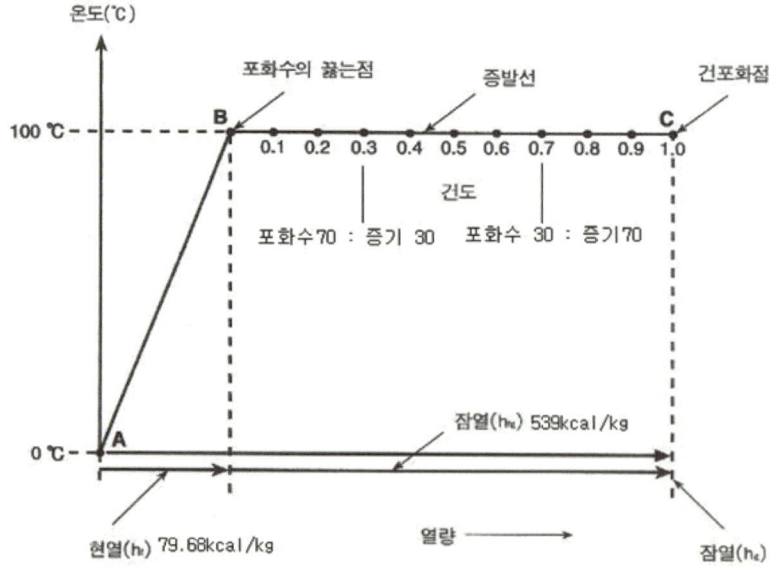

증기의 건도가 저하되는 원인은 다음과 같은 몇 가지를 생각해 볼 수 있다.
- 보일러의 운전압력(또는 증기의 발생 압력)이 지나치게 낮은 경우
- 피크부하가 발생하여 증기 공급관의 압력이 일시적으로 떨어지는 경우
- 공급과정에서 배관에서의 열손실이 많은 경우
- 보급수의 수질이 불량하여 캐리오버가 많아지는 경우
- 증기 공급계통에서 수분이나 응축수의 처리가 적절하게 되지 못한 경우

이와 같은 이유로 증기의 건도가 낮아지게 되면 열운반 능력이 저하되어 증기 사용설비에서 가열시간이 길어지게 되고, 이로 인해 증기 소비량도 증가되게 된다. 또한 수분으로 인한 배관의 침식이나 부식이 증가하고 설비의 수명도 짧아지게 된다.

## 02 증기 시스템의 계획

### (1) 시스템의 계획

열원이 증기로 결정되면 난방, 급탕, 가습 등의 부하량을 계산한 후 증기설비의 사용압력을 정하여 증기량을 계산하도록 한다. 이에 의해 보일러의 용량 선정과 함께 적정한 보일러 운전압력을 결정한다.

증기 시스템 계획의 기본은 증기의 압력이다. 증기 압력은 각 사용설비로 필요한 양만큼 신속한 시간 내에 연속적으로 증기를 공급할 수 있도록 설정되어야 하며, 공급압력에 따라 증기배관의 관경을 결정하게 된다. 증기배관 계획 시 증기의 속도와 압력손실, 소음 등이 같이 고려되어야 하고, 배관에서의 방열 손실에 의해 응축이 될 수 있으므로 최대한 건조한 증기가 공급될 수 있도록 응축수의 효과적인 제거가 이루어져야 한다.

이밖에 온도 변화에 따른 신축팽창을 고려한 배관 설치와 신축이음의 설치, 에어벤트와 진공브레이커의 설치 등도 증기 시스템의 전체적인 구성에서 누락되지 않도록 한다.

### (2) 증기 사용량의 계산

증기설비에서 소요되는 증기 사용량은 증기설비에서 어떤 물질의 가열을 위해 필요한 열량을 증기의 사용 전후의 엔탈피 차이로 나누면 된다. 일반적인 조건에서 증기 사용설비에서 필요한 증기 사용량은 증기설비에서 배출되는 응축수량과 동일하다. 따라서 증기 사용설비에서 소요되는 증기의 소비량은 평균적으로 증기의 증발 잠열량으로 계산하면 무리가 없다. 다만 증기의 증발 잠열량은 공급되는 압력에 따라 달라지므로 압력별 잠열량으로 적용해야 한다.

$$G = \frac{Q}{i'' - i'} ≒ \frac{\text{가열되는 유체의 유량} \times \text{비열} \times \text{상승 온도차}}{\text{증기의 증발 잠열량}}$$

여기서, $G$ : 증기 소비량 [kg/hr]
 $i'$ : 공급하는 증기(포화증기)의 엔탈피 [kcal/hr]
 $i''$ : 환수되는 응축수(또는 증기)의 엔탈피 [kcal/hr]
 $Q$ : 가열해야 하는 열량 [kcal/hr]

---

난방순환펌프를 이용하여 1,000lpm 유량의 50℃ 난방수를 열교환기로 공급하여 70℃로 가열한 뒤 팬코일로 다시 공급하고자 할 때 필요한 증기량은?(이때 열교환기에 공급되는 증기의 압력은 0.2MPa(2kg/cm²)임)

1,000lpm = 1,000ℓ/분 = 1,000kg/분 × 60분/시간 = 60,000kg/h
2kg/cm²의 압력에서 증기의 증발잠열 : 516kcal/kg

$$G = \frac{\text{가열되는 유체의 유량} \times \text{비열} \times \text{상승 온도차}}{\text{증기의 증발 잠열량}}$$

$$= \frac{60,000\text{kg/h} \times 1\text{kcal/kg℃} \times (70-50)℃}{516\text{kcal/kg}} = 2,325\text{kg/h}$$

---

유닛히터를 이용하여 18℃의 공기를 82℃까지 가열하여 공급하고자 한다. 송풍기의 풍량은 110CMM이고 증기의 공급압력은 0.7MPa일 때 필요한 증기량은 얼마인가?

110CMM = 110m³/min = 110m³/min × 60min/hr = 6,600m³/hr
공기의 비열 : 0.32kcal/m³ · ℃
0.7MPa의 압력에서 증기의 증발잠열 : 489kcal/kg

$$G = \frac{\text{가열되는 유체의 유량} \times \text{비열} \times \text{상승 온도차}}{\text{증기의 증발 잠열량}}$$

$$= \frac{6,600\text{m}^3/\text{h} \times 0.32\text{kcal/m}^3℃ \times (82-18)℃}{489\text{kcal/kg}} = 276\text{kg/h}$$

▼ 포화증기표

| 증기압력(계기압) | | 포화온도 [°C] | 현열 [kJ/kg] | 증발잠열 [kJ/kg] | 전열 [kJ/kg] | 비체적 [m³/kg] |
| --- | --- | --- | --- | --- | --- | --- |
| MPa | kg/cm² | | | | | |
| 0 | 0 | 100.0 | 419 | 2,257 | 2,676 | 1.673 |
| 0.02 | 0.2 | 105.1 | 441 | 2,243 | 2,684 | 1.414 |
| 0.04 | 0.4 | 109.5 | 460 | 2,231 | 2,691 | 1.225 |
| 0.06 | 0.6 | 113.5 | 476 | 2,220 | 2,696 | 1.088 |
| 0.08 | 0.8 | 117.1 | 492 | 2,210 | 2,702 | 0.971 |
| 0.1 | 1.0 | 120.4 | 506 | 2,201 | 2,707 | 0.881 |
| 0.12 | 1.2 | 123.4 | 519 | 2,192 | 2,711 | 0.806 |
| 0.14 | 1.4 | 126.2 | 531 | 2,184 | 2,715 | 0.743 |
| 0.16 | 1.6 | 128.8 | 542 | 2,177 | 2,719 | 0.689 |
| 0.18 | 1.8 | 131.3 | 552 | 2,170 | 2,722 | 0.643 |
| 0.2 | 2.0 | 133.6 | 562 | 2,163 | 2,725 | 0.603 |
| 0.24 | 2.4 | 138.0 | 581 | 2,150 | 2,731 | 0.536 |
| 0.28 | 2.8 | 141.9 | 597 | 2,139 | 2,736 | 0.483 |
| 0.3 | 3.0 | 143.7 | 605 | 2,133 | 2,738 | 0.461 |
| 0.32 | 3.2 | 145.5 | 613 | 2,128 | 2,741 | 0.440 |
| 0.34 | 3.4 | 147.2 | 620 | 2,122 | 2,742 | 0.422 |
| 0.36 | 3.6 | 148.8 | 627 | 2,117 | 2,744 | 0.405 |
| 0.38 | 3.8 | 150.4 | 634 | 2,112 | 2,746 | 0.389 |
| 0.4 | 4.0 | 151.9 | 641 | 2,108 | 2,749 | 0.374 |
| 0.5 | 5.0 | 158.9 | 671 | 2,086 | 2,757 | 0.315 |
| 0.6 | 6.0 | 165.0 | 698 | 2,066 | 2,764 | 0.272 |
| 0.7 | 7.0 | 170.5 | 721 | 2,048 | 2,769 | 0.240 |
| 0.8 | 8.0 | 175.4 | 743 | 2,031 | 2,774 | 0.215 |
| 1 | 10.0 | 184.1 | 782 | 2,000 | 2,782 | 0.177 |
| 1.2 | 12.0 | 191.6 | 815 | 1,972 | 2,787 | 0.151 |
| 1.7 | 17.0 | 207.1 | 885 | 1,912 | 2,797 | 0.110 |
| 2 | 20.0 | 214.9 | 920 | 1,880 | 2,800 | 0.0994 |

## (3) 증기의 공급압력

증기배관의 압력 구분은 보통 게이지(gauge) 압력으로 0.1MPa(1kg/cm²) 이상일 때를 "고압", 0~0.1MPa(0~1kg/cm²)인 경우는 "저압" 증기로 분류한다. 일반적인 공조가 이루어지는 건물의 설비에서는 보통 증기를 보일러에서 0.5~0.8MPa 압력으로 발생시켜 배관을 통해 사용처별로 공급한 뒤, 장비별로 적정한 압력으로 감압해 사용하도록 하고 있다.

감압을 하지 않으려고 보일러를 저압으로 운전하게 되면 캐리오버가 증가하여 공급되는 증기의 건도가 낮아지게 되며, 동일한 증기량을 공급하기 위해서 고압일 때보다 큰 배관 사이즈가 필요해 시설비가 증가하고 공급과정에서의 열손실도 증대된다.

### ① 증기 사용설비에서 감압하여 사용

이렇게 높은 압력으로 공급받은 증기를 증기 사용설비에서 감압하여 사용하는 이유는 다음과 같다.

- **증기 사용량 절약**

  동일한 양의 증기를 공급하더라도 사용 압력이 낮을수록 설비에서 이용 가능한 증기의 잠열량이 커진다. 그러므로 장비에서 증기를 감압해 낮은 압력으로 사용하게 되면 소요되는 증기량을 줄일 수 있고, 응축수의 현열이 적어 재증발로 인한 열손실도 줄일 수 있다. 증기의 압력이 높을수록 응축수의 재증발에 의한 열손실량도 커진다.

  예를 들어 열교환기의 가열능력이 1,000,000kcal/h인 장비에 보일러로부터 공급받은 0.5MPa(5kg/cm²)의 증기를 그대로 사용하였을 때와 열교환기 전단에 감압밸브를 설치해 0.2MPa(2kg/cm²)로 압력을 낮춰 사용하였을 경우의 증기 소모량을 계산해 보면 다음과 같다.

  | 구 분 | 증기 소요량(=가열량 ÷ 사용압력별 잠열량) | 절감량 |
  |---|---|---|
  | 0.5MPa 공급 시 | 1,000,000kcal/h ÷ 498kcal/kg=2,008kg/h | |
  | 0.2MPa 공급 시 | 1,000,000kcal/h ÷ 516kcal/kg=1,937kg/h | −71kg/h |

- **증기의 건도 향상**

  에너지 보존 법칙에 의해 감압 전후단의 총 열량은 같으나, 감압 후 현열이 감소하게 되므로 남은 열량은 잠열부분(습증기)의 건도를 높여주게 된다. 이론적으로 100% 건조한 증기를 감압하게 되면 과열증기로 변하게 되나, 실무적으로 100% 건조한 증기의 발생 및 수송은 힘들기 때문에 과열증기로 변하는 경우는 거의 없다.

- **시설 투자비 절감, 생산성 향상**

  고압에서는 증기의 비체적이 감소하므로 고압으로 증기를 공급하게 되면 수송 용량이 증대되므로 이로 인해 증기배관의 관경을 작게 할 수 있다. 따라서 가급적 증기보일러에서 증기 사용설비의 인근까지 고압으로 증기를 공급하면 배관의 시설투자비를 줄일 수 있다.

  또한 증기 사용설비의 직전에서 고압의 증기를 감압해 사용하게 되면 증기의 안정적 공급과 일정한 온도 유지가 가능하게 되므로 증기 사용설비의 성능과 생산성이 향상된다.

② 증기설비에서 공급압력이 낮을 경우 문제점

그러나 증기 사용처에서 증기의 공급압력을 너무 낮추게 되면 증기트랩의 작동에 장애가 발생할 수 있으므로 주의해야 한다. 증기트랩은 트랩 전후단의 압력차에 따라 응축수 배출량이 좌우되므로 트랩 1차측의 압력이 너무 낮으면 응축수 배출능력도 떨어지게 된다.

또한 건물의 여건상 응축수배관 중 일부가 부분적으로 올림 배관으로 설치되어야 하는 상황이 종종 있는데, 이 경우에도 증기트랩 1차측에서 적정한 압력이 형성되어야 원활한 응축수의 배출이 가능하다.

## (4) 증기의 사용온도

증기를 이용하여 어떤 유체를 가열할 때 높은 가열온도가 필요한 경우, 높은 온도(포화온도)의 증기를 공급하기 위해서는 높은 공급압력이 유지되어야 한다. 앞의 사용압력별 포화온도를 보면 대기압에서의 증기온도는 100℃이지만, 0.2MPa(2kg/cm$^2$)에서는 133.6℃, 0.7MPa일 때는 170.5℃, 2MPa일 때는 214.9℃이다.

이처럼 증기 시스템에서 압력이 올라가면 포화온도(증발온도)가 올라가 증기의 공급온도도 상승하게 되므로, 높은 온도의 증기가 필요할 때에는 증기 시스템의 압력을 필요한 포화압력까지 상승시키지 않으면 안 된다.

그러나 증기 공급압력이 높아지려면 배관이나 보일러의 내압 성능이 올라가야 하는데, 이럴 경우 시설 비용이 많이 상승하게 되며 운전관리 측면에서도 고압에 따른 부담이 있다. 그래서 일반적으로 가열원의 온도가 250℃를 초과하게 되면 증기 공급압력이 4MPa(40kg/cm$^2$) 이상까지 올라가야 하므로 증기 대신에 특수한 성질을 지닌 열매체를 많이 사용하고 있다.

## (5) 증기배관의 분류

증기배관의 방식은 증기 사용설비로 연결되는 증기관과 응축수관을 동일 또는 별개로 설치하느냐에 따라 단관식과 복관식으로 분류한다. 단관식은 증기트랩을 설치하지 않고 사용설비에 설치된 차단 밸브의 개폐조작에 의해 증기 공급량을 조절한다. 이 방식은 소규모 건물에 사용되기도 하였으나 현재 국내에서는 거의 채택하지 않고 있다.

복관식은 가열장치마다 증기트랩을 설치하여 증기가 응축수관으로 유입되는 것을 방지하고 응축수만 통과시키도록 하는 방식으로 국내에서는 거의 대부분이 이 방식을 채택하고 있다. 복관식은 입상관 내의 증기흐름 방향에 따라 상향공급식과 하향공급식으로 분류하는데, 국내에서는 증기 발생설비가 설치된 기계실이 대부분 지하층에 위치하고 있어 상향공급식으로 이루어지고 있다.

응축수의 환수방식에 의해서는 중력환수식과 진공환수식으로 분류할 수 있다.

중력환수식은 부하설비로부터 배출된 응축수를 회수하는 응축수 환수관에 1/100 정도의 자연구배를 주어 보일러로 직접 환수하거나 보일러실에 위치한 응축수탱크(또는 급수유니트)로 환수하는 방식이다.

진공환수식은 환수 주관의 말단부에 −250mmHg 정도로 운전되는 진공펌프를 연결하고 증기트랩 이후의 환수관 내의 압력을 진공으로 만들어 응축수를 강제적으로 신속하게 환수하는 방식이다. 따라서 배관 구경을 작게 할 수 있으며 경사도가 적어도 되고 리프트 피팅을 사용할 수도 있다. 이러한 몇 가지 이점 때문에 국내에서도 일부 사용되기는 하였으나 별도의 진공펌프를 설치하여야 하며 운전 등에 어려움이 있어 최근에는 실제 적용되고 있는 사례가 매우 드물다.

| 구 분 | 증기배관의 분류 |
| --- | --- |
| 증기 공급압력에 따른 분류 | 고압식, 저압식 |
| 배관 방식에 의한 분류 | 단관식, 복관식 |
| 응축수 환수방식에 의한 분류 | 중력환수식, 진공환수식 |

### (6) 증기배관의 재질

증기배관 및 응축수배관의 재질은 일반적으로 일반배관용 탄소강관(흑강관)을 사용한다. 증기 공급 배관의 경우 사용압력이 1MPa(10kg/cm$^2$)을 초과할 때에는 압력배관용 흑강관을 사용해야 된다. 간혹 동관이나 스테인리스관을 증기관으로 사용하는 경우도 있으나 길이가 긴 증기배관이나 응축수 배관에서는 시설비가 많이 증가하여야 하므로 사용하는 사례가 많지는 않다.

또한 동관은 증기 공급관에서 증기의 유속이 빨라 침식이 발생될 수 있고 워터해머에 의한 충격에도 약한 편이며, 온도 변화에 따른 신축량도 커서 많이 선호되지 않고 있다. 스테인리스관은 고온에서 재료적인 인장 강도가 현저히 낮아지는 특성이 있어 특수한 고온용 스테인리스관이 아니고서는 사용이 부적절하다.

흑강관을 사용할 경우 배관의 이음은 50mm 이하의 소구경관에서는 나사식 이음쇠를, 65A 이상의 관경에서는 용접식을 주로 사용하고 있으며, 신축팽창에 의한 누수 사례가 많아 작은 관경까지도 나사이음 대신에 용접식으로 시공하는 사례도 많다.

# 03 증기 공급배관의 설치

## (1) 증기배관의 설치

증기는 실제 배관 내에서 증기와 약간의 응축수가 혼합된 상태로 존재하게 되는데, 응축수가 많을 경우에는 워터해머, 배관의 유효 단면적 축소, 증기설비에서 열전달 방해 등의 문제가 발생할 수 있다. 따라서 응축수를 제거하기 위해 다음과 같은 증기배관의 설치가 이루어져야 한다.

① 증기 주관은 흐르는 방향 쪽으로 1 : 250의 내림 경사(순구배)로 배관한다. 이렇게 하면 응축수가 쉽게 드레인 포인트까지 흐르며 응축수가 원활히 제거될 수 있다. 만약 설치 여건상 불가피하게 역구배로 할 때는 그 길이를 최소한으로 하고 구배는 1/80로 한다. 수평배관이나 역구배로 배관을 설치할 때에는 더 많은 숫자의 드레인 포인트가 필요하다.

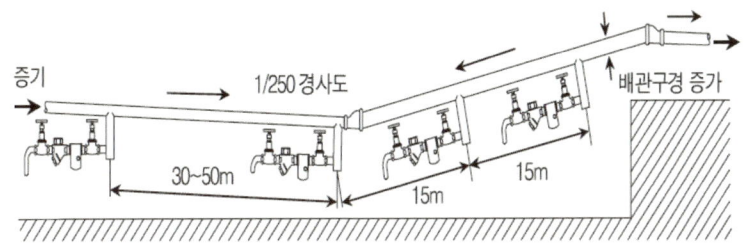

② 증기 공급배관의 주관은 30~50m의 간격으로 응축수가 드레인되어야 한다. 응축수 배출을 위해 배관에 드레인관과 증기트랩을 연결할 때에는 배관 내를 흐르는 응축수의 포집이 용이하도록 드레인 포켓을 설치한다. 드레인 포켓은 응축수 포집이 원활하도록 적정한 직경과 깊이로 설치되어야 한다.

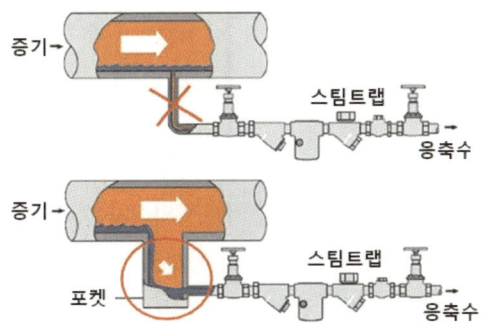

| 증기관의 관경 | 드레인 포켓 | |
|---|---|---|
| | 구경 | 깊이 |
| 100A 이하 | 증기관과 동일 | 100mm 이상 |
| 125A~200A | 100A | 150mm |
| 250A 이상 | 증기관 관경의 1/2 이상 | 증기관의 직경 이상 |

③ 흐름방향이 바뀌거나 장애물이 있는 경우 반드시 응축수 드레인 포켓을 설치한다. 증기배관이 장거리로 수평으로 설치될 경우는 릴레이 배관을 하도록 한다. 흐름방향이 바뀌면 떠다니는 수분을 분리하기가 쉬우므로 드레인 포켓을 설치하여 응축수를 배출시킨다.

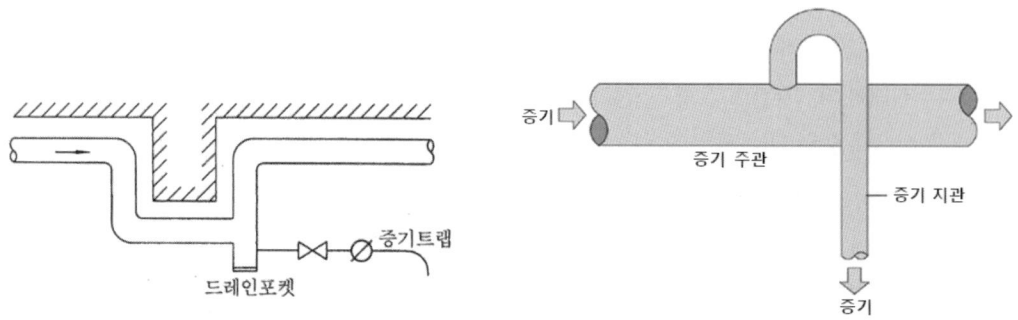

④ 증기 지관(분기관)은 증기 주관의 상부에서 분기한다. 증기 주관의 하부에는 응축수가 흐를 수 있으므로 증기 주관 하부에 분기관을 곧바로 연결하면 드레인 포켓의 역할을 하게 되어 장비에 습증기가 공급되므로 좋지 않다.

⑤ 상부에 설치된 증기 주관으로부터 분기하여 바닥에 설치된 증기설비로 배관이 연결될 때에는 증기설비 앞부분에서 응축수를 제거하도록 한다. 특히 온도조절밸브나 감압밸브가 설치된 경우 이 부분이 응축수로 가득 찰 수 있으므로 증기트랩의 설치가 필요하다.

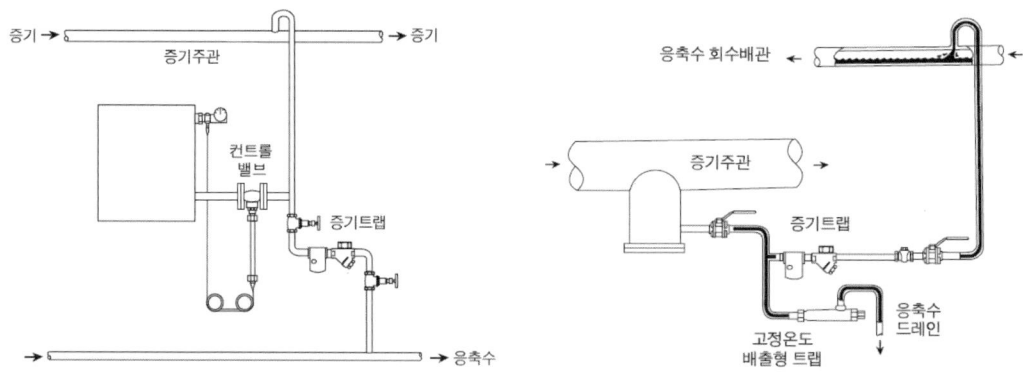

⑥ 증기트랩보다 응축수 회수배관이 높은 위치에 설치된 경우에도 증기트랩의 2차측 배관은 응축수 회수배관의 상부에서 접속되도록 연결해야 한다. 응축수 회수배관의 하부로 연결하게 되면 증기트랩 2차측 배관에 항상 응축수가 고이게 되어 증기트랩의 작동에 지장을 초래할 수 있으나, 응축수 회수배관의 상부 쪽에는 일상적으로 재증발 증기가 흐르고 있어 이부분으로 응축수를 배출하는 것이 훨씬 원활하다.

⑦ 각 위치에 설치되는 증기트랩은 용도나 사용 환경에 따라 적절한 사양으로 선정해야 한다. 증기 주관이나 입상관 하부의 증기트랩은 워터해머에 강한 디스크식이나 버켓트식으로 선정한다.

⑧ 증기배관에서는 가급적 응축수가 고일 수 있는 형태의 배관을 피해야 한다. 동심 레듀샤 대신 편심 레듀샤를 사용하고 스트레이너의 포켓은 수평으로 설치하여 응축수가 고이지 않게 한다. 입상관의 하부 등 불가피한 곳에는 증기트랩을 설치하도록 한다.

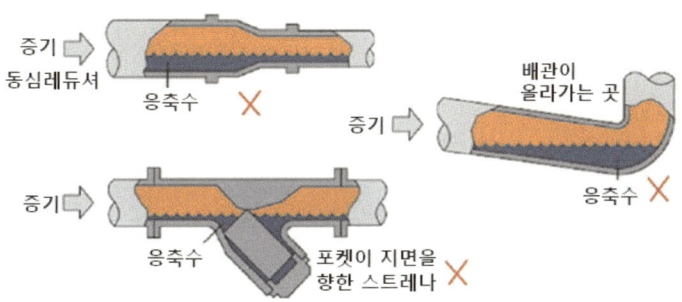

⑨ 증기 주관의 관말에는 증기트랩과 에어벤트를 설치한다. 증기가 공급되는 초기에 배관의 예열로 인해 발생되는 다량의 응축수를 신속해 배출시켜 주어 워터해머를 예방하고, 배관 내의 공기를 배출시켜 증기의 신속한 공급에 도움이 된다.

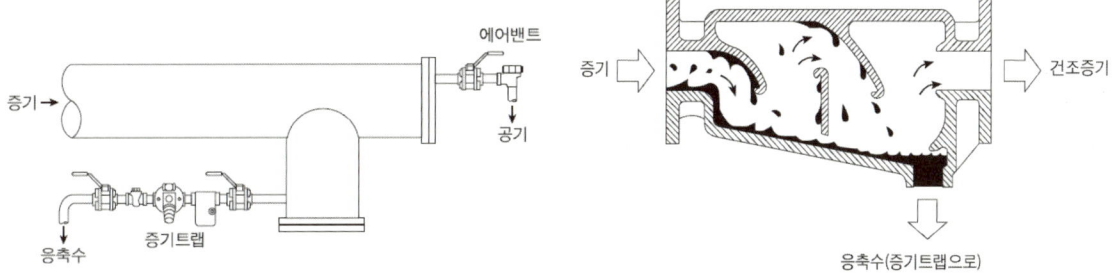

⑩ 보일러의 증기 출구에는 기수분리기를 설치한다. 보일러에서 증기배관 쪽으로 캐리오버되어 넘어오는 수분을 제거하여 습증기로 인한 증기 시스템 쪽의 피해를 줄일 수 있다.

⑪ 증기배관에 압력계를 설치할 때에는 차단밸브와 압력계 사이에 사이펀관을 사용한다. 사이펀관에 고인 물로 인하여 고온의 증기가 직접적으로 압력계와 접촉하는 것을 예방하기 위해서이다. 또한 낮은 온도의 증기에는 일반 부르동관 압력계를 사용해도 큰 무리는 없으나 고압이거나 고온의 증기배관일 때는 증기용 압력계를 사용해야 한다.

## (2) 증기배관의 관경 선정

증기배관의 관경을 선정하는 방법은 크게 "유속에 의한 선정방법"과 "압력 강하에 의한 선정방법"이 있는데, 여기서는 유속에 의한 방법을 설명한다.

배관에서 증기의 속도는 20~40m/s의 범위에서 유지하는 게 바람직한데, 그래서 관경 선정을 할 때 특별한 제약조건이 없다면 보통 25m/s를 기준으로 선정하면 무리가 없다. 그러나 배관의 구배나 여건에 따라서 증기의 유속을 달리할 필요가 있을 때에는 아래의 표를 참고한다.(0.1MPa 이상의 고압인 경우)

▼ 증기 공급배관 내의 적정한 유속

| 구 분 | 배관 규격 | 적정 유속(m/s) | 비 고 |
|---|---|---|---|
| 순구배 배관 | 50A 이하<br>65~150A<br>175~300A | 10~20<br>15~30<br>20~40 | 증기 흐름 방향<br>쪽으로 하향 구배 |
| 역구배 배관 | 20~25A<br>32~50A<br>65~80A | 4<br>8<br>9 | 증기 흐름 방향<br>쪽으로 상향 구배 |
| 상향 수직관 | 20~25A<br>32~50A<br>65~80A<br>90~100A | 10<br>13<br>18<br>24 | 입상관 외 |

아래의 〈증기 속도에 따른 관지름 선정표〉는 증기의 공급압력에서 속도에 따른 관경별 증기 허용통과량을 나타내고 있다. 예를 들어, 0.2MPa(2kg/cm$^2$)의 공급압력으로 1,000kg/h의 증기를 공급해야 하는 상황이라면, 유속 25m/s를 기준으로 표에서 배관경 80mm가 656kg/h이고 100mm가 1,215kg/h이므로 100mm 배관을 선정하면 된다.

증기 주관의 최소 구경은 원칙적으로 공급 주관은 40A, 환수관은 32A로 한다.

▼ 증기 속도에 따른 관지름 선정표 1

(증기 유량 : kg/h)

| 압력 [kPa] (bar) | 속도 [m/s] | 관지름 [mm], SCH80 | | | | | | | | | | | | |
|---|---|---|---|---|---|---|---|---|---|---|---|---|---|---|
| | | 15 | 20 | 25 | 32 | 40 | 50 | 65 | 80 | 100 | 125 | 150 | 200 | 250 | 300 |
| 40 (0.4) | 15 | 7 | 14 | 24 | 37 | 52 | 99 | 145 | 213 | 394 | 648 | 917 | 1606 | 2590 | 3678 |
| | 25 | 10 | 25 | 40 | 62 | 92 | 162 | 265 | 384 | 675 | 972 | 1457 | 2806 | 4101 | 5936 |
| | 40 | 17 | 35 | 64 | 102 | 142 | 265 | 403 | 576 | 1037 | 1670 | 2303 | 4318 | 6909 | 9500 |
| 70 (0.7) | 15 | 7 | 16 | 25 | 40 | 59 | 109 | 166 | 250 | 431 | 680 | 1006 | 1708 | 2791 | 3852 |
| | 25 | 12 | 25 | 45 | 72 | 100 | 182 | 287 | 430 | 716 | 1145 | 1575 | 2816 | 4629 | 6204 |
| | 40 | 18 | 37 | 68 | 106 | 167 | 298 | 428 | 630 | 1108 | 1712 | 2417 | 4532 | 7251 | 10323 |
| 100 (1.0) | 15 | 8 | 17 | 29 | 43 | 65 | 112 | 182 | 260 | 470 | 694 | 1020 | 1864 | 2814 | 4045 |
| | 25 | 12 | 26 | 48 | 72 | 100 | 193 | 300 | 445 | 730 | 1160 | 1660 | 3099 | 4869 | 6751 |
| | 40 | 19 | 39 | 71 | 112 | 172 | 311 | 465 | 640 | 1150 | 1800 | 2500 | 4815 | 7333 | 10370 |
| 200 (2.0) | 15 | 12 | 25 | 45 | 70 | 100 | 182 | 280 | 410 | 715 | 1125 | 1580 | 2814 | 4845 | 6277 |
| | 25 | 19 | 43 | 70 | 112 | 162 | 295 | 428 | 656 | 1215 | 1755 | 2520 | 4815 | 7525 | 10575 |
| | 40 | 30 | 64 | 115 | 178 | 275 | 475 | 745 | 1010 | 1895 | 2925 | 4175 | 7678 | 11997 | 16796 |
| 300 (3.0) | 15 | 16 | 37 | 60 | 93 | 127 | 245 | 385 | 535 | 925 | 1505 | 2040 | 3983 | 6217 | 8743 |
| | 25 | 26 | 56 | 100 | 152 | 225 | 425 | 632 | 910 | 1580 | 2480 | 3440 | 6779 | 10269 | 14316 |
| | 40 | 41 | 87 | 157 | 250 | 375 | 595 | 1025 | 1460 | 2540 | 4050 | 5940 | 10476 | 16470 | 22950 |
| 400 (4.0) | 15 | 19 | 42 | 70 | 108 | 156 | 281 | 432 | 635 | 1166 | 1685 | 2460 | 4816 | 7121 | 10358 |
| | 25 | 30 | 63 | 115 | 180 | 270 | 450 | 742 | 1080 | 1980 | 2925 | 4225 | 7866 | 12225 | 17304 |
| | 40 | 49 | 116 | 197 | 295 | 456 | 796 | 1247 | 1825 | 3120 | 4940 | 7050 | 12661 | 19663 | 27816 |
| 500 (5.0) | 15 | 22 | 49 | 87 | 128 | 187 | 352 | 526 | 770 | 1295 | 2105 | 2835 | 5548 | 8586 | 11947 |
| | 25 | 36 | 81 | 135 | 211 | 308 | 548 | 885 | 1265 | 2110 | 3540 | 5150 | 8865 | 14268 | 20051 |
| | 40 | 59 | 131 | 225 | 338 | 495 | 855 | 1350 | 1890 | 3510 | 5400 | 7870 | 13761 | 23205 | 32244 |
| 600 (6.0) | 15 | 26 | 59 | 105 | 153 | 225 | 425 | 632 | 925 | 1555 | 2525 | 3400 | 6654 | 10297 | 14328 |
| | 25 | 43 | 97 | 162 | 253 | 370 | 658 | 1065 | 1520 | 2530 | 4250 | 6175 | 10629 | 17108 | 24042 |
| | 40 | 71 | 157 | 270 | 405 | 595 | 1025 | 1620 | 2270 | 4210 | 6475 | 9445 | 16515 | 27849 | 38679 |
| 700 (7.0) | 15 | 29 | 63 | 110 | 165 | 260 | 445 | 705 | 952 | 1815 | 2765 | 3990 | 7390 | 12015 | 16096 |
| | 25 | 49 | 114 | 190 | 288 | 450 | 785 | 1205 | 1750 | 3025 | 4815 | 6900 | 12288 | 19377 | 27080 |
| | 40 | 76 | 177 | 303 | 455 | 690 | 1210 | 1865 | 2520 | 4585 | 7560 | 10880 | 19141 | 30978 | 43470 |
| 800 (8.0) | 15 | 32 | 70 | 126 | 190 | 285 | 475 | 800 | 1125 | 1990 | 3025 | 4540 | 8042 | 12625 | 17728 |
| | 25 | 54 | 122 | 205 | 320 | 465 | 810 | 1260 | 1870 | 3240 | 5220 | 7120 | 13410 | 21600 | 33210 |
| | 40 | 84 | 192 | 327 | 510 | 730 | 1370 | 2065 | 3120 | 5135 | 8395 | 12470 | 21247 | 33669 | 46858 |
| 1000 (10.0) | 15 | 41 | 95 | 155 | 250 | 372 | 626 | 1012 | 1465 | 2495 | 3995 | 5860 | 9994 | 16172 | 22713 |
| | 25 | 66 | 145 | 257 | 405 | 562 | 990 | 1530 | 2205 | 3825 | 6295 | 8995 | 15966 | 25860 | 35890 |
| | 40 | 104 | 216 | 408 | 615 | 910 | 1635 | 2545 | 3600 | 6230 | 9880 | 14390 | 26621 | 41011 | 57560 |
| 1400 (14.0) | 15 | 50 | 121 | 205 | 310 | 465 | 810 | 1270 | 1870 | 3220 | 5215 | 7390 | 12921 | 20538 | 29016 |
| | 25 | 85 | 195 | 331 | 520 | 740 | 1375 | 2080 | 3120 | 5200 | 8500 | 12560 | 21720 | 34139 | 47218 |
| | 40 | 126 | 305 | 555 | 825 | 1210 | 2195 | 3425 | 4735 | 8510 | 13050 | 18630 | 35548 | 54883 | 76534 |
| 1700 (17.0) | 15 | 60 | 145 | 246 | 372 | 558 | 972 | 1524 | 2244 | 3864 | 6258 | 8868 | 15505 | 24646 | 34819 |
| | 25 | 102 | 234 | 397 | 624 | 888 | 1650 | 2496 | 3744 | 6240 | 10200 | 15072 | 26064 | 40967 | 56662 |
| | 40 | 151 | 366 | 666 | 990 | 1452 | 2634 | 4110 | 5682 | 10212 | 15660 | 22356 | 42658 | 65860 | 91841 |

• 출처 : "설비공학편람" 제2권 공기조화편, 대한설비공학회

## ▼ 증기 속도에 따른 관지름 선정표 2

(증기 유량 : kg/h)

| 압력 [kPa] (bar) | 속도 [m/s] | 관 지 름 [mm], SCH40 |  |  |  |  |  |  |  |  |  |  |
|---|---|---|---|---|---|---|---|---|---|---|---|---|
| | | 15 | 20 | 25 | 32 | 40 | 50 | 65 | 80 | 100 | 125 | 150 |
| 40 (0.4) | 15 | 9 | 15 | 25 | 43 | 58 | 95 | 136 | 210 | 362 | 569 | 822 |
| | 25 | 14 | 25 | 41 | 71 | 97 | 159 | 227 | 350 | 603 | 948 | 1,369 |
| | 40 | 23 | 40 | 66 | 113 | 154 | 254 | 363 | 561 | 965 | 1,527 | 2,191 |
| 70 (0.7) | 15 | 10 | 18 | 29 | 51 | 69 | 114 | 163 | 251 | 433 | 681 | 983 |
| | 25 | 17 | 30 | 49 | 85 | 115 | 190 | 271 | 419 | 722 | 1,135 | 1,638 |
| | 40 | 28 | 48 | 78 | 136 | 185 | 304 | 434 | 671 | 1,155 | 1,815 | 2,621 |
| 100 (1.0) | 15 | 12 | 21 | 34 | 59 | 81 | 133 | 189 | 292 | 503 | 791 | 1,142 |
| | 25 | 20 | 35 | 57 | 99 | 134 | 221 | 315 | 487 | 839 | 1,319 | 1,904 |
| | 40 | 32 | 56 | 91 | 158 | 215 | 354 | 505 | 779 | 1,342 | 2,110 | 3,046 |
| 200 (2.0) | 15 | 18 | 31 | 50 | 86 | 118 | 194 | 277 | 427 | 735 | 1,156 | 1,669 |
| | 25 | 29 | 51 | 83 | 144 | 196 | 323 | 461 | 712 | 1,226 | 1,927 | 2,782 |
| | 40 | 47 | 82 | 133 | 230 | 314 | 517 | 737 | 1,139 | 1,961 | 3,083 | 4,451 |
| 300 (3.0) | 15 | 23 | 40 | 65 | 113 | 154 | 254 | 362 | 559 | 962 | 1,512 | 2,183 |
| | 25 | 38 | 67 | 109 | 188 | 256 | 423 | 603 | 931 | 1,603 | 2,520 | 3,639 |
| | 40 | 61 | 107 | 174 | 301 | 410 | 676 | 964 | 1,490 | 2,565 | 4,032 | 5,822 |
| 400 (4.0) | 15 | 28 | 50 | 80 | 139 | 190 | 313 | 446 | 689 | 1,186 | 1,864 | 2,691 |
| | 25 | 47 | 83 | 134 | 232 | 316 | 521 | 743 | 1,148 | 1,976 | 3,106 | 4,485 |
| | 40 | 75 | 132 | 215 | 371 | 506 | 833 | 1,189 | 1,836 | 3,162 | 4,970 | 7,176 |
| 500 (5.0) | 15 | 34 | 59 | 96 | 165 | 225 | 371 | 529 | 817 | 1,408 | 2,213 | 3195 |
| | 25 | 56 | 98 | 159 | 276 | 375 | 619 | 882 | 1,362 | 2,347 | 3,688 | 5,325 |
| | 40 | 90 | 157 | 255 | 441 | 601 | 990 | 1,411 | 2,180 | 3,755 | 5,901 | 8,521 |
| 600 (6.0) | 15 | 39 | 68 | 111 | 191 | 261 | 430 | 613 | 947 | 1,631 | 2,563 | 3,700 |
| | 25 | 65 | 114 | 184 | 319 | 435 | 716 | 1,022 | 1,578 | 2,718 | 4,171 | 6,167 |
| | 40 | 104 | 182 | 295 | 511 | 696 | 1,146 | 1,635 | 2,525 | 4,348 | 6,834 | 9,867 |
| 700 (7.0) | 15 | 44 | 77 | 125 | 217 | 296 | 487 | 695 | 1,073 | 1,848 | 2,904 | 4,194 |
| | 25 | 74 | 129 | 209 | 362 | 493 | 812 | 1158 | 1,788 | 3,080 | 4,841 | 6,989 |
| | 40 | 118 | 206 | 334 | 579 | 788 | 1,299 | 1,853 | 2,861 | 4,928 | 7,745 | 11183 |
| 800 (8.0) | 15 | 49 | 86 | 140 | 242 | 330 | 544 | 775 | 1,198 | 2,063 | 3,242 | 4,681 |
| | 25 | 82 | 144 | 233 | 404 | 550 | 906 | 1,292 | 1,996 | 3,438 | 5,403 | 7,802 |
| | 40 | 131 | 230 | 373 | 646 | 880 | 1,450 | 2,068 | 3,194 | 5,501 | 8,645 | 12,484 |
| 1000 (10.0) | 15 | 60 | 105 | 170 | 294 | 401 | 660 | 942 | 1,455 | 2,506 | 3,938 | 5,686 |
| | 25 | 100 | 175 | 283 | 490 | 668 | 1,101 | 1,570 | 2,425 | 4,176 | 6,563 | 9,477 |
| | 40 | 160 | 280 | 453 | 785 | 1,069 | 1,761 | 2,512 | 3,880 | 6,682 | 10,502 | 15,164 |
| 1400 (14.0) | 15 | 80 | 141 | 228 | 394 | 537 | 886 | 1,263 | 1,951 | 3,360 | 5,281 | 7,625 |
| | 25 | 134 | 235 | 380 | 657 | 896 | 1,476 | 2,106 | 3,251 | 5,600 | 8,801 | 12,708 |
| | 40 | 214 | 375 | 608 | 1,052 | 1,433 | 2,362 | 3,368 | 5,202 | 8,960 | 14,082 | 20,333 |

- 출처 : "설비공학편람" 제2권 공기조화편, 대한설비공학회

만약 배관 구경이 너무 크게 선정되면 배관 및 피팅류, 보온재 등의 비용이 증가하고 방열 손실량이 커져 증기 공급배관 내에서 응축수의 발생량이 많아진다. 반대로 배관 구경이 작게 선정되면 증기 속도가 빨라져 소음과 배관의 침식, 워터해머 등의 문제가 심해지고 압력손실이 커져 사용처에서는 증기 공급량이 부족할 수 있다.

일반 건물에서 사용하는 증기는 포화증기로 습증기인 경우가 많은데, 습증기의 경우 40m/s 이상의 속도에서는 극심한 압력손실로 소음 및 침식이 발생될 우려가 크므로 적정한 유속을 준수해 주는 게 좋다.

### (3) 증기배관의 신축

증기배관은 높은 온도의 유체가 통과하는 만큼 온도 변화의 폭도 커서 신축팽창량도 상당하다. 따라서 배관 길이에 따라 신축팽창량을 계산하여 신축이음(expansion joint)이나 루프(loop)와 같은 적당한 대책을 강구하여야 한다. 특히 배관이 자유롭게 신축팽창되도록 슬라이딩이 가능한 배관 받침대(슈, shoe)를 설치해야 하고, 신축팽창의 기준점이 되는 고정앵커(anchor)의 위치 선정과 견고한 고정이 매우 중요하다.

발전소나 대형 증기 공급시스템 등 설치공간이 여유 있는 곳에서는 배관을 루프형으로 하거나 적당한 굴곡을 두어 배관 자체로 신축팽창을 수용하기도 한다. 온도 변화에 따른 배관의 신축량 계산과 일반적인 신축이음의 설치 간격은 다음과 같다.

① 온도 변화에 의한 관의 신축률 $\varepsilon$ (mm)

$$\varepsilon = 1000 \times L \times C \times \triangle T$$

여기서, $L$: 초기배관 길이 [m]
$C$: 선팽창계수 [m/(m·℃)]
※ 강관 $1.098 \times 10^{-5}$, 동관 $1.710 \times 10^{-5}$
$\triangle T$: 온도변화(증기관과 주변 최저온도와의 차이) [℃]

② 증기배관에 설치되는 신축이음의 설치 간격

| 최고 사용 온도 | 100℃ 미만 | 100~149℃ | 150~220℃ |
|---|---|---|---|
| 단식 팽창이음 | 20m 이하 | 15m 이하 | 10m 이하 |
| 복식 팽창이음 | 40m 이하 | 30m 이하 | 20m 이하 |

## (4) 기수분리기

### ① 기수분리기의 필요성

증기시스템 내에서 물은 열교환기의 코일 내부면이나 증기 사용설비의 전열 경계면에서 일종의 코팅 효과를 발휘하면서 열전달을 방해하는 장애 요인이 된다. 공급배관 중에 트랩을 설치하여 응축수를 제거했더라도 배관에서의 열손실 등으로 인해 응축수 물방울들이 계속해서 생기면서 증기와 함께 떠다니게 된다. 이렇게 증기의 건도가 낮아지게 되면 증기의 열전달 효율이 감소하는 것은 물론 배관이나 설비의 침식과 부식이 심해지고, 물과 함께 수송된 불순물에 의해 스케일의 발생도 증가한다.

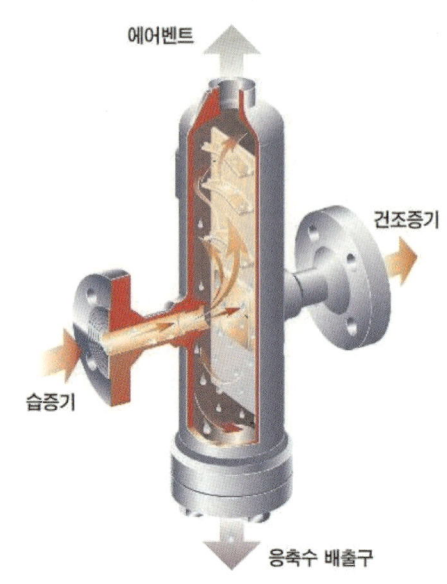

또한 컨트롤 밸브나 유량계, 그리고 회전기계 및 왕복 운동을 하는 설비 내부로 수분이 통과하게 되면 기기의 정상적인 작동이 방해를 받게 되고, 고속으로 통과하는 물방울에 의한 밸브 시트나 부속품의 침식, 조기 마모를 유발할 수 있다. 워터해머가 심해질 경우에는 설비의 파손까지도 가져오게 된다.

### ② 기수분리기의 원리

증기나 압축공기, 가스 중의 미세한 물방울을 제거하고자 할 때 효과적인 처리방법이 기수분리기를 설치하는 것이다. 일반적으로 기수분리기는 내부에 증기로부터 물방울과 공기를 분리해내는 차폐판을 구비하고 있는 차폐판식 기수분리기가 널리 사용된다.

기수분리기의 작동 원리를 살펴 보면, 배관 내에서 빠르게 흐르던 증기가 내부 체적이 큰 기수분리기 안으로 유입되면서 유속이 갑자기 떨어지게 되고, 유체 속에 섞여 있던 미세하지만 상대적으로 무거운 물방울 입자들이 차폐판에 부딪쳐 밑으로 흘러내리면서 배출구 쪽으로 분리된다. 이렇게 분리된 수분은 플로트식(FT) 트랩을 통해서 응축수배관 계통으로 배출된다. 똑같은 원리에 의해 공기 역시 증기로부터 분리되며 기수분리기 상단에 모인 후 에어벤트를 통해 대기 중으로 배출된다.

### ③ 기수분리기의 설치

기수분리기는 보호해야 할 증기 사용설비나 감압밸브, 컨트롤밸브, 유량계 등과 같은 중요 기기의 전단에 설치한다. 열교환기나 각종 가열장치의 전단에 기수분리기를 설치함으로써 장비의 열교환 효율을 높임은 물론 수분에 의한 장치나 밸브들의 침식을 예방할 수 있다.

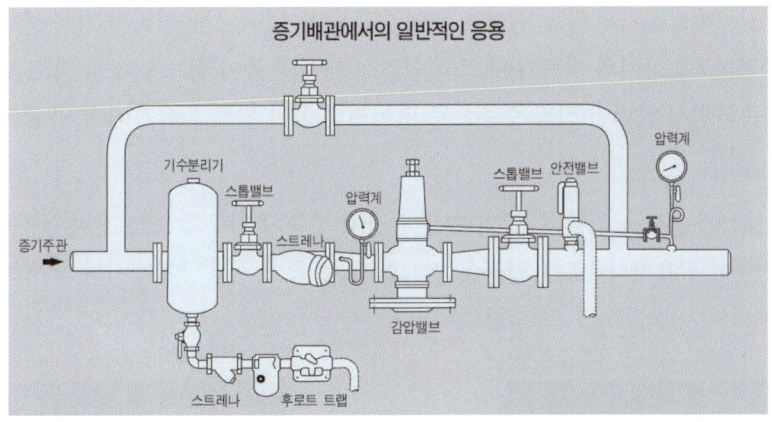

또한 보일러와 같은 증기 발생장치의 토출측에도 기수분리기를 많이 설치하고 있다. 보통의 보일러는 증기가 최단시간에 발생하여 증기시스템으로 공급되도록 증발면적 및 증기 공간이 최적화되어 있으며, 그로 인해 여유 공간이 부족할 경우 습증기가 발생할 가능성도 높아진다.

특히 보일러 가동 초기에는 다량의 습증기의 발생이 불가피하며, 보일러 운전 중 캐리오버가 발생하면 배관 쪽으로 넘어가는 수분에는 불순물이나 수처리 약품이 포함될 수 있다. 따라서 보일러에 자체적으로 기수분리기가 구비되어 있지 않은 경우에는 반드시 보일러 토출측 배관에 기수분리기를 설치하야 한다.

### (5) 진공해소장치(Vacuum Breaker)

진공해소장치(또는 버큠브레이커)는 증기시스템의 가동이 중지되어 각종 장치나 배관이 식으면서 내부의 증기가 급격히 수축하여 설비 내부가 대기압 이하의 진공 상태로 빠지게 되는데 이를 방지하기 위하여 사용된다. 배관이나 시스템 내에 진공상황이 형성되면 응축수가 배출되지 못하고 고이게 되어 시스템의 재가동 시 장애 요인이 되기도 하며 심할 경우 설비의 파손을 유발하기도 한다.

일반적인 대기조건에서 물과 증기의 밀도는 각각 1,000kg/m³과 0.6kg/m³이며, 비용적은 0.001m³/kg과 1.67m³/kg로 약 1,700배의 차이가 있다. 물이 증발하여 증기로 공급될 때 약 1,700배의 체적으로 늘어났던 증기가 배관이나 장비 내에서 식어 응축수가 되면 체적이 다시 1/1,700로 줄어들면서 진공상황이 발생하는 것이다.

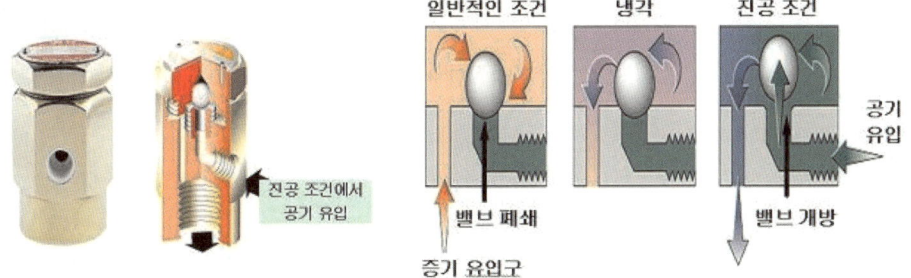

앞의 그림은 진공해소장치의 작동 원리를 보여주고 있다. 증기 사용설비가 가동 중에는 내부의 증기 압력에 의해 진공해소장치의 시트 위에 스테인리스 재질의 볼이 밸브 입구를 막고 있다가 증기 사용이 멈추고 응축되면서 압력이 진공 수준으로 떨어지면 볼이 위로 올라가 외부의 공기가 시스템 내부로 유입되게 된다.

진공은 증기설비에 손상을 입힐 수 있기 때문에 장치의 증기 입구측 또는 장치 몸체에 진공해소장치를 설치하는 것이 필요하다. 또한 진공은 열교환기 등 증기 사용장치에서만 발생하는 것이 아니라 증기 주배관이나 보일러에서도 발생할 수 있다.

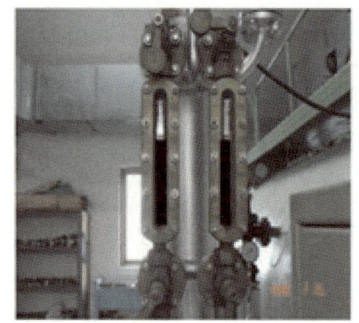

| 보일러의 정상 수위 |

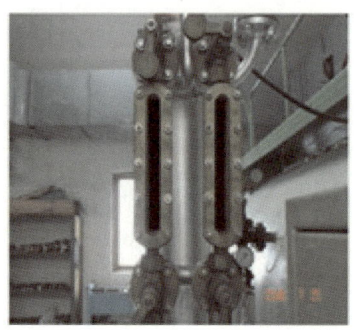

| 정지후 진공으로 인한 수위 상승 |

보일러의 가동을 정지한 후 증기의 압력이 잔존하고 있는 상태에서 주증기 밸브를 폐쇄시키고 급수펌프의 주전원을 차단하게 되면 잔존 증기가 응축되면 물과 증기의 비용적 차이에 해당하는 부피만큼의 진공이 발생하게 된다.

 보일러의 안전관리 및 진공 형성조건을 방지하기 위해서는 특별한 경우를 제외하고는 급수펌프의 전원을 차단하거나 보일러 조작반의 전원을 차단하는 일은 없어야 한다. 또한 진공 해소를 위해 보일러와 증기 헤더의 주증기관에 진공해소장치를 설치하여 진공을 해소해 주는 것이 좋다.

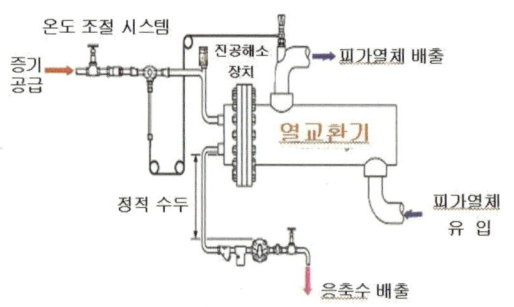

| 진공해소장치의 사용 예 |

## (6) 에어벤트의 설치

 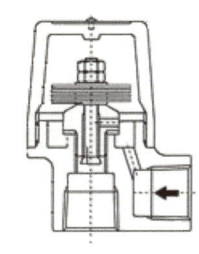

- 작동 원리 : 증기용 에어벤트 내부에는 온도에 의해 형상이 변하는 바이메탈이 설치되어 있어, 공기나 비응축성 가스가 유입되어 냉각되면 시트가 열리게 되고 고온의 증기가 유입되면 온도가 올라가 닫힘

| 증기용 자동에어벤트 |

공기는 단열 성능이 좋은 편이어서 때에 따라서는 배관이나 시스템 내에서 보온재의 기능을 하기도 하는데, 이럴 경우 증기의 열전달능력을 감소시키고 예열시간을 길어지게 한다. 또한 증기와 공기가 혼합되어 있는 경우 돌턴의 분압 법칙에 의해 공기의 분압만큼 증기의 압력이 낮아져 증기 온도가 감소하게 만든다.

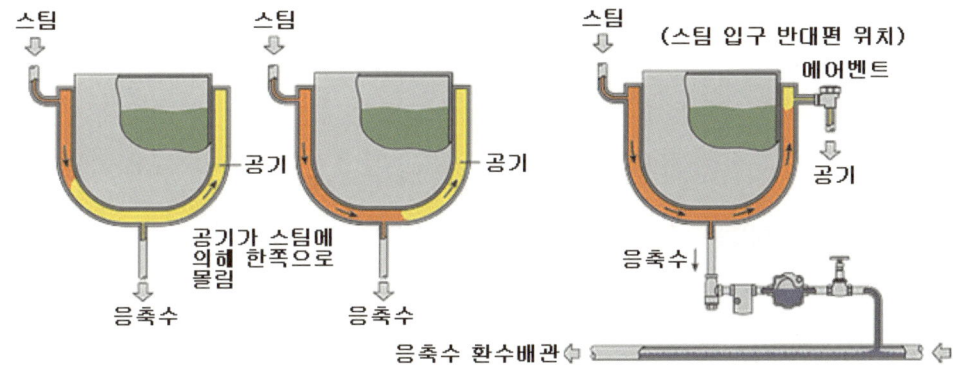

따라서 증기 주관의 관말이나 다량의 증기를 사용하는 장치에서는 증기가 공급되는 곳의 반대편이나 공기가 정체할 만한 곳의 상부에 에어벤트를 설치하여 공기를 제거해야 한다. 증기용 자동에어벤트는 대부분 증기와 공기의 온도 차이를 이용한 온도조절식을 사용하고 있으며, 물용 에어벤트는 물의 부력을 이용한 방식이어서 작동 원리가 다르므로 서로 혼용해 잘못 설치하지 않도록 주의해야 한다.

버켓트랩이나 플로트트랩 등 일부 증기트랩은 에어벤트 기능을 보유하거나 옵션으로 선택하는 경우도 많이 있으므로 트랩 선택 시 확인한다.

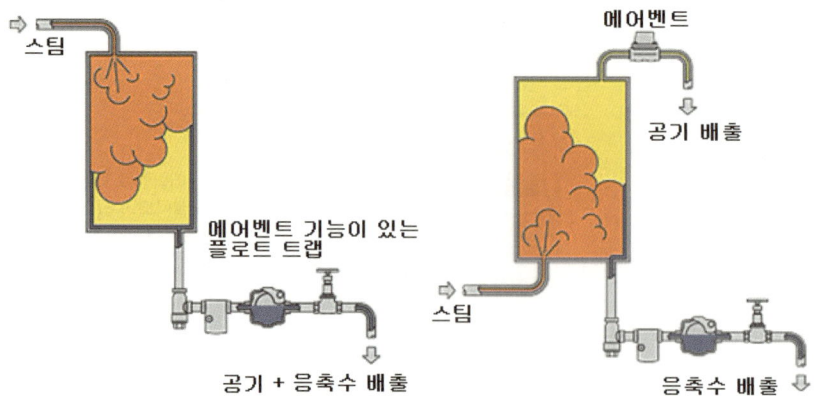

| 물용 에어벤트(좌), 증기용 에어벤트(우) |

# 04 응축수 회수배관

## (1) 응축수의 회수와 재사용

열전달의 결과로 생긴 응축수는 아직도 많은 열량을 보유하고 있으므로 회수하여 재이용하도록 한다. 응축수를 회수하는 데는 중력에 의한 방법이 기본적으로 사용되고 있는데, 자연 구배에 의해 응축수가 응축수탱크까지 모이도록 하기 위하여 배관의 기울기가 잘 유지되어야 한다.

응축수 회수장치로는 증기트랩과 오그덴펌프, 그리고 증기트랩과 펌프가 한 몸체로 구성된 자동펌핑트랩이 있다. 중력에 의한 응축수 회수 시에는 증기트랩만을 사용해도 무방하나 응축수배관이 상승(올림) 배관으로 설치되어서 일반 트랩으로는 응축수의 배출이 곤란한 때에는 오그덴펌프나 자동펌핑트랩의 사용을 고려해야 한다.

특히 증기 주관이나 관말, 또는 온도 조절을 하지 않는 장비(증기 공급배관에 제어밸브가 없는 장비)는 1차측에 어느 정도의 증기압력이 형성되므로 일반 증기트랩으로도 응축수 배출에 큰 무리가 없으나, 온도 조절을 하는 장비에서는 공급측의 제어밸브가 닫힐 경우 증기의 응축에 의해 내부 압력이 저하되면서 응축수 배출 정지조건이 발생할 우려가 높기 때문에 오그덴펌프나 자동펌핑트랩의 설치를 적극 고려해야 한다.

응축수 회수장치(트랩)를 통해 회수된 응축수는 수처리되어 보충되는 급수와 함께 응축수탱크에 저장되었다가 급수펌프에 의해 보일러로 다시 보내져 증기로 가열되게 된다. 응축수의 재활용률이 높을수록 보일러로 공급되는 급수의 온도가 높아져 연료비가 절감되고, 보충수의 수처리를 위한 약품 사용이 줄어들게 되므로 시설 유지관리 업무 중에 많은 관심을 가져야 한다.

### (2) 응축수 회수배관의 관경 선정

응축수 회수배관의 관경은 증기의 공급압력과 응축수 환수방식에 따라 다음과 같이 구분하여 선정한다.

| 공급 압력에 따른 구분 | 응축수 환수방식에 따른 구분 | | |
|---|---|---|---|
| 저압 증기관(0~0.1MPa) | 습식 | 건식 | 진공식 |
| 고압 증기관(0.1MPa 이상) | 습식 | 건식 | 밀폐식 |

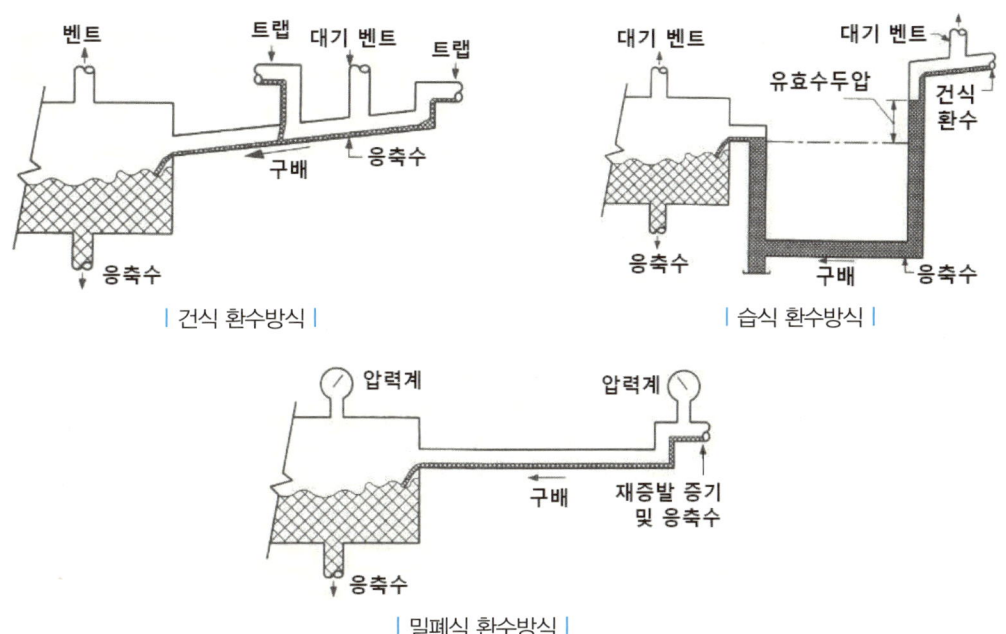

| 건식 환수방식 |   | 습식 환수방식 |

| 밀폐식 환수방식 |

응축수 관경 선정 시 배관의 압력손실값과 관경별 허용 압력손실값은 다음의 계산식과 표에 의해 구한다. 증기배관에서의 압력 강하는 보일러로부터 가장 멀리 떨어진 증기 사용설비의 배관 길이를 기준으로 계산하며, 일반적으로 총압력강하는 증기 공급압력의 1/2을 넘지 않도록 하며 설계 시에는 대부분 1/3 이하를 기준으로 적용하고 있다.

$$\gamma = \frac{\Delta P}{L + L'}$$

여기서, $\gamma$ : 직관 길이 m당 압력손실값 [Pa/m]
$\Delta P$ : 허용되는 압력손실 [Pa], 아래의 표 참조
$L$ : 보일러로부터 가장 먼 증기 사용설비까지의 직관길이 [m]
$L'$ : 가장 긴 배관 중에 설치된 밸브 및 부속류 저항의 직관 상당길이[m]
  ※ 약식 계산 : 저압 증기관의 $L'$ ≒ 0.1L~0.2L
             고압 증기관의 $L'$ ≒ 0.5L~1.0L

▼ 증기의 사용압력별 허용되는 압력손실

| 구 분 | 보일러의 사용압력[kPa](kg/cm²) | | | | | | | |
|---|---|---|---|---|---|---|---|---|
| | 30(0.3) | 50(0.5) | 100(1) | 200(2) | 300(3) | 500(5) | 700(7) | 1000(10) |
| 허용 압력손실 | 10 (0.1) | 15 (0.15) | 30 (0.3) | 70 (0.7) | 100 (1.0) | 170 (1.7) | 230 (2.3) | 330 (3.3) |

※ 진공환수식의 경우 보일러 사용압력은 50kPa(0.5kg/cm²)의 허용 압력손실값을 적용함

① 저압증기의 응축수 환수관별 용량(kg/h)

| 구 분 | | 수평관의 관경별 응축수 용량(kg/h) | | | | | | | | |
|---|---|---|---|---|---|---|---|---|---|---|
| 압력강하 | 종류 | 20A | 25A | 32A | 40A | 50A | 65A | 80A | 100A | 125A | 150A |
| 7Pa/m | 습식 | | 58 | 97 | 155 | 317 | 536 | 853 | 1760 | | |
| | 건식 | | 29 | 58 | 94 | 212 | 346 | 662 | 1330 | | |
| 9Pa/m | 습식 | | 65 | 112 | 180 | 367 | 716 | 965 | 2080 | | |
| | 건식 | | 32 | 68 | 108 | 241 | 392 | 709 | 1520 | | |
| | 진공식 | 18 | 65 | 112 | 176 | 371 | 616 | 990 | 2040 | 3580 | 5720 |
| 14Pa/m | 습식 | | 79 | 137 | 216 | 454 | 763 | 1220 | 2490 | | |
| | 건식 | | 36 | 76 | 119 | 259 | 432 | 796 | 1700 | | |
| | 진공식 | 47 | 79 | 137 | 216 | 454 | 763 | 1220 | 2490 | 4390 | 7020 |
| 28Pa/m | 습식 | | 115 | 194 | 306 | 634 | 1070 | 1700 | 3520 | | |
| | 건식 | | 47 | 97 | 155 | 335 | 558 | 1020 | 2190 | | |
| | 진공식 | 65 | 112 | 194 | 306 | 644 | 1080 | 1720 | 3540 | 6230 | 9970 |
| 57Pa/m | 습식 | | 158 | 274 | 432 | 907 | 1520 | 2430 | 5000 | | |
| | 건식 | | 50 | 108 | 173 | 374 | 616 | 1130 | 2440 | | |
| | 진공식 | 90 | 158 | 274 | 432 | 907 | 1520 | 2430 | 5000 | 8780 | 14100 |
| 113Pa/m | 진공식 | 130 | 223 | 385 | 608 | 1280 | 2150 | 3430 | 7030 | 12400 | 19900 |

| 구 분 | | 수직관의 관경별 응축수 용량(kg/h) | | | | | | | | | |
|---|---|---|---|---|---|---|---|---|---|---|---|
| 압력강하 | 종류 | 20A | 25A | 32A | 40A | 50A | 65A | 80A | 100A | 125A | 150A |
| 7Pa/m | 습식 | | | | | | | | | | |
| | 건식 | 22 | 50 | 112 | 169 | 342 | | | | | |
| 9Pa/m | 습식 | | | | | | | | | | |
| | 건식 | 22 | 50 | 112 | 169 | 342 | | | | | |
| | 진공식 | 65 | 112 | 176 | 371 | 616 | 990 | 1480 | 3580 | 5720 | |
| 14Pa/m | 습식 | | | | | | | | | | |
| | 건식 | 22 | 50 | 112 | 169 | 342 | | | | | |
| | 진공식 | 79 | 137 | 216 | 454 | 763 | 1220 | 1810 | 4390 | 7020 | |
| 28Pa/m | 습식 | | | | | | | | | | |
| | 건식 | 22 | 50 | 112 | 169 | 342 | | | | | |
| | 진공식 | 112 | 194 | 306 | 644 | 1080 | 1720 | 2580 | 6230 | 9980 | |
| 57Pa/m | 습식 | | | | | | | | | | |
| | 건식 | 22 | 50 | 112 | 169 | 342 | | | | | |
| | 진공식 | 158 | 274 | 432 | 907 | 1520 | 2430 | 3640 | 8780 | 14100 | |
| 113Pa/m | 진공식 | 223 | 385 | 608 | 1280 | 2150 | 3430 | 5130 | 12400 | 19900 | |

② 고압증기의 응축수 환수관별 용량(kg/h)

| 응축수배관의 경사도 | 건식 응축수관의 관경별 응축수 용량(kg/h) | | | | | | | | | |
|---|---|---|---|---|---|---|---|---|---|---|
| | 20A | 25A | 32A | 40A | 50A | 65A | 80A | 100A | 125A | 150A |
| 0.5% | 36 | 67 | 144 | 216 | 421 | 680 | 1210 | 2500 | 4570 | 7450 |
| 1% | 50 | 97 | 205 | 306 | 598 | 961 | 1710 | 3540 | 6480 | 10550 |
| 2% | 72 | 140 | 288 | 436 | 846 | 1360 | 2430 | 5000 | 9140 | 14940 |
| 4% 및 수직관 | 104 | 194 | 407 | 616 | 1200 | 1920 | 3430 | 7090 | 12920 | 21100 |

| 배관의 압력강하 | 습식 응축수관의 관경별 응축수 용량(kg/h) | | | | | | | | | |
|---|---|---|---|---|---|---|---|---|---|---|
| | 20A | 25A | 32A | 40A | 50A | 65A | 80A | 100A | 125A | 150A |
| 50 Pa/m | 101 | 194 | 410 | 619 | 1200 | 1930 | 3430 | 7060 | 12820 | 20770 |
| 100 Pa/m | 148 | 284 | 594 | 893 | 1740 | 2780 | 4930 | 10120 | 18360 | 29770 |
| 150 Pa/m | 184 | 353 | 734 | 1110 | 2150 | 3440 | 6120 | 12490 | 22640 | 36720 |
| 200 Pa/m | 216 | 410 | 857 | 1290 | 2500 | 4000 | 7090 | 14510 | 26240 | 42480 |
| 250 Pa/m | 245 | 464 | 961 | 1450 | 2800 | 4500 | 7960 | 16270 | 29450 | 47520 |
| 300 Pa/m | 266 | 511 | 1060 | 1590 | 3090 | 4930 | 8750 | 17860 | 32330 | 52200 |
| 350 Pa/m | 292 | 554 | 1150 | 1720 | 3340 | 5330 | 9470 | 19330 | 34990 | 56520 |
| 400 Pa/m | 313 | 594 | 1230 | 1850 | 3580 | 5720 | 10120 | 20700 | 37440 | 60480 |

## (3) 재증발 증기와 플래시 베셀(Flash vessel)

응축수의 압력은 보통 증기 공급압력보다 현저히 낮거나 대기압에 가까운 수준까지 떨어지기도 한다. 이로 인해 응축수 회수배관에서의 포화온도가 낮아지게 되어 증발하기 쉬운 조건이 형성되게 되는데, 증기트랩을 통과한 응축수의 일부가 다시 증발하여 발생된 증기를 "재증발 증기"라고 한다.

실제 예를 들어 보면 0.7MPa(7kg/cm$^2$) 증기가 응축되면 응축수의 현열은 약 170kcal/kg이 된다. 그러나 대기압 상태에서 100℃의 응축수가 보유할 수 있는 최대 열량은 100kcal/kg이므로 70kcal/kg의 열량이 초과된 상태여서, 이 잉여된 열량이 응축수를 재가열하게 되어 응축수의 일부가 재증발 증기로 변화된다.

이렇게 발생된 재증발 증기는 응축수탱크의 벤트관을 통해 대기로 배출되어 열손실이 발생하게 되므로, 재증발 증기를 회수하여 재이용할 수 있도록 플래시 베셀과 같은 장치를 설치하여 활용하는 것이 바람직하다. 또한 응축수탱크의 벤트관에 재증발 증기의 열을 회수하기 위한 장치를 설치하여 급수를 예열하거나 탈기시키는 데 활용되는 사례도 많다.

# 05 증기트랩

## (1) 증기트랩의 역할

증기트랩은 증기 공급배관 및 사용장치와 응축수 회수배관을 연결하는 핵심적인 장치로, 증기배관이나 설비 내에서 열교환하면서 발생된 응축수만 배출하고 생증기는 응축수배관 쪽으로 누출되지 않도록 제어하는 장치이다. 따라서 증기트랩이 정상적으로 작동되지 않아 응축수가 원활히 배출되지 못하면 증기설비 내부에 응축수가 정체되고 그만큼 새로운 증기의 공급량이 줄어들게 되므로 증기설비의 능력이 저하된다. 또한 워터해머를 일으켜 설비와 배관을 손상시키고 응축수로 인한 부식이나 장비 노후화를 유발할 수 있다.

이와 반대로 열교환을 미처 마치지 못한 생증기가 증기트랩을 통해 응축수배관 쪽으로 누설되면 증기의 열량을 충분히 이용하지 못하므로 에너지가 낭비된다. 또한 생증기가 누설되면 응축수배관의 배압(증기트랩의 2차측 압력)이 높아져 같은 계통에 연결된 주위 증기설비의 응축수 배출에도 지장을 초래할 수 있다.

왜냐하면 증기트랩은 단지 밸브처럼 개폐 기능만을 가지고 있고 응축수가 배출되는 것은 증기트랩 앞쪽의 압력(증기압)과 뒤쪽의 압력(배압)의 차이인 차압에 의해서 이루어지기 때문이다. 동일한 오리피스에서 응축수의 배출용량은 차압에 따라서 결정되므로 배압이 높아지게 되면 같은 규격의 증기트랩이라고 하더라도 응축수의 배출능력이 떨어진다.

## (2) 증기트랩의 종류

트랩은 구조와 작동 원리에 따라 각각의 응축수 배출 특성을 가지고 있으므로 각 증기설비의 운전특성에 적합하도록 선정하는 것이 중요하다. 증기트랩의 종류는 크게 기계식(Mechanical) 트랩과 온도조절식(Thermostatic) 트랩, 그리고 열역학적(Thermodynamic) 트랩으로 나눌 수 있다.

| 구 분 | 기계식 트랩<br>(Mechanical) | 온도조절식 트랩<br>(Thermostatic) | 열역학적 트랩<br>(Thermodynamic) |
|---|---|---|---|
| 동작 원리 | 밀도 차이(부력) | 증기와 응축수의<br>온도 차이 | 열역학적 변화<br>(압력/속도 변화) |
| 종 류 | 버켓식(Bucket)<br>플로트식(Float) | 벨로즈식(Bellows)<br>바이메탈식(Bimetalic)<br>와퍼식(Wafer)<br>다이어프램식(Diaphragm)<br>써모왁스식(Thermo wax) | 디스크(Disc) |

기계식 트랩은 응축수와 증기의 밀도차로 인한 부력을 이용하는 방식으로 다량의 응축수를 연속적으로 배출할 때 많이 사용되며, 버켓트랩과 플로트트랩이 여기에 속한다.

온도조절식 트랩은 증기와 응축수의 온도 차이를 이용하는 방식으로 증기의 포화온도보다 약간 낮은 온도에서 디스크나 배출구가 열려 응축수를 배출하게 되는데, 벨로즈식이나 다이어프램식, 바이메탈식 트랩 등이 있다. 열역학적 트랩은 증기와 응축수의 유속이나 압력차를 이용하여 작동되는데 디스크 트랩이 대표적이다.

### ① 버켓트랩(Bucket Trap)

내부 구조가 간단하고, 평상시 트랩 내부의 버켓이 증기의 부력에 의해 들어 올려져 배출구 시트를 확실하게 차단해 준다. 이후 트랩 내부에 응축수가 가득차게 되면 볼탑이 내려와 열리면서 1차측 증기압에 의해 응축수가 2차측으로 밀려 나가는 원리여서, 2차측 배압이 어느 정도 형성되거나 약간의 올림 배관인 경우에도 응축수 배출이 가능하다. 따라서 다량의 증기가 이송되고 확실한 개폐가 요구되는 증기 공급 수평관이나 입상관의 하부와 관말, 증기헤더 등에 대표적으로 사용되고 있으며, 열교환기나 유닛히터 등 다양한 설비에서 응축수를 간헐적으로 배출할 때 사용되기도 한다.

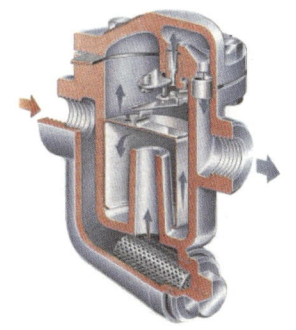

가동 초기에 에어의 배출도 어느 정도 가능하나 속도가 느리므로 에어벤트 기능이 필요한 경우에는 버켓트랩 1차측에 별도의 에어벤트를 설치하는 게 바람직하다. 증기가 과열증기일 경우 정상적인 작동에 지장을 받을 수 있으며, 옥외 설치 시에는 내부에 응축수가 고여 있는 구조이므로 동파되지 않도록 관리상의 주의가 필요하다.

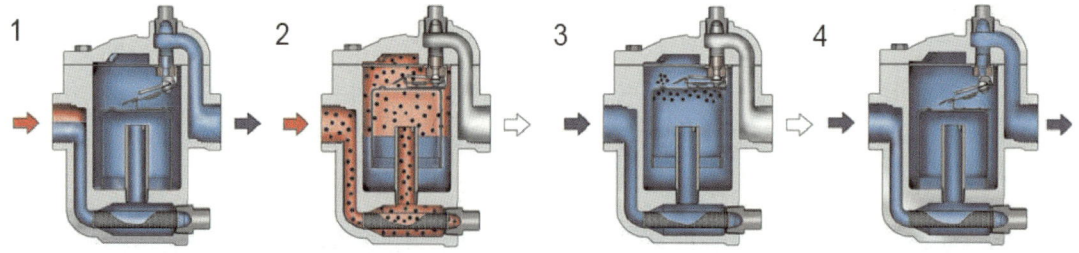

1. 스팀이 트랩내부로 들어오기 시작할때 Bucket의 위치를 보여주며 공기와 응축수가 Seat를 통하여 배출된다.

2. 스팀이 Bucket내부로 들어와 응축수 배출이 중지되고 스팀이 Bucket내부에 축적되었을 때 Bucket위치를 나타낸다. 스팀압력은 Bucket내부의 응축수를 밖으로 밀어내고 이때 부력에 의하여 Bucket이 떠오르면 Seat가 닫히게 된다.

3. 스팀이 Bucket의 내부에서 응축수로 변하고 공기는 Bucket의 Vent 배출구를 통하여 빠져나가는 것을 보여준다. 스팀이 응축수로 변하면서 Bucket내부의 수위가 상승하며 차차 부력을 잃게 된다.

4. Bucket이 부력을 잃고 가라앉으면서 Seat를 열고 응축수를 배출한다.

② 플로트트랩(Float Trap)

이 트랩은 내부의 플로트가 응축수가 유입될 때마다 부력에 의해 올라가면서 배출구 시트(seat)를 열어 즉시 응축수를 배출시키는 구조이므로, 열교환기나 급탕탱크, 건조기나 살균기 등 연속적으로 다량의 응축수가 배출되는 설비에 적합하다.

부력에 의해 트랩이 작동되므로 증기 사용압력이 낮은 조건이거나 급격한 부하나 압력의 변화 상황에서도 작동에 큰 지장이 없으나, 워터해머에는 비교적 약한 편이다.

다른 종류의 트랩과 비교하여 동일 구경에서 응축수 배출량이 많으며, 내부에 응축수를 보유하고 있어 옥외에 설치될 때에는 겨울철 동파에 주의해야 한다.

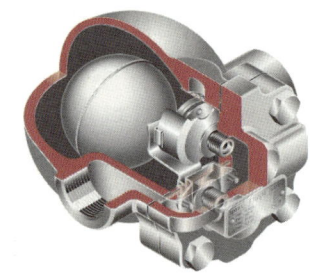

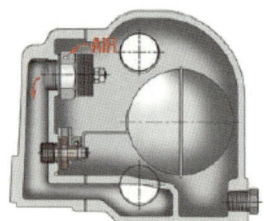 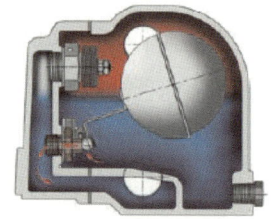 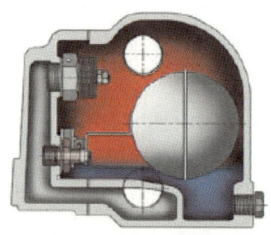

배관 내의 증기가 트랩으로 유입하기 시작하면 기기와 배관 내의 공기가 트랩의 Cover 상부의 Air Vent Valve (Bimetal)를 통하여 출구측으로 배출된다.

응축수와 증기가 들어오면 그 열로 인해 Bimetal이 팽창하여 Air Vent Valve가 닫혀져 증기의 배출을 방지한다. 응축수가 유입되어 일정수위에 도달하여 Float가 부력에 의해 상승함에 따라 Seat가 열려져 응축수를 배출시킨다. 응축수의 유입이 연속적이면 연속적으로 배출한다.

응축수가 배출 된 후에는 그림과 같이 Float는 부력을 잃고 자체 무게에 의해 내려앉아 Disc가 Seat에 밀착되어 증기의 유출을 막아 준다.

### ③ 온도조절식 트랩(Thermostatic Trap)

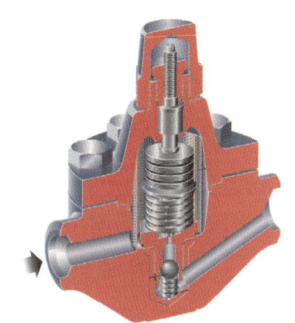

온도조절식 트랩은 온도의 변화에 의해 신축팽창하는 바이메탈이나 휘발성의 액체를 넣은 벨로즈에 의하여 작동한다.

벨로즈식(액팽창식) 트랩은 내부의 벨로즈에 증기가 닿으면 팽창하여 배출구 시트가 닫히고, 응축수 또는 공기에 접촉하면 수축하여 배출구가 열린다. 이 트랩은 배출 능력이 적어 방열기나 소형 히터에 사용된다.

바이메탈식 트랩은 내부의 디스크 위에 한 겹 또는 여러 겹의 바이메탈이 응축수나 증기의 유입에 따라 부풀거나 다시 줄어들기를 반복하면서 응축수를 배출하게 된다.

내부 부품이 간단하고 온도에 의해 작동되는 구조여서 수격현상에도 잘 견디는 편이며, 배출 능력에 비하여 외형적인 크기도 작다. 하지만 바이메탈이나 벨로즈는 응축수의 온도에 의해 신축팽창하는 데 다소의 시간이 소요되므로, 응축수를 연속적으로 배출시켜야 하는 설비에는 적합하지 않다. 그러나 응축수가 냉각되어 포화온도보다 낮은 온도에서 응축수를 배출하게 되므로 응축수의 현열까지 이용할 수 있어 에너지 절약 측면에서는 유리한 부분도 있다.

그리고 온도조절식 트랩은 다른 형식의 트랩보다 배출능력도 적으며 구조상 역류의 우려도 있다. 온도에 의해 작동되므로 과열증기 계통에는 적합하지 않다.

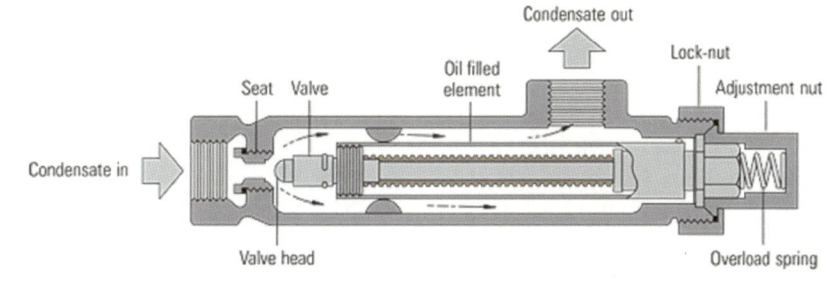

| 액팽창식 증기트랩 |

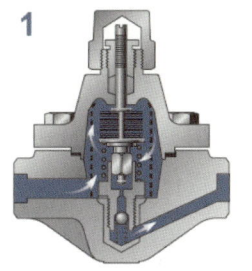 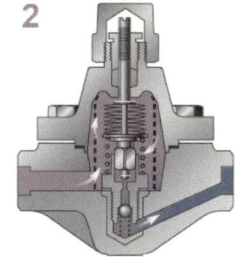 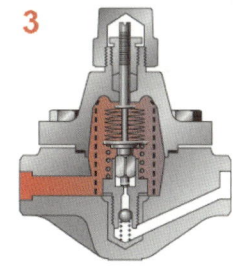

| 바이메탈식 증기트랩 |

④ 열역학적 트랩(Thermodynamic Trap)

열역학적 트랩은 내부 구조가 간단하여 유지보수가 편리하고, 용량에 비해 트랩 크기가 적고 보유하는 응축수량도 적어 동파에도 잘 적응하는 편이다. 워터해머에도 강하고 과열증기에 사용 가능하며 현열을 충분히 이용할 수 있어 에너지 절약적이다.

그러나 증기의 유속과 압력에 의해 작동되므로 설비가 저부하로 운전되거나 트랩 2차측에 배압이 걸릴 경우 트랩의 기능에 영향을 받을 수 있다. 또한 트랩 작동 중 소음이 발생되므로 소음이 문제가 되는 곳에서는 사용 시 주의가 필요하다.

증기 및 응축수의 열적, 유체역학적 성질을 이용하였으며 오리피스(orifice)형과 디스크(disc)형이 있다. 디스크 트랩은 응축수가 유입되는 상태에서는 챔버(chamber) 안에 있는 디스크가 들어올려져 배출구를 통해 응축수가 배출되다가, 증기가 트랩에 도달하게 되면 증기의 빠른 유속에 의해 디스크 하부면에 국부적인 저압이 형성되고 이로 인해 디스크가 배출구 시트면으로 끌어져 내려오게 되면서 배출구를 막아 증기의 누설을 차단한다.

디스크 상부의 제어실(control chamber) 내에 있는 증기가 상부 캡에서의 방열에 의하여 응축되면서 압력이 감소하고 디스크 하부에 다시 채워진 응축수의 압력에 밀리면서 디스크가 들어올려져 응축수가 다시 배출된다.

외기 온도가 너무 낮을 경우 디스크 상부캡에서의 방열이 증가하여 자주 작동되므로 수명이 단축되고 증기의 손실이 생길 수 있으므로 주의가 필요하다.

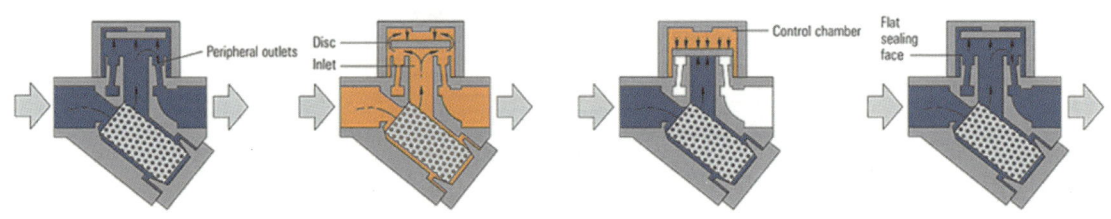

| 디스크 트랩의 작동 원리 |

## (3) 증기트랩의 선정

증기트랩의 선정에 있어서 가장 중요한 것은 증기 사용장치의 성능을 최대로 발휘할 수 있도록 하는 것으로 증기트랩의 작동원리를 이해하여 운전, 압력, 온도 조건 등에 부합되는 형식을 선정한다. 증기 사용설비에서 응축수가 발생하는 형태는 설비의 종류와 운전조건 및 부하조건 등에 따라 달라진다. 이에 따라 응축수의 배출 형태도 다르므로 각 상황에 따라 배출성능이 적합한 트랩을 선정하여야 한다.

예를 들어 유닛히터의 응축수를 배출할 때 열동식 트랩을 사용하면 응축수의 배출형태가 간헐적으로 되므로 유닛히터 내부의 증기 공간에는 응축수가 정체된 순간과 증기가 유입되는 순간이 반복하게 된다.

따라서 유닛히터의 발열량이 일정하지 못하여 문제가 될 수 있으며, 코일이 증기 및 냉각된 응축수와 반복하여 접촉하게 되므로 열응력이 쌓여 코일이 파손되는 사례가 발생하기도 한다. 이런 경우에는 연속적인 배출 형태를 갖고 있는 플로트트랩을 사용하면 원활하게 운전을 할 수 있게 된다.

아래의 표는 증기 사용설비에 적합한 트랩 선정의 사례를 보여준다.

▼ 증기트랩의 선정

| 설비의 종류 | 제1선택 | 제2선택 |
|---|---|---|
| 증기 주관의 수평관, 관말 | 디스크트랩, 버켓트랩 | 버켓트랩, 디스크트랩 |
| 열교환기 | 플로트트랩(W/에어벤트) | 버켓트랩 |
| 방열기, 컨벡터 | 벨로즈, 다이어프램트랩 | 플로트트랩(W/에어벤트) |
| 팬컨벡터, 유닛히터 | 플로트트랩(W/에어벤트) | 버켓트랩 |
| 방열 파이프 패널 | 플로트트랩(W/에어벤트) | 버켓트랩, 디스크트랩 |
| 온수탱크 | 플로트트랩(W/에어벤트) | 버켓트랩 |
| 멸균기 | 벨로즈, 다이어프램트랩 | 플로트트랩(W/에어벤트) |

트랩의 관경이나 규격을 선정하기 위해서는 증기설비에서 발생되는 응축수의 양과 증기트랩 입구측과 출구측의 압력차($\triangle P$)를 파악해야 한다. 또한 산출된 응축수의 양에 장비 가동 초기의 열악한 사용 여건을 고려하여 적정한 안전율을 적용해야 한다.

응축수량은 증기설비에서 유체의 가열에 소요되는 열량을 증기의 잠열량으로 나누면 되는데, 앞에서 설명한 증기의 소요량(사용량)과 동일하므로 증기 사용량 계산식을 이용하면 된다. 증기설비에서 배출되는 응축수의 양은 증기설비에 공급되었던 증기가 열교환 후 응축된 것이기 때문에 누설이 없는 한 동일한 것이다.

▼ 증기량의 안전율

| 설 비 | 안 전 율 | 비 고 |
|---|---|---|
| 증기 주관 및 관말 | 방열 손실을 고려한 값 계산 | |
| 급탕탱크, 열교환기, 공조기, 가열코일 등 | 200% | |
| 증기 헤더 | 인입 증기량 × 5% | 기수분리기 설치 시 |

## (4) 증기트랩의 설치

▼ 증기트랩 1차측의 배관

| 좋은 예 | 나쁜 예 | 설 명 |
|---|---|---|
| | | 감압밸브 등 제어/계량장치의 성능 향상을 위하여 1차측에 트랩을 설치해 응축수를 제거함 |
| | | 배관에 트랩 설치시에는 응축수가 고여 안정적으로 배출될 수 있도록 포켓(Pocket)을 설치한 후 트랩을 연결함 |
| | | 증기설비에서는 최하부에 트랩을 설치하여야 장치내 응축수의 정체가 없어 열교환 효율이 좋아지고 수격현상도 줄일 수 있음 |
| | | 여러 대의 증기설비를 하나의 트랩에 연결할 경우 각각의 작동 압력이 수시로 변하므로 응축수 배출에 장애가 되므로 좋지 않음 |
| | | 증기트랩을 병렬로 설치하는 것도 피하는 것이 좋음 |

▼ 증기트랩 2차측의 배관

| 좋은 예 | 나쁜 예 | 설 명 |
|---|---|---|
| | | 트랩 2차측 배관은 응축수 횡주관으로의 배출이 원활하도록 배관 상부에 연결 |
| | | 응축수 횡주관의 배관경은 각 트랩의 단면적 합계보다 크게 배관함 |
| | | 증기 사용압력이 많이 다른 트랩의 2차측 배관은 가급적 별도로 배관함 (배압에 의해 저압의 트랩 배출에 지장을 초래함) |
| | | 응축수 탱크 내부의 배관 말단은 수면보다 높게 위치하도록 함 (수중에 잠길 경우 응축수 배관에 배압이 걸릴 수 있음) |

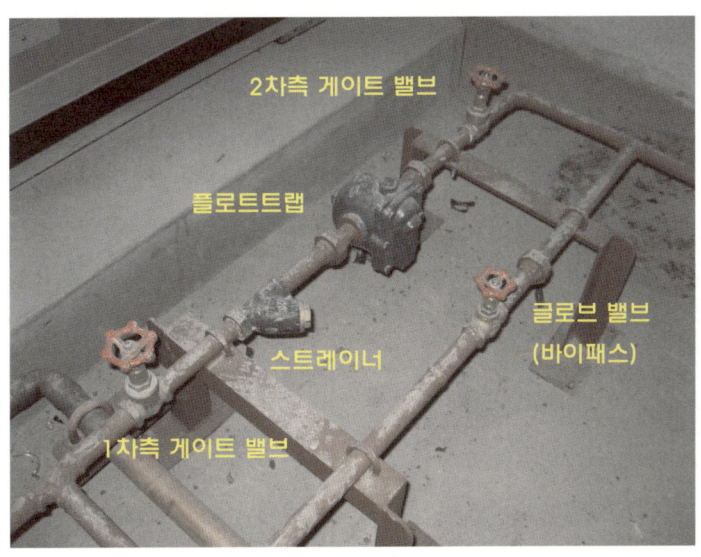

## (5) 증기트랩의 이상 및 원인

| 이상 현상 | 추정 원인 및 대책 |
|---|---|
| 응축수 배출이 안 됨 | • 트랩 2차측에 과도한 배압이 걸림(→ 사용 압력이 높은 인근의 증기설비와 응축수배관을 분리해 별도 배관함)<br>• 올림 구배의 2차측 응축수배관의 상향 높이가 지나치게 높음(→ 배관의 수정이나 펌핑 트랩으로의 교체)<br>• 디스크의 고착이나 트랩내 배출구가 이물질에 의해 막힘(→ 분해 후 청소, 또는 교체)<br>• 트랩이 반대방향으로 설치됨(→ 확인 후 수정) |
| 응축수배관으로의 증기 누설 | • 디스크나 버켓, 플로트 등과 배출구(또는 씨트) 사이에 이물질이 끼어 배출구가 닫히지 않음(→ 분해 후 청소나 교체, 트랩 전단에 스트레이너가 없는 경우엔 스트레이너 설치)<br>• 바이패스 밸브가 완전히 닫히지 않았음(→ 확인 후 조치)<br>• 디스크나 시트가 마모되어 누설됨(→ 확인 후 교체) |
| 배출 용량의 부족 | • 구경의 선정이 잘못됨(→ 응축수량과 안전율 재검토 후 교체)<br>• 트랩 2차측에 과도한 배압이 걸림(→ 사용 압력이 많이 차이 나는 다른 증기설비와는 응축수배관을 분리하여 별도 배관함)<br>• 트랩 전단이나 자체에 내장된 스트레이너 막힘(→ 분해 후 청소)<br>• 2차측 응축수배관의 관경 부족(→ 배관 수정) |

## (6) 온도조절설비에서의 응축수 회수

### ① 응축수 배출 정지조건

200kPa(2kg/cm²)의 압력으로 증기를 공급받는 설비가 있다면 증기를 사용하고 나서 발생하는 응축수도 200kPa의 압력이므로, 증기트랩을 통하여 이론적으로는 20m 높이의 올림 배관을 하더라도 응축수를 회수할 수 있다.(배관의 마찰손실은 없다고 가정한다면)

그러나 급탕탱크나 열교환기와 같은 많은 설비에서는 부하의 변동이나 2차측 온도 설정값에 따라 컨트롤밸브가 수시로 개폐되는 형태로 제어되므로, 운전 중에라도 컨트롤밸브가 닫히는 경우에는 실제 공급압력이 대기압과 같아지거나 진공상태에까지 이를 수 있다.

이렇게 증기계통에서 응축수 회수배관이 올림배관으로 되어 있을 때 증기트랩 전단의 압력이 낮은 경우 2차측 배관으로 응축수를 밀어 올리지 못하는 상태가 되는데, 이때를 "응축수 배출정지 조건에 있다"라고 한다.

이렇게 응축수 배출에 장애가 생기면 워터해머가 발생하게 되어 배관이나 설비의 파손이 발생할 우려가 높고 부식도 증가하게 된다. 또한 설비 내에 정체된 응축수로 인해 열전달 면적이 감소하여 열전달효율도 감소하고 온도 조절이나 제어에도 어려움을 겪을 수 있다.

### ② 오그덴 응축수 회수펌프

위에서 언급하였듯이 응축수 배출정지조건에서는 일반 증기트랩이 자력으로 응축수를 배출하지 못하게 되는데, 이렇게 응축수배관에서 펌핑이 필요할 경우 사용하는 장치가 오그덴 응축수 회수펌프(또는 오그덴 자동펌프트랩)이다. 증기 및 공기압력으로 구동되는 오그덴 자동펌핑트랩은 증기 사용설비의 내부압력이 배압보다 높은 경우에는 트랩의 작동 원리로 가동되나, 증기 사용설비의 내부압력이 배압보다 낮은 경우에는 펌프 매커니즘이 작동된다.

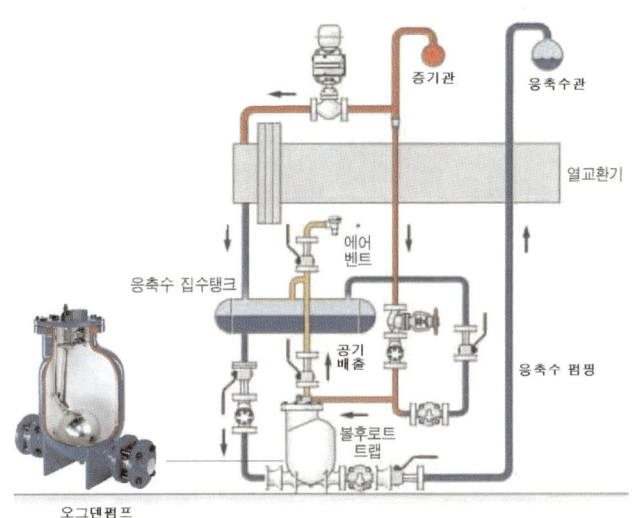

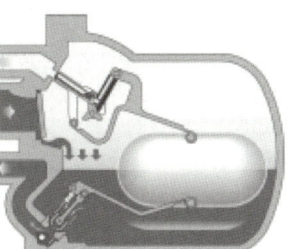

| 트랩 모드로 가동시 |

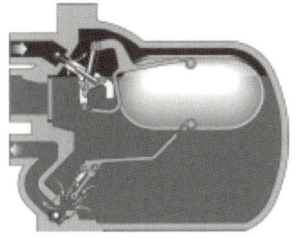

| 펌프 모드로 운전시 |

증기 사용설비가 가동되면 스윙체크밸브를 통해 오그덴 펌프트랩의 몸체 내부로 응축수가 유입되고, 이로 인해 플로트가 상승하여 플로트트랩과 같은 작동원리에 의해 응축수가 배출된다. 그러나 증기 사용량이 적어지거나 중단되어 증기설비의 응축수 배출압이 낮아지면 응축수가 트랩 모드로는 정상적인 배출이 불가하여 플로트가 좀 더 상승하게 된다.

이렇게 되면 배기밸브는 닫히게 되고 증기 공급배관에 연결된 구동용 증기 공급밸브가 개방된다. 구동 증기압이 오그덴 펌프트랩 내부로 공급되면 이 압력으로 내부의 응축수를 펌핑해 배출시키게 된다.

응축수 펌프트랩의 사양을 결정하기 위해서는 처리해야 하는 응축수량과 구동원 압력, 배압 또는 밀어 올려야 하는 양정을 체크해야 한다.

## (7) 사이트글라스

사이트글라스는 유체가 흐르고 있는 배관상에 설치되어 유체가 정상적인 방향으로 흐르고 있는지 직접 눈으로 확인하고자 할 때 사용된다. 이를 통해 밸브나 스트레이너, 증기트랩, 그리고 그밖에 다른 배관설비가 비정상적으로 작동되거나 시스템상의 문제가 발생될 경우 이를 간편하게 발견해 신속히 조치할 수 있게 해준다. 특히 응축수 계통에서는 사이트글라스를 통해 생증기가 누설되지 않는지, 트랩이 정상 작동되는지 확인하는 데 유용하게 사용되고 있다.

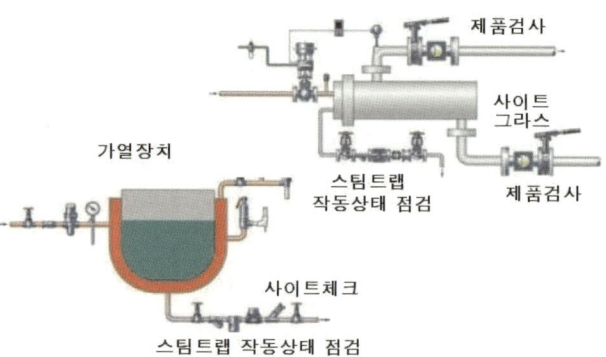

또한 사이트글라스는 증기 이외의 각종 유체들에 대해서도 생산공정상의 상태를 관찰하고, 제품이 정상적으로 생산되고 있는지를 검사하는 데도 사용될 수 있다.

사이트글라스는 유체의 흐름 상태를 확인하는 용도이므로 관찰하고자 하는 각종 장치들의 출구측에 설치되어야 하며, 디스크트랩과 같이 격렬하게 배출하는 형태의 트랩과 함께 설치할 경우에는 적어도 1m 이상 이격시켜야 한다.

# 06 응축수탱크와 주위 배관

## (1) 응축수탱크

응축수탱크는 중력식 환수방식에서 기계실로 환수되는 응축수를 저장하였다가 보일러 급수펌프를 이용하여 보일러로 재급수하기 위해 사용된다. 또한 보일러와 증기 사용개소가 멀리 떨어져 있어 자연구배로 응축수 환수가 어려울 때 해당 구역의 응축수를 수집하여 펌핑하기 위한 용도로도 설치된다.

오래전에는 6mm 전후의 강판과 보강용 형강을 이용하여 주로 각형으로 제작하였으나, 근래에는 스테인리스(STS316) 재질의 조립식 물탱크로 적용하는 사례가 많다. 탱크에는 보일러 급수펌프의 연결배관과 응축수 환수관, 통기관, 오버플로관, 드레인관, 급수 보충수관 등이 부착되며, 자동제어 레벨센서와 수면계, 점검구 등 필요한 접속구들이 설치된다. 응축수탱크 외부는 열손실을 방지하기 위하여 그라스울이나 암면, 또는 성형우레탄폼 단열재 등으로 단열한 후 자켓팅을 하고 있다.

응축수를 중력식으로 환수할 때에는 보통 기계실 바닥의 일부분을 더 낮게 움푹 내려가도록 만들어서 응축수탱크를 낮게 설치하는 게 일반적이나, 기계실의 열원장비나 증기설비의 사용압력이 어느 정도 있는 경우에는 기계실 바닥과 동일한 레벨에 응축수탱크를 설치하여 증기트랩의 배출압력으로 응축수탱크 환수관까지 밀고 올라가도록 설치하는 사례도 많다.

### (2) 응축수탱크의 용량과 연결배관

응축수탱크의 용량은 보일러의 최대 증발량의 1.5~2배 정도의 여유를 가지고 선정하면 된다. 응축수탱크에서 공급된 급수가 보일러 내부에서 증발되어 증기배관과 증기 사용설비를 거쳐 응축수탱크까지 되돌아오기까지 소요되는 시간차를 고려하여 충분한 여유를 갖지 않으면 급수 부족이나 응축수탱크의 넘침을 초래할 수 있다.

$$V_R [\ell] = K_H \cdot Q_V$$

여기서, $K_H$ : 여유 계수 (1.5 ~ 2.0)

$Q_V$ : 보일러의 최대 증발량 (= 1.6 × 보일러 정격출력) w[$\ell$/h]

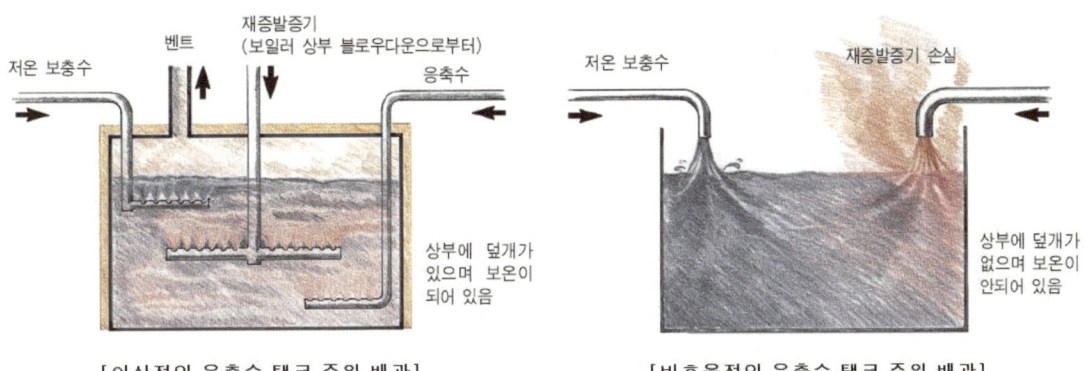

[이상적인 응축수 탱크 주위 배관]      [비효율적인 응축수 탱크 주위 배관]

응축수탱크 배관 시 가장 이상적인 방안은 보충수와 회수되는 응축수를 불로우다운 시 발생된 재증발 증기와 함께 Sparge Pipe(살포 파이프)를 통하여 물속으로 공급하는 것이다. 스파지 파이프는 물속에 잠겨 있게 되므로 응축수탱크 제작 시 스테인리스 재질로 일체형으로 제작하는 것이 바람직하다.

비효율적인 응축수탱크 배관은 재증발되고 있는 응축수나 보충수를 응축수탱크의 수면위로 공급하는 것으로, 이 경우에 재증발 증기와 함께 모든 열량이 그대로 대기중으로 방출된다. 이로 인해 지속적인 에너지 손실이 발생되고, 보충수와 응축수가 혼합된 물의 온도는 예상보다 훨씬 낮게 된다.

## (3) 응축수탱크 탈기장치

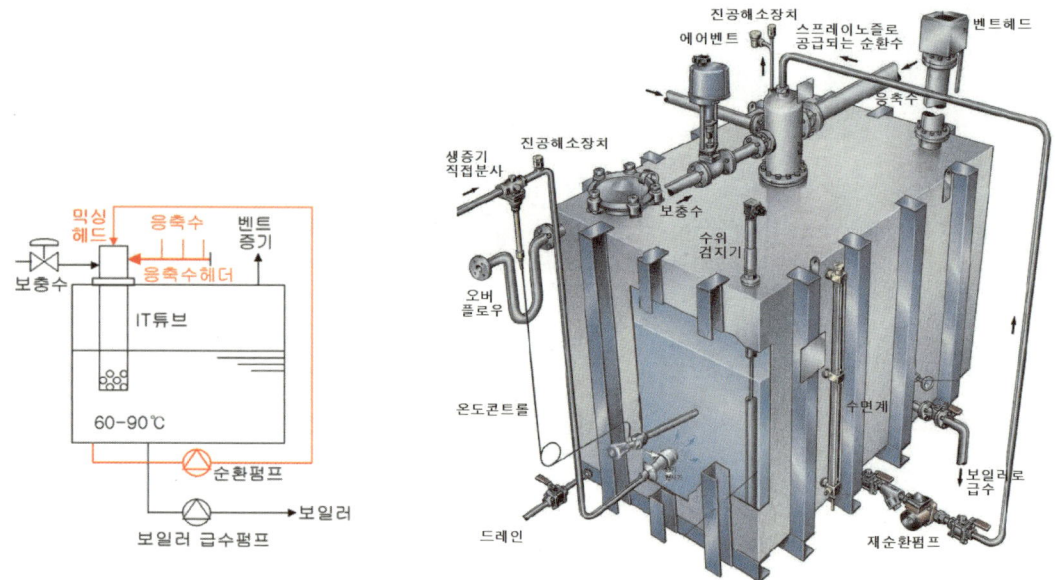

탈기장치는 응축수탱크로 유입되는 높은 열량을 지닌 재증발 증기를 효과적으로 활용하기 위해 사용되는 장치이며 가압식과 대기압식이 있다.

가압식 탈기장치는 생증기를 사용하여 급수를 최고 100℃ 가까이 가열하여 용존산소를 배출시킨다. 이 반응은 급수를 증기와 충분히 접촉시킴으로써 활발히 일어난다. 유리된 산소와 그 밖의 가스들은 소량의 생증기와 함께 대기 중으로 방출된다. 가압식 탈기장치는 압력용기로 취급되며 압력 및 온도컨트롤 시스템과 안전장치가 필요하므로 비싸다.

대기압식 탈기장치는 대기압 상태에서 가능한 한 많은 용존산소를 배출시킬 수 있으며 모든 급수탱크에 부착할 수 있는 장점이 있다.

용존산소를 제거하기 위해서는 보충수를 가열하여 용존산소를 물로부터 분리해 내거나 탈산소제 등 화학약품을 사용해 제거하기도 하는데, 용존산소 제거를 위해 급수를 85℃ 정도로 가열하면 탈산소제 약품을 최대 75%까지 줄일 수 있다는 자료도 있다. 또한 이로 인해 수질 개선을 위한 블로우다운의 양도 줄임으로써 부차적인 열손실도 절감할 수 있다.

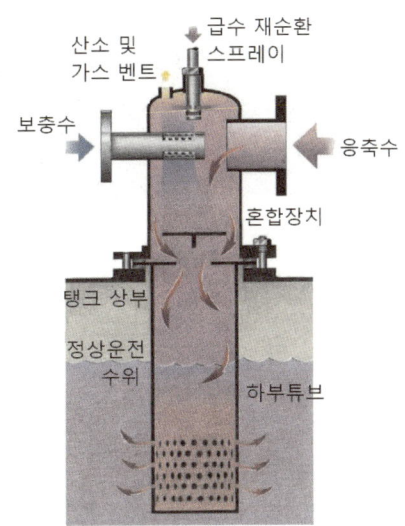

| 탈기헤드의 구성 |

| 보일러 급수유닛 |

혼합장치(Mixing Unit, 또는 탈기헤드)는 응축수탱크로 유입되는 응축수와 저온의 보충수, 그리고 시스템으로부터 발생된 재증발 증기를 함께 혼합시키고, 추가적으로 가능하다면 탱크 내의 응축수를 펌프를 이용해 살수해 줌으로써 용존산소가 최대한 제거될 수 있도록 한다. 용존산소가 제거되어 혼합된 응축수와 보충수는 정상 수위보다 낮은 위치에서 탱크로 떨어지게 된다.

근래에는 이와 같이 응축수와 보충수의 탈기 및 예열장치들을 구비한 "급수유닛"이 기존의 응축수탱크를 대신하여 사용되는 사례가 늘고 있다.

# CHAPTER 22 보일러

## 01 보일러 기초 이론

### (1) 보일러 증발량, 증발률

① 증발량

$$Q = G_a(h_2 - h_1)$$

여기서, $Q$ : 증기 발생에 소모되는 열량 [kJ/h]
$h_2, h_1$ : 발생된 증기와 보충된 급수의 엔탈피 [kJ/kg]
$G_a$ : 실제 증발량 [kg/h]

② 상당증발량

보일러에서 발생된 증기의 엔탈피는 운전압력이나 온도에 따라 약간씩 다르게 되는데, 이로 인해 보일러들의 증기 발생능력을 동일한 조건에서 비교해야 할 필요가 있다.

이를 위하여 상당증발량을 이용하는데, 상당증발량은 발생된 증기가 갖는 열량을 기준상태(100℃의 포화수를 100℃의 건조 포화증기로 증발시킬 때 증발잠열 539kcal/kg)의 증발량으로 환산한 값이다. 상당증발량의 계산식은 다음과 같다.

$$\text{상당증발량} : W_e = \frac{W_a(h_2 - h_1)}{539} = \frac{3600 \cdot H}{\Upsilon} = 1.6 \cdot H$$

여기서, $W_e$ : 상당증발량 [kg/h]
$W_a$ : 실제증발량 [kg/h]
$h_2, h_1$ : 발생된 증기와 보충된 급수의 엔탈피 [kcal/kg]
$H$ : 온열원 기기 정격출력 [kw]
$\Upsilon$ : 물의 응축잠열 ($\fallingdotseq 2{,}257$kJ/kg)

※ 100℃ 물의 증발잠열 = 539[kcal/kg] = 2,257[kJ/kg]

③ 증발률

보일러 본체의 전열면적 1m² 기준 1시간당 평균 증발량을 "증발률"이라고 한다.

$$\text{보일러의 증발률} = \frac{\text{상당 증발량[kg/h]}}{(\text{대류 전열면적} + \text{복사 전열면적})[\text{m}^2]} [\text{kg/m}^2 \cdot \text{h}]$$

| 보일러의 종류 | 효율(%) | 증발률[kg/m²h] |
| --- | --- | --- |
| 노통연관 보일러(일반) | 82~88 | 65~105 |
| 관류 보일러(소형) | 85~88 | 35~100 |
| 수관 보일러 | 85~91 | 50~150 |

## (2) 보일러 용량

① 보일러 용량(정격출력)

보일러의 용량을 선정하기 위해서는 필요한 부하에 적정한 출력을 가진 보일러를 선정하여야 한다. 보일러의 주된 용도는 난방과 급탕 부하이지만 실제 설치할 보일러를 선정하기 위해서는 보일러 가동 초기의 예열부하와 증기 운송 중 발생되는 배관부하를 함께 고려하여 용량을 선정해야 한다.

- 정미열량 : 난방부하 + 급탕부하
- 상용출력 : 난방부하 + 급탕부하 + 배관부하
- 정격출력 : 난방부하 + 급탕부하 + 배관부하 + 예열부하

    ※ 배관부하 : 정미열량의 약 20%
    예열부하 : 증기보일러의 경우 10~20%
    온수보일러 20~30%

② 보일러 마력(BHP ; Boiler Horse Power)

보일러 용량을 "마력"으로 표현하는 경우가 있는데, 1보일러 마력은 1시간에 100℃의 물 15.65kg을 증기로 증발시킬 수 있는 능력 BHP(또는 B-HP)로 표기한다.

$$1 \text{ BHP} = 15.65 \text{kg/h} \times 539 \text{kcal/kg} = 8,434 \text{kcal/h}$$

③ 보일러톤 (BT ; Boiler Ton)

일반적으로 보일러의 용량을 나타내는데 1시간 발생시킬 수 있는 증기의 양으로 나타내는 경우가 많다. 즉 1톤 보일러는 1시간에 100℃의 물 1,000kg을 완전히 증발시킬 수 있는 능력을 말한다. 그러므로 10톤 보일러의 증기 발생량은 10톤/h이다.

$$1 \text{ BT} = 1,000 \text{kg/h} \times 539 \text{kcal/kg} = 539,000 \text{kcal/h} = 64 \text{ BHP}$$

④ 보일러의 효율

보일러의 효율은 발생된 증기량(출력)과 이를 위해 소비된 연료량(입력)을 비교하여 계산한다. 아래의 계산식에서와 같이 좋은 보일러의 효율은 동일한 증발량에서 연료소비량이 적거나 증기 엔탈피가 높은 경우이다. 또한 보일러의 효율이 동일하다면 급수 엔탈피가 높아지게 되면 연료 소비량이 줄어들게 된다.(높은 온도의 급수가 공급되면 연료소비량이 절감)

$$증기\ 보일러\ 효율\ \eta = \frac{증발량 \times (증기\ 엔탈피 - 급수\ 엔탈피)}{연료\ 소비량 \times 연료\ 저위\ 발열량} \times 100\ [\%]$$

▼ 참고 : 유류용 증기 보일러의 열효율 관련 규정

| 용량(톤/h) | 1~3.5톤 미만 | 3.5~6톤 미만 | 6~20톤 미만 | 20톤 이상 |
|---|---|---|---|---|
| 열효율 (%) | 75% 이상 | 78% 이상 | 81% 이상 | 84% 이상 |

온수, 열매체보일러 효율($\eta$)

$$= \frac{열매순환량 \times 비중 \times 비열(출구온도 - 입구온도)}{연료\ 소비량 \times 연료\ 저위\ 발열량} \times 100\ [\%]$$

$$열매순환량(Q) = \frac{열매흡수열}{(열매출구온도 \times 비열 \times 비중[kg/m^3]) - (열매입구온도 \times 비열 \times 비중)}$$

## (3) 공기비, 배기가스 성분

### ① 공기비

가스연료 $1Nm^3$를(액체나 고체연료는 1kg 기준) 완전 연소시키기 위해서 필요한 최소한의 산소량을 "이론산소량"이라 하고, 이론산소량만큼의 산소를 포함하는 공기의 양을 "이론공기량"이라고 한다. 연료의 구성 성분을 알고 있는 경우에는 계산에 의하여 이론공기량을 산출할 수 있으나 실제 연소장치에서는 여러 가지 여건으로 인하여 이론공기량보다 약간 많은 공기량을 공급하여야 완전연소가 이루어진다. 이렇게 연소장치에서 연소실로 실제 공급되어야 하는 공기량을 "실제공기량"이라고 한다.

그리고 이론공기량에 대한 실제공기량의 비를 "공기비" 또는 "공기과잉률"이라고 하며, 운전되고 있는 연소기에서는 이 공기비가 항상 1.0보다 큰 상태가 바람직하다. 공기비가 1.1 또는 1.2이라 하는 것은 이론공기량을 초과하여 10% 또는 20%의 과잉공기가 추가로 공급되고 있다는 것을 의미한다.

그러나 공기비가 지나치게 크게 되면 과잉공기가 굴뚝으로 가지고 나가는 열량이 많아져서 효율이 나빠진다. 또한 연소와 배기가스의 온도가 떨어져 연도계통에서 저온부식의 가능성이 커지고 NOx, SOx 등 대기오염물질의 양도 증가하게 된다.

반대로 공기비가 적정 수준보다 적을 경우에도 연료가 완전연소되지 못한 채 연도로 배출되므로 손실이 발생한다. 그러므로 보일러의 운전 중에는 적정공기비를 유지하는 것이 연료비 절감과 관련하여 매우 중요한 사항이다. 적정공기비는 과잉공기로 인한 손실과 공기비 부족에 따른 불완전연소로 인한 손실의 합이 최소가 되는 공기비라고 할 수 있다.

보일러나 공업로와 같은 공장의 열설비에서 적정공기비를 유지하기 위해서는 배기가스를 분석해야만 한다. 보통 공기비를 측정하는 방법에는 배기가스 중의 산소($O_2$) 농도를 측정하는 방법과 이산화탄소($CO_2$)의 농도를 측정하는 방법이 사용된다. 동일한 운전조건에서는 각각 다른 방법으로 공기비를 측정하더라도 당연히 각각의 결과가 일치하여야 하므로, 설비의 설치 여건이나 연료의 종류 등에 따라 선택하면 된다.

일반적으로 액체연료의 적정 공기비는 1.1~1.2 정도, 기체 연료의 경우 1.05~1.15 수준으로 관리하면 무난하다. 그러나 보일러의 연소상태는 부하측의 부하 변동에 의하여 수시로 변화하게 되므로 보일러 제어판넬에 설치된 제어장치에 의하여 버너와 연결된 연료 유량조절밸브와 공기조절댐퍼를 지속적으로 조정하여 조절하도록 대부분 자동화되어 있다.

② 기준 및 목표 공기비 (지식경제부고시 제2008-219호, 에너지관리기준)

▼ 보일러의 기준 및 목표 공기비

| 구분 | 부하율 (%) | 공기비 ||||||| 
| | | 고체 연료 || 액체 연료 || 기체 연료 || 고로가스, 기타부생가스 ||
| | | 기준 | 목표 | 기준 | 목표 | 기준 | 목표 | 기준 | 목표 |
|---|---|---|---|---|---|---|---|---|---|
| 발전용 | 75~100 | 1.15~1.25 | 1.1~1.2 | 1.1~1.2 | 1.05~1.15 | 1.05~1.15 | 1.05~1.1 | 1.2 | 1.15~1.2 |
| 증발량 20톤/h 이상 | 50~100 | 1.2~1.3 | 1.15~1.25 | 1.15~1.25 | 1.1~1.2 | 1.1~1.2 | 1.05~1.15 | 1.2~1.3 | 1.2~1.3 |
| 증발량 5톤/h 이상 ~20톤/h 미만 | 50~100 | 1.25~1.35 | — | 1.2~1.3 | 1.15~1.25 | 1.15~1.25 | 1.1~1.2 | | |
| 증발량 5톤/h 미만 | 50~100 | 1.4 이하 | — | 1.3 이하 | 1.2~1.3 | 1.3 이하 | 1.15~1.25 | | |

▼ 공업로의 기준 및 목표 공기비

| 구 분 | 공 기 비 | | | |
|---|---|---|---|---|
| | 연 속 식 | | 간 헐 식 | |
| | 기준 | 목표 | 기준 | 목표 |
| 금속 주조용 용해로 | 1.3 | 1.25 | 1.4 | 1.3 |
| 연속 강편 가열로 | 1.25 | 1.2 | | |
| 금속 가열로 | 1.25 | 1.2 | 1.35 | 1.3 |
| 가스 발생로, 가열로 | 1.4 | 1.3 | | |
| 금속 열처리로 | 1.25 | 1.2 | 1.3 | 1.25 |
| 석유 가열로 | 1.25 | 1.2 | | |
| 열분해 및 개질로 | 1.25 | 1.2 | | |
| 알루미나 소성로 | 1.3 | 1.25 | | |
| 시멘트 소성로 | 1.2 | 1.15 | | |
| 유리 용해로 | 1.3 | 1.25 | 1.4 | 1.35 |

③ 공기량과 연소 화염의 색

어떠한 물체라도 일정 온도하에서 여러 가지 파장의 열복사선을 방출하게 된다. 열복사선의 파장은 방출하는 물체의 온도가 높을수록 짧아진다. 가시광선 중에서 가장 파장이 긴 것은 적색이므로 비교적 저온의 물체는 붉은 빛을 띠고, 온도가 상승함에 따라 최대 강도부 이외의 열복사선도 강도가 증가되므로 이 부분에서도 그 파장에 따라 색을 나타낸다. 이러한 파장이 혼합되면 백색빛을 나타낸다. 노내 온도를 높게 유지할수록 연소도 가장 완전히 이루어진다. 앞에서 설명한 바와 같이 완전연소를 위해서는 공급공기량을 이론공기량보다 조금 많이 하여야 하며, 적합한 공기량의 상태는 다음과 같이 화염의 색상으로도 대략적인 판정이 가능하다.

▼ 연소 화염의 색과 공기량의 관계

| 공기 공급량 | 연소 화염의 색 |
|---|---|
| 부 족 | 불꽃이 암적색이고 연기가 생겨 화로 내부가 잘 안 보임 |
| 적 당 | 불꽃이 황백색(주황색)이고 화로 내의 상황이 잘 보임 |
| 과 량 | 불꽃이 작고 (회)백색이며 화로 내부가 밝음 |

④ 표준 연소량

$$C = \frac{3600 \cdot H}{\eta \cdot H_L \cdot \rho} \ [\ell/h, \ Nm^3/h]$$

여기서, $H$ : 온열원 기기 정격 출력[kw]
$\eta$ : 온열원 기기 효율 (강철제 보일러 0.86, 그 외는 제조자 지시값)
$H_L$ : 연료의 저위 발열량 [kJ/kg], [kJ/Nm³]
$\rho$ : 연료의 밀도(가스의 경우 불필요) [kg/ℓ]

⑤ 배기가스량

$$G\,[\mathrm{m^3/h}] \;=\; G_1 \cdot C$$

여기서, $G_1$ : 온도에 따른 단위 배기가스량 $[\mathrm{m^3(N)/kg},\ \mathrm{m^3(N)/m^3(N)}]$
$C$ : 표준 연소량 $[\mathrm{m^3(N)/h}]$

⑥ 배기가스의 $O_2$ 및 $CO_2$ 성분 기준

가스용 보일러 및 용량 5톤/h(난방용은 10톤/h) 이상인 유류 보일러는 부하율을 90±10%에서 45±10%까지 연속적으로 변화시킬 때, 배기가스중의 $O_2$ 또는 $CO_2$ 성분이 사용 연료별로 다음과 같아야 한다.

▼ 연료별 배기가스의 성분 기준

| 성 분 | $O_2$(%) | | $CO_2$(%) | |
|---|---|---|---|---|
| 부하율 | 90%±10 | 45%±10 | 90%±10 | 45%±10 |
| 중 유 | 3.7 이하 | 5 이하 | 12.7 이상 | 12 이상 |
| 경 유 | 4 이하 | 5 이하 | 11 이상 | 10 이상 |
| 가 스 | 3.7 이하 | 4 이하 | 10 이상 | 9 이상 |

| 배기가스의 성분 측정 |

※ 시험 조건 : 매연 농도 바카라카 스모크 스켈 4 이하(가스용 보일러는 배기가스 중 CO의 농도는 200 ppm 이하), 부하 변동 시 공기량은 별도 조작없이 자동 조절

## (4) 저위발열량, 에너지원별 열량

① 저위발열량

액체연료가 보일러나 열원장비에서 연소되기 위해서는 연소 직전에 액체상태에서 기체상태로 상변화를 하게 되는데 이때 증발잠열이 필요하다. 고체연료는 직접 연소의 형태를 취하지만 연소과정에서 연료 내부에 함유된 수분 등을 증발시키기 위한 증발열이 소요된다. 고위발열량(총발열량)에서 이러한 증발열을 뺀 실제로 효용되는 연료의 발열량을 저위발열량(Lower Heating Value, 또는 순발열량)이라고 한다.

연료 자체가 재료적 성분상 지니고 있는 잠재 열량이 고위발열량이지만, 실제 연료 소비 과정에서는 연료의 증발이나 연료 속에 혼합되어 있는 약간의 수분이나 기타 성분을 증발시키기 위해 소비되는 열량을 제외하고 실제 난방이나 급탕을 위해 사용 가능한 열량이 저위발열량인 것이다. 따라서 고위발열량보다는 저위발열량의 수치가 적다.

일반적으로 가스연료는 고위발열량을, 석유류 및 석탄류는 저위발열량을 기준으로 각종 열량 계산에서 사용하고 있다. 각종 에너지원별 발열량은 다음과 같다.

② 에너지 열량 환산기준

| 에너지원 | 단위 | 총발열량(고위발열량) | | | 순발열량(저위발열량) | | |
|---|---|---|---|---|---|---|---|
| | | kcal | MJ 환산 | 석유 환산계수 | kcal | MJ 환산 | 석유 환산계수 |
| 원유 | kg | 10,750 | 45.0 | 1.075 | 10,100 | 42.3 | 1.010 |
| 휘발유 | ℓ | 8,000 | 33.5 | 0.800 | 7,400 | 31.0 | 0.740 |
| 실내등유 | ℓ | 8,800 | 36.8 | 0.880 | 8,200 | 34.3 | 0.820 |
| 보일러등유 | ℓ | 8,950 | 37.5 | 0.895 | 8,350 | 35.0 | 0.835 |
| 경유 | ℓ | 9,050 | 37.9 | 0.905 | 8,450 | 35.4 | 0.845 |
| B-A유 | ℓ | 9,300 | 38.9 | 0.930 | 8,750 | 36.6 | 0.875 |
| B-B유 | ℓ | 9,650 | 40.4 | 0.965 | 9,100 | 38.1 | 0.910 |
| B-C유 | ℓ | 9,900 | 41.4 | 0.990 | 9,350 | 39.1 | 0.935 |
| 프로판 | kg | 12,050 | 50.4 | 1.205 | 11,050 | 46.3 | 1.105 |
| 부탄 | kg | 11,850 | 49.6 | 1.185 | 10,900 | 45.7 | 1.090 |
| 나프타 | ℓ | 8,050 | 33.7 | 0.805 | 7,450 | 31.2 | 0.745 |
| 용제 | ℓ | 7,950 | 33.3 | 0.795 | 7,350 | 30.8 | 0.735 |
| 항공유 | ℓ | 8,750 | 36.6 | 0.875 | 8,200 | 34.3 | 0.820 |
| 아스팔트 | kg | 9,900 | 41.4 | 0.990 | 8,350 | 39.1 | 0.835 |
| 윤활유 | ℓ | 9,250 | 38.7 | 0.925 | 8,650 | 36.2 | 0.865 |
| 석유코크 | kg | 8,100 | 33.9 | 0.810 | 7,850 | 32.9 | 0.785 |
| 부생연료1호 | ℓ | 8,850 | 37.0 | 0.885 | 8,350 | 35.0 | 0.835 |
| 부생연료2호 | ℓ | 9,700 | 40.6 | 0.970 | 9,200 | 38.5 | 0.920 |
| 천연가스(LNG) | kg | 13,000 | 54.5 | 1.300 | 11,750 | 49.2 | 1.175 |
| 도시가스(LNG) | Nm³ | 10,550 | 44.2 | 1.055 | 9,550 | 40.0 | 0.955 |
| 도시가스(LPG) | Nm³ | 15,000 | 62.8 | 1.500 | 13,800 | 57.8 | 1.380 |
| 국내무연탄 | kg | 4,650 | 19.5 | 0.465 | 4,600 | 19.3 | 0.460 |
| 수입무연탄 | kg | 6,550 | 27.4 | 0.655 | 6,400 | 26.8 | 0.640 |
| 유연탄(연료용) | kg | 6,200 | 26.0 | 0.620 | 5,950 | 24.9 | 0.595 |
| 유연탄(원료용) | kg | 7,000 | 29.3 | 0.700 | 6,750 | 28.3 | 0.675 |
| 아역청탄 | kg | 5,350 | 22.4 | 0.535 | 5,000 | 20.9 | 0.500 |
| 코크스 | kg | 7,050 | 29.5 | 0.705 | 7,000 | 29.3 | 0.700 |
| 전력 | kWh | 2,150 | 9.0 | 0.215 | 2,150 | 9.0 | 0.215 |
| 신탄 | kg | 4,500 | 18.8 | 0.450 | — | — | — |

※ 비고
- "총발열량" : 연료의 연소과정에서 발생하는 수증기의 잠열을 포함한 발열량
- "순발열량" : 총발열량에서 수증기의 잠열을 제외한 발열량 (= 저위발열량)
- "석유환산계수" : 에너지원별 발열량을 1kg = 10,000kcal로 환산한 값
- 최종 에너지 사용기준으로 전력량을 환산하는 경우 : 1kWh = 860kcal
- 에너지원별 실측 결과는 50kcal에서 반올림됨
- 1cal = 4.1868J, MJ = $10^6$J, Nm³은 0℃ 1기압 상태의 체적

## 02 보일러의 종류

보일러의 제작 구조 및 운전방식에 따라서 원통형, 수관식, 관류형 및 기타 보일러로 구분할 수 있다. 현업에서는 증기 생산용으로 노통연관식 보일러와 관류 보일러, 수관식 보일러가 많이 사용되고 있으며, 무압식이나 진공식 보일러와 같은 온수용 보일러도 급탕 또는 난방용으로 널리 사용되고 있다.

이외에도 사용 연료의 종류나 에너지 절감 등을 목적으로 다양한 형태로 보일러가 제작 운용되고 있는데, 여기서는 주위에서 많이 사용하는 몇 가지 형식의 보일러 특성에 대하여 간략히 살펴본다.

▼ 보일러의 분류

| 종 류 | 세부 사양 |
|---|---|
| 열매에 따른 분류 | 온수보일러, 증기보일러, 열매체보일러 |
| 열원에 따른 분류 | 유류보일러, 가스보일러, 석탄보일러, 전기보일러, 폐열보일러 등 |
| 용도에 따른 분류 | 가정용보일러, 산업용보일러, 발전용보일러 등 |
| 구조에 따른 분류 | • 원통연관식 : 입형, 노통, 연관, 노통연관식 보일러<br>• 수관보일러 : 자연순환식, 강제순환식, 복사 보일러<br>• 다관식 관류보일러 : 관류, 소형 관류 보일러<br>• 기타 보일러 : 간접가열(진공식, 무압식) 보일러 |

### (1) 원통 노통연관식 보일러

노통연관식 보일러는 지름이 큰 동체를 몸체로 하여 그 내부에 노통과 연관을 동체 축에 평행하게 설치하고, 노통을 지나온 연소가스가 연관을 통해 연도로 빠져나가도록 되어 있다. 버너에서 연소실로 분출된 연료와 공기는 노통 내부에서 화염을 형성하고, 연소가스는 연관군에 들어가 동체 내부에 있는 보일러수와 열전달을 한 후 연도로 배출된다.

대개 10~15톤/h 내외의 중·소형 보일러에서 가장 널리 사용되고 있으며, 수 톤의 소형 노통연관식 보일러는 미니 보일러(또는 초미니, 슈퍼미니 보일러)라는 제품명으로도 시판되고 있다.

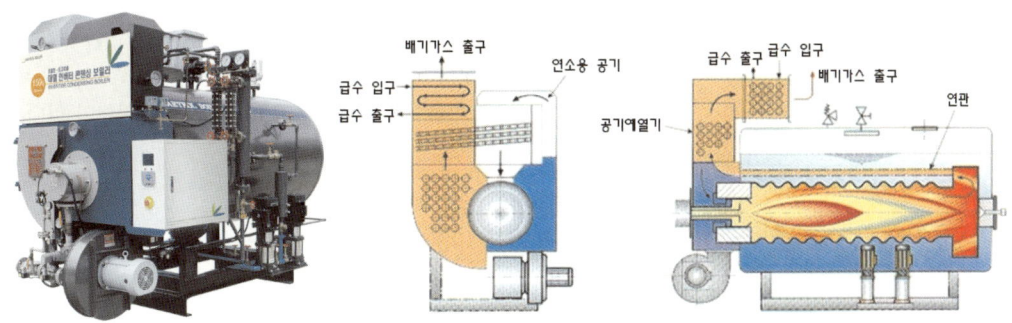

노통연관식 보일러는 보일러 내부에 보유하고 있는 수량이 많아 급격한 부하 변동에도 공급압력이나 수위의 변화가 적어 안정적인 보일러 운전이 가능하다. 그러나 이로 인해 가동 초기 예열과 증기 발생까지의 소요시간이 많이 필요하며, 가동 시 저부하 운전의 시간이 길거나 빈도가 많을 경우에는 운전의 효율성이 저하된다.

또한 보일러의 형태가 원통형 본체에 물이 차있는 구조이어서 대용량이나 고압 운전용으로 제작하는 데 어려움이 있어, 주로 중·소용량에서 스팀 공급용 보일러로서 널리 사용되고 있다. 근래 고압과 대용량의 제품도 개발되고는 있으나, 보통 1.5~2MPa(15~20kg/cm$^2$) 이상의 고압용 대용량에서는 구조가 안정적인 수관식 보일러가 선호되고 있다.

같은 용량 대비하여 장비 크기는 수관식에 비해 적은 편이나 장비 크기에 비해 전열 면적이 작고 효율도 상대적으로 조금 낮은 편이다. 이로 인해 요즘 대부분의 노통연관식 보일러에서는 연소가스의 배출구 쪽에 급수예열기(이코노마이저, 또는 절탄기)와 연소용 공기예열기가 부착되어 에너지 사용 효율을 높이고 있다. 이를 보통 "콘덴싱 보일러"라고 부르고 있는데 배기가스가 보유하고 있는 현열 및 응축열까지 활용하게 되며, 콘덴싱 보일러의 경우에는 수관식이나 관류형보다 운전효율이 높아지기도 한다.

또한 근래에는 노통연관식 보일러의 송풍기 제어를 부하 변동에 따라 인버터 장치로 제어하는 사례가 많다. 부하 증감에 따라 송풍기의 회전수를 비례제어하면 부분부하나 저부하 시 송풍 동력의 절감이 가능할 뿐만 아니라, 이로 인해 과잉공기에 의한 배기 손실이나 잦은 기동/정지에 의한 불필요한 손실이 상당히 줄어들게 되어 에너지 절약에 효과적이다.

노통연관식 보일러는 면허 소지자가 필요하고 주기적인 검사를 받아야 하나, 운전 관리가 용이하고 제어장치가 복잡하지 않아 조작이 쉬우며 가격도 무난한 편이다. 보일러의 보유 수량이 많기 때문에 운전 정지 후 일정 시간 뒤 재가동하더라도 보일러 동체의 온도 변화가 타 형식에 비해 크지 않아 부식이나 열응력 측면에서 유리하다. 연관의 배열이 직관 형태여서 점검과 세관이 용이하고, 연관 파손시에는 몇 차례 연관의 교체가 가능하여 잘 관리할 경우 장비의 수명도 15~20년 정도로 가장 길다.

| 장 점 | 단 점 |
|---|---|
| • 구조가 간단하여 가격이 저렴한 편이다.<br>• 부하변동에 따른 압력이나 수위의 변화가 적다.<br>• 유지보수 및 운전이 용이하다.<br>• 장비의 수명이 길다. | • 구조상 고압용으로의 제작은 곤란하다.<br>• 동체의 크기에 따라 전열면적이 제한된다.<br>• 시동에서 증기 발생까지의 소요시간이 비교적 길다.<br>• 보유수량이 많으므로 파열 사고 시 위험이 있다. |

| 노통연관식 보일러의 외관 |

| 버너, 가스 배관 |

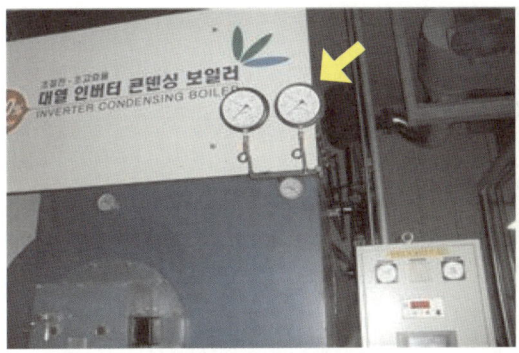

| 본체의 증기 압력계 |

| 수면계 및 수주 |

| 증기 토출관의 기수분리기 |

| 급기 송풍기 |

| 급수예열기(위)와 공기예열기(아래) |

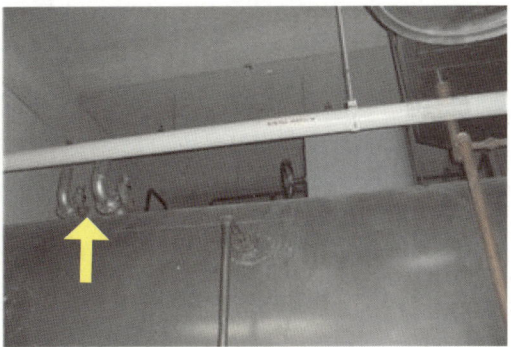

| 보일러 본체의 안전밸브 |

| 노통연관 보일러 본체의 내부 모습 |

| 연관 연결 부분 |

## (2) 수관식 보일러

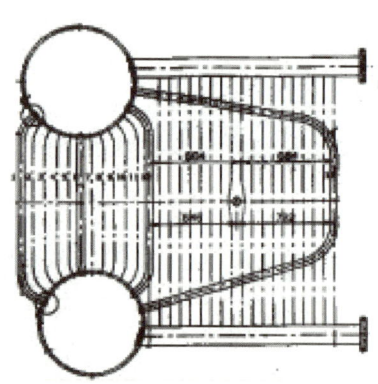

수관식 보일러는 상부 드럼(drum)과 하부 드럼 사이에 적은 구경의 많은 수관을 설치한 구조로, 관 내부에 물이 흐르고 관 외부를 연소가스로 가열해 증기를 발생시키는 구조로 제작된다. 물이 수관 내에만 채워지는 구조이어서 높은 운전압력으로의 보일러 제작이 가능하고, 수관의 길이나 수량에 의해 용량의 증대가 용이하여 중·대용량 및 고압용의 보일러로 주로 사용되고 있다.

수관식 보일러는 작은 직경의 무수히 많은 수관으로 구성되어 있어 보유 수량에 비해 전열 면적이 크다. 이로 인해 비교적 신속하게 대용량의 증기 발생이 가능하고, 동일한 조건인 경우 효율도 노통연관식보다 다소 높다. 또한 연소실의 형상 및 크기를 사용자의 요구사양이나 주문 내용에 맞춰 비교적 자유롭게 조절하여 제작할 수 있다. 그러나 노통연관식에 비해 보유 수량이 적기 때문에 부하 변경 시 압력의 변동 폭이 크고 수위의 변화 폭도 커지게 되므로 운전관리상의 주의가 필요하다.

한편 수관식 보일러는 내부의 구조가 복잡하고 스케일로 인하여 과열되기 쉬우므로 급수의 철저한 수질관리가 이루어져야 한다. 연소실 내부의 수관 외부 표면은 청소가 곤란하여 사용 연수에 따라 그을음이 누적될 경우 효율이 저하될 수 있으며, 수관 내부 표면의 스케일은 드럼 내부 공간 쪽으로 관리자가 들어가서 주기적으로 세관작업을 해주어야 한다.

대부분 중·대용량인 경우가 많아 공장 제작 후 통째로 운반해 설치하는 것은 어려움이 많기 때문에 대부분 현장에서 조립하여 설치하는 사례가 많고, 이로 인해 제작기간이 다소 소요되고 장비비도 비싼 편이다. 그러나 기존 건물에서 노후화된 보일러를 교체하거나 진입 통로가 협소한 경우에는 부품별로 반입하여 보일러의 신설이나 교체가 가능한 장점이 있다. 수관식 보일러도 주기적으로 검사를 받아야 하고 면허소지자가 필요하다.

| 장 점 | 단 점 |
|---|---|
| • 고압에 잘 견딘다.<br>• 연료의 선택범위가 넓다.<br>• 전열면적을 크게 할 수 있어 대용량의 보일러 제작도 가능하다.<br>• 전열면의 증발률이 크다.<br>• 운전 시 열효율이 높다.<br>• 용량에 비해 보유수량이 적어 파열 시에 위험이 적은 편이다.<br>• 증기발생까지의 소요시간이 비교적 짧다. | • 구조가 복잡하고 청소가 곤란하다.<br>• 부하변동에 따른 압력이나 수위 변화가 비교적 크다.<br>• 보일러수의 불순물이 수관에 부착하기 쉬우므로 수질관리가 잘되어야 한다. |

| 수관식 보일러의 외관 |

| 내부 연소실 |

| 상부 드럼의 구조 |

| 상부 드럼 내부의 수관 연결 부분 |

| 수관식 보일러의 현장 조립 모습 |

## (3) 관류형 보일러

### ① 관류형 보일러의 특징

관류형 보일러는 드럼 없이 수관만으로 설계한 강제순환식 보일러로서 급수가 공급될 때 수관의 예열부 → 증발부 → 과열부를 순차적으로 통과하면서 증기가 발생하게 된다. 연소실 주위에 다수의 수관이 병렬로 연결되어 헤더(header)에서 분류 또는 합류되는 구조로 이루어져 있어 "다관식 보일러"라고도 부른다.

수관만으로 이루어져 있으므로 고압에 잘 견디고 관을 자유로이 배치할 수 있어 전체를 콤팩트하게 소형화하여 제작할 수 있다. 주로 소용량이나 저압에 적합하도록 개발되어 보급되고 있는데, 적은 규모의 건물 난방/급탕용이나 식당의 주방, 상가의 증기 공급용으로 널리 사용되고 있다.

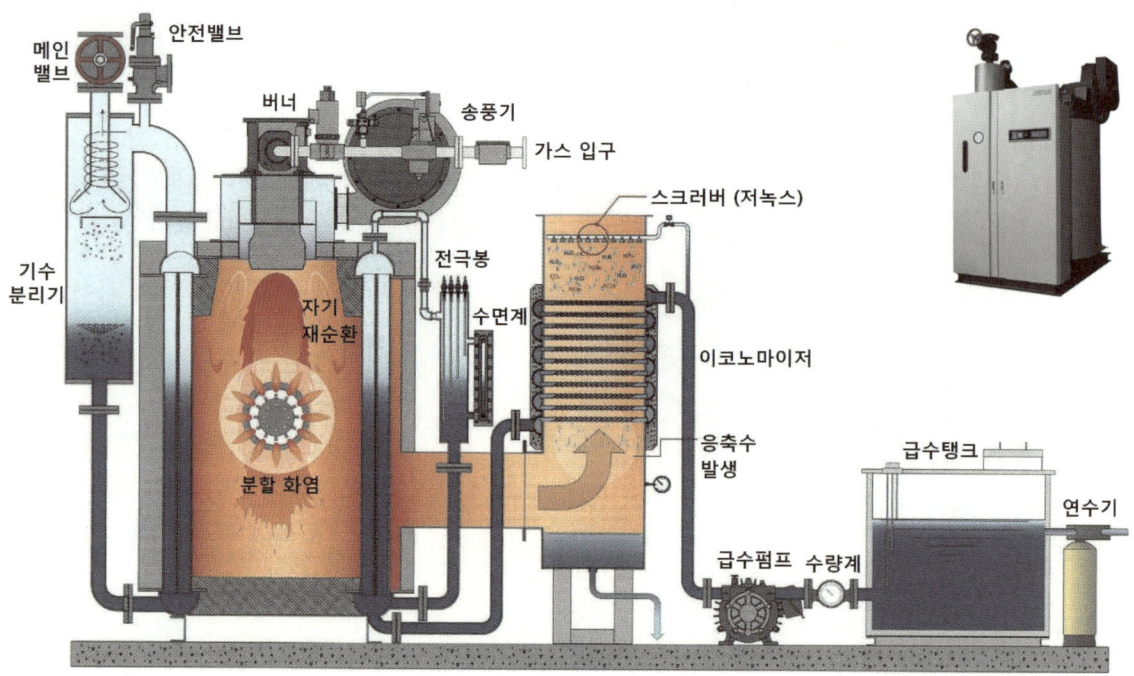

관류형 보일러는 보일러 내에 보유하고 있는 수량이 적어 가동 후 증기의 발생까지 소요시간이 가장 짧아 사용상 편리하나 반대로 급격한 부하변동에 대한 대응성은 떨어지게 된다. 이 때문에 보통 용량 3~5ton/h 이하나 사용압력이 0.7~1MPa 정도인 소용량 증기시스템에서 가장 널리 사용되고 있으며, 제품도 0.1ton/h부터 다양한 용량으로 시판되고 있다.

관류형 보일러는 적은 구경의 관 내에서 물을 증발시키기 때문에 급수 중의 불순물이 관 내에 부착하기 쉬워 급수의 수질관리가 매우 중요하다. 수질관리가 적정하게 되지 않을 경우 튜브에 스케일이 부착되거나 과열로 인해 손상이 발생될 우려가 커지게 된다. 그러나 보일러 내부의 수관이 복잡하고 특수한 형태로 배치된 구조여서 내부 점검이나 청소가 쉽지 않고, 수관 파손 시에는 부위에 따라 수리가 어려운 경우도 많다. 근래에는 급수 처리법이나 제어기술의 발달로 인하여 수질에 대한 위험이 많이 줄어든 편이나 관리자의 일상적인 점검과 관리가 중요하다.

| 장 점 | 단 점 |
|---|---|
| • 관만으로 구성되어 고압에 견딘다.<br>• 보유수량이 적어 파열 시 위험이 적다.<br>• 관을 자유로이 배치할 수 있으므로 소형으로 컴팩트하게 제작이 가능하다.<br>• 가동 후 증기발생까지의 소요시간이 매우 짧다.<br>• 수관 내의 기수혼합물의 유동이 펌프로서 확실히 이루어진다. | • 부하변동에 따라 압력 및 보유수량이 크게 변하므로 고도의 자동제어를 필요로 한다.<br>• 작은 직경의 관 내에서 물을 증발시키기 때문에 급수 중의 불순물이 관 내에 부착하기 쉬우므로 수질이 매우 좋아야 한다.<br>• 내부 점검 및 청소가 어렵다.<br>• 보수가 어렵고 장비의 수명이 짧다. |

| 관류형 보일러의 내부 모습 |

② 관류형 보일러의 용량 제어

관류형 보일러의 운전 제어는 용량이나 제조업체에 따라 약간씩 차이가 있기는 하지만, 용량 0.1ton/h 이하의 관류 보일러는 2위치 제어(on-off)가 주로 사용되고, 0.1~0.5ton/h의 보일러에서는 3위치 제어(high-low-off), 1.5ton/h 이상에서는 4위치 제어(high-middle-low-off)가 많이 이용된다.

한편 관류형 보일러는 연소실과 수관의 배치 구조상 대용량으로 제작하는 데 한계가 있기 때문에 증기 부하용량이 커지게 되면 관류형 보일러 여러 대를 병렬로 연결하여 사용하기도 한다. 보통 부하 변동폭이 큰 증기시스템이거나 신속한 증기 발생이 요구될 경우 이와 같은 사례가 많이 있는데, 노통연관식 보일러보다 증기 발생이 빠르고 부하 변동에 따라 관류형 보일러의 운전 대수를 단계적으로 증감시켜 에너지를 절감할 수 있다.

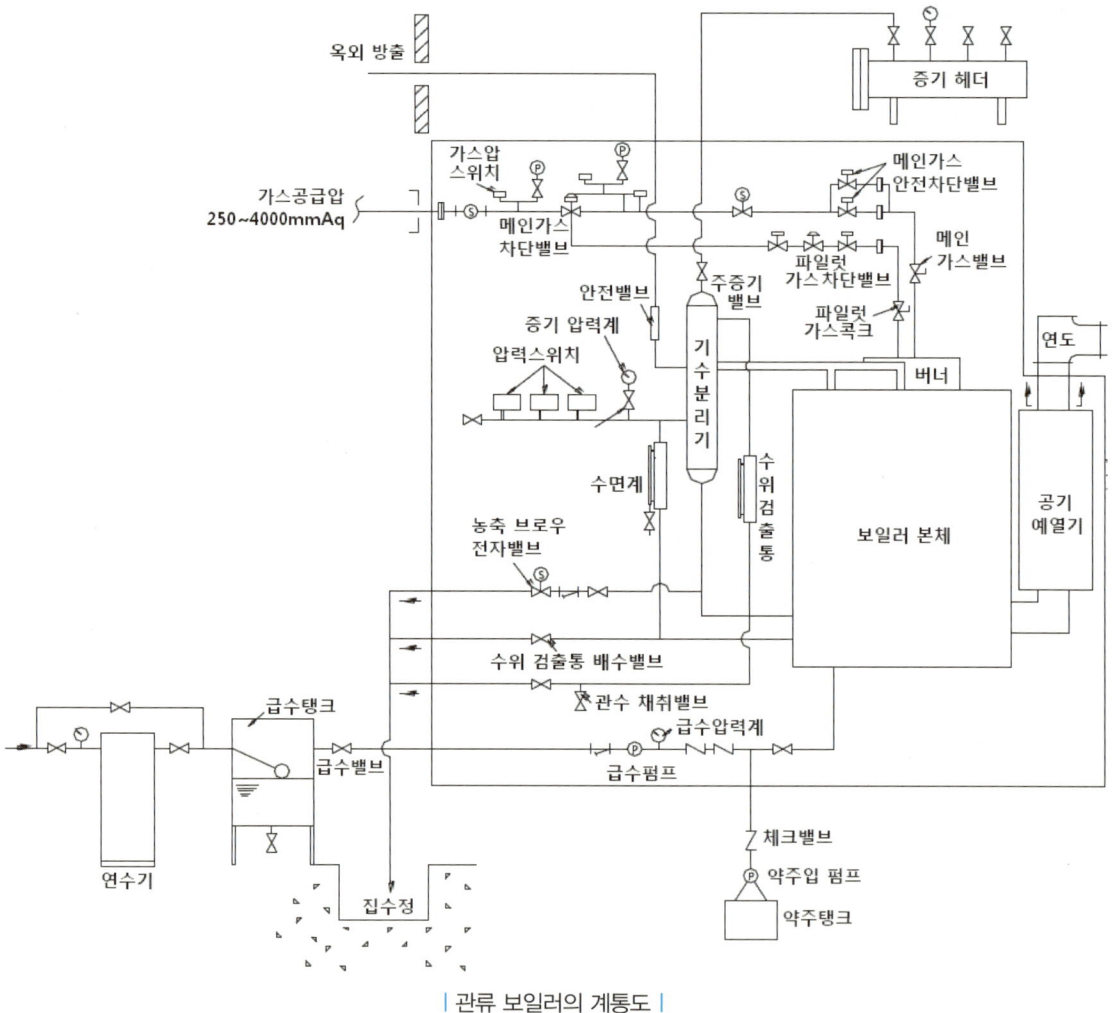

| 관류 보일러의 계통도 |

③ 관류형 보일러의 병렬 운전(대수 운전)

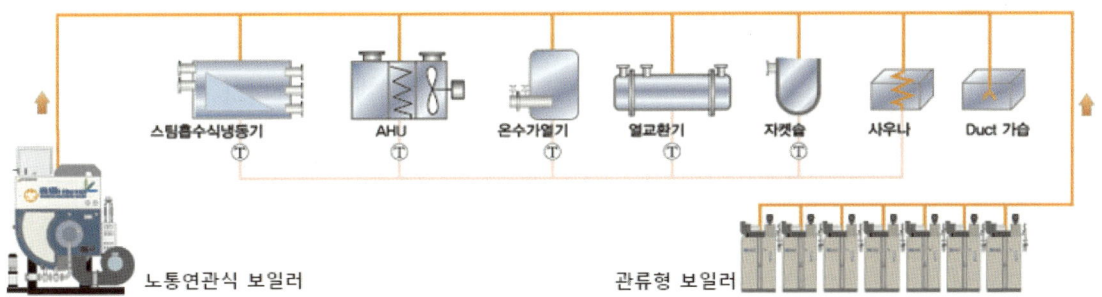

위의 오른쪽 부분과 같이 관류형 보일러 여러 대를 병렬로 설치하여 부하에 따라 운전 대수를 제어하는 시스템을 "스크럼보일러시스템", 또는 "대수제어시스템 보일러"라고 부르고 있다.
예를 들면 다음 그림과 같이 100% 부하를 각각 25% 부하에 해당하는 소형 보일러 4대를 설치하고, 부하설비에서 필요한 열량이 50%일 경우에는 2대만 운전하고 75% 부하가 필요한 경우에는 3대를 운전하는 제어방식이다. 여러 대의 보일러의 대수운전을 제어하기 위한 별도의 제어반이 보일러 인근에 설치되는 경우가 많은데, 중앙감시실에서도 자동제어시스템과 입력된 프로그램에 의해 부하변동에 따라 운전대수를 원격제어하는 것이 가능하다.

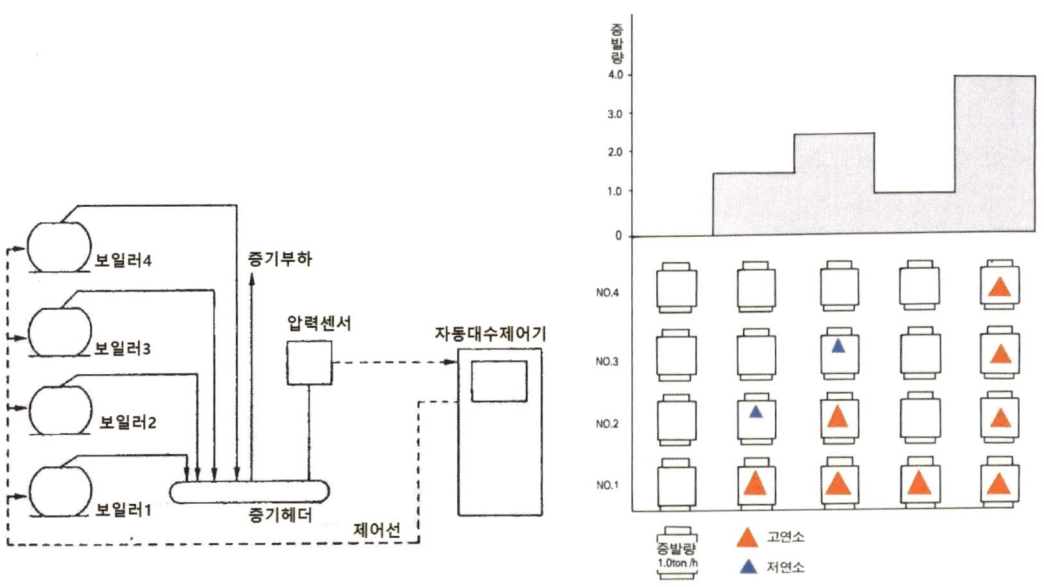

그러나 이와 같이 다수의 관류형 보일러를 설치하여 노통연관식 보일러를 대체하고자 할 경우에는 시스템의 증기 사용시간이나 부하의 변동 등을 고려하여 신중해야 한다. 다수의 관류형 보일러를 설치하여 부하에 따라 운전 대수를 제어할 경우, 가동되는 각각의 보일러는 풀부하 운전에 근접하여 운전됨으로써 가동효율이 좋아질 수 있으나, 반대로 부하 변동이 심할 때에는 각각의 관류형 보일러가 자주 기동/정지를 반복하게 되므로 이로 인한 손실이 커지고 운전 효율도 저하

될 수 있기 때문이다.

또한 근래에는 노통연관식 보일러도 송풍기와 급수펌프의 인버터 제어를 통해 부분부하에 대한 비례제어가 가능하므로, 부하 변동이 어느 정도의 범위에서 급격하게 변동될 때에는 오히려 관류형 보일러의 가동 대수 On/Off제어보다 노통연관식의 비례제어가 에너지 절감 효과가 클 수도 있다. 아울러 일반적으로 관류형 보일러는 수명이 비교적 짧고 유지관리가 어렵기 때문에, 이와 같은 관류형 보일러 병렬시스템으로 변경 시에는 장비 설치비에서부터 운전비 절감분, 유지관리 비용을 종합적으로 고려하여 결정할 필요가 있다.

따라서 증기 사용설비의 종류가 많고 시설 규모가 큰 경우에는 노통연관식 보일러와 관류형 보일러를 적당한 비율로 조합하여 상호 간의 단점을 보완하고, 증기 사용 부하량이나 변화폭에 따라 장비별 특성을 고려하여 각 장비의 가동/정지를 합리적으로 조정하여 운전하는 것이 효율적일 것이다.

### (4) 진공식 보일러

비교적 규모가 큰 산업체나 건물에서는 면허소지자를 운전관리자로 채용하고 있지만, 규모가 작은 건물이나 목욕탕과 같은 온수 사용 사업장에서는 보일러 운전관리자를 별도로 채용하는 것이 어려운 경우가 있다.

이러한 상황에서 증기 사용 없이 온수만으로도 시스템 운영이 가능할 때에는 온수보일러가 적합하다. 건물의 규모가 어느 정도 되더라도 증기 사용설비가 많지 않고 급탕부하가 대부분인 경우에도 소형 증기보일러와 별도로 온수보일러를 설치해 많이 사용하고 있다.

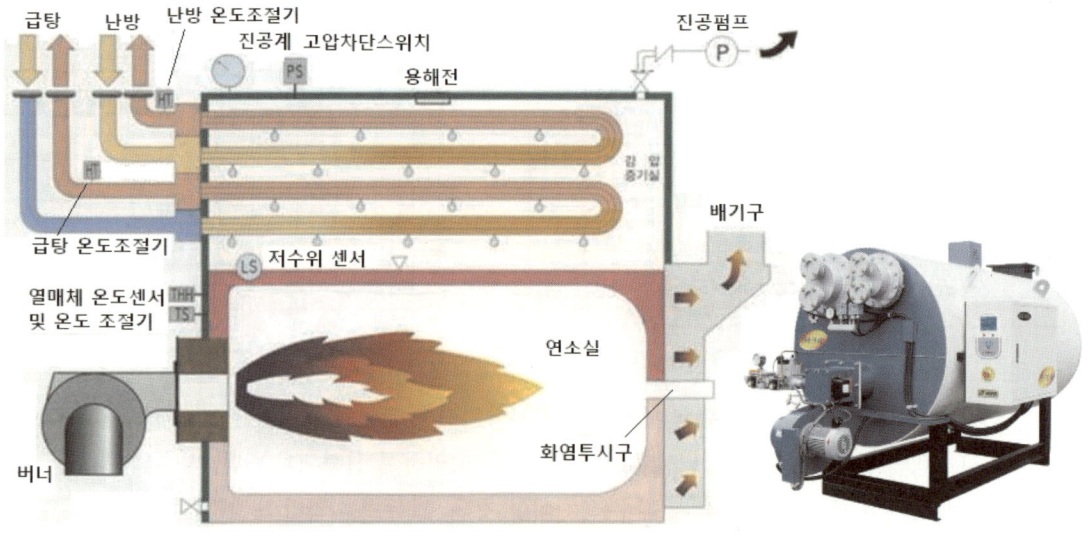

온수보일러에는 진공식과 무압식이 있는데, 보일러에 저장된 열매체(보일러수)를 가열해 전열관 속의 2차측 유체(난방수나 급탕수)를 간접 가열하는 방식이기 때문에 증기의 공급은 곤란하고 온수 전용으로 사용된다. 진공식 보일러는 동체 내부의 압력이 진공압으로 제작되고, 무압식 보일러는 대기압 수준의 압력이 동체에 작용하게 된다.

진공식 보일러는 화염으로부터 열을 받아 온수를 가열해 주는 열매체로서 물을 사용하는데, 보일러 내부가 진공 상태로 유지되기 때문에 정상적인 상태에서는 열매의 손실은 없다. 따라서 보일러 내부에 새로운 보충수의 공급이 거의 필요없고 외부의 공기와도 완전히 차단되어 있기 때문에 스케일이나 부식의 발생이 매우 적어 수명이 가장 길다. 이 때문에 2차측 급탕이나 온수 쪽의 오염만 없다면 일반적으로 전열관의 세관작업도 필요없다.

한편 진공식 보일러는 내부가 진공상태이므로 낮은 온도에서도 쉽게 증기를 발생시킬 수 있어 보일러 가동 후 온수의 가열시간이 짧고, 열매체(물)를 증기로 변화시켜 전열관을 가열해 주므로 별도의 순환펌프도 필요없다. 간혹 제조업체에 따라서는 장시간 사용할 경우 보일러 본체의 이음부에서 미세한 틈새가 생겨 진공이 저하되는 것을 대비해서 추기펌프(진공펌프)를 부속장치로 장착해 내부의 진공상태를 자동으로 유지하도록 하는 경우도 있다.

진공식 보일러는 약 85~90℃의 온수 공급과 1,000,000~2,500,000kcal/h 정도 용량으로 제품화되고 있는데, 장비비는 용량에 비해 타 형식보다는 다소 비싼 수준이다. 보일러의 운전 효율이 좋아 다른 보일러에 비해 연료비가 절감되는 편이나 본체의 진공이 파괴되면 장비 본연의 성능이 발휘되기 어려운 단점이 있다.

보일러 상부에 설치되는 열교환기를 용도에 따라 설치할 수 있기 때문에 1대의 보일러로 난방과 급탕의 동시 공급이 가능하다. 난방 전용일 경우에는 열교환기를 1개만 설치하고(1회로식), 난방과 급탕을 겸하는 경우에는 열교환기를 2대 설치(2회로식)하여 사용한다.

## (5) 무압식 보일러

무압식 보일러는 동체 내부가 대기압 정도의 압력에서 운전되는 보일러로서, "대기개방형 보일러"로 불리기도 한다. 무압식 보일러는 그 내부를 열매체인 물로 완전히 채우고 있는데, 보일러 운전 시 자연대류만으로는 열교환기 내의 온수와 충분한 전열을 기대하기 어렵기 때문에 대부분 순환펌프를 설치해 보일러 내부의 열매(물)를 강제 순환시켜 준다.

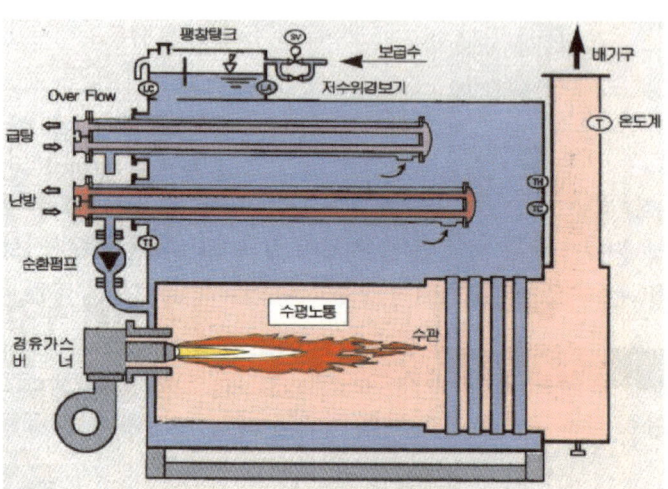

무압식 보일러는 장비 상부에 팽창탱크가 설치되어 있는데, 보일러 내부에 과압이 걸리거나 Overflow될 때는 이를 방출하는 기능을 하고 저수위에는 보충수를 공급하기도 한다. 진공식 보일러와는 달리 무압식 보일러는 열매(보일러수)의 보충이 필요하다. 그러나 새로운 보충수가 소량이고 연수처리되어 공급되기 때문에 증기보일러보다는 스케일이나 부식이 적게 발생하여 보일러의 수명이 긴 편이다. 운전압력은 그리 높지 않아서 보통 수 $kg/cm^2$ 정도의 낮은 압력 범위에서 제작되고 있다.

무압식 보일러도 진공식 보일러와 마찬가지로 열교환기의 설치 수량에 따라 난방과 급탕을 동시에 공급할 수 있으며, 증기의 공급은 불가능한 온수전용 보일러이다.

보일러의 구조가 간단하고 제작이 쉬워서 용량에 비해 보일러의 장비비가 저렴한 편이다. 운전 효율은 다른 보일러에 비해 낮고 보유 수량도 많아 2차측 온수의 가열에도 다소 시간이 소요된다. 그러나 운전 및 취급이 쉽고 동체에 압력이 걸리지 않으므로 안전한 편이며, 일정 기준 이하인 경우 면허소지자나 검사도 필요 없어 적은 규모의 건물에서 온수용 보일러로 주로 사용된다.

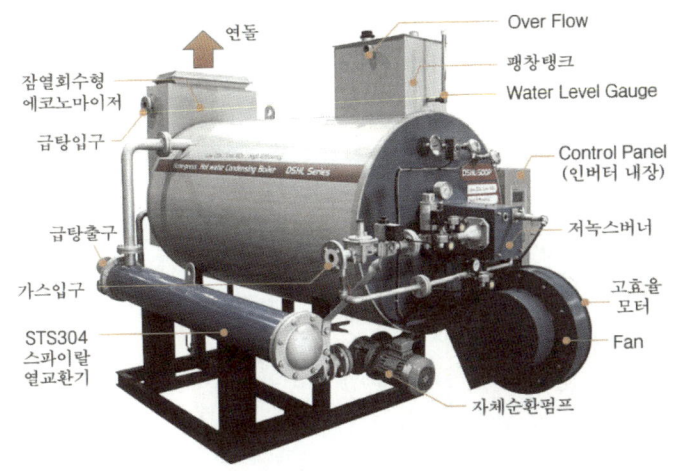

### (6) 열매체 보일러

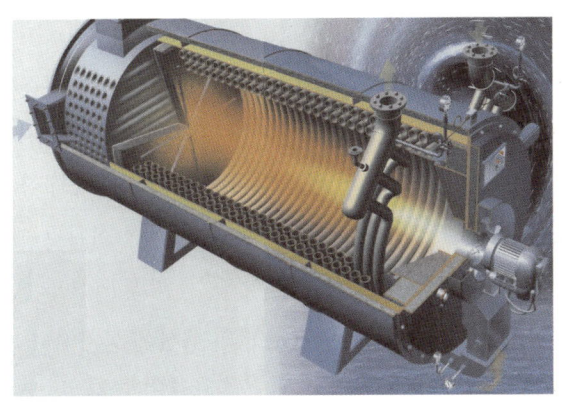

노통연관식이나 수관식 보일러와 같은 증기보일러는 200℃ 이상 높은 온도의 증기를 공급하기 위해서는 수 MPa의 높은 운전압력이 필요하다. 그러나 열매체 보일러는 특수한 열적 성질을 가지고 있는 전열 열매유를 열매체로 이용하기 때문에 저압력(1~3기압)에서도 200~350℃ 이상의 높은 온도로 2차측 유체를 가열하는 것이 가능하다. 또한 열원이 고온이므로 부하 대응성이 좋고 열교환기가 작아져도 되며, 운전압력이 저압력이어서 장비의 구조적 안정성 측면에서 유리해 보일러의 설계와 제작이 용이하다.

열매체유는 수처리가 불필요하고 부식이 거의 없으며 동파의 우려가 없다. 또한 열매체유를 액상에서 간접 가열하여 순환시키므로 필요에 따라 열량 및 온도의 정밀한 조정이 용이하며, 동일 열매로 급탕이나 증기 발생 등 다목적 사용이 가능하여 생산 설비에서 많이 사용되고 있다.

고압 보일러에 비해 전체 시스템의 설비비가 저렴해지고 설치 면적도 적게 차지한다. 또한 동체의 전면부나 하부면을 개방할 수 있는 구조로 제작이 가능해 점검 및 청소, 보수가 편리하다. 다만 열매유가 인화성이고 고가여서 누설에 주의가 필요하고, 밀폐식 구조이므로 팽창탱크와 압력조절장치도 필요하다.

| 열매체 보일러의 내부 모습 |

### (7) 캐스케이드 보일러

케스케이드 보일러(Cascade system)는 여러 대의 소형 온수보일러를 병렬로 조합하여 필요한 용량에 대응하도록 구성하고, 난방이나 급탕 부하의 변동에 따라 대수제어를 하여 고효율의 운전이 가능하도록 한 보일러이다. 가정용으로 사용하는 소형 콘덴싱보일러를 병렬로 조합하여 중대형 용량을 구현하도록 한 경우가 많은데, 1대의 보일러 내부에 여러 대의 소형 보일러를 패키지화한 제품도 시판되고 있다.

캐스케이드 보일러 시스템은 소형 온수용 보일러를 사용하기 때문에 증기의 생산은 불가하다. 그러나 고효율콘덴싱보일러를 사용하기 때문에 기존의 온수보일러에 비해 운전효율이 높고, 다수의 보일러가 조합되기 때문에 일부 장비의 고장 시에도 운전의 연속성을 유지할 수 있다.

또한 공장에서 자동화되고 표준화된 생산공정을 통해 대량생산되기 때문에 보일러의 품질이 우수하고, 원가경쟁력을 가지고 있어 초기투자비도 저렴해진다. 소형 보일러이어서 별도의 장비반입구나 통로, 운반용 중장비가 없이도 쉽게 운반 및 설치가 가능하다.

아울러 보일러의 관수량이 매우 적어 예열부하에 따른 손실열량이 매우 작고, 순간가열식이어서 가동 후 정상 온도의 온수나 급탕을 공급하기까지 소요되는 시간도 짧다. 이 때문에 별도의 온수저장탱크가 필요 없어 경우에 따라서는 설치 공간의 절감도 가능하다.

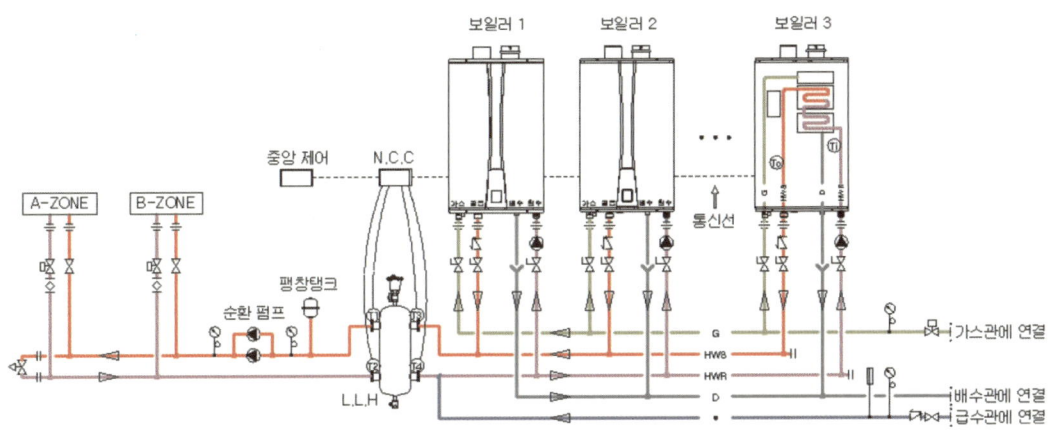

| 캐스케이드 시스템 |

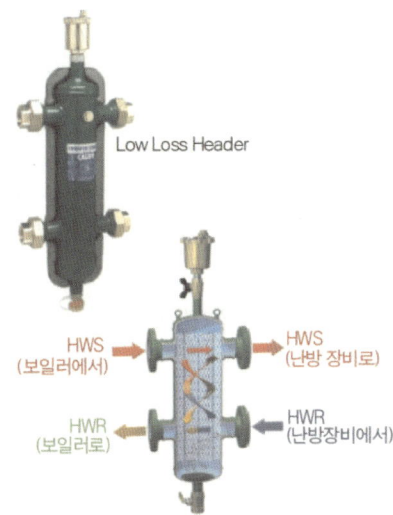

## 03 보일러의 수질

보일러 용수중의 칼슘($Ca^{++}$), 마그네슘($Mg^{++}$), 나트륨($Na^+$), 칼륨($Cl^-$), 실리카($Si$) 등과 용존산소, pH 값은 그 양이나 수치가 부적절할 때에는 보일러의 부식이나 스케일을 발생시키고, 심할 경우 과열과 파열사고를 유발시킬 수 있다. 또한 캐리오버 등으로 보일러의 열효율을 저하시키거나 증기 설비의 수명 단축의 원인이 되기도 한다.

이로 인해 보일러 운전 중 급수의 수질관리는 매우 중요한 사항 중의 하나인데, 보일러 용수는 용존물질이 적은 순수한 상태일수록 좋으며, 특히 칼슘이나 마그네슘과 같은 경도 성분과 실리카 농도는 낮을수록 좋다. 실제 시설관리에서는 용존물질을 제거하기 위해 경수연화장치(연수기)와 적정한 양의 청관제를 사용하고 있으며, 용존산소의 제거를 위해서는 탈기기나 탈산소제를 사용하는 경우가 많다.

한편 보일러 급수와 관련하여 증기설비에서 사용된 후 회수되어져 오는 응축수는 높은 열량을 보유하고 있기 때문에 보일러의 급수로 재순환하게 되면 운전효율을 좋게 하고 증발량이 증가해 에너지를 절감할 수 있다. 이뿐만 아니라 응축수는 수처리된 증류수이기 때문에 응축수의 재활용은 급수 보충량 절감과 수처리 비용 절감 측면에서도 많은 도움이 된다.

보일러 급수의 수처리 방법에는 다음과 같은 방법들이 있는데, 현업에서는 이온교환법과 약품 첨가법이 가장 널리 사용되고 있다.

| 구 분 | 급수 처리 방법 |
|---|---|
| 화학적 처리 | 약품첨가법, 이온교환법 |
| 기계적 처리 | 여과 침전, 기폭법, 증발법, 용해고형분 제거 |
| 전기적 처리 | 전기정수법, 전기저항식 |

### (1) 보일러 수질관리항목

#### ① 알칼리도(Alkalinity)

알칼리도는 물속에 용해되어 있는 수산화물($OH^-$), 중탄산염($HCO_3$), 탄산염($CO_3^{2-}$) 등과 같은 알칼리성 물질의 양을 단순히 탄산칼슘($CaCO_3$)만 용해되어 있다고 환산하여 $mgCaCO_3/L$의 단위로 표시한다. pH의 산성이나 알칼리성과는 다른 의미인데, 알칼리도를 측정하거나 경도를 표시하는 방법은 물속에 들어있는 탄산염 성분을 염산이나 황산으로 중화했을 때 pH가 특정한 수치가 되기까지 소요되는 산의 양을 $CaCO_3$로 환산하여 표시한다.

알칼리도는 실무에서 "P-알칼리도"와 "M-알칼리도"로 구분하여 표시하고 있다. P-알칼리도는 알칼리 성분이 들어있는 어떤 물에 황산을 주입하여 중화시켜 pH 8.3까지 낮추는 데 소모된

산의 양을 이에 대응하는 탄산칼슘($CaCO_3$)의 양으로 환산($mgCaCO_3/L$)한 값을 의미하는데 "페놀프탈레인 알칼리도"의 약어 표기이다. 이렇게 부르는 이유는 지시약으로 페놀프탈레인(Phenolphthalein)을 사용하기 때문인데, 페놀프탈레인은 pH 8.5 부근에서 무색에서 핑크색으로 변하게 된다.

이렇게 탄산염을 황산으로 중화시키게 되면 $HCO^{3-}$가 생성되는데, 여기에 다시 황산을 가하면 $H^+$와 결합하여 $H_2CO_3$로 변하게 되는데 물속의 $HCO^{3-}$가 모두 없어지려면 pH 4.5 정도의 강산이 되어야 한다. 이때의 알칼리도를 "M-알칼리도" 또는 "총알칼리도"라고 한다. M-알칼리도는 지시약으로 메틸오렌지(Methyl orange)를 사용하기 때문이며, 메틸오렌지는 pH 4~4.4 부근에서 연노랑색이 오렌지색으로 변하는 성질을 가지고 있다.

알칼리도는 이와 같이 특정한 pH까지 도달하는 데 소요되는 산의 양을 의미하기 때문에 "산소비량"으로 불리기도 하며, 가끔 산의 당량수(epm)를 이용해 표시하기도 한다.

② 전기전도율(Conductivity)

전기전도율은 어떤 용액에 담겨진 두 개의 전극 사이에서 측정된 전기비저항의 역수이며 단위는 보통 $\mu S/cm$이나 $\mu \Omega^{-1}/cm$을 사용한다. 전기전도율은 수중에서 이온상태로 용해되어 있는 염류, 즉 전해질의 양에 비례하기 때문에 보일러수의 농축 정도나 캐리오버 상태, 급수계통의 이물질 혼입, 순수의 순도 등 수질의 변화 여부를 가장 쉽게 판단할 수 있는 항목이다.

따라서 전기전도율이 높은 물은 스케일과 부식 장애의 가능성이 높아진다고 할 수 있다. 보일러에서 전기전도율을 적정한 수준으로 유지하기 위해서는 농축되었거나 혼탁해진 보일러수의 적절한 블로우다운이 이루어져야 하는데, 보일러 본체에 전기전도율 측정장치를 부착하여 블로우다운 제어밸브와 연동하거나 휴대용 전기전도율 측정기를 이용해 주기적으로 수질을 측정해서 블로우다운 작업을 실시해줘야 한다.

③ 실리카($SiO_2$)

수중의 실리카는 경도 성분($Ca^{++}$, $Mg^{++}$)과 쉽게 결합하여 $CaSiO_3$, $MgSiO_3$ 등의 불용성염을 생성시키며 대단히 견고한 스케일로 성장한다. 실리카 성분은 알칼리 용액 중에서 수용성 상태의 염을 형성하는 성질을 갖고 있으므로, 보일러수를 적정 농도 이상의 P알칼리도 상태가 되도록 관리하면 실리카 성분이 수용성 메타규산소다로 변화해 실리카에 의한 스케일이 방지된다. 이때 알칼리도는 실리카 농도의 1.7배 이상으로 유지시켜야 한다.

④ 총용존 고형물(TDS ; Total Dissolved Solids)

보일러수 내에는 칼슘이나 마그네슘의 탄산화물, 황산화물, 실리카 이온 등의 용존 고형물이 녹아 있으며, 이외에도 물속에는 광물, 염, 금속, 양이온 혹은 음이온, 기타 이물질 등이 혼합되어 있다. 이렇게 수중에 용존되어 부유하는 유기질 또는 광물성 고형물 모두를 포함하여 총용존 고형물(TDS)을 구성하고 있는데, 용존 고형물의 양이 많아 혼탁할수록 TDS의 수치가 높아지고 반대로 순수와 같이 이물질이 거의 없는 깨끗한 물은 TDS가 매우 낮다.

따라서 TDS는 보일러의 수질상태를 나타내는 중요한 지표 중의 하나이다. 그러나 물속에 녹아있는 유기물과 무기물의 양을 직접적으로 계량한다는 것은 불가능하며 TDS 중에는 휘발성 물질이나 용존 기체 등으로 변화하는 성분도 있기 때문에, 실무적으로는 TDS와 비례 관계에 있는 전기전도율의 측정을 통하여 TDS를 관리하게 된다.

보일러 제조업체의 권장 수질기준이나 관련된 KS규정(KS B 6209, 보일러 급수 및 보일러수의 수질)에는 보일러 종류나 사용압력별로 허용 전기전도율이 제시되어 있는데, 노통연관식보다는 수관식이나 관류형 보일러의 수치가 낮고, 저압보다는 고압으로 올라갈수록 전기전도율이 낮게 관리되어야 한다.

| 노통연관식 보일러 내부의 고형물 부착과 침전 |

한편 보일러수 내에 용해된 불순물은 농축되어 배관 내부에 부착되면서 스케일 및 슬러지가 되어 관로를 막거나 세균 등 오염물의 번식을 유발하고, 2차적인 물질인자($Fe^{++}$)에 의해 부식을 유발하기도 한다. 또한 보일러 운전 중에는 캐리오버나 포밍 등을 발생시켜 증기의 건도를 저하시키는 주범이 된다.

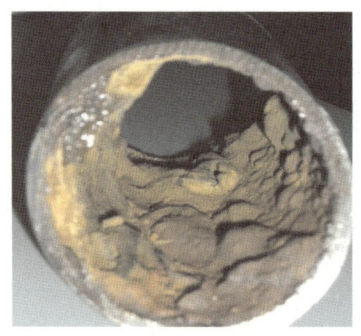

| 배관 내 슬러지의 퇴적 및 부식 |     | 슬러지에 의한 응축수 배관 막힘 |

이렇게 보일러수의 TDS가 높아질 경우에는 주로 Sand(모래)나 활성탄 여과, 마이크로 필터 등의 여과장치를 통해 보일러수를 처리하거나, 또는 적절한 블로우다운을 통하여 TDS의 수치(전기전도율)가 낮아지도록 관리해야 한다.

⑤ 용존 가스

대기 중의 산소, 이산화탄소 및 질소 가스는 수면이 대기에 장시간 노출되어 있거나 비가 내릴 때 물속에 용해된다. 수중에 용해되어 있는 산소($O_2$)와 탄산($CO_2$) 가스와 상수도 속의 염소($Cl_2$) 가스는 보일러 운전 중 부식을 유발하는 중요한 원인 중의 하나이다.

용존산소를 제거하는 방법으로는 물리적인 방법과 화학적인 방법이 있다. 물리적인 방법은 탈기기(Deaerator)를 이용하여 물의 온도를 증발압력에 해당하는 포화온도로 만드는 방법으로, '가열 탈기방식'과 '진공 탈기방식'으로 나눌 수 있다. 가열 탈기는 물을 가열하여 물의 증기압에 해당하는 포화온도까지 가열하는 방식이며, 진공 탈기는 수온이 비등점에 도달할 때까지 압력을 감소시키는 방식이다.

화학적 방법은 급수 중의 용존산소를 제거하기 위하여 탈산소제를 사용하는 것인데, 아황산나트륨($Na_2SO_3$)과 히드로퀴논(Hydroquinone, 산화방지제), 히드라진(Hydrazine, $N_2H_4$) 등이 사용되고 있다. 탈기기가 설치되어 있더라도 급수 중의 용존산소를 완벽하게 제거하기는 어려우므로 별도의 화학적 처리를 병행하는 것이 바람직하다.

$$N_2H_4 + O_2 \rightarrow N_2 \uparrow + 2H_2O$$
$$2Na_2SO_3 + O_2 \rightarrow 2Na_2SO_4$$

한편 보일러 용수 내의 탄산가스를 제거하는 방법에도 기계적 처리와 화학적 처리방법이 있다. 탄산가스는 급수 중의 M-알칼리 성분이 고온고압의 보일러 내에서 열분해하여 생성되는데, 급수중의 M-알칼리 성분을 제거하기 위한 물리적(기계적) 방법으로 탈알칼리(음이온 처리) 연화장치나 순수처리장치 등이 이용되고 있다.

화학적 처리로는 휘발성 pH 조정제를 이용하여 탄산가스를 중화하는 방법과 피막성 아민에 의한 배관계통의 부식을 방지하는 방법이 있다. 탄산가스를 제거하는 휘발성 pH 조정제로는 대표적으로 아민류가 많이 사용되며, 탄산가스와 함께 증기 속으로 휘발하여 이동하면서 응축수 중에 녹아있는 탄산을 중화시킨다.

$$H_2CO_3 + R-NH_2 \rightarrow R-NH^{+3} + HCO^{-3}$$
$$H_2O + R-NH_2 \rightarrow R-NH^{+3} + OH$$

⑥ pH

부식을 방지하고 보일러 용수 중의 경도 성분을 불용성 슬러지로 만들어 스케일 부착을 예방하기 위해서는 보일러수의 pH가 11~11.8 정도로 적당히 높은 수준으로 유지되어야 한다. pH가 높으면 보일러 용수 중의 경도 성분인 칼슘, 마그네슘 등의 화합물의 용해도가 증가되기 때문에 스케일 부착이 어렵게 된다. 또한 보일러 수중의 실리카를 가용성 규산나트륨($NaSiO_3$)으로 만들어 존재시키기 위해서도 pH는 다른 장애가 발생하지 않는 수준에서 가급적 높게 유지하는 것이 좋다.

그러나 전열면 부하가 크고 보일러 관수 온도가 높은 고압 보일러에서는 증발관 내벽에 접하는 보일러 관수가 농축됨에 따라 NaOH 농도가 높아져서 방식에 유용한 보호피막을 용해하여 알칼리 부식을 발생케 하는 위험성이 있다. 이 때문에 고압 보일러에서는 보일러 수중의 NaOH 농도 제어를 위하여 인산염 처리나 휘발성 물질의 처리를 하는 경우가 많다.

보일러수 pH 조정은 급수의 알칼리도를 조절하거나 또는 블로우량 조정, 수처리 약품 등에 의해 조정할 수 있다.

## (2) 수질관리가 안 된 용수로 인한 영향

- 물과 함께 혼입된 무기물(칼슘, 마그네슘, 실리카 등)이 전열부 등에 부착하여 경화(스케일)됨
- 스케일에 의한 단열현상으로 수관이나 연관의 열전도율을 저하시켜 보일러 운전효율을 저하시키고 과열 현상을 유발시키며, 심할 경우 연관이나 수관이 파손되어 안전사고로 이어짐
- 캐리오버에 의해 증기 배관의 부식이나 기계 노화를 유발시킴

정상수관

<10kg/㎠ 보일러의 예>

스케일이 부착한 수관

<관재의 강도가 크게 저하>

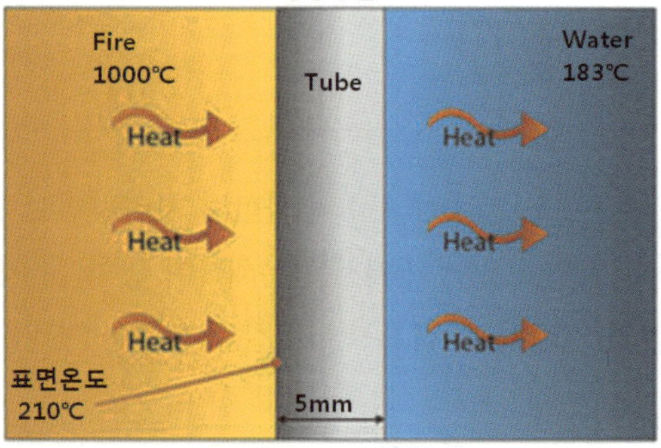

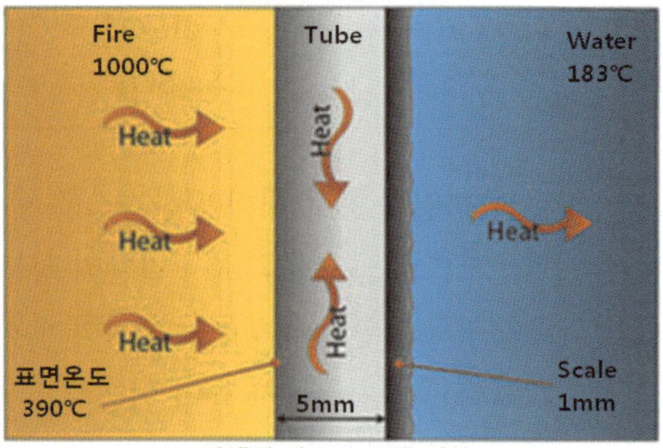

• 출처 : 대열보일러

### ▼ 보일러 스케일 두께에 따른 연료 손실

| 스케일 두께(mm) | 0.5 | 1 | 2 | 3 | 4 | 5 | 6 |
|---|---|---|---|---|---|---|---|
| 연료의 손실(%) | 1.1 | 2.2 | 4.0 | 4.7 | 6.3 | 6.8 | 8.2 |

• 출처 : 산업통상자원부고시, 에너지관리기준

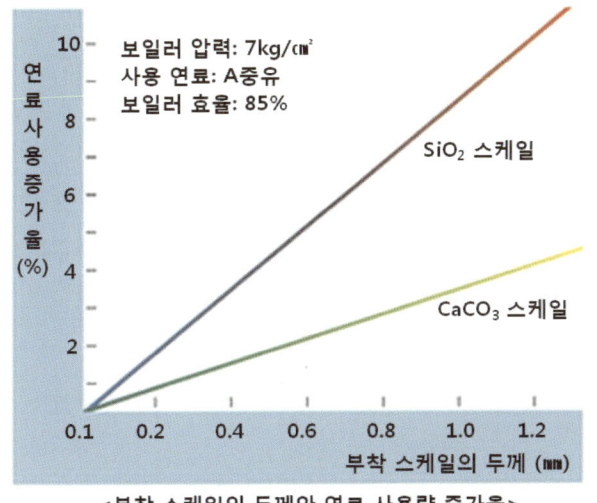

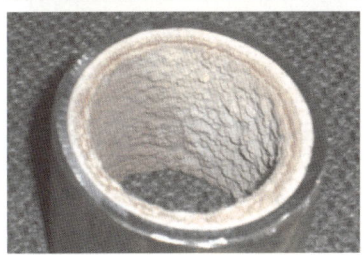

<부착 스케일의 두께와 연료 사용량 증가율>

▼ 그을음과 연료 손실 관계

| 그을음 두께(mm) | 0.8 | 1.6 | 3.2 |
|---|---|---|---|
| 연료의 손실(%) | 2.2 | 4.5 | 8.2 |

| 관류보일러 연소실 내 그을음 |

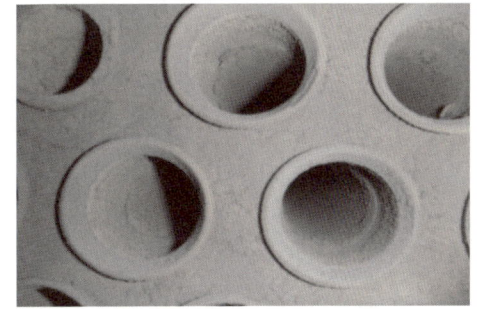

| 노통연관식 보일러 연관의 그을음 |

### (3) 수질 관리 방안

- 경수연화장치(연수기)를 설치하여 칼슘, 마그네슘 등 경도 성분 제거함
- 복합 청관제를 사용하여 pH 및 알칼리도를 조절하고, 실리카 등을 가용성의 규산소다로 변화시켜 배출시킴
- 탈산소제가 함유된 복합 청관제를 투입하여 보일러 용수속에 용해된 용존산소를 제거
- 적절한 블로우다운으로 처리되지 않은 이물질들을 배출시키고 염화물이 농축되지 않도록 관리 (청관제 과다 사용이나 농축 시 포밍현상 발생)
- 지하수나 공업용수 사용 시 마이크로 필터를 사용하여 정수처리 후 사용

- 알칼리 및 인산염 처리 : 보일러수의 pH는 주로 수산화나트륨으로 조절하고, 인산 이온의 농도를 인산염(주로 나트륨염)으로 처리하여 조절
- 휘발성 물질 처리 : 보일러수 또는 급수의 pH 및 탈산소를 암모니아, 히드라진, 휘발성 아민 등의 휘발성 물질만으로 조절하는 처리방법
- 산소 처리 : 고순도의 급수에 미량의 산소 또는 과산화수소를 산화제로서 첨가하고, 그 산화작용에 의해 강 표면에 산화이철(Ⅲ), 철(Ⅲ) 및 $\alpha$-산화철(Ⅲ)의 보호피막을 생성 유지하여 부식을 방지하는 처리방법

## (4) 보일러별 수질기준(출처 : KS B 6209, 보일러 급수 및 보일러수의 수질)

① 둥근 보일러(노통연관식 등)의 급수 및 보일러수 수질

| 구분 | 최고 사용 압력 | 1MPa(10kg/cm²) 이하 | | | 1~2MPa (10~20kg/cm²) |
|---|---|---|---|---|---|
| | 전열면 증발률(kg/m²·h) | 30 이하 | 30~60 | 60 초과 | - |
| | 보급수의 종류 | 원수 | 연화수(원수를 연화장치로 처리한 물) | | |
| 급수 | pH(25℃에서) | 7~9 | 7~9 | 7~9 | 7~9 |
| | 경도(mgCaCO₃/L) | 60 이하 | 1 이하 | 1 이하 | 1 이하 |
| | 유지류(mg/L) | 낮게 유지 | 낮게 유지 | 낮게 유지 | 낮게 유지 |
| | 용존산소(mgO/L) | 낮게 유지 | 낮게 유지 | 낮게 유지 | 낮게 유지 |
| 보일러수 | 처리 방식 | 알칼리 처리 | | | |
| | pH(25℃에서) | 11.0~11.8 | 11.0~11.8 | 11.0~11.8 | 11.0~11.8 |
| | 산소비량 (pH 4.8) (mgCaCO₃/L) | 100~800 | 100~800 | 100~800 | 600 이하 |
| | 산소비량 (pH 8.3) (mgCaCO₃/L) | 80~600 | 80~600 | 80~600 | 500 이하 |
| | 전증발 잔류물(mg/L) | 4000 이하 | 3000 이하 | 2500 이하 | 2300 이하 |
| | 전기전도율($\mu$S/cm) | 6000 이하 | 4500 이하 | 4000 이하 | 3500 이하 |
| | 염화물 이온(mgCL⁻/L) | 600 이하 | 500 이하 | 400 이하 | 350 이하 |
| | 인산 이온(mgPO₄³⁻/L) | 20~40 | 20~40 | 20~40 | 20~40 |
| | 아황산이온(mgSO₃²⁻/L) | 10~50 | 10~50 | 10~50 | 10~50 |
| | 히드라진(mgN₂H₄/L) | 0.1~1.0 | 0.1~1.0 | 0.1~1.0 | 0.1~1.0 |

- 둥근 보일러 : 몸통을 주체로 하고 그 내부에 노통, 연소실, 연기관 등을 설치한 보일러로 수직 노통 보일러, 연기관 보일러 및 노통 연기관 보일러 등을 말함
- 유지류 : 헥산 추출 물질 또는 사염화탄소 추출 물질
- 산소비량(pH 4.8) (mgCaCO₃/L)은 보통 M-알칼리도라고도 많이 부르고, 산소비량(pH 8.3) (mgCaCO₃/L)은 P-알칼리도라고 부름

② 수관 보일러(순환 보일러)의 급수 및 보일러수 수질

| 구분 | 최고 사용 압력 | 1MPa 이하 (~10kg/cm²) | | 1~2MPa (10~20kg/cm²) | | 2~3MPa (20~30kg/cm²) | |
|---|---|---|---|---|---|---|---|
| | 전열면 증발률(kg/m²·h) | 50 이하 | 50 초과 | – | – | – | – |
| | 보급수의 종류 | 연화수 | | 이온 교환수 | | | |
| 급수 | pH(25℃에서) | 7~9 | 7~9 | 7~9 | 8~9.5 | 8.0~9.5 | |
| | 경도(mgCaCO₃/L) | 1 이하 | 1 이하 | 1 이하 | 0 | 0 | |
| | 유지류(mg/L) | 낮게 유지 | 낮게 유지 | 낮게 유지 | 낮게 유지 | 낮게 유지 | |
| | 용존산소(mgO/L) | 낮게 유지 | 낮게 유지 | 0.5 이하 | | 0.1 이하 | |
| | 철(mgFe/L) | – | 0.3 이하 | | | 0.1 이하 | |
| | 동(mgCu/L) | – | – | – | – | | |
| | 히드라진(mgN₂H₄/L) | | | | | 0.2 이상 | |
| | 전기전도율(μS/cm) | | | | | | |
| 보일러수 | 처리 방식 | 알칼리 처리 | | | 인산염처리 | 알칼리 처리 | 인산염 처리 |
| | pH(25℃에서) | 11.0~11.8 | 11.0~11.8 | 11.0~11.8 | 9.8~10.8 | 10.0~11.0 | 9.4~10.5 |
| | 산소비량(pH 4.8)(mgCaCO₃/L) | 100~800 | 100~800 | 600 이하 | 130 이하 | 150 이하 | 100 이하 |
| | 산소비량(pH 8.3)(mgCaCO₃/L) | 80~600 | 80~600 | 500 이하 | 100 이하 | 120 이하 | 80 이하 |
| | 전증발 잔류물(mg/L) | 3000 이하 | 2500 이하 | 2000 이하 | | | |
| | 전기전도율(μS/cm) | 4500 이하 | 4000 이하 | 3000 이하 | 1200 이하 | 1000 이하 | 800 이하 |
| | 염화물 이온(mgCL⁻/L) | 500 이하 | 400 이하 | 300 이하 | 150 이하 | 100 이하 | 100 이하 |
| | 인산 이온(mgPO₄³⁻/L) | 20~40 | 20~40 | 20~40 | 10~30 | 5~15 | 5~15 |
| | 아황산이온(mgSO₃²⁻/L) | 10~50 | 10~50 | 10~20 | 10~20 | 5~10 | 5~10 |
| | 히드라진(mgN₂H₄/L) | 0.1~10 | 0.1~10 | 0.1~0.5 | 0.5~0.5 | | |
| | 실리카(mgSiO₂/L) | – | – | – | 50 이하 | 50 이하 | 50 이하 |

- 수관 보일러 : 드럼과 다수의 가열 수관으로 구성되며 수관 내에서 증발시키는 보일러
 (위의 표 이외의 압력 범위에 대해서는 KS 규격의 내용 확인 요망)

③ 특수 순환 보일러의 급수 및 보일러수 수질

| 구분 | 보일러의 종류 | 단 관 식 | | 다 관 식 | |
|---|---|---|---|---|---|
| | 최고 사용 압력 | 1MPa 이하 (~10kg/cm²) | 1~3MPa (10~30kg/cm²) | 1MPa 이하 (~10kg/cm²) | 1~3MPa (10~30kg/cm²) |
| | 보급수의 종류 | 연화수 | | | |
| 급수 | pH(25℃에서) | 11.0~11.8 | 10.5~11.0 | 7~9 | 7~9 |
| | 경도(mgCaCO₃/L) | 1 이하 | 1 이하 | 1 이하 | 1 이하 |
| | 유지류(mg/L) | 낮게 유지 | 낮게 유지 | 낮게 유지 | 낮게 유지 |
| | 용존산소(mgO/L) | 낮게 유지 | 낮게 유지 | 낮게 유지 | 0.5 이하 |
| | 철(mgFe/L) | | | 0.3 이하 | 0.3 이하 |
| | 전 증발 잔류물(mg/L) | 3000 이하 | 2500 이하 | | |
| | 전기전도율(μS/cm) | 4500 이하 | 4000 이하 | | |
| | 산소비량(pH 4.8) (mgCaCO₃/L) | 300~800 | 600 이하 | | |
| | 산소비량(pH 8.3) (mgCaCO₃/L) | 200~600 | 500 이하 | | |
| | 히드라진(mgN₂H₄/L) | 0.05 이상 | 0.05 이하 | | |
| | 염화물 이온(mgCL⁻/L) | 600 이하 | 400 이하 | | |
| | 인산 이온(mgPO₄³⁻/L) | 20~60 | 20~60 | | |
| 보일러수 | 처리 방식 | | | 알칼리 처리 | |
| | pH(25℃에서) | | | 11.0~11.8 | 11.0~11.8 |
| | 산소비량(pH 4.8) (mgCaCO₃/L) | | | 100~800 | 600 이하 |
| | 산소비량(pH 8.3) (mgCaCO₃/L) | | | 80~600 | 500 이하 |
| | 전증발 잔류물(mg/L) | | | 2500 이하 | 2000 이하 |
| | 전기전도율(μS/cm) | | | 4000 이하 | 3000 이하 |
| | 염화물 이온(mgCL⁻/L) | | | 400 이하 | 300 이하 |
| | 인산 이온(mgPO₄³⁻/L) | | | 20~40 | 20~40 |
| | 아황산이온(mgSO₃²⁻/L) | | | 10~50 | 10~20 |
| | 히드라진(mgN₂H₄/L) | | | 0.1~1.0 | 0.1~0.5 |

- 특수 순환 보일러 : 주로 관으로 구성되며 한쪽 끝에서 물을 공급하고 다른 끝에서 증기 물의 혼합물을 빼내서 분리기로 증기 물을 분리시킨 후, 가열관으로 되돌아오는 양이 증기 물 혼합물의 50% 이하가 되는 수관 보일러. 단일 또는 소수의 관으로 구성되는 강제 유동식 보일러(관용어로 단관식 보일러) 및 관이 모두 상승관인 가열관 및 헤더로 이루어지는 다관식 보일러(관용어로 다관식 보일러)가 있음
- 단관식 보일러의 급수 수질은 보급수 및 보급수와 복수의 혼합에 되돌아오는 물이 가해진 것에 약품을 첨가한 것에 적용함
- 급수의 경도 : 되돌아오는 물이 가해지기 전의 급수에 적용함

④ 관류 보일러의 급수 수질

| 구분 | 최고 사용 압력 | 7.5~10 MPa (75~100 kg/cm$^2$) | | 10~15 MPa (100~150 kg/cm$^2$) | |
|---|---|---|---|---|---|
| | 처리 방식 | 휘발성 물질 처리 | 산소 처리 | 휘발성 물질 처리 | 산소 처리 |
| 급수 | pH(25℃에서) | 8.5~9.6 | 6.5~9.0 | 8.5~9.6 | 6.5~9.0 |
| | 전기전도율($\mu$S/cm) | 0.3 이하 | 0.2 이하 | 0.3 이하 | 0.2 이하 |
| | 용존산소(mgO/L) | 0.007 이하 | 0.02~0.2 | 0.007 이하 | 0.02~0.2 |
| | 철(mgFe/L) | 0.03 이하 | 0.02 이하 | 0.02 이하 | 0.01 이하 |
| | 동(mgCu/L) | 0.01 이하 | 0.01 이하 | 0.005 이하 | 0.01 이하 |
| | 히드라진(mgN$_2$H$_4$/L) | 0.01 이하 | | 0.01 이상 | |
| | 실리카(mgSiO$_2$/L) | 0.04 이하 ㉠<br>0.02 이하 ㉡ | 0.02 이하 ㉠ | 0.03 이하 ㉠<br>0.02 이하 ㉡ | 0.02 이하 ㉠ |

- 관류 보일러 : 펌프로 급수를 보일러 내에 관류시켜 증발시키는 방식의 보일러
- pH의 조절에는 암모니아 또는 휘발성 아민류를 첨가함
- 실리카 농도 중 ㉠은 세퍼레이터가 있는 보일러, ㉡은 세퍼레이터가 없는 보일러

⑤ 보일러로부터 발생하는 증기의 질

| 항 목 | 기준값 |
|---|---|
| 전기전도율($\mu$S/cm) | 0.3 이하 |
| 실리카(mgSiO$_2$/L) | 0.02 이하 |

# 04 급수 공급장치

## (1) 급수장치 관련 규정

- 급수장치를 필요로 하는 보일러에는 주펌프 및 보조펌프 세트를 갖춘 급수장치나 인젝터를 설치해야 한다. 그러나 전열면적 12m$^2$ 이하의 보일러, 전열면적 14m$^2$ 이하의 가스용 온수보일러 및 전열면적 100m$^2$ 이하의 관류 보일러에서는 보조펌프를 생략할 수 있다.
- 주펌프 및 보조펌프 세트는 보일러의 상용압력에서 정상 가동상태에 필요한 물을 각각 단독으로 공급할 수 있어야 한다. 다만, 주펌프 세트가 2개 이상의 펌프를 조합한 것일 때에는 보조펌프 세트의 용량은 보일러의 정상상태에서 필요한 물의 25% 이상이면서 주펌프 세트 중의 최대 펌프의 용량 이상으로 할 수 있다.
- 1개의 급수장치로 2개 이상의 보일러에 물을 공급할 경우 이들 보일러를 1개의 보일러로 간주하여 적용한다.

## (2) 급수펌프의 양정

일반적으로 보일러의 급수펌프(Feed water pump)는 보일러의 운전압력보다 20~30% 정도 높은 압력으로 급수하게 되는데, 고온·고압·고속 운전에 안전해야 하고 저부하에서도 효율이 좋아야 한다.

$$H = k \cdot (h_1 + h_2 + h_3)$$

여기서, $H$ : 보일러 급수펌프의 양정[m]
$h_1$ : 보일러 최고사용압력에 상당하는 수두[m]
$h_2$ : 배관 손실수두[m]
$h_3$ : 보일러 수면과 응축수탱크 수면과의 고저차에 의한 수두[m]
$k$ : 여유 계수[= 1.1 ~ 1.2]

펌프의 급수 유량은 전부하시 보일러 증발량의 1.5~2배 정도로 하는데 고장시를 대비하여 급수펌프는 2대 이상 병렬로 설치해야 한다. 급수펌프로는 주로 웨스코펌프나 입형다단펌프, 또는 터빈펌프 등이 사용된다. 하나의 응축수탱크나 급수장치에 여러 대의 보일러가 연결되어 있는 경우에는 급수펌프를 부스터펌프방식으로 구성하여 항상 일정한 급수압력을 유지케 하고, 보일러와 연결된 급수배관에 전동밸브를 설치하여 급수량을 조정하는 방식을 취하는 경우도 있다.

## (3) 급수 내관

보일러의 급수는 보일러 내부에 동체 길이 방향으로 긴 관을 설치하고 관의 길이 방향으로 적당한 간격으로 일정하게 구멍을 뚫어 급수를 균등하게 분포시켜 공급하게 되는데 이를 '급수 내관'이라고 부른다. 급수 내관은 보일러 운전 시 국부적 냉각이나 불균일한 팽창을 방지하고 프라이밍 발생을 방지하기 위하여 안전 저수위보다 약간 낮은 위치에 부착한다.

## (4) 수량계, 또는 유량계

용량 1 ton/h 이상의 보일러 급수배관에는 운전 중 증기 발생량을 확인할 수 있도록 수량계(급수계량기)가 설치되어야 한다(온수 보일러는 제외). 또한 기름용 보일러에는 연료의 사용량을 측정할 수 있는 오일미터나 유량계가 설치되어야 한다. 다만, 2 ton/h 미만의 보일러로서 온수 발생 보일러 및 난방전용 보일러에는 $CO_2$ 측정장치로 대신할 수 있다.

수량계나 유량계는 주로 용적식 유량계나 터빈식 유량계가 사용되는데, 보일러의 운전효율이나 성능을 정확히 평가하기 위하여 급수계량기와 가스유량계를 원격검침용으로 설치하는 사례도 많다.

| 급수펌프, 약품주입장치 |

| 급수계량기 |

## (5) 급수유니트(또는 급수가열기)

근래에는 응축수탱크와 급수 예열, 용존산소의 제거 등 복합적인 기능을 가지고 있는 '급수유니트'의 사용이 점차 늘고 있다. 급수유니트는 자체적으로 펌프를 구비하고 있어 응축수탱크를 기계실 바닥보다 낮게 설치할 필요가 없고 설치 공간도 적게 소요된다.

또한 벤트관을 통해 외부로 방출되던 재증발 증기의 잠열을 이용해 급수를 예열하므로서 에너지 비용을 절감할 수 있고, 급수 중 용존산소를 제거하여 보일러 및 배관의 수명을 연장하는 데 도움이 된다. 아울러 내부에 증기분사기(싸이렌샤)를 구비해 급수 온도를 높게 할 수 있어 보일러에서 급수의 급격한 온도 상승에 따른 응력이나 부식의 발생도 억제하는 효과가 있다.

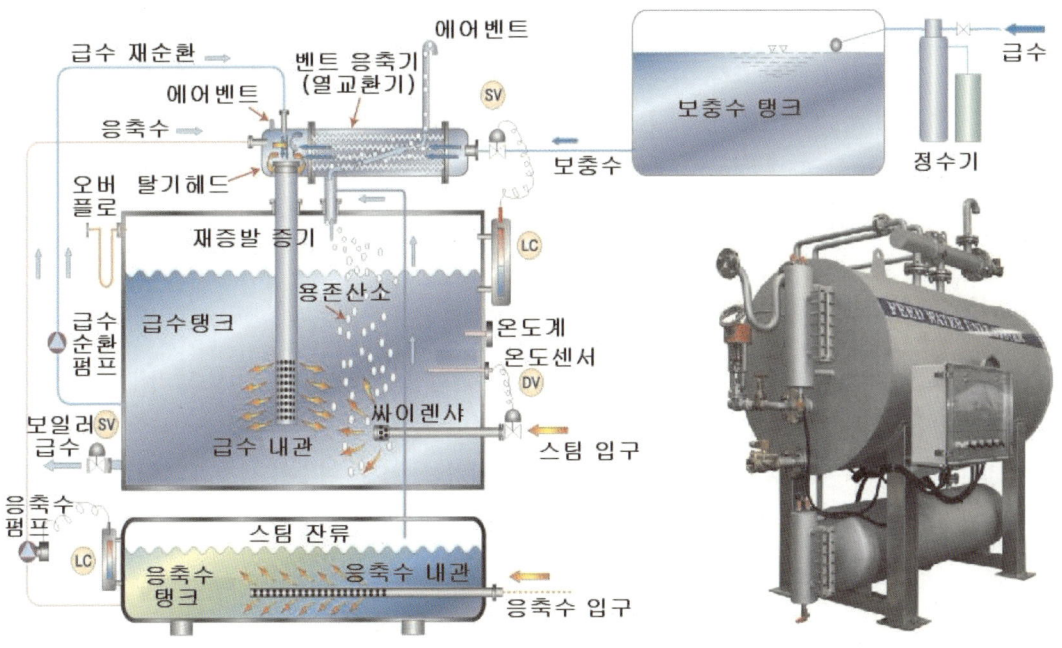

# 05 급수 처리장치

## (1) 보일러의 급수처리장치 관련 규정

용량 1 ton/h 이상의 증기보일러에는 급수의 수질관리를 위한 수처리시설, 또는 스케일 부착방지 및 제거를 위한 음향처리시설을 설치하여야 한다.

수처리시설 및 음향처리시설은 국가공인시험 또는 검사기관의 성능 결과를 한국에너지공단에 제출하여 인증받은 제품을 사용하여야 하며, 수처리시설 및 음향처리시설의 성능기준은 다음에 따른다. (※ 출처 : 산업통상자원부 고시 제2015 – 183호, "열사용 기자재의 검사 및 검사 면제에 관한 기준")

### ① 이온교환처리법

| 항 목 | 성능 기준 |
|---|---|
| 이온교환수지의 성능 | 이온교환수지 $1\ell$당 $CaCO_3$ 환산 60g 이상 |
| 이온교환수지량 | 원수 통과 수량 $1m^3$/h당 최소 $20\ell$ 이상 |
| 원수 수질 기준 | 경도 250mg $CaCO_3$/L 이상 |
| 이온 교환된 수질 기준 | 경도 1mg $CaCO_3$/L 이하 |
| 용기의 재질 | 내식성 재질 |
| 기기의 구성 | 이온교환수지탑, 약품 용해조, 자동 경도 측정장치, 자동절환장치 |

### ② 음향 처리법

| 항 목 | 성능 기준 |
|---|---|
| 초음파의 주파수 조정 가능 | 사용 주파수 범위 15~22 kHz |
| 발생 파형 | 펄스 파형(한 파형의 지속 시간이 5ms 이하) |
| 최대 진폭 | peak to peak치가 $0.7\mu m$ (용접 후) 이상 |
| 변환기 권선의 재질 | 내전압 1,000V 이상, 내사용 온도 $-190℃~260℃$ |

## (2) 이온교환처리법(경수연화장치)

이온교환처리법에 의한 급수처리장치는 흔히 "경수연화장치"(또는 연수기)로 널리 불리고 있다. 경수연화장치는 강산성($Na^+$) 양이온 교환수지를 사용하여 원수 중에 포함된 경도 성분인 칼슘($Ca^{++}$), 마그네슘($Mg^{++}$) 등을 수지 중의 $Na^+$과 교환하여 제거함으로써 연수를 생성하는 장치이다. 이온교환수지는 일정량의 연수를 채수한 후 소금물(NaCl)로 재생시켜 계속 사용할 수 있다.

경수연화장치를 이용하여 수처리된 급수를 사용하게 되면 배관이나 장비의 스케일을 저감시켜 연료비를 절약할 수 있게 하고, 장기적으로는 보일러 수명의 연장을 가능하게 한다.

① 경수연화장치의 작동 원리

경수연화장치는 크게 이온교환수지 보관통과 재생용 소금물 저장탱크, 급수/재생을 위한 전환밸브와 제어장치로 구성되어 있다. 경수연화장치가 경도 성분의 제거를 위해 정상 작동할 때에는 상부의 원수 입구로 급수가 유입되어 이온교환수지층을 통과하여 아래방향으로 흐르게 된다. 수지층 통과하는 과정에서 원수 중의 경도 성분인 칼슘이나 마그네슘 이온이 이온교환수지에 흡착되어 제거된다.

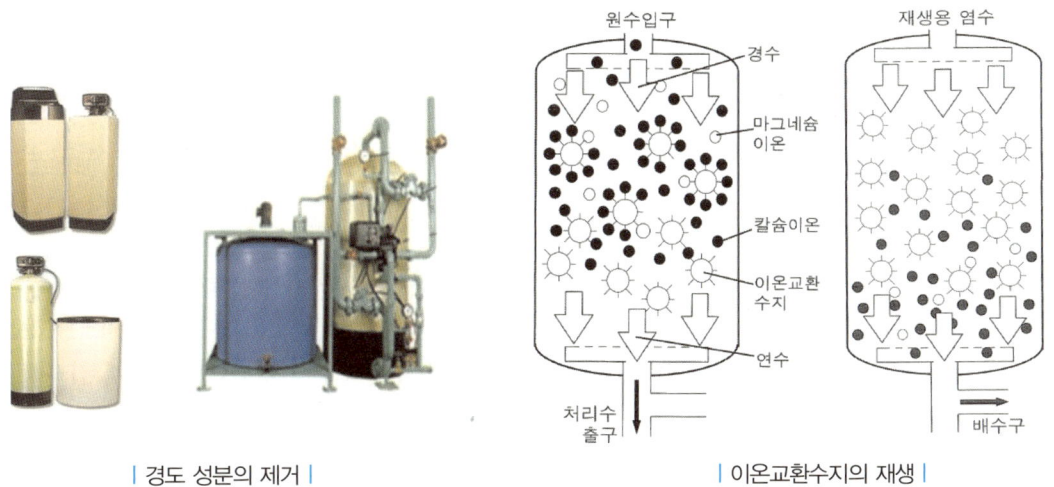

| 경도 성분의 제거 |                | 이온교환수지의 재생 |

이온교환수지를 재생할 때에는 이온교환수지 입구측에 설치된 전환밸브가 작동되어 재생용 소금물이 입구쪽으로 공급된다. 소금물이 이온교환수지층을 통과하면서 이온교환수지가 흡착하고 있던 칼슘이나 마그네슘 이온과 결합된 후 드레인으로 배출됨으로써 이온교환수지를 원래의 상태로 만들어주게 된다.

이때 필요한 양의 소금물이 공급되지 않으면 충분한 재생이 이루어질 수 없으므로 처리수의 수질에 문제가 발생될 수 있다. 따라서 소금물 저장탱크에는 충분한 양의 소금과 물이 충만되어 있는지 매일 점검해야 하며, 소금물을 공급해주는 재생시간이나 주기를 처리수의 사용조건에 맞춰 적절히 조정해야 한다.

보통 이온교환수지의 재생은 충분한 시간적 여유를 가지고 실시될 수 있도록 타이머를 이용하여 보일러의 정지시간에 맞춰 놓고 실시하는 것이 일반적이다. 재생에 소요되는 시간은 내부의 이온교환수지의 충진량에 따라 달라지게 되므로 업체에 확인하여 설정토록 한다.

보일러의 급수를 위하여 충분한 용량의 저수조나 응축수탱크가 설치되어져 있는 경우에는 보일러의 운전시간과 무관하게 이온교환수지의 재생을 실시하기도 하는데, 이때는 타이머보다는 처리수의 급수량에 따라 필요한 주기로 재생운전을 하도록 유량제어장치로 설정하는 게 효율적이다. 이렇게 일정 유량만큼 수처리한 후 주기적으로 재생을 하게 되면 이온교환수지의 상태를 적절하게 관리할 수 있고, 재생시 버려지는 소금이나 세척수도 다소 절감할 수 있다.

이온교환수지의 재생과정을 보다 세부적으로 살펴보면, 재생 공정은 역세 → 소금물 흡입(재생) → 수세(물 세척) → 소금 저장탱크 보충의 순으로 진행된다. 각 과정의 내용은 다음과 같다.

▼ 이온교환수지의 재생 과정

| 과 정 | 처리 내용 |
|---|---|
| 역세 | 다량의 물을 통수와 역방향(하부에서 위쪽)으로 흐르게 하여 이온교환수지 상부에 쌓인 이물질을 배출함 |
| 소금물 흡입 (재생) | 소금 저장탱크의 소금물을 펌프로 이온교환수지통 내부로 공급(상 → 하 방향)하여 이온교환수지에 흡착되어 있던 칼슘이나 마그네슘 이온을 분리시켜 드레인으로 배출시킴 |
| 수 세 | 수지통 내에 다량의 물을 급수(상 → 하 방향)시켜 수지층에 잔존해 있는 염분을 완전히 배출시킴 |
| 소금 저장탱크 보충 | 다음번 재생에 필요한 소금물을 만들기 위해 소금 저장탱크에 물과 소금을 보충시킴 |

② 경수연화장치의 설치

경수연화장치가 정상적으로 작동되기 위해서는 급수 연결 시 주의가 필요하다. 보통 경수연화장치 주위에는 응축수탱크의 수위와 연동되는 전자밸브가 설치되게 되는데, 만일 이 전자밸브를 경수연화장치 1차측 급수배관에 설치하게 되면 재생 시 응축수탱크 수위가 높아서 전자밸브가 닫혀 있을 때에는 재생이 불가능하게 된다. 따라서 전자밸브는 반드시 경수연화장치 → 전자밸브 → 응축수탱크의 순으로 설치되어야 한다.

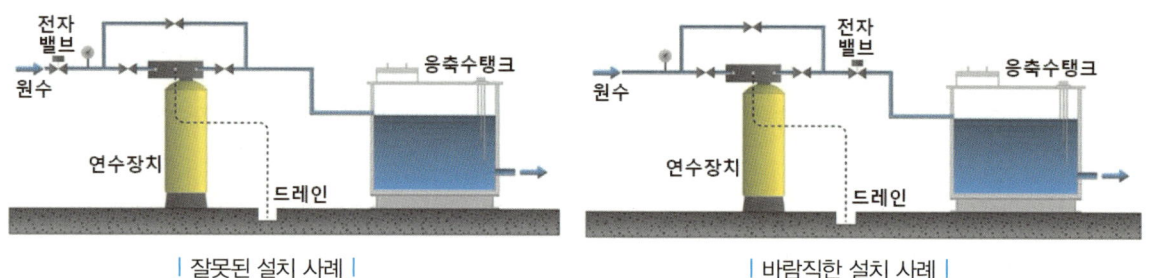

| 잘못된 설치 사례 |   | 바람직한 설치 사례 |

또한 경수연화장치와 연결되는 1차측의 급수배관은 이온교환수지층의 통과나 역세가 원활하도록 적정한 압력이 유지되어야 한다. 보통 1.5~5kg/cm² 정도면 무난한데 수압이 너무 높으면 재생을 위한 전자밸브 작동 시 수격현상이 발생될 수 있고 이온교환수지의 유실이나 배관과 장비의 파손 등의 우려가 있으므로 감압밸브를 설치해야 한다.

아울러 경수연화장치로부터 배출되는 드레인에는 소금물 성분이 일부 혼합되어 있으므로 다른 장비와 연결되지 않도록 단독 배수해야 한다.

③ 이온교환수지의 보충 및 교체 시기

이온교환수지는 재생 또는 사용시 마찰에 의하여 마모 또는 깨어지는 경우가 있기 때문에 일반적으로 연간 5~10% 정도 소모되며 이를 보충하여 사용해야 한다. 경도 지시약을 이용하여 연수가 적정하게 되고 있는지 주기적으로 점검하여 보충이나 교체 여부를 판단한다. 원수 수질이나 수지의 오염 정도에 따라 달라지지만 3~5년 정도에 한번씩은 이온교환수지를 전량 교체하는 것이 바람직하다.(관리를 잘 할 경우 5년 이상도 사용 가능)

④ 이온교환수지의 교환 및 보관상 주의점

이온교환수지 취급 시에는 눈과 피부에의 접촉을 방지하기 위해 적절한 보호구를 착용하고 통풍이 잘되는 곳에서 작업해야 한다. 이온교환수지를 고온에서 저장하면 이온교환수지의 열화가 빨리 진행될 수 있고, 0℃ 이하에서는 동결하여 이온교환수지 파쇄의 원인이 될 수 있으므로 보관에 주의해야 한다.

또한 이온교환수지를 연수탱크(수지통) 내에 새로 충진한 후 사용하기 전에는 반드시 역세를 행하여 미립자(300μm 이하)를 제거한 후 사용해야 한다.

# 06 에너지 절감장치

## (1) 이코노마이저(Economizer, 급수예열기)

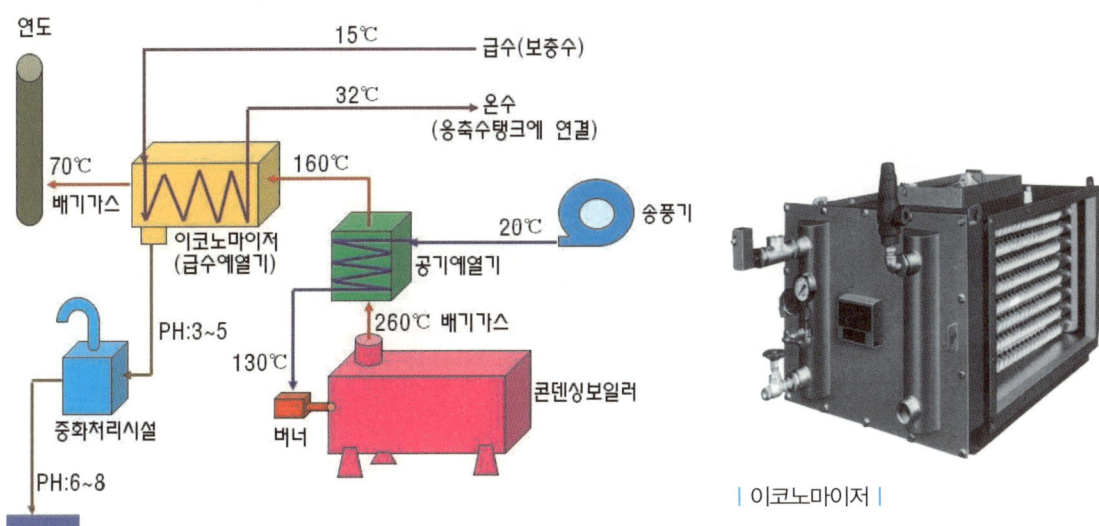

| 이코노마이저 |

보일러의 연소가스가 배출되는 부분에는 연소후 배기가스가 보유하고 있는 열을 회수하기 위하여 이코노마이저가 많이 설치되고 있다. 주로 보일러의 급수를 예열해주는 장치로 많이 활용되는데, 보일러로 공급되는 급수온도가 상승되게 되면 보일러의 열효율 및 증발능력이 향상되어 연료소비량을 절감시켜 준다.

예전에 석탄이나 액체연료를 사용하는 보일러나 연소장치에서는 '절탄기'라고도 많이 불렸으며, 석탄이나 액체연료의 경우 이코노마이저(급수예열기)에서 열교환 시 표면에 결로수가 발생되어 배기가스 중의 유황성분이 농축(황산 $H_2SO_4$)되면서 부식을 발생시킬 수 있으므로 사용상 주의가 필요하다. 이때 급수예열기에서 발생된 응축수는 강한 산성을 띄므로 적절한 중화처리나 폐수처리를 해야 한다.

가스를 연료로 사용할 때에는 연료의 구성 성분이 달라 이와 같은 부식의 우려가 적다. 이 때문에 가스 보일러에서는 배기가스를 보다 낮은 온도까지 열교환하여 낮추는 것이 가능하며, 연소가스의 응축잠열까지 이용할 수 있다는 의미에서 '콘덴싱 보일러'라고 흔히 불리고 있다.

아울러 기존에 사용하던 보일러에 급수예열기를 추가로 설치할 경우 마찰저항이 큰 제품을 설치하게 되면 연소가스의 원활한 배출과 연소에 지장을 줄 수 있으므로 통풍저항이 적은 제품을 설치해야 한다. 또한 기존의 연도가 일반강판(스틸) 재질이거나 내화벽돌로 이루어진 경우에도 급수예열기를 사용하게 되면 응축수에 의한 손상(결로수로 인해 연도가 부식되어 누수되거나 내화벽돌이 탈락하는 문제 등)의 우려가 있으므로 신중해야 한다.

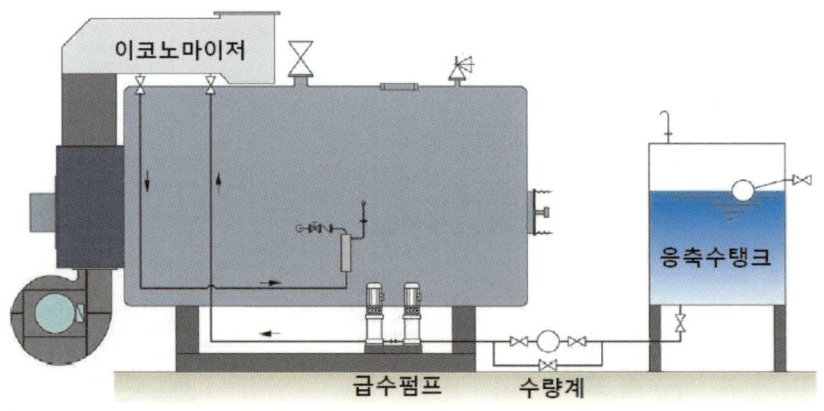

| 이코노마이저 배관 연결 사례 1 : 보일러 급수의 예열 |

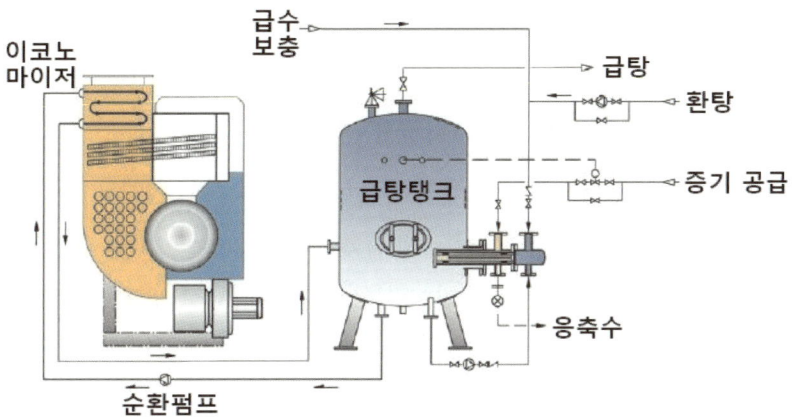

| 이코노마이저 배관 연결 사례 2 : 급탕수의 보조 가열원 |

한편 급수예열기에 공급되는 급수는 가급적 연속적으로 공급되는 것이 바람직하다. 보일러 가동시 항상 급수예열기에 급수가 순환되어야 최대한 열회수를 할 수 있고, 만일 급수가 정체되어 있으면 간혹 급수예열기 내의 물이 증발하여 해머링이나 코일 파손을 유발하는 경우도 있다. 보일러의 보급수는 보일러 내부의 수위에 따라 ON/OFF 제어되는 것이 일반적인데, 근래에는 급수예열기를 2개 설치하여 하나는 보일러의 급수용으로, 다른 하나는 건물내 급탕용으로 사용하도록 한 이중효용 콘덴싱 보일러도 보급되고 있다.

| 이중효용 콘덴싱 보일러 |

## (2) 공기예열기(Air Preheater)

보일러의 배기가스를 이용하여 송풍기로 흡입되는 공기를 예열할 경우 보일러의 연소온도가 높아지고 연소상태가 양호해진다. 이로 인해 보일러의 운전 에너지 비용도 절감되는데, 이코노마이저와는 달리 응축수의 발생 우려가 적기 때문에 액체연료나 저급연료 사용 시에도 적용이 가능하다.

공기예열기는 대부분 연소가스의 배출구 직후에 설치되며 주로 히트파이프식 열교환기를 많이 이용하고 있다. 간혹 보일러의 용도에 따라 스파이럴튜브나 직관튜브로 제작하는 경우도 드물게 있다. 공기예열기는 공기간의 열교환이어서 전열면적이 많이 필요해 적용 시 비용이 다소 소요되는 편이고, 급기와 배기가 인접한 구조를 가진 보일러이어야 하므로 주로 노통연관식 보일러에 적용되고 있다.

한편, 급기를 예열하여 공급하면 급기 중에 존재하는 질소의 온도가 올라가 연소 시 $NO_x$의 발생량이 증가하는 원인이 되기도 하는데, 최근 일부 저녹스버너는 연소용 공기의 온도로 80℃ 미만을 요구하는 경우도 있어 적용 시 고려할 필요도 있다.

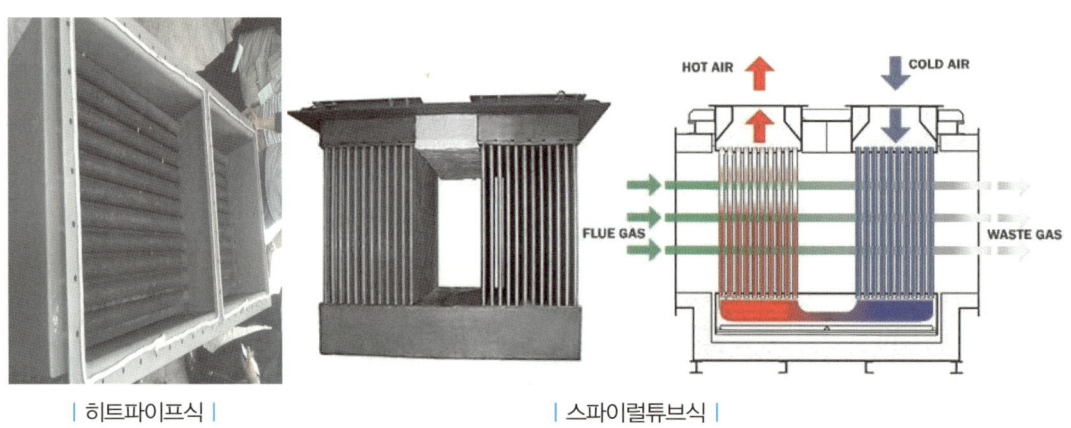

| 히트파이프식 |    | 스파이럴튜브식 |

## (3) 플래시 베셀(Flash vessel : 재증발 증기 회수장치)

증기 사용설비에서 배출되는 응축수나 보일러의 블로우다운수에서 발생되는 재증발증기를 플래시 베셀을 설치하여 포집 후 재활용하면 운전 에너지가 절감된다. 플래시 베셀에서 포집되는 재증발된 저압증기는 공조장치의 예열히터나 보충수 예열, 또는 급탕/난방 가열 등 사용여건에 맞춰 다양한 용도로 활용될 수 있다. 또한 응축수의 재증발률이 감소하여 응축수의 흐름이 원활해지고 회수율도 높아지는 효과가 있다.

플래시 베셀을 통하여 재증발증기를 활용하기 위해서는 다음과 같은 조건이 유리하다.
- 충분한 양의 고온고압의 응축수가 있어야 함
- 재증발 증기를 사용할 수 있는 저압 증기설비가 있어야 함
- 저압증기 사용설비는 가급적 고온고압의 응축수를 배출하는 설비 근처에 있는 것이 유리함
- 고압증기를 사용하는 설비와 저압증기를 사용하는 설비의 운전시간이 가능한 한 일치해야 함

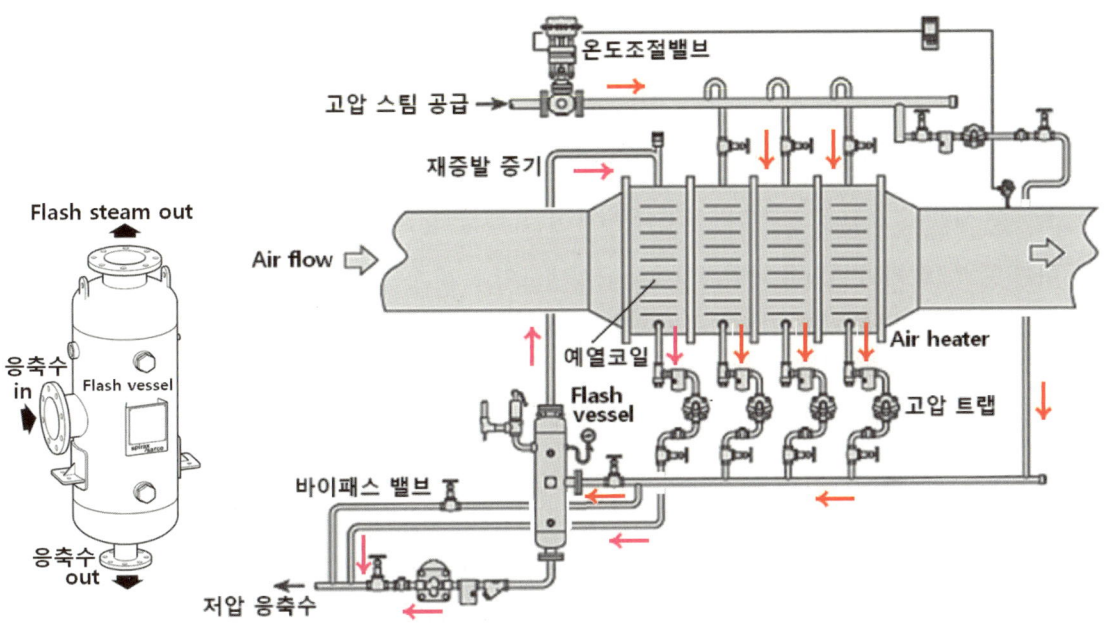

| 후래쉬 베셀을 이용하여 재증발 증기를 예열코일로 공급하는 사례 |

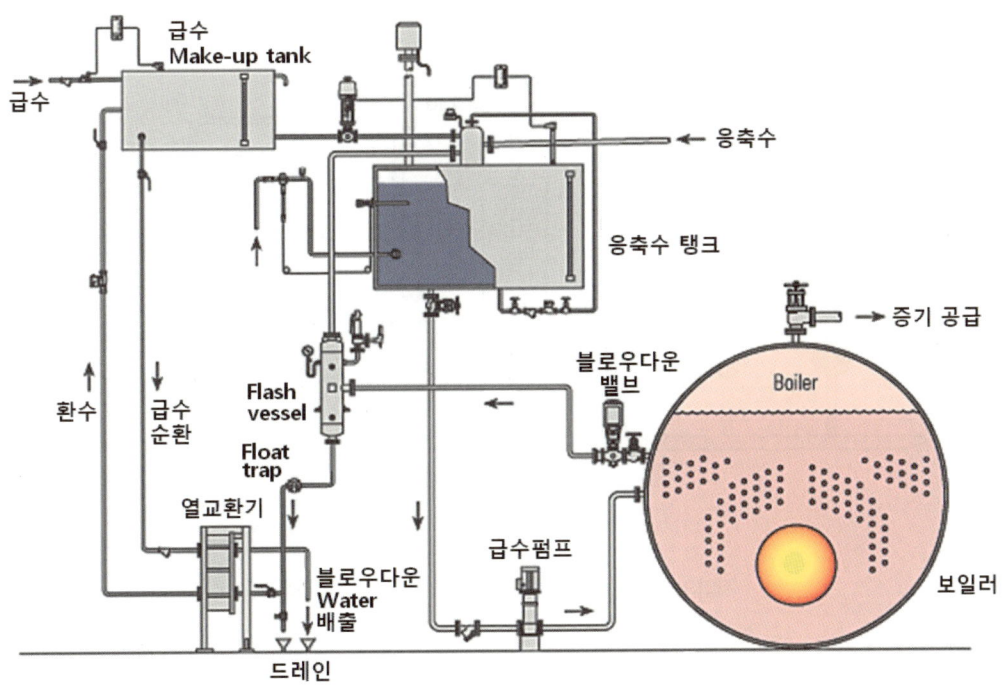

| 블로우다운수와 재증발 증기를 이용한 급수 예열 |

CHAPTER 22 보일러 • 673

플래시 베셀을 설치하기 전에는 시설투자비와 비교하여 유용한 양의 재증발증기를 얻을만큼 트랩 전·후단의 압력차가 유지되는지 확인해야 한다. 증기트랩의 배압이 어느 정도 높아야 플래시 베셀에서 포집된 재증발증기를 유효하게 사용할 수 있으므로, 플래시 베셀을 적용할 때에는 메인 증기의 공급압력이 충분히 높아야 한다. 메인 공급압력이 낮을 때에는 재증발증기의 발생압력이 낮아 사용 용도가 제한될 수 있고 응축수의 흐름도 나빠져 전체 증기시스템에서 문제가 발생할 수 있다.

한편 공기조화기의 난방용 가열코일이나 급탕탱크의 증기 가열코일 등 2차 가열매체(물이나 공기)의 공급온도(출구온도)를 기준으로 운용되는 증기설비에서는 플래시 베셀을 설치하더라도 재증발 증기를 활용하는 데 어려움이 따른다. 2차 가열매체의 온도가 설정된 수준까지 올라가면 증기 공급 밸브가 비례제어되면서 닫히게 되므로 플래시 베셀로 유입되는 응축수의 압력이 낮아지기 때문이다.

이렇게 증기 사용설비의 응축수 배출압력이 변화되는 경우에는 플래시 베셀의 재증발증기 출구 배관쪽에 메인 증기배관으로부터 감압밸브를 통하여 저압증기(재증발증기의 사용압력보다 약간 낮도록 설정)가 공급될 수 있도록 예비배관을 연결해 놓는 것이 좋다. 재증발증기의 압력이 낮은 경우에는 응축수탱크의 급수 보충수 예열이나 탈기를 위해 활용하는 사례가 많고, 때로는 플래시 베셀 내부에 아예 열교환코일을 장착하여 보충수나 급탕을 예열하는 열교환기 용도로 활용하는 사례도 있다.

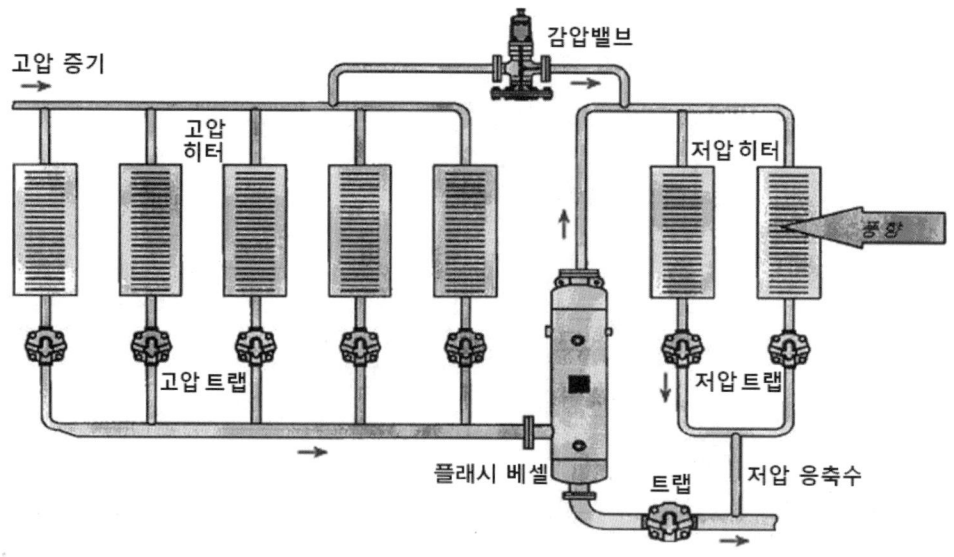

| 저압의 재증발 증기배관에 감압밸브를 설치한 사례 |

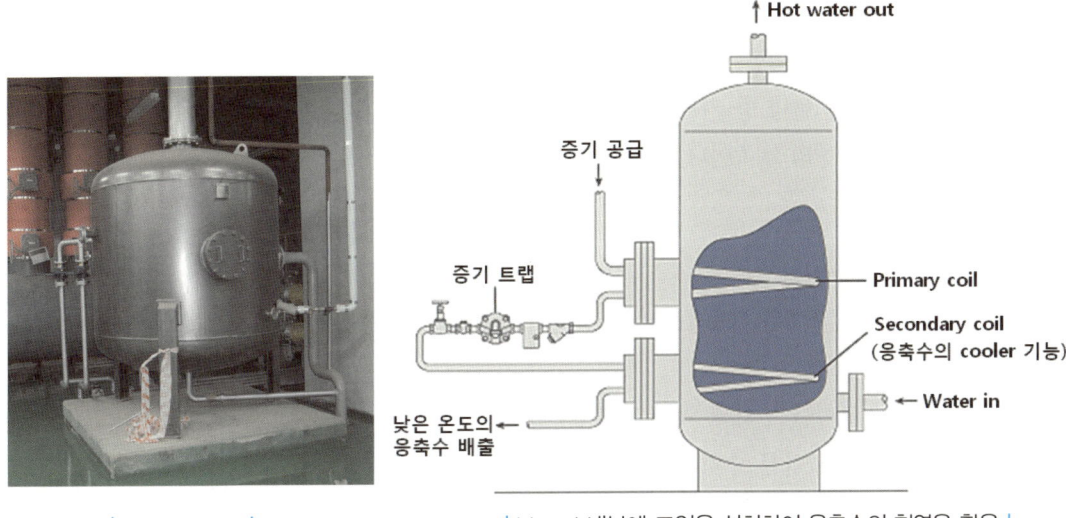

| Flash vessel | | Vessel 내부에 코일을 설치하여 응축수의 현열을 활용 |

# 07 캐리오버와 블로우다운

## (1) 캐리오버(Carry-Over)

보일러 수중에 용해 또는 현탁되어 있던 불순물로 인하여 보일러수가 비등하여 증기에 혼합된 상태로 토출측 배관 쪽으로 넘어 나오는 현상을 캐리오버라고 한다. 캐리오버는 유발되는 원인이나 증상에 따라 포밍, 프라이밍, 돌비 등으로 이야기하는데, 세부적인 증상은 다음과 같다.

① 증상

| 구 분 | 세부 증상 |
|---|---|
| 포밍(forming) | 드럼 수면에 거품이 넓게 분포되어 발생하고, 이로 인해 증기에 다수의 수분이 혼합되어 공급되는 현상 |
| 프라이밍(priming) | 증발량의 급증이나 수위의 급변으로 보일러 수면이 요동하면서 물거품이 증기부로 끓어오르는 현상 |
| 돌비(flying) | 이상 과열된 상태의 보일러수가 돌발적으로 비등하여 물방울이 증기와 함께 튀어오르는 현상 |

② 캐리오버의 원인
- 보일러수가 과잉 농축되었거나, 수질 관리가 미비하여 관수가 혼탁해짐 : 보일러 관수의 TDS(총용융 고형물) 농도가 높음
- 열부하가 급격한 변동하여 증감될 때
- 청관제나 수처리 약품의 과다한 투입

- 운전 중 수위 조절이 원활하게 이루어지지 못한 경우
- 보일러의 운전압력을 너무 낮게 설정해 놓았을 때
- 기수분리기의 불량 등 기계적 고장
- 블로우다운 양의 부족이나 미실시

③ 캐리오버로 인한 장애
- 증기의 질 저하로 인하여 증기 사용기기의 운전에 장애 발생
- 식품공장 또는 제품 가공공장에서 생산과정 중 제품과 증기가 직접적으로 접촉될 경우 생산제품의 불량 초래
- 과열이나 고형물 부착에 의한 팽출, 파열 사고
- 습증기 공급에 따른 증기의 사용 효율 저하
- 증기배관에서의 수격현상이 증가됨
- 보일러에 설치된 각종 계기와 센서류, 조절기 등의 연결관에 이물질이 많아져 장애를 초래할 우려가 있음

④ 대책
- 정상 수위와 규정 압력으로의 안정적인 보일러 운전(급격한 수위 변동이나 압력의 변화가 없도록 주의)
- 적절한 블로우다운 실시로 보일러수의 농축 방지
- 유지류 및 유기물 등의 혼입 방지
- 증기 토출측에 기수분리기를 설치하여 물방울 제거

## (2) 블로우다운(Blow-Down)

보일러 운전 중 농축되거나 혼탁해진 보일러수의 수질을 개선해주지 않으면 부식이나 스케일, 캐리오버 등 여러 가지 문제들을 일으킬 수 있다. 따라서 주기적으로 농축된 보일러수를 외부로 배출하고 깨끗한 보충수를 공급하여 보일러수가 적정한 수질로 유지되도록 해야 한다. 이렇게 보일러수의 주기적인 교체를 통해 보일러수 내의 불순물 농도를 적정치 이내로 조정하는 조작방법을 블로우다운이라고 한다.

블로우다운의 실시 시기나 주기는 관수 중의 TDS(총용존 고형물, ppm)의 농도에 따라 진행하면 되는데, TDS는 실무적으로는 전기전도율의 측정을 통하여 계측이 가능하다. 블로우다운의 실시방법은 보일러 제조사에 따라 약간씩 차이가 있는데, 보일러 본체에 TDS 또는 전기전도율 측정장치를 부착하여 블로우다운 제어밸브와 연동되도록 하여 실시하기도 하고, 단순하게 타이머를 이용하여 운전시간에 따라 주기적으로 블로우다운이 이루어지게 하기도 한다.

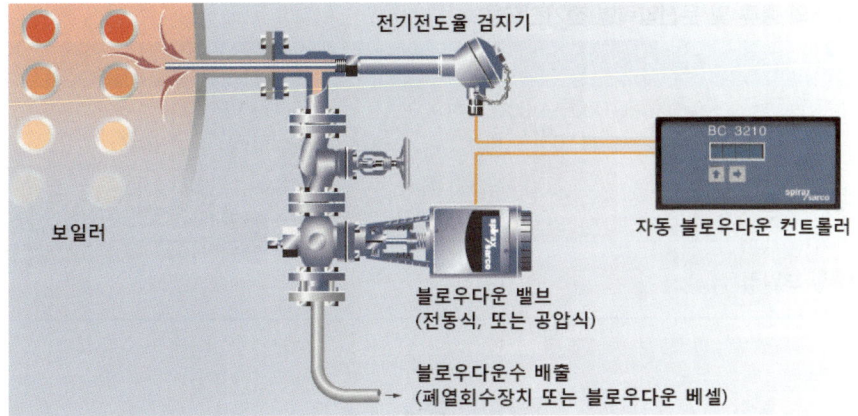

① 블로우다운의 조절 대상이나 목적
- 전용해염류의 농도, 염소이온 농도, 실리카 농도나 기타 특정성분의 농도를 제어
- 수처리 약품 사용에 따른 보일러 관수의 pH 조절
- 하부의 고형물질의 침전이나 부착 방지

② 블로우 수량
- 블로우 수량의 계산식

$$B = \frac{F \cdot f}{(S-f)}$$

여기서, $B$ : 블로우 수량 (ton/h, 또는 kg/h)
$F$ : 보급 수량, 또는 보일러 용량 (ton/h, 또는 kg/h)
$f$ : 급수 중의 TDS 농도 (ppm, $\mu$S/cm)
$S$ : 보일러수의 TDS 규정치 (ppm, $\mu$S/cm)

- 블로우 수량 산출 예

  보일러 용량이 10,000kg/h이고 운전압력이 1MPa(10kg/cm$^2$), 보일러 관수의 최대 허용 TDS 농도가 2,500ppm이고, 급수의 TDS 농도는 250ppm이라고 할 때,
  블로우다운 수량 = (250 × 10,000) ÷ (2,500 − 250) = 1,111 kg/h

③ 블로우다운을 통한 수질관리

블로우다운을 통한 수질관리는 특히 수관식 보일러나 관류형 보일러에서는 운전 중 관리해야 할 중요한 항목 중의 하나이다. 수관식이나 관류형 보일러는 보일러수가 적은 구경의 튜브 안을 흐르면서 순간적으로 가열되는 방식이기 때문에 수질이 악화될 경우 급격한 비등이나 수위의 변동으로 보일러의 운전을 매우 불안정하게 만들 수 있기 때문이다. 특히 수관식 보일러의 경우 운전압력이 높아질수록 TDS 농도(또는 전기전도율)가 보다 양호하게 관리되어야 한다.

블로우다운을 통한 보일러수의 관리 수질은 앞에서 설명하였던 KS 기준(KS B 6209, 보일러 급수 및 보일러 수의 수질기준)을 참고하면 된다.

▼ 보일러의 종류 및 운전압력별 전기전도율

| 구 분 | 보일러수의 전기전도율($\mu$ S/cm) | | | |
|---|---|---|---|---|
| 노통연관식 보일러 | 6,000~4,000 이하 (1MPa 이하) | | 3,500 이하 (1~2MPa) | |
| 수관식 보일러 | | 4,500~4,000 이하 (1MPa 이하) | 3,000~1,200 이하 (1~2MPa) | 1,000~800 이하 (2~3MPa) |
| 관류형 보일러 | | | | 1,000 이하 (2.5MPa 이하) |

④ 블로우 방법
- 수면 배출장치 : 수면의 유지분, 부유 이물질 제거
- 동체 하부 배출장치 : 동체 저면의 농축 이물질, 스케일, 침전물 배출

▼ 블로우다운 실시 방식

| 구 분 | 세부 내용 |
|---|---|
| 연속 블로우 | • 수면이나 수저에 블로우 배관을 설치하여 수질에 따라 일정량씩 연속 배출<br>• 보일러수 수질의 전반적인 유지가 용이<br>• 간헐 블로우보다 배출수의 수량 적어짐<br>• 블로우 배출수의 열회수장치 활용 가능, 열효율 증대 |
| 간헐 블로우 | • 주기적으로 수질을 측정하여 간헐적으로 블로우 실시 → 다량 블로우 시 부하 대응에 어려움을 겪을 수 있음<br>• 블로우수가 간헐적으로 배출되어 폐열의 효율적인 활용이 어려움<br>• 보일러수 수질 상태의 기복이 있음 |

⑤ Blow-down의 실시 시간
- 보일러의 가동이 정지되어 있는 시간대에 실시
- 24시간 보일러가 운전되는 상황에서는 부하가 가장 적은 시간대에 실시
- 운전중 급격한 수위의 상승이나 비등, 캐리오버 등이 자주 발생할 때
- 보일러 용수 내에 농축된 불순물이 많거나 pH 등 수질 기준에 미달될 때

## 08 보일러의 설치와 배관 연결

### (1) 보일러 설치 시 관련 규정

① **보일러의 옥내 설치**

보일러를 옥내에 설치하는 경우에는 다음과 같은 설치 기준에 따른다.

▼ 보일러 옥내 설치시 관련 기준

| 구 분 | 보일러의 종류 | 설치 기준 |
| --- | --- | --- |
| 옥내 설치 시 장소 | 소용량 강철제 및 주철제 보일러, 가스용 온수 보일러, 1종 관류 보일러 | 반격벽으로 구분된 장소 |
| | 그 외의 보일러 | 불연성 물질의 격벽으로 구분된 장소 |
| 상부 구조물까지의 이격거리 | 소형 보일러 및 주철제 보일러 | 0.6m 이상 이격 |
| | 그 외의 보일러 | 1.2m 이상 이격 |
| 측면 구조물까지의 이격거리 | 소형 보일러 | 0.3m 이상 이격 |
| | 그 외의 보일러 | 0.45m 이상 이격 |

보일러 및 보일러에 부설된 금속제의 굴뚝 또는 연도의 외측으로부터 0.3m 이내에 있는 가연성 물체에 대하여는 금속 이외의 불연성 재료로 피복하여야 한다. 그리고 보일러의 연도는 내식성의 재질을 사용하고, 배가스 중 응축수의 체류를 방지하기 위하여 물 빼기가 가능한 구조이거나 장치를 설치하여야 한다.

또한 연료를 저장할 때에는 보일러 외측으로부터 2m 이상 거리를 두거나 방화격벽을 설치하여야 한다.(소형 보일러의 경우에는 1m 이상 거리를 두거나 반격벽으로 할 수 있음)

보일러가 설치된 공간에는 보일러에 부착된 계기들을 육안으로 관찰하는 데 지장이 없도록 충분한 조명 시설이 있어야 한다. 그리고 보일러실은 연소 및 환경을 유지하기에 충분한 급기구 및 환기구가 있어야 하며, 급기구는 보일러 배기가스 덕트의 유효단면적 이상이어야 한다. 도시가스를 사용하는 경우에는 환기구를 가능한 한 높게 설치하여 가스가 누설되었을 때 체류하지 않는 구조이어야 한다.(공기보다 무거운 LPG는 반대로 낮은 위치에 환기구를 설치해야 함)

② **옥외 설치**

보일러를 외부에 설치할 때에는 빗물이 스며들지 않도록 케이싱 등의 적절한 방지설비를 하여야 한다. 노출된 절연재 또는 보온 외피 등에는 방수처리(금속 커버 또는 페인트 포함)를 하여야 하며, 보일러 외부에 있는 증기관이나 트랩, 급수관 등이 얼지 않도록 적절한 보호 조치를 해야 한다. 또한 강제 통풍팬의 입구에는 빗물 유입방지 보호판을 설치한다.

## (2) 증기보일러의 운전압력과 계통의 연결

일반적인 건물에서 증기보일러를 이용하여 난방이나 급탕을 할 경우에는 보통 보일러에서 0.7~0.8MPa(7~8kg/cm$^2$)로 생산된 증기를 0.2~0.3MPa(2~3kg/cm$^2$) 정도로 감압하여 증기 사용설비로 공급하게 된다. 급탕탱크나 공기조화기의 증기용 난방코일, 난방용 온수 열교환기, 주방이나 사우나 설비 등 대부분의 증기 사용설비는 0.2~0.3MPa(2~3kg/cm$^2$) 정도의 압력범위에서 사용하고 있다. 증기 사용설비가 많은 경우에는 증기헤더를 설치하기도 하는데, 장비별 사용압력이 다른 경우에는 저압헤더와 고압헤더로 나누어 설치하기도 한다.

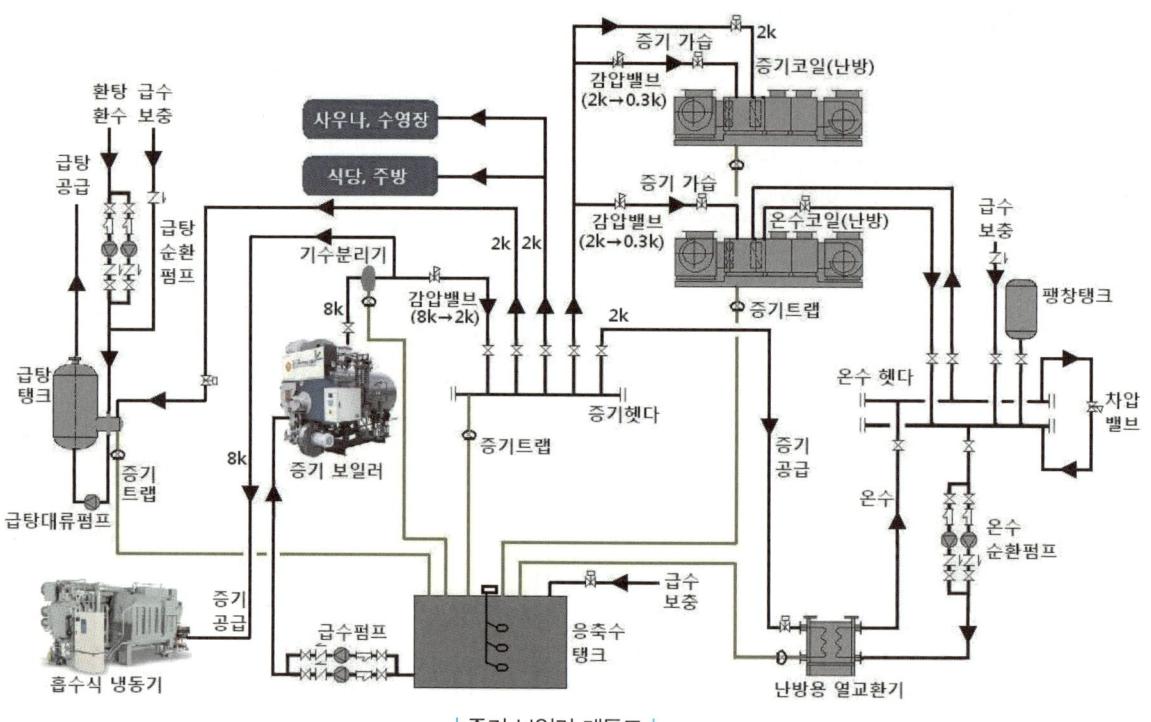

| 증기 보일러 계통도 |

증기를 열원으로 사용하는 흡수식 냉동기가 설치된 경우에는 보일러에서 생산된 0.8MPa 이상의 증기를 그대로 공급받아 사용해야 한다. 만일 증기의 압력을 낮춰서 공급하게 되면 증기의 온도도 함께 낮아지기 때문에 흡수식 냉동기의 냉매 재생이 원활하게 이루어지지 않아 냉방에 지장을 초래하게 된다.

또한 대규모 식당이나 주방에서도 식기세척기나 스팀국솥 등 주방기기의 원활한 작동과 신속한 조리를 위하여 증기의 압력을 다소 높게(0.3~0.4MPa) 별도로 공급하는 사례도 많다. 공기조화기의 증기 가습기는 압력이 높을 경우 유량제어가 어렵기 때문에 공기조화기 근처에 감압밸브를 설치하여 다시 0.025~0.035MPa 감압하여 사용하는데, 가습량이 많을 때에는 0.2MPa 내외의 증기를 그대로 사용하기도 한다.

| 구 분 | 압력별 증기의 온도 | | | | | |
|---|---|---|---|---|---|---|
| | 대기압 | 0.2MPa (2kg/cm²) | 0.3MPa (3kg/cm²) | 0.5MPa (5kg/cm²) | 0.8MPa (8kg/cm²) | 1.6MPa (16kg/cm²) |
| 온 도 | 100℃ | 133℃ | 143℃ | 158℃ | 174℃ | 203℃ |

증기계통에 급탕탱크가 연결된 경우 난방용 공조장비가 가동되지 않거나 급탕의 사용량이 적을 때에는 큰 용량의 증기보일러가 자주 가동되어 보일러의 운전효율이 낮아지게 된다. 특히 관수 보유량이 많은 노통연관식 보일러와 연결된 경우에는 보일러 가동 후 증기 공급까지 다소 시간이 소요되어 급탕 공급온도의 변화폭이 크게 벌어질 수 있다.

이럴 때에는 급탕 전용의 소형 관류 보일러를 설치해 신속한 증기 공급과 효율적인 운전이 되도록 하거나, 또는 별도의 온수 보일러를 설치해 급탕을 직접 가열해 공급하는 것이 효율적이다.

### (3) 온수 보일러의 배관 연결

전체 난방 및 급탕 시스템이 규모가 작거나 간단한 경우, 또는 증기 사용설비가 거의 없는 경우에는 증기 보일러보다 온수 보일러를 설치하여 난방과 급탕을 공급하는 것이 합리적이다. 증기 보일러를 설치하게 되면 난방 배관이나 급탕 배관과는 별도로 증기 공급 배관과 응축수 배관을 추가로 설치해야 하고, 보일러 급수 처리에 따른 관리상의 부담이 가중되기 때문이다. 따라서 이럴 경우에는 난방수나 급탕을 보일러에서 바로 가열해 그대로 공급할 수 있는 온수 보일러가 편리하다.

난방과 급탕의 사용 시간이나 부하 차이가 큰 경우에는 급탕용과 난방용 온수 보일러(1회로식)를 각각 설치하기도 하지만, 사용 시간이 비슷하고 부하량의 차이가 크지 않은 경우에는 다음과 같이 급탕과 난방의 동시 공급이 가능한 2회로식 온수 보일러를 설치하면 시스템이 간단해지고 경제적인 설비가 된다.

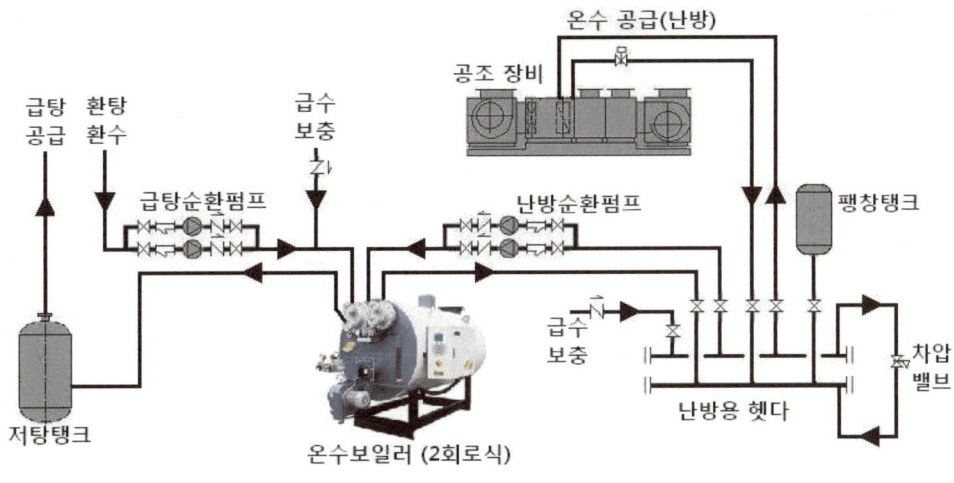

| 2회로식 온수 보일러 계통도 |

온수 보일러를 사용하게 되면 압력차에 의해 공급되던 증기 대신에 난방수나 급탕수를 공급하기 위하여 순환펌프가 필요하다. 이때 난방/급탕 순환펌프는 자동제어상의 원격 On/Off 명령이나 관리자의 조작에 의해 운전되고, 온수 보일러는 공급되는 난방/급탕 공급온도에 의해 연소를 제어(On/Off, Step, 비례제어 등)하게 된다.

급탕수는 보일러에서 직접 가열되어 공급되기 때문에 별도의 급탕탱크는 필요없고, 어느 정도의 급탕수를 저장했다가 공급하는 단순한 저탕탱크만 설치된다. 급탕 사용량이 많지 않고 온수 보일러가 어느 정도 급탕수를 보유하고 있는 경우에는 저탕탱크도 생략하고 온수 보일러에서 바로 급탕을 공급하기도 한다.

한편 온수 보일러와 저탕탱크의 연결 시 온수 보일러의 잦은 기동/정지를 줄이기 위하여 저탕탱크와 온수 보일러 사이에 별도의 급탕순환펌프를 설치하기도 한다. 아울러 급탕배관에 급수 보충수배관 연결시 아래의 오른쪽 그림과 같이 저탕탱크에 바로 연결하게 되면, 온수 보일러에서 공급되는 급탕의 가열온도(55~60℃)가 많이 높지 않기 때문에 위생기구에서 급탕 사용량이 많을 때에는 저탕탱크에서의 혼합온도가 급격히 저하되어 사용상의 불편함이 발생될 수 있다.

따라서 어떤 급탕시스템이 되더라도 급수 보충수배관을 저탕탱크(또는 스팀으로 가열되는 급탕탱크도 마찬가지임)에 연결할 때에는 가열장치(온수 보일러나 스팀식 급탕탱크)의 인입측에 연결하는 것이 바람직하다.

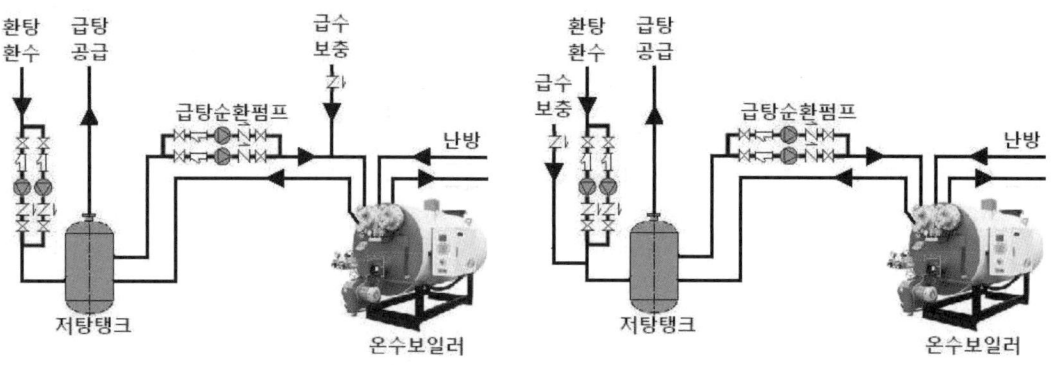

| 별도로 급탕순환펌프를 설치한 사례 |  | 바람직하지 않은 급수 연결 |

온수 보일러의 배관 시 주의해야 할 사항으로는 온수 보일러가 난방/급탕 배관계통과 직접 연결되어 있기 때문에 배관 내 보유 수량이 많을 때에는 온도 변화에 따른 팽창으로 보일러가 파손되지 않도록 팽창탱크와 안전밸브를 설치해야 한다. 또한 보일러 선정 시 급탕이나 난방계통의 운전압력을 고려하여 보일러의 내압성능에 문제가 없도록 장비를 선정해야 한다.

### (4) 청정증기발생기

증기의 순도와 품질이 공정에 중대한 영향을 미치는 곳에서는 청정증기발생기를 적용하기도 한다. 증기는 물을 증발시켜 얻는 것이기 때문에 원칙적으로 청정하다고 할 수 있으나 수질관리를 위한 수처리(청관제 투입, 연수기 작동 등) 과정으로 인하여 순수한 증기 이외의 물질이 혼입될 가능성을 배제할 수 없으므로 특수공정이나 멸균설비 등에서는 수처리된 순수(RO)나 급수를 증기를 이용해 2차로 증발시켜 깨끗한 증기를 만들어 사용하고 있다.

청정증기발생기의 구조와 사용처는 다음과 같다.

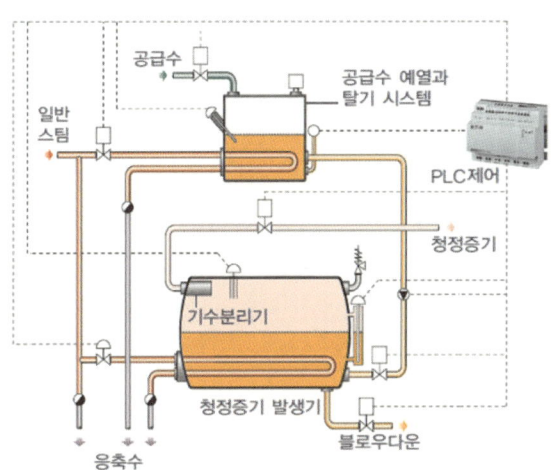

▼ 청정증기발생기의 적용 사례

| 적용처 | 산업분야 |
|---|---|
| 멸균기 | 병원 |
| SIP(Sterilise in place) | 식품과 음료 |
| 제품에 직접 증기를 분사하는 공정 | 제약 산업 |
| 무균실 가습 | 바이오 산업 |
| 반도체 생산공정 | 전기전자 |
| 양조장 | 양조업 |

## 09 질소산화물($NO_x$)과 저감방안

### (1) 질소산화물($NO_x$)과 배출 허용기준

질소와 산소의 화합물인 질소산화물($NO_x$)은 7종류가 알려져 있는데, 환경이나 공해문제로 관심의 대상이 되고 있는 것은 주로 일산화질소(NO), 이산화질소($NO_2$)이다. 질소산화물의 대표적인 배출원은 자동차, 항공기, 선박 등 내연기관이 부착된 장치들이며, 우리 기계설비분야에서는 산업용 보일러, 소각로, 전기로 등에서 많이 배출되고 있다.

연소과정에서 발생하는 질소산화물은 대부분이 1,300~1,500℃ 정도의 고온에서 공기 중의 질소($N_2$)가 분해되면서 산소와 결합하여 생성되는 일산화질소(NO)이다. 이것이 공기 중의 산소와 반응하여 산화되거나 대기 중에서 상승하여 성층권의 오존($O_3$) 중 O와 결합하게 되면 $NO_2$ 혹은 $NO_x$가 된다. 이로 인해 오존층을 파괴시켜 지구온난화나 환경문제를 유발한다. 아울러 질소산화물은 대기 중의 물과도 반응하여 질산($HNO_3$)을 만드는데, 이는 산성비의 주요한 원인물질이기도 하다.

질소산화물의 배출과 관련해서 대기환경보전법에서는 수십 가지의 오염물질에 대하여 배출 시설별로 배출허용기준을 설정하여 규제하고 있다. 우리가 주로 취급하는 일반 보일러의 경우에는 질소산화물중 $NO_2$에 대하여 다음과 같은 배출허용기준이 명시되어 있다.

▼ 일반 보일러에서의 질소산화물($NO_2$)의 배출허용기준

| 구분 | 배출 시설 | 배출허용기준 ($NO_2$, ppm) |
|---|---|---|
| 1. 액체연료(경질유는 제외한다) 사용 시설 | 증발량이 40ton/h 이상이거나 열량이 24,760,000kcal/h 이상인 시설 | 50(4) 이하 |
| | 증발량이 10~40ton/h이거나 열량이 6,190,000~24,760,000kcal/h인 시설 | 70(4) 이하 |
| | 증발량이 10ton/h 미만이거나 열량이 6,190,000kcal/h 미만인 시설 | 70(4) 이하 |
| 2. 고체연료 사용 시설 | | 70(6) 이하 |
| 3. 국내에서 생산되는 석유코크스 사용 시설 | | 70(6) 이하 |
| 4. 기체연료 사용 시설 | 증발량이 40ton/h 이상이거나 열량이 24,760,000kcal/h 이상인 시설 | 40(4) 이하 |
| | 증발량이 10~40ton/h이거나 열량이 6,190,000~24,760,000kcal/h인 시설 | 60(4) 이하 |
| | 증발량이 10ton/h 미만이거나 열량이 6,190,000kcal/h 미만인 시설 | 60(4) 이하 |
| 5. 바이오가스 사용 시설 | | 160(4) 이하 |
| 6. 그 밖의 배출 시설 | | 60 이하 |

- 출처 : 대기환경보전법 시행규칙, [별표8]
- 2015년 1월 1일 이후의 설치 시설에 해당하는 내용만 위의 표에 옮김
  그 외 나머지 설치 시기나 시설에 대해서는 법규의 내용에서 확인 바람

## (2) 보일러에서 $NO_X$의 생성

보일러 운전 중 질소산화물의 생성은 주로 아래의 요인들과 밀접한 관련이 있다.
- 화염 온도 : 화염 온도가 높을수록 $NO_X$의 생성량이 많아짐
- 공기비 : 공기비가 1.0보다 조금 클 경우 $NO_X$ 생성량이 최대가 됨
- 체류 시간 : 화염에서의 체류 시간이 길어질수록 $NO_X$의 생성량이 많아짐
- 연료의 종류 : 석탄이나 중유, 등유 등 저급연료일수록 $NO_X$의 생성량이 많음

이 이외에도 공기의 예열 온도나 화염의 형상, 버너의 사양이나 용량, 연소실의 부하상태 등에 따라서도 $NO_X$의 생성이 영향을 받기도 한다.

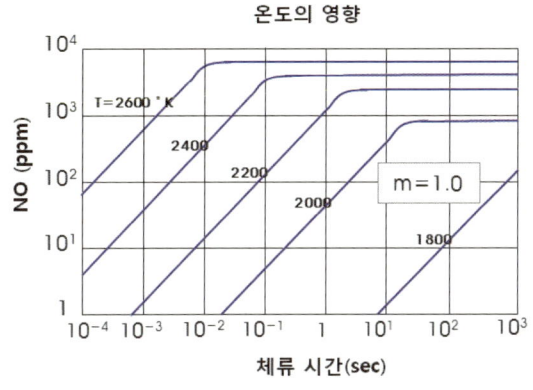
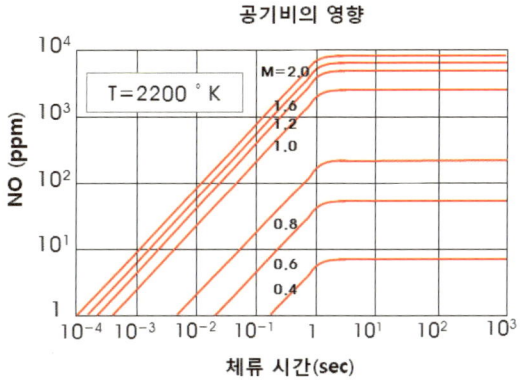
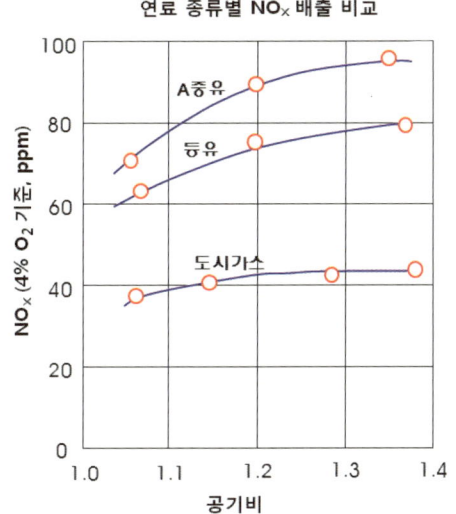

## (3) 연소기술에 의한 $NO_x$의 저감

### ① 저과잉 공기 연소

저공기비 연소란 과잉공기를 완전연소에 필요한 최소치로 줄여 보일러의 증기 온도를 유지하면서 $NO_x$의 생성을 억제하는 방법이다. 저과잉 공기 연소는 산소농도를 낮추어 연료를 연소함으로써 반응속도가 늦은 질소의 산화를 억제하여 $NO_x$가 생성되는 것을 제어하는 방식이다. 또한 연소실 내로 유입되는 공기량이 감소하여 전체적인 효율이 증가하지만 다음과 같은 사항에 유의하여야 한다.
- 화염 내의 산소농도가 과도하게 낮아지면 배기가스 중의 일산화탄소 및 미연분의 배출량이 증가할 우려가 있음
- 저공기비 연소 운전으로 미연분이 지나치면 보일러 효율이 낮아질 수 있음

## ② 연소실 열부하의 저감

일반적으로 연소장치에서는 운전부하가 낮은 상태에서 연소되게 되면 연소실 내의 온도가 낮아져 $NO_x$의 생성량이 줄어들고, 연소실 열부하가 높으면 방열량의 비율이 낮아지고 연소실 내 가스온도가 상승하여 $NO_x$의 배출량이 늘어나게 된다. 그러나 열부하의 증감에 수반하여 운전공기비의 범위나 연소실 내에서의 혼합 특성이 대폭적으로 변하는 경우에는 반대의 경향을 보이기도 하므로 시설마다 그 특성을 파악해 둘 필요가 있다.

아울러 연소실 열부하의 저감에 의한 $NO_x$의 저감대책은 연소장치의 열효율 및 출력이 저하되는 것이 불가피하므로 장치 규모가 더 커지게 되어 그다지 바람직한 대책은 아니다.

## ③ 연소공기의 예열 온도 저감

배기가스의 온도가 높은 보일러에서는 열효율 향상을 위해 공기예열기를 설치하여 연소용 공기를 예열하는 경우가 많다. 버너 급기의 예열 온도 저하는 연소온도에 직접적인 영향을 주는데, 공기예열기의 사용량을 줄여서 급기온도를 상대적으로 낮게 공급하게 되면 $NO_x$의 생성을 억제하는 효과가 있다.

그러나 예열 온도를 낮추면 폐열 회수량이 그만큼 감소하게 되므로 보일러의 열효율은 낮아진다. 보일러의 연료가 가스를 사용할 때보다 유류인 경우에는 연소온도 저하에 따른 보일러 효율 저하 현상이 상대적으로 큰 것으로 알려져 있다.

## ④ 단계적 연소방법

단계적 연소방법은 보일러나 연소장치에 다수의 버너가 설치되어 운용될 때 각 버너의 운전 상태를 조절하여 질소산화물의 생성을 저감하고자 하는 운전방법인데, BOOS 연소기법과 OSC 기법이 있다.

먼저 BOOS(Burners Out Of Service) 연소는 다수의 버너가 있을 때 일부의 버너에는 연료를 공급하지 않고 공기만 주입하고, 나머지 버너에 과잉 연료를 공급하여 전체적으로는 출력을 유지하는 방법이다. 이를 통해 연소실 내의 공기의 유량은 변하지 않고 단계적 연소효과를 얻을 수 있다. BOOS 연소 시에는 보통의 연소 때보다 화염이 길어지게 되므로 연소실에 여유가 없는 경우에는 그다지 적합하지 않으며, 간혹 버너별 제어가 원활치 않을 때에는 저공기비 연소로 인해 미연분이 증가하기도 하므로 주의할 필요가 있다.

OSC(Off-Stoichiometric Combustion)은 여러 개의 버너 중 몇 개를 연료 과잉의 상태로 운전하고 그 주변의 버너들은 공기 과잉 또는 공기만을 공급해 운전함으로써 단계적 연소효과를 얻는 $NO_x$ 저감방법으로 BOOS의 개념을 확대한 것이다. OSC 연소는 기존 장치에 적용하는 경우에도 장치의 개조가 거의 필요치 않고, 2차 연소영역에서 연료와 공기의 혼합이 잘 이루어져 분진, 일산화탄소, 탄화수소 등의 발생 억제에 효과적이다.

⑤ 물(증기) 및 에멀션(emulsion) 연료

화염에 직접 물이나 증기를 분사하는 방법으로 물의 잠열과 현열로 인하여 화염의 온도를 낮춰 $NO_X$의 생성을 억제하는 방법이다. 물을 분사하는 방법에는 다음과 같은 방법들이 이용되고 있다.
- 버너 또는 그 근방의 연소 화염에 물을 직접 분사하는 방법
- 연료와 물을 혼합한 형태인 에멀션 연료를 사용하는 방법
- 버너에 공급되는 급기 공기에 물을 분사하여 습공기 상태로 연소에 이용

석유계 연료를 물과 에멀션 상태로 만들어 연소시키기 위해서는 물과의 원활한 혼합을 위하여 미량의 계면활성제를 첨가하여야 한다. 이와 같은 방법들은 연소온도를 낮춰주는 효과는 있으나 보일러의 열효율 저하를 감수하여야 하고, 장기간 사용할 경우 장비나 연도계통의 부식문제에 각별한 관심이 필요하다.

## (4) 저$NO_X$ 버너 사용에 의한 저감

연료와 공기가 혼합되어 화염이 형성되는 부분을 개조한 것이 저녹스 버너이며, 대부분 연료와 공기의 혼합 특성을 조절하여 연소 강도를 낮추거나 연소 초기 영역의 산소 농도와 화염 온도를 낮추어 $NO_X$를 억제시키는 방식 등으로 저녹스 버너가 개발되고 있다.

환경부나 지자체에서는 수도권과 대기오염이 심한 수도권 외 지역의 대기질을 개선하고자 중소기업에서 질소산화물 배출량이 많은 노후화된 버너를 저녹스버너로 교체할 때 투자비의 상당 부분을 정부가 지원해주는 "저녹스 버너 설치보조금 지원사업"을 실시하기도 한다.

| 저녹스 버너로의 교체 |

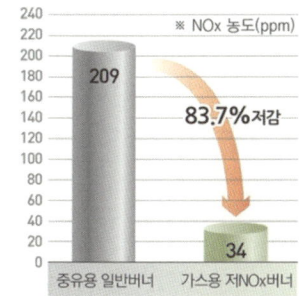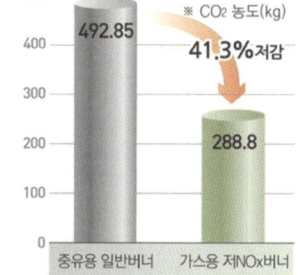

| 저녹스 버너로의 교체 시 효과 |

① 연소가스 자기 재순환형 버너

연소가스 자기재순환형 버너는 공기 또는 연소가스의 고속분사에 의해 형성되는 반류를 이용하여 버너 내부에서 로내의 연소가스를 재순환시키면서 연소하는 방식이다. 이를 통해 연소 초기영역의 산소 농도를 낮춰주고 연료의 기화를 촉진시켜 후류에서의 연소를 가스 연소에 가깝도록 하여 $NO_X$의 발생을 저감시킨다. 이 방식에 의한 $NO_X$ 저감률은 과잉공기비에 영향을 그다지 받지 않고 유류나 가스버너에 적용할 수 있다. 질소 저감효과는 25~40% 정도 있는 것으로 알려져 있다.

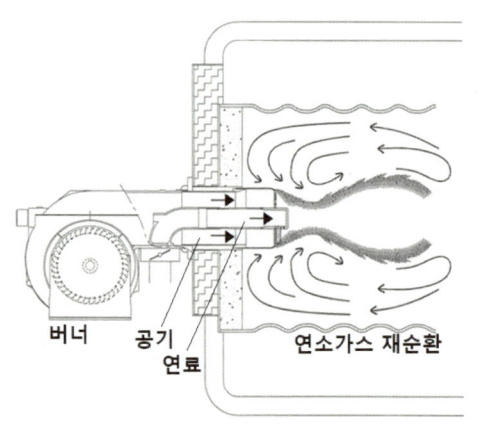
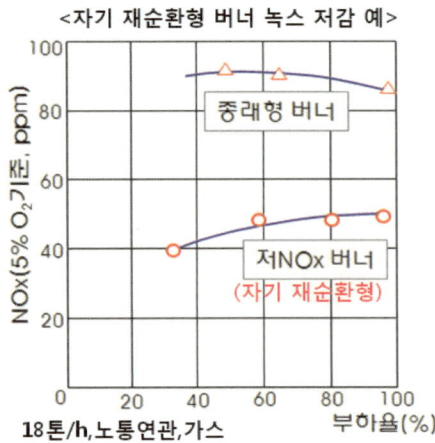

<자기 재순환형 버너 녹스 저감 예>

② 단계적 연소형 버너

이 형식의 버너는 연소에 필요한 공기를 단계적으로 공급하여 연소시키는 방식이다. 연소 초기 영역에서는 이론공기량보다 많이 부족한 상태의 공기를 공급(1단)하여 연료 과잉상태로 만들고, 후류영역에 나머지 공기를 단계적(2단이나 3단)으로 충분히 공급하여 완전연소가 이루어지게 한다. 이와 같이 공기의 유량을 단계적으로 조절하여 연료와 공기의 혼합을 지연시킴으로써 연소 진행을 늦춰 완만한 불꽃을 형성하고 고온 영역의 형성을 억제함으로써 $NO_x$의 생성을 저감시킨다.

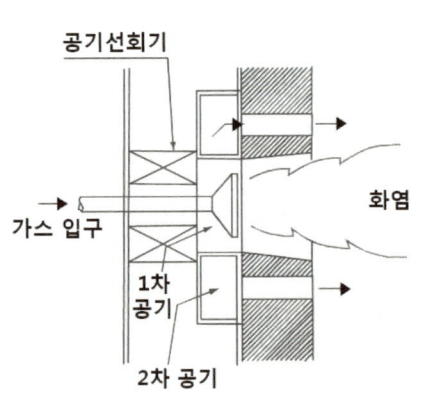
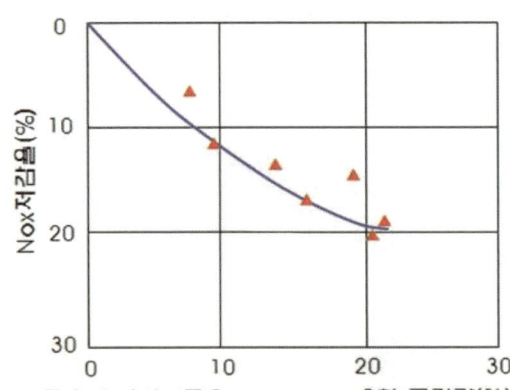

<2차 공기량과 $NO_x$ 저감율의 관계>

③ 농염 연소형 버너(또는 분할 화염형 버너)

이 형식의 버너는 연료 과잉의 토출공과 공기 과잉의 토출공을 교대 또는 상하로 배치함으로써 전체적으로 완만한 연소가 이루어지도록 한다. 또한 여러 개의 독립된 작은 화염들이 형성되어 화염의 방열성이 증가되고 이로 인해 화염온도를 저하시켜 $NO_x$의 생성을 억제한다. 농염 연소형 버너는 화염의 길이가 상대적으로 짧고 미연분의 발생도 적은 편이다.

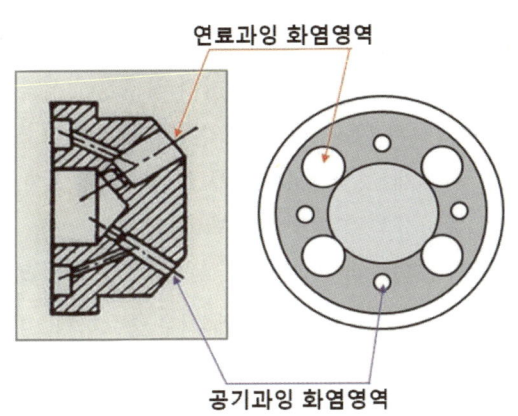
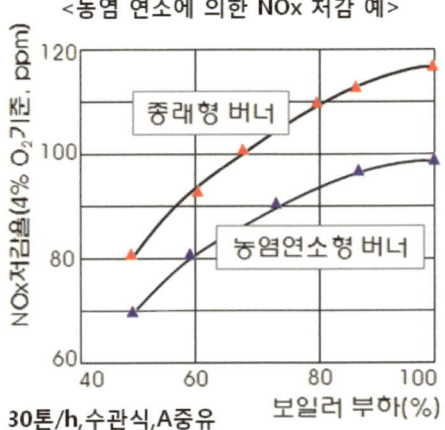

④ 혼합 촉진형 버너

이 형식의 버너는 연소실 내에서의 연료와 공기의 혼합을 최대화가 되도록 하는 구조인데, 연소용 공기는 환상의 통로 출구부의 중심 노즐로부터 방사상으로 분출되어 연료와 혼합되고 레지스터(register) 주변에서 예혼합영역을 형성한다. 다수의 작은 구멍에서 분출되는 연료는 여기에서 공기와 균일하게 예혼합 기류를 형성하고 곧 그 하류에서 연소를 개시하지만, 얇은 연료막이 고속으로 진입하는 공기와 충돌하여 짧은 종모양의 극히 얇은 화염층을 갖는다. 이를 통해 화염의 표면적이 증가되기 때문에 화염으로부터의 방열량이 증가되고 고온에서 연소가스의 체류 시간이 단축되어 $NO_x$가 감소된다.

⑤ 배기가스 재순환방식

연소 배기가스의 일부를 연소용 공기에 혼합시켜 다시 버너로 공급함으로써 연소영역의 산소 농도를 저하시키고 화염의 온도를 낮춰 $NO_x$의 생성을 제어하는 방식이다. 녹스의 저감효과를 높이기 위해서는 재순환되는 배기가스를 가능한 한 고온의 연소영역으로 분사시키는 것이 좋다. 일반적으로 보일러의 윈드박스 또는 공기 덕트 내에서 배기가스를 혼합하여 예혼합시키는 방식과, 공기 통풍 장치 내에 재순환 배기가스 노즐을 설치하여 연소실 내에서 연소용 공기와 혼합시키는 후류 혼합 방식이 있다.

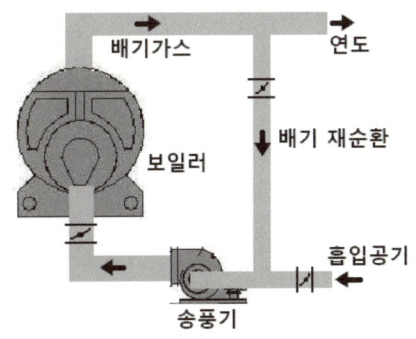
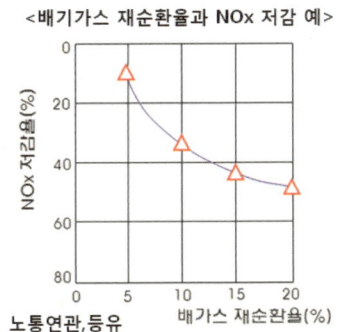

## (5) 연소 후처리 시설에 의한 저감 방법

### ① 선택적 비촉매 환원기술(SNCR)

SNCR(Selective Non-Catalytic Reduction) 기술은 촉매를 사용하지 않고 환원제를 노 내의 연소가스 온도가 850~1,100℃인 영역으로 주입시켜 $NO_x$를 환원제와 반응에 의하여 질소와 수증기로 선택적으로 환원을 시키는 방법이다. 환원제로는 암모니아와 요소가 사용되며, 장치의 구성은 환원제 저장탱크와 주입장치, 그리고 제어장치 등으로 구성된다.

SNCR 반응에 영향을 주는 주요 변수는 환원제 주입량과 반응 온도, 체류 시간이며, 이중 반응 온도는 저감 효율과 미반응 암모니아 농도와 직접 관련이 있기 때문에 매우 중요하다. 미반응 암모니아는 연소가스 중의 $SO_3$와 반응하여 부식성 물질을 생성하기 때문에 후단의 열교환장치나 연도의 부식을 유발할 수 있으므로 주의가 필요하다.

### ② 선택적 촉매 환원기술(SCR)

SCR(Selective Catalytic Reduction) 기술은 $NO_x$를 포함하는 연소가스와 환원제를 혼합시킨 뒤 촉매층을 통과시켜 $NO_x$를 질소와 수증기로 선택적인 환원을 시키는 기술이다. 환원제로는 암모니아와 요소를 포함하는 암모니아계 또는 탄화수소와 같은 비암모니아계 화합물이 사용된다. SCR 공정의 일반적인 작동 온도 범위는 250~450℃이며, SCR 촉매는 일반적으로 허니콤 또는 판상 구조를 가진 모듈 형식으로 설치된다. 촉매제로는 Pt, $V_2O_5-Al_2O_3$, $CuO-Al_2O_3$, $WO_3-TiO_2$, $V_2O_5-SiO_2-TiO_2$, $Fe_2O_3-TiO_2$, $CuO-TiO_2$ 등이 있으며, 제올라이트계 촉매로는 Y-Zeolite, Mordenite, ZSM-5 등이 있다. 산업용 보일러나 발전 설비 등 고정 오염원의 경우에는 금속 산화물계 촉매가 많이 사용된다.

### ③ 습식 처리 기술

기존의 습식 탈황 공정에 $NO_x$ 흡수제를 첨가하여 $NO_x$ 처리 기능을 부가한 기술로, 탈황용 흡수제에 탈질을 위한 Fe-EDTA, 요소와 메틸 알코올 등을 첨가하여 사용한다. 습식 처리 기술은 습식 공정을 통과하고 나서 발생하는 생성물이 액상이나 슬러리 상태이면 습식으로, 생성물이 건조가 되어 입자 상태로 배출되면 반건식으로 분류한다.

일반 산업용 보일러에서는 배기계통에 스크러버 장치를 설치하여 $NO_x$를 포집하는 방식이 상업화되어 적용되고 있다. 배기 계통의 이코노마이저 위에 살수장치를 설치하여 물을 분무해 주는데, 급수에는 별다른 약품의 첨가는 없으나 살수후 배출되는 드레인은 pH가 매우 낮기 때문에 적절한 중화처리 후 배출하거나 폐수로 처리해야 한다.

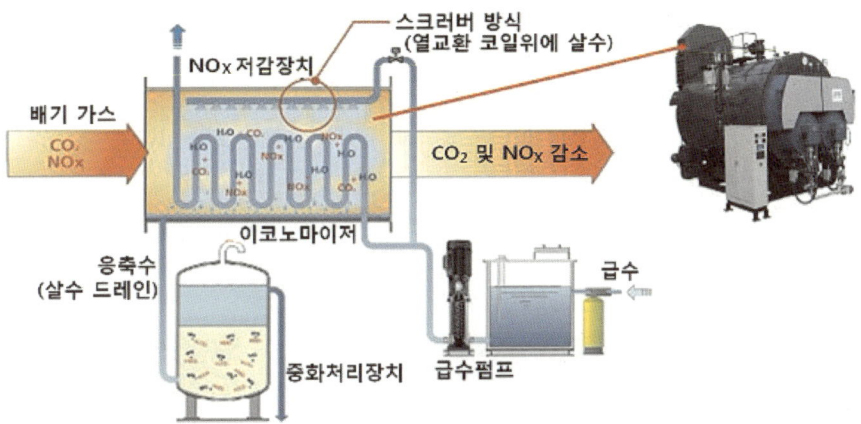

④ 기타

이 외에도 SCR과 SNCR을 혼합한 방식과 플라즈마를 이용한 포집방식, 활성탄 흡착기술 등이 있다.

## 10 보일러의 부식

### (1) 용존산소에 의한 부식

보일러 용수 중에 녹아 있는 용존산소는 철과 접촉하여 부식 일으키게 되는데, 국부적으로 깊게 발생하는 경향이 있어서 일정 범위에 약간만 발생하더라도 기계적 강도를 크게 저하시켜 심각한 상태에 이를 수 있다.

| 전체적인 점식의 발생 |

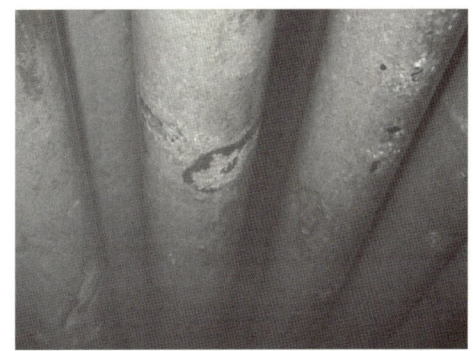

| 국부적인 부식의 발생 |

## (2) 일반 부식

보일러 용수 중의 유지, 산, 염류, 탄산가스 등 부식 유발물질에 의해 금속면에 일정한 양식으로 발생되는 부식으로서, 부식 생성물의 성상과 환경조건에 따라 금속 표면에 부착되거나 흘러 지나가면서 부식을 유발한다.

이러한 부식은 일반적으로 강하게 발생하지는 않으나 부식 생성물로 인하여 2차부식의 원인을 제공하는 경우가 많다.

## (3) Steam 복수계 부식(탄산가스)

급수중의 M-알칼리도(주로 $NaHCO_3$ 중탄산나트륨)가 높으면 보일러 내에서 열분해하여 탄산가스가 발생되며, 이 탄산가스는 증기와 함께 이동하다가 응축 시 다시 물속에 녹아 들어와 탄산($H_2CO_3$)을 형성하여 pH를 저하시키게 된다.

응축수에 녹아 들어온 탄산은 강재에 작용하여 철의 부식이나 용해를 유발한다. 여기서 또 용존산소와 결합하여 부식을 가중시킨다.

$$2NaHCO_3 \rightarrow Na_2CO_3 + CO_2 + H_2O$$
$$CO_2 + H_2O \rightarrow H_2CO_3$$
$$Fe + 2H_2CO_3 \rightarrow Fe(HCO_3)_2 + H_2 \uparrow$$
$$4Fe(HCO_3)_2 + O_2 \rightarrow 2Fe_2O_3 \downarrow + 8CO_2 \uparrow + 4H_2O$$

## (4) pH에 의한 부식(알칼리 부식)

물의 pH는 산성(pH 1~5), 중성(pH 6~8), 알칼리성(pH 9~14)으로 분류하고 있는데, 보일러수는 pH를 약간 높게 11~11.8 정도로 유지할 때 부식이 가장 적게 발생된다. 그러나 고온수에서 알칼리 농도가 pH 12 이상의 강알칼리성으로 될 경우 철의 산화물을 용해하는 경향이 강하기 때문에 알칼리 부식을 유발하게 된다.

이 부식은 주로 보일러 내부나 과열관, 열사용설비 등의 내면에 발생하게 된다.

> $Fe(OH)_2 + 2NaOH \rightarrow Na_2FeO_2 + 2H_2O$
> $Fe + 2NaOH \rightarrow Na_2FeO_2 + H_2$

철수산화물($Fe(OH)_2$)은 국부적으로 집중된 수산화나트륨과 반응하여 가용성의 $Na_2FeO_2$(Sodium Ferrite)를 생성하여 알칼리 부식으로 진행된다.

### (5) 고온 부식

중유 속에 포함되어 있는 바나듐 화합물이 고온에서 보일러의 과열기나 재열기, 복사 전열판과 같은 고온부 전열면에 용융 부착하여 금속 표면의 보호피막을 깨뜨리고 부식시키는 현상이다. 또한 보일러의 각 부분에서 현저한 온도차가 생기게 되면 부분적인 전위차 발생하게 되는데, 고열부가 양극이 되어 부식이 진행이 되기도 한다.

 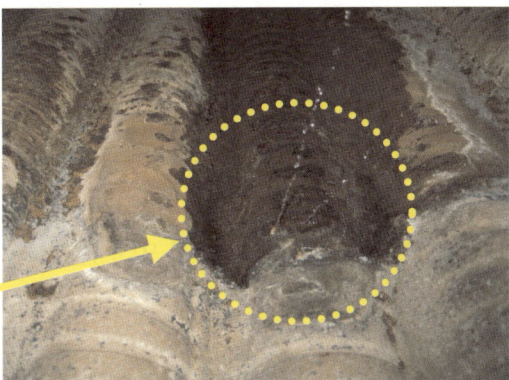

| 관류형 보일러의 수관 부식으로 누수 |

### (6) 가성 취화(caustic embrittlement)

알칼리 열화라고도 하며, 비교적 고압고온의 리벳 보일러에 발생하는 응력부식 균열의 일종이다. 보일러수의 알칼리도가 높은 경우에 리벳 이음관의 틈새나 리벳 머리의 아래쪽의 보일러수가 침입하여 알칼리 성분이 가열에 의해 농축되고, 이 알칼리와 이음부 등의 반복응력에 의해 재료의 결정 입계에 따라 균열이 생기는 열화현상이다.

### (7) 기타 부식의 원인

- 두께가 다른 부분과 이종금속 간의 전위차에 의한 부식
- 스케일이 부착된 곳에서 국부적인 전위차 발생 → 전류가 흘러 양극 부식
- 전기시설의 누전으로 인한 보일러 부식 증대

- 보일러 외부 표면의 부식 : 각 부의 결로나 누수에 의한 부식, 연통의 빗물 유입, 연소가스에 의한 고온부식이나 저온부식 등

## 11 보일러의 세관작업

보일러는 제작 및 설치단계에서부터 관련 기관으로부터 제조검사나 설치검사 등의 검사를 받고 나서야 사용될 수가 있다. 하지만 그렇다고 해서 몇 년이나 그 상태로 그대로 운전할 수 있는 것은 아니다. 보일러는 장비 내부에서 연료가 연소되고 물의 극심한 온도 차이가 발생하게 되는 등 사용 여건이 매우 열악한 편이며, 사용 과정 중 내부의 전열관이나 연소실 등에 스케일이나 그을음이 퇴적된다. 이러한 상태를 방치해 놓으면 열의 전달이 불량하게 되어 본래의 기능이 저하될 뿐만 아니라 과열을 초래하여 큰 파열사고로 이어질 가능성도 있다.

정비 업무는 이러한 가능성이 생기지 않도록 정기적으로 내·외면 청소를 하는 것과 동시에 압력이나 온도, 수위 등의 제어를 위한 부속품과 각종 안전장치, 연소장치 등에 대한 점검 및 보수하는 것으로 설비의 안전과 경제적 측면에서 매우 중요한 일이다.

### (1) 보일러의 세관 준비 작업 및 개요

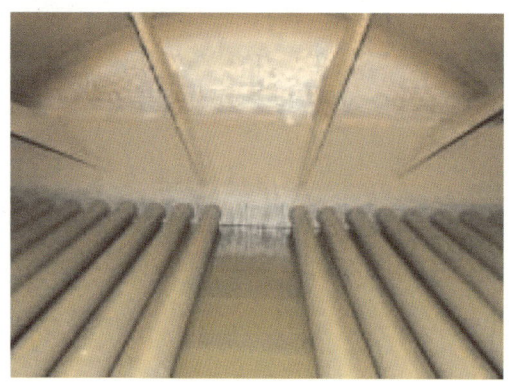

| 노통연관 보일러의 동체 내부 |

| 수관식 보일러의 상부드럼 내부 |

- 보일러 내에 사람이 들어갈 수 있을 정도로 식었을 때 보일러수를 전부 외부로 드레인시킨다.
- 맨홀, 검사구나 청소구 등의 뚜껑을 전부 분리해 낸다. 내뚜껑식의 것은 분리할 때 뚜껑이나 점검구가 본체 내부로 떨어지지 않도록 주의한다.
- 급수 내관, 비수방지판, 칸막이판, 기수분리기 및 지지용 걸쇠 등 동체 내부의 부착물을 전부 분리하여 보일러 밖으로 꺼낸다.

- 화실, 연도, 급수예열기, 과열기, 공기예열기, 공기 덕트 등의 연결 부분을 분리해 내어 내부의 상태를 점검할 수 있도록 개방한다.
- 청소전에 노, 연도 내부의 상태(오염, 부착물 정도, 모양 등)를 관찰해 두어서 참고하여야 한다.
- 보일러의 부속품들은 가능한 한 떼어내서 분해 청소한다.(안전밸브, 드레인 밸브, 수면계나 액면계 등의 수면측정장치, 압력계 및 그 연락관, 급수밸브 및 급수 체크밸브, 분출밸브 및 분출코크, 주증기밸브 및 보조 증기밸브 등)
- 자동수위제어장치의 수위조절기, 저수위 차단기, 저수위 경보기용 수위검출기 등도 분리하여 내부 점검 후 청소한다. 압력조절기, 압력제한기, 단자함 등은 커버를 개방해 점검하고 기능을 확인한다.
- 버너는 가능한 한 떼어낸다. 석탄이나 그 외 고체연료의 수동연소인 경우는 필요에 따라 화격자 및 화교를 떼어내고, 하급 스토커는 호퍼를 떼어낸다.
- 보일러 내부의 환기상태를 확인한다. 산소 결핍이 염려되는 경우에는 환기장치(급기팬)를 가설하여 통풍을 한다.
- 맨홀을 이용해 내부에 들어가 스케일, 보일러 슬러지 상태, 부착물 범위 정도 등을 자세히 조사한다. 내부의 기수분리장치, 비수방지판, 급수내관, 배플 등도 손상되지 않았는지 조사한다.
- 화실 내부 및 연도, 노벽 등 각 부분의 그을음 부착 상황이나 손상 여부를 조사한다. 수냉벽이나 내화벽돌을 쌓은 노벽은 온도 변화에 의해 벽돌 사이가 느슨해지기도 하고, 고온의 연소가스 흐름이 집중되거나 그 외의 원인에 의해 벽면이 전체적으로 또는 국부적으로 팽창하거나 이탈될 수도 있으므로 내화물의 균열이나 탈락, 열손상 등이 없는지 점검해야 한다.
- 가스의 흐름이 정체되기 쉬운 부분은 전열관의 과열에 의한 부식이나 마모 등이 발생하기 쉽고, 연소 퇴적물 등에 의하여 부식이 발생하기 좋은 조건이므로 연소 가스의 흐름 상태를 고려해서 정비 점검한다. 이 퇴적물 등은 미연분이나 황화물을 함유하고 있어 저온부식을 일으키고 내화재를 침식시킬 수도 있다.
- 청소 및 세관작업 시 제어판넬이나 전기부품들에 물이 튀지 않도록 주의한다. 추후 누전이나 감전사고, 부품의 손상 등이 없도록 필요시 비닐로 보호조치를 하도록 한다.

| 노통연관식 보일러의 연소실 내화벽 탈락 |

| 전면 경판 내부의 그을음 |

| 연관의 손상으로 인한 누수 |

| 연관 파손으로 인한 연소실 침수 |

## (2) 기계식 청소작업

- 기계적 청소방법은 브러시나 동력 클리너, 스크레이퍼, 헤머 등과 같은 도구를 이용하여 보일러의 전열면 내면과 외면을 청소하는 것이다. 연소가스 온도가 높은 전열면일수록 청소의 중요도가 높고, 형상이 변화된 모퉁이 부분이나 판과 판이 겹친 부분 등 작업이 어려운 부분일수록 세밀한 작업이 필요하다.
- 도구를 이용하여 청소할 때는 전열면에 스크래치나 마모가 발생하지 않도록 주의해야 한다. 원통 보일러의 연관은 브러시를 부착한 봉으로 이물질을 제거하고 필요에 따라 튜브클리너를 사용한다.
- 관 끝부분은 신중하게 청소한다. 연관이나 수관의 확관부 및 연결부분에서 누설 또는 누설 흔적이 발견된 경우에는 반드시 수압시험을 실시하여 누설 여부를 확인해야 한다. 누수가 발견되면 용접 등 보수작업을 실시하고, 부식이 많이 진행되어 누수가 우려되는 관은 교체한다. 관 스테이를 교환하는 경우에는 개조검사가 필요하다.
- 연소실 청소는 와이어 브러시나 스크레이퍼를 이용하여 수작업으로 진행하는데, 벽돌을 쌓은 부분이 없는 경우에는 물청소를 할 수도 있다. 청소 시 금속면이 드러나도록 이물질을 제거하고 내화벽돌 부분은 손상가지 않도록 주의한다. 내화벽돌이 손상된 부분은 다시 보수한다. 이 외에 제트클리너(고압분사수)나 증기 분사(스팀 소킹), 샌드블라스트 등의 방법으로 연소실을 청소하기도 한다.
- 연소실의 물 청소 시 배수는 보일러의 그을음에 포함된 유황분 때문에 산성을 띄게 되므로 부식방지를 위해 물 청소부분을 충분히 건조시켜야 한다.
- 청소 후에는 각 부분에 스케일이 남아 있는 곳이 없는지, 내면 부식이 발생된 곳은 없는지 확인한다. 각종 부속품들이 연결되는 배관 구멍 주위에 부식이나 스케일이 없는지 세심히 살펴보고, 보일러 내부에 청소도구나 잔재물이 남아 있으면 깨끗이 정리한다.
- 청소가 완료되면 부속기기들을 조립하고 수압시험을 실시한다. 수압시험 압력은 원칙적으로 최고 사용압력으로 하고 약 30분 이상 압을 유지하여 압력 강하나 누설 유무를 확인한다. 조립 시에는 분리되었던 가스켓은 모두 신품으로 교환하도록 한다.

| 본체의 연소실 분리 |

| 버너 분리 |

| 기계적 세관 실시 |

| 연관 고압 세척 |

| 폐수 반출 |

| 연소실 내부 청소 |

| 내화모르타르 보수 |

| 부속품 정비 및 검사 준비 |

## (3) 화학세관 작업의 개요와 준비

### ① 화학세관의 개요

보일러의 성능과 효율이 증가하면서 내부 구조가 복잡해지거나 소형화되어 보일러 내면의 청소작업이 기계적 방식으로는 한계가 있는 경우가 많다. 또한 수처리의 미흡 등으로 다량의 스케일이 부착되면 기계식 방법으로는 완전히 제거하는 것이 곤란하다. 이와 같은 경우에는 화학세관에 의해 스케일을 제거한다. 화학세관은 약품의 선정이나 세관 방법 등을 정확히 실시하면 보일러나 압력용기를 보전하는 효과적인 방법이 될 수 있다.

화학세관에는 크게 산성약품을 이용한 "산세관법"과 소다를 끓이는 "소다 끓임법"이 있다. 우리가 흔히 화학세관이라고 부르는 것은 보통 "산세관법"을 말하며, "소다 끓임법"은 일반적으로 신제품 보일러를 처음 가동하기 전이나 또는 수선한 보일러를 재사용하기 전에 보일러 내부에 부착된 유류나 녹 등을 제거하기 위해 실시한다.

산세관법은 보일러 내부에 액체로 된 산성 세관약품을 순환시켜서 이로 인해 스케일이나 슬러지를 녹여서 씻어내는 방법이다. 산성용액이 $CaCO_3$ 또는 $MgCO_3$와 같은 스케일과 반응하는 화학반응은 다음과 같다.

$$CaCO_3 + 2HCl \rightarrow CaCl_2 + CO_2 + H_2O(H_2 + O)$$
$$MgCO_3 + 2HCl \rightarrow MgCl_2 + CO_2 + H_2O(H_2 + O)$$

산세관을 하면 기계식 청소방법으로는 손을 쓸 수 없는 부분까지 청소할 수 있으나 약품의 선정이나 농도 등이 부정확해지면 보일러 본체나 부속품을 부식시킬 염려가 있다. 따라서 산세관 작업 시에는 보일러 본체의 부식을 막기 위해 부식방지제를 함께 사용하고 있다.

### ② 화학세관의 준비작업

산세관을 실시하기 전에는 보일러수를 채취하여 성분 분석(pH, M알칼리도, P알칼리도, 전고형물, 인산이온 등)을 실시한다. 또한 드럼이나 점검구 등 개방 가능한 부분에서 부착물의 샘플을 채취하는 것과 함께 전반적인 스케일 부착상황을 관찰한다. 내부의 부식이 매우 심각한 것으로 판단되는 상황에서 스케일의 부착 정도를 정확히 알 수 없을 때에는 열부하가 가장 높거나 흐름이 좋지 않은 수관 중 일부를 절단해 샘플 튜브를 채취하기도 한다.

산세관에서는 우선 스케일의 화학조성을 아는 것이 중요한데 스케일의 종류에 따라 세관 약품이나 처리방법에 차이가 있을 수 있기 때문이다. 스케일의 성분은 원수의 급수처리 상태와 사용 연료, 운전조건 등에 따라 조금씩 다를 수 있지만, 공통의 성분으로서는 Ca나 Mg 등의 탄산염, 황산염, 규산염, 인산염 및 산화철 등을 들 수가 있다.

또한 화학성분은 비슷해도 스케일의 강도나 조밀도, 표면상태 등의 물리적 상태에 따라 세척액에 용해 또는 붕괴되는 속도가 달라지게 되므로 스케일의 두께, 비중이나 부착량 등을 조사하는 것이 좋다.

이렇게 채취한 스케일이나 수관 샘플을 통하여 부식성분의 종류와 부착량 등을 추정해 본 뒤에는 시험용 산성용액을 조제해서 채취한 부착물을 넣어 용해 테스트를 실시한다. 이 시험 결과에 따라 세관약품의 종류와 농도, 처리시간 등을 결정한다.

| 세관약품 준비 |

| 화학세관(순환 작업) 실시 |

### (4) 화학세관 약품

① 산

- 산세관의 약품으로는 무기산에 속하는 것과 유기산에 속하는 것이 있다. 무기산에는 염산, 황산, 인산, 술퍼민산 등이 있으며 염산이 가장 널리 사용되고 있다. 염산은 스케일과의 반응성이나 반응 생성물의 용해도가 크고, 취급상 위험성이 비교적 적으며 가격도 저렴하다. 중소용량 보일러의 화학세관에는 약품 제조업체에 의해 조합된 화학세관제를 사용하는 경우도 많다.
- 유기산에는 구연산이나 의산 등이 있으며, 이중에서는 구연산이 많이 사용되고 있다. 구연산은 고체이어서 취급 및 저장이 간단하고 안전하다. 또한 유기산으로서는 스케일과 반응성이 좋은 편이고 반응 생성물의 용해도도 크다. 유기산의 사용은 세관작업 후 무기산에 비해 금속 표면이 깨끗하다. 또한 유기물이기 때문에 보일러 운전 시에 고온에서 분해되어 산이 잔류하여도 부식을 발생시킬 가능성이 상대적으로 적다고 할 수 있다.
- 약제는 스케일이나 기타 부착물의 성상에 적합한 것을 선정하고, 가급적 전문가나 약품 제조업체의 권고에 따라 선정 및 취급하는 것이 바람직하다.
- 오스테나이트 스테인리스, 동(구리) 재질로 된 부분이나 튜브 등이 있을 때에는 염소이온을 포함하지 않은 유기산을 사용한다.

② 알칼리

실리카, 유지류 등의 제거에는 탄산나트륨, 인산나트륨 등 알칼리성 약품이 사용된다. 구리 스케일 제거에는 암모니아수가 사용된다.

③ 인히비터(부식 억제제)

인히비터는 금속 표면에 흡착되어 산액과 금속과의 직접 접촉을 막음으로써 산에 의한 부식을 방지하는 약품이다. 산세관 시에는 특별한 이유가 없다면 대부분 세관약품과 함께 사용되고 있는

데, 세관용 산의 종류에 따라 적합한 부식억제제를 선정한다.

금속의 산화를 억제하는 약품이지만 항상 충분한 억제효과가 있다고 할 수는 없으므로 이를 과신하여 세관약품의 농도를 지나치게 높게 하면 안 된다.

④ 환원제

산액 중에 스케일이 용출됨으로써 산화성 이온이 증가하고 동(구리) 재질을 부식시킨다. 이 산화성 이온을 환원시키기 위하여 화학세관 작업 시 환원제를 첨가한다.

⑤ 동(구리) 봉쇄제

스케일 중에 동이 다량 포함되어 있는 때에는 동 봉쇄제를 첨가한다. 산액 중에 용출된 동은 철 표면에 붙어 철의 부식을 유발할 수 있는데, 동 봉쇄제는 동을 어느 정도 용해하고 또한 동 이온을 봉쇄하는 작용을 한다.

⑥ 중화제

산세관 후의 금속 표면은 활성화되어 있어 녹이 발생하기 쉬운 상태이기 때문에 재사용할 때까지 녹 발생이나 부식을 방지하기 위하여 방청 및 잔류 산 성분의 중화처리를 해줘야 한다. 중화, 방청제에는 탄산나트륨(탄산소다), 수산화나트륨(가성소다), 인산나트륨, 아질산나트륨, 하이드라진 등이 있다. 일반적으로는 수산화나트륨, 탄산나트륨을 단독 혹은 별도의 중화제와 조합하여 사용한다.

▼ 산세관 약품의 사양 예

| 공 정 | | 약품 농도(%) | | 처리온도(℃) | 처리시간(h) | 비 고 |
|---|---|---|---|---|---|---|
| 알칼리 세관 | 소다 끓임 | 탄산나트륨<br>인산나트륨<br>아황산나트륨<br>계면활성제 | 0.2<br>0.2<br>0.03~0.1<br>0.1~0.2 | 150~220 | 12~24 | 모래, 먼지, 유기물 등의 제거 |
| | 알칼리 세정 | 탄산나트륨<br>인산나트륨<br>계면활성제 | 0.1~0.2<br>0.1~0.2<br>0.1~0.2 | 60~90 | 12~24 | 탈지, 탈그리스 |
| 암모니아 세관 | | 암모니아수<br>동 용해제<br>동 용해 촉진제 | 1~3<br>0.1~1<br>0.2 | 40~60 | 4~6 | 동 스케일 제거 |
| 염산 세관 | | 염산<br>인히비터<br>동 용해제<br>환원제<br>용해 촉진제 | 3~10<br>0.3<br>0.5~3<br>0.2~0.5<br>0.5~2 | 60±5 | 6~8 | |

| 공정 | 약품 농도(%) | | 처리온도(℃) | 처리시간(h) | 비고 |
|---|---|---|---|---|---|
| 유기산 세관 | 유기산<br>인히비터<br>환원제<br>동 용해제 | 2~6<br>0.3<br>0.1<br>0.5~2 | 85±5 | 6~8 | 구연산,<br>글리콜산, 의산 |
| 킬레이트 세관 | 킬레이트염(EDTA염)<br>인히비터<br>환원제, 기타 | 1~10<br>0.3~0.5<br>0.1~0.3 | 130~150 | 6~10 | |
| 중화 방청 | 구연산 또는 폴리인산염<br>암모니아<br>방청제 | 0.1<br>0.1~0.3<br>0.05~0.5 | 60~80 | 2~4 | |
| 제동 방청 | 구연산 또는 폴리인산염<br>암모니아<br>제동제<br>방청제 | 0.1<br>0.3~0.7<br>0.2<br>0.3~0.5 | 60~80 | 2~4 | 스케일 중 동이<br>비교적 적은 경우<br>적용 |

- 출처 : "보일러 및 압력용기 기술규격" 중 보수유지관리기술 규격(한국에너지공단)

### 산세관에 필요한 약품의 양 계산

관수량 10톤(10,000ℓ)을 필요로 하는 보일러의 계산
- 시판 공업용 염산(농도 35W%)을 사용하며, 초기 농도는 7W/V% 염산으로 시작하는 것으로 함
  → 10,000(ℓ) × 7/100 × 35/100 = 245kg
- 부식 억제제 (0.6W/V% 사용)
  → 110,000(ℓ) × 0.6/100 = 60kg
- 용해 촉진제 (3W/V% 사용)
  → 110,000(ℓ) × 3/100 = 300kg
- 중화용 가성소다회 (1W/V% 사용)
  → 110,000(ℓ) × 1/100 = 100kg
- 방청제 (상황에 따라 생략할 때도 있지만 액체 방청제 3W/V% 사용함)
  → 110,000(ℓ) × 3/100 = 300kg
- 만일 계속해서 2~3회 보일러를 산세할 경우 첫번째의 방출액에 소모량을 추가하여, 위의 염산량에 예비시험에 의해서 추정된 소모 예정량만 가산하면 됨

## (5) 화학세관 작업

- 보일러 본체에 부착되어 있는 부속품(안전밸브, 공기빼기용 스톱밸브, 수면계, 압력계, 수위검출기 등)을 산세관 작업 중 산에 의해 부식되는 것을 방지하기 위하여 분리한다. 분리할 수 없는 부분은 차단판으로 막는다. 급수관 및 증기관 등 연결된 배관이나 밸브도 동일하게 처리한다. 동체 내부의 부착물(급수 내관, 비수방지판, 칸막이판, 기타 산세척이 필요하지 않은 것) 및 산세관에 의해 영향을 받는 부분 등은 분리하여 보일러 밖으로 꺼낸다.

- 산세관을 위하여 가설배관을 부착하고 별도의 약품탱크를 준비하여 보일러수의 1/3 정도 이상의 물에 농도 2~10%의 산성용액 및 0.3% 정도의 부식방지제를 넣어 희석시킨다.(약품별 세부적인 비율은 앞의 표 참조)
- 준비된 세관액을 가설배관과 순환펌프를 이용하여 보일러 동체 내부로 공급한 후 다시 약품탱크로 되돌려 순환시킨다. 세관약품마다 필요한 시간만큼 순환펌프를 가동시켜 주고, 이때 보일러의 각 부분에서 누설이 없는지 수시 점검한다.

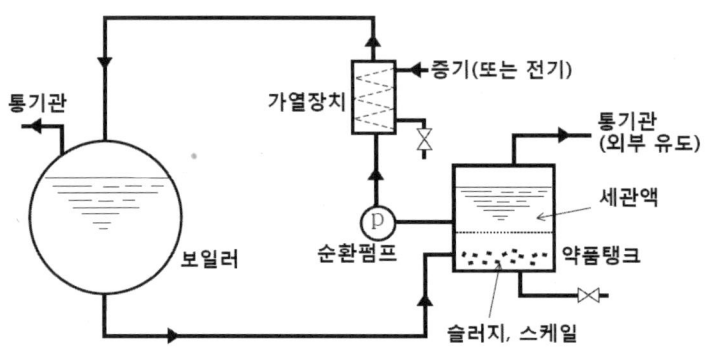

- 이 경우 보일러 내 각 부분에 순환하는 세관액의 온도를 60~80℃ 정도로 유지하게 위하여 약품탱크의 내부나 가설 배관 중에 가열 장치와 온도계를 설치한다. 산세관 작업 중에는 액체의 온도와 보일러 기기 본체의 온도가 거의 같은 온도를 유지하고 있는지 점검한다.
- 또 세관액의 농도와 온도를 30분~1시간마다 주기적으로 측정하여 먼저 실시한 스케일 샘플 용해 테스트의 결과와 비교하여 산세관 진행상황을 관찰한다. 어느 정도의 산 세정 시간(보통 4~6시간 정도)이 지난 뒤 채취한 세관액의 철이온 농도가 저하되지 않고 일정하게 유지되면 세관작업을 완료한다.
- 산세관 작업이 일단 끝나면 내부의 세관액을 전부 배출시키고, 이후 약 65℃ 정도의 온수를 세관 작업 당시의 수면까지 다시 채우고 펌프로 약 15분 정도 순환시킨 후 다시 완전히 배출시킨다. 이와 같은 물 세척은 배수되는 물의 pH가 5 이상이 될 때까지 반복한다.
- 물 세척 후 내부를 환기시키고 보일러 본체 안에 스케일이 남아 있지 않은지, 또는 과다하게 부식된 부분이 없는지 확인하고 바닥에 세관약품이 남아 있는지도 확인한다.
- 물 세척과 내부 점검이 완료되면 보일러를 밀폐시킨 후 급수를 보충하고 적정한 중화제(주로 1%의 NaOH용액 사용)를 희석 혼합한다. 이후 낮은 연소율로 가열해 약 2~3kg/cm$^2$ 정도로 압력을 높인 후 2~3시간 유지하면서 남아있는 산 성분을 완전히 중화시킨다.
- 중화 처리가 끝나면 보일러 내부의 물을 배출시키고 보일러를 자연 냉각시킨다. 이후 온수를 다시 채워넣고 순환 후 배출작업을 다시 진행하면서 통상 운전 중의 pH 수준이 될 때까지 반복한다.

## (6) 화학세관 시 주의사항

- 산화성 이온에 의한 부식 방지대책 필요 : 스케일의 조성에 따라서는 세관 중에 세관액 속에 용출되어 나오는 산화성 이온($Fe^{3+}$ 및 $CU^{2+}$ 등)의 양에 비례해서 강철재가 부식되기 때문에 환원제 및 구리이온 봉쇄제를 첨가하는 것이 바람직하다. 세관 중 산화성 이온농도는 다음 값 이하로 유지한다.

$$Fe^{3+}(mg/\ell \text{ , ppm}) + CU^{2+}(mg/\ell \text{ , ppm}) < 1,000(mg/\ell \text{ , ppm})$$

- 농도차 및 온도차에 의한 부식 : 보일러 내에서 산액의 농도 및 온도의 현저한 차이가 발생하면 농담전지를 형성하여 부식의 원인이 되기 때문에 항상 균일하게 유지될 수 있도록 산액의 주입방법, 액의 순환방법 및 유속 등에 주의해야 한다.
- 산세관 시 스케일을 반드시 100% 용해하려고 과도하게 노력할 필요는 없다. 또한 현실적으로도 각 부분의 스케일이 일률적으로 모두 제거되기를 기대하는 것도 무리이다. 산세관 시 스케일의 용해량이 80~90% 정도라고 하더라도 나머지 20% 정도는 이미 조직이 완화되었거나 붕괴상태이면 산액의 순환 또는 산처리 후의 수세작업(물 세척) 시 전열면에서 자연스럽게 이탈될 수 있기 때문이다.
- 그러나 90% 정도의 스케일이 용해되었다고 하더라도 나머지 스케일이 자연 붕괴되지 않고 경질상태로 고착되어 있을 때에는 이후 수세 등으로 이것을 이탈시키는 것이 곤란할 수도 있다. 따라서 세관작업 전에 용해시험을 할 때에는 스케일의 용해량과 함께 잔여 스케일의 상태도 세심하게 관찰할 필요가 있다.
- 산세관 중에는 스케일의 분해시 탄산가스나 수소가스가 발생하는데, 특수한 장치에서 발생하는 스케일의 경우 황화수소 가스가 발생될 수도 있으므로 통기를 해주어야 한다. 산세관 시 통기는 주름관 등을 이용하여 보일러 동체 상부와 약품탱크의 적당한 곳에 임시 유도관을 부착하여 실외로 배출시키는 것이 좋다.
- 화학세관 작업 중 배출되는 세관액은 폐수처리업체를 통해 적접 처리하거나 단지 내 폐수처리시설이 있는 경우에는 폐수처리시설로 배출해야 한다. 직접 중화 처리 후 배출하고자 할 경우에는 가성소다나 석회 등 적정량의 중화제를 첨가해 중화처리 후 배출시킨다.

# 12 보일러의 부속품과 유지관리

## (1) 수면계

### ① 수면계의 설치

노통연관 보일러 및 수평노통 보일러의 상용 수위는 동체 중심선에서부터 동체 반지름의 65% 이하이어야 한다. 이때 상용 수위는 수면계 중심선을 말한다. 상용 수위는 수면계에 표시하거나 또는 수면계에 근접한 위치에 표시해두면 일상적인 점검 중 쉽게 보일러의 수위를 확인할 수 있어 편리하다.

증기 보일러에는 2개 이상(소용량 및 1종 관류 보일러는 1개)의 유리수면계가 보일러 내의 수위를 육안으로 확인할 수 있도록 동일한 높이에 나란히 부착되어야 한다. 2개 이상의 원격 지시 수면계를 설치한 경우에는 유리수면계를 1개만 설치할 수 있다.

물쪽 연락관을 수주관 또는 보일러에 부착하는 구명 입구는 수면계가 보이는 최저 수위보다 위에 있어서는 안 되며, 증기쪽 연락관의 접속 위치도 수면계가 보이는 최고 수위보다 아래에 있어서는 안 된다. 수주관과 보일러를 연결하는 관(연락관)은 호칭 지름 20A 이상으로 한다.

| 수면계 |

| 수면계의 분해 정비 |

### ② 수면계의 정비

- 수면계 내부의 이물질에 의해 수위계의 표시나 수위 감지가 불량해지지 않도록 주기적으로 점검 청소해 주어야 한다.
- 이물질이 많을 경우에는 연락관에 설치된 밸브도 분리하여 청소한다.
- 유리의 오염은 세정액 등을 이용하여 닦아내고, 유리의 손상이 현저한 것은 교체한다. 유리를 재조립할 때에는 유리의 전체면이 고르게 눌리도록 중간의 너트로부터 상호 대칭으로 조여나간다. 처음에는 느슨하게 조인 다음 나중에 다시 한 번 강하게 조여 마무리한다.

- 분해 정비 시 일단 분리되었던 가스켓 및 패킹은 모두 신품으로 교체한다.
- 수면계나 수위검출기를 분해 정비할 때에는 보일러를 정지시키고 증기 압력이 "0" 상태인지, 또는 내부의 증기 압력 잔류 및 고온 상태를 확인하고 분해한다. 압력계의 눈금이 "0"로 되어 있어도 상당한 증기 압력과 고온이 잔류하여 분해 작업 시 화상이나 2차 안전 사고의 위험이 있다.

## (2) 수위검출기

### ① 전극식(또는 전극봉식)

전극식 수위계는 수면계와 일체화된 수주통이나 인근에 별도의 수주통(또는 챔버)에 설치되는데, 보일러수의 수위를 전기적으로 검출하여 급수펌프와 버너의 운전을 제어한다. 운전 중 보일러의 수위는 중수위(급수펌프 가동)와 고수위(급수펌프 정지) 사이에서 제어되는데, 만일 전극봉에 스케일이 부착되거나 단선이 되어 오작동되면 보일러 본체가 과열될 수 있으므로 수위가 저수위까지 낮아지게 되면 버너의 가동을 자동 차단하도록 되어 있다.

보일러 제조사에 따라서는 보일러 운전 개시 후 초기 수위가 고수위까지 도달하지 않으면 버너가 점화되지 않도록 설정되어 있는 경우도 있다. 전극식 수위계의 점검 및 정비는 다음과 같이 실시한다.

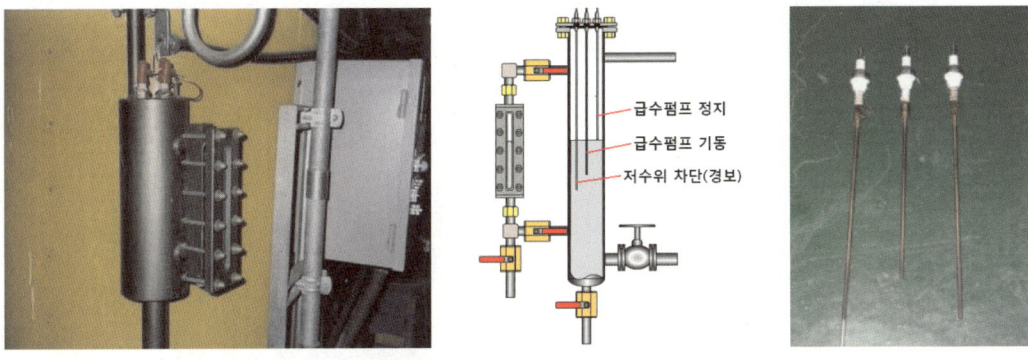

| 전극봉식 수위검출기 |

- 1일 1회 이상 드레인밸브를 개방해 수위를 상하로 움직여 수면계와 전극식 수위검출기의 작동 상태를 확인한다. 그리고 1년에 2회 정도는 수위검출기를 분해하여 점검 및 청소를 실시한다. (아래의 내용 참조)
- 먼저 연결배관의 막힘 및 나사부의 누설에 대하여 정비한다. 원밸브와 코크의 개폐 조작을 하여 개폐상태를 점검한다.
- 전기 배선을 분리한 후, 전극봉을 분리하여 표면의 오염을 제거하고 필요시 표면을 살짝 연마한다. 전극봉 자체에 부식이 진행된 것은 전극봉을 교체한다.
- 전극식 수위검출기는 절연애자가 열화되면 오작동을 일으키기 때문에 떼어 내어 점검 및 청소를 실시한다. 절연애자의 분리는 자동차의 점화플러그용 박스렌치를 사용하면 편리하다.

- 분리한 절연애자가 손상되었거나 열화된 경우에는 새로운 것으로 교체한다.
- 챔버 내부와 연락배관, 배수관의 내부를 청소한다. 이물질이 많을 경우에는 밸브나 코크도 분해해 청소한다.
- 청소 후 챔버 및 밸브 또는 코크를 부착하고 전극봉을 조립한다. 조립 시에는 전극봉의 결선이 서로 바뀌지 않도록 주의해야 한다. 분해전 전극봉 및 단자대에 표시를 해두던지, 아니면 전극봉을 하나하나씩 순차적으로 청소하도록 한다.
- 절연저항측정기로 각 전극봉의 절연상태를 확인한 후 전선을 연결한다. 전극식 수위검출기의 전기회로에는 반도체가 사용되고 있기 때문에 절연저항 측정 시에 직접 전극단자에 절연저항 측정기를 접촉해서는 안 된다. 제어회로에 절연저항 측정기의 전압이 가해지지 않도록 전선이 분리된 상태에서 측정해야 한다.
- 점검 완료 후 보일러를 재가동하였을 때 보일러수를 배출시켜 저수위 위치에서의 안전 차단 기능이 작동되는지, 급수펌프의 자동 기동과 정지가 이루어지는지 반드시 확인한다.

② **플로우트식(맥도널)**

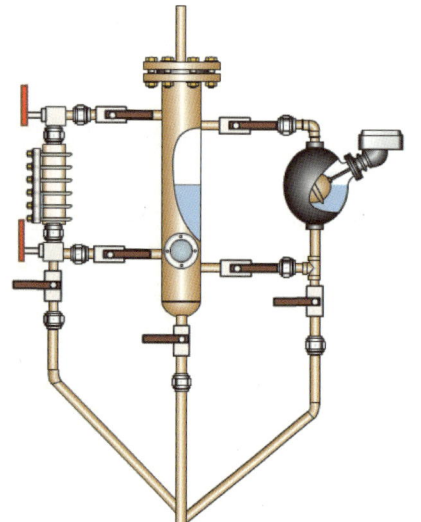 

| 플로트식 수위검출기 |

- 1일 1회 이상 드레인밸브를 개방해 수위를 상하로 움직여 수면계와 플로트식 수위검출기의 작동상태를 확인한다. 그리고 1년에 2회 정도는 수위검출기를 분해하여 점검 및 청소를 실시한다.(아래의 내용 참조)
- 먼저 연결배관의 막힘 여부나 이음부위의 누설 등을 점검한 뒤 배관 내부를 청소한다. 원밸브나 코크는 개폐 조작을 실시하여 개폐 및 작동상태를 점검하고 내부에 이물질이 많을 경우에는 분해해 청소한다.
- 플로우트 챔버를 개방하고 내부를 청소한다. 플로우트식 수위검출기는 플로우트실에 녹이나 스케일 등의 침전물이 퇴적되면 작동불량이 발생할 수 있기 때문에 플로우트실의 플랜지를 분

리하여 플로우트를 꺼낸 뒤 내부를 청소해줘야 한다.
- 떼어낸 플로우트는 주의하여 보관한다. 전선 때문에 플로우트를 떨어진 장소로 이동시킬 수 없을 때에는 플로우트 본체나 연결배관을 보일러 본체에 매달아 임시 고정한다. 검출기에 접촉되고 있는 전기 플렉시블관이나 전선을 이용하여 매달지 않도록 주의한다.
- 플로우트 및 로드의 부식과 변형 유무를 점검한 후 외부면을 브러시나 천 등으로 청소한다. 플로우트를 꺼낼 때에는 플로우트에 손상이 생기지 않도록 주의한다. 또한 플로우트와 축봉과의 접속 부분의 부식이나 균열 여부도 점검한다.
- 스위치박스 하부의 이물질 유무와 벨로즈의 파손 유무를 점검한다. 벨로즈에 균열이나 누설이 있는 경우는 교체한다.
- 출력 단자와 어스 단자 간의 절연상태를 절연저항계(메가)로 점검한다.
- 수은스위치의 수은이 변색되었거나 유출된 것은 교체한다.
- 마그네트 스위치, 단로 스위치의 상태, 전기 배선의 느슨함 및 단락에 대하여 점검한다. 절연상태를 테스터기로 점검하고, 전기회로를 수리해야 할 경우에는 전문업체에 의뢰한다.
- 점검 후 수위검출기와 각종 밸브를 부착한다. 가스켓은 새로운 것으로 교체한다.

### (3) 안전밸브

#### ① 안전밸브의 설치

증기보일러에는 일반적으로 2개 이상의 안전밸브(스프링식)가 설치되어 있어야 한다. 그러나 전열면적이 $50m^2$ 이하인 증기보일러에서는 1개 이상만 설치하면 되고, U자형 입관을 부착한 보일러는 안전밸브를 부착하지 않아도 된다.

인화성 증기를 발생하는 열매체 보일러에서는 안전밸브를 밀폐식 구조로 하거나 안전밸브로부터의 배기를 보일러실 밖의 안전한 장소에 방출시키도록 해야 한다. 안전밸브의 방출관은 단독으로 설치하되, 2개 이상의 방출관을 공동으로 설치하는 경우에 방출관의 크기는 각각의 방출관 분출 용량의 합계 이상이어야 한다.

안전밸브는 쉽게 검사할 수 있는 장소에 밸브축을 수직으로 하여 가능한 한 보일러의 동체에 직접 부착시켜야 하며, 안전밸브와 보일러 동체 사이에는 어떠한 차단밸브도 있어서는 안 된다. 안전밸브가 노후화되어 교체할 경우는 산업안전보건법 관련 규정에 의해 성능검사를 받은 제품으로 교체하여야 한다.

보일러 본체에 설치된 안전밸브의 분출압력은 다음과 같이 설정하면 된다.

| 안전밸브의 수량 | 설정 기준값 | 비 고 |
|---|---|---|
| 1개 | 최고 사용압력 이하 | |
| 2개 이상 | 1개 : 최고 사용압력 이하 | |
| | 나머지 : 최고 사용압력의 1.03배 이하 | |

② 안전밸브의 정비
- 안전밸브를 분해한 뒤 각 나사부를 와이어 브러시로 청소한다.
- 밸브봉 : 밸브봉을 샌드페이퍼로 문지른다. 특히 끝단이 감소해 있지 않은가, 굽혀져 있지 않은가를 조사하고 휨이나 흠, 녹 등이 발생하면 작동 시에 지장을 초래하므로 가급적 교체하는 것이 좋다.
- 밸브 디스크 : 조정링, 리프트 제한판 및 밸브를 떼어낸 후의 밸브 디스크를 샌드페이퍼나 놋쇠 와이어브러시로 문지른다.

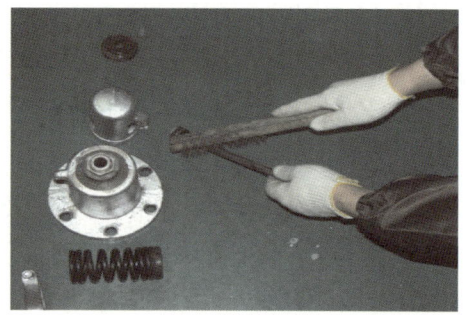

③ 전량식 안전밸브의 분출 조정

분출압력 조정볼트를 시계방향으로 돌리면 분출압력이 상승하고, 반시계방향으로 돌리면 분출압력이 낮게 설정된다. 분출압력의 변경 가능한 범위는 명판에 기재되어 있는 ±10% 정도로 한다. 그 이상의 조정이 필요할 경우 제조업체에 확인하여 진행한다.

안전밸브의 시험은 급수나 증기를 이용하여 보일러 본체에 직접 과압을 발생시켜 확인하기도 하나, 안전밸브에 시험용 레버가 있는 경우에는 레버를 움직여 작동상태를 확인하면 된다. 레버가 있는 경우 월 1회 정도 주기적으로 약간의 증기 압력이 있는 상태에서 레버를 당겨서 2~3회 증기를 불어내는데, 이때 분출구 가까이에 사람이 있으면 화상의 위험이나 분출음에 놀랄 수 있으므로 주변을 통제한 후 실시하도록 한다.

④ 과열기가 부착된 보일러의 안전밸브

과열기에는 그 출구에 1개 이상의 안전밸브가 있어야 하며, 그 분출 용량은 과열기의 온도를 설계온도 이하로 유지하는 데 필요한 양(보일러의 최대 증발량의 15%를 초과하는 경우에는 15%) 이상이어야 한다.

## (4) 가용전(fusible plug)

가용 플러그라고도 하며, 노통보일러와 같은 내부 연소식 보일러에 있어서 이상 저수위에 따른 과열 사고를 방지하기 위하여 사용한다. 가용전은 나사캡 형태의 마개 중간에 용융 온도가 낮은 주석과 납의 합금을 주입한 것으로서, 보통 노통 꼭대기나 화실 천장판에 나사 박음으로 부착한다.

가용전은 1년에 1회 새로운 것으로 바꾸는 것을 원칙으로 한다. 가용전을 교체할 때에는 반드시 시험성적서를 비치해 두어야 한다.

| 가용전의 외형 및 구조 |

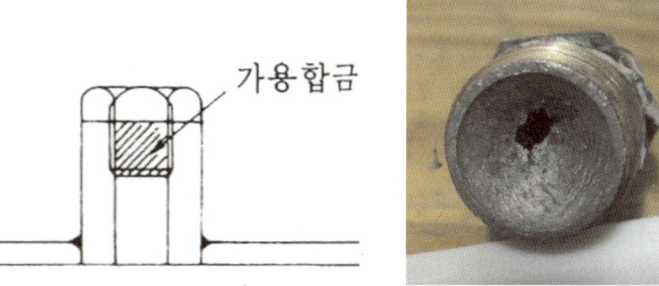

| 가용전 파열 후 |

## (5) 압력제한기의 정비

압력제한기 커버를 분리하고 내부의 벨로즈, 다이어프램의 균열에 대하여 정비한다. 수리는 전문업체나 제조업체에 의뢰하여 처리하고 불량품은 교체한다. 도압관이나 사이펀관의 막힘, 찌그러짐, 균열 및 접속 나사부의 누설 등에 대해서도 점검하고, 내부의 이물질은 압축공기를 이용하여 불어낸다.

원밸브, 코크류의 개폐 상태는 개폐 조작을 통하여 부드럽게 개폐되는지 확인하고 글랜드부의 누설 유무를 조사한다. 조작이 원활치 않거나 이물질이 있을 경우에는 원밸브, 코크류를 분해하여 청소하거나 교체한다. 그밖의 내용은 아래의 압력조절기의 정비 내용을 참조하여 정비한다.

| 압력제한기 |

압력제한기의 조작 방법을 보면, 우선 압력제한기의 전면에는 2개의 눈금에 지시바늘이 설치되어 있는데 보통 우측은 "사용압력"(또는 제한하고자 하는 압력)을 나타내고, 좌측의 눈금 표시는 작동하는 "압력 편차"(또는 DIFF, 사용압력 범위의 폭)를 나타낸다. 압력제한기 상부면에는 각 지시바늘과 연결된 "−"자 또는 "+"자 조절볼트가 2개 설치되어 있어, 각 설정값을 변경하고자 할 때 회전시키면 지시바늘의 값이 올라가거나 내려간다.

우측의 "사용압력"은 보일러를 운전하고자 하는 사용압력, 즉 운전 설정압력을 의미하는데, 보일러가 가동되어 사용압력에 도달하면 연소가 정지된다. 따라서 우측의 사용압력은 보일러의 최고 사용압력 이상으로 임의로 셋팅하여 사용해서는 안 된다. 좌측의 "압력 편차"는 사용압력에 도달하여 정지된 보일러의 압력이 다시 떨어져서 재가동되는 압력과의 차이를 의미한다.

예를 들어 보일러를 $4 \sim 5 kg/cm^2$ ($0.4 \sim 0.5 MPa$)의 압력 범위에서 운전하고자 한다면, 우측의 "사용압력"의 지시바늘이 "5"에 위치하도록 조정하고, 좌측의 "압력 편차"는 "1"(= 5 − 4)에 위치하도록 설정하면 된다. 이렇게 설정하면 보일러의 압력이 $4kg/cm^2$ ($0.4MPa$) 이하로 떨어지면 버너가 켜지고, 버너가 가동되어 압력이 $5kg/cm^2$ ($0.5MPa$)에 도달하게 되면 버너는 다시 정지되어 보일러가 $4 \sim 5 kg/cm^2$의 압력 범위 내에서 가동되도록 한다.

### (6) 압력조절기의 정비

압력조절기의 덮개를 분리하여 내부에 녹이나 물기가 없는지 점검한다. 녹과 물기가 있는 경우는 벨로즈에 균열이 생긴 것이기 때문에 교체하도록 한다. 그 외에 다음과 같은 사항들을 점검 및 보수한다.
- 수은스위치의 수은이 변색되었거나 비산되지 않았는지 점검한다.
- 미끄럼 저항기(포텐셔메타)의 마모, 열 손상 및 단선은 없는지 점검한다.
- 단자에 느슨함은 없는지 점검한다.
- 벨로즈 하부의 연락관 설치부에 작은 구멍이 있어 그 부분에 스케일이 부착되었는지 확인한다.
- 가동링 기구(또는 작동 레버)에 운동을 방해하는 것은 없는가 점검한다.

- 압력조절나사를 너무 강하게 조인 것은 아닌가 점검한다. 만약 너무 강하게 조인 경우는 스프링의 불량일 가능성이 있기 때문에 신품으로 교환한다.
- 조절기의 설치는 보일러 본체에 수직이 되어 있는지 확인한다. 수직이지 않은 경우는 제어압력에 영향을 줄 수 있기 때문에 수직이 되도록 수정해 설치한다.
- 압력제한기, 압력조절기가 진동이 심한 장소에 설치되어 있지는 않은지 확인하고, 만약 진동이 심한 장소에 설치되어 있는 경우는 진동이 적은 장소로 옮겨 설치하도록 한다.
- 연결관이나 사이펀관의 막힘이나 이물질, 누설 여부를 점검해 필요시 청소한다.

 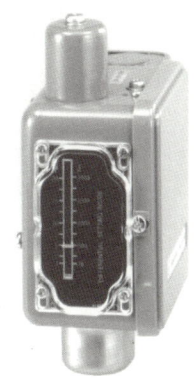 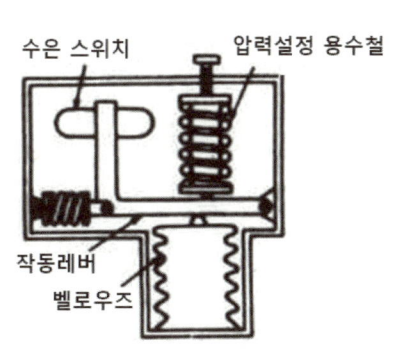

### (7) 온도제한기 및 온도조절기의 정비

- 온도제한기의 캐필러리의 찌그러짐이나 손상이 없는지 육안으로 점검하고, 훼손 시 교체한다.
- 온도조절기의 포텐셔메타의 상태에 대하여 정비한다.
- 감온체의 보호관 안으로 온도조절기의 삽입이 불충분하면 정확하게 작동하지 않는 경우가 있기 때문에 조절기 감지부의 삽입 깊이를 확인한다.
- 연결된 전선의 단선 유무와 접속 상태, 손상, 오염 등을 육안 점검한다.
- 온도계와 조합하여 설정치와 같이 정확하게 작동하는지 확인한다.

## (8) 온도계

보일러의 본체나 주위 배관과 덕트 중 아래의 부분에는 온도계가 설치되어야 한다.(다만, 소용량 보일러 및 가스용 온수보일러는 배기가스 온도계만 설치하여도 무방함)
- 급수 입구의 급수 온도계
- 버너 급유관 입구의 급유온도계(예열을 필요로 하지 않는 것은 제외)
- 보일러 본체에 배기가스 온도계. 이코노마이저 또는 공기예열기가 설치된 경우에는 각 유체의 전후 온도를 측정할 수 있는 위치에 온도계를 설치함(포화증기의 경우에는 압력계로 대신할 수 있다.)
- 과열기 또는 재열기가 있는 경우에는 그 출구에 온도계
- 유량계를 통과하는 온도를 측정할 수 있는 온도계

## (9) 공기 유량자동조절 기능

가스용 보일러 및 용량 5ton/h(난방 전용은 10ton/h) 이상인 유류보일러에는 공급 연료량에 따라 연소용 공기를 자동조절하는 기능이 있어야 한다.

## (10) 연소가스분석기

가스용 보일러 및 용량 5ton/h(난방 전용은 10ton/h) 이상인 유류보일러에는 배기가스 성분($O_2$, $CO_2$ 중 1성분)을 연속적으로 자동분석하여 지시하는 계기를 부착하여야 한다. 다만, 용량 5ton/h (난방 전용은 10ton/h) 미만인 가스용 보일러로서 배기가스 온도상한스위치를 부착하여 배기가스가 설정온도를 초과하면 연료의 공급을 차단할 수 있는 경우에는 이를 생략할 수 있다.

| 휴대용 연소가스분석기 |

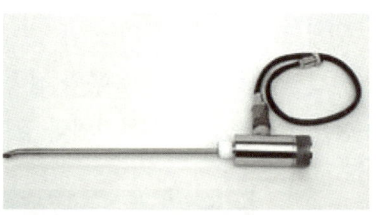

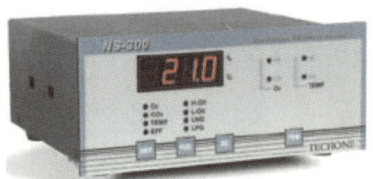

| 설치형 연소가스분석기 |

## (11) 가스누설 자동차단장치

가스용 보일러에는 누설되는 가스를 검지하여 경보하고 자동으로 가스의 공급을 차단하는 장치 또는 가스누설 자동차단기를 설치하여야 하며, 이 장치의 설치는 도시가스사업법 시행규칙에 따라 별도 고시된 "가스 사용시설의 시설기준 및 기술기준"에 따라야 한다.

가스 자동차단장치는 보일러 주변이나 기계실에 설치된 가스감지기와 연동되어 가스 누설 시 자동으로 차단하는지 주기적으로 점검해야 한다. 가스 누설시험은 시험용 스프레이나 소량의 가스를 가스센서에 노출시켜 차단밸브가 자동으로 닫히는지 확인하고, 배관이나 부속 이음부의 누설도 비눗물이나 휴대용 감지기를 이용하여 주기적으로 점검한다.

| 가스 자동차단장치 |

| 가스 누설검사 |

## (12) 화염검출기

화염검출기는 버너의 화염 유무를 감시 또는 검출하여 화염의 유무에 따라 연료 차단신호, 경보신호 등을 송출하는 기기이다. 즉, 버너가 초기 점화에 실패하였거나 운전 중 버너가 비정상적으로 소화되었을 때 신속하게 그것을 탐지하여 가스차단 등 적절한 조치가 이루어져야 하고, 만일 이러한 기능이 정확하게 이루어지지 않으면 노내 가스폭발의 위험이 커지게 된다.

화염검출기는 화염을 감지하는 원리에 따라 세 가지 종류가 있으며, 가스 및 유류 보일러에서는 주로 광학적 화염검출기가 널리 사용되고 있고, 소형에서는 전기전도식 화염검출기도 많이 사용된다.

▼ 화염검출기의 종류

| 종 류 | 화염 검출 원리 |
| --- | --- |
| 광학적 화염검출기<br>(또는 전자관식, flame eye) | 화염 빛의 유무에 따라 화염 검출 |
| 전기전도식 화염검출기<br>(플레임로드식, flame rod) | 화염의 전기적 성질을 이용 |
| 바이메탈식 화염검출기<br>(stack switch) | 화염의 발열을 검출하는 방식 |

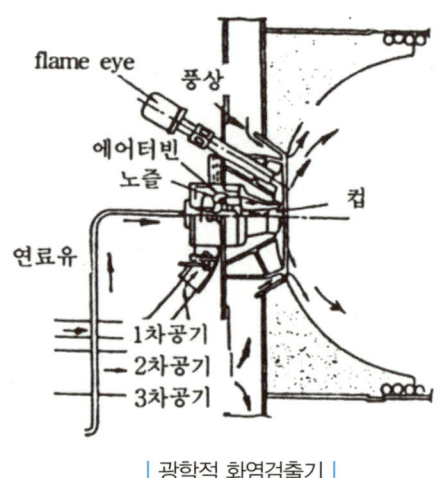

| 광학적 화염검출기 |

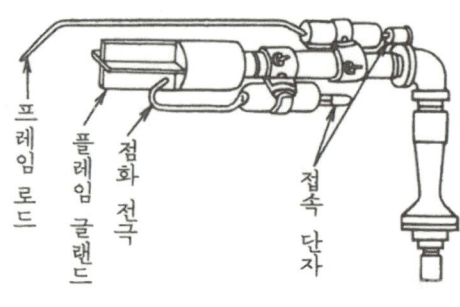

| 전기전도식 화염검출기 |

① 광학적 화염검출기

광학적 화염검출기(Flame eye)는 화염으로부터 발생되는 불빛이 검출기의 수광면에 닿게 되면 광전자를 방출하게 되는데, 이 광전자의 방출량을 검출전류로 하여 제어판넬에 전기적 신호를 보내게 된다. 근래에는 가스나 기름 연소 등의 모든 화염에서 신뢰성이 좋은 자외선 감지 광학적 검출기가 많이 사용되고 있다.

광학적 화염검출기는 작동원리상 버너 화염으로부터의 광선을 포착할 수 있는 위치에 부착되어야 하며, 수광면이 더러워지면 화염의 검출을 장애가 발생되기 때문에 주기적으로 수광면의 상태를 점검해 청소해주어야 한다.

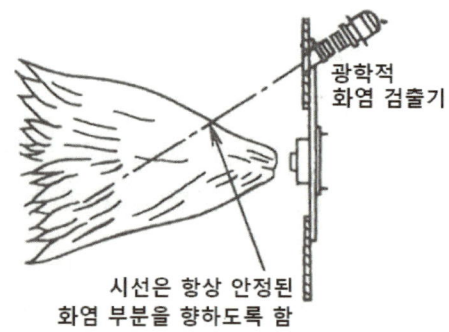

② 전기전도식 화염검출기

화염은 보유 에너지가 매우 크고 이온화되어 있기 때문에 전기가 흐르기 쉬운 성질을 가지고 있다. 따라서 버너의 분사구 근처의 화염 속에 전극을 두고 여기에 전압을 걸면 화염이 존재하고 있는 경우는 전류가 흐르나, 화염이 존재하고 있지 않는 경우는 전류가 흐르지 않는다.

전기전도식(flame rod) 화염검출기는 이러한 화염의 도전작용을 이용하여 화염의 유무를 감지하는 방식이며, 화염 속에 설치되는 내열성 재질의 전극봉을 플레임 로드라고 부른다. 플레임 로드는 화염 속에 설치되기 때문에 열화되거나 소손될 우려가 있어 연소시간이 비교적 짧은 점화

버너나 소형 보일러에서 주로 사용되고 있다.

보일러의 운전관리상에서는 플레임로드가 연소에 의한 절연의 열화나 그을음에 의한 감지 성능의 저하가 없는지 주기적으로 분리해 점검을 실시해야 한다.

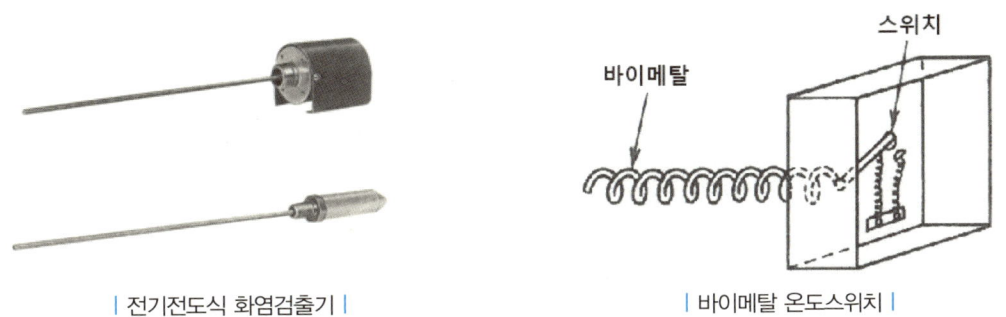

| 전기전도식 화염검출기 |    | 바이메탈 온도스위치 |

③ 바이메탈 온도스위치

바이메탈 온도스위치(stack switch)는 화염에서 발생되는 열을 감지하여 화염의 유무를 검출하는 것으로서, 위의 그림과 같이 발열부에 바이메탈의 엘리먼트를 삽입하여 온도 변화에 따른 바이메탈의 현저한 기계적 변위가 발생될 때 프로텍트 릴레이(보호계전기)의 전기회로 접점이 개폐되도록 함으로써 신호를 제어부로 보내게 된다.

바이메탈식 화염검출기는 온도감지에 따른 지연시간이 필요하여 검출 성능이 좋지 못하므로 연소실의 버너 쪽에서는 사용하는 사례는 많지 않으나, 온수계통이나 연도 쪽에서 온도조절용이나 온도제한스위치(안전장치)의 용도로 사용되는 사례가 있다.

## (13) 자동 연료차단장치

최고 사용압력 0.1MPa를 초과하는 증기보일러에는 보일러의 수위가 안전을 확보할 수 있는 최저수위(=안전수위)까지 내려가기 직전에 자동적으로 경보가 울리면서 연소실로 공급되는 연료를 자동적으로 차단하는 장치를 설치하여야 한다.

또한 열매체 보일러 및 사용온도가 120℃ 이상인 온수 발생 보일러에는 작동 유체의 온도가 최고 사용온도를 초과하지 않도록 온도 – 연소 제어장치를 설치해야 한다. 주철제 온수 보일러에서도 온수온도가 115℃를 초과할 때에는 연료 공급을 차단하거나 파이로트 연소를 할 수 있는 장치를 설치하여야 한다.

아울러 동체의 과열을 방지하기 위하여 온도를 감지하여 자동적으로 연료 공급을 차단할 수 있는 온도상한스위치를 보일러 본체에서 1m 이내인 배기가스 출구 또는 동체에 설치하여야 한다.

## (14) 연료탱크

유류 연료를 사용하는 경우 연료 저장탱크 및 연료 서비스탱크의 외관 오염이나 손상, 보온재의 파손, 내부의 부식이나 녹, 퇴적물, 기타 유면계나 유량계, 온도계 등에 대하여 점검과 정비를 실시한다. 연료탱크 정비의 일반적인 방법은 다음과 같다.

① 연료 탱크의 정비
- 청소를 할 때는 남은 기름을 전부 빼내고, 맨홀을 개방하여 내부를 청소함
- 외관의 오염은 세정유 등으로 닦아냄. 보온재나 커버가 파손된 곳은 보수함
- 기름에 불순물이 포함되어 탱크 내에 퇴적물이 쌓인 경우 모두 제거해 냄
- 유면계 및 게이지 코크로부터 기름 누설이 있는 것은 가스켓 및 패킹을 교체함
- 유량계, 온도계는 표시상태를 조사하여 이상이 있는 것은 교체 또는 보수함
- 가스 배출관의 인화방지 철망을 조사하여 막힘이나 오염된 경우 청소함
- 서비스탱크 내에 가열장치가 설치되어 있는 경우에는 기름의 온도가 유동에 적합한 점도에 상당하는 온도(C중유는 40℃~60℃ 정도)까지 가열되고 있는지 점검함

② 연료탱크 하부의 슬러지나 수분의 제거

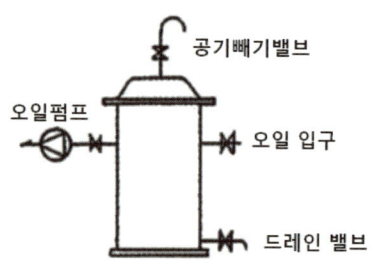

연료탱크 내의 기름은 저장 중에 공기 중의 수분이나 빗물 등이 혼입되거나, 기름의 혼합이나 변질에 의해 슬러지가 생기기도 해 의외로 이물질이 많아지는 경우가 있다.
또한 연료유에도 약간의 수분이 포함되어 있는 경우에는 장시간이 경과되면 물이 분리되어 탱크의 하부에 가라앉게 된다. 따라서 정기적으로 연료탱크 하부의 드레인 밸브를 열어서 수분과 슬러지를 배출시키도록 한다. 아울러 펌프 흡입측에 옆의 그림과 같이 유수분리장치가 되어 있을 경우에는 상부의 공기빼기밸브와 하부의 드레인밸브를 주기적으로 개방하여 내부의 공기나 물을 배출해줘야 함

③ 유면계의 정비
- 연료탱크 청소 후 기름을 넣고 플로우트 스위치의 on-off 설정 높이와 작동 상태를 확인함
- 오일펌프 및 차단밸브 등과의 연동이 늦는 것은 플로우트에 손상이 있거나 접점에 열손상이 있는 경우가 많으므로 원인을 조사해 보수 또는 교체함
- 기름 이송펌프가 플로우트 스위치 또는 압력스위치를 작동시켜 적정한 레벨에서 펌프의 기동/정지하는지, 또는 오버플로가 없는지 확인함
- 와이어식 유면계에 대해서는 플로우트가 원활히 상하로 움직이는지 손으로 움직여 확인해 보고, 정기적으로 기름의 저장량을 실측하여 유면계의 지시값과 비교해 봄
- 연료유의 비중이 바뀌면 플로우트 스위치가 작동하는 설정레벨이 이동하고 오버플로우하는 경우가 있으므로 연료의 변경 시에는 이점에 유의해야 함

## (15) 버너

버너는 각 제조사나 사양에 따라 구조가 다르므로 점검이나 정비방법이 다를 수 있다. 세부적인 관리 및 정비 요령은 제조사에 문의해 처리토록 하며, 일반적인 정비방법은 다음의 내용들을 참고하도록 한다.

① 버너
- 착화용 전극봉의 절연애자 및 전극봉을 깨끗이 청소함. 절연 애자에 균열이 있는 것은 교체함
- 회전식 버너는 오일을 비산시켜 오일 콘의 끝단이 흠이 나 있으면 분무 상태가 나빠지므로 눈금이 세밀한 줄을 사용하여 회전시키면서 다듬질함. 회전식 버너는 고속 회전부분이 많으므로 회전시켜 보아서 베어링의 손상이 인지되는 경우는 베어링을 교환할 필요가 있음. 팬 커버의 내부는 오일이나 이물질이 의외로 많으므로 분해하여 이물질 등을 청소하도록 함
- 건타입 버너의 점화전극봉, 보염판(디퓨저, 스태빌라이저, 배플판)에는 카본이 부착된 것이 많으므로 깨끗이 청소하고, 케이싱 내부에 있는 화염검출기(CdS)는 분리한 뒤 수광면을 청소해 줌
- 고압분무식 버너의 디퓨저에는 카본이 부착하므로 깨끗이 청소해야 함. 특히, 디퓨저의 슬릿에도 카본 및 이물질이 막혀 있는 경우가 많으므로 톱날 등을 이용하여 청소를 함
- 공기조절장치(에어레지스터)의 안내 날개, 보염판, 버너 타일 등에 부착된 미연유와 카본은 깨끗이 제거하고, 변형 또는 손상된 것은 수리 또는 교체함
- 가스버너의 프레임콘 등의 가스 분출구는 막히기 쉬우므로 깨끗이 청소하며, 압력이 걸리는 부분에 가스 누설이 있으면 수리해야 함

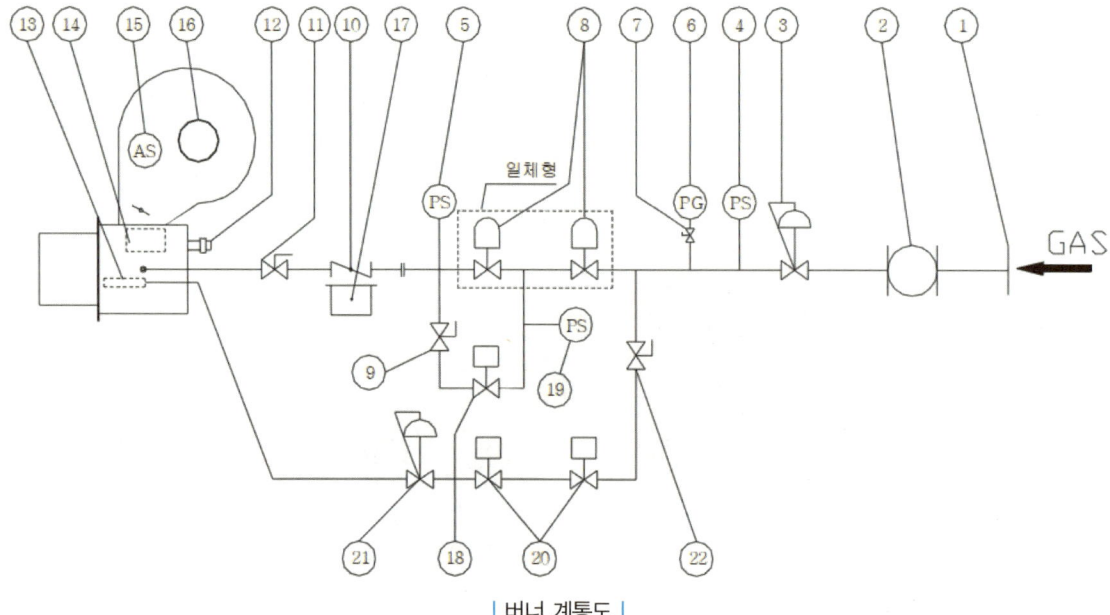

| 버너 계통도 |

1 : 접속 플랜지
4 : 가스압력 하한스위치
7, 9, 11, 22 : 볼밸브
12 : 화염검출기
15 : 공기 압력스위치
18 : 누설 전자밸브
21 : Pilot 가스 압력조정기

2 : Filter
5 : 가스압력 상한스위치
8 : 가스 밸브
13 : Pilot 버너
16 : 송풍기 모터
19 : 누설 압력스위치

3 : 가스압력 조정기
6 : 압력계
10 : 가스 조절변
14 : 트랜스
17 : 컨트롤 모터
20 : Pilot 전자밸브

② 점화장치

- 전극봉의 애자가 그을음, 카본 등으로 오염되어 있는 경우는 세정유를 묻힌 기름걸레로 깨끗이 닦아냄
- 전극 및 애자가 손상되어 있는 경우는 교체함
- 전극봉의 선단의 간격은 카본이 부착되어 있는 경우가 많기 때문에 샌드페이퍼 등으로 조심해서 청소하고, 전극봉의 간격은 제조자가 지정한 수치인지 점검함
- 전극봉의 선단이 노즐 튜브와 스태빌라이저에 너무 근접하면 전극봉 간에 방전되지 않기 때문에 주의함. 방전 상태는 육안 및 스파크 음으로 체크함
- 점화선에 오염이 있는 것은 파일럿 가스 등의 연료가 너무 과도하거나 또는 누설과 관련이 있으므로 그 원인을 조사하도록 함
- 점화버너에 대해서는 오리피스의 막힘, 연료가스의 압력 저하, 점화 버너용 공기배관의 휨이나 막힘 등의 유무를 조사함. 특히 공기배관의 막힘은 착화불량의 원인이 되기 때문에 주의해서 확인함

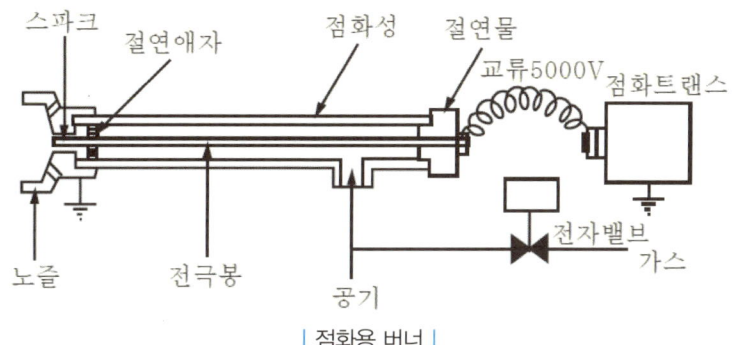

| 점화용 버너 |

③ 디퓨저 및 도유관
- 그을음이 부착된 것은 청소하고, 열손상 및 변형이 있는 디퓨저는 교체함
- 도유관의 접속부에서 누설이 있는 것은 조인트를 교체함. 막힘이 있는 것은 압축공기를 이용해 불어냄

### (16) 송풍기 및 급수펌프

송풍기나 급수펌프에 대한 일반적인 유지관리 사항은 앞부분의 송풍기 및 펌프 쪽의 내용을 참고하여 진행하면 된다. 다만 보일러에서는 급기나 급수가 제대로 이루어지지 않으면 장비의 운전이 원활하게 되지 않을뿐만 아니라 극단적인 경우 보일러의 파열까지도 유발할 수 있으므로 점검 및 정비에 철저히 임해야 한다.

특히 펌프의 경우 응축수탱크의 물 온도가 높아 임펠러에 공기가 정체되거나 펌핑이 원활치 않은 경우가 종종 발생되므로 각별한 관심이 필요하다. 주기적으로 임펠러 상부의 에어코크나 공기빼기밸브를 개방해 정체된 공기가 없는지 확인해 배출시키고, 응축수 배관에는 녹이나 용접 잔재물이 많으므로 스트레이너의 청소도 자주 해 주어야 한다.

### (17) 급수 내관

급수 내관은 다수의 구멍을 설치한 관을 보일러의 증기 드럼 또는 동체 내부에 부착하는 것으로 보일러에 공급하는 급수를 드럼 또는 동체 내부에서 균일하게 분배하기 위한 것이다. 급수 내관은 청소 및 점검이 용이하도록 분리 가능한 구조로 설치되어야 하는데, 안전검사 시 내부 검사에 지장을 초래하지 않도록 분리한 뒤 청소하면 된다. 분리한 급수 내관의 내외부 표면과 방수구에 스케일이 부착되어 있으면 모두 제거하고, 급수받이가 있는 경우에는 함께 청소한다.

한편 급수 내관의 방수구의 방향은 급수가 직접 보일러의 전열면에 닿지 않도록 재설치 시 주의하고, 보일러수의 순환에도 방해가 되지 않도록 해야 한다. 또한 급수 내관이 보일러의 증기부를 지나면서 누설이 있거나 방수구가 증기부로 노출되게 되면 워터해머를 일으키는 경우가 있다.

### (18) 급수예열기(이코노마이저)

- 급수예열기와 연결된 입구측의 연도, 점검구 등을 개방하고 접속된 배관도 분리한다. 급수예열기 관 및 관모음의 내부와 케이싱에 부식이나 부착물, 녹 등의 발생이 없는가를 점검한다. 뚜껑부나 이음부의 패킹은 새로운 것으로 교체한다.
- 급수예열기 외면의 부착물을 와이어 브러쉬, 스크레이퍼 등으로 제거하고 관 내면의 스케일은 화학세관에 의해 청소한다.
- 지지 금속물 등이 손상되어 있지 않은가를 점검한다.
- 내부의 응축수 배출이 제대로 되고 있는지 확인한다.

### (19) 공기예열기

- 검사구나 청소구, 기타 개구부 뚜껑을 전부 개방하고 오염이나 녹, 부착물 등을 제거한다.
- 회전식인 경우 이상이 있는 버킷과 함께 엘리먼트를 분리하고 와이어브러시 등으로 세밀하게 청소하고 버킷 내로 넣는다.
- 회전식의 경우 모터 및 감속기의 유량을 점검하고 부족한 것은 급유한다.
- 핀 부착 튜브식인 경우 핀튜브에 작은 구멍이 생기더라도 누수량이 적으면 운전 중 쉽게 발견되지 않는 사례도 많다. 핀이 부착된 관의 부식이나 누수가 없는지 세심히 관찰한다.
- 공기예열기의 외면은 저온부식이 발생한 곳은 없는지 세심히 관찰한다.
- 정비 종료 시에는 분리한 개구부의 뚜껑을 완전히 밀폐하여 가스의 누설이 없는지 확인한다.

## 13 보일러의 운전과 점검사항

### (1) 보일러의 운전

① 보일러의 제어반의 모든 스위치가 "Off" 상태로 되어있는지 확인 후 메인전원을 공급함
- 주증기 밸브가 닫혔는지 확인함
- 연료배관, 급수배관, 연도 등 각 계통의 밸브가 개방되어 있는지 확인
- 응축수탱크의 수위, 연료탱크(유류 연료인 경우)의 보유량 확인

② 제어반의 전원스위치를 "On"으로 전환함(전원램프 점등됨)

③ 급수펌프 스위치를 자동으로 전환
- 이때 보일러의 수위가 저수위 상태이면 저수위램프가 점등되면서 경보음이 울리고 급수펌프가 가동됨
- 경보정지 스위치를 누르고, 잠시 후 급수가 정상 수위에 이르게 되면 저수위램프가 꺼지고 급수가 정지됨

④ 연료 선택스위치 확인 : 오일 또는 가스 (혼소용 보일러에 해당)

⑤ 오일 프리히터의 온도 설정 확인
- B/C유 : 100℃, 130℃(중유 연소용 보일러에 해당)
- B/A유 : 70℃

⑥ 연소 전환스위치를 저연소 위치에 놓고 운전스위치를 "ON"시킴
- 경유 전용 : 송풍기 기동(착화기 동시 작동) → 약 15초 후 오일펌프 기동과 동시에 주연료 점화(저연소 램프 점등) → 계속 운전됨
- B/C유 및 가스 착화용 : 오일펌프 기동 → 약 5초 후(시간 임의 설정 가능) 송풍기 가동 → 약 15초 후 주연료 점화(착화기 동시 작동) → 계속 운전됨
- 가스용 : 약 5초 후 송풍기 작동 → 약 5초 후 풍량조절댐퍼 열림(프리퍼지) → 약 20초 후 댐퍼 닫힘 → 약 5초 후 착화기 점화 → 약 2초 후 메인가스 점화 → 계속 운전됨

⑦ 증기 압력이 0.1~0.2MPa가 되면 보일러를 정지시킴(운전스위치 "Off")

⑧ 본체 드레인밸브를 열어 관수를 배출시킴
- 운전 정지 후 5~10분 후(관벽 온도와 관내 물의 온도가 비슷해졌을 때)에 실시하여야 함. 정지 후 바로 퇴수시키면 연소 잔류열에 의해 튜브가 과열될 수 있고, 보일러수 내의 슬러지가 튜브 표면에서 증발하면서 부착될 우려가 있음
- 노통연관식은 저수위 경보음이 울릴 때까지 퇴수를 실시하여 저수위 안전차단장치가 정상적으로 작동되는지 확인하고, 관류형은 수질관리 차원에서 완전히 퇴수시킴
- 드레인 밸브를 닫고 급수가 공급되어 정상 수위에 도달하면 다시 보일러를 가동하여 정상 운전시킴

⑨ 보일러가 다시 가동되면서 설정된 압력에서 자동 정지되는지 확인함(압력차단기능 확인)

⑩ 압력차단기능에 이상이 없으면 주증기 밸브를 서서히 열어 정상 가동시킴

⑪ 연소 전환스위치는 사용 부하에 따라 저연소 또는 고연소 위치에 놓고 운전

## (2) 보일러의 일상 점검항목

| 점검 항목 | | 점검 사항 | 비고 |
|---|---|---|---|
| 보일러 본체 | 전체적 점검사항 | • 보일러 본체 전면에 있어서 외관상 이상한 오염이나 변색된 부분이 없는지 일상적으로 점검<br>• 운전 중 본체 전면이나 각 부 표면의 과열된 부분은 없는지 점검<br>• 각종 연결 배관이나 제어장치, 계기류의 밸브 개폐상태를 점검<br>• 보일러 각 부의 플랜지, 유니온, 윈드박스, 점검구 등의 연결부나 각 도관 접속부의 연결상태는 양호한가, 또는 물이나 증기 및 연료 등의 누출 흔적이 없는가 확인<br>• 제어판넬의 표시 내용, 각 운전값의 설정상태, 경보 발생 이력 등을 확인<br>• 폭발구가 설치된 경우 눌림용수철의 장력, 녹, 오염 여부 점검 | |
| | 압력계통 | • 증기보일러의 경우 착화 후 압력계의 지침이 설정압력으로 올라가는지, 온수보일러는 급수압력이 유지되는가 확인<br>• 압력이 지나치게 높거나 낮지 않은지 운전 중 수시로 점검<br>• 설정압력에서 연소 정지/가동의 자동운전이 되는지 확인 | |

| 점검 항목 | | 점검 사항 | 비고 |
|---|---|---|---|
| 보일러 본체 | 수위계통 | • 운전 중 수위 변동이 지나치게 심하지 않은지 점검<br>• 수위 변동에 따라 급수펌프가 정상적으로 작동하는지 확인<br>• 수면계 배출코크나 연락관의 밸브는 부드럽게 개폐되는지 점검<br>• 코크나 연결관의 누수나 막힘은 없는지 확인<br>• 유리 표면이 오염되었거나 가스켓에서의 누설은 없는지 점검<br>• 수면개가 2개인 경우 수면계 간의 수위 차이가 없는지 확인<br>• 저수위나 고수위 시 차단장치의 작동과 경보 발생 여부 점검 | |
| | 급수경보 장치 | • 저수위, 고수위에서 경보발생이 이루어지는지 점검<br>• 전극봉식인 경우 전극봉이 오염되어 있지 않은지 주기적으로 분해 점검 후 청소 실시 | |
| | 주증기밸브 | • 밸브 조작이 원활하게 이루어지는지, 누설은 없는지 확인<br>• 밸브 뒤의 기수분리기 트랩 작동은 양호한지 점검 | |
| | 블로우다운 밸브 | • 밸브 작동 시 원활한 배출에 지장이 없는지 점검<br>• 자동 블로우다운 시 수위 변동 상태 점검하여 과다할 경우 조정<br>• 블로우다운 제어장치의 설정상태가 적절한지 확인 | |
| | 안전밸브 | • 과압 발생 시 설정압력에서 정상적으로 작동하는지 점검<br>• 주기적으로 안전밸브를 분해 점검 및 청소 실시(세관작업 시)<br>• 주기적으로 안전밸브의 시험레버를 작동시켜 안전밸브의 고착 방지 및 분출 여부 확인 | |
| 연소 계통 | 연료계통 | • 유량계나 메타기를 통하여 연료의 사용량을 일상적으로 확인(보일러의 운전효율 점검)<br>• 연소 시 가스 공급압력의 변화량 수시 점검(도시가스인 경우)<br>• 배관에서의 가스 누설 여부를 주기적으로 점검<br>• 연료탱크의 유면계를 확인하여 연료량 점검(액체 연료인 경우)<br>• 급유펌프 작동 시 소음 발생 여부나 공급압력의 적정성 점검<br>• 오일여과나 가스필터가 이물질로 막히지 않았는지 점검 | |
| | 버너장치 | • 연소 시 화염의 방향과 형상이 안정적인지 수시 점검<br>• 연소 시 화염의 색상에 따른 공기비의 적정성 수시 점검<br>• 점화전극 및 점화트랜스의 연결은 잘되어 있는지 점검<br>• 파이로트 버너의 점화 상태와 화염의 크기는 양호한가 확인<br>• 연료 공급 또는 차단용 전자밸브의 작동은 원활한지 확인<br>• 불착화 시 경보 부저가 울리고 보일러 운전이 정지되는지 확인<br>• 노내 가스의 프리퍼지나 포스트퍼지의 시간은 설정값에 따라 충분하게 실시되고 있는지 확인<br>• 점화나 소화 시 이상음이 발생되지 않는지 점검<br>• 노즐팁의 손상 및 그을음 여부 주기적으로 점검 후 청소 실시<br>• 보염판이나 점화전극 애자가 오염되어 있지 않은지 점검 | |
| | 안전장치 | • 가스 누설 시 자동차단장치가 정상적으로 작동되는지 주기적으로 점검<br>• 화염검출기를 주기적으로 분해하여 그을음이 부착되거나 열화되지 않았는지 점검 후 청소 실시<br>• 화염검출기의 단자 접속상태 점검, 절연저항의 주기적 측정 | |
| | 예열기 | • 연료예열기 작동 온도는 적당한지 일상적으로 점검(액체연료) | |
| 급배기 계통 | 송풍기 | • 연소 부하량에 따라 풍량조절댐퍼의 개도율 조정이나 송풍기의 회전수 제어가 연동되어 이루어지는지 확인<br>• 송풍기 가동 시 소음이나 진동의 발생 유무 점검<br>• 벨트 구동의 경우 벨트의 장력 및 마모 상태는 양호한지 점검<br>• 풍량조절댐퍼의 작동은 원활한지, 링크 기구의 고정이 느슨하지 않은가 점검<br>• 퍼지 중의 풍량조절댐퍼의 열림 상태 확인<br>• 흡입측에 필터가 설치된 경우 주기적으로 분해 점검 후 청소 | |

| 점검 항목 | | 점검 사항 | 비고 |
|---|---|---|---|
| 급배기 계통 | 배기계통 | • 배기가스의 성분 분석($CO_2$나 $O_2$)과 온도 확인<br>• 연소 시 이상한 냄새, 연도의 누설이나 과열 여부 점검<br>• 연도와 연결된 부분에 설치된 댐퍼는 개방되어 있는지 확인<br>• 연도의 이음부에서 응축수의 누수는 없는지 확인<br>• 연도로부터 외부로 배출되는 가스 색깔에 이상은 없는지 확인 | |
| | 공기 예열기 | • 입구와 출구의 공기 온도를 확인하여 열교환성능 점검<br>• 공기의 누설, 열교환기의 손상, 부식 등의 점검 | |
| | 이코노 마이저 | • 입구와 출구의 물의 온도를 확인하여 열교환 성능 점검<br>• 응축수의 배출 여부 점검<br>• 전열면 내/외면의 부식, 스케일, 누설 여부 점검 후 필요시 청소 | |
| 급수 계통 | 수처리 장치 | • 수처리기로 공급되는 원수의 수압은 적당한가 점검<br>• 재생염의 재고량은 충분한지 점검<br>• 처리수의 수질은 적절한가 일상적으로 경도를 측정하여 확인<br>• 수처리기의 동작제어 설정값이 양호한가 주기적으로 점검<br>• 이온교환수지량은 적정한가 주기적으로 확인 | |
| | 약주입 장치 | • 약액주입기로부터의 공급 약액량은 적정한지 점검<br>• 배관의 누수나 막힘 여부, 밸브의 개폐 상태 등 점검 | |
| | 급수 펌프 | • 급수 작동 시 공급압력은 적당한가 확인<br>• 씰이나 배관 연결부에서의 누수는 없는지 점검<br>• 펌프 작동 시 이상소음이나 진동이 발생하지 않는가 확인<br>• 임펠러에 공기가 없는지 케이싱의 에어코크를 열어 확인<br>• 급수 유량은 적절한지 확인(급수유량계 수치 확인)<br>• 전동기의 과열이나 과전류는 없는가 주기적으로 측정<br>• 펌프 흡입측의 스트레이너는 주기적으로 분해해 이물질 청소<br>• 베어링이나 커플링의 손상 여부 점검 | |
| | 응축수 탱크 | • 응축수탱크 수위의 적정성 확인<br>• 수위에 따른 급수밸브의 작동 상태, 고/저수위 경보 발생 확인<br>• 탱크 주위에서 누수나 증기의 누설이 없는지 확인<br>• 벤트관에서 재증발 증기의 과다 누설이 없는지 점검<br>• 주기적으로 응축수 완전 퇴수 후 내부 청소, 부식 여부 점검 | |
| 기타 | | • 보일러 주변의 정리정돈 상태, 가연물 방치 여부 등 확인<br>• 보일러실의 환기는 충분한가 확인<br>• 증기 메인공급관의 감압밸브 작동 상태 점검(1~2차 압력)<br>• 메인증기관에서 공급되는 증기의 온도 확인<br>• 제어판넬 내부의 단자나 회로장치에 먼지 및 이물질 여부 확인<br>• 보일러수의 수질상태를 주기적으로 분석(pH, TDS, 실리카 농도, 용존산소량 등)<br>• 보일러 본체나 주위 연결배관 등의 단열재의 손상 여부 점검 | |

## (3) 연소 시의 운전관리

보일러는 항상 증기의 공급압력이나 온수의 온도를 일정하게 유지해야 하므로 부하의 변동에 따라 연소량을 증감하는 일이 필요하다. 대부분의 경우 버너의 운전이나 연소 관리는 자동적으로 이루어지도록 되어 있는데, 가스와 공기량의 제어가 적정하게 이루어지지 않으면 연소가 불안정해지고 때로는 매연의 발생이나 과잉공기에 의한 손실이 발생하게 되므로 평상시에도 관심을 가지고 연소상태를 살펴보아야 한다.

### ① 보일러 연소 관리 시 일반적인 주의사항

보일러 운전 중 연소와 관련된 주의사항으로는 다음과 같은 내용들을 들 수 있다.

- 연소량이 급격히 증감되지 않도록 주의한다. 연소량이 증가될 경우에는 통풍량이 먼저 증가되어야 하고, 반대로 연소량이 감소할 때는 연료의 공급을 먼저 감소시켜 주어야 한다. 이와 반대로 연료와 공기가 제어될 경우 연소가 불안전해질 우려가 있으므로 연소량의 변동 시 세심히 관찰해 본다.
- 연소실 내에서 화염의 방향이나 움직임을 주의깊게 살펴볼 필요가 있다. 화염이 한쪽 방향으로 편중되거나 화염이 불안정하게 흔들릴 경우 소화 후 버너를 분리하여 점검 수리를 한다.
- 연소실 내부의 온도는 가급적 높게 유지하는 게 바람직하므로, 불필요하게 많은 공기가 연소실로 유입되지 않도록 주의한다. 특히 보일러 연소 전후의 퍼지 작동시간 등이 적정한지, 풍량조절댐퍼의 연동 상태나 팬 인버터의 제어상태 등을 주기적으로 확인한다.
- 연료의 공급압력과 송풍기의 송풍압력을 수시로 점검한다. 특히 장비가 여러 대 병렬로 설치된 경우 각 장비의 연료 소비량 변화에 따라 인근 장비에 공급되는 연료의 공급압력이 영향을 받을 수 있으므로 확인이 필요하다. 또한 송풍기의 송풍압력이 변화되면 공기비가 변화될 수 있으므로, 운전 중 가스와 공기의 공급 압력이 가급적 안정적으로 유지되는 게 바람직하다.
- 운전 개시 때 불착화가 되거나 또는 운전 중 돌연 정지(실화)되었을 경우에는 연료 공급밸브를 잠그고 송풍기를 수동 운전시켜 연소실 내부를 환기시켜 준다. 버너가동 시 점화에 3회 실패한 경우에는 강제로 재가동하지 말고 반드시 버너를 분리해 내부의 상태를 점검하고 정비한 뒤 재가동하도록 한다.
- 또한 보일러가 높은 부하로 운전되다가 갑자기 정지된 경우 한동안은 연소실 내부의 온도가 높아 바로 재점화를 시도하게 되면 자연발화가 될 수도 있기 때문에 주의가 필요하다. 가급적 본체 온도가 어느 정도 낮아진 뒤 재가동하는 것이 좋다. 불착화나 운전 중 실화가 반복되면 가동을 중지하고 버너 계통에 대한 점검과 보수를 실시한다.
- 보일러 운전 중 배기가스의 온도에도 관심을 갖는다. 배기가스의 온도가 지나치게 높거나 낮으면 정상적인 연소가 되지 않거나 공기비가 부적당할 수 있다. 그러므로 연도에 설치된 배기가스 온도계의 수치와 연소실 내부의 화염 색깔 등을 수시로 점검하여 연소상태를 관리하도록 한다.

② 폭발(화재)의 원인과 방지대책

가연성 가스가 공기와 혼합하여 연소될 때 어떤 혼합 범위에서는 폭발성을 띠게 된다. 이 폭발성을 갖고 있는 혼합범위를 "폭발 한계"라고 한다. 폭발 한계 내의 상태에서 점화가 된다면 가스 폭발을 일으키거나 매우 극심한 폭발적 점화로 이어질 수 있는데, 기체연료가 연소실에 누설되면 곧바로 공기와 혼합하기 때문에 액체연료에 비해 폭발 위험성이 더 크다.

보일러에서 폭발(또는 화재)의 주요 사고 원인과 방지대책은 다음과 같다.

| 폭발(화재)의 원인 | 방지대책 |
| --- | --- |
| 착화 온도 이하의 연소실 내부로 밸브 누설 등에 의해 연료가 유입되어 정체되고, 그 상태에서 점화될 경우 | • 점화전에 필히 프리퍼지를 하고 점화가 이루어지는지 주기적으로 점검<br>• 정기적으로 연료 공급계통(특히 제어 밸브)의 누설 여부를 확인 |
| 점화 시 연료 공급량이 과다하거나 송풍량이 과도하게 부족한 경우 | • 점화시에는 최소 부하 수준에서 점화되도록 설정치를 점검하여 재셋팅<br>• 송풍기나 풍량조절댐퍼의 정상적인 작동여부와 제어 셋팅값을 주기적으로 점검 |
| 운전중 불꽃이 꺼졌음에도 불구하고 연료가 공급된 경우, 또는 이로 인한 재점화시 재공급된 연료가 착화 온도 이상인 부분에 접촉하여 자연발화되는 경우 | • 실화후 재점화시 연료 공급을 차단하고 충분히 환기, 냉각한 후 재점화 실시<br>• 화염감지장치 또는 화염검출기의 주기적인 작동 확인과 청소<br>• 운전 중 실화가 자주 될 경우 보일러 운전을 정지하고 버너 분해 후 수리 |
| 연소가스의 배기가 원활하지 않거나 역류하여 연소실 내부의 혼합가스의 농도가 높아진 경우 | • 연도 규격의 여유있는 선정<br>• 연도 수평거리가 너무 길지 않도록 함<br>• 하나의 연도에 용량이 큰 다른 연소장치들이 가급적 함께 많이 연결되지 않도록 함(송풍기 압력차에 의한 상호 간 영향) |
| 저수위 상태에서의 계속 연소에 의한 보일러의 과열, 또는 증기 배출이 되지 않은 상태에서 연소가 지속된 경우 | • 저수위 차단장치, 또는 압력 제한스위치 등 안전장치의 작동 상태를 주기적으로 점검 및 분해 청소<br>• 작동 상태가 불량하거나 노후된 센서 및 조절기는 교체 |

| 노통연관식 보일러의 폭발 및 압궤 |

| 관류형 보일러의 과열에 의한 수관 파열 |

## (4) 보일러의 이상 증상과 원인

### ① 초기 점화 실패(불착화)
- 가스 전자밸브(또는 연료 배관의 밸브)가 닫혔거나 노즐이 막힘
- 점화전극(또는 스파크봉)이 오염되었거나 결선이 불량함
- 점화전극(또는 스파크봉)이 디퓨저와 멀어져 있거나 간격이 불량함
- 급기 풍량조절댐퍼가 너무 많이 열려 있음(가스/공기비 부적당)
- 배기 연도에 설치된 댐퍼가 개방되지 않음
- 점화트랜스의 능력 저하, 화염검출기의 능력 저하
- 풍압스위치가 설치되어 있는 경우 접점의 불량이나 오작동, 릴레이 고장
- 여러 대의 보일러가 병렬로 연결된 상황에서 다른 보일러들이 가동되고 있을 때, 이로 인해 정지 중 동체 내 압력이 설정압력보다 높게 유지되고 있음
- 온도스위치(또는 온도제한기)의 작동에 따른 안전장치의 작동
- 버너 컨트롤러 고장, 보일러의 연관이나 수관 파손으로 누수(침수) 등

### ② 운전 중 화염의 꺼짐(실화)
- 가스필터에 이물질이 많이 끼였거나 연료의 보유량의 소진
- 풍량조절댐퍼가 너무 많이 열려 있음
- 연료배관의 전자밸브, 가스의 경우 압력조절밸브 등에 이상이 생겼음
- 화염검출기에 이상이 발생하여 안전장치가 작동되어 자동 정지됨
- 주위 장비의 영향으로 연료 공급압력이 급격히 저하됨
- 가스감지기에 누설이 감지되어 가스차단밸브가 닫힘
- 저수위에 따른 안전장치가 작동되어 연소가 자동 정지됨
- 압력제한기나 과압방지센서, 또는 관체 과열방지스위치의 작동
- 유류연료에 물이나 이물질의 혼입, 유수분리기에 공기나 물의 정체 등

③ 이상 화염이나 연기의 발생
- 과잉공기(또는 연료의 부족) : 불꽃이 밝고 끝이 가늘고 짧아짐(화염이 작음), 흰색 연기의 발생
- 공기량 부족(또는 연료의 과다) : 불꽃이 검붉으며 매연이 발생, 점화가 불안정하고 펑펑거림
- 보일러 동체 내에서의 누수나 이코노마이저의 누수 등

④ 보일러 수위 저하
- 응축수탱크나 급수탱크에 물이 없음
- 급수배관계통의 밸브가 닫혔음
- 급수펌프의 이상 : 소손이나 과부하 트립, 임펠러에 공기가 정체 등
- 급수배관이나 펌프가 동결되었음(겨울철)
- 급수 온도가 지나치게 높음 : 응축수배관에 증기의 유입 추정
- 연수장치에 이상이 발생하여 급수 보충이 안 됨
- 급격한 부하 증가, 또는 캐리오버에 따른 일시적 저수위 발생
- 수위검출기의 이상 : 스케일 부착, 단선, 결선 불량, 제어회로의 소손 등
- 드레인밸브나 안전밸브의 개방, 블로우다운의 시간 설정 오류 등 오작동

⑤ 운전 중 이상 소음의 발생
- 송풍기나 급수펌프, 연료펌프의 베어링이나 구동축의 이상
- 연소 화염이 흔들리거나 이상 연소로 인한 불안정한 버너의 가동
- 안전밸브의 미세한 열림
- 배기 연도에 설치된 댐퍼가 완전히 열리지 않았음

⑥ 배기가스 중 $CO_2$ 농도 낮음
- 과잉공기, 또는 풍량조절댐퍼의 과다 개방
- 연료필터의 이물질 막힘, 연료 공급압력의 부족

⑦ 화염이 붉고 배기가스 중 $CO_2$ 농도 높음
- 연료 공급압력이 높거나 공급량이 과다함
- 급기량의 부족, 또는 풍량조절댐퍼의 개도율 부족
- 송풍기의 용량 저하

## 14 장기간 운전 정지 시 보존법

보일러를 장시간 운전 정지시킬 때에는 운휴 중의 보존에 대한 대비를 하여 보존기간 중에 부식이 발생하지 않도록 하여야 한다. 보일러의 전열면 중 수관이나 드럼 등의 상부 부위는 운전 중 증기가 발생하여 가득차게 되지만 보일러를 사용하지 않는 경우에는 공기와 습기에 노출되어 부식이 발생할 우려가 매우 높다. 따라서 보일러의 장기간 정지 시에는 전열면이 공기와 접촉되지 않도록 물을 가득 채우거나 또는 물을 모두 비운 뒤 질소를 가압해 채워넣거나 흡습제를 이용해 부식을 예방해야 한다.

보일러의 보존법은 운전 정지기간이 비교적 단시간일 경우에는 만수법을, 장시간일 경우에는 건조법을 이용하는 것이 바람직하다.

| 장기간 휴지 시 보존 미비에 따른 부식 |

### (1) 장기 보존 시 전열 외면의 보호

만수법이나 건조법을 사용할 때에는 전열면을 보호하기 위한 사전처리로 전열 외면 및 기타 금속 외면은 압축공기로 완전히 청소하는 것이 좋다. 이를 통해 압력부의 외면이나 공기 예열기의 가스 측, 전열면에서의 재나 유황성분의 잔유물을 제거한다. 보일러가 충분히 건조된 후에는 외부로부터 공기가 유입되지 않도록 보일러 주위의 연도나 에어덕트 주위를 완전히 밀폐시킨다.

### (2) 건조법에 의한 전열 내면의 보존

보일러수를 전부 분출해서 건조상태로 보존하는 방법으로 상당 기간에 걸쳐서 휴관하는 경우 또는 만수법으로 동절기에 동결할 우려가 있을 때 사용한다. 건조법에 의한 보존은 건조제를 사용하는 방법과 질소가스를 사용하는 방법이 있다.

① 건조제 사용 시
- 보일러수를 비우고 각 튜브를 청소한다. 수세만으로 깨끗하게 금속면이 나오게 되면 그 이상의 조치는 필요없다. 만약 스케일이나 슬러지가 고착되어 있는 경우는 튜브클리너를 사용하거나 드럼헤더 내면의 부착물은 스크레퍼를 사용해 제거하는 것이 바람직하다.
- 보일러 내부의 세척이 모두 끝나면 이동식 송풍기로 내부에 공기를 불어넣어 건조시킨다.
- 내면부가 잘 건조된 후 건조제로 실리카겔이나 활성알루미나를 내면 용적 $m^2$당 1.3kg의 비율로 용기에 넣어서 내부에 둔다. 흡습제가 액화되어 새어나오는 것을 방지하기 위하여 용기의 3/4이상 넣어서는 안 된다.
- 압력부를 완전히 닫고 증기나 습기가 내부에 들어가는 경우가 없도록 한다. 수분이 새어 들어갈 가능성이 있는 배관계통은 완전히 차단한다. 흡습제는 처음에는 자주 점검하여 교체할 필요가 있으나 어느 정도 후에는 정기적으로 1개월에 1회 정도 점검하여 필요시 교체토록 한다.
- 보존후 재가동할 때에는 건조제를 빼낸 후 보일러에 물을 채웠다가 배출하면서 몇 차례에 걸쳐 충분히 씻어내도록 한다. 기동 시는 한동안 연속 블로우하여 내부의 이물질이나 잔존물이 배출되도록 하고, 적정히 약품 처리된 보일러수를 공급하여 수질관리하도록 한다.

② 질소($N_2$)가스 사용 시

질소가스를 봉입하여 그 불활성 가스에 의해 공기로부터 금속면을 차단해서 방식효과를 발휘하도록 하는 방법이다. 질소가스 봉입 시에는 사전에 누설 여부를 확인하고 봉입은 보일러 내부의 증기 또는 물과 치환하면서 주입한다. 질소가스는 고순도(99.9% 이상)의 질소가스를 사용하고, 봉입 후에는 압력을 확인하여 누기 여부를 재확인한다.

보일러에 질소가스를 봉입하는 요령은 다음과 같다.
- 보일러 소화 후 노내 전열면에 물의 응축이 일어나지 않도록 노내 가스를 완전히 공기와 치환한다.
- 증기압이 0 이하로 되거나 공기가 압력부에 들어오는 일이 없도록 질소가스를 봉입한다.
- 질소가스를 유입시켜 보일러수를 분출할 경우에는 밸브의 개도율을 조절해 수관이나 튜브 내의 증기나 보일러수가 골고루 배출될 수 있도록 하고, 배출이 완료되면 밸브를 완전히 닫는다.
- 질소가스 봉입이 완료된 후에는 질소가스 압력을 0.02~0.05MPa 정도로 유지하고, 보일러가 완전히 냉각된 후 각 드레인 밸브를 조금 열어 증기나 물이 남아 있는지 확인한다.
- 주기적으로 질소 압력을 확인하여 압력이 대기압 이하가 되지 않도록 한다.

### (3) 만수법에 의한 전열 내면의 보존

부식 방지에 필요한 약품을 소정의 농도로 유지한 물을 보일러에 만수시켜 보존하는 방법이다. 동결의 가능성이 있을 때는 사용이 곤란하고 보존 중 온도 변화에 의한 보일러수 체적을 흡수하기 위하여 드럼 위에 소정의 약품처리수를 넣은 탱크를 설치하거나 질소가스를 봉입한다.

- 만수 보존을 할 경우에는 전열 외면과 내면을 먼저 청소하고, 보일러의 표준 수면까지 처리수를 급수한다. 급수는 만수법에 적합한 보일러수의 알칼리도나 수질이 되도록 약품을 혼합하여 급수하도록 한다.
- 급수한 보일러수의 공기를 제거하고 균일한 농도가 될 수 있도록 보일러를 점화하여 운전한다. 증기가 발생되면 부하를 서서히 내려 소량의 증기를 내보면서 안전운전에 필요한 범위에서 보일러 수면계 게이지 유리 상한 부근까지 상승시킨 후 소화시켜 압력을 낮춘다.
- 증기압이 거의 없게 되고 또 냉각에 의한 부압이 되기 전에 급수를 서서히 주입하여 보일러 수관 드럼에 가득 채운다.
- 드럼 위에 약품처리한 보일러수를 채운 탱크를 설치하여 보일러 내부가 부압이 되거나 공기가 유입되지 않도록 한다.
- 보존 중 누수의 점검과 보일러수의 수질을 정기적으로 분석하여 다음과 같은 수질을 유지하여야 한다. 보존 중 보일러수의 알칼리도가 250ppm까지 내려가거나 수질이 부적절해질 경우에는 보일러 수면을 표준수면까지 낮춘 후 약품을 주입하거나 교체한 후 보일러를 연소시켜 보일러수를 순환시킨 후 앞에서 설명한 방법과 같이 다시 만수 보존한다.

| 항 목 | 수 질 |
|---|---|
| pH | 11.5~12.0 |
| P 알칼리도($CaCO_3$) | 400 ppm 정도 |
| 인산 이온($PO_4^{-3}$) | 30~50 ppm |
| 아류산 이온($SO_3^{-2}$) | 40~50 ppm |
| 하이드라진($N_2H_4$) | 50~100 ppm |

- 보존 후 재가동할 때에는 만수된 보급수를 완전히 배출시킨 후 몇 차례에 걸쳐 보일러에 물을 채웠다가 배출하면서 수관이나 튜브면을 충분히 씻어내도록 한다. 기동 시는 한동안 연속 블로우하여 내부의 이물질이나 잔존물이 배출되도록 하고, 적정히 약품 처리된 보일러수를 공급하여 수질관리하도록 한다.

## 15 보일러 및 증기계통에서의 에너지 절약

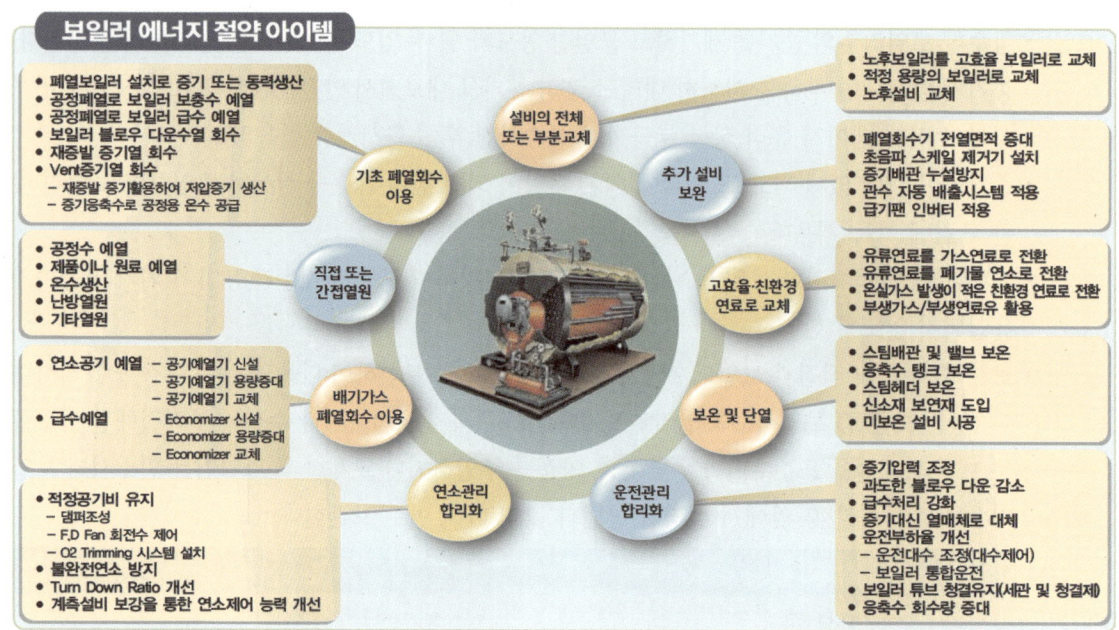

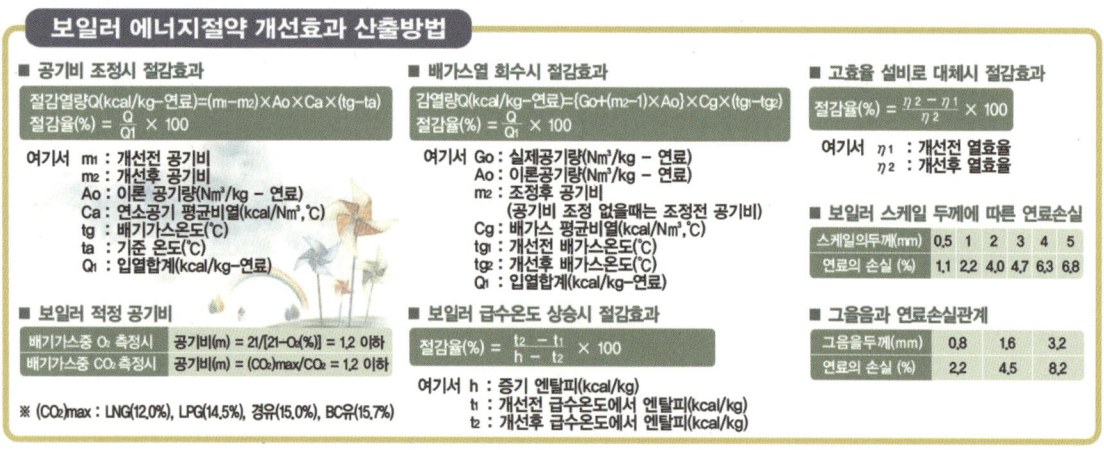

• 출처 : 한국에너지공단

### (1) 연소 개선

보일러의 에너지 절약 중 가장 비중이 큰 것이 연소를 개선하는 것이다. 연소 과정에서의 손실을 줄이고 효율적인 연소가 되기 위해서는 적정한 공기비를 유지하는 것이 중요하고, 급기의 온도를 높이는 것이 필요하다. 보일러 운전 중 부하가 수시로 변화되게 되므로 공기비의 조절은 제어장치에 의해 자동화되어 있지만 주기적으로 정상 작동되고 있는지 확인해야 한다.

또한 보일러와 공기예열기의 전열면을 잘 관리하여 외부로 배출되는 최종 배기가스 온도를 최대한 낮게 유지하도록 한다. 보일러의 배기가스 온도의 변화 추이를 주기적으로 체크하면 보일러의 성능 저하 여부를 용이하게 판단할 수 있으며, 배기가스 온도 상승 시에는 연소실에 그을음이 부착하거나 관내에 스케일이 형성된 것으로 추정해 볼 수 있다. 일반적으로 배기가스 온도를 20~25℃ 낮추면 사용연료가 약 1% 정도 절감되는 것으로 판단해도 큰 무리가 없다.

▼ 보일러 배기가스와 주위 온도와의 차

| 종 류 | 보일러 용량(ton/h) | 배기가스 온도차(K){℃} |
|---|---|---|
| 유류용 및 가스용 보일러 | 5 이하 | 300 이하 |
|  | 5 초과 20 이하 | 250 이하 |
|  | 20 초과 | 210 이하 |
| 열매체 보일러 | 전 용량 | 150 이하 |

• 출처 : 열사용기자재의 검사 및 검사 면제에 관한 기준, 산업통상자원부 고시

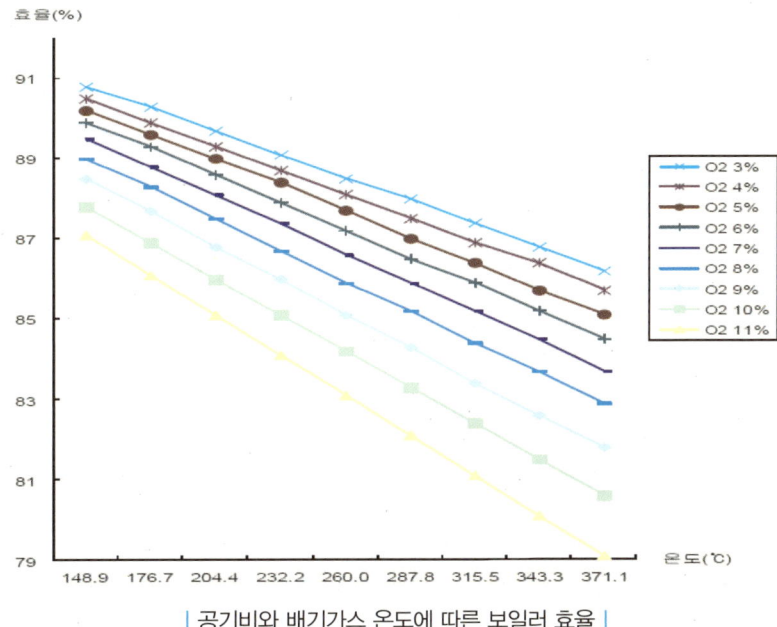

| 공기비와 배기가스 온도에 따른 보일러 효율 |

## (2) 전열효율 향상과 수처리 철저

보일러의 전열효율을 높이기 위해서는 수질관리를 철저히 하여 수관에 스케일이 발생되지 않도록 하고, 주기적으로 세관작업을 실시하여 전열면을 양호하게 관리하는 것이 필요하다. 보일러의 수질 관리와 전열면의 청소가 불량하게 되면 열전달 효율이 떨어져 연소열이 충분히 보일러수에 전달되지 못하고 배출되므로 에너지가 낭비되게 된다. 또한 전열면의 스케일은 부식으로 이어져 장비의 수명을 짧게 하고 과열에 의한 사고의 원인이 되므로 철저한 관리가 중요하다.

| 전열면의 슬러지와 부식 |

| 보일러수의 수질 분석 |

### (3) 폐열 회수에 의한 에너지 절약(급기 및 급수의 예열)

보일러에서 운전 중 버려지는 폐열에는 크게 두 가지가 있는데 연소 후 배출되는 배기가스와 블로우다운 과정에서 버려지는 물이 지니고 있는 열량이다. 연소가스의 배열은 배기 측에 이코노마이저(급수예열기)와 공기(급기)예열기를 설치하여 회수하는 방법이 대부분 사용되고 있으며, 블로우다운의 배수열도 열교환기나 열교환코일이 내장된 베셀을 설치하여 급수를 예열하는 방법 등으로 활용되고 있다.

이러한 폐열 회수를 통하여 보일러 급수온도를 7~8℃ 높이면 연료 약 1% 정도의 절감이 가능하다. 아울러 보일러의 급수온도가 상승하면 추가적으로도 연료비 절감이 가능하므로, 보일러 운전 중 배기가스열이나 응축수, 재증발 증기, 또는 공정 폐열 등을 최대한 회수하면 상당한 양의 운전에너지를 절약할 수 있다.

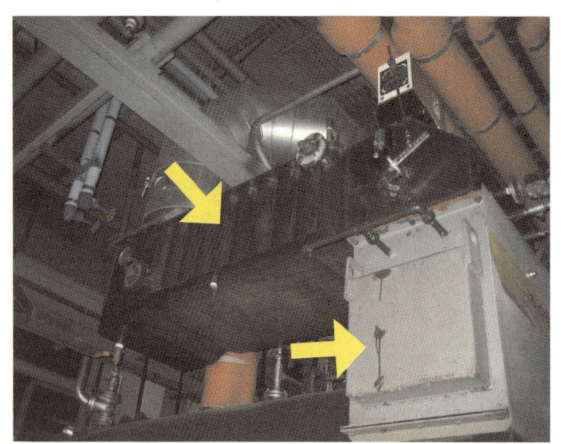
| 이코노마이저(중간)와 공기예열기(아래) |

### (4) 부하의 집중과 적절한 대수 운전

보일러의 운전 시 높은 가동효율을 발휘할 수 있게 하기 위하여 전부하 운전이 되도록 관리해야 한다. 낮은 부분부하에서 장시간 운전되게 되면 잦은 기동정지로 인한 손실(연소 전후의 퍼지 등)이 발생하게 되고 운전효율도 낮아져 효율적인 가동이 되지 못한다. 부분부하로 인한 비효율적인 운전은 눈에는 보이지 않지만 전체적으로는 많은 양의 에너지를 낭비하게 된다.

따라서 공조장비나 증기 사용설비들의 가동시간을 가급적 보일러의 가동시간대에 집중시켜줘서 보일러가 전부하 또는 고효율 운전이 되도록 해야 한다. 또한 불가피하게 부분부하가 발생되면 보일러의 운전대수를 조정하거나 아니면 보일러의 가동률에 맞춰 거꾸로 부하들의 가동시간을 적정하게 조정하는 운전자의 노력만으로도 많은 에너지를 절감할 수 있다.

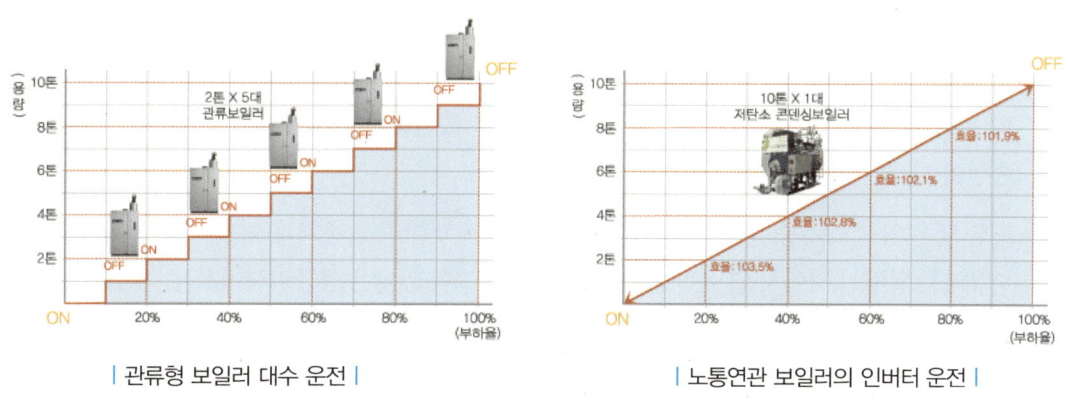

| 관류형 보일러 대수 운전 | | 노통연관 보일러의 인버터 운전 |

### (5) 응축수의 철저한 회수

보일러의 운전에너지를 절약하게 위해서는 무엇보다도 응축수의 회수율을 높이는 것이 중요하다. 응축수를 회수해 재사용하지 못하거나 유실되어 버려지면 다량의 열량을 지닌 에너지가 낭비되는 것이다. 응축수는 증발과정을 거친 매우 양질의 급수가 되므로 철저하게 회수하여 재이용하게 되면 수처리 비용과 보충수의 상수도 요금을 절감하는 효과가 있다.

### (6) 전력 소비량 절감

전력 소비량을 줄이기 위해서는 송풍기나 펌프의 전동기는 고효율 제품을 사용하도록 하고, 노후화되었거나 효율이 나쁜 장비는 교체가 바람직하다. 또한 보일러의 운전시간 중 부분부하 상태에서의 가동이 많기 때문에, 부하에 따라 송풍기와 펌프의 회전수를 인버터 등으로 제어해주면 전력 소비량의 절감효과가 크다.

| 팬 및 급수펌프 인버터 보일러 |

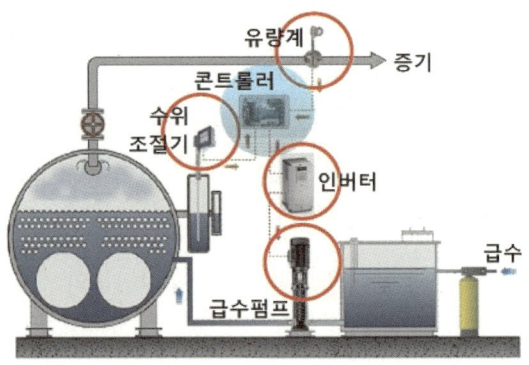
| 급수펌프의 인버터 제어 |

### (7) 적절한 증기 공급압력과 증기질 확보

보일러의 운전압력과 증기 공급압력을 적정하게 유지하는 것도 에너지 절감에 도움이 된다. 보일러의 운전압력을 지나치게 낮게 설정하여 운전하면 부하변동에 따라 잦은 기동 정지를 반복하게 되어 손실이 발생한다.

또한 낮은 압력으로 증기가 공급되면 증기의 건도가 낮아져 습증기가 되기 쉽고, 이로 인해 증기가 보유하는 열량이 적어져 열 운반능력이 저하된다. 그리고 낮은 공급압력에서는 증기의 온도도 낮아지게 되므로, 경우에 따라서는 증기 사용설비나 보일러의 가동시간이 길어져 비효율적인 운전이 된다.

따라서 보일러는 약간의 여유를 고려하여 최대 사용압력의 80~85% 정도 수준에서 운전 압력이 유지되도록 관리하고, 보일러에서 생산된 고압의 증기를 각 계통으로 공급한 뒤 증기 사용설비에서 필요한 적정한 압력으로 감압시켜 사용하는 것이 바람직하다. 무조건 낮은 압력으로 증기를 사용하게 되면 에너지 절감은 커녕 오히려 에너지 낭비를 초래할 수 있다는 사실을 인식할 필요가 있다.

### (8) 재증발 증기 및 벤트 증기의 회수

응축수 배관계통에서 발생되는 재증발 증기는 압력은 낮지만 높은 열량을 지니고 있는 에너지원이므로 최대한 재활용할 수 있도록 방안을 강구한다. 재증발 증기의 이용을 위해서는 플래시베셀이 많이 이용되고 있다.

또한 응축수탱크와 연결된 벤트관을 통해서도 많은 에너지가 외부로 손실되는 사례가 많다. 이러한 재증발 증기나 벤트 증기의 버려지는 열량을 이용하여 급수의 예열이나 탈기에 사용하면 상당한 에너지를 절감할 수 있다. 응축수배관의 재증발 증기를 채집하여 활용하면 응축수의 배출이 원활해지는 효과도 기대할 수 있다.

| 벤트 증기의 손실(좌), 벤트관에 급수 예열장치를 설치하여 폐열을 활용한 사례(우) |

## (9) 증기트랩과 배관계통의 관리

일상적으로 증기배관 계통에서는 온도 변화의 차가 매우 크게 발생되기 때문에 배관의 신축에 의해 플랜지나 배관의 이음부, 밸브 축 등 곳곳에서 증기가 누설되어 에너지가 손실되는 사례가 많다. 특히 증기트랩의 오작동이나 고장은 생증기의 유출이나 재증발 증기의 과다 발생 등으로 전체적인 시스템 효율을 저하시키게 된다. 따라서 모든 트랩의 작동상태를 주기적으로 점검하여 고장 시 즉시 수리하도록 하고, 절대로 바이패스를 개방한 상태에서 운전하는 사례가 없도록 해야 한다.

| 증기의 누설 |

또한 배관계통에서도 증기가 누설되는 곳은 즉시 보수하고, 단열이 미비한 곳은 보완하여 배관에서의 열손실이 최소화되도록 해야 한다. 배관뿐만 아니라 보일러 본체와 연결된 주위배관(급수배관이나 응축수배관, 기수분리기 등)은 일반적으로 보온이 누락되는 사례가 많다. 장비와 연결된 배관들이나 동체 자체의 단열이 미비할 경우 보일러실(또는 기계실)의 온도 상승을 가져와 환기팬이나 냉방기 가동에 따른 추가적인 동력 손실을 불러올 수도 있으므로 단열을 철저히 한다.

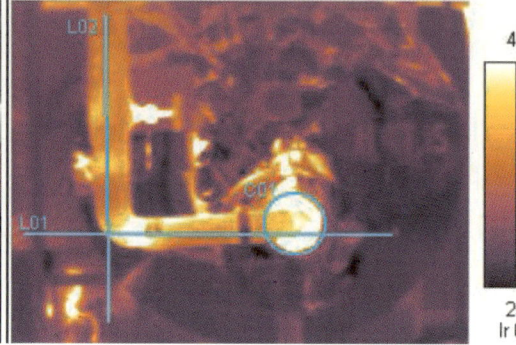

## 16 연도 설치

### (1) 연도의 구조와 재질

연도(Chimney)는 건물에 설치된 보일러나 흡수식 냉온수기(직화식) 등 열원장비의 운전 시 발생하는 연소가스를 건물 외부로 배출하기 위하여 설치된다. 열원장비뿐만 아니라 발전기나 소방용 엔진펌프, 생산공정에서의 가공설비나 연소장비에서 배출되는 배기가스를 배출하는 용도로도 사용되고 있다.

설치되는 위치에 따라서 건물 내에서 배출된 연소가스를 건물의 최상부로 이동시킬 수 있는 수직덕트를 연돌(stack)이라 하고, 수직덕트에서 열원기기로 연결되는 수평덕트를 연도(breeching)로 구분하기도 한다.

오래전에는 내화벽돌이나 콘크리트 구조물을 이용하여 수직 연돌을 세우고 각 장비에 연결되는 수평연도는 강관이나 강판을 사각이나 원형으로 용접하여 사용하기도 했는데, 근래에 설치되는 거의 대부분의 연도는 조립식 스테인리스 연도를 사용하고 있다. 조립식 스테인리스 연도는 보통 연소가스가 통과하는 내부관의 외부에 일정한 간격(25mm)을 띄어 외부커버가 설치되는 이중관의 구조로 제작되고 있다.

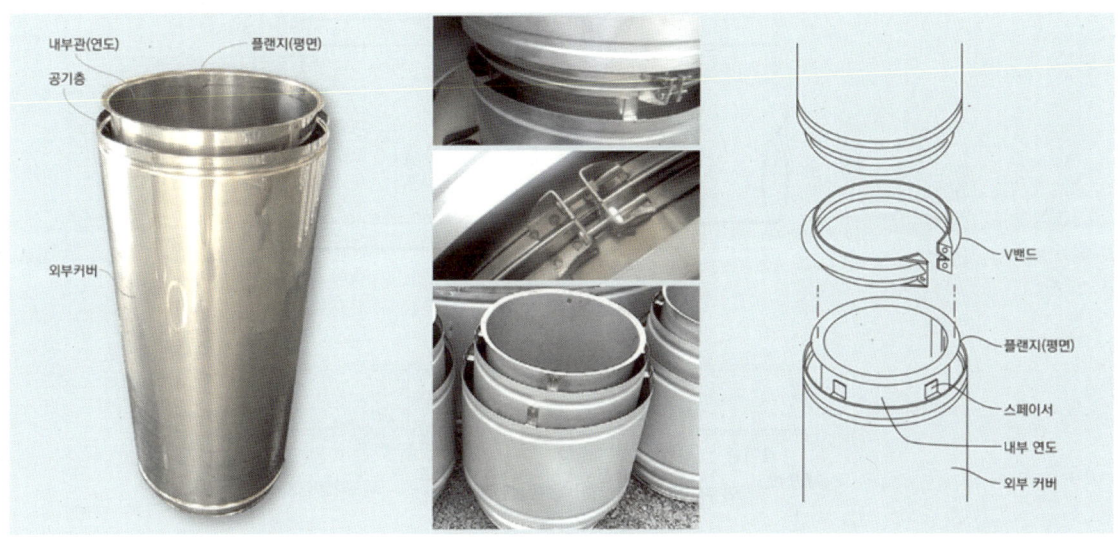

| 조립식 스테인리스 연도 |

연도의 내부관은 연소가스에 잘 견디기 위하여 스테인리스강판(STS304)으로 제작되는데, 연소가스의 성분이나 온도에 따라서 STS316이나 특수강판(S-TEN, 보일러 및 압력용기용 강판) 등의 재질을 적용하는 사례도 있다. 보통 내부관과 외부관 사이에는 공기층을 두어 단열 기능을 하도록 이중연도로 제작되며, 발전기나 소각설비와 같이 배기가스의 온도가 높을 경우에는 이중연도의 외부에 한 겹의 공기층이 더 형성되도록 삼중연도로 제작하기도 한다.

내부관의 양 끝은 직관을 외부 수직방향으로 확관 가공한 플랜지 형태로 제작하여 현장에서 V밴드를 체결해 간단히 조립할 수 있도록 제작된다. 내부관과 외부커버는 직경이 커질수록 강판의 두께가 커져야 하며, 외부커버의 재질은 실내에서는 가격이 다소 저렴한 알루미늄도금강판(Aluminized steel)을 보편적으로 사용하고 있으며, 옥외에 노출된 부분에서는 외부커버도 STS304 재질로 제작하고 있다.

| 구 분 | 강판의 두께 | |
|---|---|---|
| | 내부관 | 외부커버 |
| ∅200~900 | 0.8mm | 0.6mm(STS304)<br>0.8mm(AL강판) |
| ∅1000~∅1500 | 1.2mm | 0.8mm |
| ∅1600 이상 | 1.5mm | 1.2mm |
| 재질 | STS304<br>(필요시 STS316) | 실내 : AL도금강판<br>옥외노출 : STS304 |

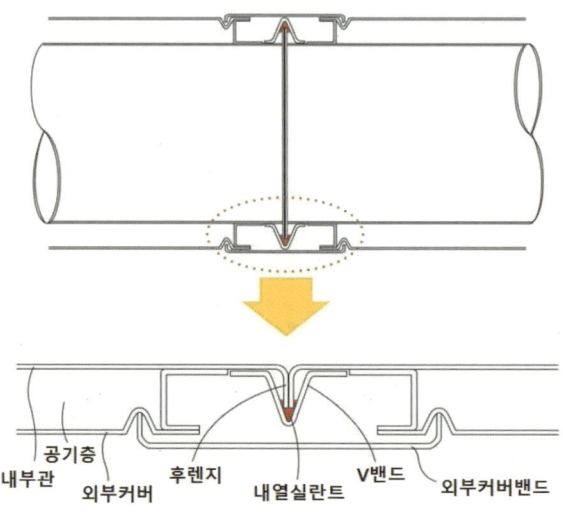

| 이중연도의 구조(단면) |

| 기계실의 수평 연도 |

| 연돌의 최상부 |

 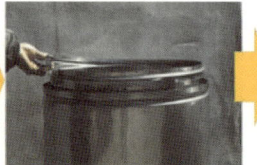  

① V밴드 홈에 실란트를 바른다   ② 플랜지에 V밴드를 끼운다   ③ 플랜지를 맞대고 V밴드 나사를 조인다   ④ 외부 커버를 씌운다

| 스테인리스 이중연도의 조립 과정 |

## (2) 연도의 구성

조립식 스테인리스 연도의 각 구성품과 용도는 다음과 같다.

① 직관(straight) : 내부관의 직경을 기준으로 호칭을 분류하며, 길이는 977mm와 477mm로 표준화되어 제작됨

② 연돌 캡(stack cap) : 빗물 유입의 차단과 역풍 방지를 위해 연돌 최상부에 설치하는 삿갓 형태의 부품

③ 슬립섹션(slip section) : 배기가스 온도 변화에 따른 연도와 연돌의 신축량을 흡수하는 부속으로, 두 개의 내부관이 서로 끼워지도록 된 구조이며 신축량은 ±200mm 정도임

④ 앵글링(angle ring) : 연도의 외부커버에 원형으로 가공된 앵글을 끼워넣을 수 있도록 제작한 연돌의 흔들림 방지용 지지철물이며, 연도의 직경에 따라 앵글의 규격은 커짐(⌀200~⌀700은 50×4t 앵글, ⌀750 이상은 75×40×7.5t 앵글 사용)

⑤ 검사구(check hole) : 연돌에서 배출되는 배기가스의 성분 검사용 측정구로 보통 ⌀100~⌀150 정도의 직경으로 평상시 닫아놓을 수 있도록 덮개가 부착됨

⑥ 바닥 하중 지지대(plate support assembly) : 연도의 외부커버에 앵글링이 용접되어 부착된 수직 하중 지지용 부속이며, 보통 1톤 이상의 하중을 지탱하도록 제작됨

⑦ 매니폴드 티(manifold tee) : 연도와 연돌을 연결하거나 수평연도와 브렌치 연도를 연결하는 직각의 티 부속

⑧ 배수용 티 캡(drain tee cap) : 보일러 가동 시 생성된 결로나 유입된 빗물이 배출되도록 연돌 최하단부에 드레인 배관이 연결된 부속

⑨ 연결 티(lateral tee) : 연도에서 분기되는 브렌치 연도를 연결하는 45° Y관 형태의 이음 부속

⑩ 플랜지 어댑터(flange adapter) : 연소장치의 토출구 플랜지와 연도를 연결하기 위한 이형 연결 부속

⑪ 고정 플랜지(clamp flange) : 각종 열원기기의 토출구와 연도를 연결하는 플랜지로 일반적으로 볼트너트를 이용하여 체결함

⑫ 벨로즈 이음(bellows joint) : 발전기나 엔진펌프 등에 연결되는 연도에 신축과 진동을 흡수하기 위하여 설치하는 주름관 형태의 부속

⑬ 외벽 하중 지지대(wall support assembly) : 외벽에 연돌 설치 시 필요한 지지용 철물

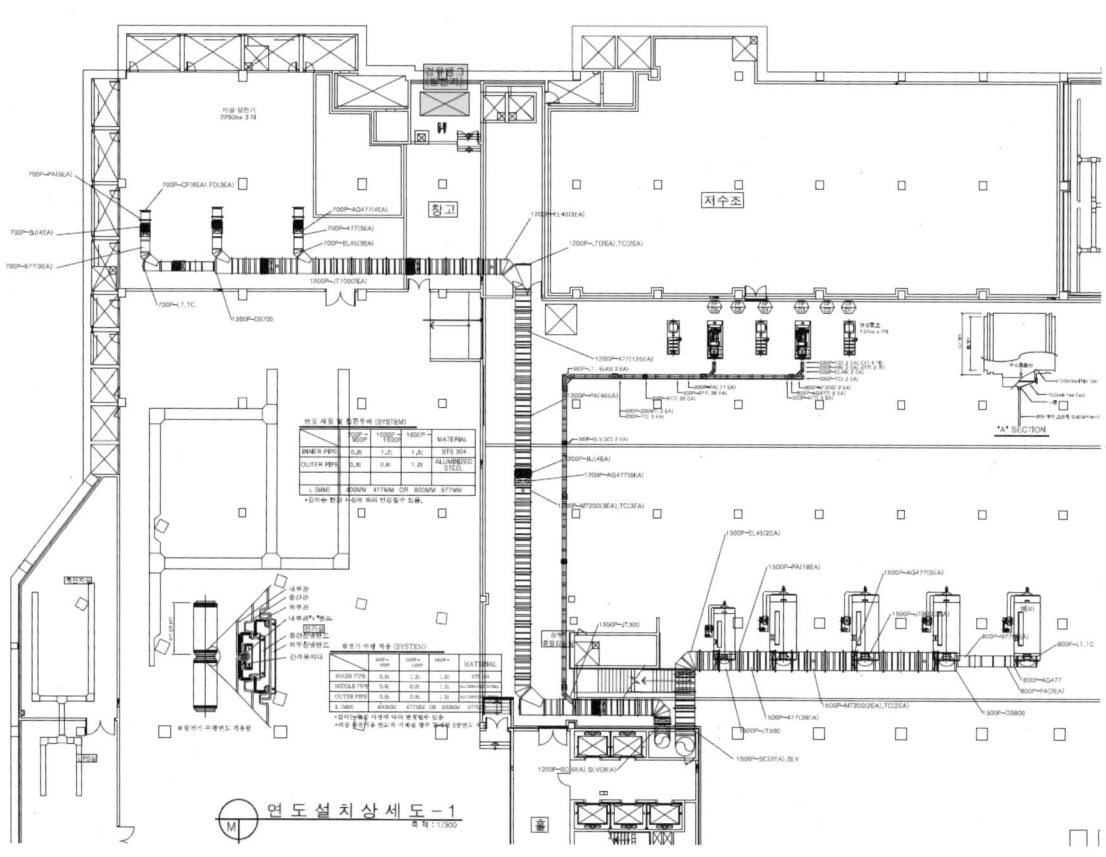

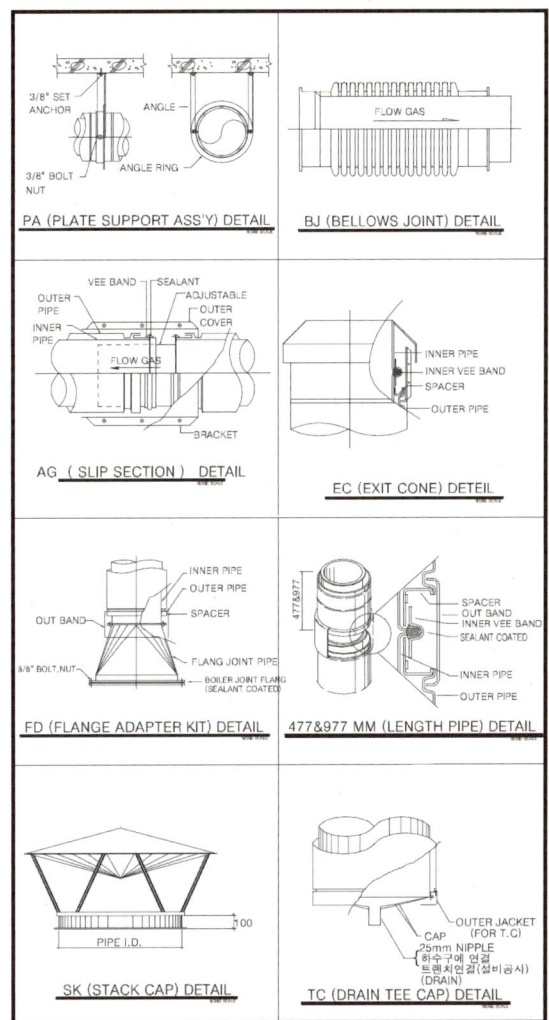
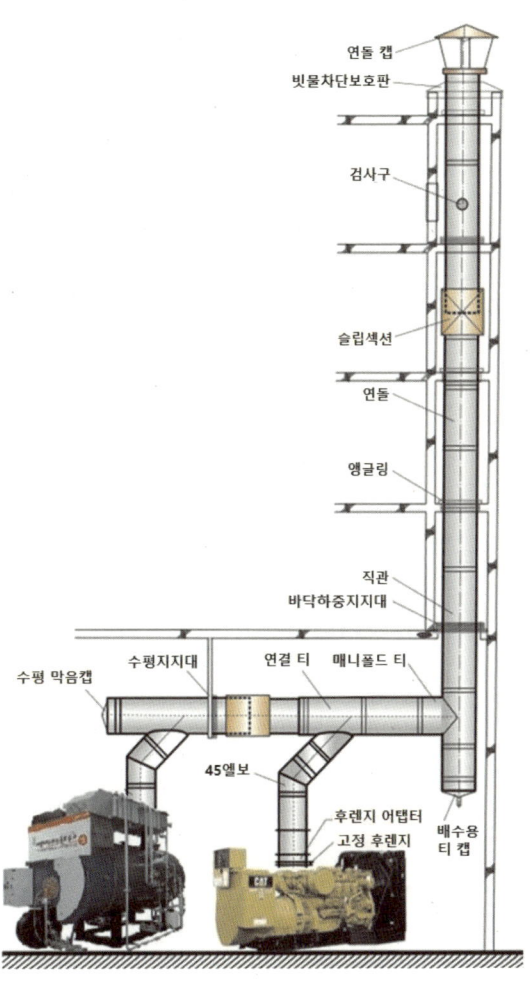

### (3) 연도의 관경

연도의 치수(관경)는 설치된 보일러에서 발생되는 연소 생성물질의 발생량을 계산한 뒤 내부관의 유동저항을 극복하는 통풍압력이 확보될 수 있도록 선정하면 된다.

① 연돌의 높이
- 연돌의 높이($H_c$)에 의해 통풍력($Z$)을 계산하여 통풍력이 통풍저항($h_2$)보다 큰 것을 확인한다. 또 하절기에 대해서도 통풍력을 계산한다.
- 통풍력($Z$)이 통풍저항($h$)보다 적을 경우는 연돌단면적($A_c$)을 크게 하거나 연돌높이($H_c$)를 높여서 재계산한다.
- 고체나 액체 연료로 사용하는 경우 연돌의 높이($H_c$)는 대기환경보전법에 의한 굴뚝의 제한 높이를 만족하도록 한다.

② 연도의 단면적
- 연도의 단면적($A_f$)은 연돌 내 배기가스의 흐름($V_f$)을 기준으로 하여 결정한다. 다만, 간이법으로 보일러의 제작회사가 제시한 연도의 크기에 따라 결정할 수도 있다.

③ 각 부분에서의 배기가스 온도 $t[℃]$
- 보일러 출구 배기가스 온도 $t_b[℃]$ : 제조자가 제시하는 값(약 200~400℃)
- 연돌 입구의 배기가스 온도 $t_{g1}[℃]$

$$t_{g1} = t_b - 연도길이\,[\text{m}] \times \Delta t\,[℃/\text{m}]$$

여기서, $\Delta t$ : 연도 내의 온도강하[℃/m]

- 연돌 출구의 배기가스 온도 $t_{g2}[℃]$

$$t_{g2} = t_{g1} - 연도높이\,[\text{m}] \times \Delta t\,[℃/\text{m}]$$

여기서, $\Delta t$ : 연돌 내의 온도강하[℃/m]

- 연도 내의 배기가스 평균온도 $t_f[℃]$

$$t_f = \frac{t_b + t_{g1}}{2}$$

- 연돌 내의 배기가스 평균온도 $t_g[℃]$

$$t_g = t_{g1} - 0.6(t_{g1} - t_{g2})$$

④ 통풍력 $Z[\text{Pa}]$
- 통풍력

$$Z = Z_1 + Z_2 + Z_3$$

여기서, $Z_1$ : 연도의 통풍력[Pa]
$Z_2$ : 연돌의 통풍력[Pa]
$Z_3$ : 송풍기에 의한 강제통풍력[Pa]

- $Z_1 = H_f \times g(\rho_a - \rho_g) = H_f \times g\left(\dfrac{353}{273+t_a} - \dfrac{358}{273+t_f}\right)$
$= H_f \times g\left(\dfrac{353}{273+t_a} - \dfrac{342}{273+t_f}\right)$

여기서, $H_f$ : 연도의 통풍높이 [m]
$g$ : 중력가속도 = 9.81 [m/s]
$\rho_a$ : 외기의 밀도 [kg/m³]
$\rho_g$ : 배기가스의 밀도 [kg/m³]
$t_f$ : 연도 내 배기가스 평균온도 [℃]
$t_g$ : 연돌 내 배기가스 평균온도 [℃]
$t_a$ : 외기 온도 [℃]

- $Z_2 = H_c \times g(\rho_a - \rho_g) = H_c \times g\left(\dfrac{353}{273+t_a} - \dfrac{358}{273+t_g}\right)$
  $= H_c \times g\left(\dfrac{353}{273+t_a} - \dfrac{342}{273+t_g}\right)$

  여기서, $H_c$ : 연돌의 높이 [m]

### ⑤ 연료소비량, 배기가스량

- 표준 단위 배기가스량 $G_N$ [m³(N)/kg, m³(N)/m³(N)]

$$G_N = G_0 + (m-1)L_0$$

여기서, $G_0$ : 이론 배기가스량 [m³(N)/kg, m³(N)/m³(N)]
$L_0$ : 이론 공기량 [m³(N)/kg, m³(N)/m³(N)]
$m$ : 공기비

- 단위 배기가스량 $G_t$ [m³(N)/kg, m³(N)/m³(N)]

$$G_t = G_N \dfrac{273+t}{273}$$

여기서, $t$ : 각부의 배기가스 온도 [℃]

- 연료 소비량 $Q$ [kg/h, m³(N)/h]

$$Q = \dfrac{3600 \times H}{H_l \times \eta_B} = C \times \rho_0$$

여기서, $H$ : 보일러의 정격출력 [kW]
$H_l$ : 연료의 저위발열량 [kJ/kg, kJ/m³(N)]
$\eta_B$ : 보일러의 효율
$C$ : 표준연소량 [ℓ/h]
$\rho_0$ : 연료의 밀도 [kg/ℓ]

- 배기가스량 $G$ [m³/h]

$$G = G_t \times Q$$

⑥ 연도의 단면적 $A_f \, [\text{m}^2]$

$$A_f = \frac{G_f}{3600 \times V_f} \qquad D_f = 1.13 \sqrt{A_f}$$

여기서, $G_f$: 연도 내의 배기가스 평균온도($t_f$)에서의 배기가스량[m²/h]
$V_f$: 연도 내 배기가스의 풍속[m/s]
$D_f$: 연도의 직경[m]

⑦ 연돌의 단면적 $A_c \, [\text{m}^2]$

$$A_c = \frac{G_c}{3600 \times V_c} \qquad D_c = 1.13 \sqrt{A_c}$$

여기서, $G_c$: 연돌 내의 배기가스 평균온도($t_g$)에서의 배기가스량[m²/h]
$V_c$: 연돌 내 배기가스의 풍속[m/s]
$D_c$: 연돌의 직경[m]

⑧ 통풍저항 $h_z \, [\text{Pa}]$

$$h_z = h_b + h_f + h_c + h_d$$

여기서, $h_b$: 보일러 내의 저항[$\text{P}_a$]
$h_f$: 연도의 통풍저항[$\text{P}_a$]
$h_c$: 연돌의 통풍저항[$\text{P}_a$]
$h_d$: 연돌 배출부의 통풍저항[$\text{P}_a$]

• 연도의 통풍저항 $h_f \, [\text{Pa}]$

$$h_f = h_{f1} + h_{f2}$$

여기서, 마찰저항 $h_{f1} = \lambda \frac{1}{D_f} \cdot \frac{V_f^2}{2} \rho_g \, [\text{Pa}]$

국부저항 $h_{f2} = \zeta \frac{V_f^2}{2} \rho_g \, [\text{Pa}] \qquad D_{fe} = \frac{4A_f}{P_f}$

• 연돌의 통풍저항 $h_c \, [\text{Pa}]$

$$h_c = h_{c1} + h_{c2}$$

여기서, 마찰저항 $h_{c1} = \lambda \dfrac{1}{D_c} \cdot \dfrac{V_c^2}{2} \rho_g$ [Pa]

국부저항 $h_{c2} = \zeta \dfrac{V_c^2}{2} \rho_g$ [Pa] $\qquad D_{ce} = \dfrac{4A_c}{P_c}$

$\lambda$ : 마찰저항계수
$\zeta$ : 저항계수
$D_{fe}$ : 연도의 등가직경[m]
$D_{ce}$ : 연돌의 등가직경[m]
$P_f$ : 연도 내면의 길이[m]
$P_c$ : 연돌 내면의 길이[m]
$l$ : 연도의 길이[m]

- 연돌 배출부의 통풍저항 $h_d$ [Pa]

$$h_d = \dfrac{V_c}{2} \times \rho_g$$

⑨ 연돌의 높이 $H_c$ [m]

$$H_c \geq \dfrac{1}{A_c} \times \left(\dfrac{V \cdot Q}{3600}\right)^2 \times \left(\dfrac{0.02 \times l}{\sqrt{A_c}} + 0.3 \times n + 0.6\right) + 2 \times (P_b - Z_3)$$

여기서, $H_c$ : 보일러 연돌 등 접속구 중심으로부터 최상부까지의 높이[m]
$V$ : 연료소비량[kg/h, m³/h]
$n$ : 연돌의 이용 횟수
$P_b$ : 보일러 내 통풍저항[mmH₂O]

⑩ 연도의 저항계수

- 방향전환에 의한 저항계수 $\zeta$

| | H · W / θ[°] | 0.25 | 0.5 | 0.75 | 1.0 | 1.5 | 2.0 | 3.0 | 4.0 |
|---|---|---|---|---|---|---|---|---|---|
| | 20 | 0.08 | 0.08 | 0.08 | 0.07 | 0.07 | 0.07 | 0.06 | 0.06 |
| | 30 | 0.18 | 0.17 | 0.17 | 0.16 | 0.15 | 0.15 | 0.13 | 0.13 |
| $\zeta$ | 45 | 0.38 | 0.37 | 0.36 | 0.34 | 0.33 | 0.31 | 0.28 | 0.27 |
| | 60 | 0.60 | 0.59 | 0.57 | 0.55 | 0.52 | 0.49 | 0.46 | 0.43 |
| | 90 | 1.3 | 1.27 | 1.23 | 1.18 | 1.13 | 1.07 | 0.98 | 0.92 |

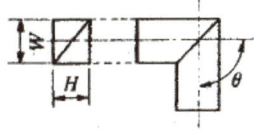

(ASHRAE 2008)

| $A_2/A_1$ | 1.00 | 1.44 | 2.25 |
|---|---|---|---|
| $\zeta$ | 1.20 | 0.91 | 0.88 |

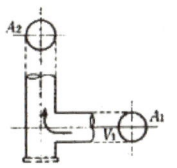

(HASS 111)

- 연도 내에 설치하는 댐퍼의 저항계수 $\zeta$

| θ [°] 형상 | 0 | 10 | 20 | 30 | 40 | 50 | 60 |
|---|---|---|---|---|---|---|---|
| 원형 | 0.19 | 0.67 | 1.76 | 4.34 | 11.2 | 32 | 113 |
| 구형 | 0.08 | 0.33 | 1.18 | 3.3 | 9.0 | 26 | 70 |

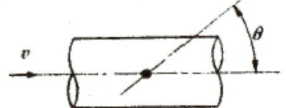

(ASHRAE 2008)

- 연도 최상부 부속물에 의한 저항계수 $\zeta$

| h/d | 0.2 | 0.4 | 0.6 | 0.8 | 1.0 |
|---|---|---|---|---|---|
| $\zeta$ | 1.83 | 1.39 | 1.19 | 1.08 | 1.06 |

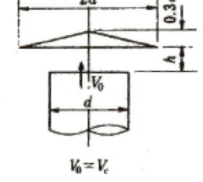

(ASHRAE 2008)

### ⑪ 각종 연료의 발열량 및 특성

| 항 목 | 도시가스 6C | 도시가스 6B | 도시가스 13A |
|---|---|---|---|
| 고발열량 | 18,800 kJ/m³(N) | 20,900 kJ/m³(N) | 46,000 kJ/m³(N) |
| 저발열량 | 16,700 kJ/m³(N) | 18,800 kJ/m³(N) | 41,900 kJ/m³(N) |
| 밀도 | 0.54 kg/m³(N) | 0.60 kg/m³(N) | 0.65 kg/m³(N) |
| 이론 공기량 | $11.20 \times \frac{4,000}{10,000}$ =4.48 m³(N)/m³(N) | $11.20 \times \frac{4,500}{10,000}$ =5.04 m³(N)/m³(N) | $11.20 \times \frac{10,000}{10,000}$ =11.20 m³(N)/m³(N) |
| 이론 배기가스량 | $12.25 \times \frac{4,000}{10,000}$ =4.49 m³(N)/m³(N) | $12.25 \times \frac{4,500}{10,000}$ =5.51 m³(N)/m³(N) | $12.25 \times \frac{10,000}{10,000}$ =12.25 m³(N)/m³(N) |
| 건설기술관리법 배기가스량 | 6.2 m³(N)/m³(N) | 6.9 m³(N)/m³(N) | 14.7 m³(N)/m³(N) |
| 공기비 | 1.2 | 1.2 | 1.2 |
| 표준단위 공기량 | 5.38 m³(N)/m³(N) | 6.05 m³(N)/m³(N) | 13.44 m³(N)/m³(N) |
| 표준단위 배기가스량 | 5.80 m³(N)/m³(N) | 6.25 m³(N)/m³(N) | 14.49 m³(N)/m³(N) |
| 표준 공기중량 | 7.16 kg/m³(N) | 8.02 m³(N)/m³(N) | 17.46 m³(N)/m³(N) |
| 공기의 밀도 | 1,247 kg/m³ | 1,247 kg/m³ | 1,247 kg/m³ |
| 외기의 밀도 | 1,146 kg/m³ | 1,146 kg/m³ | 1,146 kg/m³ |
| 표준상태의 배기가스 밀도 | 1.25 kg/m³ | 1.25 kg/m³ | 1.25 kg/m³ |

⑫ 각종 연료의 발열량 및 특성

| 항 목 | | | 도시가스 6C | 도시가스 6B | 도시가스 13A |
|---|---|---|---|---|---|
| 단위가스량 $G_f$ 와 배기가스의 밀도 $\rho_g$ | 350℃ | $G_f$ | $5.80 \times \frac{273+350}{273}$<br>$=13.24$ m³/m³(N) | $6.52 \times \frac{273+350}{273}$<br>$=14.88$ m³/m³(N) | $14.49 \times \frac{273+350}{273}$<br>$=33.07$ m³/m³(N) |
| | | $\rho_g$ | $\frac{342}{273-350}$<br>$=0.55$ kg/m³ | $\frac{342}{273-350}$<br>$=0.55$ kg/m³ | $\frac{342}{273-350}$<br>$=0.55$ kg/m³ |
| | 325℃ | $G_f$ | 12.70 m³/m³(N) | 14.28 m³/m³(N) | 31.74 m³/m³(N) |
| | | $\rho_g$ | 0.57 kg/m³ | 0.57 kg/m³ | 0.57 kg/m³ |
| | 300℃ | $G_f$ | 12.17 m³/m³(N) | 13.68 m³/m³(N) | 30.41 m³/m³(N) |
| | | $\rho_g$ | 0.60 kg/m³ | 0.60 kg/m³ | 0.60 kg/m³ |
| | 275℃ | $G_f$ | 11.64 m³/m³(N) | 13.09 m³/m³(N) | 29.09 m³/m³(N) |
| | | $\rho_g$ | 0.62 kg/m³ | 0.62 kg/m³ | 0.62 kg/m³ |
| | 250℃ | $G_f$ | 11.11 m³/m³(N) | 12.49 m³/m³(N) | 27.76 m³/m³(N) |
| | | $\rho_g$ | 0.65 kg/m³ | 0.65 kg/m³ | 0.65 kg/m³ |
| | 225℃ | $G_f$ | 10.58 m³/m³(N) | 11.89 m³/m³(N) | 26.43 m³/m³(N) |
| | | $\rho_g$ | 0.69 kg/m³ | 0.69 kg/m³ | 0.69 kg/m³ |
| | 200℃ | $G_f$ | 10.05 m³/m³(N) | 11.30 m³/m³(N) | 25.11 m³/m³(N) |
| | | $\rho_g$ | 0.72 kg/m³ | 0.72 kg/m³ | 0.72 kg/m³ |
| | 175℃ | $G_f$ | 9.52 m³/m³(N) | 10.07 m³/m³(N) | 23.78 m³/m³(N) |
| | | $\rho_g$ | 0.76 kg/m³ | 0.76 kg/m³ | 0.76 kg/m³ |
| | 150℃ | $G_f$ | 8.99 m³/m³(N) | 10.10 m³/m³(N) | 22.48 m³/m³(N) |
| | | $\rho_g$ | 0.81 kg/m³ | 0.81 kg/m³ | 0.81 kg/m³ |

## (4) 연도 설치

### ① 연돌 캡의 설치 위치

건물 옥상 최상부에 설치되는 연돌 캡은 옥탑 구조물의 장변길이(L)과 높이(H)에 따라 형성되는 풍압대를 검토하여 이로부터 1m 이상 벗어나도록 시공한다. 또한 연돌 캡의 하단은 주위 옥상 또는 지붕면에서 수직높이 1.5m 이상이 되도록 설치한다.

> 풍압대의 길이 : $h = 1.3\sqrt{LH}$, 풍압대의 폭 : $t = \frac{1}{6} \times L$

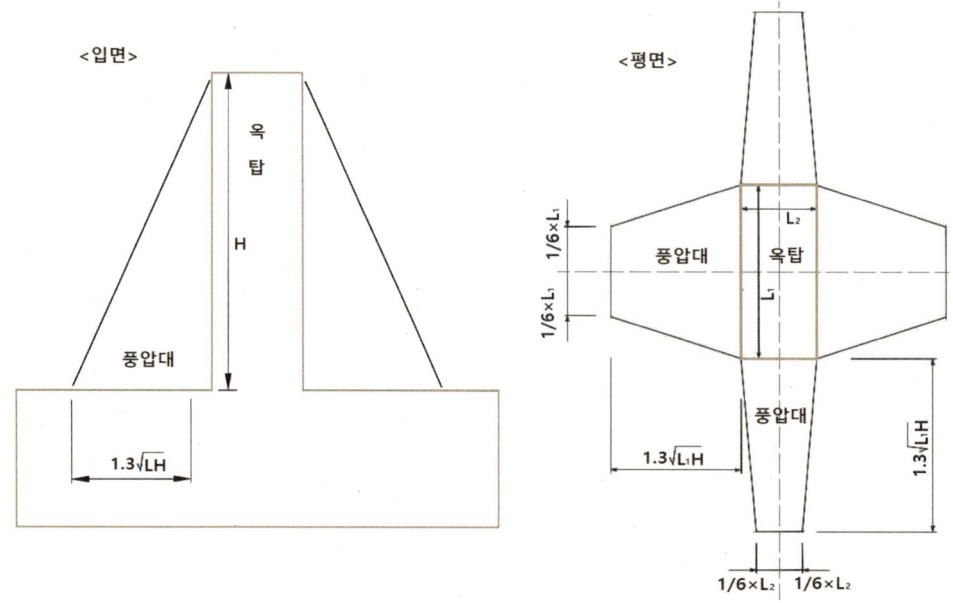

| 옥탑 구조물과 풍압대 |

② 단독연도와 공용연도

연도는 연결된 보일러의 수량에 따라 단독연도와 공용연도로 분류한다. 공동연도에는 가스보일러와 흡수식냉온수기, 연료전지, 비상용발전기 등을 연결할 수 있으며, 개별 표시가스 소비량이 70kW 이하의 보일러는 복합배기통용 보일러로 설계단계검사를 받은 보일러이어야 한다.

공동연도에 보일러를 연결할 때에는 배기형식이 다른 보일러는 함께 접속하지 않아야 하며, 연결되는 연도는 서로 마주보는 위치에 설치하지 아니한다. 또한 높은 온도의 배기가스를 방출하는 연도를 수직연도에 가까운 위치나 상대적으로 높은 위치에 연결하도록 한다.

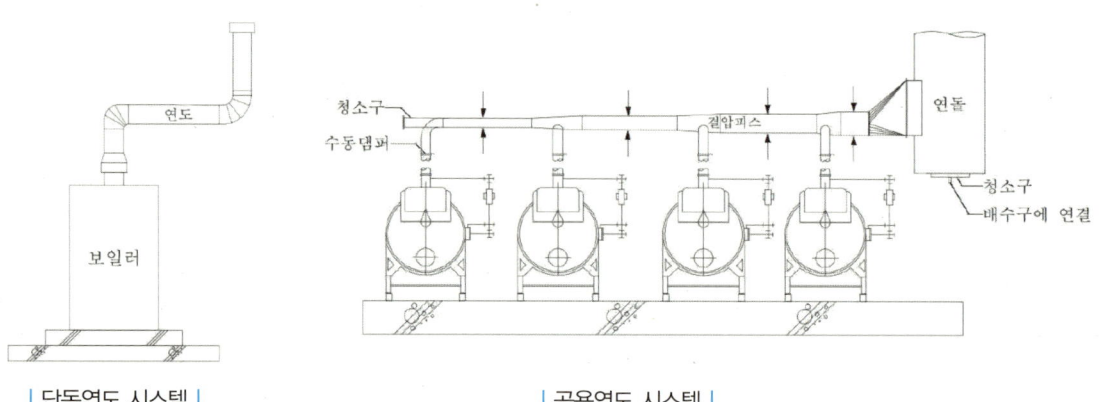

| 단독연도 시스템 |    | 공용연도 시스템 |

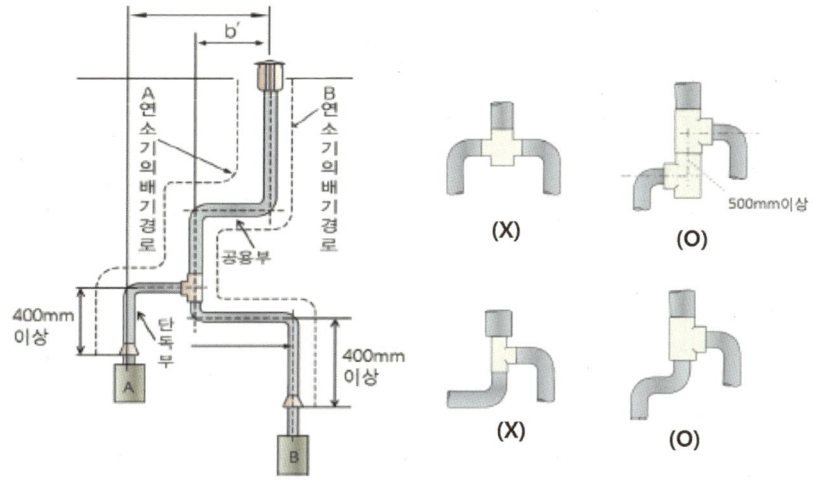

| 공용연도(복합 배기통)의 연결 예 |

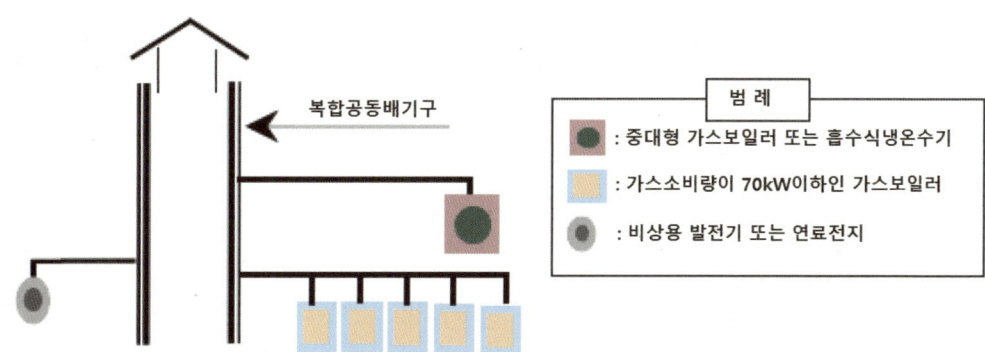

| 공용연도(복합 배기통)의 시공 예 |

### ③ 연도의 설치

- 보일러 연도의 시공 시에는 열팽창에 의한 신축을 고려하여 신축이음을 설치해야 하며, 일반적으로 직관부 10m마다 1개소 정도로 한다. 팽창에 의한 신장의 계산식은,

$$r = 1000 \times L \times C \times \triangle T$$

여기서, $r$ : 팽창에 의한 신장(mm)
  $L$ : 차가울 때의 관 길이(m)
  $C$ : 평균 팽창계수, 철 $C = 0.000012$
  $\triangle T$ : 온도차(℃)

- 2대 이상의 보일러를 동일한 연도에 접속한 경우는 보일러 간에 신축이음을 삽입한다.
- 연도와 벽, 또는 가연성 물질과의 간격은 최소 300mm 이상 띄운다.
- 연도 지지간격은 일반적으로 2m 정도로 하고 덕트 행거 철물에 준해 보일러 연도 중량이 직접 가해지지 않도록 지지한다.

- 연도는 내부의 청소가 용이한 부분에 청소구를 설치한다.
- 연도에는 배기가스 자기측정을 위해 100A~200A 정도의 측정공(검사구)을 설치하고, 측정할 때 이외에는 막아놓을 수 있도록 덮개를 부착해 놓는다.
- 가연성 벽체나 구조체를 관통하는 경우에는 연도 주위에 100mm 두께 이상의 불연성 단열재로 단열한다.
- 연도는 45° 이하의 곡관으로 연돌에 연결한다. 그러나 곡관 부위가 1개소인 경우는 60° 이하로 체결할 수 있다.

④ 연도의 단열과 기밀성에 대한 주의 필요

일반보일러에서 배출되는 배기가스의 온도는 200~250℃ 정도이며, 콘덴싱보일러는 70~150℃ 정도의 연소가스가 배출된다. 그러나 발전기에서 배출되는 연소가스는 450~550℃로 훨씬 더 높은 온도이며, 가스터빈은 이보다 배출온도가 더 높다.

현재 널리 사용되는 이중연도는 내부관과 외부커버 사이의 공기층이 단열층 역할을 하도록 되었는데, 공기층이 완전 밀봉된 것은 아니어서 단열성능이 그리 좋지 못한 상황이다. 따라서 연도 내부를 흐르는 배출가스의 온도가 높으면 이중연도의 표면온도가 높게 올라가 주위 실내온도를 상승시키게 되고, 가연성 물질이 있을 경우 화재가 발생되는 사례도 있다.

아래의 그래프는 일반 이중연도와 외부에 단열한 연도의 내부를 450℃로 가열한 상태에서 연도 외부의 표면온도를 비교한 시험결과이다. 일반 이중연도의 공기층은 25mm이며, 단열연도는 내부관만 있는 연도 외부에 미네랄울 단열재를 50mm, 75mm, 100mm 두께로 설치한 것이다.

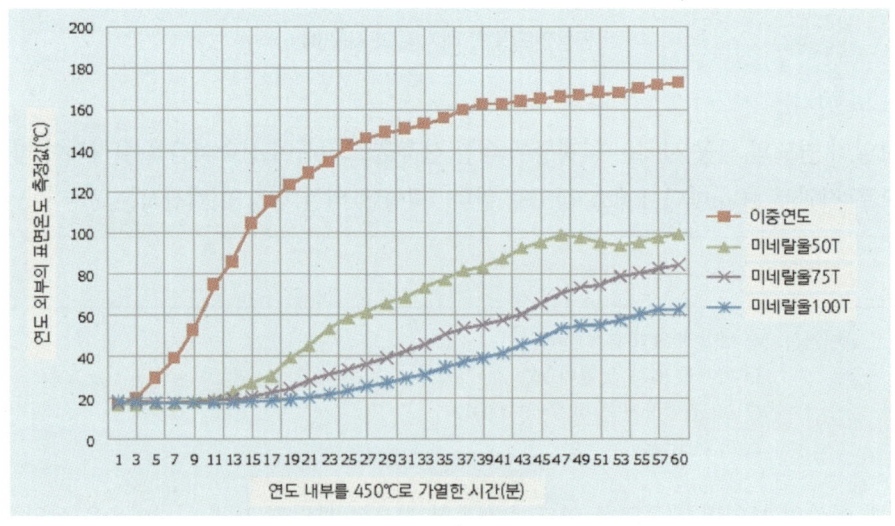

| 이중연도와 단열연도의 표면온도 비교시험 |

 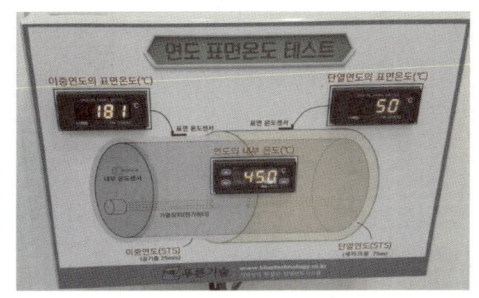

위의 결과에서 보듯이 이중연도의 경우 시간이 흐를수록 외부의 표면온도가 180℃ 가까이 상승하여 화재의 우려가 있다. 이 때문에 근래에는 배기가스의 온도가 높은 발전기 연도를 삼중연도로 설치하거나 이중관의 외부에 보온재를 추가 시공하는 경우가 늘고 있다. 또는 흡음과 단열의 기능을 갖도록 연도 내부관 안쪽 면에 단열재를 설치한 후 타공판으로 마감하는 소음단열연도로 시공하는 사례도 있다. 어찌되었든 이중연도의 공기층 자체의 단열성능이 낮은 상황이므로 배기가스의 온도가 높을 경우에는 이중연도(또는 삼중연도)보다는 적절한 두께로 단열재를 설치하는 것이 바람직하다.

| 타공 흡음 이중연도 | | 연도의 단열재 시공 후 칼라함석 마감 |

한편, 현재의 이중연도는 일반적으로 조립 시 플랜지에 내열실란트가 채워진 V밴드를 체결하여 기밀을 유지하는데, 현재 사용하는 대부분의 내열실란트의 내열온도가 200~300℃ 정도여서 연도의 배기가스 온도에 비해 높은 편이 아니다. 내열실란트는 200℃ 이상의 고온에 노출될 경우 시간이 지나면서 실란트 본연의 물성이 변하기 시작하고, 내열온도 이상의 조건에서는 실란트가 탄화되거나 타버려 기밀성을 상실하게 된다.

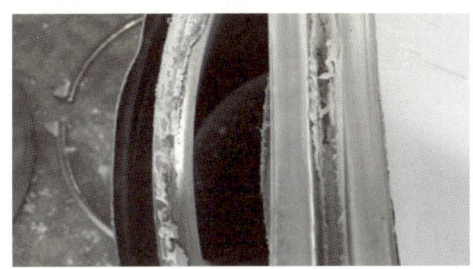 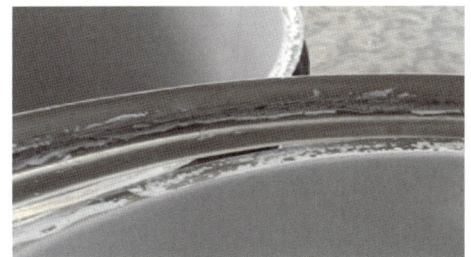

| 연도 내부를 450℃로 가열하여 플랜지 내열실란트가 손상된 상태 |

이 때문에 발전기나 고온의 배기가스가 배출되는 연도에서는 플랜지 부위의 기밀성에 대하여 각별히 주의할 필요가 있다. 예전에는 일반 건물 내의 발전기와 보일러의 연도를 하나로 통합된 공동연도로 설치하는 사례도 많았으나, 발전기 가동 시 이음부위의 기밀성이 손상되어 배기가스가 누설되거나 연도 내부의 결로수가 누수되는 하자가 빈발하였다. 이 때문에 근래에는 설치 여건이 가능하다면 발전기와 보일러의 연도를 옥외까지 별도로 구분하여 각각 설치하는 것이 보편화되고 있는 상황이다.

콘덴싱보일러를 적용할 경우 배기가스의 온도가 높은 편은 아니지만, 이코노마이저(급수예열기)에 급수가 항상 충분한 유량으로 흐르는 것은 아니기 때문에 급수량의 상황에 따라서는 보일러의 배기가스 온도도 높게 올라갈 수도 있다. 연도는 배기가스의 배출 여부에 따라서 온도변화가 극심하여 신축팽창에 의한 이음부의 변형과 누설 가능성이 높다. 이에 따라 근래에는 이음부의 기밀성을 증대시키기 위하여 플랜지가 개선된 형태의 연도들도 보급되고 있다.

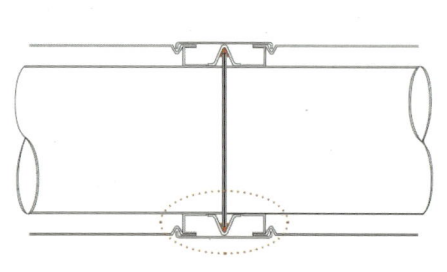

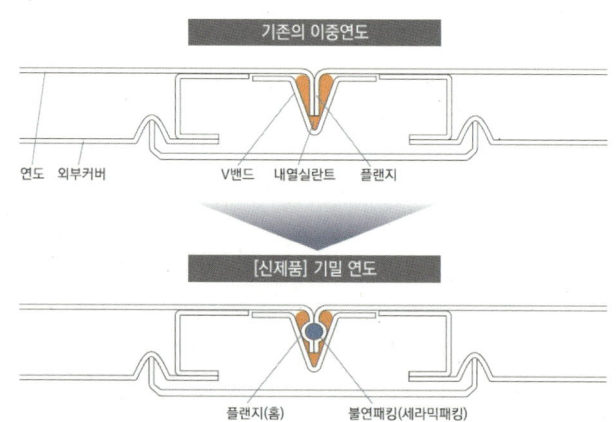

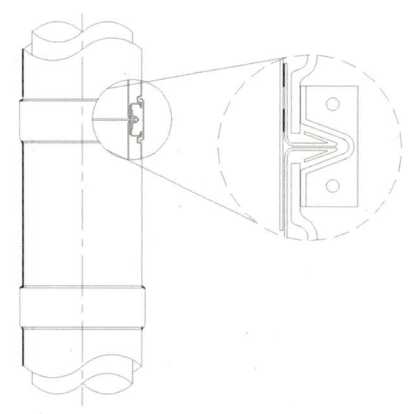

| 소켓 및 갈고리 형태의 플랜지 |

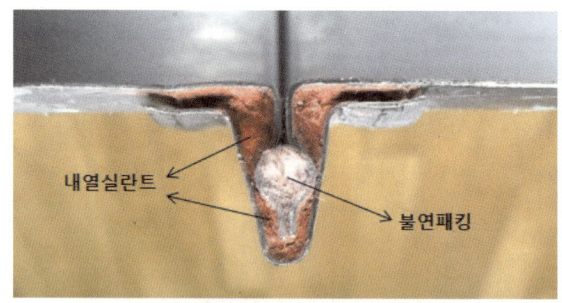

| 플랜지에 홈과 불연패킹이 설치된 제품 |

## 17 가정용 소형 가스보일러

### (1) 가정용 보일러의 종류

공동주택이나 일반 가정에서는 주택의 난방과 급탕 사용을 위하여 지역난방이 보급되는 일부 지역을 제외하고는 대부분 소형보일러가 많이 설치되어 있다. 가정용 보일러는 대부분의 지역에서 도시가스의 공급이 보편화되어 있어 가스보일러가 주종을 이루고 있고, 도시가스가 공급되지 않는 지방이나 농어촌 지역에서는 기름보일러나 심야전기를 이용한 전기 온수보일러가 아직도 많이 사용되고 있다.

가정용 가스 온수보일러는 일반적으로 액화석유가스(LPG) 또는 도시가스(LNG)를 연료로 사용하며 가스 소비량이 70kW(251MJ/h, 액화석유가스 5kg/h, 도시가스 60,000 kcal/h) 이하인 보일러로 규정된다.

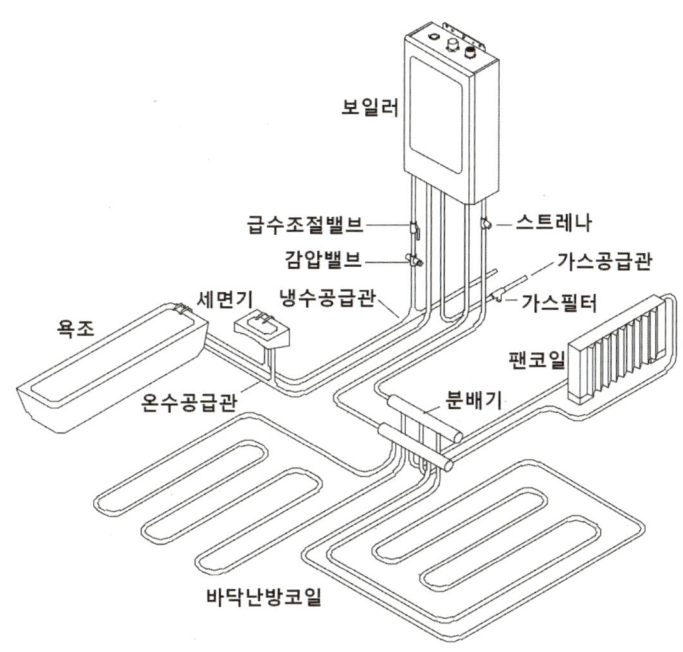

설치방식이나 가열방식에 따라 다음과 같이 분류할 수 있다.

| 구 분 | 분 류 | 내 용 |
|---|---|---|
| 설치 형태 | 벽걸이형 | • 보일러 몸체를 벽면에 설치<br>• 용량이 적고 저탕량이 적어 보일러의 무게가 적게 나갈 경우 주로 적용함(대부분의 순간식 보일러) |
| | 바닥 설치형 | • 보일러를 받침대 또는 바닥면에 설치<br>• 저탕량이 많거나 용량이 커서 무게가 많이 나갈 경우 |
| 온수 공급 방식 | 순간식 | • 열교환기에서 온수를 가열해 바로 공급하는 방식<br>• 가스나 버너 비례제어 기술의 발달로 근래에 많은 가정용 보일러에서 채택 |
| | 저탕식 | • 저탕탱크에 온수를 저장하였다가 필요시 공급<br>• 급탕 사용량이 많고 부하 변동이 클 경우 적용 |
| 순환 방식 | 대기 차단식 | • 보일러 난방계통의 팽창탱크가 밀폐형이어서 대기와 차단되어 있는 경우<br>• 난방배관의 공기를 자동으로 배출시키기 위해 에어벤트가 설치되어 있고, 과압방지 안전장치(릴리프 밸브)의 작동이 확실해야 함 |
| | 대기 개방식 | • 팽창탱크가 대기에 개방되어진 물탱크 형태의 방식<br>• 고수위 시에는 물탱크에 오버플로 되고, 저수위 시에는 볼탑이나 전동밸브가 작동되어 급수가 보충됨<br>• 보일러가 난방/급탕 배관보다 높게 설치되어야 함 |
| 사용 용도 | 난방용 | • 보일러의 용도가 난방 전용 (삼방밸브가 없음) |
| | 난방, 온수 겸용 | • 난방과 온수(급탕) 겸용으로 사용 가능<br>• 삼방밸브를 이용해 난방과 급탕으로 공급을 전환해줌 |
| 급/배기 방식 | 자연 배기식<br>(CF식) | • 보일러 연소 시 급기와 배기를 자연적인 환기에 의함<br>• 안전상의 문제로 요즘은 거의 사용하지 않음 |
| | 강제 배기식<br>(FE식) | • 연소가스는 팬을 이용해 강제적으로 배출하고 급기는 주위의 공기가 자연 유입되도록 한 구조 |
| | 강제 급배기식<br>(FF식) | • 팬에 의하여 급기와 연소가스 배출을 강제로 실시<br>• 연소가스 누출 우려가 적어 근래 대부분의 가정용 보일러에서 채택하고 있음<br>• 열효율을 높이기 위해 이중연도를 이용하여 급기를 배기가스로 예열한 후 버너로 공급하는 사례가 많음 |
| 폐열 회수 여부 | 콘덴싱형 | • 연소가스 배출구 쪽에 잠열 열교환기가 설치되어 온수를 예열해 줌(배기가스의 잠열 회수) |
| | 일반형 | • 잠열 열교환기가 없음 (콘덴싱형보다 열효율이 낮음) |

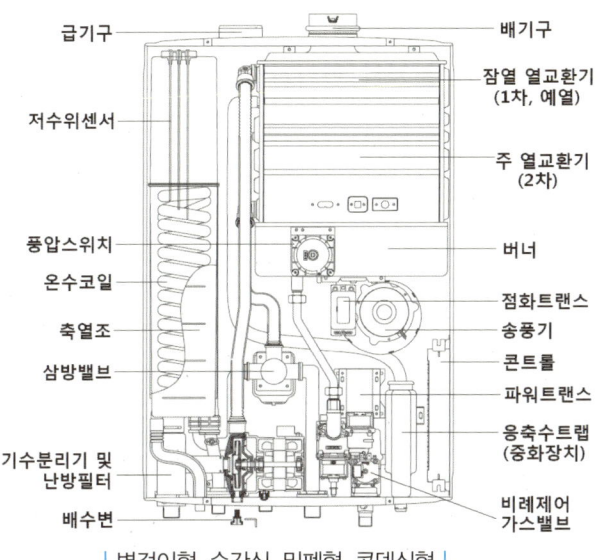

| 벽걸이형, 순간식, 밀폐형, 콘덴싱형 |

| 벽걸이형, 저탕식, 개방형, 일반형 |

### (2) 콘덴싱 보일러

에너지 절약과 친환경 측면에서 근래에는 열효율이 좋은 콘덴싱(Condensing) 보일러의 보급이 확대되고 있다. 콘덴싱 보일러는 연소가스 배기구에 열교환기(잠열교환기, 또는 1차 열교환기라고도 함)를 추가로 설치하여 난방수가 흐르게 함으로써 고온의 배기가스로부터 버려지는 열을 회수하기 때문에 일반적인 보일러 효율(82~85% 정도)보다 높은 90% 이상의 고효율도 가능하다.

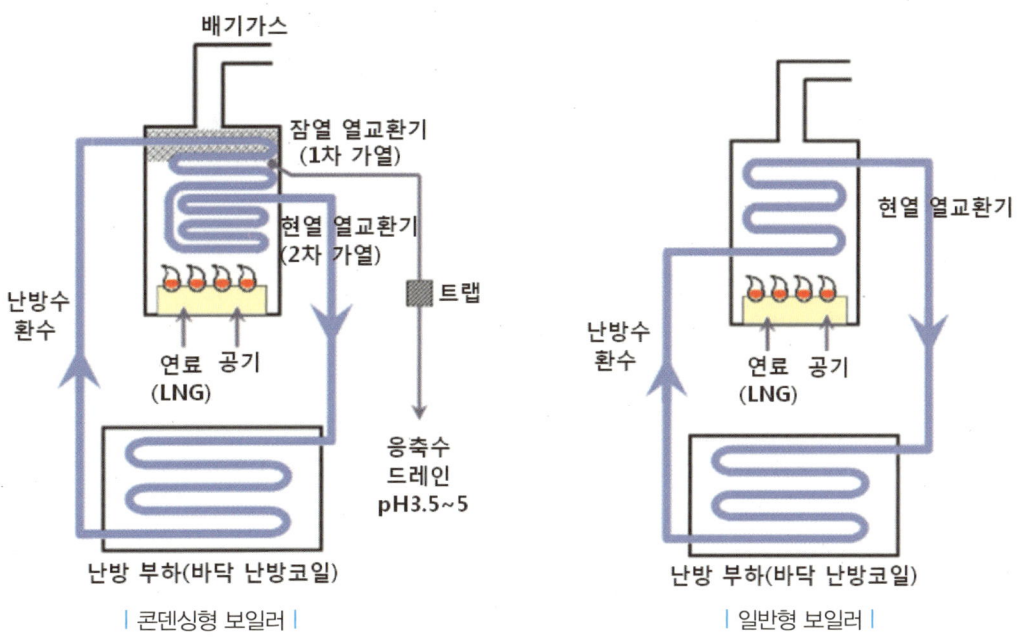

| 콘덴싱형 보일러 |      | 일반형 보일러 |

이 과정에서 배기가스가 응축되어 대기로 방출되는 $CO_2$나 $NO_X$ 등의 배출량이 감소하는 효과가 있으나, 이때 발생되는 응축수는 높은 산성(pH 3.5~5)을 띄게 되므로 적절한 중화 처리를 통해 배출하지 않으면 장비나 배관의 부식, 환경 문제 등이 발생할 수 있다. 따라서 근래에 시판되는 대부분의 콘덴싱 보일러에는 응축수 중화장치를 구비하고 있으며, 잠열열교환기와 응축수 중화장치 등의 추가 설치로 인해 일반 보일러에 비해 장비비가 많이 상승하게 된다.

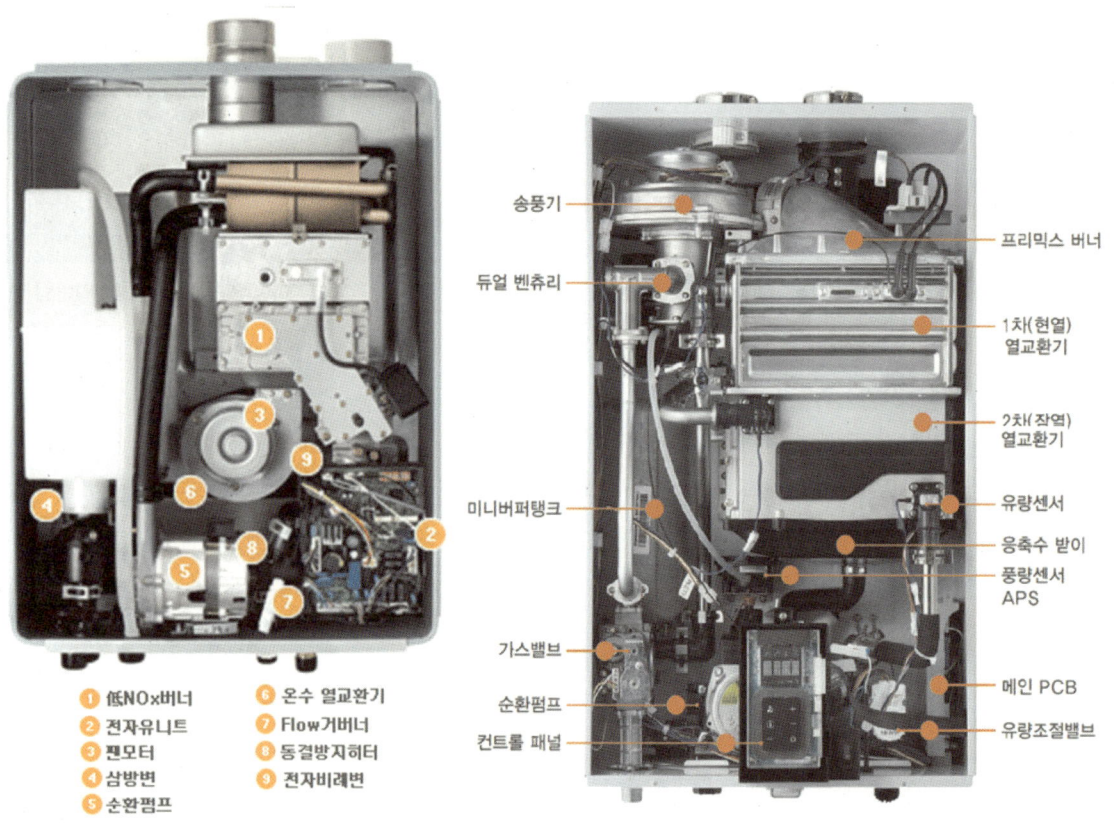

| 콘덴싱 보일러의 내부 구조 |

한편 콘덴싱 보일러의 효율은 난방 시 실내로 공급되었다가 환수되는 온수의 온도에 따라 다소 차이가 발생하게 된다. 일반적으로 난방 시에는 75~80℃의 온도로 공급되었다가 실내에서 열교환한 뒤 55~60℃ 정도로 환수되어 되돌아 오는데, 공급·환수되는 온수의 온도가 낮을수록 잠열(1차)열교환기에서 연소가스와의 온도차가 커져 열 회수효율이 좋아진다. 따라서 보일러에서 순환되는 난방수의 온도가 높거나 부분부하 조건에서 운전될 때는 콘덴싱 보일러의 열효율도 다소 저하된다.

## (3) 난방 및 급탕 운전 흐름

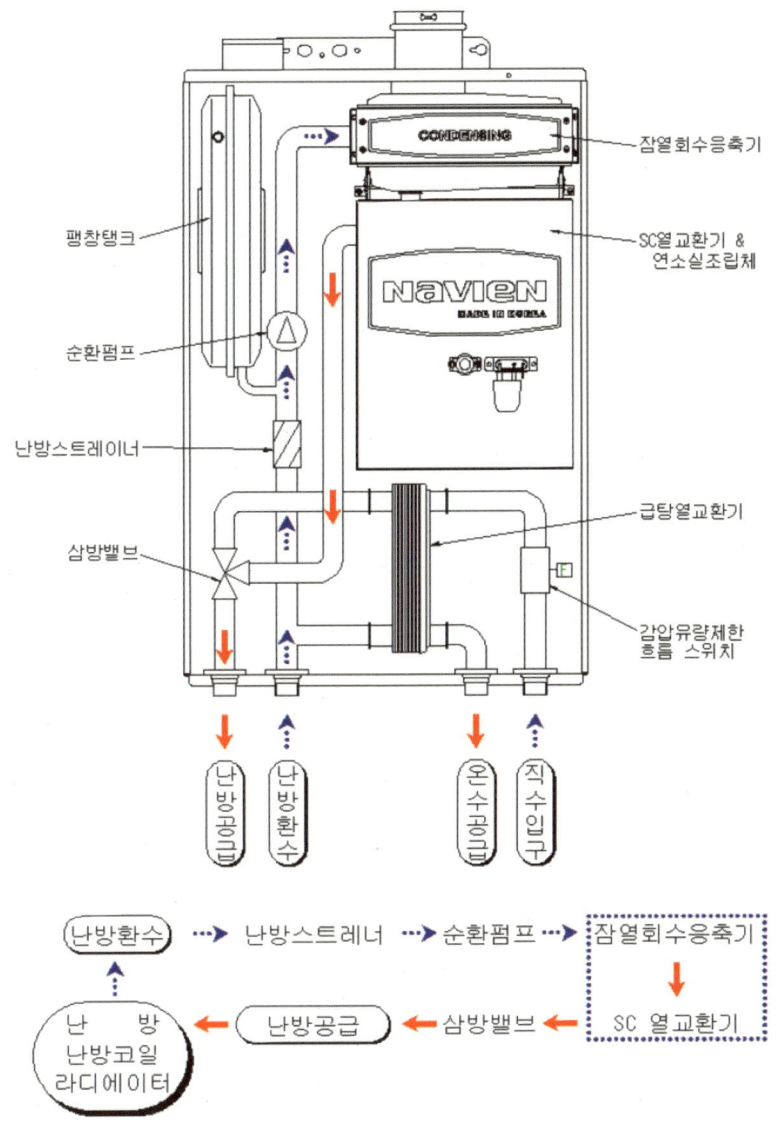

| 난방운전 시의 흐름 |

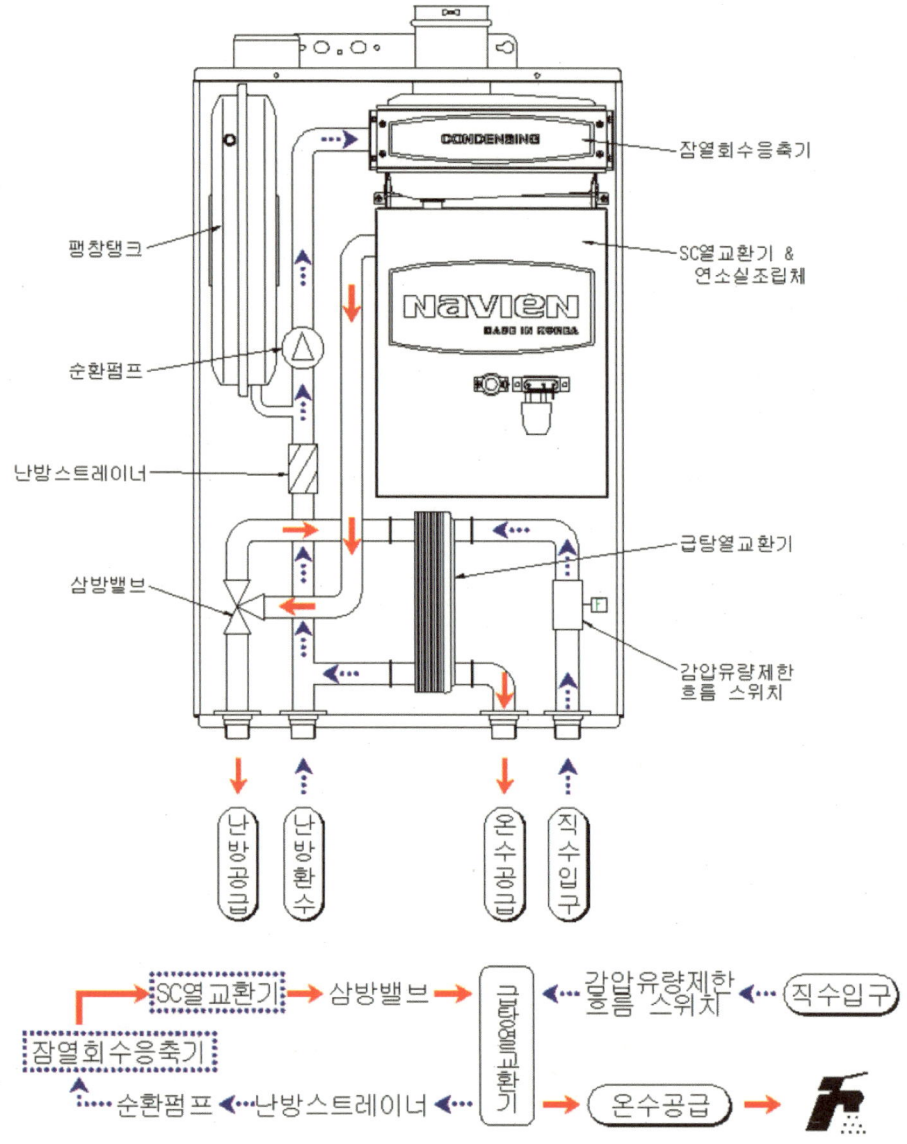

| 급탕(온수)운전 시의 흐름 |

### (4) 가정용 가스보일러의 설치와 유지관리

가정용 가스보일러에서는 주거 공간에 설치되는 관계로 안전장치의 작동이 확실하여야 하는데, 소화 안전장치, 재통 전/재점화 시의 안전장치, 과대풍압 안전장치, 난방수 과열방지 안전장치, 헛불 시의 안전장치, 과압방지용 안전장치(릴리프 밸브), 저온동결(동파) 방지장치가 대부분 기본으로 설치되어 있다.

또한 가정용 보일러는 보통 최대 사용압력이 0.5MPa 이하로 제작되므로 가급적 급수 연결배관에는 감압밸브를 설치하는 것이 바람직하다.

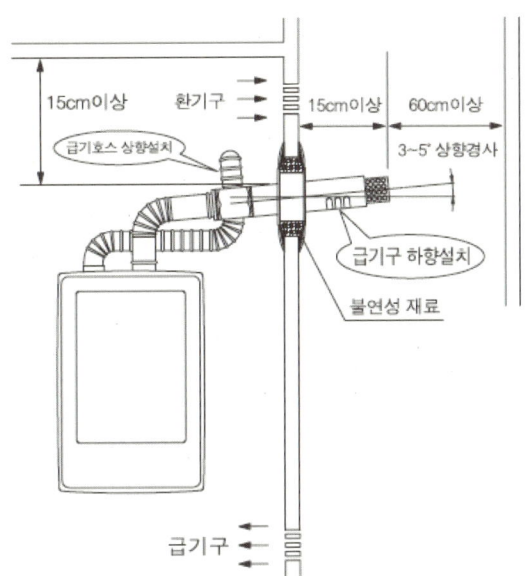

| 보일러 연도 및 환기구의 설치 |   | 보일러 난방배관의 차압조절밸브 |

보일러의 연도 설치 시 강제급배기식(FF방식)인 경우 보통 건물 외벽에 급·배기가 동시에 가능한 이중연도를 설치하고 있는데, 일반형 보일러는 응축수의 발생이 적으므로 빗물의 유입이 없도록 연도 끝을 외부 방향으로 내려서 설치했다. 그러나 콘덴싱 보일러는 응축수의 발생이 많아 겨울철에 연도의 고드름 낙하에 의한 사고를 예방하고 중화처리를 위해 응축수를 회수해야 하기 때문에 외부쪽이 높게 되도록 설치하고 있다. 이 외에 가정용 보일러 설치 및 유지보수 시 고려해야 할 사항은 다음과 같다.

① 보일러가 설치되는 장소는 주위의 공간과 구획된 전용 보일러실에 설치하는 것이 좋은데, 연소가스나 연료용 가스의 누설 시 환기가 가능하도록 외부와 접한 벽면에는 급기구와 환기구를 설치해야 한다.
② 간혹 보일러보다 난방배관이 높은 위치에 설치되어야 할 때에는 팽창탱크가 대기개방형이면 물 넘침이 발생하게 되므로 밀폐식 보일러로 설치해야 한다.

③ 각실 온도조절기가 설치되어 난방배관에 각 존별로 전동밸브가 설치된 때에는 밸브가 많이 닫히게 될 경우 공급배관과 환수배관에 과다한 차압으로 소음이 발생되는 사례가 많으므로 차압밸브를 설치하는 것이 바람직하다.

④ 보일러의 오버플로나 드레인관은 주위에 피해를 주지 않도록 배수구로 유도되도록 하고, 특히 보일러 하부배관에 동파방지열선이 설치된 경우 센서가 물에 젖지 않도록 센서 위치를 조정하거나 보호조치를 해주는 것이 좋다.

⑤ 가정용 보일러는 연도 이음부위에서의 누설에 의한 가스 질식사고나 폭발사고 사례가 많으므로 주기적으로 연도 이음부위의 기밀상태를 확인해야 한다.

⑥ 보일러 하부의 난방배관 연결부위에 설치되어 있는 난방필터는 주기적으로 확인해 이물질이 있을 경우 청소해 준다.

⑦ 콘덴싱 보일러는 가동 시 항상 응축수 중화장치(트랩)에 물이 차 있어야 하며, 장기간 가동하지 않았다가 재운전할 때에는 물이 차 있는지 확인하여 필요시 물을 보충해 주어야 한다.

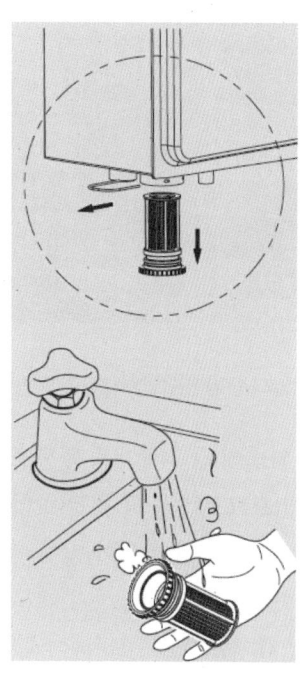

| 난방 필터의 청소 |

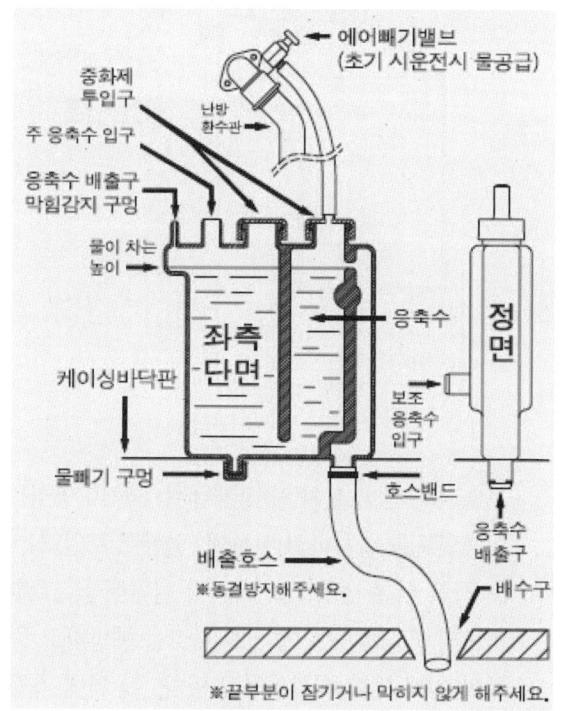

| 응축수 트랩의 구조 |

⑧ 겨울철에는 보일러를 가동하지 않거나 장기간 외출할 경우에도 동파를 예방하기 위해 보일러의 전원을 항상 연결해 놓도록 한다.

⑨ 공사 중 또는 사용 중에 급수나 난방배관의 누수 여부를 확인하기 위하여 수압시험을 할 경우에는 보일러 하부의 차단밸브를 닫아 놓은 상태에서 한다. 보통 가정용 보일러의 설계압력은 0.5MPa 정도이므로 과도한 수압을 연결하면 보일러 파손을 유발하게 된다.

# CHAPTER 23 급수설비

## 01 급수설비와 위생적 관리

사람이 상주하는 모든 건물에는 언제나 깨끗하게 마실 수 있는 음용수가 있어야 하고, 각종 위생기구에 원활하게 급수를 공급하기 위한 설비가 필수적으로 필요하다. 또한 급수설비는 건물 형태나 사용 여건에 따라 사용자가 수압이나 유량의 부족으로 불편함을 겪지 않도록 적합하게 설치되어야 한다. 급수의 부족이나 예고 없는 중단은 사용상 큰 불편을 초래하기 때문에 안정적 급수 시스템의 선정과 물 사용량에 대한 검토, 배관망의 구성이나 관경의 선정 등이 중요하다.

이와 함께 근래에 들어서는 보다 깨끗한 물을 공급하기 위해서 위생적인 저수조나 배관 시스템, 각종 수처리 장치들이 개발·보급되고 있고, 물 절약을 위한 절수기나 재활용 설비에도 많은 관심이 모아지고 있다.

한편, 급수와 급탕과 같은 음용수 계통은 반드시 위생상 유해하거나 오염 우려가 있는 계통과 철저히 분리되어야 한다. 급수계통이 오염의 위험이 있는 계통과 연결되었거나 접촉되는 것을 "크로스 커넥션"(Cross connection)이라고 하는데, 실제 배관이 설치·사용되는 과정에서는 크로스 커넥션이 불가피한 경우가 종종 발생한다. 이런 경우 위생상 유해 우려가 있는 계통으로부터 급수 쪽으로의 역류를 차단할 수 있는 조치가 필요하다.

예를 들면 급수배관이 공조배관이나 열원장비에 보충수를 공급하기 위하여 접속되었거나 또는 중수나 공업용수 배관에 단수 시 응급 급수를 위해 급수관이 연결된 경우에는 역수압에 의해 공조용수나 중수 등이 급수배관 쪽으로 역류되지 않도록 체크밸브와 같은 역류 방지조치를 취해야 한다.

뿐만 아니라 위생기구들을 통하여 급수관이 오배수계통과 직·간접적으로 접하는 경우가 많다. 수도꼭지나 욕조(특히 호스의 헤드) 등의 토수구가 위생기구에 물을 담았을 때 물속에 잠기게 되면, 급수압이 중지되었거나 역사이펀 작용이 일어날 경우 급수가 오염될 우려가 있다. 대변기에 직접적으로 연결된 급수배관이나 생산설비에 직접 연결된 급수 등도 오·배수와 접촉될 수 있으므로, 관내가 부압이 되면 자동적으로 공기를 보급하는 진공 브레이커 또는 역류방지기를 설치하여야 한다.

## 02 급수방식의 종류

### (1) 상수도 직결방식

건물로 인입되는 상수도를 건물 내의 급수배관에 바로 연결하여 각 층의 위생기구까지 직접 급수를 공급하는 방식으로, 층고가 낮은 주택이나 소규모 건물에 적합하다. 상수도 직결방식은 다른 급수방식과 비교하여 건물 내에 별도의 저장이나 공급장치가 없어 수질 오염의 가능성이 적다. 또한 펌프와 같은 동력장치가 불필요하여 유지관리가 용이하며 건물의 정전 시에도 급수가 가능하다.

그러나 물탱크와 같은 저장장치가 없어 상수도의 단수 시에는 건물 내 급수가 불가능하고, 주변 건물의 급수 사용량이나 급수 인입 압력의 변화 상황에 따라 건물 내에서의 급수 사용이 지장을 받을 수 있는 단점이 있다. 상수도 직결방식을 사용하기 위한 최저 인입 수압은 다음과 같다.

$$P \geq P_1 + P_2 + P_3$$

여기서, $P$ : 상수도 본관에 필요한 최저 수압 [m]
$P_1$ : 상수도 인입 부분에서 최상층 위생기구까지의 자연압 수두 [m]
$P_2$ : 상수도가 최상층 수전까지 공급되면서 발생되는 마찰손실 수두 [m]
$P_3$ : 최상층 수전에서 필요한 최저 토출압력 수두 [m]

> 20m 높이의 건물에서 상수도를 인입하여 급수배관에 직결해 사용하고자 할 때 필요한 상수도의 최저 수압은 얼마인가?(상수도 계량기에서 최상층의 가장 먼 위생기구까지 배관 길이는 50m임)

$P \geq P_1 + P_2 + P_3$
 $P_1$ = 건물 높이 20m
 $P_2$ = 배관 길이 50m × 0.03 (단위길이당 마찰손실 30mmAq/m) = 1.5m
 $P_3$ = 최상층 위생기구에서 필요한 최소 토출압력 = 1.5kg/cm$^2$ = 15m
∴ $P = P_1 + P_2 + P_3$ = 20m + 1.5m + 15m = 36.5m ≒ 3.6kg/cm$^2$ 이상 되어야 함

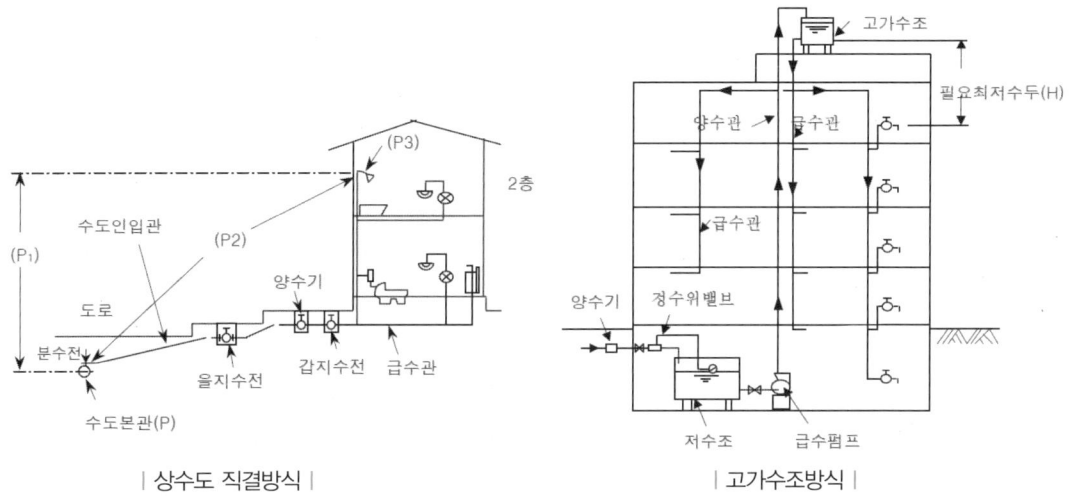

| 상수도 직결방식 | | 고가수조방식 |

## (2) 고가수조방식

고가수조방식은 외부에서 인입된 시상수를 일단 저수조에 담수하였다가 건물 상부에 위치한 고가수조로 퍼올려 자연수압으로 건물의 각 층으로 공급하는 급수방식이다. 고가수조 방식은 항상 일정한 담수량을 가지고 있어 정전이나 단수 시에도 일정 시간 동안 급수가 가능하며, 자연압에 의해 항상 일정한 급수압력으로 공급이 가능하다. 보통 저수조의 용량은 1일 예상 급수량의 0.5~1배 정도, 고가수조는 시간당 평균 급수 사용량의 1.5~2배에 해당하는 용량으로 선정된다.

그러나 이렇게 급수가 항상 저수조와 고가수조에 담수되었다가 공급되기 때문에 체류시간이 길어질 경우 수질 저하의 우려가 있다. 아울러 건물 내에 고가수조 설치를 위한 공간이 필요해 건축 구조상의 문제나 미관상 문제를 고려해야 하고 이로 인해 공사비도 증가된다.

한편 고가수조의 바로 아래층에서는 자연압이 부족해 급수 사용에 불편을 겪는 사례가 종종 있다. 고가수조와 바로 아래층의 층간 높이가 얼마 높지 않아서 충분한 수압을 확보하지 못하는 경우에는 고가수조 하부의 1~2층을 위한 별도의 급수펌프 설치도 검토해야 한다. 고가수조 바로 아래층(해당 급수계통 최상층)에서 적정한 수압을 확보하기 위한 고가수조의 설치 높이는 다음과 같다.

$$H = H_1 + H_2 + H_3$$

여기서, $H$ : 고가수조의 설치 높이 [m]
$H_1$ : 지상에서 최고층 수전까지의 설치 높이(자연압 수두) [m]
$H_2$ : 고가수조에서 최상층 수전까지의 마찰손실 수두 [m]
$H_3$ : 최상층 수전에서 필요한 최저 토출압력 수두 [m]

한편, 고가수조 양수펌프의 용량은 일반적으로 고가수조의 담수량을 30분 이내에 채울 수 있는 정도의 용량이면 무리가 없다. 안정적인 급수를 위해 반드시 예비 양수펌프를 갖추고 있어야 하고, 물넘침 사고가 없도록 고가수조의 수위조절장치는 신뢰성이 좋은 것으로 하고 운전 중에도 수시로 작동

상태를 점검해야 한다.

고가수조방식은 계통이 단순하고 제어가 간편해 예전에는 대부분의 건물에서 사용되었으나, 최상층에서의 수압 문제, 고가수조의 유지관리 비용이나 수질에 대한 우려, 초기시설비 등의 문제로 근래 신축되는 대형건물에서는 적용 사례가 많지 않다. 다만 오래전에 설치된 건물에서는 고가수조방식이 아직도 운용 중에 있고, 저층 건물이나 연립주택 등에서는 요즘도 많이 사용되고 있다.

아울러 최근 수년 동안 국내에서도 초고층 빌딩이나 주상복합 건물들이 많이 건설되었는데, 층고가 높은 초고층 건물에서는 고가수조방식이 다시 많이 적용되고 있다. 양수 높이가 높아서 일상적으로 가압 펌프를 통해 급수하기에는 에너지 소비량이 막대하고 수압도 높아야 하기 때문에, 최상층과 중간층 몇 개소에 물탱크실과 기계실을 배치하여 고가수조를 설치해 사용하는 사례가 늘고 있다.

### (3) 압력탱크방식

압력탱크방식은 저수조에 담수된 시상수를 압력탱크의 압축공기 압력으로 건물 상층부로 급수하는 방식이다. 다른 방식에 비해 공사비가 저렴하고 국부적으로 고압을 요하는 경우 적합하나, 토출압력의 변동 폭이 큰 편이고 펌프와 공기압축기의 잦은 기동으로 동력비가 높은 단점이 있다. 또한 고장이 잦고 유지관리가 어려워 설비계통에 압축공기가 풍부하거나 특수한 경우를 제외하고는 많이 사용되지 않는다. 압력탱크 방식에서 급수 공급을 위한 최저 필요압력은 다음과 같다.

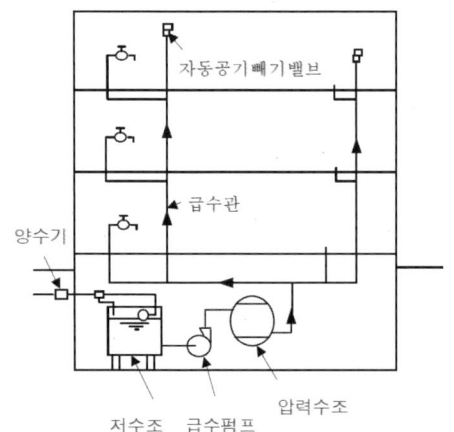

$$P_\mathrm{I} = P_1 + P_2 + P_3$$
$$P_\mathrm{II} = P_\mathrm{I} + (0.7 \sim 1.4)$$
$$H = (흡입양정 + 10 \times P_\mathrm{II}) \times 1.2$$

여기서, $P_\mathrm{I}$ : 압력탱크의 필요 최저 압력[kg/cm$^2$]
$P_\mathrm{II}$ : 압력탱크의 필요 최고 압력[kg/cm$^2$]
$P_1$ : 최상층 수전까지의 자연압[kg/cm$^2$]
$P_2$ : 최상층 수전까지의 마찰손실 수두압[kg/cm$^2$]
$P_3$ : 최상층 수전에서 필요 최저 토출압[kg/cm$^2$]
$H$ : 펌프의 토출양정[m]

## (4) 펌프직송방식(부스터펌프방식)

저수조에 담수된 상수도를 가압펌프(일명 Booster pump)를 이용하여 항상 일정한 급수압으로 각층에 공급하는 급수방식으로, 별도의 고가수조가 필요없어 "Tankless 급수방식"이라고도 한다. 급수펌프의 성능이나 제어성 향상으로 인하여 고가수조 방식에 비해 안정적인 급수압을 유지할 수 있고, 수질관리나 시공비 측면에서 유리하여 십수 년 전부터 중대형 건물이나 각종 급수시스템에서 폭넓게 적용되고 있다.

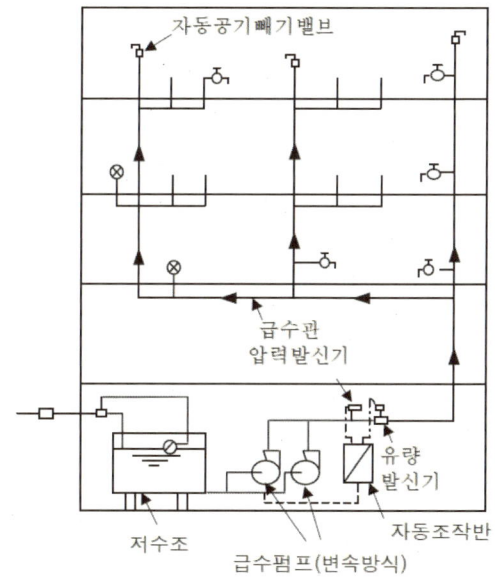

또한, 급수의 안정적인 공급을 위해서 저층부와 고층부 부스터펌프의 토출배관을 연결하거나 시상수도 인입 압력이 높을 때에는 저층부 배관에 시상수도 배관을 연결해 평상시 펌프의 가동을 최소화하여 에너지를 절약하기도 한다. 그리고 급수가압펌프의 1차 전원을 비상전원(발전기)으로부터 공급받도록 연결하면 정전 시에도 급수의 중단에 따른 불편을 최소화할 수 있다.

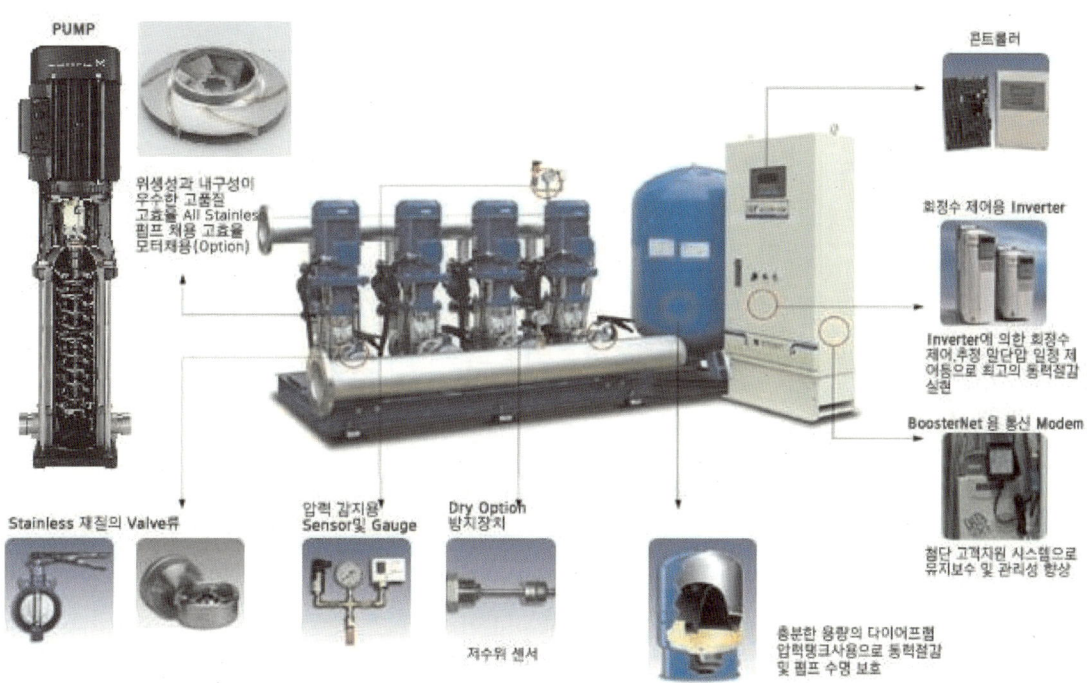

| 부스터펌프의 구성 |

① 대수제어와 회전수제어

항상 일정한 급수압을 유지하기 위하여 상시적으로 부스터펌프가 가동되므로, 펌프의 운전비 절감을 위해서 대수제어나 회전수제어 등의 운전 방법이 사용되는데, 두 방식을 비교해 보면 다음과 같다.

| 구 분 | 대수 제어 | 회전수 제어 |
|---|---|---|
| 제어 원리 | 압력스위치에 의한 펌프의 운전 대수조절 (기계적 제어) | 인버터에 의한 전원 주파수 변조로 펌프의 회전수 조절(전자적 제어) |
| 펌프 회전수 | 정속 운전 | 변속 운전 |
| 장 점 | • 장비 가격이 상대적으로 저렴<br>• 유지보수 간편<br>• 소규모 용량에 적합 | • 급수 공급압력의 변동이 적음<br>• 동력비 절감에 유리(대수제어 대비)<br>• 중·대형 용량에 적합<br>• 인버터의 제어성, 신뢰성이 좋음 |
| 단 점 | • 약간의 압력 변동이 발생<br>• 압력스위치의 오작동, 고장 사례<br>• 급수 사용량이 적은 경우 잦은 기동/정지 반복 | • 장비 가격이 고가<br>• 인버터 및 전자부품이 많아 고장요소가 증가하고 유지관리비 증가 |

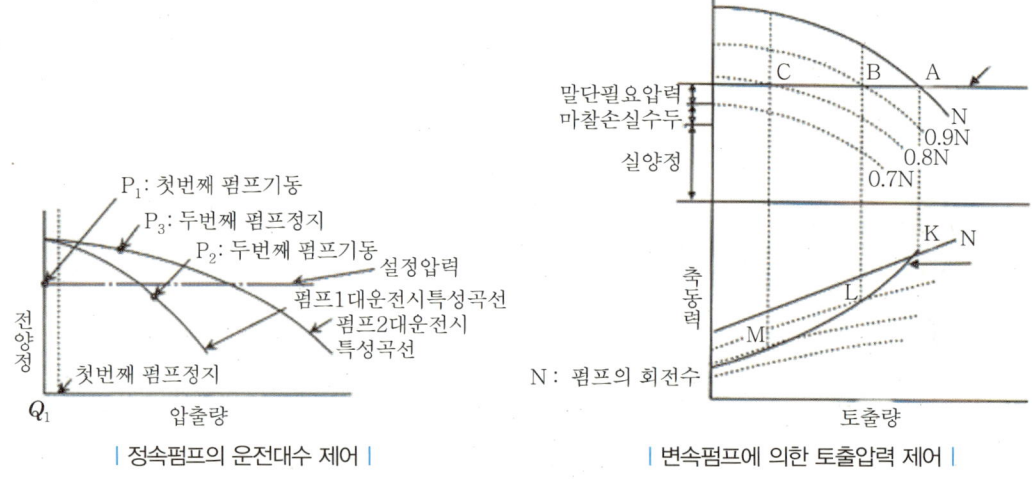

| 정속펌프의 운전대수 제어 | | 변속펌프에 의한 토출압력 제어 |

여러 대의 펌프가 병렬로 설치되는 부스터펌프의 실제 구성에 있어서는 각 펌프를 모두 회전수제어하는 것은 비효율적이기 때문에 1대의 펌프만을 인버터 제어하고 나머지 펌프는 대수제어로 다단 기동시키는 방식이 많이 사용된다.

부스터펌프로는 일반적으로 입형다단펌프가 많이 사용되는데 사용 중이나 물탱크 청소 후 임펠러 부위에 공기가 정체되어 소손되는 사례가 많으므로 흡입배관이나 임펠러 부위의 에어 처리에 각별한 주의가 필요하다. 또한 제어판넬 제작 시 인버터의 고장 시에도 급수 공급이 가능하도록 압력스위치를 이용한 기계식 제어방식도 함께 구성하는 것이 바람직하다.

② 토출압력 일정제어와 추정말단압력 일정제어

펌프 직송방식의 급수 압력제어에는 토출압력 일정제어와 추정말단압력 일정제어의 두 가지 방식이 있다. 펌프의 제어방법으로 토출압력 일정제어방식이 보편적으로 적용되고 있는데, 펌프 토출측 헤더에 설치된 압력센서의 실시간 측정값에 따라 펌프의 회전수를 제어하여 급수펌프로부터 공급되는 수압이 항상 설정된 압력이 되도록 제어하는 방식이다. 이 방식은 급수배관의 관로가 길지 않아서 유량의 변화에 대한 영향이 크지 않을 경우 펌프에서의 공급압력을 항상 일정하게 운전하여도 급수 사용에 큰 불편이 없는 시스템에 적합하다.

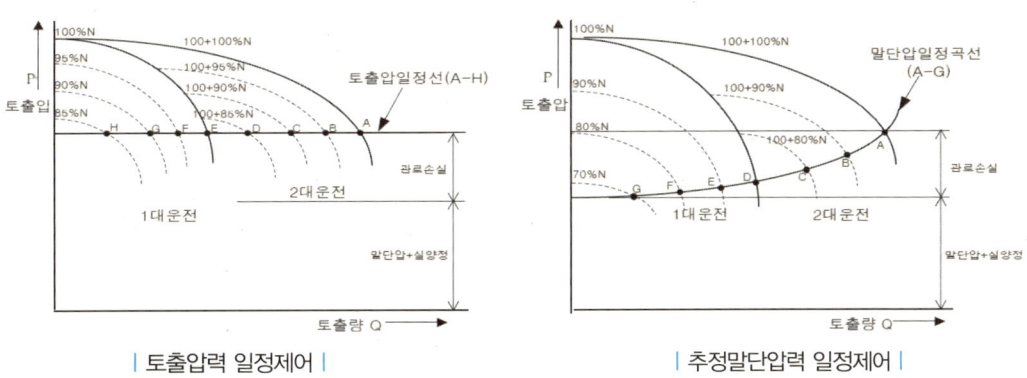

| 토출압력 일정제어 | | 추정말단압력 일정제어 |

토출압력 일정제어 방식을 펌프의 성능곡선상에서 살펴보면, 목표로 하는 압력(말단압+실양정+관로손실)을 토출압 일정선(A-H)으로 나타내면 유량의 변화에 따라 펌프의 회전수는 H점(85%) → G점(90%) → F점(95%)로 토출압 일정선상을 따라 변화한다. 유량이 더욱 증가하여 E점(100%)을 넘어서면 펌프는 1대만으로는 부족하기 때문에 2번째의 펌프가 추가로 가동되어 D점에서부터는 2대가 운전하게 된다.

유량이 계속 증가하면 C점(100%+90%) → B점(100%+95%)으로 토출압 일정선상을 따라 변화하고 최종적으로는 A점(100%+100%)에 도달한다. 2대의 펌프로 시스템이 운전되는 경우에는 이 A점이 최대 토출량이 된다.

추정말단압력 일정제어의 경우도 유량 변화에 따라 말단압력 일정선상을 움직이면서 앞에서 설명한 토출압력 일정제어와 같은 모양으로 변화한다. 추정말단압력 일정제어방식은 관로 손실이 실양정에 비하여 큰 급수시스템에 적용하면 효과가 좋다. 관로가 길어서 전체 배관 마찰손실이 큰 계통에서는 유량 변화에 따른 마찰손실의 변화폭도 크기 때문에 급수펌프의 회전수를 제어할 수 있는 폭이 커져 에너지 절감효과도 커지게 된다.

말단압력은 배관의 말단에 압력센서를 설치하여 말단압력을 실시간으로 받아 급수펌프를 제어하면 가장 이상적이나, 말단의 압력센서로부터 기계실의 급수펌프까지의 거리가 멀어 자동제어 통신의 시간차가 발생하여 현실적으로는 원활한 운전이 쉽지 않다. 따라서 대부분의 업체에서는 유량이나 펌프 토출측 공급압력의 변화에 따라 말단압력을 제어반에 내장된 프로그램으로 추정하여 펌프를 제어하고 있다.

③ 압력탱크의 설치

급수 부스터펌프 시스템에서는 펌프의 기동 반복을 줄이고 급격한 압력의 변동을 완화시키기 위하여 펌프의 토출 배관 측에 압력탱크를 설치한다. 주로 원통형의 탱크 내부에 격막이나 다이어프램이 설치되어 있고 공기나 질소가스가 충진되어진 압력탱크가 사용되고 있다.

펌프의 토출측에 압력탱크가 연결된 상태에서 펌프가 가동되어 회전수가 증가하게 되면 탱크 내로 물이 밀고 들어오면서 팽창하게 되고, 공기실은 압축이 되면서 압력이 $P_1$까지 상승하게 된다. 펌프 토출측의 압력이 설정압($P_1$)에 도달하게 되면 펌프는 꺼지게 되는데, 펌프가 정지된 상태에서 부하측 배관에서 급수를 사용하게 되면 압력탱크 공기실의 높은 공기압력으로 탱크 내부의 물을 배관 쪽으로 밀어내면서 줄어드는 체적($V_1 - V_2$)만큼 급수를 공급하게 된다. 급수 측의 압력이 설정압의 하한치($P_2$)에 도달하게 되면 다시 펌프가 가동되고 물이 압력탱크 내부로 밀고 들어오면서 낮아졌던 공기실의 압력은 다시 높아지는 과정을 반복하게 된다. ($P_1 \leftrightarrow P_2$)

| 물이 유입되지 않을 때 | 펌프가 기동할 때 | 펌프가 정지할 때 |

압력탱크는 이렇게 펌프가 가동되지 않는 상태에서도 일정한 양만큼의 급수를 공급할 수가 있어 펌프이 기동 정지 반복횟수를 줄여주게 된다. 또한 여러 대의 펌프가 조합된 부스터펌프 시스템에서 펌프의 운전 대수가 늘어날 때 순간적으로 발생되는 압력의 헌팅 현상을 완화시켜 주는 기능도 한다. 따라서 압력탱크는 가능하다면 충분한 용량으로 선정하는 것이 유리하며, 내부 공기실의 압력은 급수 설정압력을 고려하여 적절히 압축/팽창될 수 있도록 적정한 충진 압력을 항시 유지하여야 한다.

④ 인버터 설치 방식

급수 부스터펌프에 회전수 제어를 위하여 인버터 장치를 설치하는 방식은 각 펌프마다 개별적으로 인버터 장치를 설치하는 것과 한 세트의 인버터 장치만 설치하고 나머지 펌프들은 대수제어하는 방식으로 크게 나눌 수 있다. 또한 개별 인버터를 설치할 때에도 각 펌프의 모터 본체에 인버터를 일체화시켜 장착하는 방식과 제어판넬 함 내부에 각 인버터를 설치하는 외장형 방식이 있다. 급수 압력의 정밀한 제어 및 펌프 제어성을 고려하면 각 펌프마다 개별 인버터를 장착하는 것이 효과적이지만, 이럴 경우 급수펌프의 장비비가 많이 상승하게 되고 급수계통이 매우 정밀하게 압력 제어할 필요까지는 없기 때문에 현업에서는 1개의 인버터만 설치하여 여러 펌프 중 1대만 회전수 제어를 하고 나머지 펌프들은 대수제어하는 방식이 보다 많이 적용되고 있는 추세이다.

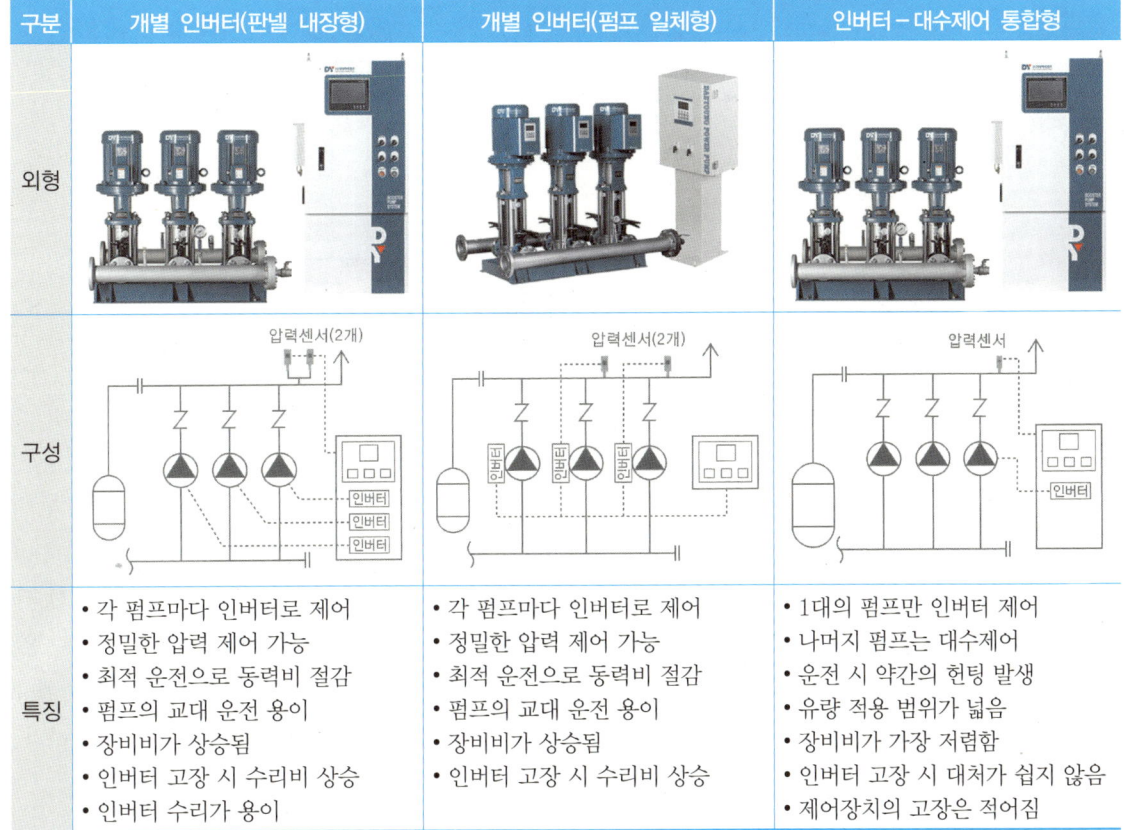

# 03 급수관로의 구성

### (1) 수직배관 방법

① 상향식 배관법

수평 주관을 지하층의 천정이나 최하층에 설치하고 수직관(Riser pipe)을 세워서 급수하는 방식으로, 수도직결식·압력탱크식·펌프 공급 방식에서 주로 적용된다. 급수 개소가 평면적으로 분포되어 있는 경우는 각 입상마다 고가수조를 설치하지 않고 1개소에 고가수조를 설치한 뒤, (b)와 같이 급수관을 내려 지하층에 수평 주관을 두고 여기에서 수직관을 세워 급수하기도 한다. 상향식 배관법은 보통 수평 주관이 건물의 지하층에 노출 배관되므로 유지관리가 용이하나 각 층에서의 급수 동시 사용량이 많을 경우 상부층으로 갈수록 마찰손실의 영향으로 압력이 저하되어 급수 사정이 나빠지는 경우가 발생할 수 있다.

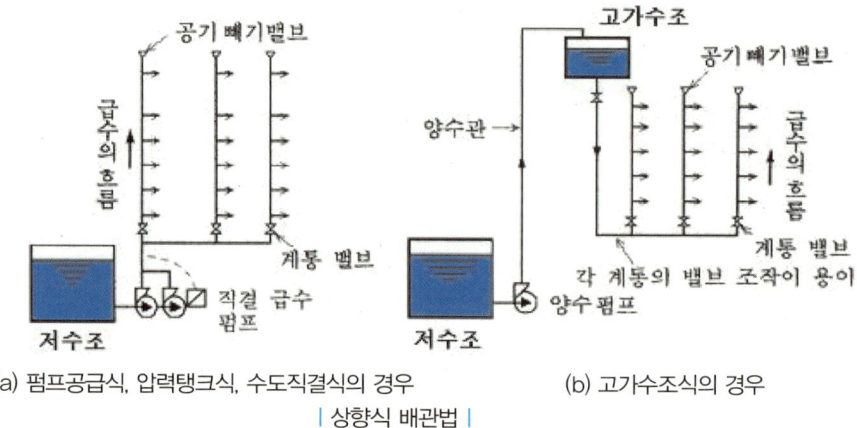

| 상향식 배관법 |

### ② 하향식 배관법

하향식 배관법은 수평 주관을 최상층의 천장 내부나 옥상에 설치하고 수직관(down riser pipe)을 내려 급수하는 방식으로 고가수조식에 주로 적용된다. 하향식 배관법은 수직 낙차에 의한 자연압의 방향에 따라 공급하기 때문에 급수가 합리적이며 비교적 일정한 급수압이 유지될 수 있다. 그러나 수평 주관을 미관상의 이유로 은폐시키는 경우가 많고 옥상 노출 시 겨울철 동파 예방을 위한 추가적인 조치가 필요하며, 이로 인해 유지보수 측면에서는 상향식에 비해 다소 불리하다.

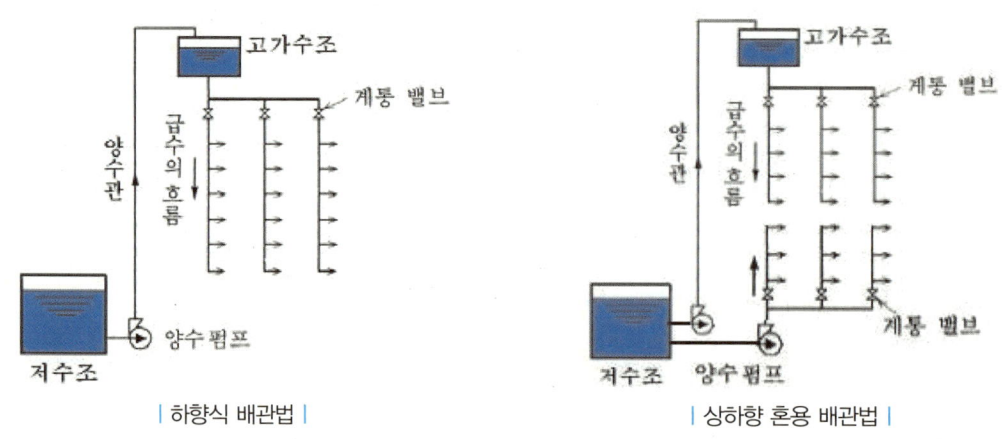

| 하향식 배관법 |      | 상하향 혼용 배관법 |

### ③ 상하향 혼용 배관법

초고층 건물이나 급수 사용 여건상 일부 필요한 경우 상향식과 하향식 배관방식을 혼용하는 경우도 있다. 예를 들면 주상복합 건물에 상부층의 아파트는 고가수조방식으로 급수하고, 하부층의 상가나 오피스텔은 급수계통을 분리하여 별도로 펌프 공급방식으로 급수하는 사례들도 있다.

## (2) 가지 배관 방식

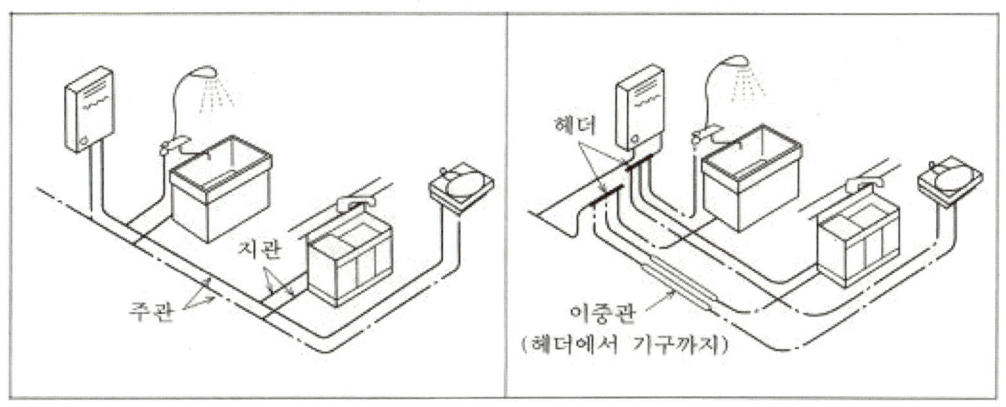

| 분기 배관 방식 |  | 헤더 배관 방식 |

각 층에서의 일반적인 급수배관 방법은 수직배관에서 분기된 해당 층의 수평배관이 천장 내부나 바닥에 매립되어 위생기구를 지나칠 때마다 가지배관을 분기하면서 관경이 단계적으로 축소되는 "분기배관(또는 트리배관) 방식"이 많다. 그러나 분기배관방식은 접합 개소가 많아져 부속 사용이 증가하기 때문에 그만큼 누수 위험 요소도 늘어나게 된다. 이로 인해 근래에는 공동주택이나 오피스텔 등에서는 급수·급탕 헤더를 설치해 각 위생기구별로 가지배관을 별도 배관하는 "헤더 배관방식"이 많이 사용되고 있다.(일반 오피스빌딩 등에서 천장 속에 배관을 하는 경우에는 아직도 분기 배관방식이 일반적임)

헤더 배관방식은 메인관의 헤더로부터 각 위생기구까지의 가지배관을 콘크리트 속에 매립하거나 천장 속에 은폐시키는데, 급수관의 파손과 결로 방지를 위하여 외부에 CD전선관을 이용하여 보호관을 설치하기 때문에 "P.I.P(Pipe In Pipe) 방식", 또는 "이중관 배관방식"이라고도 한다.

헤더 배관방식은 헤더와 위생기구 사이의 가지 배관에 부속이나 연결부위가 없기 때문에 누수 우려가 적고, 각 기구가 동시 사용될 경우에도 압력의 변화가 적은 장점이 있다. 또한 배관 보수나 교체 시 보호관 속의 급수관만 교체가 가능하므로 건축 마감재의 손상을 최소화할 수 있다.

이중관 배관방식은 분배기에서부터 위생기구까지 모두 각각의 배관으로 1 : 1 연결하는 방식과, 화장실에 서브 분배기를 설치하는 방식, 위생기구들과의 접속부분에 접속박스를 설치하여 배관을 연장해 이어나가는 방식 등 다양한 방식들이 개발되었다. 배관이나 분배기의 설치 위치도 바닥에 매립하는 바닥매립방식과 누수의 위험을 최소화하도록 자기 층의 천장 속에 설치하는 상부배관방식 등 다양하다.

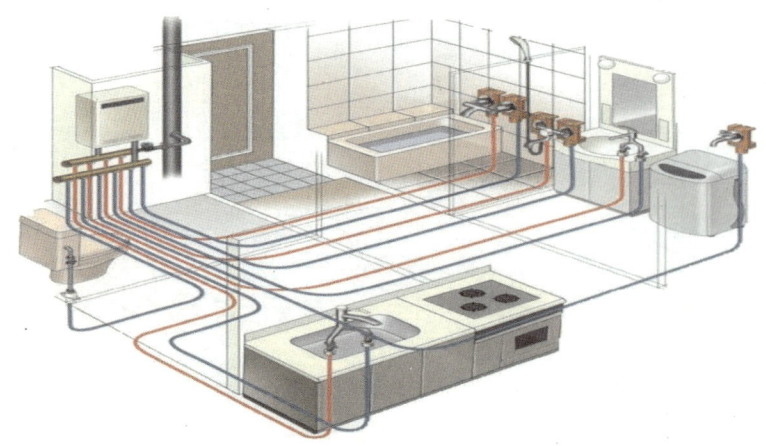

| 이중관 공법 – 개별 1 : 1배관 방식 |

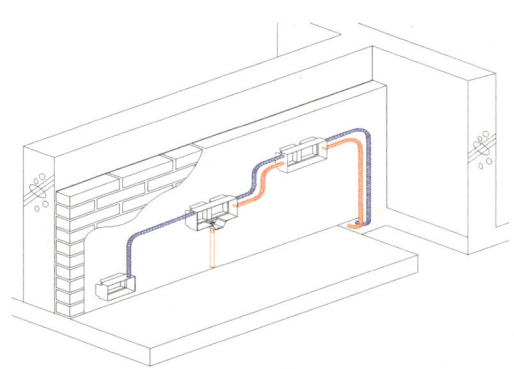

| 이중관 공법 – 조인트박스 방식 |

| 급수 · 급탕 분배기 |

| 벽면 조인트박스 및 배관 설치 |

| 조인트박스 내 이중배관 |

| 이중관 배관 공법의 현장 시공 예 |

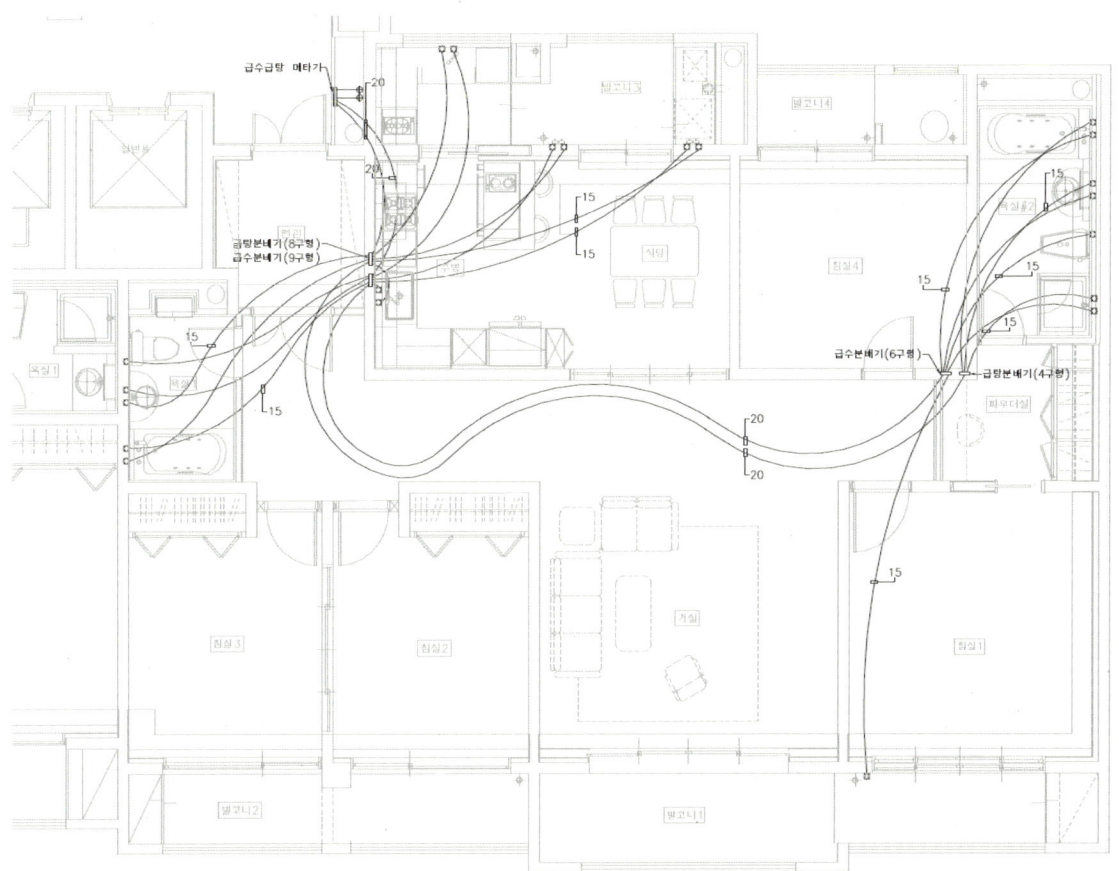

| 이중관 배관공법의 아파트 세대 내 급수급탕 배관 평면도 |

## 04 급수계통의 조닝(Zoning)

고층건물의 급수 시스템을 단일계통으로 하면 저층에서는 수압이 과대하게 작용하여 소음, 진동, 워터해머 등이 심하게 발생하게 되므로, 수직 구역에 따라 적정하게 조닝을 하거나 감압밸브 등을 사용하여 급수압력을 조정해 주어야 한다.

일반적으로 급수압력은 아파트나 호텔 등 사생활적인 건물에서는 최대 0.3~0.4MPa 정도, 사무소나 공장 등 일반건물에서는 0.4~0.5MPa 정도로 제한하는 것이 바람직하다. 급수압력이 그 이상 되면 중간수조나 감압밸브를 설치하여 압력을 조정해 주어야 하는데, 이와 같이 급수 관로를 2계통 이상으로 나누어 구분하는 것을 조닝(zoning)이라 한다.

## (1) 급수 조닝의 예

급수배관 계통의 조닝은 고가수조나 가압펌프, 감압밸브 등의 설치나 조합에 의하여 이루어지게 되는데, 아래의 그림은 급수계통 조닝의 몇 가지 예를 나타내고 있다.

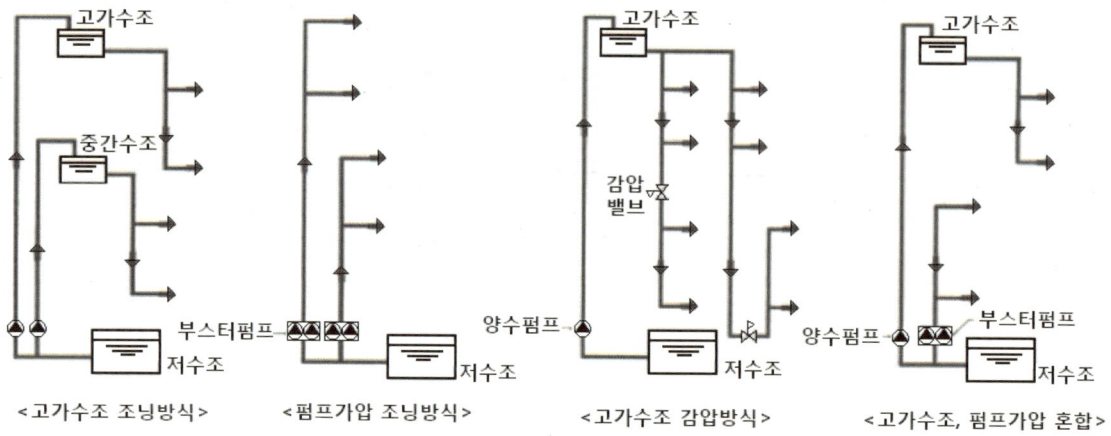

## (2) 급수계통의 감압밸브

고가수조나 가압(부스터)펌프 방식 중 급수압이 과도한 경우 감압밸브를 설치하여 적정한 급수 압력이 유지되도록 해야 한다. 급수계통의 감압밸브는 설치방식에 따라 주관감압방식, 층별감압방식, 그룹감압방식(몇 개 층 조닝)으로 구분할 수 있다.

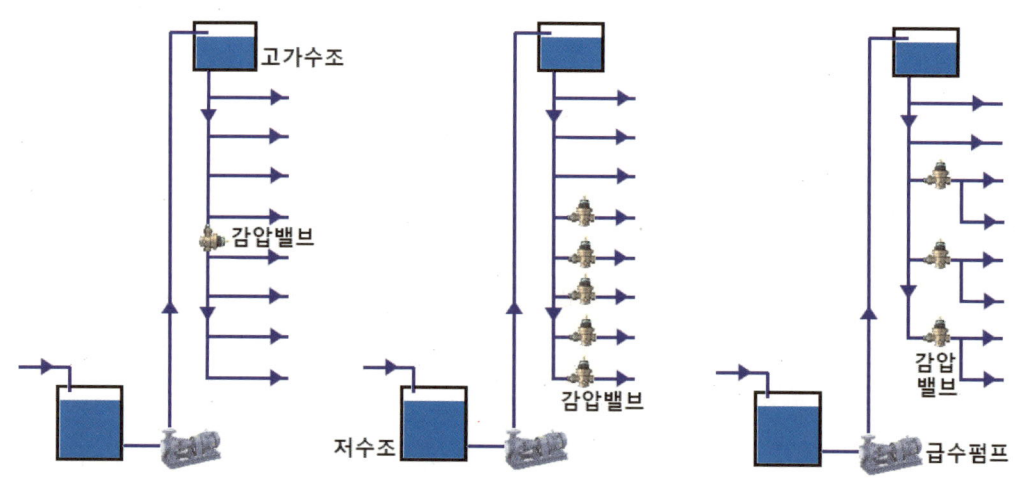

| 고가수조 방식에서의 감압밸브 설치 |

펌프공급방식에서는 감압밸브를 사용하여 조닝을 하기도 하지만, 공동주택이나 급수량이 클 경우에는 조닝별로 급수펌프를 분리하여 설치하는 방식이 사용되기도 한다.

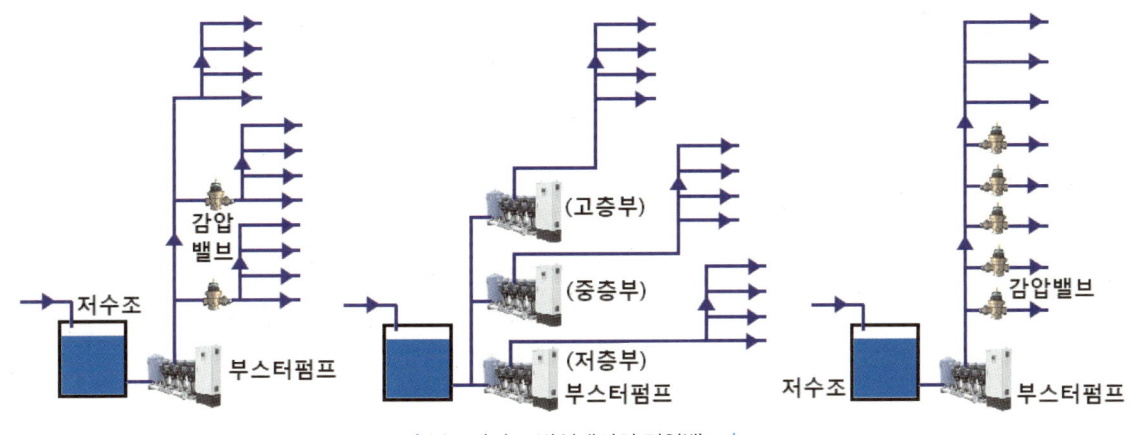

| 부스터펌프 방식에서의 감압밸브 |

급수 시스템에 감압밸브를 설치할 경우에는 작동 압력에서의 통과 유량이 과대하거나 과소하지 않도록 적정한 모델을 선정하는 것이 중요하다. 또한 감압밸브의 오작동이나 고장 시를 대비하여 바이패스와 안전밸브를 설치하고, 급수 공급이 중요한 시설에서는 자동제어에서 압력센서를 설치하는 것이 좋다. 또한 감압밸브의 입구와 출구 측에서 감압되는 차압(감압비)이 클 때에는 캐비테이션이 발생할 수 있으므로 이때는 2단(직렬)으로 감압밸브를 설치하는 방안을 검토해야 한다. 아래의 계산식에서 캐비테이션 지수(K)가 0.5 이하일 경우 2단 감압을 실시한다.

$$\text{캐비테이션 지수}(K) : K = \frac{P_2 + P_K}{P_1 - P_2}$$

여기서, $P_1$ : 감압밸브의 고압측(입구측) 압력
$P_2$ : 감압밸브의 저압측(출구측) 압력
$P_K$ : 15~20℃의 물에 대한 증발압력(101.3kPa, 1.033kg/cm$^2$)

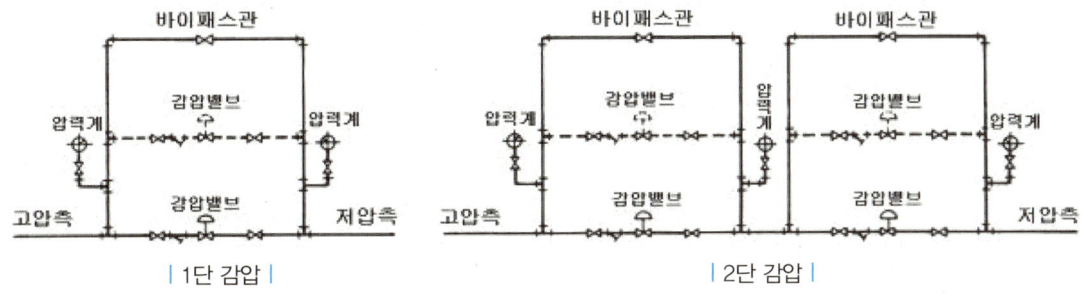

| 1단 감압 |  | 2단 감압 |

감압밸브의 조절 가능한 최소유량은 정격유량의 5% 정도인데, 급수 사용량이 많고 변동폭이 클 경우 용량이 작은 보조 감압밸브를 병렬로 설치하면 압력 조정의 안정성을 높일 수 있다. 이때 보조 감압밸브는 주 감압밸브 용량의 20% 정도의 용량으로 설치하며, 주 감압밸브보다 0.015~0.03MPa 정도 높은 압력에서 작동되도록 설정한다.

## 05 적정한 급수압력의 유지

급수배관에서의 적정한 수압 유지는 매우 중요하다. 각각의 위생기구들은 적정한 급수압력이 공급되어야 원활하게 작동될 수 있으며, 수압이 과대하거나 과소해지면 사용상의 불편을 초래하게 된다. 이밖에도 수압의 이상으로 인한 문제점들은 다음과 같다.

| 수압이 지나치게 높을 경우 | 수압이 지나치게 낮은 경우 |
|---|---|
| • 토수량이 과대해져 불필요한 물 낭비 발생<br>• 유수 소음이 커지고 수격현상에 의한 소음과 진동으로 불편<br>• 수전류의 마모나 조기 파손으로 경제적 손실 및 유지관리비 증가<br>• 배관이나 장비류의 내압성이 요구됨 | • 토수량 부족으로 물의 사용이 불편<br>• 기구별로 필요한 최저 압력 이하 시 수전 및 위생기구류의 사용 불가 |

### (1) 배관계통에서의 수압

건물의 사용 용도별 급수 허용압력과 위생기구별 정상 작동을 위한 최소 필요압력은 다음과 같다. 일반적으로 사용압력이 낮을수록 소음이나 워터해머가 적어지나, 수압이 너무 낮아지면 동시 사용률이 높아질 경우 급수압이 부족해질 수 있으므로 0.2~0.25MPa 정도의 급수압력이면 사용상 무리가 없다.

| 건물의 종류 | 급수 허용 압력 |
|---|---|
| 공동주택, 호텔, 오피스텔, 병원 | 0.3~0.4 MPa |
| 사무소, 공장, 기타 건물 | 0.4~0.5 MPa |

| 구분 | 위생기구별 최소 필요 압력 ||||
|---|---|---|---|---|
| | 수전 | 양변기 F/V | 샤워 | 순간탕비기 |
| 필요 압력(MPa) | 0.03 | 0.07 | 0.07 | 0.04~0.08 |

### (2) 수격현상(워터해머, water hammer)

배관 내에 유체가 빠르게 흐르던 중 밸브의 폐쇄 등으로 흐름이 갑작스럽게 멈추게 되면 유체가 지니고 있던 운동에너지가 압력파로 변환되어 수충격 현상(water hammer)이 발생하게 되고 이로 인해 소음이나 진동 등이 발생하게 된다. 유체의 운동에너지는 질량과 속도에 비례하므로 배관을 흐르는 유체의 유량이 많거나 비중이 크면 증대되고, 속도가 클 경우에도 수격현상이 심하게 발생된다.

이러한 수격현상은 공기와 같은 압축성 유체보다는 물과 같은 비압축성 유체일 경우 더욱 심하게 발생하게 된다. 수격현상이 발생하면 사용상의 불편함은 물론 배관계통에도 무리를 주어 심할 경우 장비나 기기의 파손을 일으키거나 수명이 단축된다.

또한 수격현상은 밸브를 갑자기 개방할 때도 발생될 수 있는데, 밸브의 순간적인 개방으로 배관 일부에서 국부적인 부압이 발생하여 수주가 분리되는 현상이 생기고 이후 재결합하면서 이상 충격음이 발생하기도 한다.

특히 요즘에는 고층건물이 많아져 급수압이 높은 경우가 많고, 사용상의 편의를 위해 급수계통에서도 전자식 자동밸브(전자감지식 소변기/양변기 세척밸브, 싱크수전 풋밸브, 정수기나 세탁기, 식기세척기와 같은 가전제품에 내장된 전자밸브 등)의 사용이 많아져서 수격현상이 발생될 우려가 높으므로 적극적으로 대처하지 않으면 안 된다.

① 수격현상에 의한 충격 압력

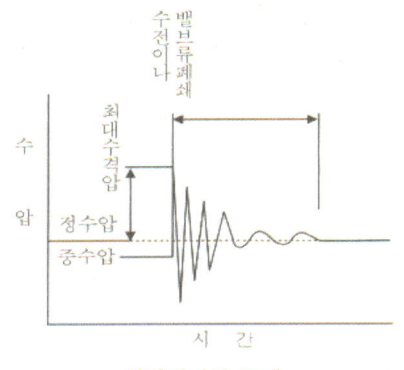

워터해머의 도해

$$P_r = \frac{r \cdot a \cdot v}{10,000 \cdot g}$$

여기서, $P_r$ : 압력 상승 [kg/cm$^2$]
  $r$ : 유체의 비중량 [kg/m$^3$] → 물 1,000
  $a$ : 압력파의 전파속도 [m/s] → 물 1,200 ~ 1,500
  $v$ : 유속 [m/s]
  $g$ : 중력 가속도 [9.8m/s$^2$]

| 배관 내 유속이 2m/s일 경우 수격현상이 발생될 때 상승되는 압력은? |
|---|
| $P_r = \dfrac{1,000 \times 1,200 \times 2}{10,000 \times 9.8} = 24.4\text{kg/cm}^2$ |

② 수격현상이 발생하기 쉬운 상황
- 수전이나 밸브 등의 급작스런 폐쇄 시
- 배관 내 유체의 유속이 빠를 때
- 배관 내의 수압이나 수온이 높을 때
- 급수펌프의 급정지 시
- 배관 길이에 비해 굴곡이 많은 배관 부분
- 급수배관이나 펌프 배관에 중력식 체크밸브(스윙체크)가 설치되어 있을 경우
- 급수 입상관과 연결된 긴 수평주관이 상층부에 있어 수주 분리를 일으키기 쉬운 경우
  ※ 수격현상이 발생하기 쉬운 밸브류 : 솔레노이드나 2-way 컨트롤밸브와 같은 전동/공압밸브류, 스윙 체크밸브, 물탱크의 수위조절밸브, 위생기구 중 싱글레버 수전, 양변기 플러시 세척밸브, 소변기 전자감응기, 일반 밸브 중에서는 상대적으로 볼밸브나 버터플라이밸브 등 레버형 밸브류

③ 수격 충격파의 영향
- 배관계통의 접합부 등 취약한 부분에 충격을 주어 누수나 파괴를 유발시킴
- 배관에 진동과 소음을 발생시킴
- 각종 밸브류 및 계량기, 압력조절기 및 게이지류 등의 장치를 파손시킴
- 행거나 서포트 등을 이완시켜 지지를 약하게 만듦
- 반송장비나 용기류, 보일러 등과 같은 장비들의 파손을 유발시킴

④ 수격현상 방지대책
- 배관 내의 수압을 적정하게 유지하는 것이 최선임(0.35~0.4MPa 초과 시 감압밸브 설치, 특히 위생기구의 전자감응형 세척밸브나 제어용 솔레노이드 밸브가 설치된 배관은 수압을 0.2MPa 정도로 충분히 낮춰 사용하는 것이 좋음)
- 체크밸브는 가급적 스프링형 체크밸브(스모렌스키, 3-1체크밸브, 판체크 등)로 사용
- 유속을 낮게 함(2m/s 이하) → 관경을 크게 하거나 유량을 적게 조정함
- 제어밸브 사용 시 급폐쇄 밸브(솔레노이드, 버터플라이, 볼 밸브)의 사용을 자제하고, 구동 속도가 느린 2-way 컨트롤밸브(글로브밸브 형태)를 사용함
- 급수 입상관과 연결된 수평주관이 길어질 때는 가능하면 하층부에 설치함
- 워터해머흡수기를 설치함(펌프의 토출측, 배관계통의 급폐쇄 밸브 근처, 긴 입상관이나 수평배관의 말단 등)
- 펌프에 플라이휠을 설치(펌프 가동에 의해 수격이 발생될 경우)

⑤ 에어챔버와 워터해머흡수기
- 배관 말단을 약 30cm 내외로 위로 연장해 공기를 채워 놓는 에어챔버(Air chamber)는 보유 공기량이 적고 장시간이 경과되면 공기가 물속에 용해·소멸되어버려 수격 흡수기능이 상실됨
- 따라서 수전류 등 급격한 조작에 의해 수격현상이 예상되는 부위에는 에어챔버 대신에 가스가 압입 밀봉된 워터해머흡수기를 설치해야 함
- 워터해머흡수기의 종류 : 공기실형, 벨로즈형, 에어백형, 블레드형, 튜브형

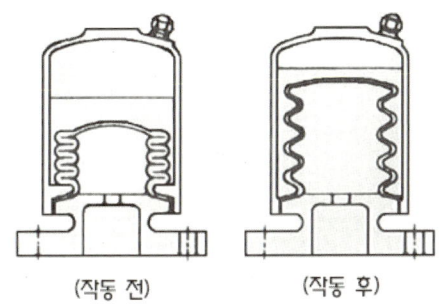

| 수격방지기(워터해머흡수기)의 내부 구조 |

## 06 배관 내 급수의 팽창과 동파

배관 내부의 유체에 온도 변화가 발생할 경우 체적의 변화를 수반하게 되며, 특히 밀폐된 배관계통의 비압축성 유체인 경우 변화된 체적을 적절히 흡수해 처리주지 않으면 체적의 변화가 압력의 변동으로 작용하여 배관계의 파손을 발생시킨다. 그래서 사용 중 유체의 온도 변화가 큰 급탕이나 공조 냉온수 배관에는 팽창탱크를 설치해 체적의 변화에 대처하게 된다.

- 체적 팽창으로 인한 배관 내 상승 압력($\Delta P$)

$$\Delta P K = \frac{\Delta V}{V}$$

여기서, $\Delta P$ : 상승 압력 [kg/cm²]
$K$ : 체적 팽창계수 (일반 온도 범위에서는 $2.2 \times 10^4$ kg/cm²)
$V$ : 보유 수량 ($\ell$)
$\Delta V$ : 팽창 수량 ($\ell$)

겨울철에 급수배관에서는 물의 온도 저하에 따른 체적 팽창에도 주의하여야 한다. 0℃ 물이 0℃의 얼음으로 동결될 때 약 9%의 체적 팽창이 발생하며, 4℃의 물이 0℃의 얼음으로 될 경우 9.8%에 해당하는 체적 팽창이 일어나 배관의 동파사고를 일으키게 된다. 온도 상승에 따른 체적 팽창과 달리 동결에 의한 체적 팽창은 배관 내 일정 부분에 얼음이 생기면서 체적 팽창을 국부적으로 제한시키게 되므로, 배관계통에 팽창탱크를 설치하더라도 예방할 수 없다. 따라서 겨울철 외기에 노출되는 배관에는 철저한 단열이나 열선의 설치 등 각별한 주의가 필요하다.

# 07 급수 사용량의 산출

## (1) 물 사용량의 변화

물 사용량은 계절, 월별, 요일별로 각기 다르며 하루 중에도 시간대에 따라 다르다. 일반적으로 계절별로는 여름이 가장 많고 봄과 가을이 중간 정도이며 겨울이 가장 적다. 여름의 사용량이 가장 많은 것은 목욕과 세탁 횟수가 증가하고, 공조를 위한 용수나 조경용 급수 등의 사용량이 증가하기 때문이다. 월별로는 7~8월이 많고 1~2월이 적으며, 주택의 경우 요일별로는 가족이 모두 모이게 되는 일요일의 사용량이 가장 많다.

한편 건물에서의 사용 수량은 건물의 규모와 설비 내용에 따라 매우 다르다. 건물의 기계설비가 위생설비뿐만 아니라 이제는 냉방이나 공조설비를 필수적으로 포함하고 있고, 주택의 경우에도 위생기구의 수량 증가와 생활 수준 향상에 따른 물 사용량의 증가 등으로 예전에 비해 급수 사용량이 전반적으로 증가하는 추세이다.

## (2) 급수 사용량 산정

어떤 건물에서의 급수방식이나 급수계통을 검토하기 위해서는 개략적인 급수량 산출이 필요한데, 여러 가지 산출방식이 있지만 건물의 종류별 급수 인원수를 토대로 급수량을 산출하는 방식과 기구급수부하단위(FU)를 이용한 방법, 위생기구 수량에 의한 방법 등이 주로 사용되고 있다.

급수량의 산정에는 건물의 용도, 사용시간 및 사용 인원수를 고려해 계산된 생활용 용수뿐만 아니라 공조용수나 소화용수, 기타 필요한 급수량도 포함되어야 한다. 이렇게 산정된 급수량을 바탕으로 건물의 급수시스템이 구체적으로 결정되면, 각 기구별 급수량을 산출하여 세부적인 관경 선정을 진행하게 된다.

한편 최근의 사무소 건물에서는 물을 절약하기 위한 방안으로 절수기기를 사용하는 사례가 늘고 있고 실제로 많은 효과를 보고 있다. 다른 한편으로는 건물의 종류와 관계없이 물 사용량이 많은 특정 기기나 장비, 또는 냉각수나 블로우다운, 역세 세척수, 기타 공정 처리수 등 추가적으로 고려해야 할 경우도 있다. 따라서 건물의 사용 형태나 시설물의 특성에 따라 필요할 경우 급수량도 가산할 필요가 있다.

## (3) 1일 급수량($Q_D$)

① 생활용 급수량 산출(건물의 종류별 급수 인원수에 의한 방법)

다음 표는 주요 건물별로 거주하는 사람이 일상생활에서 사용하는 1인당 급수량을 나타낸 것이며, 유효면적은 복도, 계단, 창고 등과 같이 사람이 거주, 또는 근무하지 않는 부분의 면적을 제외한 실제 사용면적의 비율이다.

▼ 건물 종류별 1인 급수량, 사용 시간 및 인원

| 건축물 종류 | 1일 평균 사용 수량[ℓ]($Q_L$) | 1일 평균 사용 시간[hr] | 사용자 | 유효면적마다 인원[인/m²] | 유효면적[%] |
|---|---|---|---|---|---|
| 사무소 | 100~200 | 8 | 재근자 1인마다 | 0.2인/m² | 임대사무소 60 |
| 관청, 은행 | 100~120 | 8 | 직원 1인마다 | 0.2인/m² | 일반 55~57 |
| 병원 | | | 1병상마다 | 1병상마다 3.5인 | 45~48 |
| | 고급 1,000 이상 | 10 | 외래객 8ℓ | | |
| | 중급 500 이상 | | 직원 120ℓ | | |
| | 기타 250 이상 | | 보호자 160ℓ | | |
| 사원, 교회 | 10 | 2 | 1회 참석자 | | |
| 극장 | 30 | 5 | 객석 1인마다 | | 53~55 |
| 영화관 | 10 | 3 | 연인원에 대해서 | 객석당 1.5인 | |
| 백화점 | 3 | 8 | 객 1인마다 | 1.0인/m² | 55~60 |
| | | | 점원 10ℓ | | |
| 점포 | 100 | 7 | 상주 160ℓ | 1.16인/m² | |
| 소매시장 | 40 | 6 | 객 1인마다 | 1.0인/m² | |
| 대중식당 | 15 | 7 | 객 1인마다 | 1.0인/m² | |
| 요리점 | 30 | 5 | 객 1인마다 | 1.0인/m² | |
| 주택 | 160~200 | 8~10 | 거주자 1인마다 | 1.16인/m² | 50~53 |
| 저택 | 250 | 8~10 | 거주자 1인마다 | 1.16인/m² | 42~45 |
| 아파트 | 160~250 | 8~10 | 거주자 1인마다 | 1.16인/m² | 45~50 |
| 기숙사 | 120 | 8 | 거주자 1인마다 | 0.2인/m² | |
| 호텔 | 250~300 | 10 | 객수마다 | 1.17인/m² | |
| 여관 | 200 | 10 | 객수마다 | 0.24인/m² | |
| 클럽하우스 | 150~200 | | 내방자 | 15홀 150인 | |
| 초등 및 중학교 | 40~50 | 5~6 | 학생 1인마다 | 0.25~0.14인/m² | 58~60 |
| 고등학교 이상 | 80 | 6 | 학생 1인마다 | 0.1인/m² | |
| | 교사 1인마다 100 | | | | |
| 연구소 | 100~200 | 8 | 연구원 1인마다 | 0.06인/m² | |
| 도서관 | 25 | 6 | 이용자 1인마다 | 0.4인/m² | |
| 공장 | 60~140 (남 80, 여 100) | 8 | 1교대 1인마다 | 좌작업 0.3인/m² 입작업 0.1인/m² | |
| 주차장 | 3 | 15 | 승강객 수 | | |

※ 사용 수량에 냉난방용수는 포함되어 있지 않음

- 앞의 표에서 해당되는 건물의 종류에 따라 유효면적에 따른 인원수(N)와 1인당 평균사용수량($Q_L$)을 찾음
- 인원수(N) = 건물의 바닥면적(m²) × 유효면적(%) × 유효면적마다 인원(인/m²)
- 1일 급수량 : $Q_D = N \times Q_L$ [ℓ/day]

② 공조용 용수

- 건물에 다수의 공조설비가 설치되고 가동시간이 긴 경우 냉각탑의 보충수 등 공조용 용수의 산정이 필요함
- 압축식 냉동기

$$Q_f = 15.6 \times RT \times T$$

여기서, $Q_f$ : 냉각탑 보충수량 [ℓ/day]
$RT$ : 냉동기 능력 [USRT]
$T$ : 냉동기 운전시간 [hr/day]

- 흡수식 냉동기(1중효용) : $Q_f = 21.3 \times RT \times T$
- 흡수식 냉동기(2중효용) : $Qf = 20.7 \times RT \times T$

| 냉동기 구분 | | 냉각열량 [kcal/h] | 냉각수 출입구 온도차 [℃] | 냉각수량 [ℓ/hr.RT] | 보충수량 [%] |
| --- | --- | --- | --- | --- | --- |
| 압축식 냉동기 | 방류식 | 3,900 | 5 | 780 | 100 |
| | 냉각탑식 | 3,900 | 5 | 780 | 2 |
| 흡수식 냉동기 | 1중 효용 | 7,650 | 9 | 850 | 2.5 |
| | 2중 효용 | 5,600 | 5.4 | 1,034 | 2 |

③ 기타 프로세스 용수

- 수영장 보급수

$$Q_S = V \times (0.05 \sim 0.2)$$

여기서, $Q_S$ : 보급수량 [m³/day]    $V$ : 수영장의 풀 체적 [m³]

- 엔진용 냉각수량

$$Q_E = q_E \times E \times t_E$$

여기서, $Q_E$ : 엔진의 사용수량 [ℓ]    $q_E$ : 1kVA당 냉각수량(30~40) [ℓ/kVA·hr]
$E$ : 엔진 용량 [kVA]    $t_E$ : 발전 시간 [hr]

- 기타 : 보일러 블로우다운, 필터나 정수장치의 역세수, 조경용 살수 등 필요한 수량 산출

### (4) 시간 평균 예상 급수량($Q_h$)

- 건물의 사용시간 중 예상되는 1시간당 평균 급수량으로, 1일 급수량(QD)을 사용시간(T)으로 나눈 값으로 산출함
- $Q_h$ = 1일 급수량 $Q_D \div T [\ell/\text{hr}]$
  
  여기서, $T$ : 일일 평균 사용시간[hr]

### (5) 시간 최대 예상 급수량($Q_m$)

- 1일중 물이 최대로 사용되는 1시간 동안의 사용량으로, 시간 평균 예상 급수량($Q_h$)의 1.5~2배의 수량으로 산정함
- $Q_m$ = (1.5~2) × 시간 평균 예상 급수량 $Q_h [\ell/\text{hr}]$
- $Q_m$은 보통 고가수조의 담수 용량으로 적용됨 (즉, 고가수조의 용량은 건물에서 하루 중 물을 가장 많이 사용하는 시간에 1.5~2시간 정도 버틸 수 있는 용량임)

  ※ 지하저수조의 용량은 보통 1일 급수 사용량의 1~1.5배(상수도 단수 시 1~1.5일 버틸 수 있는 용량)로 하고 있는데, 공동주택은 보통 세대당 1.5톤 정도의 용량을 적용하고 있음

### (6) 순시 최대 급수량($Q_p$)

- 1일중 물이 최대로 사용되는 순간적인 급수량으로, 시간 최대 예상 급수량($Q_m$)의 2배, 또는 시간 평균 예상 급수량($Q_m$)의 3~4배의 수량으로 산정함
- $Q_p$ = (3~4) × 시간 평균 예상 급수량 $Q_h \div 60 [\ell/\text{min}]$
- $Q_p$는 보통 급수펌프의 설계유량으로 적용됨
- 학교, 공장, 영화관 등 사용시간이 단시간에 집중되는 건물에서는 $Q_m$ 및 $Q_p$가 대단히 크다는 점을 고려해야 함

> 학원이나 병원 등의 임대 사무실이 있는 전체 바닥면적이 6,000m²인 건물에 1일 급수 사용 예상량과 저수조의 용량, 급수펌프의 용량은? (옥상에 300RT 터보냉동기용 냉각탑이 있고, 냉동기 가동시간은 아침부터 학원 야간 영업시간까지 14시간임)

위의 급수량 산출기준들을 참고하여 하나하나 계산해 보면,
- 인원수(N) = 건물의 바닥면적(m²) × 유효면적(%) × 유효면적별 인원(인/m²)
  = 6,000m² × 60% × 0.2인/m² = 720인
- 1일 급수 사용 예상량(생활용) : $Q_D = N \times Q_L$ = 720인 × 200$\ell$ = 144,000 [$\ell$/day]
- 냉동기용 냉각탑 보충수량 : $Q_{f1}$ = 15.6 × $RT$ × $T$
  = 15.6 × 300$RT$ × 14시간 × 50%(냉각탑 추정 가동률)
  = 32,760 [$\ell$/day]

- 1일 급수 사용 예상량 = $Q_D$(생활용) + $Q_{f1}$(공조용) = 144톤 + 32.7톤 = 177톤
- 지하저수조 용량 = 177톤 × 1~1.5배 ≒ 265톤 (단수 시 1.5일분)
- 시간 평균 예상 급수량 : $Q_h$ = 1일 급수량 $Q_D$ ÷ $T$ = 177톤 ÷ 14시간 = 12,642 [ℓ/hr]
- 급수 부스터펌프 용량(순시 최대 급수량)
  $Q_p$ = (3~4) × 시간 평균 예상 급수량 $Q_h$ ÷ 60
  = 4 × 12,642 ÷ 60 = 842 [ℓ/min]
  (학원이 있어 동시사용률이 높은 것으로 판단해 여유율 4를 적용함)

### (7) 음용수와 잡용수의 비율

일반적인 건축물에서 세면기나 샤워기, 온수기, 주방, 세탁 등의 용도에 사용되는 물은 사람이 마시거나 혹은 인체에 접촉되더라도 이상이 없는 물(상수)이어야 한다. 그러나 대변기나 소변기, 청소용, 조경수용, 냉동기나 엔진의 냉각용은 잡용수를 사용할 수 있다. 음용수와 잡용수의 사용 비율은 잡용수를 어느 용도로 사용할 것인가와 실제 설치된 위생기구들의 종류와 수량에 따라 달라지겠지만, 화장실 세정용과 살수 정도에 주로 사용될 경우 음용수와 잡용수의 대략적인 비율은 다음과 같다.

▼ 건물별 음용수와 잡용수의 비율

| 건물 종류 | 음용수(%) | 잡용수(%) |
|---|---|---|
| 일반 건축물 | 30~40 | 70~60 |
| 주택 | 65~80 | 35~20 |
| 병원 | 60~66 | 40~34 |
| 백화점 | 45 | 55 |
| 학교 | 40~50 | 60~50 |

## 08 급수 부하유량 산정

급수관의 관경이나 장비류의 용량을 결정하기 위해서는, 해당 구간을 흐르는 급수부하유량을 산출해내야 하며, 부하 유량은 "순간 최대 유량"(peak load)을 기준으로 한다. 급수부하유량 계산방법에는 물 사용시간과 기구급수단위에 의한 방법, 기구 급수부하단위(Fu)에 의한 방법, 기구 이용으로부터 예측하는 방법 등이 있다. 여기서는 산출방법이 간단하고 건물의 종류에 관계없이 전반적으로 사용이 가능한 "기구 급수부하단위에 의한 방법"에 대하여 설명하고자 한다.

## (1) 기구 급수부하단위(Fu)에 의한 방법

미국의 '헌터'에 의해 제안된 것으로, 사용 빈도와 시간을 고려하여 기구별 급수량의 정도를 숫자화한 것이다. 물 사용량 많은 공중용의 세척밸브식 대변기의 부하를 10으로 가정하고, 각 기구별로 상대적인 부하 효과를 비교 평가하여 다음 표와 같이 1~10까지의 Fu(Fixture unit value as load factor) 숫자를 부여하였다. 종류가 다른 위생기구가 혼재하여도 단일한 방법으로 급수량을 쉽게 산출할 수가 있어 현재까지 가장 널리 이용되고 있으며, 다른 산출방법에 비하여 산출 유량이 다소 넉넉하게 산출되는 편이다.

▼ 위생기구별 급수부하단위(Fu)표

| 기구명 | 수전 | 기구급수부하단위 공중용 | 기구급수부하단위 개인용 | 기구명 | 수전 | 기구급수부하단위 공중용 | 기구급수부하단위 개인용 |
|---|---|---|---|---|---|---|---|
| 대변기 | 세척밸브 | 10 | 6 | 식기세척기 | 급수전 | 5 | |
| 대변기 | 세척탱크 | 5 | 3 | 주방싱크 | 급수전 | | 3 |
| 소변기 | 세척밸브 | 5 | | 청소용 싱크 | 급수전 | 4 | 3 |
| 소변기 | 세척탱크 | 3 | | 욕조 | 급수전 | 4 | 2 |
| 세면기 | 급수전 | 2 | 1 | 샤워 | 혼합수전 | 4 | 2 |
| 수세기 | 급수전 | 1 | 0.5 | 욕실 세트 | 대변기 : 세척밸브인 경우 | | 8 |
| 의료용 세면기 | 급수전 | 3 | | 욕실 세트 | 대변기 : 세척탱크인 경우 | | 6 |
| 사무실용 싱크 | 급수전 | 3 | | 음수기 | 음료수 수전 | 2 | 1 |
| 요리장 싱크 | 급수전 | 4 | 2 | 온수기 | 볼탭 | 2 | |
| 요리장 싱크 | 혼합수전 | 3 | | 살수 · 차고 | 급수전 | 5 | |

(주) 급탕전 병용인 경우, 1개의 수전에 대한 기구 급수부하단위는 상기 수치의 3/4으로 한다.

기구 급수부하단위에 의해 유량을 산정하는 방식은, 먼저 유량을 산출하고자 하는 배관 구간의 각 위생기구별 수량을 집계한 후 〈급수부하단위표〉에 명시된 기구별 Fu 값을 곱하여 합계를 구한다. (각 기구별 Fu수 × 설치 개수) 여기서 개인용이란 주택 · 아파트 · 호텔 등의 경우이고, 공중용이란 사무소 · 학교 · 병원 등 다수의 사람이 사용하는 공용건물에 설치한 경우를 말한다.

부하단위를 구한 다음의 그래프 〈동시사용유량선도〉에 의해 동시사용유량을 구한다. 곡선 A는 세척밸브(플러시밸브)가 많은 경우이고, 곡선 B는 세척탱크(로탱크)가 많은 경우 또는 일반 수도꼭지만 있는 경우에 적합하다.

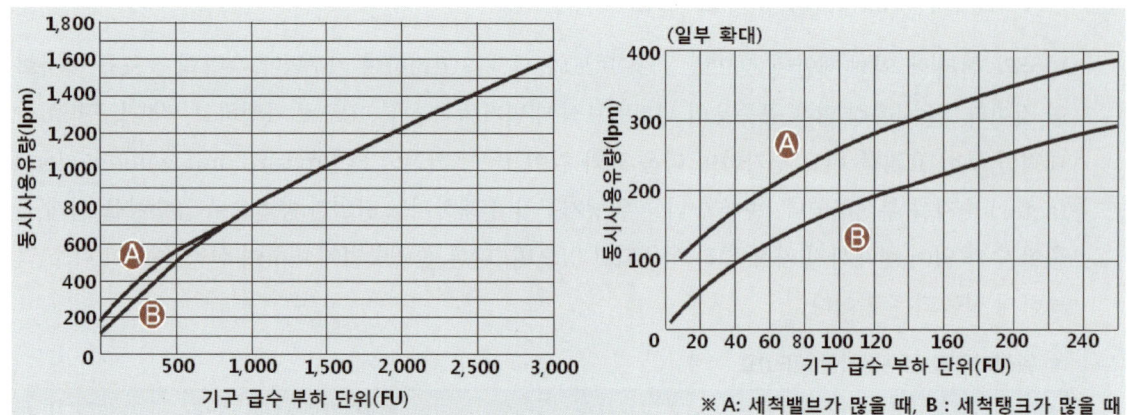

| 기구 급수부하단위에 의한 동시 사용유량선도, Hunter Curve |

한편, 기구 급수부하단위(Fu)에 의한 급수 부하 유량 산출방법에 의해서도 시간당 평균 급수량과 1일 급수 사용량을 산출할 수도 있다. 계산 예를 통하여 유량 산출과정을 세부적으로 살펴보면 다음과 같다.

[유량 산출 예] 3층 규모의 사무소 건물의 각 층 남자 화장실에 그림과 같이 세척밸브식 대변기 4개, 세면기 3개, 세척밸브식 소변기 6개가 설치된 경우, 이곳에 급수하기 위한 급수관의 구간별 동시 사용유량을 기구 급수부하단위에 의해 구하시오.

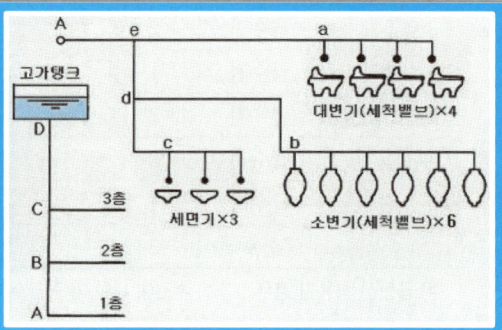

배관 구간별 유량 산출 결과

| 배관 구간 | 기구명 | 기구 급수부하단위(Fu) | 기구수 (개) | 기구급수부하 단위 누계(Fu) | 동시사용유량 (ℓ/min) 앞의 선도 |
|---|---|---|---|---|---|
| a~e | 대변기(세척밸브) | 10 | 4 | 10×4=40 | 175 |
| b~d | 소변기(세척밸브) | 5 | 6 | 5×6=30 | 75 |
| c~d | 세면기 | 2 | 3 | 2×3=6 | 30 |
| d~e | (b~d)+(c~d) | — | — | 30+6=36 | 88 |
| e~A, 또는 A~B | (a~e)+(d~e) | — | — | 40+36=76 | 235 |
| B~C | (A~B)×2개층 | — | — | 76×2=152 | 315 |
| C~D | (A~B)×3개층 | — | — | 76×3=228 | 380 |

- 시간당 급수 사용량 = 380ℓ/min × 60min = 22,800ℓ/h
- 1일 급수 사용량 = 22,800ℓ/h × 8h/일 = 182,400ℓ/일

## (2) 위생기구 수량에 의한 방법

급수 부하 유량이나 관경을 산출하는 또다른 방법으로 건물에 설치된 위생기구의 수량을 집계하여 급수량을 산출하는 방법이 있다.

### ① 위생기구 이용에 의한 시간 평균 급수량($Q_h$)

$$Q_h = \Sigma(Q_e \times N_h)$$

여기서, $Q_h$ : 위생기구 이용에 의한 시간 평균 급수량 [ℓ/h]
$Q_e$ : 최대 1회당 사용량 [ℓ/회]
$N_h$ : 1시간당 기구의 사용 횟수 [회/h]

### ② 기구 이용에 의한 1일 급수량($Q_D$)

$$Q_D = Q_h \times T$$

여기서, $Q_D$ : 기구 이용에 의한 1일 급수량 [ℓ/d]
$T$ : 1일 평균사용시간 [h]

### ③ 기구 이용에 의한 순간 최대 급수량($Q_m$)

$$Q_m = \Sigma(Q_r \times N_e) \times \eta$$

여기서, $Q_m$ : 위생기구 이용에 의한 순간 최대 급수량 [ℓ/min]
$Q_r$ : 위생기구의 순간 최대 유량 [ℓ/min]
$N_e$ : 설치 기구 수량    $\eta$ : 동시 사용률

▼ 각종 위생기구별 유량 및 접속 관경

| 기구 종류 | 1회마다 사용량(ℓ/회) | 1시간당 사용횟수(회/h) | 순간 최대 유량(ℓ/min) | 접속관경 (mm) | 비 고 |
|---|---|---|---|---|---|
| 대변기(세척밸브) | 13.5~16.5 | 6~12 | 110~180 | 25 | 평균 15ℓ/회/10s |
| 대변기(세척탱크) | 15 | 6~12 | 10 | 12 | |
| 소변기(세척밸브) | 4~6 | 12~20 | 30~60 | 20 | 평균 5ℓ/회/10s |
| 소변기(세척탱크) | 9~18 | 12 | 8 | 15 | 2~4인용 기구 1개당 4.5ℓ |
| 소변기(세척탱크) | 22.5~41.5 | 12 | 10 | 15 | 5~7인용 기구 1개당 4.5ℓ |
| 수세기 | 3 | 12~20 | 8 | 15 | |
| 세면기 | 10 | 6~12 | 10 | 15 | |
| 싱크류(15mm 수전) | 15 | 6~12 | 15 | 15 | |
| 수채류(20mm 수전) | 25 | 6~12 | 15~25 | 20 | |
| 분수식 음용수전 | | | 3 | 15 | |
| 살수전 | | | 20~50 | 15~20 | |
| 욕조 | 125 | 6~12 | 25~30 | 20 | |
| 샤워 | 24~60 | 3 | 12~20 | 15~20 | 수량은 종류에 따라 크게 다름 |

▼ 위생기구의 동시 사용률

| 기구 종류 \ 기구수량 | 1 | 2 | 4 | 8 | 12 | 16 | 24 | 32 | 40 | 50 | 70 | 100 이상 |
|---|---|---|---|---|---|---|---|---|---|---|---|---|
| 대변기(세척밸브) | 100 | 50 | 50 | 40 | 30 | 27 | 23 | 19 | 17 | 15 | 12 | 10 |
| 일반 기구 | 100 | 100 | 70 | 55 | 48 | 45 | 42 | 40 | 39 | 38 | 35 | 33 |

▼ 유량 산출 예

| 기구명 | 수량 (개) | 1회마다 사용량(ℓ/회) | 1시간당 사용횟수(회/h) | 1시간당 사용수량(ℓ/h) |
|---|---|---|---|---|
| 세면기 | 155 | 10 | 6~12 | 9,300~18,600 |
| 샤워 | 5 | 24~60 | 3 | 360~900 |
| 청소씽크 | 4 | 25 | 6~12 | 600~1,200 |
| 대변기(F/V) | 212 | 13.5~16.5 | 6~12 | 17,172~41,976 |
| 소변기(F/V) | 125 | 4~6 | 12 | 6,000~9,000 |
| 계 | 501 | | | 33,432~71,676 |

- 시간당 급수 사용량 = 71,676ℓ/min × 33%(100개 이상 동시 사용률) = 23,653ℓ/h
- 1일 급수 사용량 = 23,653ℓ/h × 8h/일(건물 사용시간에 맞춰 적용) = 189,224ℓ/일

## 09 급수 관경의 산출

급수관의 관경을 결정할 때는 사용하는 위생기구의 종류나 사용 유량, 수압이나 속도 등을 고려해야 한다. 보통 급수관의 관경 선정방법은 "관균등표에 의한 방법"과 "유량선도를 이용하는 방법"이 일반적으로 사용된다.

### (1) 관 균등표에 의한 방법

기구수가 적은 지관이나 화장실 내부 배관 등 관경이 비교적 작은 구간을 산출할 때 간편법으로 주로 적용하는데, 앞의 "기구 급수부하단위"에 의한 방법으로 산출된 Fu값에 위생기구의 동시 사용률에서 기구수에 해당하는 동시 사용률을 찾아 곱해 준 값이 35 미만인 경우에는 "관 균등표에 의한 방법"으로 관경을 선정한다. 관 균등표를 이용하여 관경을 산출하는 방법은 다음과 같다.

① 각 위생기구별 접속되는 급수 관경을 앞의 〈각종 위생기구별 유량 및 접속 관경표〉를 참조하여 확인한 후, 각 기구의 접속 관경을 아래의 배관 재질별 〈균등표〉를 이용하여 15A관으로 환산한다.
   예 : 세척밸브형 대변기의 경우 접속 관경이 25A이므로 아래의 〈동관 균등표〉에서 15A 4.9에 해당됨

② 각 구간별(세척밸브형 대변기와 일반 기구로 구분) 위생기구들의 환산값에 수량을 곱하여 누계치를 산출한 후, 기구의 수량에 따라 〈위생기구의 동시 사용률〉을 곱한다.
③ 산출된 값들을 집계하여 아래의 배관 재질별 〈균등표〉에서 해당하는 관경을 결정한다.
   예 : 집계된 값이 42가 나왔을 경우, 15A의 세로축 칸에서 42는 30인 50A와 53인 65A의 중간값에 해당되므로 큰 쪽 관경인 65A로 결정하면 됨

▼ 동관(L type)의 균등표

| 주관 \ 지관 | 15A | 20A | 25A | 32A | 40A | 50A | 65A | 80A |
|---|---|---|---|---|---|---|---|---|
| 15A | 1 | | | | | | | |
| 20A | 2.6 | 1 | | | | | | |
| 25A | 4.9 | 2.0 | 1 | | | | | |
| 32A | 9.2 | 3.5 | 1.7 | 1 | | | | |
| 40A | 14.5 | 5.5 | 2.7 | 1.6 | 1 | | | |
| 50A | 30.0 | 11.5 | 5.7 | 3.3 | 2.1 | 1 | | |
| 65A | 53.0 | 20.3 | 10.1 | 5.8 | 3.7 | 1.8 | 1 | |
| 80A | 84.6 | 32.3 | 16.0 | 9.2 | 5.8 | 2.8 | 1.6 | 1 |
| 100A | 178.0 | 67.9 | 33.7 | 19.4 | 12.3 | 5.9 | 3.4 | 2.1 |

▼ 일반배관용 스테인리스강관의 균등표

| 주관 \ 지관 | 13Su | 20Su | 25Su | 30Su | 40Su | 50Su |
|---|---|---|---|---|---|---|
| 13Su | 1 | | | | | |
| 20Su | 2.5 | 1 | | | | |
| 25Su | 5.1 | 2.1 | 1 | | | |
| 30Su | 8.1 | 3.2 | 1.6 | 1 | | |
| 40Su | 15.3 | 6.1 | 3.0 | 1.9 | 1 | |
| 50Su | 21.9 | 8.8 | 4.3 | 2.7 | 1.4 | 1 |

## (2) 유량선도를 이용한 방법

관경을 결정해야 하는 구간에 대하여 산출된 급수부하유량을 기준으로, 사용하고자 하는 배관의 재질에 따라 아래의 유량선도를 이용하여 관경을 구하는 방법이다. 배관 재질별로 주어지는 유량선도에서 허용마찰손실이나 최대 유속 중의 한가지와 유량을 알면 관경을 구할 수 있는데, 허용마찰손실은 계산식을 통하여 구하기도 하나 보통 30~50mmAq 이하로 적용하고, 유속은 1.5~2.0m/s 이내가 되도록 관경을 선정한다.
① 관경을 구하고자 하는 구간의 유량을 산출함(앞의 기구 급수부하단위(Fu)에 의한 방법 참조)

② 각 구간별 허용마찰손실을 계산식으로 구함(또는 30~50mmAq/m 중에서 기준을 정함)
   (30mmAq/m ≒ 0.3kPa/m, 40mmAq/m ≒ 0.4kPa/m, 50mmAq/m ≒ 0.5kPa/m)
③ 관 재질별에 따라 〈유량선도〉에서 산출된 유량과 허용마칠손실, 또는 최대 유속 중의 한 가지를 기준으로 관경을 구함

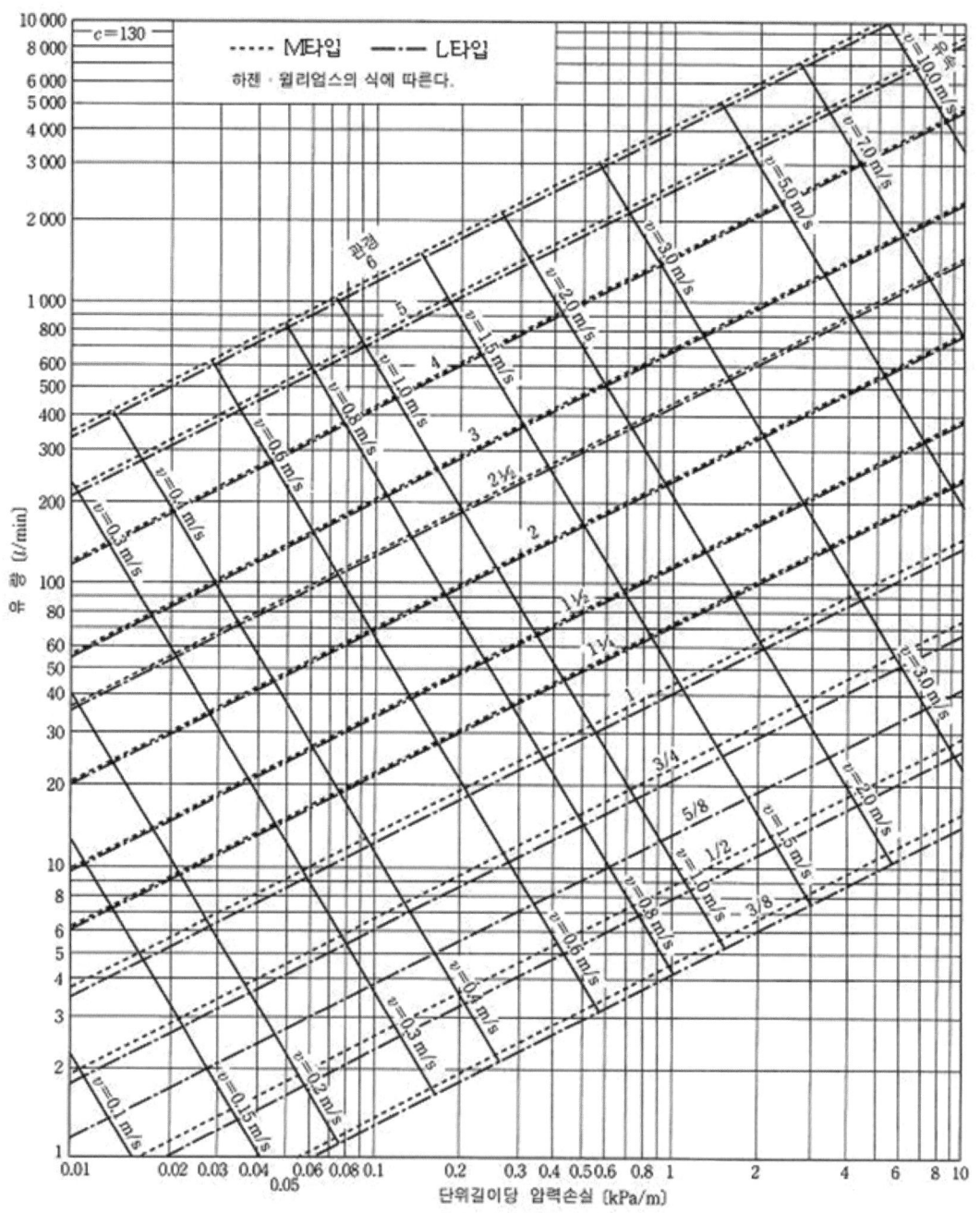

| 동관의 유량선도 |

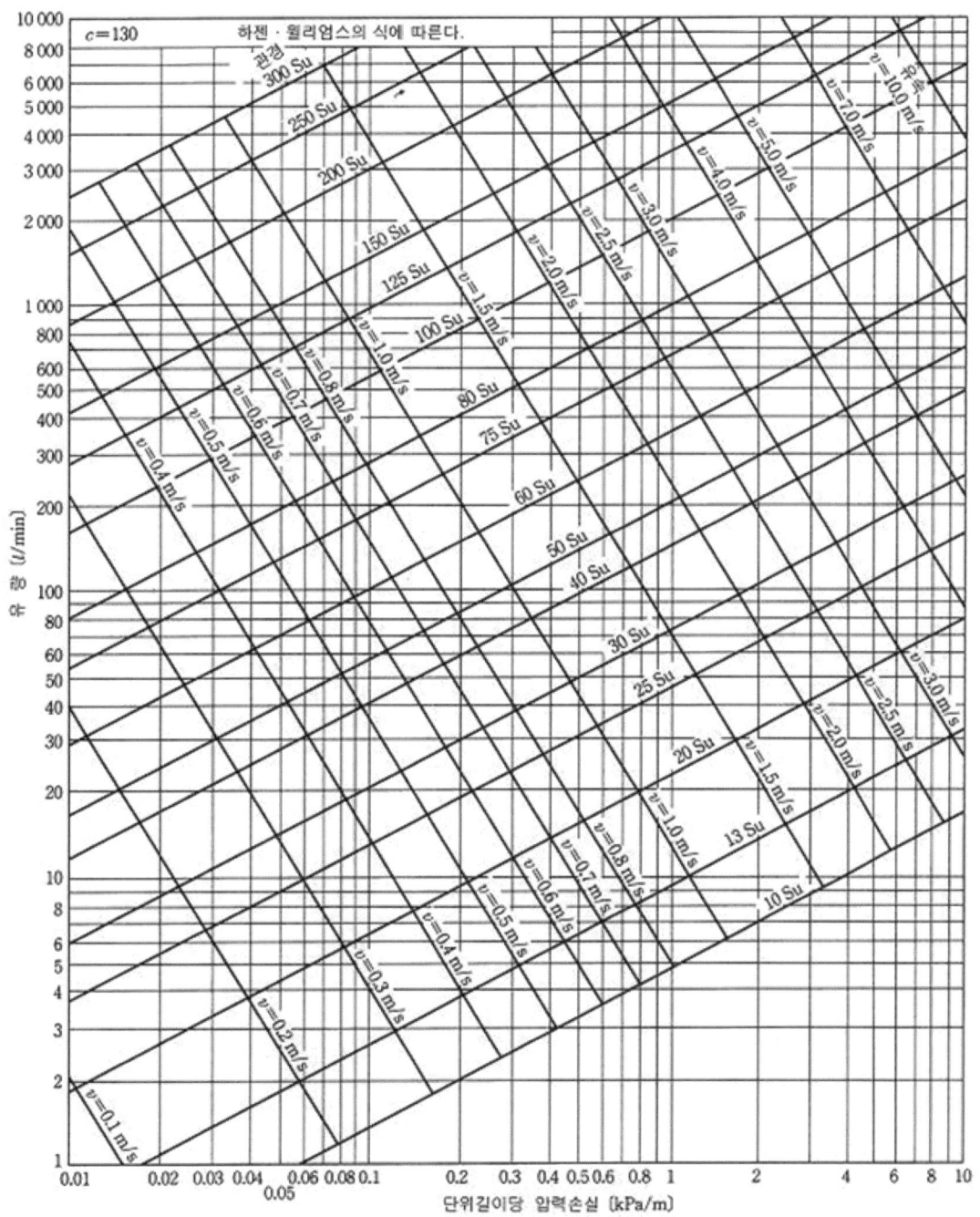

| 일반배관용 스테인리스강관의 유량선도 |

$$\text{허용마찰손실}: R = \frac{H-P}{l(1+K)} \times 1{,}000$$

여기서, $R$ : 허용마찰손실 [kPa/m, mmAq/m]
$H$ : 정수두 [kPa, mAq]
$P$ : 기구에서 필요로 하는 압력[kPa, mAq]
$K$ : 등가길이(국부상당길이)
$l$ : 직관의 길이 [m]

## (3) 배관별 권장 유속

각 배관 종류별 권장 유속은 다음과 같은데, 설계 시 적용할 수 있는 최대 유속은 관종별로 제조자가 제시하는 값을 참고할 수도 있다. 동관의 경우 M형이 L형보다 내경이 큰 점을 고려하여 구분해 적용하며, 강관의 경우 적용 가능한 기구급수부하단위와 유량 및 관마찰저항을 모두 고려하여 결정한다.

▼ 각종 배관 내의 권장 유속

| 구 분 | | 권장 유속(m/s) | 비 고 |
|---|---|---|---|
| 물, 기타 점성이 적은 액체 | 압력 0.1~1MPa | 1.5~3.0 | |
| | 압력 20~30MPa | 3.0~4.0 | |
| 기름, 기타 점성이 큰 액체 | | 0.5~2.0 | |
| 펌프 | 흡입관 | 0.5~2.0 | |
| | 토출관 | 1.5~2.0 | |
| 급수배관 | 상수도 본관 | 1.0~2.0 | |
| | 상수도 배수관 | 1.5~3.0 | |
| | 건물 내 급수관 | 0.5~0.7 | |
| | 펌프 가압배관 | 2.0~4.0 | |
| 기타 | 보일러 보급수관 | 0.6~1.0 | 수온 70℃ 이상일 때 |
| | 배수펌프 토출관 | 1.0~1.5 | |

▼ 동관의 유량과 최대 권장 유속

| 호칭 지름 (DN) | 유량 (ℓ/min) | 최대 유속(m/s) | | 호칭 지름 (DN) | 유량 (ℓ/min) | 최대 유속(m/s) | |
|---|---|---|---|---|---|---|---|
| | | L형 | K형 | | | L형 | K형 |
| 10 | 8 | 1.34 | 1.55 | 80 | 568 | 2.16 | 2.19 |
| 15 | 15 | 1.68 | 1.80 | 90 | 946 | 2.65 | 2.71 |
| 20 | 30 | 1.62 | 1.80 | 100 | 1,325 | 2.87 | 2.93 |
| 25 | 57 | 1.77 | 2.01 | 125 | 1,893 | 2.62 | 2.71 |
| 32 | 95 | 1.95 | 2.01 | 150 | 3,028 | 2.93 | 2.99 |
| 40 | 132 | 1.92 | 2.04 | 200 | 5,678 | 3.14 | 3.26 |
| 50 | 265 | 2.23 | 2.26 | 250 | 9,463 | 3.35 | 3.20 |
| 65 | 379 | 2.04 | 2.13 | | | | |

▼ 강관의 유량과 최대 권장 유속

| DN | 유속=1.22 m/s | | | | 유속=2.44 m/s | | | |
|---|---|---|---|---|---|---|---|---|
| | FU⁽¹⁾ | FU⁽²⁾ | 유량 ($\ell$/min) | 마찰저항 (mmAq/m) | FU⁽¹⁾ | FU⁽²⁾ | 유량 ($\ell$/min) | 마찰저항 (mmAq/m) |
| 15 | 4 | | 14 | 175 | 9 | | 28 | 628 |
| 20 | 8 | | 25 | 127 | 19 | | 50 | 453 |
| 25 | 15 | | 40 | 94 | 33 | 5 | 81 | 343 |
| 32 | 28 | | 70 | 69 | 74 | 24 | 141 | 248 |
| 40 | 41 | 8 | 96 | 58 | 129 | 49 | 192 | 209 |
| 50 | 91 | 31 | 158 | 44 | 293 | 163 | 316 | 156 |
| 65 | 174 | 73 | 226 | 35 | 472 | 363 | 452 | 127 |
| 80 | 336 | 207 | 349 | 28 | 840 | 817 | 698 | 99 |
| 100 | 687 | 634 | 600 | 21 | 1,925 | 1,925 | 1,201 | 71 |
| 125 | 1,329 | 1,329 | 944 | 16 | 3,710 | 3,710 | 1,888 | 55 |
| 150 | 2,320 | 2,320 | 1,363 | 12 | 7,681 | 7,681 | 2,726 | 44 |

• FU⁽¹⁾은 양변기가 로탱크형인 경우이고 FU⁽²⁾는 플러시밸브형 양변기가 설치되는 경우임

## 10 급수(부스터)펌프의 사양

급수배관 계통이 결정되고 유량이 산출되면 급수를 하기 위한 펌프의 사양을 결정할 수 있다. 급수 방식이 부스터펌프 방식일 경우, 급수펌프의 공급 양정은 건물의 층고(실양정)와 배관 관로 중의 마찰손실, 그리고 최상층 위생기구에서 필요한 최저 수압을 모두 합하여 구하는데, 수식으로 정리하면 다음과 같다.

$$H = H_1 + H_2 + H_3$$

여기서, $H_1$ : 실양정(저수조의 수면에서 최상층 기구까지 높이)
$H_2$ : 배관 마찰손실수두(개략 계산할 때는 실양정의 15~20% 정도)
$H_3$ : 최상층 위생기구의 최저 사용압력수두(=토출구에서의 속도수두)

급수펌프의 양수량($Q$)은 보통 앞에서 산출하였던 시간 최대 예상급수량($Q_m$)의 1.5~2배 정도로 산출하면 된다. 양수량이 결정되면 펌프의 동력 산출도 가능한데 다음 수식에 의하여 계산할 수 있다.

• 급수펌프의 양수량 $Q = (1.5 \sim 2) \times Q_m [\ell/hr]$
• 축동력 $P_{(kw)} = \dfrac{Q \times H}{6,120 \times E}$

여기서, $Q$ : 유량(lpm), $H$ : 양정(m), $E$ : 펌프 효율(%)

$$\text{소요 동력(전동기의 동력)} \ P_{(kw)} = \frac{Q \times H}{6,120 \times E} \times k$$

여기서, $K$ : 전달계수(전동기 직결 1.1~1.5, 내연기관 1.2)

펌프와 연결된 토출배관의 관경은 펌프의 양수량에 적정한 유속이 유지되도록 선정하는데, 관경의 산출 계산식은 다음과 같다.(유속은 보통 2m/s 정도로 하는 것이 바람직함)

$$Q = vA \qquad A = \frac{\pi d^2}{4}$$

$$\frac{Q}{v} = \frac{\pi d^2}{4}$$

$$\therefore d = \sqrt{\frac{4Q}{v\pi}}$$

### 펌프의 양수량이 500lpm인 경우

$Q = 500\text{lpm} \Rightarrow 0.5\text{m}^3/\text{min}$

$0.5\text{m}^3/\text{min} \div 60\text{min/sec} = 0.0083\text{m}^3/\text{sec}$

$d = \sqrt{\dfrac{(4 \times 0.0083\text{m}^3/\text{sec})}{(2\text{m/sec} \times 3.14)}} = 0.073\text{m} \Rightarrow 80\text{A 선정}$

## 11 급수배관의 재질

### (1) 배관의 재질과 시공방법

#### ① 배관의 재질

일반 건물 내에서 급수배관의 재질로는 동관(L형)과 스테인리스강관(STS)이 널리 사용되고 있다. 공동주택에서는 세대 내 대부분의 배관이 벽이나 바닥 구조체에 매립되는데, 예전에는 동관이 많이 사용되었으나 근래에는 가격이 저렴하고 위생적인 폴리뷰틸렌(PB)관이 보편적으로 사용되고 있다.

예전에 사용되었던 백강관은 음용수 배관 재질에 대한 관련 규정에 부적합한 자재이므로 사용해서는 안 된다. 동관의 경우 현재까지도 냉난방용으로는 널리 사용되고 있으나 급수·급탕과 같은 음용수 배관에서는 청수현상과 가격상의 문제로 점차 스테인리스강관으로 대체되고 있는 추세이다. PE나 PPC 배관도 시공성이 좋지 않고 유지보수가 쉽지 않아 PB관이 보편화된 이후에는 급수·급탕 배관재로는 거의 사용되지 않는다.

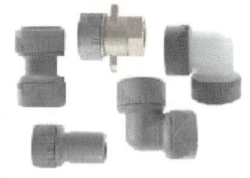

| 스테인리스강관 |  | 동관(위), PB관(아래) 및 부속 |

② 배관의 이음 방법

배관 이음방식은 그동안 동관이나 스테인리스강관에서 용접이 보편적으로 시공되었으나, 용접 품질의 확보에 어려움이 있고 용접 부위의 열 변형에 의한 부식으로 누수 시 피해가 커서 무용접 방식인 기계식 이음방법을 채택하는 사례가 늘고 있다.

특히 스테인리스강관의 경우 소구경(~50A)에서는 압착에 의한 접합(SR조인트, 몰코조인트 등), 중·대구경(65A~)에서는 카플링 접합(그루브 조인트) 방식이 많이 사용되고 있는데, 기존의 용접방식에 비해 시공비가 저렴하고 작업성도 좋아 점차 용접 이음을 대체하고 있다. 동관은 용접 이외의 마땅한 시공법이 없어서 현재까지도 용접으로 주로 시공되고 있다. 구조체에 매립되는 소구경 급수관에 사용되는 PB관은 아래의 설명 자료와 같이 파이프에 링을 끼워 넣고 나사부속의 캡을 조여 조립하는 방식으로 시공된다.

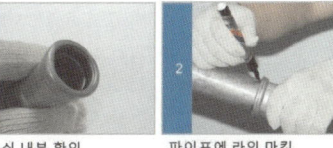
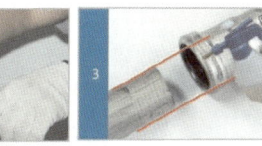

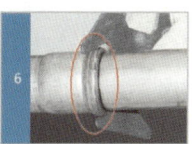

| 압착프레스 조인트 (SR조인트) |

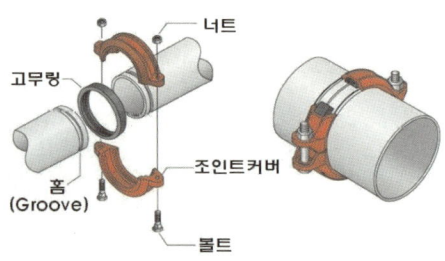

| 그루브 조인트, 또는 홈 조인트 |

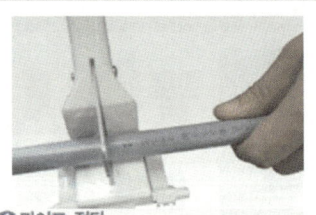

**❶ 파이프 절단**
파이프 컷터기를 사용하여 직각으로 절단
*컷터기로 조임과 동시에 파이프를 돌려주면 쉽게 절단

**TIP**
절단면이 고르지 않을 시에는 파이프 삽입 시 오링 손상 우려

**❷ 서포트슬리브 삽입**
절단된 파이프 끝부분을 깨끗이하고 서포트슬리브를 반드시 삽입

**TIP**
서포트슬리브 미삽입 시 추후 파이프 이탈 가능 (특히 온수 공급 시 이탈 가능성이 더 높음)

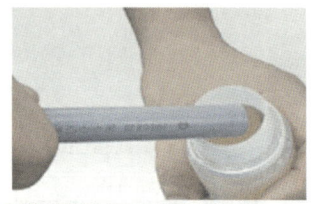

**❸ 윤활유 사용**
연결구에 파이프 삽입 시 윤활유를 이용하여 시공하면 쉽게 삽입 가능

**TIP**
세정제(퐁퐁)는 음용수용에 적합하지 않으며 식용유류는 오링에 미생물 번식을 촉진 시킬 수 있습니다.

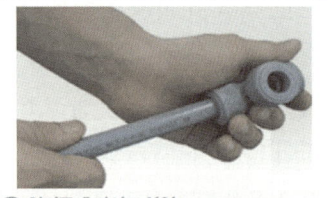

**❹ 연결구에 파이프 삽입**
- 직각을 이룬 상태에서 파이프를 연결구에 2단으로 삽입
- 연결구 캡이 완전히 조여있는 상태에서 2단삽입

**TIP**
연결구 캡을 약간 풀고 파이프 삽입 시 그랩링 편심 가능성 있음
(캡을 완전히 닫아도 고무링 눌림 현상은 없음)

**❺ 분해 절대금지**
연결구는 절대 분해해서는 안되며 부득이하게 분해 시에는 그랩링, 와셔, 오링을 순서대로 밀어넣어야 함

**TIP**
한번 사용한 그랩링을 재사용하면 추후 파이프 이탈 가능 (절대 재사용 금지)

**❻ 캡의 분해와 조립**
캡은 반드시 손으로 조여야 하며 공구로 조여서는 절대 안됨

**TIP**
캡을 공구를 사용하여 조이면 나사산 손상이 우려되며 추후 캡이 통째로 이탈할 가능성 있음

**❼ 직선모양의 연결**
- 배관이 끝난 상태에서 파이프 연결상태가 연결구 끝부분으로 부터 바로 휘어져서는 안됨
- 반드시 엘보 등 (연결구)을 사용하여 직선배관이 되어야 함

**TIP**
연결구 끝부분에서 파이프가 휠 경우 시간이 경과함에 따라 그랩링 또는 오링이 손상되어 누수 가능성

**❽ 파이프, 연결구의 운반과 보관**
- 파이프는 연질이므로 긁히거나 우그러뜨리거나 화기에 접촉되어서는 안되며 그늘진 곳에 적재, 보관해야 함

**TIP**
파이프 표면이 긁힐 경우 이 부분이 연결구 오링과 닿아 체결될 시 미세한 누수발생의 원인이 됨

• 출처 : 정산애강 홈페이지

| PB(폴리뷰틸렌) 배관의 시공방법 |

③ 옥외 배관

옥외 배관은 예전에 동관이나 스테인리스강관도 종종 사용하곤 하였으나, 토양 속의 수분이나 토질의 상태에 따라 이음부위에서 부식이 발생하는 경우가 많고 지반 침하에 따라 파손되는 경우도 있어 요즘에는 많이 사용되지 않는다. 그 대신에 부식이 되지 않고 신축성이 좋은 폴리에틸렌관(PE관)이 옥외 매립배관으로 선호되고 있다. PE관 이외에도 예전에는 폴리에틸렌 피복강관(PLP관), 수도용 경질염화비닐관(PVC)도 많이 사용되었으나, 이음부의 내구성이 PE관보다 불리하여 점차 줄어들고 있는 추세이다.

옥외 배관으로 PLP관을 사용할 경우에는 용접 부위에 대한 방식조치를 철저히 해야 하며, 대구경의 상수도 배관에서는 PE관이 시공상의 어려움이 있어 PLP관이나 수도용 주철관(KP메커니컬조인트)이 아직도 많이 사용된다.

PE관을 시공할 경우에는 PE관의 단면을 가열하여 용융시킨 뒤 서로 압착시키는 융착이음을 주로 이용하고, 작은 구경에서는 발열선이 부속 내부에 삽입된 전자소켓 부속들을 이용하기도 한다. 또한 옥외 급수관 매립 후 토양 하중에 의한 처짐이 없도록 배관 이음부위에 대한 보강과 배관 하부에 모래주머니 받침, 고운 흙으로 되메우기 및 다짐 등에 주의해야 한다. 지반 침하의 우려가 있거나 매립지역인 경우에는 건물로 인입되는 위치에 신축이음을 하기도 한다.

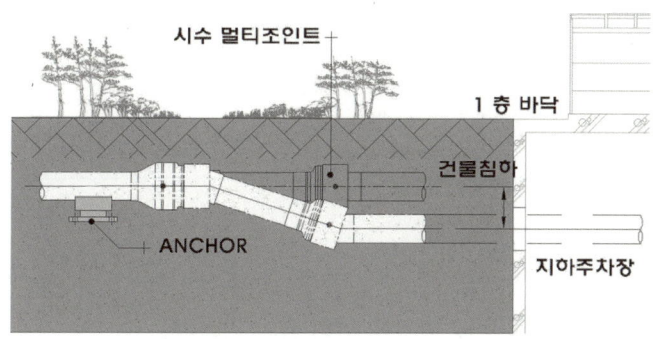

## (2) 건물 내 급수배관의 재질별 특성 비교

| 구 분 | PB관 | STS관 | 동관 |
|---|---|---|---|
| 이음 방법 | Push-Fit | 기계식 접합(SR조인트, 그루브조인트), 또는 용접 | 용접 이음 |
| 굴곡 처리 | 자유 굴곡, 부속 사용 | 부속 사용 | 벤딩기, 부속 사용 |
| 공구 | 절단가위, 수작업 | 절단기, 압착기 또는 용접기 | 절단기, 산소용접기 |
| 작업 공간 | 적게 소요 | 압착(용접) 공간 필요 | 용접 공간 필요 |
| 부속 재사용 | 대부분 재사용 가능 | 재사용 불가(SR, 용접)<br>일부 재사용(그루브조인트) | 대부분 재사용 불가 |
| 작업 시간 | 매우 짧음 | 다소 소요 | 길게 소요 |
| 시공 비용 | 저렴함 | 소구경 : 다소 비쌈,<br>대구경 : 동관에 비해 저렴 | 소구경 : STS에 비해 저렴,<br>대구경 : 다소 비쌈 |
| 장 점 | • 시공법과 공구가 간편<br>• 부속 체결이 편리<br>• 열손실이 적음<br>• 부식이나 동파에 강함<br>• 위생성 우수 | • 위생성 및 내구성 우수 | • 위생성 및 내구성 우수<br>• 일부 살균 효과 |
| 단 점 | • 부속 체결 시 주의 요함<br>• 높은 온도(80℃ 이상)에서 사용 곤란<br>• 구조체 매립 이외 시공불가(행가 시공 불가) | • 용접 시 기능공 필요<br>• 부속 하자 시 보수 어려움<br>• 전위부식에 주의 필요 | • 용접 기능공 필요<br>• 용접 부위 부식 우려<br>• 청수현상 발생<br>• 전위부식에 주의 필요 |
| 사용 용도 | 공동주택의 급수, 급탕, 난방배관 | 급수, 급탕, 냉난방 | 냉난방, 급수, 급탕 |

## (3) 위생안전기준 인증제도

국가에서는 국민의 위생 증진 및 안전을 위해 물과 접촉하는 수도용 자재에 대하여 "위생안전기준"을 마련하고, 모든 음용수용 배관 자재와 그 부속들은 위생안전인증을 받은 제품만을 사용하도록 강제 규정(수도법)을 시행하고 있다.

관련 법 개정 및 후속조치를 통하여 지난 2011년부터 이미 단계적으로 시행되고 있는데, 2012년 5월 이후에는 급수를 공급하는 펌프에서부터 각종 배관재와 부속, 밸브류, 그리고 계량기와 수도꼭지에 이르기까지 배관계통의 대부분의 자재를 위생안전기준 인증을 받은 자재를 사용해야만 한다.

2013년 이후부터는 음용수용 자재에 칠해지는 도료와 그밖의 모든 제품이 인증 대상에 포함되므로, 현업에서 급수설비를 개보수하거나 신설할 경우 반드시 해당 제품이 위생안전기준을 통과하였는지를 확인하고 사용하여야 한다.

▼ 위생안전기준 인증 대상품목

| 구 분 | 인증 대상품목의 세부적인 항목 | 인증 마크 |
|---|---|---|
| 현재 인증 제도 시행 중인 품목 | 주철관류, 금속관류(스테인리스강관, 동관 외 각종) | 수도용 KC 위생안전기준 |
| | 합성수지관류(PE, PB, PVC 외 각종) | |
| | 펌프류, 밸브류, 계량기류, 수도꼭지류 | |
| 2013년 1월 26일 이후부터 적용 | 음용수용 수조나 관 내부에 사용되는 도료 | |
| | 그 밖에 음용을 목적으로 물을 공급하기 위한 수도용 자재 | |

### (4) 관경의 표기방법

관의 크기를 나타내는 숫자로 NPS와 DN이 있다. 호칭지름 NPS(Nominal Pipe Size)는 inch단위계에서 관의 표준크기를 나타내는 것으로 [inch]를 붙이지 않고 사용하는 무차원 숫자이다.

DN(Diameter Norminal)은 ISO에서 정한 것으로 [mm] 단위를 사용할 때의 표준크기를 나타내며, 역시 [mm]를 붙이지 않고 사용한다. NPS와 DN의 관계는 아래의 표와 같다. 안지름이나 바깥지름이 아니며 관종별 규격에서 각 호칭지름에 따른 바깥지름과 두께가 주어진다. 급수·급탕이나 배수관의 관경 선정을 위한 각종 선도상의 관경 표시는 대부분 호칭지름으로 표시되는 경우가 많다.

배관의 재질에 관계없이 동일한 호칭지름으로 크기를 표시하지만 바깥지름과 안지름, 두께 등은 관종별로 각기 다르다. NPS 2는 바깥지름이 2.375inch인 관을 표시한다. NPS 12 이하의 관은 바깥지름이 호칭지름보다 크고, NPS 14 이상의 관은 바깥지름이 호칭지름과 같다.

| NPS | DN | NPS | DN | NPS | DN |
|---|---|---|---|---|---|
| 1/8 | 6 | $1\frac{1}{4}$ | 32 | 4 | 100 |
| 1/4 | 8 | $1\frac{1}{2}$ | 40 | 5 | 125 |
| 3/8 | 10 | 2 | 50 | 6 | 150 |
| 1/2 | 15 | $2\frac{1}{2}$ | 65 | 7 | 200 |
| 3/4 | 20 | 3 | 80 | 8 | 250 |
| 1 | 25 | $3\frac{1}{2}$ | 90 | 9 | 350 |

## 12 급수탱크(저수조)의 종류

### (1) 급수탱크의 종류와 특성

상수도를 일정량 이상 보관하면서 건물 내에 급수를 공급하기 위한 장치가 급수탱크(저수조)이다. 급수탱크는 설치 위치에 따라 지하저수조, 중간수조, 고가수조로 불리며, 재료의 종류에 의해서는 FRP(강화플라스틱), SMC(열경화성 수지), 스테인리스(STS), PDF(PE와 PP의 복합판넬)로 나눌 수 있다.

| FRP 저수조와 SMC 저수조 |

FRP는 가격이 저렴하여 수십톤 규모의 소용량 저수조에서 예전에는 많이 사용되었으나, 재료적인 강도가 약하고 이음부위가 취약해 누수나 파손의 사례가 많아서 요즘에는 거의 사용하지 않는다. SMC 저수조는 내식성이 우수하고 재료적인 강도도 비교적 양호한 편이며 스테인리스나 PDF 저수조에 비해 가격이 저렴해 많이 설치되어 왔다. 그러나 SMC 저수조는 볼트로 판넬을 조립하는 특성상 이음부가 취약하고, 장시간 사용 시 SMC판넬이 열화되거나 내부 구조보강재가 부식되어 누수가 발생하는 사례가 있어 주로 중·소용량의 저수조에서 사용되고 있다.

| SMC수조 내부 보강재 및 조립볼트의 부식 |   | 열화되어 교체된 SMC판넬 |

스테인리스 저수조는 재료적 강도가 좋고 이음부를 용접 처리하여 구조적으로 안정적이어서 소용량으로부터 대용량에 이르기까지 가장 널리 사용되고 있다. 그러나 다른 재질에 비해 가격이 조금 비싼 편이고, 용접 부위 등 열변형 부위에서는 시간이 경과할수록 상수도 속의 염소 소독제 성분에 의해 부식이 발생하게 되므로 내부에 에폭시 코팅을 철저히 해주어야만 한다.

PDF 저수조는 철골 구조에 합성수지제 복합판넬로 외부 본체를 형성한 뒤 내부에 PE판으로 마감한 저수조이다. 내식성이 좋고 구조적으로 안정적인 편이어서 근래 소용량에서 대용량에 이르기까지 폭넓게 사용되고 있다. 내부의 PE판의 표면경도가 약해 제작이나 유지보수 중 표면 손상에 주위가 필요하고, 별도의 보온재가 없는 경우가 많아 옥외에 노출되어 설치될 경우 동결에 대한 주의가 필요하다.

| 스테인리스(STS) 저수조 |

| PDF 저수조 |

| 스테인리스 저수조의 내부에 에폭시 코팅이 부실하게 실시되어 부식이 발생한 모습 |

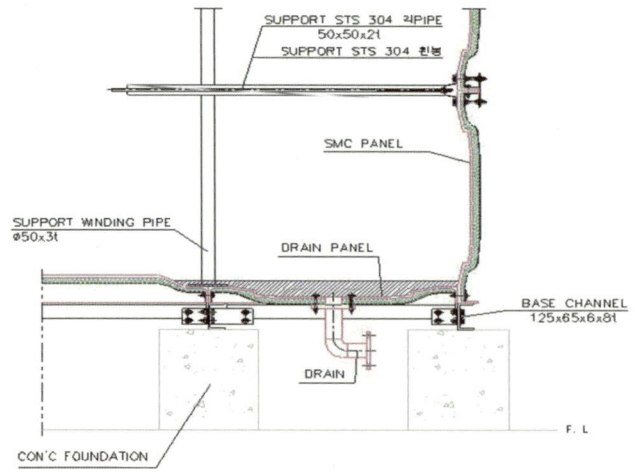

| SMC 저수조의 설치 단면 |

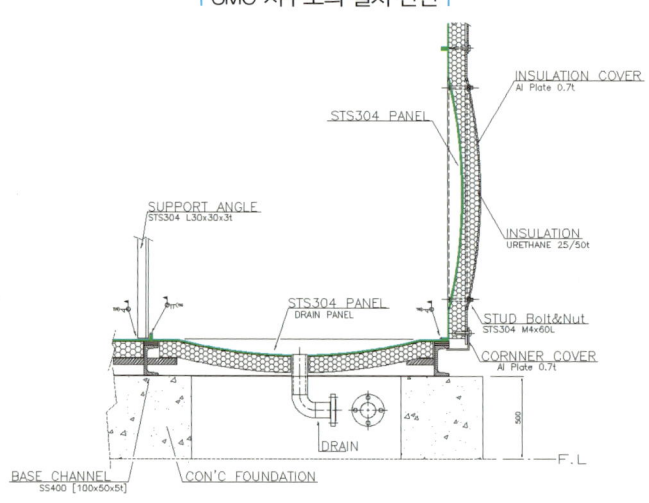

| 스테인리스 저수조의 설치 단면 |

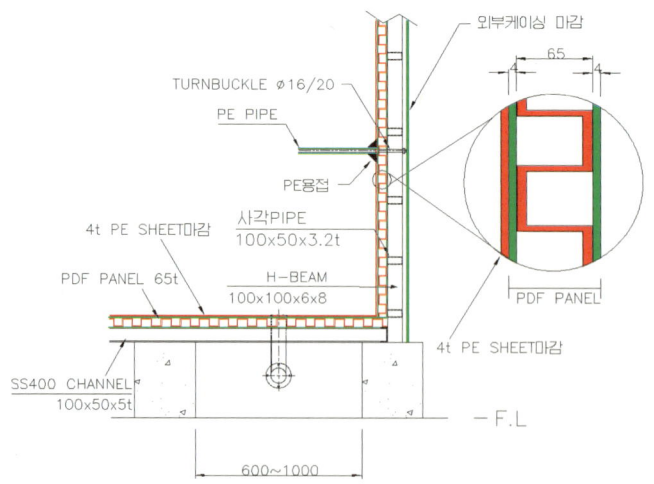

| PDF 저수조의 설치 단면 |

| PDF 저수조의 내부 모습 |

이 외에도 강판에 PE코팅을 한 뒤 볼트 체결로 조립하는 "PES탱크"나 "PL탱크"와 같은 여러 제품들이 개발되고 있어 저수조의 더욱 위생성이나 내식성이 강조되는 추세이다. 또한 내부 보강재의 부식에 의해 저수조의 구조적 안정성이 취약해지는 단점을 보완하기 위하여 저수조의 외부를 철재 보강재로 보강하고 내부의 구조철물을 없애는 외부 보강 저수조 등 다양한 제작방식의 제품들도 개발되어 보급되고 있다.

## (2) 급수탱크의 용량 산정

### ① 저수탱크의 용량

저수탱크의 용량은 건물의 사용 용도, 해당 지역의 상수도 공급능력에 따라 달라질 수 있으나, 일반적으로 사용수량의 1일 저장용량으로 선정한다. 간혹 해당 지역의 조례나 관련 기준이 별도로 정해져 있는 경우가 있으므로 관련 내용을 확인하여 그에 따른다.

$$V_s \geq Q_d - Q_s \quad \text{또는} \quad V_s \leq Q_s \times (24 - T)$$

여기서, $V_s$ : 저수탱크의 유효용량 [m³]
$Q_d$ : 1일 사용 수량 [m³/d]
$Q_s$ : 수도 인입관 등 수원으로부터의 급수능력 [m³/h]
$T$ : 1일 평균 물 사용시간 [h]

### ② 고가탱크의 용량

고가탱크의 용량은 급수펌프의 토출량에 관계되므로 계통에서의 동시사용유량을 감안하여 다음 식으로 계산한다. 펌프의 토출량은 순간최대예상급수량($Q_P$)이 계속되는 시간($T_1$)을 30분, 최단운전시간($T_2$)은 10~15분으로 한다. 고가탱크의 용량은 저수위에서 최대유량이 되어도 급수량이 부족하지 않아야 하며 관계 법규나 해당 지역의 조례로 별도의 기준이 정해져 있는 경우 그에 따른다.

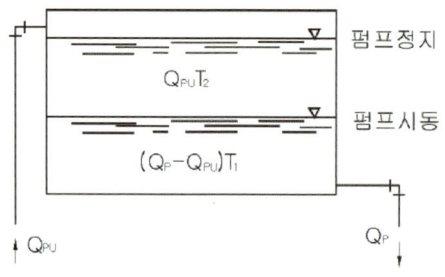

$V_E = (Q_P - Q_{PS}) \times T_1 + Q_{PS} \times T_2$

여기서, $V_E$ : 고가탱크의 유효용량[L]
$Q_P$ : 순간최대예상급수량[ℓ/min]
$Q_{PS}$ : 급수펌프의 토출량[ℓ/min]
$T_1$ : 순간최대 예상급수량이 계속되는 시간[min]
$T_2$ : 급수펌프의 최단 운전시간[min]

## 13 경수연화장치(Water softer system)

물의 경도(Hardness)는 물속에 함유된 탄산칼슘($CaCO_3$)의 양으로 표시하는데, 물 1ℓ 속에 탄산칼슘 10mg이 함유되어 있을 때의 상태를 경도 '1도'라고 한다. 경도가 높은 물을 경수(Hardness water)라고 하는데, 경수는 비누 용해가 곤란하고 석회석의 침전으로 보일러 보급수 등으로 사용하게 되면 스케일 및 부식이 발생하여 전열 효율의 저하, 과열 및 수명 단축의 원인이 되므로 경수연화장치 등을 이용하여 물의 경도를 낮게 할 필요가 있다.

| 구분 | 경도($CaCO_3$의 함유량) | 비고 |
|---|---|---|
| 연 수 | ~90ppm 이하 | 보일러 보급수, 세탁, 염색, 제지공업용수 |
| 적 수 | 90~110ppm 이하 | 음용수로 적합 |
| 경 수 | 110ppm 이상 | 배관 스케일 유발 |

경수연화장치는 주거용 건물에서는 세탁수나 목욕 용수의 수처리용으로 급수설비 중에 많이 사용되며, 일반 빌딩이나 산업체에서는 보일러 보충수, 냉각수, 세정수, 염색용수 수처리, 역삼투압장치와 순수설비의 전처리용 등 공조설비 및 특수설비에서 많이 이용되고 있다.

한편 경도는 일시적 경도와 영구 경도로 나눌 수 있는데, 일시적 경도는 물때나 스케일의 원인이 되며 영구 경도는 부식이나 스케일을 유발하는 원인이 된다. 경도를 처리하는 방법은 다음과 같다.

## (1) 경도 제거법

| 구 분 | 처리 방법 |
|---|---|
| 일시적 경도 | 물을 끓임, 대규모는 석회수 공급이나 스크린 이용 |
| 영구 경도 | 탄산나트륨 투입 |
| 염기 교환 방법 | • 용기 내에 들어 있는 제올라이트 내로 물을 통과시켜 경도 제거<br>• 제올라이트가 황산 염기를 마그네슘 또는 칼슘 염기로 교환시키려는 성질 이용<br>• 용기 내에서 반응 생성된 황산나트륨은 소금을 투입함으로써 제올라이트나트륨으로 환원 |

## (2) 경수연화장치의 구조와 원리

경수연화장치는 강산성($Na^+$) 양이온 교환수지를 이용하여 원수 중에 포함된 경도 성분인 칼슘($Ca^{++}$), 마그네슘($Mg^{++}$) 등을 수지 중의 $Na^+$와 교환하여 제거함으로써 연수를 생성하는 장치이다. 양이온 교환수지는 일정량의 연수를 채수한 후에는 6~10%의 소금물(NaCl)을 통과시켜 재생하여 계속 사용할 수 있다. 경수연화장치의 사용은 물을 부드럽게 만들어 목욕이나 세탁, 식기 세척 등을 편리하게 하고, 배관이나 장비의 스케일을 저감시켜 시스템의 수명과 장비의 운전효율을 향상시키는 효과가 있다.

| 구 분 | 반응 과정 |
|---|---|
| 연화 과정 | $R(-SO_3Na)_2 + Ca(HCO_3)_2 \rightarrow R(-SO_3)_2Ca + 2NaHCO_3$<br>$R(-SO_3Na)_2 + MgSO_4 \rightarrow R(-SO_3)Mg + Na_2SO_4$ |
| 재생 과정 | $R(-SO_3)_2Ca + 2NaCl \rightarrow R(-SO_3Na)_2 + CaCl_2$<br>$R(-SO_3)Mg + 2NaCl \rightarrow R(-SO_3Na)_2 + MgCl_2$ |

### ① 압력용기(연수탱크)

보통 PE 등 내식성 탱크를 많이 사용하는데, 강판 내부에 에폭시 코팅이나 PE 라이닝 등을 하여 제작하기도 한다. 연수탱크의 크기는 여재의 충진량과 역세척 시 여재층의 부상을 고려하여 여유 있게 탱크 높이를 결정한다. 탱크 내부에는 여과재(Gravel, Sand, Cation Exchange Resin 등)가 충진되어 있고, 운전 및 역세에 따라 물의 흐름을 바꾸어 주는 전동밸브가 부착되어 있다.

### ② 여과장치

압력용기로의 이물질 유입 방지를 위하여 경수연화장치 맨 첫부분에 설치되며 백필터, 마이크로 자동필터 등이 주로 사용된다.

### ③ 재생탱크 및 공급장치

소금 저장탱크, 소금 교반기, 소금물 주입장치 등으로 구성되며, 연수탱크의 재생을 위한 소금물을 저장하였다가 필요시 공급하는 장치이다. 소금포대 받침대, 교반기 등 주요 부분은 부식되지 않도록 스테인리스나 합성수지재 등의 자재를 사용하고 배관은 PVC관을 주로 사용한다.

④ **제어판넬**

유량 체크 방식이나 타이머 설정에 의해 주기적으로 역세 운전을 실시하여 연수 탱크 내의 여과재를 재생하게 된다. 타이머보다는 처리수 유량에 맞춰 역세하는 것이 역세수의 낭비를 다소 절감할 수 있다.(산업용으로 사용될 때는 보일러나 연수를 사용하는 장비의 운전시간을 피하여 역세되도록 타이머로 제어하는 경우가 많다.)

| 경수연화장치 |

## (3) 유지관리 시 주의사항

경수연화장치는 적절한 역세를 통하여 연수탱크 내의 여과재 재생이 이루어져야 본연의 수처리 성능을 발휘할 수 있다. 이를 위해서는 경수연화장치에 인입되는 급수는 항상 수압이 형성되어 있어야 하는데, 간혹 저수조의 수위조절밸브(정수위밸브) 후단에 경수연화장치가 설치되어 역세가 제대로 되지 않는 사례가 있다.(저수조의 고수위로 정수위밸브가 닫히면 급수 공급이 중단되어 역세가 안 됨)

역세를 위한 소금은 천일염이나 정제염을 사용하는데, 현업에서는 천일염도 많이 사용하기는 하지만 이온수지의 수명이나 처리수의 수질 측면에서는 불순물이 없는 정제염이 바람직하다. 역세 시기 및 소금 주입량은 경수연화장치의 처리 용량과 관계되므로 제조업체에 문의하여 적정하게 설정하여야 하나, 잦은 역세나 과도한 소금물의 투입은 불필요한 수처리 비용을 발생시키므로 경도 측정 등으로 처리수의 수질을 세심히 관찰하여 조정하는 것이 바람직하다.

또한 연수탱크 내의 여과재(이온 수지)는 주기적인 재생을 하더라도 여타의 이물질이나 미처 처리되지 않은 Ca이나 Mg 등이 고착되어 본연의 성능이 저하될 수 있으므로, 처리수의 경도 측정 등을 실시해 필요할 경우 전량 교체해 주어야 한다. 아울러 외부에서 인입되는 상수도의 압력이 높을 경우 연수탱크의 안정성이나 여과재의 유실 방지를 위하여 감압밸브를 설치하는 것이 좋으며, 장치 고장시를 대비한 바이패스 배관도 필요하다.

## 14 급수설비에서의 절수방안

생활 수준이 향상되고 각종 위생기구의 사용이 증가되면서 물 사용량도 증가되고 있다. 국가적으로도 기후 온난화로 인한 물 부족 현상으로 상수도 용수 확보에 어려움을 겪고 있으며, 급수 사용량 절감을 위해서 사용자의 물 절약 습관이 생활화되도록 적극 홍보하고 다양한 절수 방안들을 강구해 나가야 할 것이다.

급수설비에서의 절수 방안은 다음과 같은 것들을 고려해 볼 수 있겠다.

| 구 분 | 절수 방안 |
|---|---|
| 급수 사용량의 절감 | • 절수형 위생기구 사용함<br>• 적정한 급수압력을 유지함(필요시 감압밸브의 사용)<br>• 과도한 유량을 적정하게 제어함(필요시 정유량밸브 사용)<br>• 각종 장비(냉각탑, 보일러, 수처리장치 등)의 급수 사용량 절감(보충수, Blowdown, 역세수 등을 적정하게 관리) |
| 상수도 자원의 절약 | • 버려지는 배수의 재이용(중수도 설비 운용)<br>• 우수의 재활용(조경용수나 건물 내 세척수 등)<br>• 지하수의 활용(조경용수, 건물 내 세척수, 히트펌프의 냉각수 등)<br>• 증기시스템의 응축수를 최대한 회수하여 재활용(보충수 절감) |

### (1) 절수형 위생기구의 적극적인 사용

- 절수형 양변기 부속(대소변 구분, 2단 사이펀식, 절수형 F/V)
- 전자감응식 세정밸브(양변기, 소변기), 전자감응식 세면기 수전, 싱크대 풋밸브 등
- 싱글레버식 수전(회전식 핸들 타입에 비해 개폐 속도가 빨라 불필요한 물 낭비 절감)
- 자폐식 수전, 자동온도조절 혼합수전
- 여성용 양변기에 세척음과 동일한 전자음 장치
- 세면기나 샤워기의 미세분사, 포발발생 등의 절수기 제품 사용

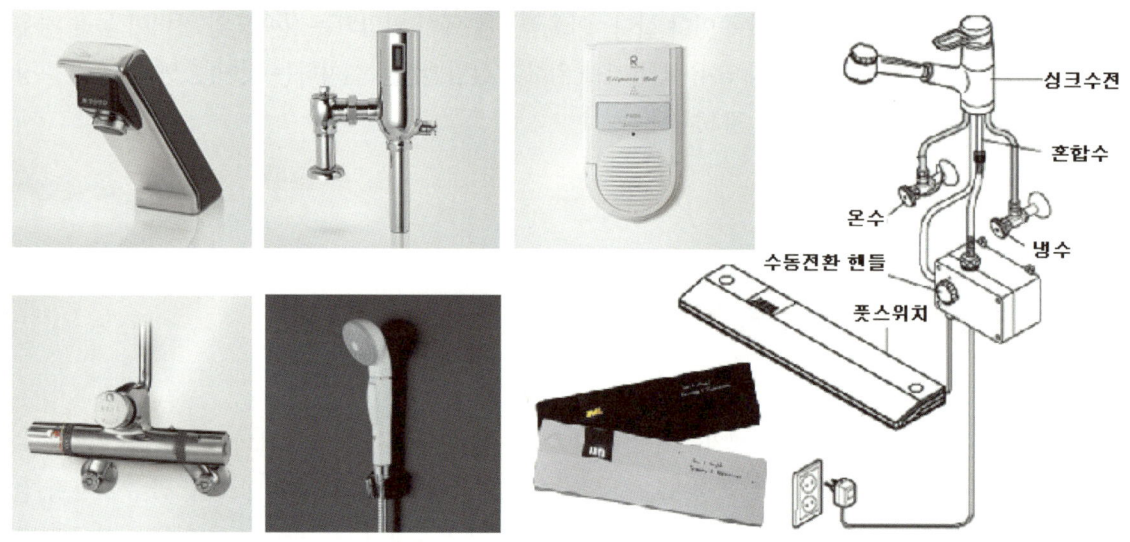

| 절수형 위생기구들 |

| 미세분사 세면기 수전, 포말발생 절수기 |

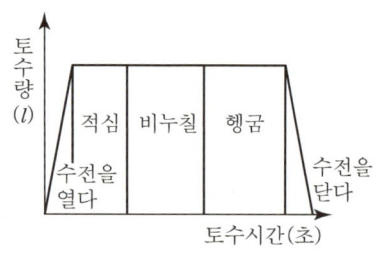

(a) 수동식 수도전의 동작특성

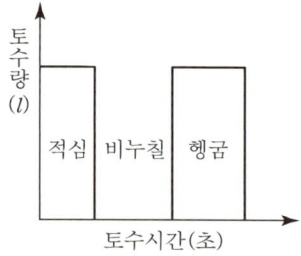

(b) 자동식 수도전의 동작특성

| 전자감응식 세면기 수전의 동작 특성 |

## (2) 압력 조절(감압밸브)에 의한 절수

고층건물의 급수설비에서는 최상부와 최하부의 수압의 차이가 크게 발생한다. 급수설비에 필요 이상의 과도한 수압으로 공급되면 배관을 통과하는 유량이 많아져 불필요한 물 낭비가 발생하게 되고, 수전의 마모와 수격현상에 의해 위생설비의 수명이 짧아지게 된다.

이로 인해 건물별로 구조 및 사용 여건에 맞게 적정한 조닝이 이루어져야 하며, 층별 또는 사용처별로 감압밸브를 설치하여 적정한 급수압력이 유지되도록 하면 상당한 급수 소비량을 절감할 수 있다.

| 세대별 급수·급탕배관에 감압밸브 설치 |

| 수전에 설치하는 감압 절수장치 |

## (3) 유량제어(정유량밸브)에 의한 절수

급수시스템에서 동시 사용률이나 사용 여건이 변하게 되면 배관 내 압력의 변동으로 인하여 유량의 변화를 피할 수 없다. 적정한 급수 압력의 유지로 절수가 가능하지만 특정 장비나 사용 조건에 따라서는 적정 유량의 제어가 필요하거나 효과적인 경우가 있다.

적정 유량의 유지는 정유량밸브의 설치로 가능하며, 급수 절감과 함께 냉난방이나 급탕계통에서는 불필요한 에너지 낭비를 줄이는 효과도 기대할 수 있다.

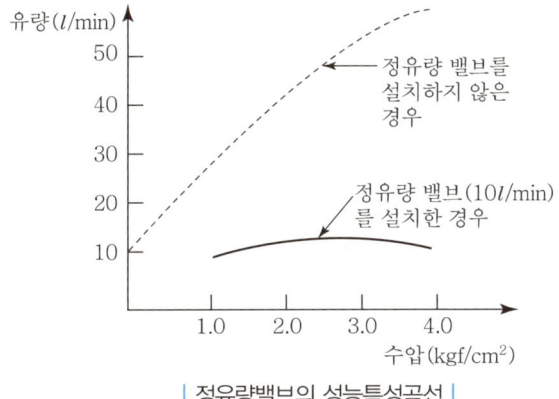

| 정유량밸브의 성능특성곡선 |

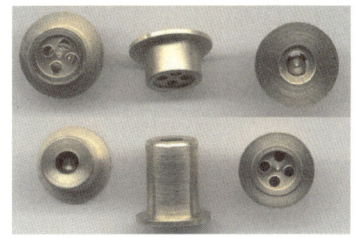

| 수전에 설치하는 정유량 절수장치 |

### (4) 우수 재활용, 중수도 시설

근래 들어 상수도 용수의 질감을 위하여 우수(빗물)나 디워터링(지하수 침출수)을 저장하였다가 조경용수로 사용하거나 건물 내 양변기나 소변기의 세척수로 사용하는 우수 재활용 설비가 많이 설치되고 있다.

또한 예전부터 물 사용량이 많은 건물에서는 위생기구로부터 배출되는 배수를 모아 정화처리를 한 뒤 적절히 소독을 해서 다시 재사용하는 중수도 시설을 설치하는 사례가 다수 있었으나 경제적인 측면에서는 저렴한 상수도 요금에 비하여 수처리 비용이 과다하여 적극적으로 운용되지는 못하고 있는 실정이다.

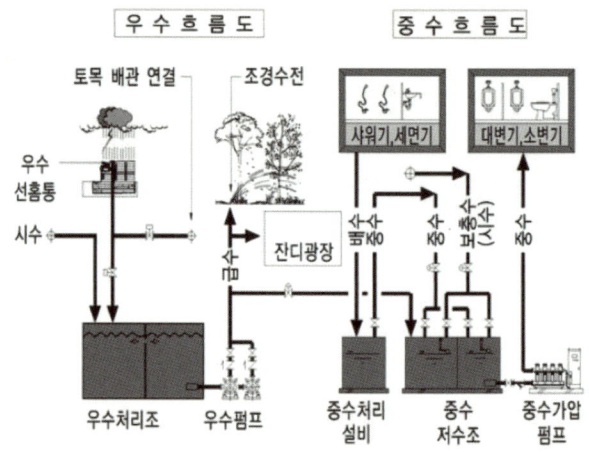

# CHAPTER 24 빗물이용시설

## 01 빗물이용시설의 구성

빗물이용시설이란 건축물의 지붕면 등에 내린 빗물을 모아 이용할 수 있도록 처리하는 시설을 말한다. 현재 빗물이용시설은 「물의 재이용 촉진 및 지원에 관한 법률」에 명시된 공공청사나 종합운동장, 실내체육관 등 일부 시설에서 설치가 의무화되어 있으며, 법적 의무대상은 아니지만 일정 규모 이상의 공동주택, 학교, 대규모 점포 등에 대해서는 각 지자체별로 설치를 권고하고 있는 경우도 있다.

또한 최근 친환경 건축에 대한 관심이 높아지면서 녹색건축물 인증을 받고자 하는 건물에서는 수자원 절감방안으로서 빗물이용시설의 적용을 적극적으로 검토하기도 한다.

빗물이용시설은 대부분 다음과 같이 구성되어 있다.

| 구 성 | 세 부 내 용 |
|---|---|
| 집수시설 | • 집수관, 루프드레인, 홈통받이 등 대상 집수면에 내리는 빗물을 모으기 위해 활용하는 시설<br>• 구성 : 집수면(지붕 등), 루프드레인관, 홈통받이, 집수관 등 |
| 여과장치 등 처리시설 | • 강우 초기 집수면으로부터 유출되는 오염도 높은 초기 빗물을 배제할 수 있는 시설이나 빗물의 사용용도에 적합한 목표수질을 유지하기 위해 활용하는 여과, 소독 등의 방법으로 처리하는 시설<br>• 구성 : 침전조, 초기빗물처리장치, 여과조, 소독장치 등 |
| 저류시설 | • 집수한 빗물을 저장하는 시설<br>• 구성 : 저류조, 처리수조 등 |
| 송수, 배수시설 | • 저장한 빗물을 활용처로 보내거나 안전상의 이유로 하천 및 공급 하수도로 방류하는 시설<br>• 구성 : 급수펌프, 상수도 보급설비, 급수관, 활용설비, 계측 및 제어설비 |

## 02 집수면 및 집수 유량

빗물이용시설의 규모는 옥상녹화사업 등과 같이 집수에 영향을 주는 시설을 제외한 지붕의 빗물집수면적에 0.05미터를 곱한 규모 이상의 용량으로 한다. 빗물의 집수면은 사용 용도에 지장이 없도록 오염되지 않아야 하며, 옥상녹화 면에서 집수하는 경우 조성 공법과 비녹화 면적과의 유출 특성의 차이를 고려하여 집수 가능량을 산정한다.

$$\text{집수 가능량}(m^3) = \text{유출계수} \times \text{강우량}(mm) \times \text{집수면적}(m^2) \times 10^{-3}$$

▼ 토지이용도별 기초유출계수의 표준값

| 표면 형태 | 유출 계수 | 표면 형태 | 유출 계수 |
|---|---|---|---|
| 지붕 | 0.85~0.95 | 공지 | 0.1~0.3 |
| 도로 | 0.8~0.9 | 잔디, 수목이 많은 공원 | 0.05~0.25 |
| 기타 불투수면 | 0.75~0.85 | 경사가 완만한 산지 | 0.2~0.4 |
| 수면 | 1.0 | 경사가 급한 산지 | 0.4~0.6 |

• 출처 : 한국상하수도협회(2011), 하수도시설기준

▼ 옥상 녹화사업 시 유출계수의 적용값

| 녹화 유형 | 구성 두께(cm) | 연평균 유출계수 |
|---|---|---|
| 단순관리 경량형 녹화<br>(초본류와 화본류 식재) | 2~4<br>4~6 이상<br>6~10 이상<br>10~15 이상<br>15~20 이상 | 0.6<br>0.55<br>0.5<br>0.45<br>0.4 |
| 관리 중량형 녹화<br>(관목이나 교목류 조성) | 15~25<br>25~50 이상 | 0.4<br>0.1~0.3 |

• 출처 : 독일공업규격, DIN 4045

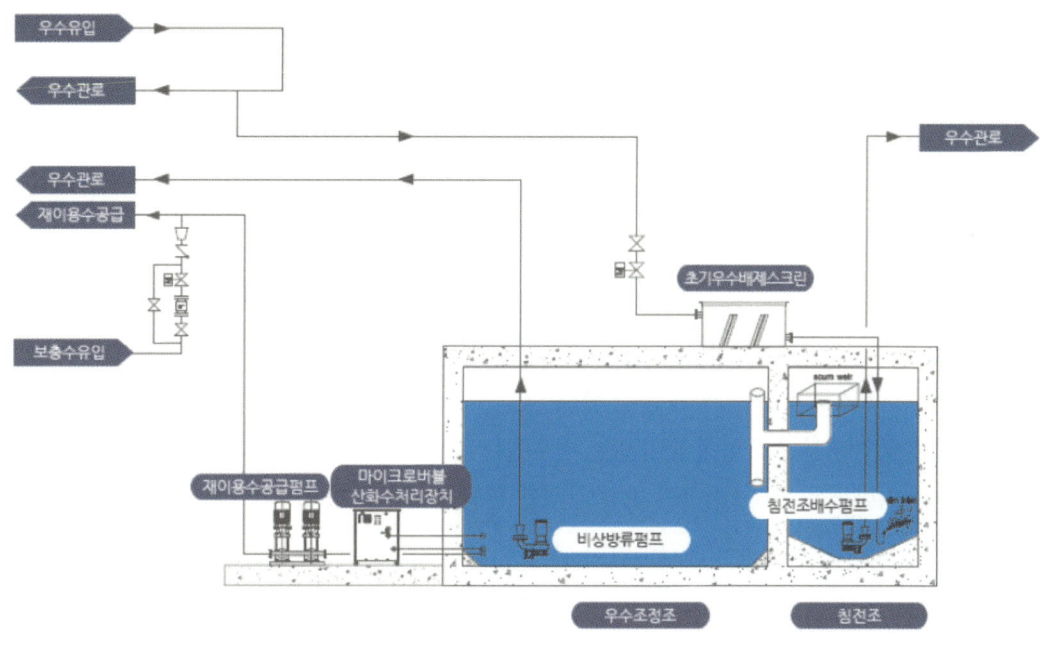

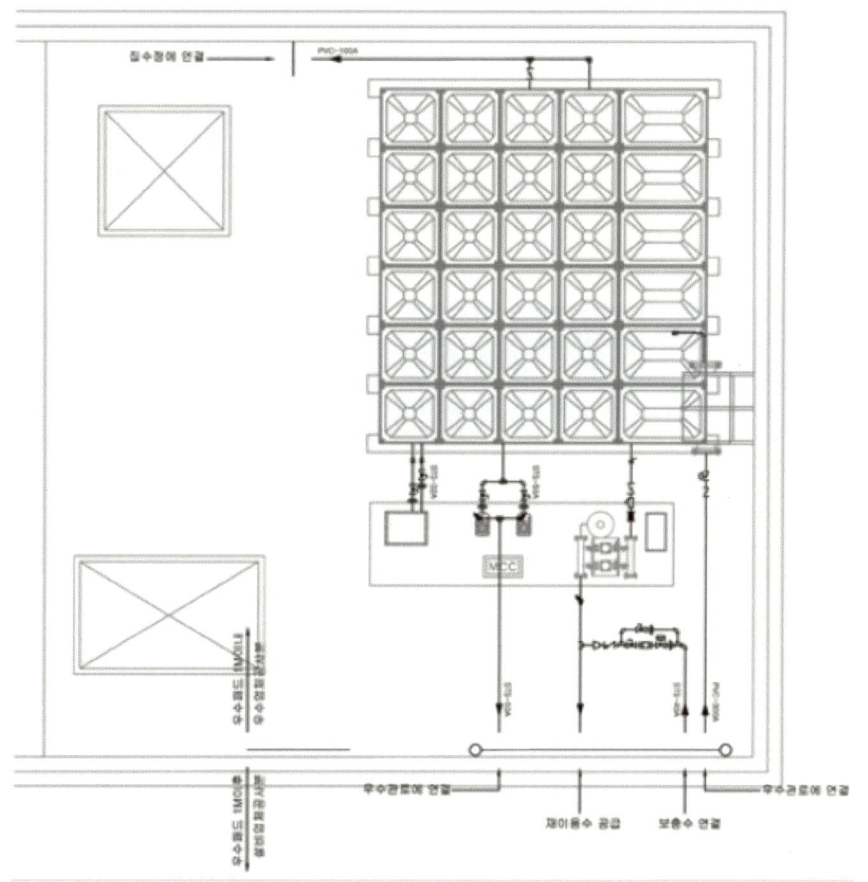

## 03 구성 요소별 세부사항

### (1) 집수 및 초기 빗물 배제시설

빗물이용시설은 집수면에서 오염물질을 신속히 배제하거나 처리하여 집수되도록 하는데, 오염되지 않은 양호한 수질의 빗물을 집수하기 위하여 초기 우수를 반드시 배제하여야 한다. 보통 우천 시 대상지역의 강우량을 누적유출고로 환산하여 우수 초기의 5mm 이상의 빗물은 집수하지 않고 옥외 토목 관로로 배출되도록 하고 있다. 초기 빗물의 배제방식으로는 유량계를 이용한 방법, 분리장치를 이용한 방법, 부자를 이용한 방법 등이 있다.

옥상녹화나 집수면 부근에 식재 등이 있는 경우에는 루프 드레인이나 낙엽 등의 협작물 제거를 위한 스크린을 설치하도록 한다. 스크린 망의 간격은 일반적으로 1~5mm 정도로 설치한다.

빗물 수집을 위한 수직배관과 수평배관의 관경별 최대 집수면적은 다음과 같다.

▼ 관경별 수직배관 최대 집수면적

| 관경(mm) | 최대 집수면적(m²) | 관경(mm) | 최대 집수면적(m²) |
|---|---|---|---|
| 50 | 67 | 125 | 770 |
| 65 | 135 | 150 | 1,250 |
| 70 | 197 | 200 | 2,700 |
| 100 | 425 | | |

▼ 수평배관 관경별 최대 집수면적

| 관경(mm) | 최대 집수 면적(m²) 배관 구배 | | | | | | | |
|---|---|---|---|---|---|---|---|---|
| | 1/25 | 1/50 | 1/75 | 1/100 | 1/150 | 1/200 | 1/300 | 1/400 |
| 65 | 127 | 90 | 73 | | | | | |
| 70 | 186 | 131 | 107 | | | | | |
| 100 | 400 | 283 | 231 | 200 | | | | |
| 125 | | 512 | 418 | 362 | 296 | | | |
| 150 | | 833 | 680 | 589 | 481 | 417 | | |
| 200 | | | 1,470 | 1,270 | 1,040 | 897 | 732 | |
| 250 | | | | 2,300 | 1,880 | 1,630 | 1,330 | 1,150 |
| 300 | | | | 3,740 | 3,050 | 2,650 | 2,160 | 1,870 |
| 350 | | | | | 4,610 | 3,990 | 3,260 | 2,820 |
| 400 | | | | | 6,580 | 5,700 | 4,650 | 4,030 |

## (2) 처리시설

빗물이용시설의 수질은 수돗물 정도의 수질이 요구되지 않은 생활용수나 조경용수, 농업용수 등으로 이용이 가능하도록 처리되어야 한다. 이외의 다른 용도로 빗물을 이용하는 경우에는 목적에 적합한 수질로 처리하여 공급하여야 하며, 각 용도별 수질기준은 뒤의 중수도 시설 부분의 중수도 수질기준 관련 내용을 적용하면 된다. 그러나 빗물은 계절별 집수량의 차이가 커서 생활용수와 같이 안정적인 급수량이 유지되어야 하는 용도로는 적용되는 사례가 매우 드물며, 주로 조경용수나 단지 내 청소용수 정도의 용도로 일반적으로 활용되고 있다.

빗물 저류조로 유입되는 모래 및 큰 부유물질 등의 협잡물을 제거하고 저류조의 청소주기를 길게 하기 위해 저류수의 상태, 수질 등에 따라 빗물 침사조, 침전조 및 여과조 등을 설치한다.

빗물이 유입되는 침사조 입구에는 일정한 간격을 가진 스크린 시설을 설치하여 나뭇잎이나 풀, 쓰레기 등 일반적으로 크기가 큰 이물질을 거르도록 한다. 침사조는 빗물에 포함되어 있는 토사나 부유물질 등을 제거하기 위해 설치하며, 침전조는 빗물에 미세모래나 유기성 부유물질이 포함되어 있는 경우에 설치한다.

침사조 및 침전조 내의 평균 유속은 0.3m/s로 하며, 유효수심은 1~4m로 한다. 또한 침사조와 침전조 및 여과조의 총 용량은 유효유출강우 10mm/hr 강우에 대하여 10분 이상의 체류시간이 확보되도록 하여야 한다. 빗물 저류용량이 크고 체류시간이 긴 시설이나 수질악화의 가능성이 있는 경우, 피부접촉 가능성이 높은 용도로 사용할 경우에는 위생 면에서 안전성을 확보해야 하므로 소독조의 설치 필요성에 대해서 검토하도록 한다

## (3) 소독장치

빗물이용시설이 중수도와 연계되어 있거나 사용 용도를 고려할 때 잔류염소를 필요로 할 경우 염소 소독시설을 검토하도록 하며, 조경용수, 하천유지용수, 공업용수 등 총대장균군수를 제어할 경우는 UV(자외선) 소독 등을 검토할 수 있다.

## (4) 저류조

빗물저류조의 설치 장소는 원칙적으로 빗물 공급에 소요되는 동력이 최소가 되고 빗물의 월류수(고수위에 의한 물 넘침)가 자연적으로 옥외 우수 관로로 배출될 수 있는 장소가 좋다. 그러나 대부분의 경우 빗물이용시설의 저류조가 건물의 최하층에 위치하는 경우가 많아 저류조에 별도의 배수펌프를 설치하여 수위가 높아지면 강제 펌핑하여 배출하는 사례가 많다.

저류조가 여러 개의 수조로 구분된 경우에는 사각부분(Dead zone)이 생길 수 있으므로 빗물 유입구와 유출구의 위치 선정에 주의하도록 하며, 밀폐형 저류조로 된 때에는 빗물의 유입에 의해 내부 공

기가 압축될 수 있기 때문에 통기관을 설치해야 한다.

각 수조에는 보수점검이 용이하도록 맨홀이나 점검구를 설치하고, 각 수조 바닥의 모래나 침전물을 한쪽으로 모아 청소하기 용이하도록 가급적 수조 내에 집수정을 설치하고 바닥면을 1/100 이상의 경사로 마감하는 것이 바람직하다.

### (5) 송수 및 배수시설

배수펌프는 비상 시에도 가동될 수 있도록 비상전원을 연결하여 물이 넘치지 않도록 하고, 펌프는 예비펌프를 포함하여 2대 이상 설치하여야 한다. 펌프의 용량은 보통 저장탱크의 만수위 시 5시간 이내에 배수할 수 있는 용량 이상으로 선정한다.

빗물 저류조의 수위가 저수위가 된 상황에서는 부족한 수위를 상수도로 보충할 수 있도록 상수도배관을 연결한다. 상수도배관의 토출구와 빗물 저류조의 최고 수면 사이에는 충분한 공간을 두어 빗물이 역류하지 않도록 한다.

빗물의 사용을 위한 송수시설로는 주로 부스터펌프가 이용되고 있다. 옥외의 조경용수나 사용처에서 수압의 변동 없이 안정적인 사용이 가능하며 근래 대부분의 빗물이용시설에서는 부스터펌프로 빗물을 공급하는 경우가 많다.

# 04 빗물이용시설의 유지관리 점검 내용 및 주기

| 시설 | 점검 내용 | 점검 주기 | | | 청소주기 | 비고 |
|---|---|---|---|---|---|---|
| | | 매월 | 6개월 | 1년 | | |
| 집수설비 | 1. 집수장소의 퇴적물 및 오물 점검<br>2. 집수장소 주변으로부터의 유입 또는 유출 유무의 점검<br>3. 집수시설(지붕, 인공지반 슬라브)의 손상 점검<br>4. 송수관 내 퇴적물, 오물의 침전조로의 유입, 관로 누수 점검 | ○ | ○<br>○ | ○ | 1~5년 | |
| 침전조 | 1. 침전조 내의 침전물, 부유물 점검<br>2. 곤충 발생 상황 점검<br>3. 구조물의 손상 여부 점검 | ○<br>○ | | ○ | 2년 | |
| 여과조 | 1. 여재 상태, 침전물 및 부유물의 점검<br>2. 곤충 발생 상황 점검<br>3. 구조물의 손상 여부 점검 | ○<br>○ | | ○ | 2년 | |
| 저류조 | 1. 침전물 점검<br>2. 경보장치 작동상태 확인<br>3. 구조물 손상 점검<br>4. 보급수 설비의 작동 점검<br>5. 송수펌프의 작동 점검<br>6. 맨홀 및 방충망, 스크린 점검 | | ○<br>○<br><br>○<br>○<br>○ | ○ | 1~5년 | |
| 고가수조 | 1. 침전물 점검<br>2. 경보장치 작동 상태 점검<br>3. 구조물의 손상 여부 점검<br>4. 맨홀 및 방충망 점검<br>5. 송수관 등의 손상 점검 | | ○<br>○<br><br>○ | <br><br>○<br><br>○ | 2년 | |
| 부속장치 | 1. 수위계, 배수펌프, 역류방지밸브, 월류관 등의 점검<br>2. 소독설비의 점검 | | | ○<br>○ | | |
| 이용 설비 | 1. 변기의 오염 상태, 폐색 등 점검<br>2. 살수, 세정용의 오염상태, 급수전 부착부의 점검<br>3. 조경시설의 오염 상태, 조류, 벌레 발생 여부 확인<br>4. 유입관의 손상 점검 | | ○<br>○<br><br>○ | <br><br><br>○ | | |

• 청소 주기 및 시설의 점검 여부는 주변 조건이나 사용량에 따라 조정하여 적용할 수 있음

# CHAPTER 25 중수도 시설

## 01 중수도의 개요

### (1) 설치 대상

중수도 시설은 건물이나 단지 내에서 발생하는 생활배수나 폐수 등을 적절한 수처리 과정을 통하여 수질을 대폭 개선시켜 위생설비나 각종 용수로 다시 재활용할 수 있도록 설치되는 시설이다. 사용 후 버려지는 각종 용수들을 재사용함으로써 수자원을 절감할 수 있는 대표적인 친환경 설비로 평가되고 있으나, 중수도 시설의 초기 설비비가 막대하고 시설 운영 중에는 수처리 과정에 상당한 비용이 소요되기 때문에 설비의 경제성은 매우 낮은 편이다.

따라서 상수도 요금이 저렴한 우리나라에서 민간이나 개인이 자발적으로 중수도 시설을 설치하는 사례는 많지 않은데, 이에 따라 관련 법규(물의 재이용 촉진 및 지원에 관한 법률)에서는 일정 규모 이상의 건물이나 특정 용도의 건축물, 1일 폐수배출량이 일정 규모 이상인 공장 시설, 기타 법률에서 정한 일부 사업 등에 대하여는 중수도 시설을 설치화하도록 의무화하고 있다.

이렇게 중수도 시설의 설치가 의무화된 곳에서는 사업 인허가나 준공 시 중수도의 설치 신고와 확인을 받도록 되어 있으며, 중수도 시설의 설치 시 시설비의 일부를 보조해주거나 추후 상수도나 하수도 요금을 경감해 주는 등의 지원 혜택도 주어지고 있다.

### (2) 중수도의 용도

- 도시 재이용수 : 도로, 건물 세척 및 살수, 화장실 세척용수 등
- 조경용수 : 도시 가로수 및 공원, 체육시설 등의 화단과 수목의 관개용수
- 친수용수 : 도시 및 주거지역에 인공적으로 건설되는 실개천 등의 수량 공급용수
- 하천 유지용수 : 하천, 저수지 및 소류지 등의 수량 유지를 위한 공급용수
- 습지용수 : 습지에 대한 공급용수
- 공업용수 : 냉각용수, 보일러용수 및 생산 공정에 공급되는 산업용수

## (3) 중수도의 이용 방식

현재 우리나라에서 중수도를 이용하는 방식은 원수의 처리와 재순환 과정에 따라 개별이용방식과 공공이용방식이 있다.

① 개별이용방식

개별이용방식은 단독건물이나 공장에서 발생하는 하·폐수를 자체적으로 처리하여 건물의 화장실 용수나 청소용수 등으로 재이용하는 방식이다. 현재 대부분의 중수도 시설이 이에 해당하는데, 하수종말처리장이 설치되지 않은 지역에서는 오수처리시설에서 1차로 하수 배출기준에 적합하게 수처리된 배수 중 일부를 다시 2차 처리하여 중수로 사용하기도 한다.

② 공공이용방식

공공이용방식에는 지역순환방식과 광역순환방식이 있는데, 지역순환방식은 비교적 한 곳에 집중되어 있는 좁은 지역이나 단지에서 사업자와 건축물 등의 소유자가 공동으로 중수도를 운영하고 해당 건축물의 수요에 따라 중수를 급수하는 방식이다. 원수로는 그 지역에서 발생하는 하수 처리수뿐만 아니라 하천수나 우수 등도 활용된다.

광역순환방식은 일정 지역 내에서 중수도 공급라인을 광역적이고 대규모적으로 설치하여 그 지역의 하수종말처리장이나 폐수처리장에서 처리된 유출수를 고도처리하여 중수도로 공급하는 방식이다. 현재 다수의 지자체에서 공급되고 있는 하수처리수 재이용수가 여기에 해당되는데, 하수 처리수뿐만 하천수나 우수 등도 활용된다.

## (4) 중수도의 수질 기준

관계 법령에 따라 중수도 설치 의무대상인 시설에서는 중수도의 수질에 대해서도 일정한 기준을 만족하도록 명시되어 있는데, 중수도의 용도별 수질 기준은 다음과 같다.

| 구 분 | 도시<br>재이용수 | 조경용수 | 친수용수 | 하천<br>유지용수 | 습지용수 | 공업용수 |
|---|---|---|---|---|---|---|
| 총대장균군수<br>(개/100mL) | 불검출 | 200 이하 | 불검출 | 1,000 이하 | 200 이하 | 200 이하 |
| 결합잔류염소<br>(mg/L) | 0.2 이상 | – | 0.1 이하 | – | – | – |
| 탁도 (NTU) | 2 이하 | 2 이하 | 2 이하 | – | – | 10 이하 |
| 부유물질(SS)<br>(mg/L) | – | – | – | 6 이하 | 6 이하 | – |
| 생물화학적<br>산소요구량<br>(BOD)(mg/L) | 5 이하 | 5 이하 | 3 이하 | 5 이하 | 5 이하 | 6 이하 |
| 냄새 | 불쾌하지<br>않을 것 | 불쾌하지<br>않을 것 | 불쾌하지<br>않을 것 | 불쾌하지<br>않을 것 | 불쾌하지<br>않을 것 | 불쾌하지<br>않을 것 |
| 색도 (도) | 20 이하 | – | 10 이하 | 20 이하 | – | – |
| 총질소(T-N)<br>(mg/L) | – | – | 10 이하 | 10 이하 | 10 이하 | – |
| 총인(T-P)<br>(mg/L) | – | – | 0.5 이하 | 0.5 이하 | 0.5 이하 | – |
| 수소이온 농도<br>(pH) | 5.8~8.5 | 5.8~8.5 | 5.8~8.5 | 5.8~8.5 | 5.8~8.5 | 5.8~8.5 |
| 염화물<br>(mgCl/L) | – | 250 이하 | – | – | 250 이하 | – |

• 출처 : 물의 재이용 촉진 및 지원에 관한 법(2015년 이후 적용 내용)

## (5) 중수도 시설의 계획

중수도 시설의 계획 시에는 각 시설의 방식과 설계 제원, 용수의 사용 용도, 경제성 및 유지관리 측면을 종합적으로 검토한다. 각 시설의 계획 시에는 각 시설의 기본 조건을 검토하고 몇 가지 대안을 설정하여 각각의 건설비 및 유지관리비를 기초로 급수 원가를 산출함과 아울러 그 시설의 합리성 및 안정도 등을 고려하여 최적의 계획이 되도록 하여야 한다.

중수의 원수로서는 잡배수(세면이나 샤워, 취사, 주방, 청소 등)와 화장실 세정수, 냉동냉각 설비의 배수 등 건물이나 각종 설비에서 배출되는 다양한 배출수들을 고려할 수 있는데, 연간 일정량을 확실하게 얻을 수 있는 배수를 재이용 처리장치의 설계 수량으로 할 필요가 있다. 그래서 대부분 화장실의 배출수나 위생기구에서의 세정수, 청소나 주방 등에서 발생되는 배수를 원수로 하는 경우가 많다.

또한 원수를 선택할 때에는 수량뿐만 아니라 수질의 안정성, 용도, 사용 형태, 처리 기술 및 비용 등을 고려해야 하는데, 원수의 수질이 매우 열악할 경우 수처리의 어려움과 비용의 상승 등이 큰 부담으로 작용할 수 있기 때문이다. 따라서 화장실이나 주방배수보다는 세면배수나 목욕 용수 등 원수의 유기물 농도가 그다지 높지 않은 배수를 중수용수로 활용하는 것이 유리하다.

중수도의 의무 설치 대상에서의 중수도의 사용 수량은 건물에서 사용하는 급수량(지하수 포함), 또는 시설에서 배출되는 폐수 배출량의 10% 이상을 재이용하도록 되어 있다. 그러나 중수도를 사용하는 주된 용도인 화장실 세척용수(양변기나 소변기 등)가 일반적으로 건물에서 사용하는 전체 급수량의 절반 이상을 상회하게 되므로 실제 중수도를 유용하게 활용하기 위해서는 10%보다 큰 용량의 설비로 계획을 하여야 하는데, 이럴 경우 초기 시설비가 상당히 증가하게 되므로 대부분 중수도 용수의 부족 시 상수도나 여타의 용수로 보충할 수 있도록 예비 급수원을 연결하여 계획하는 것이 합리적이다.

## 02 중수도의 처리 과정

중수도의 처리 기술은 사용 용도상 음용수 수질이 필요치 않기 때문에 하수처리 기술과 크게 다르지 않다. 물리적, 화학적, 생물학적 처리 등으로 나뉘며 대부분 생물학적 처리를 기본으로 하나 생물처리만으로는 만족할만한 수질을 얻기가 어렵기 때문에 응집침전, 활성탄, 막분리 등의 후속처리 공정을 추가하여 구성된다.

중수 처리 과정은 크게 물리적인 처리로 협잡물을 제거하여 후속처리 시설을 보호하고 처리 효율을 향상시키는 전처리 공정과, 미생물 등을 이용한 주처리 공정, 그리고 미처리된 부분을 제거시키는 후처리 공정으로 나뉜다. 현재 중수도 시설은 원수의 수질 특성이나 처리공정별 처리 효율 등을 종합적으로 고려하여 대략 2~3가지 이상의 공정을 혼합하여 공정을 구성하는데, 유입수의 수질 및 오염 부하에 따라 처리 공정 중 일부가 생략되거나 추가될 수도 있다.

주로 화학적 침전과 모래여과를 혼용하는 방식의 처리 공정이나 활성슬러지와 모래여과를 혼용하는 방식의 공정이 많이 사용되었으나, 최근에는 처리 성능이 탁월한 막분리를 혼용한 공법의 적용이 늘고 있다.

| 구분 | 처리 공법 | | 내용 |
|---|---|---|---|
| 전처리 | 스크린, 침사지, 파쇄 | | 주로 물리적인 처리를 이용하여 원수 중의 조대 고형물을 제거시키며 후속 공정을 보호함 |
| 주처리 | 생물학적 처리 | 활성슬러지 접촉산화법 장기폭기법 회전원판법 호기성여상법 | 미생물을 이용하여 원수 내의 유기물을 제거 |
| | 화학적 처리 | 응집, 침전 | 침전 약품을 이용하여 부유물질, 콜로이드성 물질 등을 제거 |
| | | 오존 산화 | 오존 산화를 통해 유기물과 독성물질 등을 제거 |
| | 물리적 처리 | 막 여과 | 한외여과막이나 역삼투막 등을 이용하여 침전현탁물질과 병원성 미생물 등을 제거 |
| 후처리 | 침전지 | | 생물처리 유출수를 고액 분리하여 미생물은 생물반응조로 반송시키고 상부의 맑은 물만 후속공정으로 보냄 |
| | 응집, 침전 | | 주처리 공정에서 미제거된 미세입자, 콜로이드성 물질 등을 알루미늄염, 철염 등의 응집제로 응집·침전시킴 |
| | 여과 | | 모래, 안트라사이트 등의 여재를 이용하여 주처리 공정에서 제거되지 않은 부유물질을 제거 |
| | 활성탄 | | 활성탄의 흡착을 통하여 주처리 과정에서 처리되지 못한 부유물질과 미세 고형물, 색도, 중금속 등을 제거 |
| | 소독 | 염소 소독 오존 소독 자외선 소독 | 소독제의 산화력을 이용하여 유출수 내의 병원균을 제거 |

중수도 설비의 핵심 처리공정에서 적용되는 처리방법에 따라 개괄적인 설비의 구성을 살펴보면 다음과 같다.

먼저, 주처리 공정으로 생물학적 처리방법을 사용하는 경우에는
- 전처리 공정 : 스크린, 유량조정조
- 주처리 공정 : 생물학적 처리공정(활성슬러지법 등)
- 후처리 공정 : 침전조, 여과공정, 소독공정

⇨ 원수 — 전처리 장치 — 조정조 — 생물학적 처리장치 — 살균 — 재이용 ⇨

주처리 공정으로 물리화학적 처리방법을 사용하는 경우
- 전처리 공정 : 스크린, 유량조정조
- 주처리 공정 : 응집반응조(물리화학적 방법)
- 후처리 공정 : 침전조, 여과공정, 소독공정

⇨ 원수 — 전처리 장치 — 조정조 — 물리화학적 처리장치 — 살균 — 재이용 ⇨

주처리 공정으로 막을 이용하는 경우에는,
- 전치리 공정 : 스크린, 유량조정조
- 주처리 공정 : 막처리공법(MF, UF, RO 등)
- 후처리 공정 : 소독공정

⇨ 원수 — 전처리 장치 — 조정조 — 막처리 장치 — 살균 — 재이용 ⇨

## (1) 전처리 공정

전처리 공정은 주처리 공정 중에 장애가 되는 원수 중의 불순물 제거 및 원수의 유입유량을 조정하는 역할을 하는데 스크린, 파쇄기, 침사지, 유량조정조 등과 같은 공정으로 구성된다.

① 스크린

원수 중에는 각종 협잡물이 혼입되어 유입되므로 이를 제거하여 펌프의 고장이나 배관, 수로의 폐색 등의 문제가 발생되지 않도록 스크린을 설치한다. 스크린은 협잡물의 크기에 따라 적정한 유효간격을 지닌 스크린을 설치하거나 몇 타입의 스크린을 순차적으로 중첩 설치하여 협잡물을 제거하게 된다.

굵은 스크린은 큰 협잡물을 제거하기 위한 것으로 눈금폭의 유효간격이 50mm 정도이며, 가는 스크린은 유효간격이 20mm 정도가 된다. 미세 스크린은 유효간격이 1~2.5mm 정도인데, 스크린의 유효간격이 작게 되며 협잡물이 자주 쌓이게 되므로 자동적으로 스크린의 찌꺼기를 제거할 수 있는 타입으로 설치하는 것이 일반적이다.

② 파쇄기

파쇄기는 장시간의 운전에도 고장이 일어나기 어려운 구조의 제품으로 선정하고, 가는 스크린을 갖춘 부수로를 설치한 구조가 바람직하다.

③ 침사지

침사지는 원수 중에 포함된 모래를 제거하기 위해 설치한 것으로 유량조정조 앞에 설치된다. 침사지의 유효 용량은 시간 최대 오수량을 1분간 저장할 수 있는 정도로 하는데, 유입된 원수가 잠시 머물면서 무거운 모래가 하부로 가라앉도록 하는 것이다. 침사지 내에 폭기장치를 설치할 경우에는 이보다 용량을 조금 늘려 시간 최대 오수량의 3분간 정도 이상으로 한다.

④ 유량조정조

유량조정조는 유입되는 원수를 일시 저장하여 중수처리에 필요한 수량을 24시간 균등하게 이송할 수 있는 용량으로 선정한다. 유효수심은 약 1m 이상으로 하며, 조 내에는 충분히 교반할 수 있는 장치를 설치한다. 또한 유량조정조 내에는 원수를 다음 공정으로 이송하는 펌프를 2대 이상 설치(1대 예비)하며, 원수를 정량적으로 이송시키고 계량할 수 있는 장치를 설치한다.

## (2) 주처리 공정

주처리 공정은 전처리 공정에서 제거되지 않은 미세한 부유물질, 용존성 유기물질 등을 제거하기 위하여 사용되며 다음과 같이 생물학적 처리공법과 막을 이용한 처리공법이 많이 사용되고 있다.

① 활성슬러지법

대표적인 호기성 부유성장식 공정으로 미생물과 오·폐수의 혼합액 내에서 미생물이 부유 상태로 성장하면서 오·폐수 내의 유기물을 분해하여 이용 가능한 유기물로 만든 후 새로운 세포나 최종 생성물로 전환시키는 공정이다.

반응조의 형상은 장방형 혹은 정방형으로 하고 폭은 수심의 1~2배 정도가 적당하다. 폭기조의 유효수심은 일반적으로 표준식은 4~6m, 심층식은 10m 정도로 하며, 여유고는 표준식은 80cm 정도를, 심층식은 100cm 정도를 표준으로 한다. 폭기조에는 관리상 편의를 위하여 유입 하수량과 반송 슬러지량, 공기량 등을 계측할 수 있는 계측제어설비를 설치하기도 한다. 산기장치로는 산기관과 산기판, 또는 산기노즐을 사용한다.

한편, 활성슬러지법에서의 HRT(수리학적 체류시간)는 6~8시간을 표준으로 하며, MLSS(현탁 고형물, 부유물 농도) 농도는 1,500~2,500mg/ℓ를 표준으로 한다.

② 접촉산화공정

살수여상법과 같이 부착성 미생물에 의한 처리법의 하나로서, 플라스틱제의 벌집 형상 또는 망형상의 튜브 집합체를 폭기조 내에 용적비 40~60%를 충진하여 블로어(blower)에서 공급되는 산소에 의해 미생물이 충진재 표면에 번식하는 것을 이용하는 방식이다.

접촉산화조는 유입수가 하나의 구획에서 다음 구획으로 수위차에 의해 자연유하로 흘러갈 수 있는 구조로 설치한다. 접촉폭기조의 유효 수심은 1.5m 이상 5m 이하로 하며, 유효 용량은 일 평균 오수량의 1일분 이상이 체류할 수 있도록 하고 있다.

접촉산화조 내에 충진되는 접촉재는 수류에 대한 저항이 적고 표면에 생물막이 부착되기 쉬우며, 부착된 생물막에 의해 폐색되기 어려운 형상을 가진 것이 적당하다. 업체에 따라 여러 형상이나 재질의 접촉재가 공급되고 있으므로, 기존의 다른 시설의 운영 사례를 조사하여 수처리 성능이나 유지관리상의 문제(파손, 부유)가 없는지 확인한 후 선택하는 것이 좋다.

접촉산화조 내에는 필요한 유속으로 접촉재 내를 통과하면서 생물막과 접촉하여 용존산소를

1mg/ℓ 이상 유지할 수 있는 능력의 포기장치를 설치하는데, 수조 하부에 설치하면 유지보수가 매우 어렵기 때문에 장시간 사용에도 고장이 잘 발생하지 않는 형태의 산기식 폭기장치나 기계교반식 포기장치를 설치해야 한다. 폭기조에는 폭기에 의하여 수조 표면에 발생하는 거품을 제거할 수 있는 장치(일반적으로 살수 노즐)를 설치하는 것이 좋다.

### ③ 회전판 접촉법

접촉조 내부에 생물막이 부착되기 쉬운 형태로 성형 가공된 플라스틱 원판 수십~수백 매를 20~30mm 간격으로 고정시켜 주속 매분 20~25mm 정도로 완만하게 회전시키는데, 이때 원판은 표면적의 약 40~50%가 물속에 잠기도록 설치하여 미생물이 활성화되도록 하는 방식이다. 회전판 접촉조는 3실 이상으로 구분하여 유입수가 하나의 구획에서 다음 구획으로 순서대로 흐르도록 하고, 유효 용량은 하루 평균 오수량의 1/4 이상이 체류할 수 있는 용량으로 한다. 회전판은 변형되지 않는 강도와 내식성을 가진 재질이어야 하며, 회전판의 구동장치도 장시간 운전에 의한 고장이 없는 구조이어야 한다.

회전판과 조의 밑바닥 사이의 간격은 회전판 직경의 대략 10% 정도로 하여 슬러지가 퇴적하기 어려운 구조로 하는데, 회전판 표면적 $1m^2$에 대한 하루당 회전판 접촉조의 유입수 BOD는 5g 정도 이하가 적당하다.

### ④ 호기성 여상법

호기성 여상법은 접촉여재를 채워넣은 수조에 일차 침전조의 유출수를 접촉여재의 상부로 유입시켜 여재를 통과하는 사이에 여재의 표면에 부착된 호기성 미생물로 하여금 유기물의 분해와 SS의 포착을 동시에 행하게 하는 처리방식이다.

호기성 여과조는 폭기장치가 충분하게 기능을 발휘하여 유입수 또는 세정수가 여상 내를 균등하게 통과하도록 되어야 한다. 여과조의 깊이는 유입수 BOD가 30mg/ℓ일 때는 2m 정도로 하고, 유입수 BOD가 20mg/ℓ일 경우에는 1m 정도로 한다.

여재의 크기는 10~20mm 정도인데, 오수에 의해 침식되거나 부서지지 않는 강도와 재질로 만들어진다. 폭기장치는 해당 여과조의 유출수의 용존산소를 1mg/ℓ 이상 유지할 수 있는 능력으로 한다.

세정장치는 물이나 공기에 의한 것으로 하고 충분한 세정효과를 얻을 수 있어야 한다. 처리수조는 물 세정에 필요한 용량을 포함하는 용량으로 하고 필요에 따라서 세정수조를 별도로 설치하기도 한다.

### ⑤ 한외여과법 (UF ; Ultra Filtration)

막을 이용한 처리방법 중의 하나로 정밀여과막(MF)과 역삼투막의 중간 정도에 해당하며 반투막을 이용하여 용액 속에 존재하는 화합물(분자 크기 $0.005~0.5\mu m$ 정도)을 처리한다. 한외여과막의 재질로는 셀룰로오스계 및 합성수지계, 폴리에틸렌, 폴리프로필렌 등과 같은 유기막과, 세라믹계(산화알미늄, 산화지르코늄 등) 재질의 무기막이 있다.

한외 여과장치 처리수의 회수율은 해당 장치의 유입수 수질에 따라서 좌우되는데 50% 이상을 기준으로 한다. 한외 여과장치의 유입수는 잔류염소가 0.5~1.0mg/ℓ가 되도록 염소제를 주입하는 것이 바람직하며 수온은 30℃ 이하로 한다. 유입수의 pH는 6~7 정도가 적당한데 필요에 따라서 pH를 조정할 수 있도록 한다.

한외 여과장치에는 막 오염 방지장치를 설치하고 정기적으로 막면을 세정할 수 있어야 한다. 한외 여과장치의 공급펌프는 장기간 운전에서도 고장이 적어야 하며, 조작 압력은 각 모듈의 종류마다 필요 수량을 만족하는 것으로 한다. 아울러 한외 여과장치에서 발생하는 농축수는 하수도로 방류하거나 또는 별도 폐수로 처리한다.

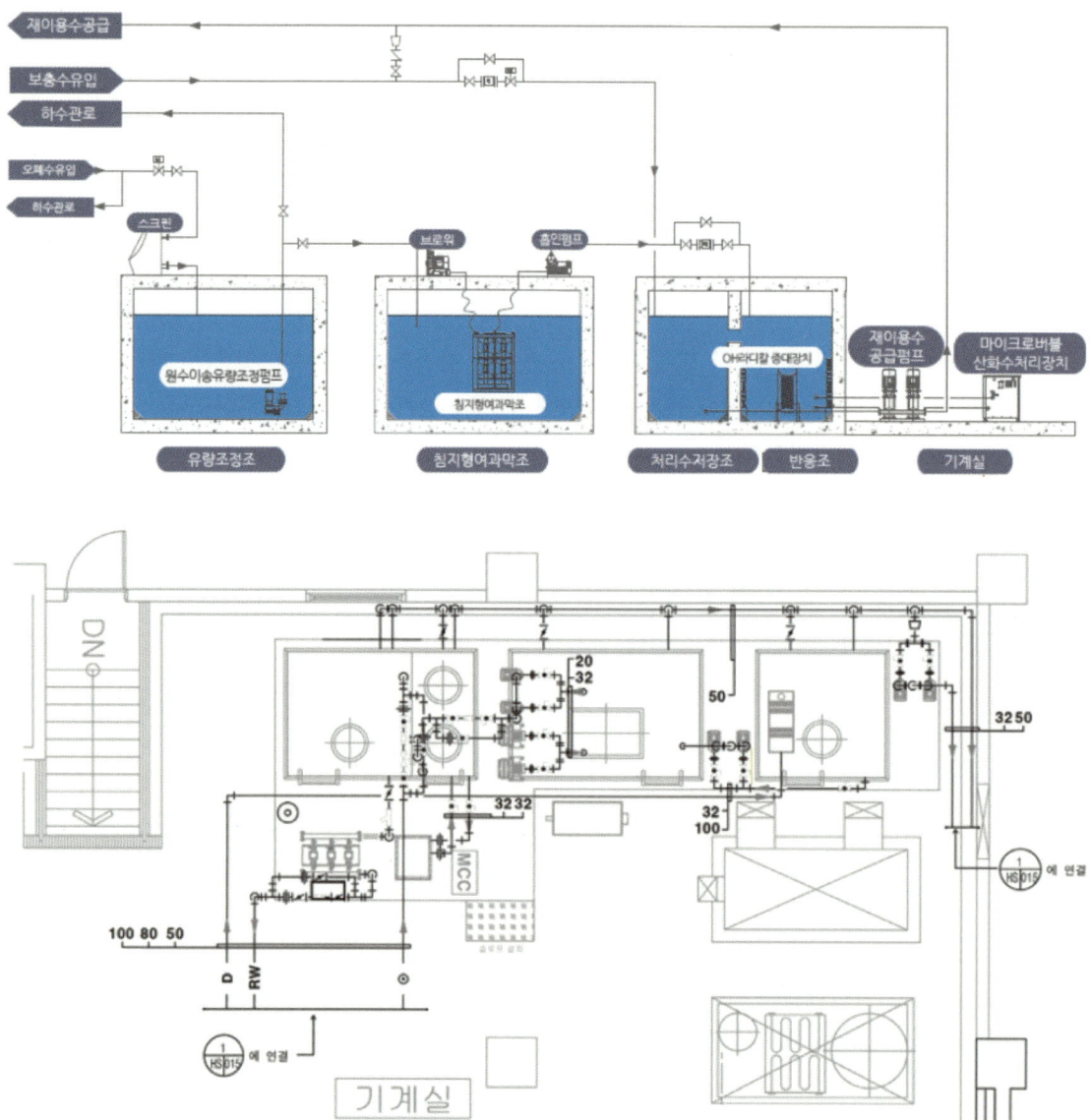

⑥ 역삼투법(RO ; Reverse Osmosis)

막을 이용한 처리방법에 속하며 역삼투장치의 모듈과 처리수의 회수율은 한외 여과장치와 유사하다. 막을 이용한 처리방법은 생물학적 처리방법에 비해 높은 처리 효율을 발휘하며 잉여오니량이 감소한다. 또한 침전조가 불필요하고 막 처리를 위한 설치공간이 적게 소요되어 단위용적당 중수 처리량이 증가하게 된다.

역삼투장치에 이용하는 막의 성능은 그 염 배제율(탈염률)이 30% 이상의 성능을 가지는 것으로 한다. 역삼투장치에도 정기적으로 막면을 세정할 수 있는 장치와 펌프 등이 설치되어야 한다. 역삼투장치의 유입수는 잔류염소가 0.5~1.0mg/ℓ가 되도록 염소제를 주입하는 것이 바람직하며 수온은 30℃ 이하, pH는 6~7 정도가 적당하다.

## (3) 후처리 공정

후처리 공정은 중수로서의 수질을 조정하기 위하여 미세한 입자나 잔류 유기물 등을 제거하기 위한 공정과 처리수 중의 병원균을 소멸하고 슬라임의 발생을 억제하기 위한 공정으로 구성된다. 후처리 공정에는 주로 침전조, 응집시설, 여과 및 활성탄 흡착, 소독 등이 포함된다.

① 침전조

슬러지를 원활하게 수거하여 배출하고 동시에 침전 효율을 좋게 하기 위하여 슬러지 수거기를 설치한다. 호파의 유효 수심은 호파부 깊이의 1/2 정도까지로 하고, 호파의 경사는 수평면에 대하여 60° 이상의 각도로 표면이 매끈하도록 마감한다.

침전조의 유입수는 조의 중심부로 유입시켜 물속의 침전물들이 가라앉도록 한 뒤 침전조 가장자리의 수면 높이에 설치된 트랜치를 통해 수질이 개선된 상등수가 후공정으로 넘어가도록 되어 있다.

② 응집시설

응집조에는 기계식으로 종형 또는 횡형의 플로큘레이터가 설치되며, 응집조의 유효 용량은 일 평균 오수량의 10~30분간의 오수량으로 한다. 평균 오수량이 많을 경우에는 응집조를 2실로 구획한다.

③ 여과

여과조는 여과장치에 처리수를 통과시켜 SS를 제거하기 위해 설치하는데, 수류 방향에 따라 하향류식, 상향류식, 수평류식 등이 있다. 건물 내의 중수처리시설에서는 용량이 적기 때문에 주로 탱크 형태로 제작된 여과기를 이용하여 상향류식이나 하향류식으로 처리하는 경우가 많다. 용량이 클 경우에는 수조 내부에 집수관이 설치되고 여과재가 채워진 형태의 여과조로도 설치된다. 여과조에서의 물 흐름은 중력식 또는 압력식으로 형성되고 여과층은 고정상식과 이동상식이 있다. 여과 속도는 여과조 유입수의 부유물질 농도와 여과조의 부유물질 포착량, 여과 계속시간 등에 의해 선정하게 되는데, 1일당 평균 처리 수량에 대해 단층여과의 경우 약 4m/h 이하, 이층여과의 경우 6m/h 이하, 다층여과는 약 8m/h 이하로 한다. 여과 계속시간은 24시간을 기준으로 한다.

여과층은 층 유지를 위한 지지바닥을 빼고 단층이나 이층, 다층으로 구성할 수 있는데, 여과재는 주로 여과용 모래, 안트라사이트, 인공 여과재, 여과용 자갈 등을 사용하고 있다. 여과층의 두께는 600mm 정도로 하고 여과모래의 입자 지름은 0.5~1.2mm 정도이며, 여과모래의 균등계수는 1.4 정도로 한다.

일층의 여과층을 이층 또는 다층으로 할 경우에는 여과모래 위에 안트라사이트, 인공 여과재를 추가하는데, 여과재의 두께는 각각 300mm 정도로 한다. 지지재의 두께도 300mm 이상으로 한다. 하부 집수장치는 다공관과 스트레이너, 다공판, 다공블럭에 의한 것을 사용하고, 여과수의 집수와 세정 시의 배수 기능을 함께 갖출 수 있는 구조로 여과층에 균등하게 설치한다. 여과층의 세정은 여과수에 의한 자동 세정방식으로 하고 필요에 따라서 공기 세정을 할 수 있는 구조로 한다. 세정은 타이머 또는 여과층의 손실수두에 의한 자동 세정 및 수동 세정을 할 수 있는 것으로 한다. 세정 속도는 여과재의 입자 지름, 종류, 여과층의 두께, 세정방법 등에 따라 다르지만 30~60m/h 정도로 한다. 공기 세정을 할 경우에도 30m/h 정도로 한다.

이동상식 여과조에서는 여과재를 에어리프트 펌프나 다이어프램 밸브 등을 이용하여 연속적으로 여과층에서 제거하여 이것을 여과조 밖 또는 여과조 내 세정구획으로 이끌어 연속적으로 세정하는 기능을 가진 것으로 한다.

④ 활성탄 흡착

활성탄은 유입수 중의 유기물, 색, 악취나 계면활성제 등의 제거에 유효하다. 주로 스테인리스(STS)나 FRP, PE 등의 재질로 된 탱크 내부에 활성탄을 채워넣은 필터장치 형태로 사용되는데, 활성탄의 원료로는 야자껍질이나 석탄 등을 사용한다. 활성탄은 크기에 따라 입자상태나 분말 상태로 만들어진다. 현업에서는 장치의 구조가 간단하고 유지관리가 용이한 입자상태의 활성탄이 주로 이용된다.

활성탄 흡착장치는 하향류의 경우 고정상식 또는 이동상 방식을 주로 적용하며, 상향류의 경우는 고정상식, 이동상식, 팽창상식 또는 유동상식 등 다양하게 적용할 수 있다. 활성탄 흡착장치는 내부의 활성탄을 꺼내고 다시 채워넣기 용이한 구조로 하여 주기적인 활성탄 교체가 쉽도록 하고, 활성탄은 가능한 쉽게 부서지거나 닳아 없어지지 않는 것으로 충진해 넣는다.

흡착장치의 상부 분배관은 활성탄이 역세 등으로 팽창되어도 장치의 밖으로 유출되지 않도록 충분한 높이를 확보해야 한다. 하부의 집수장치는 다공관과 스트레이너, 다공판, 유공블록 등으로 구성되는데, 활성탄 처리수의 집수와 역세 시의 역세수가 활성탄 충전층에 전체적으로 균등하게 흐르도록 설치되어야 한다. 통수방식은 중력식 또는 압력식으로 한다. 활성탄 흡착장치의 통수속도는 고정상식과 이동상식, 팽창상식일 경우 공간 속도(SV)를 2~4 정도로 한다.

분말 상태의 활성탄 처리장치는 입자상태와는 달리 유입수와 기계 교반이나 공기 교반, 수류 교반 등의 방법으로 접촉시킨다. 분말 활성탄과 유입수의 접촉시간은 30~60분 정도로 한다. 분말 활성탄을 물에서 분리하는 방법은 침전법, 여과법, 사이클론 방법 등이 이용되고 있다.

⑤ 소독

소독은 화학적 살균제를 이용하는 소독방법과 물리적 살균에 의한 방법이 있는데, 유지관리 비용이 저렴하고 잔류효과가 있어 수질 관리가 용이한 화학적 소독방식이 선호되고 있는 편이다. 화학적 소독에 사용되는 약품으로는 염소, 브롬, 요오드 등이 있으나 이중 염소 계열의 약품을 대부분 사용하고 있다. 이외에도 오존을 이용한 살균과 자외선 살균장치 등도 이용되고 있다.

염소 처리는 중수의 소독과 슬라임 제어, 조류 발생 방지 외에도 암모니아성 질소의 제거, 유기물의 산화, 철 및 망간의 제거 등의 효과를 가지고 있다. 염소 주입량은 주입률과 재이용 수량에 의해 결정되며, 염소 주입률은 재이용수 수질 기준의 대장균군수를 만족하도록 결정한다. 따라서 염소 주입기는 재이용수의 잔류염소 농도, 대장균군수를 정기적으로 측정하고 이것에 의해 주입량을 조절할 수 있는 방식이 바람직하다.

소독조의 유효 용량은 소독 효과를 충분히 얻을 수 있는 용량으로 한다. 그리고 소독조에 설치되는 각종 장치와 배관, 밸브 등은 살균약품의 주입이나 살균장치의 가동 시 부식이 발생하지 않도록 내식성을 지닌 재질로 설치해야 한다.

오존 처리방식은 THMs(총트리할로메탄)과 HAAs(할로아세틱산)의 전구물질을 저감시키는 전처리 산화제로는 물론이고 염소보다 훨씬 강한 오존의 산화력을 이용한 대체 소독제로서 소독과 함께 맛, 냄새 물질 및 색도의 제거, 소독 부산물의 저감 등의 효과가 있다.

오존 처리장치는 오존 발생기, 오존 접촉조(반응조), 비오존 설비로 구성되며, 오존이 접촉하거나 접촉할 가능성이 있는 부분은 오존에 대하여 충분한 내력을 가진 재질로 제작되어야 한다. 오존 발생기는 필요한 오존량을 발생시킬 수 있는 것으로 선정하고, 제어방식을 고려하여 발생기 개수 및 1개당의 발생용량을 결정해야 한다. 오존 발생기는 오존 자체의 강력한 산화력으로 고장이 자주 발생되므로 예비품을 포함하여 구성하거나 보유하는 것이 좋다.

오존 접촉조는 오존 처리에 필요한 접촉 시간을 갖고 있어야 하며, 오존 접촉조로부터의 오존을 함유한 공기를 제거할 수 있는 적절한 오존 제거설비를 설치해야 한다. 오존 처리장치의 제어는 처리수량과 오존 요구량에 따라 적정한 오존량이 주입되도록 해야 한다. 또한 필요한 곳에서 오존량을 측정하거나 샘플링을 할 수 있도록 한다. 오존의 주입량은 원수에 대해 $5~10g/m^3$을 표준으로 하지만, 처리 대상수에 따라 실험에 의해 결정할 수 있다.

## (4) 송·배수 시설

처리된 중수를 사용처로 공급하기 위해서는 적절한 송·배수 시설이 필요하다. 송·배수 시설이란 처리된 중수를 저류하였다가 급수구역으로 분배하는 시설로서 송수펌프, 송수관, 고가탱크(적용 시), 배수탱크(또는 집수정), 배수펌프, 배수관 등이 있다. 아울러 중수도 공급배관에는 유량계를 설치하여 중수의 사용량 계측과 요금 감면 등의 업무에 활용될 수 있도록 한다.

한편, 원활한 중수 공급을 위해서는 상수관을 중수도 설비에 연결할 필요가 있다. 중수도의 원수인 생활 잡배수는 계절별, 시간별 유량 변동이 심하여 원수 공급이 줄어드는 경우가 있는데, 이럴 경우 필요한 양만큼의 중수의 생산과 공급이 어려워지므로 부족한 수량을 공급하기 위하여 상수도관의 연결이 필요하다.

## 03 중수도 시설의 유지관리

중수도 시설은 원수의 수질이 다양하고 수시로 변화될 수 있으며, 이에 따라 처리 과정이 효율적으로 이루어지고 안정적으로 진행되어야만 적합한 수질의 중수를 사용처로 공급할 수 있다. 따라서 항시 장비나 시설의 가동 상태를 점검하고 주기적인 보수·교체·청소 등의 유지관리가 필수적으로 이루어져야 한다.

### (1) 시설의 점검과 관리

원수의 유입부에 설치된 스크린은 이물질에 의해 막히지 않도록 수시로 이물질 제거를 해주어야 하고, 일상적으로 각 수조의 수위와 폭기 상태, 발생 슬러지의 양, 여과장치의 필터링 상태와 역세 상태, 각종 약품의 공급량과 보충 상태 등에 대하여 점검하고 기록해 둔다. 또한 활성탄 흡착장치나 막을 이용한 처리장치 등은 적절한 교체 시기를 놓치지 않도록 하고, 주기적인 역세나 세척이 이루어져 장치의 수명이 짧아지지 않도록 관리되어야 한다.

중수 처리과정 중에는 상당량의 슬러지가 발생하게 되는데, 슬러지는 함수율이 높기 때문에 농축 후 탈수시키게 된다. 슬러지 농축장치로는 중력식 농축기, 가압부상에 의한 농축장치, 원심력에 의한 농축기 등이 있다. 시설의 규모가 작고 슬러지의 발생량이 적은 소규모 시설에서는 슬러지 처리를 대행업소에 위탁하는 것이 경제적이나, 슬러지의 발생이 어느 정도 되는 경우에는 슬러지 저장조를 너무 크게 할 수 없으므로 슬러지 탈수설비를 설치하여 농축 슬러지를 탈수해 탈수케이크 형태로 보관하였다가 처리한다. 탈수기로는 벨트 프레스형, 원심분리기형, 필터 프레스형 등이 있는데, 처리해야 하는 슬러지 양과 목표로 하는 탈수 케이크의 함수율에 따라 적합한 형식의 탈수기를 사용하여야 한다.

한편 중수도 시설은 원수의 수질이 열악하고 처리과정 중 각종 처리 약품 및 소독제가 사용되므로 배관에서의 누수나 장치들의 부식이 없는지에 대해서도 각별한 주의가 필요하다. 폭기장치가 설치된 경우 가동 중 시설 내부에 수분과 약품 성분이 날리게 되므로 환기가 부족하지 않도록 환기장치를 충분히 가동해야 한다.

### (2) 수질 관리

중수처리시설은 원수의 수질과 수량이 수시로 변하고 처리과정 중의 변수가 많기 때문에 처리 수질에 대한 일상적인 관리가 필요하다. 중수도 시설에 대한 기능을 파악하기 위한 항목으로는 대장균군수, 잔류염소, 탁도, BOD, 냄새, pH, 색도, 화학적 산소요구량(CODMn) 등이 있으며, 이외에 원수의 수질에 따라 처리대상으로 하는 수질 항목에 대해서도 측정할 필요가 있다.

중수의 수질을 관리하기 위해서는 정기검사와 임시 수질검사를 실시한다. 중수도의 소유자 또는 관리자는 급수설비의 말단부에서 시료를 채취하여 분기별로 정기 수질검사를 실시하고 결과를 지자체장에게 통보하여야 한다. 이외에도 원수의 수질이 현저하게 악화되었거나 급수되는 중수의 수질이 관리기준에 적합하지 않은 것으로 판단될 경우에는 임시 수질검사를 실시한다. 임시 수질검사는 최종 처리수뿐만 아니라 필요할 경우 채수하는 시료의 위치나 검사 항목을 적절히 선정해 검사할 수도 있다.

### (3) 오접합, 오사용 및 오음용에 대한 대책

중수도 시설을 사용하는 경우 상수도 계통과의 혼합이나 접합이 이루어지지 않도록 각별한 주의가 필요하다. 배관 설치 시에는 관의 구분이 명확하도록 배관의 재질이나 마감 색상을 다르게 하고 각종 밸브나 계량 장치에도 중수도임을 표시한다. 조경용수나 청소용으로 수전을 설치하는 경우에는 중수도 임을 쉽게 구별할 수 있도록 표시판을 설치하거나 잠금장치가 설치된 함 내부에 수전을 설치하여 일반인이 음용으로 사용하지 않도록 한다.

중수도와 상수도 배관은 직접적으로 접합되지 않도록 하고 부득이한 경우 차단밸브의 설치는 물론 역류 방지를 위해 체크밸브를 이중으로 설치하도록 한다. 중수도 계통에 상수도의 보충하는 경우에도 배관이 아닌 중수도 수조의 수면 위에서 낙하시키는 방식을 취하도록 하고, 이 경우에도 만수위보다 항상 충분한 높이 이상 이격되도록 배관을 설치한다.

| 고정식 스크린, 자동 스크린 |

| 폭기 장치 : 블로어 |

| 생물학적 처리조 내의 접촉재와 산기관 |

| 침전조 내의 스크래퍼 |

| 침지식 막 여과 장치 |

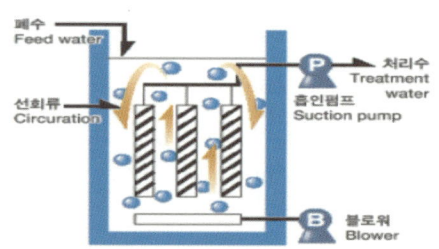

| 침지식 막 여과의 개념도 |

| 모래여과기, 활성탄 필터 |

| 슬러지의 탈수기 : 필터 프레스 |

| 급·배기 송풍기 : PVC 재질 |

| 약품 주입장치 : 응집, 소독 등 |

# CHAPTER 26 급탕설비

## 01 급탕설비의 개요

급탕이란 낮은 온도의 급수를 증기, 온수 또는 전기를 이용해 가열하여 사용처에서 요구하는 온도의 온수로 제공하는 것을 말한다. 급탕설비는 그 사용 목적에 적합한 온도의 온수를 적정한 수압으로 공급하여야 한다. 급탕은 사용하고자 하는 온수의 용도에 따라 원하는 온도가 각각 다를 수 있으므로, 보통 기계실에서는 가열장치를 이용해 비교적 높은 온도로 급탕을 가열해 공급하면, 소요처에서 사용자가 냉수를 혼합하여 원하는 온도로 조절해 이용하는 방식으로 공급된다.

그러나 급탕온도를 너무 높게 하면 화상의 위험성이 있고 기기와 배관의 부식을 촉진시키게 되며, 반대로 온도를 낮게 하면 온수만 대량 소비되기 때문에 적당한 온도로 설정할 필요가 있다. 일반적으로 세면이나 목욕, 주방, 세탁용의 중앙공급식 급탕의 경우 55~60℃ 정도가 적당하나, 에너지 절약을 위하여 45~50℃ 정도로 온도를 낮추어 공급하는 사례도 많다. 이 경우 주방의 식기세척기 등과 같이 국부적으로 높은 온도의 급탕을 필요로 할 때에는 그 사용기구에 전기나 가스히터를 설치해 추가 가열해 주어야 할 것이다.

급탕의 공급압력은 급수와 마찬가지로 위생기구나 급탕 사용기기의 이용에 지장이 없도록 적당한 수압이 유지되어야 하는데, 원칙적으로 급수와 급탕의 공급 압력은 같아야 한다. 만일 어느 한쪽의 공급 압력이 높게 되면 급수와 급탕을 혼합하여 물의 온도를 조절하는 데 어려움이 있을 수 있고, 위생기구의 사용 중 다른 반대편 쪽으로 역류할 우려도 있기 때문이다. 그래서 요즘 설치되는 대부분의 혼합수전에는 급수와 급탕 각각에 역류방지장치가 내장되어 있다.

한편 물은 가열하면 비체적이 증가하므로 부피 팽창에 의한 배관이나 장비의 파손이 없도록 주의해야 한다. 물 1kg을 5℃에서 70℃로 가열하게 되면 체적은 2.27%가 증가한다. 이로 인해 배관 쪽에서 급탕 사용이 없는 상황에서 물을 가열할 경우 급탕탱크나 배관에 어느 정도의 압력 상승이 불가피하고, 반대로 사용 정지시 온도가 저하되면 수축되어 변형이나 파열의 가능성도 있다.

따라서 배관 내 급탕 보유량이 많거나 용량이 큰 급탕장치에는 안전밸브를 설치하는 것이 좋고, 특히 급탕탱크나 열교환기 등에서 내부의 물이 정체되고 과열되어 증기로 변하는 일이 없도록 각별히 주의해야 한다. 급탕시스템에서 온도 변화에 따른 압력 변동폭이 클 것으로 예상될 때에는 체적 팽창량을 흡수할 수 있도록 팽창탱크를 설치하도록 한다.

# 02 급탕방식의 종류

## (1) 개별식과 중앙식

급탕설비에는 아파트의 개별 가스보일러와 같이 사용처별로 각각의 가열장치를 설치하는 "개별식"과, 건물의 중앙 기계실에 전체 급탕 용량을 감당하는 급탕 가열장치를 설치하여 배관으로 개별 사용처마다 공급해 주는 "중앙식"이 있다.

▼ 급탕방식의 분류 및 특성

| 구분 | 개별식 | | | 중앙식 |
|---|---|---|---|---|
| | 순간식 | 저탕식 | 기수혼합식 | |
| 장점 | • 수시로 원하는 온도의 물을 쉽게 얻을 수 있음<br>• 열손실이 적음<br>• 설비비가 저렴하고 유지관리가 용이함<br>• 급탕 개소의 증설이 비교적 용이함 | | | • 대규모여서 열효율이 좋음<br>• 관리 용이<br>• 동시 사용률을 고려하여 총용량 축소 가능 |
| 단점 | • 급탕 장소마다 가열기 설치 장소 필요<br>• 저렴한 연료를 쓰기 어려움<br>• 설치 대수가 많을 경우 유지관리상 애로 | | | • 배관 열손실이 많음<br>• 초기시설비가 많음<br>• 전담 취급자 필요<br>• 증설이 어려움 |
| 특징 | 배관 중의 코일을 직접 가열 | 일시에 다량의 온수 공급 가능 | 증기 사용, 열효율 100% | 가열방식에 따라 직접식, 간접식으로 구분 |
| 적용 | 미용실, 식당 | 학교, 공장, 기숙사 | 병원, 공장 등 | 대규모 및 일반 건물 |
| 가열기 종류 | 가스나 전기 순간 온수기 | 가스나 전기 저탕식 온수기 | 증기 취입기, 기수혼합밸브 | 증기 또는 온수보일러 |

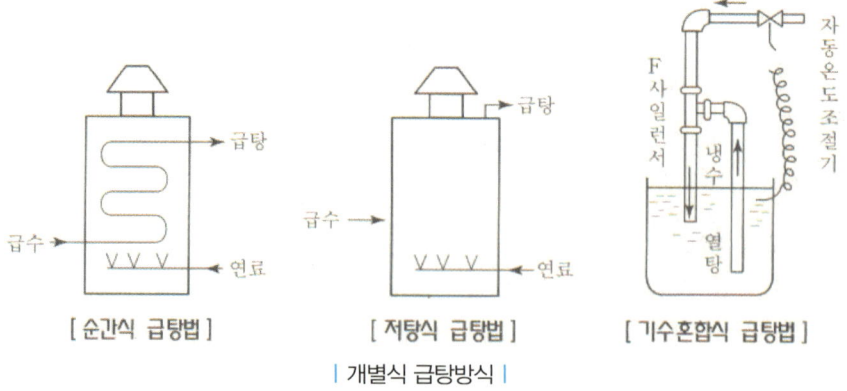

[ 순간식 급탕법 ]    [ 저탕식 급탕법 ]    [ 기수혼합식 급탕법 ]

| 개별식 급탕방식 |

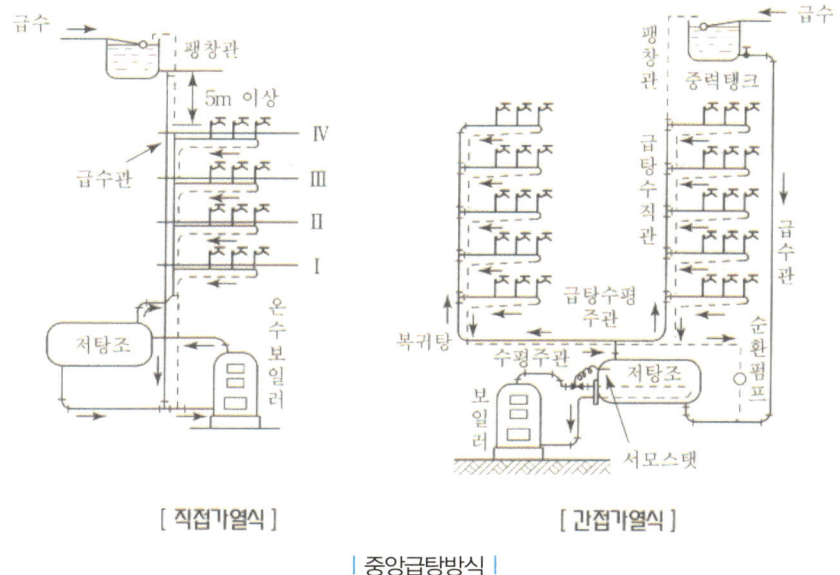

| 중앙급탕방식 |

급탕설비의 배관방식에는 단관식과 복관식이 있다. 단관식은 급탕 공급관 1개의 배관으로만 구성된 방식이고, 복관식은 급탕 공급관과 환수관으로 구성되어 일정량의 급탕을 지속적으로 순환시키는 방식이다. 공동주택이나 소규모 건물에서는 단관식으로 구성해도 사용상의 큰 문제가 없으나, 대규모 건물이나 배관 길이가 긴 경우에는 급탕의 정체로 인한 온도 저하나 관로 중의 열손실이 발생하기 때문에 복관식으로 구성해야만 충분한 온도의 급탕 사용에 불편함이 없다.

### (2) 가열방식

① 직접 가열식

저탕탱크와 보일러를 직접 연결하여 순환 가열하는 방식으로, 열효율이 높으나 차가운 급수가 보일러에 바로 공급되기 때문에 운전 중에 다소 부담이 된다. 또한 급수 수질이 부적절한 때에는 보일러 내에 스케일이 부착되어서 열효율이 저하될 수 있다. 급탕용 온수보일러가 설치된 경우가 이에 해당된다.

② 간접 가열식

증기 또는 중온수를 가열원으로 하여 열교환기를 내장한 급탕탱크나 순간가열기(주로 판형열교환기)를 연결하여 급탕수를 간접 가열하는 방식이다. 일반적으로 보일러의 가동률이 높아 증기 공급이 수월하거나 지역난방의 인입이 가능한 비교적 규모가 큰 건물의 급탕설비에서 많이 적용되고 있다.

③ 순간 가열식

저탕탱크나 급탕탱크가 없이 급수가 순간가열기를 거치면서 짧은 시간 내에 가열되어 바로 위생기구로 보내어지는 방식이다. 열교환기는 순간 최대 급탕량을 가열하는 용량으로 선정되어야 하며, 제어 기술의 향상으로 근래에 판형열교환기와 1차 열원(증기나 중온수) 제어밸브, 부대장치(증기트랩 등)가 유니트화된 순간가열기의 보급이 확대되고 있다. 순간가열기의 가열 능력을 계산하는 식은 다음과 같다.

$$H = 1.163 \times Q \times (T_h - T_c)$$

여기서, $H$ : 가열기의 가열 능력 [W]
$Q$ : 순간 최대 급탕 유량 [ℓ/h]
$T_h$ : 급탕 공급온도 [℃]
$T_c$ : 급수 보충온도 [℃]

## 03 급탕순환펌프

급탕배관이 복관식으로 설치될 경우 급탕의 순환을 위해 급탕순환펌프가 필요한데, 급탕이 순환하면서 발생되는 열손실량과 배관의 길이 등을 고려하여 순환 수량을 계산한다. 항상 일정한 온도의 급탕을 공급하기 위하여 공급과 환수의 온도차는 보통 5~10℃ 이내로 하며, 유량과 양정이 적은 편이어서 보통 인라인형 펌프가 많이 사용된다.

### (1) 순환 수량(급탕순환펌프의 유량)

$$Q = \frac{3{,}600\,J/(W \cdot h) \times H}{4{,}186\,J/(kg \cdot ℃) \times \Delta T \times 1\,kg/\ell \times 60\,min/h} \quad [\ell/min]$$

$$= \frac{0.86 \cdot H}{60 \cdot \Delta T} \quad \left\{= \frac{H}{60 \cdot \Delta T}\right\}$$

$$H = \Sigma(l \times q) \times 1.3 \text{(탱크 및 기기에서의 손실열량 보정계수)}$$

여기서, $H$ : 순환 배관에서의 열손실 [W] {kcal/h}
$q$ : 구경별 단위길이별 손실 열량 [kcal/m·h]
$\Delta T$ : 급탕과 환탕의 온도차, 일반적으로 5~10℃
$l$ : 구경별 길이 [m]

▼ 배관의 열손실

[W/m℃]

| 관종 | 관지름 | 15 | 20 | 25 | 32 (30) | 40 | 50 | 65 (60) | 80 | 100 | 125 | 150 |
|---|---|---|---|---|---|---|---|---|---|---|---|---|
| 동관 | 보온 | 0.2 | 0.24 | 0.29 | 0.33 | 0.37 | 0.44 | 0.52 | 0.6 | 0.64 | 0.77 | 0.78 |
| | 미보온 | 0.58 | 0.81 | 1.04 | 1.27 | 1.51 | 1.97 | 2.43 | 2.9 | 3.82 | 4.75 | 5.67 |
| 스테인리스 강관 | 보온 | 0.2 | 0.24 | 0.29 | 0.32 | 0.37 | 0.41 | 0.49 | 0.66 | 0.69 | 0.82 | 0.82 |
| | 미보온 | 0.58 | 0.81 | 1.04 | 1.24 | 1.56 | 1.77 | 2.2 | 3.25 | 4.16 | 5.09 | 6.01 |

- 외표면 열전달률은 11.63W(m²℃), 내표면 열전달률은 7000W(m²℃), 동관의 열전도율은 388W(m²℃), 스테인리스강관의 열전도율은 16W(m²℃), 보온재(글라스울 보온통)의 열전도율은 0.045W(m²℃), 배관의 보온재 두께는 15~50A는 20mm, 60~125A는 25mm, 150A는 30mm로 계산하였음

## (2) 순환펌프의 양정

급탕배관에는 연결된 급수관과 동일한 수압이 걸리게 되므로, 별도의 토출 양정이나 최상층 위생기구에서의 최저 사용압력은 고려할 필요없이 관로 중에서의 마찰손실만 고려하면 된다. 즉 급탕순환펌프의 양정은 급탕가열기를 출발하여 급탕과 환탕배관을 되돌아오면서 발생되는 배관의 마찰손실을 계산하여 결정하면 된다.

그리고 순환펌프의 유량이나 양정 결정 시 급탕의 실제 사용량에 비해 과대한 용량이 산정되지 않도록 해야 한다. 용량이 과대한 순환펌프를 설치하면 정수두가 낮은 최상층이나 말단 배관 쪽에서 급탕수 중의 용존 기체가 분리되어 배관 내에 정체될 경우 급탕 순환이나 공급이 불량해질 수 있기 때문이다.

- 급탕순환펌프의 양정 : $H = R \times L \times (1 + K)$
- 약산식 : $H = 0.01 \times (\ell/2 + \ell')$

여기서, $H$ : 순환펌프의 양정 [m]
$R$ : 허용 압력 강하 [mmAq/m]
보통 급탕관 5mmAq/m, 환탕관 10mmAq/m 기준
$L$ : 직관의 길이 [m]
$K$ : 직관 상당량 [%]
$\ell$ : 급탕관의 길이 [m]
$\ell'$ : 환탕관의 길이 [m]

# 04 급탕 사용량의 계산

급탕설비에서 필요한 급탕량의 산정에는 "인원수에 의한 방법"과 "기구수에 의한 방법"이 있다. 사용 인원의 산정이 가능한 경우에는 인원수에 의한 방법으로 산출하나, 사용 인원이 부정확할 경우에는 설치된 위생기구별 급탕 사용량을 집계한 뒤 동시 사용률을 반영하여 산출한다.

안정적인 급탕 공급을 위한 저장 용량과 급탕가열기의 가열 능력은 보통 1일 급탕량에 대한 일정 비율로 산출하게 되는데, 건물별로 다르게 적용하므로 다음 〈건물의 종류별 급탕량〉 표를 참조한다.

## (1) 인원수에 의한 방법

### ① 급탕량

$$Q_d = N \cdot q_d$$
$$Q_h = Q_d \cdot q_h$$

여기서, $Q_d$ : 1일 최대 급탕량 [ℓ/일]
$Q_h$ : 1시간 최대 급탕량 [ℓ/h]
$N$ : 급탕 인원수
$q_d$ : 1일 1인당 급탕량 [ℓ/人·일]
$q_h$ : 1일 사용에 대해 필요한 1시간 최대치 비율

### ② 저탕 용량

$$V = Q_d \cdot v \quad [\ell]$$

여기서, $v$ : 1일 사용량에 대한 저탕비율

### ③ 급탕가열기의 가열 능력

$$H = Q_d \cdot \gamma \cdot (T_H - T_C) \quad [\text{kcal/h}]$$

여기서, $Q_d$ : 1일 최대 급탕량
$\gamma$ : 1일 사용에 대한 가열 능력 비율
$T_H$ : 급탕 온도[℃]
$T_C$ : 급수 온도[℃]

▼ 건물의 종류별 급탕량

| 건물의 종류 | 1일 1인마다의 급탕량 | 1일 사용량에 대해 필요한 1시간마다의 최대치 비율 | 피크로드의 지속 시간 | 1일 사용량에 대한 저탕 비율 | 1일 사용량에 대한 가열능력 비율 |
|---|---|---|---|---|---|
| | $q_d$ | $q_h$ | $h$ | $v$ | $\gamma$ |
| 주택,아파트,호텔 | 7.5~15.0 | 1/7 | 4 | 1/5 | 1/7 |
| 사무소 | 7.5~11.5 | 1/5 | 2 | 1/5 | 1/6 |
| 공장 | 20 | 1/3 | 1 | 2/5 | 1/8 |
| 음식점 | − | − | − | 1/10 | 1/10 |
| 음식점 (1일3식) | − | 1/10 | 8 | 1/5 | 1/10 |
| 음식점 (1일1식) | − | 1/5 | 2 | 2/5 | 1/6 |

- 60℃에 대한 값이다.
- 호텔에서의 1일 필요량과 특성은 호텔의 형식에 따라 달라진다. 고급 호텔에서는 피크로드가 낮지만 1일 사용량이 비교적 많다. 일반 호텔은 피크로드는 높으나 1일 사용량은 적다.
- 주택이나 아파트에서 식기세척기나 세탁기가 있는 경우 식기세척기 1대마다 60ℓ, 세탁기 1대마다 150ℓ를 추가한다.

## (2) 기구수에 의한 방법

① 저탕량($Q_h$)

$$Q_h = \sum (n \cdot q_j) \cdot P$$

여기서, $n$ : 급탕 기구의 수량
$q_j$ : 기구 1개의 1시간 급탕량 [ℓ/h·개]
$P$ : 건물 용도에 의한 동시 사용률 (아래 표 참조)

② 저탕 용량($V$)

$$V = Q_h \cdot h \, [\ell]$$

여기서, $h$ : 저탕 용량 계수(아래 표 참조)

③ 급탕가열기의 가열능력($H$)

$$H = Q_h \cdot (T_H - T_C) \quad [\text{kcal/h}]$$

여기서, $Q_h$ : 1시간 최대 급탕량
$T_H$ : 급탕 온도[℃]
$T_C$ : 급수 온도[℃]

▼ 각종 건물에서의 기구별 급탕량

| 기구 종류 | 건물별 위생기구 1개당 급탕량(ℓ/h, 급탕 온도 60℃ 기준) | | | | | | | |
|---|---|---|---|---|---|---|---|---|
| | 개인주택 | 일반주택 | 사무소 | 호텔 | 병원 | 공장 | 학교 | 체육관 |
| 개인 세면기 | 7.6 | 7.6 | 7.6 | 7.6 | 7.6 | 7.6 | 7.6 | 7.6 |
| 일반 세면기 | – | 15 | 23 | 30 | 23 | 5.5 | 57 | 30 |
| 서양식 욕조 | 76 | 76 | – | 76 | 76 | – | – | 114 |
| 샤워 | 114 | 114 | 114 | 284 | 284 | 850 | 850 | 850 |
| 부엌 싱크 | 38 | 38 | 76 | 114 | 76 | 76 | 76 | – |
| 급식 싱크 | 19 | 19 | 38 | 38 | 38 | – | 38 | – |
| 식기세정기[1] | 57 | 57 | – | 190~570 | 190~570 | 75~380 | 76~380 | – |
| 청소 싱크 | 57 | 76 | 57 | 114 | 76 | 76 | 76 | – |
| 세탁 싱크 | 76 | 76 | – | 106 | 106 | – | – | – |
| 동시사용률 | 0.3 | 0.3 | 0.3 | 0.25 | 0.25 | 0.4 | 0.4 | 0.4 |
| 저탕용량계수[2] | 0.7 | 1.25 | 2.0 | 0.8 | 0.6 | 1.0 | 1.0 | 1.0 |

주1) 가열능력은 각 기구의 소요 급탕량 누계에 동시 사용률을 곱한 값으로 (60℃ – 급수 온도) 온도차를 곱해서 구한다
2) 유효 저탕용량은 각 기구 수요 급탕량의 누계에 동시 사용률을 곱하여 얻은 값으로 저탕용량계수를 곱하여 구한다.(각 기구별 제조업체의 자료가 있는 경우에는 제조업체의 자료에 의하며, 열원을 충분히 얻는 경우에는 저탕용량계수를 감해도 좋으나 순간 가열능력을 크게 할 필요가 있다.)

## 05 급탕 온도

### (1) 급탕 사용 온도

급탕의 사용 온도는 건물이나 급탕의 사용 용도에 따라 다르므로 필요한 온도보다 다소 높은 55~60℃로 공급하여 사용처에서는 냉수와 적당한 온도로 혼합하여 사용하도록 한다. 가끔 급탕배관에서의 열손실을 저감하고자 하는 의도에서 급탕온도를 낮춰 공급하는 사례가 있다. 그러나 사용 조건이 동일한 상황이라면 급탕 공급온도가 낮아질수록 위생기구에서 필요로 하는 급탕량은 늘어나게 되고, 급탕 공급온도가 높으면 보다 적은 양만 있어도 급수와 혼합해 사용하므로 동일한 효과를 볼 수 있다.

따라서 급탕설비에서 배관 순환 중의 열손실을 줄이고자 급탕온도를 낮추는 조치가 합리적인 것인지는 좀 더 검토해 볼 필요가 있다. 왜냐하면 온도가 낮은 대신 좀 더 많은 양의 급탕 온수를 공급하기 위하여 보일러는 좀 더 자주 기동/정지를 반복해야 하고 이로 인한 보일러의 가동 손실이 초래되기 때문이다. 급탕온도가 높으면 배관에서의 열손실은 증가하지만 보일러의 가동 횟수는 줄어들기 때문에, 효율적인 급탕 온도의 설정은 가열원의 구성과 운전상황을 고려하여 판단해야 할 것으로 생각된다.

▼ 급탕의 사용 온도

| 용 도 | 온도(℃) | 용 도 | 온도(℃) |
|---|---|---|---|
| 세면용 | 40 | 세차용 | 24~30 |
| 목욕, 샤워 | 43 | 수술용 싱크 | 43 |
| 치료용 욕조 | 35 | 상업용 식기세척기 | 세정용 : 최소 65<br>헹굼용 : 71~90 |
| 상업용 세탁기 | 최대 85 | | |
| 가정용 식기세척기 및 세탁기 | 60 | 음료용 | 85~95(실제 마시는 온도 50~55) |

• 출처 : ASHRAE, 2003

한편 급탕 사용온도는 건물의 사용 용도를 고려해 다소 조정할 필요가 있다. 예를 들어 어린 아이들이 많이 사용하는 유치원이나 학교, 학원 등에서는 조작 실수로 인한 화상의 위험을 고려하여 급탕 온도를 낮춰 공급하는 것이 좋을 것이다. 또 급탕배관의 길이가 길거나 열손실이 많은 경우에는 급탕온도가 너무 낮게 공급되면 말단의 위생기구에서 급탕 사용이 불편할 수가 있다. 그리고 계절에 따라서 급탕 온도를 조절할 수도 있는데, 겨울철에 비해 여름철에는 급탕 공급온도를 조금 낮춰서 공급하여도 체감 온도 면에서 큰 무리가 없다.

## (2) 급탕과 급수의 혼합

급탕과 급수를 혼합하여 적정 온도의 온수를 얻고자 하는 경우 급탕과 급수의 혼합비율은 다음의 식에 의하여 계산할 수 있다.

$$\frac{q_h}{q_m} \times 100 = \frac{t_m - t_c}{t_h - t_c} \times 100 (\%)$$

여기서, $q_h$ : 온수의 체적 [$\ell$] = 1/1000m³
$q_m$ : 혼합수의 체적 [$\ell$]
$t_c$ : 냉수의 온도 [℃]
$t_h$ : 온수의 온도 [℃]
$t_m$ : 온수의 혼합온도 [℃]

# 06 급탕 및 환탕 배관

## (1) 급탕 관경의 결정

급탕 관경은 배관의 각 구간에서의 순간 최대 급탕량, 또는 동시사용유량을 구하여 허용마찰손실 수두와 유속을 기준으로 관경을 결정한다. 일반적으로 허용마찰손실은 20mmAq 이하, 유속은 1.5m/s 이하가 바람직하다.

관경을 결정하는 방법은 "급수량에 기초한 방법"과 "급탕부하단위에 의한 방법"이 있다. 급수량에 기초한 방법은 급탕부하단위를 급수부하단위의 3/4를 기준으로 급탕부하단위를 산출하여 동시 사용 유량선도에서 순간 급탕량을 구한 후 배관 재질에 따른 유량선도에서 관경을 선정한다.

급탕단위에 의한 방법은 아래 표의 기구별 급탕부하단위로부터 설치된 기구들의 총 급탕단위를 구한 후, 동시사용 급탕량 표를 이용하여 급탕유량을 확인하여 배관 재질에 따른 유량선도(급수부분 참조)에서 관경을 선정하면 된다.

▼ 기구별 급탕부하단위와 최소 급탕 관경

| 기구 종류 | 최소 관경 | 기구별, 건물별 급탕부하단위(WSFU) | | | |
|---|---|---|---|---|---|
| | | 단독주택 | 공동주택 | 상업용 건물 | 다중이용시설 |
| 세면기 | 10 | 0.75 | 0.38 | 0.75 | 0.75 |
| 가정용 주방싱크 | 15 | 1.13 | 0.75 | 0.75 | |
| 가정용 식기세척기 | 15 | 1.13 | 0.75 | 1.13 | |
| 청소용 싱크 | 15 | | | 2.25 | |
| 욕조, 샤워 | 15 | 3.00 | 2.25 | | |
| 샤워 | 15 | 1.50 | 1.50 | 1.50 | |
| 샤워(연속 사용) | 15 | | | 3.75 | |
| 비데 | 15 | 0.75 | 0.38 | | |
| 가정용 세탁기 | 15 | 3.00 | 1.88 | 3.00 | |
| 음수기 | 10 | | | 0.38 | 0.56 |
| 호스연결 수도꼭지 | 15 | 1.88 | 1.88 | 1.88 | |
| 월풀욕조 | 15 | 3.00 | 3.00 | | |

- 상업용 건물이란 오피스, 공공시설, 호텔 등 숙박시설, 산업시설, 다층 건물 등 대중이용시설 이외의 건물이나 시설을 말함
- 다중이용시설이란 학교, 강당, 공연장, 영화관, 체육관, 운동경기장, 여객터미널 등으로 시간대별로 물 사용이 집중되는 시설을 말함
- 표에 명시되지 않은 기구에 대해서는 사용 빈도나 물 소비가 유사한 기구의 값을 적용
- 위의 급탕부하단위는 급탕만을 별도 배관으로 구분하여 공급하는 경우를 기준한 것이며, 급수급탕을 포함한 배관의 관경은 앞장의 급수배관경의 산출방법을 이용하면 됨

### ▼ 급탕부하단위에 의한 동시사용 급탕유량

| 급탕부하단위 (WSFU) | 급탕 유량 (ℓ/min) | 급탕부하단위 (WSFU) | 급탕 유량 (ℓ/min) | 급탕부하단위 (WSFU) | 급탕 유량 (ℓ/min) |
|---|---|---|---|---|---|
| 3 | 11 | 30 | 76 | 400 | 397 |
| 4 | 15 | 35 | – | 500 | 473 |
| 5 | 17 | 40 | 95 | 750 | 643 |
| 6 | 19 | 45 | – | 1,000 | 795 |
| 7 | 23 | 50 | 110 | 1,250 | 908 |
| 8 | 26 | 60 | 125 | 1,500 | 1,022 |
| 9 | 28 | 70 | – | 1,750 | 1,136 |
| 10 | 30 | 80 | 148 | 2,000 | 1,230 |
| 11 | 32 | 90 | – | 2,500 | 1,438 |
| 12 | 34 | 100 | 167 | 3,000 | 1,646 |
| 13 | 38 | 120 | 185 | 4,000 | 1,987 |
| 14 | 40 | 140 | 201 | 5,000 | 2,271 |
| 15 | 42 | 160 | 216 | 6,000 | 2,460 |
| 16 | 45 | 180 | 231 | 7,000 | 2,650 |
| 17 | 47 | 200 | 246 | 8,000 | 2,763 |
| 18 | 49 | 225 | 265 | 9,000 | 2,877 |
| 19 | 51 | 250 | 284 | 10,000 | 2,990 |
| 20 | 53 | 275 | – | | |
| 25 | 64 | 300 | 322 | | |

기본설계 시 대략적인 급탕부하량을 산출할 때에는 다음과 같이 건물별로 재실자나 기준이 되는 항목에 따라 급탕량을 산출하기도 한다.

### ▼ 기본설계용 건물별 급탕단위(급탕 60℃ 기준)

| 건물 종류 | 급탕 단위 | 비 고 |
|---|---|---|
| 공동주택 | 3.00/세대 | |
| 오피스건물 | 0.15/인 | |
| 호텔, 모텔 | 2.50/실 | 객실 이외의 부분은 별도 가산한다. |
| 병원, 양로원 | 2.50/병상 | 병동 이외의 부분은 별도 가산한다. |
| 초~고등학교 | 0.30/학생 | 샤워가 있는 경우는 별도 가산한다. |

## (2) 환탕 관경의 결정

환탕관의 관경은 급탕관과 환탕관의 열손실, 또는 급탕관과 환탕관의 온도차에 순환 수량을 고려하여 관경을 선정하여야 한다. 급탕순환관로에서의 전체 열손실은 환탕 관경이 결정되지 않으면 구할 수 없는데, 급탕 관경을 고려하여 다음과 같이 개략적인 방법으로 결정하여도 큰 무리는 없다.

| 급탕 관경(mm) | 20~30 | 40 | 50 | 65 | 80 이상 |
|---|---|---|---|---|---|
| 환탕 관경(mm) | 20 | 25 | 32 | 40 | 40 |

### (3) 급탕 및 환탕배관 시 고려사항

중앙식 급탕설비에서는 가열장치로부터 급탕 사용처까지의 배관 길이가 30m 정도를 초과할 때에는 환탕배관과 순환펌프를 설치하여 급탕수를 순환해 주는 것이 좋다. 또한 위생기구에서 적정 온도의 급탕을 바로 공급받을 수 있게 하기 위하여 위생기구에 근접한 위치(7.5m 이내)에서 환탕관이 연결되도록 한다.

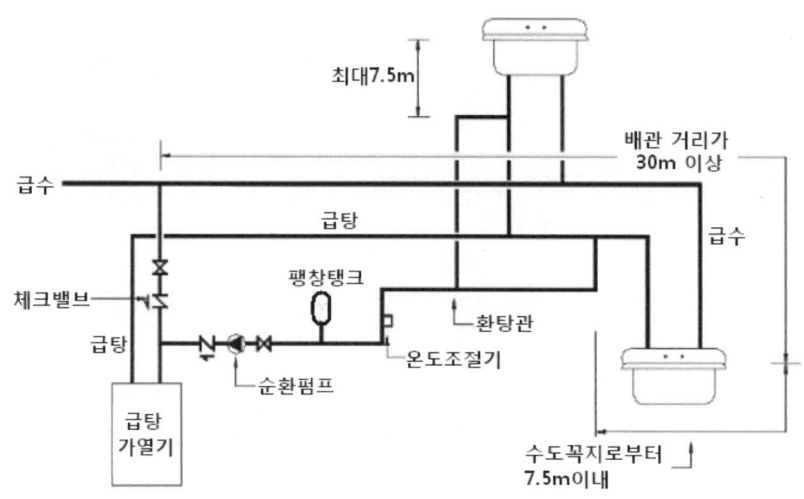

| 급탕계통에서 환탕관 설치 예 |

다수의 순환 경로를 갖는 급탕시스템은 각 순환 경로의 저항이 균등해야 하지만, 배관 관지름 등에 의해 각 계통의 저항을 균등하게 조정하는 것은 현실적으로 어렵다. 그래서 환탕배관을 설치할 때에는 리버스리턴 배관방식으로 하는 경우가 많고, 필요할 경우 배관 분기부위에 차단밸브를 설치해 개폐율을 조정하거나 밸런싱밸브의 설치도 고려해야 한다. 아울러 급탕 사용기기에서 역류방지 기능이 없는 상태에서 급탕과 급수의 공급압력에 차이가 발생할 때에는 환탕관에 체크밸브를 설치하여 급수의 역류를 방지한다.

급탕배관과 급탕가열장치를 연결할 때에 급수 보충수의 연결배관이 급탕가열장치를 거쳐 위생기구 쪽으로 공급되도록 하는 것이 중요하다. 간혹 급수 보충수 배관을 급탕탱크의 본체에 바로 연결하는 경우가 있는데, 이때는 보충되는 급수의 온도가 낮기 때문에 위생기구에서 급탕 사용량이 많아지면 급탕탱크 전체의 온도가 급속히 저하되어 사용상의 불편함이 발생하게 된다. 따라서 급탕가열장치(순간온수가열기나 급탕탱크)에 급수 보충수 배관을 연결할 때에는 반드시 다음과 같이 급탕순환펌프와 가열장치의 배관 중간에서 접속되도록 한다.

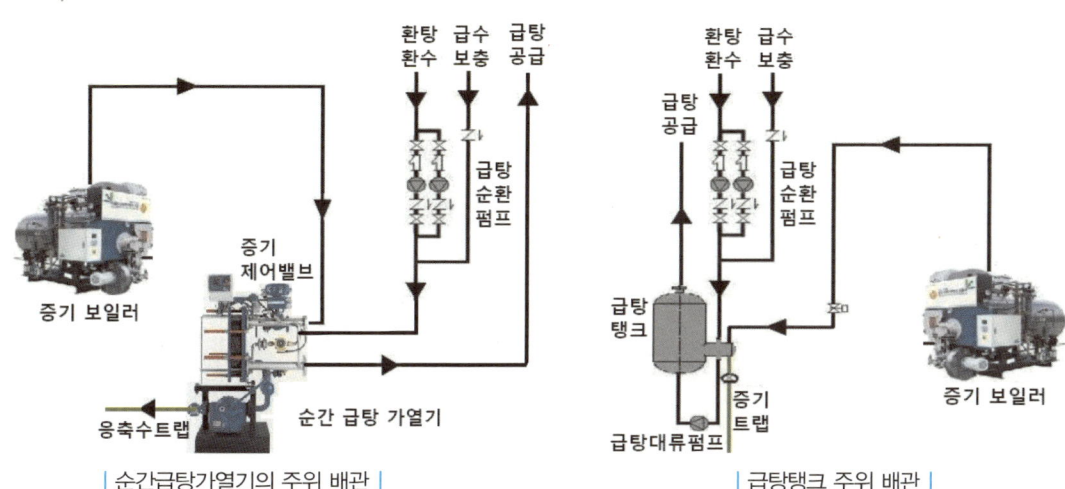

| 순간급탕가열기의 주위 배관 | | 급탕탱크 주위 배관 |

급탕의 가열원으로 증기를 사용하지 않고 온수보일러를 이용하여 직접 가열할 때에도 마찬가지인데, 아래의 오른쪽 그림과 같이 급수 보충수가 가열장치인 온수보일러로 인입되지 않고 저탕탱크의 본체 쪽에 바로 연결되면 사용 중 급탕의 온도 저하현상이 발생할 수 있다. 온수보일러에서도 왼쪽의 그림처럼 급수 보충배관이 급탕순환펌프와 온수보일러 사이의 배관에 연결되는 것이 바람직하다. 이럴 경우 보일러에 유입되는 물의 온도가 낮아져 다소 부담이 될 수는 있겠지만, 다른 한편으로는 보일러에서 부하율이 높아지고 기동/정지의 횟수도 다소 줄어들어 운전효율은 좋아질 수 있다.

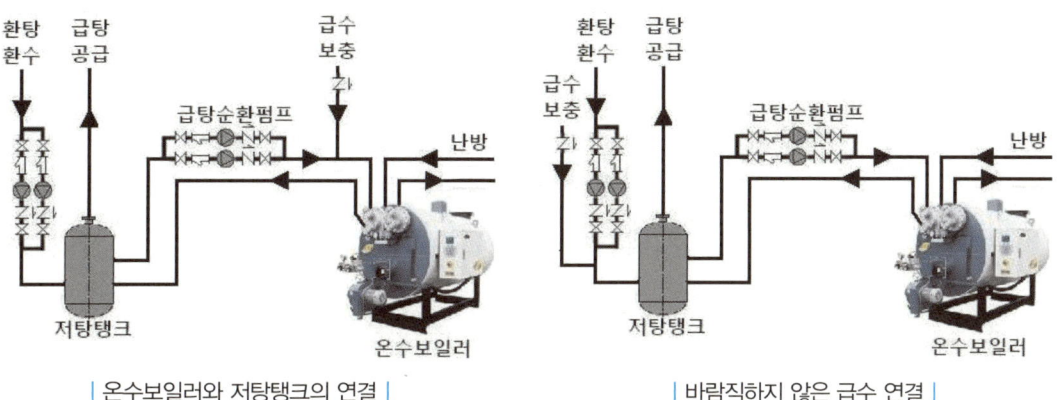

| 온수보일러와 저탕탱크의 연결 | | 바람직하지 않은 급수 연결 |

### (4) 급탕용 팽창탱크의 용량

급탕시스템의 규모가 커서 배관 내에 보유하고 있는 물의 양이 많은 경우에는 공조배관처럼 배관 중에 팽창탱크를 설치하기도 한다. 급탕 가열 중 온도 변화에 의한 물의 체적 팽창량은 아래의 식처럼 공조 배관에서와 마찬가지로 가열 전과 후의 물의 밀도차(또는 비체적의 차)에다가 전체 보유수량을 곱해서 산출하면 된다.

여기에 적당한 안전율을 고려하여 팽창탱크의 용량을 결정하도록 하며, 팽창탱크의 설치 위치는 환탕 배관 중에 설치된 급탕순환펌프의 흡입측이 적당하다. 환탕관에 연결되는 팽창탱크의 접속 관경은 탱크의 용량에 의해 다소 차이는 있겠지만 보통 25~50A 정도면 적당하다.

$$\triangle V = \left(\frac{\rho_c}{\rho_h} - 1\right) \times V$$

여기서, $\rho_c$ : 가열 전 물의 밀도[kg/L]
$\rho_h$ : 가열 후 물의 밀도[kg/L]
$V$ : 가열 전 급탕장치 내의 수량[L]

## 07 급탕가열장치

### (1) 급탕탱크, 순간온수가열기

급탕용 탱크 및 급탕기기는 내열과 내식성이 있고 수질에 악영향을 주지 않는 재료를 사용하며, 견고하고 완전한 수밀성을 가진 구조로 하여야 한다. 급탕용 탱크는 주로 스테인리스(STS304) 재질로 많이 설치되고 있으며, 가열로 인한 체적팽창에도 견딜 수 있도록 충분한 내압성을 가지고 있어야 한다. 급탕탱크는 열손실을 고려하여 보온을 하여야 하는데 주로 미네랄울 보온재로 단열한 후 칼라함석으로 마감하고 있다.

급탕탱크는 사용 중 급탕의 소비량만큼 낮은 온도의 급수가 연속적으로 보충·혼합되어 급탕 공급온도가 점차 낮아지게 되므로 자체 용량의 60~80% 정도만 불편하지 않을 정도로 사용할 수 있다. 따라서 급탕의 부하 변동폭이 크거나 동시사용률이 높은 건물일 경우에는 저탕량을 많게 하거나 가열코일의 능력을 충분히 크게 할 필요가 있다.

한편 부하 변동폭이 큰 건물에서 증기를 이용해 급탕을 가열하여야 할 경우, 보일러의 사양이나 운전 시간에 따라서 보일러 가동 후 증기 공급이 늦어져 급탕의 온도 변화가 크게 벌어지는 사례가 종종 발생한다. 특히 대용량의 노통연관식 보일러로 급탕을 가열할 때에 이와 같은 사례가 많은데, 이런 상황에서는 작은 용량의 급탕용 관류보일러나 온수보일러를 별도로 설치하여 급탕을 바로 가열해 공급하는 것이 바람직하다.

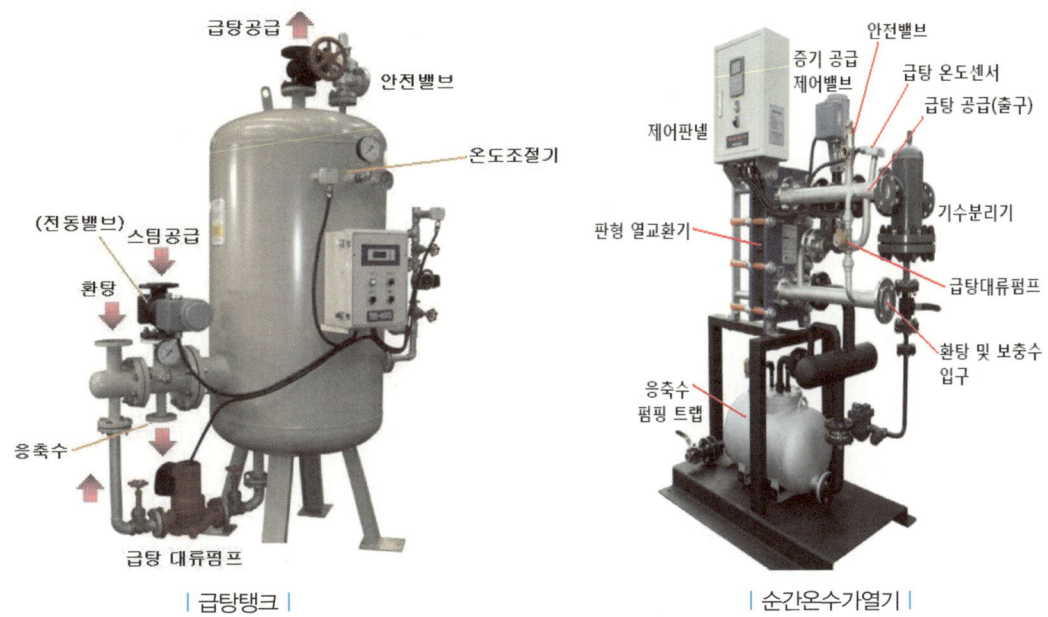

| 급탕탱크 | 순간온수가열기 |

아울러 증기를 가열원으로 이용하는 급탕탱크나 순간온수가열기는 증기 공급밸브의 고장이나 오작동으로 인하여 급탕의 온도가 과도하게 올라가거나 심할 경우 증발하여 수증기가 발생될 수도 있으므로, 가열장치의 파손 예방을 위하여 반드시 안전밸브를 설치해야 한다.

### (2) 급탕탱크 운전 개요(증기가열식인 경우)

- 자동제어 시스템에서 급탕탱크를 "ON", 또는 "급탕 공급"을 선택하면, 환탕배관에 설치된 급탕순환펌프가 가동되어 환탕수를 급탕탱크로 순환시킴
- 급탕공급배관(또는 급탕탱크 본체)에 설치된 온도센서의 측정값에 따라 설정온도 이하로 급탕온도가 떨어질 경우 증기 공급밸브가 개방되어 열교환기에서 급탕수를 가열하게 됨
- 이후 급탕온도센서의 감지값에 의하여 증기 공급밸브가 비례제어되면서 급탕온도가 설정 온도값으로 일정하게 유지되어 위생기구에 공급될 수 있도록 함
- 급탕탱크 본체에 설치된 대류펌프용 온도조절기에서 감지하는 물의 온도가 조절기에서 설정한 온도값을 벗어나게 되면, 대류펌프가 가동되어 급탕탱크 내부의 물을 순환시켜 급탕탱크 내 상하부의 온도차가 없이 전체적으로 급탕온도가 균일해지도록 함
- 급탕탱크로부터 배출되는 급탕의 양만큼 환탕관에 연결된 급수배관으로부터 급수가 보충됨
- 급탕 사용을 중지(또는 OFF)하게 되면 증기 공급밸브가 Close되어 급탕의 가열이 중지되고, 급탕순환펌프의 가동이 정지함 (이때 급탕대류펌프는 보통 자동제어와 관계없이 급탕탱크 본체에 설치된 온도조절기와 직접 연동되어 별도로 On/Off 운전되는 사례가 많음)

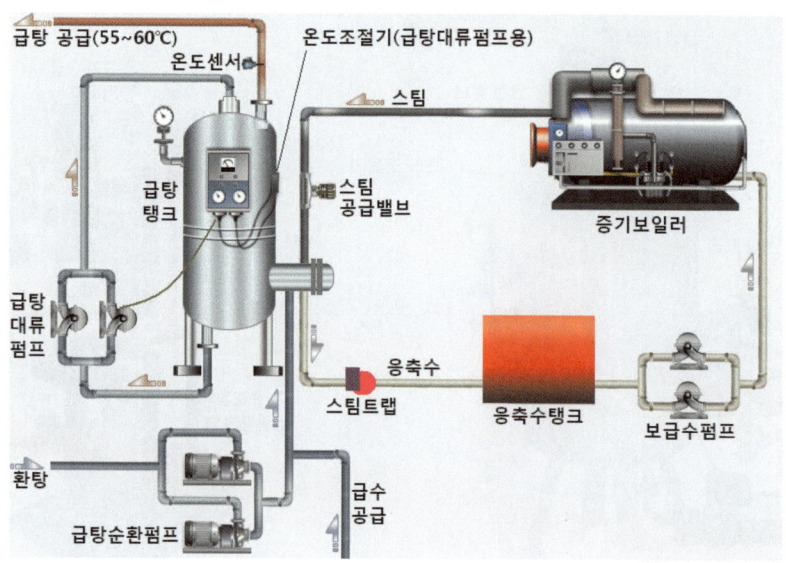

## (3) 급탕순환펌프와 급탕대류펌프의 운전제어

### ① 급탕탱크의 온도 성층화

급탕탱크는 보통 원통형의 입형으로 많이 제작되고 있는데, 탱크의 저탕량이 커지게 되면 탱크 내의 물에서도 약간의 온도차가 발생한다. 이에 따른 밀도 차이로 인해 상부에는 설정온도보다 약간 높은 고온의 급탕수가 정체되고, 하부에는 낮은 온도의 급탕수가 정체되게 된다.

급탕의 사용량이 적을 경우에는 내부의 물 흐름이 미약하므로 상하부의 온도차가 나는 급탕수는 중간 부분에서 경계층을 이루어 서로 나뉘어 잘 섞이지 않는 성층화 현상이 나타나기도 한다. 이럴 경우 상층부의 고온의 급탕수가 위생기구 쪽으로 모두 빠져나가고 나면 갑자기 낮은 온도의 급탕수가 공급되기 시작하여 사용상의 불편을 초래하게 된다.

이렇게 급탕탱크 내부에 상하부의 온도차가 뚜렷해지면 결과적으로 급탕탱크에서 유효하게 사용할 수 있는 뜨거운 온도의 급탕량이 줄어들게 되므로 급탕탱크의 용량이 줄어드는 효과를 가져온다. 그뿐만 아니라 증기 제어밸브의 응답 속도가 느려 과열된 급탕수가 상부에 정체될 경우에는 위생기구 사용 시 화상의 우려도 높아지게 된다.

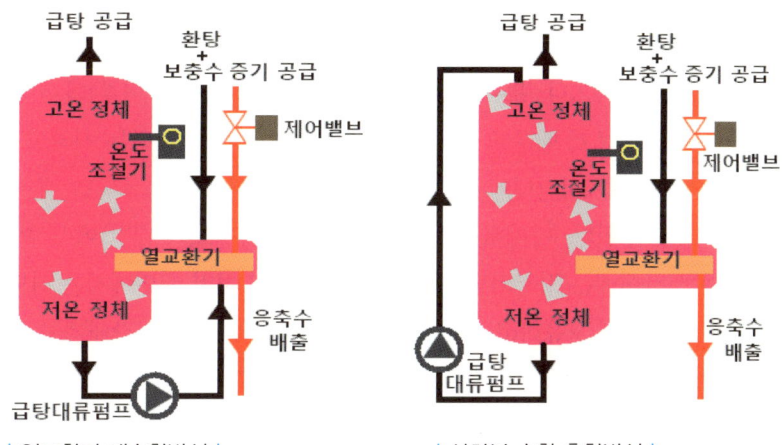

| 열교환기 재순환방식 |　　　| 상하부 순환 혼합방식 |

② **급탕대류펌프의 제어**

급탕탱크 내의 온도 성층화를 해소하기 위하여 설치되는 것이 대류펌프이다. 급탕대류펌프의 설치는 대부분 위의 그림과 같이 두 가지 방식으로 많이 진행된다. 왼쪽(열교환기 재순환 방식)은 하부에 정체된 저온의 급탕수를 열교환기로 다시 순환시켜 가열한 뒤 급탕탱크 내로 공급시키는 방식이며, 오른쪽(상하부 순환 혼합방식)은 하부의 저온 급탕수를 상부로 보내 고온의 급탕수와 혼합 희석하여 온도를 평균화시키는 방법이다.

두 가지 방식 중에서 열교환기 재순환방식은 증기가 공급되고 있는 상황에서는 효과적인 방법이나, 증기가 공급되지 않는다면 저온의 급탕수만 하부 쪽에서 재순환되는 형태이므로 온도 불균형이 충분하게 해소되기 어렵다. 또한 이 경우에는 대류펌프에 의해 재순환되는 급탕수가 재가열되어 상층부로 올라가는 형식이므로 고온부 쪽에 있는 온도조절기에 의한 제어가 사실상 곤란하다. 이 방식에서는 증기 공급 밸브가 개방되었을 때에만 대류펌프가 가동되도록 밸브와 연동하는 것이 가장 합리적인 제어 방법이 될 것이다. 간혹 아무런 제어없이 대류펌프를 24시간 가동하거나 타이머 운전시키는 사례가 있는데 효과에 비해 에너지가 낭비되는 방식이므로 바람직하지 않다.

상하부의 물을 순환시켜 혼합하는 방식(오른쪽 그림)은 증기를 가열원으로 하는 급탕탱크뿐만 아니라, 온수보일러와 연결된 저탕탱크에서도 유효한 대류방식이다. 이때는 온도조절기가 설치된 부위(보통 급탕탱크의 2/3 상부 지점)에서의 물 온도가 급탕 공급온도보다 일정 온도 이상 상승하게 되면 고온의 급탕수가 정체된 것이므로, 대류펌프가 가동되어 하부의 저온 급탕수를 상부로 순환시켜 온도를 희석시키도록 연동시키면 된다.

온도조절기의 설정값은 급탕 공급온도보다 3~5℃ 정도 높게 설정하면 적정할 것이고, 온도조절기는 급탕탱크 내의 물 온도가 이 설정값보다 높게 올라가게 되면 대류펌프를 가동시켜 상하부의 물을 혼합시켜 준다. 이 방식은 급탕을 사용하지 않는 동안에는 급탕탱크 내의 물 온도도 천천히 저하될 것이므로 불필요하게 대류펌프가 가동되지 않도록 설정값을 조절하는 것이 합리적인 제어가 될 것이다.

③ 급탕순환펌프의 제어

급탕순환펌프는 앞에서 설명한 바와 같이 급탕탱크의 운전(증기 밸브의 개방)과 연동되어 On/Off하도록 제어하거나, 또는 증기 공급 여부(급탕탱크 운전 여부)와는 관계없이 언제 어디서 급탕을 사용할지 모르기 때문에 24시간 내내 가동되도록 제어하는 사례도 많다.

급탕을 사용하지 않는 시간대에 지속적으로 급탕순환펌프가 가동되면 배관에서의 열손실도 지속적으로 발생하게 된다. 따라서 급탕탱크의 운전(증기밸브의 개방)에 맞춰 가동되고 급탕을 사용하지 않는 시간대에는 정지되도록 하는 것이 에너지 절약 측면에서는 타당하다고 볼 수 있다. 다만 급탕시스템 내에 보유하고 있는 급탕량이 많을 경우 야간 시간대에 순환펌프를 정지해 두면 아침에 급탕을 다시 가열하기까지 다소 시간이 소요되므로 미리 급탕탱크와 순환펌프를 가동하여 예열해 놓는 것이 필요할 것이다.

## (4) 급탕탱크 설치 사례

| 급탕탱크 설치 모습 |

| 급탕순환펌프 |

| 급탕대류펌프 |

| 급탕탱크의 증기용 열교환기 |

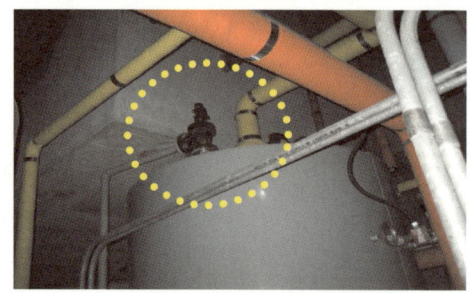

| 급탕탱크 상부의 안전밸브 |

| 온도계, 온도센서, 압력계(좌로부터) |

## (5) 지역난방 급탕열교환유니트

지역난방 열원이 공급되는 지역에서는 기계실에 판형열교환기를 설치해 급탕을 가열하여 사용처로 공급한다. 지역난방의 중온수를 이용하여 급탕이나 난방을 공급하기 위해서는 열교환기와 급탕/난방 순환펌프, 온도센서 및 제어밸브 등의 장치들이 필요한데, 이러한 각종 장치들과 제어판넬을 세트화하여 급수부스터펌프처럼 하나의 유니트로 설치되고 있는데 이를 흔히 "콤팩트유니트"라고 부르고 있다.

근래에는 지역난방 설비의 고효율 운용과 에너지 절감을 위하여 급탕 및 난방용 열교환기를 통과한 1차측 중온수를 급탕 예열열교환기에 통과시켜 급탕 인입수를 예열하는 2단 열교환기 방식을 대부분 사용하고 있다.

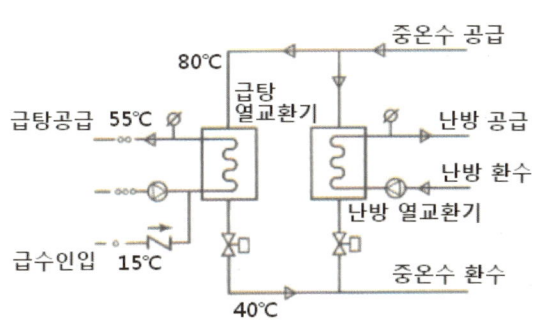

| 급탕 일반 열교환방식(기존) |

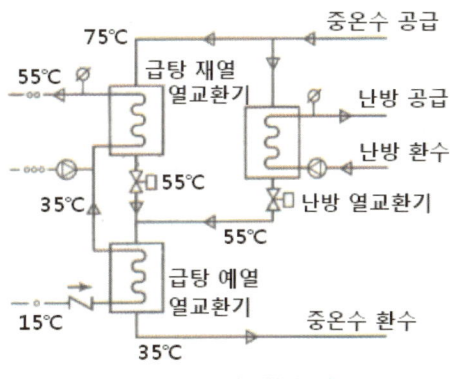

| 급탕 2단 열교환방식 |

2단 열교환기 방식은 지역난방 입장에서도 중온수의 공급과 회수 온도차를 크게 할 수 있어 열병합 발전의 효율이 증가되고 열공급 능력이 증대되는 효과가 있다. 또한 중온수 공급 유량도 감소되어 펌프의 동력비나 배관 열손실이 감소하는 장점이 있다. 반면 급탕 예열 열교환기가 추가되어 초기 시설비가 증가하고 제어 및 운전이 다소 복잡해진다. 아울러 난방 열교환기의 용량이 급탕 열교환기 용량보다 현저하게 클 때는 적용상에 애로가 있다.

| 지역난방의 급탕 열교환기 : 콤팩트유니트 |

# 08 태양열 급탕설비, 히트펌프 급탕설비

## (1) 태양열 급탕설비

### ① 태양열 급탕설비의 구성

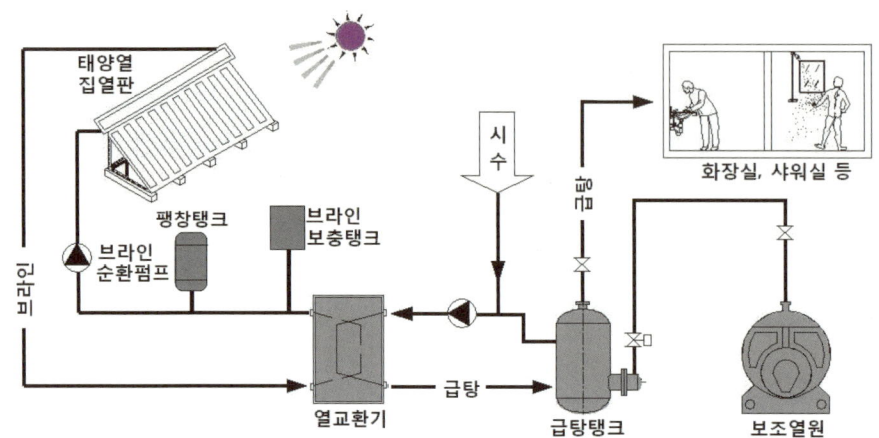

태양열 급탕설비는 신재생 에너지의 하나인 태양열을 열원으로 급탕을 가열하는 설비로 정부의 신재생 에너지 보급정책에 의해 보급이 확대되고 있다. 예전에는 집열 효율이 낮은 편이어서 대부분 급탕의 1차 가열원(예열용)으로 적용되었지만, 근래에는 집열 기술의 발달로 고온의 온수도 확보가 가능하여 건물 난방수의 가열에도 활용되고 있으며 냉방장비(흡수식 냉동기)의 가동 열원으로의 활용도 시도되고 있다.

태양열 급탕시스템은 위의 계통도에서와 같이 집열부(집열판 – 브라인펌프 – 팽창탱크 – 열교환기)와 축열부(열교환 순환펌프 – 급탕탱크, 또는 축열조), 그리고 이용부(위생기구, 보조열원)로 구성된다. 집열판에서 집열된 열량은 열교환기(주로 판형)를 이용하여 축열조(또는 급탕탱크) 내의 급탕수를 가열하게 되어 있는데, 집열량이 적은 경우에는 별도의 열교환기 없이 축열조 내부에 열교환 코일을 삽입하여 직접 열교환을 하기도 한다. 집열부 쪽에는 겨울철 동파 예방을 위해 부동액이 혼합되어 있기 때문에 축열조의 급탕수와는 배관 계통이 완전히 분리되어 있다.

| 평판형 집열기 |

| 진공관형 집열기 |

| 집광형 집열기 |

| 집열기와 축열조 일체형 집열기 |

② 집열기와 축열조

건물의 급탕 및 냉난방용으로 사용되는 태양열 집열기는 평판형, 진공관형, 집광형 등이 있는데, 각각의 집열 원리상 사용될 수 있는 온도 영역이 다르다. 보통 건물의 급탕이나 난방용으로는 오래전부터 평판형 집열기가 국내뿐만 아니라 전세계적으로 널리 사용되어 왔으나, 근래에는 진공관형 집열기가 효율이 좋은 편이어서 국내에서도 보급이 급격히 확대되고 있다.

PTC나 CPC와 같은 집광형 집열기는 100℃ 이상의 고온을 얻을 수 있는 장점이 있으나, 시설비가 매우 높아 일반 급탕용으로 활용하기에는 경제성이 낮은 편이서 태양열 발전이나 냉방용으로 일부 사용되고 있다. 아래는 평판형과 진공관형 집열기를 비교 정리한 내용이다.

| 구 분 | 평판형 집열기 | 진공관형 집열기 |
|---|---|---|
| 개 요 | 선택흡수막을 입힌 전열판, 구리, 알루미늄 등의 재질로 된 지관 및 유리판 커버 등으로 구성 | 흡열판과 덮개 유리 사이의 빈공간을 진공시켜 그 안에서 발생하는 자연대류의 영향을 제거해 열효율을 향상시킴 |
| 이미지 | | |
| 집열 온도 | 일반적으로 60~70℃ 정도로 급탕 및 난방 보조열원으로 활용 | 중온수(70~120℃) 활용이 가능하여 급탕뿐만 아니라 냉난방용으로도 활용됨 |
| 열효율 | 집열관 내 대류에 의한 열손실 발생으로 집열효율이 낮음 | 진공 활용으로 열손실을 줄여 집열효율이 우수 |
| 유지관리 | 일반적으로 유지관리가 양호함 | 진공도 유지 및 유지관리의 부담은 다소 증가됨 |

③ 태양열 급탕설비의 운전 제어

집열기의 설치방향은 정남향을 원칙으로 하며 집열판의 설치 경사각은 그 지방의 위도 ±5~15°가 적당하다. 급탕용일 경우는 경사각이 적고 냉난방용일 때에는 경사각을 크게 한다. 집열기와 열교환기(또는 축열조) 사이의 배관 길이는 최대한 짧게 하는게 좋으며, 부동액을 혼합하더라도 동파예방을 위해 배관에 정온전선을 설치하거나 전동 드레인밸브를 설치해 태양열 미사용 시 실내의 브라인 저장탱크로 퇴수시키는 사례도 많다.

집열기 최상부에는 에어벤트를 설치해 브라인에서 분리된 공기를 배출해 주며, 각 집열기의 공급/환수 배관은 리버스 리턴방식으로 연결하여 유량 분배가 균형있게 되도록 해야 한다.

축열조(또는 급탕탱크)는 주로 스테인리스 재질로 제작되며, 용량이 크지 않은 경우에는 법랑탱크(스틸＋법랑 코팅)나 우레탄폼과 일체화되어 성형된 특수 축열탱크가 사용되기도 한다. 태양열 급탕설비에서는 집열량이 외부 날씨에 의해 수시로 변화하기 때문에 반드시 보조가열장치를 두어야 한다.

용량이 크지 않은 경우에는 소형 가스보일러를 축열조 후단에 설치하여, 축열조에서 공급되는 급탕이나 난방수를 설정온도에 맞게 2차로 재가열하여 공급하는 방식이 많이 사용되고 있다. 급탕이나 난방수의 공급량이 많을 때에는 태양열의 순간부하 대응성이 저하되기 때문에 온수보일러를 축열조 후단에 설치하거나, 급탕탱크를 축열조 용도로 설치하여 부족한 열량을 증기를 공급받아 가열하는 방식도 사용된다.

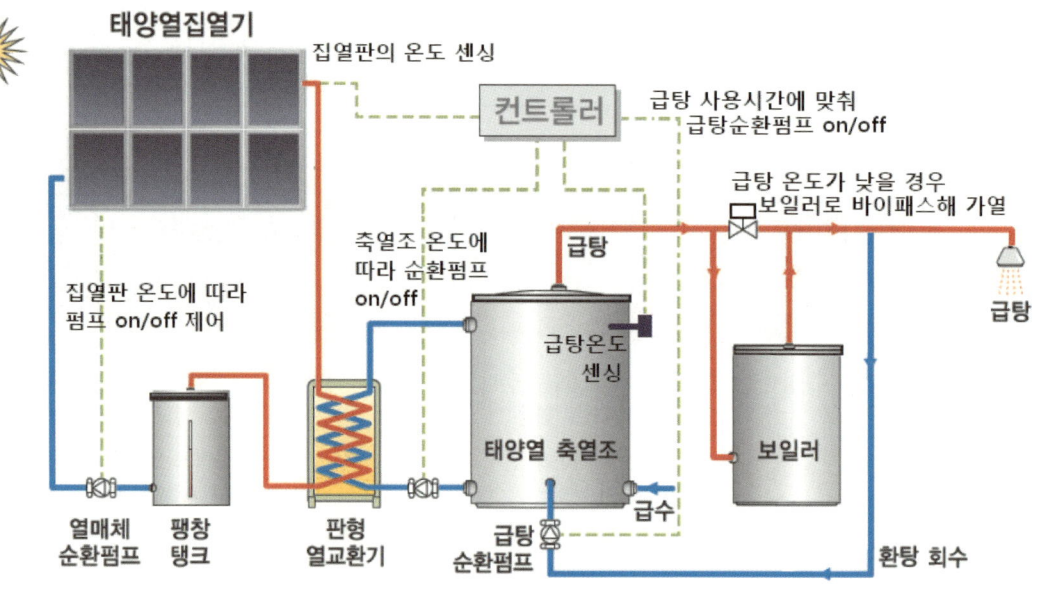

④ 태양열 급탕설비의 유지 관리

태양열 급탕설비를 운전할 경우에는 "차온제어기"의 설정이 올바로 되었는지 확인할 필요가 있다. 집열기 상부에 설치된 온도센서와 축열조에 설치된 온도센서의 측정값을 비교하여 집열기 쪽의 온도가 높을 경우에만 브라인 순환펌프가 가동되도록 되어야 하기 때문이다. 만일 축열조의 온도가 집열판보다 높은 상태에서 순환펌프가 가동되면 거꾸로 집열판 쪽으로 방열을 시키는 결과를 초래하므로, 차온제어기의 온도 설정이 잘못되거나 오작동되지 않도록 관리한다.

또한 축열조의 온도가 설정온도 이상으로 상승되지 않도록 주의해야 한다. 일반적인 조건에서는 집열 온도가 60~70℃ 정도이나 여름철에는 주간에 급탕사용량이 적을 경우 80~90℃까지도 축열조 온도가 상승할 수 있으며, 진공관식 집열기에서는 100℃ 이상으로도 상승할 수 있다. 따라서 축열조 상부에는 안전밸브를 반드시 설치하여 비정상적인 과열에 의한 팽창 시 작동되도록 해야 한다.

집열기 쪽의 배관과 브라인 보충탱크가 개방식으로 된 경우에는 브라인의 양이 부족하여 순환에 지장이 없는지 주기적으로 확인해야 하고, 집열기 표면이 먼지 등으로 오염되었을 때에는 물로 세척하여 집열 효율이 저하되지 않도록 관리한다.

⑤ 태양열 급탕설비의 설치 사례 (관련 사진)

| 집열기 연결배관 |

| 축열조, 순환펌프, 팽창탱크 |

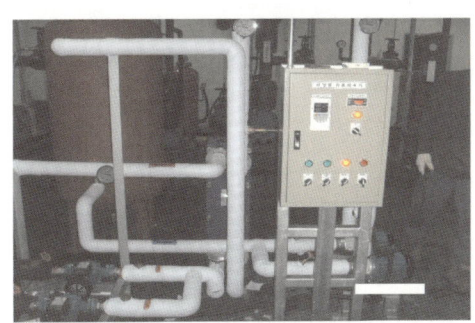

| 순환펌프, 열교환기, 제어판넬 |

| 제어판넬과 차온제어기 |

## (2) 히트펌프(Heat pump) 급탕설비

### ① 히트펌프 급탕설비의 구성

히트펌프의 원리를 이용하여 공기열원이나 수열원으로부터 열을 흡수하여 45~55℃ 정도의 급탕이나 난방용 온수를 공급하는 방식이다. 히트펌프의 운전성능은 열원의 상태에 따라 영향을 많이 받게 되므로 안정적으로 높은 온도의 온수를 공급하기 위하여 요즘에는 히트펌프를 2단 압축 방식으로 제작하여 보급하는 업체들도 많다.

히트펌프의 작동원리상 냉각과 가열이 모두 가능한 장비이므로 급탕설비로만 단독으로 구성되는 사례보다는 급탕과 난방, 그리고 냉방까지 하나의 장비로 모두 공급 가능하도록 시스템을 구성하는 사례가 늘고 있다. 사용자의 입장에서는 세 가지 기능이 하나의 장비로 가능하므로 전체적으로는 시스템이 간단해지고 시공비도 절약할 수 있는 장점이 있다.

그러나 히트펌프의 열원으로 대기 중의 공기를 이용하는 경우(외부에 실외기를 설치하는 방식), 겨울철에는 외기의 온도가 낮아 충분한 온도의 온수를 공급하는 데 어려움이 따르게 된다. 정작 외기의 온도가 낮아 급탕이나 난방부하가 증가된 상황에서 히트펌프의 효율과 가열능력이 저하되어 문제가 되는 경우가 종종 발생한다. 따라서 히트펌프가 공기열원 방식일 경우에는 겨울철 급탕이나 난방을 위해 보조가열장치를 함께 설치하는 것이 좋다.

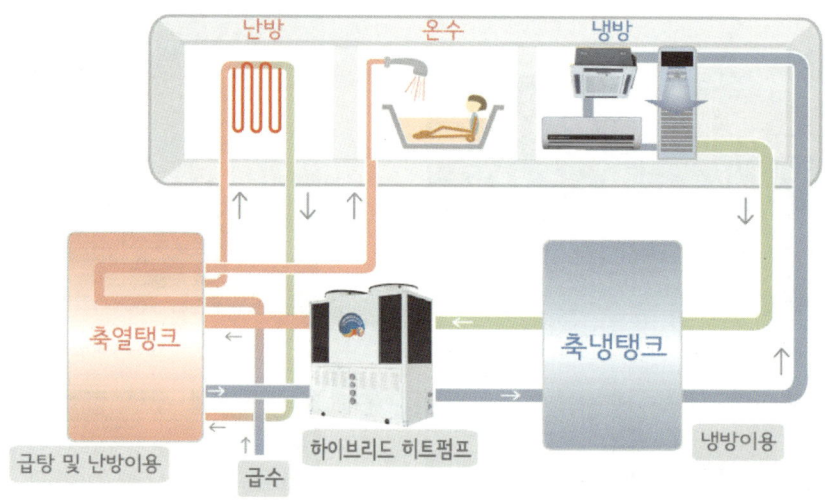

### ② 히트펌프 급탕설비의 운전과 관리

물을 열원으로 하는 경우에는 보통 샤워장이나 수영장, 공정용 폐수 등 온도가 높은 배수를 이용하는 경우가 많으며, 용량이 커질 경우 지열을 수열원으로 이용하기도 한다. 수열원 히트펌프 급탕설비는 수열원을 이용하기 위한 별도의 축열조나 열교환장치가 필요하여 추가적인 장치와 시설비가 소요된다. 그리고 배수나 폐수를 수열원으로 활용할 경우에는 이물질에 의한 막힘을 예방하기 위하여 주기적인 청소가 필요하다.

아울러 위의 그림과 같이 응축과 증발 양쪽에서의 열교환을 이용하여 축열탱크와 축냉탱크를 설치하면 난방/급탕과 건물 내 냉방을 동시에 실시할 수 있어 에너지 효율을 최대화시킬 수 있다. 이렇게 히트펌프가 여러 열원이나 계통과 연결될 경우에는 양쪽(응축↔증발)의 사용 시간이나 소요열량이 비슷해야 하므로 사전에 충분한 검토가 이루어져야 하고, 만약의 상황을 대비해 예비 열원이나 보조장치를 두는 것이 좋다.

③ 히트펌프 급탕설비의 설치 사례

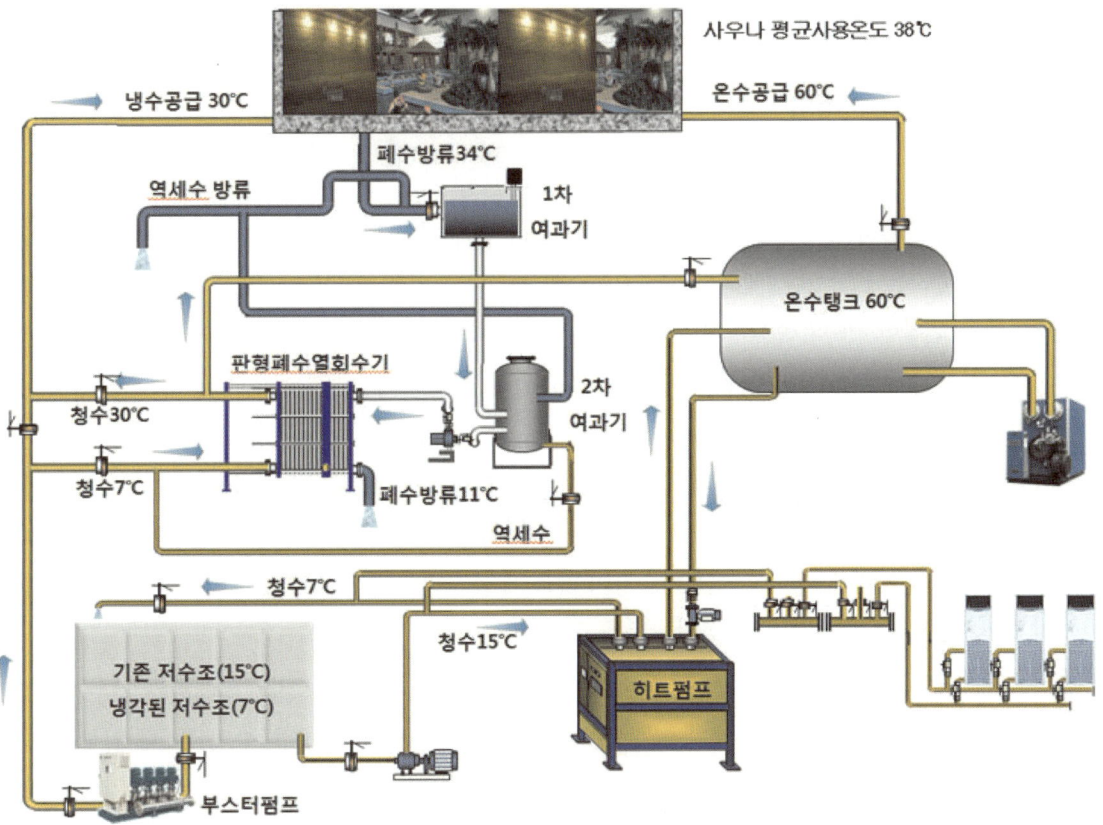

| 사우나 시설의 폐열회수 히트펌프 급탕설비 사례 |

# CHAPTER 27 배수설비

## 01 배수설비의 개요

배수설비란 건물이나 부지 내에서 발생되는 오수나 잡배수, 우수, 폐수 등을 위생적이고 안전하게 외부로 배출하는 설비이다. 배수설비는 배출수의 종류나 특성을 고려하여 적합한 배관방식의 선정이 필요하고, 원활한 배수의 흐름이 이루어지도록 적정한 배관의 기울이나 통기관의 시공 등이 필요하다.

배수는 보통 위생기구나 장비에서 버려지는 물들이 중력에 의해 높은 곳에서 낮은 곳으로 자연유하하는 방식을 많이 취하기 때문에 배관의 적정한 구배(기울기)가 매우 중요한 항목이다. 필요한 기울기가 확보되지 못할 경우에는 펌프나 기계장치를 이용해 강제 이송시키는 기계식 배수가 불가피하다. 사용 중에 배수관의 막힘이 자주 발생하는 경우에는 배수관의 구배 불량이 원인인 경우가 많다. 그리고 배관의 관경에 비해 흐르는 배수량이 많을 때 통기관이 적합하게 설치되어 있지 않으면 흐름이 좋지 않아 정체나 막힘의 원인이 되기도 한다.

또한 배수계통은 높은 유수음 또는 이상 진동이 발생하여 사용상의 불편을 초래하는 경우가 있다. 배수의 흐름은 물 이외에도 공기나 고형물이 혼합된 흐름이며, 이 흐름은 수평관이나 입상관 등의 각 부위에서 파상류와 관 내벽에 형성되는 환상류 등 특징적인 현상을 나타내고 이로 인해 배관의 진동이나 유동 소음이 발생되기도 한다.

특히 화장실의 세정밸브의 작동이나 위생기구의 배수구가 열려 일시에 많은 물이 배수될 때 소음 문제가 발생될 우려가 높으므로, 소음에 민감한 곳에서는 배관 재질을 차음이 잘 되는 주철관이나 방음관을 사용하도록 하고, 위생기구와 연결된 하부의 수평배관까지의 유수 낙하높이가 높지 않도록 시공하는 것이 바람직하다.

한편, 건물이나 단지 내에서의 배수는 일반적으로 건물의 외벽으로부터 1m를 기준으로 옥내 배수(건물의 설비배관)와 옥외 배수(토목배관)로 구분하며, 옥외 배수는 오수와 우수(지하수 포함)의 통합 여부에 따라 분류식과 합류식으로 분류할 수 있다. 분류식은 오수배관과 우수, 지하수 배관을 구별하여 각각 설치하는 방식이고, 합류식은 오수와 우수, 지하수를 하나의 배관으로 혼합해서 처리하는 방식이다. 요즘은 환경 기준이 강화되고 대부분의 지역에 하수종말처리장이 설치되어 있기 때문에 건물 내 배관과 단지 내 토목배관이 분류식으로 설치되는 경우가 대부분이다.

아울러 건물 내에 오수처리시설이 설치되어 있더라도 옥외의 공공하수도에 방류할 때에는 수질환경보전법이나 하수도법 등에서 하수도의 배출기준을 정하고 있으므로 이를 반드시 준수해야 한다. 건물 내 오수처리시설이나 폐수처리시설은 관리상의 전문성이나 노하우가 필요하여 많은 경우 전문관리업체에 관리를 위탁하는 사례가 많은데, 처리시설의 미생물의 활성이나 처리수질이 한 번 악화된 때에는 수질 회복에 상당한 노력과 시일이 소요되게 되므로 관리상태에 대한 주기적인 점검과 수질 확인을 소홀히 해서는 안 된다.

## 02 배수배관의 종류

배수설비를 구성하는 배관은 용도에 따라 크게 오수관과 배수관, 통기관으로 크게 나눌 수 있다. 오수관은 대변기나 소변기 등과 연결되어 인분이 배출되는 배관이고, 배수는 다양한 용도와 성분의 배출수를 처리하는 배관이다. 통기관은 오·배수관 내부의 원활한 흐름과 악취 배출 등을 목적으로 설치된다.

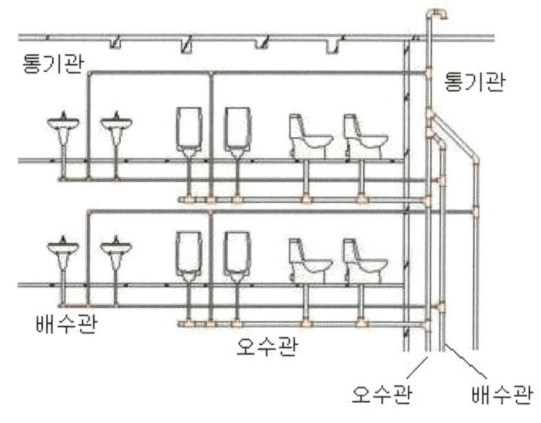

오수관과 배수관은 하수의 처리나 냄새의 역류 등을 고려하여 각각 분리하여 배관한 후 건물 외부로 배출한다. 건물 외부에서는 지역의 하수처리 방식에 따라 오수와 배수가 따로 배관되기도 하고 하나로 합류해 배출되기도 한다.

특수한 종류의 배수계통은 다른 오배수관과 독립하여 설치하고, 배수의 성질에 따라 적합한 수처리 장치에서 거친 후 배출하여야 한다. 특수배수는 공장·병원·연구소 등의 배수 중에서 중금속이나 기름, 산, 알칼리, 방사선물질 등이 다량으로 포함된 경우를 말하며, 호텔 등의 주방배수에서 다량의 유지분(노말헥산)을 포함하는 경우도 이에 속한다. 생물 분해가 가능한 일반유기물이 주성분인 생활계 배수는 생물처리를 주체로 한 오수정화조 또는 하수처리시설로 보내지만, 특수배수를 이들 계통에 합류하여 보내게 되면 처리시설에서 중대한 장애를 발생시킬 수 있다.

따라서 특수배수나 폐수 등은 반드시 독립된 배관계통을 통하여 그 배수 수질에 적합한 처리장치에서 적정하게 처리한 후 배출하거나, 지정된 저장조나 용기에 저장하였다가 폐기물 전문업체에 의하여 적법하게 반출하여 처리되도록 해야 한다.

▼ 건물 내 오·배수 배관의 종류

| 구 분 | | 세부 내용 | |
|---|---|---|---|
| 오수 | | • 대변기, 소변기 등에서 배출되는 인분을 포함한 배수 | |
| | 배출 경로 | 건물 내 오수관 → (정화조) → 옥외 오수배관 → 하수종말처리장 | |
| 배수 | 잡배수 (생활배수, 일반배수) | • 주방 배수 : BOD, SS의 농도가 높고 유지류 함유<br>• 생활계 배수 : 세면기, 욕조, 세탁 배수, 청소수채 등<br>• 기계실계 배수 : 장비 드레인, 오버플로, 공조배관의 퇴수 등<br>• 주차장 배수 및 기타 | |
| | | 배출 경로 | 건물 내 배수관 → (정화조) → 옥외 오수 배관 → 하수종말처리장 |
| | 특수 배수 | • 화학계 배수, 방사선 배수, 전염병동계 배수, 기타 특수성분의 배출수 | |
| | | 배출 경로 | 건물 내 별도 배관 → 폐수처리시설(생·화학적 처리) → 옥외 오수배관 → 하수종말처리장 |
| | | | 또는 중화시설이나 임시 저장시설에 보관하였다가 전문 폐기물 처리업체에 의한 수거 처리 |
| | 우수 | • 지붕이나 지표면에 낙하된 빗물 | |
| | | 배출 경로 | 건물 내 우수관 → 옥외 우수배관 → 하천 |
| | 지하수 | • 지하에서 용출된 침출수 (잡배수가 혼입되지 않은 지하수) | |
| | | 배출 경로 | 건물 내 우수관 → 옥외 우수배관 → 하천 |

## 03 오배수 배관의 재질

오수나 배수 배관으로는 PVC나 주철관이 주로 사용된다. 거주자가 상주하는 사무실이나 세대 내의 가지배관과 입상배관, 그리고 위생기구와 연결되는 배관에는 주로 PVC가 많이 사용된다. 입상배관이나 지하횡주관에는 주철관의 사용사례도 많았으나 근래에는 PVC관도 많이 사용되고 있다.

예전에는 배수 소음을 차단하고 배관의 처짐이나 변형 등을 고려하여 전체적으로 주철관을 선호하였으나 근래에는 합성수지 배관에서도 강도나 방음성을 대폭 향상시킨 제품들이 많이 개발되어져 가지배관은 물론 메인 입상관이나 횡주관까지도 그 사용범위를 넓혀가고 있는 상황이다. PVC 제조업체에 따라 PVC 압출성형 시 중간에 발포중심층을 갖거나 고밀도 재질 등으로 다층화하여 제작하기도 하고, 또는 내외부 관 사이에 공기층을 두는 등 재료적 강도나 방음성을 증대시킨 다양한 고성능, 고기능성 PVC 배관재들을 개발하고 있다.

PVC관은 오래 전부터 소켓 형태(끼워 넣는 방식)의 부속을 접착제를 이용해 연결하는 본드 이음(TS, 또는 DTS 방식)이 많이 사용되었으나, 요즘에는 고무링을 끼워 넣고 나사캡을 조여 연결하는 방식(DRF, 또는 URF 방식)이 보편적으로 이용되고 있다. 그러나 통기관과 같이 냄새나 기체의 누설이 우려되는 경우에는 기밀성을 고려해 아직도 본드 이음이 많이 적용되고 있다.

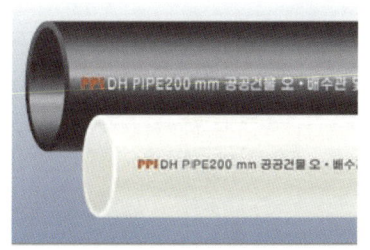  
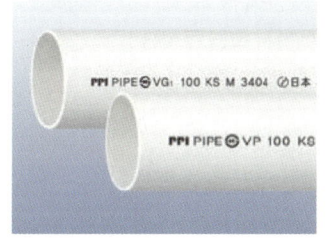 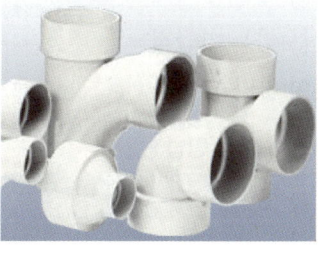 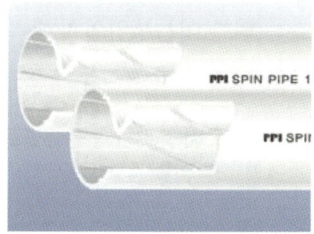

일반 PVC관은 두께에 따라 VG1(두꺼운 관), VG2(얇은 관)로 나누어지는데, 일반적인 오배수에는 VG2를 보편적으로 사용하고, VG1은 수 kg/cm² 정도의 저압 수도배관에 사용되어 왔다. 그러나 배수관이 구조체에 매립되거나 지하횡주관에 사용되는 경우, 또는 급탕의 사용량이 많아 배수의 온도가 다소 높을 때에는 배관의 변형이나 처짐을 고려하여 VG1 규격이나 고기능 PVC관을 사용하는 것이 바람직하다.

주철관은 허브와 배관의 틈새에 얀(yarn : 천연섬유나 합성섬유를 여러 겹 모아 꼬은 실타래)을 채워넣고 납을 녹여 밀봉한 허브(Hub) 이음방식이 오래 전에는 사용되었으나, 시공과 유지보수가 불편해 근래에는 거의 사용되고 있지 않다. 요즘에는 밴드를 이용해 체결과 해체가 쉬운 노허브(No-Hub) 이음방식이 보편적으로 사용되고 있으며, 플랜지의 볼트/너트를 조여 결합하는 메커니컬조인트 접합방식도 사용되고 있다.

| 허브(Hub) 이음 | | 메커니컬조인트 이음 | | 노허브(No-Hub) 이음 |

주철관은 부식이 쉽게 발생할 수 있어 관의 내/외부 표면에 아스팔트콜타르를 도색한 것을 오랫동안 사용해 왔으나, 아스팔트콜다르의 경우 부착력이 다소 약하여 미지근한 배수에 녹아 벗겨지는 단점이 있다. 근래에는 에폭시도료가 코팅된 에폭시 도장 주철관의 사용이 점차 늘고 있다.

집수정이나 장비의 드레인관으로는 주로 백강관이 많이 사용되고 있다. 정화조나 오수/폐수처리시설, 약품이나 폐수, 해수 등의 펌프 주위의 배관에는 내압성과 부식성을 고려해 스테인리스강관이 많이 사용되고 있으나, 부식성이 강할 때에는 PE배관도 사용하고 있다.

백강관이나 스테인리스강관을 사용할 경우에는 부식에 의한 이음부위의 누수를 고려해 용접방식보다는 가급적 기계식 이음(그루브조인트)으로 하는 것이 바람직하다.

| 에폭시 코팅 주철관 |

▼ 오배수 배관의 종류별로 많이 사용하는 재질과 이음 방법

| 배관의 종류 | 배관 재질 | 이음 방법 |
|---|---|---|
| 오수, 배수 | PVC관(VG1, VG2) | 본드 접합(TS 이음), 고무링+나사캡 이음(DRF, 또는 URF 이음) |
|  | 주철관 | 노허브(No-Hub) 이음, 허브(Hub) 이음, 메커니컬 조인트 이음 |
| 통기(vent) | PVC관(VG2) | 본드 접합 |
|  | 백강관 | 용접 이음 |
| 우수 | 백강관 | 용접 이음, 그루브조인트(홈조인트) |
|  | PVC관 | 본드 접합, 고무링+캡 이음 |
| 집수정 펌프 토출 | 백강관, 스테인리스강관 | 용접 이음, 그루브조인트(홈조인트) |
| 정화조 내부 배관 | 스테인리스강관 | 용접 이음 |
|  | PVC관 (펌프 토출 제외) | 본드 접합, 고무링+캡 이음 |
| 폐수/약품, 해수 | 스테인리스강관 | 그루브조인트(홈조인트) |
|  | PVC관 | 본드 접합, 고무링+캡 이음 |
|  | PE관 | 융착 이음, 카플링(나사+캡) 이음 |

## 04 배수 방법

### (1) 직접배수와 간접배수

배수계통에서는 배수의 역류가 발생하지 않도록 하여야 하는데, 오·배수가 배출되는 위생기구나 장치와의 접속방법에 따라 직접배수와 간접배수로 구분된다. 직접배수는 위생기구의 배출구와 오·배수 배관이 직결된 방식이고, 간접배수는 배수관으로부터의 역류나 악취, 해충 등의 침입을 방지하기 위하여 배관을 바로 연결하지 않고 대기 중에 개구하였다가 배수하는 방식을 말한다.

간접배수는 계통 중에 일부 배관이나 장비에 일정 압력이 걸려 있어, 이들 장치로 인해 같은 계통에 연결되어 있는 위생기구들이나 배관이 영향을 받을 수 있는 경우에도 적용된다. 간접배수를 필요로 하는 설비들에 대하여 세부적으로 살펴보면 다음과 같다.

▼ 간접 배수로 하는 경우

| 구 분 | 간접 배수의 사례 |
|---|---|
| 서비스용 기기 | 냉장기기류, 주방 관련된 장비, 세탁 장비, 수음기 등등 |
| 의료, 연구용 기기 | 소독기, 멸균장치, 의료용 세정장치 등등 |
| 배관, 장치의 배수 | 각종 급수 및 공조배관, 공조기, 압력용기 등의 배출수 |
| 수처리 관련 | 수영장풀/분수대 등의 배수나 오버플로, 수처리 역세수 |

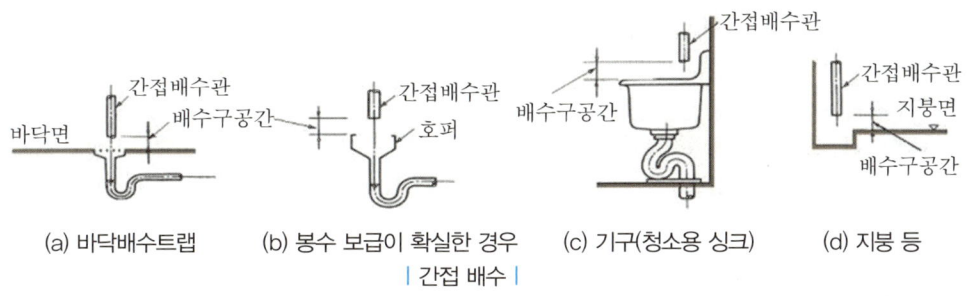

(a) 바닥배수트랩  (b) 봉수 보급이 확실한 경우  (c) 기구(청소용 싱크)  (d) 지붕 등

| 간접 배수 |

간접배수로 연결할 때에는 접근 및 청소가 용이하고 환기가 양호한 곳에 설치하며, 간접배수의 접속부는 충분한 관경이나 면적을 확보해야 한다. 또한 간접배수관은 가급적 별도의 계통으로 분리하는 것이 좋다. 간접배수로 배출할 때 배수구 공간은 다음과 확보하면 되는데, 음료용 저수탱크 등의 간접배수관의 배수구 공간은 아래의 표와 관계없이 최소 150mm 이상 확보하도록 한다.

| 간접배수관의 관경 | 배수구 공간 |
|---|---|
| 25mm 이하 | 최소 50mm 이상 |
| 30~50mm | 최소 100mm 이상 |
| 65mm 이상 | 최소 150mm 이상 |

## (2) 배수 트랩(Trap)

배수관에서 트랩(Trap)은 배수관 내의 악취나 유독가스, 벌레 등이 실내로 침투하는 것을 방지하기 위하여 배수계통의 일부에 물이 고이도록 된 구조(봉수)를 가진 장치이다. 배수트랩에는 사이펀식 트랩(P트랩, S트랩, U트랩)과 비사이펀식 트랩(드럼트랩, 벨 트랩, 저집기류 트랩)이 있는데, 봉수 깊이는 50~100mm 정도가 바람직하다.

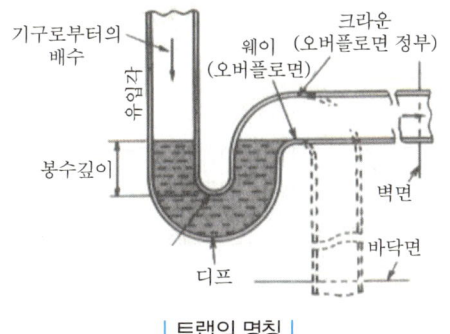

| 트랩의 명칭 |

봉수 깊이가 불필요하게 클 경우 배수의 흐름이 좋지 않아지므로 적정한 봉수 깊이를 유지하는 것이 좋으며, 이중으로 트랩 장치를 설치하는 것도 좋지 않다.

바닥 배수구(F.D)의 경우 봉수 깊이가 낮은 제품도 유통되고 있으나 배수의 유입 빈도가 적을 경우 트랩에 고인 물이 증발되면 봉수 기능을 상실하게 되므로 최소한 50mm 이상의 봉수 깊이를 확보할 수 있는 제품이 바람직하다.

① 사이펀식 트랩 : 관의 형상에 의한 것으로 자기 사이펀 작용으로 배수

| 종류 | 특징 |
|---|---|
| P 트랩 | • 세면기, 소변기 등의 배수에 이용<br>• 통기관 설치 시 봉수가 안정적이며 가장 널리 사용<br>• 배수를 벽체의 배수관에 접속하는데 사용 |
| S 트랩 | • 세면기, 소변기, 대변기 등에 사용<br>• 배수를 바닥의 배수관에 연결하는 데 사용<br>• 사이펀 작용에 의해 봉수가 파괴되는 경우가 많아 세면기에는 근래 많이 사용되지 않음 |
| U 트랩 | • 일명 가옥 트랩, 또는 메인 트랩<br>• 공공하수관으로부터의 악취 역류방지용으로 건물에서 옥외로 배출되는 메인 배수관에 주로 사용<br>• 수평 주관에 설치되어 흐름을 저해하거나 자주 막히는 결점은 있으나 봉수가 상당히 안정적임 |

② 비사이펀식 트랩 : 중력작용에 의해 배수

| 종류 | 특징 |
|---|---|
| 드럼트랩 | • 드럼 모양의 통을 만들어 설치함<br>• 보유 수량이 많아 봉수의 안정성이 높음<br>• 청소가 용이해 주로 주방용 싱크나 이물질이 많은 장치의 배수에 사용 |
| 벨트랩 | • 주로 바닥 배수용으로 사용<br>• 청소가 용이하나 상부 봉수컵이 제대로 설치되지 않으면 트랩 기능이 상실되므로 주의<br>• 증발에 의한 봉수 파괴가 잘됨 |

③ 저집기(Intercepter)

저집기는 배수 중에 혼입된 여러 가지 유해물질이나 기타 불순물 등을 분리 수집함과 동시에 트랩의 기능을 발휘하는 기구이다. 저집기 중 주방 등에서 기름기가 많은 배수로부터 음식 찌꺼기와 기름기를 제거·분리시키는 장치인 그리스 트랩이 대표적이다. 사용 장소나 용도에 따라 가솔린(또는 오일) 저집기, 모래 포집기, 모발 포집기, 플라스터 포집기, 세탁장 포집기 등 다양한 종류가 있다.

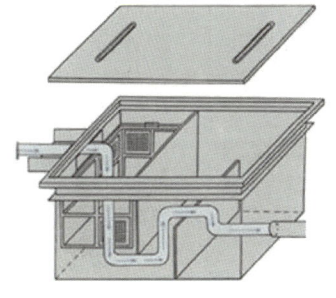

| 그리스 트랩 |

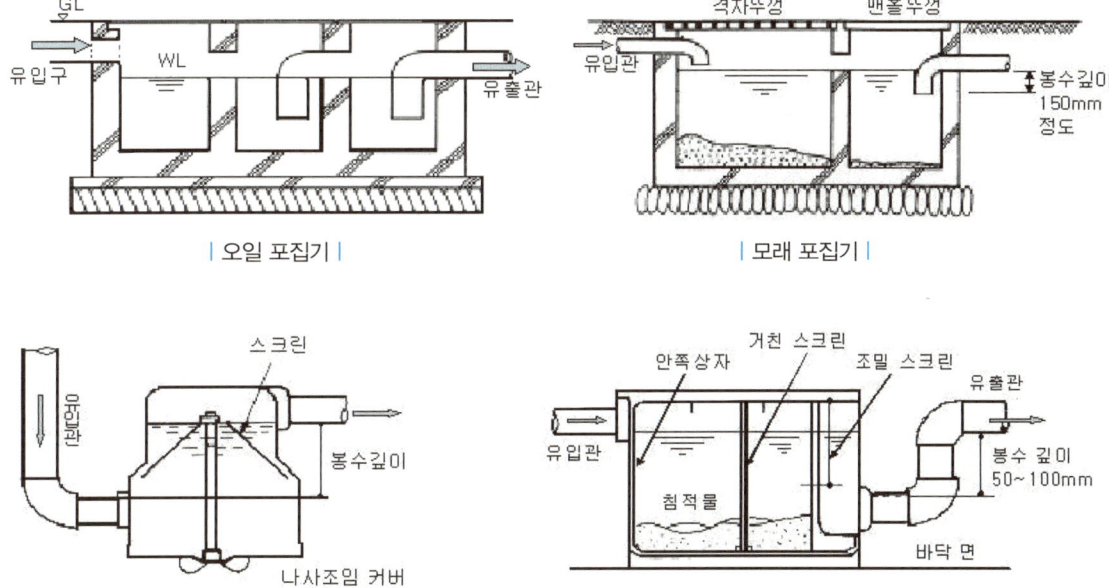

| 오일 포집기 |    | 모래 포집기 |

| 모발 포집기 |    | 플라스터 포집기 |

④ 위생기구의 트랩

오배수 배관뿐만 아니라 위생기구 자체에도 냄새의 역류를 막기 위하여 트랩 장치를 구비하고 있다. 양변기와 소변기에는 S나 P자 형태의 트랩을 구비하고 있고, 이외에도 소제싱크(청소 싱크)나 욕조, 주방 싱크대 등의 배수구에도 트랩이 설치되어 있다.

위생기구에 설치된 트랩은 보온을 하기 어려우므로 겨울철에 동파의 우려가 있는 경우 방열기나 별도의 난방기구를 설치해야 한다.

위생기구에 내장되었거나 구비된 트랩 장치의 경우 비교적 충분한 봉수량을 가지고 있으므로 연결된 배수관에는 별도의 트랩을 추가로 설치할 필요는 없으나, 바닥형 소변기의 경우 일부 모델은 봉수량이 충분하지 않아 배관에 추가로 트랩을 설치하는 경우도 있다.

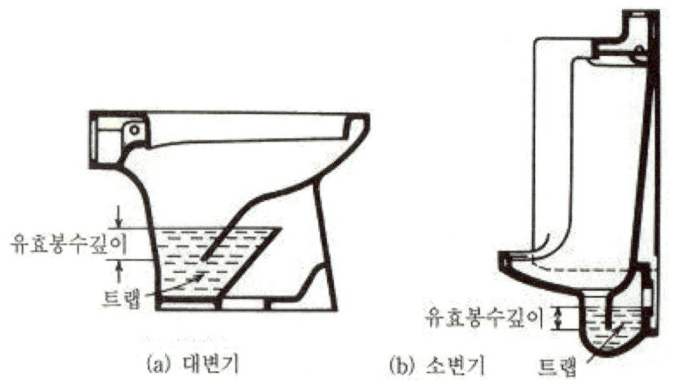

(a) 대변기    (b) 소변기

⑤ 트랩의 봉수 파괴 원인

오배수 배관을 사용하면서 트랩의 봉수 기능이 파괴되어 악취가 실내 쪽으로 유입되는 경우가 종종 있다. 간혹 봉수량이 충분하지 못한 트랩 기구를 사용함으로써 위생기구의 사용 빈도가 낮은 경우 봉수장치의 물이 증발하여 냄새가 역류하게 되며, 이밖에도 사이펀 작용이나 모세관 현상에 의해서도 봉수가 파괴되기도 한다.

특히 주변의 위생기구를 사용하거나 인접한 배관 내부의 압력 변동에 의하여 사이펀 현상이 발생해 봉수가 파괴되는 경우에는 대부분 통기관(vent)이 적절하게 설치되지 않아서 발생하게 된다. 고층 건물이거나 위생기구의 동시사용률이 높을 때에 이와 같은 사례가 많이 발생하므로 오배수 배관에서 통기관의 설치에도 많은 관심을 가져야 한다.

이외에도 트랩장치에 머리카락이나 옷감의 실 조각이 걸쳐져 있을 경우에도 모세관 현상에 의하여 봉수장치의 물이 배수관 쪽으로 넘어가는 경우가 있으므로, 위생기구의 봉수장치는 사용 빈도에 따라 주기적인 청소가 필요하다.

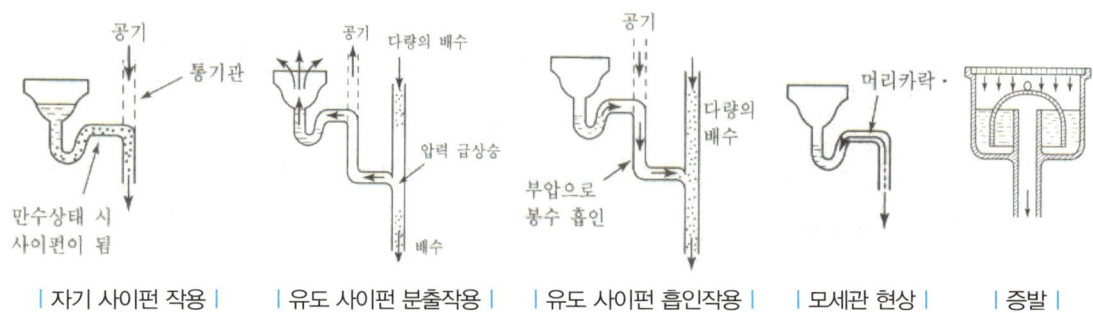

| 자기 사이펀 작용 |    | 유도 사이펀 분출작용 |    | 유도 사이펀 흡인작용 |    | 모세관 현상 |    | 증발 |

### (3) 천장 배관과 층상 배관공법

일반적으로 위생기구로부터 배출되는 오수나 배수는 아래층 천장 속에서 설치된 오·배수관을 통하여 배출된다. 그러나 근래에 공동주택에서는 층간 소음 문제가 사회적 이슈가 되고 있고, 층간 소음 중의 하나로 화장실 위생기구 사용 시의 배수 소음이나 생활음이 아래층으로 전달되어 발생하는 민원이 빈번하게 제기되면서 화장실의 오·배수 배관을 자기 층에 설치하는 층상 배관공법의 적용이 늘어나고 있다.

자기 층에 오·배수 배관을 설치하게 되면 위생기구 사용 시의 배수 소음이 바닥 구조체에 의해 1차적으로 차단되어 아래층으로의 소음 전달이 현저히 줄어들게 되고, 배관의 막힘이나 누수 시 자기 층에서 배관의 유지보수가 가능한 장점이 있다.

층상 배관공법에는 두 가지 방식이 있는데, 층상 바닥 배관공법과 층상 벽체 배관공법이 있다.

층상 바닥 배관공법은 화장실 바닥의 구조체를 100~200mm 정도 다운시켜 시공한 뒤 화장실 바닥 무근콘크리트층에 배관을 매립하는 방식이다. 배관 시공은 용이한 편이나 슬래브(slab) 다운을 위해 건축 구조보강이 필요하고, 바닥의 깊은 무근층에 물이 스며들어 섞거나 냄새를 유발하는 하자가 발생하기도 한다.

층상 벽체 배관공법은 위생기구가 부착되는 한쪽 벽면에 오·배수 배관을 설치하고 배관의 외부를 건식 벽체나 선반형 벽체로 마감하여 은폐시키는 방법이다. 화장실 바닥 구조체를 다운시킬 필요가 없고 배관의 유지보수도 용이한 편이다. 벽걸이 양변기를 사용하므로 도기의 바닥 접촉면에서 발생하던 곰팡이나 백시멘트 변색 등의 하자가 없고 고급스러운 이미지를 주어 근래 공동주택에서 적용 사례가 늘어나고 있다.

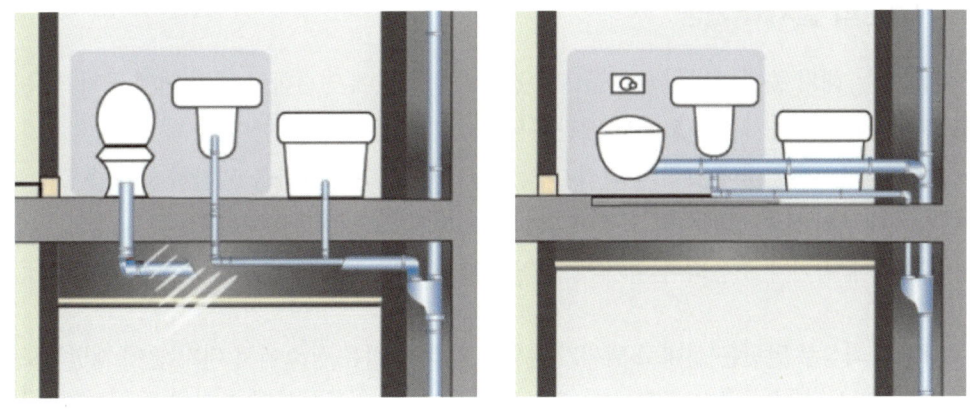

| 일반적인 배관방법(좌), 층상 배관공법(우) |

 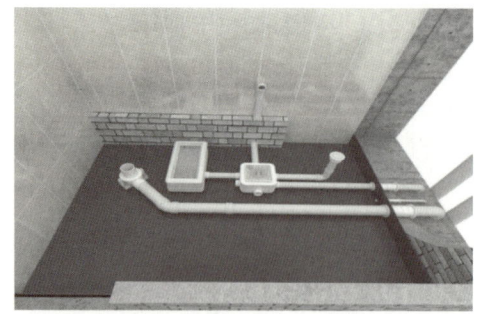

| 층상 바닥 배관공법1 : 화장실 슬래브를 다운시킨 뒤 바닥 무근콘크리트층에 배수관을 매립 |

| 층상 벽체 배관공법2 : 화장실 한쪽 벽면에 공간벽을 설치해 배수관을 매립 |

## 05 통기배관

### (1) 통기배관의 설치와 기능

통기설비는 대기 중에 개방된 배관을 오수관이나 배수관에 연결하여 배관 내에 공기가 유통될 수 있도록 하여 준다. 통기관은 오배수 배관에서 다음과 같은 기능을 한다.
- 오수·배수 배관 내에 압력이 걸리지 않도록 하여 배수의 흐름을 원활하게 해줌
- Trap 내부의 봉수가 배수의 압력에 의해 파괴되지 않도록 보호해 줌
- 배관 내에 공기가 소통되어 환기 및 청결을 유지하는 데 도움이 됨

통기관의 최상부 말단은 실내로 냄새가 유입될 우려가 적은 장소에서 대기 중에 개방되도록 설치하고, 통기관 설치 시 가급적 굴곡이 적게 하여야 한다. 특히 통기관의 수평배관은 역구배나 상하로의 굴곡이 없도록 하여야 하는데, 만일 배수관 쪽에서 이상이 발생하여 통기관 쪽으로 배수가 유입될 경우 통기관의 상하 굴곡 부위에 배수가 고여 통기관으로서의 기능이 상실되기 때문이다.

| 통기 입상관의 연결 |

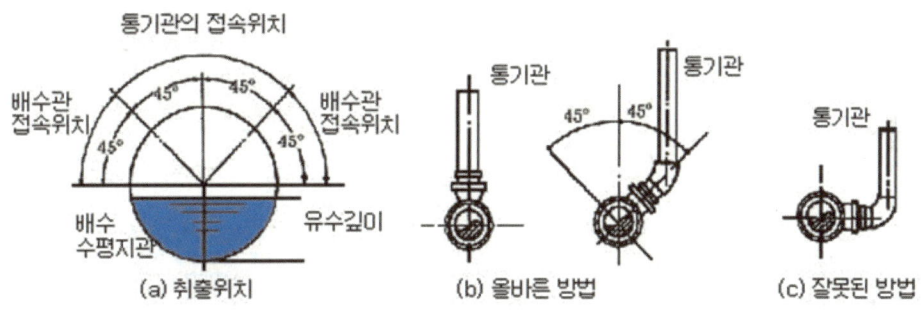

| 수평 배관의 통기관 연결 |

통기관의 관경은 통기관의 종류에 따라 다소 달라질 수는 있으나 일반적으로 접속되는 오수나 배수관 관경의 1/2 정도면 적당하고 최소 50A 이상으로 한다. 통기관을 배수관에 접속할 때에는 배관 상부, 또는 좌우 45° 각도 이내의 상부면에 연결하며, 수직 통기관을 향하여 상

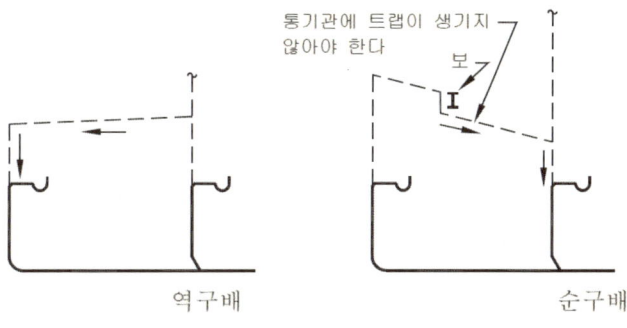

향 구배가 되도록 하여 통기관 내부에 물방울이 맺히거나 배수가 유입되더라도 자연유하에 의하여 배수관 쪽으로 흐르도록 한다.

일반적으로 오수와 배수의 통기관은 함께 묶어서 배관하여도 무방하나 특수폐수나 간접배수 계통의 통기관들은 각각 별도로 설치하는 것이 바람직하다. 또한 오·폐수 처리시설이나 오수집수정의 통기관도 건물 내 배관의 통기관과 묶지 않고 단독으로 대기 중으로 배출되도록 한다. 펌핑배관에 통기관을 연결하거나 배기덕트에 통기관을 접속하여 배출하는 것도 안 되는데, 펌프나 송풍기가 작동하게 되면 통기관 내의 압력이 크게 변화되므로 통기 기능이 원활하지 않거나 봉수가 파괴될 수 있기 때문이다.

입상통기관의 최상부는 관경의 축소 없이 그대로 대기 중에 개방되도록 하고, 최하부도 관경을 축소시키지 않고 배수수평지관보다 낮은 위치에서 배수수직관이나 배수수평주관에 연결해야 한다. 신정통기관도 배수입상관과 동일한 관경으로 접속하여 상부로 연장하도록 한다. 통기관이 대기에 개방되는 말단에는 동망 등을 설치하여 벌레가 유입되지 않도록 하고 냄새가 주위로 충분히 확산될 수 있도록 적절한 위치와 높이에 설치한다. 통기관 말단의 동망이 먼지나 동절기에 배관에서 올라온 수분이 결빙되어 막힐 수 있고 고드름도 생길 수 있으므로 가급적 유지관리가 될 수 있는 위치에 설치하도록 한다.

### (2) 통기 배관의 종류

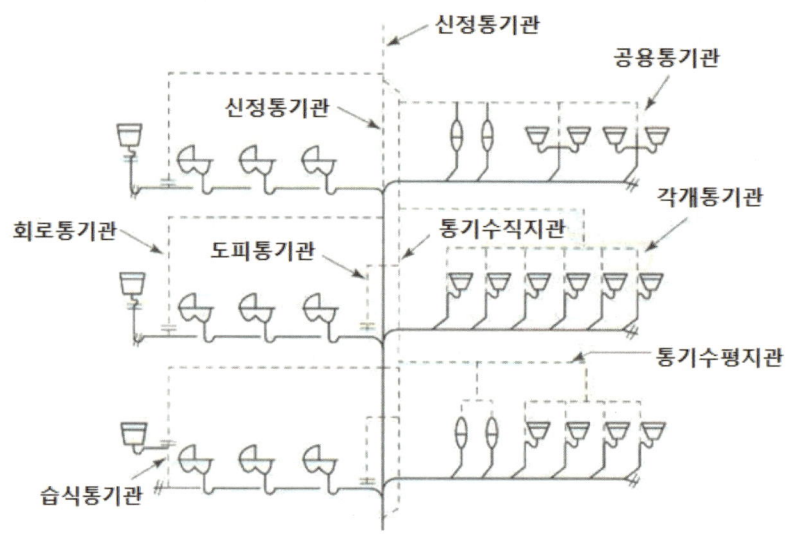

① 각개 통기관(개별 통기관)
- 위생기구마다 통기관을 설치(가장 이상적임)
- 각 위생기구마다 벽체 속에 통기관의 매립으로 건축 마감문제 및 시공비 증가
- 위생기구의 트랩 봉수의 보호 확실

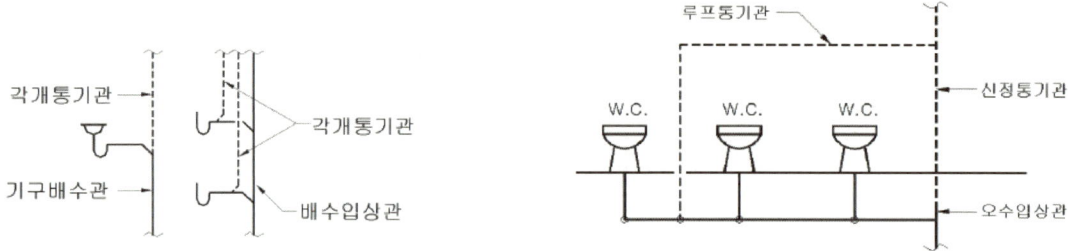

② 환상 통기관(회로 통기관, 또는 루프 통기관)
- 최상류 쪽 기구 바로 앞에 연결하여 환상 통기관을 통기수직관(입상통기관)에 접속
- 1개의 통기관이 8개 이내의 기구를 담당하며 수평거리는 7.5m 이내가 바람직
- 접속기구가 많으면 자기사이펀 현상이 생길 수 있으므로 수평배수주관에서 연결된 각 배수지관마다 환상 통기관을 설치하도록 함
- 환상 통기관이 접속된 배수관과 같은 층에 설치되었더라도 입상통기관에 연결할 때에는 반드시 접속된 기구의 트랩들보다는 높은 위치에서 연결되도록 상부층에서 연결해야 함

③ 도피 통기관
- 환상 통기관의 기능을 원활하게 하기 위해서 배수수평지관이 수직 배수관과 연결되는 바로 앞에서 접속하여 입상통기관에 연결함
- 하나의 배관지관에 설치된 양변기 수가 3개 이상일 경우도 도피 통기관을 설치
- 기구 수 8개 이상, 수평거리 7.5m 초과 시에 환상 통기관과 더불어 설치 필요

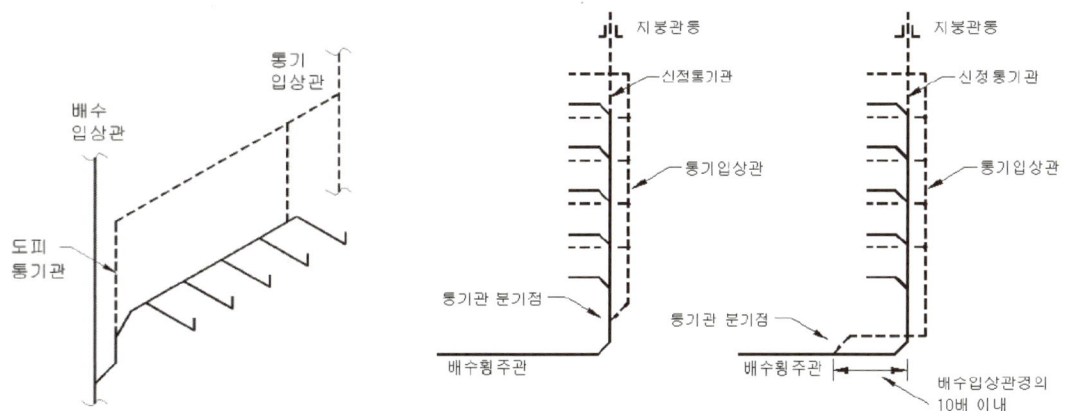

④ 신정 통기관
- 배수 입상관(수직관)의 최상단을 옥상이나 상부로 연장하여 대기 중에 개방
- 통기 효과는 배수 입상관에 한정되며, 각 층별 배수의 입상관 유입으로 인한 양압이나 부압의 형성을 예방하는 기능
- 배수 입상관은 중간에 굴절되거나 옵셋되지 않아야 하며, 부득이할 경우 옵셋된 하부의 배수 입상관에도 별도의 신정 통기관을 연결함

⑤ 결합 통기관
- 통기관과 오·배수의 입상관끼리 중간 몇 개층마다 연결
- 수직 배수관 내 기압 변동(+, −)을 막기 위해 입상관끼리의 공기 소통이 원활하도록 함
- 통기관 연결은 그 층의 바닥에서 1m 이상의 높이에서 Y관을 이용해 접속

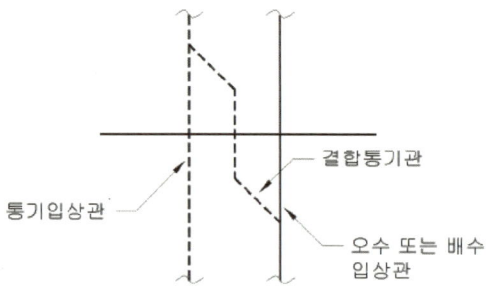

⑥ 습식 통기관
- 벽체에 배수관이 설치되는 세면기나 벽걸이 소변기의 벽체 배수관을 상부 쪽으로 연장
- 배수 시에는 배수관 역할을 하고 평상시에는 통기관의 역할을 함
- 대변기의 오수관은 습식 통기관으로 연결해서는 안 됨

⑦ 역 통기관
- 기구의 통기관을 그 기구의 넘침선보다 높은 위치에 세운 후 다시 내려서, 그 기구배수관이 다른 배수관과 합류 직전의 수평부에 접속하거나, 또는 바닥 밑에서 수평 연장해서 통기입상관에 접속하는 것
- 통기관을 하부의 자기 배수배관에 연결할 때에는 배수관경을 한 단계 크게 설치함
- 통기관을 하부 층에서 수평 연장한 후 입상관에 연결할 때에는 다시 윗층으로 들어올려 기구의 물넘침선보다 150mm 이상 높은 위치에서 연결되도록 함

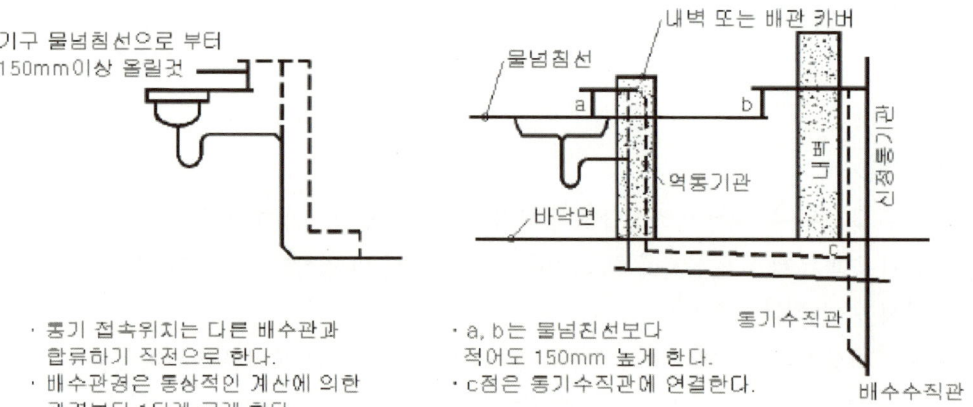

# 06 배수 입상배관

## (1) 종국길이, 종국유속

배수 수직관 내부의 낙하수의 유속은 중력가속도로 급격히 증가되지만 무한히 증가하지는 않는다. 배수 수직관 내벽과의 마찰저항과 관 내부의 공기로 인하여 배수의 속도는 어느 정도 이상이 되면 일정한 유속을 유지하게 되는데, 이때의 유속을 종국유속이라고 한다.

또한 배수가 수직관에 유입되어 종국유속에 이르기까지 낙하한 낙하길이(높이)를 종국길이라고 한다. 종국길이는 배관의 관경이 작을수록 짧아진다. 일반적인 사용조건에서 종국유속은 보통 수 m/s 정도인 것으로 알려져 있으며, 종국길이도 대개 3~6m 정도여서 고층건물에서도 배수의 낙하로 인한 문제는 크게 걱정하지 않아도 된다.

## (2) 섹스티아(sextia) 배수장치

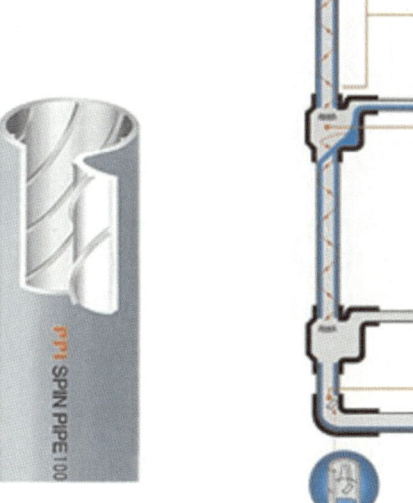

| 입상관 전용 PVC 배관 |

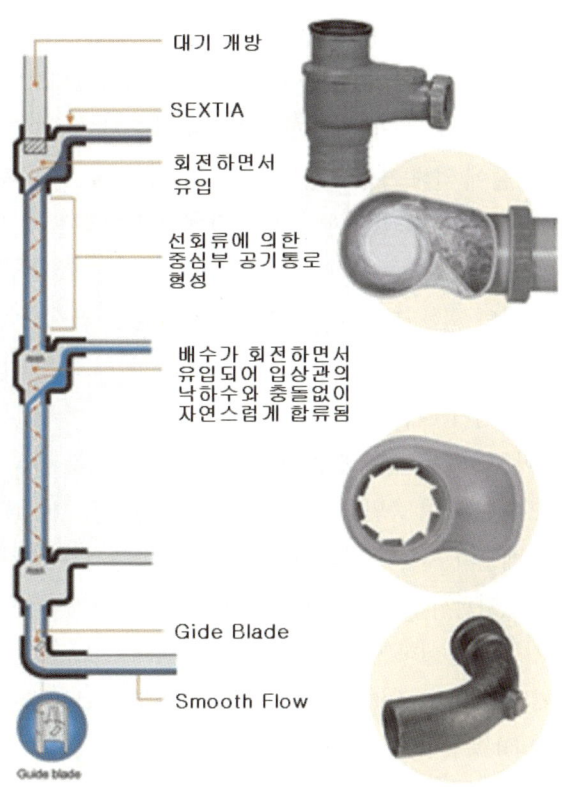

| 섹스티아 배수장치와 설치 사례 |

섹스티아 배수는 주로 공동주택의 오배수 입상관에서 사용되는 특수 배수방식으로, 배수 입상관과 각층의 수평지관의 연결부에 사용되는 섹스티아 부속과 수직 입상관의 최하부에 설치되는 섹스티아 밴드로 구성이 되어 있다.

섹스티아 이음쇠는 부속 내부에 배수의 회전을 유도하는 안내깃(guide blade)이 있어, 배수 수평지관으로부터 배수가 유입되어 수직관(입상관)으로 낙하될 배수가 회전하면서 낙하되도록 하는 장치이다. 섹스티아는 배수 수직관의 중심부에 공기 코어를 형성하게 하여 배수의 낙하를 보다 원활하게 하고, 신정 통기관의 경우 벤트 기능이 더욱 좋아지도록 한다. 섹스티아 이음쇠와 함께 배관의 내벽에 나선형의 선회 돌기가 있는 입상관 전용배관도 많이 사용된다.

또한 입상관의 최하부가 지하 횡주관과 연결되는 엘보 부위에는 섹스티아 밴드가 사용된다. 섹스티아 밴드 내부에도 안내깃이 설치되어 있어 낙하되는 오배수가 횡주관에 유입될 때 선회하면서 정체 없이 원활한 흐름을 갖도록 한다.

## (3) 배수관의 거품 역류와 발포존

자동세탁기의 보편적 사용과 합성세제 사용량 증가로 고층건물에서는 저층부 몇 개 층에서 실내로 거품이 역류하는 현상이 종종 발생한다. 특히 아파트에서는 신정통기방식이 배수 입상관에서 대부분 사용되고 있는데, 세제를 포함한 배수가 상층에서 배수되면 입상관 최하부와 횡주관이 연결되는 부분에서 충돌에 의해 거품이 급격히 확산되고, 이로 인해 저층부 세대에서 바닥배수구의 봉수가 파괴되면서 거품이 역류되곤 한다. 배수관에서의 거품 발생 과정을 살펴보면 다음과 같다.

① 위층에서 세제를 포함한 배수가 유하하면서 공기와 혼합되어 거품이 생성
② 수평주관(횡주관)을 지나면서 물은 거품보다 무겁기 때문에 먼저 내려가 버리고, 거품은 수평주관 또는 배관 굴곡부 이후의 관내에 충만
③ 거품성 배수가 계속 유입되면 증가되는 거품이 통기관까지 충만하게 되어 통기관의 기능을 상실하게 됨
④ 배수에 의해 관내 압력이 변동되면서 저층부의 트랩 봉수가 파괴되고 배관 속의 거품이 바닥 배수구(F.D) 등을 통해 세대로 역류

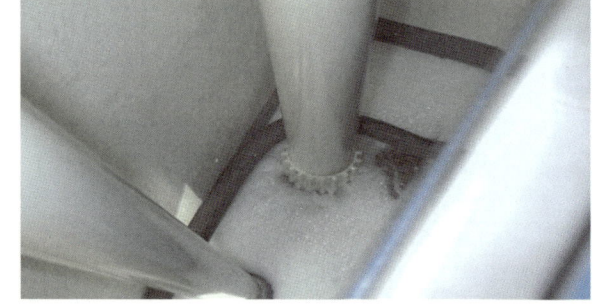

배수관에서 거품이 발생하는 부위를 발포존이라고 하며, 위치에 따라 배관경의 10~40배의 길이에 해당한다. 발포존에서는 가급적 위생기구나 배수 수평지관의 접속을 피해야 하며, 부득이 이 위치에 접속해야 할 경우 도피 통기관을 압력 상승이 없는 부분까지 연장해 연결해야 한다. 또한 횡주관과

저층부의 입상 통기관을 배수관과 별도로 설치하여 통기가 원활케 하고, 공동주택에서는 저층부 3개층의 세탁실 배수는 다른 층의 입상관과 구분하여 별도로 분리된 배관으로 설치하는 것이 좋다.

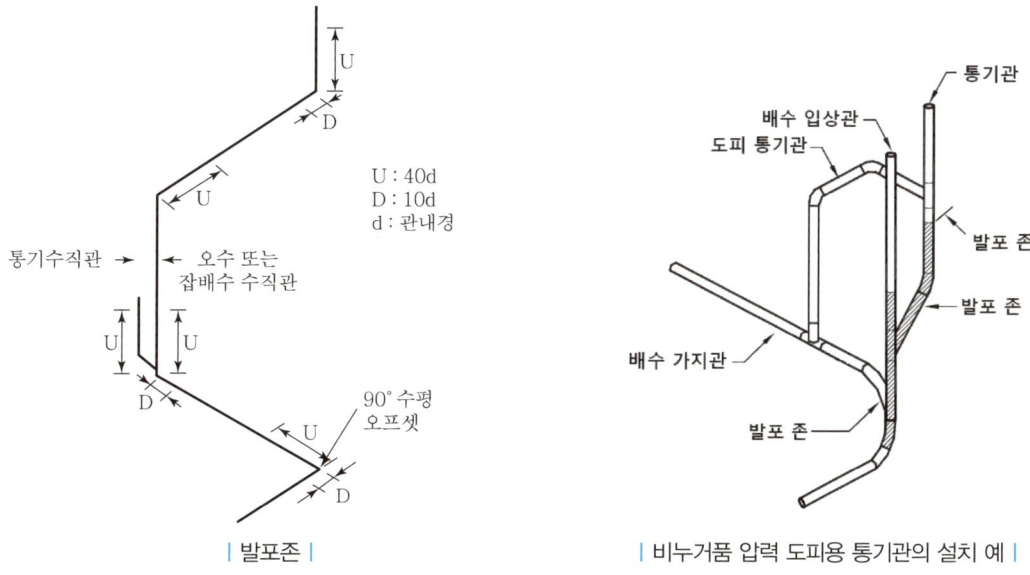

| 발포존 |    | 비누거품 압력 도피용 통기관의 설치 예 |

# 07 수평 배수관

## (1) 배관의 기울기(구배)

오·배수 배관에서의 물의 흐름은 배관의 기울기에 따라 자연유하식으로 배수가 이루어진다. 따라서 배수 수평배관에서는 무엇보다도 적정한 기울기(구배)의 확보가 중요하며, 기울기가 물의 흐름 방향과 반대(역구배)로 된 경우에는 당연히 배수가 불가능하다. 기울기가 내림구배로 된 경우에도 적정한 구배를 유지하지 않으면 자연유하식의 경우 배수가 원활하지 않을 수 있다.

수평배관의 기울기가 적으면 유속이 느려져 세정능력이 약화되어 배관 내 오물이 배수와 함께 휩쓸려 내려가지 못하고 중간에 가라앉게 된다. 이로 인하여 배관 도중에 오물이 퇴적되거나 스케일이 발생하여 막힐 우려가 높아진다.

반대로 기울기가 과다한 경우(구배 과다)에도 배수속의 오물들이 부유해 함께 떠내려 가기도 전에 물만 쉽게 빠져내려가 버리고 상대적으로 무거운 오물이 남아 가라앉게 되므로 이 또한 바람직하지 않다.

따라서 오·배수 수평배관의 최소 기울기는 배수관 내의 고형물을 원활히 배출시키고 스케일의 부착 방지 등을 고려하여 유속의 최저치는 0.6m/s, 최대치는 1.5m/s가 되도록 기울기 범위를 제한하고 있다. 배수관의 관경 선정 시에도 유량뿐만 아니라 기울기나 유속 등도 함께 고려해야 하는데, 배수 관경별로 적정한 배관 기울기는 다음과 같다.

▼ 배수 관경별 적정한 기울기

| 관 경 | 65A 이하 | 75~100A | 125A | 150A 이상 |
|---|---|---|---|---|
| 구 배 | 최소 1/50 | 1/100 | 1/150 | 1/200 |

· 출처 : 국토해양부의 "건축기계설비 표준시방서"의 기준임

| 구배 1/100의 예 |

## (2) 소제구(C.O) 설치

오수나 배수에는 찌꺼기 및 고형물이 포함되어 있어 사용 중에 배관이 막힐 우려가 있기 때문에 유지보수를 위하여 청소구(소제구)를 적정한 위치에 설치해야 한다. 보통 다음과 같은 곳에 소제구(C.O : Clean Out)를 설치한다.

- 건물의 배수관과 옥외의 하수관이 접속되는 부분
- 배수 수직관의 최하단부(입상관과 횡주관이 연결되는 부분)
- 수평 지관이나 횡주관의 기점부(맨 끝부분 시작하는 곳)
- 배수관이 45도 이상의 각도로 방향 전환하는 곳
- 관경 100A 이하 수평관은 직선거리 15m마다, 125A 이상은 30m마다 소제구 설치
- 각종 트랩 및 기타 막힐 우려가 많아 청소구 설치가 필요한 곳

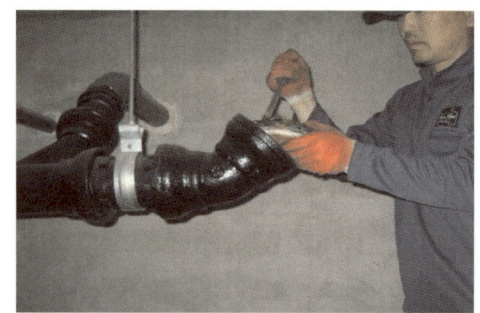

소제구를 설치할 때는 주변에 유지보수를 위한 공간을 확보해야 하며, 관리자의 접근이 용이해야 한다. 소제구가 천장 속에 설치될 경우에는 천장 마감면에 점검구를 설치하며, 소제구가 바닥에 매립될 때에는 바닥면까지 끌어 올려 바닥 소제구(F.C.O : Floor Clean Out)를 설치한다.

소제구는 설치하고자 하는 위치에 45도 곡관을 사용하여 상부 쪽으로 배관을 꺾어 올린 후 수평배관보다 높은 위치에 소제구 캡을 설치해야 한다. 그래야 소제구 캡을 분해해서 청소하고자 할 때 수평배관 내에 고여 있는 오물이 넘쳐 흘러 내리는 것을 최소화할 수 있다.

| 바닥 소제구 : F.C.O |

# 08 배수 관경의 결정

배수관의 관경 결정방법에는 NPC에 의한 "기구 배수부하단위법"과 일본의 HASS 206의 "정상유량법"이 있다. "기구 배수부하단위법"이 FU에 의해 산출방식으로 간단하여 우리나라에서 보편적으로 사용하고 있는데, 세부적인 산출방법은 다음과 같다.

## (1) 기구 배수부하단위법

기구 배수부하단위법은 미국의 NPC(National Plumbing Code)에 의한 표준기구로서, 구경 32mm의 트랩을 갖는 세면기의 최대 배수 시의 유량 $28.5\ell$ /min을 기준으로 배수부하단위 1로 정하고, 이것을 기준으로 다른 기구들의 상대적인 배수단위를 정하게 된다.

배수 관경의 결정은, 관경을 선정하고자 하는 구간에 설치되어 있는 각 위생기구들의 배수단위에 설치된 수량을 각각 곱하여 합산한 뒤, 배수 관경별 허용 최대 배수기구 단위수와 비교해 허용치 이내의 관경을 선정하면 된다. 비교적 산출방식이 간단하고 계산이 용이해 많이 사용되나 배수의 피크 부하량 산정은 곤란한 단점이 있다.

▼ 위생기구별 배수 단위

| 기구의 종류 | 세면기 | 대변기 (L/T) | 대변기 (F/V) | 소변기 | 싱크 (주택용) | 욕조 (주택용) |
|---|---|---|---|---|---|---|
| 배수 단위 | 1 | 4 | 8 | 4 | 2 | 2 |

## (2) 배수 관경 결정 순서

① 설치되는 위생기구들의 기구 배수부하단위를 [표 1]에서 확인함
② 관경을 구하려는 배수관에 설치되는 위생기구들의 기구배수부하 단위수를 누계함
③ 집계된 부하배수 단위를 수용할 수 있는 적정한 배수 수평지관의 관경을 [표 2]에서 선정함
④ 배수 수직관의 관경도 [표 2]에서 선정함
⑤ 배수 수평주관 및 부지 배수관의 관경을 [표 3]에서 산출함(펌프의 토출관을 수평지관에 접속 시 3.8lpm마다 FU 2로 환산하여 누계함)

▼ [표 1] 위생기구별 기구 배수부하단위

| 기구의 종류 | 트랩의 최소구경 | 기구배수 부하단위 | 기구의 종류 | 트랩의 최소구경 | 기구배수 부하단위 |
|---|---|---|---|---|---|
| 대변기(세정탱크식) | 75 | 4 | 오물싱크 | | 8 |
| 대변기(세정밸브식) | 75 | 8 | 수술용 싱크 | 75~100 | 3 |
| 소변기(벽걸이, 소형) | 40 | 4 | 실험실 싱크 | 40 | 1.5 |
| 소변기(스톨, 대형) | 50 | 4 | 조리용 싱크(주택용) | 40 | 2 |
| 소변기(스톨, 사이펀제트) | 75 | 8 | 싱크(탕비실용) | 40 | 3 |
| 세면기 | 30 | 1 | 싱크(공중용) | 50 | 4 |
| 수세기 | 25 | 0.5 | 접시세척기(주택용) | 50 | 2 |
| 수술용 세면기 | 30, 40 | 2 | 세면싱크(병렬식) | 40 | 2 |
| 세발기 | 30 | 2 | 바닥배수 2) | 40 | 0.5 |
| 수음기 | 25, 30 | 0.5 | | 40 | 1 |
| 치과용 유니트나 세면기 | 30 | 1 | | 50 | 2 |
| 욕조(주택용) 1) | 30, 40 | 2 | 1세트 욕실기구 3) | 75 | 6 |
| 욕조(서양식) | 40, 50 | 3 | 1세트 욕실기구 4) | | 8 |
| 샤워(주택용) | 50 | 2 | 표준기구 이외의 것 | | |
| 연립샤워(헤드 1개당) | | 3 | | 30이하 | 1 |
| 비데 | 30, 40 | 3 | | 40 | 2 |
| 청소싱크 | 75 | 3 | | 50 | 3 |
| 세탁싱크 | 40 | 2 | | 75 | 5 |
| 청소싱크(잡용, P트랩부착) | 50 | 2 | 배수펌프,이젝터 5) (토출량 3.8lpm마다) | 100 | 6 |
| 연합 싱크 | 40 | 3 | | | 2 |

1) 욕조 위에 설치되어 있는 샤워는 기구배수부하단위수와 관계없다.
2) 바닥배수는 물을 배수시키는 면적에 의해 결정한다.
3) 세정탱크식 대변기+세면기+욕조 또는 샤워
4) 세정밸브식 대변기+세면기+욕조 또는 샤워
5) 배수펌프만이 아니라 공조기기나 유사한 기계기구로부터의 토출수도 동일하게 3.8ℓ/min마다 2단위로 한다.

▼ [표 2] 배수 수평지관 및 수직관의 허용 최대 기구 배수부하 단위수

| 관경<br>(mm) | 허용 최대 기구 배수부하 단위수 | | | |
|---|---|---|---|---|
| | 배수 수평지관 [1] | 3층 건물 또는 브랜치 간격 3을<br>갖는 1개 수직관 | 3층 이상인 건물 | |
| | | | 1개 수직관 | 1층분 또는 1브랜치 간격의 합계 |
| 30 | 1 | 2 | 2 | 1 |
| 40 | 3 | 4 | 8 | 2 |
| 50 | 6 | 10 | 24 | 6 |
| 65 | 12 | 20 | 42 | 9 |
| 75 | 20 [2] | 30 [3] | 60 [3] | 16 [2] |
| 100 | 160 | 240 | 500 | 90 |
| 125 | 360 | 540 | 1,000 | 200 |
| 150 | 620 | 960 | 1,900 | 350 |
| 200 | 1,400 | 2,200 | 3,600 | 600 |
| 250 | 2,500 | 3,800 | 5,600 | 1,000 |
| 300 | 3,900 | 6,000 | 8,400 | 1,500 |
| 375 | 7,000 | — | — | — |

1) 배수 수평지관이란 기구 배수관으로부터의 배수를 배수 수직관 또는 배수 수평주관에 인도하는 수평관을 말함. 배수 수평주관의 지관은 포함하지 않음
2) 대변기 2개 이내일 것
3) 대변기 6개 이내일 것

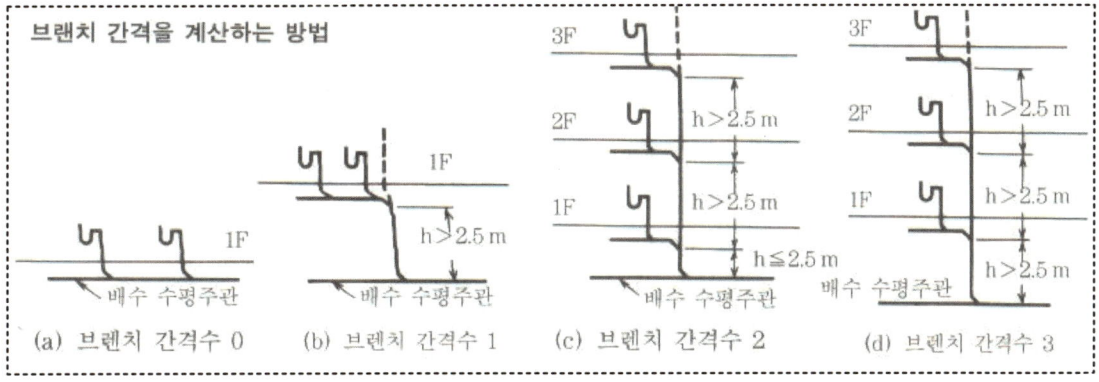

• 브랜치 간격 : 배수입상관에 접속된 각 층의 배수횡지관이나 배수횡주관 사이의 수직 거리가 2.5m를 넘는 배수입상관의 구간을 말함

▼ [표 3] 배수 수평주관 및 부지 배수관의 허용 최대 기구 배수부하 단위수

| 관경 (mm) | 배수 수평주관[1] 및 부지 배수관[2]에 접속 가능한 허용 최대 기구배수 부하단위수 ||||
|---|---|---|---|---|
| | 구 배 ||||
| | 1/200 | 1/100 | 1/50 | 1/25 |
| 50  |       |        | 21     | 24     |
| 65  |       |        | 24     | 31     |
| 75  |       | 20 [3] | 27 [3] | 36 [3] |
| 100 |       | 180    | 216    | 250    |
| 125 |       | 390    | 480    | 575    |
| 150 |       | 700    | 840    | 1,000  |
| 200 | 1,400 | 1,600  | 1,920  | 2,300  |
| 250 | 2,500 | 2,900  | 3,500  | 4,200  |
| 300 | 3,900 | 4,600  | 5,600  | 6,700  |
| 375 | 7,000 | 8,300  | 10,000 | 12,000 |

1) 배수 수평주관은 배수 수평지관으로부터 수직관에 배수를 인도하는 관 및 배수 수직관 또는 수평지관, 기구배수관으로부터의 배수를 모아 부지 배수관에 인도하는 관을 말함
2) 부지 배수관은 배수 수평주관의 종점, 즉 건물 외벽면으로부터 1m 떨어진 지점에서 시작되며, 배수 본관이나 공공하수도 또는 타 배수 처리 개소로의 유입점까지의 배관을 말함
3) 대변기 2개 이내일 것

## (3) 배수관 관경 선정 시 유의사항

배수관의 관경 선정 시 최소 관경은 30mm 이상으로 하되 기구별로 접속 관경을 고려해 선정해야 하며, 지하 매설 배수관의 경우에는 최소 50mm 이상의 관경으로 설치해야 한다. 배수가 흐르는 방향으로 관경을 축소시키는 것은 막힐 우려가 매우 크므로 절대 금지해야 한다. 또한 집수정 배수 펌핑배관 등 압력이 걸리거나 유량이 큰 배관은 가급적 별도의 배관으로 옥외 토목 맨홀까지 연결하는 것이 바람직하나 부득이한 경우라면 최대한 배수관의 옥외 배출지점 근처에서 Y관을 사용해 물 흐름방향으로 연결하도록 한다.

배수 수직관은 물이 낙하하면서 배수 수직관 중심부에 공기심이 생기게 되는데, 관경이 작을수록 공기심의 단면이 적어져 하부층에서 급격한 압력 상승이 일어날 소지가 있다. 따라서 배수 수직관의 관경은 최하부의 가장 큰 배수부하에 적합한 관경과 동일한 관경으로 상층부까지 전체적으로 통일하여 설치한다. 특히 신정통기관방식일 경우에는 관경을 여유있게 선정할 필요가 있다.

수평 배수주관에서는 배수 수직관이 연결되어 합류되는 지점에서 급격히 흐름이 바뀌게 되면서 물이 튀어오르는 도수 현상이 발생될 가능성이 있다. 보통 배수 수평주관은 수직관보다 한 단계 큰 관경으로 선정하는 것이 바람직하다.

## 09 우수 배수관의 관경 선정

### (1) 입상 우수관의 관경 선정

건물의 옥상이나 발코니, 벽면을 타고 흘러내리는 우수의 처리를 위해서도 건물 내에 우수배관이 설치되어야 하는데, 우수배관의 관경은 지붕면적과 시간당 최대 강우량을 기초로 하여 관경을 산출한다. 우수 입상관의 크기는 아래의 표에서 시간당 강우량에 따른 지붕면적을 만족하는 입상관경이 선정되도록 하면 된다. 수평 지붕면적 이외에도 지붕 위에 설치된 수직벽면으로부터 우수가 지붕으로 흘러내리는 경우에는 지붕으로 빗물이 흐르는 모든 수직 벽 면적의 1/2을 수평투영 지붕면적에 더하여 입상관과 수평관의 크기를 결정한다.

▼ 강우량에 따른 우수 입상관의 크기

| 관경<br>(DN) | 시간당 강우량에 다른 허용 수평 지붕면적(m²) | | | | | | | | |
|---|---|---|---|---|---|---|---|---|---|
| | 50mm/h | 75mm/h | 100mm/h | 125mm/h | 150mm/h | 175mm/h | 200mm/h | 225mm/h | 250mm/h |
| 50A | 134 | 89 | 67 | 54 | 45 | 38 | 34 | 30 | 27 |
| 80A | 408 | 272 | 204 | 164 | 136 | 117 | 102 | 91 | 82 |
| 100A | 854 | 570 | 427 | 342 | 285 | 244 | 214 | 190 | 171 |
| 125A | 1608 | 1072 | 804 | 643 | 536 | 460 | 402 | 357 | 322 |
| 150A | 2508 | 1672 | 1254 | 1003 | 836 | 717 | 627 | 557 | 502 |
| 200A | 5388 | 3592 | 2694 | 2155 | 1796 | 1540 | 1347 | 1197 | 1078 |

### (2) 입상 수평관의 관경 선정

건물의 우수 수평관의 관경은 다음과 같이 각 구배별로 최대 지붕면적으로 결정한다.

▼ 강우량 및 구배에 따른 우수 수평관의 크기

| 관경<br>(DN) | 시간당 강우량 및 구배에 다른 허용 수평 지붕면적(m²) | | | | | | | | | |
|---|---|---|---|---|---|---|---|---|---|---|
| | 50mm/h | | 75mm/h | | 100mm/h | | 125mm/h | | 150mm/h | |
| 구배 | 1/200 | 1/100 | 1/200 | 1/100 | 1/200 | 1/100 | 1/200 | 1/100 | 1/200 | 1/100 |
| 80A | 31 | 44 | 21 | 30 | 16 | 22 | 13 | 18 | 10 | 15 |
| 100A | 66 | 94 | 44 | 637 | 33 | 47 | 27 | 38 | 22 | 31 |
| 125A | 115 | 162 | 77 | 108 | 58 | 81 | 46 | 65 | 38 | 54 |
| 150A | 177 | 251 | 118 | 167 | 89 | 126 | 71 | 100 | 59 | 84 |
| 175A | 255 | 360 | 170 | 240 | 127 | 180 | 102 | 144 | 85 | 120 |
| 200A | 367 | 520 | 245 | 347 | 184 | 260 | 147 | 208 | 122 | 173 |
| 250A | 668 | 948 | 445 | 632 | 334 | 474 | 267 | 379 | 223 | 316 |

| 관경 (DN) | 시간당 강우량 및 구배에 다른 허용 수평 지붕면적(m²) | | | | | | | | | |
|---|---|---|---|---|---|---|---|---|---|---|
| | 50mm/h | | 75mm/h | | 100mm/h | | 125mm/h | | 150mm/h | |
| 구배 | 1/50 | 1/25 | 1/50 | 1/25 | 1/50 | 1/25 | 1/50 | 1/25 | 1/50 | 1/25 |
| 80A | 63 | 89 | 42 | 59 | 31 | 44 | 25 | 35 | 21 | 30 |
| 100A | 133 | 188 | 89 | 126 | 66 | 94 | 53 | 75 | 44 | 60 |
| 125A | 232 | 327 | 155 | 218 | 116 | 163 | 93 | 131 | 77 | 109 |
| 150A | 356 | 511 | 237 | 341 | 178 | 256 | 142 | 205 | 119 | 170 |
| 175A | 510 | 724 | 340 | 483 | 255 | 362 | 204 | 290 | 170 | 241 |
| 200A | 740 | 1040 | 493 | 693 | 370 | 520 | 296 | 416 | 247 | 347 |
| 250A | 1338 | 1858 | 892 | 1239 | 669 | 929 | 535 | 743 | 446 | 619 |

## 10 오·배수관의 유지관리

### (1) 오·배수 배관의 보온

- 배관 내 배수의 온도가 낮거나 배관이 설치된 실내의 온도나 습도가 높을 경우 결로의 우려가 있으므로 보온이 필요함(예 : 실내에 설치된 우수관이나 공기조화기 드레인관, 에어컨의 결로수가 합류되는 배관)
- 아파트의 경우 1층 발코니 하부 노출배관, 피로티 하부배관의 경우 동절기 동파 우려가 높으므로 보온 및 열선 시공 등의 보완조치를 하여야 함

### (2) 배수 온도가 높은 배관

- 식당 주방의 배수, 샤워장이나 수영장, 사우나 등의 배수는 배출되는 온도가 높으므로 가급적 PVC관보다는 주철관으로 배수관을 설치하는 것이 좋음
- PVC로 배수관을 설치할 경우 장시간 사용하거나 급탕 사용빈도가 높은 경우 배관이 변형되어 처질 우려가 높으며, 이 경우 배수가 불량해지거나 막히게 되므로 지지철물(행거)의 설치 간격이 멀어지지 않도록 표준시방서에 따라 설치되어야 함

▼ PVC 배관의 행거 및 지지 철물의 설치간격

| 관 경 | ~ D15 | D20 ~ D40 | D50 | D65 ~ D125 | D150 ~ |
|---|---|---|---|---|---|
| 설치 간격 | 0.75m 이내 | 1.0m 이내 | 1.2m 이내 | 1.5m 이내 | 2.0m 이내 |

- 급탕탱크나 열교환기, 보일러, 냉온수기, 냉온수 순환펌프, 공기조화기의 코일 드레인배관과 같은 장비 드레인관은 배출수의 온도가 높으므로 반드시 강관 재질로 설치해야 함
- 아울러 배수배관에 폐열회수장치(배수가 지니고 있는 열을 이용하여 급탕수를 예열)가 설치된 경우에는 주기적으로 내부의 이물질 부착이나 퇴적 상태를 확인해 청소가 필요함

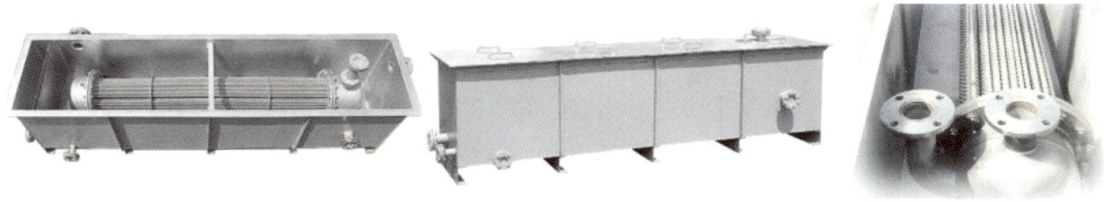

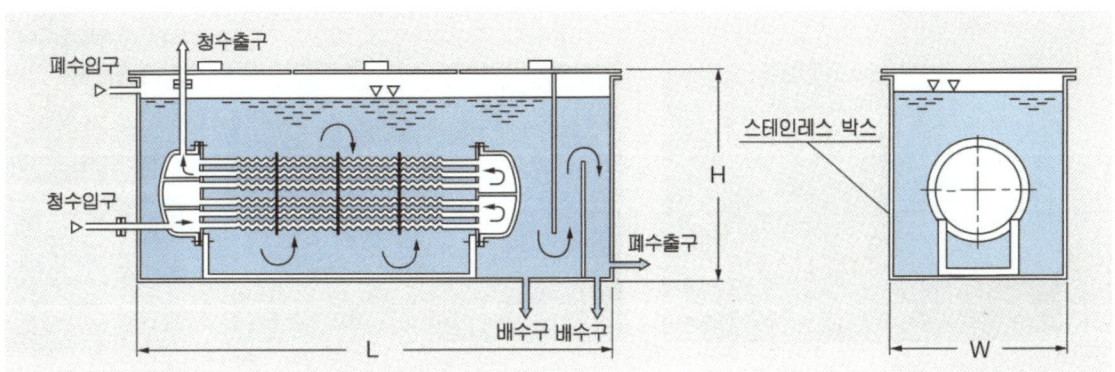

| 배수의 폐열회수기 |

## (3) 냄새의 역류

- 오수와 배수를 하나의 배관으로 통합하여 배관할 경우 오수의 냄새가 배수 계통으로 역류할 우려가 있으므로 가능하다면 별도의 배관으로 분리하여 설치하는 것이 좋음
- 바닥배수구의 경우 이물질 청소 후 봉수컵이나 봉수캡을 정확히 밀실하게 끼워 넣어 조립하지 않으면 냄새가 실내 쪽으로 유입되므로 조립 시 누설이 없도록 정확히 조립해야 함

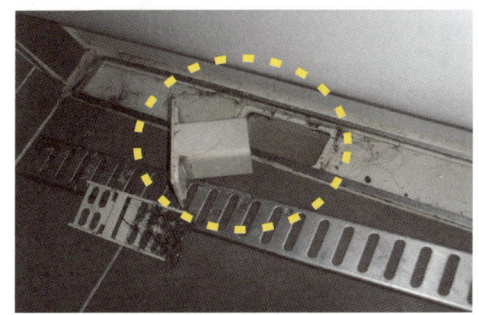

| 트랜치형 바닥배수구의 봉수컵 |

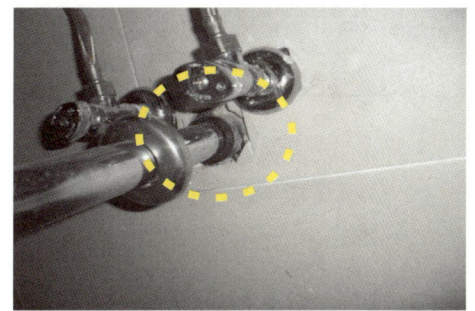

| 세면기 배수관의 고무패킹 |

- 세면기나 싱크대의 배수가 배수관에 연결되는 부분은 냄새가 누출되지 않도록 고무마개, 또는 고무패킹을 이용해 밀폐해야 함
- 오·배수 배관에 통기관이 제대로 설치되지 않은 경우 배수 불량은 물론 냄새가 역류될 수 있으므로 적절하게 통기관이 설치되어야 함

## (4) 배관의 막힘

- 배관 막힘의 가장 큰 원인 중의 하나는 배관의 기울기(구배)가 부적절한 경우이므로, 배관 설치 후 횡주관의 기울기가 적정한지 반드시 확인하여야 하며, 사용중 배관이 자주 막힐 때에도 기울기를 확인하여 관련 기준에 부적절하면 기울기를 조정하도록 함

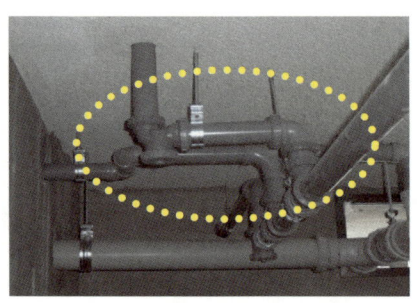
| 배수관의 역구배 |

| 기름 성분의 응고, 이물질에 의한 막힘 |

- 배수에 기름 성분이 많을 때에는 배수관 내에서 기름이 서서히 응고되어 얼마가지 못해 배관이 막히게 되므로, 음식점이나 주방 등의 배수관에는 기름을 걸러낼 수 있는 그리스트랩을 반드시 설치해야 함
- 오·배수관의 관경이 부족하거나 통기관이 누락된 경우에도 배수가 불량해지게 됨
- 위생기구 자체에 트랩을 구비하고 있는 경우 배관 관로에 추가로 트랩을 설치하면 배수가 원활하지 않고 자주 막힐 우려가 있으므로 이중트랩이 되지 않도록 함

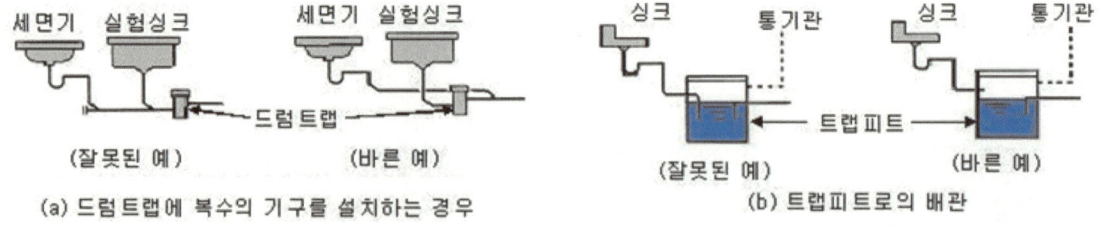
| 이중트랩 설치사례 |

- 주방이나 공공의 장소에 노출된 바닥배수구, 옥상이나 발코니의 우수 드레인, 샤워실이나 작업장의 배수 등 이물질이 배수와 함께 혼입될 우려가 있는 경우 배수구 입구에 거름망을 설치하거나 수시로 점검/청소가 용이하도록 소제구를 설치함

# CHAPTER 28 에너지 절약방안 및 운전기법

건물은 신축을 위한 건설공사에서부터 준공 후 운용과 개보수 및 리모델링, 그리고 사용이 완료된 후 폐기에 이르기까지 막대한 에너지와 자원이 투입되어야 한다. 국가적으로도 국내에서 연간 사용하는 1차 에너지의 상당 부분이 건물의 냉난방을 위해 소비되고 있으며, 건물의 사용과 유지관리 과정에서 에너지 소비 결과로 배출되는 다량의 부산물들은 처리 비용의 부담과 함께 또다른 환경적 문제를 유발시킨다는 우려도 있다.

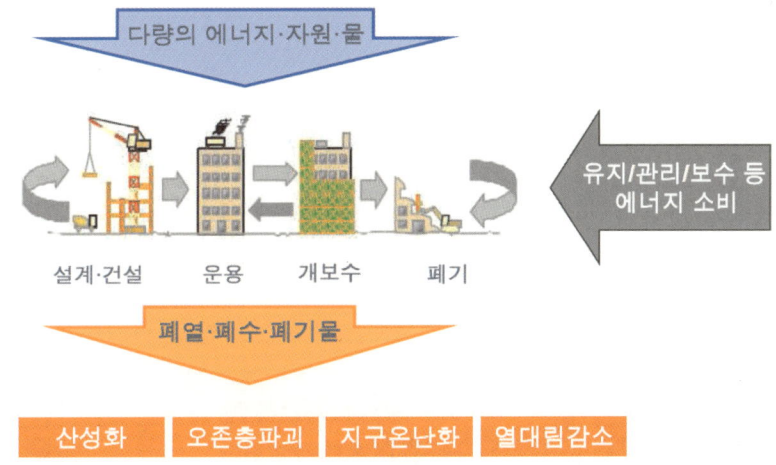

그래서 그동안 건축기계설비를 경제적이고 효율적으로 구성하고 다양한 에너지 절감방식들을 적용하여 사용 에너지를 절감하고자 하는 노력이 광범위하게 진행되어 왔다. 다음의 에너지 절감방안들은 각 시설의 설비구성과 운영방식에 따라 그 실효성과 절감량이 달라질 수 있으므로, 현장에 적합한 방식을 검토하고 합리적으로 적용해 나가고자 하는 고민이 필요하다.

# 01 건축 및 환경적 측면에서의 에너지 절감

## (1) 지붕 증발 냉각

- 지하수나 우수 등을 이용하여 공장이나 창고, 대형 판매시설, 전시장 등 넓은 면적의 지붕에 살수함
- 살수된 물이 증발되면서 증발 냉각효과가 발휘되어 건물의 냉방부하가 절감됨

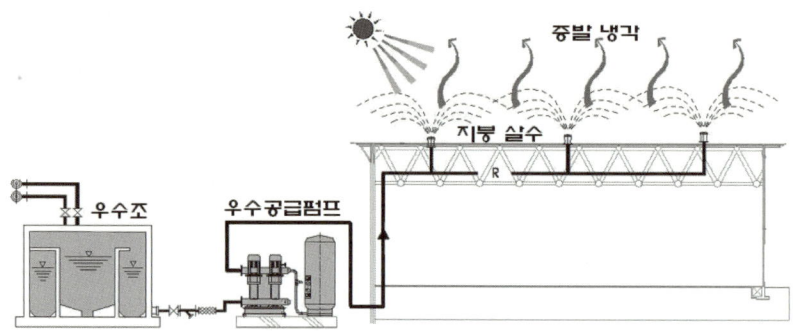

## (2) 벽천 분수(Water Wall)를 이용한 냉각효과

- 건물의 외벽에 물을 흘려 내려보내, 물의 증발 냉각효과에 의한 냉방부하 절감
- 여름철 외벽이나 유리창의 온도 상승 억제, 약간의 일사차단 효과, 건물의 이미지 제고 및 인테리어 효과

## (3) 고측창 및 천창 설치로 자연광 활용

- 지붕면에 천창 및 고측창을 설치하여 실내로 최대한의 자연광이 유입되도록 함
- 풍압차로 인한 실내공기의 자연환기 효과도 있어 실내 공기질 향상
- 톱니형 천창 설치로 실내 직달 일사는 최소화하고 자연 확산광은 유입

## (4) 조경을 이용한 방풍, 차음 효과

- 건물 주변의 소음원 주변에 나무를 심어 실내에서 받는 소음의 영향을 최소화함
- 조경용 식재는 동절기 방풍림 역할도 하므로 건물의 열손실 절감 및 틈새 바람 유입을 줄여줌

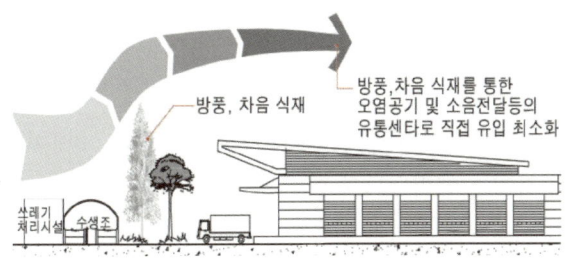

## (5) 로비/홀의 유인팬 및 전동창 설치

- 여름철 : 상부의 전동창을 개방하여 햇볕에 의해 데워진 창가 쪽의 더운 공기를 외부로 자연 배출시킴
- 겨울철 : 난방장치 가동 시 천장고가 높은 쪽에 정체된 고온의 공기를 유인팬을 가동하여 하부의 바닥 쪽으로 순환시켜 전체적으로 실내 온도의 균형을 이룸

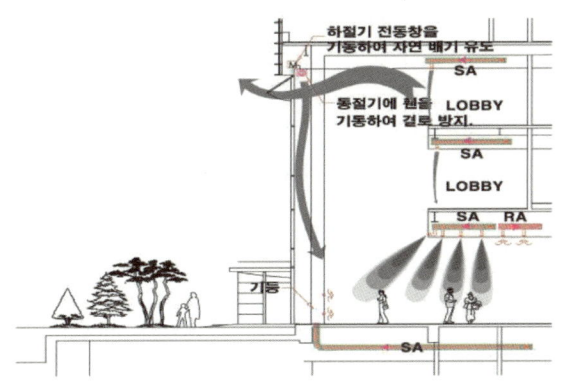 

## (6) 건물의 옥상이나 벽체의 조경을 이용한 냉난방 부하 저감

- 건물의 옥상 자연 녹화나 벽체 조경을 통하여 냉난방 외피 부하 감소
- 건물 외피 녹화를 통하여 에너지 절감뿐만 아니라 자연친화적 휴식공간 조성

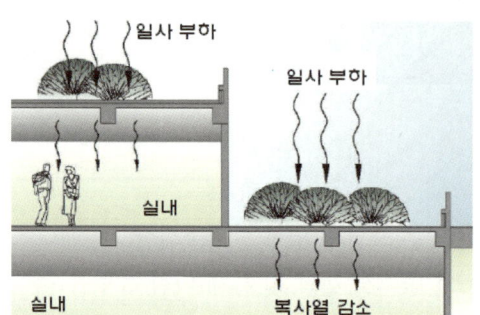 

## (7) 외기 도입 공기의 지중 열교환(급기 타워, 쿨 튜브)

- 공조 장비의 외기 도입 시 급기 타워와 땅속에 매립된 쿨 튜브(Cool tube)를 거치면서 외기가 하절기에는 예냉되고 동절기에는 예열되도록 함
- 지중 열교환을 통하여 도입되는 외기를 이용함으로써 공기조화기에서의 냉/난방 부하를 절감하여 에너지 절약 가능

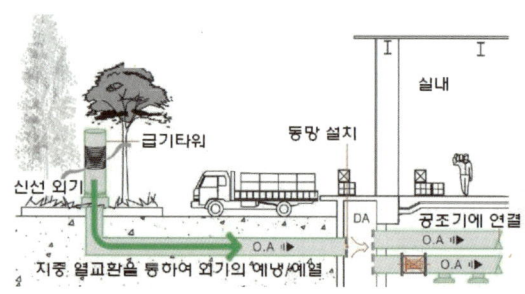 

## (8) 일사 조절용 루버 설치

- 건물 외벽에 여름철 강한 햇볕을 가려줄 수 있는 루버를 설치하여 일사에 의한 냉방부하를 절감시켜 줌
- 근래에는 가동식 루버를 설치하여 계절에 따라 루버 위치를 조절하거나, 루버 상부면에 반사판이 있어 실내 깊은 곳까지 햇볕을 반사시켜 난방 부하 절감과 함께 자연 조명 기능을 갖도록 설치하기도 함

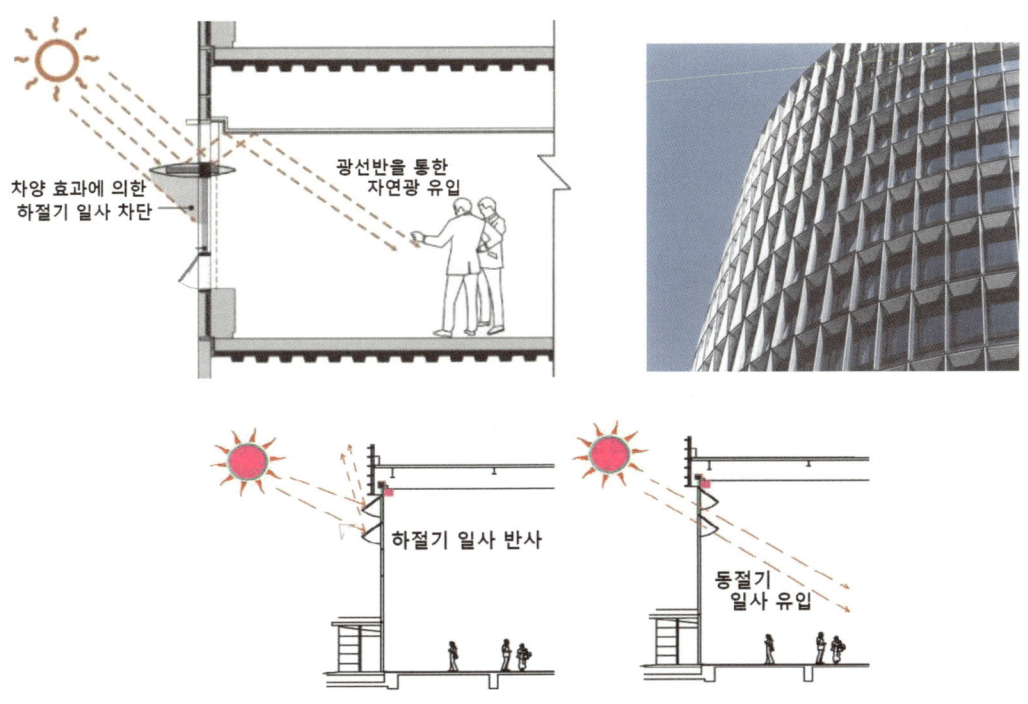

## (9) 자연채광 설비를 이용한 조명 부하 절감

- 신재생 에너지인 태양광을 활용할 수 있도록 집광 설비나 반사판 설비를 설치하여 지하주차장이나 건물 내 조명 전력 비용을 절감함

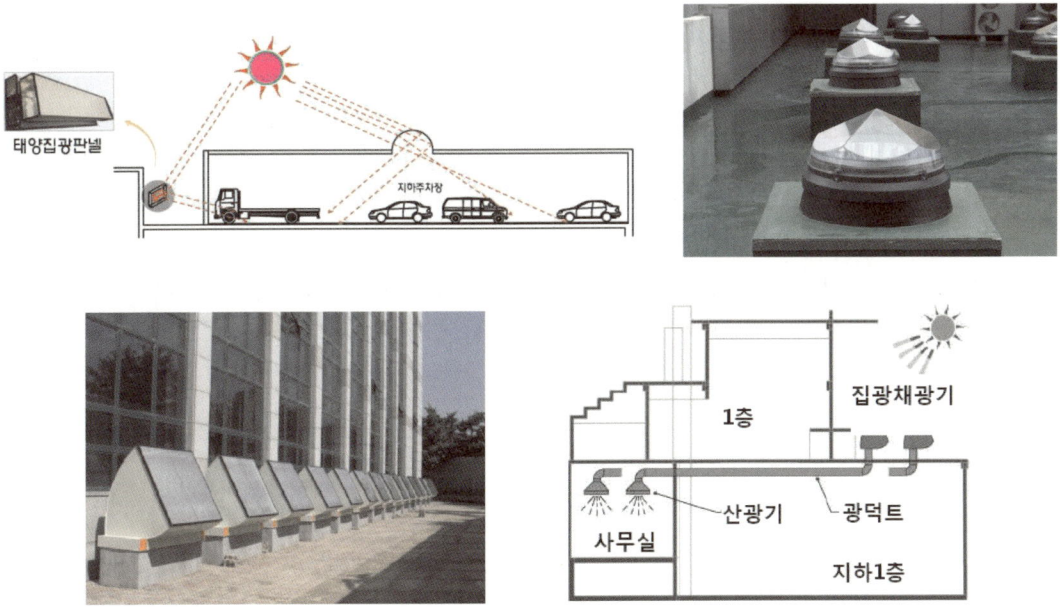

## (10) 고차폐 유리 사용

- 일사 부하가 가장 많이 걸리는 남향이나 서향에 고차폐 유리(Low-e 유리, 칼라 유리) 사용으로 냉난방 부하 저감

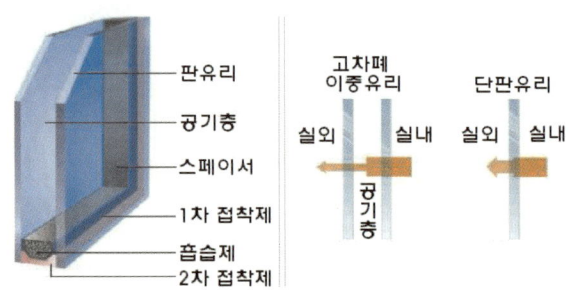

## (11) 건물 외벽의 단열 강화

- 단열 성능이 우수한 고성능 단열재를 사용하거나 단열재 두께를 증대시켜 구조체를 통한 열손실을 최소화함

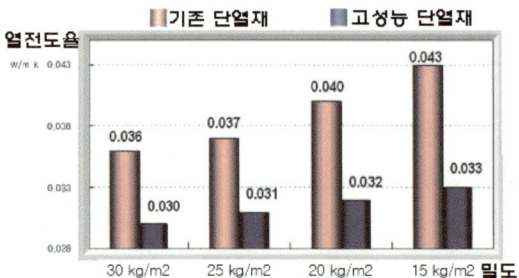

## (12) 주출입구에 방풍실, 자동문, 회전문 설치

- 건물 내외로 출입하는 주출입구나 공조 공간의 복도/통로의 출입문이 사용자의 통행으로 열려져 있을 경우 냉난방 손실이 발생함
- 또한 층고가 어느 정도 있는 건물에서는 출입문이 개방되어 있을 경우 연돌현상에 의한 에너지 손실이 매우 크게 발생하게 되므로 방풍실이나 회전문, 자동문 등을 설치하여 출입문에서의 공기 유동을 차단함

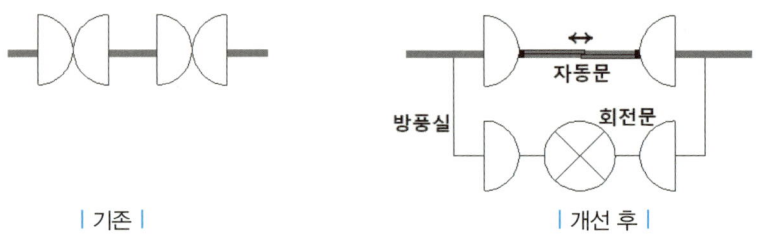

## (13) 건물의 방위별, 용도별 공조 조닝(Zonning)

- 건물의 방위별로 일사량이 달라 부하 특성이 상이하므로, 공조 계통을 남측과 북측으로 구분하여 존별로 계절이나 일사 시간대에 따라 냉난방 운전을 제어함
- 공조 구역별로 근무 시간이나 요구되는 실내 온도 조건이 다르므로 용도가 다른 구역별로 공조 조닝을 하고, 자동제어가 가능토록 밸브나 댐퍼 등의 장치를 구비하여 불필요한 에너지 손실을 절감함
- 실내의 부하 특성에 따른 최적 운전이 가능하여 냉난방 에너지를 절감할 수 있고, 부하량에 따라 송풍기나 펌프를 비례 제어하여 동력비도 절감 가능함
- 특정 시간대에 일부 구간만 냉난방이 필요하거나 간헐 운전이 되어야 하는 경우에는 해당 구역에 별도의 단독 냉난방장치를 설치하여 대용량의 장비가 적은 부하 범위에서 저효율 운전이 되지 않도록 조정함

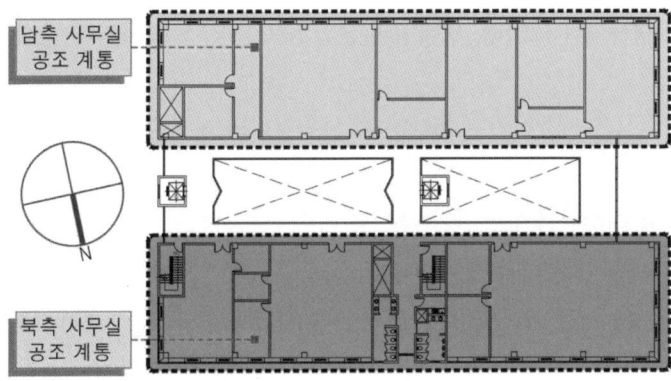

# 02 기계설비 열원장비에서의 에너지 절감

## (1) 열원장비의 대수 분할과 비례제어 운전

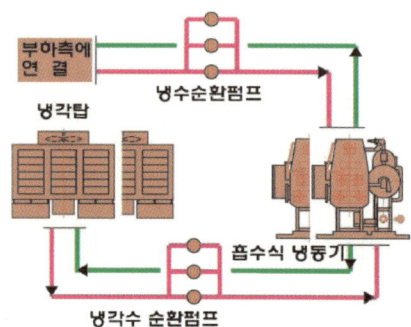

- 부하 변동에 따라 냉동기나 보일러, 냉각탑과 순환펌프 등 각종 장비의 운전 대수를 조절하거나 비례제어함
- 불필요한 동력의 손실을 절감시키고 저부하 시 열원장비의 저효율 운전을 방지하여 전체적으로 시스템의 운전 효율을 증대시킴
- 장비는 전체 부하를 대수만큼 균등한 용량으로 대수 분할하기도 하지만, 사용 여건에 따라서 전부하와 부분부하 운전에 따라 각각 상이한 용량으로 분할하기도 함
- 또는 부하 대응성이나 사용 용도에 맞춰 다른 사양의 장비로 복합 구성하기도 하는데, 예를 들어 노통연관식 보일러 + 관류 보일러(신속한 증기 발생), 또는 증기보일러 + 온수 보일러(야간이나 주말 급탕용) 등으로 구성하기도 함

## (2) 열원설비의 경제성 분석(L.C.C 분석)

- 어떤 장비나 시스템을 신설하거나 교체하고자 할 때 초기 시설투자비뿐만 아니라 연간 운전비용, 유지관리비용 등 전체적인 소요 비용을 비교함
- 이와 같은 L.C.C(Life Cycle Cost, 생애주기비용) 분석을 통하여 최적의 설비 시스템을 구축함으로써 장기적으로는 유지관리에 소요되는 인적 · 경제적 비용을 절감할 수 있음

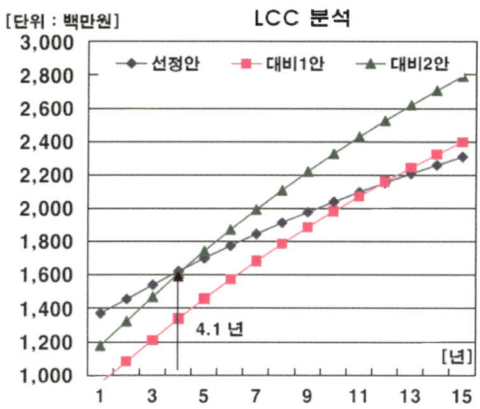
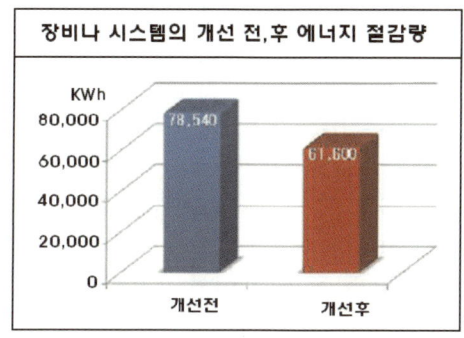

### (3) 대온도차 공조

- 냉수나 온수, 또는 냉각수 등의 공조 순환수를 일반적인 온도차($\triangle T=5℃$)보다 큰 온도차($\triangle T=7\sim10℃$)로 공급하여 순환시키면 적은 유량으로도 동일한 냉방능력을 발휘할 수 있음
- 대온도차 공급에 따른 순환수의 유량 감소로 배관경을 작게 할 수 있고 순환펌프의 동력비도 절감이 가능함

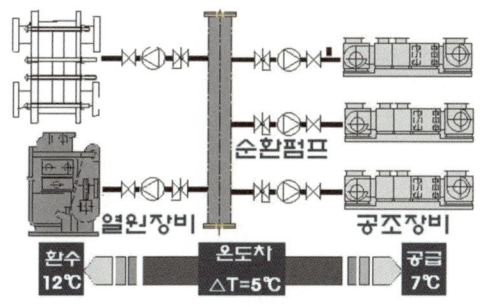

| 일반적인 운전 조건 : $\triangle T=5℃$ |

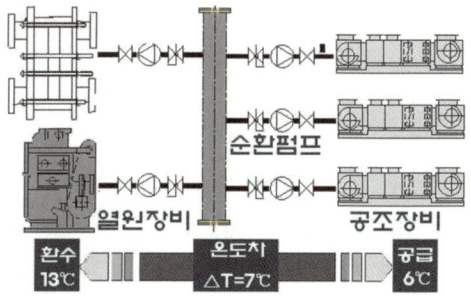

| 대온도차 운전 : $\triangle T=7℃$ |

▼ 대온도차 공조에 따른 유량의 변화

| 냉수 | 냉각수 | 표준<br>$32 \to 37.5℃$<br>($\triangle T=5.5℃$) | 대온도차<br>$32 \to 39.4℃$<br>($\triangle T=7.5℃$) |
|---|---|---|---|
| 표준 | $12 \to 7℃$<br>($\triangle T=5℃$) | 냉수 : 100<br>냉각수 : 100 | 냉수 : 100<br>냉각수 : 75 |
| 대온도차 | $13 \to 6℃$<br>($\triangle T=7℃$) | 냉수 : 71<br>냉각수 : 100 | 냉수 : 71<br>냉각수 : 75 |

- 표준온도차 공조방식일 때의 냉수와 냉각수의 유량을 100으로 가정해 비교함

▼ 대온도차 냉방에 따른 절감효과 (예)

| 구 분 | 표준온도차 $\Delta t=5°C$ | 대온도차 $\Delta t=8°C$ | 비 고 |
|---|---|---|---|
| 냉수 출구 온도 | 12↔7°C | 15↔7°C | 800RT 냉동기 기준 |
| 냉수순환펌프 동력 | 55kW | 37kW | 18kW 절감(33%) |
| 배경 관경 | 250A | 200A | 배관 크기 축소로 설비공사비 절감 |

### (4) 고효율 보일러 사용, 연소 배기가스의 폐열 회수

- 공기예열기 및 이코너마이저(급수예열기)가 설치되어 있는 고효율(콘덴싱) 증기보일러를 사용하면 난방 에너지 비용을 대폭 절감할 수 있음
- 연소가스의 폐열을 회수하여 급수 및 연소용 공기를 예열해줌으로써 가동 초기에 증기 발생까지의 시간도 단축됨(초기 투자 비용은 다소 증가됨)

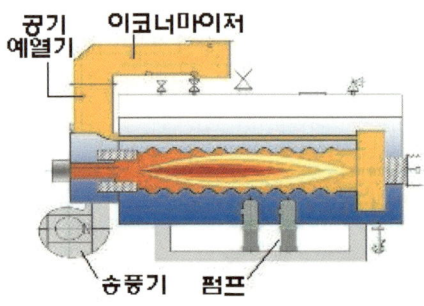

### (5) 보일러 적정 공기비 유지

- 보일러 연소 시 공급되는 공기의 양을 적정 공기비(1.2) 범위 내에서 정밀하게 제어하여 완전 연소시킴. 이를 통해 미연소 손실을 예방하고 과잉 공기에 의한 열손실을 절감하여 연료비를 절감
- 보일러의 배기계통에 가스 분석장치($O_2$나 CO Trimming system)를 설치하여 급기팬의 회전수와 댐퍼를 제어함(팬 동력비 절감)

### (6) 인접한 기계실의 열원장비 계통을 상호 연결하여 운전효율 향상

- 인접한 건물의 기계실 메인 배관이나 공급/환수 헤더를 서로 연결하여 야간이나 부하량이 많지 않을 경우 열원을 서로 호환해서 사용함
- 열원장비의 가동 대수를 최소화하고 장비의 운전효율을 향상시켜 운전비 절감
- 한쪽 시스템의 이상 시 다른 쪽 시스템으로 응급운전이 가능해 시스템 안정성도 향상됨

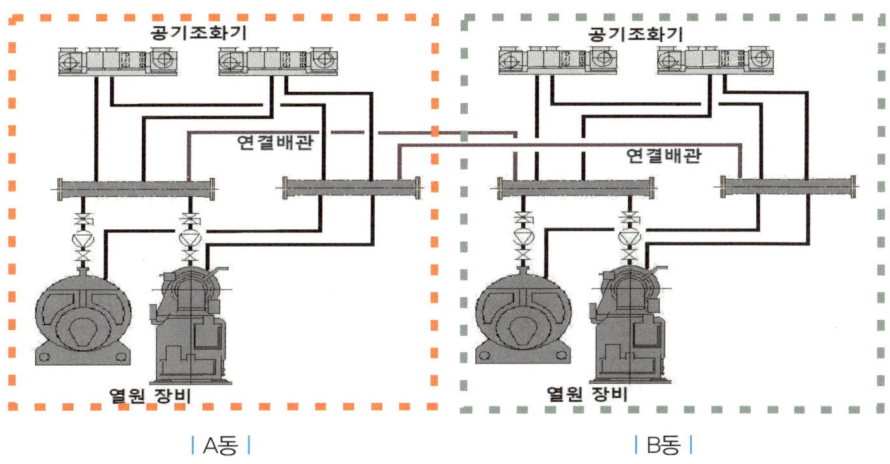

## (7) 축열 시스템(빙축열, 수축열)

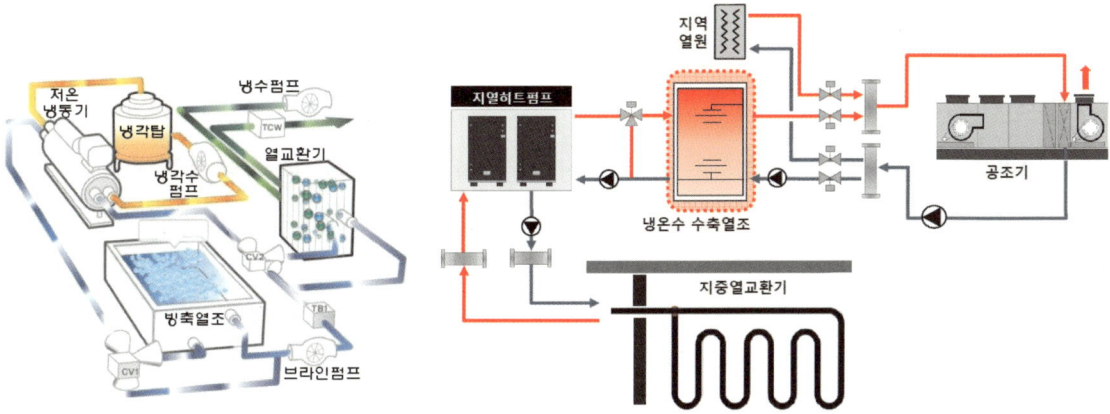

- 축열 시스템 : 야간에 값싼 심야전기를 이용하여 냉열을 저장한 후, 주간에 냉방이나 난방 열원으로 활용하는 설비로, 냉열 저장 매체가 얼음일 경우 빙축열, 물일 경우에는 수축열 설비로 구분하고 있음
- 심야전기의 이용과 주간의 피크 전력이 감소되어 냉방 전력비를 절감할 수 있고, 축열조가 주간 냉/난방 부하를 분담함으로써 냉/난방 부하에 대한 안정적인 대처가 가능함
- 전기를 구동 에너지로 사용하는 지열 히트펌프도 수축열 시스템과 통합 시스템으로 구성하게 되면 운전비 절감 및 에너지 효율 향상이 가능함(여름철에는 야간에 증발기에서 생산된 5℃의 냉수를 수축열조에 저장하였다가 주간에 냉방 운전하고, 겨울철에는 응축기에서 생산된 50℃의 온수를 저장하였다가 주간에 난방 운전에 사용함)

## (8) 지하수 및 디워터링을 활용한 냉각 시스템

- 연중 온도가 낮은 지하수 침출수(디워터링, De-watering)를 저장조에 저장한 후에 공기조화기나 급기팬의 예냉코일에 공급하여 냉방부하를 절감시킴
- 저장조의 용량이 어느 정도 확보 가능하면 수축열조로 활용하거나 히트펌프의 수열원으로도 활용 가능함

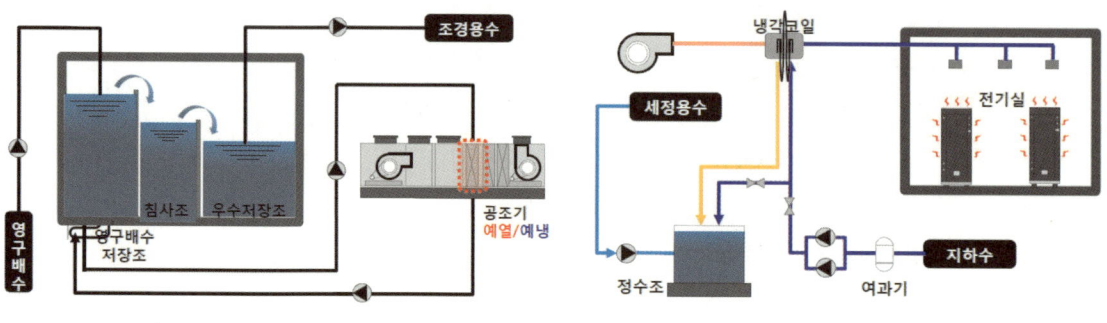

| 디워터링의 활용 사례-1 |    | 디워터링의 활용 사례-2 |

## (9) 흡수식 냉동기의 도입

- 전력보다 저렴한 도시가스를 사용하는 흡수식 냉동기를 냉열원으로 사용하여 냉방 에너지 비용을 절감함. 또한 중소규모의 건물에서는 냉온수기를 설치하여 1대의 장비로 냉난방을 겸하게 되면 설치 공간과 시설 비용도 절감하는 효과가 있음
- 또한 가스를 사용함으로써 여름철 전력 Peak 부하를 줄이게 되어 전력 단가의 인하 효과가 있음
- 단, 흡수식 냉동기의 경우 냉각탑 부하가 증가되며, 건물의 종류에 따라 전력 및 도시가스의 공급 단가가 달라지므로 면밀한 비교 검토 후 장비 선정이 필요함

## (10) 증기 압축 시스템의 활용으로 증기 재사용

- 증기 압축 시스템 : 증기 사용설비에서 1차 사용되고 배출되는 저압 폐증기의 압력을 상승시켜 재활용하기 위한 장치로, 압력 상승 방식에 따라 기계적 압축방식(M.V.R ; Mechanical Vapor Recompressor)과 Jet Pump(또는 Ejector)의 원리를 이용한 방식(T.V.R ; Thermal Vapor Recompressor)이 있음
- 동력을 사용하는 기계적 압축방식을 이용하더라도 전력비와 스팀의 단가 차이가 크기 때문에 증기 사용량이 많은 식품이나 제지 및 석유화학공장 등의 증발 및 증류 공정에서는 에너지 절감 효과가 있음

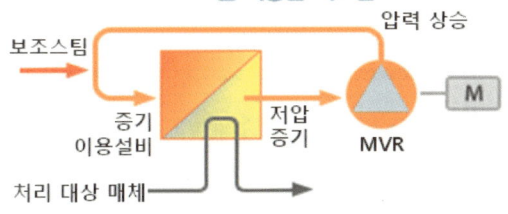
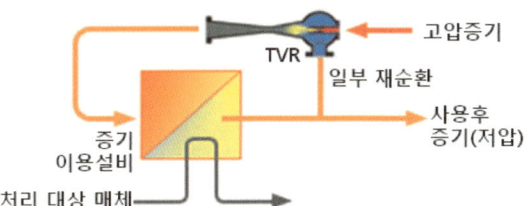

## (11) 냉각수를 이용한 직접 냉방운전(프리쿨링 시스템)

- 겨울철에 차가운 외기와 열교환하여 냉각된 냉각수를 공조 장비에 직접 순환(또는 열교환기를 설치하여 간접 순환)시켜 냉방운전을 실시함
- 적용 가능 대상 : 실내의 발열로 인하여 겨울철에도 냉방부하가 발생하는 전산실이나 통신센터, 방송국, 기타 생산시설 등
- 냉동기의 미가동에 따른 운전에너지 절감효과

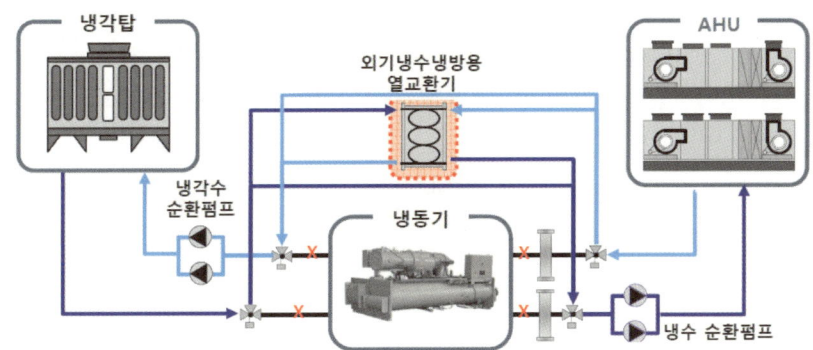

# 03 펌프 및 배관 계통에서의 에너지 절감

## (1) 순환펌프의 최적 유량 제어

- 부하의 변동에 따라 공조장치에서 필요한 유량이 변하게 되는데, 저부하 시 남는 유량은 헤더나 공급/환수 메인배관에 설치된 차압밸브에 의해 곧바로 바이패스되어 열원장비 쪽으로 되돌아가게 되므로 펌프에서 불필요한 동력 손실이 발생하게 됨
- 순환펌프의 용량은 최대 부하를 기준으로 선정되므로, 일상적인 운전 중 부분 부하 운전 시에는 부하량에 따라 펌프의 유량을 증감시킴으로써 동력비를 절감할 수 있음. 유량조절방식에는 다음과 같은 방법들을 고려해 볼 수 있음

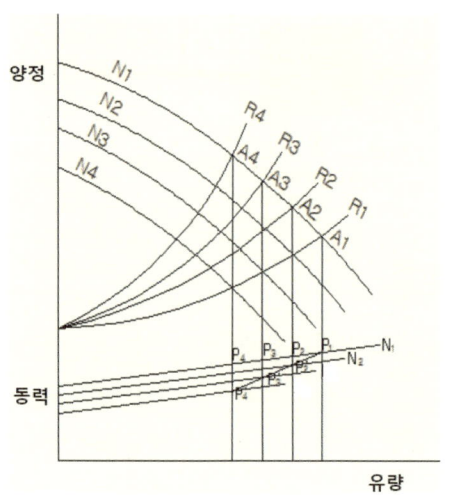

| 인버터제어에 의한 동력 절감 |

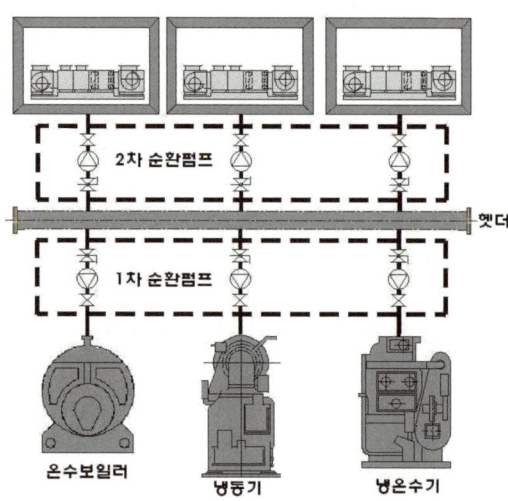

| 1, 2차 순환펌프 시스템 |

- 펌프의 대수 제어 : 여러 대의 펌프가 설치되어 있는 경우 부하량에 따라 펌프의 가동 대수를 조절함
- 펌프의 회전수 제어 : 인버터 제어장치나 모터의 극수 변화 등을 통하여 펌프의 회전수를 변화시켜 유량을 조절함
- 1,2차 펌프 시스템 적용 : 면적이 넓은 대규모 단지나 초고층 빌딩 등에서는 부하측까지의 거리나 양정에 따라 몇 개의 존(zone)으로 배관을 조닝한 후, 헤더를 기준으로 1차 순환펌프(열원측)와 2차 순환펌프(부하측)를 설치하여 부하발생에 따라 2차 순환펌프를 선택적으로 가동하여 불필요한 동력 손실을 절감함

## (2) 말단압력 일정 제어방식으로 인버터 펌프를 운전

- 동일한 관경의 배관에서 순환하는 유량(=유속)이 줄어들면 배관의 마찰저항도 줄어들게 됨. 이 때문에 시스템이 풀 부하로 운전되어 유량이 최대일 때는 펌프의 토출 양정도 설계치대로의 높은 양정으로 가동되어야 하나, 부분 부하로 운전되어 순환 유량이 적어지게 되면 설계 양정보다도 낮은 토출 양정으로 펌프가 가동되더라도 배관 쪽에서의 마찰손실이 적게 발생하기 때문에 계통의 말단까지 물이 순환되는데 큰 문제가 발생하지 않음

- [기존 방식] 순환펌프의 토출측 압력을 일정하게 유지하도록 펌프를 제어하는 경우 : 부하가 줄어들어 필요한 순환유량이 감소하더라도 펌프는 최대 부하를 기준으로 설정된 토출 양정(압력)을 유지하기 위하여 그대로 운전되어야 함. 즉, 실제 필요한 토출양정보다 더 높은 최대 부하 시의 양정을 맞추기 위해 펌프가 불필요하게 추가로 돌아야 하는 상황이 발생됨. 이로 인해 발생된 부하측에서 필요치 않는 잉여 유량은 차압밸브를 통해 곧바로 열원장비 쪽으로 환수(바이패스) 되므로 비효율적인 운전이 됨

- [개선 방식] 배관의 말단압력을 일정하게 유지토록 펌프를 제어하는 경우 : 공조 배관계통의 말단 부분에 차압센서를 설치하여 부하의 변동에 따라 순환유량이 바뀌게 될 때, 순환펌프의 회전수는 말단부분에서 필요한 최소 차압 이상으로만 유지될 수 있도록 제어되도록 함. 이렇게 하면 순환유량이 적어지는 부분 부하 시에는 배관에서의 마찰손실도 줄어들게 되어, 당초(최대 부하)보다도 낮은 토출 압력으로 순환펌프가 가동되더라도 배관 말단에서의 차압은 당초와 비슷한 수준으로 유지할 수 있음. 이와 같은 운전제어로 펌프의 불필요한 추가 가동이나 잉여유량을 최소화함으로써 펌프의 운전동력을 절감할 수 있음

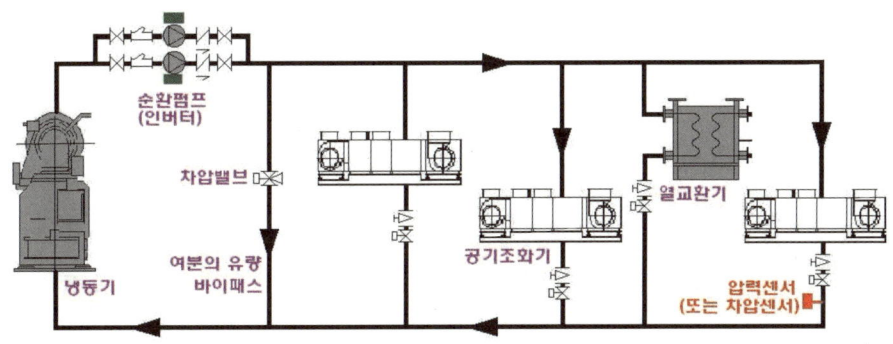

- 다음의 왼쪽 그림처럼 기존의 방식(펌프 토출측 압력 일정제어)은 유량이 줄어들게 되더라도 토출 양정을 최대 부하 시를 기준으로 항상 일정하게 유지해야 하므로 펌프의 회전수나 동력이 줄어드는 부분이 크지 않음. 오른쪽 그림과 같이 유량이 줄어들 경우 토출 양정도 함께 줄여주게 되면 회전수나 동력의 절감분이 기존 방식보다 커지게 됨

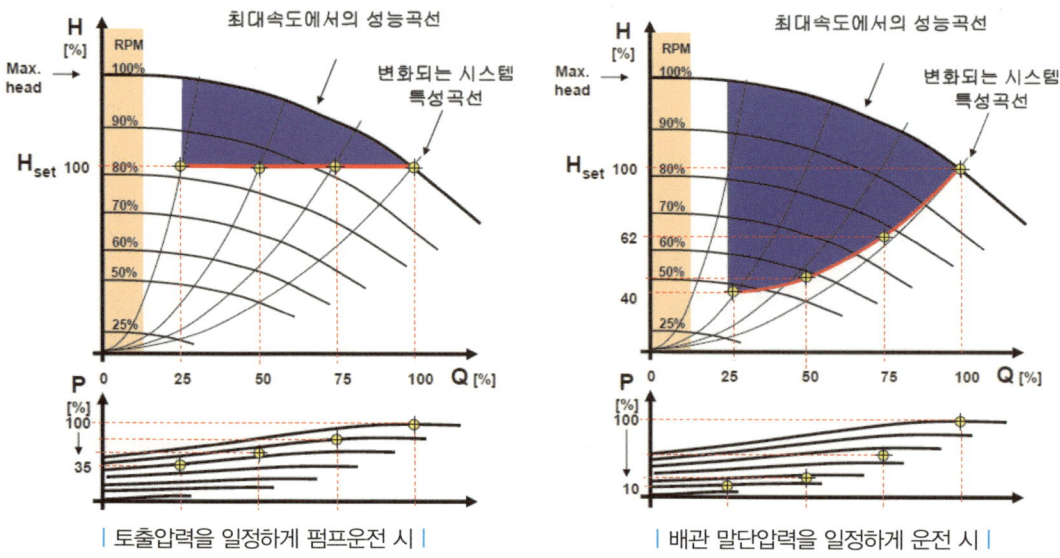

| 토출압력을 일정하게 펌프운전 시 | | 배관 말단압력을 일정하게 운전 시 |

### (3) 펌프와 팬의 운전 성능 최적화

- 펌프나 팬의 성능 곡선을 확인하여 효율이 높은 범위에서 운전되고 있는지 확인
- 필요할 경우 T.A.B를 통하여 유량이나 양정(정압) 등을 측정해 불필요하게 높은 압력이나 유량으로 운전됨으로써 에너지의 손실이 발생하지 않도록 각종 셋팅치를 재조정함
- 베어링이나 실(Seal)이 정상적인 상태를 유지하여 장비 성능이 최상이 되도록 관리함
- 동력을 전달하는 벨트의 장력이나 커플링과 축의 정렬 상태 등을 주기적으로 점검/조정하여 동력 전달과정에서의 손실이 없도록 관리함

### (4) 펌프 토출측의 밸브 개도율 조정

- 일반적으로 펌프는 설계치 이상의 능력을 가진 제품으로 선정되기 때문에 실제 사용조건에서는 T.A.B를 실시하거나 현장에서 운전 중 양정 – 유량의 상태를 확인하여, 펌프 토출측 밸브의 개도율을 적절하게 조정한 뒤 사용해야 함
- 일반적으로 인라인 펌프나 벌류트펌프는 유량이 증가함에 따라 전동기의 소비동력도 증가되는 경향을 가지고 있음 (물론 펌프마다 특성이 다를 수 있으므로 제조업체의 성능곡선을 통하여 확인해야 함)
- 사용 중 임의로 밸브의 개도율을 조작하여 필요 이상의 많은 유량이 공급되고 있거나 또는 실제 운전되는 장비의 사양이 변경되어 필요한 공급유량이 적어지게 된 경우 펌프 토출측 밸브의 개도율을 재조정하여 불필요한 동력손실이 발생하지 않도록 해야 함

- 아래의 그림과 같이 현재 ①의 상태에서 운전되고 있는 펌프를 당초의 설계치나 실제 필요한 적정 유량 수준인 ②의 상태로 운전되도록 펌프 토출측의 밸브를 닫아 조정하게 되면 소비동력이 절감됨(아래 그래프 참조)

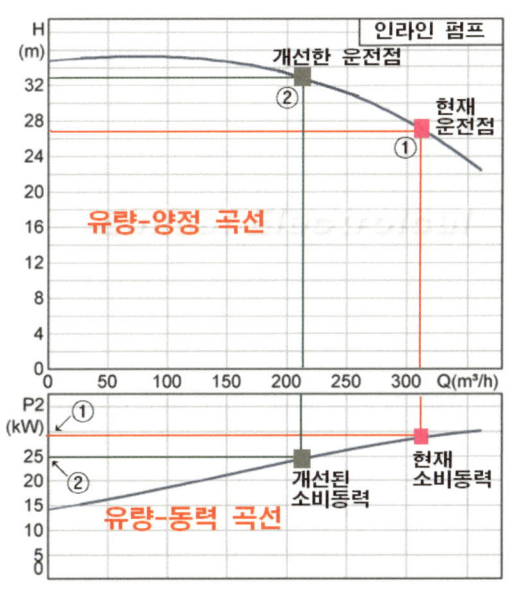

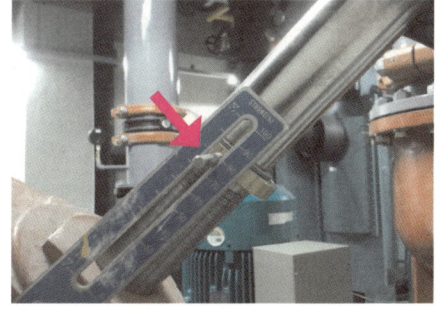

### (5) 배수펌프의 순차 기동 및 교번 운전

- 배수펌프의 대수 분리 및 순차 기동으로 펌프의 동력 비용을 절감함
- 자동제어 판넬에서 교번 운전 기능이 있는 수위조절기를 사용하면, 펌프의 고착방지와 수명 연장에 도움이 됨

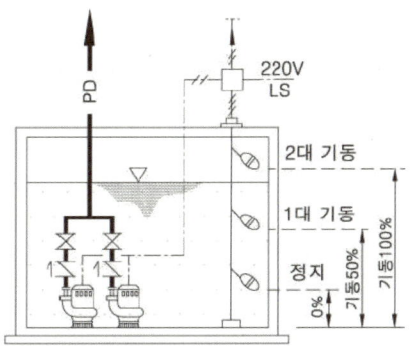

### (6) 버려지는 응축수의 회수, 재증발 증기의 활용

- 증기 사용설비에서 배출되는 응축수는 높은 열량을 포함하고 있으므로 반드시 회수하여 보일러의 급수로 재순환될 수 있도록 하며, 증기트랩이나 배관에서의 비정상적인 누설이 없는지 수시로 점검하여 에너지 손실을 예방함
- 또한 응축수는 증류수이므로 재활용하게 되면 급수 절감은 물론 보충수의 수처리를 위한 비용도 절감하는 효과가 있음
- 응축수 배관이나 응축수 탱크, 또는 보일러의 블로우다운 등에서 발생되어 대기 중으로 방출되는 재증발 증기가 있다면, 플러시베셀이나 재증발 증기 회수장치 등을 이용하여 재증발 증기를 재사용하거나 보유하고 있는 열을 회수하면 많은 에너지를 절감할 수 있음

### (7) 고성능의 단열재 사용

- 냉수나 온수, 또는 증기 등의 열매체가 운반되는 배관은 단열 효과가 좋은 보온재를 시공하여 운송 중 열손실이 최소화되도록 함
- 특히 습도가 높을 경우 단열재의 단열 성능이 저하될 수 있으므로, 배관 주변의 습도에 따라 적합한 보온재의 두께가 확보되도록 함 (습도가 높은 곳에서는 가급적 유리솜 보온재를 사용하지 않도록 함)
- 배관뿐만 아니라 밸브나 플랜지, 증기트랩이나 기수분리기, 팽창탱크 등과 같은 부속장치, 보일러나 냉동기, 부스터펌프 등에 연결된 배관들의 보온도 누락되지 않도록 보온을 철저히 함
- 특히 응축수나 난방장비 주위 배관의 보온 미비는 기계실의 온도를 과다하게 상승시켜 불필요한 송풍 동력의 증가로 연결되므로, 열원장비와 배관의 보온이 누락되지 않도록 함

## 04 공조장비 및 덕트 계통에서의 에너지 절감

### (1) 사용 공간별로 풍량 조절장치를 설치하여 풍량 제어

- 실별로 간헐 사용 특성이 있는 건물에서는 구역별로 공조 급배기 계통에 전동댐퍼나 제어장치 (CAV나 VAV)를 설치하여 풍량을 제어함
- 실의 사용 여부나 부하 변동에 따라 공조 급배기 풍량을 제어하여 불필요한 에너지 낭비를 예방하고, 송풍기의 풍량 조절(회전수 제어)로 동력 비용을 절감할 수 있음

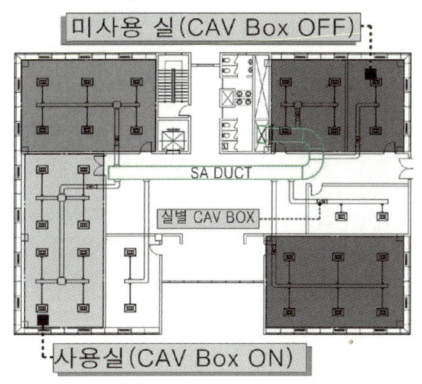
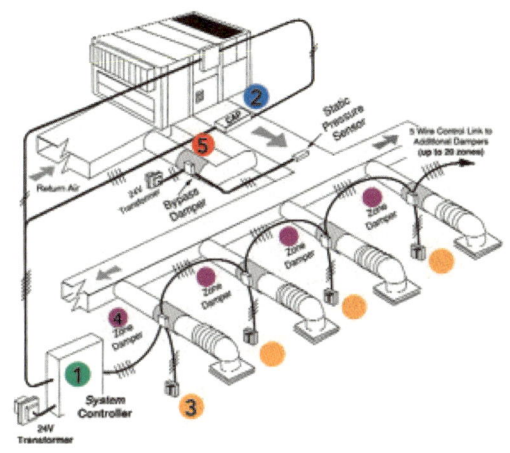

### (2) 물분무식 가습 시스템 적용(미세 안개 분무, 또는 Dry fog 분무)

- 기존 : 항온항습의 생산시설, 또는 습도 관리가 중요한 공간에서 습도 조절을 위해 증기식 가습장치를 사용하게 되면, 증기 공급을 위해 보일러가 수시로 가동되어야 하고, 가습 후 상승된 온도의 조절을 위해 냉동기나 냉각 장치도 병행하여 가동되어야 함

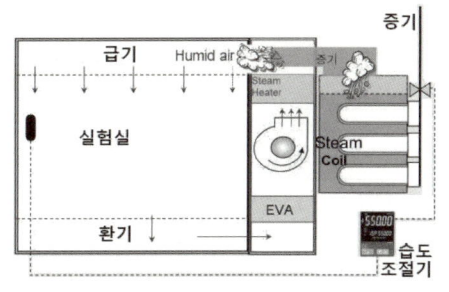

| 기존 : 증기 가습 |    | 개선 : 물분무 가습 |

- 개선 : 증기식 대신 물분무식 가습장치를 사용하면 가습 시 보일러나 냉동기의 가동이 불필요하거나 최소화할 수 있음(연료비와 전력비 절감). 또한 물분무 가습의 경우 자연냉각 효과로 공조장비의 냉방 운전 시 냉각부하도 절감시켜 주는 효과도 있음
- 항온항습이나 클린룸 등 정밀한 습도 제어로 인해 가습량이 많은 경우, 또는 비난방 시간에 일부만 공조를 공급하기 때문에 가습을 위한 보일러의 운전이 비효율적인 경우에 물분무식 가습으로의 개선을 통해 불필요한 재열 손실과 열원장비의 운전비용을 절감함

| 기존 : 증기식 가습장치 |

| 개선 : 물분무식 가습장치 |

## (3) 외기 도입이 많은 경우 에너지 절약형 공조기 사용

- 히트펌프형 배열회수 공조기 : 히트펌프의 원리를 이용하여 공기조화기의 급기와 배기 쪽에 각각 증발/응축 코일을 설치하고, 냉방이나 난방 중 외부로 버려지는 배기 중의 열을 회수하는 공기조화기(제조업체에 따라 완전공조기, 또는 자연공조기라고도 부름)
- 공조 대상 공간의 용도상 실내 공기 재순환량보다 외기 도입량이 많을수록 에너지 절감 효과가 큼. 급기팬과 배기팬의 풍량 차이가 클 경우에는 응축과 증발의 열량 균형이 맞지 않아 적용상의 어려움이 있을 수 있음

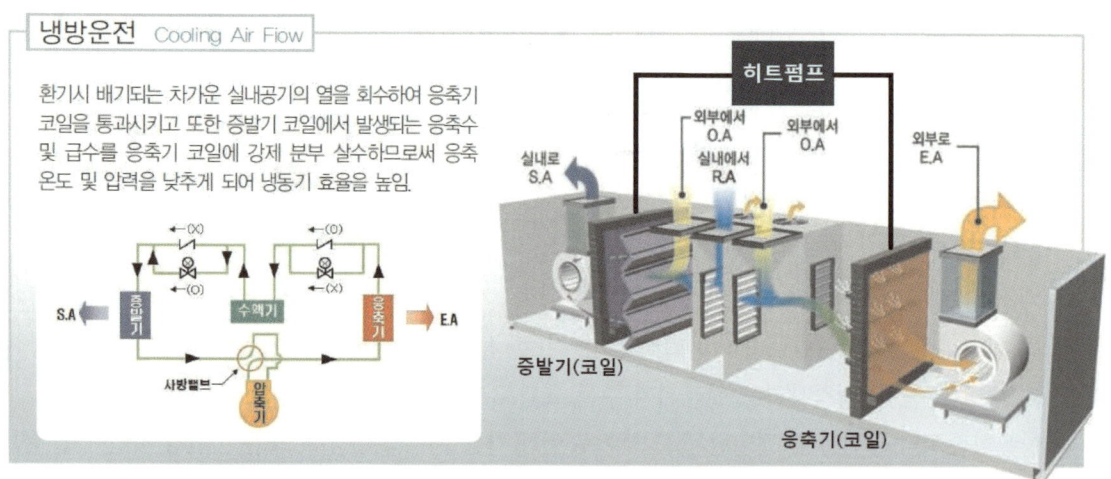

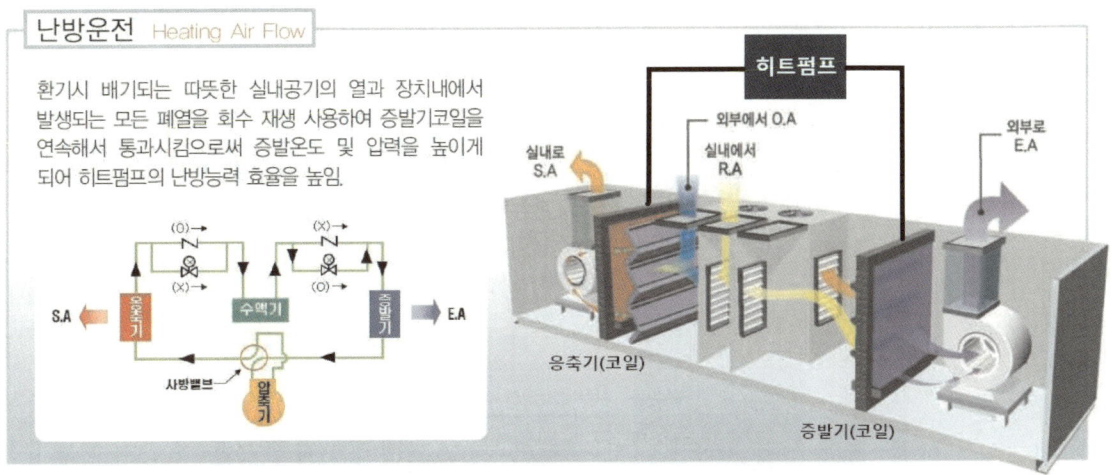

- **바이패스형 공조기** : 환절기 외기 냉방 시 공조기 내에서 급기가 코일을 통과하지 않고 바이패스하도록 하여 송풍기의 정압이 낮아지도록 함(팬 동력 절감효과)

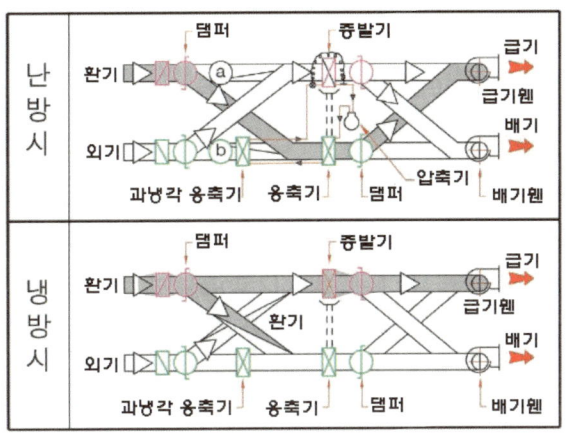
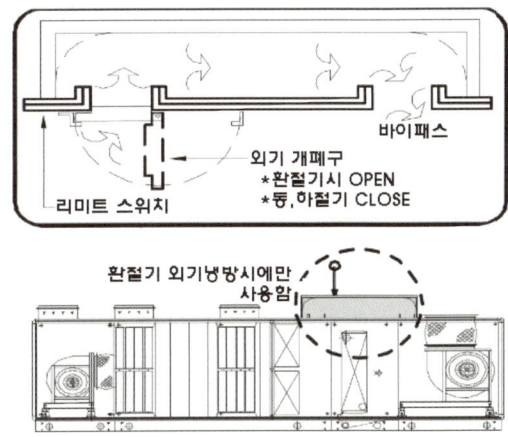

### (4) 히트펌프식 항온항습기 사용

- 항온항습기는 제습이나 온도 제어를 냉각 후 토출 공기가 과냉각되었을 경우 적정한 실내 온도 유지를 위하여 냉각코일 후단의 가열코일에서 재가열을 실시해주게 됨
- 이러한 냉각+(재)가열의 항온항습기 운전 특성에 맞춰 냉각코일(증발기) 후단에 설치되던 가열코일(보통 전기히팅코일) 대신에 냉매를 이용할 수 있는 응축코일을 설치하여, 냉각코일(증발기)을 거친 냉매가 실외기로 보내기 전에 냉각코일 후단의 응축코일(가열코일)을 거치도록 함
- 항온항습기 운전 중 냉매가 냉각코일(증발기)을 나온 뒤 가열코일(응축기)을 거치면서 방열하게 되므로, 기존에 재열에 필요했던 전력비를 절감하고 실외기에서의 냉각을 위한 팬 동력비도 절감하는 효과가 있음

- 또한 냉동장치를 히트펌프로 설치하게 되면 난방을 해야 하는 상황에서도 냉방과 반대방식으로 냉매를 순환시켜 동일한 에너지 절감효과를 기대할 수 있음

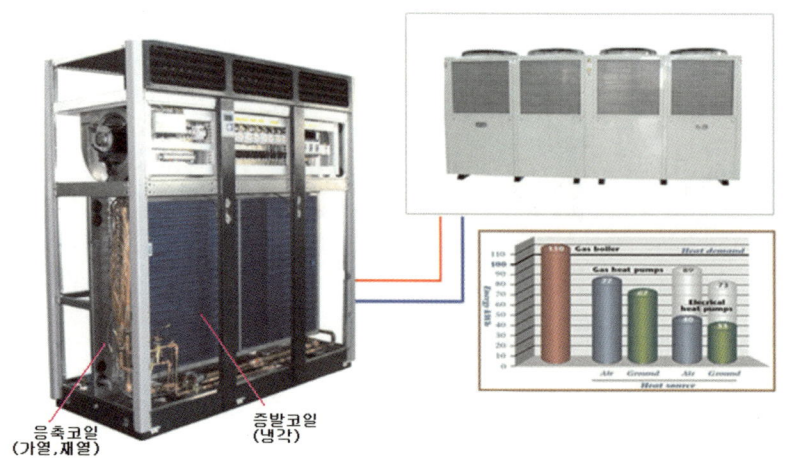

## (5) 대공간에 유인 공조 방식의 활용

- 실내 바닥 면적이 넓고 천장고가 높은 곳에서는 급기를 바닥까지 전달하는 데 어려움이 있고 덕트 사이즈도 매우 커지게 되어 시설비도 증가하게 됨
- 대공간 중 소음이나 기류로 인해 큰 문제가 없는 용도의 공간에서 유인 공조방식을 적용하게 되면 전체적인 실내 기류 분포가 양호해져 효율적인 공조가 가능하고 덕트가 필요없어 시공비도 절감되게 됨
- 다만 기존 방식보다 소음이 커지고 기류 속도가 빨라지게 되므로, 정숙을 요하거나 기류로 인해 불편을 초래할 수 있는 용도의 건물에는 부적당함

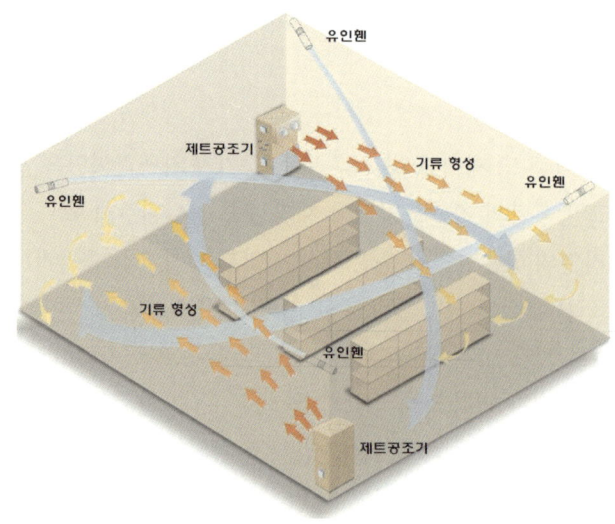

## (6) 바닥공조나 저속치환 공조방식의 활용

- 바닥공조 : 바닥에 급기구를 설치하여 하부에서 급기를 천장쪽으로 공급하고 상부 천장에서 환기하는 방식. 사용자가 거주하는 하층부 중심으로 공조가 이루어지므로 적은 풍량과 열량으로도 쾌적하고 효과적인 공조가 가능함
- 저속치환 공조 : 공기의 온도차에 의한 대류 현상의 원리를 이용하며, 급기를 바닥에서 저속으로 공급하고 실내 발열과 대류현상에 의해 서서히 상승되어진 오염 공기를 천장에서 환기하는 공조방식. 거주역 중심으로 공급된 열량이 최대한의 공조 효과를 발휘하게 함으로써 에너지 절감효과가 있고, 열적 쾌감도 측면에서도 우수한 것으로 평가받고 있음

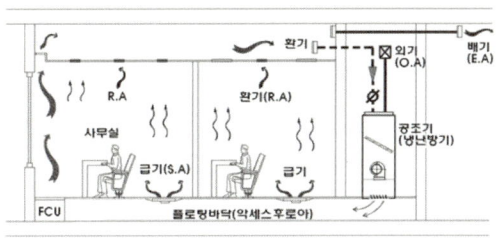
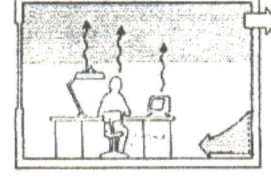
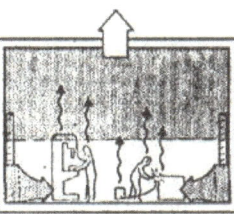

| 바닥 공조 |   | 저속 치환 공조 |

## (7) 폐열회수장치가 있는 공기조화기 및 환기장비의 사용

- 외기 도입량이 많은 공조계통에서 공기조화기나 환기장치에 폐열회수장치를 설치하여 장비 운전 시 외부로 버려지는 배기 중의 열을 회수함
- 배기 중의 폐열을 회수하여 도입되는 외기를 예열이나 예냉시켜 줌으로써 장비의 냉/난방 부하를 줄여주게 되므로 운전 에너지를 절감하게 됨

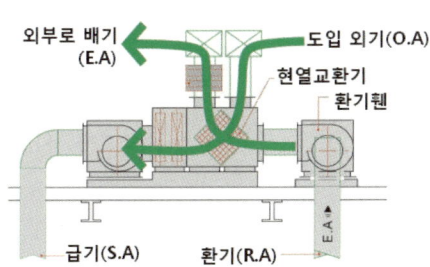
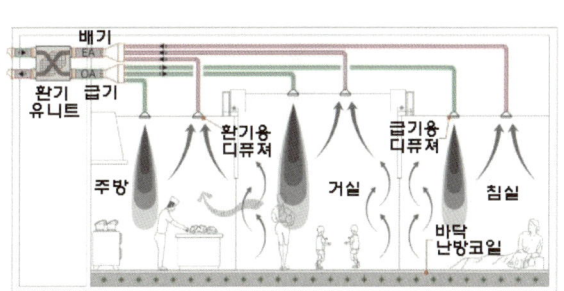

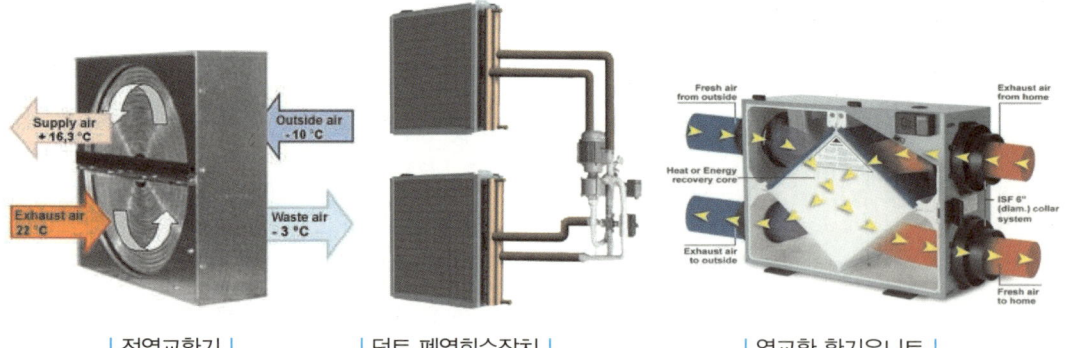

| 전열교환기 |　　　| 덕트 폐열회수장치 |　　　| 열교환 환기유니트 |

### (8) 실내공기질에 따른 외기 도입량의 제어

- 실내나 환기 덕트 중에 CO나 $CO_2$ 센서를 설치하여 실내공기의 오염 정도에 따라 도입되는 외기의 양을 비례 제어함으로써, 외기 도입에 따른 냉난방 부하를 최소화하고 실내공기가 쾌적하게 유지되도록 함
- IAQ(Indoor Air Quality) 댐퍼 : 실내공기의 오염된 상태를 측정(주로 이산화탄소의 농도)하여 일정 수준 이상이면 외기를 더 도입하도록 외기댐퍼의 개도를 늘리고, 일정 농도 이하의 오염하에서는 외기 도입을 줄임으로써 에너지 절약을 유도하는 컨트롤 댐퍼
- 지하주차장의 경우 : 자동차 배기가스의 농도(CO)에 따라 주차장 급배기 팬이 자동으로 가동되도록 하여 장비의 운전 동력을 절감함

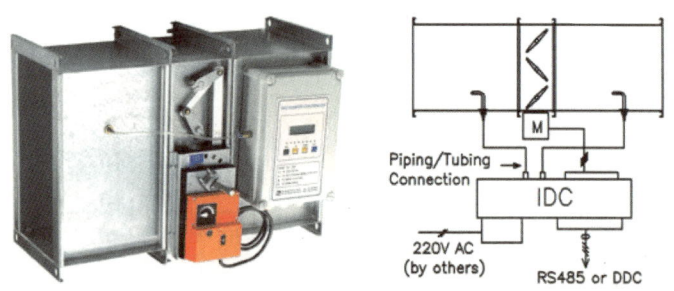

| IAQ (Indoor Air Quality) 댐퍼 |

### (9) 공기조화기의 배기를 인접한 주차장의 급기로 재활용함

- 일반적으로 사무실이나 실내의 공기는 분진이나 오염가스 등이 그리 높지 않은 상태이고 어느 정도 냉/난방된 공기이므로, 공기조화기에서 배출되는 배기를 지하주차장 쪽으로 배출하여 주차장 환기를 위한 급기로 활용함
- 주차장 급기팬이 불필요하여 급기 송풍 동력을 절감할 수 있음

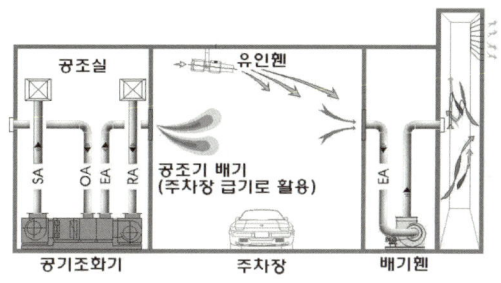 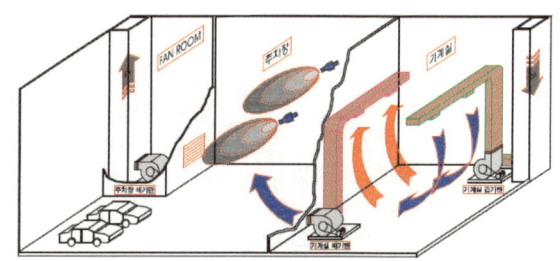

- 전기실과 기계실, 물탱크실과 같은 공간의 급·배기 시에도 인접한 실 사이에 급배기가 연결되도록 구성하여 송풍 동력을 절감함

    예 전기실 급기 → 전기실 배기는 기계실 쪽으로 배출(기계실의 급기로 활용) → 기계실의 배기는 지하주차장 쪽으로 배출(주차장의 급기로 활용)

### (10) 지하주차장의 자연 급기

- 지하1층 주차장의 경우 배기팬 가동 시 급기는 지상에 접한 개구부나 차량 출입 경사로(램프)로부터 자연 급기가 가능하도록 개구부를 배치함
- 급기를 팬이 없이 자연 유입되도록 함으로써 지하주차장 환기시 급기 팬의 송풍 동력 절감이 가능함

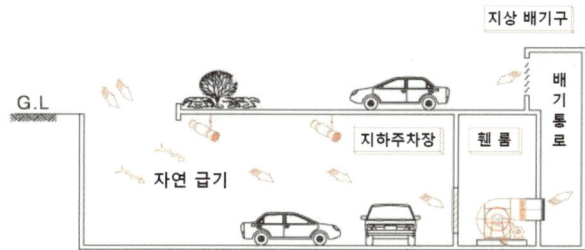

### (11) 공조 장비의 배기를 이용한 소형 풍력 발전

- 공기조화기나 배기팬의 옥외 배출 시 배출구에 소형 풍력 발전기를 설치하여, 공조 시 배출되는 배기를 이용해 풍력 발전을 실시함
- 대기 중으로 버려지는 배기의 운동 에너지를 활용하여 발전을 실시해 전력 에너지로 재사용하게 되며, 배기팬의 가동 시간이 많을수록 발전량이 증가하게 되어 에너지 절감 효과가 커짐

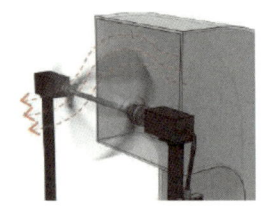

## (12) 환상 덕트 방식

- 공조덕트의 급기 메인덕트의 말단을 서로 연결하는 루프형 관로(환상 덕트)를 형성하여 덕트 전체 구간의 정압 차이가 적도록 함
- 말단 기구까지 정압 손실을 줄여 주여 송풍기 동력의 절감이 가능하고, 특히 VAV유니트 운용 시 정압의 차이가 적어져 공조 시 풍량의 제어가 용이함

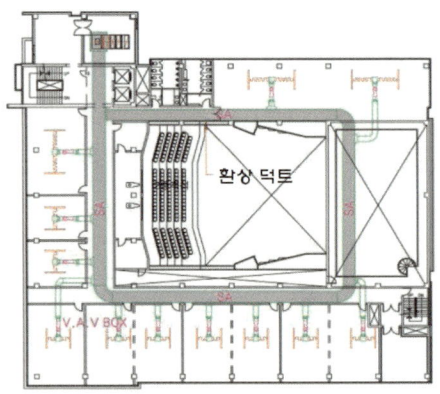

## (13) 공조 급배기구의 이격거리 확보

- 건물의 외벽에 설치되는 공조용 급기구와 배기구를 최대한 이격시키거나 서로 다른 방향에 배치시킴
- 배기가 실내로 재유입되거나 도입되는 외기가 오염되는 것을 최소화하여, 공조 장비 가동 시 환기 효율이나 공기질이 좋아지고 필터의 교체 주기도 길어져 유지 관리비용이 절감됨

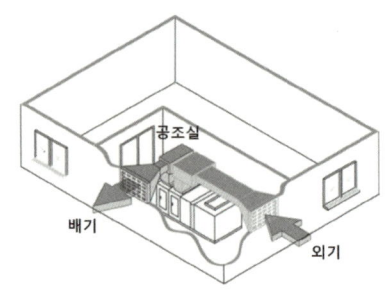

# 05 운전제어 개선에 의한 에너지 절감

## (1) 냉각수 설정 온도의 관리

- 일반적으로 냉동기에 공급되는 냉각수의 온도(=냉매의 응축온도)가 내려가면 냉동기의 성적계수(COP)가 좋아져 운전 에너지(전력비나 가스, 또는 지역난방 중온수) 비용이 절감됨

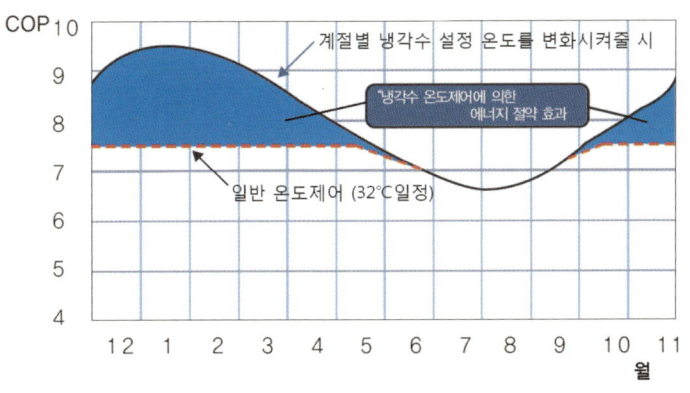

| 냉각수 온도 변화에 의한 COP의 변화 추이 |

- 따라서 냉동기 운전 중 냉각수의 온도가 정상적인 설정치보다 높게 상승되지 않도록 냉각탑을 운전 제어하도록 하고, 환절기나 또는 외기온도가 낮을 때에는 냉각수의 순환 온도를 당초 설정치(보통 32℃)보다 다소 낮춰 재조정하면 냉동기의 운전효율이 향상되어 운전비를 절감할 수 있음
- 다만 냉각수의 온도를 내리려면 냉각탑 팬의 운전 시간이 길어지게 되므로, 냉각수 온도 저하에 따른 냉동기의 효율 향상과 냉각탑 팬의 동력 소비량을 비교 검토하여 적용해야 함

▼ 냉각수와 냉수 온도 변화에 따른 냉각 성능의 변화

| 냉각수 온도 변화<br>(냉동기 응축온도) | 냉각 성능(COP)의<br>변화 | 냉수 공급온도 변화<br>(냉동기 증발온도) | 냉각 성능(COP)의<br>변화 |
|---|---|---|---|
| 냉각수 온도 상승 | COP 나빠짐<br>(운전비 증가) | 냉수 공급온도 낮춤 | COP 나빠짐<br>(운전비 증가) |
| 냉각수 온도 저하 | COP 좋아짐<br>(운전비 절감) | 냉수 공급온도 높임 | COP 좋아짐<br>(운전비 절감) |

## (2) 냉수 순환 온도의 최적 제어(환수 온도를 기준으로 냉수 온도 제어)

- 냉동기에서 공급되는 냉수의 온도를 당초의 설정치(일반적으로 터보식은 5℃, 흡수식은 7℃)보다 낮게 설정하면 냉동기 운전 시 COP가 나빠지게 되고, 반대로 냉수 공급온도를 높아지도록 설정하여 운전하면 냉동기의 COP가 향상됨

- 따라서 공조 장비 쪽에서 냉방하는 데 큰 문제가 없다면 냉동기의 운전은 가급적 냉수의 공급온도가 높도록 운전하는 것이 운전비 절감에 도움이 됨
- 공조 장비에서 열교환한 후 냉동기로 되돌아오는 냉수의 환수온도는 냉방 부하량에 따라 수시로 변하게 됨. 냉방 부하가 클 경우에는 환수온도가 올라가고, 냉방 부하가 줄어들게 되면 열교환하는 열량이 줄어들어 환수온도가 별로 상승하지 않아 비교적 낮은 온도로 되돌아 옴
- 냉동기의 운전 설정을 공급온도가 아닌 환수온도를 일정하게 유지하도록 제어하게 되면, 부분 부하 시에는 냉수의 공급온도가 높아져도 되므로 냉동기의 운전성능이 좋아져 운전 에너지를 절감할 수 있음

| 구 분 | | 기존 냉동기 운전방식 | 개선된 냉동기 운전방식 |
|---|---|---|---|
| 냉동기 제어 | | 냉수 공급온도를 항상 일정하게 유지 | 냉수 환수온도를 항상 일정하게 유지 |
| 냉수 온도 | 공급 측 | 5℃(터보식), 또는 7℃(흡수식) | 부하가 클 경우 : 온도 낮춤 부하가 적을 경우 : 온도 높임 |
| | 환수 측 | 부하가 클 경우 : 온도 상승 부하가 적을 경우 : 온도 내려감 | 10℃(터보식), 또는 12℃(흡수식) |

※ 일반적인 상황으로 냉동기의 운전 △t가 5℃로 운전될 경우임

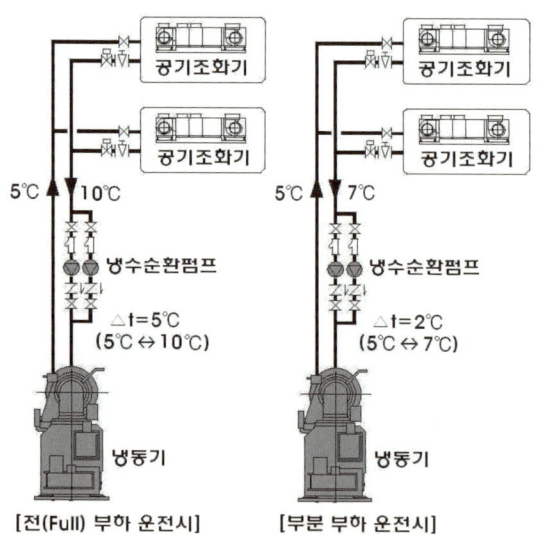

| 기존 : 냉수 공급온도 일정 제어 |

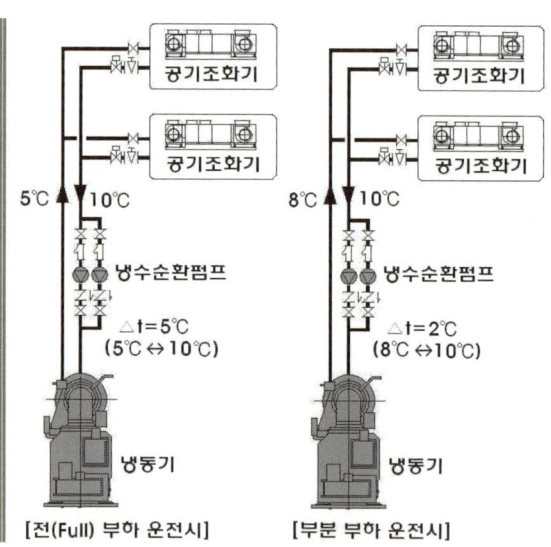

| 개선 : 냉수 환수온도 일정 제어 |

## (3) 외기 도입을 통한 냉방 효과(엔탈피 제어)

- 근래에는 건물 내 조명이나 OA기기에서의 발열량이 증가되고 창호 개방을 통한 자연환기가 곤란한 경우가 많아 봄/가을과 같은 환절기나 심지어 동절기에도 냉방을 실시해야 하는 경우가 발생함

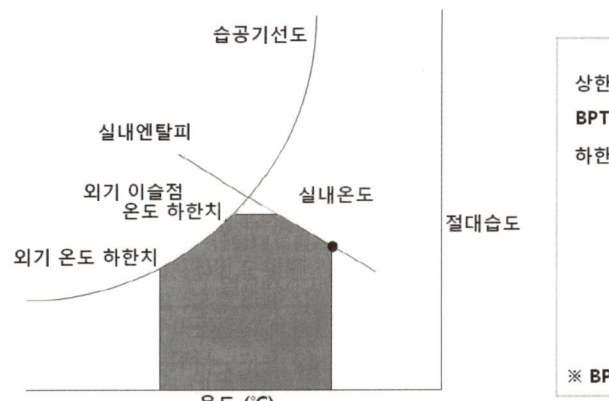 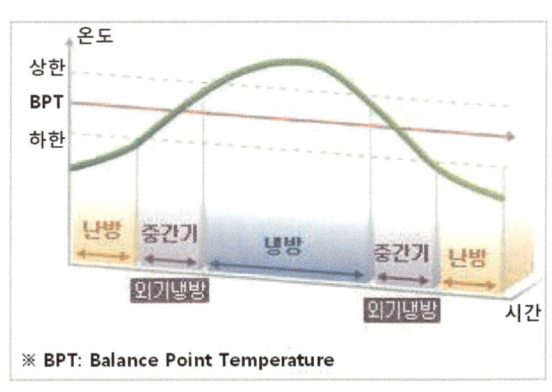

- 이러한 환절기(중간기)나 동절기에는 낮은 온도의 외기를 도입하여 실내로 공급하는 송풍 운전만으로도 실내의 발열량을 처리하는 데 큰 무리가 없는데, 이러한 공기조화기의 운전방식을 "외기냉방", 또는 "엔탈피 운전제어"라고 함

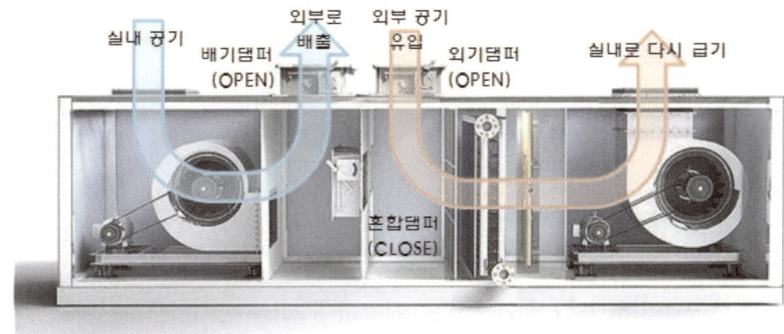

- 외기냉방을 실시할 경우 냉동기를 가동하지 않아도 되므로 열원 설비의 에너지 소비량을 절감할 수 있고, 실내 환기를 통한 공기질 개선효과도 기대할 수 있음
- 단, 외기에 분진이나 배기 가스, 악취 등이 있는 경우에는 외기 냉방이 곤란할 수 있고, 외기가 지나치게 낮은 습도(겨울철)이거나 높을 경우(여름철)에는 외기 냉방으로 인해 실내 습도 변화폭이 클 수 있으므로 습도 관리에 주의해야 함

### (4) 공조 – 열원 장비의 최적 기동 정지

- 계절이나 외기 온도, 실내 부하 상태 등에 따라 사용상의 불편함이 없는 수준까지 최대한 장비의 가동 시간을 단축시킴으로써 에너지의 소비량을 줄임
- 또한 요일별, 시간대별, 층별로 실내에서의 영업활동이나 근무 형태를 사전에 조사·분석하여 스케쥴 제어시 최적의 기동 정지가 이루어지도록 설정함
- 자동제어 프로그램에 따라서는 몇 주간의 운전 경향과 외기 상태에 따라 공조 장비의 가동 스케쥴을 자동으로 조정해 주는 기능을 가지고 있는 경우도 있음

◆ 제어개념
- 외기온도, 실내온도, 실내 설정온도, 냉동기 용량, 냉수 공급온도, 배관 내 물온도 및 용량, 공조기 풍량 및 급기 설정온도 등으로 최적 예냉, 예열시간을 계산하여 운전 하므로서 에너지 사용을 최소화한다.
- 장비가동 시간을 최대한 지연
- 장비운전 및 반송동력 절감
- 장비정지 시간을 최대한 단축

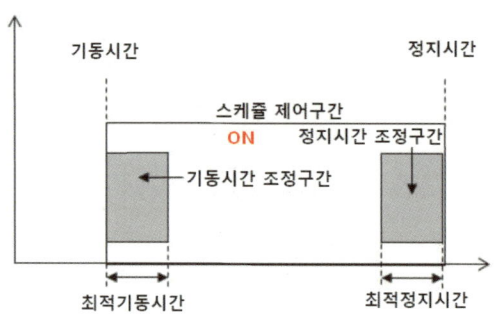

◆ TIME SCHEDULE

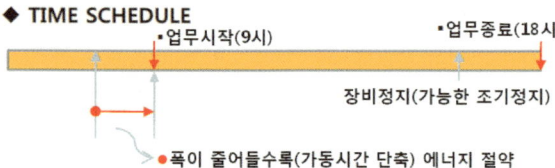

### (5) 야간 예냉 운전(나이트 퍼지, Night Purge)

- 여름철 일사나 실내 OA기기 등의 발열로 인해 건물 구조체에 축열된 열기는 근무시간 시작 시 냉방설비의 초기 부하를 증가시키고 설정 온도까지의 도달 시간을 지연시킴
- 냉방 부하가 큰 하절기에는 야간이나 이른 아침의 차가운 외기를 적극적으로 도입하여 실내에 축적된 열기나 악취를 배출함으로써 공조설비의 예열 에너지 소비량이나 부하율을 절감시킴
- 중간기에 실내 발열로 인해 주간에 외기 냉방(엔탈피 운전)을 실시하는 경우에는 야간에도 예냉 운전을 실시하게 되면 에너지 절감 효과를 증대할 수 있음
- 단, 도시에서는 열섬(heat island) 현상에 의하여 야간에도 기온이 내려가지 않는 경우도 있으므로, 나이트 퍼지 계획 시 건물의 입지 조건이나 외기 상태를 고려하여 운전조건이 설정되도록 함

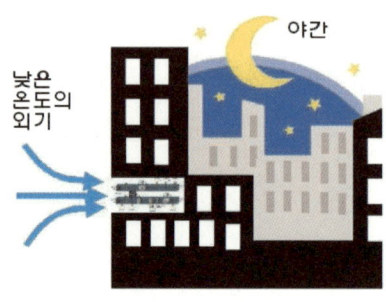

## (6) 야간 간헐 난방운전(나이트 셋 백, Night Set Back)

- 겨울철에는 야간이나 비난방시간에 간헐적으로 난방을 공급하여 주간의 난방 초기 최대 부하를 경감시킴으로써, 보일러의 전체 용량을 최소화할 수 있고 장비들의 가동률도 높일 수 있음
- 또한 난방계통의 예열부하가 줄어들게 되어 난방 초기의 용량 부족이나 지연에 따른 사용자의 불편도 최소화할 수 있고, 시설물의 동파 예방에도 도움이 됨

## (7) 증기의 사용 압력 조정

- 보일러에서 발생되는 증기의 압력이나 공조 장비에서의 증기 사용 압력이 불필요하게 높지 않도록 적정하게 조정하면, 증기의 잠열 이용량이 많아질 수 있어 전체적으로 증기 소비량이 줄어들게 됨 (연료비 절감)
- 일반적으로 세탁설비나 소독기, 건조기, 증류수 제조기 등에는 고압 압력(약 0.5~0.8MPa)이 필요하나 일반 건물의 공조기나 열교환기 등의 설비는 0.2~0.3MPa, 가습장치에서는 0.025MPa 내외의 압력을 필요로 하므로 불필요하게 증기 운전압력이 높지 않도록 운전 제어함

| 증기 압력 (MPa) | 증기의 온도 (℃) | 증기 잠열 (kcal/kg) | 보유열(전열) (kcal/kg) |
|---|---|---|---|
| 0 | 100 | 583 | 639 |
| 0.1 | 119.6 | 526 | 646 |
| 0.2 | 132.9 | 517 | 650 |
| 0.3 | 142.9 | 510 | 654 |
| 0.4 | 151.1 | 504 | 656 |
| 0.5 | 158.1 | 499 | 658 |
| 0.6 | 164.1 | 494 | 660 |
| 0.7 | 169.6 | 490 | 661 |
| 0.8 | 174.5 | 486 | 662 |

## 06 시설 개선에 의한 에너지 절감

### (1) 고효율 및 신재생에너지 인증제품 사용

- 고효율 장비 및 신재생에너지 관련 장비와 기기 사용 시 한국에너지공단의 인증을 획득한 제품을 사용하게 되면, 제품 성능에 대한 신뢰성 확보는 물론 품목에 따라서는 고효율 제품 사용에 따른 한국에너지공단의 설치장려금도 지원받을 수 있음

- 고효율 기자재 인증 대상품목(한국에너지공단)

| 구 분 | 인증 대상 품목 |
|---|---|
| 보일러 및 냉난방설비 (12개 품목) | 산업·건물용 가스보일러, 기름연소 온수보일러, 산업·건물용 기름보일러, 축열식 버너, 열회수형 환기장치, 원심식·스크류 냉동기, 난방용 자동온도조절기, 직화흡수식 냉온수기, 항온항습기, 가스 히트펌프, 가스진공온수보일러, 중온수 흡수식 냉동기 |
| 조명설비 (22개 품목) | 조도자동조절조명기구, 메탈할라이드 램프용 안정기, 나트륨 램프용 안정기, 메탈할라이드 램프, PLS (Plasma Lighting System) 등기구, 초정압 방전램프용 등기구, 고휘도 방전(HID)램프용 고조도 반사갓, LED교통신호등, LED유도등, 컨버터 외장형 LED램프, 컨버터 내장형 LED램프, 매입형 및 고정형 LED등기구, LED 보안등기구, ED 센서 등기구, LED 모듈 전원공급용 컨버터, LED 가로등기구, LED 투광등기구, LED 터널등기구, 직관형 LED램프, 문자간판용 LED 모듈, 형광램프 대체형 LED램프(컨버터내장형), 무전극 형광램프용 등기구 |
| 전력설비 (11개 품목) | 무정전전원장치, 인버터, 복합기능형 수배전시스템, 단상 유도전동기, 펌프, 환풍기, 원심식 송풍기, 수중폭기기, 터보블로어, 전력저장장치(ESS), 최대수요전력제어장치 |
| 단열설비 (2개 품목) | 고기밀성 단열문, 냉방용 창유리필름 |

- 신재생에너지 인증 대상품목별 한국산업표준(KS)

| 표준번호 | 표 준 명 | 표준번호 | 표 준 명 |
|---|---|---|---|
| KS C 8560 | 태양광발전용 마이크로인버터 | KS B 8293 | 물−공기 지열원 열펌프 유닛 |
| KS C 8561 | 결정질 실리콘 태양광발전 모듈(성능) | KS B 8294 | 물−공기 지열원 멀티형 열펌프 유닛 |
| KS C 8562 | 박막 태양광발전 모듈(성능) | KS B 8295 | 태양열 집열기 |
| KS C 8564 | 소형 태양광발전용 인버터 | KS B 8296 | 태양열 온수기 |
| KS C 8565 | 중대형 태양광발전용 인버터 | KS B 8901 | 목재 펠릿 보일러 |
| KS C 8569 | 고분자 연료전지 시스템 | KS C 8570 | 소형 풍력터빈 |
| KS C 8577 | 건물일체형 태양광 모듈(BIPV) | KS C 8571 | 소형 풍력발전용 인버터 |
| KS B 8292 | 물−물 지열원 열펌프 유닛 | KS C 8575 | 축전지 |

### (2) 고효율 전동기로 교체

- 우리가 주위에서 사용하는 대부분의 전동기(0.75kW~200kW)들은 2008년부터 시작해서 현재까지 단계적으로 기본 효율이 고효율 제품으로 생산되도록 전환되었음. 그러나 아직까지도 많은 건물이나 시설에서는 그 이전에 생산·설치되었던 일반 전동기가 사용되고 있음(2011년부터 일반 전동기는 생산 중단됨)
- 내용 연수를 초과하였거나 연중 가동시간이 많은 전동기에 대하여는 고효율 전동기로 교체 시 전력소비량이 감소함에 따라 교체에 따른 시설 투자 비용을 조기에 회수할 수 있음(기본적으로 약 4% 이상의 절감효과가 있음)

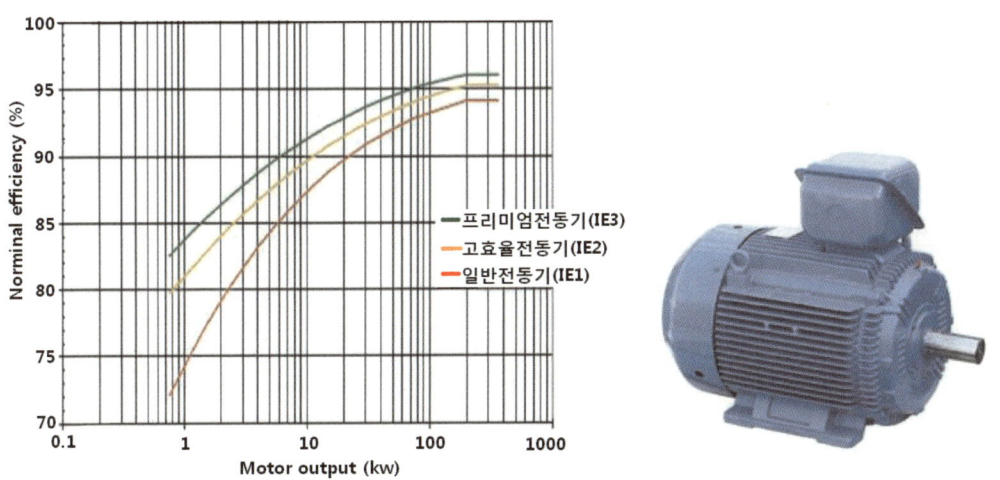

| 일반 전동기와 고효율 전동기의 효율 및 전류 비교 |

| 정격출력 (kW) | 극수 | 표준 전폐형 | | 고효율 전폐형 | | 프리미엄 전폐형 |
|---|---|---|---|---|---|---|
| | | 효율(%) | 전부하전류(A) | 효율(%) | 전부하전류(A) | 효율(%) |
| 0.75 | 2 | 70 | 3.5 | 75.5 | 3.3 | 77.0 |
| 1.5 | 2 | 76.5 | 6.3 | 84 | 5.8 | 85.5 |
| 2.2 | 2 | 79.5 | 8.7 | 84 | 8.2 | 89.5 |
| 3.7 | 4 | 83 | 14.6 | 87.5 | 14 | 89.5 |
| 5.5 | 4 | 85 | 21.8 | 88.5 | 20.5 | 91.7 |
| 7.5 | 4 | 86 | 28.2 | 89.5 | 27.4 | 91.7 |
| 15 | 4 | 88 | 54.5 | 91 | 53.0 | 93.0 |
| 18.5 | 4 | 88.5 | 67.3 | 91.7 | 65.1 | 93.6 |
| 22 | 4 | 89 | 78.2 | 92.4 | 76.3 | 93.6 |
| 30 | 6 | 89 | 110.9 | 93 | 107.8 | 94.1 |
| 37 | 6 | 89.5 | 135.5 | 93 | 132.2 | 94.1 |
| 45 | 6 | 89.5 | 164.9 | 93.6 | 158.7 | 94.5 |
| 55 | 6 | 90.0 | 193.2 | 93.6 | 187.0 | 94.5 |
| 75 | 6 | 90.2 | 262.9 | 94.1 | 253.4 | 95.0 |
| 90 | 6 | 90.5 | 310.7 | 94.1 | 300.4 | 95.0 |
| 110 | 6 | 90.7 | 378.9 | 94.5 | 367.9 | 95.8 |
| 132 | 6 | 91.0 | 453.2 | 94.5 | 438.3 | 95.8 |
| 160 | 6 | 91.2 | 548.1 | 94.5 | 528.9 | 95.8 |

• 출처 : 일반용 저압 3상 유도 전동기, 밀폐형의 KS 규격(KS C 4202) 기준임

### (3) FCU 및 시스템 에어컨의 중앙제어 추가

- 팬코일유닛(FCU)과 시스템에어컨의 운전 제어가 수동으로 이루어질 경우 사용하지 않는 실에서 장비가 가동된 상태로 방치되어 에너지 손실이 발생하는 사례가 많음
- FCU와 시스템에어컨에 대한 중앙 자동제어가 가능토록 개선하면 원격 운전 제어가 가능해 장비의 최적 가동으로 불필요한 에너지 손실을 절감함
- 아울러 요즘에는 제어 시스템에 인터넷을 연결할 경우 제조업체의 서비스센터에서 평상시 장비의 운전상황이나 고장 여부를 원격으로 체크할 수 있어 신속하고 효과적인 A/S도 가능함

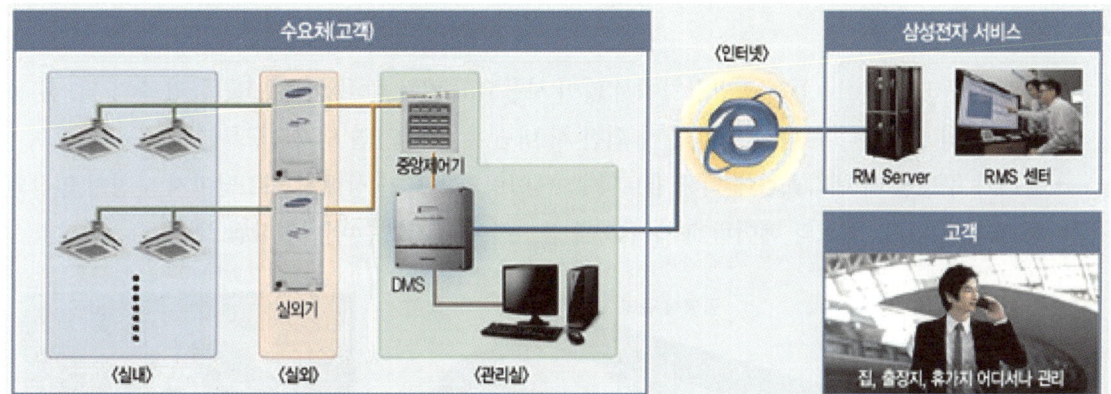

## (4) FAN 벨트 사양 변경(V벨트 → 타이밍 벨트)

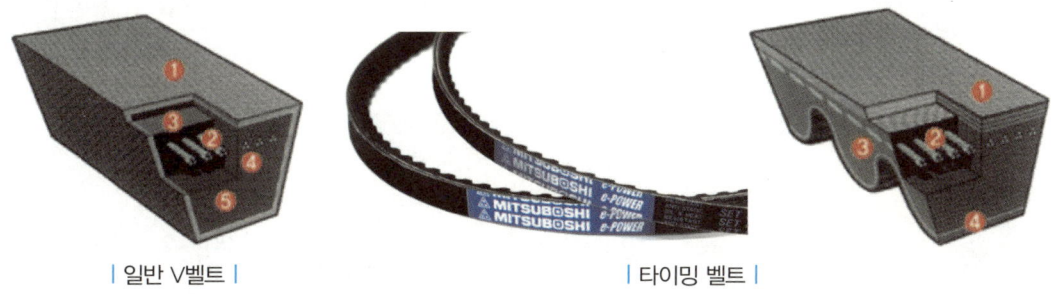

| 일반 V벨트 |    | 타이밍 벨트 |

- 팬이나 전동 장비 운전 시 Non-slip 벨트(일명 타이밍벨트)를 사용하게 되면 일반 V벨트에 비하여 주행 중 슬립(Slip)이 적어 동력전달효과가 좋음
- 일반 V벨트에 비해 높은 동력전달효율로 에너지 절감효과가 있고, 슬립이 적어 벨트의 수명이 연장되며 이로 인해 유지관리 비용과 시간이 절감됨

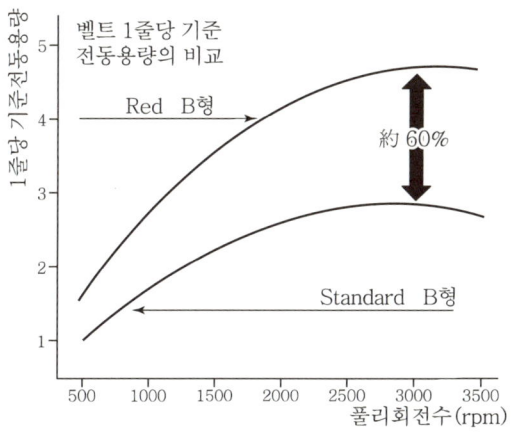
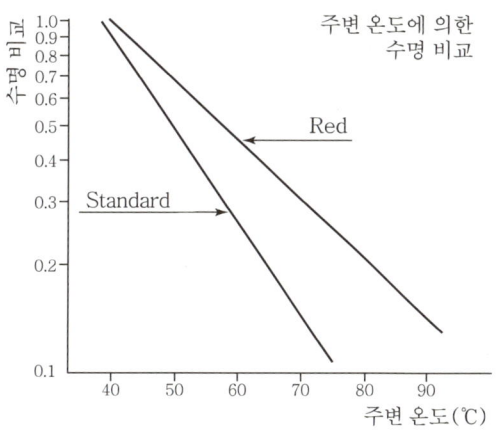

## (5) 공랭식 풀리 사용

- 공랭식 풀리 : 팬이나 동력 전달장치에서 많이 사용되고 있는 풀리(Pulley)를 풀리 축과 휠, 홈 등에 다수의 공극이나 구멍이 있어 풀리 회전 시 바람에 의해 자연 냉각되도록 함
- 풀리가 구동될 때 냉각효과에 의해 벨트와 축 베어링의 온도가 상대적으로 낮아져 수명이 연장되는 효과가 있고, 벨트와 베어링 교체 주기가 증가하여 유지보수비가 절감됨

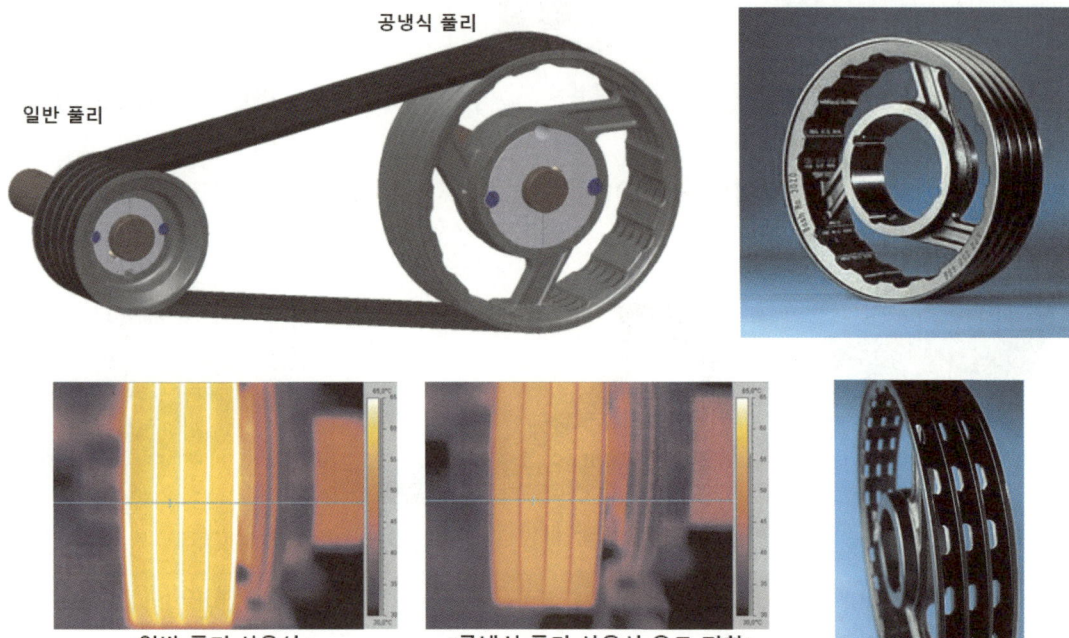

## (6) 팬코일유닛 커버와 본체의 연결 덕트 설치

- 매립형 팬코일유닛 본체와 외부의 커버가 떨어져 있을 경우 토출되는 급기 중 커버 내부에서 재순환되는 양이 많아져 실내의 냉난방효과가 떨어짐
- 팬코일유닛의 토출구와 커버의 틈새를 연결하여 팬코일유닛 가동 시 실내 공조효과가 좋아지고 불필요한 손실을 절감할 수 있음

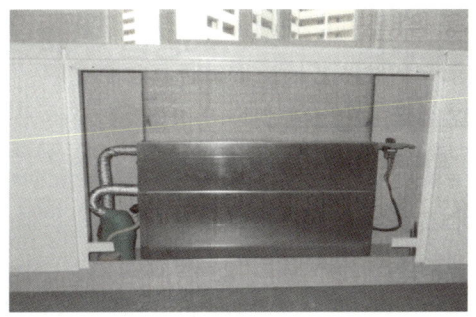
| 팬코일유닛 본체와 상부 커버의 연결 |

| 연결 덕트와 보온재 |

### (7) 냉방설비의 COP 개선

- 냉동기나 냉방기의 냉각 성능을 나타내는 성적계수(COP ; Coefficient of Performance)가 우수한 제품을 사용하여 냉방에 따른 전력비를 절감함
- 기존 냉동기나 에어컨 등에 대해서도 냉방 운전 시 본연의 성능이 발휘되는지 아래의 사항들을 점검하여 필요한 부분을 개선해 COP를 향상시킴

  - 냉매의 누설이나 과충전으로 인한 냉각성능 저하 : 냉매량 조정
  - 압축기 노후로 인한 압축능력 저하로 냉각능력이 떨어짐 : 필요시 교체
  - 윤활유 부족에 의한 토출 가스 온도 상승 및 냉각능력 저하 : 윤활유 보충
  - 에어필터나 실내기/실외기 코일에 먼지가 많이 부착되거나 오염 : 청소 실시
  - 송풍기의 송풍능력 저하(날개깃의 오염 및 벨트의 텐션 이완 등) : 청소 실시
  - 장비나 배관의 보온/보냉재의 누락이나 이탈 : 단열재 보완

- 냉방 부하가 크거나 운전 시간이 긴 경우 냉동기를 신설하거나 교체하고자 할 때 제조사나 장비별 COP를 확인하여, 초기시설비(장비 가격)뿐만 아니라 운전비용(전력/가스 비용)을 통합적으로 고려해 사용할 장비를 선정해야 함. 고가의 외산장비라도 COP가 월등히 우수한 경우 장기적으로는 경제성 측면에서 우수할 수 있으므로 장비 선정 시 충분한 비교 검토가 필요함

# 07 시설 관리 및 유지보수에 의한 에너지 절감

## (1) 공기조화기(AHU)나 팬코일유닛(FCU)의 필터 청소

- 각종 공조 장비의 에어필터에 이물질이나 분진이 부착되어 있으면 정압이 커져 송풍 동력의 손실이 발생하므로 주기적인 점검과 청소가 필요함
- 또한 에어필터의 청결한 관리로 불쾌한 냄새나 세균, 곰팡이가 실내로 확산되지 않도록 하여 청정한 실내공기질이 유지되도록 함
- 공기조화기나 FCU의 열교환코일이 먼지 등으로 오염되었을 경우에도 코일 핀 세척을 실시하여 장비의 냉난방 능력이 저하되지 않도록 관리함

| 공기조화기 필터 교체 |

| 팬코일유닛의 코일 오염 |

## (2) 냉각수 수질의 적정 관리

- 냉각수가 공기와 직접 접촉하는 개방형 냉각탑에서는 공기 중의 불순물이 혼입되어 냉각수의 수질이 오염될 우려가 크므로 세심한 수질관리가 필요함
- 냉각수 수질이 악화될 경우 배관이나 장비의 열교환기 계통에 물때나 스케일이 부착되어 장비의 운전효율과 성능이 저하되는 원인이 됨
- 냉각수의 수질관리 방법 : 수처리 약품 첨가, 수처리 장치 설치(여과/살균), 냉각수의 블로우 처리, 주기적인 냉각탑 청소와 냉동기 세관 작업 등

### (3) 증기 보일러의 블로우 양의 적정 관리

- 보일러 운전 중 블로우다운(Blow Down) 양이 과다해지면 불필요한 열 손실과 급수의 낭비가 발생되므로 적정하게 블로우 양을 관리할 필요가 있음
- 보일러에 자동 블로우다운 장치를 설치해 급수량이나 보일러 수질 등에 따라 전자밸브가 개폐되어 블로우 양을 조절하도록 하여 에너지 낭비를 예방함
- 아울러 보일러의 설치 대수가 많아 블로우 양이 많을 경우 드레인 배관 중에 폐열회수장치를 설치하여 버려지는 열을 회수하도록 함

### (4) 보일러, 냉동기, 열교환기 등의 정기적인 세관 작업

- 보일러, 열교환기, 냉동기, 공기예열기나 폐열회수기 등의 전열면을 정기적으로 청소하여 전열 효과의 저하를 방지하고 장비의 수명도 단축되지 않도록 함
- 장비의 열교환 효율이나 냉난방 능력이 원래의 상태대로 유지될 수 있어 운전효율이 최상의 상태로 유지되고, 스케일이나 그을음 발생 시 증가되는 연료비의 손실도 절감할 수 있음
- 세관 작업뿐만 아니라 공기조화기의 냉온수코일과 에어컨의 실내기나 실외기의 코일 표면에 먼지나 이물질이 많이 부착되었을 때에도 주기적으로 세척 작업을 실시해 주면 냉난방 능력이 좋아짐

### (5) 증기 누설 부위 보수, 증기 트랩의 점검, 단열 미비 부위 보완

- 평상시 증기 배관이나 밸브를 주기적으로 점검하여 증기의 누출이 없는지 점검하고, 노후된 배관이나 불량한 밸브는 수리나 교체를 하여 에너지 낭비가 없도록 함
- 증기 누출의 상당수는 증기트랩의 작동 불량이 원인인 경우가 많으므로, 증기트랩의 점검과 정기적인 정비를 실시함
- 응축수의 배출이나 재증발 증기의 발생 억제를 위하여 인위적으로 배관 일부의 보온재를 제거해 놓지 않도록 하고, 보온이 미비한 곳은 보완하여 응축수로 회수되는 열량이 손실되지 않도록 함

- 배관 중에 설치되어 있는 스트레이너에 이물질이 축적될 경우 증기 공급이나 응축수 환수 유량이 감소하게 되어 시스템의 성능이 줄어들고 장비 운전 시간이 증가하게 되므로 주기적으로 점검 및 청소를 실시함

# 08 위생설비에서의 에너지 절감

## (1) 중수 시스템으로 급수 절감

- 오배수를 수처리 후 살균하여 화장실의 세정용 수로 재활용함
- 배수 재활용으로 수자원 보호 및 급수 비용 절감
- 단, 건물별 수처리에 따른 유지관리 비용과 급수 절감 금액의 비교 검토 필요

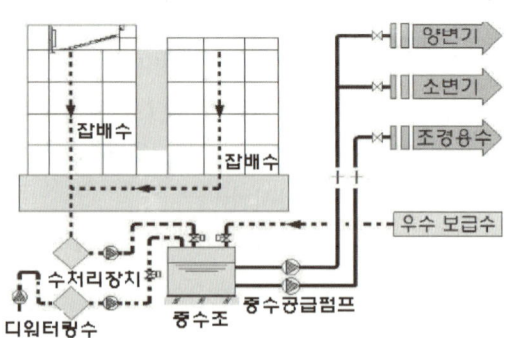

## (2) 우수 재활용 설비

- 우천 시 건물의 지붕에서 내려오는 우수를 저장해 두었다가 평상시 조경용수 및 화장실 세정용수 등으로 재활용함(급수비용 절감, 수자원 보호)

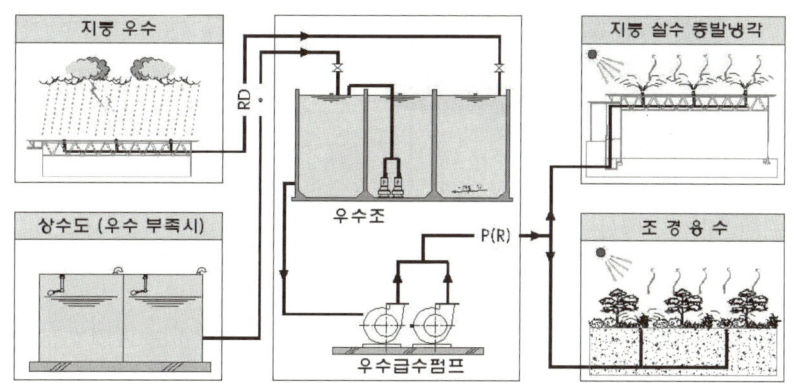

## (3) 저층부에 상수도 직접 공급이 가능하도록 배관 연결

- 건물의 층고가 높지 않거나 저층부 조닝이 별도로 되어 있는 경우, 저층부(지하~3층 정도) 배관에 상수도 배관을 직접 연결하여 평상시에도 상수도 압력으로 자연 공급이 가능토록 함
- 상수도 압력이 충분할 경우 급수펌프의 운전 시간이 단축되어 동력 비용을 절감할 수 있음(지역 배수지의 계절별, 시간대별 공급 압력 확인 필요)

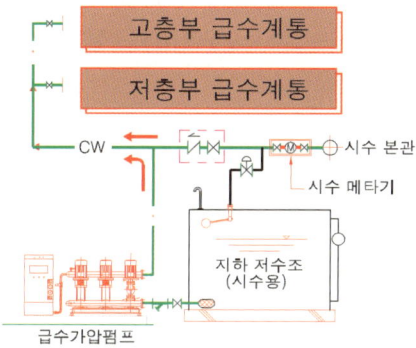

## (4) 절수형 위생기구 사용

- 절수형 대변기, 자폐식 수전, 전자감응식 수세밸브 및 수전, 다단계 혼합 수전, 물 없는 소변기, 에티켓 벨 등 절수형 위생기구를 사용하여 급수 사용량을 절감

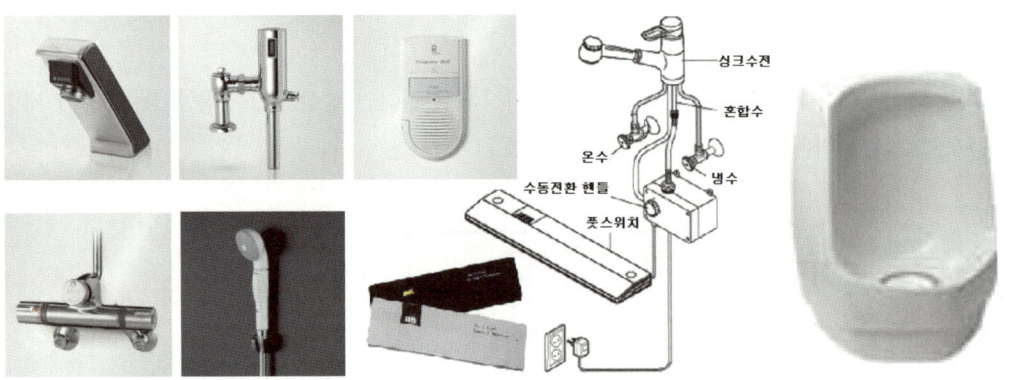

### (5) 급수 사용압력 조정 및 유량제어로 물 낭비 예방

- 급수 공급압력이 적정 수준보다 높을 때에 공급측 배관에 감압밸브를 설치하여 적정한 수압이 유지되도록 하면 위생기구 사용 시 불필요한 물 낭비량을 절감함
- 수전이나 위생기구의 급수관 연결부분에 정유량밸브 장치를 설치하여 급수의 수압 변동에도 항상 일정한 양의 급수가 공급되도록 하여 물 사용량을 절감함

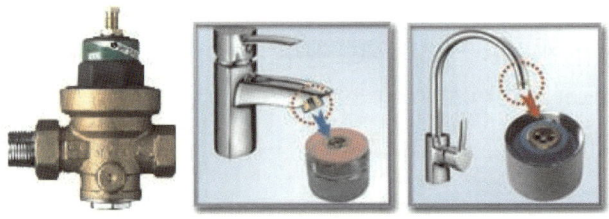

| 감압밸브, 수전의 토수구에 설치된 정유량 장치 |

### (6) 태양열 급탕설비

- 주간에 태양의 열 에너지를 흡수하여 급탕수를 가열하거나 보급수를 예열하는 데 활용하여 급탕 공급에 따른 연료비를 절감함

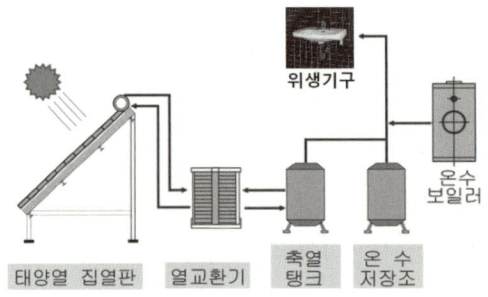

## (7) 급수 가압펌프의 회전수 또는 대수 제어

- 건물내 급수 사용량의 변동에 따라 급수펌프의 운전 대수나 회전수를 제어함(부스터펌프의 사용)
- 불필요한 펌프 가동을 최소화하여 급수펌프의 동력비가 절감됨

 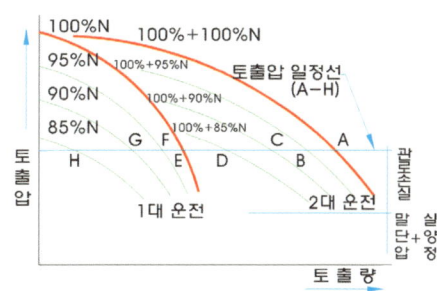

## (8) 급탕 온도의 조절과 야간 급탕순환펌프의 정지

- 급탕설비에서 급탕 온도를 적정하게 조정(45℃~55℃)함으로써 불필요하게 높게 설정된 급탕 온도로 인한 열 손실이나 낭비를 줄임
- 야간이나 급탕 사용이 없는 시간대에는 급탕순환펌프나 대류펌프를 정지하여 동력비와 배관에서의 열 손실량을 절감함(펌프의 타이머 설정이나 자동제어를 이용한 시간대별 on/off 운전 제어 실시)
- 단, 급탕의 온도가 낮아지게 되면 배관 내 슬라임의 발생이나 위생상의 문제가 있을 수 있으므로 급탕 운전 온도를 과도하게 낮추지 않도록 함

## (9) 수영장, 샤워실의 배수열 회수

- 수영장이나 샤워실 등 배수의 온도가 높은 곳에서는 배수계통에 폐열회수기나 히트펌프(water source heat pump)를 설치하여 배수열을 회수해 급탕수를 가열하도록 함
- 급탕수의 가열에 따른 연료비를 절감할 수 있음

# 참고문헌

- 건축기계설비 설계 기준, 국가건설기준(2016)
- 건축기계설비공사 표준 시방서, 국가건설기준(2016)
- 설비 공학 편람, 대한설비공학회
- 관련 업체의 카탈로그 : KBC社의 베어링, NSK社의 베어링, 삼중테크 냉각탑, 효성Ebara 펌프, Grundfos 펌프, LG모터의 전동기, 트레인 터보냉동기, 신성엔지니어링 공기조화기/빙축열, 신우공조 팬코일유닛, LG전자 냉동장비, 서진공조 VAV/CAV, TMC 실내공기질댐퍼, 볼티모어 냉각탑, 아세아조인트의 카플링, 플랫우즈 복사냉난방시스템, 금성풍력 송풍기, 한국스파이렉스사코 증기시스템, Eco enerdigm의 U-레디언트 시스템
- 관련 업체의 인터넷 홈페이지 및 기술 영업 자료 : 신우공조의 전력선 제어, 성지공조기술의 냉각탑, 유원엔지니어링의 변풍량 디퓨져, 샘시스템의 바닥복사난방시스템, 경동나비엔 가스보일러, 센추리 무급유식 터보냉동기, 대열보일러 노통연관식 보일러 및 캐스캐이드 보일러, 에코에너다임 복사냉난방시스템, 코텍엔지니어링 지열시스템, 신성엔지니어링 지열시스템, 세고산업의 부스터펌프 시스템, 서번산업 공조기, 삼화에이스 공조기, 장한기술 빙축열시스템, 푸른기술의 조립식 스테인리스 연도
- 검사대상기기 조종자를 위한 법정교육 교재, 한국에너지기술인협회
- "보일러 안전관리 요령", 한국에너지공단(2009)
- "증기 데이터북", 한국스파이렉스사코
- "공동주택 및 다중이용시설의 환기설비 설치기준 해설서", 한국건설기술연구원
- "저수조 청소(소독) 매뉴얼", 환경부 자료(2009.02)
- "냉동기의 종류 및 특성", 센추리 남임우, 한국설비기술협회지(2003.12)
- "덕트 기구 결정 방법", 나우설비기술 김용인, 한국설비기술협회지(2004.04)
- "증기의 기초 및 설계", 나우설비기술 나정서 외, 한국설비기술협회지(2009.08)
- "배관 설계 계획 일반", 한밭대학교 김선정, 한국설비기술협회지(2004.04)
- "송풍기의 고장 진단과 대책", 범양냉방공업 심금섭
- "유지보수 자료", 화인텍에너지 기술 자료
- "송풍기의 설치 방법", 태일송풍기 최영덕
- "건축물의 실내공기 청정과 환기설비", 안병욱
- "펌프의 유지관리", 효성에바라 박지용, 설비저널(2000.01)
- "친환경 에너지 절약", 삼우종합건축사사무소의 기술 자료
- "펌프 성능(에너지) 진단", Green Enertek 기술 자료
- "산업체 에너지 절약 우수 사례", 한국에너지공단의 보도 자료
- 삼우종합건축사사무소 및 삼우설비컨설턴트의 에너지 절감 기술 자료

- "흡수식 냉온수기, 터보 냉동기 취급 설명서", 센추리
- "수관식 보일러 취급 설명서", 한신보일러
- "그린데이터센터 설계 사례", 한일엠이씨 이진영 외, 설비저널(2013.12)
- "데이터센터의 에너지 절약 방안", 삼성물산 조진균 외, 설비저널(2014.02)
- "저온공조시스템", 한일엠이씨 연창근, 설비저널(2014.02)
- "공동주택 세대환기시스템 기술동향", 대림산업 정민호, 설비저널(2013.11)
- "바닥열을 이용한 스마트·환기시스템", 그렉스전자 이준석, 설비저널(2016.02)
- "대온도차 공조시스템 동향 및 시장변화에 대한 고찰", 신성엔지니어링 서효석, 한국설비기술협회지(2012.07)
- "변유량 시스템의 제어 및 적용 효과", 한일엠이씨 이성구 외, 한국설비기술협회지(2010.02)
- "지역냉난방 사용시설 관리자 기술교육", 대구그린파워
- "감압밸브의 종류별 작동원리와 성능특성", 신우밸브 김칠성, 한국설비기술협회지(2016.05)
- "보일러에서의 에너지 절약", 한국스파이렉스사코 서중현, 한국설비기술협회지(2009.08)
- "그린빌딩에서의 칠드빔 시스템 활용 가능성", 삼성물산 이규남, 한국그린빌딩협의회지(2012.06)
- "Lindner Heating and Cooling Technologies", Lindner(2012.02)
- "공조용 축열시스템 현황", 한국에너지기술연구원 이동원, 설비저널(2014.10)
- "수직밀폐형 간격유지 열교환기 설치사례", 대명엔지니어링 홍성술(2015.04)
- "일반적인 지열시스템에 대한 이론 및 적용 사례", 티이애플리케이션(2014.10)
- "지열 품질향상 및 열효율 제고를 위한 지중파이프 설치 방법", 한국지하수지열협회 이병호(2014.10)
- "지열원 열펌프 냉난방시스템 기술", 한국건설기술연구원 신현준(2010.07)
- "국내 개방형 지열시스템 현황 및 발전방향", 신성엔지니어링(2014.10)
- "지열원 히트펌프", 호서대학교 임효재, 설비저널(2010.06)
- "친환경 에너지 세미나", 삼신설계
- "아이스슬러리형 빙축열 시스템의 개요 및 특징", 한국에너지기술연구원 이동원, 한국설비기술협회지(2014.07)
- "당해 층 층상배수 시스템", 스카이시스템 전영세, 한국설비기술협회지(2016.12)
- "물 재이용설비 설치 관리 통합가이드 북", 환경부(2011.08)
- "중수처리시설 기술검토서", 삼우씨엠건축사사무소
- "세대 내 급수급탕 이중배관 시방서", 애강기술연구소(2004.11)
- "효성 펌프 편람", 효성EBARA(주)
- daum 포털의 기술 카페, "나의 자료 보관통", cafe.daum.net/data-box

### 저자약력

**연규문**
- 건축기계설비기술사
- 성균관대학교 기계공학과 졸업
- 현대건설㈜ 근무
- 삼우씨엠건축사사무소 근무
- ㈜푸른기술 대표이사(www.bluetechnology.co.kr)
- 유튜브 : 채널명 "건축기계설비"
- 연락처 : ygm00001@hanmail.net

---

## 건축기계설비

| 발행일 | 2018. 1. 15 | 초판발행 |
| --- | --- | --- |
| | 2020. 5. 15 | 초판 2쇄 |
| | 2021. 11. 20 | 초판 3쇄 |
| | 2022. 8. 30 | 초판 4쇄 |
| | 2023. 10. 30 | 초판 5쇄 |
| | 2024. 11. 25 | 개정 1판1쇄 |

**저 자** | 연규문
**발행인** | 정용수
**발행처** | 예문사

**주 소** | 경기도 파주시 직지길 460(출판도시) 도서출판 예문사
**T E L** | 031) 955-0550
**F A X** | 031) 955-0660
**등록번호** | 11-76호

- 이 책의 어느 부분도 저작권자나 발행인의 승인 없이 무단 복제하여 이용할 수 없습니다.
- 파본 및 낙장은 구입하신 서점에서 교환하여 드립니다.
- 예문사 홈페이지 http : //www.yeamoonsa.com

정가 : 50,000원
ISBN 978-89-274-5613-1 13540